공통수학 1

발행일	2024년 11월 25일
펴낸곳	메가스터디(주)
펴낸이	손은진
개발 책임	배경윤
개발	김민, 신상희, 오성한, 성기은, 김건지
디자인	이정숙, 윤재경, (주)에딩크
마케팅	엄재욱, 김세정
제작	이성재, 장병미
주소	서울시 서초구 효령로 304(서초동) 국제전자센터 24층
대표전화	1661.5431(내용 문의 02-6984-6901 / 구입 문의 02-6984-6868,9)
홈페이지	http://www.megastudybooks.com
출판사 신고 번호	제 2015-000159호
출간제안/원고투고	메가스터디북스 홈페이지 <투고 문의>에 등록

메가스터디BOOKS

'메가스터디북스'는 메가스터디㈜의 교육, 학습 전문 출판 브랜드입니다.
초중고 참고서는 물론, 어린이/청소년 교양서, 성인 학습서까지 다양한 도서를 출간하고 있습니다.

수학 실력을 완성하는

완쏠 개념은
이렇게 만들었습니다!

이 책의 짜임새

1 소단원별 개념 이해 및 적용 학습

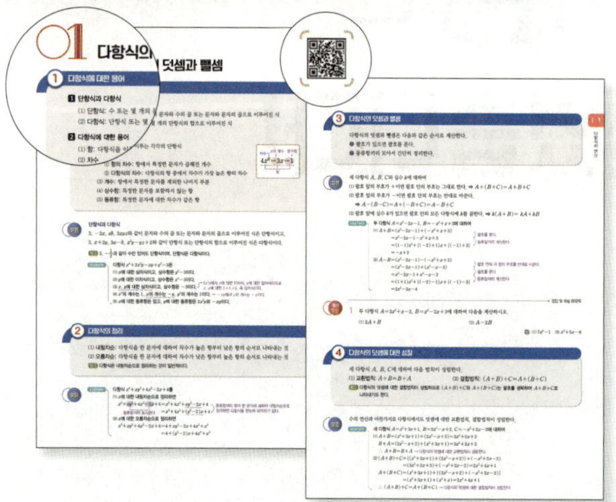

개념 정리

개념을 체계적으로 정리하고, example 을 이용하여 이해와 적용이 쉽도록 설명하였습니다.

* QR코드: 교과서 개념에서부터 실전 활용 개념까지, 더 자세한 개념 설명을 추가로 확인할 수 있습니다.

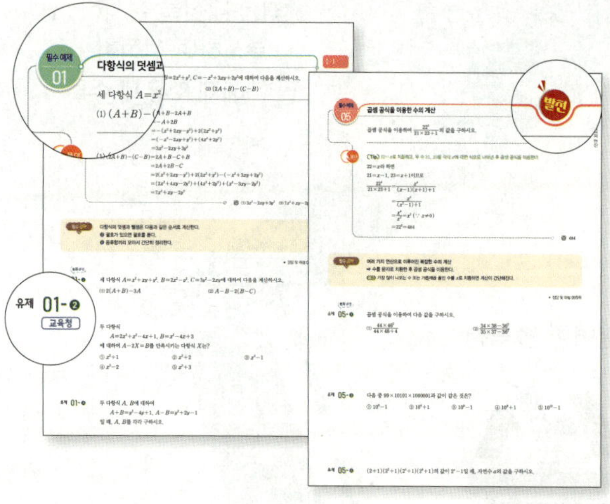

필수 예제 / 유제

개념 이해를 위해 반드시 필요한 문제와 시험에 자주 출제되는 유형의 문제만을 모아 다양한 유제와 함께 구성하였습니다.

* **발전**: 필수 예제 중 어려운 예제는 '발전'으로 표시하였습니다.

* **필수 공략**: 문제를 해결하기 위한 핵심 개념과 원리를 확인할 수 있습니다.

* 수능, 평가원, 교육청 기출문제를 제시하여 수능 및 모의고사까지 대비할 수 있게 하였습니다.

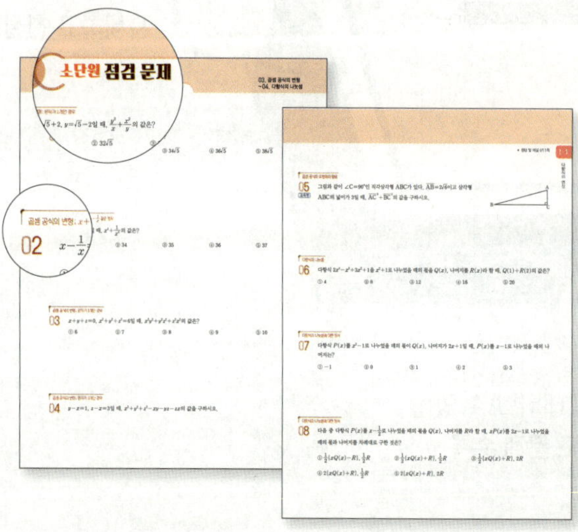

소단원 점검 문제

개념 정리 및 필수 예제/유제를 통해 학습한 내용을 스스로 확인할 수 있도록 소단원 점검 문제를 구성하였습니다.

* 수능, 평가원, 교육청 기출문제를 제시하여 수능 및 모의고사까지 대비할 수 있게 하였습니다.

2 중단원별 실전 학습

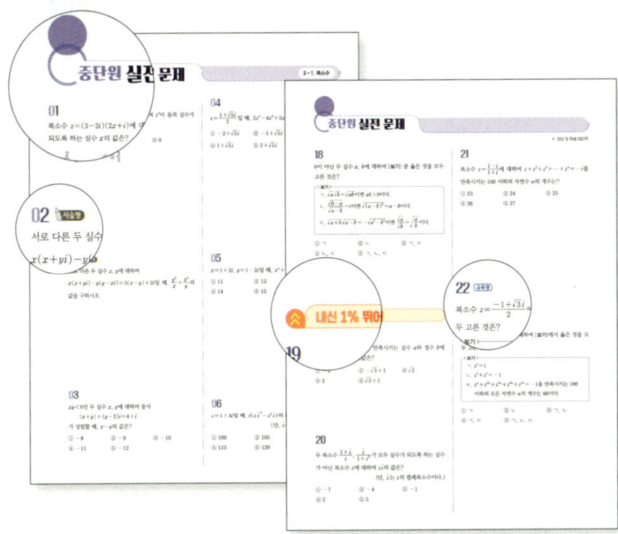

중단원 실전 문제

학교 시험 출제율이 높은 문제를 수록하여 중단원 내용을
한번에 학습할 수 있도록 구성하였습니다.

★ **내신 1% 뛰어 넘기**
학교 시험에 출제된 문제 중 까다로운 문제만을 모아 구성
하였습니다.

★ 수능 , 평가원 , 교육청 기출문제와 자주 출제되는
서술형 문제를 풀어 보며 실전 감각을 높일 수 있습니다.

3 완쏠 개념만의 특별 코너

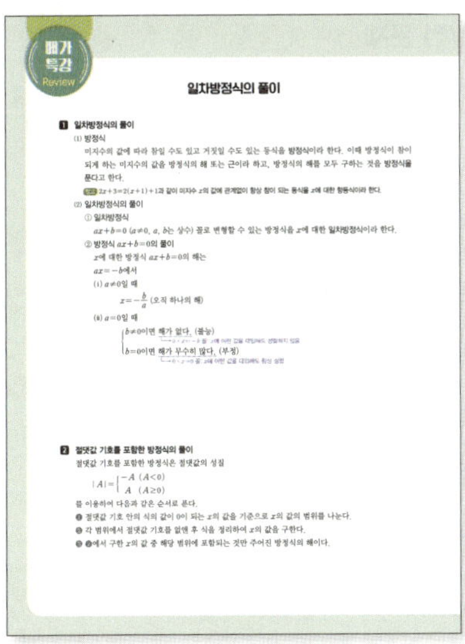

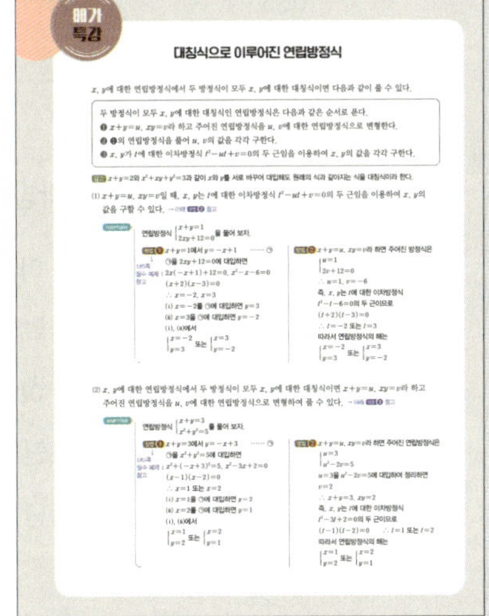

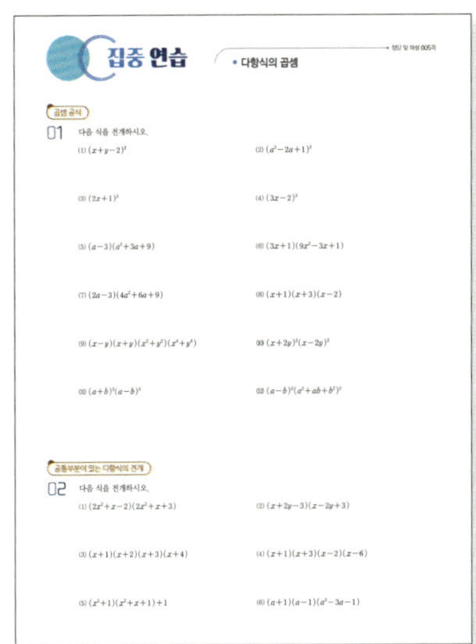

메가 특강 Review

각 단원을 학습하기 전 이미 알고 있는
내용을 예제/유제와 함께 수록하여 복습
할 수 있도록 구성하였습니다.

메가 특강

교과서에서는 다루지 않지만 실전에 필
요한 개념이나 문제를 쉽게 해결할 수
있도록 하는 내용으로 구성하였습니다.

집중 연습

기본 개념과 공식이 익숙해질 수 있도록
하는 반복 연습 문제로 구성하였습니다.

이 책의 차례

I 다항식

II 방정식과 부등식

Ⅲ 경우의 수

Ⅳ 행렬

영역		수와 연산	변화와 관계	도형과 측정	자료와 가능성
중학교	중1	• 소인수분해 • 정수와 유리수	• 문자의 사용과 식 • 일차방정식 • 좌표평면과 그래프	• 기본 도형 • 작도와 합동 • 평면도형의 성질 • 입체도형의 성질	• 대푯값 • 도수분포표와 상대도수
	중2	• 유리수와 순환소수	• 식의 계산 • 일차부등식 • 연립일차방정식 • 일차함수와 그 그래프 • 일차함수와 일차방정식의 관계	• 삼각형과 사각형의 성질 • 도형의 닮음 • 피타고라스 정리	• 경우의 수와 확률
	중3	• 제곱근과 실수	• 다항식의 곱셈과 인수분해 • 이차방정식 • 이차함수와 그 그래프	• 삼각비 • 원의 성질	• 산포도 • 상자그림과 산점도

영역		수와 연산	변화와 관계	도형과 측정	자료와 가능성
고등학교	공통수학1	• 행렬과 그 연산	• 다항식의 연산 • 나머지정리 • 인수분해 • 복소수와 이차방정식 • 이차방정식과 이차함수 • 여러 가지 방정식과 부등식		• 합의 법칙과 곱의 법칙 • 순열과 조합
	공통수학2	• 집합 • 명제	• 평면좌표 • 직선의 방정식 • 원의 방정식 • 도형의 이동 • 함수 • 유리함수와 무리함수		
	대수	• 등차수열과 등비수열 • 수열의 합 • 수학적 귀납법	• 지수와 로그 • 지수함수와 로그함수 • 삼각함수 • 사인법칙과 코사인법칙		
	미적분 I		• 함수의 극한 • 함수의 연속 • 미분계수 • 도함수 • 도함수의 활용 • 부정적분 • 정적분 • 정적분의 활용		
	확률과 통계				• 순열과 조합 • 이항정리 • 확률의 개념과 활용 • 조건부확률 • 확률분포 • 통계적 추정
	미적분 II		• 수열의 극한 • 급수 • 여러 가지 함수의 미분 • 여러 가지 미분법 • 도함수의 활용 • 여러 가지 함수의 적분법 • 정적분의 활용		
	기하			• 이차곡선 • 공간도형 • 공간좌표 • 벡터의 연산 • 벡터의 성분과 내적 • 도형의 방정식	

Ⅱ-1

다항식의 연산

 **다항식의 덧셈과 뺄셈**

① 다항식에 대한 용어

❶ 단항식과 다항식

(1) 단항식: 수 또는 몇 개의 문자와 수의 곱 또는 문자와 문자의 곱으로 이루어진 식

(2) 다항식: 단항식 또는 몇 개의 단항식의 합으로 이루어진 식

❷ 다항식에 대한 용어

(1) 항: 다항식을 이루는 각각의 단항식

(2) 차수

  ① 항의 차수: 항에서 특정한 문자가 곱해진 개수

  ② 다항식의 차수: 다항식의 항 중에서 차수가 가장 높은 항의 차수

(3) 계수: 항에서 특정한 문자를 제외한 나머지 부분

(4) 상수항: 특정한 문자를 포함하지 않는 항

(5) 동류항: 특정한 문자에 대한 차수가 같은 항

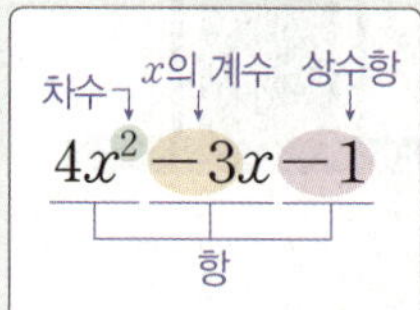

 **단항식과 다항식**

3, $-2x$, ab, $3xyz$와 같이 문자와 수의 곱 또는 문자와 문자의 곱으로 이루어진 식은 단항식이고,

3, $x+2y$, $3a-b$, $x^2y-yz+2$와 같이 단항식 또는 단항식의 합으로 이루어진 식은 다항식이다.

참고 3, $-\dfrac{1}{2}$과 같이 수만 있어도 단항식이며, 단항식은 다항식이다.

example 다항식 $x^3+2x^2y-xy+y^2-3$은

(1) x에 대한 삼차식이고, 상수항은 y^2-3이다.

(2) y에 대한 이차식이고, 상수항은 x^3-3이다.

(3) x, y에 대한 삼차식이고, 상수항은 -3이다. ┌ $2x^2y$에서 x에 대한 이차식, y에 대한 일차식이므로 x, y에 대한 $2+1=3$, 즉 삼차식이다.

(4) x^3의 계수는 1, x의 계수는 $-y$, y^2의 계수는 1이다. → $-xy$에서 x의 계수는 $-y$이다.

(5) x에 대한 동류항은 없고, y에 대한 동류항은 $2x^2y$와 $-xy$이다.

② 다항식의 정리

(1) 내림차순: 다항식을 한 문자에 대하여 차수가 높은 항부터 낮은 항의 순서로 나타내는 것

(2) 오름차순: 다항식을 한 문자에 대하여 차수가 낮은 항부터 높은 항의 순서로 나타내는 것

참고 다항식은 내림차순으로 정리하는 것이 일반적이다.

 example 다항식 $x^3+xy^2+4x^2-2x+4$를

(1) x에 대한 내림차순으로 정리하면

$$x^3+xy^2+4x^2-2x+4=x^3+4x^2+xy^2-2x+4$$

동류항끼리 표시한다. $=x^3+4x^2+(y^2-2)x+4$

동류항끼리 묶어 한 문자에 대하여 내림차순으로 정리하면 다항식을 한눈에 파악하기 쉽다.

(2) x에 대한 오름차순으로 정리하면

$$x^3+xy^2+4x^2-2x+4=4+xy^2-2x+4x^2+x^3$$
$$=4+(y^2-2)x+4x^2+x^3$$

③ 다항식의 덧셈과 뺄셈

다항식의 덧셈과 뺄셈은 다음과 같은 순서로 계산한다.
❶ 괄호가 있으면 괄호를 푼다.
❷ 동류항끼리 모아서 간단히 정리한다.

세 다항식 A, B, C와 실수 k에 대하여

(1) 괄호 앞의 부호가 $+$이면 괄호 안의 부호는 그대로 한다. ➡ $A+(B+C)=A+B+C$

(2) 괄호 앞의 부호가 $-$이면 괄호 안의 부호는 반대로 바꾼다.

➡ $A-(B-C)=A+(-B+C)=A-B+C$

(3) 괄호 앞에 실수 k가 있으면 괄호 안의 모든 다항식에 k를 곱한다. ➡ $k(A+B)=kA+kB$

example 두 다항식 $A=x^2-2x-1$, $B=-x^2+x+3$에 대하여

(1) $\begin{aligned} A+B&=(x^2-2x-1)+(-x^2+x+3)\\ &=x^2-2x-1-x^2+x+3\\ &=(1-1)x^2+\{(-2)+1\}x+\{(-1)+3\}\\ &=-x+2 \end{aligned}$

> 괄호를 푼다.
> 동류항끼리 계산한다.

(2) $\begin{aligned} A-B&=(x^2-2x-1)-(-x^2+x+3)\\ &=(x^2-2x-1)+(x^2-x-3)\\ &=x^2-2x-1+x^2-x-3\\ &=(1+1)x^2+\{(-2)-1\}x+\{(-1)-3\}\\ &=2x^2-3x-4 \end{aligned}$

> 괄호 안의 각 항의 부호를 반대로 바꾼다.
> 괄호를 푼다.
> 동류항끼리 계산한다.

●━ 정답 및 해설 002쪽

1 두 다항식 $A=3x^2+x-2$, $B=x^2-2x+3$에 대하여 다음을 계산하시오.

(1) $2A+B$　　　　　　　　　　(2) $A-2B$

답 (1) $7x^2-1$　(2) x^2+5x-8

④ 다항식의 덧셈에 대한 성질

세 다항식 A, B, C에 대하여 다음 법칙이 성립한다.
(1) 교환법칙: $A+B=B+A$　　　　(2) 결합법칙: $(A+B)+C=A+(B+C)$

참고 다항식의 덧셈에 대한 결합법칙이 성립하므로 $(A+B)+C$와 $A+(B+C)$는 괄호를 생략하여 $A+B+C$로 나타내기도 한다.

수의 연산과 마찬가지로 다항식에서도 덧셈에 대한 교환법칙, 결합법칙이 성립한다.

example 세 다항식 $A=x^2+3x+1$, $B=2x^2-x+2$, $C=-x^2+2x-2$에 대하여

(1) $A+B=(x^2+3x+1)+(2x^2-x+2)=3x^2+2x+3$
　　$B+A=(2x^2-x+2)+(x^2+3x+1)=3x^2+2x+3$
　　$\therefore A+B=B+A$ → 다항식의 덧셈에 대한 교환법칙이 성립한다.

(2) $\begin{aligned}(A+B)+C&=\{(x^2+3x+1)+(2x^2-x+2)\}+(-x^2+2x-2)\\ &=(3x^2+2x+3)+(-x^2+2x-2)=2x^2+4x+1 \end{aligned}$
　　$\begin{aligned}A+(B+C)&=(x^2+3x+1)+\{(2x^2-x+2)+(-x^2+2x-2)\}\\ &=(x^2+3x+1)+(x^2+x)=2x^2+4x+1 \end{aligned}$
　　$\therefore (A+B)+C=A+(B+C)$ → 다항식의 덧셈에 대한 결합법칙이 성립한다.

집중 연습

● 다항식의 덧셈과 뺄셈

01 다음 다항식을 계산하시오.

(1) $(3x^2+x+1)+(x^2+1)$

(2) $(x^2-3)+(2x^2-x+1)$

(3) $(x^2+2xy-y^2)+(-x^2-xy+2y^2)$

(4) $(a^3+2a^2-a-3)+(a^2+4a-5)$

(5) $(x^2-4x-1)-(2x^2+3x-3)$

(6) $(2x^2+3x+3)-(x^2+3x-1)$

(7) $(a^2+4ab-b^2)-(a^2-ab-b^2)$

(8) $(x^3-x^2-3x+1)-(x^2+x+1)$

[02~05] 두 다항식 A, B에 대하여 다음을 계산하시오.

02 $A=x^2+3x-1,\ B=2x^2-x+1$

(1) $A+B$

(2) $A-B$

03 $A=x^3+2x^2-3x-1,\ B=4x^2+5x-3$

(1) $A+2B$

(2) $2A-B$

04 $A=x^2+2xy-y^2,\ B=3x^2-4xy+2y^2$

(1) $2A+3B$

(2) $3A-2B$

05 $A=x^3+x^2-2x+1,\ B=x^2+4x+2$

(1) $3A+4B$

(2) $4A-2B$

필수 예제 01 — 다항식의 덧셈과 뺄셈

세 다항식 $A=x^2+2xy-y^2$, $B=2x^2+y^2$, $C=-x^2+3xy+2y^2$에 대하여 다음을 계산하시오.

(1) $(A+B)-(2A-B)$

(2) $(2A+B)-(C-B)$

풀이

(1) $(A+B)-(2A-B)=A+B-2A+B$
$\qquad\qquad\qquad\quad =-A+2B$
$\qquad\qquad\qquad\quad =-(x^2+2xy-y^2)+2(2x^2+y^2)$
$\qquad\qquad\qquad\quad =(-x^2-2xy+y^2)+(4x^2+2y^2)$
$\qquad\qquad\qquad\quad =3x^2-2xy+3y^2$

(2) $(2A+B)-(C-B)=2A+B-C+B$
$\qquad\qquad\qquad\quad =2A+2B-C$
$\qquad\qquad\qquad\quad =2(x^2+2xy-y^2)+2(2x^2+y^2)-(-x^2+3xy+2y^2)$
$\qquad\qquad\qquad\quad =(2x^2+4xy-2y^2)+(4x^2+2y^2)+(x^2-3xy-2y^2)$
$\qquad\qquad\qquad\quad =7x^2+xy-2y^2$

답 (1) $3x^2-2xy+3y^2$ (2) $7x^2+xy-2y^2$

필수 공략 다항식의 덧셈과 뺄셈은 다음과 같은 순서로 계산한다.
❶ 괄호가 있으면 괄호를 푼다.
❷ 동류항끼리 모아서 간단히 정리한다.

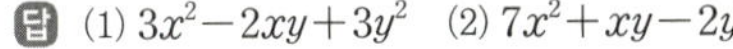

• 정답 및 해설 003쪽

숫자 바꾼

유제 01-❶ 세 다항식 $A=x^2+xy+y^2$, $B=2x^2-y^2$, $C=3y^2-2xy$에 대하여 다음을 계산하시오.

(1) $2(A+B)-3A$

(2) $A-B-2(B-C)$

유제 01-❷ 두 다항식
$$A=2x^3+x^2-4x+1,\ B=x^2-4x+3$$
에 대하여 $A-2X=B$를 만족시키는 다항식 X는?

① x^2+1

② x^2+2

③ x^3-1

④ x^3-2

⑤ x^3+3

교육청

유제 01-❸ 두 다항식 A, B에 대하여
$$A+B=y^2-4y+1,\ A-B=y^2+2y-1$$
일 때, A, B를 각각 구하시오.

 **다항식의 곱셈** 

1 다항식의 곱셈

다항식의 곱셈은 다음과 같은 순서로 계산한다.
❶ 분배법칙과 지수법칙을 이용하여 전개한다.
❷ 동류항끼리 모아서 간단히 정리한다.

참고 괄호를 풀어 하나의 다항식으로 나타내는 것을 전개한다고
하고, 전개하여 얻은 다항식을 전개식이라 한다.

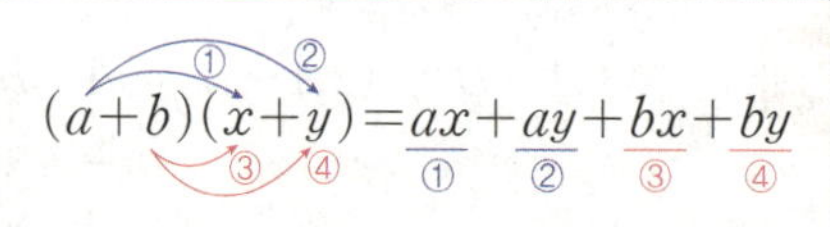

설명 다항식의 곱셈은 (단항식)×(다항식), (다항식)×(다항식) 꼴이 있다.

example
(1) $a(3a+5)=3a^2+5a$ → 분배법칙을 이용한다.
(2) $(x+1)(2x-1)=2x^2-x+2x-1$ → 분배법칙, 지수법칙을 이용한다.
　　　　　　　　　$=2x^2+x-1$ → 동류항끼리 계산한다.

참고 **지수법칙**

a, b는 실수, m, n은 자연수일 때, 다음이 성립한다.
(1) $a^m a^n = a^{m+n}$　　　(2) $(a^m)^n = a^{mn}$　　　(3) $(ab)^n = a^n b^n$

$$(4)\ a^m \div a^n = \begin{cases} a^{m-n} & (m>n \text{일 때}) \\ 1 & (m=n \text{일 때}) \text{ (단, } a\neq 0) \\ \dfrac{1}{a^{n-m}} & (m<n \text{일 때}) \end{cases} \qquad (5)\ \left(\dfrac{a}{b}\right)^n = \dfrac{a^n}{b^n} \text{ (단, } b\neq 0)$$

2 다항식의 곱셈에 대한 성질

세 다항식 A, B, C에 대하여 다음 법칙이 성립한다.
(1) **교환법칙**: $AB=BA$
(2) **결합법칙**: $(AB)C=A(BC)$
(3) **분배법칙**: $A(B+C)=AB+AC$, $(A+B)C=AC+BC$

참고 다항식의 곱셈에 대한 결합법칙이 성립하므로 $(AB)C$와 $A(BC)$는 괄호를 생략하여 ABC로 나타내기도 한다.

설명 수의 연산과 마찬가지로 다항식에서도 곱셈에 대한 교환법칙, 결합법칙, 분배법칙이 성립한다.

example 세 다항식 $A=x+1$, $B=x^2$, $C=-x+1$에 대하여
(1) $AB=(x+1)x^2=x^3+x^2$, $BA=x^2(x+1)=x^3+x^2$
　$\therefore AB=BA$ → 다항식의 곱셈에 대한 교환법칙이 성립한다.
(2) $(AB)C=\{(x+1)x^2\}(-x+1)=(x^3+x^2)(-x+1)$
　　　　$=-x^4+x^3-x^3+x^2=-x^4+x^2$
　$A(BC)=(x+1)\{x^2(-x+1)\}=(x+1)(-x^3+x^2)$
　　　　$=-x^4+x^3-x^3+x^2=-x^4+x^2$
　$\therefore (AB)C=A(BC)$ → 다항식의 곱셈에 대한 결합법칙이 성립한다.
(3) $A(B+C)=(x+1)\{x^2+(-x+1)\}=(x+1)(x^2-x+1)$
　　　　　$=x^3-x^2+x+x^2-x+1=x^3+1$
　$AB+AC=(x+1)x^2+(x+1)(-x+1)$
　　　　　$=(x^3+x^2)+(-x^2+x-x+1)=x^3+1$
　$\therefore A(B+C)=AB+AC$ → 다항식의 곱셈에 대한 분배법칙이 성립한다.

$$(4)\ (A+B)C=\{(x+1)+x^2\}(-x+1)=(x^2+x+1)(-x+1)$$
$$=-x^3+x^2-x^2+x-x+1=-x^3+1$$
$$AC+BC=(x+1)(-x+1)+x^2(-x+1)$$
$$=(-x^2+x-x+1)+(-x^3+x^2)=-x^3+1$$
$$\therefore\ (A+B)C=AC+BC\ \to\ \text{다항식의 곱셈에 대한 분배법칙이 성립한다.}$$

3 곱셈 공식

(1) $(a+b)^2=a^2+2ab+b^2,\ (a-b)^2=a^2-2ab+b^2$

(2) $(a+b)(a-b)=a^2-b^2$

(3) $(x+a)(x+b)=x^2+(a+b)x+ab$

(4) $(ax+b)(cx+d)=acx^2+(ad+bc)x+bd$

중학교에서 이미 학습한 내용이다.

(5) $(a+b+c)^2=a^2+b^2+c^2+2ab+2bc+2ca$

(6) $(a+b)^3=a^3+3a^2b+3ab^2+b^3,\ (a-b)^3=a^3-3a^2b+3ab^2-b^3$

(7) $(a+b)(a^2-ab+b^2)=a^3+b^3,\ (a-b)(a^2+ab+b^2)=a^3-b^3$

자주 나오는 공식이므로 반드시 알아 두어야 한다.

(8) $(x+a)(x+b)(x+c)=x^3+(a+b+c)x^2+(ab+bc+ca)x+abc$

설명

위의 (5)~(8)의 곱셈 공식을 확인해 보자.

(5) $(a+b+c)^2=\{(a+b)+c\}^2=(a+b)^2+2(a+b)c+c^2$ → 곱셈 공식 (1) 이용
$$=(a^2+2ab+b^2)+2ac+2bc+c^2$$ → 곱셈 공식 (1) 이용
$$=a^2+b^2+c^2+2ab+2bc+2ca$$

(6) $(a+b)^3=(a+b)^2(a+b)=(a^2+2ab+b^2)(a+b)$ → 곱셈 공식 (1) 이용
$$=a^3+a^2b+2a^2b+2ab^2+ab^2+b^3$$
$$=a^3+3a^2b+3ab^2+b^3$$ → $(a+b)^3=a^3+3a^2b+3ab^2+b^3$에 b 대신 $(-b)$를 대입히면 $(a-b)^3=a^3-3a^2b+3ab^2-b^3$을 확인할 수 있다.

(7) $(a+b)(a^2-ab+b^2)=a^3-a^2b+ab^2+a^2b-ab^2+b^3=a^3+b^3$
$$(a-b)(a^2+ab+b^2)=a^3+a^2b+ab^2-a^2b-ab^2-b^3=a^3-b^3$$

(8) $(x+a)(x+b)(x+c)=\{x^2+(a+b)x+ab\}(x+c)$ → 곱셈 공식 (3) 이용
$$=x^3+cx^2+(a+b)x^2+(a+b)cx+abx+abc$$
$$=x^3+(a+b+c)x^2+(ab+bc+ca)x+abc$$

example

(1) $(a-b+c)^2=a^2+(-b)^2+c^2+2\times a\times(-b)+2\times(-b)\times c+2\times c\times a$ → 곱셈 공식 (5) 이용
$$=a^2+b^2+c^2-2ab-2bc+2ca$$

(2) $(a-1)^3=a^3-3\times a^2\times 1+3\times a\times 1^2-1^3$ → 곱셈 공식 (6) 이용
$$=a^3-3a^2+3a-1$$

(3) $(a-2)(a^2+2a+4)=(a-2)(a^2+a\times 2+2^2)$ → 곱셈 공식 (7) 이용
$$=a^3-2^3=a^3-8$$

(4) $(a+1)(a+2)(a-2)=a^3+(1+2-2)a^2+\{1\times 2+2\times(-2)+(-2)\times 1\}a+1\times 2\times(-2)$
$$=a^3+a^2-4a-4$$ → 곱셈 공식 (8) 이용

● 정답 및 해설 003쪽

1 다음 식을 전개하시오.

(1) $(x+y-z)^2$

(2) $(x+1)^3$

(3) $(x-2)^3$

(4) $(x+1)(x^2-x+1)$

답 (1) $x^2+y^2+z^2+2xy-2yz-2zx$ (2) x^3+3x^2+3x+1 (3) $x^3-6x^2+12x-8$ (4) x^3+1

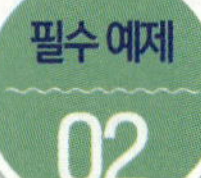

다항식의 전개식에서 계수 구하기

다항식 $(x^3+2x^2-x+1)(x+3)$의 전개식에서 다음을 구하시오.

(1) x의 계수

(2) x^3의 계수

(Tip) 주어진 식을 모두 전개하지 않고 x항, x^3항이 나오는 경우만 전개한다.

$A=x^3+2x^2-x+1$, $B=x+3$이라 하면 주어진 다항식의 전개식에서

(1) x항이 나오는 경우는

$(A$의 x항$)\times(B$의 상수항$)$, $(A$의 상수항$)\times(B$의 x항$)$

이므로

$(-x)\times3+1\times x=(-3x)+x=-2x$

따라서 x의 계수는 -2이다.

(2) x^3항이 나오는 경우는

$(A$의 x^3항$)\times(B$의 상수항$)$, $(A$의 x^2항$)\times(B$의 x항$)$

이므로

$x^3\times3+2x^2\times x=3x^3+2x^3=5x^3$

따라서 x^3의 계수는 5이다.

답 (1) -2 (2) 5

필수 공략 **다항식의 전개식에서 특정한 항의 계수 구하기**
➡ 분배법칙을 이용하여 특정한 항이 나오는 항들만 곱하여 계수를 구한다.

• 정답 및 해설 003쪽

유제 02-❶ 다항식 $(x^2-x+2)(x^3+2x-1)$의 전개식에서 x^3의 계수를 a, 상수항을 b라 할 때, $a+b$의 값을 구하시오.

유제 02-❷ 다항식 $(x^3+3x^2-2x-3)^2$의 전개식에서 x^4의 계수를 구하시오.

유제 02-❸ 다항식 $(x^2+3x+4)(2x^2+ax-3)$의 전개식에서 x^2의 계수가 -1일 때, 상수 a의 값을 구하시오.

필수 예제 03

곱셈 공식

다음 식을 전개하시오.

(1) $(2x+y+1)^2$

(2) $(x+2)^3$

(3) $(a+2)(a^2-2a+4)$

(4) $(x+1)(x+2)(x+3)$

풀이

(Tip) 각각의 식에 맞는 곱셈 공식을 적용하여 전개한다.

(1) $(2x+y+1)^2=(2x)^2+y^2+1^2+2\times2x\times y+2\times y\times1+2\times1\times2x$ → 필수 공략 (1)

$\qquad=4x^2+y^2+1+4xy+2y+4x$

(2) $(x+2)^3=x^3+3\times x^2\times2+3\times x\times2^2+2^3$ → 필수 공략 (2)

$\qquad=x^3+6x^2+12x+8$

(3) $(a+2)(a^2-2a+4)=(a+2)(a^2-a\times2+2^2)$ → 필수 공략 (3)

$\qquad=a^3+2^3=a^3+8$

(4) $(x+1)(x+2)(x+3)=x^3+(1+2+3)x^2+(1\times2+2\times3+3\times1)x+1\times2\times3$ → 필수 공략 (4)

$\qquad=x^3+6x^2+11x+6$

답 (1) $4x^2+y^2+1+4xy+2y+4x$ (2) $x^3+6x^2+12x+8$

(3) a^3+8 (4) $x^3+6x^2+11x+6$

필수 공략

(1) $(a+b+c)^2=a^2+b^2+c^2+2ab+2bc+2ca$

(2) $(a+b)^3=a^3+3a^2b+3ab^2+b^3$, $(a-b)^3=a^3-3a^2b+3ab^2-b^3$

(3) $(a+b)(a^2-ab+b^2)=a^3+b^3$, $(a-b)(a^2+ab+b^2)=a^3-b^3$

(4) $(x+a)(x+b)(x+c)=x^3+(a+b+c)x^2+(ab+bc+ca)x+abc$

• 정답 및 해설 004쪽

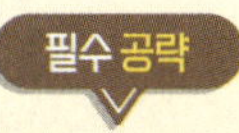

숫자 바꾼

유제 03-❶ 다음 식을 전개하시오.

(1) $(a-b-1)^2$

(2) $(2x-1)^3$

(3) $(2x-1)(4x^2+2x+1)$

(4) $(a-1)(a+2)(a-3)$

유제 03-❷ 다음 식을 전개하시오.

(1) $(x-1)(x+1)(x^2+1)(x^4+1)$

(2) $(a+b)^2(a-b)^2$

(3) $(a+2)^3(a-2)^3$

(4) $(x-y)(x+y)(x^2-xy+y^2)(x^2+xy+y^2)$

공통부분이 있는 다항식의 전개

다음 식을 전개하시오.

(1) $(x^2+x+2)(x^2+x-1)$

(2) $(x-1)(x-2)(x+3)(x+4)$

(Tip) 주어진 식 또는 전개 과정에서 공통부분을 치환하여 전개한다.

(1) $x^2+x=X$라 하면

$$(x^2+x+2)(x^2+x-1)=(X+2)(X-1)=X^2+X-2$$
$$=(x^2+x)^2+(x^2+x)-2$$
$$=x^4+2x^3+x^2+x^2+x-2$$
$$=x^4+2x^3+2x^2+x-2$$

(2) 두 일차식의 상수항의 합이 같도록 두 개씩 짝을 지어 전개하면 → 공통부분이 있는 식으로 변형한다.

$$(x-1)(x-2)(x+3)(x+4)=\{(x-1)(x+3)\}\{(x-2)(x+4)\} \quad →\text{상수항의 합이 2로 같다.}$$
$$=(x^2+2x-3)(x^2+2x-8)$$

이때 $x^2+2x=X$라 하면

$$(x-1)(x-2)(x+3)(x+4)=(X-3)(X-8)=X^2-11X+24$$
$$=(x^2+2x)^2-11(x^2+2x)+24$$
$$=x^4+4x^3+4x^2-11x^2-22x+24$$
$$=x^4+4x^3-7x^2-22x+24$$

답 (1) $x^4+2x^3+2x^2+x-2$　(2) $x^4+4x^3-7x^2-22x+24$

필수 공략

식을 전개할 때

(ⅰ) 공통부분이 보이는 경우 ➡ 공통부분을 한 문자로 치환하여 전개한다.

(ⅱ) 공통부분이 보이지 않는 경우

　➡ 공통부분이 생기도록 식을 변형한 후 한 문자로 치환하여 전개한다.

　　특히, (일차식)×(일차식)×(일차식)×(일차식) 꼴의 경우 두 일차식의 상수항의 합 또는 곱이 같도록
　　두 개씩 짝을 지어 전개한다.

• 정답 및 해설 004쪽

유제 **04-❶** 다음 식을 전개하시오.

(1) $(x^2+x-1)(x^2+2x-1)$

(2) $x(x-1)(x+3)(x+4)$

유제 **04-❷** 다음 식을 전개하시오.

(1) $(x+y)(x+y-4)+1$

(2) $(x+1)(x+2)(x^2+3x-3)$

 필수 예제 **05**

곱셈 공식을 이용한 수의 계산

발전

곱셈 공식을 이용하여 $\dfrac{22^4}{21 \times 23 + 1}$의 값을 구하시오.

풀이

(Tip) $22 = x$로 치환하고, 두 수 21, 23을 각각 x에 대한 식으로 나타낸 후 곱셈 공식을 이용한다.

$22 = x$라 하면

$21 = x - 1$, $23 = x + 1$이므로

$$\frac{22^4}{21 \times 23 + 1} = \frac{x^4}{(x-1)(x+1)+1}$$

$$= \frac{x^4}{(x^2-1)+1}$$

$$= \frac{x^4}{x^2} = x^2 \ (\because \ x \neq 0)$$

$$= 22^2 = 484$$

답 484

필수 공략

여러 가지 연산으로 이루어진 복잡한 수의 계산

➡ 수를 문자로 치환한 후 곱셈 공식을 이용한다.

참고 가장 많이 나오는 수 또는 거듭제곱 꼴인 수를 x로 치환하면 계산이 간단해진다.

● 정답 및 해설 005쪽

 숫자 바꾼

유제 **05-❶** 곱셈 공식을 이용하여 다음 값을 구하시오.

(1) $\dfrac{44 \times 46^2}{44 \times 48 + 4}$

(2) $\dfrac{34 \times 38 - 36^2}{35 \times 37 - 36^2}$

유제 **05-❷** 다음 중 $99 \times 10101 \times 1000001$과 값이 같은 것은?

① $10^6 - 1$ ② $10^6 + 1$ ③ $10^9 - 1$ ④ $10^9 + 1$ ⑤ $10^{12} - 1$

유제 **05-❸** $(2+1)(2^2+1)(2^4+1)(2^8+1)$의 값이 $2^a - 1$일 때, 자연수 a의 값을 구하시오.

집중 연습

● 다항식의 곱셈

곱셈 공식

01 다음 식을 전개하시오.

(1) $(x+y-2)^2$

(2) $(a^2-2a+1)^2$

(3) $(2x+1)^3$

(4) $(3x-2)^3$

(5) $(a-3)(a^2+3a+9)$

(6) $(3x+1)(9x^2-3x+1)$

(7) $(2a-3)(4a^2+6a+9)$

(8) $(x+1)(x+3)(x-2)$

(9) $(x-y)(x+y)(x^2+y^2)(x^4+y^4)$

(10) $(x+2y)^2(x-2y)^2$

(11) $(a+b)^3(a-b)^3$

(12) $(a-b)^2(a^2+ab+b^2)^2$

공통부분이 있는 다항식의 전개

02 다음 식을 전개하시오.

(1) $(2x^2+x-2)(2x^2+x+3)$

(2) $(x+2y-3)(x-2y+3)$

(3) $(x+1)(x+2)(x+3)(x+4)$

(4) $(x+1)(x+3)(x-2)(x-6)$

(5) $(x^2+1)(x^2+x+1)+1$

(6) $(a+1)(a-1)(a^2-3a-1)$

소단원 점검 문제

01 두 다항식 A, B에 대하여
$$2A+B=7xy-3y^2,\ A+2B=-3x^2+2xy$$
일 때, $X+B=2A$를 만족시키는 다항식 X는?

① $-3x^2+xy-4y^2$ ② $-3x^2+10xy$ ③ $7xy-3y^2$

④ $x^2+3xy-y^2$ ⑤ $4x^2+9xy-5y^2$

02 다항식 $(x^4+ax^3+3x^2+bx+1)^2$의 전개식에서 x^4의 계수가 19일 때, ab의 값은? (단, a, b는 상수이다.)

① 0 ② 1 ③ 2 ④ 3 ⑤ 4

03 다항식 $(a+2)(a-2)(a^2-2a+4)(a^2+2a+4)$를 전개하면?

① a^6-64 ② a^6+64 ③ a^6-a^3-64

④ a^6+a^3-64 ⑤ a^6+a^3+64

04  두 실수 a, b에 대하여 $(a+b-1)\{(a+b)^2+a+b+1\}=8$일 때, $(a+b)^3$의 값은?

① 5 ② 6 ③ 7 ④ 8 ⑤ 9

05 곱셈 공식을 이용하여 $\dfrac{99(98^2-97)-1}{98^3}$의 값을 구하시오.

곱셈 공식의 변형

1 곱셈 공식의 변형

(1) $a^2+b^2=(a+b)^2-2ab$, $a^2+b^2=(a-b)^2+2ab$

(2) $(a+b)^2=(a-b)^2+4ab$, $(a-b)^2=(a+b)^2-4ab$

(3) $a^3+b^3=(a+b)^3-3ab(a+b)$, $a^3-b^3=(a-b)^3+3ab(a-b)$

(4) $a^2+b^2+c^2=(a+b+c)^2-2(ab+bc+ca)$

(5) $a^2+b^2+c^2+ab+bc+ca=\dfrac{1}{2}\{(a+b)^2+(b+c)^2+(c+a)^2\}$

$a^2+b^2+c^2-ab-bc-ca=\dfrac{1}{2}\{(a-b)^2+(b-c)^2+(c-a)^2\}$

 위의 (3)~(5)의 곱셈 공식의 변형을 확인해 보자.

(3) $(a+b)^3=a^3+3a^2b+3ab^2+b^3$에서

$$a^3+b^3=(a+b)^3-3a^2b-3ab^2=(a+b)^3-3ab(a+b)$$

(4) $(a+b+c)^2=a^2+b^2+c^2+2ab+2bc+2ca$에서

$$a^2+b^2+c^2=(a+b+c)^2-2ab-2bc-2ca=(a+b+c)^2-2(ab+bc+ca)$$

(5) $a^2+b^2+c^2+ab+bc+ca=\dfrac{1}{2}(2a^2+2b^2+2c^2+2ab+2bc+2ca)$

$$=\dfrac{1}{2}\{(a^2+2ab+b^2)+(b^2+2bc+c^2)+(c^2+2ca+a^2)\}$$

$$=\dfrac{1}{2}\{(a+b)^2+(b+c)^2+(c+a)^2\}$$

또한 위의 (1), (3)의 식에 a 대신 x, b 대신 $\dfrac{1}{x}$을 대입하면 다음과 같다.

(1) $x^2+\dfrac{1}{x^2}=\left(x+\dfrac{1}{x}\right)^2-2$, $x^2+\dfrac{1}{x^2}=\left(x-\dfrac{1}{x}\right)^2+2$ → $x\times\dfrac{1}{x}=1$이다.

(3) $x^3+\dfrac{1}{x^3}=\left(x+\dfrac{1}{x}\right)^3-3\left(x+\dfrac{1}{x}\right)$, $x^3-\dfrac{1}{x^3}=\left(x-\dfrac{1}{x}\right)^3+3\left(x-\dfrac{1}{x}\right)$

example

(1) $x+y=3$, $xy=1$일 때, x^3+y^3의 값을 구해 보면

$x^3+y^3=(x+y)^3-3xy(x+y)$

$=3^3-3\times1\times3=18$ → x, y의 값을 각각 구하여 계산하는 것보다 곱셈 공식의 변형을 이용하는 것이 계산이 간편하다.

(2) $a+b+c=2$, $ab+bc+ca=-1$일 때, $a^2+b^2+c^2$의 값을 구해 보면

$a^2+b^2+c^2=(a+b+c)^2-2(ab+bc+ca)$

$=2^2-2\times(-1)=6$

• 정답 및 해설 007쪽

 **1** $x+y=1$, $xy=-2$일 때, 다음 식의 값을 구하시오.

(1) x^2+y^2 (2) $(x-y)^2$ (3) x^3+y^3

2 $x+y+z=0$, $xy+yz+zx=-7$일 때, $x^2+y^2+z^2$의 값을 구하시오.

답 **1.** (1) 5   (2) 9   (3) 7   **2.** 14

 **필수 예제 01**

곱셈 공식의 변형; 문자가 2개인 경우

다항식의 연산

$x+y=3$, $x^2+y^2=13$일 때, 다음 식의 값을 구하시오. (단, $x>y$)

(1) xy $\qquad$ (2) $x-y$ $\qquad$ (3) x^3+y^3

 **풀이**

(Tip) 문자가 2개이므로 문자가 2개인 곱셈 공식의 변형을 이용한다.

(1) $(x+y)^2=x^2+y^2+2xy$에서

$\quad 3^2=13+2xy$

$\quad 2xy=-4$

$\quad \therefore xy=-2$

(2) (1)에서 $xy=-2$이므로

$\quad (x-y)^2=(x+y)^2-4xy$

$\qquad\qquad =3^2-4\times(-2)=17$

$\quad \therefore x-y=\sqrt{17}\ (\because x>y)$

$\qquad\qquad\qquad\quad \longrightarrow x-y>0$, 즉 $x-y$의 값은 양수이다.

(3) (1)에서 $xy=-2$이므로

$\quad x^3+y^3=(x+y)^3-3xy(x+y)$

$\qquad\qquad =3^3-3\times(-2)\times3=45$

답 (1) -2 (2) $\sqrt{17}$ (3) 45

필수 공략

(1) $a^2+b^2=(a+b)^2-2ab$, $a^2+b^2=(a-b)^2+2ab$

(2) $(a+b)^2=(a-b)^2+4ab$, $(a-b)^2=(a+b)^2-4ab$

(3) $a^3+b^3=(a+b)^3-3ab(a+b)$, $a^3-b^3=(a-b)^3+3ab(a-b)$

● 정답 및 해설 007쪽

 **숫자 바꾼**

유제 01-❶ $x-y=-4$, $x^2+y^2=14$일 때, 다음 식의 값을 구하시오. (단, $x+y>0$)

(1) $x+y$ $\qquad$ (2) x^3-y^3 $\qquad$ (3) x^3+y^3

유제 01-❷ $xy=3$, $x^2+y^2=10$일 때, 다음 식의 값을 구하시오. (단, $x>y>0$)

(1) x^3+y^3 $\qquad$ (2) x^3-y^3

유제 01-❸ $xy=2$, $\dfrac{1}{x}+\dfrac{1}{y}=3$일 때, x^2+y^2의 값을 구하시오.

곱셈 공식의 변형: $x+\dfrac{1}{x},\ x-\dfrac{1}{x}$ 꼴인 경우

$x+\dfrac{1}{x}=3$일 때, 다음 식의 값을 구하시오. (단, $x>1$)

(1) $x^2+\dfrac{1}{x^2}$ (2) $x^3+\dfrac{1}{x^3}$ (3) $x-\dfrac{1}{x}$ (4) $x^3-\dfrac{1}{x^3}$

(Tip) 곱셈 공식의 변형을 이용하거나 구하는 식을 제곱하여 $x\times\dfrac{1}{x}=1$을 이용한다.

(1) $x^2+\dfrac{1}{x^2}=\left(x+\dfrac{1}{x}\right)^2-2=3^2-2=7$

(2) $x^3+\dfrac{1}{x^3}=\left(x+\dfrac{1}{x}\right)^3-3\left(x+\dfrac{1}{x}\right)=3^3-3\times3=18$

(3) $\left(x-\dfrac{1}{x}\right)^2=\left(x+\dfrac{1}{x}\right)^2-4=3^2-4=5$

이때 $x>1$에서 $x>\dfrac{1}{x}$이므로 $x-\dfrac{1}{x}=\sqrt{5}$

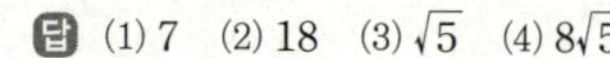

(4) (3)에서 $x-\dfrac{1}{x}=\sqrt{5}$이므로 $x-\dfrac{1}{x}>0$, 즉 $x-\dfrac{1}{x}$의 값은 양수이다.

$x^3-\dfrac{1}{x^3}=\left(x-\dfrac{1}{x}\right)^3+3\left(x-\dfrac{1}{x}\right)=(\sqrt{5})^3+3\times\sqrt{5}=8\sqrt{5}$

답   (1) 7   (2) 18   (3) $\sqrt{5}$ (4) $8\sqrt{5}$

$x^n\pm\dfrac{1}{x^n}$ (n은 자연수)의 값 구하기

➡ $x\pm\dfrac{1}{x}$을 거듭제곱하여 $x\times\dfrac{1}{x}=1$과 곱셈 공식의 변형을 이용한다.

(1) $x^2+\dfrac{1}{x^2}=\left(x+\dfrac{1}{x}\right)^2-2,\ x^2+\dfrac{1}{x^2}=\left(x-\dfrac{1}{x}\right)^2+2$

(2) $\left(x+\dfrac{1}{x}\right)^2=\left(x-\dfrac{1}{x}\right)^2+4,\ \left(x-\dfrac{1}{x}\right)^2=\left(x+\dfrac{1}{x}\right)^2-4$

(3) $x^3+\dfrac{1}{x^3}=\left(x+\dfrac{1}{x}\right)^3-3\left(x+\dfrac{1}{x}\right),\ x^3-\dfrac{1}{x^3}=\left(x-\dfrac{1}{x}\right)^3+3\left(x-\dfrac{1}{x}\right)$

• 정답 및 해설 007쪽

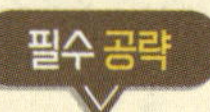

유제 02-❶ $x-\dfrac{1}{x}=4$일 때, 다음 식의 값을 구하시오. (단, $x>1$)

(1) $x^2+\dfrac{1}{x^2}$ (2) $x^3-\dfrac{1}{x^3}$ (3) $x+\dfrac{1}{x}$ (4) $x^3+\dfrac{1}{x^3}$

유제 02-❷ $x^2-5x+1=0$일 때, $x^3+\dfrac{1}{x^3}$의 값을 구하시오.

곱셈 공식의 변형; 문자가 3개인 경우

$a+b+c=5$, $a^2+b^2+c^2=13$일 때, 다음 식의 값을 구하시오.

(1) $ab+bc+ca$

(2) $(a-b)^2+(b-c)^2+(c-a)^2$

(Tip) 문자가 3개이므로 문자가 3개인 곱셈 공식의 변형을 이용한다.

(1) $(a+b+c)^2=a^2+b^2+c^2+2(ab+bc+ca)$에서

$5^2=13+2(ab+bc+ca)$

$2(ab+bc+ca)=12$

$\therefore ab+bc+ca=6$

(2) (1)에서 $ab+bc+ca=6$이므로

$a^2+b^2+c^2-ab-bc-ca=\dfrac{1}{2}\{(a-b)^2+(b-c)^2+(c-a)^2\}$에서

$13-6=\dfrac{1}{2}\{(a-b)^2+(b-c)^2+(c-a)^2\}$

$\dfrac{1}{2}\{(a-b)^2+(b-c)^2+(c-a)^2\}=7$

$\therefore (a-b)^2+(b-c)^2+(c-a)^2=14$

답 (1) 6 (2) 14

필수 공략

(1) $a^2+b^2+c^2=(a+b+c)^2-2(ab+bc+ca)$

(2) $a^2+b^2+c^2+ab+bc+ca=\dfrac{1}{2}\{(a+b)^2+(b+c)^2+(c+a)^2\}$

$a^2+b^2+c^2-ab-bc-ca=\dfrac{1}{2}\{(a-b)^2+(b-c)^2+(c-a)^2\}$

• 정답 및 해설 008쪽

유제 03-❶ $x+y+z=3$, $x^2+y^2+z^2=19$일 때, 다음 식의 값을 구하시오.

(1) $xy+yz+zx$

(2) $(x+y)^2+(y+z)^2+(z+x)^2$

유제 03-❷ $x+y-z=5$, $xy-yz-zx=4$일 때, $x^2+y^2+z^2$의 값은?

① 15 ② 17 ③ 19 ④ 21 ⑤ 23

유제 03-❸ $a-b=3$, $b-c=4$일 때, $a^2+b^2+c^2-ab-bc-ca$의 값을 구하시오.

곱셈 공식의 도형에의 활용

오른쪽 그림과 같이 선분 AC를 지름으로 하는 원에 내접하는 직사각형
ABCD가 있다. $\overline{AC}=10$이고 직사각형 ABCD의 둘레의 길이가 24일 때,
직사각형 ABCD의 넓이를 구하시오.

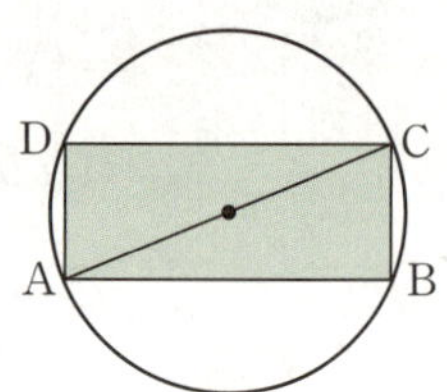

풀이

(**Tip**) 직사각형의 가로의 길이와 세로의 길이를 각각 미지수로 놓고 식을 세운다.

$\overline{AB}=a$, $\overline{BC}=b$라 하면 피타고라스 정리에 의하여

$\overline{AB}^2+\overline{BC}^2=\overline{AC}^2$에서 → ∠ABC는 선분 AC, 즉 원의 지름의 원주각이므로
$\qquad\qquad\qquad\qquad\qquad$ ∠ABC$=90°$이다. 즉, 삼각형 ABC는 직각삼각형이다.

$a^2+b^2=100$

또한, 직사각형 ABCD의 둘레의 길이가 24이므로

$2(a+b)=24 \qquad \therefore a+b=12$

이때 직사각형 ABCD의 넓이는 ab이고

$(a+b)^2=a^2+b^2+2ab$에서 $12^2=100+2ab$

$2ab=44 \qquad \therefore ab=22$

따라서 직사각형 ABCD의 넓이는 22이다.

답 22

필수 공략

곱셈 공식을 이용하여 도형의 길이, 넓이, 부피 등은 다음과 같은 순서로 구한다.
❶ 주어진 도형에서 사각형의 가로의 길이, 세로의 길이 또는 삼각형의 밑변의 길이, 높이 등을 미지수를
　 이용하여 나타낸다.
❷ 구하려고 하는 길이, 넓이, 부피 등을 미지수를 이용하여 나타낸다.
❸ 곱셈 공식 또는 곱셈 공식의 변형을 이용한다.

• 정답 및 해설 008쪽

숫자 바꾼

유제 04-❶ 오른쪽 그림과 같이 선분 AB를 지름으로 하는 원에 내접하는 삼각형 ABC가
있다. $\overline{AB}=12$이고 삼각형 ABC의 넓이가 13일 때, 삼각형 ABC의 둘레의
길이를 구하시오.

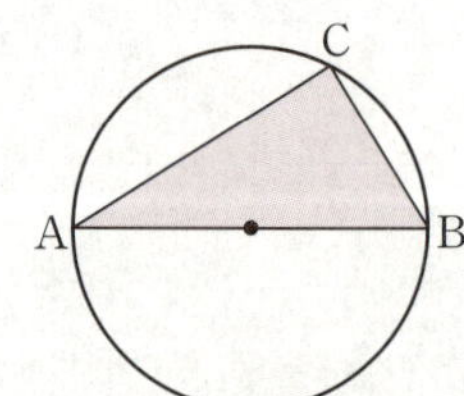

유제 04-❷ 오른쪽 그림과 같은 직육면체의 모든 모서리의 길이의 합이 20이고 겉넓이가
12일 때, 이 직육면체의 대각선의 길이를 구하시오.

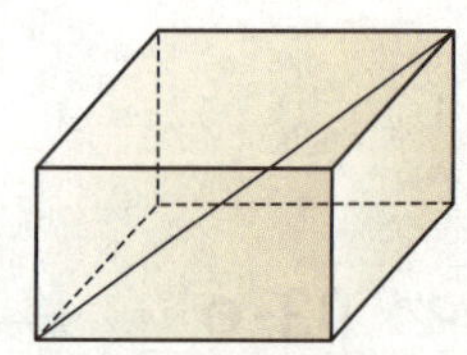

집중 연습

· 곱셈 공식의 변형

문자가 2개인 경우

01 $x-y=4$, $xy=1$일 때, 다음 식의 값을 구하시오. (단, $x>0$, $y>0$)

(1) x^2+y^2　　　　(2) $x+y$　　　　(3) x^3-y^3　　　　(4) x^3+y^3

02 $x+y=3$, $x^3+y^3=9$일 때, 다음 식의 값을 구하시오. (단, $x>y$)

(1) xy　　　　(2) x^2+y^2　　　　(3) $x-y$　　　　(4) x^3-y^3

$x+\dfrac{1}{x}$, $x-\dfrac{1}{x}$ 꼴인 경우

03 $x+\dfrac{1}{x}=4$일 때, 다음 식의 값을 구하시오. (단, $x>1$)

(1) $x^2+\dfrac{1}{x^2}$　　　　(2) $x^3+\dfrac{1}{x^3}$　　　　(3) $x-\dfrac{1}{x}$　　　　(4) $x^3-\dfrac{1}{x^3}$

04 $x^2+\dfrac{1}{x^2}=7$일 때, 다음 식의 값을 구하시오. (단, $x>1$)

(1) $x^3+\dfrac{1}{x^3}$　　　　(2) $x^3-\dfrac{1}{x^3}$

문자가 3개인 경우

05 다음을 만족시키는 x, y, z에 대하여 $x^2+y^2+z^2$의 값을 구하시오.

(1) $x+y+z=4$, $xy+yz+zx=3$　　　　(2) $x+y+z=1$, $xy+yz+zx=-1$

06 다음을 만족시키는 x, y, z에 대하여 $xy+yz+zx$의 값을 구하시오.

(1) $x+y+z=2$, $x^2+y^2+z^2=8$　　　　(2) $x+y+z=-2$, $x^2+y^2+z^2=20$

04 다항식의 나눗셈

(다항식)÷(다항식)은 다음과 같은 순서로 계산한다.

❶ 두 다항식을 각각 내림차순으로 정리한다.

❷ 자연수의 나눗셈과 같은 방법으로 계산한다.

이때 나머지의 차수가 나누는 식의 차수보다 낮을 때까지 계산한다.

참고 다항식 $a+b$를 단항식 m $(m\neq0)$으로 나눌 때, $(a+b)\div m=(a+b)\times\dfrac{1}{m}=\dfrac{a}{m}+\dfrac{b}{m}$이다.

 **설명**

다항식의 나눗셈은 (다항식)÷(단항식), (다항식)÷(다항식) 꼴이 있다.

(다항식)÷(다항식) 꼴의 계산은 각 다항식을 내림차순으로 정리한 다음 차수를 맞춰서 계산한다.

이때 계수가 0인 항의 자리는 그 자리를 비워 둔다.

example $(x^3-3x^2+1)\div(x+1)$은 다음과 같이 계산할 수 있다.

즉, 다항식 x^3-3x^2+1을 다항식 $x+1$로 나누었을 때의 몫은 x^2-4x+4이고, 나머지는 -3이다.

다항식 A를 다항식 B $(B\neq0)$로 나누었을 때의 몫을 Q, 나머지를 R라 하면

$$A=BQ+R \quad (단, (R의 차수)<(B의 차수))$$

특히 $R=0$이면 $A=BQ$이고, A는 B로 나누어떨어진다고 한다.

 **설명**

참고 다항식 $P(x)$에 대하여 나머지의 차수는 나누는 식의 차수보다 낮아야 하므로

(1) 일차식으로 나누면 나머지는 상수이다.

➡ 일차식으로 나누었을 때, 나머지를 a (a는 상수)라 한다.

(2) 이차식으로 나누면 나머지는 일차식 또는 상수이다.

➡ 이차식으로 나누었을 때, 나머지를 $ax+b$ (a, b는 상수)라 한다. → 나머지가 상수가 될 수 있으므로 $a=0$일 수 있다.

(3) 삼차식으로 나누면 나머지는 이차식 또는 일차식 또는 상수이다.

➡ 삼차식으로 나누었을 때, 나머지를 ax^2+bx+c (a, b, c는 상수)라 한다. → 나머지가 일차식 또는 상수가 될 수 있으므로 $a=0$ 또는 $a=0$, $b=0$일 수 있다.

● 정답 및 해설 009쪽

 **개념 확인**

1 다항식 $P(x)$를 $x-2$로 나누었을 때의 몫이 $3x^2+5$이고 나머지가 -2일 때, $P(x)$를 구하시오.

답 $3x^3-6x^2+5x-12$

집중 연습

• **다항식의 나눗셈**

다항식의 나눗셈

01 다음 나눗셈에서 □ 안에 알맞은 것을 써넣고, 몫과 나머지를 각각 구하시오.

(1)
$$
\begin{array}{r}
\boxed{}\;-5x\;+\boxed{} \\
x+1\,\overline{)\,x^3\;-4x^2\;+\;2x\;+1} \\
\underline{x^3\;+\;x^2} \\
-5x^2\;+\boxed{} \\
\underline{-5x^2\;-\;5x} \\
7x\;+1 \\
\underline{7x\;+7} \\
\boxed{}
\end{array}
$$

(2)
$$
\begin{array}{r}
\boxed{}\,+1 \\
2x^2-1\,\overline{)\,6x^3+2x^2+1} \\
\underline{6x^3-3x} \\
2x^2+\boxed{}+1 \\
\underline{2x^2-1} \\
\boxed{}\,+2
\end{array}
$$

02 다음 다항식의 나눗셈의 몫과 나머지를 각각 구하시오.

(1) $(x^3-6x^2+9x+5)\div(x-2)$

(2) $(2x^3-5x^2+4x-3)\div(2x-1)$

(3) $(3x^3-7x^2-2x-3)\div(-x+3)$

(4) $(-4x^3+6x^2-4x-3)\div(-2x-1)$

(5) $(x^4-4x^3+3x^2-5x+1)\div(x-1)$

(6) $(3x^4-4x^3+2x^2-5x)\div(3x+2)$

(7) $(-2x^4+x^3-3x^2+x+4)\div(x^2+1)$

(8) $(3x^4+2x^3-x^2-5x+1)\div(x^2+x-2)$

다항식의 나눗셈에 대한 등식

03 다음 두 다항식 A, B에 대하여 A를 B로 나누었을 때의 몫 Q와 나머지 R를 구하고, $A=BQ+R$ 꼴로 나타내시오.

(1) $A=3x^3+x^2-4x-1,\ B=x-1$

(2) $A=-2x^3+x+4,\ B=x^2+x+1$

다항식의 나눗셈

다항식 $4x^3-6x^2+2x+1$을 $2x+1$로 나누었을 때의 몫이 $2x^2+ax+b$, 나머지가 c일 때, $a+b+c$의 값을 구하시오. (단, a, b, c는 상수이다.)

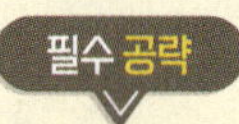

(Tip) 직접 나누어 몫과 나머지를 구한다. 이때 차수를 맞춰서 계산한다.

다항식 $4x^3-6x^2+2x+1$을 $2x+1$로 나누면 다음과 같다.

$$\begin{array}{r}
2x^2-4x+3 \\
2x+1\,\overline{)\,4x^3-6x^2+2x+1} \\
\underline{4x^3+2x^2\phantom{{}+2x+1}} \\
-8x^2+2x\phantom{{}+1} \\
\underline{-8x^2-4x\phantom{{}+1}} \\
6x+1 \\
\underline{6x+3} \\
-2
\end{array}$$

따라서 $4x^3-6x^2+2x+1$을 $2x+1$로 나누었을 때의 몫은 $2x^2-4x+3$, 나머지는 -2이므로

$a=-4$, $b=3$, $c=-2$

$\therefore a+b+c=(-4)+3+(-2)=-3$

답 -3

필수 공략 다항식의 나눗셈은 다음과 같은 순서로 계산한다.
❶ 나누어지는 식과 나누는 식을 각각 내림차순으로 정리한다.
❷ 자연수의 나눗셈과 같은 방법으로 계산하되, 나머지의 차수가 나누는 식의 차수보다 낮을 때까지 계산한다.

• 정답 및 해설 010쪽

숫자 바꾼

유제 **05-❶** 다항식 $3x^4+4x^3-x^2-2x+1$을 x^2+x-2로 나누었을 때의 몫이 $3x^2+ax+b$, 나머지가 $-4x+c$일 때, $a+b+c$의 값을 구하시오. (단, a, b, c는 상수이다.)

유제 **05-❷** 오른쪽은 다항식 $4x^4+2x^3-6x^2-2x+1$을 $2x+a$로 나누는 과정이다. 상수 a, b, c, d에 대하여 $a+b+c+d$의 값을 구하시오.

$$\begin{array}{r}
2x^3+cx^2-1 \\
2x+a\,\overline{)\,4x^4+2x^3-6x^2-2x+1} \\
\underline{4x^4+bx^3\phantom{{}-6x^2-2x+1}} \\
-4x^3-6x^2\phantom{{}-2x+1} \\
\underline{-4x^3-6x^2\phantom{{}-2x+1}} \\
-2x+1 \\
\underline{-2x-a} \\
d
\end{array}$$

필수 예제 06 — 다항식의 나눗셈에 대한 등식

다항식 x^3-2x^2+5x-2를 다항식 A로 나누었을 때의 몫이 $x-1$이고 나머지가 2일 때, A를 구하시오.

풀이

(Tip) 다항식 x^3-2x^2+5x-2를 나눗셈에 대한 등식으로 나타낸 후 다항식 A를 구한다.

다항식 x^3-2x^2+5x-2를 다항식 A로 나누었을 때의 몫이 $x-1$이고 나머지가 2이므로

$$x^3-2x^2+5x-2=A(x-1)+2$$
$$A(x-1)=x^3-2x^2+5x-4$$
$$\therefore A=(x^3-2x^2+5x-4)\div(x-1)$$
$$=x^2-x+4$$

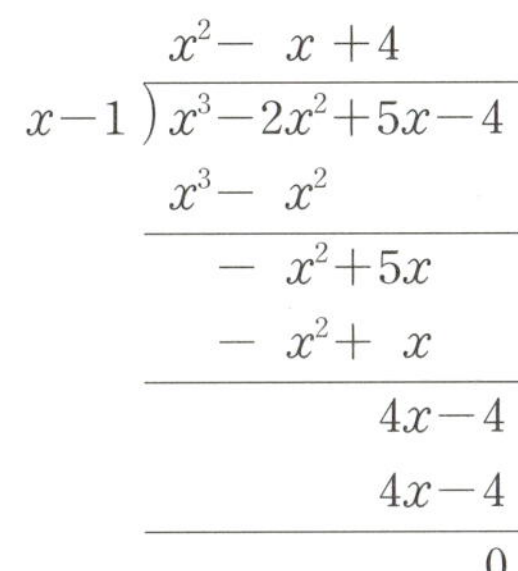

답 x^2-x+4

필수 공략

다항식 A를 다항식 B $(B\neq0)$로 나누었을 때의 몫을 Q, 나머지를 R라 하면
➡ $A=BQ+R$ (단, $(R$의 차수$)<(B$의 차수$))$
   $B=(A-R)\div Q$ → $A-R$는 Q로 나누어떨어진다.

• 정답 및 해설 011쪽

유제 06-❶ 다항식 $2x^3+x^2-3x-1$을 다항식 A로 나누었을 때의 몫이 $x+1$이고 나머지가 $3x+4$일 때, A를 구하시오.

유제 06-❷ 다항식 $P(x)$를 $x+1$로 나누었을 때의 몫이 $2x^2-5x+6$이고 나머지가 -7일 때, $P(x)$를 x^2-2x-2로 나누었을 때의 몫과 나머지를 각각 구하시오.

유제 06-❸ 다음 중 다항식 $P(x)$를 $x+\dfrac{2}{3}$로 나누었을 때의 몫을 $Q(x)$, 나머지를 R라 할 때, $P(x)$를 $3x+2$로 나누었을 때의 몫과 나머지를 차례대로 구한 것은?

① $\dfrac{1}{3}Q(x),\ R$　　　② $\dfrac{1}{2}Q(x),\ 3R$　　　③ $Q(3x),\ 2R$

④ $3Q(x),\ R$　　　⑤ $2Q(x),\ 3R$

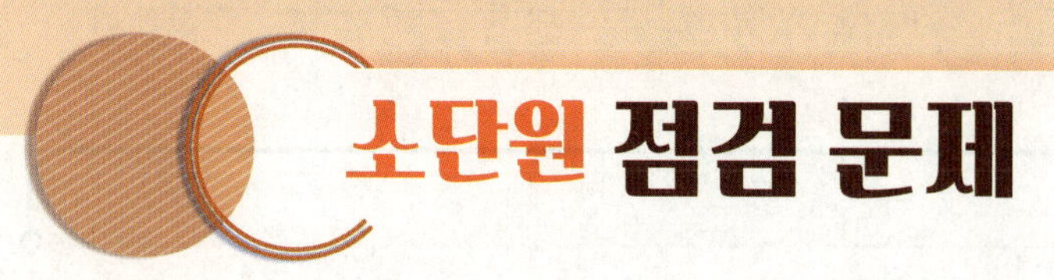

소단원 점검 문제

곱셈 공식의 변형; 문자가 2개인 경우

01 $x=\sqrt{5}+2$, $y=\sqrt{5}-2$일 때, $\dfrac{y^2}{x}+\dfrac{x^2}{y}$의 값은?

① $30\sqrt{5}$　　　② $32\sqrt{5}$　　　③ $34\sqrt{5}$　　　④ $36\sqrt{5}$　　　⑤ $38\sqrt{5}$

곱셈 공식의 변형; $x+\dfrac{1}{x}$, $x-\dfrac{1}{x}$ 꼴인 경우

02 $x-\dfrac{1}{x}=2$일 때, $x^4+\dfrac{1}{x^4}$의 값은?

① 33　　　② 34　　　③ 35　　　④ 36　　　⑤ 37

곱셈 공식의 변형; 문자가 3개인 경우

03 $x+y+z=0$, $x^2+y^2+z^2=6$일 때, $x^2y^2+y^2z^2+z^2x^2$의 값은?

① 6　　　② 7　　　③ 8　　　④ 9　　　⑤ 10

곱셈 공식의 변형; 문자가 3개인 경우

04 $y-x=1$, $z-x=3$일 때, $x^2+y^2+z^2-xy-yz-zx$의 값을 구하시오.

곱셈 공식의 도형에의 활용

05
(교육청)
그림과 같이 $\angle C = 90°$인 직각삼각형 ABC가 있다. $\overline{AB} = 2\sqrt{6}$이고 삼각형 ABC의 넓이가 3일 때, $\overline{AC}^3 + \overline{BC}^3$의 값을 구하시오.

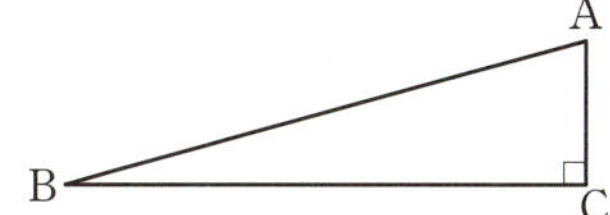

다항식의 나눗셈

06
다항식 $2x^4 - x^3 + 3x^2 + 1$을 $x^2 + 1$로 나누었을 때의 몫을 $Q(x)$, 나머지를 $R(x)$라 할 때, $Q(1) + R(2)$의 값은?

① 4　　　　② 8　　　　③ 12　　　　④ 16　　　　⑤ 20

다항식의 나눗셈에 대한 등식

07
다항식 $P(x)$를 $x^2 - 1$로 나누었을 때의 몫이 $Q(x)$, 나머지가 $2x + 1$일 때, $P(x)$를 $x - 1$로 나누었을 때의 나머지는?

① -1　　　　② 0　　　　③ 1　　　　④ 2　　　　⑤ 3

다항식의 나눗셈에 대한 등식

08
다음 중 다항식 $P(x)$를 $x - \dfrac{1}{2}$로 나누었을 때의 몫을 $Q(x)$, 나머지를 R라 할 때, $xP(x)$를 $2x - 1$로 나누었을 때의 몫과 나머지를 차례대로 구한 것은?

① $\dfrac{1}{2}\{xQ(x) - R\}, \dfrac{1}{2}R$　　　　② $\dfrac{1}{2}\{xQ(x) + R\}, \dfrac{1}{2}R$　　　　③ $\dfrac{1}{2}\{xQ(x) + R\}, 2R$

④ $2\{xQ(x) + R\}, \dfrac{1}{2}R$　　　　⑤ $2\{xQ(x) + R\}, 2R$

01

두 다항식 $A=x^2+4x+3$, $B=2x^2+x+1$에 대하여 $3A+4X=A+2(B+X)$를 만족시키는 다항식 X는?

① $-x^2-4x+2$　　　　② $-x^2+x-1$

③ x^2-3x-2　　　　④ x^2+x+1

⑤ x^2+3x+4

02 교육청

두 밑변 AD, BC의 길이가 각각 x^2-2x+3, $2x^2+x+6$이고 높이가 4인 사다리꼴 ABCD가 있다. 선분 CD의 중점을 E라 할 때, 사각형 ABED의 넓이는?

① $3x^2-x+8$　　　　② $3x^2-x+9$

③ $4x^2-3x+12$　　　　④ $4x^2-3x+13$

⑤ $5x^2-3x+14$

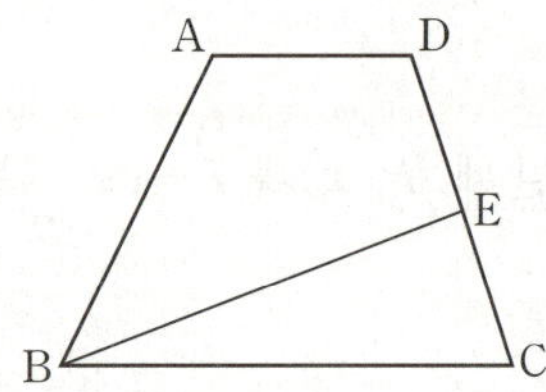

03

두 다항식 A, B에 대하여 $2A+B=4x^2+5x-1$, $A-2B=-3x^2+5x-3$일 때, $A+B$를 계산하시오.

04

다항식 $(x^3+ax+2)(2x^2+x+b)$의 전개식에서 상수항이 -4이고, x^3의 계수가 4일 때, $a+b$의 값을 구하시오.
（단, a, b는 상수이다.）

05

다항식 $(x+1)(x+2)(x+3)(x+4)(x+5)(x+6)$의 전개식에서 x^5의 계수를 구하시오.

06 교육청

다항식 $(x+a)^3+x(x-4)$의 전개식에서 x^2의 계수가 10일 때, 상수 a의 값을 구하시오.

07

다항식 $(x^2-2x-1)^3+(x^2+2x-1)^3$을 전개하면 $ax^6+bx^4+cx^2+d$이다. 상수 a, b, c, d에 대하여 $ab-cd$의 값은?

① -8　　　　② -4　　　　③ 0

④ 4　　　　⑤ 8

08

곱셈 공식을 이용하여 $\dfrac{74^2-64\times84}{47^2-42\times52}$의 값을 구하면?

① 4　　　　② 8　　　　③ 12

④ 16　　　　⑤ 20

09

곱셈 공식을 이용하여 $\dfrac{29\times30\times33\times34+4}{(30\times33-2)^2}$ 의 값을 구하면?

① $\dfrac{1}{30}$　　② $\dfrac{1}{15}$　　③ $\dfrac{1}{5}$

④ $\dfrac{1}{3}$　　⑤ 1

10

$xy=2$, $\dfrac{1}{x}+\dfrac{1}{y}=2$일 때, x^5+y^5의 값을 구하시오.

11 서술형

$x^2=4x-1$일 때, $x^3+\dfrac{1}{x^3}$의 값을 구하시오.

12

$a+b+c=3$, $a^2+b^2+c^2=21$, $abc=-8$일 때, $a^2b^2+b^2c^2+c^2a^2$의 값을 구하시오.

13

오른쪽 그림과 같이 겉넓이가 190이고, 모든 모서리의 길이의 합이 68인 직육면체 ABCD$-$EFGH가 있다. $\overline{BG}^2+\overline{GD}^2+\overline{DB}^2$의 값을 구하시오.

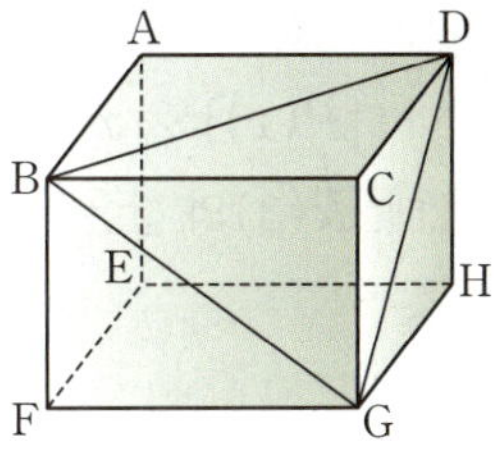

14

오른쪽 그림과 같이 밑면의 반지름의 길이가 $x+1$인 원기둥의 부피가 $(x^3+4x^2+5x+2)\pi$일 때, 이 원기둥의 높이는?

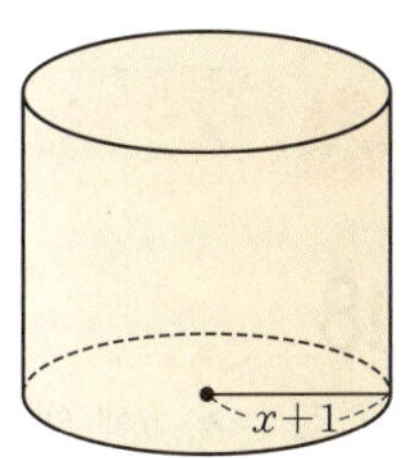

① $x+1$　　② $x+2$
③ $x+3$　　④ $(x+1)^2$
⑤ $(x+2)^2$

15 서술형

다항식 $P(x)$를 $(x-1)^3$으로 나누었을 때의 나머지가 x^2+x+1이다. $P(x)$를 $(x-1)^2$으로 나누었을 때의 나머지를 $R(x)$라 할 때, $R(2)$의 값을 구하시오.

16

다항식 $(x^2+x+1)^3$을 x^2+1로 나누었을 때의 나머지를 $R(x)$라 할 때, $R(-1)$의 값을 구하시오.

• 정답 및 해설 **014**쪽

17 교육청

다항식 $P(x)$를 x^2+1로 나누었을 때의 나머지가 $x+1$이다. $\{P(x)\}^2$을 x^2+1로 나누었을 때의 나머지가 $R(x)$일 때, $R(3)$의 값은?

① 6   ② 7   ③ 8

④ 9   ⑤ 10

내신 1% 뛰어 넘기

18

두 실수 a, b에 대하여 $a^2-b^2=2$일 때,
$$\{(a+b)^4+(a-b)^4\}^2-\{(a+b)^4-(a-b)^4\}^2$$
의 값은?

① 8   ② 16   ③ 32

④ 64   ⑤ 128

19

$x+y+z=5$, $x^2+y^2+z^2=15$, $\dfrac{1}{x}+\dfrac{1}{y}+\dfrac{1}{z}=5$일 때,

$\dfrac{1}{x^2}+\dfrac{1}{y^2}+\dfrac{1}{z^2}$의 값은? (단, $xyz\neq0$)

① 5   ② 10   ③ 15

④ 20   ⑤ 25

20

다항식 $P(x)$가
$$P\left(x+\frac{1}{x}\right)=x^3+\frac{1}{x^3}$$
을 만족시킨다. $P\left(x-\dfrac{1}{x}\right)=x^3+ax+\dfrac{b}{x}-\dfrac{1}{x^3}$ 을 만족시키는 두 상수 a, b에 대하여 $b-a$의 값을 구하시오.

21

$x^2-x-1=0$일 때, $x^4+x^3-x^2-4x+1$의 값은?

① -3 ② -1 ③ 1

④ 3   ⑤ 5

22 교육청

그림과 같이 중점이 O, 반지름의 길이가 4이고 중심각의 크기가 90°인 부채꼴 OAB가 있다. 호 AB 위의 점 P에서 두 선분 OA, OB에 내린 수선의 발을 각각 H, I라 하자. 삼각형 PIH 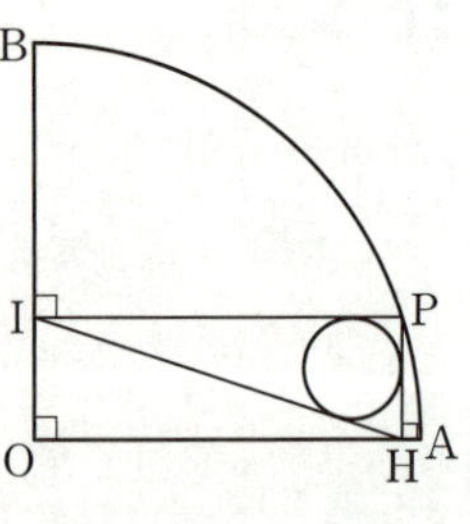에 내접하는 원의 넓이가 $\dfrac{\pi}{4}$일 때, $\overline{\text{PH}}^3+\overline{\text{PI}}^3$의 값은?

(단, 점 P는 점 A도 아니고 점 B도 아니다.)

① 56   ② $\dfrac{115}{2}$ ③ 59

④ $\dfrac{121}{2}$ ⑤ 62

Ⅱ-2

항등식과 나머지정리

 **항등식**

① 항등식의 성질

■ 항등식의 뜻

(1) 항등식: 문자를 포함한 등식에서 문자에 어떤 값을 대입하여도 항상 성립하는 등식

(2) 방정식: 문자를 포함한 등식에서 문자에 특정한 값을 대입하였을 때만 성립하는 등식

$$\text{등식} \begin{cases} \text{항등식} \\ \text{방정식} \end{cases}$$

> **참고** (1) 등식: 등호($=$)를 이용하여 두 수 또는 두 식이 같음을 나타낸 식
> (2) 부등식: 부등호($<$, $\leq$, $\geq$, $>$)를 이용하여 두 수 또는 두 식의 대소 관계를 나타낸 식
> (3) 다항식의 곱셈 공식은 모두 항등식이다.

■ 항등식의 성질

(1) ① $ax+b=0$이 x에 대한 항등식 $\Longleftrightarrow a=0,\ b=0$

② $ax+b=a'x+b'$이 x에 대한 항등식 $\Longleftrightarrow a=a',\ b=b'$

(2) ① $ax^2+bx+c=0$이 x에 대한 항등식 $\Longleftrightarrow a=0,\ b=0,\ c=0$

② $ax^2+bx+c=a'x^2+b'x+c'$이 x에 대한 항등식 $\Longleftrightarrow a=a',\ b=b',\ c=c'$

> **참고** 기호 '$\Longleftrightarrow$'는 좌우 양쪽의 문장 또는 수식이 서로 같은 의미임을 나타낸다.

 **항등식의 뜻**

주어진 등식을 간단히 정리한 후 미지수에 수를 대입하였을 때, 모든 수에 대하여 등식이 항상 성립하면 항등식이고 몇 개의 수에 대해서만 등식이 성립하면 방정식이다.
→ 주어진 식을 정리했을 때 양변이 같아도 항등식이다.

> **example** $(x-1)^2=x^2-2x+1$은 x에 어떤 값을 대입하여도 등식이 항상 성립하므로 항등식이고,
> $x^2-4=0$은 x에 -2 또는 2를 대입하였을 때만 등식이 성립하므로 방정식이다.

> **참고** 다음 표현은 모두 'x에 대한 항등식'임을 나타낸다.
> (1) 모든 x에 대하여 성립하는 등식
> (2) 임의의 x에 대하여 성립하는 등식
> (3) x의 값에 관계없이 항상 성립하는 등식
> (4) x가 어떤 값을 갖더라도 성립하는 등식
> (5) 어떤 x의 값에 대하여도 항상 성립하는 등식

항등식의 성질

(2) ① $ax^2+bx+c=0$이 x에 대한 항등식이면 x에 어떤 값을 대입하여도 등식이 항상 성립하므로

$x=0$을 대입하면 $c=0$

$x=1$을 대입하면 $a+b+c=0$, 즉 $a+b=0$ $\cdots\cdots$ ㉠

$x=-1$을 대입하면 $a-b+c=0$, 즉 $a-b=0$ $\cdots\cdots$ ㉡

㉠, ㉡을 연립하여 풀면 $a=0,\ b=0$

또한, $a=0,\ b=0,\ c=0$이면 $ax^2+bx+c=0$은 x에 어떤 값을 대입하여도 등식이 항상 성립하므로 x에 대한 항등식이다.

② $ax^2+bx+c=a'x^2+b'x+c'$에서 $(a-a')x^2+(b-b')x+(c-c')=0$

①에 의하여 $a-a'=0,\ b-b'=0,\ c-c'=0$ $\quad \therefore a=a',\ b=b',\ c=c'$

또한, $a=a',\ b=b',\ c=c'$이면 $ax^2+bx+c=a'x^2+b'x+c'$은 x에 어떤 값을 대입하여도 등식이 항상 성립하므로 x에 대한 항등식이다.

참고 앞의 설명과 같은 방법으로 다음과 같은 성질을 얻을 수 있다.
  ① $ax+by+c=0$이 x, y에 대한 항등식 $\Longleftrightarrow a=0$, $b=0$, $c=0$
  ② $ax+by+c=a'x+b'y+c'$이 x, y에 대한 항등식 $\Longleftrightarrow a=a'$, $b=b'$, $c=c'$

• 정답 및 해설 016쪽

개념 확인

1 |보기| 중 항등식인 것을 모두 고르시오.

┤ 보기 ├
ㄱ. $x^3+2x-4=2x-4+x^3$ ㄴ. $3x+2=x+4$
ㄷ. $2(x-3)=2x-6$ ㄹ. $(x+1)(x-2)=0$

2 다음 등식이 x에 대한 항등식이 되도록 하는 두 상수 a, b의 값을 각각 구하시오.

(1) $(a+1)x^2+(b-1)x=0$ (2) $ax^2+4x+1=3x^2+(b-2)x+1$

답 1. ㄱ, ㄷ   2. (1) $a=-1$, $b=1$ (2) $a=3$, $b=6$

---

2 미정계수법

항등식의 뜻과 성질을 이용하여 주어진 등식에서 정해져 있지 않은 계수를 정하는 방법을 미정계수법이라 한다. 미정계수법에는 계수비교법과 수치대입법이 있다.

방법 ❶ 계수비교법: 항등식의 양변의 동류항의 계수를 비교하여 미정계수를 정하는 방법

방법 ❷ 수치대입법: 항등식의 문자에 적당한 수를 대입하여 미정계수를 정하는 방법

참고 미정계수: 값이 정해져 있지 않은 계수

설명

example $a(x-1)+bx=3x-2$가 x에 대한 항등식이 되도록 하는 두 상수 a, b의 값을 각각 구해 보자.

방법 ❶ 계수비교법을 이용
주어진 등식의 좌변을 전개하여 x에 대한 내림차순으로 정리하면
$(a+b)x-a=3x-2$
위의 등식이 x에 대한 항등식이므로 양변의 동류항의 계수를 비교하면
$a+b=3$, $-a=-2$
위의 두 식을 연립하여 풀면 $a=2$, $b=1$

방법 ❷ 수치대입법을 이용 → 계산하기 쉬운 수를 대입한다.
주어진 등식이 x에 대한 항등식이므로 x에 어떤 값을 대입하여도 항상 성립한다.
$x=0$을 양변에 대입하면 $-a=-2$ ∴ $a=2$
$x=1$을 양변에 대입하면 $b=3-2$ ∴ $b=1$

Q&A '계수비교법'과 '수치대입법'은 언제 사용하는 것이 좋을까?

계수비교법과 수치대입법 중 어느 것을 사용하여도 계산 결과는 같지만 등식에 따라 선택적으로 사용하면 계산 과정이 보다 간단하고 편리해진다.

(1) **계수비교법이 편리한 경우**
  ① $x^2+ax+4=(bx+1)(x+4)$의 우변과 같이 전개하기 쉬운 경우
  ② $x^2-2x+3=(a+2)x^2+(b-1)x+c$와 같이 동류항의 계수를 비교하기 쉬운 경우

(2) **수치대입법이 편리한 경우**
  ① $2x-1=a(x-3)+b(x+2)$와 같이 각 항을 0이 되게 하는 x의 값을 쉽게 찾을 수 있는 경우
  ② $x^3+x^2-5x-4=a(x+1)^3+b(x+2)^2+3$의 우변과 같이 전개하기 복잡한 경우

항등식의 뜻과 성질

등식 $kx-x+ak-2a+3=0$에 대하여 다음 물음에 답하시오.

(1) 주어진 등식이 x에 대한 항등식일 때, 두 상수 a, k의 값을 각각 구하시오.

(2) 주어진 등식이 k에 대한 항등식일 때, 두 상수 a, x의 값을 각각 구하시오.

풀이

(**Tip**) 주어진 등식이 x 또는 k에 대한 항등식이면 x 또는 k에 대한 내림차순으로 정리한다.

(1) 주어진 등식을 x에 대한 내림차순으로 정리하면

$(k-1)x+ak-2a+3=0$

위의 등식이 x에 대한 항등식이므로

$k-1=0$, $ak-2a+3=0$

위의 두 식을 연립하여 풀면

$a=3$, $k=1$

(2) 주어진 등식을 k에 대한 내림차순으로 정리하면

$(x+a)k-x-2a+3=0$

위의 등식이 k에 대한 항등식이므로

$x+a=0$, $-x-2a+3=0$

위의 두 식을 연립하여 풀면

$a=3$, $x=-3$

답 (1) $a=3$, $k=1$ (2) $a=3$, $x=-3$

필수 공략

(1) $ax^2+bx+c=0$이 x에 대한 항등식 $\Longleftrightarrow a=0$, $b=0$, $c=0$

(2) $ax^2+bx+c=a'x^2+b'x+c'$이 x에 대한 항등식 $\Longleftrightarrow a=a'$, $b=b'$, $c=c'$

• 정답 및 해설 016쪽

숫자 바꾼

유제 01-❶ 등식 $2xy-4x+ky+k+3=0$에 대하여 다음 물음에 답하시오.

(1) 주어진 등식이 모든 x에 대하여 성립할 때, 두 상수 y, k의 값을 각각 구하시오.

(2) 주어진 등식이 모든 y에 대하여 성립할 때, 두 상수 x, k의 값을 각각 구하시오.

유제 01-❷ 등식 $(k+1)x+(3k-1)y-k-5=0$이 k의 값에 관계없이 항상 성립할 때, 두 상수 x, y의 값을 각각 구하시오.

유제 01-❸ 임의의 실수 x, y에 대하여 등식 $abx-2x+by-5y-cy+a-1=0$이 성립하도록 하는 세 상수 a, b, c에 대하여 $a+b+c$의 값을 구하시오.

필수 예제 02 미정계수법

등식 $(x+1)(x^2+ax+b)=x^3-x$가 x에 대한 항등식일 때, 두 상수 a, b에 대하여 $a-b$의 값을 구하시오.

 풀이

(**Tip**) 계수비교법과 수치대입법을 이용하여 미정계수를 구한다.

방법 ❶ 계수비교법을 이용

주어진 등식의 좌변을 전개하여 x에 대한 내림차순으로 정리하면

$x^3+ax^2+bx+x^2+ax+b=x^3-x$

$\therefore x^3+(a+1)x^2+(a+b)x+b=x^3-x$

위의 등식이 x에 대한 항등식이므로 양변의 동류항의 계수를 비교하면

$a+1=0,\ a+b=-1,\ b=0$

$\therefore a=-1,\ b=0$

$\therefore a-b=(-1)-0=-1$

방법 ❷ 수치대입법을 이용

주어진 등식이 x에 대한 항등식이므로 x에 어떤 값을 대입하여도 항상 성립한다.

$x=0$을 양변에 대입하면 → 문자 a가 없어진다.

$b=0$

$x=1$을 양변에 대입하면 → 우변이 0이 된다.

$2\times(1+a+b)=0$

$\therefore a=-1\ (\because b=0)$

$\therefore a-b=(-1)-0=-1$

답 -1

필수 공략

미정계수를 구할 때는 식의 형태를 보고 계수비교법 또는 수치대입법 중 편리한 것을 이용한다.

방법 ❶ 계수비교법 ➡ 전개하기 쉬울 때 또는 동류항의 계수를 비교하기 쉬울 때 이용

방법 ❷ 수치대입법 ➡ 전개하기 어려울 때 또는 적당한 수를 대입하면 식이 간단해질 때 이용

● 정답 및 해설 016쪽

 숫자 바꾼

유제 **02-❶** 등식 $(x+1)(ax-2)=x^2+bx+c$가 모든 x에 대하여 성립할 때, $a-b+c$의 값을 구하시오.

(단, a, b, c는 상수이다.)

유제 **02-❷** 교육청

x의 값에 관계없이 등식

$$3x^2+ax+4=bx(x-1)+c(x-1)(x-2)$$

가 항상 성립할 때, $a+b+c$의 값은? (단, a, b, c는 상수이다.)

① -6 ② -5 ③ -4 ④ -3 ⑤ -2

유제 **02-❸** 다항식 $P(x)$에 대하여 $(x-1)(x-2)P(x)=x^4+ax^2+b$가 실수 x의 값에 관계없이 항상 성립할 때, ab의 값을 구하시오. (단, a, b는 상수이다.)

항등식에서의 계수의 합 구하기

등식
$$(x-1)^5 = a_5 x^5 + a_4 x^4 + a_3 x^3 + a_2 x^2 + a_1 x + a_0$$
이 x에 대한 항등식일 때, 다음 식의 값을 구하시오. (단, a_0, a_1, a_2, a_3, a_4, a_5는 상수이다.)

(1) $a_0 + a_1 + a_2 + a_3 + a_4 + a_5$　　　　　　(2) $a_0 - a_1 + a_2 - a_3 + a_4 - a_5$

(Tip) 구하는 식의 각각의 항의 계수를 파악한 후 주어진 등식의 양변에 적절한 수를 대입하여 구하는 식을 나타낸다.

주어진 등식이 x에 대한 항등식이므로

(1) $x=1$을 양변에 대입하면
$$(1-1)^5 = a_5 \times 1^5 + a_4 \times 1^4 + a_3 \times 1^3 + a_2 \times 1^2 + a_1 \times 1 + a_0$$
$$\therefore a_0 + a_1 + a_2 + a_3 + a_4 + a_5 = 0$$

(2) $x=-1$을 양변에 대입하면
$$(-1-1)^5 = a_5 \times (-1)^5 + a_4 \times (-1)^4 + a_3 \times (-1)^3 + a_2 \times (-1)^2 + a_1 \times (-1) + a_0$$
$$\therefore a_0 - a_1 + a_2 - a_3 + a_4 - a_5 = -32$$

답 (1) 0　(2) -32

필수 공략

자연수 n에 대하여 x에 대한 다항식 $P(x)$가
$$P(x) = a_0 + a_1 x + a_2 x^2 + \cdots + a_n x^n \ (단, a_0, a_1, a_2, \cdots, a_n은 상수)$$
일 때

(1) $x=0$을 양변에 대입 ➡ $P(0) = a_0$ → 상수항과 같다.
(2) $x=1$을 양변에 대입 ➡ $P(1) = a_0 + a_1 + a_2 + \cdots + a_n$ → 모든 계수의 합과 같다.
(3) $x=-1$을 양변에 대입 ➡ $P(-1) = a_0 - a_1 + a_2 - \cdots + (-1)^n a_n$ → 각 계수에 대하여 +, − 부호가 번갈아가며 나온다.

• 정답 및 해설 017쪽

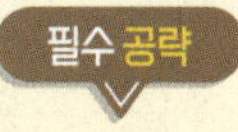

유제 **03-❶** 등식
$$(3x+1)^6 = a_6 x^6 + a_5 x^5 + a_4 x^4 + a_3 x^3 + a_2 x^2 + a_1 x + a_0$$
이 x의 값에 관계없이 항상 성립할 때, 다음 식의 값을 구하시오.

(단, a_0, a_1, a_2, a_3, a_4, a_5, a_6은 상수이다.)

(1) $a_0 + a_1 + a_2 + a_3 + a_4 + a_5 + a_6$　　　　　(2) $a_0 - a_1 + a_2 - a_3 + a_4 - a_5 + a_6$

유제 **03-❷** 모든 x에 대하여 등식
$$(2x-3)^4 = a_4(x+1)^4 + a_3(x+1)^3 + a_2(x+1)^2 + a_1(x+1) + a_0$$
이 성립할 때, $a_0 + a_1 + a_2 + a_3 + a_4$의 값을 구하시오. (단, a_0, a_1, a_2, a_3, a_4는 상수이다.)

필수 예제 04 · 다항식의 나눗셈과 항등식

다항식 x^3+ax+b를 x^2-x-2로 나누었을 때의 나머지가 $x+1$일 때, 두 상수 a, b의 값을 각각 구하시오.

풀이

(**Tip**) 주어진 다항식을 나눗셈에 대한 등식 $A=BQ+R$ 꼴로 나타낸 후 미정계수를 구한다.

다항식 x^3+ax+b를 x^2-x-2로 나누었을 때의 몫을 $Q(x)$라 하면 나머지가 $x+1$이므로

$$x^3+ax+b=(x^2-x-2)Q(x)+x+1$$
$$=(x+1)(x-2)Q(x)+x+1$$

위의 등식이 x에 대한 항등식이므로

$x=-1$을 양변에 대입하면 → 몫 $Q(x)$의 식을 알 수 없으므로 $Q(x)$를 소거할 수 있는 $x=-1$, $x=2$를 양변에 대입한다.

$$(-1)^3+a\times(-1)+b=\{(-1)+1\}\times\{(-1)-2\}\times Q(-1)+(-1)+1$$

$$\therefore a-b=-1 \quad\cdots\cdots ㉠$$

$x=2$를 양변에 대입하면

$$2^3+a\times2+b=(2+1)\times(2-2)\times Q(2)+2+1$$

$$\therefore 2a+b=-5 \quad\cdots\cdots ㉡$$

㉠, ㉡을 연립하여 풀면

$$a=-2, b=-1$$

답 $a=-2$, $b=-1$

필수 공략 다항식 A를 다항식 B로 나누었을 때의 몫을 Q, 나머지를 R라 하면 나눗셈에 대한 등식, 즉
$$A=BQ+R \text{ (단, }(R의 차수)<(B의 차수))$$
는 항등식이므로 수치대입법 또는 계수비교법을 이용하여 미정계수를 구한다.

• 정답 및 해설 017쪽

유제 04-❶ 다항식 x^4+ax^2+b를 x^2-2x로 나누었을 때의 나머지가 -2일 때, 두 상수 a, b에 대하여 ab의 값을 구하시오.

유제 04-❷ 다항식 x^3+ax^2-8x+b가 x^2-x-6으로 나누어떨어질 때, 두 상수 a, b에 대하여 $a-b$의 값을 구하시오.

유제 04-❸ 다항식 x^3+ax^2+bx+c를 x^2-x-1로 나누었을 때의 몫이 $x+2$이고 나머지가 3일 때, 세 상수 a, b, c에 대하여 $a-b-c$의 값을 구하시오.

소단원 점검 문제

• 정답 및 해설 018쪽

항등식의 뜻과 성질

01 $2x+y=1$을 만족시키는 모든 실수 x, y에 대하여 등식
$$ax^2+bxy+cy-1=0$$
이 성립할 때, $a+b+c$의 값을 구하시오. (단, a, b, c는 상수이다.)

미정계수법

02 _{교육청} 다항식 $P(x)$가 모든 실수 x에 대하여 등식
$$x(x+1)(x+2)=(x+1)(x-1)P(x)+ax+b$$
를 만족시킬 때, $P(a-b)$의 값은? (단, a, b는 상수이다.)

① 1 　　　② 2 　　　③ 3 　　　④ 4 　　　⑤ 5

항등식에서의 계수의 합 구하기

03 등식
$$(x^2+2x+2)^3=a_6x^6+a_5x^5+a_4x^4+a_3x^3+a_2x^2+a_1x+a_0$$
이 x의 값에 관계없이 항상 성립할 때, $a_1+a_2+a_3+a_4+a_5+a_6$의 값은?

(단, a_0, a_1, a_2, a_3, a_4, a_5, a_6은 상수이다.)

① 93 　　　② 101 　　　③ 109 　　　④ 117 　　　⑤ 125

다항식의 나눗셈과 항등식

04 다항식 x^3-x^2+2x+4를 x^2+a로 나누었을 때의 몫이 $x-1$이고 나머지가 $ax+b$이다. 두 상수 a, b에 대하여 $2a-b$의 값은?

① -3 　　　② -1 　　　③ 1 　　　④ 3 　　　⑤ 5

02 나머지정리

① 나머지정리

(1) 다항식 $P(x)$를 일차식 $x-a$로 나누었을 때의 나머지를 R라 하면
$$R=P(a) \quad \rightarrow x-a=0\text{을 만족시키는 }x\text{의 값}$$
(2) 다항식 $P(x)$를 일차식 $ax+b$로 나누었을 때의 나머지를 R라 하면
$$R=P\left(-\frac{b}{a}\right) \quad \rightarrow ax+b=0\text{을 만족시키는 }x\text{의 값}$$

설명

(1) 다항식 $P(x)$를 일차식 $x-a$로 나누었을 때의 몫을 $Q(x)$, 나머지를 R라 하면
$$P(x)=(x-a)Q(x)+R$$
⌐ 다항식을 일차식으로 나누었을 때의 나머지는 상수이다.

위의 등식은 x에 대한 항등식이므로 $x=a$를 양변에 대입하면
$$P(a)=0\times Q(a)+R=R \qquad \therefore R=P(a)$$

(2) 다항식 $P(x)$를 일차식 $ax+b$로 나누었을 때의 몫을 $Q(x)$, 나머지를 R라 하면
$$P(x)=(ax+b)Q(x)+R$$

위의 등식은 x에 대한 항등식이므로 $x=-\dfrac{b}{a}$를 양변에 대입하면
$$P\left(-\frac{b}{a}\right)=0\times Q\left(-\frac{b}{a}\right)+R=R \qquad \therefore R=P\left(-\frac{b}{a}\right)$$

● 정답 및 해설 018쪽

개념확인

1 다항식 $P(x)=x^4-3x^2+x+2$를 다음 식으로 나누었을 때의 나머지를 구하시오.

$\quad$ (1) $x-1$ $\qquad\qquad\qquad\qquad\qquad\qquad\qquad$ (2) $2x-1$

답 (1) 1   (2) $\dfrac{29}{16}$

② 인수정리

다항식 $P(x)$에 대하여
(1) $P(a)=0$이면 $P(x)$는 일차식 $x-a$로 나누어떨어진다.
(2) $P(x)$가 일차식 $x-a$로 나누어떨어지면 $P(a)=0$이다.

설명

나머지정리에 의하여 다항식 $P(x)$를 일차식 $x-a$로 나누었을 때의 나머지는 $P(a)$이다. 즉,
$\qquad P(a)=0$이면 나머지가 0이므로 $P(x)$는 일차식 $x-a$로 나누어떨어진다.
$\qquad P(x)$가 일차식 $x-a$로 나누어떨어지면 나머지가 0이므로 $P(a)=0$이다.
또한, 다항식 $P(x)$가 일차식 $x-a$로 나누어떨어지면 $P(x)$는 $x-a$를 인수로 갖는다. 이처럼 인수정리를 이용하면 나눗셈을 직접 계산하지 않고도 다항식이 어떤 일차식을 인수로 갖는지 쉽게 알 수 있다.

example 다항식 $P(x)=x^3-2x+1$에 대하여 $P(1)=1^3-2\times1+1=0$이므로
$P(x)$는 일차식 $x-1$로 나누어떨어지고 $x-1$을 인수로 갖는다. $\rightarrow$ 다항식 $Q(x)$에 대하여 $P(x)=(x-1)Q(x)$로 나타낼 수 있다.

참고 다음 표현은 모두 '다항식 $P(x)$를 일차식 $x-a$로 나누었을 때의 나머지가 0이다.'를 의미한다.
$\quad$ (1) $P(x)$가 일차식 $x-a$로 나누어떨어진다. $\qquad$ (2) $P(x)$가 일차식 $x-a$를 인수로 갖는다.
$\quad$ (3) $P(x)=(x-a)Q(x)$ (단, $Q(x)$는 다항식) $\qquad$ (4) $P(a)=0$

3 조립제법

다항식을 일차식으로 나눌 때, 계수만을 사용하여 몫과 나머지를 구하는 방법을 **조립제법**이라 한다.

설명 조립제법을 이용하여 $(3x^3-4x^2-6x+5)\div(x-2)$의 몫과 나머지를 구하는 방법은 다음과 같다.

❶ 다항식 $3x^3-4x^2-6x+5$의 계수를 첫째 줄에 차례대로 적는다.

❷ $x-2$에서 $x-2=0$을 만족시키는 x의 값 2를 가장 왼쪽에 적는다.

❸ $3x^3-4x^2-6x+5$의 최고차항의 계수 3을 셋째 줄에 내려 적는다.

❹ 3과 2를 곱한 값 6을 첫째 줄 -4 아래에 적고, 첫째 줄의 -4와 6을 더한 값 2를 셋째 줄에 적는다.

❺ ❹와 같은 계산을 반복하였을 때 셋째 줄에서 가장 오른쪽에 적힌 수가 나머지이고, 나머지를 제외한 수가 몫의 계수이다.

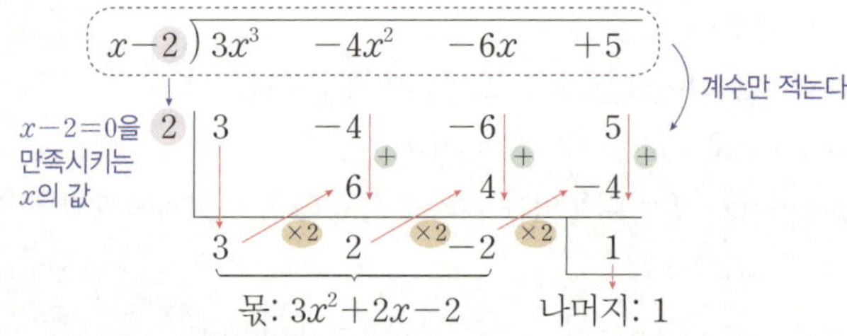

주의 다항식을 내림차순으로 차례대로 나열하고, 계수가 0인 항도 반드시 0이라 적는다.

Q&A 다항식 $P(x)$를 $x+\dfrac{b}{a}$와 $ax+b$ $(a\neq1)$로 나누었을 때, 몫과 나머지의 차이는?

다항식 $P(x)$를 $x+\dfrac{b}{a}$로 나눈 몫을 $Q(x)$, 나머지를 R라 하면

$$P(x)=\left(x+\frac{b}{a}\right)Q(x)+R=(ax+b)\left\{\frac{1}{a}Q(x)\right\}+R$$

➡ 다항식 $P(x)$를 $ax+b$로 나누었을 때의 몫은 $\dfrac{1}{a}Q(x)$, 나머지는 R이다.

예를 들어,

$$2x^3-x^2-2x+3=\left(x-\frac{1}{2}\right)(2x^2-2)+2=(2x-1)(x^2-1)+2$$

이므로 $2x-1$로 나누었을 때의 몫은 $x-\dfrac{1}{2}$로 나누었을 때의 몫의 $\dfrac{1}{2}$배이고, 나머지는 같다.

참고 지금까지 (다항식)÷(다항식)에서 몫 또는 나머지를 구하는 방법으로 직접 나눗셈, 나머지정리, 조립제법 등을 배웠다. 이를 정리하면 오른쪽 표와 같다.
나눗셈은 나누는 식의 차수에 대한 제한이 없고, 몫과 나머지를 모두 구할 수 있지만 시간이 오래 걸린다.

	나눗셈	나머지정리	조립제법
나누는 식	제한 없음	일차식	일차식
몫 구하기	가능	불가능	가능
나머지 구하기	가능	가능	가능

나머지정리는 나누는 식이 일차식일 때만 사용 가능하고 몫을 구할 수는 없지만 나머지를 가장 빠르게 구할 수 있다.
조립제법은 나누는 식이 일차식일 때만 사용 가능하지만 몫과 나머지를 빠르게 구할 수 있다.

● 정답 및 해설 018쪽

2 오른쪽은 조립제법을 이용하여 $(2x^3-4x^2-2x+3)\div(x-1)$의 몫과 나머지를 구하는 과정이다. ☐ 안에 알맞은 수를 써넣고, 몫과 나머지를 각각 구하시오.

$$
\begin{array}{c|rrrr}
\square & 2 & -4 & \square & 3 \\
  &   & 2 & -2 & -4 \\
\hline
  & 2 & \square & -4 & \square
\end{array}
$$

답 (위에서부터) 1, -2, -2, -1, 몫: $2x^2-2x-4$, 나머지: -1

• 나머지정리

나머지정리

01 다항식 $P(x)=x^3+2x^2-x-3$을 다음 일차식으로 나누었을 때의 나머지를 구하시오.

(1) $x-1$ (2) $x+1$

(3) $x+3$ (4) $2x-1$

02 다항식 $P(x)=2x^4-x^3+3x-1$을 다음 일차식으로 나누었을 때의 나머지를 구하시오.

(1) $x-2$ (2) $x+2$

(3) $2x+1$ (4) $2x-3$

인수정리

03 다항식 $P(x)=2x^3+4x^2+kx+5$가 다음 일차식으로 나누어떨어지도록 하는 상수 k의 값을 구하시오.

(1) $x-1$ (2) $x+1$

(3) $2x-1$ (4) $2x+1$

조립제법

04 조립제법을 이용하여 다음 다항식의 나눗셈의 몫과 나머지를 각각 구하시오.

(1) $(2x^3-x^2+3x+6)\div(x-1)$ (2) $(x^3+2x^2-5x-7)\div(x-2)$

(3) $(-x^4-4x^3-2x^2+4x+5)\div(x+3)$ (4) $(x^4-x-8)\div(x+2)$

(5) $(3x^3+2x^2-4x+2)\div\left(x-\dfrac{1}{3}\right)$ (6) $(4x^4-5x^2+3)\div\left(x+\dfrac{1}{2}\right)$

(7) $(2x^3+3x^2-6x+1)\div(2x-1)$ (8) $(2x^3-x^2+3x+1)\div(2x+1)$

나머지정리; 일차식으로 나누었을 때의 나머지

다항식 x^3+ax^2-ax+2를 $x+1$로 나누었을 때의 나머지가 7일 때, 이 다항식을 $x-2$로 나누었을 때의 나머지를 구하시오. (단, a는 상수이다.)

풀이

(Tip) 다항식 $P(x)$를 $x+1$로 나누었을 때의 나머지는 나머지정리에 의하여 $P(-1)$임을 이용한다.

$P(x)=x^3+ax^2-ax+2$라 하자.

다항식 $P(x)$를 $x+1$로 나누었을 때의 나머지가 7이므로 $P(-1)=7$에서

$(-1)^3+a\times(-1)^2-a\times(-1)+2=7$

$2a=6 \qquad \therefore a=3$

$\therefore P(x)=x^3+3x^2-3x+2$

따라서 다항식 $P(x)$를 $x-2$로 나누었을 때의 나머지는

$P(2)=2^3+3\times2^2-3\times2+2=16$

답 16

필수 공략

(1) 다항식 $P(x)$를 일차식 $x-a$로 나누었을 때의 나머지를 R라 하면
$\Rightarrow R=P(a)$

(2) 다항식 $P(x)$를 일차식 $ax+b$로 나누었을 때의 나머지를 R라 하면
$\Rightarrow R=P\left(-\dfrac{b}{a}\right)$

• 정답 및 해설 019쪽

숫자 바꾼

유제 **01-❶** 다항식 x^4+2ax^2+1-a를 $x-1$로 나누었을 때의 나머지가 -1일 때, 이 다항식을 $x-2$로 나누었을 때의 나머지를 구하시오. (단, a는 상수이다.)

유제 **01-❷** 다항식 $2x^3+ax^2+bx+5$를 $x+1$로 나누었을 때의 나머지가 -1이고, $2x-1$로 나누었을 때의 나머지가 5일 때, 두 상수 a, b에 대하여 $a+b$의 값을 구하시오.

유제 **01-❸** 다항식 $P(x)$를 $x-3$으로 나누었을 때의 나머지가 3이고, 다항식 $Q(x)$를 $x-3$으로 나누었을 때의 나머지가 5일 때, 다항식 $P(x)+Q(x)$를 $x-3$으로 나누었을 때의 나머지를 구하시오.

필수 예제 02 — 나머지정리 ; 이차식 또는 삼차식으로 나누었을 때의 나머지

다항식 $P(x)$를 $x+1$로 나누었을 때의 나머지가 4이고, $x-1$로 나누었을 때의 나머지가 2이다. $P(x)$를 $(x+1)(x-1)$로 나누었을 때의 나머지를 구하시오.

풀이

(Tip) 다항식 $P(x)$를 이차식으로 나누었을 때의 나머지를 $ax+b$ (a, b는 상수)라 하고, 나머지정리를 이용한다.

다항식 $P(x)$를 $(x+1)(x-1)$로 나누었을 때의 몫을 $Q(x)$, 나머지를 $ax+b$ (a, b는 상수)라 하면
$P(x)=(x+1)(x-1)Q(x)+ax+b$
$P(x)$를 $x+1$로 나누었을 때의 나머지가 4이므로 $P(-1)=4$에서
$P(-1)=\{(-1)+1\}\times\{(-1)-1\}\times Q(-1)+a\times(-1)+b=4$
$\therefore -a+b=4$ ...... ㉠
$P(x)$를 $x-1$로 나누었을 때의 나머지가 2이므로 $P(1)=2$에서
$P(1)=(1+1)\times(1-1)\times Q(1)+a\times1+b=2$
$\therefore a+b=2$ ...... ㉡
㉠, ㉡을 연립하여 풀면
$a=-1$, $b=3$
따라서 구하는 나머지는 $-x+3$이다.

답 $-x+3$

필수 공략

다항식 $P(x)$를
(1) 이차식으로 나누었을 때의 나머지는 일차 이하의 식이므로 나머지를 $ax+b$ (a, b는 상수)라 한다.
(2) 삼차식으로 나누었을 때의 나머지는 이차 이하의 식이므로 나머지를 ax^2+bx+c (a, b, c는 상수)라 한다.

 정답 및 해설 020쪽

 숫자 바꿈

유제 02-❶ 다항식 $P(x)$를 $x-1$로 나누었을 때의 나머지가 4이고, $x-2$로 나누었을 때의 나머지가 7이다. $P(x)$를 x^2-3x+2로 나누었을 때의 나머지를 구하시오.

유제 02-❷ 다항식 $P(x)$를 $x-4$로 나누었을 때의 나머지가 10이고, $(x-3)^2$으로 나누었을 때의 나머지가 $2x-1$이다. $P(x)$를 $x^2-7x+12$로 나누었을 때의 나머지를 구하시오.

유제 02-❸ 다항식 $P(x)$를 x^2-x로 나누었을 때의 나머지가 $-x+3$이고, $x-2$로 나누었을 때의 나머지가 1이다. $P(x)$를 $(x^2-x)(x-2)$로 나누었을 때의 나머지를 $R(x)$라 할 때, $R(1)$의 값을 구하시오.

다항식 $P(ax+b)$를 $x-\alpha$로 나누었을 때의 나머지

다항식 $P(x)$를 $x+2$로 나누었을 때의 나머지가 1일 때, 다항식 $P(2x-3)$을 $2x-1$로 나누었을 때의 나머지를 구하시오.

풀이

(**Tip**) 다항식 $P(2x-3)$을 나눗셈에 대한 등식으로 나타낸 후 $P(-2)$의 값을 이용한다.

다항식 $P(x)$를 $x+2$로 나누었을 때의 나머지가 1이므로

$P(-2)=1$

다항식 $P(2x-3)$을 $2x-1$로 나누었을 때의 몫을 $Q(x)$, 나머지를 R라 하면

$P(2x-3)=(2x-1)Q(x)+R$

위의 식의 양변에 $x=\dfrac{1}{2}$을 대입하면

$$P\left(2\times\dfrac{1}{2}-3\right)=\left(2\times\dfrac{1}{2}-1\right)\times Q\left(\dfrac{1}{2}\right)+R \qquad \therefore R=P(-2)=1$$

따라서 구하는 나머지는 1이다.

답 1

필수 공략

다항식 $P(ax+b)$를 $x-\alpha$로 나누었을 때의 나머지는 (단, a, b는 상수, α는 실수)
➡ $P(a\alpha+b)$

• 정답 및 해설 021쪽

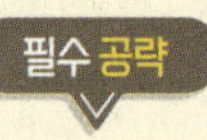

유제 03-❶ 다항식 $P(x)$를 $x+1$로 나누었을 때의 나머지가 3일 때, 다항식 $P(1-6x)$를 $3x-1$로 나누었을 때의 나머지를 구하시오.

유제 03-❷ 다항식 $P(x)$를 $x-2$로 나누었을 때의 나머지가 6일 때, 다항식 $xP(2x+3)$을 $2x+1$로 나누었을 때의 나머지를 구하시오.

유제 03-❸ 다항식 $P(2x+1)$을 $x-1$로 나누었을 때의 나머지가 4일 때, 다항식 $P(4x+4)$를 $4x+1$로 나누었을 때의 나머지를 구하시오.

몫을 다시 나누었을 때의 나머지

다항식 $P(x)$를 $x-1$로 나누었을 때의 몫이 $Q(x)$, 나머지가 1이고, $Q(x)$를 $x-2$로 나누었을 때의 나머지가 2이다. $P(x)$를 $x-2$로 나누었을 때의 나머지를 구하시오.

(**Tip**) 다항식 $P(x)$를 $x-2$를 포함한 등식으로 나타낸다.

다항식 $P(x)$를 $x-1$로 나누었을 때의 몫이 $Q(x)$, 나머지가 1이므로
$$P(x)=(x-1)Q(x)+1$$
이때 $Q(x)$를 $x-2$로 나누었을 때의 몫을 $Q'(x)$라 하면 나머지가 2이므로
$$Q(x)=(x-2)Q'(x)+2$$
$$\therefore \underline{P(x)=(x-1)\{(x-2)Q'(x)+2\}+1}$$
따라서 구하는 나머지는
$$P(2)=(2-1)\times\{(2-2)\times Q'(2)+2\}+1=3$$

$$
\begin{aligned}
P(x)&=(x-1)\{(x-2)Q'(x)+2\}+1\\
&=(x-1)(x-2)Q'(x)+2(x-1)+1\\
&=(x-1)(x-2)Q'(x)+2(x-2)+3\\
&=(x-2)\{(x-1)Q'(x)+2\}+3
\end{aligned}
$$
몫 　나머지

즉, 다항식 $P(x)$를 $x-2$로 나누었을 때의 나머지는 3이다.

 **답** 3

필수 공략

다항식 $P(x)$를 $x-\alpha$ (α는 실수)로 나누었을 때의 몫을 $Q(x)$, 나머지를 R라 하면
$$P(x)=(x-\alpha)Q(x)+R$$
이고, $Q(x)$를 $x-\beta$ (β는 실수)로 나누었을 때의 몫을 $Q'(x)$, 나머지를 R'이라 하면
$$Q(x)=(x-\beta)Q'(x)+R'$$
➡ $P(x)=(x-\alpha)\{(x-\beta)Q'(x)+R'\}+R$

• 정답 및 해설 021쪽

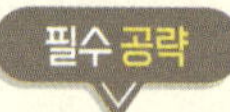

유제 04-❶ 다항식 $P(x)$를 $x+1$로 나누었을 때의 몫이 $Q(x)$, 나머지가 3이고, $Q(x)$를 $x-3$으로 나누었을 때의 나머지가 -1이다. $P(x)$를 $x-3$으로 나누었을 때의 나머지를 구하시오.

유제 04-❷ 다항식 $P(x)$를 $x-1$로 나누었을 때의 몫이 $Q(x)$, 나머지가 2이고, $Q(x)$를 $x+2$로 나누었을 때의 나머지가 -1이다. $P(x)$를 $(x-1)(x+2)$로 나누었을 때의 나머지를 구하시오.

유제 04-❸ 다항식 $P(x)$를 x^2+x+1로 나누었을 때의 몫이 $Q(x)$, 나머지가 a이고, $Q(x)$를 $x-1$로 나누었을 때의 나머지가 3이다. $P(x)$를 x^3-1로 나누었을 때의 나머지를 $R(x)$라 할 때, $R(-1)=7$을 만족시키는 실수 a의 값을 구하시오.

인수정리

다항식 x^3+ax^2+bx+2가 $x+1$, $x-1$로 각각 나누어떨어질 때, 두 상수 a, b에 대하여 $2a-b$의 값을 구하시오.

풀이

(**Tip**) 다항식 $P(x)$가 일차식 $x-\alpha$로 나누어떨어지면 $P(\alpha)=0$이다.

$P(x)=x^3+ax^2+bx+2$라 하면

$P(x)$가 $x+1$로 나누어떨어지므로 $P(-1)=0$에서

$(-1)^3+a\times(-1)^2+b\times(-1)+2=0$　　$\therefore a-b=-1$　　…… ㉠

$P(x)$가 $x-1$로 나누어떨어지므로 $P(1)=0$에서

$1^3+a\times1^2+b\times1+2=0$　　$\therefore a+b=-3$　　…… ㉡

㉠, ㉡을 연립하여 풀면

$a=-2$, $b=-1$

$\therefore 2a-b=2\times(-2)-(-1)=-3$

답 -3

필수 공략

다항식 $P(x)$에 대하여
(1) $P(\alpha)=0$이면 $P(x)$는 일차식 $x-\alpha$로 나누어떨어진다.
(2) $P(x)$가 일차식 $x-\alpha$로 나누어떨어지면 $P(\alpha)=0$이다.

• 정답 및 해설 022쪽

숫자 바꾼

유제 **05-❶**　다항식 x^4+ax^3+6x+b가 $x-1$, $x-2$를 인수로 가질 때, 두 상수 a, b에 대하여 $a-b$의 값을 구하시오.

유제 **05-❷**　다항식 $P(x)=2x^3+ax^2+bx-6$이 $(x+3)(x-2)$를 인수로 가질 때, $P(x)$를 $x+1$로 나누었을 때의 나머지를 구하시오. (단, a, b는 상수이다.)

유제 **05-❸**　다항식 $P(x)=x^4+kx^3+2x^2-8$에 대하여 다항식 $P(1-x)$가 $x+1$로 나누어떨어질 때, 상수 k의 값을 구하시오.

 **필수 예제 06**

조립제법

조립제법을 이용하여 다항식 $2x^3+x^2-x+4$를 다음 식으로 나눌 때, 몫과 나머지를 각각 구하시오.

(1) $x-\dfrac{1}{2}$
(2) $2x-1$

 **풀이**

(Tip) 조립제법을 이용하여 다항식 $P(x)$를 일차식 $ax+b$로 나눌 때, a의 값이 1인지 아닌지에 유의한다.

(1) $x-\dfrac{1}{2}=0$에서 $x=\dfrac{1}{2}$이므로 조립제법을 이용하면 오른쪽과 같다.

$$\therefore 2x^3+x^2-x+4=\left(x-\frac{1}{2}\right)(2x^2+2x)+4$$

$\therefore$ 몫: $2x^2+2x$, 나머지: 4

$\frac{1}{2}$	2	1	-1	4
		1	1	0
	2	2	0	4

(2) $2x-1=0$에서 $x=\dfrac{1}{2}$이므로 조립제법을 이용하면 오른쪽과 같다.

$$\therefore 2x^3+x^2-x+4=\left(x-\frac{1}{2}\right)(2x^2+2x)+4$$
$$=\left(x-\frac{1}{2}\right)\times 2(x^2+x)+4$$
$$=(2x-1)(x^2+x)+4$$

$\therefore$ 몫: x^2+x, 나머지: 4

$\frac{1}{2}$	2	1	-1	4
		1	1	0
	2	2	0	4

답 (1) 몫: $2x^2+2x$, 나머지: 4 (2) 몫: x^2+x, 나머지: 4

필수 공략

(1) (다항식)÷(일차식)의 몫과 나머지를 구할 때는 조립제법을 이용한다.

(2) 다항식 $P(x)$를 $x+\dfrac{b}{a}$로 나누었을 때의 몫을 $Q(x)$, 나머지를 R라 할 때

➡ 다항식 $P(x)$를 $ax+b$로 나누었을 때의 몫은 $\dfrac{1}{a}Q(x)$, 나머지는 R이다.

$$\begin{aligned}P(x)&=\left(x+\frac{b}{a}\right)Q(x)+R\\&=(ax+b)\left\{\frac{1}{a}Q(x)\right\}+R\end{aligned}$$

• 정답 및 해설 022쪽

숫자 바꾼

유제 06-❶

조립제법을 이용하여 다항식 $4x^3+x+2$를 다음 식으로 나눌 때, 몫과 나머지를 각각 구하시오.

(1) $x+\dfrac{1}{2}$
(2) $2x+1$

유제 06-❷

오른쪽과 같이 조립제법을 이용하여 x에 대한 다항식
x^3+ax^2-3x+b를 $x+2$로 나누었을 때의 몫과 나머지를 구하려고 한다.
상수 a, b, p, q에 대하여 $a+b+p+q$의 값을 구하시오.

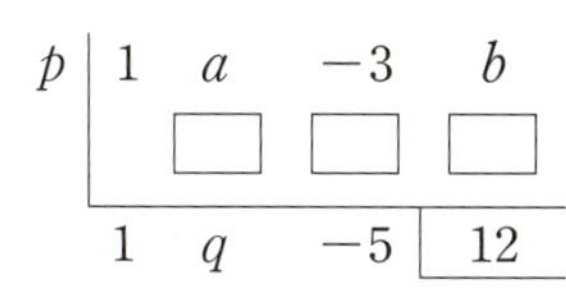

p	1	a	-3	b
		□	□	□
	1	q	-5	12

07 조립제법을 이용한 항등식의 풀이

등식

$$x^3-x^2+4x+3=a(x-1)^3+b(x-1)^2+c(x-1)+d$$

가 x에 대한 항등식일 때, 상수 a, b, c, d의 값을 각각 구하시오.

 풀이

(**Tip**) 주어진 등식의 우변이 $x-1$에 대한 내림차순으로 주어졌으므로 조립제법을 이용한다.

조립제법을 이용하여 x^3-x^2+4x+3을 $x-1$로 나누는 과정을
반복하면 오른쪽과 같다.

$$\therefore x^3-x^2+4x+3$$
$$=(x-1)(x^2+4)+7$$
$$=(x-1)\{(x-1)(x+1)+5\}+7$$
$$=(x-1)[(x-1)\{(x-1)+2\}+5]+7$$
$$=(x-1)^3+2(x-1)^2+5(x-1)+7$$

$$\therefore a=1,\ b=2,\ c=5,\ d=7$$

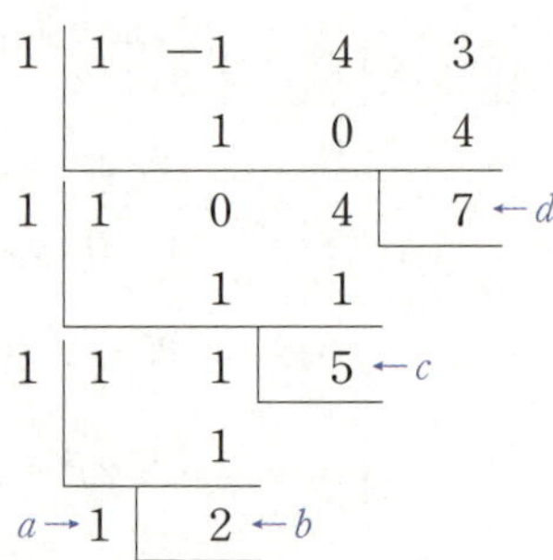

(참고) 주어진 등식이 x에 대한 항등식이므로 계수비교법(우변을 전개) 또는 수치대입법(양변에 $x=-1$, 0, 1, 2를 대입)을 이용하여 미정계수를 구할 수도 있지만 조립제법을 이용하면 쉽고 빠르게 구할 수 있다.

(답) $a=1$, $b=2$, $c=5$, $d=7$

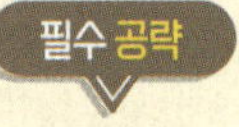 필수 **공략**

x에 대한 다항식 $P(x)$가 $x-a$ (a는 실수)에 대한 내림차순, 즉
$$P(x)=a(x-a)^3+b(x-a)^2+c(x-a)+d\ (a,\ b,\ c,\ d\text{는 상수})$$
로 주어졌을 때
➡ 조립제법을 반복하여 미지수를 구한다.

• 정답 및 해설 022쪽

숫자 바꾼

유제 **07-❶** 등식

$$2x^3+x^2-3x+4=a(x+1)^3+b(x+1)^2+c(x+1)+d$$

가 모든 x에 대하여 성립할 때, $a-b+c-d$의 값을 구하시오. (단, a, b, c, d는 상수이다.)

유제 **07-❷** 등식

$$ax^3+bx^2+cx+d=(x-2)^3+3(x-2)^2-2(x-2)+1$$

이 어떤 x의 값에 대하여도 항상 성립할 때, $ad-bc$의 값을 구하시오. (단, a, b, c, d는 상수이다.)

소단원 점검 문제

● 정답 및 해설 023쪽

나머지정리; 일차식으로 나누었을 때의 나머지

01 [교육청] 최고차항의 계수가 1인 이차다항식 $f(x)$를 $x-1$로 나누었을 때의 나머지와 $x-3$으로 나누었을 때의 나머지가 6으로 같다. 이차다항식 $f(x)$를 $x-4$로 나눈 나머지는?

① 1　　　② 3　　　③ 5　　　④ 7　　　⑤ 9

나머지정리; 이차식 또는 삼차식으로 나누었을 때의 나머지

02 두 다항식 $f(x)$, $g(x)$에 대하여 다항식 $f(x)+g(x)$를 $(x+2)(x-1)$로 나누었을 때의 나머지가 $x+6$, 다항식 $f(x)-g(x)$를 $(x+2)(x-1)$로 나누었을 때의 나머지가 $-x+2$이다. $f(x)$를 $(x+2)(x-1)$로 나누었을 때의 나머지를 구하시오.

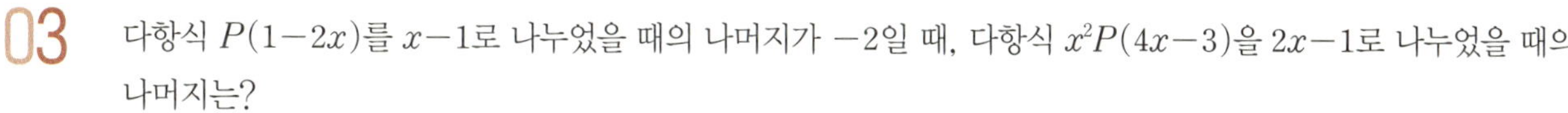

다항식 $P(ax+b)$를 $x-\alpha$로 나누었을 때의 나머지

03 다항식 $P(1-2x)$를 $x-1$로 나누었을 때의 나머지가 -2일 때, 다항식 $x^2P(4x-3)$을 $2x-1$로 나누었을 때의 나머지는?

① $-\dfrac{5}{2}$　　　② -2　　　③ $-\dfrac{3}{2}$　　　④ -1　　　⑤ $-\dfrac{1}{2}$

몫을 다시 나누었을 때의 나머지

04 다항식 $2x^3+ax^2-4x+3$을 $x-1$로 나누었을 때의 몫이 $Q(x)$, 나머지가 3이고, $Q(x)$를 $x+1$로 나누었을 때의 나머지를 R라 하자. $a+R$의 값을 구하시오. (단, a는 상수이다.)

• 정답 및 해설 023쪽

인수정리

05 다항식 $P(x)=4x^3+ax^2+bx+2$가 x^2-x-2로 나누어떨어질 때, 다항식 $P(x+2)$를 $x+1$로 나누었을 때의 나머지는?

① -9　　　② -8　　　③ -7　　　④ -6　　　⑤ -5

조립제법

06 다음은 조립제법을 이용하여 다항식 x^3+2x^2-4를 일차식 $x-a$로 나누었을 때, 나머지를 구하는 과정을 나타낸 것이다.

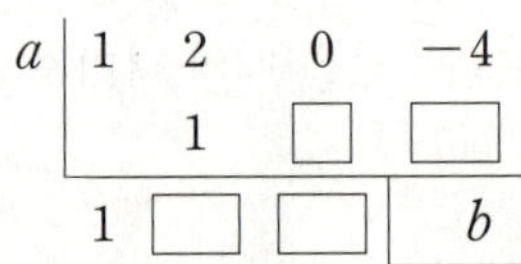

위의 과정에 들어갈 두 상수 a, b에 대하여 $a-b$의 값은?

① -2　　　② -1　　　③ 0　　　④ 1　　　⑤ 2

조립제법

07 다항식 $2x^3+x^2+ax+5$를 $2x-1$로 나누었을 때의 몫이 x^2+x+b이고 나머지가 3일 때, 두 상수 a, b에 대하여 $a+b$의 값은?

① -9　　　② -7　　　③ -5　　　④ -3　　　⑤ -1

조립제법을 이용한 항등식의 풀이

08 등식
$$(x+1)^3-4(x+1)^2-2(x+1)+5=a(x-1)^3+b(x-1)^2+c(x-1)+d$$
가 x에 대한 항등식일 때, $ab+cd$의 값을 구하시오. (단, a, b, c, d는 상수이다.)

● 정답 및 해설 024쪽

01

x, y의 값에 관계없이 $\dfrac{ax+by-2}{x-2y+3}$의 값이 항상 일정할 때, 두 상수 a, b에 대하여 $a+b$의 값은?

(단, $x-2y+3 \neq 0$)

① $\dfrac{1}{3}$ ② $\dfrac{2}{3}$ ③ 1

④ $\dfrac{4}{3}$ ⑤ $\dfrac{5}{3}$

02

다항식 $P(x)=x^4+ax^3+x^2$에 대하여 등식
$$P(x-2)=x^4-6x^3+bx^2-12x+4$$
가 x에 대한 항등식일 때, $a+b$의 값을 구하시오.

(단, a, b는 상수이다.)

03

등식
$$(1-x)^6=a_0+a_1x+a_2x^2+\cdots+a_6x^6$$
이 x의 값에 관계없이 항상 성립할 때, $a_0+a_2+a_4+a_6$의 값은? (단, a_0, a_1, a_2, $\cdots$, a_6은 상수이다.)

① 4 ② 8 ③ 16

④ 32 ⑤ 64

04

다항식 $P(x)=x^2+2x$에 대하여 등식
$$\{P(x)\}^4+\{P(x)\}^2=a_0+a_1x+\cdots+a_7x^7+a_8x^8$$
이 x에 대한 항등식일 때, $a_3+a_5+a_7$의 값을 구하시오.

(단, a_0, a_1, $\cdots$, a_8은 상수이다.)

05

삼차다항식 $P(x)$에 대하여 $P(x)$는 x^2+2x+6으로 나누어떨어지고, x^2+3으로 나누었을 때의 나머지가 -21이다. $P(0)=-18$일 때, $P(2)$의 값은?

① 11 ② 12 ③ 13

④ 14 ⑤ 15

06 〔교육청〕

다항식 $f(x)$에 대하여 다항식 $(x+3)\{f(x)-2\}$를 $x-1$로 나눈 나머지가 16일 때, 다항식 $f(x)$를 $x-1$로 나눈 나머지는?

① 6 ② 7 ③ 8

④ 9 ⑤ 10

07 교육청

두 다항식 $f(x)$, $g(x)$가 모든 실수 x에 대하여 다음 조건을 만족시킬 때, $g(x)$를 $x-4$로 나눈 나머지는?

> (가) $g(x)=x^2 f(x)$
> (나) $g(x)+(3x^2+4x)f(x)=x^3+ax^2+2x+b$
>
> (단, a, b는 상수이다.)

① 16 ② 18 ③ 20
④ 22 ⑤ 24

08

다항식 $P(x)$를 x^2+3x+2로 나누었을 때의 몫이 $2x-1$이고 나머지가 k일 때, 다항식 $2P(x)+x$를 $x+1$로 나누었을 때의 나머지와 $x-1$로 나누었을 때의 나머지의 합이 0이다. $P(x)$를 $x-2$로 나누었을 때의 나머지를 구하시오. (단, k는 상수이다.)

09 서술형

$10^{15}+10^5+10$을 11로 나누었을 때의 나머지를 구하시오.

10

다항식 $P(x)$를 $(x-1)^2$으로 나누었을 때의 나머지가 $x+1$이고, $x-3$으로 나누었을 때의 나머지가 -4이다. $P(x)$를 $(x-1)^2(x-3)$으로 나누었을 때의 나머지는?

① $-2x^2-5x-1$ ② $-2x^2-5x+1$
③ $-2x^2+5x-1$ ④ $2x^2+5x-1$
⑤ $2x^2+5x+1$

11

최고차항의 계수가 양수인 다항식 $P(x)$가 모든 실수 x에 대하여

$$\{P(x)\}^3=9x^2P(x)-18x^2+9x-1$$

을 만족시킨다. $\{P(x)\}^3$을 x^2-x로 나누었을 때의 나머지를 $R(x)$라 할 때, $R(2)$의 값을 구하시오.

12

다항식 $P(x)=x+1$에 대하여 다항식 $\{P(x)\}^{999}$을 $P(x^2-2)$로 나누었을 때의 나머지를 $R(x)$라 하자. $R(0)$의 값과 같은 것은?

① -2^{999} ② -2^{998} ③ 1
④ 2^{998} ⑤ 2^{999}

13 교육청

최고차항의 계수가 1인 삼차다항식 $f(x)$가 다음 조건을 만족시킬 때, $f(0)$의 값은?

> (가) 다항식 $f(x+3)-f(x)$는 $(x-1)(x+2)$로 나누어떨어진다.
> (나) 다항식 $f(x)$를 $x-2$로 나누었을 때의 나머지는 -3이다.

① 13   ② 14   ③ 15
④ 16   ⑤ 17

14

다항식 $P(x)-1$이 x^2-4로 나누어떨어질 때, $P(x-2)$를 x^2-4x로 나누었을 때의 나머지는?

① -1 ② 1 ③ $x-1$
④ $x+1$ ⑤ $2x+1$

15

다항식 $P(x)$에 대하여 두 다항식 $P(x)-3$, $(x+1)P(x)-12$가 모두 $x-k$를 인수로 가질 때, 상수 k의 값은?

① 3   ② 4   ③ 5
④ 6   ⑤ 7

16

다항식 $x^{50}+1$을 $2x-2$로 나누었을 때의 몫이 $Q(x)$일 때, $Q(x)$를 $x-1$로 나누었을 때의 나머지는?

① 21   ② 22   ③ 23
④ 24   ⑤ 25

17 서술형

등식

$$8x^3-20x^2+16x-1$$
$$=a(2x-1)^3+b(2x-1)^2+c(2x-1)+d$$

가 x에 대한 항등식일 때, $abcd$의 값을 구하시오.

(단, a, b, c, d는 상수이다.)

• 정답 및 해설 027쪽

내신 1% 뛰어 넘기

18

3^{300}을 13으로 나누었을 때의 나머지는?

① 1 ② 3 ③ 5
④ 7 ⑤ 9

19

다항식 $f(x)$를 $x-1$로 나누었을 때의 나머지가 2이고, x^2+x+1로 나누었을 때의 나머지가 $x+1$이다. 다항식 $g(x)$를 $x-1$로 나누었을 때의 나머지가 -1이고, x^2+x+1로 나누었을 때의 나머지가 $-x-3$이다. 다항식 $f(x)g(x)$를 x^3-1로 나누었을 때의 나머지를 $R(x)$라 할 때, $R(2)$의 값을 구하시오.

20

삼차다항식 $P(x)$가
$P(1)=2P(2)=3P(3)=4P(4)=1$을 만족시킬 때, $P(x)$를 $x-5$로 나누었을 때의 나머지는?

① 0 ② $\dfrac{1}{5}$ ③ $\dfrac{2}{5}$
④ $\dfrac{3}{5}$ ⑤ $\dfrac{4}{5}$

21 교육청

최고차항의 계수가 1인 사차다항식 $f(x)$가 다음 조건을 만족시킬 때, $f(4)$의 값은?

> ㈎ $f(x)$를 $x+1$로 나눈 나머지와 $f(x)$를 x^2-3으로 나눈 나머지는 서로 같다.
> ㈏ $f(x+1)-5$는 x^2+x로 나누어떨어진다.

① -9 ② -8 ③ -7
④ -6 ⑤ -5

22

최고차항의 계수가 1인 다항식 $P(x)$에 대하여 등식
$$x^2P(x+1)=P(x^2)-(x-1)(x^2-2x-2)$$
가 모든 실수 x에 대하여 성립할 때, |**보기**| 중 옳은 것을 모두 고른 것은?

┌ **보기** ├
ㄱ. $P(0)=2$ ㄴ. $P(1)=0$ ㄷ. $P(3)=2$

① ㄱ ② ㄴ ③ ㄱ, ㄴ
④ ㄱ, ㄷ ⑤ ㄱ, ㄴ, ㄷ

Ⅱ-3

인수분해

 **인수분해**

① 인수분해

(1) 하나의 다항식을 두 개 이상의 다항식의 곱으로 나타내는 것을 인수분해라 하고, 이때 곱을 이루는 각각의 다항식을 원래 다항식의 인수라 한다.
(2) 다항식의 인수분해의 가장 기본은 $ma+mb=m(a+b)$와 같이 공통인수를 찾아낸 후 분배법칙을 이용하여 묶는 것이다.

 다항식의 인수분해는 다항식의 전개 과정을 거꾸로 한 것이다.
즉, 다항식의 곱을 하나의 다항식으로 나타내는 것이 전개이고,
거꾸로 하나의 다항식을 두 개 이상의 다항식의 곱으로 나타내는
것이 인수분해이다.

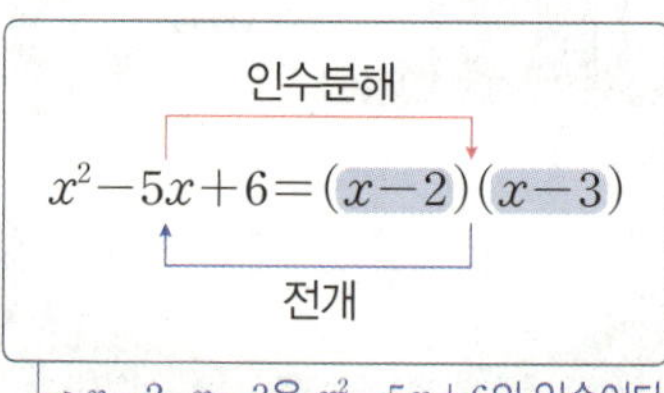

주의 $x^2-5x+6=(x-1)(x-4)+2$와 같이 나타내는 것은 우변에 다항식의 곱만이 아닌 덧셈 $+2$가 포함되어 있으므로 인수분해한 것이 아니다.

● 정답 및 해설 029쪽

 **1** 다음 식을 인수분해하시오.

(1) $2x^2-4x$

(2) $a^2b^3+ab^2$

답 (1) $2x(x-2)$ (2) $ab^2(ab+1)$

② 인수분해 공식

(1) $a^2+2ab+b^2=(a+b)^2$, $a^2-2ab+b^2=(a-b)^2$
(2) $a^2-b^2=(a+b)(a-b)$
(3) $x^2+(a+b)x+ab=(x+a)(x+b)$
(4) $acx^2+(ad+bc)x+bd=(ax+b)(cx+d)$

> 중학교에서 이미 학습한 내용이다.

(5) $a^2+b^2+c^2+2ab+2bc+2ca=(a+b+c)^2$
(6) $a^3+3a^2b+3ab^2+b^3=(a+b)^3$, $a^3-3a^2b+3ab^2-b^3=(a-b)^3$
(7) $a^3+b^3=(a+b)(a^2-ab+b^2)$, $a^3-b^3=(a-b)(a^2+ab+b^2)$

> 자주 나오는 공식이므로 반드시 알아 두어야 한다.

 계수가 유리수인 다항식을 인수분해할 때, 특별한 조건이 없으면 인수분해된 계수를 유리수의 범위로 한정하여 생각한다.
즉, x^2-9는 $(x+3)(x-3)$으로 인수분해하고, x^2-3은 $(x+\sqrt{3})(x-\sqrt{3})$으로 인수분해하지 않는다.

● 정답 및 해설 029쪽

 **2** 다음 식을 인수분해하시오.

(1) $x^2+y^2+z^2-2xy-2yz+2zx$ (2) x^3+3x^2+3x+1 (3) x^3+1

답 (1) $(x-y+z)^2$ (2) $(x+1)^3$ (3) $(x+1)(x^2-x+1)$

공통인수가 있는 다항식의 인수분해

다음 식을 인수분해하시오.

(1) $ax^2+3ax+2a$

(2) $2x^3y-x^2y-xy$

(3) $ax-ay-x+y$

(4) $ab-a-b+1$

(Tip) 주어진 식에서 공통인수를 찾아내어 묶은 후 인수분해한다.

(1) $ax^2+3ax+2a=a(x^2+3x+2)$
$$=a(x+2)(x+1)$$

(2) $2x^3y-x^2y-xy=xy(2x^2-x-1)$
$$=xy(2x+1)(x-1)$$

(3) $ax-ay-x+y=a(x-y)-(x-y)$ → $ax-ay$에서 a를, $-x+y$에서 -1을 묶어서 공통인수 $x-y$를 만든다.
$$=(a-1)(x-y)$$

(4) $ab-a-b+1=a(b-1)-(b-1)$ → 공통인수를 b로 생각해도 결과는 같다. 즉,
$$=(a-1)(b-1)$$
$$ab-a-b+1=b(a-1)-(a-1)=(a-1)(b-1)$$

답 (1) $a(x+2)(x+1)$ (2) $xy(2x+1)(x-1)$
(3) $(a-1)(x-y)$ (4) $(a-1)(b-1)$

필수 공략 공통인수가 있는 다항식의 인수분해는 다음과 같은 순서로 한다.
❶ 공통인수를 찾는다.
❷ ❶에서 찾은 것을 분배법칙을 이용하여 묶는다.

• 정답 및 해설 029쪽

유제 01-❶ 다음 식을 인수분해하시오.

(1) $x^2y+2xy+y$

(2) $2x^3y+4x^2yz+2xyz^2$

(3) $a^2b+a-ab-1$

(4) $x^2y^2-x^2-y^2+1$

유제 01-❷ 다음 식을 인수분해하시오.

(1) $(x-y)(x^2+4y^2)+4xy(x-y)$

(2) $(3x+y)^2-6x-2y$

유제 01-❸ 다음 식을 인수분해하시오.

(1) $x^3-x^2y-xy^2+y^3$

(2) $a^2b+a^2-ab^2-b^2$

공식을 이용하는 경우의 인수분해

다음 식을 인수분해하시오.

(1) $4x^2+y^2+z^2-4xy-2yz+4zx$

(2) $8x^3+12x^2y+6xy^2+y^3$

(3) $27x^3+y^3$

(4) $64x^3-27y^3$

 풀이

(**Tip**) 주어진 식의 형태로부터 가장 적합한 인수분해 공식을 찾는다.

(1) $4x^2+y^2+z^2-4xy-2yz+4zx$
$$=(2x)^2+(-y)^2+z^2+2\times2x\times(-y)+2\times(-y)\times z+2\times z\times2x$$
$$=(2x-y+z)^2$$

(2) $8x^3+12x^2y+6xy^2+y^3=(2x)^3+3\times(2x)^2\times y+3\times2x\times y^2+y^3$
$$=(2x+y)^3$$

(3) $27x^3+y^3=(3x)^3+y^3$
$$=(3x+y)\{(3x)^2-3x\times y+y^2\}$$
$$=(3x+y)(9x^2-3xy+y^2)$$

(4) $64x^3-27y^3=(4x)^3-(3y)^3$
$$=(4x-3y)\{(4x)^2+4x\times3y+(3y)^2\}$$
$$=(4x-3y)(16x^2+12xy+9y^2)$$

답 (1) $(2x-y+z)^2$　(2) $(2x+y)^3$
(3) $(3x+y)(9x^2-3xy+y^2)$　(4) $(4x-3y)(16x^2+12xy+9y^2)$

필수 공략

(1) $a^2+b^2+c^2+2ab+2bc+2ca=(a+b+c)^2$
(2) $a^3+3a^2b+3ab^2+b^3=(a+b)^3$, $a^3-3a^2b+3ab^2-b^3=(a-b)^3$
(3) $a^3+b^3=(a+b)(a^2-ab+b^2)$, $a^3-b^3=(a-b)(a^2+ab+b^2)$

● 정답 및 해설 030쪽

 숫자 바꾼

유제 **02-❶**　다음 식을 인수분해하시오.

(1) $a^2+4b^2+c^2+4ab-4bc-2ca$

(2) $a^3-6a^2b+12ab^2-8b^3$

(3) a^3+8b^3

(4) $3a^3-24$

유제 **02-❷**　두 자연수 m, n에 대하여 $mx^2+nxy+9y^2$이 $8x^3-27y^3$의 인수일 때, $m+n$의 값을 구하시오.

 **필수 예제 03**

식을 변형하는 경우의 인수분해

다음 식을 인수분해하시오.

(1) $x^2+4y^2+4xy-4z^2$

(2) $(a+b)^4-(a-b)^4$

(3) x^6+1

(4) x^3+1+2x^2+2x

풀이

(Tip) 주어진 식을 인수분해 공식을 이용할 수 있도록 적절히 변형한다.

(1) $x^2+4y^2+4xy-4z^2=(x^2+4xy+4y^2)-4z^2$
$\qquad\qquad\qquad\qquad =(x+2y)^2-(2z)^2 \qquad \rightarrow A^2-B^2$ 꼴
$\qquad\qquad\qquad\qquad =(x+2y+2z)(x+2y-2z)$

(2) $(a+b)^4-(a-b)^4=\{(a+b)^2\}^2-\{(a-b)^2\}^2 \rightarrow A^2-B^2$ 꼴
$\qquad\qquad\qquad\qquad =\{(a+b)^2+(a-b)^2\}\{(a+b)^2-(a-b)^2\}$
$\qquad\qquad\qquad\qquad =(a^2+2ab+b^2+a^2-2ab+b^2)(a^2+2ab+b^2-a^2+2ab-b^2)$
$\qquad\qquad\qquad\qquad =(2a^2+2b^2)\times 4ab$
$\qquad\qquad\qquad\qquad =8ab(a^2+b^2)$

(3) $x^6+1=(x^2)^3+1^3=(x^2+1)(x^4-x^2+1) \qquad \rightarrow A^3+B^3$ 꼴

(4) $x^3+1+2x^2+2x=(x^3+1)+2x(x+1)$
$\qquad\qquad\qquad\qquad =(x+1)(x^2-x+1)+2x(x+1)$
$\qquad\qquad\qquad\qquad =(x+1)(x^2-x+1+2x)$
$\qquad\qquad\qquad\qquad =(x+1)(x^2+x+1)$

답 (1) $(x+2y+2z)(x+2y-2z)$ (2) $8ab(a^2+b^2)$
(3) $(x^2+1)(x^4-x^2+1)$ (4) $(x+1)(x^2+x+1)$

필수 공략 인수분해 공식을 바로 이용하기 어려운 경우
➡ 주어진 식을 적절히 변형한 후 인수분해 공식을 이용한다.

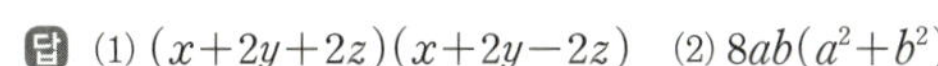

• 정답 및 해설 030쪽

 **숫자 바꾼**

유제 03-❶ 다음 식을 인수분해하시오.

(1) $4x^2-y^2+z^2+4zx$

(2) $(a-2)^4-(a+2)^2$

(3) x^6-y^6

(4) a^3-2a^2+2a-1

유제 03-❷ |보기| 중 다항식 $x^4-y^4+x^2z^2-y^2z^2$의 인수인 것을 모두 고르시오.

┤ 보기 ├
ㄱ. $x+y$ ㄴ. $z-x$ ㄷ. $x+y+z$ ㄹ. $x^2+y^2+z^2$

집중 연습

● 인수분해

공식을 이용하는 경우의 인수분해

01 다음 식을 인수분해하시오.

(1) $x^2+y^2+1+2xy-2y-2x$

(2) $4x^2+y^2-4xy+4x-2y+1$

(3) $9a^2+4b^2-12ab-6a+4b+1$

(4) $125a^3+75a^2b+15ab^2+b^3$

(5) $x^3-9x^2y+27xy^2-27y^3$

(6) $8a^3-60a^2b+150ab^2-125b^3$

(7) x^3+64

(8) $27a^3-8b^3$

식을 변형하는 경우의 인수분해

02 다음 식을 인수분해하시오.

(1) $a^2-2ab+b^2-1$

(2) $4a^2-(a-3)^4$

(3) x^8-y^8

(4) $a^2(a+1)-b^2(b+1)$

(5) $x^3+y^3-x^2+xy-y^2$

(6) $x^3-y^3+6x^2+12x+8$

(7) $2x^3+6x^2y+12xy^2+8y^3$

(8) $a^2-4b^2-ca+2bc$

소단원 점검 문제

공통인수가 있는 다항식의 인수분해

01 다항식 $a^3b-ab^3+a^2b+ab^2$을 인수분해하시오.

공식을 이용하는 경우의 인수분해

02 |보기| 중 다항식 $(x-1)^3+(x^2-x)^3$의 인수인 것을 모두 고르시오.

┤ 보기 ├

ㄱ. $x+1$ ㄴ. $x-1$ ㄷ. x^2+1 ㄹ. x^2-x+1

식을 변형하는 경우의 인수분해

03 다항식 $x^3+y^3-2x^2+2xy-2y^2$을 인수분해하면?

① $(x+y-2)(x^2+xy+y^2)$ ② $(x-y-2)(x^2+xy+y^2)$

③ $(x+y-2)(x^2-xy+y^2)$ ④ $(x+y+2)(x^2-xy-y^2)$

⑤ $(x-y-2)(x^2-xy-y^2)$

식을 변형하는 경우의 인수분해

04 다음 중 다항식 $a^2+b^2-8c^2+2ab+2bc+2ca$의 인수인 것은?

① $a+b-2c$ ② $a+b-c$ ③ $a+b+c$

④ $a+b+2c$ ⑤ $a+b+3c$

 **복잡한 식의 인수분해** 

① 공통부분이 있는 다항식의 인수분해

공통부분이 있는 다항식의 인수분해는 다음과 같은 순서로 한다.
❶ 공통부분을 X로 치환하여 주어진 식을 X에 대한 식으로 나타낸다.
❷ ❶의 식을 인수분해한다.
❸ X에 원래의 식을 대입한 후 다시 인수분해한다.

[참고] 공통부분이 보이지 않는 식일 때는 공통부분이 생기도록 식을 변형한 후 공통부분을 X로 치환하여 인수분해한다.

 공통부분이 있는 식을 인수분해할 때, 공통부분을 한 문자로 치환하면 식이 간단해져 인수분해 공식을 적용하기 쉬워진다.

> **example**
> 다항식 $(x+y)^2+4(x+y)+3$을 인수분해해 보자.
> $x+y=X$라 하면
> $$\underset{X}{(x+y)^2}+4\underset{X}{(x+y)}+3=X^2+4X+3$$
> $$=(X+3)(X+1)$$
> $$=(x+y+3)(x+y+1) \quad \rangle X에\ x+y를\ 대입$$

[참고] 공통부분을 반드시 치환할 필요는 없다. 공통부분이 복잡하지 않으면 공통부분을 한 문자로 생각하여 치환하는 과정을 생략해도 된다.

② x^4+ax^2+b 꼴의 인수분해

$x^4+ax^2+b\ (a,\ b$는 상수$)$ 꼴의 인수분해는 다음과 같은 순서로 한다.
❶ $x^2=X$로 치환하여 X에 대한 이차식 X^2+aX+b 꼴로 나타낸다.
❷ (1) X^2+aX+b가 인수분해되는 경우
  X^2+aX+b를 인수분해한 후 X에 x^2을 대입한다.
 (2) X^2+aX+b가 인수분해되지 않는 경우
  x^4+ax^2+b에서 이차항 ax^2을 적당히 분리하여 A^2-B^2 꼴로 변형한 후 인수분해한다.

[참고] x^4+ax^2+b와 같이 차수가 짝수인 항과 상수항으로만 이루어진 다항식을 복이차식이라 한다.

 x^4+ax^2+b 꼴의 인수분해는 일반적으로 $x^2=X$로 치환한 후 이차식 X^2+aX+b를 인수분해한다.
이때 인수분해되지 않으면 이차항 ax^2을 분리하여 $(x^2+A)^2-(Bx)^2$ 꼴로 변형한 후 인수분해한다.

> **example**
> (1) 다항식 x^4+3x^2+2에서 $x^2=X$라 하면
> $$x^4+3x^2+2=X^2+3X+2 \quad \rightarrow x^2=X로\ 치환했을\ 때\ 인수분해되는\ 경우$$
> $$=(X+2)(X+1)$$
> $$=(x^2+2)(x^2+1)$$
> (2) 다항식 x^4+3x^2+4에서 $x^2=X$라 하면 X^2+3X+4가 되어 인수분해되지 않는다.
> 따라서 주어진 식의 이차항 $3x^2$을 $4x^2$과 $-x^2$으로 분리하여 A^2-B^2 꼴로 변형하면
> $$x^4+3x^2+4=(x^4+4x^2+4)-x^2 \quad \rightarrow x^2=X로\ 치환했을\ 때\ 인수분해되지\ 않는\ 경우$$
> $$=(x^2+2)^2-x^2$$
> $$=(x^2+x+2)(x^2-x+2)$$

3 여러 개의 문자를 포함한 다항식의 인수분해

여러 개의 문자를 포함한 다항식의 인수분해는 문자의 차수에 따라 다음과 같이 한다.

(1) 문자의 차수가 다른 경우

차수가 가장 낮은 한 문자에 대하여 내림차순으로 정리한 후 인수분해한다.

(2) 문자의 차수가 같은 경우

어느 한 문자에 대하여 내림차순으로 정리한 후 인수분해한다.

설명

(1) 문자의 차수가 다른 경우는 차수가 가장 낮은 한 문자에 대하여 내림차순으로 정리하면 항의 개수가 적어지고, 공통인수를 찾거나 인수분해 공식을 이용하기 쉬워지므로 인수분해하기 쉬워진다.

example 다항식 $x^2+xy-x+y-2$는 x에 대한 이차식, y에 대한 일차식이므로
y에 대한 내림차순으로 정리하여 인수분해하면
$$x^2+xy-x+y-2=(x+1)y+x^2-x-2$$
$$=(x+1)y+(x+1)(x-2)$$
$$=(x+1)(x+y-2)$$

(2) 모든 문자의 차수가 같은 경우는 어느 문자로든 내림차순으로 정리하여 인수분해한 결과는 동일하나 최고차항의 계수가 1이나 양수인 문자에 대하여 내림차순으로 정리하여 인수분해하는 것이 편하다.

example 다항식 $x^2-2y^2+xy-x+7y-6$은 x에 대한 이차식, y에 대한 이차식으로 차수가 같지만
x의 최고차항의 계수는 1, y의 최고차항의 계수는 -2이므로
x에 대한 내림차순으로 정리하여 인수분해하면
$$x^2-2y^2+xy-x+7y-6=x^2+xy-x-(2y^2-7y+6)$$
$$=x^2+(y-1)x-(2y-3)(y-2)$$
$$=\{x+(2y-3)\}\{x-(y-2)\}$$
$$=(x+2y-3)(x-y+2)$$

$$
\begin{array}{ccc}
 & \text{곱} & \\
1 & 2y-3 & \rightarrow \quad 2y-3 \\
1 & -(y-2) & \rightarrow \quad -y+2 \\
\hline
1 & -(2y-3)(y-2) & \rightarrow \quad y-1
\end{array}
$$

4 인수정리를 이용한 인수분해

삼차 이상의 다항식 $P(x)$의 인수분해는 다음과 같은 순서로 한다.

❶ $P(\alpha)=0$을 만족시키는 상수 α의 값을 구한다.

❷ 조립제법을 이용하여 $P(x)$를 $x-\alpha$로 나누었을 때의 몫 $Q(x)$를 구한 후
$P(x)=(x-\alpha)Q(x)$로 나타낸다.

❸ $Q(x)$가 더 이상 인수분해되지 않을 때까지 인수분해한다.

참고 다항식 $P(x)$의 계수가 모두 정수일 때, $P(\alpha)=0$을 만족시키는 α의 값은
$$\pm\frac{(P(x)\text{의 상수항의 약수})}{(P(x)\text{의 최고차항의 계수의 약수})} \text{ 중에서 찾을 수 있다.}$$

설명

example 다항식 x^3-2x^2-5x+6을 인수분해해 보자.
$P(x)=x^3-2x^2-5x+6$이라 하면 —— $P(x)$의 최고차항의 계수는 1이고, 상수항은 6이므로 α의 값은 ±1, ±2, ±3, ±6 중 하나이다.
$P(1)=1^3-2\times1^2-5\times1+6=0$이므로 $P(x)$는 $x-1$을 인수로 갖는다.
따라서 조립제법을 이용하여 $P(x)$를 인수분해하면
$$x^3-2x^2-5x+6=(x-1)(x^2-x-6)$$
$$=(x-1)(x+2)(x-3)$$

몫 $Q(x)$가 인수분해되는지 살펴보고, 인수분해되지 않을 때까지 인수분해한다.

$$
\begin{array}{r|rrrr}
1 & 1 & -2 & -5 & 6 \\
 & & 1 & -1 & -6 \\
\hline
 & 1 & -1 & -6 & 0
\end{array}
$$

필수 예제 01

공통부분이 있는 다항식의 인수분해

다음 식을 인수분해하시오.

(1) $(x^2+x)(x^2+x+3)+2$ 　　　　(2) $(x^2+2x+2)(x^2+2x+5)-4$

(3) $x(x+1)(x+2)(x+3)-3$

풀이

(Tip) 공통부분을 찾아서 치환하고, 공통부분이 보이지 않으면 식을 변형하여 공통부분을 찾는다.

(1) $x^2+x=X$라 하면

$$(x^2+x)(x^2+x+3)+2=X(X+3)+2=X^2+3X+2$$
$$=(X+2)(X+1)=(x^2+x+2)(x^2+x+1) \quad \rightarrow X에\ x^2+x를\ 대입$$

(2) $x^2+2x=X$라 하면

$$(x^2+2x+2)(x^2+2x+5)-4=(X+2)(X+5)-4=X^2+7X+6$$
$$=(X+6)(X+1)=(x^2+2x+6)(x^2+2x+1) \quad \rightarrow X에\ x^2+2x를\ 대입$$
$$=(x^2+2x+6)(x+1)^2$$

(3) $x(x+1)(x+2)(x+3)$의 두 일차식의 상수항의 합이 같도록 두 개씩 짝을 지어 전개하면 　$\rightarrow$ 공통부분이 있는 식으로 만든다.

$$x(x+1)(x+2)(x+3)-3=\{x(x+3)\}\{(x+1)(x+2)\}-3$$
$$=(x^2+3x)(x^2+3x+2)-3$$

이때 $x^2+3x=X$라 하면

$$x(x+1)(x+2)(x+3)-3=X(X+2)-3=X^2+2X-3$$
$$=(X+3)(X-1)=(x^2+3x+3)(x^2+3x-1) \quad \rightarrow X에\ x^2+3x를\ 대입$$

답 (1) $(x^2+x+2)(x^2+x+1)$ 　(2) $(x^2+2x+6)(x+1)^2$ 　(3) $(x^2+3x+3)(x^2+3x-1)$

필수 공략

(1) 공통부분이 보이는 경우 ➡ 공통부분을 한 문자로 치환하여 인수분해한다.

(2) 공통부분이 보이지 않는 경우 ➡ 공통부분이 생기도록 식을 변형한 후 공통부분을 한 문자로 치환하여 인수분해한다.

• 정답 및 해설 031쪽

유제 01-❶

다음 식을 인수분해하시오.

(1) $(x^2-2x)(x^2-2x-1)-6$ 　　　　(2) $(x^2-x-3)(x^2-x-5)-3$

(3) $(x+1)(x+3)(x+5)(x+7)-9$

유제 01-❷ [교육청]

다항식 $(x^2+1)^2+3(x^2+1)+2$가 $(x^2+a)(x^2+b)$로 인수분해될 때, 두 상수 a, b에 대하여 $a+b$의 값은?

① 1 　　　② 2 　　　③ 3 　　　④ 4 　　　⑤ 5

유제 01-❸

다항식 $(x+1)(x+2)(x^2-x+2)-12x^2$을 인수분해하면 $(x+a)(x+b)(x^2+cx+2)$일 때, 세 정수 a, b, c에 대하여 $a+b+c$의 값을 구하시오.

필수 예제 02

x^4+ax^2+b 꼴의 인수분해

다음 식을 인수분해하시오.

(1) x^4+x^2-12

(2) x^4-5x^2+4

(3) x^4-3x^2+1

(4) $x^4-3x^2y^2+y^4$

풀이

(Tip) $x^2=X$로 치환하거나 A^2-B^2 꼴로 변형하여 인수분해한다.

(1) $x^2=X$라 하면
$$x^4+x^2-12=X^2+X-12=(X+4)(X-3)=(x^2+4)(x^2-3)$$

(2) $x^2=X$라 하면
$$x^4-5x^2+4=X^2-5X+4=(X-1)(X-4)$$
$$=(x^2-1)(x^2-4)=(x+1)(x-1)(x+2)(x-2)$$

$\rightarrow x^2=X$로 치환

(3) $x^4-3x^2+1=(x^4-2x^2+1)-x^2=(x^2-1)^2-x^2$
$$=(x^2+x-1)(x^2-x-1)$$

(4) $x^4-3x^2y^2+y^4=(x^4-2x^2y^2+y^4)-x^2y^2=(x^2-y^2)^2-(xy)^2$
$$=(x^2+xy-y^2)(x^2-xy-y^2)$$

$\rightarrow A^2-B^2$ 꼴로 변형

답 (1) $(x^2+4)(x^2-3)$ (2) $(x+1)(x-1)(x+2)(x-2)$

(3) $(x^2+x-1)(x^2-x-1)$ (4) $(x^2+xy-y^2)(x^2-xy-y^2)$

필수 공략

x^4+ax^2+b 꼴의 인수분해

➡ $x^2=X$로 치환하여 X에 대한 이차식으로 변형한 후 인수분해한다.

이때 이차식이 인수분해되지 않으면 A^2-B^2 꼴로 변형한 후 인수분해한다.

• 정답 및 해설 032쪽

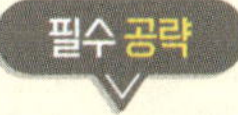

유제 02-❶

다음 식을 인수분해하시오.

(1) x^4-5x^2-14

(2) x^4-13x^2+36

(3) x^4-6x^2+1

(4) $x^4+5x^2y^2+9y^4$

유제 02-❷ 다항식 $2x^4-x^2y^2-y^4$을 인수분해하면 $(2x^2+ay^2)(x+by)(x+cy)$일 때, 세 정수 a, b, c에 대하여 $a+b+c$의 값을 구하시오.

유제 02-❸ 다항식 x^4+4를 인수분해하시오.

여러 개의 문자를 포함한 다항식의 인수분해

다음 식을 인수분해하시오.

(1) $x^2+xy+xz-2y^2-yz$

(2) $2x^2-2y^2+x-3y-1$

(3) $a^2b+a^2c+ab^2+b^2c+ac^2+bc^2+2abc$

풀이

(Tip) 주어진 다항식에서 차수가 가장 낮은 한 문자에 대하여 내림차순으로 정리한다.

(1) $x^2+xy+xz-2y^2-yz=(x-y)z+x^2+xy-2y^2$ → x에 대한 이차식, y에 대한 이차식, z에 대한 일차식이므로 z에 대한 내림차순으로 정리한다.

$\qquad =(x-y)z+(x+2y)(x-y)$

$\qquad =(x-y)(x+2y+z)$

(2) $2x^2-2y^2+x-3y-1=2x^2+x-(2y^2+3y+1)$ → x, y의 차수가 모두 같으므로 어느 한 문자에 대한 내림차순으로 정리한다.

$\qquad =2x^2+x-(y+1)(2y+1)$

$\qquad =\{2x-(2y+1)\}\{x+(y+1)\}$

$\qquad =(2x-2y-1)(x+y+1)$

(3) $a^2b+a^2c+ab^2+b^2c+ac^2+bc^2+2abc=(b+c)a^2+(b^2+2bc+c^2)a+b^2c+bc^2$ → a, b, c의 차수가 모두 같으므로 어느 한 문자에 대한 내림차순으로 정리한다.

$\qquad =(b+c)a^2+(b+c)^2a+bc(b+c)$

$\qquad =(b+c)\{a^2+(b+c)a+bc\}$

$\qquad =(b+c)(a+b)(a+c)$

$\qquad =\underline{(a+b)(b+c)(c+a)}$ → 보통 순환하는 꼴로 나타낸다.

답 (1) $(x-y)(x+2y+z)$　(2) $(2x-2y-1)(x+y+1)$　(3) $(a+b)(b+c)(c+a)$

필수 공략　여러 개의 문자를 포함한 다항식의 인수분해

→ 차수가 가장 낮은 한 문자에 대하여 내림차순으로 정리한 후 인수분해한다.
　 차수가 모두 같을 때는 어느 한 문자에 대하여 내림차순으로 정리한 후 인수분해한다.

• 정답 및 해설 032쪽

숫자 바꾼

유제 03-❶　다음 식을 인수분해하시오.

(1) $ab-b^2+2ac-3bc-2c^2$

(2) $2x^2-2y^2+3xy+3x+y+1$

(3) $a^2b+a^2c-ab^2+ac^2-b^2c-bc^2$

유제 03-❷　다항식 $ab(a-b)+bc(b-c)+ca(c-a)$를 인수분해하시오.

필수 예제
04

인수정리를 이용한 인수분해

다음 식을 인수분해하시오.

(1) x^3-7x+6

(2) $x^4-2x^3-4x^2+7x-2$

풀이

(Tip) 주어진 다항식을 $P(x)$라 하고, $P(x)=0$을 만족시키는 x의 값을 찾는다.

(1) $P(x)=x^3-7x+6$이라 하면 → $P(\alpha)=0$을 만족시키는 α의 값은

$P(1)=1^3-7\times1+6=0$ $\quad\pm\dfrac{1}{1}, \pm\dfrac{2}{1}, \pm\dfrac{3}{1}, \pm\dfrac{6}{1}$ 중에서 찾는다.

이므로 $P(x)$는 $x-1$을 인수로 갖는다.

따라서 조립제법을 이용하여 인수분해하면

$x^3-7x+6=(x-1)(x^2+x-6)$
$\qquad\qquad\quad=(x-1)(x+3)(x-2)$ ⟩ 인수분해한다.

$$\begin{array}{r|rrrr} 1 & 1 & 0 & -7 & 6 \\ & & 1 & 1 & -6 \\ \hline & 1 & 1 & -6 & \boxed{0} \end{array}$$

(2) $P(x)=x^4-2x^3-4x^2+7x-2$라 하면 → $P(\alpha)=0$을 만족시키는 α의 값은

$P(1)=1^4-2\times1^3-4\times1^2+7\times1-2=0,$ $\pm\dfrac{1}{1}, \pm\dfrac{2}{1}$ 중에서 찾는다.

$P(-2)=(-2)^4-2\times(-2)^3-4\times(-2)^2+7\times(-2)-2=0$

이므로 $P(x)$는 $x-1$, $x+2$를 인수로 갖는다.

따라서 조립제법을 이용하여 인수분해하면

$x^4-2x^3-4x^2+7x-2=(x-1)(x+2)(x^2-3x+1)$

$$\begin{array}{r|rrrrr} 1 & 1 & -2 & -4 & 7 & -2 \\ & & 1 & -1 & -5 & 2 \\ \hline -2 & 1 & -1 & -5 & 2 & \boxed{0} \\ & & -2 & 6 & -2 & \\ \hline & 1 & -3 & 1 & \boxed{0} & \end{array}$$

답 (1) $(x-1)(x+3)(x-2)$ (2) $(x-1)(x+2)(x^2-3x+1)$

필수 공략 인수정리를 이용한 인수분해
➡ $P(\alpha)=0$을 만족시키는 상수 α의 값을 구하여 조립제법을 이용한다.

• 정답 및 해설 033쪽

숫자 바꾼

유제 04-❶

다음 식을 인수분해하시오.

(1) $x^3-x^2-14x+24$

(2) $x^4-x^3-4x^2-5x-3$

유제 04-❷

다항식 $x^3+ax^2+11x-6$이 $x-1$을 인수로 가질 때, 상수 a의 값을 구하고 이 다항식을 인수분해하시오.

유제 04-❸

|보기| 중 다항식 $x^3+(a-1)x^2-a(2a+1)x+2a^2$의 인수인 것을 모두 고르시오.

┌ 보기 ├
ㄱ. $x+1$ ㄴ. $x-1$ ㄷ. $x+a$ ㄹ. $x+2a$

인수분해를 이용한 식의 값

다음 물음에 답하시오.

(1) $x+y=\sqrt{3}+2$, $x-y=\sqrt{5}-2$일 때, x^2-y^2+4y-4의 값을 구하시오.

(2) $x+y=\sqrt{3}$, $x-y=\sqrt{3}-1$일 때, x^2-y^2+x+y의 값을 구하시오.

풀이

(**Tip**) 주어진 식을 인수분해하여 간단히 한다.

(1) $x^2-y^2+4y-4=x^2-(y-2)^2$
$\qquad\qquad\qquad\quad=\{x+(y-2)\}\{x-(y-2)\}$
$\qquad\qquad\qquad\quad=(x+y-2)(x-y+2)$
$\qquad\qquad\qquad\quad=\{(\sqrt{3}+2)-2\}\times\{(\sqrt{5}-2)+2\}$
$\qquad\qquad\qquad\quad=\sqrt{15}$

(2) $x^2-y^2+x+y=(x+y)(x-y)+(x+y)$
$\qquad\qquad\qquad\quad=(x+y)(x-y+1)$
$\qquad\qquad\qquad\quad=\sqrt{3}\times\{(\sqrt{3}-1)+1\}$
$\qquad\qquad\qquad\quad=3$

답 (1) $\sqrt{15}$ (2) 3

필수 공략 **조건이 주어진 복잡한 식의 값 구하기**
➡ 인수분해하여 식을 간단히 한 후 주어진 조건을 이용한다.

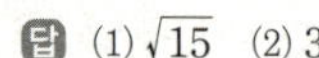

• 정답 및 해설 033쪽

표현 바꾼
유제 **05-❶**
교육청

$x=\sqrt{3}+\sqrt{2}$, $y=\sqrt{3}-\sqrt{2}$일 때, x^2y+xy^2+x+y의 값은?

① $\sqrt{3}$ ② $2\sqrt{3}$ ③ $3\sqrt{3}$ ④ $4\sqrt{3}$ ⑤ $5\sqrt{3}$

유제 **05-❷**

다음 물음에 답하시오.

(1) $x+2y=\sqrt{6}-2$, $x-2y=2\sqrt{6}+1$일 때, $x^2-4y^2+x-6y-2$의 값을 구하시오.

(2) $x+3y=\sqrt{10}-1$, $x-y=\sqrt{5}+3$일 때, $x^2-3y^2+2xy-2x-10y-3$의 값을 구하시오.

유제 **05-❸**

$x+y=4$, $xy=2$일 때, $x^4+x^2y^2+y^4$의 값을 구하시오.

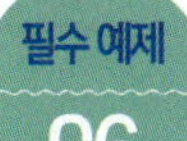

필수 예제 06 인수분해를 이용한 수의 계산

인수분해를 이용하여 $\dfrac{99^3-1}{99\times100+1}$ 의 값을 구하시오.

풀이

(**Tip**) $99=x$로 치환하고, 100을 x에 대하여 나타낸 후 인수분해를 이용한다.

$99=x$라 하면 $100=x+1$이므로

$$\frac{99^3-1}{99\times100+1}=\frac{x^3-1}{x(x+1)+1}$$
$$=\frac{(x-1)(x^2+x+1)}{x^2+x+1}$$
$$=x-1\ (\because\ x^2+x+1\neq0)$$
$$=99-1$$
$$=98$$

답 98

필수 공략 여러 가지 연산으로 이루어진 복잡한 수의 계산
➡ 반복되는 수를 문자로 치환한 후 인수분해 공식을 이용한다.

참고 가장 많이 나오는 수 또는 거듭제곱 꼴인 수를 x로 치환하면 계산이 간단해진다.

• 정답 및 해설 034쪽

유제 06-❶ 인수분해를 이용하여 $\dfrac{35^2-34}{35^3+1}$ 의 값을 구하시오.

유제 06-❷ 서로소인 두 자연수 p, q에 대하여 $\dfrac{14\times15+1}{14^4+14^2+1}=\dfrac{q}{p}$일 때, $p-3q$의 값을 구하시오.

유제 06-❸ $201^3-8\times201^2+13\times201-6=a\times10^5$일 때, 자연수 a의 값은?

① 72　　　② 74　　　③ 76　　　④ 78　　　⑤ 80

필수 예제 07 — 인수분해를 이용한 삼각형의 모양 판단

삼각형의 세 변의 길이 a, b, c에 대하여
$$a^2-b^2-ca+bc=0$$
이 성립할 때, 이 삼각형은 어떤 삼각형인지 말하시오.

풀이

(Tip) 주어진 식을 인수분해하여 a, b, c 사이의 관계를 파악한다.

$$\begin{aligned}a^2-b^2-ca+bc&=(a^2-b^2)-ca+bc\\&=(a+b)(a-b)-c(a-b)\\&=(a-b)(a+b-c)\end{aligned}$$

이므로
$$(a-b)(a+b-c)=0$$
$$\therefore\ a-b=0 \ \text{또는}\ a+b-c=0$$

이때 삼각형의 성질에 의하여 $a+b>c$이어야 하므로 $a+b-c>0$이다.
→ 삼각형의 두 변의 길이의 합은 나머지 한 변의 길이보다 크다.
즉, $a-b=0$에서 $a=b$

따라서 이 삼각형은 $a=b$인 이등변삼각형이다.

답 $a=b$인 이등변삼각형

필수 공략 — 삼각형의 모양 판단

➡ 주어진 식을 인수분해하여 a, b, c 사이의 관계를 파악한다.
　이때 a, b, c는 $a>0$, $b>0$, $c>0$ 또는 $a+b>c$, $b+c>a$, $c+a>b$를 만족시켜야 한다.

• 정답 및 해설 034쪽

숫자 바꾼

유제 07-❶　삼각형의 세 변의 길이 a, b, c에 대하여
$$a^2+c^2+ab-2ac-bc=0$$
이 성립할 때, 이 삼각형은 어떤 삼각형인지 말하시오.

유제 07-❷　삼각형의 세 변의 길이 a, b, c에 대하여
$$a^3+a^2c-ab^2+ac^2-b^2c+c^3=0$$
이 성립할 때, 이 삼각형은 어떤 삼각형인지 말하시오.

유제 07-❸　삼각형의 세 변의 길이 a, b, c에 대하여
$$ab(a+b)+bc(b-c)-ca(c+a)=0$$
이 성립할 때, 이 삼각형은 어떤 삼각형인지 말하시오.

집중 연습

● 복잡한 식의 인수분해

공통부분이 있는 다항식의 인수분해

01 다음 식을 인수분해하시오.

(1) $(x^2+4x+1)(x^2+4x+2)-6$

(2) $(x^2+3x+2)(x^2+5x+2)-8x^2$

(3) $(x-3)(x-1)(x+4)(x+6)+48$

(4) $(x^2-9)(x-2)(x+4)-112$

---

x^4+ax^2+b 꼴의 인수분해

02 다음 식을 인수분해하시오.

(1) x^4+x^2-6

(2) x^4-10x^2+9

(3) x^4-7x^2+1

(4) $x^4-12x^2y^2+16y^4$

여러 개의 문자를 포함한 다항식의 인수분해

03 다음 식을 인수분해하시오.

(1) $x^2-6y^2-xy+2yz+zx$

(2) $a^2-2b^2+3a-3b-ab+2$

(3) $x^2+2y^2+2x+5y+3xy-3$

(4) $a^2b+a^2c+ab^2-b^2c-ac^2-bc^2$

인수정리를 이용한 인수분해

04 다음 식을 인수분해하시오.

(1) $x^3+6x^2+5x-12$

(2) $2x^3+5x^2-x-1$

(3) $x^4-3x^3-14x^2+48x-32$

(4) x^4-5x-6

소단원 점검 문제

01 다항식 $(x+1)(y+1)(xy+1)+xy$를 인수분해하시오.

02 다항식 $x^4-6x^2y^2+25y^4$을 인수분해하면 $(x^2+4xy+ay^2)(x^2+bxy+cy^2)$일 때, 세 상수 a, b, c에 대하여 $a+b+c$의 값은?

① 3   ② 4   ③ 5   ④ 6   ⑤ 7

03   교육청 x, y에 대한 이차식 $x^2+kxy-3y^2+x+11y-6$이 x, y에 대한 두 일차식의 곱으로 인수분해될 때, 자연수 k의 값을 구하시오.

04 |보기| 중 다항식 $x^3+(a-3)x^2+(2-3a)x+2a$의 인수인 것을 모두 고른 것은?

| 보기 |
ㄱ. $x-1$ ㄴ. $x+2$ ㄷ. $x+a$ ㄹ. $x-a$

① ㄱ, ㄴ   ② ㄱ, ㄷ   ③ ㄴ, ㄷ   ④ ㄴ, ㄹ   ⑤ ㄱ, ㄷ, ㄹ

05 인수분해를 이용한 식의 값

$x+y=3$, $xy=1$에 대하여 $x^5+x^3y^2+x^2y^3+y^5$의 값은?

① 126　　　② 130　　　③ 134　　　④ 138　　　⑤ 152

06 인수분해를 이용한 식의 값

$2xy-6yz-3zx=\dfrac{1}{24}$일 때, $\dfrac{12(x+2y-3z)^2-1}{x^2+4y^2+9z^2}$의 값은?

① 3　　　② 4　　　③ 5　　　④ 12　　　⑤ 14

07 인수분해를 이용한 수의 계산

교육청

$\dfrac{218^3+1}{217^3-1}$의 값은?

① $\dfrac{73}{72}$　　　② $\dfrac{37}{36}$　　　③ $\dfrac{25}{24}$　　　④ $\dfrac{19}{18}$　　　⑤ $\dfrac{13}{12}$

08 인수분해를 이용한 삼각형의 모양 판단

세 변의 길이가 a, b, c인 삼각형이 $a^3-b^3-a^2b+ab^2-ac^2+bc^2=0$을 만족시킬 때, |**보기**| 중 이 삼각형으로 가능한 것을 모두 고르시오.

┌ 보기 ├
ㄱ. $a=b$인 이등변삼각형
ㄴ. $b=c$인 이등변삼각형
ㄷ. 빗변의 길이가 a인 직각삼각형
ㄹ. 빗변의 길이가 c인 직각삼각형

01

다음 중 $27a^3+9a^2b-3ab+b+1$의 인수인 것은?

① $a+b+1$　　② $a+2b+1$　　③ $2a+b+1$
④ $a+3b+1$　　⑤ $3a+b+1$

02

$x^6+x^3-2=(x^3+a)(x+b)(x^2+x+c)$일 때, 세 상수 a, b, c에 대하여 $a+b+c$의 값은?

① -2　　　② -1　　　③ 0
④ 1　　　　⑤ 2

03

|보기| 중 다항식 $x^4-2(y^2+z^2)x^2+(y^2-z^2)^2$의 인수인 것을 모두 고른 것은?

┌ 보기 ┐
ㄱ. $x-y+z$　　　　　ㄴ. $x+2y+z$
ㄷ. $x+y-z$　　　　　ㄹ. $x-y-z$
└──────┘

① ㄱ, ㄴ　　② ㄱ, ㄴ, ㄷ　　③ ㄱ, ㄴ, ㄹ
④ ㄱ, ㄷ, ㄹ　　⑤ ㄴ, ㄷ, ㄹ

04 교육청

x에 대한 다항식 $(x-1)(x-4)(x-5)(x-8)+a$가 $(x+b)^2(x+c)^2$으로 인수분해될 때, 세 정수 a, b, c에 대하여 $a+b+c$의 값은?

① 19　　　② 21　　　③ 23
④ 25　　　⑤ 27

05

x에 대한 다항식 x^4+kx^2-72를 인수분해하였을 때, 계수가 정수인 일차식의 개수가 2가 되도록 하는 모든 정수 k의 값의 합을 구하시오.

06

다음 중 $a(a-b-c)+b(b-c-a)+c(c-a-b)+4bc$의 인수인 것은?

① $a-b-c$　　② $a-b+c$　　③ $b-c-a$
④ $b-c+a$　　⑤ $c-a-b$

07

$x+y+z=2$일 때, 다음 중 $xyz+xy^2+xy-y-z-1$을 인수분해한 것과 같은 것은?

① $(3-x)(xy-1)$　　　② $(3-x)(xy+1)$
③ $(x-1)(xy-1)$　　　④ $(x+3)(xy-1)$
⑤ $(x+3)(xy+1)$

08 교육청

그림과 같이 세 모서리의 길이가 각각 x, x, $x+3$인 직육면체 모양에 한 모서리의 길이가 1인 정육면체 모양의 구멍이 두 개 있는 나무 블록이 있다. 세 정수 a, b, c에 대하여 이 나무 블록의 부피를 $(x+a)(x^2+bx+c)$로 나타낼 때, $a\times b\times c$의 값은? (단, $x>1$)

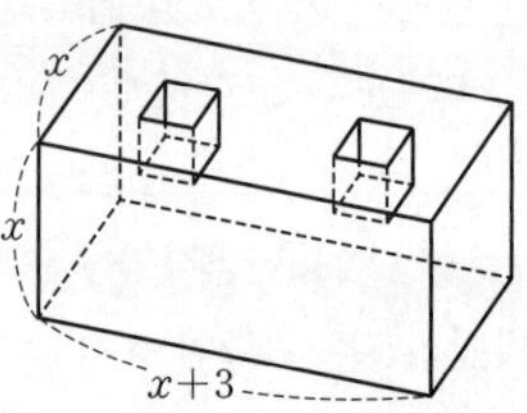

① -5　　　② -4　　　③ -3
④ -2　　　⑤ -1

09

한 변의 길이가 $x+a$인 정삼각형을 밑면으로 하고, 높이가 $x+b$인 삼각뿔이 있다. 이 삼각뿔의 부피가 $\dfrac{\sqrt{3}}{12}(x^3+8x^2+21x+18)$일 때, $a-b$의 값을 구하시오.

(단, a, b는 상수이다.)

10

이차식 x^2+ax+b가 $2x^3+7x^2+11x+4$의 인수일 때, 두 실수 a, b에 대하여 $2a+b$의 값을 구하시오.

11 [서술형]

$\dfrac{a^2b-a^2c-ab^2+ac^2+b^2c-bc^2}{(a-b)(b-c)(c-a)}$의 값을 구하시오.

(단, $a\neq b$, $b\neq c$, $c\neq a$)

12 [교육청]

두 자연수 a, b에 대하여
$$a^2b+2ab+a^2+2a+b+1$$
의 값이 245일 때, $a+b$의 값은?

① 9   ② 10   ③ 11
④ 12   ⑤ 13

13

$a-b=10$, $b-c=-6$일 때,
$-a^2b+a^2c+ab^2-ac^2-b^2c+bc^2$의 값은?

① -240 ② -120 ③ 0
④ 120   ⑤ 240

14

$(3.1)^3-7\times(3.1)^2+15\times3.1-9$의 값을 구하면?

① 0.009   ② 0.011   ③ 0.019
④ 0.021   ⑤ 0.029

15

인수분해를 이용하여 $\sqrt{17\times19\times22\times24+25}$ 의 값을 구하면?

① 413   ② 420   ③ 427
④ 434   ⑤ 441

16

$\dfrac{10^{15}-1}{10^5-1}$이 n자리의 자연수일 때, 자연수 n의 값은?

① 10   ② 11   ③ 12
④ 13   ⑤ 14

• 정답 및 해설 039쪽

17 서술형

삼각형의 세 변의 길이 a, b, c에 대하여
$$a^3-b^3+c^3=ab^2+b^2c-a^2b-a^2c-ac^2-bc^2$$
이 성립할 때, 이 삼각형은 어떤 삼각형인지 말하시오.

내신 1% 뛰어 넘기

18

다항식 $(x^2+3x+2)(x^2-5x+6)+k$가 최고차항의 계수가 양수인 이차식 $P(x)$의 제곱으로 인수분해될 때, $k+P(2)$의 값을 구하시오. (단, k는 상수이다.)

19

인수분해를 이용하여 $\dfrac{16^4-12^4}{56}$의 값을 구하면?

① 600 　② 650 　③ 700
④ 750 　⑤ 800

20

세 변의 길이 a, b, c $(a\leq b\leq c)$가 모두 자연수인 삼각형에 대하여
$$a^3+b^3+3(a^2b+ab^2)-10(a^2+2ab+b^2)$$
$$+25(a+b)=0$$
이 성립할 때, 모든 순서쌍 (a, b, c)의 개수를 구하시오.

21

$a<b<c$인 서로 다른 세 자연수 a, b, c에 대하여
$$(a+b+c)(ab+bc+ca)-abc=140$$
이 성립할 때, $ab+c$의 값은?

① 5 　② 6 　③ 7
④ 8 　⑤ 9

22 교육청

모든 실수 x에 대하여 두 이차다항식 $P(x)$, $Q(x)$가 다음 조건을 만족시킨다.

> ㈎ $P(x)+Q(x)=4$
> ㈏ $\{P(x)\}^3+\{Q(x)\}^3=12x^4+24x^3+12x^2+16$

$P(x)$의 최고차항의 계수가 음수일 때, $P(2)+Q(3)$의 값은?

① 6 　② 7 　③ 8
④ 9 　⑤ 10

Ⅱ-1

복소수

 **복소수의 뜻과 사칙연산**

1 허수단위 i와 복소수

1 허수단위 i

제곱하여 -1이 되는 새로운 수를 기호 i로 나타내고, i를 허수단위라 한다.

또한, 제곱하여 -1이 된다는 뜻에서 $i=\sqrt{-1}$로 나타낸다. 즉,

$$i^2=-1, \ i=\sqrt{-1}$$

2 복소수

실수 a, b에 대하여 $a+bi$ 꼴로 나타내어지는 수를 복소수라 한다.

이때 a를 실수부분, b를 허수부분이라 한다.

3 복소수의 분류

(1) 허수와 순허수

실수가 아닌 복소수 $a+bi \ (b\neq0)$를 허수라 하고, 실수부분이 0인 허수 $bi \ (b\neq0)$를
순허수라 한다.

(2) 복소수 $a+bi \ (a, b$는 실수)를 분류하면 다음과 같다.

$$\text{복소수 } a+bi \begin{cases} \text{실수 } a \quad\quad (b=0) \\ \text{허수 } a+bi \ (b\neq0) \begin{cases} \text{순허수 } bi \quad\quad\quad (a=0, \ b\neq0) \\ \text{순허수가 아닌 허수 } a+bi \ (a\neq0, \ b\neq0) \end{cases} \end{cases}$$

 **허수단위 i와 복소수**

모든 실수는 제곱하면 0 이상이므로 방정식 $x^2=-1$은 실수의 범위에서 해를 갖지 않는다.

따라서 이 방정식이 해를 가지려면 실수 이외의 새로운 수가 필요하므로 방정식 $x^2=-1$이 해를 가질 수
있도록 수의 범위를 실수보다 확장한 것이 복소수이다.

이때 제곱하여 -1이 되는 새로운 수를 i로 나타내고, i를 허수단위라 한다. → 즉, $i^2=-1$이다.

즉, 방정식 $x^2=-1$의 근을 허수단위를 이용하여 나타내면 다음과 같다.

$$x=\sqrt{-1}=i \text{ 또는 } x=-\sqrt{-1}=-i$$

(1) 복소수 $3+2i$의 실수부분은 3, 허수부분은 2이다.

(2) 복소수 $4i$는 $4i=0+4i$이므로 실수부분은 0, 허수부분은 4이다.

(3) 복소수 -2는 $-2=-2+0i$이므로 실수부분은 -2, 허수부분은 0이다.

주의 복소수 $a+bi$에서 허수부분은 bi가 아니라 b이다.

복소수의 분류

복소수에서 허수단위 i를 포함하지 않는 수는 실수, 허수단위 i를 포함하는 수는 허수이며, 복소수는 실수
와 허수를 포함하는 수 체계이다. 이때 복소수와 허수를 혼동하여 생각하지 않도록 그 정의에 주의한다.

예 다음은 순허수와 순허수가 아닌 허수의 예이다.

(1) 순허수: $3i$, $\sqrt{2}\,i$, $-4i$, $\cdots$

(2) 순허수가 아닌 허수: $1+3i$, $3-\sqrt{3}i$, $-\sqrt{2}+\sqrt{7}\,i$, $\cdots$

참고 복소수 $a+bi \ (a, b$는 실수)에서 $b=0$이면 $a+0i=a$이므로 실수도 복소수이다.

1 |보기| 중 다음에 알맞은 수를 모두 고르시오.

┌─ 보기 ┐
ㄱ. $3-2i$ ㄴ. $\sqrt{5}\,i$ ㄷ. -7 ㄹ. $\sqrt{3}$
ㅁ. $\dfrac{1+\sqrt{3}\,i}{2}$ ㅂ. $-6i$ ㅅ. $1-\sqrt{2}$ ㅇ. $-\sqrt{7}+\sqrt{2}\,i$

(1) 실수   (2) 허수
(3) 순허수   (4) 순허수가 아닌 허수

답 (1) ㄷ, ㄹ, ㅅ   (2) ㄱ, ㄴ, ㅁ, ㅂ, ㅇ   (3) ㄴ, ㅂ   (4) ㄱ, ㅁ, ㅇ

---

2 복소수가 서로 같을 조건

a, b, c, d가 실수일 때
(1) $a+bi=c+di \iff a=c,\ b=d$
(2) $a+bi=0 \iff a=0,\ b=0$

i를 x로 생각하면 항등식의 성질과 같음을 알 수 있다.

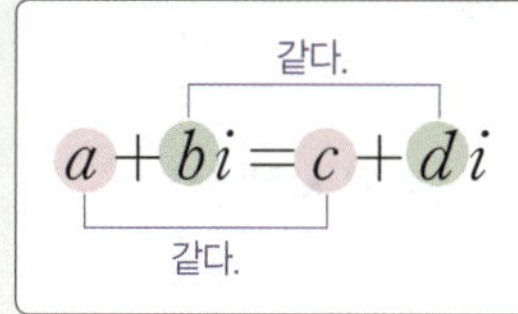

설명 두 복소수가 실수부분은 실수부분끼리, 허수부분은 허수부분끼리 서로 같을 때, 두 복소수는 서로 같다고 한다.

example a, b가 실수일 때
(1) $a+bi=2+3i$이면 $a=2$, $b=3$이다.
(2) $a+bi=0$이면 $a+bi=0+0i$이므로 $a=0$, $b=0$이다.

주의 $a+bi=0$에서 두 미지수 a, b가 '실수'라는 조건은 중요하다.
만약 a, b가 실수라는 조건이 없다면
$$a=i,\ b=-1 \text{ 또는 } a=1,\ b=i \text{ 또는 } a=2i,\ b=-2$$
등과 같이 등식을 만족시키는 a, b가 무수히 많이 존재하기 때문이다.

3 켤레복소수

복소수 $a+bi$ (a, b는 실수)에서 허수부분의 부호를 바꾼 복소수 $a-bi$를 $a+bi$의 켤레복소수라 하고, 기호 $\overline{a+bi}$로 나타낸다. 즉,
$$\overline{a+bi}=a-bi,\quad \overline{a-bi}=a+bi$$

참고 복소수 z의 켤레복소수 $\bar{z}$는 'z bar'라 읽는다.

설명 두 실수 a, b에 대하여 $\overline{a+bi}=a-bi$, $\overline{a-bi}=a+bi$이므로 두 복소수 $a+bi$, $a-bi$는 서로 켤레복소수이다. → 복소수 $3+4i$의 켤레복소수는 $\overline{3+4i}=3-4i$이고, 복소수 $3-4i$의 켤레복소수는 $\overline{3-4i}=3+4i$이다.

예 $-1+4i$의 켤레복소수는 $-1-4i$, -7의 켤레복소수는 -7, $\sqrt{5}\,i$의 켤레복소수는 $-\sqrt{5}\,i$이다.

1 복소수의 사칙연산

a, b, c, d가 실수일 때

(1) 덧셈: $(a+bi)+(c+di)=(a+c)+(b+d)i$

(2) 뺄셈: $(a+bi)-(c+di)=(a-c)+(b-d)i$

(3) 곱셈: $(a+bi)(c+di)=(ac-bd)+(ad+bc)i$

(4) 나눗셈: $\dfrac{a+bi}{c+di}=\dfrac{ac+bd}{c^2+d^2}+\dfrac{bc-ad}{c^2+d^2}i$ (단, $c+di\neq0$)

2 복소수의 덧셈과 곱셈에 대한 성질

세 복소수 z_1, z_2, z_3에 대하여 다음 법칙이 성립한다.

(1) 교환법칙: $z_1+z_2=z_2+z_1$, $z_1z_2=z_2z_1$

(2) 결합법칙: $(z_1+z_2)+z_3=z_1+(z_2+z_3)$, $(z_1z_2)z_3=z_1(z_2z_3)$ → 결합법칙이 성립하므로 괄호를 생략하여 $z_1+z_2+z_3$, $z_1z_2z_3$ 으로 나타내기도 한다.

(3) 분배법칙: $z_1(z_2+z_3)=z_1z_2+z_1z_3$, $(z_1+z_2)z_3=z_1z_3+z_2z_3$

설명 **복소수의 사칙연산**

(1) **복소수의 덧셈과 뺄셈**

복소수의 덧셈과 뺄셈은 허수단위 i를 문자처럼 생각하고 실수부분은 실수부분끼리, 허수부분은 허수부분끼리 모아서 (실수부분)+(허수부분)i 꼴로 정리한다.

(2) **복소수의 곱셈**

허수단위 i를 문자처럼 생각하여 전개한 다음 $i^2=-1$임을 이용하여 정리한다.

$$(a+bi)(c+di)=ac+adi+bci+\underline{bdi^2}=ac+adi+bci-bd$$
$$=(ac-bd)+(ad+bc)i \qquad \text{└→} bdi^2=bd\times(-1)=-bd$$

(3) **복소수의 나눗셈**

→ $(a+b)(a-b)=a^2-b^2$을 이용하여 분모를 실수로 만든다.

분모의 켤레복소수를 분모, 분자에 각각 곱하여 정리한다.

$$\frac{a+bi}{c+di}=\frac{(a+bi)(c-di)}{(c+di)(c-di)}=\frac{ac-adi+bci-bdi^2}{c^2-d^2i^2}=\frac{(ac+bd)+(bc-ad)i}{c^2+d^2}$$
$$=\frac{ac+bd}{c^2+d^2}+\frac{bc-ad}{c^2+d^2}i \ (\text{단}, c+di\neq0)$$

example

(1) $(4+3i)+(2-i)=(4+2)+(3-1)i=6+2i$

(2) $(4+3i)-(2-i)=(4-2)+\{3-(-1)\}i=2+4i$

(3) $(4+3i)(2-i)=8-4i+6i-3i^2=(8+3)+(-4+6)i=11+2i$

(4) $\dfrac{4+3i}{2-i}=\dfrac{(4+3i)(2+i)}{(2-i)(2+i)}=\dfrac{8+4i+6i+3i^2}{4-i^2}=\dfrac{(8-3)+(4+6)i}{5}=1+2i$

Q&A 허수도 실수처럼 대소를 비교할 수 있을까?

만약 실수와 허수, 허수와 허수 사이의 대소를 비교할 수 있다면
허수단위 i에 대하여 $i>0$, $i=0$, $i<0$ 중 어느 하나가 성립해야 한다.

(ⅰ) $i>0$인 경우

양변에 i를 곱하면 $i\times i>0\times i$, $i^2>0$ $\quad\therefore\ -1>0$ ➡ 모순

(ⅱ) $i=0$인 경우

양변에 i를 곱하면 $i\times i=0\times i$, $i^2=0$ $\quad\therefore\ -1=0$ ➡ 모순

(ⅲ) $i<0$인 경우

→ 양변에 음수를 곱했으므로 부등호의 방향이 바뀐다.

양변에 i를 곱하면 $i\times i>0\times i$, $i^2>0$ $\quad\therefore\ -1>0$ ➡ 모순

(ⅰ), (ⅱ), (ⅲ)에서 i는 양수도 아니고, 0도 아니고, 음수도 아니다. 즉, 허수는 대소를 비교할 수 없다.

집중 연습

● **복소수의 뜻과 사칙연산**

복소수의 덧셈

01 다음을 계산하시오.

(1) $(2+i)+(-1+3i)$

(2) $(1-2i)+(3+i)$

(3) $(\sqrt{2}+5i)+(2\sqrt{2}-3i)$

(4) $(\sqrt{3}i-2)+(4-3\sqrt{3}i)$

복소수의 뺄셈

02 다음을 계산하시오.

(1) $(1+i)-(2i-1)$

(2) $(2-i)-(5+3i)$

(3) $(\sqrt{3}+i)-(3i-2\sqrt{3})$

(4) $(2-\sqrt{2}i)-(3+2\sqrt{2}i)$

복소수의 곱셈

03 다음을 계산하시오.

(1) $-3i(3-5i)$

(2) $-5\sqrt{2}i(\sqrt{2}-2i)$

(3) $(3-i)(-2+3i)$

(4) $(-1+\sqrt{2}i)(\sqrt{2}+3i)$

복소수의 나눗셈

04 다음을 $a+bi$ 꼴로 나타내시오. (단, a, b는 실수이다.)

(1) $\dfrac{1-i}{1+i}$

(2) $\dfrac{3+2i}{3-2i}$

(3) $\dfrac{1-2i}{2+3i}$

(4) $\dfrac{\sqrt{2}-3i}{1+\sqrt{2}i}$

복소수의 뜻과 분류

다음 중 옳은 것은?

① $\sqrt{3}i$는 실수이다.

② 5는 복소수이다.

③ $1-\sqrt{2}$의 실수부분은 1이다.

④ $2+3i$의 허수부분은 $3i$이다.

⑤ $x^2=-1$이면 $x=i$이다.

풀이

(**Tip**) a, b가 실수일 때, $a+bi$ 꼴로 나타내어지는 수를 복소수라 한다.

① $\sqrt{3}i$는 순허수이다. (거짓)

② 5는 실수이므로 복소수이다. (참)

③ $1-\sqrt{2}$의 실수부분은 $1-\sqrt{2}$이고 허수부분은 0이다. (거짓) → $1-\sqrt{2}=(1-\sqrt{2})+0i$

④ $2+3i$의 허수부분은 3이다. (거짓) → 허수부분은 i 앞에 붙은 실수이다.

⑤ $i^2=(-i)^2=-1$이므로 $x^2=-1$인 x는 $\pm\sqrt{-1}$, 즉 $\pm i$이다. (거짓)

따라서 옳은 것은 ②이다.

답 ②

필수 공략

두 실수 a, b에 대하여

$$\text{복소수 } a+bi \begin{cases} \text{실수 } a & (b=0) \\ \text{허수 } a+bi\ (b\neq0) \begin{cases} \text{순허수 } bi & (a=0,\ b\neq0) \\ \text{순허수가 아닌 허수 } a+bi & (a\neq0,\ b\neq0) \end{cases} \end{cases}$$

• 정답 및 해설 042쪽

숫자 바꾼

유제 01-❶ 다음 중 옳지 <u>않은</u> 것은?

① $i^2<0$

② $5i$는 허수이다.

③ $3i-\sqrt{5}$의 실수부분은 $-\sqrt{5}$이다.

④ $\sqrt{2}-3i$는 순허수가 아닌 허수이다.

⑤ $a\neq0$, $b=0$이면 $a+bi$는 복소수가 아니다.

유제 01-❷ |보기| 중 순허수의 개수를 a, 순허수가 아닌 허수의 개수를 b라 할 때, $a-b$의 값을 구하시오.

| 보기 |

ㄱ. $-\sqrt{3}$	ㄴ. $\dfrac{1}{2}+\dfrac{1}{3}i$	ㄷ. $1+\sqrt{7}$
ㄹ. $4i$	ㅁ. i^2	ㅂ. $\sqrt{2}\,i$

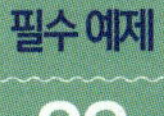 **필수 예제 02**

복소수의 사칙연산

다음을 $a+bi$ 꼴로 나타내시오. (단, a, b는 실수이다.)

(1) $(2-i)+(1-i)(3+2i)$

(2) $(5-2i)+\dfrac{3+i}{1+i}-2(3+i)$

 **풀이**

Tip i를 문자처럼 생각하여 전개한 후 $i^2=-1$임을 이용하여 정리한다.

(1) $\begin{aligned}(2-i)+(1-i)(3+2i)&=(2-i)+(3+2i-3i-2i^2)\\&=(2+3+2)+(-1+2-3)i\\&=7-2i\end{aligned}$ $\quad\big) i^2=-1$

(2) $\begin{aligned}(5-2i)+\dfrac{3+i}{1+i}-2(3+i)&=(5-2i)+\dfrac{(3+i)(1-i)}{(1+i)(1-i)}+(-6-2i)\\&=(5-2i)+\dfrac{3-3i+i-i^2}{1-i^2}+(-6-2i)\\&=(5-2i)+\dfrac{(3+1)+(-3+1)i}{2}+(-6-2i)\\&=(5-2i)+(2-i)+(-6-2i)\\&=(5+2-6)+(-2-1-2)i\\&=1-5i\end{aligned}$ $\quad\big) i^2=-1$

답 (1) $7-2i$ (2) $1-5i$

필수 공략

a, b, c, d가 실수일 때

(1) 덧셈: $(a+bi)+(c+di)=(a+c)+(b+d)i$

(2) 뺄셈: $(a+bi)-(c+di)=(a-c)+(b-d)i$

(3) 곱셈: $(a+bi)(c+di)=(ac-bd)+(ad+bc)i$

(4) 나눗셈: $\dfrac{a+bi}{c+di}=\dfrac{ac+bd}{c^2+d^2}+\dfrac{bc-ad}{c^2+d^2}i$ (단, $c+di\neq0$)

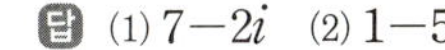• 정답 및 해설 042쪽

숫자 바꾼

 **유제 02-❶**

다음을 $a+bi$ 꼴로 나타내시오. (단, a, b는 실수이다.)

(1) $(1+2i)^2+3(2+i)-(1-3i)$

(2) $(i-2\sqrt{2})+2(\sqrt{2}+3i)-\dfrac{8+\sqrt{2}i}{i+\sqrt{2}}$

유제 02-❷

$(-3+i)(2+4i)+\dfrac{3+4i}{4-3i}$의 실수부분을 a, 허수부분을 b라 할 때, $a-b$의 값을 구하시오.

유제 02-❸ **교육청**

복소수 $\dfrac{a+3i}{2-i}$의 실수부분과 허수부분의 합이 3일 때, 실수 a의 값은?

① 1 　　② 2 　　③ 3 　　④ 4 　　⑤ 5

복소수가 실수 또는 순허수가 되기 위한 조건

다음 물음에 답하시오.

(1) 복소수 $x(2+i)+1-3i$가 실수일 때, 실수 x의 값을 구하시오.

(2) 복소수 $x^2+x(4+i)+3+i$가 순허수일 때, 실수 x의 값을 구하시오.

풀이

(Tip) 복소수가 실수이면 (허수부분)$=0$임을 이용하고, 순허수이면 (실수부분)$=0$, (허수부분)$\neq0$임을 이용한다.

(1) $x(2+i)+1-3i=(2x+1)+(x-3)i$

복소수가 실수이려면 (허수부분)$=0$이어야 하므로

$x-3=0$

$\therefore x=3$

(2) $x^2+x(4+i)+3+i=(x^2+4x+3)+(x+1)i$

복소수가 순허수이려면 (실수부분)$=0$, (허수부분)$\neq0$이어야 하므로

$x^2+4x+3=0$, $x+1\neq0$

→ (실수부분)$=0$일 때, (허수부분)$=0$이면 복소수가 0이므로 순허수가 아니다.

$x^2+4x+3=0$에서 $(x+3)(x+1)=0$

$\therefore x=-3$ 또는 $x=-1$

이때 $x+1\neq0$에서 $x\neq-1$이므로

$x=-3$

답 (1) 3 (2) -3

필수 공략

(실수부분)$+$(허수부분)i 꼴의 복소수가

(1) 실수이려면 ➡ (허수부분)$=0$

(2) 순허수이려면 ➡ (실수부분)$=0$, (허수부분)$\neq0$

• 정답 및 해설 043쪽

숫자 바꾼

유제 **03-❶** 다음 물음에 답하시오.

(1) 복소수 $x(1+2i)-5+4i$가 실수일 때, 실수 x의 값을 구하시오.

(2) 복소수 $x^2+x(i-5)+6-2i$가 순허수일 때, 실수 x의 값을 구하시오.

유제 **03-❷** 실수 k에 대하여 복소수 $z=\dfrac{k+2i}{1-i}$가 순허수일 때, z를 구하시오.

유제 **03-❸** 복소수 $z=i(x-i)^2$이 실수가 되도록 하는 양의 실수 x의 값을 a, 그때의 z의 값을 b라 할 때, $a+b$의 값을 구하시오.

복소수가 서로 같을 조건

다음 등식을 만족시키는 두 실수 x, y의 값을 각각 구하시오.

(1) $(1+2i)x-(2+3i)y-2i=0$

(2) $(1+i)^2 x+(3-i)y=9-i$

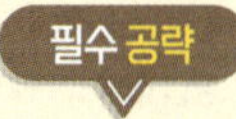 풀이

(Tip) 실수부분은 실수부분끼리, 허수부분은 허수부분끼리 정리하여 복소수가 서로 같을 조건을 이용한다.

(1) $(1+2i)x-(2+3i)y-2i=0$에서

$(x-2y)+(2x-3y-2)i=0$

이때 $x-2y$, $2x-3y-2$가 실수이므로 복소수가 서로 같을 조건에 의하여

$x-2y=0$, $2x-3y-2=0$ → 실수가 아니면 무수히 많은 $x-2y$, $2x-3y-2$가 존재하므로 꼭 확인해야 하는 조건이다.

위의 두 식을 연립하여 풀면

$x=4$, $y=2$

(2) $(1+i)^2 x+(3-i)y=9-i$에서

$(1+2i+i^2)x+(3-i)y=9-i$

$\therefore 3y+(2x-y)i=9-i$

이때 $3y$, $2x-y$가 실수이므로 복소수가 서로 같을 조건에 의하여

$3y=9$, $2x-y=-1$ → 실수가 아니면 무수히 많은 $3y$, $2x-y$가 존재하므로 꼭 확인해야 하는 조건이다.

위의 두 식을 연립하여 풀면

$x=1$, $y=3$

답 (1) $x=4$, $y=2$ (2) $x=1$, $y=3$

필수 공략 

허수단위 i를 포함한 등식에서 실수인 미지수는 다음과 같은 순서로 구한다.

❶ 양변을 정리하여 $a+bi=c+di$ (a, b, c, d는 실수) 꼴로 나타낸다.

❷ 실수부분은 실수부분끼리, 허수부분은 허수부분끼리 서로 같음, 즉 $a=c$, $b=d$임을 이용한다.

참고 $a+bi=0$이면 $0=0+0i$이므로 $a=0$, $b=0$이다.

• 정답 및 해설 043쪽

숫자 바꾼

유제 **04-❶** 다음 등식을 만족시키는 두 실수 x, y의 값을 각각 구하시오.

(1) $2(3+2i)x-(7+5i)y-5-3i=0$

(2) $\dfrac{x}{1+i}+\dfrac{y}{1-i}=3-2i$

유제 **04-❷** 교육청

$(3+ai)(2-i)=13+bi$를 만족시키는 두 실수 a, b에 대하여 $a+b$의 값을 구하시오.

유제 **04-❸** 두 실수 x, y에 대하여 $(x+2i)(y+2i)=-2+10i$일 때, $\dfrac{1}{x}+\dfrac{1}{y}$의 값을 구하시오.

복소수에 대한 식의 값 구하기

다음 물음에 답하시오.

(1) $z=2+i$일 때, z^2-4z+7의 값을 구하시오.

(2) $x=1+i$, $y=1-i$일 때, x^2y+xy^2의 값을 구하시오.

풀이

(Tip) (1) $z=a+bi$ (a, b는 실수)일 때 $(z-a)^2=(bi)^2$임을 이용한다.

(2) 복소수의 덧셈과 곱셈을 이용하고, 주어진 식을 인수분해한다.

(1) $z=2+i$에서 $\underline{z-2=i}$ → 우변이 순허수가 되도록 이항한다.

위의 식의 양변을 제곱하면

$z^2-4z+4=i^2$ $\therefore$ $z^2-4z+5=0$

$\therefore$ $z^2-4z+7=(\underline{z^2-4z+5})+2=2$

(2) $x+y=(1+i)+(1-i)=2$, $\underset{0}{xy}=(1+i)(1-i)=1-i^2=2$

$\therefore$ $x^2y+xy^2=xy(x+y)$

$=2\times2=4$

답 (1) 2   (2) 4

필수 공략

복소수가 주어졌을 때 식의 값 구하기

(1) $z=a+bi$ (a, b는 실수)가 주어진 경우

➡ $(z-a)^2=(bi)^2$을 이용하여 주어진 식을 간단히 한다.

(2) 서로 켤레복소수인 두 복소수 x, y가 주어진 경우

➡ 주어진 식을 $x+y$, xy 등을 포함한 식으로 변형한다.

• 정답 및 해설 043쪽

숫자 바꾼

유제 05-❶ 다음 물음에 답하시오.

(1) $z=\dfrac{-1+\sqrt{3}i}{2}$일 때, $2z^2+2z-3$의 값을 구하시오.

(2) $x=\sqrt{2}+i$, $y=\sqrt{2}-i$일 때, $(x+1)(y+1)-1$의 값을 구하시오.

유제 05-❷ $z=\dfrac{10}{3+i}$일 때, $z^3-6z^2+10z+7$의 값을 구하시오.

유제 05-❸ $x=1+2i$, $y=1-2i$일 때, $\dfrac{y}{x}+\dfrac{x}{y}$의 값을 구하시오.

소단원 점검 문제

• 정답 및 해설 044쪽

복소수가 실수 또는 순허수가 되기 위한 조건

01 복소수 $z=(1+i)x^2+(1-3i)x+2(-3+i)$가 순허수가 되도록 하는 실수 x의 값은?

① -3 ② -2 ③ -1 ④ 1 ⑤ 2

복소수가 실수 또는 순허수가 되기 위한 조건

02 복소수 $z=a+1+(a-3)i$에 대하여 z^2이 실수가 되도록 하는 모든 실수 a의 값의 합은?

① -1 ② 0 ③ 1 ④ 2 ⑤ 3

복소수가 서로 같을 조건

03 두 실수 x, y에 대하여 $(x+i)(y+i)=\dfrac{-3-i}{1+i}$일 때, x^2+y^2의 값은?

① 3 ② 4 ③ 5 ④ 6 ⑤ 7

복소수에 대한 식의 값 구하기

04   $x=1-2i$, $y=1+2i$일 때, $x^3y+xy^3-x^2-y^2$의 값은?

① -24 ② -22 ③ -20 ④ -18 ⑤ -16

02 켤레복소수의 성질

1 켤레복소수의 성질

두 복소수 z_1, z_2와 각각의 켤레복소수 $\overline{z_1}$, $\overline{z_2}$에 대하여

(1) $\overline{(\overline{z_1})}=z_1$

(2) $\overline{z_1+z_2}=\overline{z_1}+\overline{z_2}$, $\overline{z_1-z_2}=\overline{z_1}-\overline{z_2}$

(3) $\overline{z_1z_2}=\overline{z_1}\times\overline{z_2}$

(4) $\overline{\left(\dfrac{z_2}{z_1}\right)}=\dfrac{\overline{z_2}}{\overline{z_1}}$ (단, $z_1\neq0$)

(5) $z_1+\overline{z_1}=$(실수), $z_1\overline{z_1}=$(실수)

(6) $\overline{z_1}=z_1\iff z_1$은 실수

(7) $\overline{z_1}=-z_1\iff z_1$은 순허수 또는 0

 **설명**

$z_1=a+bi$, $z_2=c+di$ (a, b, c, d는 실수)라 하고 위의 성질을 확인해 보자.

(1) $\overline{(\overline{z_1})}=\overline{(\overline{a+bi})}=\overline{a-bi}=a+bi=z_1$

(2) $\overline{z_1+z_2}=\overline{(a+bi)+(c+di)}=\overline{(a+c)+(b+d)i}$

$\qquad=(a+c)-(b+d)i=(a-bi)+(c-di)=\overline{z_1}+\overline{z_2}$

같은 방법으로 $\overline{z_1-z_2}=\overline{z_1}-\overline{z_2}$도 성립함을 확인할 수 있다.

(3) $\overline{z_1z_2}=\overline{(a+bi)(c+di)}=\overline{(ac-bd)+(ad+bc)i}=(ac-bd)-(ad+bc)i$

$\overline{z_1}\times\overline{z_2}=\overline{a+bi}\times\overline{c+di}=(a-bi)(c-di)=(ac-bd)-(ad+bc)i$

$\therefore \overline{z_1z_2}=\overline{z_1}\times\overline{z_2}$

(4) $\overline{\left(\dfrac{z_2}{z_1}\right)}=\overline{\left(\dfrac{c+di}{a+bi}\right)}=\overline{\left\{\dfrac{(c+di)(a-bi)}{(a+bi)(a-bi)}\right\}}=\overline{\left\{\dfrac{(ac+bd)+(ad-bc)i}{a^2+b^2}\right\}}$

$\qquad=\dfrac{ac+bd}{a^2+b^2}-\dfrac{ad-bc}{a^2+b^2}i$

$\dfrac{\overline{z_2}}{\overline{z_1}}=\dfrac{\overline{c+di}}{\overline{a+bi}}=\dfrac{c-di}{a-bi}=\dfrac{(c-di)(a+bi)}{(a-bi)(a+bi)}=\dfrac{(ac+bd)-(ad-bc)i}{a^2+b^2}$

$\qquad=\dfrac{ac+bd}{a^2+b^2}-\dfrac{ad-bc}{a^2+b^2}i$

$\therefore \overline{\left(\dfrac{z_2}{z_1}\right)}=\dfrac{\overline{z_2}}{\overline{z_1}}$ (단, $z_1\neq0$)

(5) $z_1+\overline{z_1}=(a+bi)+(a-bi)=2a$

$z_1\overline{z_1}=(a+bi)(a-bi)=a^2+b^2$

$2a$, a^2+b^2이 실수이므로 $z_1+\overline{z_1}$, $z_1\overline{z_1}$는 실수이다.

(6) $\overline{z_1}=z_1$이면 $a-bi=a+bi$이므로 $b=0$

따라서 $z_1=a$이므로 z_1은 실수이다.

거꾸로 z_1이 실수이면 $b=0$에서 $z_1=a$이고, $\overline{z_1}=a$이므로 $\overline{z_1}=z_1$이다.

(7) (6)과 같은 방법으로 $\overline{z_1}=-z_1\iff z_1$은 순허수 또는 0임을 확인할 수 있다.

● 정답 및 해설 044쪽

 **개념 확인**

1 두 복소수 $z_1=2+i$, $z_2=1-2i$에 대하여 다음 식의 값을 각각 구하시오. (단, $\overline{z}$는 z의 켤레복소수이다.)

(1) $\overline{z_1+z_2}$, $\overline{z_1}+\overline{z_2}$

(2) $\overline{z_1-z_2}$, $\overline{z_1}-\overline{z_2}$

(3) $\overline{z_1z_2}$, $\overline{z_1}\times\overline{z_2}$

(4) $\overline{\left(\dfrac{z_2}{z_1}\right)}$, $\dfrac{\overline{z_2}}{\overline{z_1}}$

답 (1) $3+i$, $3+i$　(2) $1-3i$, $1-3i$　(3) $4+3i$, $4+3i$　(4) i, i

켤레복소수와 그 성질

$z=3+4i$일 때, 다음 식의 값을 구하시오. (단, $\bar{z}$는 z의 켤레복소수이다.)

(1) $z+\bar{z}$

(2) $\overline{z-\bar{z}}$

(3) $\overline{(z\bar{z})}$

(4) $\dfrac{z}{\bar{z}}$

풀이

(**Tip**) $z=a+bi$이면 $\bar{z}=a-bi$임을 알고 켤레복소수의 성질을 이용한다.

$z=3+4i$이므로 $\bar{z}=3-4i$이다.

(1) $z+\bar{z}=(3+4i)+(3-4i)=6$

(2) $\overline{z-\bar{z}}=\bar{z}-z=(3-4i)-(3+4i)=-8i$ $\quad\to\overline{z-\bar{z}}=\bar{z}-\overline{(\bar{z})}=\bar{z}-z$

(3) $\overline{(z\bar{z})}=\bar{z}z=(3-4i)(3+4i)=9-16i^2=25$ $\quad\to\overline{(z\bar{z})}=\bar{z}\times\overline{(\bar{z})}=\bar{z}z$

(4) $\dfrac{z}{\bar{z}}=\dfrac{3+4i}{3-4i}=\dfrac{(3+4i)^2}{(3-4i)(3+4i)}=\dfrac{9+24i+16i^2}{9-16i^2}=-\dfrac{7}{25}+\dfrac{24}{25}i$

답 (1) 6   (2) $-8i$ (3) 25   (4) $-\dfrac{7}{25}+\dfrac{24}{25}i$

필수 공략

두 복소수 z_1, z_2와 각각의 켤레복소수 $\bar{z_1}$, $\bar{z_2}$에 대하여

(1) $\overline{(\bar{z_1})}=z_1$

(2) $\overline{z_1+z_2}=\bar{z_1}+\bar{z_2}$, $\overline{z_1-z_2}=\bar{z_1}-\bar{z_2}$

(3) $\overline{z_1z_2}=\bar{z_1}\times\bar{z_2}$

(4) $\overline{\left(\dfrac{z_2}{z_1}\right)}=\dfrac{\bar{z_2}}{\bar{z_1}}$ (단, $z_1\neq0$)

• 정답 및 해설 045쪽

숫자 바꾼

유제 01-❶

$z=1+\sqrt{3}i$일 때, 다음 식의 값을 구하시오. (단, $\bar{z}$는 z의 켤레복소수이다.)

(1) $\overline{\left(\dfrac{z+\bar{z}}{2}\right)}$

(2) $\dfrac{z-\bar{z}}{2i}$

(3) $\sqrt{z\bar{z}}$

(4) $\overline{\left(\dfrac{4}{z}\right)}$

유제 01-❷

0이 아닌 복소수 $z=(i-2)a+1-2i$가 $z=\bar{z}$를 만족시킬 때, 실수 a의 값을 구하시오.

(단, $\bar{z}$는 z의 켤레복소수이다.)

유제 01-❸

0이 아닌 복소수 $z=(k^2-1)+(k^2+k-2)i$에 대하여 $\bar{z}=-z$가 성립할 때, 실수 k의 값을 구하시오.

(단, $\bar{z}$는 z의 켤레복소수이다.)

켤레복소수를 포함한 식의 값 구하기

두 복소수 $\alpha=3+i,\ \beta=-1+2i$에 대하여
$$\alpha\overline{\alpha}+\alpha\overline{\beta}+\overline{\alpha}\beta+\beta\overline{\beta}$$
의 값을 구하시오. (단, $\overline{\alpha},\ \overline{\beta}$는 각각 $\alpha,\ \beta$의 켤레복소수이다.)

 풀이

(**Tip**) 주어진 식을 인수분해하여 $\alpha+\beta$ 또는 $\overline{\alpha+\beta}$ 꼴로 나타낸다.

$$\begin{aligned}
\alpha\overline{\alpha}+\alpha\overline{\beta}+\overline{\alpha}\beta+\beta\overline{\beta}&=\alpha(\overline{\alpha}+\overline{\beta})+\beta(\overline{\alpha}+\overline{\beta})\\
&=(\alpha+\beta)(\overline{\alpha}+\overline{\beta})\\
&=(\alpha+\beta)(\overline{\alpha+\beta})
\end{aligned}$$

> 켤레복소수의 성질을 이용하면 계산이 간단해진다.

이때 $\alpha=3+i,\ \beta=-1+2i$에서
$$\alpha+\beta=(3+i)+(-1+2i)=2+3i,\ \overline{\alpha+\beta}=\overline{2+3i}=2-3i$$이므로
$$\begin{aligned}
\alpha\overline{\alpha}+\alpha\overline{\beta}+\overline{\alpha}\beta+\beta\overline{\beta}&=(\alpha+\beta)(\overline{\alpha+\beta})\\
&=(2+3i)(2-3i)\\
&=4-9i^2\\
&=4+9=13
\end{aligned}$$

답 13

 복소수와 그 켤레복소수로 이루어진 식의 값 구하기
➡ 켤레복소수의 성질을 이용하여 주어진 식을 간단히 정리한다. → $\alpha+\beta,\ \alpha-\beta,\ \alpha\beta$ 등의 꼴로 나타낸다.

• 정답 및 해설 045쪽

숫자 바꾼
유제 **02-❶** 두 복소수 $\alpha=3-2i,\ \beta=1+3i$에 대하여 $\alpha\overline{\alpha}-\alpha\overline{\beta}-\overline{\alpha}\beta+\beta\overline{\beta}$의 값을 구하시오.
(단, $\overline{\alpha},\ \overline{\beta}$는 각각 $\alpha,\ \beta$의 켤레복소수이다.)

유제 **02-❷** 두 복소수 $\alpha,\ \beta$에 대하여 $\alpha\overline{\alpha}=1,\ \beta\overline{\beta}=1,\ \alpha+\beta=2i$일 때, $\dfrac{1}{\alpha}+\dfrac{1}{\beta}$의 값을 구하시오.
(단, $\overline{\alpha},\ \overline{\beta}$는 각각 $\alpha,\ \beta$의 켤레복소수이다.)

유제 **02-❸**
교육청
두 복소수 $\alpha,\ \beta$에 대하여 $\alpha\overline{\beta}=1,\ \alpha+\dfrac{1}{\alpha}=2i$일 때, $\beta+\dfrac{1}{\beta}$의 값은?
(단, $\overline{\alpha},\ \overline{\beta}$는 각각 $\alpha,\ \beta$의 켤레복소수이다.)

① -2 ② 2 ③ $-2i$ ④ i ⑤ $2i$

등식을 만족시키는 복소수

등식 $(2+i)z+i\bar{z}=2-4i$를 만족시키는 복소수 z를 구하시오. (단, $\bar{z}$는 z의 켤레복소수이다.)

 풀이

(Tip) $z=a+bi$ (a, b는 실수)라 하고, 주어진 등식에 $z=a+bi$, $\bar{z}=a-bi$를 대입한다.

$z=a+bi$ (a, b는 실수)라 하면 $\bar{z}=a-bi$이므로
$(2+i)z+i\bar{z}=2-4i$에서
$(2+i)(a+bi)+i(a-bi)=2-4i$
$2a+2bi+ai+bi^2+ai-bi^2=2-4i$
$\therefore 2a+(2a+2b)i=2-4i$
이때 복소수가 서로 같을 조건에 의하여
$2a=2$, $2a+2b=-4$ → $2a$, $2a+2b$는 실수
위의 두 식을 연립하여 풀면
$a=1$, $b=-3$
$\therefore z=a+bi=1-3i$

 **답** $1-3i$

필수 공략

z의 켤레복소수 $\bar{z}$를 포함한 등식에서 복소수 z는 다음과 같은 순서로 구한다.
❶ $z=a+bi$ (a, b는 실수)라 한다.
❷ $z=a+bi$, $\bar{z}=a-bi$를 주어진 등식에 대입하여 정리한다.
❸ 복소수가 서로 같을 조건을 이용하여 복소수 z를 구한다.

• 정답 및 해설 045쪽

숫자 바꾼

유제 03-❶ 등식 $(1-i)z+2i\bar{z}=-1+i$를 만족시키는 복소수 z를 구하시오. (단, $\bar{z}$는 z의 켤레복소수이다.)

유제 03-❷ 등식 $(1+2i)(\bar{z}-1)+3iz=1+4i$를 만족시키는 복소수 z에 대하여 $z\bar{z}$의 값을 구하시오.
(단, $\bar{z}$는 z의 켤레복소수이다.)

유제 03-❸ $z+\bar{z}=4$, $z\bar{z}=13$을 만족시키는 복소수 z를 모두 구하시오. (단, $\bar{z}$는 z의 켤레복소수이다.)

03 복소수의 응용

1 i의 거듭제곱

i, i^2, i^3, i^4, $\cdots$의 값을 차례대로 구하면
$$i,\ -1,\ -i,\ 1$$
이 반복되어 나타난다.
즉, i의 거듭제곱은 다음과 같은 규칙으로 나타난다.
$$i^{4k-3}=i,\ i^{4k-2}=-1,\ i^{4k-1}=-i,\ i^{4k}=1 \ (단,\ k는\ 자연수)$$

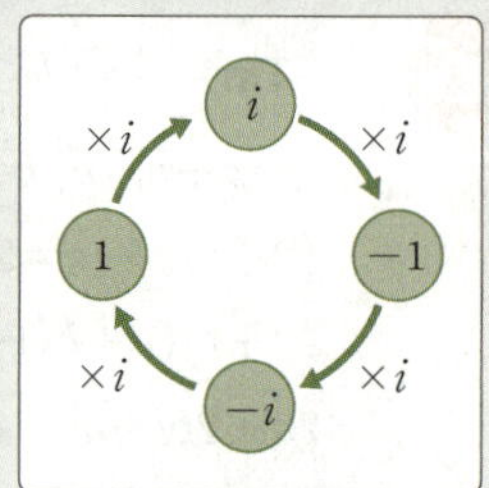

설명

i의 거듭제곱을 차례대로 구하면 다음과 같다.

$$i=i \qquad i^2=-1 \qquad i^3=i^2\times i=-i \qquad i^4=i^3\times i=-i^2=1$$
$$i^5=i^4\times i=i \qquad i^6=i^4\times i^2=-1 \qquad i^7=i^4\times i^3=-i \qquad i^8=i^4\times i^4=1$$
$$i^9=(i^4)^2\times i=i \qquad i^{10}=(i^4)^2\times i^2=-1 \qquad i^{11}=(i^4)^2\times i^3=-i \qquad i^{12}=(i^4)^2\times i^4=1$$
$$\vdots$$
$$i^{4k-3}=i \qquad i^{4k-2}=i^2=-1 \qquad i^{4k-1}=i^3=-i \qquad i^{4k}=i^4=1$$

이와 같이 i의 거듭제곱은 i, -1, $-i$, 1이 반복되어 나타나므로 i^n (n은 자연수)의 값은 n을 4로 나누었
을 때의 나머지가 같으면 그 값이 같다. $\to i=i^5=i^9=i^{13}=\cdots=i,\ i^2=i^6=i^{10}=i^{14}=\cdots=-1,$
$i^3=i^7=i^{11}=i^{15}=\cdots=-i,\ i^4=i^8=i^{12}=i^{16}=\cdots=1$

example

(1) $i^{13}=(i^4)^3\times i=i$

(2) $i^{18}=(i^4)^4\times i^2=i^2=-1$

(3) $(-i)^{27}=(-1)^{27}\times i^{27}=(-1)\times(i^4)^6\times i^3=(-1)\times(-i)=i$

(4) $\left(\dfrac{1}{i}\right)^{22}=(-i)^{22}=(-1)^{22}\times i^{22}=i^{22}=(i^4)^5\times i^2=i^2=-1$

(5) $i^{50}=(i^4)^{12}\times i^2=i^2=-1$, $i^{100}=(i^4)^{25}=1$이므로
$\quad i^{50}+i^{100}=(-1)+1=0$

2 음수의 제곱근

1 음수의 제곱근

$a>0$일 때
(1) $\sqrt{-a}=\sqrt{a}\,i$ (2) $-a$의 제곱근은 $\pm\sqrt{a}\,i$이다.

2 음수의 제곱근의 성질

(1) $a<0$, $b<0$이면 $\sqrt{a}\sqrt{b}=-\sqrt{ab}$ $\to a<0$, $b<0$ 이외의 경우에는 $\sqrt{a}\sqrt{b}=\sqrt{ab}$

(2) $a>0$, $b<0$이면 $\dfrac{\sqrt{a}}{\sqrt{b}}=-\sqrt{\dfrac{a}{b}}$ $\to a>0$, $b<0$ 이외의 경우에는 $\dfrac{\sqrt{a}}{\sqrt{b}}=\sqrt{\dfrac{a}{b}}$ (단, $b\neq0$)

참고 a, b가 실수일 때

(1) $\sqrt{a}\sqrt{b}=-\sqrt{ab}$이면 $a<0$, $b<0$이거나 $a=0$ 또는 $b=0$

(2) $\dfrac{\sqrt{a}}{\sqrt{b}}=-\sqrt{\dfrac{a}{b}}$이면 $a>0$, $b<0$이거나 $a=0$, $b\neq0$

 **음수의 제곱근**

양수 a에 대하여 a의 제곱근은 방정식 $x^2=a$의 근이며 $\sqrt{a}$, $-\sqrt{a}$로 나타내는 것을 이미 학습하였다.

이제 수의 범위를 확장하여 음수의 제곱근을 정의해 보자.

양수 a에 대하여 $-a$의 제곱근은 방정식 $x^2=-a$의 근이고
$$(\sqrt{a}\,i)^2=ai^2=-a,\ (-\sqrt{a}\,i)^2=ai^2=-a$$
이므로 $-a$의 제곱근은 $\sqrt{a}\,i$, $-\sqrt{a}\,i$이다.

이때 $\sqrt{-a}=\sqrt{a}\,i$, $-\sqrt{-a}=-\sqrt{a}\,i$와 같이 나타내기로 하면 $-a$의 제곱근은 $\sqrt{-a}$, $-\sqrt{-a}$로 나타낼 수 있다.

예 -2의 제곱근은 $\sqrt{-2}=\sqrt{2}\,i$, $-\sqrt{-2}=-\sqrt{2}\,i$이다.

참고 음수 $-a$의 제곱근 $\sqrt{-a}$, $-\sqrt{-a}$는 허수이므로 양수도 아니고 음수도 아니다.

음수의 제곱근의 성질

$a>0$, $b>0$일 때, $\sqrt{a}\sqrt{b}=\sqrt{ab}$, $\dfrac{\sqrt{a}}{\sqrt{b}}=\sqrt{\dfrac{a}{b}}$가 성립하였다.

음수의 제곱근의 곱셈과 나눗셈에서는 다음이 성립한다.

(1) $a<0$, $b<0$이면 $-a>0$, $-b>0$이므로
$$\sqrt{a}\sqrt{b}=\sqrt{-a}\,i\times\sqrt{-b}\,i=\sqrt{(-a)\times(-b)}\,i^2=-\sqrt{ab}$$

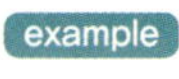

$$\sqrt{a}\sqrt{b}=\sqrt{(-1)\times(-a)}\sqrt{(-1)\times(-b)}=\sqrt{-a}\,i\times\sqrt{-b}\,i$$

(음수) (양수) (음수) (양수)

(2) $a>0$, $b<0$이면 $a>0$, $-b>0$이므로
$$\frac{\sqrt{a}}{\sqrt{b}}=\frac{\sqrt{a}}{\sqrt{-b}\,i}=\frac{\sqrt{a}\,i}{\sqrt{-b}\,i^2}=-\frac{\sqrt{a}\,i}{\sqrt{-b}}$$

i를 분모, 분자에 각각 곱하여 분모를 실수화한다.

$$=-\sqrt{-\frac{a}{b}}\,i=-\sqrt{\frac{a}{b}}$$

$$-\sqrt{-\frac{a}{b}}\,i=-\sqrt{\left(\frac{a}{b}\right)\times(-1)}=-\sqrt{\frac{a}{b}}$$

(양수) (음수)

example
(1) $\sqrt{-2}\sqrt{-3}=\sqrt{2}\,i\times\sqrt{3}\,i=\sqrt{6}\,i^2=-\sqrt{6}$
(2) $\dfrac{\sqrt{2}}{\sqrt{-3}}=\dfrac{\sqrt{2}}{\sqrt{3}\,i}=\dfrac{\sqrt{2}\,i}{\sqrt{3}\,i^2}=-\sqrt{\dfrac{2}{3}}\,i$

이때 $\sqrt{-2}\sqrt{-3}=\sqrt{(-2)\times(-3)}=\sqrt{6}$, $\dfrac{\sqrt{2}}{\sqrt{-3}}=\sqrt{-\dfrac{2}{3}}=\sqrt{\dfrac{2}{3}}\,i$와 같은 실수를 하기 쉬우므로 위의 **example** 과 같이 $\sqrt{-a}=\sqrt{a}\,i$ $(a>0)$로 변형하여 계산하는 편이 실수를 줄일 수 있다.

정답 및 해설 046쪽

1 다음을 허수단위 i를 사용하여 나타내시오.

(1) $\sqrt{-5}$　　　　(2) $\sqrt{-9}$　　　　(3) $-\sqrt{-12}$　　　　(4) $-\sqrt{-25}$

2 다음을 계산하시오.

(1) $\sqrt{-2}\sqrt{-8}$　　(2) $\sqrt{-2}\sqrt{8}$　　(3) $\dfrac{\sqrt{8}}{\sqrt{-2}}$　　(4) $\dfrac{\sqrt{-8}}{\sqrt{2}}$

답 1. (1) $\sqrt{5}\,i$　(2) $3i$　(3) $-2\sqrt{3}\,i$　(4) $-5i$
2. (1) -4　(2) $4i$　(3) $-2i$　(4) $2i$

집중 연습

• 복소수의 응용

i의 거듭제곱

01 다음을 간단히 하시오.

(1) i^{11} (2) i^{17} (3) i^{36} (4) $(-i)^{46}$

(5) $(-2i)^5$ (6) $(\sqrt{2}\,i)^{14}$ (7) $i^{45} \times i^{30}$ (8) $i^{200} - i^{150}$

02 다음 식을 간단히 하시오.

(1) $i + i^2 + i^3 + i^4$ (2) $i^{50} + i^{51} + i^{52} + i^{53}$

(3) $\dfrac{1}{i} + \dfrac{1}{i^2} + \dfrac{1}{i^3} + \dfrac{1}{i^4}$ (4) $\dfrac{1}{i^{101}} + \dfrac{1}{i^{102}} + \dfrac{1}{i^{103}} + \dfrac{1}{i^{104}}$

음수의 제곱근

03 다음을 계산하시오.

(1) $\sqrt{-4} + \sqrt{-9}$ (2) $\sqrt{-3} + \sqrt{-12}$

(3) $\sqrt{-25} - \sqrt{-16}$ (4) $\sqrt{-8} - \sqrt{-18}$

(5) $\sqrt{-3}\sqrt{-12}$ (6) $\sqrt{-10}\sqrt{-5}$

(7) $\dfrac{\sqrt{15}}{\sqrt{-5}}$ (8) $\dfrac{\sqrt{35}}{\sqrt{-7}}$

필수 예제 04 — i의 거듭제곱

다음 식을 간단히 하시오.

(1) $i^5+i^{10}+i^{15}+i^{20}$

(2) $i+i^2+i^3+\cdots+i^{999}$

풀이

(Tip) 자연수 k에 대하여 $i^{4k-3}=i$, $i^{4k-2}=-1$, $i^{4k-1}=-i$, $i^{4k}=1$임을 이용한다.

$$(1)\ i^5+i^{10}+i^{15}+i^{20}=i^4\times i+(i^4)^2\times i^2+(i^4)^3\times i^3+(i^4)^5$$
$$=i+i^2+i^3+1$$
$$=i+(-1)+(-i)+1=0$$

$(2)\ i+i^2+i^3+i^4=i-1-i+1=0$이므로

$i+i^2+i^3+\cdots+i^{999}$ → 연속한 4개씩 묶는다.

$$=(i+i^2+i^3+i^4)+i^4(i+i^2+i^3+i^4)+i^8(i+i^2+i^3+i^4)+\cdots+i^{992}(i+i^2+i^3+i^4)$$
$$+i^{996}(i+i^2+i^3)$$
$$=i+i^2+i^3$$
$$=i-1-i=-1$$

답 (1) 0 (2) -1

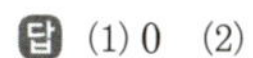

필수 공략 — i의 거듭제곱

➡ $i^{4k-3}=i$, $i^{4k-2}=-1$, $i^{4k-1}=-i$, $i^{4k}=1$ (단, k는 자연수)

참고 $i^{4k-3}+i^{4k-2}+i^{4k-1}+i^{4k}=0$, $\dfrac{1}{i^{4k-3}}+\dfrac{1}{i^{4k-2}}+\dfrac{1}{i^{4k-1}}+\dfrac{1}{i^{4k}}=0$

• 정답 및 해설 047쪽

숫자 바꾼

유제 04-❶ 다음 식을 간단히 하시오.

(1) $i^{50}+i^{100}+i^{150}+i^{200}$

(2) $i-i^2+i^3-i^4+\cdots-i^{98}+i^{99}$

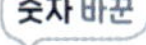

유제 04-❷ 다음 식을 간단히 하시오.

(1) $i+2i^2+3i^3+\cdots+100i^{100}$

(2) $\dfrac{1}{i}+\dfrac{1}{i^2}+\dfrac{1}{i^3}+\cdots+\dfrac{1}{i^{100}}$

유제 04-❸ $i^3+i^6+i^9+\cdots+i^{30}=a+bi$일 때, 두 실수 a, b에 대하여 $a+b$의 값을 구하시오.

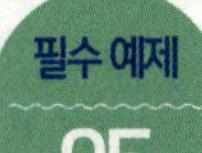

복소수의 거듭제곱

다음 식을 간단히 하시오.

(1) $\left(\dfrac{1+i}{\sqrt{2}}\right)^{50}$ (2) $\left(\dfrac{1+i}{1-i}\right)^{1000}$

(Tip) 괄호 안의 식을 거듭제곱 또는 분모의 실수화를 이용하여 i의 거듭제곱 꼴로 변형한다.

(1) $\left(\dfrac{1+i}{\sqrt{2}}\right)^{2}=\dfrac{1+2i+i^2}{2}=\dfrac{2i}{2}=i$

이므로

$$\left(\dfrac{1+i}{\sqrt{2}}\right)^{50}=\left\{\left(\dfrac{1+i}{\sqrt{2}}\right)^{2}\right\}^{25}=i^{25}=(i^4)^6\times i=i$$

(2) $\dfrac{1+i}{1-i}=\dfrac{(1+i)^2}{(1-i)(1+i)}=\dfrac{1+2i+i^2}{1-i^2}=\dfrac{2i}{2}=i$

이므로

$$\left(\dfrac{1+i}{1-i}\right)^{1000}=i^{1000}=(i^4)^{250}=1$$

답 (1) i (2) 1

필수 공략 복소수의 거듭제곱은 직접 계산하여 거듭제곱 꼴의 규칙을 찾는다.

참고 다음 복소수의 거듭제곱은 자주 나오기 때문에 공식처럼 알고 있으면 편리하다.

(1) $\left(\dfrac{1+i}{\sqrt{2}}\right)^{2}=i$, $\left(\dfrac{1-i}{\sqrt{2}}\right)^{2}=-i$ (2) $\dfrac{1+i}{1-i}=i$, $\dfrac{1-i}{1+i}=-i$ (3) $(1+i)^2=2i$, $(1-i)^2=-2i$

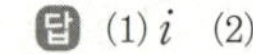

• 정답 및 해설 047쪽

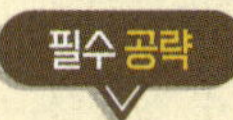

유제 05-❶ 다음 식을 간단히 하시오.

(1) $\left(\dfrac{1-i}{\sqrt{2}}\right)^{200}$ (2) $\left(\dfrac{1-i}{1+i}\right)^{999}$

유제 05-❷ 복소수 $z=\dfrac{\sqrt{2}\,i}{1+i}$에 대하여 $z^2+z^4+z^6+\cdots+z^{20}=a+bi$일 때, 두 실수 a, b에 대하여 ab의 값을 구하시오.

유제 05-❸ $(1+i)^{100}+(1-i)^{100}=-2^{a}$일 때, 자연수 a의 값을 구하시오.

음수의 제곱근의 계산

다음을 계산하시오.

(1) $5\sqrt{-2}-3\sqrt{-8}+\sqrt{-32}$

(2) $\sqrt{-2}\sqrt{-8}+\dfrac{\sqrt{27}}{\sqrt{-3}}$

풀이

(Tip) $\sqrt{-a}\ (a>0)$를 $\sqrt{a}\,i$로 나타낸 다음 주어진 식을 계산한다.

$$
\begin{aligned}
(1)\ 5\sqrt{-2}-3\sqrt{-8}+\sqrt{-32}&=5\sqrt{2}\,i-3\sqrt{8}\,i+\sqrt{32}\,i\\
&=5\sqrt{2}\,i-6\sqrt{2}\,i+4\sqrt{2}\,i\\
&=3\sqrt{2}\,i
\end{aligned}
$$

$$
\begin{aligned}
(2)\ \sqrt{-2}\sqrt{-8}+\dfrac{\sqrt{27}}{\sqrt{-3}}&=\sqrt{2}\,i\times\sqrt{8}\,i+\dfrac{3\sqrt{3}}{\sqrt{3}\,i}\\
&=\sqrt{16}\,i^2+\dfrac{3i}{i^2}\\
&=-4-3i
\end{aligned}
$$

답 (1) $3\sqrt{2}\,i$　(2) $-4-3i$

필수 공략　**음수의 제곱근의 계산**
근호 안의 수가 음수이면 허수단위 i를 사용하여 근호 안의 수를 양수로 만든다.
➡ $\sqrt{-a}=\sqrt{a}\,i\ (a>0)$

• 정답 및 해설 048쪽

유제 06-❶　다음을 계산하시오.

(1) $\sqrt{-3}-\sqrt{-27}+\sqrt{-9}\sqrt{27}$

(2) $\dfrac{\sqrt{-2}\sqrt{-3}}{\sqrt{-6}}+\dfrac{\sqrt{32}}{\sqrt{-8}}+\sqrt{-5}\sqrt{5}$

유제 06-❷　두 실수 a, b에 대하여

$$\sqrt{-5}\sqrt{-10}-\dfrac{\sqrt{54}}{\sqrt{-3}}+\dfrac{\sqrt{-14}}{\sqrt{-7}}=a+bi$$

일 때, $a+b$의 값을 구하시오.

유제 06-❸　$\dfrac{\sqrt{-3}\sqrt{2}}{\sqrt{-6}}+\dfrac{\sqrt{(-3)^2}}{\sqrt{-3^2}}-\dfrac{\sqrt{2}-\sqrt{-1}}{1+\sqrt{-2}}$ 을 계산하시오.

음수의 제곱근의 성질

0이 아닌 두 실수 a, b에 대하여 $\sqrt{a}\sqrt{b}=-\sqrt{ab}$일 때, $\sqrt{(a+b)^2}+\sqrt{a^2}-\sqrt{b^2}$을 간단히 하시오.

(Tip) 0이 아닌 두 실수 a, b에 대하여 $\sqrt{a}\sqrt{b}=-\sqrt{ab}$이면 $a<0$, $b<0$이다.

0이 아닌 두 실수 a, b에 대하여 $\sqrt{a}\sqrt{b}=-\sqrt{ab}$이므로

$a<0$, $b<0$

즉, $a+b<0$이므로 → (음수)+(음수)=(음수)

$\sqrt{(a+b)^2}=|a+b|=-(a+b)$

$\sqrt{a^2}=|a|=-a$

$\sqrt{b^2}=|b|=-b$

$\therefore \sqrt{(a+b)^2}+\sqrt{a^2}-\sqrt{b^2}=-(a+b)+(-a)-(-b)=-2a$

답 $-2a$

필수 공략

두 실수 a, b에 대하여

(1) $\sqrt{a}\sqrt{b}=-\sqrt{ab}$ ➡ $a<0$, $b<0$이거나 $a=0$ 또는 $b=0$

(2) $\dfrac{\sqrt{a}}{\sqrt{b}}=-\sqrt{\dfrac{a}{b}}$ ➡ $a>0$, $b<0$이거나 $a=0$, $b\neq0$

• 정답 및 해설 048쪽

숫자 바꾼

유제 07-❶ 0이 아닌 두 실수 a, b에 대하여 $\dfrac{\sqrt{a}}{\sqrt{b}}=-\sqrt{\dfrac{a}{b}}$일 때, $\sqrt{(a-b)^2}+\sqrt{(b-a)^2}+\sqrt{a^2}+\sqrt{b^2}$을 간단히 하시오.

유제 07-❷ 0이 아닌 세 실수 a, b, c에 대하여 $\sqrt{a}\sqrt{b}=\sqrt{ab}$, $\dfrac{\sqrt{c}}{\sqrt{b}}=-\sqrt{\dfrac{c}{b}}$일 때,

$$\sqrt{(a-b)^2}+|b-c|+\sqrt{(c+a)^2}$$

을 간단히 하면?

① $a-b$ ② $a+c$ ③ $2b-2c$ ④ $2a-2b+2c$ ⑤ $2a+2b+2c$

유제 07-❸ $0<a<1$일 때, $\sqrt{a^2}-\sqrt{a-1}\sqrt{a-1}+\dfrac{\sqrt{1-a}}{\sqrt{a-1}}$를 간단히 하시오.

소단원 점검 문제

• 정답 및 해설 048쪽

켤레복소수를 포함한 식의 값 구하기

01 두 복소수 α, β에 대하여 $\overline{\alpha}-\overline{\beta}=2+3i$, $\overline{\alpha}\,\overline{\beta}=5-5i$일 때, $(\alpha+1)(\beta-1)$의 값은?

(단, $\overline{\alpha}$, $\overline{\beta}$는 각각 α, β의 켤레복소수이다.)

① $2+8i$　　② $2+9i$　　③ $3+8i$　　④ $3+9i$　　⑤ $4+9i$

켤레복소수를 포함한 식의 값 구하기

02 두 복소수 α, β가

$$\alpha\overline{\alpha}=2, \ \beta\overline{\beta}=2, \ (\alpha+\beta)(\overline{\alpha+\beta})=2$$

를 만족시킬 때, $(\alpha+\beta)\left(\dfrac{1}{\alpha}+\dfrac{1}{\beta}\right)$의 값은? (단, $\overline{\alpha}$, $\overline{\beta}$는 각각 α, β의 켤레복소수이다.)

① $\dfrac{1}{2}$　　② 1　　③ $\dfrac{3}{2}$　　④ 2　　⑤ $\dfrac{5}{2}$

등식을 만족시키는 복소수

03 실수부분이 1인 복소수 z에 대하여 $\dfrac{z}{2+i}+\dfrac{\overline{z}}{2-i}=2$일 때, $z\overline{z}$의 값은? (단, $\overline{z}$는 z의 켤레복소수이다.)

〔교육청〕

① 2　　② 4　　③ 6　　④ 8　　⑤ 10

등식을 만족시키는 복소수

04 등식 $z(\overline{z}-4)=1+8i$를 만족시키는 모든 복소수 z의 값의 합은? (단, $\overline{z}$는 z의 켤레복소수이다.)

① $2-2i$　　② $4-4i$　　③ $6-6i$　　④ $8-8i$　　⑤ $10-10i$

• 정답 및 해설 049쪽

i의 거듭제곱

05 $\dfrac{1}{i}+\dfrac{2}{i^2}+\dfrac{3}{i^3}+\cdots+\dfrac{100}{i^{100}}$ 을 간단히 하면?

① 0 ② $25+25i$ ③ $25+50i$ ④ $50+25i$ ⑤ $50+50i$

복소수의 거듭제곱

06 자연수 n에 대하여 $i(1+i)^n$이 양의 실수가 되는 n의 최솟값을 구하시오.

음수의 제곱근의 계산

07 등식 $(1-i)x+(1+2i)y=-3$을 만족시키는 두 실수 x, y에 대하여 $\sqrt{x}\sqrt{8y}+\dfrac{\sqrt{2x}}{\sqrt{y}}$의 값은?

① -2 ② -1 ③ 0 ④ 1 ⑤ 2

음수의 제곱근의 성질

08 실수 a에 대하여 $\dfrac{\sqrt{4-a}}{\sqrt{2-a}}=-\sqrt{\dfrac{4-a}{2-a}}$ 일 때, $\sqrt{(a-4)^2}+\sqrt{(a-2)^2}$을 간단히 하시오.

• 정답 및 해설 050쪽

01

복소수 $z=(3-2i)(2x+i)$에 대하여 z^2이 음의 실수가 되도록 하는 실수 x의 값은?

① $-\dfrac{2}{3}$ ② $-\dfrac{1}{3}$ ③ 0

④ $\dfrac{1}{3}$ ⑤ $\dfrac{2}{3}$

02 서술형

서로 다른 두 실수 x, y에 대하여

$x(x+yi)-y(y-xi)=3(x-y)+2i$일 때, $\dfrac{y^2}{x}+\dfrac{x^2}{y}$의

값을 구하시오.

03

$xy<0$인 두 실수 x, y에 대하여 등식

$$|x+y|+(y-2)i=4+i$$

가 성립할 때, $x-y$의 값은?

① -8 ② -9 ③ -10

④ -11 ⑤ -12

04

$z=\dfrac{1+\sqrt{5}i}{2}$일 때, $2z^4-4z^3+5z^2-z-1$의 값은?

① $-2+\sqrt{5}i$ ② $-1+\sqrt{5}i$ ③ $\sqrt{5}i$

④ $1+\sqrt{5}i$ ⑤ $2+\sqrt{5}i$

05

$x=1+2i$, $y=1-2i$일 때, $x^4+x^2y^2+y^4$의 값은?

① 11 ② 12 ③ 13

④ 14 ⑤ 15

06

$z=1+3i$일 때, $i(z\bar{z}^3-z^3\bar{z})$의 값은?

(단, $\bar{z}$는 z의 켤레복소수이다.)

① 100 ② 105 ③ 110

④ 115 ⑤ 120

07 [서술형]

실수 a에 대하여 복소수 z를
$z = (2a^2 + 3) + (-a^2 - 5a + 1)i$라 하자. $iz = \bar{z}$를 만족
시키는 모든 복소수 z의 합을 구하시오.

(단, $\bar{z}$는 z의 켤레복소수이다.)

08 [교육청]

복소수 z에 대하여 $z + \bar{z} = -1$, $z\bar{z} = 1$일 때,
$$\frac{\bar{z}}{z^5} + \frac{(\bar{z})^2}{z^4} + \frac{(\bar{z})^3}{z^3} + \frac{(\bar{z})^4}{z^2} + \frac{(\bar{z})^5}{z}$$
의 값은? (단, $\bar{z}$는 z의 켤레복소수이다.)

① 2   ② 3   ③ 4
④ 5   ⑤ 6

09

0이 아닌 복소수 $z = x^2 - (4 - i)x + 4 - 3i$에 대하여
$z + \bar{z} = 0$을 만족시키는 실수 x의 값은?

(단, $\bar{z}$는 z의 켤레복소수이다.)

① 1   ② 2   ③ 3
④ 4   ⑤ 5

10

두 복소수 α, β가 $\alpha\bar{\alpha} = \beta\bar{\beta} = 2$, $\alpha + \beta = -i$를 만족시킬
때, $\alpha\beta$의 값은? (단, $\bar{\alpha}$, $\bar{\beta}$는 각각 α, β의 켤레복소수이다.)

① -2 ② 1   ③ 4
④ 7   ⑤ 10

11

$\bar{z} - z = i$, $2z\bar{z} = 3$, $z + \bar{z} < 0$을 만족시키는 복소수 z는?

(단, $\bar{z}$는 z의 켤레복소수이다.)

① $-\dfrac{\sqrt{5}}{2} - \dfrac{1}{2}i$ ② $-1 - \dfrac{1}{2}i$ ③ $-\dfrac{\sqrt{3}}{2} - \dfrac{1}{2}i$

④ $-\dfrac{\sqrt{2}}{2} - \dfrac{1}{2}i$ ⑤ $-\dfrac{1}{2} - \dfrac{1}{2}i$

12

자연수 a, b, c, d에 대하여 두 복소수 $z_1 = a + bi$,
$z_2 = c + di$가 다음 조건을 만족시킨다.

> (가) $z_1\bar{z_1} = 13$
> (나) $(z_1 + z_2)\overline{(z_1 + z_2)} = 41$

$z_2\bar{z_2}$의 최댓값을 구하시오.

13

$i - 2i^2 + 3i^3 - 4i^4 + \cdots + (-1)^{n+1} \times n \times i^n = 10 + 9i$를 만족시키는 자연수 n의 값은?

① 18   ② 19   ③ 20

④ 21   ⑤ 22

14 〔서술형〕

$\left(\dfrac{1+i}{\sqrt{2}}\right)^n + \left(\dfrac{1+\sqrt{3}i}{2}\right)^n = 2$를 만족시키는 자연수 n의 최솟값을 구하시오.

15 〔교육청〕

두 복소수 α, β를 $\alpha = \dfrac{\sqrt{3}+i}{2}$, $\beta = \dfrac{1+\sqrt{3}i}{2}$라 할 때,

$$\alpha^m \times \beta^n = i$$

를 만족시키는 10 이하의 자연수 m, n에 대하여 $m+2n$의 최댓값을 구하시오.

16 〔교육청〕

100 이하의 자연수 n에 대하여

$$(1-i)^{2n} = 2^n i$$

를 만족시키는 모든 n의 개수를 구하시오.

17

1이 아닌 세 실수 a, b, c가 다음 조건을 만족시킨다.

> (가) $\dfrac{\sqrt{a-1}}{\sqrt{b-1}} = -\sqrt{\dfrac{a-1}{b-1}}$ (나) $|a| = |b|$
>
> (다) $(a-c-2)^2 = 0$

세 수 a, b, c의 대소 관계로 옳은 것은?

① $a < b < c$ ② $a < c < b$ ③ $b < a < c$

④ $b < c < a$ ⑤ $c < b < a$

• 정답 및 해설 053쪽

18

0이 아닌 두 실수 a, b에 대하여 |**보기**| 중 옳은 것을 모두 고른 것은?

보기
ㄱ. $\sqrt{a}\sqrt{b}=\sqrt{ab}$이면 $ab>0$이다.
ㄴ. $\dfrac{\sqrt{b-a}}{\sqrt{a-b}}=i$이면 $\sqrt{(a-b)^2}=a-b$이다.
ㄷ. $\sqrt{a+b}\sqrt{a-b}=-\sqrt{a^2-b^2}$이면 $\dfrac{\sqrt{a}}{\sqrt{b}}=\sqrt{\dfrac{a}{b}}$이다.

① ㄱ   ② ㄴ   ③ ㄱ, ㄷ

④ ㄴ, ㄷ   ⑤ ㄱ, ㄴ, ㄷ

⌃ 내신 1% 뛰어 넘기

19

등식 $(a-bi)^3=-8i$를 만족시키는 실수 a와 정수 b에 대하여 $a+b$의 최댓값은?

① -2 ② $-\sqrt{3}+1$ ③ $\sqrt{3}$

④ 2 ⑤ $\sqrt{3}+1$

20

두 복소수 $\dfrac{1+\bar{z}}{z}$, $\dfrac{\bar{z}}{1+z^2}$가 모두 실수가 되도록 하는 실수가 아닌 복소수 z에 대하여 $z\bar{z}$의 값은?

(단, $\bar{z}$는 z의 켤레복소수이다.)

① -7 ② -4 ③ -1

④ 2 ⑤ 5

21

복소수 $z=\dfrac{1-i}{1+i}$에 대하여 $z+z^2+z^3+\cdots+z^n=-i$를 만족시키는 100 이하의 자연수 n의 개수는?

① 23   ② 24   ③ 25

④ 26   ⑤ 27

22 교육청

복소수 $z=\dfrac{-1+\sqrt{3}i}{2}$에 대하여 |**보기**|에서 옳은 것을 모두 고른 것은?

보기
ㄱ. $z^3=1$
ㄴ. $z^4+z^5=-1$
ㄷ. $z^n+z^{2n}+z^{3n}+z^{4n}+z^{5n}=-1$을 만족시키는 100 이하의 모든 자연수 n의 개수는 66이다.

① ㄱ   ② ㄴ   ③ ㄱ, ㄴ

④ ㄱ, ㄷ   ⑤ ㄱ, ㄴ, ㄷ

이차방정식

일차방정식의 풀이

1 **일차방정식의 풀이**

(1) 방정식

미지수의 값에 따라 참일 수도 있고 거짓일 수도 있는 등식을 **방정식**이라 한다. 이때 방정식이 참이 되게 하는 미지수의 값을 방정식의 **해** 또는 **근**이라 하고, 방정식의 해를 모두 구하는 것을 방정식을 푼다고 한다.

> 참고 $2x+3=2(x+1)+1$과 같이 미지수 x의 값에 관계없이 항상 참이 되는 등식을 x에 대한 항등식이라 한다.

(2) 일차방정식의 풀이

① 일차방정식

$ax+b=0$ $(a\neq0,\ a,\ b$는 상수$)$ 꼴로 변형할 수 있는 방정식을 x에 대한 **일차방정식**이라 한다.

② 방정식 $ax+b=0$의 풀이

x에 대한 방정식 $ax+b=0$의 해는

$ax=-b$에서

(i) $a\neq0$일 때

$$x=-\frac{b}{a}\ (오직\ 하나의\ 해)$$

(ii) $a=0$일 때

$$\begin{cases} b\neq0이면\ 해가\ 없다.\ (불능) \\ b=0이면\ 해가\ 무수히\ 많다.\ (부정) \end{cases}$$

$\quad\quad\quad\quad \longrightarrow 0\times x=-b$ 꼴: x에 어떤 값을 대입해도 성립하지 않음

$\quad\quad\quad\quad \longrightarrow 0\times x=0$ 꼴: x에 어떤 값을 대입해도 항상 성립

2 **절댓값 기호를 포함한 방정식의 풀이**

절댓값 기호를 포함한 방정식은 절댓값의 성질

$$|A|=\begin{cases} -A\ (A<0) \\ A\ \ (A\geq0) \end{cases}$$

를 이용하여 다음과 같은 순서로 푼다.

❶ 절댓값 기호 안의 식의 값이 0이 되는 x의 값을 기준으로 x의 값의 범위를 나눈다.

❷ 각 범위에서 절댓값 기호를 없앤 후 식을 정리하여 x의 값을 구한다.

❸ ❷에서 구한 x의 값 중 해당 범위에 포함되는 것만 주어진 방정식의 해이다.

1 　**일차방정식의 풀이**

다음 방정식을 푸시오.

(1) $3x-1=x+1$　　　　(2) $5x-3=2(x+1)+3x$　　　(3) $2x+5(x-2)=7x-10$

[풀이] (1) $3x-1=x+1$에서

$2x=2$　　$\therefore x=1$

(2) $5x-3=2(x+1)+3x$에서

$5x-3=2x+2+3x$　　$\therefore 0\times x=5$

즉, 해가 없다. (불능)

(3) $2x+5(x-2)=7x-10$에서

$2x+5x-10=7x-10$　　$\therefore 0\times x=0$

즉, 해가 무수히 많다. (부정)

[답] (1) $x=1$　(2) 해가 없다. (불능)　(3) 해가 무수히 많다. (부정)

1-1 x에 대한 방정식 $a(a-1)x=a^2+a$를 푸시오.

2 　**절댓값 기호를 포함한 방정식의 풀이**

방정식 $|x-1|=2x+3$을 푸시오.

[풀이] (i) $x<1$일 때, $|x-1|=-(x-1)$이므로

$-(x-1)=2x+3,\ -x+1=2x+3$

$-3x=2$　　$\therefore x=-\dfrac{2}{3}$ → $x<1$이므로 $x=-\dfrac{2}{3}$는 해이다.

(ii) $x\geq1$일 때, $|x-1|=x-1$이므로

$x-1=2x+3$　　$\therefore x=-4$

그런데 $x\geq1$이므로 $x=-4$는 해가 아니다. → 범위에 주의한다.

(i), (ii)에서 주어진 방정식의 해는 $x=-\dfrac{2}{3}$이다.

[답] $x=-\dfrac{2}{3}$

2-1 다음 방정식을 푸시오.

(1) $|x-3|=x+4$　　　　　　　(2) $|x+1|=|2x-1|$

1 이차방정식

1 이차방정식

$ax^2+bx+c=0$ $(a\neq0,\ a,\ b,\ c$는 상수$)$ 꼴로 변형할 수 있는 방정식을 x에 대한 **이차방정식**이라 한다.

> **참고** x에 대한 이차방정식 $ax^2+bx+c=0$ ➡ $a\neq0$인 경우만 생각한다. → $a\neq0$이다.
> x에 대한 방정식 $ax^2+bx+c=0$ ➡ $a\neq0$인 경우와 $a=0$인 경우로 나누어 생각한다. → $a=0$일 수도 있다.

2 이차방정식의 근의 범위와 종류

이차방정식의 근을 복소수의 범위까지 확장하여 구할 때 실수인 근을 **실근**, 허수인 근을 **허근**이라 한다.

> 계수가 실수인 이차방정식의 근은 다음 세 가지 중 하나이다.
> (1) 서로 다른 두 실근
> (2) 서로 같은 두 실근(중근) ⎤ 실근
> (3) 서로 다른 두 허근

3 이차방정식의 풀이

(1) 인수분해를 이용한 풀이

x에 대한 이차방정식이 $(ax-b)(cx-d)=0$ 꼴로 변형되면

$$x=\frac{b}{a} \text{ 또는 } x=\frac{d}{c}$$

($ax-b=0$ 또는 $cx-d=0$이므로 성립)

(2) 근의 공식을 이용한 풀이

① 계수가 실수인 이차방정식 $ax^2+bx+c=0$의 근은 $x=\dfrac{-b\pm\sqrt{b^2-4ac}}{2a}$이다.

② 계수가 실수인 이차방정식 $ax^2+2b'x+c=0$의 근은 $x=\dfrac{-b'\pm\sqrt{b'^2-ac}}{a}$이다.

> x의 계수가 짝수인 경우

 중학교 과정에서는 이차방정식의 근을 실수의 범위에서만 구하였지만 고등학교 과정에서는 이차방정식의 근을 복소수의 범위까지 확장하여 구한다.

계수가 실수인 이차방정식은 복소수의 범위에서 항상 두 개의 근을 갖는다. 특히 두 개의 실근이 같을 때, 이 근을 중근이라 한다.

> **Q&A** 인수분해를 이용한 풀이와 근의 공식을 이용한 풀이는 언제 사용하는 것이 좋을까?
>
> 이차방정식 $ax^2+bx+c=0$에서
> (1) 좌변이 인수분해되는 경우 ➡ 인수분해를 이용
> (2) 좌변이 인수분해되지 않는 경우 ➡ 근의 공식을 이용

> **example** 이차방정식 $x^2+1=0$의 근을 실수의 범위에서만 생각하면 $x^2=-1$이므로 방정식의 근은 존재하지 않는다.
> 하지만 근을 복소수의 범위까지 확장하여 생각하면 $x=\pm i$이므로 방정식의 근이 존재한다.

> **주의** 고등학교 과정에서는 특별한 언급이 없으면 이차방정식 $ax^2+bx+c=0$의 계수는 실수인 경우만 다루고, 근을 복소수의 범위에서 생각한다.

➤ 정답 및 해설 055쪽

 **1** 다음 이차방정식을 푸시오.

(1) $x^2+3x-10=0$ (2) $x^2+x-1=0$ (3) $x^2-2x+2=0$

답 (1) $x=-5$ 또는 $x=2$ (2) $x=\dfrac{-1\pm\sqrt5}{2}$ (3) $x=1\pm i$

이차방정식의 풀이

다음 이차방정식을 푸시오.

(1) $(x-1)^2=4x-11$

(2) $(\sqrt{2}-1)x^2-\sqrt{2}x+1=0$

(Tip) (1) 방정식을 (x에 대한 이차식)$=0$ 꼴로 정리하여 근의 공식을 이용한다.

(2) 무리수인 이차항의 계수를 유리화한 후 인수분해한다.

(1) $(x-1)^2=4x-11$에서

$x^2-2x+1=4x-11$, $x^2-6x+12=0$ → 좌변이 인수분해되지 않으므로 근의 공식을 이용

(→ 짝수)

$\therefore x=\dfrac{-(-3)\pm\sqrt{(-3)^2-1\times12}}{1}=3\pm\sqrt{3}i$

(2) $(\sqrt{2}-1)x^2-\sqrt{2}x+1=0$의 양변에 $\sqrt{2}+1$을 곱하면

$(\sqrt{2}+1)(\sqrt{2}-1)x^2-\sqrt{2}(\sqrt{2}+1)x+(\sqrt{2}+1)=0$

$x^2-(2+\sqrt{2})x+\sqrt{2}+1=0$

$(x-1)(x-\sqrt{2}-1)=0$ ⟩ 좌변이 인수분해되므로 인수분해를 이용

$\therefore x=1$ 또는 $x=\sqrt{2}+1$

답 (1) $x=3\pm\sqrt{3}i$ (2) $x=1$ 또는 $x=\sqrt{2}+1$

필수 공략

(1) 이차항의 계수가 유리수인 이차방정식의 풀이

➡ (x에 대한 이차식)$=0$ 꼴로 정리한 후 인수분해 또는 근의 공식을 이용한다.

(2) 이차항의 계수가 무리수인 이차방정식의 풀이

➡ 이차항의 계수를 유리화한 후 인수분해 또는 근의 공식을 이용한다.

• 정답 및 해설 055쪽

숫자 바꾼

유제 01-❶ 다음 이차방정식을 푸시오.

(1) $3(x-2)(x+1)=(2x+1)(x-4)$

(2) $(2-\sqrt{3})x^2+(7-3\sqrt{3})x+3=0$

유제 01-❷ 이차방정식 $\dfrac{x^2+x}{2}-6=\dfrac{x^2+4x}{5}$의 두 근을 α, β라 할 때, $3\alpha+2\beta$의 값을 구하시오. (단, $\alpha>\beta$)

유제 01-❸ 이차방정식 $(1+\sqrt{5})x^2+(2-2\sqrt{5})x-8=0$의 두 근을 α, β라 할 때, $(\alpha-2\beta)^2$의 값을 구하시오.

(단, $\alpha>\beta$)

한 근이 주어진 이차방정식

x에 대한 이차방정식 $ax^2-(a^2+a+2)x+2(a+1)=0$의 한 근이 1일 때, 상수 a의 값과 다른 한 근을 각각 구하시오.

풀이

(**Tip**) 주어진 근을 이차방정식에 대입한다.

$x=1$을 $ax^2-(a^2+a+2)x+2(a+1)=0$에 대입하면

$a\times 1^2-(a^2+a+2)\times 1+2(a+1)=0$

$a^2-2a=0$, $a(a-2)=0$

$\therefore a=0$ 또는 $a=2$

그런데 x에 대한 이차방정식 $ax^2-(a^2+a+2)x+2(a+1)=0$에서 $a\neq 0$이므로

$a=2$ ↳ $a=0$이면 $-2x+2=0$이므로 일차방정식이 된다.

$a=2$를 $ax^2-(a^2+a+2)x+2(a+1)=0$에 대입하면

$2x^2-8x+6=0$, $2(x-1)(x-3)=0$

$\therefore x=1$ 또는 $x=3$ ↳ 한 근이 1이므로 $x-1$을 인수로 갖는다.

따라서 다른 한 근은 3이다.

답 $a=2$, 다른 한 근: 3

필수 공략

이차방정식의 한 근이 주어지면
➡ 주어진 근을 이차방정식에 대입하여 미지수의 값 또는 다른 한 근을 구한다.

참고 'x에 대한 이차방정식'이라는 표현은 (x^2의 계수)$\neq 0$임을 의미한다.

• 정답 및 해설 055쪽

숫자 바꾼

유제 02-❶ x에 대한 이차방정식 $ax^2+(a^2-1)x+2(a+1)=0$의 한 근이 2일 때, 상수 a의 값과 다른 한 근을 각각 구하시오.

유제 02-❷ x에 대한 이차방정식 $(a-2)x^2+(a^2-3)x-2a+5=0$의 두 근이 -1, b일 때, $a+b$의 값을 구하시오. (단, a는 상수이다.)

유제 02-❸ x에 대한 이차방정식 $(a+1)x^2+(2a+3)x+a^2+1=0$의 한 근이 -2일 때, x에 대한 이차방정식 $x^2-2ax+a^2-4=0$의 해를 구하시오. (단, a는 상수이다.)

필수 예제 03 절댓값 기호를 포함한 방정식의 풀이

다음 방정식을 푸시오.

(1) $x^2+4|x|-5=0$

(2) $x^2+|x-2|-4=0$

풀이

(**Tip**) 절댓값 기호 안의 식의 값이 0이 되는 x의 값을 기준으로 x의 값의 범위를 나눈다.

(1) (i) $x<0$일 때, $|x|=-x$이므로

$x^2-4x-5=0$, $(x+1)(x-5)=0$ $\qquad \therefore x=-1$ 또는 $x=5$

그런데 $x<0$이므로 $x=-1 \to$ 범위에 주의한다.

(ii) $x\geq0$일 때, $|x|=x$이므로

$x^2+4x-5=0$, $(x+5)(x-1)=0$ $\qquad \therefore x=-5$ 또는 $x=1$

그런데 $x\geq0$이므로 $x=1$

(i), (ii)에서 주어진 방정식의 해는 $x=-1$ 또는 $x=1$이다.

| 다른 풀이 |

$x^2+4|x|-5=0$에서 $|x|^2+4|x|-5=0$

$(|x|+5)(|x|-1)=0$ $\qquad \therefore |x|=-5$ 또는 $|x|=1$

그런데 $|x|\geq0$이므로 $|x|=1$

$\therefore x=-1$ 또는 $x=1$

(2) (i) $x<2$일 때, $|x-2|=-(x-2)$이므로

$x^2-(x-2)-4=0$, $x^2-x-2=0$

$(x+1)(x-2)=0$ $\qquad \therefore x=-1$ 또는 $x=2$

그런데 $x<2$이므로 $x=-1$

(ii) $x\geq2$일 때, $|x-2|=x-2$이므로

$x^2+(x-2)-4=0$, $x^2+x-6=0$

$(x+3)(x-2)=0$ $\qquad \therefore x=-3$ 또는 $x=2$

그런데 $x\geq2$이므로 $x=2$

(i), (ii)에서 주어진 방정식의 해는 $x=-1$ 또는 $x=2$이다.

답 (1) $x=-1$ 또는 $x=1$ (2) $x=-1$ 또는 $x=2$

필수 공략

(1) 다항식 $P(x)$에 대하여 $|P(x)|$를 포함한 방정식은 다음을 이용하여 푼다.

① $|P(x)|=\begin{cases} -P(x) & (P(x)<0) \\ P(x) & (P(x)\geq0) \end{cases}$ ② $|P(x)|=a\ (a>0) \iff P(x)=\pm a$

(2) 다항식 $P(x)$에 대하여 $\sqrt{\{P(x)\}^2}$을 포함한 방정식은 $\sqrt{\{P(x)\}^2}=|P(x)|$를 이용하여 푼다.

• 정답 및 해설 056쪽

숫자 바꾼

유제 03-❶ 다음 방정식을 푸시오.

(1) $x^2-5|x|-6=0$

(2) $x^2+3\sqrt{(x-1)^2}-1=0$

이차방정식의 활용

오른쪽 그림과 같이 한 변의 길이가 14인 정사각형에 각 변과 평행한 두 선분을 그어 새로운 정사각형을 두 개 만들었다. 새로 만들어진 두 정사각형 중 큰 정사각형의 넓이가 작은 정사각형의 넓이의 $\dfrac{16}{9}$배일 때, 새로 만들어진 작은 정사각형과 큰 정사각형의 한 변의 길이를 각각 구하시오.

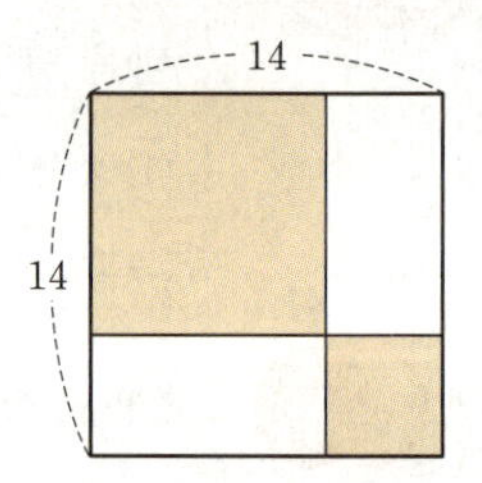

풀이

(**Tip**) 구하는 값을 미지수 x로 놓고 주어진 조건을 만족시키는 이차방정식을 세운다.

오른쪽 그림과 같이 새로 만들어진 작은 정사각형의 한 변의 길이를 x라 하면 새로 만들어진 큰 정사각형의 한 변의 길이는 $14-x$이므로

$(14-x)^2=\dfrac{16}{9}x^2,\ 9(14-x)^2=16x^2$ ⟶ 큰 정사각형의 넓이가 작은 정사각형의 넓이의 $\dfrac{16}{9}$배임을 이용

$7x^2+252x-1764=0,\ 7(x+42)(x-6)=0$

$\therefore\ x=-42$ 또는 $x=6$

이때 $0<x<14$이므로

$x=6$

따라서 새로 만들어진 작은 정사각형의 한 변의 길이는 6이고, 큰 정사각형의 한 변의 길이는 8이다.

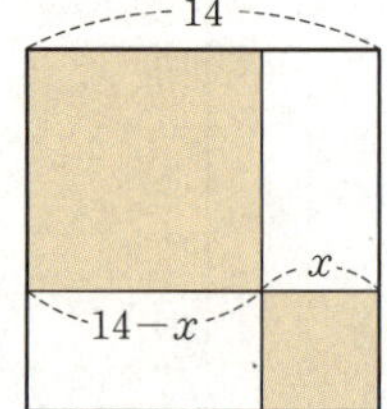

답 6, 8

필수 공략

방정식의 활용 문제는 다음과 같은 순서로 푼다.
❶ 구하는 값 (또는 구하는 값을 결정짓는 값)을 미지수 x로 놓는다.
❷ 주어진 조건을 만족시키는 x에 대한 방정식을 세운다.
❸ 방정식을 푼 후 문제의 조건을 만족시키는 x의 값만 택한다.

• 정답 및 해설 056쪽

조건 바꾼

유제 04-❶

오른쪽 그림과 같이 지름의 길이가 10인 원에 내접하는 두 원이 있다. 내접하는 두 원 중 작은 원의 넓이가 큰 원의 넓이의 $\dfrac{4}{9}$배일 때, 내접하는 작은 원과 큰 원의 지름의 길이를 각각 구하시오.

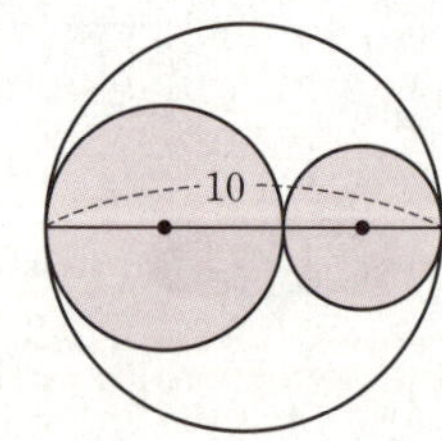

유제 04-❷

가로의 길이가 세로의 길이보다 4 cm 더 긴 직사각형이 있다. 이 직사각형의 둘레의 길이는 유지한 채로 가로의 길이를 줄이고 세로의 길이를 늘여서 정사각형을 만들었더니 정사각형의 넓이가 처음 직사각형의 넓이의 $\dfrac{4}{3}$배가 되었다. 처음 직사각형의 넓이를 구하시오.

# 02 이차방정식의 판별식

1 이차방정식의 근의 판별

(1) 이차방정식의 판별식

계수가 실수인 이차방정식 $ax^2+bx+c=0$의 근 $x=\dfrac{-b\pm\sqrt{b^2-4ac}}{2a}$는 근호 안의 식

b^2-4ac의 값의 부호에 따라 실근인지 허근인지 판별할 수 있다.

이때 b^2-4ac를 이차방정식 $ax^2+bx+c=0$의 **판별식**이라 하고, 기호 D로 나타낸다.

$$D=b^2-4ac$$

참고 D는 판별식을 뜻하는 Discriminant의 첫 글자이다.

(2) 이차방정식의 근의 판별

계수가 실수인 이차방정식 $ax^2+bx+c=0$의 판별식을 $D=b^2-4ac$라 할 때

① $D>0 \Longleftrightarrow$ 서로 다른 두 실근을 갖는다.
② $D=0 \Longleftrightarrow$ 중근(서로 같은 두 실근)을 갖는다. $\Big\}$ $D\geq0 \Longleftrightarrow$ 실근을 갖는다.
③ $D<0 \Longleftrightarrow$ 서로 다른 두 허근을 갖는다.

참고 $b=2b'$인 이차방정식 $ax^2+2b'x+c=0$은 $\dfrac{D}{4}=b'^2-ac$로 근을 판별할 수 있다.

$\quad\quad\quad\quad\quad\quad\quad\quad\quad\quad$ └→ x의 계수가 짝수

설명

계수가 실수인 이차방정식 $ax^2+bx+c=0$의 근을

$$\alpha=\frac{-b+\sqrt{b^2-4ac}}{2a},\ \beta=\frac{-b-\sqrt{b^2-4ac}}{2a}$$

라 하면 $2a$, $-b$는 실수이므로 $\sqrt{b^2-4ac}$, 즉 $D=b^2-4ac$의 값의 부호에 따라 α, β가 실근인지 허근인지는 다음과 같이 결정된다.

(1) $D>0$이면 $\sqrt{b^2-4ac}$는 0이 아닌 실수 $\Longleftrightarrow$ α, β는 서로 다른 두 실근 → $\alpha\neq\beta$

(2) $D=0$이면 $\sqrt{b^2-4ac}=0 \Longleftrightarrow$ α, β는 서로 같은 두 실근(중근) → $\alpha=\beta$

(3) $D<0$이면 $\sqrt{b^2-4ac}$는 허수 $\Longleftrightarrow$ α, β는 서로 다른 두 허근 → $\alpha\neq\beta$

이때 $b=2b'$인 이차방정식 $ax^2+2b'x+c=0$의 판별식은

$$D=(2b')^2-4ac=4(b'^2-ac)$$

에서 $\dfrac{D}{4}=b'^2-ac$, 즉 $b=2b'$인 이차방정식은 $\dfrac{D}{4}=b'^2-ac$를 이용하는 것이 편리하다.

따라서 이차방정식의 근을 직접 구하지 않아도 판별식의 값의 부호에 따라 α, β가 실근인지 허근인지 판별할 수 있다.

example
(1) 이차방정식 $x^2+3x-2=0$의 판별식을 D라 할 때
$$D=3^2-4\times1\times(-2)=17>0$$
이므로 서로 다른 두 실근을 갖는다.

(2) 이차방정식 $x^2+4x+4=0$의 판별식을 D라 할 때
$$\frac{D}{4}=2^2-1\times4=0$$
이므로 중근을 갖는다.

(3) 이차방정식 $x^2+x+2=0$의 판별식을 D라 할 때
$$D=1^2-4\times1\times2=-7<0$$
이므로 서로 다른 두 허근을 갖는다.

참고 계수가 허수인 이차방정식의 근의 판별

이차방정식의 계수가 모두 실수인 경우에만 판별식의 부호로 근을 판별할 수 있다. 이차방정식의 계수에 허수가 있으면 판별식의 부호에 관계없이 허근을 가질 수 있다.

즉, 계수가 허수인 이차방정식은 근의 공식을 이용하여 해를 직접 구해야 한다.

예를 들어, 이차방정식 $x^2+2ix-2=0$의 판별식을 D라 할 때

$$\frac{D}{4}=i^2-1\times(-2)=1>0$$

이지만 해를 직접 구하면 $x=-i\pm1$이다.

2 이차식이 완전제곱식이 되도록 하는 조건

이차식 ax^2+bx+c가 완전제곱식이다.

$\Longleftrightarrow$ 이차방정식 $ax^2+bx+c=0$이 중근을 갖는다.

$\Longleftrightarrow$ 이차방정식 $ax^2+bx+c=0$의 판별식을 $D=b^2-4ac$라 할 때, $D=0$이다.

이차식 ax^2+bx+c에서

$$ax^2+bx+c=a\left(x^2+\frac{b}{a}x+\frac{b^2}{4a^2}\right)-\frac{b^2}{4a}+c$$
$$=a\left(x+\frac{b}{2a}\right)^2-\frac{b^2-4ac}{4a}$$

이므로 ax^2+bx+c가 완전제곱식이 되려면

$$-\frac{b^2-4ac}{4a}=0, \text{ 즉 } b^2-4ac=0$$

이어야 한다.

또한, 이차식 ax^2+bx+c에서 $b^2-4ac=0$이면

$$ax^2+bx+c=a\left(x+\frac{b}{2a}\right)^2-\frac{b^2-4ac}{4a}$$
$$=a\left(x+\frac{b}{2a}\right)^2$$

이므로 이차식 ax^2+bx+c는 완전제곱식이다.

한편, 이차식 ax^2+bx+c가 완전제곱식이면 이차방정식 $ax^2+bx+c=0$이 중근을 가지므로 판별식 $D=b^2-4ac$에서 $D=0$이다.

참고 판별식 $D=0$은 이차식이 완전제곱식이 되도록 할 때와 이차방정식이 중근을 가지도록 할 때 이용한다.

정답 및 해설 057쪽

1 다음 이차식이 완전제곱식이 되도록 하는 실수 k의 값을 모두 구하시오.

(1) x^2-4x+k (2) x^2+kx+9

답 (1) 4 (2) ±6

이차방정식의 근의 판별

x에 대한 이차방정식 $x^2+(2k-1)x+k^2-2=0$이 다음과 같은 근을 갖도록 하는 실수 k의 값 또는 k의 값의 범위를 구하시오.

(1) 서로 다른 두 실근　　　　(2) 중근　　　　　　(3) 서로 다른 두 허근

풀이

(Tip) 판별식 D를 이용하여 실수 k의 값의 범위를 구한다.

이차방정식 $x^2+(2k-1)x+k^2-2=0$의 판별식을 D라 할 때

$$D=(2k-1)^2-4\times1\times(k^2-2)=-4k+9$$

(1) 서로 다른 두 실근을 가지려면

$$D=-4k+9>0 \qquad \therefore\ k<\frac{9}{4}$$

(2) 중근을 가지려면

$$D=-4k+9=0 \qquad \therefore\ k=\frac{9}{4}$$

(3) 서로 다른 두 허근을 가지려면

$$D=-4k+9<0 \qquad \therefore\ k>\frac{9}{4}$$

답 (1) $k<\dfrac{9}{4}$　(2) $k=\dfrac{9}{4}$　(3) $k>\dfrac{9}{4}$

필수 공략

계수가 실수인 이차방정식 $ax^2+bx+c=0$의 판별식을 $D=b^2-4ac$라 할 때
(1) $D>0 \iff$ 서로 다른 두 실근을 갖는다.
(2) $D=0 \iff$ 중근(서로 같은 두 실근)을 갖는다. $\left.\vphantom{\begin{matrix}a\\b\end{matrix}}\right\}\ D\geq0 \iff$ 실근을 갖는다.
(3) $D<0 \iff$ 서로 다른 두 허근을 갖는다.

● 정답 및 해설 057쪽

숫자 바꿈

유제 **05-❶**　x에 대한 이차방정식 $x^2+2(k+1)x+k^2+3=0$이 다음과 같은 근을 갖도록 하는 실수 k의 값 또는 k의 값의 범위를 구하시오.

(1) 서로 다른 두 실근　　　　　(2) 중근　　　　　　(3) 서로 다른 두 허근

유제 **05-❷**
교육청
　x에 대한 이차방정식 $x^2+2ax+a^2+4a-28=0$이 실근을 갖도록 하는 모든 자연수 a의 개수를 구하시오.

유제 **05-❸**　x에 대한 이차방정식 $(k^2-4)x^2+4(k+2)x+2=0$이 중근을 갖도록 하는 실수 k의 값을 구하시오.

이차방정식의 판별식의 활용

x에 대한 이차방정식 $x^2+2(k-a)x+k(k-1)+a^2+ab-1=0$이 실수 k의 값에 관계없이 항상 중근을 갖도록 하는 두 실수 a, b의 값을 각각 구하시오.

풀이

(Tip) 이차방정식이 중근을 가질 조건과 항등식의 성질을 이용한다.

이차방정식 $x^2+2(k-a)x+k(k-1)+a^2+ab-1=0$의 판별식을 D라 할 때, 중근을 가지려면

$$\frac{D}{4}=(k-a)^2-1\times\{k(k-1)+a^2+ab-1\}=0$$

$$-2ak+k-ab+1=0$$

$$(1-2a)k-ab+1=0 \quad \cdots\cdots \text{㉠} \rightarrow k\text{에 대한 항등식이므로}$$
$$k\text{에 대한 내림차순으로 정리한다.}$$

㉠이 k에 대한 항등식이므로

$$1-2a=0, \quad -ab+1=0$$

$$\therefore a=\frac{1}{2}, \underline{b=2} \rightarrow a=\frac{1}{2} \text{을 대입하면 } -\frac{1}{2}b+1=0 \quad \therefore b=2$$

답 $a=\dfrac{1}{2}$, $b=2$

필수 공략 이차방정식의 판별식을 이용하여 주어진 조건을 만족시키는 미지수 사이의 관계를 파악한다.
이때 이차방정식이 중근을 가지면 판별식 $D=0$임을 이용한다.

• 정답 및 해설 057쪽

유제 **06-❶** x에 대한 이차방정식 $x^2-2(k+a)x+(k+1)^2+a^2+b-2=0$이 실수 k의 값에 관계없이 항상 중근을 갖도록 하는 두 실수 a, b에 대하여 $a+b$의 값을 구하시오.

유제 **06-❷** x에 대한 이차식 $x^2+(k-6)x+k^2+k-2$가 $(x+\alpha)^2$으로 인수분해될 때, 실수 α의 값을 구하시오.
(단, k는 정수이다.)

유제 **06-❸** x에 대한 이차방정식 $a(x^2-1)-2bx+c(x^2+1)=0$이 중근을 가질 때, 세 실수 a, b, c를 세 변의 길이로 하는 삼각형은 어떤 삼각형인지 말하시오.

소단원 점검 문제

● 정답 및 해설 058쪽

이차방정식의 풀이

 **01** 이차방정식 $2x^2+2x-4=\sqrt{2}(x+1)(x-1)$의 두 근을 α, β라 할 때, $(3\alpha+\beta)^2$의 값을 구하시오. (단, $\alpha>\beta$)

한 근이 주어진 이차방정식

 **02**
[교육청] x에 대한 이차방정식 $x^2+k(2p-3)x-(p^2-2)k+q+2=0$이 실수 k의 값에 관계없이 항상 1을 근으로 가질 때, 두 상수 p, q에 대하여 $p+q$의 값은?

① -5 ② -2 ③ 1 ④ 4 ⑤ 7

절댓값 기호를 포함한 방정식의 풀이

 **03** 방정식 $x^2+|x|+|x-1|-4=0$의 모든 해의 합은?

① $-2+\sqrt{5}$ ② $-2+\sqrt{6}$ ③ $-2+\sqrt{7}$ ④ $2+\sqrt{5}$ ⑤ $2+\sqrt{6}$

이차방정식의 활용

04 오른쪽 그림과 같이 정사각형 ABCD의 세 변 AD, CD, BC 위의 점 E, F, G에 대하여 $\overline{DE}=\overline{DF}$, $\overline{CF}=\overline{CG}$, $\overline{DF}=\overline{CF}+2$이다. 오각형 ABGFE의 넓이가 146일 때, 정사각형 ABCD의 한 변의 길이를 구하시오.

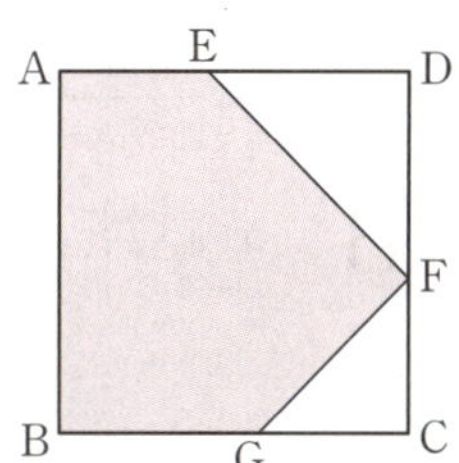

• 정답 및 해설 **058**쪽

05 이차방정식 $x^2-2x+2k-5=0$이 실근을 갖도록 하는 실수 k의 최댓값을 M, 이차방정식 $x^2+4x+n+3=0$이 서로 다른 두 허근을 갖도록 하는 정수 n의 최솟값을 m이라 할 때, $M+m$의 값은?

① 1 　　 ② 3 　　 ③ 5 　　 ④ 7 　　 ⑤ 9

06 x에 대한 이차방정식 $(k-1)x^2+(2k+1)x+k-2=0$이 실근을 갖도록 하는 실수 k의 값의 범위를 구하시오.

07 이차방정식 $(b+c)x^2-2ax+b-c=0$이 서로 다른 두 허근을 가질 때, 세 실수 a, b, c를 세 변의 길이로 하는 삼각형은 어떤 삼각형인지 말하시오.

08 x에 대한 이차식 $(k^2-1)x^2+6(k+1)x+3$이 완전제곱식이 되도록 하는 실수 k의 값은?

① $-\dfrac{7}{2}$ 　　 ② -3 　　 ③ $-\dfrac{5}{2}$ 　　 ④ -2 　　 ⑤ $-\dfrac{3}{2}$

03 이차방정식의 근과 계수의 관계

① 이차방정식의 근과 계수의 관계

이차방정식 $ax^2+bx+c=0$의 두 근을 α, β라 하면

(1) 두 근의 합: $\alpha+\beta=-\dfrac{b}{a}$ → $\dfrac{(일차항의\ 계수)}{(이차항의\ 계수)}$ (2) 두 근의 곱: $\alpha\beta=\dfrac{c}{a}$ → $\dfrac{(상수항)}{(이차항의\ 계수)}$

 이차방정식의 두 근을 직접 구하지 않아도 이차방정식의 계수로부터 두 근의 합 $\alpha+\beta$와 곱 $\alpha\beta$를 각각 구할 수 있다.

이를 이차방정식의 근과 계수의 관계라 하고, 다음과 같이 확인할 수 있다.

이차방정식 $ax^2+bx+c=0$의 두 근을 $\alpha=\dfrac{-b+\sqrt{b^2-4ac}}{2a}$, $\beta=\dfrac{-b-\sqrt{b^2-4ac}}{2a}$라 하면

$$\alpha+\beta=\dfrac{-b+\sqrt{b^2-4ac}}{2a}+\dfrac{-b-\sqrt{b^2-4ac}}{2a}=\dfrac{-2b}{2a}=-\dfrac{b}{a}$$

$$\alpha\beta=\dfrac{-b+\sqrt{b^2-4ac}}{2a}\times\dfrac{-b-\sqrt{b^2-4ac}}{2a}=\dfrac{4ac}{4a^2}=\dfrac{c}{a}$$

α, β가 실근, 중근, 허근일 때 모두 성립한다.

참고 이차방정식 $ax^2+bx+c=0$의 두 근 α, β가 모두 실근인 경우, 두 근의 차는 다음과 같다.

$$|\alpha-\beta|=\left|\dfrac{-b+\sqrt{b^2-4ac}}{2a}-\dfrac{-b-\sqrt{b^2-4ac}}{2a}\right|=\dfrac{\sqrt{b^2-4ac}}{|a|}\ (단,\ a는\ 실수)$$

● 정답 및 해설 059쪽

 **1** 다음 이차방정식의 두 근의 합과 곱을 각각 구하시오.

(1) $x^2+8x+5=0$ 　　　　　　　　　　(2) $2x^2-3x+7=0$

답 (1) 합: -8, 곱: 5　(2) 합: $\dfrac{3}{2}$, 곱: $\dfrac{7}{2}$

② 두 수를 근으로 하는 이차방정식

두 수 α, β를 근으로 하고 x^2의 계수가 1인 이차방정식은

$$(x-\alpha)(x-\beta)=0\ \Rightarrow\ x^2-(\alpha+\beta)x+\alpha\beta=0$$

두 근의 합　두 근의 곱

 두 수를 근으로 하고 x^2의 계수가 1인 이차방정식은 근과 계수의 관계에 의하여

$$x^2-(두\ 근의\ 합)x+(두\ 근의\ 곱)=0$$

이때 이차방정식의 양변에 0이 아닌 실수 a를 곱해도 근은 달라지지 않으므로 두 수 α, β를 근으로 하고 x^2의 계수가 a인 이차방정식은 다음과 같다.

$$a(x-\alpha)(x-\beta)=0\ \Rightarrow\ a\{x^2-(\alpha+\beta)x+\alpha\beta\}=0$$

● 정답 및 해설 059쪽

 **2** 다음 두 수를 근으로 하고 x^2의 계수가 1인 이차방정식을 구하시오.

(1) -3, 7　　　　　(2) $2-\sqrt{3}$, $2+\sqrt{3}$　　　　　(3) $3-i$, $3+i$

답 (1) $x^2-4x-21=0$　(2) $x^2-4x+1=0$　(3) $x^2-6x+10=0$

계수가 실수인 이차방정식 $ax^2+bx+c=0$의 두 근을 α, β라 하면 이차식 ax^2+bx+c는 다음과 같이 인수분해된다.

$$ax^2+bx+c=a(x-\alpha)(x-\beta)$$

[참고] 계수가 실수인 이차식은 복소수의 범위에서 항상 두 일차식의 곱으로 인수분해된다.

이차방정식 $ax^2+bx+c=0$의 두 근을 α, β라 하면 근과 계수의 관계에 의하여

$\alpha+\beta=-\dfrac{b}{a}$, $\alpha\beta=\dfrac{c}{a}$이므로 이차식 ax^2+bx+c는 다음과 같이 인수분해된다.

$$ax^2+bx+c=a\left(x^2+\frac{b}{a}x+\frac{c}{a}\right)=a\{x^2-(\alpha+\beta)x+\alpha\beta\}=a(x-\alpha)(x-\beta)$$

따라서 계수가 실수인 이차식은 복소수의 범위에서 항상 두 일차식의 곱으로 인수분해할 수 있다.

● 정답 및 해설 059쪽

3 다음 이차식을 복소수의 범위에서 인수분해하시오.

(1) x^2-4x+2 　　　　　　　　　　　　　　(2) x^2-2x+3

[답] (1) $(x-2+\sqrt{2})(x-2-\sqrt{2})$　　(2) $(x-1+\sqrt{2}i)(x-1-\sqrt{2}i)$

이차방정식 $ax^2+bx+c=0$에서

(1) a, b, c가 유리수일 때, 한 근이 $p+q\sqrt{m}$이면 다른 한 근은 $p-q\sqrt{m}$이다.

(단, p, q는 유리수, $q\neq0$, $\sqrt{m}$은 무리수)

(2) a, b, c가 실수일 때, 한 근이 $p+qi$이면 다른 한 근은 $p-qi$이다.

(단, p, q는 실수, $q\neq0$, $i=\sqrt{-1}$)

또한, $q\neq0$일 때, $p+q\sqrt{m}$과 $p-q\sqrt{m}$, $p+qi$와 $p-qi$를 각각 **켤레근**이라 한다.

이차방정식의 계수가 유리수 또는 실수인 경우 한 근이 주어지면 다른 한 근도 알 수 있다.

이차방정식 $ax^2+bx+c=0$의 두 근을 $\alpha=-\dfrac{b}{2a}+\dfrac{\sqrt{b^2-4ac}}{2a}$, $\beta=-\dfrac{b}{2a}-\dfrac{\sqrt{b^2-4ac}}{2a}$라 할 때

(1) a, b, c가 유리수이고 $\sqrt{b^2-4ac}$가 무리수이면

　➡ $\alpha=p+q\sqrt{m}$, $\beta=p-q\sqrt{m}$ 꼴이다. (단, p, q는 유리수, $q\neq0$, $\sqrt{m}$은 무리수)

(2) a, b, c가 실수이고 $\sqrt{b^2-4ac}$가 허수이면

　➡ $\alpha=p+qi$, $\beta=p-qi$ 꼴이다. (단, p, q는 실수, $q\neq0$, $i=\sqrt{-1}$)

[example] 이차방정식 $ax^2+bx+c=0$에서

(1) a, b, c가 유리수이고 한 근이 $2+\sqrt{2}$이면 다른 한 근은 $2-\sqrt{2}$이다.

(2) a, b, c가 실수이고 한 근이 $1-i$이면 다른 한 근은 $1+i$이다.

[주의] 이차방정식의 계수가 모두 유리수 (또는 실수)라는 조건이 없으면 $p+q\sqrt{m}$ (또는 $p+qi$)이 방정식의 한 근일 때, 다른 한 근이 반드시 $p-q\sqrt{m}$ (또는 $p-qi$)인 것은 아니다.

예를 들어, 이차방정식 $x^2-ix=0$의 한 근은 i이지만 다른 한 근은 $-i$가 아니다.

└➡ x의 계수인 $-i$는 허수　　└➡ 두 근은 0, i이다.

집중 연습 • 이차방정식의 근과 계수의 관계

이차방정식의 근과 계수의 관계

01 이차방정식 $x^2+2x+3=0$의 두 근을 α, β라 할 때, 다음 식의 값을 구하시오.

(1) $\alpha+\beta$ (2) $\alpha\beta$ (3) $(\alpha+1)(\beta+1)$

02 이차방정식 $x^2-x+1=0$의 두 근을 α, β라 할 때, 다음 식의 값을 구하시오.

(1) $\alpha^2+\beta^2$ (2) $\alpha^3+\beta^3$ (3) $(\alpha-\beta)^2$

03 이차방정식 $x^2-2x-1=0$의 두 근을 α, β라 할 때, 다음 식의 값을 구하시오.

(1) $(\alpha-1)(\beta-1)$ (2) $\alpha^2\beta+\alpha\beta^2$ (3) $\dfrac{\alpha^2+\beta^2}{\alpha\beta}$

04 이차방정식 $2x^2-2x+3=0$의 두 근을 α, β라 할 때, 다음 식의 값을 구하시오.

(1) $\dfrac{1}{\alpha}+\dfrac{1}{\beta}$ (2) $\dfrac{\beta}{\alpha}+\dfrac{\alpha}{\beta}$ (3) $\left(\dfrac{1}{\alpha}-1\right)\left(\dfrac{1}{\beta}-1\right)$

이차식의 인수분해

05 다음 이차식을 복소수의 범위에서 인수분해하시오.

(1) x^2+6x+7 (2) x^2-3x+1

(3) $x^2+8x+18$ (4) x^2-5x+8

근과 계수의 관계를 이용하여 식의 값 구하기

이차방정식 $2x^2+4x+1=0$의 두 근을 α, β라 할 때, 다음 식의 값을 구하시오.

(1) $\alpha^2+\alpha\beta+\beta^2$　　　　　(2) $\alpha^2-3\alpha\beta+\beta^2$　　　　　(3) $(2\alpha+1)(2\beta+1)$

 풀이

(Tip) 근과 계수의 관계를 이용하여 $\alpha+\beta$, $\alpha\beta$의 값을 각각 구한 후 이를 이용할 수 있도록 주어진 식을 변형한다.

이차방정식 $2x^2+4x+1=0$의 두 근이 α, β이므로 근과 계수의 관계에 의하여

$$\alpha+\beta=-2,\ \alpha\beta=\frac{1}{2}$$

(1) $\alpha^2+\alpha\beta+\beta^2=(\alpha+\beta)^2-\alpha\beta=(-2)^2-\dfrac{1}{2}=\dfrac{7}{2}$

(2) $\alpha^2-3\alpha\beta+\beta^2=(\alpha+\beta)^2-5\alpha\beta=(-2)^2-5\times\dfrac{1}{2}=\dfrac{3}{2}$

(3) $(2\alpha+1)(2\beta+1)=4\alpha\beta+2(\alpha+\beta)+1=4\times\dfrac{1}{2}+2\times(-2)+1=-1$

답 (1) $\dfrac{7}{2}$　(2) $\dfrac{3}{2}$　(3) -1

필수 공략

이차방정식의 두 근이 α, β이면
➡ 근과 계수의 관계를 이용하여 $\alpha+\beta$, $\alpha\beta$의 값을 각각 구한다.

참고 근과 계수의 관계에서 자주 이용되는 곱셈 공식의 변형은 다음과 같다.
(1) $\alpha^2+\beta^2=(\alpha+\beta)^2-2\alpha\beta=(\alpha-\beta)^2+2\alpha\beta$
(2) $\alpha^3+\beta^3=(\alpha+\beta)^3-3\alpha\beta(\alpha+\beta)=(\alpha-\beta)^3+3\alpha\beta(\alpha-\beta)$
(3) $(\alpha-\beta)^2=(\alpha+\beta)^2-4\alpha\beta$

• 정답 및 해설 060쪽

숫자 바꾼

유제 **01-❶** 이차방정식 $x^2+3x-3=0$의 두 근을 α, β라 할 때, 다음 식의 값을 구하시오.

(1) $\dfrac{1}{\alpha}+\dfrac{1}{\beta}$　　　　　(2) $\dfrac{\alpha}{\alpha+1}+\dfrac{\beta}{\beta+1}$　　　　　(3) $\dfrac{\beta^2}{\alpha}+\dfrac{\alpha^2}{\beta}$

유제 **01-❷** 이차방정식 $x^2-4x+1=0$의 두 근을 α, β라 할 때, 다음 식의 값을 구하시오. (단, $\alpha>\beta$)

(1) $\alpha-\beta$　　　　　(2) $\alpha^3-\beta^3$　　　　　(3) $\sqrt{\alpha}+\sqrt{\beta}$

유제 **01-❸**
교육청
이차방정식 $x^2+4x-3=0$의 두 실근을 α, β라 할 때, $\dfrac{6\beta}{\alpha^2+4\alpha-4}+\dfrac{6\alpha}{\beta^2+4\beta-4}$의 값을 구하시오.

두 근이 주어진 이차방정식

이차방정식 $x^2+ax+b=0$의 두 근이 2, 4일 때, 다음 물음에 답하시오. (단, a, b는 상수이다.)

(1) $a+b$의 값을 구하시오.

(2) 이차방정식 $ax^2+bx+1=0$의 두 근의 합을 구하시오.

풀이

(Tip) 이차방정식의 근과 계수의 관계를 이용한다.

이차방정식 $x^2+ax+b=0$의 두 근이 2, 4이므로 근과 계수의 관계에 의하여

$2+4=-a,\ 2\times4=b$

$\therefore\ a=-6,\ b=8$

(1) $a+b=(-6)+8=2$

(2) 이차방정식 $ax^2+bx+1=0$의 두 근의 합은

$$-\frac{b}{a}=-\frac{8}{-6}=\frac{4}{3}$$

답 (1) 2 (2) $\dfrac{4}{3}$

필수 공략 이차방정식 $ax^2+bx+c=0$의 두 근 α, β가 주어지면
➡ 이차방정식의 근과 계수의 관계를 이용하여 이차방정식의 미정계수를 구한다.

• 정답 및 해설 060쪽

유제 **02-❶** 이차방정식 $x^2-ax+b=0$의 두 근이 -2, 5일 때, 다음 물음에 답하시오. (단, a, b는 상수이다.)

(1) $a-b$의 값을 구하시오.

(2) 이차방정식 $ax^2+x+b=0$의 두 근의 곱을 구하시오.

유제 **02-❷** 이차방정식 $x^2-3x+a=0$의 두 근이 α, β이고, 이차방정식 $x^2+bx+9=0$의 두 근이 $\alpha+\beta$, $\alpha\beta$일 때, 두 상수 a, b의 값을 각각 구하시오.

유제 **02-❸** 이차방정식 $x^2+ax+b=0$의 두 근이 α, β이고, 이차방정식 $x^2+2ax+3b-1=0$의 두 근이 $\alpha+1$, $\beta+1$일 때, 두 상수 a, b에 대하여 ab의 값을 구하시오.

두 근 사이의 관계가 주어진 이차방정식

다음 물음에 답하시오.

(1) 이차방정식 $x^2+(2k-3)x+k+5=0$의 두 근의 차가 3일 때, 실수 k의 값을 모두 구하시오.

(2) 이차방정식 $x^2-6kx+18=0$의 두 근의 비가 $1:2$일 때, 양수 k의 값을 구하시오.

풀이

(**Tip**) 근과 계수의 관계를 이용할 수 있도록 두 근을 한 문자로 나타낸다.

(1) 이차방정식의 두 근의 차가 3이므로 두 근을 α, $\alpha+3$이라 하면 근과 계수의 관계에 의하여

$$\alpha+(\alpha+3)=-(2k-3) \quad \cdots\cdots \ \text{㉠}$$
$$\alpha(\alpha+3)=k+5 \quad \cdots\cdots \ \text{㉡}$$

㉠에서 $2\alpha+3=-2k+3$이므로 $2\alpha=-2k$ $\quad \therefore \alpha=-k$

$\alpha=-k$를 ㉡에 대입하면

$$-k(-k+3)=k+5, \ k^2-4k-5=0$$
$$(k+1)(k-5)=0 \quad \therefore k=-1 \ \text{또는} \ k=5$$

(2) 이차방정식의 두 근의 비가 $1:2$이므로 두 근을 α, $2\alpha \ (\alpha\neq0)$라 하면 근과 계수의 관계에 의하여

$$\alpha+2\alpha=6k \quad \cdots\cdots \ \text{㉠}$$
$$\alpha\times2\alpha=18 \quad \cdots\cdots \ \text{㉡}$$

└→ 비가 주어진 두 수는 0이 아니어야 한다.

㉡에서 $2\alpha^2=18$이므로 $\alpha^2=9$ $\quad \therefore \alpha=\pm3$

㉠에서 $3\alpha=6k$, 즉 $k=\dfrac{\alpha}{2}$이므로 $\alpha=\pm3$을 대입하면

$$k=\pm\dfrac{3}{2} \quad \therefore k=\dfrac{3}{2} \ (\because k>0)$$

답 (1) $-1,\ 5$ (2) $\dfrac{3}{2}$

필수 공략

(1) 두 근의 차가 k이면 ➡ 두 근을 α, $\alpha+k$로 놓는다.
(2) 두 근의 비가 $m:n$이면 ➡ 두 근을 $m\alpha$, $n\alpha \ (\alpha\neq0)$로 놓는다.
(3) 한 근이 다른 근의 k배이면 ➡ 두 근을 α, $k\alpha \ (\alpha\neq0)$로 놓는다.
(4) 두 근이 연속하는 짝수이면 ➡ 두 근을 2α, $2\alpha+2 \ (\alpha$는 자연수$)$로 놓는다.
(5) 두 근이 연속하는 홀수이면 ➡ 두 근을 $2\alpha-1$, $2\alpha+1 \ (\alpha$는 자연수$)$로 놓는다.

• 정답 및 해설 061쪽

숫자 바꾼

유제 03-❶ 다음 물음에 답하시오.

(1) 이차방정식 $x^2-kx+k-2=0$의 두 근의 차가 2일 때, 실수 k의 값을 구하시오.

(2) 이차방정식 $x^2-3kx+6=0$의 두 근의 비가 $2:3$일 때, 양수 k의 값을 구하시오.

유제 03-❷ x에 대한 이차방정식 $3x^2+2ax+a^2-3=0$의 한 근이 다른 근의 3배일 때, 실수 a의 값을 모두 구하시오.

두 수를 근으로 하는 이차방정식

이차방정식 $x^2-3x+4=0$의 두 근을 α, β라 할 때, 다음을 구하시오.

(1) 두 수 $\alpha+\beta$, $\alpha\beta$를 두 근으로 하고 x^2의 계수가 1인 이차방정식

(2) 두 수 $\dfrac{1}{\alpha}$, $\dfrac{1}{\beta}$을 두 근으로 하고 x^2의 계수가 4인 이차방정식

(Tip) 두 수 α, β를 근으로 하고 x^2의 계수가 a인 이차방정식은 $a\{x^2-(\alpha+\beta)x+\alpha\beta\}=0$이다.

이차방정식 $x^2-3x+4=0$의 두 근이 α, β이므로 근과 계수의 관계에 의하여

$\alpha+\beta=3$, $\alpha\beta=4$

(1) 두 근 $\alpha+\beta$, $\alpha\beta$의 합과 곱은 각각

$\quad (\alpha+\beta)+\alpha\beta=3+4=7$, $(\alpha+\beta)\times\alpha\beta=3\times4=12$

따라서 구하는 이차방정식은

$x^2-7x+12=0$

(2) 두 근 $\dfrac{1}{\alpha}$, $\dfrac{1}{\beta}$의 합과 곱은 각각

$\quad \dfrac{1}{\alpha}+\dfrac{1}{\beta}=\dfrac{\alpha+\beta}{\alpha\beta}=\dfrac{3}{4}$, $\dfrac{1}{\alpha}\times\dfrac{1}{\beta}=\dfrac{1}{\alpha\beta}=\dfrac{1}{4}$

따라서 구하는 이차방정식은

$4\left(x^2-\dfrac{3}{4}x+\dfrac{1}{4}\right)=0$ $\therefore 4x^2-3x+1=0$

답 (1) $x^2-7x+12=0$ (2) $4x^2-3x+1=0$

필수 공략

(1) 두 수를 근으로 하고 x^2의 계수가 1인 이차방정식

➡ $x^2-(\text{두 근의 합})x+(\text{두 근의 곱})=0$

(2) 두 수를 근으로 하고 x^2의 계수가 a인 이차방정식

➡ $a\{x^2-(\text{두 근의 합})x+(\text{두 근의 곱})\}=0$

• 정답 및 해설 061쪽

유제 04-❶ 이차방정식 $x^2-5x+7=0$의 두 근을 α, β라 할 때, 다음을 구하시오.

(1) 두 수 $\alpha+1$, $\beta+1$을 두 근으로 하고 x^2의 계수가 1인 이차방정식

(2) 두 수 $\dfrac{\beta}{\alpha}$, $\dfrac{\alpha}{\beta}$를 두 근으로 하고 x^2의 계수가 7인 이차방정식

유제 04-❷ 이차방정식 $x^2-4x-2=0$의 두 근을 α, β라 할 때, 두 수 α^2+1, β^2+1을 두 근으로 하고 x^2의 계수가 1인 이차방정식을 구하시오.

이차방정식 $P(x)=0$의 근을 이용하여 $P(ax+b)=0$의 근 구하기

이차방정식 $P(x)=0$의 두 근의 합이 -8일 때, 이차방정식 $P(3x+2)=0$의 두 근의 합을 구하시오.

풀이

(**Tip**) 방정식 $P(x)=0$의 근이 α일 때, 방정식 $P(ax+b)=0$의 근은 $ax+b=\alpha$를 만족시키는 x의 값이다.

이차방정식 $P(x)=0$의 두 근을 α, β라 하면 $\alpha+\beta=-8$이다.

또한, $P(\alpha)=0$, $P(\beta)=0$이므로 이차방정식 $P(3x+2)=0$의 두 근은

$3x+2=\alpha$ 또는 $3x+2=\beta$에서

$$x=\frac{\alpha-2}{3} \text{ 또는 } x=\frac{\beta-2}{3}$$

따라서 이차방정식 $P(3x+2)=0$의 두 근의 합은

$$\frac{\alpha-2}{3}+\frac{\beta-2}{3}=\frac{\alpha+\beta-4}{3}$$
$$=\frac{(-8)-4}{3}=-4$$

답 -4

필수 공략

이차방정식 $P(x)=0$의 두 근이 α, β일 때, 이차방정식 $P(ax+b)=0\,(a\neq0)$의 두 근

➡ $ax+b=\alpha$ 또는 $ax+b=\beta$를 만족시키는 x의 값, 즉

$$x=\frac{\alpha-b}{a} \text{ 또는 } x=\frac{\beta-b}{a}$$

• 정답 및 해설 061쪽

숫자 바꾼

유제 05-❶ 이차방정식 $P(x)=0$의 두 근의 곱이 5일 때, 이차방정식 $P(2x)=0$의 두 근의 곱을 구하시오.

유제 05-❷ 이차방정식 $P(x)=0$의 두 근 α, β에 대하여 $\alpha+\beta=6$, $\alpha\beta=-3$일 때, 이차방정식 $P(2x-3)=0$의 두 근의 곱을 구하시오.

유제 05-❸ 이차방정식 $P(x)=0$의 두 근 α, β에 대하여 $\alpha+\beta=7$일 때, 이차방정식 $P(-5x+k)=0$의 두 근의 합은 -3이고 두 근의 곱은 1이다. $\alpha\beta$의 값을 구하시오. (단, k는 실수이다.)

이차방정식의 켤레근의 성질

다음 물음에 답하시오.

(1) 이차방정식 $x^2+ax+b=0$의 한 근이 $3+\sqrt{10}$일 때, 두 유리수 a, b의 값을 각각 구하시오.

(2) 이차방정식 $x^2+ax+b=0$의 한 근이 $4-i$일 때, 두 실수 a, b의 값을 각각 구하시오.

풀이

(Tip) 이차방정식의 계수가 유리수인지 실수인지 확인한 후 켤레근을 이용한다.

(1) 이차방정식 $x^2+ax+b=0$에서 a, b가 유리수이고 한 근이 $3+\sqrt{10}$이므로 다른 한 근은 $3-\sqrt{10}$이다.

　└ $3+\sqrt{10}$에서 무리수 $\sqrt{10}$의 부호를 반대로 한 것이 켤레근이다.

따라서 근과 계수의 관계에 의하여

$(3+\sqrt{10})+(3-\sqrt{10})=-a,\ (3+\sqrt{10})\times(3-\sqrt{10})=b$

$\therefore a=-6,\ b=-1$

(2) 이차방정식 $x^2+ax+b=0$에서 a, b가 실수이고 한 근이 $4-i$이므로 다른 한 근은 $4+i$이다.

　└ $4-i$에서 복소수의 허수부분 -1의 부호를 반대로 한 것이 켤레근이다.

따라서 근과 계수의 관계에 의하여

$(4-i)+(4+i)=-a,\ (4-i)\times(4+i)=b$

$\therefore a=-8,\ b=17$

답 (1) $a=-6$, $b=-1$　(2) $a=-8$, $b=17$

필수 공략

이차방정식 $ax^2+bx+c=0$에서

(1) a, b, c가 유리수일 때, 한 근이 $p+q\sqrt{m}$ (p, q는 유리수, $q\neq0$, $\sqrt{m}$은 무리수)이면

➡ 다른 한 근은 $p-q\sqrt{m}$이다.

(2) a, b, c가 실수일 때, 한 근이 $p+qi$ (p, q는 실수, $q\neq0$, $i=\sqrt{-1}$)이면

➡ 다른 한 근은 $p-qi$이다.

• 정답 및 해설 062쪽

숫자 바꾼

유제 06-❶ 다음 물음에 답하시오.

(1) 이차방정식 $x^2+ax+b=0$의 한 근이 $\sqrt{5}-2$일 때, 두 유리수 a, b의 값을 각각 구하시오.

(2) 이차방정식 $x^2+ax+b=0$의 한 근이 $2i-3$일 때, 두 실수 a, b의 값을 각각 구하시오.

유제 06-❷ 이차방정식 $x^2+ax+2=0$의 한 근이 $b+\sqrt{2}$일 때, 두 유리수 a, b에 대하여 ab의 값을 구하시오.

유제 06-❸  x에 대한 이차방정식 $x^2-px+p+19=0$이 서로 다른 두 허근을 갖는다. 한 허근의 허수부분이 2일 때, 양의 실수 p의 값을 구하시오.

소단원 점검 문제

• 정답 및 해설 062쪽

이차방정식의 근과 계수의 관계를 이용하여 식의 값 구하기

01 이차방정식 $x^2-5x+7=0$의 두 근을 α, β라 할 때, $(\alpha^2-2\alpha+3)(\beta^2-2\beta+3)$의 값을 구하시오.

두 근 사이의 관계가 주어진 이차방정식

02 이차방정식 $x^2-(k+4)x+4k-1=0$의 두 근이 연속하는 홀수일 때, 실수 k의 값을 구하시오.

두 수를 근으로 하는 이차방정식

03 이차방정식 $x^2+x-3=0$의 두 근을 α, β라 할 때, 두 수 $\alpha^2+\beta$, $\beta^2+\alpha$를 두 근으로 하고 x^2의 계수가 1인 이차방정식은?

① $x^2-6x-4=0$ ② $x^2-6x+4=0$ ③ $x^2+4x-6=0$

④ $x^2+4x+6=0$ ⑤ $x^2+6x-4=0$

이차방정식의 켤레근의 성질

04 이차방정식 $x^2+2x+a=0$의 한 근이 $\dfrac{bi}{1-i}$일 때, 두 실수 a, b에 대하여 $a+b$의 값은?

① -4 ② -2 ③ 0 ④ 2 ⑤ 4

● 정답 및 해설 063쪽

01

이차방정식 $x^2-(4-\sqrt{5})x+3-a\sqrt{5}=0$의 한 근이 a일 때, 다른 한 근을 b라 하자. 모든 b의 값의 합을 구하시오.

02

이차방정식 $ax^2+bx+c=0$의 한 근이 2이고, 이차방정식 $cx^2-bx+a=0$의 한 근이 $-\dfrac{1}{4}$일 때, 이차방정식 $ax^2+bx+c=0$의 다른 한 근은?

(단, a, b, c는 상수이다.)

① 4　　　　　② 6　　　　　③ 8
④ 10　　　　⑤ 12

03

두 유리수 p, q에 대하여 이차방정식
$$x^2+\sqrt{2}\,px+q=0$$
의 한 근이 $\alpha=3+2\sqrt{2}$이고, 다른 한 근을 β라 할 때, $\alpha-\dfrac{1}{\beta}$의 값은?

① 0　　　　　② $6-4\sqrt{2}$　　　　③ $4\sqrt{2}$
④ 6　　　　　⑤ $6+4\sqrt{2}$

04

한 변의 길이가 5이고 둘레의 길이가 12인 직각삼각형 중 합동이 아닌 모든 직각삼각형의 넓이의 합을 구하시오.

05

이차방정식 $x^2+(k-1)x-2k-1=0$이 정수인 근을 갖도록 하는 모든 정수 k의 값의 곱을 구하시오.

06

x에 대한 이차식 $x^2+2(k-3a)x+k^2-2bk+25$가 실수 k의 값에 관계없이 항상 완전제곱식이 되도록 하는 두 실수 a, b에 대하여 ab의 값은?

① $\dfrac{22}{3}$　　　　② $\dfrac{23}{3}$　　　　③ 8
④ $\dfrac{25}{3}$　　　　⑤ $\dfrac{26}{3}$

07

이차방정식 $x^2-x+2=0$의 서로 다른 두 근을 α, β라 하자. 다항식 $P(x)=x^2+2x-4$에 대하여 $\beta P(\alpha)+\alpha P(\beta)$의 값을 구하시오.

08

이차방정식 $x^2-5x-3=0$의 두 근이 α, β일 때, $\alpha^3-5\alpha^2+\alpha\beta+3\beta$의 값을 구하시오.

09

이차방정식 $x^2-2x+k=0$의 두 근을 α, β라 할 때, $\dfrac{1}{\alpha^2-\alpha+k}+\dfrac{1}{\beta^2-\beta+k}=\dfrac{1}{3}$을 만족시키는 실수 k의 값은?

① 2   ② 3   ③ 4
④ 5   ⑤ 6

10

보미와 여름이가 x^2의 계수가 1인 이차방정식을 푸는데 보미는 x의 계수를 잘못 보고 풀어서 두 근 -1, 4를 얻었고, 여름이는 상수항을 잘못 보고 풀어서 두 근 $3+\sqrt{3}$, $3-\sqrt{3}$을 얻었다. 이 이차방정식의 올바른 두 근을 α, β라 할 때, $|\alpha-\beta|$의 값은?

① $\sqrt{13}$ ② $2\sqrt{13}$ ③ $3\sqrt{13}$
④ $4\sqrt{13}$ ⑤ $5\sqrt{13}$

11

이차방정식 $x^2-4x+7=0$의 서로 다른 두 허근을 α, β라 할 때, $\dfrac{\overline{\alpha}}{\alpha}+\dfrac{\overline{\beta}}{\beta}$의 값은?

(단, $\overline{\alpha}$, $\overline{\beta}$는 각각 α, β의 켤레복소수이다.)

① $\dfrac{1}{7}$ ② $\dfrac{2}{7}$ ③ $\dfrac{3}{7}$
④ $\dfrac{4}{7}$ ⑤ $\dfrac{5}{7}$

12 서술형

이차방정식 $2x^2-2ax+a+7=0$의 두 근이 연속하는 자연수일 때, 실수 a의 값을 구하시오.

13

이차방정식 $x^2+(k+3)x+2k=0$의 두 실근 α, β에 대하여 $|\alpha|+|\beta|=6$일 때, 모든 실수 k의 값의 합은?

① $1-2\sqrt{7}$ ② $2-2\sqrt{7}$ ③ $3-2\sqrt{7}$

④ $4-2\sqrt{7}$ ⑤ $5-2\sqrt{7}$

14

이차방정식 $x^2-mx-n=0$의 두 근을 α, β라 할 때, $|\alpha-\beta|<5$를 만족시키는 두 자연수 m, n의 모든 순서쌍 (m, n)의 개수를 구하시오.

15

이차방정식 $x^2-px+p+7=0$이 허근 α를 가질 때, $\dfrac{\overline{\alpha}}{\alpha}$가 순허수가 되도록 하는 모든 실수 p의 값의 합은?

(단, $\overline{\alpha}$는 α의 켤레복소수이다.)

① $\dfrac{1}{2}$ ② 1 ③ $\dfrac{3}{2}$

④ 2 ⑤ $\dfrac{5}{2}$

16

계수가 실수인 이차방정식의 한 근이 $1-2i$일 때, 다른 한 근을 α라 하자. $\dfrac{1}{\alpha}=a+bi$를 만족시키는 두 실수 a, b에 대하여 $a+b$의 값은?

① $-\dfrac{1}{5}$ ② $-\dfrac{2}{5}$ ③ $-\dfrac{3}{5}$

④ $-\dfrac{4}{5}$ ⑤ -1

17

다음 조건을 만족시키는 허수 z가 존재하도록 하는 두 자연수 m, n에 대하여 $m+n$의 최댓값을 구하시오.

(단, $\overline{z}$는 z의 켤레복소수이다.)

(가) $z^2+mz+n=0$
(나) $z\overline{z}=7$

18

다음 그림과 같이 $\overline{AC}=\overline{BC}$인 이등변삼각형 ABC와 변 AC 위의 점 D에 대하여
$$\overline{AB}=\overline{BD}=4, \quad \overline{CD}=2\overline{AD}-2$$
일 때, 변 BC의 길이를 구하시오.

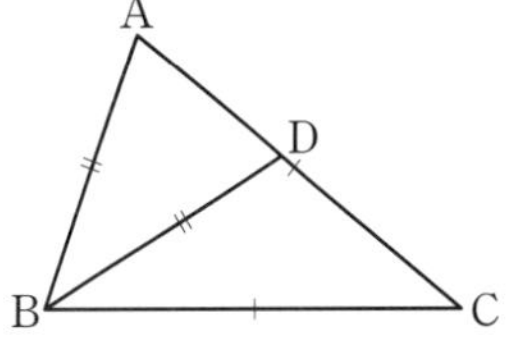

• 정답 및 해설 066쪽

내신 1% 뛰어 넘기

19

이차방정식 $x^2+(3|a|-1)x+2a=0$의 두 근을 α, β라 할 때, $\alpha^2\beta+\alpha\beta^2+\alpha^2+\beta^2+\alpha+\beta=6$을 만족시키는 실수 a의 값을 모두 구하시오.

20 교육청

이차방정식 $x^2-4x+2=0$의 두 실근을 α, β $(\alpha<\beta)$라 하자. 그림과 같이 $\overline{AB}=\alpha$, $\overline{BC}=\beta$인 직각삼각형 ABC에 내접하는 정사각형의 넓이와 둘레의 길이를 두 근으로 하는 x에 대한 이차방정식이 $4x^2+mx+n=0$일 때, 두 상수 m, n에 대하여 $m+n$의 값은?
(단, 정사각형의 두 변은 선분 AB와 선분 BC 위에 있다.)

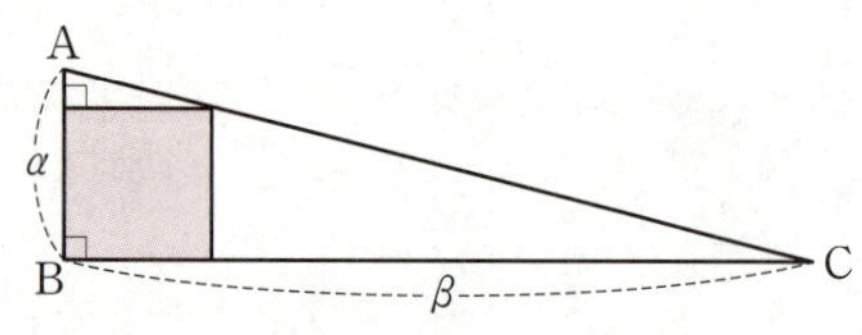

① -11 ② -10 ③ -9
④ -8 ⑤ -7

21 교육청

그림과 같이 한 변의 길이가 1인 정오각형 ABCDE가 있다. 두 대각선 AC와 BE가 만나는 점을 P라 하면 $\overline{BE}:\overline{PE}=\overline{PE}:\overline{BP}$가 성립한다.

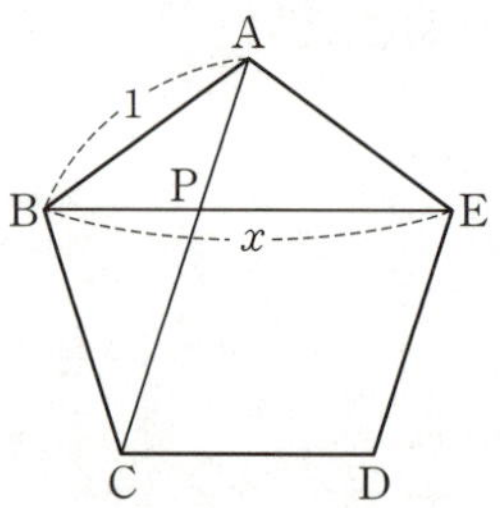

대각선 BE의 길이를 x라 할 때,
$1-x+x^2-x^3+x^4-x^5+x^6-x^7+x^8=p+q\sqrt{5}$이다.
$p+q$의 값은? (단, p, q는 유리수이다.)

① 22 ② 23 ③ 24
④ 25 ⑤ 26

22

이차방정식 $x^2-2x+2=0$의 두 근 α, β에 대하여 이차식 $P(x)=x^2+ax-3a+8$이 $P(\alpha^4+\alpha)=-4\alpha+b$, $P(\beta^4+\beta)=-4\beta+b$를 만족시킬 때, $a+b$의 값은?
(단, a, b는 실수이다.)

① 2 ② 4 ③ 6
④ 8 ⑤ 10

이차방정식과 이차함수

이차함수의 그래프

1 이차함수의 그래프

(1) 이차함수 $y=ax^2\,(a\neq0)$의 그래프 – 기본형

① 꼭짓점의 좌표: $(0,\,0)$

② 축의 방정식: $x=0\,(y$축$)$

③ $a>0$이면 아래로 볼록 $(\vee$ 꼴$)$

   $a<0$이면 위로 볼록 $(\wedge$ 꼴$)$

④ $|a|$의 값이 클수록 그래프의 폭이 좁아진다.

            (y축에 가까워진다.$)$

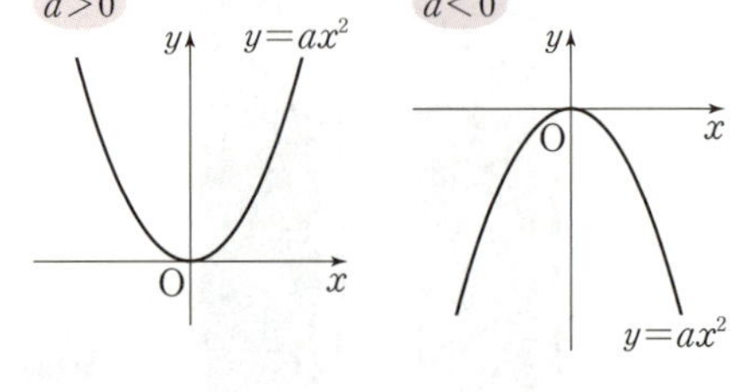

(2) 이차함수 $y=a(x-p)^2+q\,(a\neq0)$의 그래프 – 표준형

① 이차함수 $y=ax^2$의 그래프를 x축의 방향으로 p만큼,

   y축의 방향으로 q만큼 평행이동한 것이다.

② 꼭짓점의 좌표: $(p,\,q)$

③ 축의 방정식: $x=p$

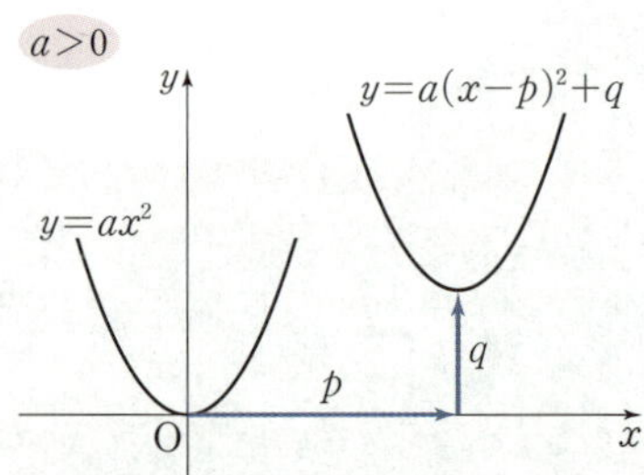

(3) 이차함수 $y=ax^2+bx+c\,(a\neq0)$의 그래프 – 일반형

① $y=ax^2+bx+c=a\left(x+\dfrac{b}{2a}\right)^2-\dfrac{b^2-4ac}{4a}$이므로

   이차함수 $y=ax^2$의 그래프를 x축의 방향으로 $-\dfrac{b}{2a}$만큼,

   y축의 방향으로 $-\dfrac{b^2-4ac}{4a}$만큼 평행이동한 것이다.

② 꼭짓점의 좌표: $\left(-\dfrac{b}{2a},\ -\dfrac{b^2-4ac}{4a}\right)$

                         $-\dfrac{D}{4a}$로 쉽게 외울 수 있다.

③ 축의 방정식: $x=-\dfrac{b}{2a}$

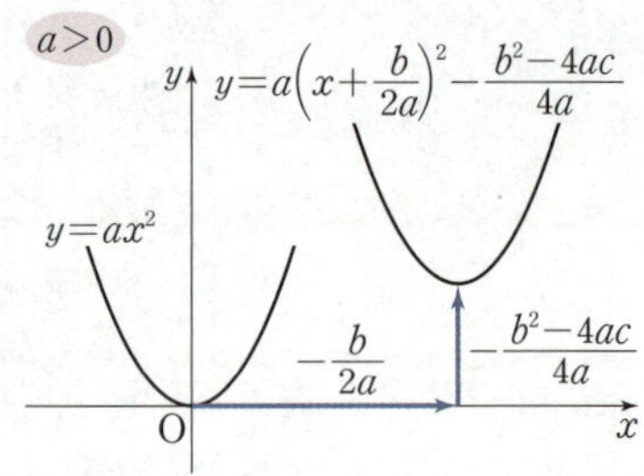

참고 이차함수의 그래프는 축에 대하여 대칭이다.

2 이차함수의 계수의 부호

그래프를 보고 이차함수 $y=ax^2+bx+c$의 계수의 부호를 결정할 때는 다음을 따른다.

(1) a의 부호: 그래프의 모양 ┌ 그래프가 아래로 볼록$(\vee)$하면 $a>0$

                                    └ 그래프가 위로 볼록$(\wedge)$하면 $a<0$

(2) b의 부호: 축의 위치 ┌ 축이 y축의 오른쪽에 있으면 $-\dfrac{b}{2a}>0 \rightarrow a,\,b$는 서로 다른 부호

                                    └ 축이 y축의 왼쪽에 있으면 $-\dfrac{b}{2a}<0 \rightarrow a,\,b$는 서로 같은 부호

(3) c의 부호: y축과의 교점의 위치 ┌ y축과의 교점이 x축의 위쪽에 있으면 $c>0$

                                           └ y축과의 교점이 x축의 아래쪽에 있으면 $c<0$

1 이차함수의 그래프

이차함수 $y=x^2+ax+b$의 그래프의 꼭짓점의 좌표가 $(3, 2)$일 때, 두 상수 a, b에 대하여 $a+b$의 값을 구하시오.

[풀이] $y=x^2+ax+b=\left(x^2+ax+\dfrac{a^2}{4}\right)-\dfrac{a^2}{4}+b=\left(x+\dfrac{a}{2}\right)^2-\dfrac{a^2}{4}+b$

이므로 이 이차함수의 그래프의 꼭짓점의 좌표는 $\left(-\dfrac{a}{2},\ -\dfrac{a^2}{4}+b\right)$

이 점이 점 $(3, 2)$와 일치하므로 $-\dfrac{a}{2}=3$, $-\dfrac{a^2}{4}+b=2$ $\therefore a=-6,\ b=11$

$\therefore a+b=(-6)+11=5$

[답] 5

1-1 x^2의 계수가 -1이고 꼭짓점의 좌표가 $(2, k)$인 이차함수의 그래프가 제2사분면을 지나지 않을 때, 실수 k의 최댓값을 구하시오.

2 이차함수의 계수의 부호

이차함수 $y=ax^2+bx+c$의 그래프가 오른쪽 그림과 같을 때, 세 상수 a, b, c의 부호를 각각 정하시오.

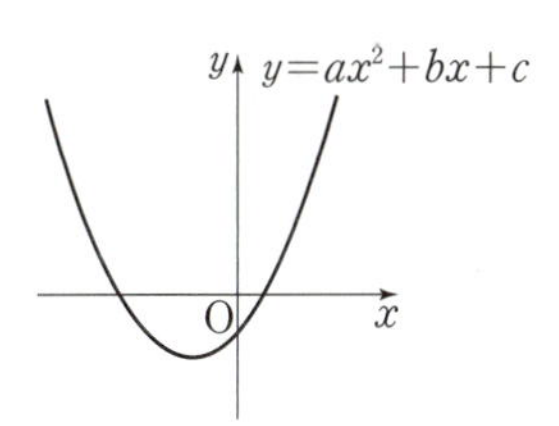

[풀이] 그래프가 아래로 볼록하므로 $a>0$

축이 y축의 왼쪽에 있으므로 $-\dfrac{b}{2a}<0$에서 $b>0$ $(\because a>0)$

y축과의 교점이 x축의 아래쪽에 있으므로 $c<0$

[답] $a>0$, $b>0$, $c<0$

2-1 이차함수 $y=ax^2+bx+c$의 그래프가 오른쪽 그림과 같을 때, |**보기**| 중 옳은 것을 모두 고르시오. (단, a, b, c는 상수이다.)

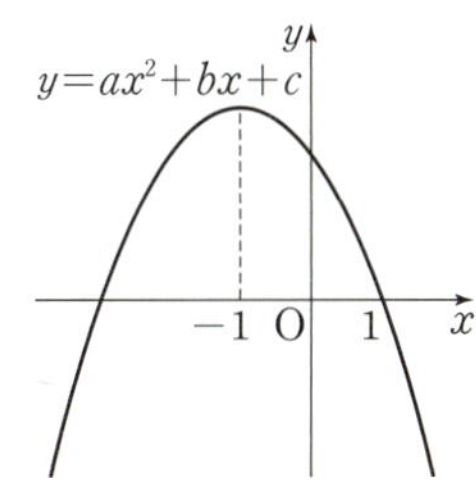

┤ 보기 ├
ㄱ. $abc>0$ ㄴ. $a+b+c=0$
ㄷ. $4a+2b+c<0$ ㄹ. $a-2b+4c<0$

 # 이차방정식과 이차함수의 관계

(1) 이차함수의 그래프와 x축의 교점

① 이차함수 $y=ax^2+bx+c$의 그래프와 x축의 교점의 x좌표는 └→ 함숫값 y가 0이 되는 x의 값
이차방정식 $ax^2+bx+c=0$의 실근과 같다.

② 이차함수 $y=ax^2+bx+c$의 그래프와 x축의 교점의 개수는
이차방정식 $ax^2+bx+c=0$의 실근의 개수와 같다.

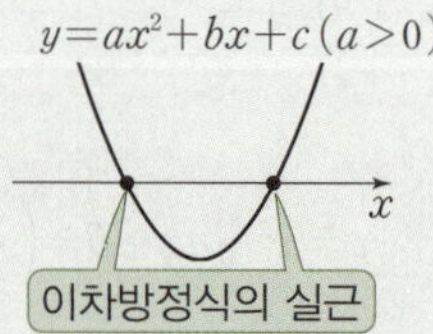

(2) 이차함수의 그래프와 x축의 위치 관계

이차방정식 $ax^2+bx+c=0$의 실근의 개수는 판별식 $D=b^2-4ac$의 값의 부호에 따라 결정된다. 즉, 이차방정식의 실근(교점의 x좌표)을 직접 구하지 않아도 이차방정식의 판별식을 이용하여 간단히 교점의 개수를 알 수 있다.

└→ $D\geq0 \iff$ 이차함수의 그래프가 x축과 만난다.

	$D>0$	$D=0$	$D<0$
$ax^2+bx+c=0$의 근	서로 다른 두 실근	중근	서로 다른 두 허근
$y=ax^2+bx+c$의 그래프와 x축의 위치 관계	서로 다른 두 점에서 만난다.	한 점에서 만난다. (접한다.)	만나지 않는다.
$y=ax^2+bx+c$의 그래프와 x축의 교점의 개수	2	1	0
$y=ax^2+bx+c$의 그래프 ($a>0$)			
$y=ax^2+bx+c$의 그래프 ($a<0$)			

(1) 이차함수 $y=x^2+2x-3$의 그래프와 x축의 교점의 x좌표가 -3, 1이면 이차방정식 $x^2+2x-3=0$의 두 실근은 -3, 1이다.
이차방정식 $x^2+2x-3=0$, 즉 $(x+3)(x-1)=0$이 서로 다른 두 실근 -3, 1을 가지면 이차함수 $y=x^2+2x-3$의 그래프는 x축과 두 점 $(-3,\,0)$, $(1,\,0)$에서 만난다.

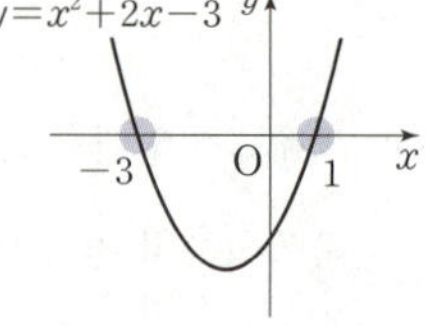

(2) 이차함수 $y=x^2+2x+1$의 그래프와 x축의 교점의 x좌표가 -1이면 이차방정식 $x^2+2x+1=0$의 실근은 -1이다.
이차방정식 $x^2+2x+1=0$, 즉 $(x+1)^2=0$이 중근 -1을 가지면 이차함수 $y=x^2+2x+1$의 그래프는 x축과 한 점 $(-1,\,0)$에서 만난다.

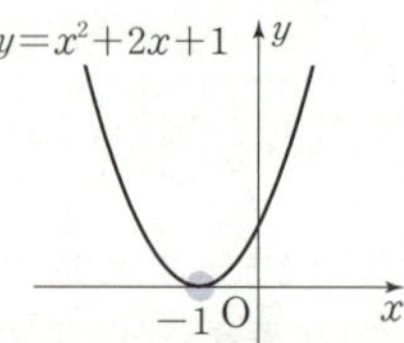

(3) 이차함수 $y=x^2+2x+2=(x+1)^2+1$의 그래프는 꼭짓점의 좌표가 $(-1,\,1)$이고 아래로 볼록하므로 x축과 만나지 않는다. 즉, 이차방정식 $x^2+2x+2=0$은 서로 다른 두 허근 $x=-1\pm i$를 가지므로 실근을 갖지 않는다.
이차방정식 $x^2+2x+2=0$이 실근을 갖지 않으면 이차함수 $y=x^2+2x+2$의 그래프는 x축과 만나지 않는다.

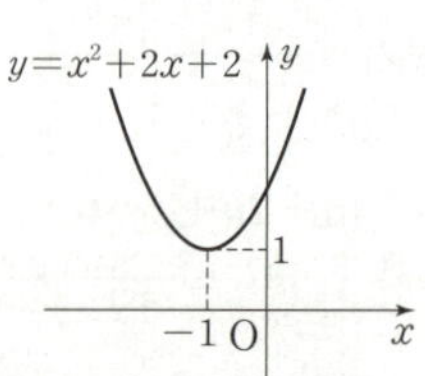

 **1** 다음 이차함수의 그래프와 x축의 교점의 개수를 구하시오.

(1) $y=x^2-6x+4$ 　　　　(2) $y=-2x^2+8x-8$ 　　　　(3) $y=x^2+3x+3$

답 (1) 2 　(2) 1 　(3) 0

2 이차함수의 그래프와 직선의 위치 관계

(1) **이차함수의 그래프와 직선의 교점**

① 이차함수 $y=ax^2+bx+c$의 그래프와 직선 $y=mx+n$의 교점의 x좌표는 이차방정식 $ax^2+bx+c=mx+n$의 실근과 같다.

② 이차함수 $y=ax^2+bx+c$의 그래프와 직선 $y=mx+n$의 교점의 개수는 이차방정식 $ax^2+bx+c=mx+n$의 실근의 개수와 같다.

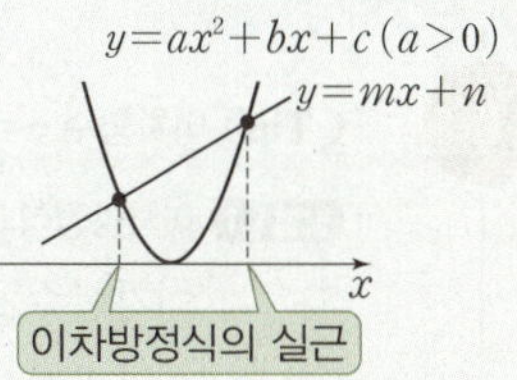

(2) **이차함수의 그래프와 직선의 위치 관계**

이차방정식 $ax^2+(b-m)x+c-n=0$의 실근의 개수는 판별식 D의 값의 부호에 따라 결정된다.

→ $D\geq0 \iff$ 이차함수의 그래프가 직선과 만난다.

	$D>0$	$D=0$	$D<0$
$ax^2+(b-m)x+c-n=0$의 근	서로 다른 두 실근	중근	서로 다른 두 허근
$y=ax^2+bx+c$의 그래프와 직선 $y=mx+n$의 위치 관계	서로 다른 두 점에서 만난다.	한 점에서 만난다. (접한다.)	만나지 않는다.
$y=ax^2+bx+c$의 그래프와 직선 $y=mx+n$의 교점의 개수	2	1	0
$y=ax^2+bx+c$의 그래프와 직선 $y=mx+n$ (단, $a>0$)			

참고 일반적으로 두 함수 $y=f(x)$, $y=g(x)$의 그래프의 교점의 x좌표는 방정식 $f(x)=g(x)$의 실근과 같다.

설명 이차함수 $y=ax^2+bx+c$의 그래프와 직선 $y=mx+n$의 교점의 x좌표는

$$ax^2+bx+c=mx+n,\ \text{즉}\ ax^2+(b-m)x+c-n=0$$

의 실근과 같다.

example 이차함수 $y=x^2+2x+4$의 그래프와 직선 $y=x+4$의 교점의 x좌표는
$x^2+2x+4=x+4$에서
$x^2+x=0,\ x(x+1)=0$
$\therefore x=-1$ 또는 $x=0$
즉, 이차함수 $y=x^2+2x+4$의 그래프와 직선 $y=x+4$는
두 점 $(-1,\,3)$, $(0,\,4)$에서 만난다.

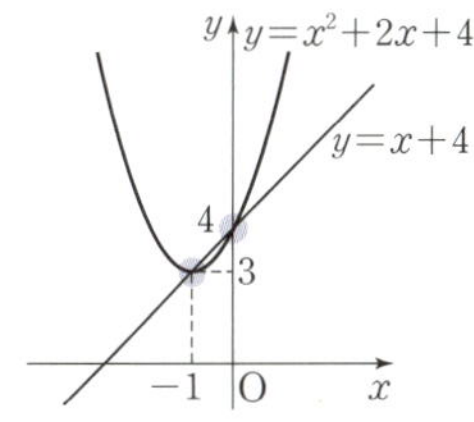

 **2** 이차함수 $y=x^2+2x-3$의 그래프와 다음 직선의 교점의 개수를 구하시오.

(1) $y=x-1$ 　　　　(2) $y=-x-7$ 　　　　(3) $y=4x-4$

답 (1) 2 　(2) 0 　(3) 1

이차함수의 그래프와 x축의 교점

이차함수 $y=x^2+ax+b$의 그래프가 오른쪽 그림과 같을 때, 두 실수 a, b의 값을 각각 구하시오.

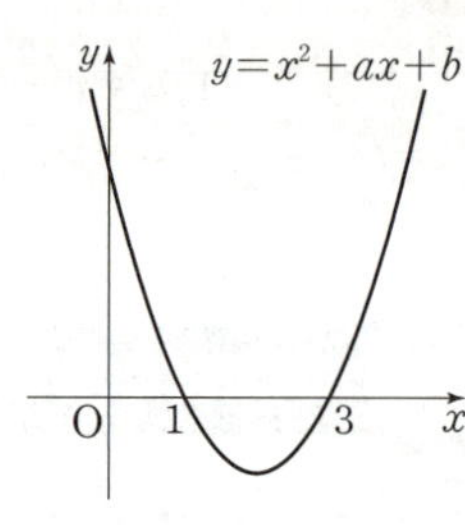

풀이

(**Tip**) 이차함수 $y=f(x)$의 그래프와 x축의 교점의 x좌표는 이차방정식 $f(x)=0$의 실근과 같다.

방법 ① 이차방정식의 근과 계수의 관계를 이용

이차함수 $y=x^2+ax+b$의 그래프와 x축의 교점의 x좌표가 1, 3이므로

이차방정식 $x^2+ax+b=0$의 두 근이 1, 3이다.

따라서 이차방정식의 근과 계수의 관계에 의하여

$1+3=-a$, $1\times3=b$

$\therefore a=-4$, $b=3$

방법 ② 이차함수의 그래프가 지나는 점의 좌표를 이용

이차함수 $y=x^2+ax+b$의 그래프가 두 점 $(1, 0)$, $(3, 0)$을 지나므로

$1^2+a\times1+b=0$, $3^2+a\times3+b=0$ → ㉠에 두 점 $(1, 0)$, $(3, 0)$의 x좌표, y좌표를 각각 대입

위의 두 식을 연립하여 풀면

$a=-4$, $b=3$

답 $a=-4$, $b=3$

필수 공략

이차함수 $y=ax^2+bx+c$의 그래프와 x축의 교점의 x좌표가 α, β이다.

$\Longleftrightarrow$ 이차방정식 $ax^2+bx+c=0$의 두 실근은 α, β이다.

$\Longleftrightarrow ax^2+bx+c=a(x-\alpha)(x-\beta)$

• 정답 및 해설 068쪽

숫자 바꾼

유제 01-❶ 이차함수 $y=-x^2+ax+b$의 그래프가 오른쪽 그림과 같을 때, 두 실수 a, b의 값을 각각 구하시오.

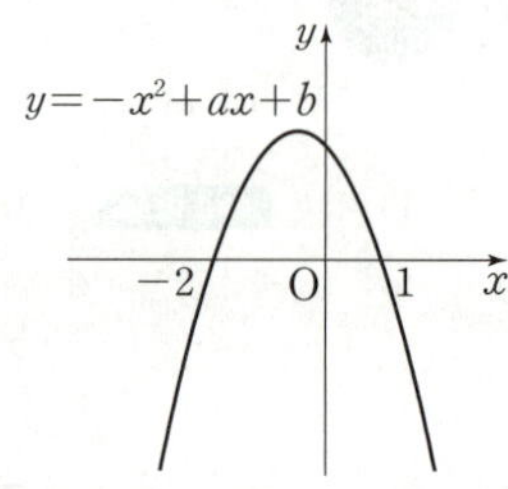

유제 01-❷ 이차함수 $y=x^2-3x+a$의 그래프와 x축의 교점의 x좌표가 2, b일 때, 두 실수 a, b에 대하여 $a+b$의 값을 구하시오.

이차함수의 그래프와 x축의 위치 관계

이차함수 $y=x^2+2(k-1)x+k^2-3$의 그래프와 x축의 위치 관계가 다음과 같을 때, 실수 k의 값 또는 k의 값의 범위를 구하시오.

(1) 서로 다른 두 점에서 만난다.

(2) 접한다.

(3) 만나지 않는다.

풀이

(**Tip**) 함수 $y=f(x)$의 그래프와 x축의 위치 관계는 이차방정식 $f(x)=0$의 판별식의 값의 부호에 따라 결정된다.

x에 대한 이차방정식 $x^2+2(k-1)x+k^2-3=0$의 판별식을 D라 할 때

$$\frac{D}{4}=(k-1)^2-1\times(k^2-3)=-2k+4$$

(1) 서로 다른 두 점에서 만나려면 $\rightarrow D>0$

　　$-2k+4>0$ 　 $\therefore k<2$

(2) 접하려면 $\rightarrow D=0$

　　$-2k+4=0$ 　 $\therefore k=2$

(3) 만나지 않으려면 $\rightarrow D<0$

　　$-2k+4<0$ 　 $\therefore k>2$

답 (1) $k<2$ 　 (2) $k=2$ 　 (3) $k>2$

필수 공략

이차함수 $y=ax^2+bx+c$의 그래프와 x축의 위치 관계

➡ 이차방정식 $ax^2+bx+c=0$의 판별식을 D라 할 때

(1) $D>0 \iff$ 서로 다른 두 점에서 만난다.

(2) $D=0 \iff$ 한 점에서 만난다. (접한다.)

(3) $D<0 \iff$ 만나지 않는다.

● 정답 및 해설 069쪽

유제 02-❶ 이차함수 $y=x^2+2(k+3)x+k^2+5$의 그래프와 x축의 위치 관계가 다음과 같을 때, 실수 k의 값 또는 k의 값의 범위를 구하시오.

(1) 서로 다른 두 점에서 만난다.

(2) 접한다.

(3) 만나지 않는다.

유제 02-❷ 이차함수 $y=x^2+(k+1)x+2k-1$의 그래프와 x축이 한 점에서 만나도록 하는 실수 k의 값을 모두 구하시오.

이차함수의 그래프와 직선의 교점

이차함수 $y=x^2+ax+b$의 그래프와 직선 $y=-2x+3$의 교점의 x좌표가 -1, 2일 때, 두 실수 a, b의 값을 각각 구하시오.

풀이

(**Tip**) 이차함수 $y=f(x)$의 그래프와 직선 $y=g(x)$의 교점의 x좌표는 이차방정식 $f(x)=g(x)$의 실근과 같다.

방법 ❶ 이차방정식의 근과 계수의 관계를 이용

이차함수 $y=x^2+ax+b$의 그래프와 직선 $y=-2x+3$의 교점의 x좌표가 -1, 2이므로
이차방정식 $x^2+ax+b=-2x+3$, 즉 $x^2+(a+2)x+b-3=0$의 두 근이 -1, 2이다.
따라서 이차방정식의 근과 계수의 관계에 의하여
$(-1)+2=-(a+2)$, $(-1)\times2=b-3$
$\therefore a=-3$, $b=1$

방법 ❷ 이차함수의 그래프와 직선이 만나는 점의 x좌표를 이용

이차방정식 $x^2+(a+2)x+b-3=0$의 두 근이 -1, 2이므로
$(-1)^2+(a+2)\times(-1)+b-3=0 \qquad \therefore a-b=-4 \quad \cdots\cdots \ \bigcirc$
$2^2+(a+2)\times2+b-3=0 \qquad \therefore 2a+b=-5 \quad \cdots\cdots \ \bigcirc\!\bigcirc$
$\bigcirc$, $\bigcirc\!\bigcirc$을 연립하여 풀면 $a=-3$, $b=1$

답 $a=-3$, $b=1$

필수 공략

이차함수 $y=ax^2+bx+c$의 그래프와 직선 $y=mx+n$의 교점의 x좌표가 α, β이다.
$\Longleftrightarrow$ 이차방정식 $ax^2+bx+c=mx+n$의 두 실근은 α, β이다.

• 정답 및 해설 069쪽

숫자 바꾼

유제 **03-❶** 이차함수 $y=-x^2+3x-3$의 그래프와 직선 $y=mx+n$의 교점의 x좌표가 -2, 3일 때, 두 실수 m, n의 값을 각각 구하시오.

유제 **03-❷** 이차함수 $y=-2x^2+a$의 그래프와 직선 $y=bx+1$이 오른쪽 그림과 같을 때, 두 실수 a, b에 대하여 $a+b$의 값을 구하시오.

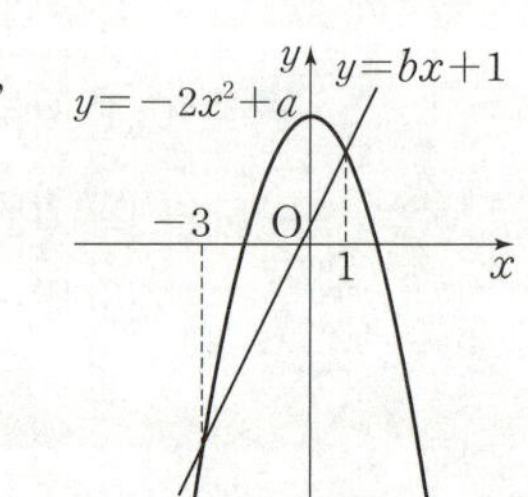

유제 **03-❸** 이차함수 $y=x^2+ax+b$의 그래프와 직선 $y=3x+1$이 서로 다른 두 점에서 만난다. 두 교점 중 한 교점의 x좌표가 $1+\sqrt{3}$일 때, 두 유리수 a, b에 대하여 ab의 값을 구하시오.

이차함수의 그래프와 직선의 위치 관계

이차함수 $y=x^2+3x-1$의 그래프와 직선 $y=-x+k$의 위치 관계가 다음과 같을 때, 실수 k의 값 또는 k의 값의 범위를 구하시오.

(1) 서로 다른 두 점에서 만난다.

(2) 접한다.

(3) 만나지 않는다.

(Tip) 이차함수 $y=f(x)$의 그래프와 직선 $y=g(x)$의 위치 관계는 이차방정식 $f(x)=g(x)$의 판별식의 값의 부호에 따라 결정된다.

이차방정식 $x^2+3x-1=-x+k$, 즉 $x^2+4x-1-k=0$의 판별식을 D라 할 때

$$\frac{D}{4}=2^2-1\times(-1-k)=k+5$$

(1) 서로 다른 두 점에서 만나려면

　$k+5>0$　∴ $k>-5$

(2) 한 점에서 만나려면

　$k+5=0$　∴ $k=-5$

(3) 만나지 않으려면

　$k+5<0$　∴ $k<-5$

답 (1) $k>-5$　(2) $k=-5$　(3) $k<-5$

필수 공략

이차함수 $y=ax^2+bx+c$의 그래프와 직선 $y=mx+n$의 위치 관계

➡ 이차방정식 $ax^2+bx+c=mx+n$, 즉 $ax^2+(b-m)x+c-n=0$의 판별식을 D라 할 때

(1) $D>0 \iff$ 서로 다른 두 점에서 만난다.

(2) $D=0 \iff$ 한 점에서 만난다. (접한다.)

(3) $D<0 \iff$ 만나지 않는다.

● 정답 및 해설 069쪽

조건 바꾼

유제 **04-❶**　이차함수 $y=-x^2+4x-k$의 그래프와 직선 $y=x+1$의 위치 관계가 다음과 같을 때, 실수 k의 값 또는 k의 값의 범위를 구하시오.

(1) 서로 다른 두 점에서 만난다.

(2) 접한다.

(3) 만나지 않는다.

유제 **04-❷**　이차함수 $y=x^2+(2k+1)x+k^2+2$의 그래프와 직선 $y=-x+3$이 적어도 한 점에서 만나도록 하는 실수 k의 값의 범위를 구하시오.

소단원 점검 문제

이차함수의 그래프와 x축의 교점

01 이차함수 $y=x^2-(2a+1)x+3a+1$의 그래프가 x축과 두 점 A, B에서 만날 때, $\overline{AB}=3$이 되도록 하는 모든 실수 a의 값의 곱을 구하시오.

이차함수의 그래프와 x축의 위치 관계

02 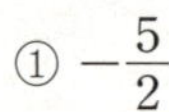 이차함수 $y=x^2-6x+a$의 그래프가 x축과 만나지 않도록 하는 정수 a의 최솟값은?

① 8   ② 10   ③ 12   ④ 14   ⑤ 16

이차함수의 그래프와 직선의 교점

03 오른쪽 그림과 같이 이차함수 $y=2x^2-5x+k$의 그래프와 직선 $y=-3x+2$가 서로 다른 두 점에서 만난다. 두 교점 중 한 교점의 x좌표가 2일 때, 다른 교점의 x좌표는?

(단, k는 실수이다.)

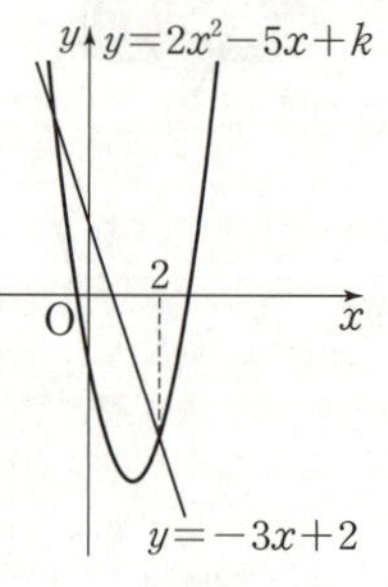

① $-\dfrac{5}{2}$ ② -2 ③ $-\dfrac{3}{2}$

④ -1 ⑤ $-\dfrac{1}{2}$

이차함수의 그래프와 직선의 위치 관계

04 직선 $y=2x+k$가 이차함수 $y=-x^2+4x+1$의 그래프에 접할 때, 접점의 x좌표를 구하시오. (단, k는 실수이다.)

 **이차함수의 최대·최소**

1 이차함수의 최대·최소

■ 함수의 최댓값과 최솟값

함수 $y=f(x)$의 함숫값 중에서 가장 큰 값을 함수 $f(x)$의 **최댓값**, 가장 작은 값을 함수 $f(x)$의 **최솟값**이라 한다.

■ 이차함수의 최대·최소

이차함수 $y=ax^2+bx+c$의 함수식을 $y=a(x-p)^2+q$ 꼴로 변형한 후 다음과 같이 구한다.

(1) $a>0$일 때, $x=p$에서 최솟값 q를 갖고, 최댓값은 없다.

(2) $a<0$일 때, $x=p$에서 최댓값 q를 갖고, 최솟값은 없다.

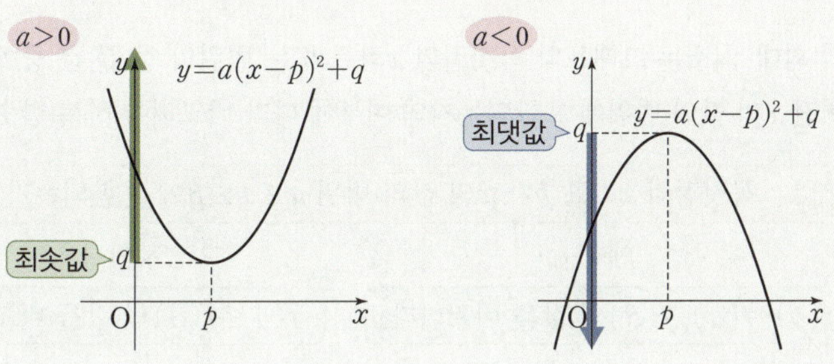

설명

이차함수의 최대·최소

x의 값의 범위가 실수 전체일 때, 이차함수는 x^2의 계수의 부호에 따라 최댓값과 최솟값 중 하나의 값만 갖는다.

● 정답 및 해설 070쪽

개념 확인

1 다음 이차함수의 최댓값과 최솟값을 각각 구하시오.

(1) $y=2x^2+1$　　　　　　　(2) $y=-x^2+3$

답 (1) 최댓값: 없다., 최솟값: 1　(2) 최댓값: 3, 최솟값: 없다.

2 제한된 범위에서의 이차함수의 최대·최소

x의 값의 범위가 $\alpha \le x \le \beta$일 때, 이차함수 $f(x)=a(x-p)^2+q$의 최대·최소는 다음과 같다.

(1) 꼭짓점의 x좌표 p가 제한된 범위에 포함되는 경우 ($\alpha \le p \le \beta$인 경우)

➡ $f(p)$, $f(\alpha)$, $f(\beta)$ 중에서 가장 큰 값이 최댓값, 가장 작은 값이 최솟값이다.

꼭짓점　↳ 범위의 양 끝 점

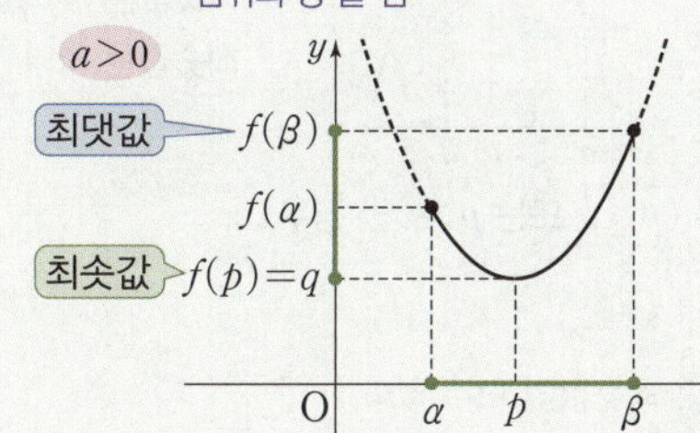

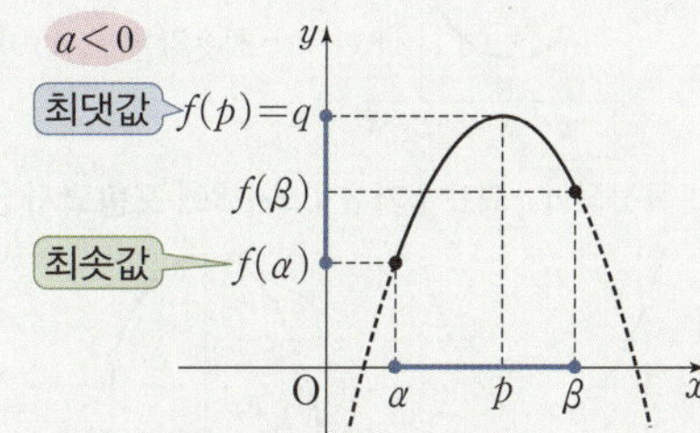

(2) 꼭짓점의 x좌표 p가 제한된 범위에 포함되지 않는 경우 $(p<\alpha$ 또는 $p>\beta$인 경우$)$

➡ $f(\alpha)$, $f(\beta)$ 중에서 큰 값이 최댓값, 작은 값이 최솟값이다.

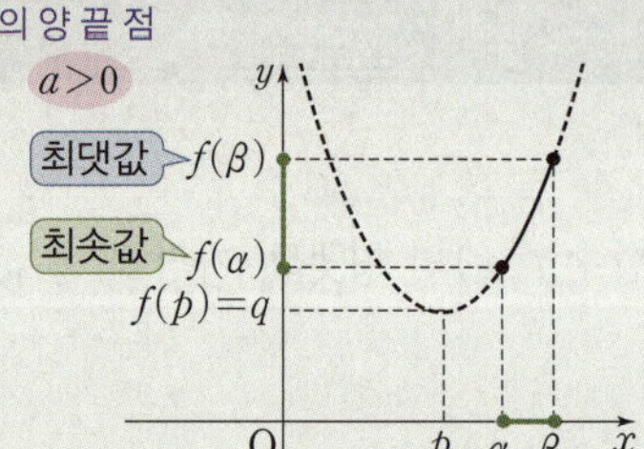
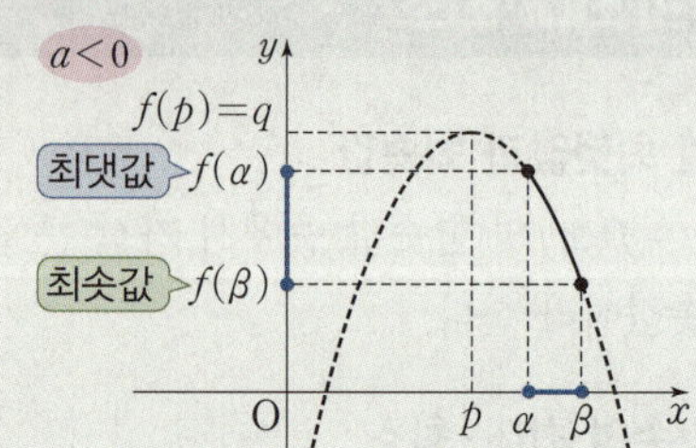

설명 x의 값의 범위가 $\alpha\leq x\leq\beta$와 같이 α, β를 포함하면 이차함수 $f(x)=a(x-p)^2+q$는 최댓값과 최솟값을 모두 갖는다.

이때 이차함수의 최대·최소는 그래프의 꼭짓점의 x좌표 또는 범위의 양 끝 값 중에서 결정되므로 꼭짓점의 x좌표가 주어진 x의 값의 범위에 포함되는지의 여부에 따라 비교해야 하는 함숫값이 달라진다.

꼭짓점의 x좌표 p가 x의 값의 범위 $\alpha\leq x\leq\beta$에 포함되는가?

예 ↙   ↘ 아니오

$f(p)$, $f(\alpha)$, $f(\beta)$의 값을 비교한다. $f(\alpha)$, $f(\beta)$의 값을 비교한다.

또한, 함수식이 같아도 x의 값의 범위가 다르면 함수의 최댓값과 최솟값이 달라질 수 있다.

example 이차함수 $f(x)=x^2-2x-8=(x-1)^2-9$에 대하여 x의 값의 범위가

(1) $-1\leq x\leq2$일 때

이차함수 $y=(x-1)^2-9$의 그래프의 꼭짓점의 x좌표 1이

$-1\leq x\leq2$에 포함되므로

$f(1)=-9$, $f(-1)=-5$, $f(2)=-8$

└ 꼭짓점   └ 범위의 양 끝 값

따라서 이차함수 $f(x)=x^2-2x-8$의 최댓값은 -5, 최솟값은 -9이다.

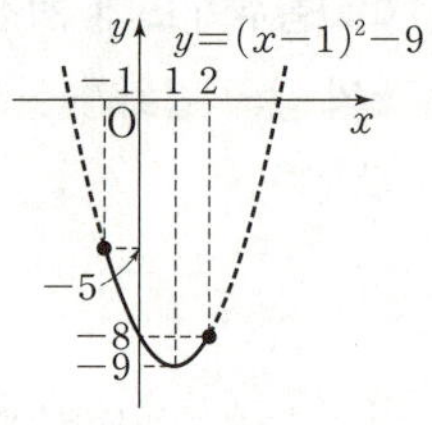

(2) $2\leq x\leq4$일 때

이차함수 $y=(x-1)^2-9$의 그래프의 꼭짓점의 x좌표 1이

$2\leq x\leq4$에 포함되지 않으므로

$f(2)=-8$, $f(4)=0$ → 범위의 양 끝 값

따라서 이차함수 $f(x)=x^2-2x-8$의 최댓값은 0, 최솟값은 -8이다.

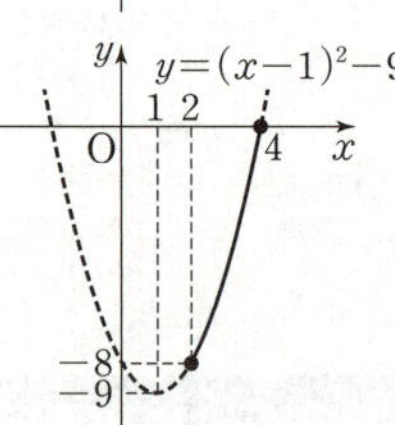

주의 x의 값의 범위가 $\alpha<x<\beta$와 같이 α, β를 포함하지 않으면 이차함수 $f(x)=a(x-p)^2+q$의 최댓값 또는 최솟값이 존재하지 않을 수 있다.

(1) 꼭짓점의 x좌표 p가 $\alpha<x<\beta$에 포함되는 경우 $(\alpha<p<\beta$인 경우$)$

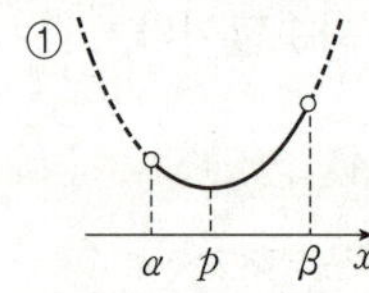

➡ 최댓값은 없고,
   최솟값은 $f(p)$이다.

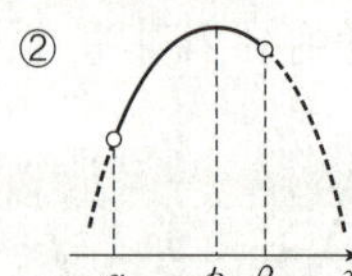

➡ 최댓값은 $f(p)$이고,
   최솟값은 없다.

(2) 꼭짓점의 x좌표 p가 $\alpha<x<\beta$에 포함되지 않는 경우 $(p<\alpha$ 또는 $p>\beta$인 경우$)$

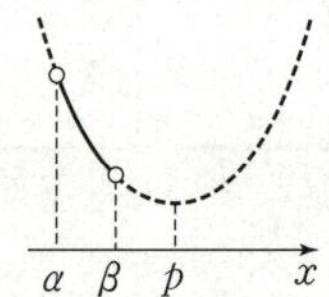

➡ 최댓값, 최솟값이 모두 없다.

 x의 값의 범위가 $\alpha \le x \le \beta$일 때, 이차함수 $f(x)=a(x-p)^2+q$의 최대·최소

	$\alpha \le p \le \beta$인 경우	$p < \alpha$ 또는 $p > \beta$인 경우
$a>0$	➡ 최댓값: α, β 중에서 p로부터 더 먼 x의 값에서 갖는다. 최솟값: p에서 갖는다.	➡ 최댓값: α, β 중에서 p로부터 더 먼 x의 값에서 갖는다. 최솟값: α, β 중에서 p로부터 더 가까운 x의 값에서 갖는다.
$a<0$	➡ 최댓값: p에서 갖는다. 최솟값: α, β 중에서 p로부터 더 먼 x의 값에서 갖는다.	➡ 최댓값: α, β 중에서 p로부터 더 가까운 x의 값에서 갖는다. 최솟값: α, β 중에서 p로부터 더 먼 x의 값에서 갖는다.

3 공통부분이 있는 함수의 최대·최소

공통부분이 있는 함수의 최대·최소는 다음과 같은 순서로 구한다.
❶ 공통부분을 한 문자로 치환한다.
❷ 치환한 문자의 제한 범위에 주의하여 최댓값 또는 최솟값을 구한다.

설명 주어진 함수의 식에 공통부분이 있으면 공통부분을 한 문자로 치환하여 이차함수로 바꾼 후 최댓값 또는 최솟값을 구할 수 있다.

example $-1 \le x \le 2$일 때, 함수 $y=(x^2+1)^2+2(x^2+1)+3$의 최댓값과 최솟값을 구해 보자.

$y=(x^2+1)^2+2(x^2+1)+3$에서 $x^2+1=t$라 하면
$t=x^2+1$이므로
$-1 \le x \le 2$일 때, 이차함수 $t=x^2+1$의 그래프의 꼭짓점의 x좌표 0이
$-1 \le x \le 2$에 포함되므로
오른쪽 그림과 같이 $x=2$에서 최댓값 5를 갖고,
$x=0$에서 최솟값 1을 갖는다.
즉, $-1 \le x \le 2$에서 t의 값의 범위는
$1 \le t \le 5$

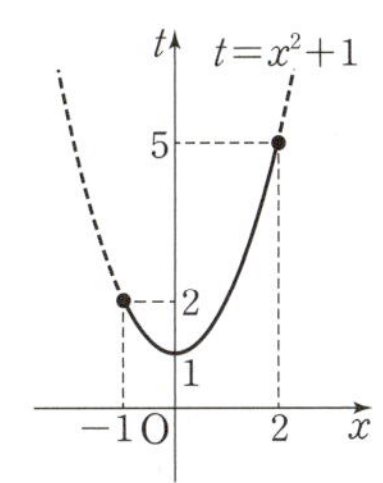

이때 주어진 함수를 t에 대한 함수로 나타내면
$y=t^2+2t+3$
$\quad =(t+1)^2+2 \ (1 \le t \le 5)$
따라서 주어진 함수의 그래프의 꼭짓점의 t좌표 -1이 $1 \le x \le 5$에 포함되지
않으므로
오른쪽 그림과 같이 $t=5$에서 최댓값 38을 갖고,
$t=1$에서 최솟값 6을 갖는다.

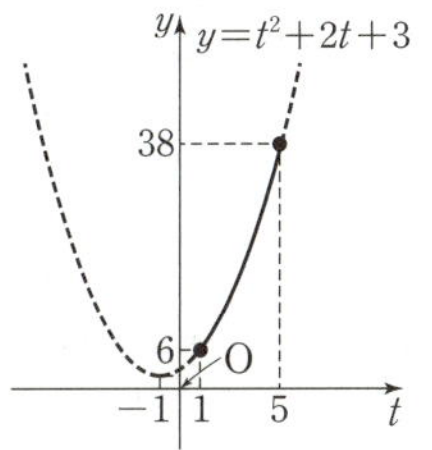

집중 연습 · 이차함수의 최대·최소

제한된 범위에서의 이차함수의 최대·최소

01 주어진 x의 값의 범위에서 다음 이차함수의 최댓값과 최솟값을 각각 구하시오.

(1) $y=(x+1)^2-2 \ (-2 \leq x \leq 2)$

(2) $y=-2(x-1)^2+3 \ (-1 \leq x \leq 2)$

(3) $y=2(x-1)^2-1 \ (2 \leq x \leq 3)$

(4) $y=-\dfrac{1}{2}(x+2)^2+2 \ (0 \leq x \leq 2)$

02 주어진 x의 값의 범위에서 다음 이차함수의 최댓값과 최솟값을 각각 구하시오.

(1) $y=\dfrac{1}{2}x^2-4x+1 \ (3 \leq x \leq 6)$

(2) $y=-\dfrac{1}{3}x^2+2x \ (1 \leq x \leq 4)$

(3) $y=x^2+2x-1 \ (1 \leq x \leq 2)$

(4) $y=-x^2+3x \ (3 \leq x \leq 4)$

공통부분이 있는 함수의 최대·최소

03 주어진 x의 값의 범위에서 다음 이차함수의 최댓값과 최솟값을 각각 구하시오.

(1) $y=(2x-1)^2-4(2x-1)+3 \ (1 \leq x \leq 3)$

(2) $y=-(3x-2)^2-2(3x-2)+1 \ \left(-\dfrac{1}{3} \leq x \leq \dfrac{2}{3}\right)$

(3) $y=(-4x+3)^2+2(-4x+3)-2 \ \left(\dfrac{1}{2} \leq x \leq \dfrac{3}{4}\right)$

(4) $y=-(3-2x)^2+4(3-2x) \ (1 \leq x \leq 2)$

이차함수의 최대·최소

다음 물음에 답하시오.

(1) 이차함수 $y=x^2-6x+4$가 $x=a$에서 최솟값 b를 가질 때, $a+b$의 값을 구하시오.

(2) 이차함수 $y=-x^2-2x+3$이 $x=a$에서 최댓값 b를 가질 때, $a-b$의 값을 구하시오.

(Tip) 이차함수의 식을 $y=a(x-p)^2+q$ 꼴로 변형한다.

(1) $y=x^2-6x+4=(x-3)^2-5$

즉, 이차함수 $y=x^2-6x+4$는 $x=3$에서 최솟값 -5를 가지므로

$a=3,\ b=-5$

$\therefore\ a+b=3+(-5)=-2$

(2) $y=-x^2-2x+3=-(x+1)^2+4$

즉, 이차함수 $y=-x^2-2x+3$은 $x=-1$에서 최댓값 4를 가지므로

$a=-1,\ b=4$

$\therefore\ a-b=-1-4=-5$

답 (1) -2 (2) -5

이차함수 $y=ax^2+bx+c$의 최대·최소

➡ 함수식을 $y=a(x-p)^2+q$ 꼴로 변형하면

(1) $a>0$일 때, $x=p$에서 최솟값 q를 갖고, 최댓값은 없다.

(2) $a<0$일 때, $x=p$에서 최댓값 q를 갖고, 최솟값은 없다.

• 정답 및 해설 072쪽

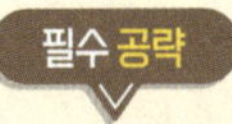

유제 01-❶ 다음 물음에 답하시오.

(1) 이차함수 $y=2x^2-4x+5$가 $x=a$에서 최솟값 b를 가질 때, $a+b$의 값을 구하시오.

(2) 이차함수 $y=-\dfrac{1}{2}x^2+2x-5$가 $x=a$에서 최댓값 b를 가질 때, ab의 값을 구하시오.

유제 01-❷ 이차함수 $y=x^2+2ax+b$가 $x=-3$에서 최솟값 -5를 가질 때, 두 상수 $a,\ b$의 값을 각각 구하시오.

유제 01-❸ 이차함수 $y=-x^2-2ax+b$가 $x=-4$에서 최댓값 7을 가질 때, 두 상수 $a,\ b$에 대하여 $a+b$의 값을 구하시오.

제한된 범위에서의 이차함수의 최대 · 최소

이차함수 $y=x^2-8x+19$에 대하여 다음 물음에 답하시오.

(1) $3\leq x\leq6$일 때의 최댓값은 a, 최솟값은 b이다. $a+b$의 값을 구하시오.

(2) $5\leq x\leq8$일 때의 최댓값은 a, 최솟값은 b이다. $a-b$의 값을 구하시오.

풀이

(Tip) 이차함수의 식을 $y=a(x-p)^2+q$ 꼴로 변형하여 이차함수의 그래프의 꼭짓점의 x좌표가 주어진 x의 값의 범위에 포함되는지 확인한다.

$$y=x^2-8x+19=(x-4)^2+3$$

(1) 이차함수 $y=x^2-8x+19$의 그래프의 꼭짓점의 x좌표 4가 $3\leq x\leq6$에 포함되므로

$x=3$일 때 $y=4$, $x=4$일 때 $y=3$, $x=6$일 때 $y=7$

따라서 최댓값은 7, 최솟값은 3이므로

$a=7$, $b=3$

$\therefore a+b=7+3=10$

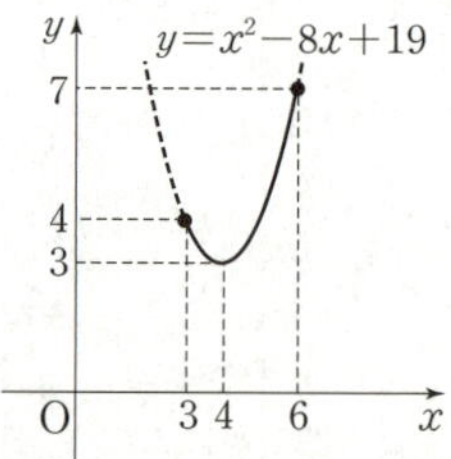

(2) 이차함수 $y=x^2-8x+19$의 그래프의 꼭짓점의 x좌표 4가 $5\leq x\leq8$에 포함되지 않으므로

$x=5$일 때 $y=4$, $x=8$일 때 $y=19$

따라서 최댓값은 19, 최솟값은 4이므로

$a=19$, $b=4$

$\therefore a-b=19-4=15$

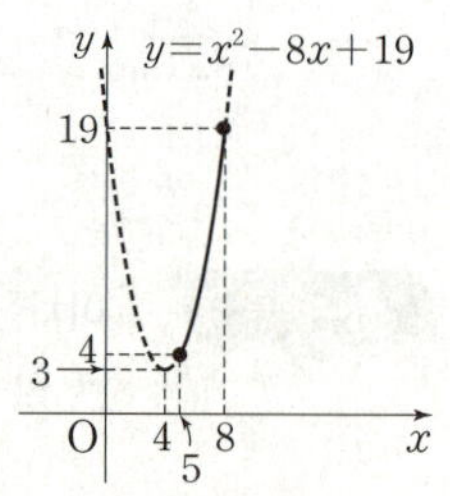

답 (1) 10　(2) 15

필수 공략 $\alpha\leq x\leq\beta$일 때, 이차함수 $f(x)=a(x-p)^2+q$의 최대 · 최소

➡ 꼭짓점의 x좌표 p가 x의 값의 범위 $\alpha\leq x\leq\beta$에 포함되는가?

예 → $f(p)$, $f(\alpha)$, $f(\beta)$의 값을 비교한다.

아니오 → $f(\alpha)$, $f(\beta)$의 값을 비교한다.

• 정답 및 해설 072쪽

숫자 바꾼

유제 **02-①** 이차함수 $y=-x^2+4x+6$에 대하여 $0\leq x\leq3$일 때의 최솟값을 a, $5\leq x\leq7$일 때의 최댓값을 b라 하자. $a-b$의 값을 구하시오.

유제 **02-②** $2<x<3$일 때, 이차함수 $y=-2x^2+6x$의 최댓값은 a, 최솟값은 b이다. $a-b$의 값을 구하시오.

제한된 범위에서 최댓값 또는 최솟값이 주어질 때 미정계수 구하기

$2 \le x \le 5$일 때, 이차함수 $y = \dfrac{1}{2}x^2 - 3x + k$의 최솟값이 $-\dfrac{5}{2}$이다. 실수 k의 값과 이 함수의 최댓값을 각각 구하시오.

풀이

(Tip) 이차함수의 식을 $y = a(x-p)^2 + q$ 꼴로 변형하여 이차함수의 그래프의 꼭짓점의 x좌표가 주어진 x의 값의 범위에 포함되는지 확인한 후 주어진 최댓값 또는 최솟값과 비교한다.

$$y = \frac{1}{2}x^2 - 3x + k = \frac{1}{2}(x-3)^2 + k - \frac{9}{2}$$

즉, 이차함수 $y = \dfrac{1}{2}x^2 - 3x + k$의 그래프의 꼭짓점의 x좌표 3이

$2 \le x \le 5$에 포함되므로 $x = 3$에서 최솟값 $k - \dfrac{9}{2}$를 갖는다.

즉, $k - \dfrac{9}{2} = -\dfrac{5}{2}$에서 $k = 2$ $\therefore y = \dfrac{1}{2}(x-3)^2 - \dfrac{5}{2}$

따라서 $x = 2$일 때 $y = -2$, $x = 5$일 때 $y = -\dfrac{1}{2}$이므로

주어진 이차함수의 최댓값은 $-\dfrac{1}{2}$이다.

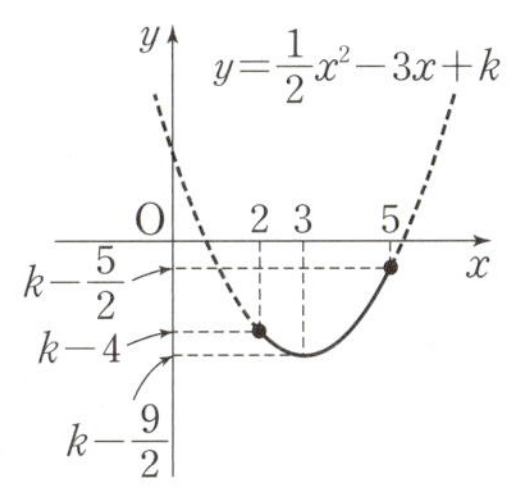

답 $k = 2$, 최댓값: $-\dfrac{1}{2}$

필수 공략 제한된 범위에서 최댓값 또는 최솟값이 주어질 때의 이차함수 $y = ax^2 + bx + c$의 미정계수는 다음과 같은 순서로 구한다.

❶ 함수식을 $y = a(x-p)^2 + q$ 꼴로 변형한다.
❷ 이차함수의 그래프의 꼭짓점의 x좌표가 주어진 x의 값의 범위에 포함되는지 확인하여 이차함수
  $y = a(x-p)^2 + q$의 최댓값 또는 최솟값을 구한다.
❸ 주어진 최댓값 또는 최솟값과 비교하여 미정계수를 구한다.

• 정답 및 해설 073쪽

숫자 바꾼

유제 **03- ❶** $-2 \le x \le 3$일 때, 이차함수 $f(x) = 2x^2 - 4x + k$의 최솟값은 1이고 최댓값은 M이다. $k + M$의 값을 구하시오. (단, k는 상수이다.)

유제 **03- ❷** $1 \le x \le a$일 때, 이차함수 $y = x^2 - x - \dfrac{1}{4}$의 최댓값이 $\dfrac{1}{2}$이다. 실수 a의 값을 구하시오. (단, $a > 1$)

유제 **03- ❸** x^2의 계수가 1이고 그래프의 꼭짓점의 좌표가 $(3, a)$인 이차함수 $f(x)$가 있다. $2 \le x \le 5$에서 이차함수 $f(x)$의 최댓값이 8일 때, $x \ge a$에서 이차함수 $f(x)$의 최솟값을 구하시오.

공통부분이 있는 함수의 최대·최소

$0 \le x \le 4$일 때, 함수 $y = (x^2 - 2x)^2 - 4(x^2 - 2x) + 1$의 최댓값과 최솟값을 각각 구하시오.

풀이

(**Tip**) 공통부분을 t로 치환하여 t에 대한 이차함수의 최댓값과 최솟값을 구한다. 이때 t의 값의 범위에 주의한다.

$x^2 - 2x = t$라 하면

$t = x^2 - 2x = (x-1)^2 - 1$

$0 \le x \le 4$일 때, 이차함수 $t = x^2 - 2x$는

$x = 1$에서 최솟값 -1, $x = 4$에서 최댓값 8을 가지므로

$-1 \le t \le 8$

즉, 주어진 함수는

$y = t^2 - 4t + 1 = (t-2)^2 - 3 \ (-1 \le t \le 8)$

이차함수 $y = t^2 - 4t + 1$의 그래프의 꼭짓점의 t좌표 2가 $-1 \le t \le 8$에 포함되므로

$t = -1$일 때 $y = 6$

$t = 2$일 때 $y = -3$

$t = 8$일 때 $y = 33$

따라서 주어진 함수의 최댓값은 33, 최솟값은 -3이다.

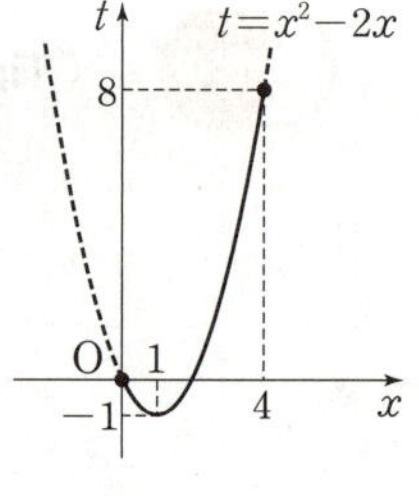

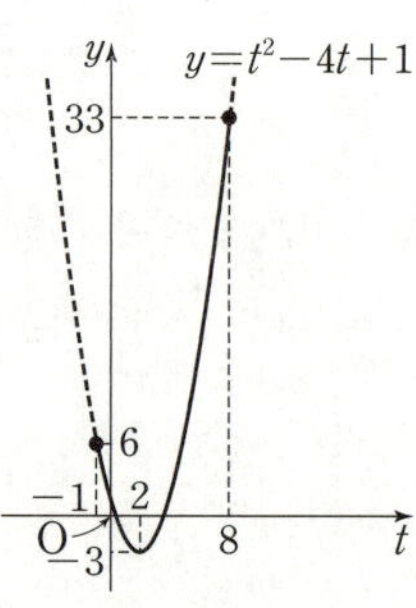

답 최댓값: 33, 최솟값: -3

필수 공략

공통부분이 있는 함수의 최대·최소는 다음과 같은 순서로 구한다.
❶ 공통부분을 한 문자로 치환한다.
❷ 치환한 문자의 제한 범위에 주의하여 최댓값 또는 최솟값을 구한다.

• 정답 및 해설 073쪽

유제 04-❶ $-2 \le x \le 1$일 때, 함수 $y = -(x^2 + 2x - 1)^2 - 6(x^2 + 2x - 1) + 4$의 최댓값과 최솟값을 각각 구하시오.

유제 04-❷ 함수 $y = -(x^2 - 6x + 8)^2 - 4(x^2 - 6x + 8) + 6$이 $x = a$에서 최댓값 b를 가질 때, $a + b$의 값을 구하시오.

유제 04-❸ 함수 $y = (x^2 - 4x + 2)^2 + 2(x^2 - 4x + k) + 3$의 최솟값이 0일 때, 상수 k의 값을 구하시오.

조건식이 주어진 이차식의 최대·최소

두 실수 x, y에 대하여 $0 \leq x \leq 3$이고 $x+y=3$일 때, $2x^2+y^2$의 최댓값과 최솟값을 각각 구하시오.

풀이

(Tip) $x+y=3$을 x에 대하여 정리한 후 이차식에 대입한다.

$x+y=3$에서 $y=3-x$이므로 이를 $2x^2+y^2$에 대입하면

$$2x^2+y^2=2x^2+(3-x)^2$$
$$=3x^2-6x+9$$
$$=3(x-1)^2+6$$

이때 $f(x)=3(x-1)^2+6$이라 하면 이차함수 $t=f(x)$의 그래프의 꼭짓점의 x좌표
1이 $0 \leq x \leq 3$에 포함되므로

$$f(0)=9, \ f(1)=6, \ f(3)=18$$

따라서 $f(x)$는 $x=3$에서 최댓값 18을 갖고, $x=1$에서 최솟값 6을 가지므로
$2x^2+y^2$의 최댓값은 18, 최솟값은 6이다.

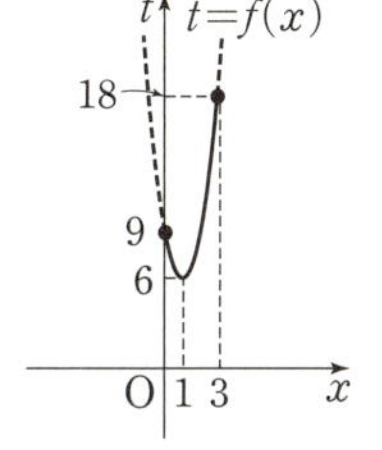

답 최댓값: 18, 최솟값: 6

필수 공략

조건식이 주어진 이차식의 최대·최소는 다음과 같은 순서로 구한다.
❶ 여러 문자가 포함된 조건식을 한 문자에 대하여 정리하여 이차식에 대입한다.
❷ ❶에서 구한 이차식의 최댓값 또는 최솟값을 구한다.

• 정답 및 해설 **074**쪽

숫자 바꾼

유제 05-❶ 두 실수 x, y에 대하여 $0 \leq x \leq 2$이고 $x+y=2$일 때, $3x^2-y^2$의 최댓값과 최솟값을 각각 구하시오.

유제 05-❷ 점 $P(a, b)$가 이차함수 $y=x^2+2$의 그래프 위를 움직일 때, $2a^2-b^2$의 최댓값을 구하시오.

유제 05-❸ **교육청**
직선 $y=-\dfrac{1}{4}x+1$이 y축과 만나는 점을 A, x축과 만나는 점을 B라
하자. 점 $P(a, b)$가 점 A에서 직선 $y=-\dfrac{1}{4}x+1$을 따라 점 B까지
움직일 때, a^2+8b의 최솟값은?

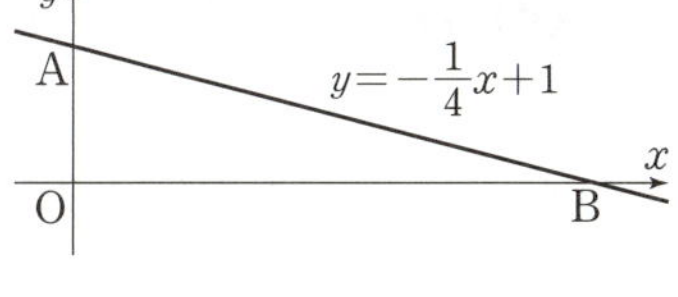

① 5 ② $\dfrac{17}{3}$ ③ $\dfrac{19}{3}$ ④ 7 ⑤ $\dfrac{23}{3}$

이차함수의 최대·최소의 활용

길이가 24 cm인 철사를 두 부분으로 나누어 정사각형을 두 개 만들 때, 두 정사각형의 넓이의 합의 최솟값을 구하시오.

풀이

(Tip) (정사각형의 둘레의 길이)$=4\times$(한 변의 길이)이므로 두 정사각형의 한 변의 길이를 각각 변수로 정한다.

두 정사각형의 한 변의 길이를 각각 a cm, b cm라 하면
$\quad\rightarrow a>0,\ b>0$

$4a+4b=24,\ a+b=6$

$\therefore\ b=6-a \rightarrow 0<a<6,\ 0<b<6$

두 정사각형의 넓이의 합을 y cm²라 하면

$y=a^2+b^2=a^2+(6-a)^2$

$\quad=2a^2-12a+36=2(a-3)^2+18$

이때 $0<a<6$이므로 두 정사각형의 넓이의 합의 최솟값은 $a=3$일 때 18 cm²이다.

답 18 cm²

필수 공략

이차함수의 최대·최소의 활용 문제는 다음과 같은 순서로 푼다.
❶ 주어진 문제에서 변수를 정한다.
❷ 조건을 만족시키도록 함수식을 세우고, 변수의 범위를 정한다.
❸ 제한 범위에 주의하여 이차함수의 최댓값 또는 최솟값을 구한다.

• 정답 및 해설 074쪽

숫자 바꾼

유제 06-❶ 길이가 54 cm인 끈을 두 부분으로 나누어 가로의 길이가 세로의 길이의 2배인 직사각형을 두 개 만들 때, 두 직사각형의 넓이의 합의 최솟값을 구하시오.

유제 06-❷ 지면에서 초속 90 m로 똑바로 쏘아 올린 공의 x초 후의 높이를 y m라 하면 $y=90x-5x^2$이라 한다. $x=a$일 때 공이 가장 높이 올라가고, 이때의 공의 높이는 b m이다. $a+b$의 값을 구하시오.

유제 06-❸ 오른쪽 그림과 같이 이차함수 $y=x^2-k$ $(k>1)$의 그래프와 x축으로 둘러싸인 부분에 한 변이 x축 위에 있는 직사각형이 내접한다. 이 직사각형의 둘레의 길이의 최댓값이 6일 때, k의 값을 구하시오.

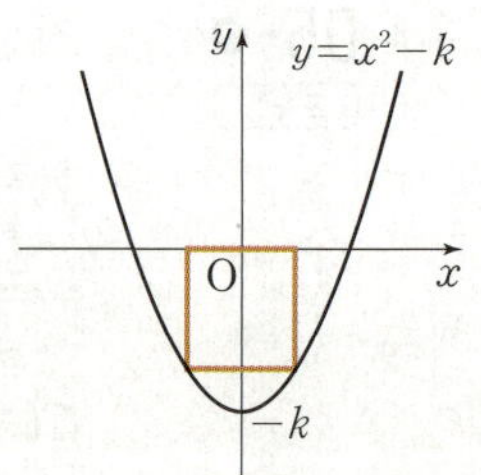

소단원 점검 문제

• 정답 및 해설 075쪽

이차함수의 최대·최소

01 이차함수 $f(x)=x^2+2ax+6a-5$의 최솟값을 $g(a)$라 하자. $g(a)$가 $a=k$에서 최댓값 M을 가질 때, $k+M$의 값은? (단, a는 실수이다.)

① 1   ② 3   ③ 5   ④ 7   ⑤ 9

최댓값 또는 최솟값이 주어질 때 미정계수 구하기

02 $1\leq x\leq 3$일 때, 이차함수 $y=\dfrac{1}{2}x^2+x+\dfrac{1}{2}$의 최댓값은 a, 최솟값은 b이다. $b\leq x\leq a$일 때, 이차함수 $y=-x^2+bx+a$의 최댓값을 M, 최솟값을 m이라 하자. $M-m$의 값을 구하시오. (단, a, b는 실수이다.)

제한된 범위에서의 이차함수의 최대·최소

03 (교육청) 이차함수 $f(x)=x^2+ax+b$의 그래프는 직선 $x=2$에 대하여 대칭이다. $0\leq x\leq 3$에서 함수 $f(x)$의 최댓값이 8일 때, $a+b$의 값은? (단, a, b는 상수이다.)

① 4   ② 6   ③ 8   ④ 10   ⑤ 12

제한된 범위에서 최댓값 또는 최솟값이 주어질 때 미정계수 구하기

04 $-2\leq x\leq 3$일 때, 이차함수 $y=ax^2-2ax+a^2-a$의 최댓값이 8이다. 모든 실수 a의 값의 합은?

① -5 ② -4 ③ -3 ④ -2 ⑤ -1

공통부분이 있는 함수의 최대·최소

05 $1 \le x \le 3$일 때, 함수 $y = (x^2 - 4x - 1)^2 + 2(x^2 - 4x + 1) - 1$의 최댓값과 최솟값의 합을 구하시오.

조건식이 주어진 이차식의 최대·최소

06 두 실수 x, y가 $2x + 3y^2 = 1$을 만족시킬 때, $x^2 - 6y^2 - 6x$의 최솟값은?

① $-\dfrac{15}{4}$ ② $-\dfrac{7}{2}$ ③ $-\dfrac{13}{4}$ ④ -3 ⑤ $-\dfrac{11}{4}$

이차함수의 최대·최소의 활용

07 어느 가게에서 상품 A의 가격을 $x \%$ 인상하면 판매량은 $0.8x \%$ 감소한다고 한다. 상품 A의 총 판매금액이 최대가 되도록 하는 x의 값은?

① 11   ② 11.5   ③ 12   ④ 12.5   ⑤ 13

이차함수의 최대·최소의 활용

08 [교육청] 그림과 같이 이차함수 $y = x^2 - (a+4)x + 3a + 3$의 그래프가 x축과 만나는 서로 다른 두 점을 각각 A, B라 하고, y축과 만나는 점을 C라 하자. 삼각형 ABC의 넓이의 최댓값은? (단, $0 < a < 2$)

① $\dfrac{13}{4}$ ② $\dfrac{27}{8}$ ③ $\dfrac{7}{2}$

④ $\dfrac{29}{8}$ ⑤ $\dfrac{15}{4}$

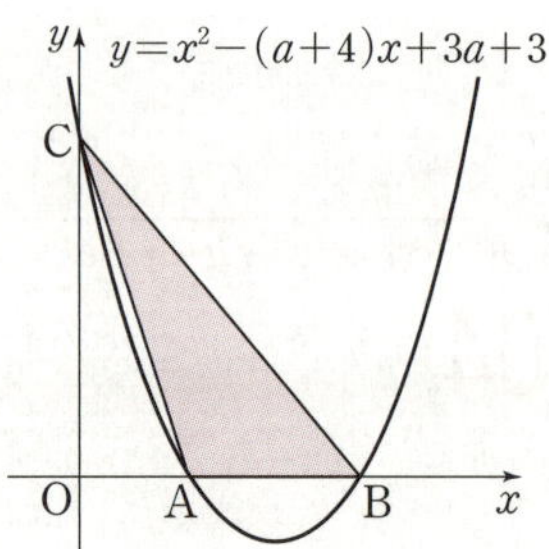

01

이차함수 $y=f(x)$의 그래프가 오른쪽 그림과 같다. 이차방정식 $f(2x+k)=0$의 두 실근의 합이 4일 때, 실수 k의 값은?

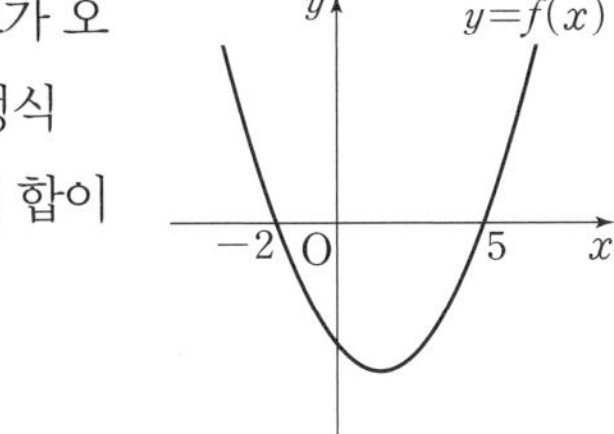

① $-\dfrac{5}{2}$ ② -2

③ $-\dfrac{3}{2}$ ④ -1

⑤ $-\dfrac{1}{2}$

02

다음 그림과 같이 이차항의 계수가 모두 같은 세 이차함수 $y=f(x)$, $y=g(x)$, $y=h(x)$의 그래프가 있다. 이차방정식 $f(x)+g(x)+h(x)=0$의 두 근의 합은?

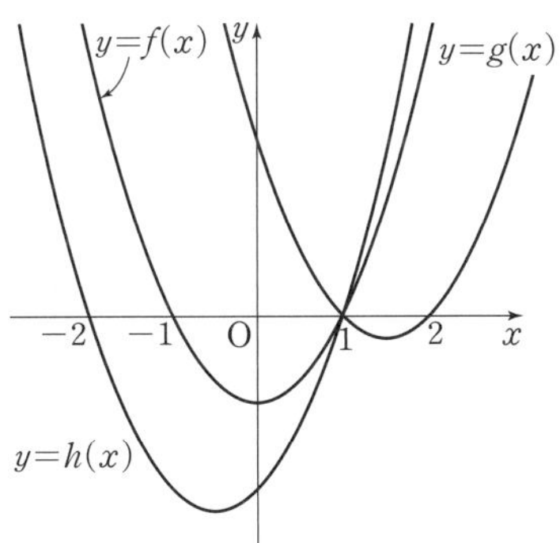

① $-\dfrac{2}{3}$ ② $-\dfrac{1}{3}$ ③ $\dfrac{1}{3}$

④ $\dfrac{2}{3}$ ⑤ $\dfrac{4}{3}$

03

이차함수 $y=x^2-2ax+k(a-3)+b$의 그래프가 실수 k의 값에 관계없이 항상 x축에 접할 때, 두 상수 a, b에 대하여 $a+b$의 값을 구하시오.

04 서술형

이차함수 $y=x^2+ax-b^2$의 그래프가 직선 $y=b(x-4)+4$에 접할 때, 두 실수 a, b에 대하여 ab의 값은?

① 2 ② 3 ③ 4

④ 5 ⑤ 6

05

$0\le x\le 4$에서 정의된 이차함수 $f(x)$가 다음 조건을 만족시킨다.

> (가) $f(0)=f(4)$
>
> (나) $f(1)+|f(4)|=0$

함수 $f(x)$의 최솟값이 -10일 때, $f(3)$의 값은?

① -7 ② -6 ③ -5

④ -4 ⑤ -3

06

$-1 \leq x \leq 4$일 때, 이차함수 $y = 2x^2 - 4x + a$의 최댓값을 M, 최솟값을 m이라 하자. 네 점 $\mathrm{A}(-1, m)$, $\mathrm{B}(4, m)$, $\mathrm{C}(4, M)$, $\mathrm{D}(-1, M)$을 꼭짓점으로 하는 사각형 ABCD의 넓이는? (단, a는 실수이다.)

① 60   ② 70   ③ 80

④ 90   ⑤ 100

07

$0 \leq x \leq a$일 때, 이차함수 $y = -x^2 + 6x + 3$의 최댓값은 11, 최솟값은 3이다. 실수 a의 값을 구하시오. (단, $a > 0$)

08

실수 t에 대하여 $0 \leq x \leq 2$에서 정의된 이차함수 $f(x) = -x^2 + 4tx$의 최댓값을 $g(t)$라 하자. $g\left(\dfrac{q}{p}\right) = 5$를 만족시키는 두 자연수 p, q에 대하여 $p + q$의 값을 구하시오. (단, p와 q는 서로소인 자연수이다.)

09 서술형

$-1 \leq x \leq 1$일 때, 이차함수 $y = x^2 - 2kx - k$의 최솟값이 -2가 되도록 하는 모든 실수 k의 값의 곱을 구하시오.

10

양수 a에 대하여 $0 \leq x \leq a$에서 정의된 이차함수 $f(x) = x^2 - 6x + a$의 최솟값이 -4가 되도록 하는 모든 a의 값의 합을 구하시오.

11

이차함수 $f(x)$가 다음 조건을 만족시킨다.

> ㈎ 모든 실수 x에 대하여 $f(x) \leq f(1)$이다.
> ㈏ $f(-1) = 0$

실수 t에 대하여 $t \leq x \leq t + 1$에서 함수 $f(x)$의 최솟값을 $g(t)$라 하자. 함수 $g(t)$의 최댓값이 3일 때, $f\left(-\dfrac{1}{2}\right) = \dfrac{q}{p}$이다. $p + q$의 값을 구하시오.

(단, p와 q는 서로소인 자연수이다.)

12 교육청

그림과 같이 직선 $x=t$ $(0<t<3)$이 두 이차함수 $y=2x^2+1$, $y=-(x-3)^2+1$의 그래프와 만나는 점을 각각 P, Q라 하자. 두 점 A$(0, 1)$, B$(3, 1)$에 대하여 사각형 PAQB의 넓이의 최솟값은?

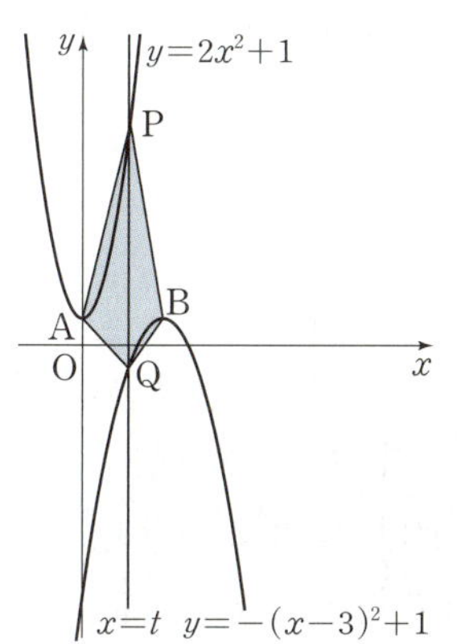

① $\dfrac{15}{2}$ ② 9 ③ $\dfrac{21}{2}$

④ 12 ⑤ $\dfrac{27}{2}$

13

$\overline{AB}=\overline{AC}=5$, $\overline{BC}=6$인 삼각형 ABC가 있다. 삼각형 ABC의 변 BC 위의 한 점 P에 대하여 삼각형 ABP의 넓이를 S_1, 삼각형 APC의 넓이를 S_2라 할 때, $S_1^2+\dfrac{1}{2}S_2^{\,2}$의 최솟값은?

① 48 ② 52 ③ 56

④ 60 ⑤ 64

14

오른쪽 그림과 같이 최고차항의 계수가 양수인 이차함수 $y=f(x)$의 그래프와 직선 $y=g(x)$가 서로 다른 두 점에서 만난다. 방정식 $f(x)+g(-x)=0$이 서로 다른 두 실근을 가질 때, 이 두 근의 합은?

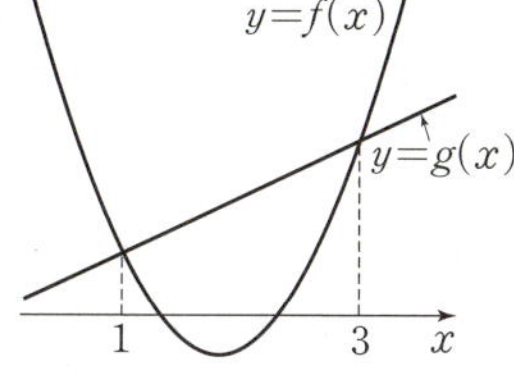

① 0 ② 2 ③ 4

④ 6 ⑤ 8

15 교육청

그림과 같이 한 변의 길이가 20인 정삼각형 ABC에 대하여 변 AB 위의 점 D, 변 AC 위의 점 G, 변 BC 위의 두 점 E, F를 꼭짓점으로 하는 직사각형 DEFG가 있다.

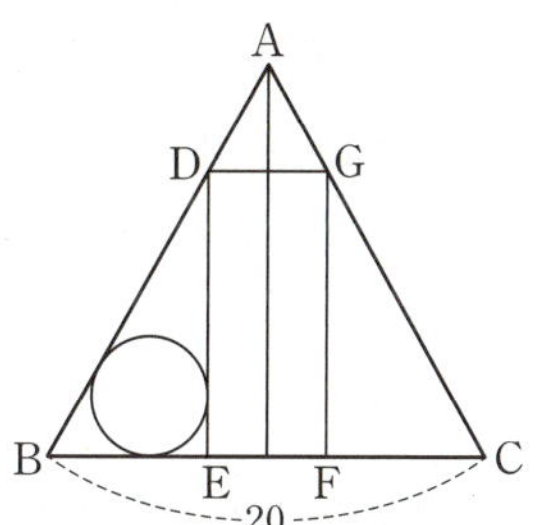

직사각형 DEFG의 넓이가 최대일 때, 삼각형 DBE에 내접하는 원의 둘레의 길이는 $(p\sqrt{3}+q)\pi$이다. p^2+q^2의 값은? (단, p, q는 유리수이다.)

① 10 ② 20 ③ 30

④ 40 ⑤ 50

• 정답 및 해설 080쪽

내신 1% 뛰어 넘기

16

실수 a에 대하여 $a-1\leq x\leq a+1$일 때, 이차함수 $y=x^2-2x+4$의 최댓값을 $M(a)$, 최솟값을 $m(a)$라 하자. $M(a)$의 최솟값을 p, $m(a)$의 최솟값을 q라 할 때, $p+q$의 값을 구하시오.

17

오른쪽 그림과 같이 이차함수 $y=2x^2$의 그래프와 직선 $y=mx+48$ $(m>0)$이 두 점 A, B에서 만난다. 이차함수 $y=2x^2$의 그래프 위의 점 C와 직선 $y=mx+48$이 y축과 만나는 점 D에 대하여 직선 CD는 $\angle$ACB의 이등분선이고, 점 D를 지나고 직선 AC에 평행한 직선이 직선 BC와 만나는 점을 E라 하자. $\overline{\text{DE}} : \overline{\text{BC}}=2:5$일 때, m의 값을 구하시오.

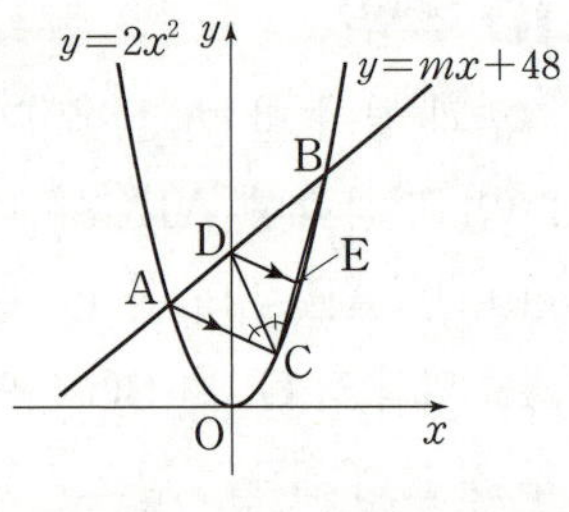

18 교육청

그림과 같이 $2<a<4$인 실수 a에 대하여 두 함수 $f(x)=ax^2$, $g(x)=-a(x-a)^2+a^2$의 그래프가 있다. 직선 $y=4a$와 함수 $y=f(x)$의 그래프가 만나는 점을 각각 A, B라 하고, 직선 $y=ax$와 함수 $y=g(x)$의 그래프가 만나는 점을 각각 C, D라 하자. 사각형 ACDB의 넓이의 최댓값을 M이라 할 때, $8\times M$의 값을 구하시오. (단, 점 A의 x좌표는 점 B의 x좌표보다 작고, 점 C의 x좌표는 점 D의 x좌표보다 작다.)

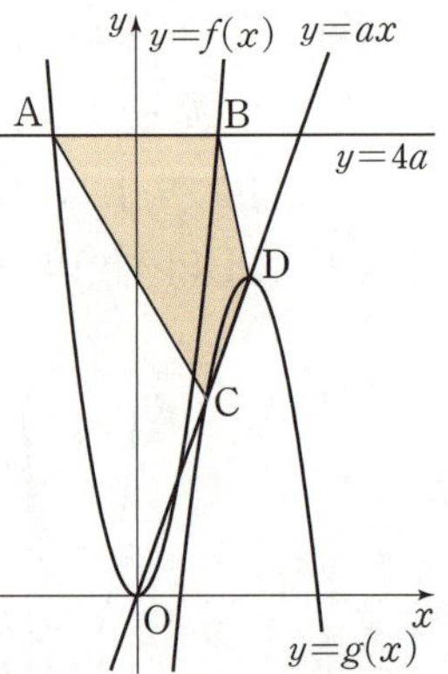

19

직선 $y=-x+k$ $(k<0)$가 x축과 만나는 점을 A, y축과 만나는 점을 B라 하자. 점 P(a, b)가 선분 AB 위를 움직일 때, $(a+2)^2+b^2$의 최솟값이 2이다. 모든 실수 k의 값의 곱은?

① $-8-4\sqrt{2}$ ② $-8+4\sqrt{2}$ ③ $-2+\sqrt{2}$

④ $8-4\sqrt{2}$ ⑤ $8+4\sqrt{2}$

Ⅱ-4

여러 가지 방정식

 # 삼차방정식과 사차방정식

1 삼차방정식과 사차방정식

① 삼차방정식과 사차방정식

다항식 $P(x)$가 x에 대한 삼차식, 사차식이면 방정식 $P(x)=0$을 각각 x에 대한 삼차방정식, 사차방정식이라 한다.

> [참고] 삼차 이상의 방정식을 고차방정식이라 한다.

② 삼차방정식과 사차방정식의 풀이

삼차방정식 또는 사차방정식 $P(x)=0$을 풀 때는 $P(x)$를 인수분해한 후 다음을 이용하여 근을 구한다.

(1) $ABC=0$이면 $A=0$ 또는 $B=0$ 또는 $C=0$

(2) $ABCD=0$이면 $A=0$ 또는 $B=0$ 또는 $C=0$ 또는 $D=0$

> [참고] 특별한 언급이 없는 경우 삼차방정식과 사차방정식의 해는 복소수의 범위에서 구한다.
> 이때 계수가 실수인 삼차방정식과 사차방정식은 복소수의 범위에서 각각 3개, 4개의 근을 갖는다.

 **설명**

example

(1) 사차방정식 $(x+2)(x+1)(x-1)(x-2)=0$의 근은

$x=-2$ 또는 $x=-1$ 또는 $x=1$ 또는 $x=2$

(2) 삼차방정식 $x^3+1=0$에서 좌변을 인수분해하면 방정식 $(x+1)(x^2-x+1)=0$에서

$x+1=0$ 또는 $x^2-x+1=0$이므로 이 방정식의 근은

$x=-1$ 또는 $x=\dfrac{1\pm\sqrt{3}i}{2}$ → 좌변이 더 이상 인수분해되지 않으므로 근의 공식을 이용하여 근을 구한다.

2 인수정리를 이용한 삼차방정식과 사차방정식의 풀이

방정식 $P(x)=0$에서 $P(\alpha)=0$을 만족시키는 α의 값을 찾고, 조립제법을 이용하여

$$P(x)=(x-\alpha)Q(x)$$

꼴로 인수분해한 후 근을 구한다.

> [참고] 다항식 $P(x)$의 계수가 모두 정수일 때, $P(\alpha)=0$을 만족시키는 α의 값은
> $$\pm\frac{(P(x)\text{의 상수항의 약수})}{(P(x)\text{의 최고차항의 계수의 약수})}$$
> 중에서 찾을 수 있다.

 **설명**

example

삼차방정식 $x^3-4x^2+2x+1=0$에서

$P(x)=x^3-4x^2+2x+1$이라 하면

$P(1)=1^3-4\times1^2+2\times1+1=0$

이므로 조립제법을 이용하여 $P(x)$를 인수분해하면

$P(x)=(x-1)(x^2-3x-1)$

따라서 주어진 방정식은 $(x-1)(x^2-3x-1)=0$이므로

$x-1=0$ 또는 $x^2-3x-1=0$

$\therefore x=1$ 또는 $x=\dfrac{3\pm\sqrt{13}}{2}$

$$
\begin{array}{r|rrrr}
1 & 1 & -4 & 2 & 1 \\
  &   & 1 & -3 & -1 \\
\hline
  & 1 & -3 & -1 & 0 \\
\end{array}
$$

❸ 치환을 이용한 사차방정식의 풀이

🔳 공통부분이 있는 사차방정식의 풀이

공통부분이 있는 사차방정식은 다음과 같은 순서로 근을 구한다.

❶ 공통부분을 X로 치환하여 주어진 식을 $(X$에 대한 식$)=0$ 꼴로 나타낸다.

❷ ❶의 식의 좌변을 인수분해하여 X의 값을 구한다.

❸ X에 원래의 식을 대입한 후 다시 인수분해하여 근을 구한다.

> **참고** 공통부분이 보이지 않는 식일 때는 공통부분이 생기도록 식을 변형한 후 공통부분을 X로 치환하여 인수분해한다.

🔳 $x^4+ax^2+b=0$ 꼴의 사차방정식의 풀이

$x^4+ax^2+b=0$ (a, b는 상수) 꼴의 사차방정식은 다음과 같은 순서로 근을 구한다.

❶ $x^2=X$로 치환하여 X에 대한 이차방정식 $X^2+aX+b=0$ 꼴로 나타낸다.

❷ (1) 좌변이 인수분해되는 경우

좌변을 인수분해한 후 X에 x^2을 대입하여 근을 구한다.

(2) 좌변이 인수분해되지 않는 경우

$x^4+ax^2+b=0$에서 이차항 ax^2을 적당히 분리하여 $A^2-B^2=0$ 꼴로 변형한 후 좌변을 인수분해하여 근을 구한다.

> **참고** $x^4+ax^2+b=0$과 같이 차수가 짝수인 항과 상수항으로만 이루어진 방정식을 복이차방정식이라 한다.

설명

공통부분이 있는 사차방정식의 풀이

example

사차방정식 $(x^2-x)^2-6(x^2-x)=0$을 풀어 보자.

$x^2-x=X$라 하면 주어진 방정식은

$X^2-6X=0$, $X(X-6)=0$ $\therefore X=0$ 또는 $X=6$

(i) $X=0$, 즉 $x^2-x=0$일 때

$x(x-1)=0$ $\therefore x=0$ 또는 $x=1$

(ii) $X=6$, 즉 $x^2-x=6$일 때

$x^2-x-6=0$, $(x+2)(x-3)=0$ $\therefore x=-2$ 또는 $x=3$

(i), (ii)에서 $x=-2$ 또는 $x=0$ 또는 $x=1$ 또는 $x=3$이다.

$x^4+ax^2+b=0$ 꼴의 사차방정식의 풀이

example

$x^2=X$로 치환하였을 때

(1) 좌변이 인수분해되는 경우

사차방정식 $x^4-5x^2+4=0$에서 $x^2=X$라 하면

$X^2-5X+4=0$, $(X-1)(X-4)=0$

$\therefore X=1$ 또는 $X=4$

따라서 $x^2=1$ 또는 $x^2=4$이므로 $x=\pm1$ 또는 $x=\pm2$

(2) 좌변이 인수분해되지 않는 경우

사차방정식 $x^4-13x^2+4=0$에서

$(x^4-4x^2+4)-9x^2=0$, $(x^2-2)^2-(3x)^2=0$

$(x^2+3x-2)(x^2-3x-2)=0$ $\therefore x^2+3x-2=0$ 또는 $x^2-3x-2=0$

(i) $x^2+3x-2=0$에서 $x=\dfrac{-3\pm\sqrt{17}}{2}$

(ii) $x^2-3x-2=0$에서 $x=\dfrac{3\pm\sqrt{17}}{2}$

(i), (ii)에서 $x=\dfrac{-3\pm\sqrt{17}}{2}$ 또는 $x=\dfrac{3\pm\sqrt{17}}{2}$이다.

 **4 근의 조건이 주어진 삼차방정식의 미정계수 구하기**

삼차방정식의 좌변을 $(x-\alpha)(ax^2+bx+c)=0$ (α는 실수, a, b, c는 상수)으로 인수분해하였을 때, 이차방정식 $ax^2+bx+c=0$의 판별식을 D라 하면

(1) 삼차방정식이 서로 다른 세 실근을 갖는다.

➡ ① 이차방정식 $ax^2+bx+c=0$이 $x\neq\alpha$인 서로 다른 두 실근을 갖는다.

② $D>0$, $a\alpha^2+b\alpha+c\neq0$

(2) 삼차방정식이 중근을 갖는다.

➡ ① 이차방정식 $ax^2+bx+c=0$이 $x=\alpha$를 근으로 갖는다.

② $D=0$ $\rightarrow ax^2+bx+c=0$이 중근을 갖는다.

(3) 삼차방정식이 허근을 갖는다.

➡ $D<0$ $\rightarrow ax^2+bx+c=0$이 서로 다른 두 허근을 갖는다.

 **설명** 주어진 삼차방정식이 $(x-\alpha)(ax^2+bx+c)=0$ 꼴로 인수분해되면 이 삼차방정식의 근 중 하나가 $x=\alpha$로 정해지므로 나머지 두 근은 이차방정식 $ax^2+bx+c=0$의 근과 같다.

example 삼차방정식 $x^3+(k-1)x+k=0$이 다음과 같은 근을 갖도록 하는 실수 k의 값 또는 k의 값의 범위를 구해 보자.

$P(x)=x^3+(k-1)x+k$라 하면

$P(-1)=(-1)^3+(k-1)\times(-1)+k=0$

이므로 조립제법을 이용하여 $P(x)$를 인수분해하면

$$
\begin{array}{r|rrrr}
-1 & 1 & 0 & k-1 & k \\
   &   & -1 & 1 & -k \\
\hline
   & 1 & -1 & k & 0
\end{array}
$$

$\therefore P(x)=(x+1)(x^2-x+k)$

이차방정식 $x^2-x+k=0$의 판별식을 D라 하면

$D=(-1)^2-4\times1\times k=1-4k$

(1) 방정식 $P(x)=0$이 서로 다른 세 실근을 갖는 경우

이차방정식 $x^2-x+k=0$이 서로 다른 두 실근을 가져야 하므로

$D=1-4k>0$ $\quad \therefore k<\dfrac{1}{4}$

이때 이차방정식 $x^2-x+k=0$이 $x=-1$을 근으로 갖지 않아야 하므로

$(-1)^2-(-1)+k\neq0$ $\quad \therefore k\neq-2$

$\therefore k<-2$ 또는 $-2<k<\dfrac{1}{4}$

(2) 방정식 $P(x)=0$이 중근을 갖는 경우

(i) 이차방정식 $x^2-x+k=0$이 $x=-1$을 근으로 갖는 경우

$(-1)^2-(-1)+k=0$

$\therefore k=-2$

(ii) 이차방정식 $x^2-x+k=0$이 중근을 갖는 경우

$D=1-4k=0$

$\therefore k=\dfrac{1}{4}$

(i), (ii)에서

$k=-2$ 또는 $k=\dfrac{1}{4}$

(3) 방정식 $P(x)=0$이 허근을 갖는 경우

이차방정식 $x^2-x+k=0$이 허근을 가져야 하므로

$D=1-4k<0$ $\quad \therefore k>\dfrac{1}{4}$

필수 예제
01

인수정리를 이용한 삼차방정식과 사차방정식의 풀이

다음 방정식을 푸시오.

(1) $2x^3+5x^2+x-2=0$

(2) $x^4+4x^3+2x^2-5x-2=0$

풀이

(Tip) $\pm\dfrac{(\text{상수항의 계수})}{(\text{최고차항의 계수})}$ 중에서 (좌변)$=0$을 만족시키는 x의 값을 찾는다.

(1) $P(x)=2x^3+5x^2+x-2$라 하면

$P(-1)=2\times(-1)^3+5\times(-1)^2+(-1)-2=0$ → $\pm1,\ \pm2,\ \pm\dfrac{1}{2}$ 중 하나인 -1이 $P(-1)=0$을 만족시킨다.

이므로 조립제법을 이용하여 $P(x)$를 인수분해하면

$$P(x)=(x+1)(2x^2+3x-2)$$
$$\quad\quad=(x+1)(x+2)(2x-1)$$

-1	2	5	1	-2
		-2	-3	2
	2	3	-2	0

따라서 주어진 방정식은

$$(x+2)(x+1)(2x-1)=0 \quad \therefore x=-2 \text{ 또는 } x=-1 \text{ 또는 } x=\dfrac{1}{2}$$

(2) $P(x)=x^4+4x^3+2x^2-5x-2$라 하면

$P(1)=1^4+4\times1^3+2\times1^2-5\times1-2=0,$ → $\pm1,\ \pm2$ 중 $1,\ -2$가 $P(1)=0,$
$P(-2)=(-2)^4+4\times(-2)^3+2\times(-2)^2-5\times(-2)-2=0$ $P(-2)=0$을 만족시킨다.

이므로 조립제법을 이용하여 $P(x)$를 인수분해하면

$$P(x)=(x-1)(x+2)(x^2+3x+1)$$

1	1	4	2	-5	-2
		1	5	7	2
-2	1	5	7	2	0
		-2	-6	-2	
	1	3	1	0	

따라서 주어진 방정식은

$$(x+2)(x-1)(x^2+3x+1)=0$$

$$\therefore x=-2 \text{ 또는 } x=1 \text{ 또는 } x=\dfrac{-3\pm\sqrt{5}}{2}$$

답 (1) $x=-2$ 또는 $x=-1$ 또는 $x=\dfrac{1}{2}$ (2) $x=-2$ 또는 $x=1$ 또는 $x=\dfrac{-3\pm\sqrt{5}}{2}$

필수 공략 인수정리를 이용한 삼차방정식과 사차방정식의 풀이

➡ 방정식 $P(x)=0$에서 $P(\alpha)=0$을 만족시키는 α의 값을 찾은 후 조립제법을 이용하여 좌변을 인수분해하여 푼다.

• 정답 및 해설 082쪽

숫자 바꾼

유제 **01-❶** 다음 방정식을 푸시오.

(1) $2x^3-3x^2-3x+2=0$

(2) $x^4+3x^3-5x^2-9x-2=0$

유제 **01-❷** 사차방정식 $x^4-3x^3+5x^2-x-10=0$의 모든 실근의 합을 구하시오.

공통부분이 있는 사차방정식의 풀이

다음 방정식을 푸시오.

(1) $(x^2+2x)(x^2+2x-1)-2=0$

(2) $x(x-1)(x+1)(x+2)=24$

(Tip) 주어진 방정식에서 공통부분을 찾아 치환한다. 공통부분이 보이지 않으면 방정식을 변형하여 공통부분을 찾는다.

(1) $x^2+2x=X$라 하면 주어진 방정식은

$$X(X-1)-2=0,\ X^2-X-2=0,\ (X+1)(X-2)=0 \qquad \therefore X=-1 \text{ 또는 } X=2$$

(i) $X=-1$, 즉 $x^2+2x=-1$일 때

$$x^2+2x+1=0,\ (x+1)^2=0 \qquad \therefore x=-1 \text{ (중근)}$$

(ii) $X=2$, 즉 $x^2+2x=2$일 때

$$x^2+2x-2=0 \qquad \therefore x=-1\pm\sqrt{3}$$

(i), (ii)에서 $x=-1$ (중근) 또는 $x=-1\pm\sqrt{3}$

(2) $x(x-1)(x+1)(x+2)=24$에서 $\{x(x+1)\}\{(x-1)(x+2)\}=24$ → 두 일차식의 상수항의 합이 같도록 두 개씩 짝을 짓는다.

상수항의 합이 1로 같다.

$$(x^2+x)(x^2+x-2)=24$$

이때 $x^2+x=X$라 하면

$$X(X-2)=24,\ X^2-2X-24=0,\ (X+4)(X-6)=0 \qquad \therefore X=-4 \text{ 또는 } X=6$$

(i) $X=-4$, 즉 $x^2+x=-4$일 때

$$x^2+x+4=0 \qquad \therefore x=\frac{-1\pm\sqrt{15}\,i}{2}$$

(ii) $X=6$, 즉 $x^2+x=6$일 때

$$x^2+x-6=0,\ (x+3)(x-2)=0 \qquad \therefore x=-3 \text{ 또는 } x=2$$

(i), (ii)에서 $x=\dfrac{-1\pm\sqrt{15}\,i}{2}$ 또는 $x=-3$ 또는 $x=2$

답 (1) $x=-1$ (중근) 또는 $x=-1\pm\sqrt{3}$ (2) $x=-3$ 또는 $x=2$ 또는 $x=\dfrac{-1\pm\sqrt{15}\,i}{2}$

필수 공략 (다항식)×(다항식) 꼴을 포함한 사차방정식의 풀이

(1) 공통부분이 보이는 경우 ➡ 공통부분을 치환하여 차수가 낮은 방정식으로 변형한 후 인수분해하여 근을 구한다.

(2) 공통부분이 보이지 않는 경우 ➡ 공통부분이 생기도록 식을 변형하고 치환한 후 인수분해하여 근을 구한다.

• 정답 및 해설 082쪽

유제 **02-❶** 다음 방정식을 푸시오.

(1) $(x^2+x)(x^2+x-8)+12=0$

(2) $(x+1)(x+2)(x+4)(x+5)=4$

유제 **02-❷** 교육청 사차방정식 $(x^2-3x)^2+5(x^2-3x)+6=0$의 모든 실근의 곱은?

① -4 ② -1 ③ 2 ④ 5 ⑤ 8

$x^4+ax^2+b=0$ 꼴의 사차방정식의 풀이

다음 방정식을 푸시오.

(1) $x^4-3x^2+2=0$ (2) $x^4-12x^2+4=0$

풀이

(Tip) $x^2=X$로 치환하거나 좌변을 $(x^2+A)^2-(Bx)^2$ 꼴로 변형하여 인수분해한다.

(1) $x^2=X$라 하면 주어진 방정식은

$X^2-3X+2=0$, $(X-1)(X-2)=0$

$\therefore X=1$ 또는 $X=2$

따라서 $x^2=1$ 또는 $x^2=2$이므로

$x=\pm1$ 또는 $x=\pm\sqrt{2}$

$\rightarrow$ x^4-12x^2+4가 인수분해되지 않으므로 $(x^2+A)^2-(Bx)^2$ 꼴로 변형한다.

(2) $x^4-12x^2+4=0$에서 $(x^4+4x^2+4)-16x^2=0$

$(x^2+2)^2-(4x)^2=0$, $(x^2+4x+2)(x^2-4x+2)=0$

$\therefore x^2+4x+2=0$ 또는 $x^2-4x+2=0$

(ⅰ) $x^2+4x+2=0$에서 $x=-2\pm\sqrt{2}$

(ⅱ) $x^2-4x+2=0$에서 $x=2\pm\sqrt{2}$

(ⅰ), (ⅱ)에서 $x=-2\pm\sqrt{2}$ 또는 $x=2\pm\sqrt{2}$

답 (1) $x=\pm1$ 또는 $x=\pm\sqrt{2}$ (2) $x=-2\pm\sqrt{2}$ 또는 $x=2\pm\sqrt{2}$

필수 공략

$x^4+ax^2+b=0$ 꼴의 사차방정식의 풀이

$x^2=X$로 치환하여 X에 대한 이차방정식으로 변형한 후 인수분해하여 푼다.

이때 좌변이 인수분해되지 않으면 $(x^2+A)^2-(Bx)^2$ 꼴로 변형한 후 인수분해하여 푼다.

• 정답 및 해설 083쪽

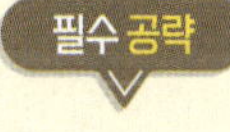

유제 **03-❶** 다음 방정식을 푸시오.

(1) $x^4-7x^2+12=0$ (2) $x^4-15x^2+9=0$

유제 **03-❷** 사차방정식 $3x^4+10x^2-8=0$의 모든 실근의 곱을 구하시오.

유제 **03-❸** 사차방정식 $x^4+4=0$을 푸시오.

근이 주어진 방정식의 미정계수 구하기

삼차방정식 $x^3-x^2-(a+6)x+3a=0$의 한 근이 2일 때, 상수 a의 값과 나머지 두 근을 각각 구하시오.

풀이

(Tip) 주어진 근을 삼차방정식에 대입하여 상수 a의 값을 구한 후 a의 값을 대입한 삼차방정식을 푼다.

$x=2$를 주어진 방정식에 대입하면

$2^3-2^2-(a+6)\times2+3a=0,\ a-8=0 \qquad \therefore\ a=8$

즉, 주어진 방정식은

$x^3-x^2-14x+24=0$

$P(x)=x^3-x^2-14x+24$라 하면 $P(2)=0$이므로

(→ 한 근이 2이므로 성립)

조립제법을 이용하여 $P(x)$를 인수분해하면

$P(x)=(x-2)(x^2+x-12)$

$\qquad =(x-2)(x+4)(x-3)$

즉, 주어진 방정식은 $(x+4)(x-2)(x-3)=0$이므로

$x=-4$ 또는 $x=2$ 또는 $x=3$

따라서 나머지 두 근은 -4, 3이다.

$$
\begin{array}{r|rrrr}
2 & 1 & -1 & -14 & 24 \\
  &   & 2 & 2   & -24 \\
\hline
  & 1 & 1 & -12 & 0 \\
\end{array}
$$

답 $a=8$, 나머지 두 근: -4, 3

필수 공략

미정계수를 포함한 방정식 $P(x)=0$의 근 α가 주어졌을 때, $P(x)=0$의 나머지 근은 다음과 같은 순서로 구한다.
❶ $P(\alpha)=0$임을 이용하여 미정계수를 구한다.
❷ ❶에서 구한 미정계수를 $P(x)=0$에 대입하여 정리한 후 방정식 $P(x)=0$을 푼다.

• 정답 및 해설 083쪽

숫자 바꾼

유제 04-❶ 삼차방정식 $x^3+ax^2+(2a+6)x+3=0$의 한 근이 -1이고 나머지 두 근이 α, β일 때, $a+\alpha+\beta$의 값을 구하시오. (단, a는 상수이다.)

유제 04-❷ 사차방정식 $x^4+x^3-9x^2-ax+4b=0$의 두 근이 -2, 2일 때, 나머지 두 근의 곱을 구하시오.
(단, a, b는 상수이다.)

유제 04-❸ 서로 다른 세 실근을 갖는 삼차방정식 $x^3+(2a-2)x^2-ax+a^2-5a=0$의 한 근이 2일 때, 실수 a의 값을 구하시오.

근의 조건이 주어진 삼차방정식의 미정계수 구하기

삼차방정식 $x^3-(2a+1)x+2a=0$이 중근을 갖도록 하는 모든 실수 a의 값의 합을 구하시오.

풀이

(Tip) 삼차방정식 $(x-\alpha)(ax^2+bx+c)=0\,(a\neq0)$이 중근을 가지려면 이차방정식 $ax^2+bx+c=0$이 $x=\alpha$를 근으로 갖거나 중근을 가져야 한다.

$P(x)=x^3-(2a+1)x+2a$라 하면

$P(1)=1^3-(2a+1)\times1+2a=0$

이므로 조립제법을 이용하여 $P(x)$를 인수분해하면

$P(x)=(x-1)(x^2+x-2a)$

이때 방정식 $P(x)=0$이 중근을 가지려면

$$
\begin{array}{r|rrrr}
1 & 1 & 0 & -(2a+1) & 2a \\
  &   & 1 & 1 & -2a \\
\hline
  & 1 & 1 & -2a & 0
\end{array}
$$

(i) 이차방정식 $x^2+x-2a=0$이 $x=1$을 근으로 갖는 경우 $\rightarrow x=1$이 중근인 경우

$\qquad 1^2+1-2a=0 \qquad \therefore a=1$

(ii) 이차방정식 $x^2+x-2a=0$이 중근을 갖는 경우

$\qquad$ 이차방정식 $x^2+x-2a=0$의 판별식을 D라 하면

$$D=1^2-4\times1\times(-2a)=0,\ 1+8a=0 \qquad \therefore a=-\frac{1}{8}$$

(i), (ii)에서 모든 실수 a의 값의 합은 $1+\left(-\frac{1}{8}\right)=\dfrac{7}{8}$

답 $\dfrac{7}{8}$

필수 공략

삼차방정식 $P(x)=0$을 $(x-\alpha)(ax^2+bx+c)=0$으로 인수분해하였을 때, 이차방정식 $ax^2+bx+c=0$의 판별식을 D라 하면

(1) 삼차방정식 $P(x)=0$의 근이 서로 다른 세 실근을 갖는다.
$\quad\Rightarrow$ ① 이차방정식 $ax^2+bx+c=0$이 $x\neq\alpha$인 서로 다른 두 실근을 갖는다.
$\qquad$ ② $D>0,\ a\alpha^2+b\alpha+c\neq0$

(2) 삼차방정식 $P(x)=0$이 중근을 갖는다. $\Rightarrow$ ① 이차방정식 $ax^2+bx+c=0$이 $x=\alpha$를 근으로 갖는다.
$\qquad\qquad\qquad\qquad\qquad\qquad\qquad$ ② $D=0$

(3) 삼차방정식 $P(x)=0$이 허근을 갖는다. $\Rightarrow D<0$

• 정답 및 해설 **084**쪽

 숫자 **바꾼**

유제 05-❶ 삼차방정식 $x^3-x^2+(3a-2)x-6a=0$이 중근을 갖도록 하는 모든 실수 a의 값의 곱을 구하시오.

유제 05-❷ 삼차방정식 $x^3-2x^2+(a-3)x+a=0$의 근이 모두 실수가 되도록 하는 실수 a의 값의 범위를 구하시오.

유제 05-❸ 삼차방정식 $x^3+4x^2+(k+4)x+2k=0$이 한 개의 실근과 두 개의 허근을 가질 때, 정수 k의 최솟값을 구하시오.

삼차방정식의 활용

어떤 정육면체의 밑면의 가로의 길이와 세로의 길이를 각각 2 cm 줄이고, 높이를 5 cm 늘여서 직육면체를 만들었더니 이 직육면체의 부피가 $8\ \text{cm}^3$가 되었다. 처음 정육면체의 한 모서리의 길이를 구하시오.

풀이

(**Tip**) 구하는 값을 미지수 x로 놓고 주어진 조건을 만족시키는 방정식을 세운다.

처음 정육면체의 한 모서리의 길이를 $x\ \text{cm}$라 하면 새로 만든 정육면체의 부피가 $8\ \text{cm}^3$이므로

$(x-2)(x-2)(x+5)=8,\ x^3+x^2-16x+20=8$

$\therefore\ x^3+x^2-16x+12=0$ → (가로의 길이)$\times$(세로의 길이)$\times$(높이)

이때 $P(x)=x^3+x^2-16x+12$라 하면

$P(3)=3^3+3^2-16\times3+12=0$

이므로 조립제법을 이용하여 인수분해하면

$P(x)=(x-3)(x^2+4x-4)$

즉, 방정식은 $(x-3)(x^2+4x-4)=0$이므로

$x-3=0$ 또는 $x^2+4x-4=0$

$\therefore\ x=3$ 또는 $x=-2\pm2\sqrt{2}$

그런데 처음 정육면체의 밑면의 가로와 세로의 길이에 의하여 $x>2$이므로

$x=3$
　　└ 밑면의 가로의 길이와 세로의 길이를 각각
　　　2 cm 줄였으므로 성립

따라서 처음 정육면체의 한 모서리의 길이는 $3\ \text{cm}$이다.

$$
\begin{array}{r|rrrr}
3 & 1 & 1 & -16 & 12 \\
  &   & 3 & 12 & -12 \\
\hline
  & 1 & 4 & -4 & 0
\end{array}
$$

답 3 cm

필수 공략

삼차방정식의 활용 문제는 다음과 같은 순서로 푼다.

❶ 구하는 값 (또는 구하는 값을 결정짓는 값)을 미지수 x로 놓는다.

❷ 주어진 조건을 만족시키는 x에 대한 방정식을 세운다.

❸ 방정식을 푼 후 문제의 조건을 만족시키는 x의 값만 택한다.

● 정답 및 해설 084쪽

유제 **06-❶** 어떤 정육면체의 밑면의 가로의 길이를 2 cm 줄이고, 세로의 길이는 2 cm 늘이고, 높이는 2배 늘여서 직육면체를 만들었더니 처음 정육면체의 부피의 1.5배가 되었다. 처음 정육면체의 한 모서리의 길이를 구하시오.

유제 **06-❷** 오른쪽 그림과 같이 가로의 길이가 14 cm, 세로의 길이가 12 cm인 직사각형 모양의 종이가 있다. 이 종이의 네 귀퉁이에서 한 변의 길이가 $x\ \text{cm}$인 정사각형을 잘라내고, 점선을 따라 접었더니 부피가 $160\ \text{cm}^3$인 뚜껑이 없는 직육면체 모양의 상자가 되었다. 자연수 x의 값을 구하시오.

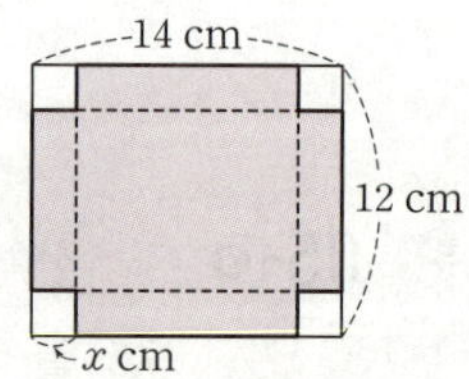

집중 연습

• 삼차방정식과 사차방정식

정답 및 해설 085쪽

인수정리를 이용한 삼차방정식과 사차방정식의 풀이

01 다음 방정식을 푸시오.

(1) $x^3-7x-6=0$

(2) $3x^3+2x^2-19x+6=0$

(3) $2x^3-8x^2+7x-1=0$

(4) $x^4+4x^3+5x^2+4x+4=0$

(5) $2x^4+5x^3-15x^2-10x+8=0$

(6) $4x^4-4x^3-x^2+4x-3=0$

공통부분이 있는 사차방정식의 풀이

02 다음 방정식을 푸시오.

(1) $(x^2+x)^2-2(x^2+x+12)=0$

(2) $(x^2-x)(x^2-x-14)=-24$

(3) $x(x-2)(x-4)(x-6)=9$

(4) $(x-3)(x-1)(x+3)(x+5)+35=0$

$x^4+ax^2+b=0$ 꼴의 사차방정식의 풀이

03 다음 방정식을 푸시오.

(1) $x^4-2x^2-8=0$

(2) $2x^4-3x^2+1=0$

(3) $x^4-12x^2+16=0$

(4) $x^4-7x^2+9=0$

(5) $x^4+64=0$

(6) $4x^4+1=0$

인수정리를 이용한 삼차방정식과 사차방정식의 풀이

01 삼차방정식
$$x^3+2x^2-3x-10=0$$
의 서로 다른 두 허근을 α, β라 할 때, $\alpha^3+\beta^3$의 값은?

① -2 ② -3 ③ -4 ④ -5 ⑤ -6

공통부분이 있는 사차방정식의 풀이

02 방정식 $(x^2-2x-1)^2+3(x^2-2x)-3=0$의 모든 실근의 합을 구하시오.

공통부분이 있는 사차방정식의 풀이

03 방정식 $(2x^2-x+2)(2x^2-x-6)+15=0$의 네 근을 α, β, γ, δ라 할 때, $|\alpha|+|\beta|+|\gamma|+|\delta|$의 값은?

① 2 ② 4 ③ 6 ④ 8 ⑤ 10

$x^4+ax^2+b=0$ 꼴의 사차방정식의 풀이

04 사차방정식 $x^4-3x^2+1=0$의 근 중에서 모든 양의 실수인 근의 합은?

① 1 ② $\sqrt{2}$ ③ $\sqrt{3}$ ④ 2 ⑤ $\sqrt{5}$

근이 주어진 방정식의 미정계수 구하기

05

x에 대한 삼차방정식 $(x-a)\{x^2+(1-3a)x+4\}=0$이 서로 다른 세 실근 1, α, β를 가질 때, $\alpha\beta$의 값은?

(단, a는 상수이다.)

① 4 　　　② 6 　　　③ 8 　　　④ 10 　　　⑤ 12

근의 조건이 주어진 삼차방정식의 미정계수 구하기

06

삼차방정식 $x^3+(2-a)x^2-2a^2=0$이 한 개의 실근과 두 개의 허근을 가질 때, 실수 a의 값의 범위를 구하시오.

근의 조건이 주어진 삼차방정식의 미정계수 구하기

07

삼차방정식 $x^3-x^2+(a-6)x+2a=0$이 서로 다른 세 실근을 갖도록 하는 정수 a의 최댓값을 구하시오.

삼차방정식의 활용

08

어떤 원기둥 모양의 물통은 밑면의 반지름의 길이가 물통의 높이의 2배보다 1 cm가 더 길다. 비어 있는 이 원기둥 모양의 물통에 50π cm³의 물을 부었더니 물통이 가득 찼을 때, 물통의 높이를 구하시오.

(단, 물통의 두께는 무시한다.)

1 삼차방정식의 근과 계수의 관계

삼차방정식 $ax^3+bx^2+cx+d=0$의 세 근을 α, β, γ라 하면

$$\alpha+\beta+\gamma=-\frac{b}{a}, \quad \alpha\beta+\beta\gamma+\gamma\alpha=\frac{c}{a}, \quad \alpha\beta\gamma=-\frac{d}{a}$$

설명

삼차방정식 $ax^3+bx^2+cx+d=0$의 세 근을 α, β, γ라 하면

삼차식 ax^3+bx^2+cx+d는 $x-\alpha$, $x-\beta$, $x-\gamma$를 인수로 가지므로

$$ax^3+bx^2+cx+d=a(x-\alpha)(x-\beta)(x-\gamma)$$
$$=a\{x^3-(\alpha+\beta+\gamma)x^2+(\alpha\beta+\beta\gamma+\gamma\alpha)x-\alpha\beta\gamma\}$$

이때 $a\neq0$이므로 양변을 a로 나누면

$$x^3+\frac{b}{a}x^2+\frac{c}{a}x+\frac{d}{a}=x^3-(\alpha+\beta+\gamma)x^2+(\alpha\beta+\beta\gamma+\gamma\alpha)x-\alpha\beta\gamma$$

위의 등식은 x에 대한 항등식이므로 양변의 동류항의 계수를 비교하면

$$\alpha+\beta+\gamma=-\frac{b}{a}, \quad \alpha\beta+\beta\gamma+\gamma\alpha=\frac{c}{a}, \quad \alpha\beta\gamma=-\frac{d}{a}$$

example 삼차방정식 $x^3-2x^2+7x+5=0$의 세 근을 α, β, γ라 하면

(1) $\alpha+\beta+\gamma=-\dfrac{-2}{1}=2$ (2) $\alpha\beta+\beta\gamma+\gamma\alpha=\dfrac{7}{1}=7$ (3) $\alpha\beta\gamma=-\dfrac{5}{1}=-5$

2 세 수를 근으로 하는 삼차방정식

세 수 α, β, γ를 근으로 하고 x^3의 계수가 1인 삼차방정식은

$$(x-\alpha)(x-\beta)(x-\gamma)=0 \implies x^3-\underline{(\alpha+\beta+\gamma)}x^2+\underline{(\alpha\beta+\beta\gamma+\gamma\alpha)}x-\underline{\alpha\beta\gamma}=0$$
$$\qquad\qquad\qquad\qquad\qquad\quad \text{세 근의 합} \qquad \text{두 근끼리의 곱의 합} \qquad \text{세 근의 곱}$$

참고 세 수 α, β, γ를 근으로 하고 x^3의 계수가 a인 삼차방정식은

$$a(x-\alpha)(x-\beta)(x-\gamma)=0 \implies a\{x^3-(\alpha+\beta+\gamma)x^2+(\alpha\beta+\beta\gamma+\gamma\alpha)x-\alpha\beta\gamma\}=0$$

설명

세 수 α, β, γ를 근으로 하고 x^3의 계수가 1인 삼차방정식은

$$(x-\alpha)(x-\beta)(x-\gamma)=0$$

으로 나타낼 수 있고, 좌변을 전개하여 정리하면 다음과 같은 식을 얻을 수 있다.

$$x^3-(\alpha+\beta+\gamma)x^2+(\alpha\beta+\beta\gamma+\gamma\alpha)x-\alpha\beta\gamma=0$$

● 정답 및 해설 088쪽

1 다음 세 수를 근으로 하고 x^3의 계수가 1인 삼차방정식을 구하시오.

(1) -1, 2, 3 (2) -2, -1, 1

답 (1) $x^3-4x^2+x+6=0$ (2) $x^3+2x^2-x-2=0$

3 삼차방정식의 켤레근의 성질

삼차방정식 $ax^3+bx^2+cx+d=0$에서

(1) a, b, c, d가 유리수일 때, 한 근이 $p+q\sqrt{m}$이면 $p-q\sqrt{m}$도 근이다. → 나머지 한 근은 유리수이다.

(단, p, q는 유리수, $q\neq0$, $\sqrt{m}$은 무리수)

(2) a, b, c, d가 실수일 때, 한 근이 $p+qi$이면 $p-qi$도 근이다. → 나머지 한 근은 실수이다.

(단, p, q는 실수, $q\neq0$, $i=\sqrt{-1}$)

설명

예 (1) 삼차방정식 $x^3-4x^2+3x+2=0$의 계수가 유리수이고 한 근이 $1+\sqrt{2}$이므로 $1-\sqrt{2}$도 근이다. → 나머지 한 근은 2이다.

(2) 삼차방정식 $x^3-5x^2+9x-5=0$의 계수가 실수이고 한 근이 $2-i$이므로 $2+i$도 근이다. (단, $i=\sqrt{-1}$)

└→ 나머지 한 근은 1이다.

4 방정식 $x^3=1$, $x^3=-1$의 허근의 성질

(1) 방정식 $x^3=1$의 한 허근을 ω라 하면 다음 성질이 성립한다. (단, $\overline{\omega}$는 ω의 켤레복소수)

① $\omega^3=1$, $\omega^2+\omega+1=0$　　② $\omega+\overline{\omega}=-1$, $\omega\overline{\omega}=1$　　③ $\omega^2=\overline{\omega}=\dfrac{1}{\omega}$

참고 ω는 그리스 문자로 오메가(omega)라 읽는다.

(2) 방정식 $x^3=-1$의 한 허근을 ω라 하면 다음 성질이 성립한다. (단, $\overline{\omega}$는 ω의 켤레복소수)

① $\omega^3=-1$, $\omega^2-\omega+1=0$　　② $\omega+\overline{\omega}=1$, $\omega\overline{\omega}=1$　　③ $\omega^2=-\overline{\omega}=-\dfrac{1}{\omega}$

설명

(1) 방정식 $x^3=1$의 허근에 대한 성질을 알아보자.

① 방정식 $x^3=1$의 한 허근이 ω이므로 $\omega^3=1$이고, $x^3=1$에서 $x^3-1=0$이므로 좌변을 인수분해하면

$$(x-1)(x^2+x+1)=0 \qquad \therefore\ x-1=0\ 또는\ x^2+x+1=0$$

이때 ω는 허근이므로 이차방정식 $x^2+x+1=0$의 근이다.

$$\therefore\ \omega^2+\omega+1=0 \qquad \cdots\cdots\ \text{㉠}$$

② 이차방정식 $x^2+x+1=0$의 한 허근이 ω이므로 켤레근의 성질에 의하여 다른 한 근은 $\overline{\omega}$이다.

이차방정식의 근과 계수의 관계에 의하여

$$\omega+\overline{\omega}=-1,\ \omega\overline{\omega}=1 \qquad \cdots\cdots\ \text{㉡}$$

③ ㉠에서 $\omega^2=-\omega-1$, ㉡에서 $\overline{\omega}=-\omega-1$, $\overline{\omega}=\dfrac{1}{\omega}$이므로

$$\omega^2=\overline{\omega}=\dfrac{1}{\omega}$$

(2) 같은 방법으로 방정식 $x^3=-1$의 한 허근이 ω일 때 주어진 성질이 성립함을 알 수 있다.

● 정답 및 해설 089쪽

개념 확인

2　방정식 $x^3=1$의 한 허근을 ω라 할 때, 다음 식의 값을 구하시오.

(1) $\omega^2+\omega$　　　　　　　(2) $\omega^5+\omega^7$　　　　　　　(3) $\omega+\dfrac{1}{\omega}$

답 (1) -1　(2) -1　(3) -1

집중 연습

• 삼차방정식의 근과 계수의 관계

삼차방정식의 근과 계수의 관계

01 삼차방정식 $3x^3-x^2-2x+4=0$의 세 근을 α, β, γ라 할 때, 다음 식의 값을 구하시오.

(1) $\alpha+\beta+\gamma$

(2) $\alpha\beta+\beta\gamma+\gamma\alpha$

(3) $\alpha\beta\gamma$

(4) $\dfrac{1}{\alpha\beta}+\dfrac{1}{\beta\gamma}+\dfrac{1}{\gamma\alpha}$

세 수를 근으로 하는 삼차방정식

02 다음 세 수를 근으로 하고 x^3의 계수가 1인 삼차방정식을 구하시오.

(1) 1, 3, 4

(2) -3, -2, 2

(3) 2, $1+\sqrt{3}$, $1-\sqrt{3}$

(4) -1, $2+i$, $2-i$ (단, $i=\sqrt{-1}$)

삼차방정식의 켤레근의 성질

03 다음 물음에 답하시오.

(1) 삼차방정식 $x^3-3x^2-3x+1=0$의 한 근이 $2-\sqrt{3}$일 때, 나머지 두 근을 구하시오.

(2) 삼차방정식 $x^3-4x^2+x+26=0$의 한 근이 $3+2i$일 때, 나머지 두 근을 구하시오. (단, $i=\sqrt{-1}$)

04 삼차방정식 $x^3+ax^2+bx+c=0$의 두 근이 2, i일 때, 세 실수 a, b, c의 값을 각각 구하시오. (단, $i=\sqrt{-1}$)

방정식 $x^3=1$, $x^3=-1$의 허근의 성질

05 방정식 $x^3=1$의 한 허근을 ω라 할 때, 다음 식의 값을 구하시오. (단, $\overline{\omega}$는 ω의 켤레복소수이다.)

(1) $\omega^2+\omega+3$

(2) $\omega^4+\overline{\omega}$

(3) $\omega^2-\dfrac{1}{\omega}$

06 방정식 $x^3=-1$의 한 허근을 ω라 할 때, 다음 식의 값을 구하시오. (단, $\overline{\omega}$는 ω의 켤레복소수이다.)

(1) $\omega^2-\omega$

(2) $\omega^{13}+\overline{\omega}$

(3) $\omega+\dfrac{1}{\omega}$

삼차방정식의 근과 계수의 관계

삼차방정식 $x^3-2x^2+3x+1=0$의 세 근을 α, β, γ라 할 때, 다음 식의 값을 구하시오.

(1) $\alpha^2+\beta^2+\gamma^2$ (2) $(\alpha+1)(\beta+1)(\gamma+1)$ (3) $\dfrac{1}{\alpha}+\dfrac{1}{\beta}+\dfrac{1}{\gamma}$

풀이

(Tip) 삼차방정식의 세 근에 대한 식의 값을 구할 때는 삼차방정식의 근과 계수의 관계를 이용할 수 있도록 주어진 식을 변형한다.

삼차방정식 $x^3-2x^2+3x+1=0$의 세 근이 α, β, γ이므로 삼차방정식의 근과 계수의 관계에 의하여

$\alpha+\beta+\gamma=2$, $\alpha\beta+\beta\gamma+\gamma\alpha=3$, $\alpha\beta\gamma=-1$

(1) $\alpha^2+\beta^2+\gamma^2=(\alpha+\beta+\gamma)^2-2(\alpha\beta+\beta\gamma+\gamma\alpha)$

$\qquad\qquad\quad =2^2-2\times3=-2$

(2) $(\alpha+1)(\beta+1)(\gamma+1)=\alpha\beta\gamma+(\alpha\beta+\beta\gamma+\gamma\alpha)+(\alpha+\beta+\gamma)+1$

$\qquad\qquad\qquad\qquad\quad =(-1)+3+2+1=5$

(3) $\dfrac{1}{\alpha}+\dfrac{1}{\beta}+\dfrac{1}{\gamma}=\dfrac{\alpha\beta+\beta\gamma+\gamma\alpha}{\alpha\beta\gamma}$

$\qquad\qquad\quad =\dfrac{3}{-1}=-3$

답 (1) -2 (2) 5 (3) -3

필수 공략

삼차방정식 $ax^3+bx^2+cx+d=0$의 세 근을 α, β, γ라 하면

➡ $\alpha+\beta+\gamma=-\dfrac{b}{a}$, $\alpha\beta+\beta\gamma+\gamma\alpha=\dfrac{c}{a}$, $\alpha\beta\gamma=-\dfrac{d}{a}$

• 정답 및 해설 090쪽

숫자 바꾼

유제 01-❶ 삼차방정식 $x^3-x^2+2x+3=0$의 세 근을 α, β, γ라 할 때, 다음 식의 값을 구하시오.

(1) $\alpha^2+\beta^2+\gamma^2$ (2) $(\alpha+\beta)(\beta+\gamma)(\gamma+\alpha)$ (3) $\dfrac{\gamma}{\alpha\beta}+\dfrac{\alpha}{\beta\gamma}+\dfrac{\beta}{\gamma\alpha}$

유제 01-❷ 삼차방정식 $x^3+3x-2=0$의 세 근을 α, β, γ라 할 때, 다음 식의 값을 구하시오.

(1) $\alpha^3+\beta^3+\gamma^3$ (2) $(\alpha^3+2\alpha)(\beta^3+2\beta)(\gamma^3+2\gamma)$

유제 01-❸ 삼차방정식 $x^3-8x^2+ax+b=0$의 세 근의 비가 $1:3:4$일 때, 두 실수 a, b에 대하여 $a-b$의 값을 구하시오.

II-4
여러 가지 방정식

세 수를 근으로 하는 삼차방정식

삼차방정식 $x^3-2x^2+x-3=0$의 세 근을 α, β, γ라 할 때, $\alpha+1$, $\beta+1$, $\gamma+1$을 세 근으로 하고 x^3의 계수가 1인 삼차방정식을 구하시오.

(Tip) 세 근 $\alpha+1$, $\beta+1$, $\gamma+1$에 대한 세 근의 합, 두 근 끼리의 곱의 합, 세 근의 곱을 각각 구한다.

삼차방정식 $x^3-2x^2+x-3=0$의 세 근이 α, β, γ이므로 삼차방정식의 근과 계수의 관계에 의하여
$\alpha+\beta+\gamma=2$, $\alpha\beta+\beta\gamma+\gamma\alpha=1$, $\alpha\beta\gamma=3$
구하는 삼차방정식의 세 근이 $\alpha+1$, $\beta+1$, $\gamma+1$이므로

$$\begin{aligned}
(\text{세 근의 합}) &= (\alpha+1)+(\beta+1)+(\gamma+1)\\
&=(\alpha+\beta+\gamma)+3\\
&=2+3=5
\end{aligned}$$

$$\begin{aligned}
(\text{두 근끼리의 곱의 합}) &= (\alpha+1)(\beta+1)+(\beta+1)(\gamma+1)+(\gamma+1)(\alpha+1)\\
&=(\alpha\beta+\beta\gamma+\gamma\alpha)+2(\alpha+\beta+\gamma)+3\\
&=1+2\times2+3=8
\end{aligned}$$

$$\begin{aligned}
(\text{세 근의 곱}) &= (\alpha+1)(\beta+1)(\gamma+1)\\
&=\alpha\beta\gamma+(\alpha\beta+\beta\gamma+\gamma\alpha)+(\alpha+\beta+\gamma)+1\\
&=3+1+2+1=7
\end{aligned}$$

따라서 구하는 삼차방정식은
$x^3-5x^2+8x-7=0$

답 $x^3-5x^2+8x-7=0$

필수 공략 세 수 α, β, γ를 근으로 하고 x^3의 계수가 1인 삼차방정식
➡ $x^3-(\text{세 근의 합})x^2+(\text{두 근끼리의 곱의 합})x-(\text{세 근의 곱})=0$

• 정답 및 해설 090쪽

유제 02-❶ 삼차방정식 $x^3+x^2-2x+1=0$의 세 근을 α, β, γ라 할 때, $\alpha-1$, $\beta-1$, $\gamma-1$을 세 근으로 하고 x^3의 계수가 1인 삼차방정식을 구하시오.

유제 02-❷ 삼차방정식 $x^3+2x-2=0$의 세 근을 α, β, γ라 할 때, $\alpha+\beta$, $\beta+\gamma$, $\gamma+\alpha$를 세 근으로 하고 x^3의 계수가 1인 삼차방정식을 구하시오.

유제 02-❸ 삼차방정식 $x^3-7x^2+14x-8=0$의 세 근을 α, β, γ라 할 때, $\dfrac{2}{\alpha}$, $\dfrac{2}{\beta}$, $\dfrac{2}{\gamma}$를 세 근으로 하고 x^3의 계수가 1인 삼차방정식이 $x^3+ax^2+bx-1=0$이다. $b-a$의 값을 구하시오. (단, a, b는 실수이다.)

삼차방정식의 켤레근의 성질

삼차방정식 $x^3+ax^2+x+b=0$의 한 근이 $2+i$일 때, 두 실수 a, b의 값을 각각 구하시오.

$$\text{(단, } i=\sqrt{-1})$$

풀이

(Tip) 계수가 실수인 삼차방정식의 한 근이 허수이면 그 켤레복소수도 근이다.

방법 ① 켤레근의 성질을 이용

삼차방정식 $x^3+ax^2+x+b=0$의 계수가 실수이고 한 근이 $2+i$이므로 $2-i$도 근이다.

이때 나머지 한 근을 α라 하면 삼차방정식의 근과 계수의 관계에 의하여

$(2+i)\times(2-i)+(2-i)\times\alpha+\alpha\times(2+i)=1$ → 미정계수가 아닌 x의 계수 1을 이용한다.

$5+4\alpha=1$ $\therefore \alpha=-1$

따라서 주어진 삼차방정식의 세 근이 $2+i$, $2-i$, -1이므로

$(2+i)+(2-i)+(-1)=3=-a$

$(2+i)\times(2-i)\times(-1)=-5=-b$

$\therefore a=-3,\ b=5$

방법 ② 주어진 근을 대입

삼차방정식 $x^3+ax^2+x+b=0$의 한 근이 $2+i$이므로 주어진 방정식에 $x=2+i$를 대입하면

$(2+i)^3+a(2+i)^2+(2+i)+b=0$ $\therefore (3a+b+4)+(4a+12)i=0$

이때 복소수가 서로 같을 조건에 의하여

$3a+b+4=0,\ 4a+12=0$ $\therefore a=-3,\ b=5$

→ 두 식을 연립한다.

답 $a=-3,\ b=5$

필수 공략

삼차방정식 $ax^3+bx^2+cx+d=0$에서

(1) a, b, c, d가 유리수이고 한 근이 $p+q\sqrt{m}$ (p, q는 유리수, $q\neq0$, $\sqrt{m}$은 무리수)이면

➡ $p-q\sqrt{m}$도 근이다.

(2) a, b, c, d가 실수이고 한 근이 $p+qi$ (p, q는 실수, $q\neq0$, $i=\sqrt{-1}$)이면

➡ $p-qi$도 근이다.

• 정답 및 해설 091쪽

숫자 바꾼

유제 03-❶ 삼차방정식 $x^3+ax^2+bx-4=0$의 한 근이 $2-\sqrt{2}$일 때, 두 유리수 a, b에 대하여 $a+b$의 값을 구하시오.

유제 03-❷ 삼차방정식 $x^3-3x^2+ax+b=0$의 한 근이 $1+2i$일 때, 나머지 근 중 실근을 α라 하자. $a+\alpha+b$의 값을 구하시오. (단, a, b는 실수이고, $i=\sqrt{-1}$)

유제 03-❸ 삼차방정식 $x^3+ax^2+bx+c=0$의 두 근이 $\sqrt{2}$, i일 때, 세 실수 a, b, c에 대하여 abc의 값을 구하시오.

$$\text{(단, } i=\sqrt{-1})$$

방정식 $x^3=1$, $x^3=-1$의 허근의 성질

발전

방정식 $x^3=1$의 한 허근을 ω라 할 때, 다음 식의 값을 구하시오. (단, $\overline{\omega}$는 ω의 켤레복소수이다.)

(1) $\omega^{20}+\omega^{17}+\omega^{16}+\omega^{13}+\omega^{12}$

(2) $\dfrac{2\omega^2+2\overline{\omega}}{\omega^7+1}$

풀이

(**Tip**) 방정식 $x^3=1$의 허근 ω는 이차방정식 $x^2+x+1=0$의 근이다.

방정식 $x^3=1$에서 $x^3-1=0$, $(x-1)(x^2+x+1)=0$

ω는 방정식 $x^3=1$의 한 허근이므로 $\omega^3-1=0$, $\omega^2+\omega+1=0$

(1) $\omega^{20}+\omega^{17}+\omega^{16}+\omega^{13}+\omega^{12}=(\omega^3)^6\times\omega^2+(\omega^3)^5\times\omega^2+(\omega^3)^5\times\omega+(\omega^3)^4\times\omega+(\omega^3)^4$

$\qquad =\omega^2+\omega^2+\omega+\omega+1=2(\omega^2+\omega+1)-1=-1$

(2) ω가 이차방정식 $x^2+x+1=0$의 근이면 $\overline{\omega}$도 근이므로 이차방정식의 근과 계수의 관계에 의하여

$\omega+\overline{\omega}=-1$ $\quad\therefore \overline{\omega}=-\omega-1$

또한, $\omega^2+\omega+1=0$에서 $\omega^2=-\omega-1$이므로 $\overline{\omega}=\omega^2$

$\therefore \dfrac{2\omega^2+2\overline{\omega}}{\omega^7+1}=\dfrac{2\omega^2+2\omega^2}{(\omega^3)^2\times\omega+1}=\dfrac{4\omega^2}{\omega+1}=\dfrac{4\omega^2}{-\omega^2}=-4$

$\omega^2+\omega+1=0$에서 $\omega+1=-\omega^2$

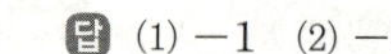 답 (1) -1 (2) -4

필수 공략

(1) 방정식 $x^3=1$의 한 허근을 ω라 하면 (단, $\overline{\omega}$는 ω의 켤레복소수이다.)

① $\omega^3=1$, $\omega^2+\omega+1=0$ ② $\omega+\overline{\omega}=-1$, $\omega\overline{\omega}=1$ ③ $\omega^2=\overline{\omega}=\dfrac{1}{\omega}$

(2) 방정식 $x^3=-1$의 한 허근을 ω라 하면 (단, $\overline{\omega}$는 ω의 켤레복소수이다.)

① $\omega^3=-1$, $\omega^2-\omega+1=0$ ② $\omega+\overline{\omega}=1$, $\omega\overline{\omega}=1$ ③ $\omega^2=-\overline{\omega}=-\dfrac{1}{\omega}$

• 정답 및 해설 092쪽

숫자 바꾼

유제 04-❶

방정식 $x^3=-1$의 한 허근을 ω라 할 때, 다음 식의 값을 구하시오. (단, $\overline{\omega}$는 ω의 켤레복소수이다.)

(1) $\omega^{15}-\omega^{14}+\omega^{13}-\omega^{12}+\omega^{11}-\omega^{10}$

(2) $\dfrac{3\omega^2-\overline{\omega}}{\omega^8}$

유제 04-❷

방정식 $x^3+1=0$의 한 허근을 ω라 할 때, $\dfrac{\overline{\omega}}{\omega-1}+\dfrac{\omega}{\overline{\omega}-1}$의 값을 구하시오.

(단, $\overline{\omega}$는 ω의 켤레복소수이다.)

유제 04-❸

방정식 $x^2+x+1=0$의 한 허근을 ω라 할 때, $(2\omega^5+1)\overline{(2\omega^5+1)}$의 값을 구하시오.

(단, $\overline{\omega}$는 ω의 켤레복소수이다.)

삼차방정식의 근과 계수의 관계

01 삼차방정식 $x^3-2x^2+4x+1=0$의 세 근을 α, β, γ라 할 때, $\dfrac{\beta+\gamma}{\alpha}+\dfrac{\gamma+\alpha}{\beta}+\dfrac{\alpha+\beta}{\gamma}$의 값은?

① -13 ② -12 ③ -11 ④ -10 ⑤ -9

세 수를 근으로 하는 삼차방정식

02 삼차방정식 $x^3-4x^2+2x+1=0$의 세 근을 α, β, γ라 할 때, $\alpha\beta$, $\beta\gamma$, $\gamma\alpha$를 세 근으로 하고 x^3의 계수가 1인 삼차방정식은 $x^3+ax^2+bx+c=0$이다. 세 상수 a, b, c에 대하여 abc의 값은?

① -10 ② -8 ③ -6 ④ -4 ⑤ -2

삼차방정식의 켤레근의 성질

03 (교육청) x에 대한 삼차방정식 $x^3+(k-1)x^2-k=0$의 한 허근을 z라 할 때, $z+\bar{z}=-2$이다. 실수 k의 값은?

(단, $\bar{z}$는 z의 켤레복소수이다.)

① $\dfrac{3}{2}$ ② 2 ③ $\dfrac{5}{2}$ ④ 3 ⑤ $\dfrac{7}{2}$

방정식 $x^3=1$, $x^3=-1$의 허근의 성질

04 방정식 $x^3=-1$의 한 허근을 ω라 할 때, |보기| 중 옳은 것을 모두 고르시오. (단, $\bar{\omega}$는 ω의 켤레복소수이다.)

┤ 보기 ├

ㄱ. $\omega^{20}+\omega^{10}+1=0$ ㄴ. $\omega+\bar{\omega}=1$ ㄷ. $\dfrac{1}{\omega-1}=\omega$

ㄹ. $\omega^2+\dfrac{1}{\omega}=0$ ㅁ. $\dfrac{\omega^2}{1-\omega}-\dfrac{\bar{\omega}}{\bar{\omega}^2+1}=2$ ㅂ. $\omega(2\omega-1)(2-\omega^2)=4\omega$

 연립이차방정식

1 미지수가 2개인 연립이차방정식

1 미지수가 2개인 연립이차방정식

미지수가 2개인 연립방정식에서 차수가 가장 높은 방정식이 이차방정식일 때, 이 연립방정식을 미지수가 2개인 연립이차방정식이라 한다.

2 미지수가 2개인 연립이차방정식의 풀이

(1) 일차방정식과 이차방정식으로 이루어진 연립이차방정식은 다음과 같은 순서로 푼다.

❶ 일차방정식을 한 문자에 대하여 정리한다.

❷ ❶에서 얻은 식을 이차방정식에 대입하여 푼다.

(2) 두 이차방정식으로 이루어진 연립이차방정식은 다음과 같은 순서로 푼다.

❶ 두 이차방정식 중 인수분해가 가능한 식을 인수분해하여 두 일차방정식을 얻는다.

❷ ❶에서 얻은 두 일차방정식을 다른 이차방정식에 각각 대입하여 푼다.

 **미지수가 2개인 연립이차방정식**

미지수가 2개인 연립이차방정식은 $\begin{cases} (일차식)=0 \\ (이차식)=0 \end{cases}$, $\begin{cases} (이차식)=0 \\ (이차식)=0 \end{cases}$ 의 두 가지 꼴이 있다.

예 $\begin{cases} x+y=2 \\ x^2-y^2=0 \end{cases}$, $\begin{cases} x^2+xy-2y^2=0 \\ 2x^2-xy-y^2=0 \end{cases}$ 과 같은 꼴의 연립방정식은 미지수가 2개인 연립이차방정식이다.

미지수가 2개인 연립이차방정식의 풀이

(1) 연립방정식 $\begin{cases} 2x-y=0 & \cdots\cdots \text{㉠} \\ x^2+y^2=5 & \cdots\cdots \text{㉡} \end{cases}$ 를 풀어 보자. → $\begin{cases} (일차식)=0 \\ (이차식)=0 \end{cases}$ 꼴

㉠에서 $y=2x$ $\cdots\cdots$ ㉢

㉢을 ㉡에 대입하면 $x^2+(2x)^2=5$, $x^2=1$ $\therefore x=\pm1$

(ⅰ) $x=-1$을 ㉢에 대입하면 $y=-2$

(ⅱ) $x=1$을 ㉢에 대입하면 $y=2$

(ⅰ), (ⅱ)에서 연립방정식의 해는

$\begin{cases} x=-1 \\ y=-2 \end{cases}$ 또는 $\begin{cases} x=1 \\ y=2 \end{cases}$

(2) 연립방정식 $\begin{cases} x^2-y^2=0 & \cdots\cdots \text{㉠} \\ x^2+xy+y^2=3 & \cdots\cdots \text{㉡} \end{cases}$ 을 풀어 보자. → $\begin{cases} (이차식)=0 \\ (이차식)=0 \end{cases}$ 꼴

㉠의 좌변을 인수분해하면

$(x+y)(x-y)=0$ $\therefore y=-x$ 또는 $y=x$

(ⅰ) $y=-x$를 ㉡에 대입하면 $x^2+x\times(-x)+(-x)^2=3$

$x^2=3$ $\therefore x=\pm\sqrt{3}$

$y=-x$이므로 $x=-\sqrt{3}$일 때 $y=\sqrt{3}$, $x=\sqrt{3}$일 때 $y=-\sqrt{3}$이다.

(ⅱ) $y=x$를 ㉡에 대입하면 $x^2+x\times x+x^2=3$, $x^2=1$ $\therefore x=\pm1$

$y=x$이므로 $x=-1$일 때 $y=-1$, $x=1$일 때 $y=1$이다.

(ⅰ), (ⅱ)에서 연립방정식의 해는

$\begin{cases} x=-\sqrt{3} \\ y=\sqrt{3} \end{cases}$ 또는 $\begin{cases} x=\sqrt{3} \\ y=-\sqrt{3} \end{cases}$ 또는 $\begin{cases} x=-1 \\ y=-1 \end{cases}$ 또는 $\begin{cases} x=1 \\ y=1 \end{cases}$

일차방정식과 이차방정식으로 이루어진 연립이차방정식의 풀이

다음 연립방정식을 푸시오.

(1) $\begin{cases} x-y=1 & \cdots\cdots \text{㉠} \\ x^2+y^2=5 & \cdots\cdots \text{㉡} \end{cases}$
(2) $\begin{cases} x-2y=-2 & \cdots\cdots \text{㉠} \\ x^2-3xy+3y^2=12 & \cdots\cdots \text{㉡} \end{cases}$

풀이

(Tip) 일차방정식을 한 문자에 대하여 정리한 후 이차방정식에 대입하여 푼다.

(1) ㉠에서 $y=x-1$ $\cdots\cdots$ ㉢

㉢을 ㉡에 대입하면

$x^2+(x-1)^2=5$

$x^2-x-2=0,\ (x+1)(x-2)=0$ $\therefore\ x=-1$ 또는 $x=2$

(i) $x=-1$을 ㉢에 대입하면 $y=-2$ $\begin{array}{l}[\,x=-1,\ x=2$를 ㉡에 대입하면 ㉠을 만족시키지 않는 값도 나오므로 ㉢에 대입하는 것이 효과적이다.$]\end{array}$

(ii) $x=2$를 ㉢에 대입하면 $y=1$

(i), (ii)에서 연립방정식의 해는 $\begin{cases} x=-1 \\ y=-2 \end{cases}$ 또는 $\begin{cases} x=2 \\ y=1 \end{cases}$ 이다.

(2) ㉠에서 $x=2y-2$ $\cdots\cdots$ ㉢

㉢을 ㉡에 대입하면

$(2y-2)^2-3y(2y-2)+3y^2=12$

$y^2-2y-8=0,\ (y+2)(y-4)=0$ $\therefore\ y=-2$ 또는 $y=4$

(i) $y=-2$를 ㉢에 대입하면 $x=-6$

(ii) $y=4$를 ㉢에 대입하면 $x=6$

(i), (ii)에서 연립방정식의 해는 $\begin{cases} x=-6 \\ y=-2 \end{cases}$ 또는 $\begin{cases} x=6 \\ y=4 \end{cases}$ 이다.

답 (1) $\begin{cases} x=-1 \\ y=-2 \end{cases}$ 또는 $\begin{cases} x=2 \\ y=1 \end{cases}$ (2) $\begin{cases} x=-6 \\ y=-2 \end{cases}$ 또는 $\begin{cases} x=6 \\ y=4 \end{cases}$

필수 공략

일차방정식과 이차방정식으로 이루어진 연립이차방정식은 다음과 같은 순서로 푼다.
❶ 일차방정식을 한 문자에 대하여 정리한다.
❷ ❶에서 얻은 식을 이차방정식에 대입하여 푼다.

• 정답 및 해설 093쪽

숫자 바꿈

유제 **01-❶** 다음 연립방정식을 푸시오.

(1) $\begin{cases} x-y=2 \\ 2x^2+y^2=8 \end{cases}$
(2) $\begin{cases} 3x-y=1 \\ x^2-2xy+y^2=25 \end{cases}$

유제 **01-❷** 연립방정식 $\begin{cases} 2x+3y=1 \\ x^2+9y^2=a \end{cases}$ 가 실근을 갖도록 하는 실수 a의 값의 범위를 구하시오.

두 이차방정식으로 이루어진 연립이차방정식의 풀이

다음 연립방정식을 푸시오.

(1) $\begin{cases} 4x^2-y^2=0 & \cdots\cdots \ \bigcirc \\ 2x^2-xy+y^2=8 & \cdots\cdots \ \bigcirc \end{cases}$

(2) $\begin{cases} x^2+xy-6y^2=0 & \cdots\cdots \ \bigcirc \\ x^2+2xy-2y^2=6 & \cdots\cdots \ \bigcirc \end{cases}$

(Tip) 두 이차방정식 중 인수분해되는 식을 인수분해하여 얻은 일차방정식을 다른 이차방정식에 각각 대입하여 푼다.

(1) $\bigcirc$의 좌변을 인수분해하면 $(2x+y)(2x-y)=0$ $\therefore y=-2x$ 또는 $y=2x$

　(i) $y=-2x$를 $\bigcirc$에 대입하면 $2x^2-x(-2x)+(-2x)^2=8$, $x^2=1$ $\therefore x=\pm1$

　　$y=-2x$이므로 $x=\pm1$, $y=\mp2$ (복부호동순)

　(ii) $y=2x$를 $\bigcirc$에 대입하면 $2x^2-x\times2x+(2x)^2=8$, $x^2=2$ $\therefore x=\pm\sqrt{2}$

　　$y=2x$이므로 $x=\pm\sqrt{2}$, $y=\pm2\sqrt{2}$ (복부호동순)

　(i), (ii)에서 연립방정식의 해는 $\begin{cases} x=-1 \\ y=2 \end{cases}$ 또는 $\begin{cases} x=1 \\ y=-2 \end{cases}$ 또는 $\begin{cases} x=-\sqrt{2} \\ y=-2\sqrt{2} \end{cases}$ 또는 $\begin{cases} x=\sqrt{2} \\ y=2\sqrt{2} \end{cases}$ 이다.

(2) $\bigcirc$의 좌변을 인수분해하면 $(x+3y)(x-2y)=0$ $\therefore x=-3y$ 또는 $x=2y$

　(i) $x=-3y$를 $\bigcirc$에 대입하면 $(-3y)^2+2y(-3y)-2y^2=6$, $y^2=6$ $\therefore y=\pm\sqrt{6}$

　　$x=-3y$이므로 $x=\pm3\sqrt{6}$, $y=\mp\sqrt{6}$ (복부호동순)

　(ii) $x=2y$를 $\bigcirc$에 대입하면 $(2y)^2+2y\times2y-2y^2=6$, $y^2=1$ $\therefore y=\pm1$

　　$x=2y$이므로 $x=\pm2$, $y=\pm1$ (복부호동순)

　(i), (ii)에서 연립방정식의 해는 $\begin{cases} x=-3\sqrt{6} \\ y=\sqrt{6} \end{cases}$ 또는 $\begin{cases} x=3\sqrt{6} \\ y=-\sqrt{6} \end{cases}$ 또는 $\begin{cases} x=-2 \\ y=-1 \end{cases}$ 또는 $\begin{cases} x=2 \\ y=1 \end{cases}$ 이다.

답 (1) $\begin{cases} x=-1 \\ y=2 \end{cases}$ 또는 $\begin{cases} x=1 \\ y=-2 \end{cases}$ 또는 $\begin{cases} x=-\sqrt{2} \\ y=-2\sqrt{2} \end{cases}$ 또는 $\begin{cases} x=\sqrt{2} \\ y=2\sqrt{2} \end{cases}$

(2) $\begin{cases} x=-3\sqrt{6} \\ y=\sqrt{6} \end{cases}$ 또는 $\begin{cases} x=3\sqrt{6} \\ y=-\sqrt{6} \end{cases}$ 또는 $\begin{cases} x=-2 \\ y=-1 \end{cases}$ 또는 $\begin{cases} x=2 \\ y=1 \end{cases}$

필수 공략

두 이차방정식으로 이루어진 연립이차방정식은 다음과 같은 순서로 푼다.
❶ 두 이차방정식 중 인수분해가 가능한 식을 인수분해하여 두 일차방정식을 얻는다.
❷ ❶에서 얻은 두 일차방정식을 다른 이차방정식에 각각 대입하여 푼다.

• 정답 및 해설 094쪽

숫자 바꾼

유제 **02-❶** 다음 연립방정식을 푸시오.

(1) $\begin{cases} x^2-4y^2=0 \\ x^2+xy-y^2=5 \end{cases}$

(2) $\begin{cases} 2x^2-xy-y^2=0 \\ x^2+2xy+y^2=4 \end{cases}$

유제 **02-❷** 연립방정식 $\begin{cases} 3x^2+2xy-y^2=0 \\ x^2-xy+y^2=21 \end{cases}$ 을 만족시키는 두 실수 x, y에 대하여 xy의 최댓값을 구하시오.

연립이차방정식의 활용

대각선의 길이가 5 cm인 직사각형이 있다. 이 직사각형의 가로의 길이와 세로의 길이를 각각 1 cm씩 늘인 직사각형의 넓이는 처음 직사각형의 넓이보다 8 cm²만큼 넓어진다고 한다. 처음 직사각형의 넓이를 구하시오.

풀이

(Tip) 직사각형의 가로의 길이를 x cm, 세로의 길이를 y cm로 놓고 주어진 조건을 만족시키는 방정식을 세운다.

처음 직사각형의 가로의 길이를 x cm, 세로의 길이를 y cm라 하자.

대각선의 길이가 5 cm이므로

$x^2+y^2=5^2$ ∴ $x^2+y^2=25$

가로의 길이와 세로의 길이를 각각 1 cm씩 늘인 직사각형의 넓이가 처음 직사각형의 넓이보다 8 cm²만큼 넓어지므로

$(x+1)(y+1)=xy+8$ ∴ $x+y=7$

즉, $\begin{cases} x^2+y^2=25 & \cdots\cdots\ \text{㉠} \\ x+y=7 & \cdots\cdots\ \text{㉡} \end{cases}$

㉡에서 $y=-x+7$ $\cdots\cdots$ ㉢

㉢을 ㉠에 대입하면 $x^2+(-x+7)^2=25$

$x^2-7x+12=0,\ (x-3)(x-4)=0$ ∴ $x=3$ 또는 $x=4$

이를 ㉢에 대입하면 $x=3,\ y=4$ 또는 $x=4,\ y=3$

따라서 처음 직사각형의 넓이는 $3\times4=12\,(\text{cm}^2)$

| 다른 풀이 |

$(x+y)^2=x^2+y^2+2xy$에서 $2xy=(x+y)^2-(x^2+y^2)$이므로 ㉠, ㉡에서

$2xy=(x+y)^2-(x^2+y^2)=7^2-25=24$ ∴ $\underline{xy=12}$
└→ 처음 직사각형의 넓이

답 12 cm²

필수 **공략**

연립이차방정식의 활용 문제는 다음과 같은 순서로 푼다.
❶ 구하는 값(또는 구하는 값을 결정짓는 값)을 미지수 x로 놓는다.
❷ 주어진 조건을 만족시키는 x, y에 대한 연립방정식을 세운다.
❸ 연립방정식을 푼 후 문제의 조건을 만족시키는 x, y의 값만 택한다.

• 정답 및 해설 094쪽

유제 **03-❶** 두 자리의 자연수에서 각 자리의 수의 제곱의 합은 85이고 일의 자리의 수와 십의 자리의 수를 바꾼 자연수와 처음 자연수의 합이 121일 때, 처음 자연수를 구하시오.

(단, 일의 자리 수가 십의 자리 수보다 크다.)

유제 **03-❷** 오른쪽 그림과 같이 가로의 길이가 세로의 길이보다 길고, 대각선의 길이가 13 cm인 직사각형이 있다. 이 직사각형의 둘레의 길이가 34 cm일 때, 가로의 길이를 구하시오.

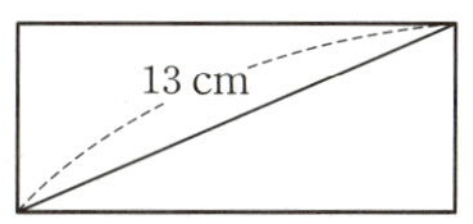

• 연립이차방정식

---

01 다음 연립방정식을 푸시오.

(1) $\begin{cases} x+y=2 \\ x^2-y^2=8 \end{cases}$

(2) $\begin{cases} x-2y=1 \\ x^2+3xy-y=5 \end{cases}$

(3) $\begin{cases} 2x-y=3 \\ y^2-x^2=45 \end{cases}$

(4) $\begin{cases} x+y=6 \\ x^2-xy+y^2=12 \end{cases}$

(5) $\begin{cases} 3x+2y=1 \\ x^2+6xy+4y^2=5 \end{cases}$

(6) $\begin{cases} x-3y=5 \\ 2x^2-4xy-y^2=15 \end{cases}$

---

02 다음 연립방정식을 푸시오.

(1) $\begin{cases} x^2-y^2=0 \\ x^2+xy+2y^2=4 \end{cases}$

(2) $\begin{cases} x^2-xy-2y^2=0 \\ 2x^2+3xy+2y^2=16 \end{cases}$

(3) $\begin{cases} 8x^2-2xy-y^2=0 \\ 6x^2+5xy+y^2=20 \end{cases}$

(4) $\begin{cases} x^2-5xy-6y^2=0 \\ x^2-3xy-2y^2=16 \end{cases}$

(5) $\begin{cases} x^2-y^2=0 \\ x^2-2xy+2y^2=5 \end{cases}$

(6) $\begin{cases} x^2-xy=12 \\ x^2-2xy-3y^2=0 \end{cases}$

대칭식으로 이루어진 연립방정식

x, y에 대한 연립방정식에서 두 방정식이 모두 x, y에 대한 대칭식이면 다음과 같이 풀 수 있다.

> 두 방정식이 모두 x, y에 대한 대칭식인 연립방정식은 다음과 같은 순서로 푼다.
> ❶ $x+y=u$, $xy=v$라 하고 주어진 연립방정식을 u, v에 대한 연립방정식으로 변형한다.
> ❷ ❶의 연립방정식을 풀어 u, v의 값을 각각 구한다.
> ❸ x, y가 t에 대한 이차방정식 $t^2-ut+v=0$의 두 근임을 이용하여 x, y의 값을 각각 구한다.

참고 $x+y=2$와 $x^2+xy+y^2=3$과 같이 x와 y를 서로 바꾸어 대입해도 원래의 식과 같아지는 식을 대칭식이라 한다.

(1) $x+y=u$, $xy=v$일 때, x, y는 t에 대한 이차방정식 $t^2-ut+v=0$의 두 근임을 이용하여 x, y의 값을 구할 수 있다. → 아래 방법 ❷ 참고

example

연립방정식 $\begin{cases} x+y=1 \\ 2xy+12=0 \end{cases}$ 을 풀어 보자.

방법 ❶ $x+y=1$에서 $y=-x+1$ ...... ㉠

185쪽
필수 예제 1
참고

㉠을 $2xy+12=0$에 대입하면
$2x(-x+1)+12=0$, $x^2-x-6=0$
$(x+2)(x-3)=0$
$\therefore x=-2$, $x=3$
(i) $x=-2$를 ㉠에 대입하면 $y=3$
(ii) $x=3$을 ㉠에 대입하면 $y=-2$
(i), (ii)에서
$\begin{cases} x=-2 \\ y=3 \end{cases}$ 또는 $\begin{cases} x=3 \\ y=-2 \end{cases}$

방법 ❷ $x+y=u$, $xy=v$라 하면 주어진 방정식은
$\begin{cases} u=1 \\ 2v+12=0 \end{cases}$
$\therefore u=1$, $v=-6$
즉, x, y는 t에 대한 이차방정식
$t^2-t-6=0$의 두 근이므로
$(t+2)(t-3)=0$
$\therefore t=-2$ 또는 $t=3$
따라서 연립방정식의 해는
$\begin{cases} x=-2 \\ y=3 \end{cases}$ 또는 $\begin{cases} x=3 \\ y=-2 \end{cases}$

(2) x, y에 대한 연립방정식에서 두 방정식이 모두 x, y에 대한 대칭식이면 $x+y=u$, $xy=v$라 하고 주어진 연립방정식을 u, v에 대한 연립방정식으로 변형하여 풀 수 있다. → 아래 방법 ❷ 참고

example

연립방정식 $\begin{cases} x+y=3 \\ x^2+y^2=5 \end{cases}$ 를 풀어 보자.

방법 ❶ $x+y=3$에서 $y=-x+3$ ...... ㉠

185쪽
필수 예제 1
참고

㉠을 $x^2+y^2=5$에 대입하면
$x^2+(-x+3)^2=5$, $x^2-3x+2=0$
$(x-1)(x-2)=0$
$\therefore x=1$ 또는 $x=2$
(i) $x=1$을 ㉠에 대입하면 $y=2$
(ii) $x=2$를 ㉠에 대입하면 $y=1$
(i), (ii)에서
$\begin{cases} x=1 \\ y=2 \end{cases}$ 또는 $\begin{cases} x=2 \\ y=1 \end{cases}$

방법 ❷ $x+y=u$, $xy=v$라 하면 주어진 연립방정식은
$\begin{cases} u=3 \\ u^2-2v=5 \end{cases}$
$u=3$을 $u^2-2v=5$에 대입하여 정리하면
$v=2$
$\therefore x+y=3$, $xy=2$
즉, x, y는 t에 대한 이차방정식
$t^2-3t+2=0$의 두 근이므로
$(t-1)(t-2)=0$ $\therefore t=1$ 또는 $t=2$
따라서 연립방정식의 해는
$\begin{cases} x=1 \\ y=2 \end{cases}$ 또는 $\begin{cases} x=2 \\ y=1 \end{cases}$

• 정답 및 해설 097쪽

일차방정식과 이차방정식으로 이루어진 연립이차방정식의 풀이

01 x, y에 대한 연립방정식 $\begin{cases} 2x+y=1 \\ x^2-ky=-6 \end{cases}$ 이 오직 한 쌍의 해를 갖도록 하는 양수 k의 값은?

교육청

① 1   ② 2   ③ 3   ④ 4   ⑤ 5

일차방정식과 이차방정식으로 이루어진 연립이차방정식의 풀이

02 연립방정식 $\begin{cases} x-y=k \\ y^2-2x+y=0 \end{cases}$ 이 실근을 갖지 않도록 하는 정수 k의 최댓값은?

① -4 ② -3 ③ -2 ④ -1 ⑤ 0

두 이차방정식으로 이루어진 연립이차방정식의 풀이

03 연립방정식 $\begin{cases} 2x^2-3xy-2y^2=0 \\ x^2-xy-y^2=4 \end{cases}$ 를 만족시키는 두 양수 x, y에 대하여 $x+y$의 값은?

① 6   ② 8   ③ 10   ④ 12   ⑤ 14

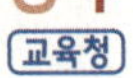

연립이차방정식의 활용

04 밑면의 반지름의 길이가 r, 높이가 h인 원기둥 모양의 용기에 대하여

교육청

$$r+2h=8, \ r^2-2h^2=8$$

일 때, 이 용기의 부피는? (단, 용기의 두께는 무시한다.)

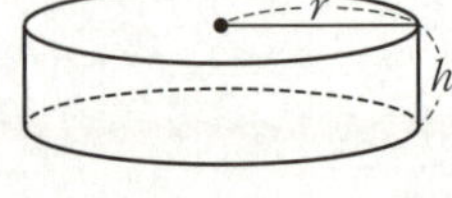

① 16π ② 20π ③ 24π ④ 28π ⑤ 32π

• 정답 및 해설 098쪽

01

삼차방정식 $2x^3+x^2-7x+3=0$의 모든 무리수인 근의 합은?

① -1 ② 0 ③ 1

④ 2 ⑤ 3

02

최고차항의 계수가 1인 삼차다항식 $P(x)$에 대하여 $P(x)$를 x^2+1로 나눈 나머지는 $x-5$이고 $P(x)$를 $x-2$로 나눈 나머지는 12일 때, 방정식 $P(x)=0$의 모든 허근의 곱을 구하시오.

03 교육청

복소수 $z=a+bi$ (a, b는 실수)가 다음 조건을 만족시킬 때, $a+b$의 값은?

(단, $i=\sqrt{-1}$이고, $\bar{z}$는 z의 켤레복소수이다.)

> (가) z는 방정식 $x^3-3x^2+9x+13=0$의 근이다.
> (나) $\dfrac{z-\bar{z}}{i}$는 음의 실수이다.

① -3 ② -1 ③ 1

④ 3 ⑤ 5

04

사차방정식 $(x-2)(x-1)(x+2)(x+3)-k=0$의 한 근이 3이고 나머지 세 근 중 두 허근을 α, β라 할 때, $\alpha^2+\beta^2$의 값을 구하시오. (단, k는 상수이다.)

05

사차방정식 $x^4+3x^2+4=0$의 네 근을 α, β, γ, δ라 할 때, $\dfrac{1}{\alpha}+\dfrac{1}{\beta}+\dfrac{1}{\gamma}+\dfrac{1}{\delta}$의 값을 구하시오.

06 교육청

x에 대한 사차방정식 $x^4-(2a-9)x^2+4=0$이 서로 다른 네 실근 α, β, γ, δ ($\alpha<\beta<\gamma<\delta$)를 가진다. $\alpha^2+\beta^2=5$일 때, 상수 a의 값을 구하시오.

07

삼차방정식 $x^3-8=kx(x-2)$가 한 개의 실근과 두 개의 허근을 가질 때, 정수 k의 최댓값은?

① 3   ② 4   ③ 5
④ 6   ⑤ 7

08

x에 대한 사차방정식
$x^4+2(a+1)x^3-(3a+2)x^2+(a-1)x=0$의 서로 다른 실근의 개수가 3이 되도록 하는 모든 정수 a의 값의 합을 구하시오.

09

x^3의 계수가 1인 삼차식 $P(x)$가
$P(1)=P(2)=P(3)=2$를 만족시킬 때, $P(5)$의 값은?

① 23   ② 24   ③ 25
④ 26   ⑤ 27

10

삼차방정식 $x^3+ax^2+bx+c=0$의 한 근이 $\sqrt{2}-i$일 때, 나머지 두 근을 α, β라 하자. $2\alpha+\beta$의 값을 구하시오.
(단, a, b는 유리수이고, c는 실수이다.)

11

삼차방정식 $x^3-2x+4=0$의 한 허근을 α라 할 때, $\alpha^3+\bar{\alpha}^3$의 값을 구하시오. (단, $\bar{\alpha}$는 α의 켤레복소수이다.)

12 서술형

방정식 $x^3-1=0$의 한 허근을 ω라 할 때,
$1+\omega+\bar{\omega}^2+\omega^3+\bar{\omega}^4+\omega^5+\bar{\omega}^6$의 값을 구하시오.
(단, $\bar{\omega}$는 ω의 켤레복소수이다.)

• 정답 및 해설 099쪽

13

연립방정식 $\begin{cases} x+y=2a+2 \\ xy=a^2+6 \end{cases}$ 을 만족시키는 실수 x, y가

존재하지 않도록 하는 자연수 a의 최댓값을 구하시오.

14 교육청

x, y에 대한 두 연립방정식

$$\begin{cases} 3x+y=a \\ 2x+2y=1 \end{cases}, \quad \begin{cases} x^2-y^2=-1 \\ x-y=b \end{cases}$$

의 해가 일치할 때, 두 상수 a, b에 대하여 ab의 값은?

① 1 ② 2 ③ 3
④ 4 ⑤ 5

15 서술형

연립방정식 $\begin{cases} x-y=k \\ \dfrac{y}{x}+\dfrac{x}{y}=k+2 \end{cases}$ 를 만족시키는 두 실수 x, y

가 오직 한 쌍의 해를 갖도록 하는 실수 k의 값을 구하시오.

16

등식 $2(2+i)x^2-(7y-5i)x=8+12i$를 만족시키는 두 정수 x, y에 대하여 xy의 값은? (단, $i=\sqrt{-1}$)

① 4 ② 5 ③ 6
④ 7 ⑤ 8

17 교육청

연립방정식 $\begin{cases} x^2-3xy+2y^2=0 \\ x^2-y^2=9 \end{cases}$ 의 해를 $\begin{cases} x=\alpha_1 \\ y=\beta_1 \end{cases}$ 또는

$\begin{cases} x=\alpha_2 \\ y=\beta_2 \end{cases}$ 라 하자. $\alpha_1<\alpha_2$일 때, $\beta_1-\beta_2$의 값은?

① $-2\sqrt{3}$ ② $-2\sqrt{2}$ ③ $2\sqrt{2}$
④ $2\sqrt{3}$ ⑤ 4

18

오른쪽 그림과 같이 빗변의 길이가 15 cm인 직각삼각형 ABC의 내접원의 반지름의 길이가 3 cm일 때, 직각삼각형 ABC의 넓이는?

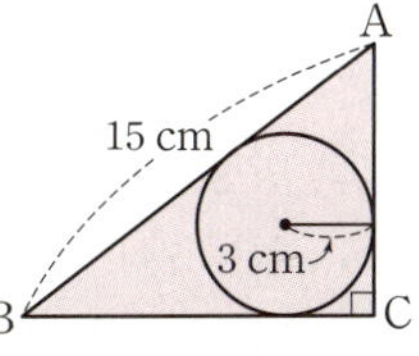

① 52 cm² ② 54 cm² ③ 56 cm²
④ 58 cm² ⑤ 60 cm²

내신 1% 뛰어 넘기

19

삼차방정식 $x^3+3x^2+2(k+1)x+2k=0$이 오직 하나의 실근을 갖도록 하는 실수 k의 값의 범위를 구하시오.

20 교육청

세 실수 a, b, c에 대하여 삼차다항식
$$P(x)=x^3+ax^2+bx+c$$
가 다음 조건을 만족시킨다.

> ㈎ x에 대한 삼차방정식 $P(x)=0$은 한 실근과 서로 다른 두 허근을 갖고, 서로 다른 두 허근의 곱은 5이다.
> ㈏ x에 대한 삼차방정식 $P(3x-1)=0$은 한 근 0과 다른 두 허근을 갖고, 서로 다른 두 허근의 합은 2이다.

$a+b+c$의 값은?

① 3   ② 4   ③ 5
④ 6   ⑤ 7

21 교육청

x에 대한 삼차식
$$f(x)=x^3+(2a-1)x^2+(b^2-2a)x-b^2$$
에 대하여 |보기|에서 옳은 것만을 있는 대로 고른 것은?

> |보기|
> ㄱ. $f(x)$는 $x-1$을 인수로 갖는다.
> ㄴ. $a<b<0$인 어떤 실수 a, b에 대하여 방정식 $f(x)=0$의 서로 다른 실근의 개수는 2이다.
> ㄷ. 방정식 $f(x)=0$이 서로 다른 세 실근을 갖고 세 근의 합이 7이 되도록 하는 두 정수 a, b의 모든 순서쌍 (a, b)의 개수는 5이다.

① ㄱ   ② ㄱ, ㄴ   ③ ㄱ, ㄷ
④ ㄴ, ㄷ   ⑤ ㄱ, ㄴ, ㄷ

22

계수가 모두 실수이고 x^3의 계수가 1인 삼차방정식 $f(x)=0$의 한 허근이 $2+3i$이고, 이차식 $g(x)=x^2+(a+2)x+2a$에 대하여 이차방정식 $g(x)=0$의 모든 근은 삼차방정식 $f(x)=0$의 근이다. $f(a)$의 값은? (단, a는 실수이다.)

① 33   ② 34   ③ 35
④ 36   ⑤ 37

23

삼차방정식 $2x^3-x+1=0$의 한 허근을 α라 할 때, $\left(\dfrac{2\alpha-1}{\bar{\alpha}}\right)^n=256$을 만족시키는 자연수 n의 값을 구하시오. (단, $\bar{\alpha}$는 α의 켤레복소수이다.)

24

연립방정식 $\begin{cases} x^2-y^2-x+3y-2=0 \\ x^2+xy+y=5 \end{cases}$ 의 해를

$\begin{cases} x=x_1 \\ y=y_1 \end{cases}$ 또는 $\begin{cases} x=x_2 \\ y=y_2 \end{cases}$ 또는 $\begin{cases} x=x_3 \\ y=y_3 \end{cases}$ 이라 할 때, 좌표평면 위의 세 점 (x_1, y_1), (x_2, y_2), (x_3, y_3)을 꼭짓점으로 하는 삼각형의 넓이는?

① 7   ② $\dfrac{15}{2}$ ③ 8
④ $\dfrac{17}{2}$ ⑤ 9

Ⅱ-5

연립일차부등식

일차부등식

1 부등식

(1) 부등식

부등호 $>$, $<$, $\geq$, $\leq$를 사용하여 수 또는 식의 값의 대소 관계를 나타낸 식을 부등식이라 한다.
또한, 미지수를 포함한 부등식이 참이 되는 미지수의 값 또는 범위를 그 **부등식의 해**라 하고, 부등식의
해를 모두 구하는 것을 **부등식을 푼다**고 한다.

(2) 부등식의 기본 성질

세 실수 a, b, c에 대하여

① $a>b$, $b>c$이면 $a>c$

② $a>b$이면 $a+c>b+c$, $a-c>b-c$

③ $a>b$, $c>0$이면 $ac>bc$, $\dfrac{a}{c}>\dfrac{b}{c}$

④ $a>b$, $c<0$이면 $ac<bc$, $\dfrac{a}{c}<\dfrac{b}{c}$ → 부등식의 양변에 음수를 곱하거나 음수로 나누면 부등호의 방향이 바뀐다.

⑤ a, b가 같은 부호이면 $ab>0$, $\dfrac{a}{b}>0$, $\dfrac{b}{a}>0$

⑥ a, b가 다른 부호이면 $ab<0$, $\dfrac{a}{b}<0$, $\dfrac{b}{a}<0$

> **참고** (1) 허수는 대소를 비교할 수 없으므로 부등식에 포함된 모든 문자는 실수로 생각한다.
>
> (2) **부등식의 사칙연산**
>
> $0<a\leq x\leq b$, $0<c\leq y\leq d$일 때
>
> ① 덧셈: $a+c\leq x+y\leq b+d$
>
> ② 뺄셈: $a-d\leq x-y\leq b-c$
>
> ③ 곱셈: $ac\leq xy\leq bd$
>
> ④ 나눗셈: $\dfrac{a}{d}\leq\dfrac{x}{y}\leq\dfrac{b}{c}$

2 일차부등식의 풀이

(1) 일차부등식: 주어진 부등식의 모든 항을 좌변으로 이항하여 정리하였을 때

$$ax+b>0,\ ax+b<0,\ ax+b\geq0,\ ax+b\leq0\ (a\neq0,\ a,\ b는\ 상수)$$

과 같이 좌변이 x에 대한 일차식이 되는 부등식

(2) 부등식 $ax>b$의 풀이

x에 대한 부등식 $ax>b$의 해는

(ⅰ) $a>0$일 때, $x>\dfrac{b}{a}$ → 부등호의 방향 그대로

(ⅱ) $a<0$일 때, $x<\dfrac{b}{a}$ → 부등호의 방향 반대로

(ⅲ) $a=0$일 때, $\begin{cases} b\geq0이면\ 해는\ 없다. & →0\times x>(0\ 또는\ 양수) \\ b<0이면\ 해는\ 모든\ 실수이다. & →0\times x>(음수) \end{cases}$

1 부등식의 기본 성질

a, b, c, d가 실수일 때, 다음 중 옳지 <u>않은</u> 것은?

① $a<b$, $c<0$이면 $a+c<b+c$이다.　② $a>b$, $c>0$이면 $ac>bc$이다.

③ $a<b<0$, $c<0$이면 $ac>bc$이다.　④ $a<b$, $c<d$이면 $a+c<b+d$이다.

⑤ $a<0<b$이면 $\dfrac{1}{a}>\dfrac{1}{b}$이다.

풀이 ④ $a<b$이므로 $a+c<b+c$, $c<d$이므로 $c+b<d+b$

즉, $a+c<b+c<b+d$이므로 $a+c<b+d$ (참)

⑤ $a<0$이므로 $\dfrac{1}{a}<0$, $b>0$이므로 $\dfrac{1}{b}>0$

즉, $\dfrac{1}{a}<0<\dfrac{1}{b}$이므로 $\dfrac{1}{a}<\dfrac{1}{b}$ (거짓)

따라서 옳지 않은 것은 ⑤이다.

답 ⑤

1-1 a, b, c, d가 실수일 때, |**보기**| 중 옳은 것을 모두 고르시오.

┤ **보기** ├

ㄱ. $a<0<b<c$이면 $ab>ac$이다.　　　ㄴ. $a<0$, $b>0$, $c<0$이면 $ab>ac$이다.

ㄷ. $a>b$, $c>d$이면 $a-d>b-c$이다.　　ㄹ. $a>b>0$, $c>d>0$이면 $\dfrac{a}{d}<\dfrac{b}{c}$이다.

2 부등식 $ax>b$의 풀이

x에 대한 부등식 $ax-2>2x-a$를 푸시오. (단, a는 상수이다.)

풀이 $ax-2>2x-a$에서 $(a-2)x>-(a-2)$

(i) $a-2>0$, 즉 $a>2$일 때, $x>-1$

(ii) $a-2<0$, 즉 $a<2$일 때, $x<-1$

(iii) $a-2=0$, 즉 $a=2$일 때, $0\times x>0$이므로 해는 없다.

(i), (ii), (iii)에서 주어진 부등식의 해는
$\begin{cases} a>2\text{일 때, } x>-1 \\ a<2\text{일 때, } x<-1 \\ a=2\text{일 때, 해는 없다.} \end{cases}$

답 풀이 참조

2-1 x에 대한 부등식 $(1-a)x<4a$의 해가 $x<1$일 때, 상수 a의 값을 구하시오.

 **연립일차부등식**

① 연립부등식

두 개 이상의 부등식을 한 쌍으로 묶어서 나타낸 것을 **연립부등식**이라 하고, 일차부등식으로만 이루어진 연립부등식을 **연립일차부등식**이라 한다.

또한, 연립부등식에서 각 부등식의 공통인 해를 연립부등식의 해라 하고, 연립부등식의 해를 구하는 것을 연립부등식을 푼다고 한다.

② 연립일차부등식의 풀이

연립일차부등식은 다음과 같은 순서로 푼다.

❶ 각 부등식의 해를 구한다.

❷ ❶에서 구한 해를 하나의 수직선 위에 나타내어 공통부분을 구한다.

참고 연립부등식을 이루는 각 부등식의 해의 공통부분이 없으면 연립부등식의 해는 없다.

 두 실수 a, b $(a<b)$에 대하여

(1) $\begin{cases} x>a \\ x\geq b \end{cases}$의 해 $\Rightarrow x\geq b$
(2) $\begin{cases} x>a \\ x\leq b \end{cases}$의 해 $\Rightarrow a<x\leq b$
(3) $\begin{cases} x<a \\ x\leq b \end{cases}$의 해 $\Rightarrow x<a$

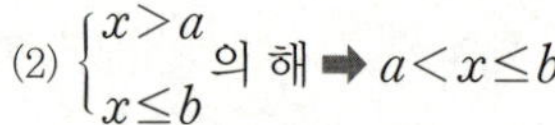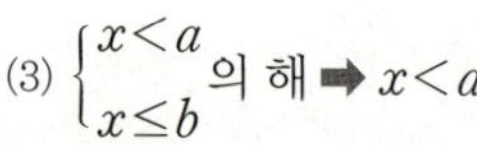

부등식의 해에 포함되지 않음.
부등식의 해에 포함됨.

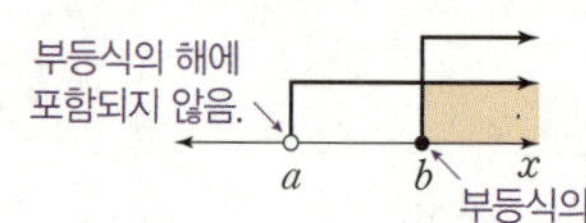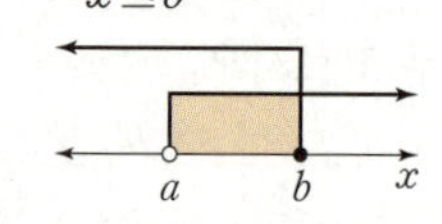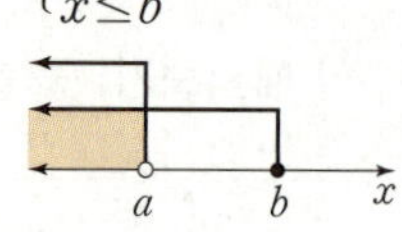

example

연립부등식 $\begin{cases} 2x\geq x-2 & \cdots\cdots ㉠ \\ x+1<3 & \cdots\cdots ㉡ \end{cases}$에서 부등식 ㉠을 풀면 $x\geq -2$, 부등식 ㉡을 풀면 $x<2$이므로

두 부등식 ㉠, ㉡의 해를 하나의 수직선 위에 나타내어 공통부분을 구하면 다음 그림과 같다.

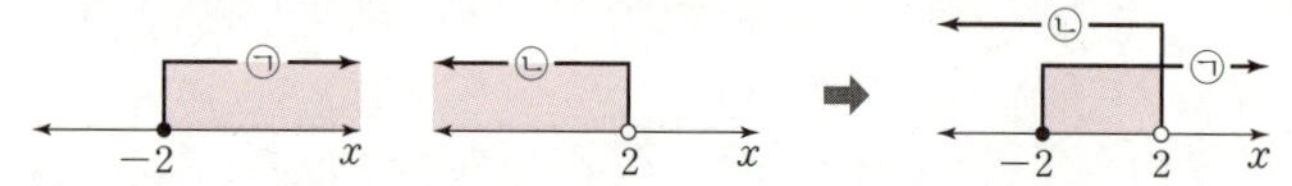

따라서 ㉠, ㉡의 공통부분은 $-2\leq x<2$이므로 구하는 연립부등식의 해는 $-2\leq x<2$이다.

(1) 해가 하나뿐인 경우

각 부등식의 해를 하나의 수직선 위에 나타내었을 때, 공통부분이 한 점이다.

$\begin{cases} x\leq a \\ x\geq a \end{cases}$의 해 $\Rightarrow x=a$

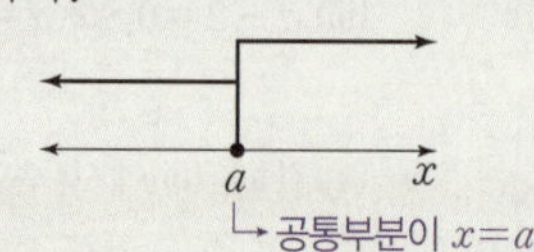

공통부분이 $x=a$뿐이다.

(2) 해가 없는 경우

각 부등식의 해를 하나의 수직선 위에 나타내었을 때, 공통부분이 없는 경우이다.

① $\begin{cases} x\leq a \\ x\geq b \end{cases}$ (단, $a<b$)
② $\begin{cases} x<a \\ x\geq a \end{cases}$
③ $\begin{cases} x<a \\ x>a \end{cases}$

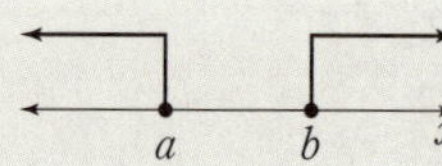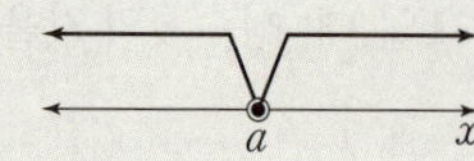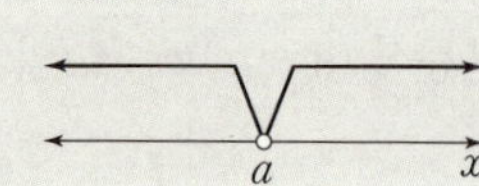

example
(1) 해가 하나뿐인 경우

연립부등식 $\begin{cases} 2x \leq 4 & \cdots\cdots ㉠ \\ x-2 \geq 0 & \cdots\cdots ㉡ \end{cases}$ 을 풀어 보자.

부등식 ㉠을 풀면 $x \leq 2$, 부등식 ㉡을 풀면 $x \geq 2$이다.
따라서 공통부분이 $x=2$뿐이므로 주어진 연립부등식의 해는 $x=2$이다.

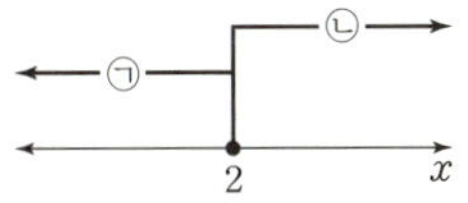

(2) 해가 없는 경우

① 연립부등식 $\begin{cases} x-1 < -3 & \cdots\cdots ㉠ \\ -x+4 < 2 & \cdots\cdots ㉡ \end{cases}$ 를 풀어 보자.

부등식 ㉠을 풀면 $x < -2$, 부등식 ㉡을 풀면 $x > 2$이다.
따라서 공통부분이 없으므로 주어진 연립부등식의 해는 없다.

② 연립부등식 $\begin{cases} 2x+1 < -3 & \cdots\cdots ㉠ \\ x+4 \geq 2 & \cdots\cdots ㉡ \end{cases}$ 를 풀어 보자.

부등식 ㉠을 풀면 $x < -2$, 부등식 ㉡을 풀면 $x \geq -2$이다.
따라서 공통부분이 없으므로 주어진 연립부등식의 해는 없다.

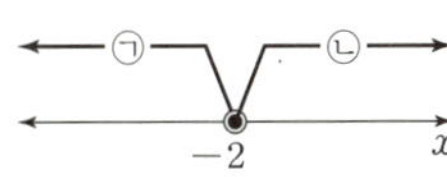

③ 연립부등식 $\begin{cases} x+2 < 4 & \cdots\cdots ㉠ \\ 3x > 6 & \cdots\cdots ㉡ \end{cases}$ 을 풀어 보자.

부등식 ㉠을 풀면 $x < 2$, 부등식 ㉡을 풀면 $x > 2$이다.
따라서 공통부분이 없으므로 주어진 연립부등식의 해는 없다.

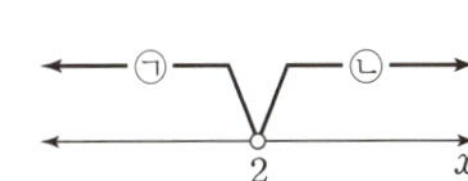

③ $A < B < C$ 꼴의 연립부등식

$A < B < C$ 꼴의 연립부등식은 $\begin{cases} A < B \\ B < C \end{cases}$ 꼴로 고쳐서 푼다.

주의 $A < B < C$를 $\begin{cases} A < B \\ A < C \end{cases}$ 또는 $\begin{cases} A < C \\ B < C \end{cases}$ 꼴로 고쳐서 풀지 않도록 한다.

$A < B < C$ 꼴의 연립부등식은 $A < B$이고 $B < C$이므로 $\begin{cases} A < B \\ B < C \end{cases}$ 꼴로 고쳐서 푼다.

만약 주어진 연립부등식을 $\begin{cases} A < B \\ A < C \end{cases}$ 꼴로 고치면 B, C의 대소 관계를 알 수 없고, $\begin{cases} A < C \\ B < C \end{cases}$ 꼴로 고치면 A, B의 대소 관계를 알 수 없다.

example
연립부등식 $2x+1 < x+3 < 3x$를 풀어 보자.

주어진 연립부등식을 변형하면
$\begin{cases} 2x+1 < x+3 \\ x+3 < 3x \end{cases}$
$2x+1 < x+3$에서
$x < 2 \qquad\qquad \cdots\cdots ㉠$
$x+3 < 3x$에서
$-2x < -3 \qquad \therefore x > \dfrac{3}{2} \qquad \cdots\cdots ㉡$
주어진 연립부등식의 해는 ㉠, ㉡의 공통부분이므로
$\dfrac{3}{2} < x < 2$

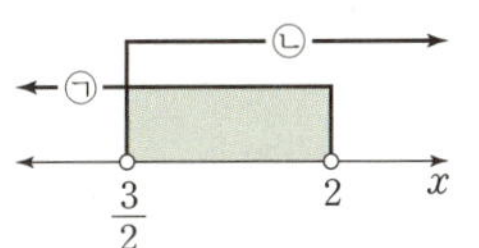

연립일차부등식의 풀이

다음 연립부등식을 푸시오.

(1) $\begin{cases} 4x-3<2x+1 \\ x-3\leq3x-2 \end{cases}$
(2) $\begin{cases} x+4<3(x-2) \\ 2(x-3)+x\geq3 \end{cases}$
(3) $\begin{cases} \dfrac{x-2}{3}>\dfrac{x-3}{4} \\ 0.2(x+2)\geq0.4x-0.3 \end{cases}$

풀이

(Tip) 괄호가 있으면 분배법칙을 이용하여 괄호를 풀고, 계수가 분수 또는 소수이면 양변에 적당한 수를 곱하여 계수를 정수로 고친다.

(1) $4x-3<2x+1$에서 $2x<4$ $\therefore x<2$ ······ ㉠

  $x-3\leq3x-2$에서 $-2x\leq1$ $\therefore x\geq-\dfrac{1}{2}$ ······ ㉡

  ㉠, ㉡의 공통부분을 구하면

  $-\dfrac{1}{2}\leq x<2$

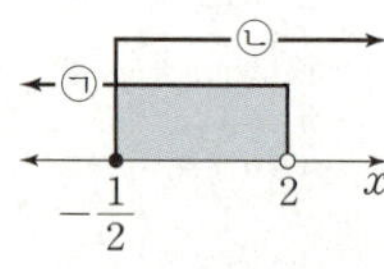

(2) $x+4<3(x-2)$에서 $x+4<3x-6$, $-2x<-10$ $\therefore x>5$ ······ ㉠

  $2(x-3)+x\geq3$에서 $2x-6+x\geq3$, $3x\geq9$ $\therefore x\geq3$ ······ ㉡

  ㉠, ㉡의 공통부분을 구하면

  $x>5$

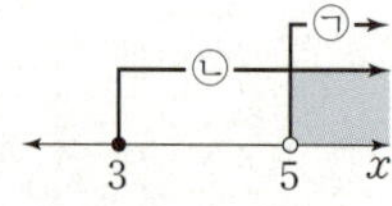

(3) $\dfrac{x-2}{3}>\dfrac{x-3}{4}$의 양변에 12를 곱하면

  $4(x-2)>3(x-3)$, $4x-8>3x-9$ $\therefore x>-1$ ······ ㉠

  $0.2(x+2)\geq0.4x-0.3$의 양변에 10을 곱하면

  $2(x+2)\geq4x-3$, $2x+4\geq4x-3$

  $-2x\geq-7$ $\therefore x\leq\dfrac{7}{2}$ ······ ㉡

  ㉠, ㉡의 공통부분을 구하면

  $-1<x\leq\dfrac{7}{2}$

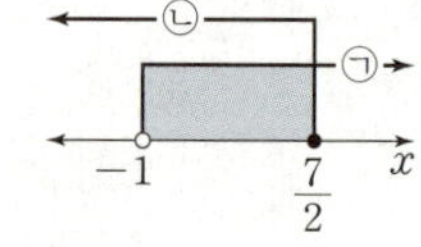

답 (1) $-\dfrac{1}{2}\leq x<2$ (2) $x>5$ (3) $-1<x\leq\dfrac{7}{2}$

필수 공략

연립일차부등식의 풀이

➡ 각 부등식의 해를 구한 후 공통부분을 찾는다. 이때 부등식에서
  (1) 괄호가 있으면 분배법칙을 이용하여 괄호를 푼다.
  (2) 계수가 분수이면 양변에 분모의 최소공배수를 곱한다.
  (3) 계수가 소수이면 양변에 10의 거듭제곱을 곱한다.

• 정답 및 해설 104쪽

숫자 바꾼

유제 **01-❶** 다음 연립부등식을 푸시오.

(1) $\begin{cases} -x+3\leq5 \\ 3x-1<x+5 \end{cases}$
(2) $\begin{cases} 2(x+1)>3(x-1) \\ -3(x+4)+x\geq2 \end{cases}$
(3) $\begin{cases} 0.4x-0.2\geq\dfrac{x+1}{3} \\ \dfrac{x}{2}+1<0.8(x+2)-1 \end{cases}$

해가 특수한 연립일차부등식의 풀이

다음 연립부등식을 푸시오.

(1) $\begin{cases} 4x+2 \geq x-1 \\ -3x+1 \geq -x+3 \end{cases}$

(2) $\begin{cases} 5x \geq 2(x+3) \\ 2(x+2) > 3x+5 \end{cases}$

(3) $\begin{cases} \dfrac{2x+1}{3} \leq \dfrac{x}{2}+1 \\ 0.3x+0.2 > 0.2(x+3) \end{cases}$

풀이

(Tip) 공통부분이 한 점이면 해가 하나이고, 공통부분이 없으면 해가 없다.

(1) $4x+2 \geq x-1$에서 $3x \geq -3$

$\therefore x \geq -1$ $\quad$ …… ㉠

$-3x+1 \geq -x+3$에서 $-2x \geq 2$

$\therefore x \leq -1$ $\quad$ …… ㉡

㉠, ㉡의 공통부분을 구하면

$x = -1$

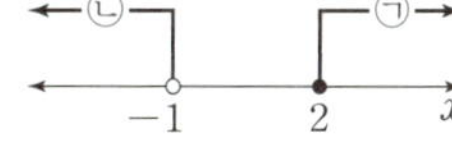

(2) $5x \geq 2(x+3)$에서 $5x \geq 2x+6$

$3x \geq 6$ $\quad \therefore x \geq 2$ $\quad$ …… ㉠

$2(x+2) > 3x+5$에서 $2x+4 > 3x+5$

$-x > 1$ $\quad \therefore x < -1$ $\quad$ …… ㉡

㉠, ㉡의 공통부분이 없으므로 해는 없다.

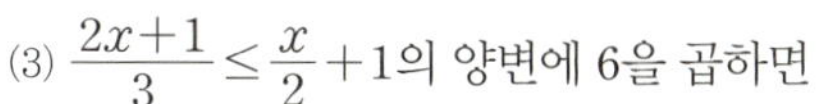

(3) $\dfrac{2x+1}{3} \leq \dfrac{x}{2}+1$의 양변에 6을 곱하면

$2(2x+1) \leq 3x+6$, $4x+2 \leq 3x+6$

$\therefore x \leq 4$ $\quad$ …… ㉠

$0.3x+0.2 > 0.2(x+3)$의 양변에 10을 곱하면

$3x+2 > 2(x+3)$, $3x+2 > 2x+6$

$\therefore x > 4$ $\quad$ …… ㉡

㉠, ㉡의 공통부분이 없으므로 해는 없다.

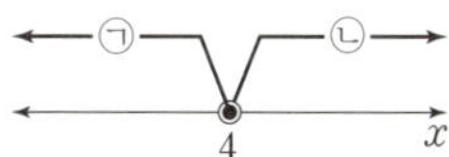

답 (1) $x=-1$ (2) 해는 없다. (3) 해는 없다.

필수 공략

(1) $\begin{cases} x \leq a \\ x \geq a \end{cases}$의 해 ➡ $x = a$

(2) $\begin{cases} x \leq a \\ x \geq b \end{cases}$ $(a < b)$ 또는 $\begin{cases} x < a \\ x \geq a \end{cases}$ 또는 $\begin{cases} x < a \\ x > a \end{cases}$의 해 ➡ 해가 없다.

• 정답 및 해설 105쪽

숫자 바꾼

유제 **02-❶** 다음 연립부등식을 푸시오.

(1) $\begin{cases} 4x-3 \geq 2x+1 \\ -2x+3 \geq -x+1 \end{cases}$

(2) $\begin{cases} 3(x-1) \geq x-5 \\ -2(x+3) \geq x+6 \end{cases}$

(3) $\begin{cases} 0.5(x-1) > \dfrac{x+2}{4} \\ \dfrac{2x+1}{5} < 0.3(x+2) \end{cases}$

$A<B<C$ 꼴의 연립부등식의 풀이

다음 연립부등식을 푸시오.

(1) $3x-1<x+3\leq2x+5$

(2) $\dfrac{2x+1}{3}\leq\dfrac{x-2}{2}<-\dfrac{x}{4}+1$

풀이

(Tip) $A<B<C$ 꼴의 연립부등식을 $\begin{cases}A<C\\B<C\end{cases}$ 또는 $\begin{cases}A<B\\A<C\end{cases}$ 꼴로 고치지 않도록 주의한다.

(1) 주어진 연립부등식을 변형하면 $\begin{cases}3x-1<x+3\\x+3\leq2x+5\end{cases}$

$3x-1<x+3$에서 $2x<4$

$\therefore\ x<2$ ...... ㉠

$x+3\leq2x+5$에서 $-x\leq2$

$\therefore\ x\geq-2$ ...... ㉡

㉠, ㉡의 공통부분을 구하면

$-2\leq x<2$

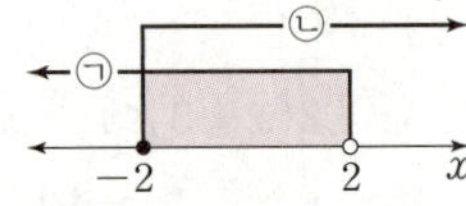

(2) 주어진 연립부등식을 변형하면 $\begin{cases}\dfrac{2x+1}{3}\leq\dfrac{x-2}{2}\\[2mm]\dfrac{x-2}{2}<-\dfrac{x}{4}+1\end{cases}$

$\dfrac{2x+1}{3}\leq\dfrac{x-2}{2}$의 양변에 6을 곱하면

$2(2x+1)\leq3(x-2)$, $4x+2\leq3x-6$

$\therefore\ x\leq-8$ ...... ㉠

$\dfrac{x-2}{2}<-\dfrac{x}{4}+1$의 양변에 4를 곱하면

$2(x-2)<-x+4$, $2x-4<-x+4$

$3x<8$ $\therefore\ x<\dfrac{8}{3}$ ...... ㉡

㉠, ㉡의 공통부분을 구하면

$x\leq-8$

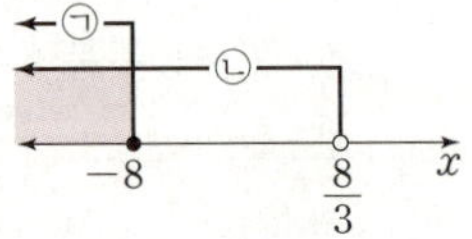

답 (1) $-2\leq x<2$ (2) $x\leq-8$

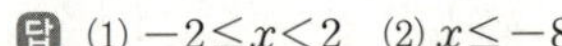

필수 공략

$A<B<C$ 꼴의 연립부등식은 $A<B$, $B<C$를 하나로 나타낸 것이므로 연립부등식 $\begin{cases}A<B\\B<C\end{cases}$ 꼴로 고쳐서 푼다.

• 정답 및 해설 105쪽

숫자 바꾼

유제 **03-❶**

다음 연립부등식을 푸시오.

(1) $x-2\leq2x-1<-3(x-3)$

(2) $\dfrac{x+7}{6}<\dfrac{x}{3}+2\leq\dfrac{3(x+1)}{4}$

(3) $x+2\leq\dfrac{x+3}{2}\leq2x+3$

(4) $0.5x+1<0.2(x+1)<0.6(x-1)$

● 연립일차부등식

연립일차부등식

01 다음 연립부등식을 푸시오.

(1) $\begin{cases} 4x-2 \le -x+8 \\ x \le 2x+1 \end{cases}$

(2) $\begin{cases} 5x-2 \le 2x+7 \\ x+4 \le 2x+1 \end{cases}$

(3) $\begin{cases} 3(x-2) \le x-5 \\ 5(x+1) > 2(2x+3)-1 \end{cases}$

(4) $\begin{cases} 3(x-1)+2 < 5 \\ 4x+1 > 3(x+1) \end{cases}$

(5) $\begin{cases} \dfrac{x-2}{4} < \dfrac{x-3}{3} \\ \dfrac{x}{2}+1 \ge x+\dfrac{1}{2} \end{cases}$

(6) $\begin{cases} x-\dfrac{1}{5} \le \dfrac{4x-3}{5} \\ 0.2x+0.3 \ge -0.1(x+3) \end{cases}$

(7) $\begin{cases} 0.3(x+2) < \dfrac{x+1}{2} \\ 0.1x+1 \le 0.2x+0.5 \end{cases}$

(8) $\begin{cases} \dfrac{2x-3}{5} > 0.7x+0.6 \\ \dfrac{3x+5}{2} > \dfrac{2}{3}x-1 \end{cases}$

$A<B<C$ 꼴의 연립부등식

02 다음 연립부등식을 푸시오.

(1) $x+2 \le 3x+1 < 4x-1$

(2) $\dfrac{x-7}{6} \le \dfrac{2x-5}{3} \le \dfrac{x-3}{2}$

(3) $0.5x+1 \le 0.3x+0.7 \le 0.4(x+2)$

(4) $\dfrac{2}{5}x-2 \le 0.3x+1 \le \dfrac{1}{2}(x+2)$

연립일차부등식의 풀이

01 연립부등식 $\begin{cases} \dfrac{x}{3}+2>2(x-3) \\ 4-3x\leq-(x+2) \end{cases}$ 를 만족시키는 모든 정수 x의 개수는?

① 2 　　　 ② 3 　　　 ③ 4 　　　 ④ 5 　　　 ⑤ 6

해가 특수한 연립일차부등식의 풀이

02 연립부등식 $\begin{cases} 4x-(x+1)>2x+2 \\ 0.5(x+6)\leq\dfrac{x}{4}+3 \end{cases}$ 을 푸시오.

$A<B<C$ 꼴의 연립부등식의 풀이

03 연립부등식 $\dfrac{3x-6}{2}\leq\dfrac{x+5}{3}\leq0.25(3x+5)$의 해가 $a\leq x\leq b$일 때, $a+b$의 값을 구하시오.

$A<B<C$ 꼴의 연립부등식의 풀이

04 연립부등식 $4+\dfrac{x}{2}<2x+1\leq\dfrac{7x+1}{3}$ 을 만족시키는 정수 x의 최솟값은?

① 1 　　　 ② 2 　　　 ③ 3 　　　 ④ 4 　　　 ⑤ 5

1 해가 주어진 연립일차부등식

해가 주어진 연립일차부등식의 미지수의 값은 다음과 같은 순서로 구한다.
❶ 각 부등식의 해의 공통부분을 구한다.
❷ ❶에서 구한 해와 주어진 해를 비교하여 미지수의 값을 구한다.

참고 구한 해와 주어진 해를 비교할 때, 부등호의 방향($>$, $<$)과 등호의 포함 여부($\geq$, $>$, $\leq$, $<$) 등을 함께 고려한다.

 설명

example

연립부등식 $\begin{cases} x+2 \geq 2x-1 & \cdots\cdots \text{㉠} \\ x+1 \geq a & \cdots\cdots \text{㉡} \end{cases}$ 의 해가 $2 \leq x \leq 3$일 때

㉠에서 $-x \geq -3$ $\therefore x \leq 3$
㉡에서 $x \geq a-1$
$\rightarrow$ 두 부등식의 공통부분이 $2 \leq x \leq 3$이다.

따라서 $a-1=2$이므로 $a=3$이다.

2 해의 조건이 주어진 연립일차부등식

해의 조건이 주어진 연립일차부등식의 미지수의 값의 범위는 다음과 같은 순서로 구한다.
❶ 각 부등식의 해를 구한다.
❷ ❶에서 구한 해를 하나의 수직선 위에 나타내고, 주어진 해의 조건을 만족시키는 미지수의 값의 범위를 구한다.

주의 등호가 포함되는지, 포함되지 않는지에 유의해야 한다.

 설명

example

(1) 연립부등식 $\begin{cases} x > a & \cdots\cdots \text{㉠} \\ x < 1 & \cdots\cdots \text{㉡} \end{cases}$ 에 대하여

① 해가 없는 경우
[그림 1]과 같이 ㉠, ㉡의 공통부분이 없어야 하므로 $a \geq 1$이다.
② 해가 있는 경우
[그림 2]와 같이 ㉠, ㉡의 공통부분이 있어야 하므로 $a < 1$이다.

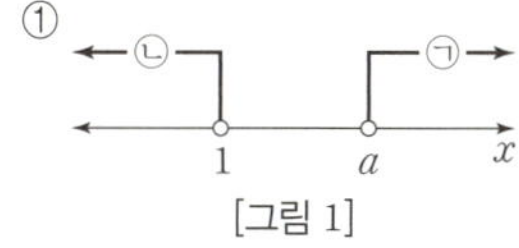
[그림 1]

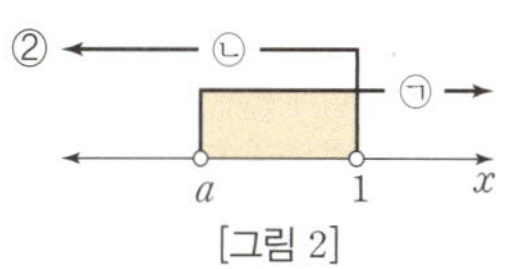
[그림 2]

(2) 연립부등식 $\begin{cases} x \geq 1 & \cdots\cdots \text{㉠} \\ x \leq a & \cdots\cdots \text{㉡} \end{cases}$ 에 대하여

① 해가 없는 경우
[그림 1]과 같이 ㉠, ㉡의 공통부분이 없어야 하므로 $a < 1$이다.
② 해가 있는 경우
$\rightarrow a=1$일 때, 연립부등식의 해는 $x=1$이다.
[그림 2]와 같이 ㉠, ㉡의 공통부분이 있어야 하므로 $a \geq 1$이다.

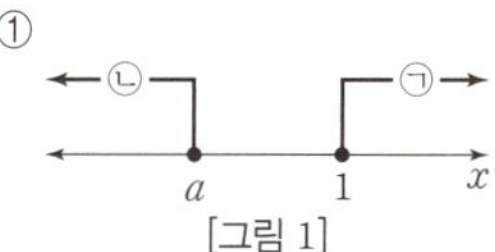
[그림 1]

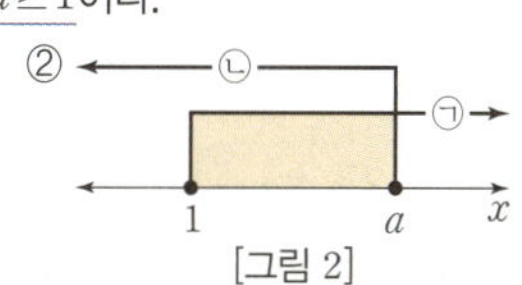
[그림 2]

01 해가 주어진 연립일차부등식

연립부등식 $\begin{cases} x+a<2x-1 \\ 3x+2\geq4x-2 \end{cases}$ 의 해가 $-2<x\leq b$일 때, 두 실수 a, b의 값을 각각 구하시오.

풀이

(Tip) 각 부등식의 해의 공통부분을 구하여 주어진 해와 비교한다.

$x+a<2x-1$에서

$-x<-a-1$ $\therefore x>a+1$

$3x+2\geq4x-2$에서

$-x\geq-4$ $\therefore x\leq4$

주어진 연립부등식의 해가 $-2<x\leq b$이므로

$a+1=-2$, $b=4$

$\therefore a=-3$, $b=4$

답 $a=-3$, $b=4$

필수 공략 연립일차부등식의 해가 주어지면
➡ 각 부등식의 해의 공통부분과 주어진 해를 비교하여 미지수의 값을 구한다.

• 정답 및 해설 107쪽

유제 **01-❶** 연립부등식

$$\begin{cases} 4(x+1)\geq2x-a \\ \dfrac{x}{2}-1\leq\dfrac{x}{3}+\dfrac{1}{2} \end{cases}$$

의 해가 $3\leq x\leq b$일 때, 두 실수 a, b의 값을 각각 구하시오.

유제 **01-❷** 연립부등식

$$\dfrac{x+2}{3}\leq3x-2<2(x-a)$$

의 해가 $b\leq x<6$일 때, 두 실수 a, b에 대하여 $b-a$의 값을 구하시오.

유제 **01-❸** 연립부등식

$$\begin{cases} -2(x-1)>x-a \\ 5x-3\leq2x+3 \end{cases}$$

의 해가 $x<2$일 때, 상수 a의 값을 구하시오.

해의 조건이 주어진 연립일차부등식

연립부등식 $\begin{cases} 4x+3 \geq x+6 \\ -2(x+1) > \dfrac{x-a}{2} \end{cases}$ 가 해를 갖지 않도록 하는 실수 a의 값의 범위를 구하시오.

풀이

(**Tip**) 각 부등식의 해를 하나의 수직선 위에 나타내어 공통부분이 없도록 하는 실수 a의 값의 범위를 구한다.

$4x+3 \geq x+6$에서 $3x \geq 3$ $\therefore x \geq 1$ $\cdots\cdots$ ㉠

$-2(x+1) > \dfrac{x-a}{2}$에서

$-4(x+1) > x-a, \ -4x-4 > x-a$

$-5x > 4-a$ $\therefore x < \dfrac{a-4}{5}$ $\cdots\cdots$ ㉡

주어진 연립부등식이 해를 갖지 않으려면 ㉠, ㉡의 공통부분이 없어야 한다.

즉, $\dfrac{a-4}{5} \leq 1$이어야 하므로 → $\dfrac{a-4}{5} = 1$일 때도 공통부분이 없다.

$a-4 \leq 5$ $\therefore a \leq 9$

답 $a \leq 9$

필수 공략

연립일차부등식의 해의 조건이 주어지면
➡ 각 부등식의 해의 공통부분이 주어진 해의 조건을 만족시키도록 하는 미지수의 값의 범위를 구한다.
(1) 해를 갖는다. ⟺ 공통부분이 있다.   (2) 해를 갖지 않는다. ⟺ 공통부분이 없다.

• 정답 및 해설 **108**쪽

유제 02-❶ 연립부등식 $\begin{cases} 3(x+2) < -x+a \\ \dfrac{2x+1}{3} \geq \dfrac{x-2}{2} \end{cases}$ 가 해를 갖도록 하는 실수 a의 값의 범위를 구하시오.

유제 02-❷ 연립부등식 $\begin{cases} 2(x-2) < 5x+8 \\ 3x+a \leq 2 \end{cases}$ 가 해를 갖도록 하는 자연수 a의 최댓값을 구하시오.

유제 02-❸ 연립부등식 $\begin{cases} \dfrac{x-1}{2} \leq \dfrac{x}{3}+a \\ 2x+1 \leq 3x-4 \end{cases}$ 를 만족시키는 정수 x의 개수가 3일 때, 실수 a의 값의 범위를 구하시오.

연립일차부등식의 활용

연속하는 세 정수가 있다. 세 정수의 합은 50보다 크고 가장 작은 수와 가장 큰 수의 합은 나머지 수에 17을 더한 값보다 작거나 같을 때, 세 정수 중에서 가장 큰 수를 구하시오.

풀이

(**Tip**) 연속하는 세 정수를 $x-1$, x, $x+1$이라 하고 주어진 조건을 만족시키는 부등식을 세운다.

연속하는 세 정수를 $x-1$, x, $x+1$이라 하자.

세 정수의 합이 50보다 크므로

$(x-1)+x+(x+1)>50$에서 $3x>50$ $\therefore x>\dfrac{50}{3}$ ······ ㉠

가장 작은 수와 가장 큰 수의 합이 나머지 수에 17을 더한 값보다 작거나 같으므로

$(x-1)+(x+1)\leq x+17$에서 $2x\leq x+17$ $\therefore x\leq 17$ ······ ㉡

㉠, ㉡의 공통부분을 구하면 $\dfrac{50}{3}<x\leq 17$

이때 x는 정수이므로 $x=17$

따라서 연속하는 세 정수는 16, 17, 18이므로 이 중에서 가장 큰 수는 18이다.

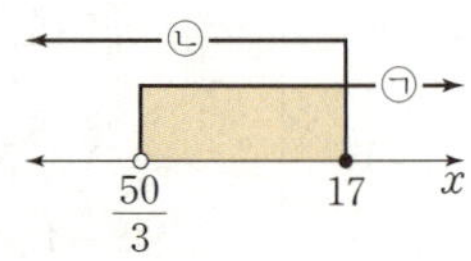

답 18

필수 공략

연립일차부등식의 활용 문제는 다음과 같은 순서로 푼다.
❶ 구하는 값 (또는 구하는 값을 결정짓는 값)을 미지수 x로 놓는다.
❷ 주어진 조건을 만족시키는 x에 대한 연립일차부등식을 세운다.
❸ 연립일차부등식을 푼 후 구한 해가 문제의 조건에 맞는지 확인한다.

• 정답 및 해설 108쪽

 **유제 03-❶** 어떤 정수 x에 2를 더하고 3배 한 값은 x에 20을 더한 값보다 크고, x를 3으로 나누고 2를 더한 값은 x에서 4를 뺀 값보다 크다. 정수 x의 값을 구하시오.

유제 03-❷ 한 자루에 500원인 연필과 한 자루에 800원인 볼펜을 합하여 20자루를 사려고 한다. 가진 돈은 14000원이고 연필보다 볼펜을 더 많이 사려고 할 때, 연필은 최대 몇 자루까지 살 수 있는지 구하시오.

유제 03-❸ 학생들에게 사탕을 나누어 주는데 한 학생에게 5개씩 나누어 주면 10개가 남고, 7개씩 나누어 주면 2명의 학생은 사탕을 한 개도 받지 못한다고 한다. 학생 수는 최대 몇 명인지 구하시오.

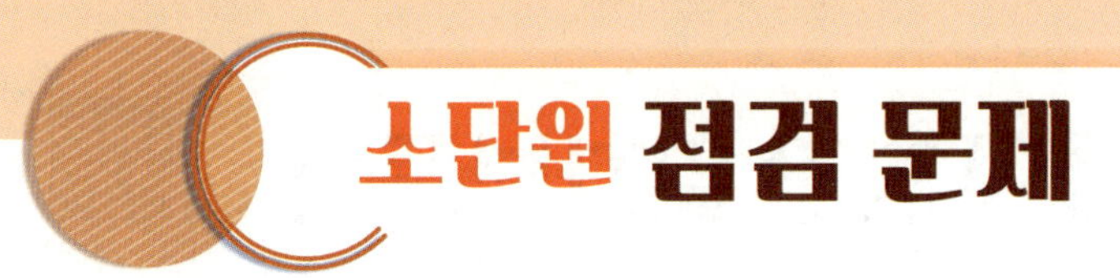

해가 주어진 연립일차부등식

01 연립부등식 $\begin{cases} -2(x-1) \geq 4x+a \\ \dfrac{x-b}{3} \leq \dfrac{x}{2}-1 \end{cases}$ 의 해가 $x=4$일 때, 두 상수 a, b에 대하여 $|ab|$의 값을 구하시오.

해의 조건이 주어진 연립일차부등식

02 연립부등식 $\begin{cases} \dfrac{x}{3}+2 > a-\dfrac{4}{3} \\ 3x-2 \leq x+3 \end{cases}$ 을 만족시키는 정수 x가 존재하지 않을 때, 실수 a의 값의 범위를 구하시오.

해의 조건이 주어진 연립일차부등식

03 x에 대한 연립부등식 $\begin{cases} x+2 > 3 \\ 3x < a+1 \end{cases}$ 을 만족시키는 모든 정수 x의 값의 합이 9가 되도록 하는 자연수 a의 최댓값은?

(교육청)

① 10　　　② 11　　　③ 12　　　④ 13　　　⑤ 14

연립일차부등식의 활용

04 어느 숙소의 방에 학생들을 배정하려고 한다. 한 방에 4명씩 배정하면 3명의 학생이 방을 배정받지 못하고, 5명씩 배정하면 2개의 방이 남는다고 한다. 다음 중 방의 개수가 될 수 없는 것은?

① 14　　　② 15　　　③ 16　　　④ 17　　　⑤ 18

1 절댓값 기호를 포함한 일차부등식의 풀이; $|ax+b|<c$ 꼴

(1) 두 양수 a, b에 대하여

① $|x|<a \Longleftrightarrow -a<x<a$

② $|x|>a \Longleftrightarrow x<-a$ 또는 $x>a$

③ $a<|x|<b \Longleftrightarrow -b<x<-a$ 또는 $a<x<b$ (단, $a<b$)

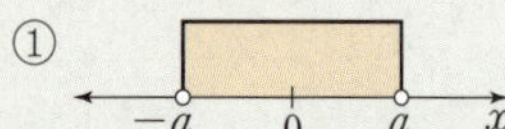 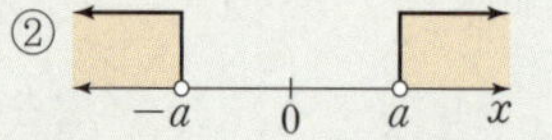 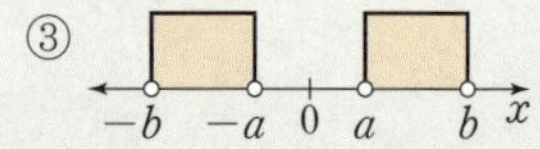

(2) 두 상수 a, b와 두 양수 c, d에 대하여

① $|ax+b|<c \Longleftrightarrow -c<ax+b<c$

② $|ax+b|>c \Longleftrightarrow ax+b<-c$ 또는 $ax+b>c$

③ $c<|ax+b|<d \Longleftrightarrow -d<ax+b<-c$ 또는 $c<ax+b<d$ (단, $c<d$)

▶ 정답 및 해설 109쪽

 **1** 다음 부등식을 푸시오.

(1) $|x|<2$ (2) $|x+1|\geq 1$ (3) $2<|x|<3$

답 (1) $-2<x<2$ (2) $x\leq -2$ 또는 $x\geq 0$ (3) $-3<x<-2$ 또는 $2<x<3$

2 절댓값 기호를 포함한 일차부등식의 풀이; $|ax+b|<cx+d$ 꼴

상수 a, b, c, d에 대하여 $|ax+b|<cx+d$ 꼴의 부등식은 다음과 같은 순서로 푼다.

❶ 절댓값 기호 안의 식의 값이 0이 되는 x의 값을 기준으로 x의 값의 범위를 나눈다.

❷ 각 범위에서 절댓값 기호를 없앤 후 식을 정리하여 해를 구한다.

❸ ❷에서 구한 해를 합친 x의 값의 범위를 구한다.

$ax+b=0$에서 $x=-\dfrac{b}{a}$ $(a\neq 0)$이므로

$x<-\dfrac{b}{a}$, $x\geq -\dfrac{b}{a}$로 나눈다.

주의 ❷에서 각 부등식의 해를 구할 때, 해당 범위에 속하는 것만 택한다.

 **example** 부등식 $|x-2|<3x$를 풀어 보자. → $x-2=0$에서 $x=2$이므로 $x<2$, $x\geq 2$로 나눈다.

(i) $x<2$일 때, $-(x-2)<3x$, $-x+2<3x$, $-4x<-2$ $\therefore x>\dfrac{1}{2}$

$x-2<0$이므로

그런데 $x<2$이므로 $\dfrac{1}{2}<x<2$

(ii) $x\geq 2$일 때, $x-2<3x$, $-2x<2$ $\therefore x>-1$

$x-2\geq 0$이므로

그런데 $x\geq 2$이므로 $x\geq 2$

(i), (ii)에서 주어진 부등식의 해는 $x>\dfrac{1}{2}$이다. 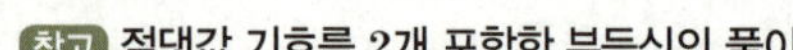

참고 절댓값 기호를 2개 포함한 부등식의 풀이

부등식 $|x-a|+|x-b|<c$ $(a<b, c>0)$ 꼴은 절댓값 기호 안의 식의 값이 0이 되는 x의 값, 즉 $x=a$, $x=b$를 경계로 다음과 같이 x의 값의 범위를 나누어 푼다.

(i) $x<a$ (ii) $a\leq x<b$ (iii) $x\geq b$

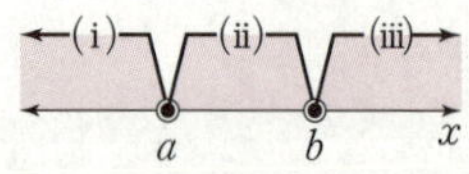

절댓값 기호를 포함한 일차부등식의 풀이; $|ax+b|<c$ 꼴

다음 부등식을 푸시오.

(1) $|2x-3|<3$　　　　　　(2) $1\leq|x+2|\leq5$

 풀이

(Tip) (1) $|ax+b|<c$ $(c>0)$ ➡ $-c<ax+b<c$
　　　(2) $c\leq|ax+b|\leq d$ $(0<c<d)$ ➡ $-d\leq ax+b\leq -c$ 또는 $c\leq ax+b\leq d$

(1) $|2x-3|<3$에서
　　$-3<2x-3<3,\ 0<2x<6$
　　$\therefore\ 0<x<3$
(2) $1\leq|x+2|\leq5$에서
　　$-5\leq x+2\leq -1$ 또는 $1\leq x+2\leq5$
　　$\therefore\ -7\leq x\leq -3$ 또는 $-1\leq x\leq3$

답 (1) $0<x<3$　(2) $-7\leq x\leq -3$ 또는 $-1\leq x\leq3$

필수 **공략**

두 상수 a, b와 두 양수 c, d에 대하여
(1) $|ax+b|<c \iff -c<ax+b<c$
(2) $|ax+b|>c \iff ax+b<-c$ 또는 $ax+b>c$
(3) $c<|ax+b|<d \iff -d<ax+b<-c$ 또는 $c<ax+b<d$ (단, $c<d$)

• 정답 및 해설 109쪽

숫자 바꾼

유제 **01-❶**　다음 부등식을 푸시오.

(1) $|3x-1|\geq2$　　　　　　(2) $3<|5-2x|<7$

유제 **01-❷**　부등식 $0<|2x+6|\leq4$를 만족시키는 모든 정수 x의 개수를 구하시오.

유제 **01-❸**

교육청　x에 대한 부등식 $|x-1|<n$을 만족시키는 정수 x의 개수가 9가 되도록 하는 자연수 n의 값은?

① 3　　　　② 4　　　　③ 5　　　　④ 6　　　　⑤ 7

절댓값 기호를 포함한 일차부등식의 풀이; $|ax+b|<cx+d$ 꼴

다음 부등식을 푸시오.

(1) $|2x-1|<-x+3$

(2) $|x+1|+|x-2|\leq5$

(Tip) (1) 절댓값 기호 안의 식의 값이 0이 되는 x의 값을 경계로 x의 값의 범위를 2개로 나눈다.
(2) 절댓값 기호 안의 식의 값이 0이 되는 x의 값을 경계로 x의 값의 범위를 3개로 나눈다.

(1) 절댓값 기호 안의 식의 값이 0이 되는 x의 값은

$$2x-1=0 \qquad \therefore x=\frac{1}{2}$$

(ⅰ) $x<\frac{1}{2}$일 때, $-(2x-1)<-x+3$, $-2x+1<-x+3$
$\qquad\qquad\qquad\quad$ └→ $2x-1<0$이므로 $|2x-1|=-(2x-1)$

$-x<2 \qquad \therefore x>-2$

그런데 $x<\frac{1}{2}$이므로 $-2<x<\frac{1}{2}$

(ⅱ) $x\geq\frac{1}{2}$일 때, $2x-1<-x+3$, $3x<4 \qquad \therefore x<\frac{4}{3}$
$\qquad\qquad\qquad\quad$ └→ $2x-1\geq0$이므로 $|2x-1|=2x-1$

그런데 $x\geq\frac{1}{2}$이므로 $\frac{1}{2}\leq x<\frac{4}{3}$

(ⅰ), (ⅱ)에서 주어진 부등식의 해는 $-2<x<\frac{4}{3}$이다.

(2) 절댓값 기호 안의 식의 값이 0이 되는 x의 값은

$$x+1=0, x-2=0 \qquad \therefore x=-1, x=2$$

(ⅰ) $x<-1$일 때, $-(x+1)-(x-2)\leq5$, $-2x\leq4 \qquad \therefore x\geq-2$
그런데 $x<-1$이므로 $-2\leq x<-1 \qquad$ └→ $x+1<0$, $x-2<0$이므로 $|x+1|=-(x+1)$, $|x-2|=-(x-2)$

(ⅱ) $-1\leq x<2$일 때, $x+1-(x-2)\leq5$, $0\times x\leq2 \qquad \therefore 0\leq2$
즉, 해는 모든 실수이다. $\qquad$ └→ $x+1\geq0$, $x-2<0$이므로 $|x+1|=x+1$, $|x-2|=-(x-2)$
그런데 $-1\leq x<2$이므로 $-1\leq x<2$

(ⅲ) $x\geq2$일 때, $x+1+x-2\leq5$, $2x\leq6 \qquad \therefore x\leq3$
그런데 $x\geq2$이므로 $2\leq x\leq3 \qquad$ └→ $x+1>0$, $x-2\geq0$이므로 $|x+1|=x+1$, $|x-2|=x-2$

(ⅰ), (ⅱ), (ⅲ)에서 주어진 부등식의 해는 $-2\leq x\leq3$이다.

답 (1) $-2<x<\frac{4}{3}$ (2) $-2\leq x\leq3$

필수 공략 **절댓값 기호를 포함한 부등식의 풀이**

$|ax-b|=\begin{cases} ax-b & (ax>b) \\ -ax+b & (ax<b) \end{cases}$ 를 이용하여 절댓값 기호를 없앤 후 일차부등식을 푼다.

참고 절댓값 기호를 1개 포함한 부등식은 x의 값의 범위가 2개로 나누어지고, 절댓값 기호를 2개 포함한 부등식은 x의 값의 범위가 3개로 나누어진다.

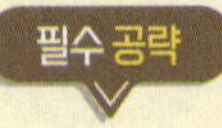

• 정답 및 해설 110쪽

유제 **02-❶**

다음 부등식을 푸시오.

(1) $|3x-1|\geq x+3$

(2) $|x-1|+|x|<3$

소단원 점검 문제

절댓값 기호를 포함한 일차부등식의 풀이; $|ax+b|<c$ 꼴

01 부등식 $1<|3-2x|\le5$를 만족시키는 모든 정수 x의 개수를 구하시오.

절댓값 기호를 포함한 일차부등식의 풀이; $|ax+b|<c$ 꼴

02 부등식 $|x+a|\ge3$의 해가 $x\le1$ 또는 $x\ge b$일 때, 두 실수 a, b에 대하여 $a-b$의 값은?

① -15 ② -13 ③ -11 ④ -9 ⑤ -7

절댓값 기호를 포함한 일차부등식의 풀이; $|ax+b|<cx+d$ 꼴

03 부등식 $x>|3x+1|-7$을 만족시키는 모든 정수 x의 값의 합은?

교육청

① -2 ② -1 ③ 0 ④ 1 ⑤ 2

절댓값 기호를 포함한 일차부등식의 풀이; $|ax+b|<cx+d$ 꼴

04 부등식 $|x-2|+|1-x|<3$을 만족시키는 모든 정수 x의 값의 합은?

① 3 ② 4 ③ 5 ④ 6 ⑤ 7

01

연립부등식 $\begin{cases} 4x > \dfrac{x}{3} + 1 \\ 0.3(x+1)+1 > 0.5x+0.2 \end{cases}$ 를 만족시키는 정수 x의 최댓값과 최솟값의 합은?

① 5   ② 6   ③ 7

④ 8   ⑤ 9

02

연립부등식 $\begin{cases} \dfrac{x-1}{2} - 2 < 2x - a \\ -(x+2)+b \leq x+3 \end{cases}$ 의 해가 $x \geq 3$일 때, 두 정수 a, b에 대하여 $a+b$의 최댓값을 구하시오.

03 서술형

연립부등식 $5x-(x+3) < a < 3(2x-3)+4$가 해를 가질 때, 정수 a의 최솟값을 구하시오.

04 교육청

x에 대한 연립부등식 $3x-1 < 5x+3 \leq 4x+a$를 만족시키는 정수 x의 개수가 8이 되도록 하는 자연수 a의 값을 구하시오.

05

연립부등식 $\begin{cases} \dfrac{x+1}{2} < \dfrac{a-x}{3} \\ 2x-a > -(x+3)+1 \end{cases}$ 을 만족시키는 정수 x가 2뿐일 때, 실수 a의 값의 범위가 $\alpha < a < \beta$이다. $\alpha\beta$의 값을 구하시오.

06

연립부등식 $\begin{cases} 4(x-a)+1 \leq 5x \\ 2(3-x) > x+6 \end{cases}$ 을 만족시키는 음의 정수 x가 오직 하나일 때, 실수 a의 값의 범위는?

① $\dfrac{1}{4} < a < \dfrac{1}{2}$ ② $\dfrac{1}{4} < a \leq \dfrac{1}{2}$ ③ $\dfrac{1}{2} < a \leq \dfrac{3}{4}$

④ $\dfrac{1}{2} \leq a \leq \dfrac{3}{4}$ ⑤ $\dfrac{1}{2} \leq a < \dfrac{3}{4}$

07

어느 반 학생들을 동아리에 배정하려고 한다. 하나의 동아리에 5명씩 배정하면 13명의 학생이 동아리를 배정받지 못하고, 6명씩 배정하면 학생이 한 명도 배정되지 않은 동아리가 1개 생긴다. 이 반의 학생 수의 최댓값과 최솟값의 합을 구하시오.

08 [교육청]

x에 대한 부등식 $|x-a|<2$를 만족시키는 모든 정수 x의 값의 합이 33일 때, 자연수 a의 값은?

① 11 ② 12 ③ 13
④ 14 ⑤ 15

09

x에 대한 부등식 $|2x-3a|\leq4$를 만족시키는 정수 x의 개수가 5가 되도록 하는 10 이하의 모든 자연수 a의 개수를 구하시오.

10

부등식 $|x+4|\geq2|x|$의 해가 $a\leq x\leq b$일 때, $a+b$의 값은?

① $\dfrac{5}{3}$ ② 2 ③ $\dfrac{7}{3}$
④ $\dfrac{8}{3}$ ⑤ 3

11 [서술형]

부등식 $\sqrt{(x-2)^2}<|x+3|-x$를 만족시키는 모든 자연수 x의 값의 합을 구하시오.

12

연립부등식 $\begin{cases} 2(x-1)+5\geq0 \\ |x-1|<4 \end{cases}$를 만족시키는 정수 x의 개수를 구하시오.

• 정답 및 해설 113쪽

13

연립부등식 $\begin{cases} |2x-1|<3 \\ |x+1|>2x \end{cases}$ 의 해를 구하시오.

내신 1% 뛰어 넘기

14

연립부등식 $3x-2a \le 2x-a < 5x+b$ 를 연립부등식
$\begin{cases} 3x-2a \le 2x-a \\ 3x-2a < 5x+b \end{cases}$ 로 잘못 나타내어 풀었더니 해가
$-5 < x \le 2$ 이었다. 처음 부등식의 해를 구하시오.
(단, a, b는 실수이다.)

15

연립부등식 $ax+b<0 \le cx+d$ 의
해를 수직선 위에 나타내면 오른쪽
그림과 같을 때, 다음 중 연립부등식
$\begin{cases} 3ax-b \le 0 \\ dx+5c \le 0 \end{cases}$ 의 해가 될 수 <u>없는</u> 것은?

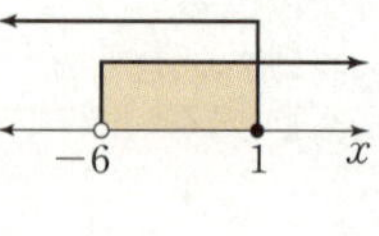

(단, a, b, c, d는 상수이고, $ac \ne 0$이다.)

① 1   ② 2   ③ 3
④ 4   ⑤ 5

16

연립부등식 $\begin{cases} 3(x-1) \ge 2x+5 \\ ax-2 < 4x+1 \end{cases}$ 의 해가 존재하지 않도록
하는 정수 a의 최솟값은?

① 4   ② 5   ③ 6
④ 7   ⑤ 8

17

두 식품 A, B를 각
각 100 g씩 섭취했을
때 얻을 수 있는 열량
과 단백질 양은 오른

식품	열량(kcal)	단백질(g)
A	150	20
B	240	12

쪽 표와 같다. 두 식품 A, B를 합하여 300 g를 섭취하고
열량은 540 kcal 이상, 단백질은 48 g 이상 얻으려고 할
때, 식품 A는 최소 몇 g을 섭취해야 하는지 구하시오.

18

부등식 $|2x+1|-|x-1| \ge a$의 해가 모든 실수가 되도록
하는 실수 a의 값의 범위를 구하시오.

이차부등식과 연립이차부등식

# 이차부등식

1 이차부등식

부등식의 모든 항을 좌변으로 이항하여 정리하였을 때

$$ax^2+bx+c>0,\ ax^2+bx+c<0,\ ax^2+bx+c\geq0,\ ax^2+bx+c\leq0\ (a\neq0,\ a,\ b,\ c는\ 상수)$$

과 같이 좌변이 x에 대한 이차식이 되는 부등식을 x에 대한 **이차부등식**이라 한다.

예 (1) 부등식 $x^2+1\geq-x^2$의 모든 항을 좌변으로 이항하여 정리하면 $2x^2+1\geq0$

  ➡ x에 대한 이차부등식

(2) 부등식 $x^2+x>x^2$의 모든 항을 좌변으로 이항하여 정리하면 $x>0$

  ➡ x에 대한 일차부등식

2 이차부등식과 이차함수의 관계

이차부등식의 해와 이차함수의 그래프 사이에는 다음과 같은 관계가 성립한다.

(1) **이차부등식 $ax^2+bx+c>0$의 해**

  $\Longleftrightarrow$ 이차함수 $y=ax^2+bx+c$에서 $y>0$인 x의 값의 범위

  $\Longleftrightarrow$ 이차함수 $y=ax^2+bx+c$의 그래프가 x축보다 위쪽에 있는 부분의 x의 값의 범위

(2) **이차부등식 $ax^2+bx+c<0$의 해**

  $\Longleftrightarrow$ 이차함수 $y=ax^2+bx+c$에서 $y<0$인 x의 값의 범위

  $\Longleftrightarrow$ 이차함수 $y=ax^2+bx+c$의 그래프가 x축보다 아래쪽에 있는 부분의 x의 값의 범위

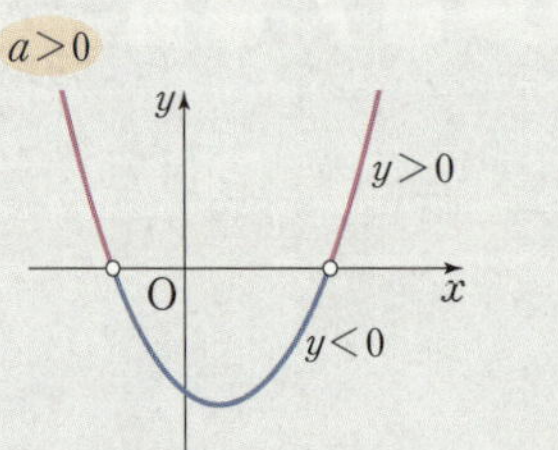

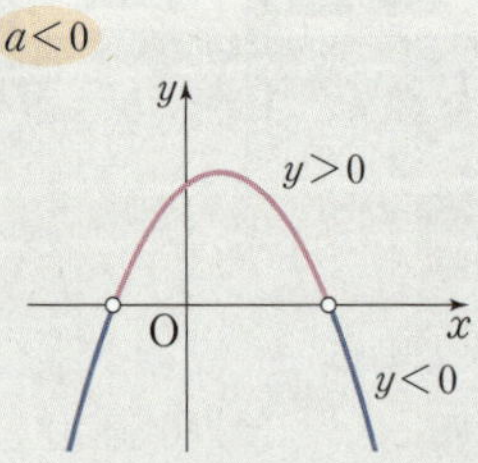

이차방정식 $ax^2+bx+c=0$의 실근은 이차함수 $y=ax^2+bx+c$의 그래프와 x축 (직선 $y=0$)의 교점의 x좌표와 같으므로 이차부등식의 해도 이차함수의 그래프와 연관지어 생각할 수 있다.

x축보다 위쪽에 있는 모든 y의 값은 양수이고, 아래쪽에 있는 모든 y의 값은 음수이므로 이차부등식 $ax^2+bx+c>0$의 해는 이차함수 $y=ax^2+bx+c$의 그래프가 x축보다 위쪽에 있는 부분의 x의 값의 범위이고, 이차부등식 $ax^2+bx+c<0$의 해는 이차함수 $y=ax^2+bx+c$의 그래프가 x축보다 아래쪽에 있는 부분의 x의 값의 범위이다.

한편, x축에서의 y의 값은 0이므로 이차부등식 $ax^2+bx+c\geq0$의 해는 이차부등식 $ax^2+bx+c>0$의 해와 이차함수 $y=ax^2+bx+c$의 그래프가 x축과 만나는 점의 x좌표를 합친 것이고, 이차부등식 $ax^2+bx+c\leq0$의 해는 이차부등식 $ax^2+bx+c<0$의 해와 이차함수 $y=ax^2+bx+c$의 그래프가 x축과 만나는 점의 x좌표를 합친 것이다.

example 오른쪽 그림과 같은 이차함수 $y=f(x)$의 그래프에서
(1) 이차부등식 $f(x)>0$의 해는 $x<2$ 또는 $x>4$이다.
(2) 이차부등식 $f(x)\geq0$의 해는 $x\leq2$ 또는 $x\geq4$이다.
(3) 이차부등식 $f(x)<0$의 해는 $2<x<4$이다.
(4) 이차부등식 $f(x)\leq0$의 해는 $2\leq x\leq4$이다.

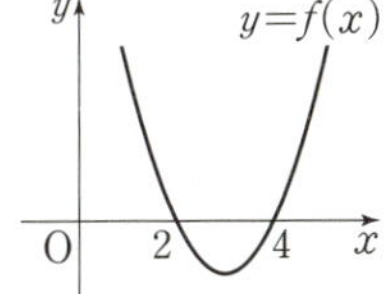

3 이차부등식의 해 ; 서로 다른 두 점에서 만날 때

이차함수 $y=ax^2+bx+c\,(a>0)$의 그래프가 x축과 만나는 서로 다른 두 점의 x좌표를 각각
α, β $(\alpha<\beta)$라 하면 $ax^2+bx+c=a(x-\alpha)(x-\beta)$이므로
(1) $ax^2+bx+c>0$의 해 ➡ $x<\alpha$ 또는 $x>\beta$
(2) $ax^2+bx+c\geq0$의 해 ➡ $x\leq\alpha$ 또는 $x\geq\beta$
(3) $ax^2+bx+c<0$의 해 ➡ $\alpha<x<\beta$
(4) $ax^2+bx+c\leq0$의 해 ➡ $\alpha\leq x\leq\beta$

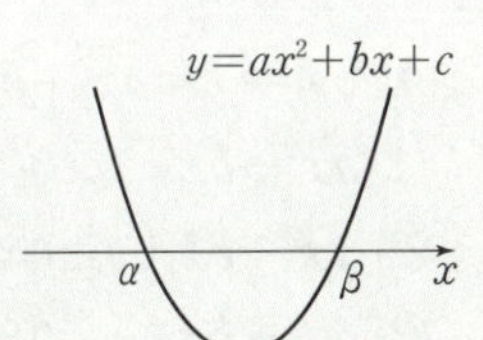

참고 $a<0$일 때에는 주어진 부등식의 양변에 -1을 곱하여 x^2의 계수를 양수로 고쳐서 푼다.
이때 부등호의 방향이 바뀌는 것에 주의한다.

설명 이차함수 $y=ax^2+bx+c$의 그래프가 x축과 서로 다른 두 점에서 만나는 것은 이차방정식
$ax^2+bx+c=0$이 서로 다른 두 실근을 갖는 것과 같다.
즉, 이차방정식의 판별식을 D라 하면 $D>0$일 때이므로 이차방정식에서 인수분해 또는 근의 공식을
이용하여 두 근을 구한 후 이 두 근을 이용하여 이차부등식을 푼다.

example 이차함수 $y=x^2-3x-4$에서 $y=(x+1)(x-4)$이고 그 그래프는 오른쪽
그림과 같으므로
(1) 이차부등식 $x^2-3x-4>0$의 해는 $x<-1$ 또는 $x>4$이다.
(2) 이차부등식 $x^2-3x-4\geq0$의 해는 $x\leq-1$ 또는 $x\geq4$이다.
(3) 이차부등식 $x^2-3x-4<0$의 해는 $-1<x<4$이다.
(4) 이차부등식 $x^2-3x-4\leq0$의 해는 $-1\leq x\leq4$이다.

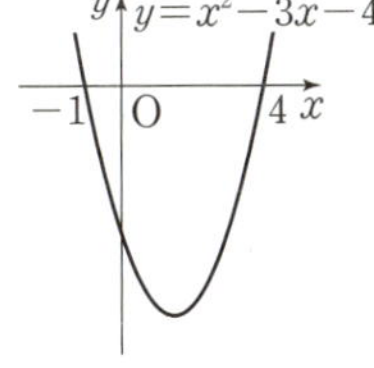

4 이차부등식의 해 ; 한 점에서 만날 때

이차함수 $y=ax^2+bx+c\,(a>0)$의 그래프가 x축과 만나는 한 점의 x좌표를 α라 하면
$ax^2+bx+c=a(x-\alpha)^2$이므로
(1) $ax^2+bx+c>0$의 해 ➡ $x\neq\alpha$인 모든 실수
(2) $ax^2+bx+c\geq0$의 해 ➡ 모든 실수
(3) $ax^2+bx+c<0$의 해 ➡ 없다.
(4) $ax^2+bx+c\leq0$의 해 ➡ $x=\alpha$

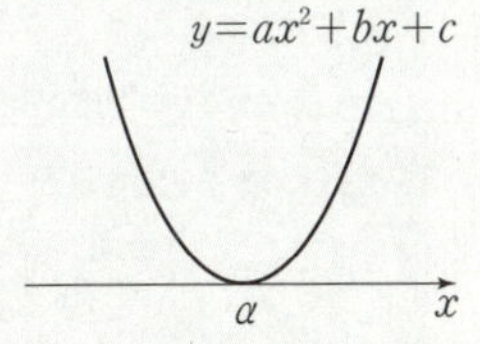

이차함수 $y=ax^2+bx+c\ (a>0)$의 그래프가 x축과 한 점에서 만나는 것은 이차방정식 $ax^2+bx+c=0$이 중근을 갖는 것과 같다.

즉, 이차방정식의 판별식을 D라 하면 $D=0$일 때이므로 이차방정식의 좌변을 $a(x-\alpha)^2$과 같이 인수분해하여 이차부등식을 푼다.
$\llcorner x=\alpha$일 때 $a(x-\alpha)^2=0,$
$x\neq\alpha$일 때 $a(x-\alpha)^2>0$

example 이차함수 $y=x^2-2x+1$에서 $y=(x-1)^2$이고 그 그래프는 오른쪽 그림과 같으므로

(1) 이차부등식 $x^2-2x+1>0$의 해는 $x\neq1$인 모든 실수이다.
(2) 이차부등식 $x^2-2x+1\geq0$의 해는 모든 실수이다.
(3) 이차부등식 $x^2-2x+1<0$의 해는 없다.
(4) 이차부등식 $x^2-2x+1\leq0$의 해는 $x=1$이다.

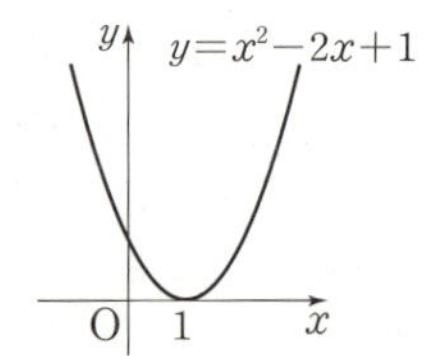

5 이차부등식의 해 ; 만나지 않을 때

이차함수 $y=ax^2+bx+c\ (a>0)$의 그래프가 x축의 위쪽에 있으므로
(1) $ax^2+bx+c>0$의 해 ➡ 모든 실수
(2) $ax^2+bx+c\geq0$의 해 ➡ 모든 실수
(3) $ax^2+bx+c<0$의 해 ➡ 없다.
(4) $ax^2+bx+c\leq0$의 해 ➡ 없다.

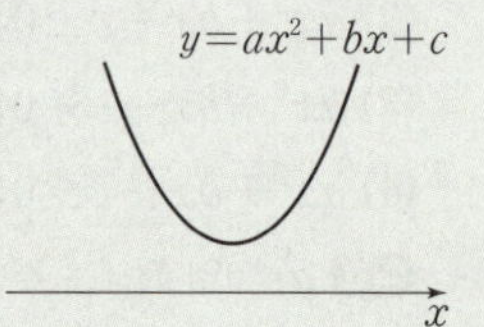

이차함수 $y=ax^2+bx+c\ (a>0)$의 그래프가 x축과 만나지 않는 것은 이차방정식 $ax^2+bx+c=0$이 실근을 갖지 않는 것과 같다.

즉, 이차방정식의 판별식을 D라 하면 $D<0$일 때이므로 이차방정식의 좌변을 $a(x-p)^2+q$와 같이 변형하여 이차부등식을 푼다.
$\llcorner a(x-p)^2\geq0,\ q>0$

example 이차함수 $y=x^2-4x+5$에서 $y=(x-2)^2+1$이고 그 그래프는 오른쪽 그림과 같으므로

(1) 이차부등식 $x^2-4x+5>0$의 해는 모든 실수이다.
(2) 이차부등식 $x^2-4x+5\geq0$의 해는 모든 실수이다.
(3) 이차부등식 $x^2-4x+5<0$의 해는 없다.
(4) 이차부등식 $x^2-4x+5\leq0$의 해는 없다.

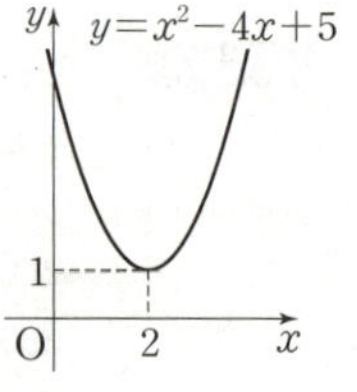

이차부등식의 해는 이차함수의 그래프와 x축의 위치 관계에 따라 다음과 같이 정리할 수 있다.
이차방정식 $ax^2+bx+c=0\,(a>0)$의 판별식을 $D=b^2-4ac$, 두 실근을 $\alpha,\ \beta\ (\alpha\leq\beta)$라 하면

	$D>0$	$D=0$	$D<0$
$ax^2+bx+c=0$의 해	서로 다른 두 실근 $\alpha,\ \beta$	중근 α	서로 다른 두 허근
$y=ax^2+bx+c$의 그래프			
$ax^2+bx+c>0$의 해	$x<\alpha$ 또는 $x>\beta$	$x\neq\alpha$인 모든 실수	모든 실수
$ax^2+bx+c\geq0$의 해	$x\leq\alpha$ 또는 $x\geq\beta$	모든 실수	모든 실수
$ax^2+bx+c<0$의 해	$\alpha<x<\beta$	없다.	없다.
$ax^2+bx+c\leq0$의 해	$\alpha\leq x\leq\beta$	$x=\alpha$	없다.

집중 연습

● 이차부등식

이차부등식과 이차함수의 관계

01 이차함수 $y=f(x)$의 그래프가 오른쪽 그림과 같을 때, 다음 이차부등식의 해를 구하시오.

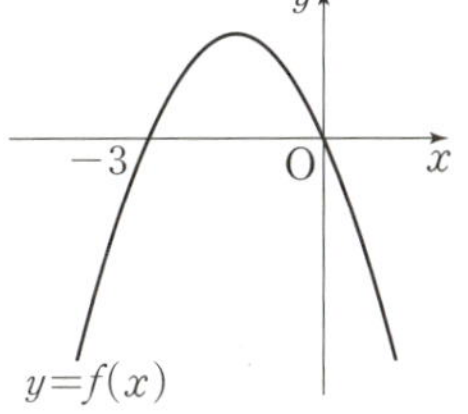

(1) $f(x)>0$

(2) $f(x)\geq0$

(3) $f(x)<0$

(4) $f(x)\leq0$

이차부등식의 해

02 다음 이차부등식을 푸시오.

(1) $x^2-5x-6<0$

(2) $-x^2+6x-8\geq0$

(3) $2x^2+5x-3\geq0$

(4) $3x^2+7x+2>0$

03 다음 이차부등식을 푸시오.

(1) $x^2+4x+4>0$

(2) $x^2-10x+25\geq0$

(3) $-x^2+14x-49>0$

(4) $x^2-6x+9\leq0$

04 다음 이차부등식을 푸시오.

(1) $x^2-x+1<0$

(2) $2x^2+4x+5\leq0$

(3) $-x^2-3\leq0$

(4) $x-1<3x^2$

그래프를 이용한 부등식의 풀이

이차함수 $y=f(x)$의 그래프와 직선 $y=g(x)$가 오른쪽 그림과 같을 때, 다음 부등식의 해를 구하시오.

(1) $f(x)<0$

(2) $f(x)>g(x)$

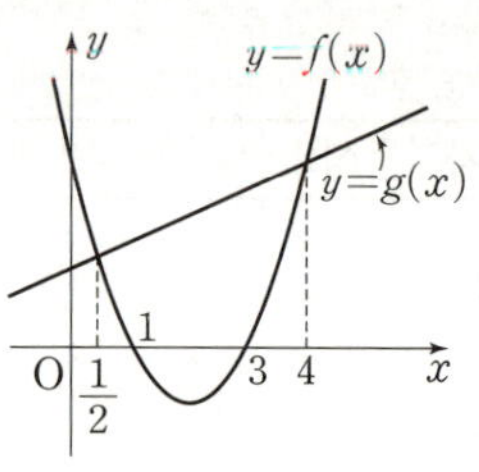

풀이

(Tip) (1) 이차함수 $y=f(x)$의 그래프가 x축보다 아래쪽에 있는 부분의 x의 값의 범위를 구한다.

(2) 이차함수 $y=f(x)$의 그래프가 직선 $y=g(x)$보다 위쪽에 있는 부분의 x의 값의 범위를 구한다.

(1) 부등식 $f(x)<0$의 해는 이차함수 $y=f(x)$의 그래프가 x축보다 아래쪽에 있는 부분의 x의 값의 범위 이므로

$1<x<3$

(2) 부등식 $f(x)>g(x)$의 해는 이차함수 $y=f(x)$의 그래프가 직선 $y=g(x)$보다 위쪽에 있는 부분의 x의 값의 범위이므로

$x<\dfrac{1}{2}$ 또는 $x>4$

답 (1) $1<x<3$ (2) $x<\dfrac{1}{2}$ 또는 $x>4$

필수 공략

(1) 부등식 $f(x)>0$의 해

➡ 함수 $y=f(x)$의 그래프가 x축보다 위쪽에 있는 부분의 x의 값의 범위

(2) 부등식 $f(x)>g(x)$의 해

➡ 함수 $y=f(x)$의 그래프가 함수 $y=g(x)$의 그래프보다 위쪽에 있는 부분의 x의 값의 범위

• 정답 및 해설 116쪽

조건 바꾼

유제 **01-❶**

두 이차함수 $y=f(x)$, $y=g(x)$의 그래프가 오른쪽 그림과 같을 때, 다음 부등식의 해를 구하시오.

(1) $g(x)<0$

(2) $f(x)\leq g(x)$

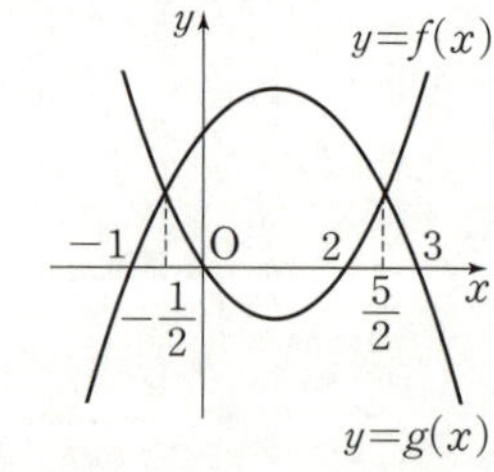

유제 **01-❷**

이차함수 $y=f(x)$의 그래프와 직선 $y=g(x)$가 오른쪽 그림과 같을 때, 부등식 $f(x)g(x)>0$의 해를 구하시오.

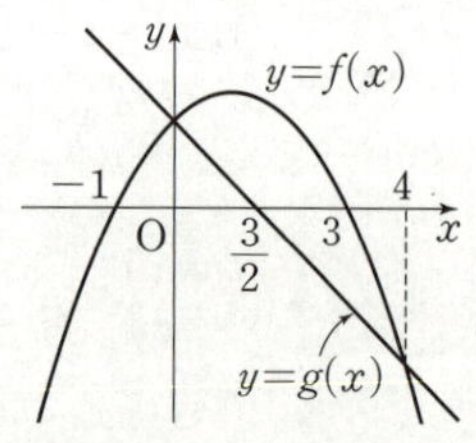

이차부등식의 풀이

다음 이차부등식을 푸시오.

(1) $x^2+x-1<-x^2$ 　　　(2) $-4x^2+4x-1\geq0$ 　　　(3) $x^2+2x+5>0$

풀이

(Tip) 인수분해하거나 $a(x-p)^2+q$ ($a>0$, p, q는 상수) 꼴로 변형하여 부등식의 해를 구한다.

(1) $x^2+x-1<-x^2$에서 $2x^2+x-1<0$

$(x+1)(2x-1)<0$

$\therefore -1<x<\dfrac{1}{2}$

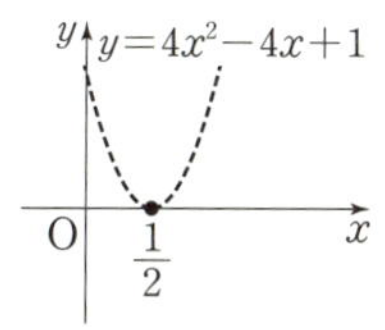

(2) $-4x^2+4x-1\geq0$의 양변에 -1을 곱하면

$4x^2-4x+1\leq0$ 　　$\therefore (2x-1)^2\leq0$ $\longrightarrow$ x^2의 계수를 양수로 고친다.

따라서 주어진 이차부등식의 해는

$x=\dfrac{1}{2}$

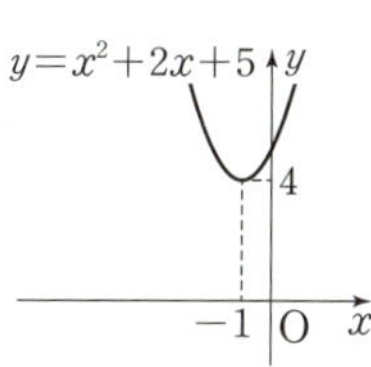

(3) $x^2+2x+5>0$에서 $(x+1)^2+4>0$

따라서 주어진 이차부등식의 해는 모든 실수이다.

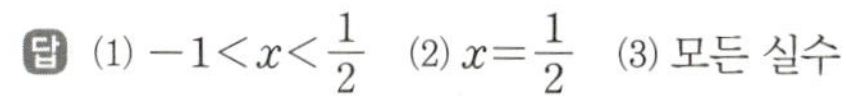

답 (1) $-1<x<\dfrac{1}{2}$　(2) $x=\dfrac{1}{2}$　(3) 모든 실수

필수 공략

이차부등식 $ax^2+bx+c>0$ $(a>0)$에서 $\longrightarrow$ $a<0$이면 부등식의 양변에 -1을 곱한다.

(1) 좌변의 이차식이 인수분해되면 ➡ 인수분해하여 해를 구한다.

(2) 좌변의 이차식이 인수분해되지 않으면 ➡ $a(x-p)^2+q$ (p, q는 상수) 꼴로 변형하여 식의 값의 범위를 확인한다.

• 정답 및 해설 116쪽

숫자 바꾼

유제 02-❶ 다음 이차부등식을 푸시오.

(1) $x^2\geq\dfrac{1}{6}x+\dfrac{1}{3}$ 　　　(2) $5x^2+\dfrac{9}{5}\geq6x$ 　　　(3) $-2x^2+2x-1>0$

유제 02-❷ **교육청** 이차부등식 $x^2-4x-21<0$을 만족시키는 정수 x의 개수는?

① 3 　　　② 6 　　　③ 9 　　　④ 12 　　　⑤ 15

유제 02-❸ 이차부등식 $x^2-(a-2)x-2a<0$을 만족시키는 자연수 x의 개수가 3일 때, 자연수 a의 값을 구하시오.

절댓값 기호를 포함한 이차부등식의 풀이

다음 부등식을 푸시오.

(1) $x^2-3|x|-4<0$

(2) $x^2+x-1\geq|2x+1|$

풀이

(Tip) 절댓값 기호 안의 식의 값이 0이 되는 x의 값을 기준으로 범위를 나눈다.

(1) (i) $x<0$일 때, $x^2+3x-4<0$ → 절댓값 기호 안의 식의 값이 0이 되는 x의 값은 $x=0$

$\qquad(x+4)(x-1)<0 \qquad \therefore -4<x<1$

$\qquad$그런데 $x<0$이므로 $-4<x<0$

(ii) $x\geq0$일 때, $x^2-3x-4<0$

$\qquad(x+1)(x-4)<0 \qquad \therefore -1<x<4$

$\qquad$그런데 $x\geq0$이므로 $0\leq x<4$

(i), (ii)에서 주어진 부등식의 해는 $-4<x<4$이다.

(2) (i) $x<-\dfrac{1}{2}$일 때, $x^2+x-1\geq-(2x+1)$ → 절댓값 기호 안의 식의 값이 0이 되는 x의 값은 $2x+1=0$에서 $x=-\dfrac{1}{2}$

$\qquad x^2+3x\geq0, x(x+3)\geq0 \qquad \therefore x\leq-3$ 또는 $x\geq0$

$\qquad$그런데 $x<-\dfrac{1}{2}$이므로 $x\leq-3$

(ii) $x\geq-\dfrac{1}{2}$일 때, $x^2+x-1\geq2x+1$

$\qquad x^2-x-2\geq0, (x+1)(x-2)\geq0 \qquad \therefore x\leq-1$ 또는 $x\geq2$

$\qquad$그런데 $x\geq-\dfrac{1}{2}$이므로 $x\geq2$

(i), (ii)에서 주어진 부등식의 해는 $x\leq-3$ 또는 $x\geq2$이다.

답 (1) $-4<x<4$ (2) $x\leq-3$ 또는 $x\geq2$

필수 공략

절댓값 기호를 포함한 이차부등식은 다음과 같은 순서로 푼다.
❶ 절댓값 기호 안의 식의 값이 0이 되는 x의 값을 기준으로 범위를 나눈다.
❷ 각 범위에서 절댓값 기호를 없앤 후 식을 정리하여 해를 구한다.
❸ ❷에서 구한 해를 합친 x의 값의 범위를 구한다.

• 정답 및 해설 117쪽

숫자 바꾼

유제 **03-❶**

다음 부등식을 푸시오.

(1) $x^2-7|x|+12>0$

(2) $x^2-3x+3\geq|2x-3|$

유제 **03-❷**

부등식 $x^2-|x-1|<7x-6$을 만족시키는 정수 x의 최댓값을 구하시오.

이차부등식의 활용

오른쪽 그림과 같이 가로, 세로의 길이가 각각 40 m, 30 m인 직사각형 모양의 땅이 있다. 이 땅에 폭이 일정한 길을 서로 수직으로 만나도록 만들 때, 길을 제외한 땅의 넓이가 600 m² 이상이 되도록 하는 길의 최대 폭은 몇 m인지 구하시오.

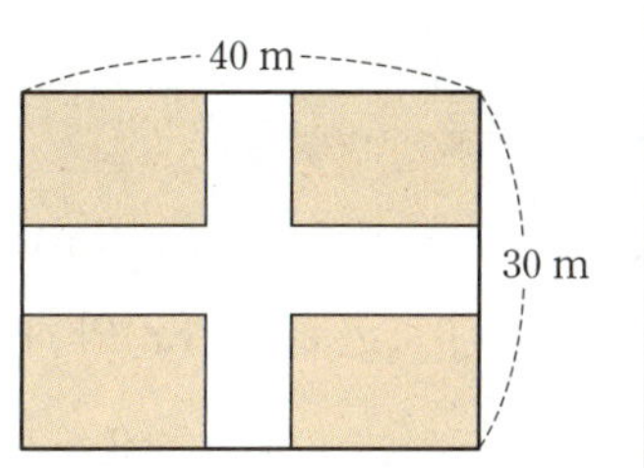

풀이

(**Tip**) 길의 폭을 x m라 하고 문제의 조건에 따라 식을 세운다.

길의 폭을 x m라 하면 길을 제외한 땅의 넓이는 가로의 길이와 세로의 길이가 각각

$(40-x)$ m, $(30-x)$ m → $0 < x < 30$이어야 한다.

인 직사각형의 넓이와 같다.

이 직사각형의 넓이가 600 m² 이상이 되어야 하므로

$(40-x)(30-x) \geq 600$, $x^2-70x+600 \geq 0$

$(x-10)(x-60) \geq 0$ ∴ $x \leq 10$ 또는 $x \geq 60$

그런데 $0 < x < 30$이므로

$0 < x \leq 10$

따라서 길의 최대 폭은 10 m이다.

답 10 m

필수 공략

이차부등식의 활용 문제는 다음과 같은 순서로 푼다.
❶ 구하는 값 (또는 구하는 값을 결정짓는 값)을 미지수 x로 놓는다.
❷ 주어진 조건을 만족시키는 x에 대한 부등식을 세운다.
❸ 부등식을 푼 후 문제의 조건을 만족시키는 x의 값의 범위를 구한다.
(참고) '~ 이상' 또는 '~ 이하'의 조건을 만족시키는 식은 대부분 부등식이다.

• 정답 및 해설 117쪽

숫자 바꾼

유제 **04-❶**

지면에서 화살을 쏘아 올리고 t초가 지난 후에 지면으로부터의 화살의 높이를 h m라 하면 $h=-5t^2+35t$인 관계가 성립한다고 한다. 이 화살의 높이가 60 m 이상일 때, t의 값의 범위는 $a \leq t \leq b$이다. $a+b$의 값을 구하시오. (단, 화살의 길이는 무시한다.)

유제 **04-❷**

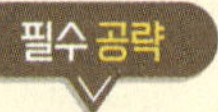

오른쪽 그림과 같이 길이가 120 m인 철망을 모두 사용하여 한 변이 벽면인 직사각형 모양의 화단을 만들려고 한다. 화단의 넓이가 1000 m² 이상이 되도록 하는 화단의 세로의 최대 길이는 몇 m인지 구하시오.
(단, 철망의 두께와 높이는 무시하고, 화단의 세로는 벽과 이웃한 부분이다.)

그래프를 이용한 부등식의 풀이

01 두 이차함수 $y=f(x)$, $y=g(x)$의 그래프가 오른쪽 그림과 같을 때, 부등식 $0<g(x)<f(x)$의 해는?

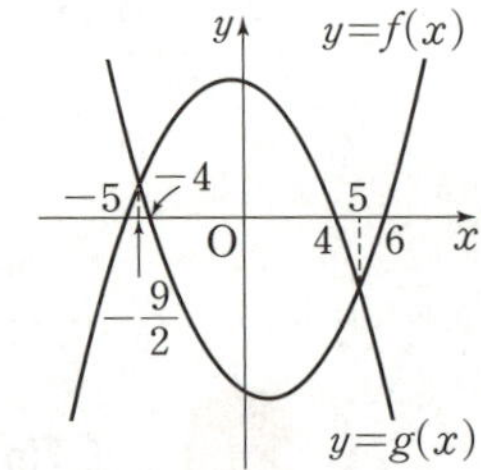

① $-5<x<-\dfrac{9}{2}$ ② $-5<x<-4$ ③ $-\dfrac{9}{2}<x<-4$

④ $-\dfrac{9}{2}<x<4$ ⑤ $-4<x<5$

이차부등식의 풀이

02 이차부등식 $2x(4x-7)\leq49$를 만족시키는 모든 정수 x의 값의 합을 구하시오.

절댓값 기호를 포함한 이차부등식의 풀이

03 부등식 $|x^2-2x|+2\leq x$를 만족시키는 정수 x의 값을 구하시오.

이차부등식의 활용

04 (교육청) 어느 라면 전문점에서 라면 한 그릇의 가격이 2000원이면 하루 200그릇이 판매되고, 라면 한 그릇의 가격을 100원씩 내릴 때마다 하루 판매량이 20그릇씩 늘어난다고 한다. 하루의 라면 판매액의 합계가 442000원 이상이 되기 위한 라면 한 그릇의 가격의 최댓값은?

① 1500원   ② 1600원   ③ 1700원   ④ 1800원   ⑤ 1900원

 이차부등식의 해의 조건

1 해가 주어진 이차부등식

(1) 해가 $\alpha<x<\beta$이고 x^2의 계수가 1인 이차부등식은
$$(x-\alpha)(x-\beta)<0, \ \ \text{즉} \ \ x^2-(\alpha+\beta)x+\alpha\beta<0$$
(2) 해가 $x<\alpha$ 또는 $x>\beta\,(\alpha<\beta)$이고 x^2의 계수가 1인 이차부등식은
$$(x-\alpha)(x-\beta)>0, \ \ \text{즉} \ \ x^2-(\alpha+\beta)x+\alpha\beta>0$$

참고 x^2의 계수가 a인 이차부등식은 위의 (1), (2)에서 구한 이차부등식의 양변에 a를 곱하여 구한다. 이때 $a<0$이면 부등호의 방향이 바뀌는 것에 주의한다.

 설명

example

(1) 해가 $1<x<4$이고 x^2의 계수가 1인 이차부등식은
$$(x-1)(x-4)<0 \quad \therefore \ x^2-5x+4<0$$
(2) 해가 $x<-2$ 또는 $x>1$이고 x^2의 계수가 1인 이차부등식은
$$(x+2)(x-1)>0 \quad \therefore \ x^2+x-2>0$$
(3) 해가 $-3<x<\dfrac{1}{2}$이고 x^2의 계수가 -2인 이차부등식은

$\left(x+3\right)\left(x-\dfrac{1}{2}\right)<0$이고, 양변에 -2를 곱하면

$-2(x+3)\left(x-\dfrac{1}{2}\right)>0 \quad \therefore \ -2x^2-5x+3>0$

2 이차부등식이 항상 성립할 조건

이차방정식 $ax^2+bx+c=0$의 판별식을 D라 할 때, 이차부등식이 항상 성립할 조건은 다음과 같다. (단, $a\neq0$)

(1) 모든 실수 x에 대하여 $ax^2+bx+c>0$ ➡ $a>0$, $D<0$
(2) 모든 실수 x에 대하여 $ax^2+bx+c\geq0$ ➡ $a>0$, $D\leq0$
(3) 모든 실수 x에 대하여 $ax^2+bx+c<0$ ➡ $a<0$, $D<0$
(4) 모든 실수 x에 대하여 $ax^2+bx+c\leq0$ ➡ $a<0$, $D\leq0$

 설명

모든 실수 x에 대하여 $ax^2+bx+c>0$	모든 실수 x에 대하여 $ax^2+bx+c\geq0$	모든 실수 x에 대하여 $ax^2+bx+c<0$	모든 실수 x에 대하여 $ax^2+bx+c\leq0$
그래프가 아래로 볼록하고, x축보다 위쪽에 있어야 한다.	그래프가 아래로 볼록하고, x축에 접하거나 x축보다 위쪽에 있어야 한다.	그래프가 위로 볼록하고, x축보다 아래쪽에 있어야 한다.	그래프가 위로 볼록하고, x축에 접하거나 x축보다 아래쪽에 있어야 한다.
➡ $a>0$, $D<0$	➡ $a>0$, $D\leq0$	➡ $a<0$, $D<0$	➡ $a<0$, $D\leq0$

 모든 실수 x에 대하여 이차부등식 $ax^2+bx+c>0$이 성립한다.

    $\Longleftrightarrow$ 이차부등식 $ax^2+bx+c>0$의 해는 모든 실수이다.

    $\Longleftrightarrow$ 이차부등식 $ax^2+bx+c\leq0$의 해는 없다.

    $\Longleftrightarrow$ 이차함수 $y=ax^2+bx+c$의 그래프와 x축은 만나지 않는다.

 모든 실수 x에 대하여 이차부등식 $x^2+ax+a>0$이 성립하도록 하는 실수 a의 값의 범위를 구해 보자.

x^2의 계수는 1이므로 이차함수 $y=x^2+ax+a$의 그래프가 x축보다 위쪽에 있어야 한다.

이차방정식 $x^2+ax+a=0$의 판별식을 D라 하면

$D=a^2-4\times1\times a<0,\ a(a-4)<0$ $\therefore\ 0<a<4$

3 이차부등식이 해를 가질 조건

이차방정식 $ax^2+bx+c=0$의 판별식을 D라 할 때, 이차부등식이 해를 가질 조건은 다음과 같다.

(1) $ax^2+bx+c>0$이 해를 갖는다. $\Rightarrow$ $\begin{cases} a>0\text{이면 항상 해를 갖는다.} \\ a<0\text{이면 } D>0 \end{cases}$

(2) $ax^2+bx+c\geq0$이 해를 갖는다. $\Rightarrow$ $\begin{cases} a>0\text{이면 항상 해를 갖는다.} \\ a<0\text{이면 } D\geq0 \end{cases}$

(3) $ax^2+bx+c<0$이 해를 갖는다. $\Rightarrow$ $\begin{cases} a>0\text{이면 } D>0 \\ a<0\text{이면 항상 해를 갖는다.} \end{cases}$

(4) $ax^2+bx+c\leq0$이 해를 갖는다. $\Rightarrow$ $\begin{cases} a>0\text{이면 } D\geq0 \\ a<0\text{이면 항상 해를 갖는다.} \end{cases}$

 이차함수 $y=ax^2+bx+c$의 그래프에서

(ⅰ) $a>0$인 경우

오른쪽 그림과 같이 판별식 D의 값의 부호에 관계없이 항상 x축보다 위쪽에 있는 부분이 존재하므로 이차부등식 $ax^2+bx+c>0$은 항상 해를 갖는다.

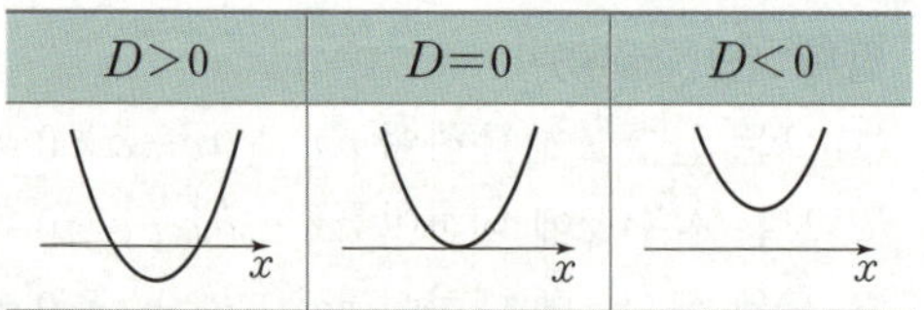

(ⅱ) $a<0$인 경우

오른쪽 그림과 같이 판별식 D의 값의 부호에 관계없이 항상 x축보다 아래쪽에 있는 부분이 존재하므로 이차부등식 $ax^2+bx+c<0$은 항상 해를 갖는다.

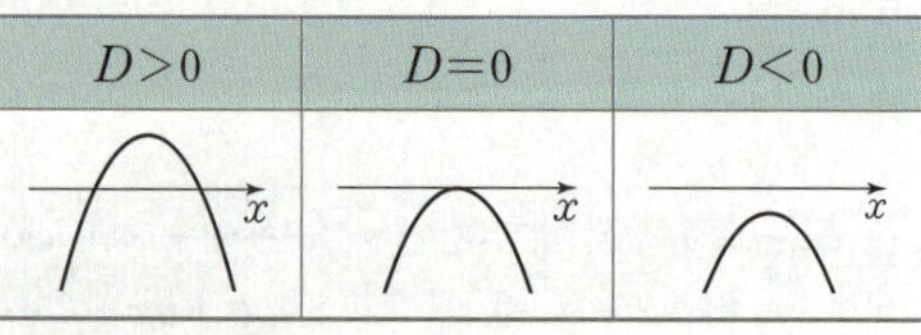

 이차부등식이 해를 갖지 않을 조건은 이차부등식이 항상 성립할 조건으로 바꾸어 생각한다. (단, $a\neq0$)

(1) $ax^2+bx+c>0$이 해를 갖지 않는다. $\Longleftrightarrow$ 모든 실수 x에 대하여 $ax^2+bx+c\leq0$

(2) $ax^2+bx+c\geq0$이 해를 갖지 않는다. $\Longleftrightarrow$ 모든 실수 x에 대하여 $ax^2+bx+c<0$

(3) $ax^2+bx+c<0$이 해를 갖지 않는다. $\Longleftrightarrow$ 모든 실수 x에 대하여 $ax^2+bx+c\geq0$

(4) $ax^2+bx+c\leq0$이 해를 갖지 않는다. $\Longleftrightarrow$ 모든 실수 x에 대하여 $ax^2+bx+c>0$

● 정답 및 해설 118쪽

1 이차부등식 $ax^2+2ax-1>0$이 해를 갖도록 하는 실수 a의 값의 범위를 구하시오.

답 $a<-1$ 또는 $a>0$

해가 주어진 이차부등식

이차부등식 $ax^2+12x+b>0$의 해가 $2<x<4$일 때, 두 실수 a, b의 값을 각각 구하시오.

풀이

(Tip) 먼저 주어진 부등식의 해를 이용하여 x^2의 계수가 1인 이차부등식을 만든다.

해가 $2<x<4$이고 x^2의 계수가 1인 이차부등식은

$(x-2)(x-4)<0$

$\therefore x^2-6x+8<0$ ...... ㉠

부등식 $ax^2+12x+b>0$과 ㉠의 부등호의 방향이 다르므로

$a<0$

㉠의 양변에 a를 곱하면

$ax^2-6ax+8a>0$ → $a<0$이므로 부등호의 방향이 바뀐다.

위의 부등식이 $ax^2+12x+b>0$과 같으므로

$-6a=12,\ 8a=b$

$\therefore a=-2,\ b=-16$

답 $a=-2,\ b=-16$

필수 공략

(1) 해가 $\alpha<x<\beta$이고 x^2의 계수가 1인 이차부등식은
$(x-\alpha)(x-\beta)<0$, 즉 $x^2-(\alpha+\beta)x+\alpha\beta<0$

(2) 해가 $x<\alpha$ 또는 $x>\beta\,(\alpha<\beta)$이고 x^2의 계수가 1인 이차부등식은
$(x-\alpha)(x-\beta)>0$, 즉 $x^2-(\alpha+\beta)x+\alpha\beta>0$

• 정답 및 해설 118쪽

숫자 바꾼

유제 **01-❶** 이차부등식 $ax^2+bx-9>0$의 해가 $x<-1$ 또는 $x>3$일 때, 두 실수 a, b의 값을 각각 구하시오.

유제 **01-❷** 이차함수 $y=ax^2-2x+8$의 그래프에서 x축보다 위쪽에 있는 부분의 x의 값의 범위가 $-4<x<b$일 때, 두 실수 a, b에 대하여 $a+b$의 값을 구하시오.

유제 **01-❸** 이차부등식 $ax^2+bx+c\leq0$의 해가 $-2\leq x\leq1$일 때, 이차부등식 $ax^2-bx+c\geq0$의 해를 구하시오.
(단, a, b, c는 실수이다.)

이차부등식이 항상 성립할 조건

다음 부등식이 모든 실수 x에 대하여 성립하도록 하는 실수 a의 값의 범위를 구하시오.

(1) $x^2-(a-1)x+a-1>0$ (2) $ax^2-ax-1<0$

풀이

(Tip) (1) x^2의 계수의 부호가 양수일 때 이차부등식이 모든 실수 x에 대하여 성립할 조건을 생각한다.

(2) 주어진 부등식이 이차부등식이라는 조건이 없으므로 x^2의 계수가 0인 경우와 0이 아닌 경우를 나누어 생각한다.

(1) $x^2-(a-1)x+a-1>0$이 모든 실수 x에 대하여 성립하려면 이차함수 $y=x^2-(a-1)x+a-1$의
그래프가 x축보다 위쪽에 있어야 한다.

즉, 이차방정식 $x^2-(a-1)x+a-1=0$의 판별식을 D라 하면

$D=\{-(a-1)\}^2-4\times1\times(a-1)<0$, $a^2-6a+5<0$

$(a-1)(a-5)<0$ $\therefore 1<a<5$

(2) (i) $a=0$일 때

$0\times x^2-0\times x-1<0$에서 $-1<0$이므로 주어진 부등식은 모든 실수 x에 대하여 성립한다.

(ii) $a\neq0$일 때, 이차함수 $y=ax^2-ax-1$의 그래프가 x축보다 아래쪽에 있어야 한다.

즉, 위의 이차함수의 그래프가 위로 볼록해야 하므로 $a<0$ ······ ㉠

또한, 이차방정식 $ax^2-ax-1=0$의 판별식을 D라 하면

$D=(-a)^2-4\times a\times(-1)<0$, $a(a+4)<0$ $\therefore -4<a<0$ ······ ㉡

㉠, ㉡의 공통부분을 구하면 $-4<a<0$

(i), (ii)에서 $-4<a\leq0$

답 (1) $1<a<5$ (2) $-4<a\leq0$

필수 공략

이차방정식 $ax^2+bx+c=0$의 판별식을 D라 할 때, 이차부등식이 항상 성립할 조건

(1) $ax^2+bx+c>0$이 항상 성립 ➡ $a>0$, $D<0$

(2) $ax^2+bx+c\geq0$이 항상 성립 ➡ $a>0$, $D\leq0$

(3) $ax^2+bx+c<0$이 항상 성립 ➡ $a<0$, $D<0$

(4) $ax^2+bx+c\leq0$이 항상 성립 ➡ $a<0$, $D\leq0$

• 정답 및 해설 119쪽

숫자 바꾼

유제 02-❶ 다음 부등식의 해가 모든 실수일 때, 실수 a의 값의 범위를 구하시오.

(1) $-x^2+(a+1)x-a-1\leq0$ (2) $(a-2)x^2+2(a-2)x+4\geq0$

유제 02-❷ 모든 실수 x에 대하여 이차부등식 $x^2-2(k-2)x-k^2+5k-3\geq0$이 성립하도록 하는 모든 정수 k의 값의 합은?

① 2 ② 4 ③ 6 ④ 8 ⑤ 10

유제 02-❸ 모든 실수 x에 대하여 부등식 $(a-5)x^2+2(a-3)x-1<0$이 성립하도록 하는 정수 a의 최댓값을 구하시오.

이차부등식이 해를 갖거나 갖지 않을 조건

이차부등식 $x^2+2(a+4)x-2a<0$이 해를 갖도록 하는 실수 a의 값의 범위를 구하시오.

풀이

(Tip) x^2의 계수의 부호가 양수일 때 이차부등식이 해를 가질 조건을 생각한다.

이차부등식 $x^2+2(a+4)x-2a<0$이 해를 가지려면 이차방정식

$$x^2+2(a+4)x-2a=0 \quad \cdots\cdots \ \text{㉠}$$

이 서로 다른 두 실근을 가져야 하므로 이차함수

$y=x^2+2(a+4)x-2a$의 그래프의 개형은 오른쪽 그림과 같아야 한다.

이차방정식 ㉠의 판별식을 D라 하면

$$\frac{D}{4}=(a+4)^2-1\times(-2a)>0$$

$$a^2+10a+16>0, \ (a+8)(a+2)>0$$

$$\therefore \ a<-8 \text{ 또는 } a>-2$$

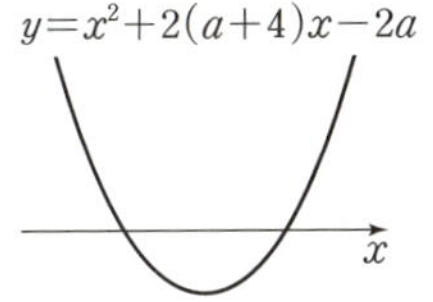

답 $a<-8$ 또는 $a>-2$

필수 공략

(1) 이차부등식 $ax^2+bx+c>0$이 해를 가질 조건
　① $a>0$이면 이차부등식 $ax^2+bx+c>0$은 항상 해를 갖는다.
　② $a<0$이면 이차방정식 $ax^2+bx+c=0$의 판별식을 D라 하면 $D>0$이어야 한다.

(2) 이차부등식 $ax^2+bx+c<0$이 해를 가질 조건
　① $a>0$이면 이차방정식 $ax^2+bx+c=0$의 판별식을 D라 하면 $D>0$이어야 한다.
　② $a<0$이면 이차부등식 $ax^2+bx+c<0$은 항상 해를 갖는다.

• 정답 및 해설 119쪽

숫자 바꾼
유제 03-❶
교육청

이차함수 $f(x)=x^2-2ax+9a$에 대하여 이차부등식 $f(x)<0$을 만족시키는 해가 없도록 하는 정수 a의 개수는?

① 9　　　　② 10　　　　③ 11　　　　④ 12　　　　⑤ 13

유제 03-❷ 이차부등식 $ax^2-3x+a+4\leq0$이 해를 갖도록 하는 실수 a의 값의 범위를 구하시오.

유제 03-❸ 이차부등식 $ax^2-2x-5\geq0$이 오직 하나의 해를 갖도록 하는 실수 a의 값을 구하시오.

제한된 범위에서 항상 성립하는 이차부등식

다음 이차부등식이 주어진 범위에서 항상 성립하도록 하는 실수 a의 값의 범위를 구하시오.

(1) $x^2-4x+a^2+3a>0$ $(-1\leq x\leq 3)$ 　　　　　(2) $x^2+2ax+a^2-4\leq 0$ $(1\leq x\leq 3)$

풀이

(Tip) (1) $-1\leq x\leq 3$에서 함수 $y=x^2-4x+a^2+3a$의 최솟값이 0보다 커야 한다.
　　 (2) $1\leq x\leq 3$에서 함수 $y=x^2+2ax+a^2-4$의 최댓값이 0보다 작거나 같아야 한다.

(1) $f(x)=x^2-4x+a^2+3a$라 하면 $f(x)=(x-2)^2+a^2+3a-4$

$-1\leq x\leq 3$에서 $f(x)>0$이 항상 성립하려면 함수 $y=f(x)$의 그래프의 개형은 오른쪽 그림과 같아야 한다. → 이차함수 $y=f(x)$의 그래프가 $-1\leq x\leq 3$에서 x축보다 위쪽에 있어야 한다.

즉, $-1\leq x\leq 3$에서 $f(x)$의 최솟값은 $f(2)$이고, $f(2)>0$이어야 하므로

$2^2-4\times 2+a^2+3a>0$, $a^2+3a-4>0$

$(a+4)(a-1)>0$ 　　∴ $a<-4$ 또는 $a>1$

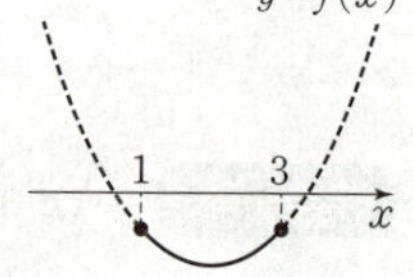

(2) $f(x)=x^2+2ax+a^2-4$라 하면 $f(x)=(x+a)^2-4$

$1\leq x\leq 3$에서 $f(x)\leq 0$이 항상 성립하려면 함수 $y=f(x)$의 그래프의 개형은 오른쪽 그림과 같아야 한다. → 이차함수 $y=f(x)$의 그래프가 $1\leq x\leq 3$에서 x축보다 아래쪽에 있거나 만나야 한다.

즉, $1\leq x\leq 3$에서 $f(x)$의 최댓값은 $f(1)$ 또는 $f(3)$이고, $f(1)\leq 0$, $f(3)\leq 0$이어야 하므로

(i) $f(1)\leq 0$에서

　$1^2+2a\times 1+a^2-4\leq 0$, $a^2+2a-3\leq 0$

　$(a+3)(a-1)\leq 0$ 　　∴ $-3\leq a\leq 1$

(ii) $f(3)\leq 0$에서

　$3^2+2a\times 3+a^2-4\leq 0$, $a^2+6a+5\leq 0$

　$(a+5)(a+1)\leq 0$ 　　∴ $-5\leq a\leq -1$

(i), (ii)의 공통부분을 구하면 $-3\leq a\leq -1$이다.

답 (1) $a<-4$ 또는 $a>1$ 　(2) $-3\leq a\leq -1$

필수 공략

$\alpha\leq x\leq\beta$에서
(1) 부등식 $f(x)>0$이 항상 성립하려면 ➡ $\alpha\leq x\leq\beta$에서 $(f(x)$의 최솟값$)>0$
(2) 부등식 $f(x)<0$이 항상 성립하려면 ➡ $\alpha\leq x\leq\beta$에서 $(f(x)$의 최댓값$)<0$

• 정답 및 해설 120쪽

유제 04-❶ 　다음 이차부등식이 주어진 범위에서 항상 성립하도록 하는 실수 a의 값을 구하시오.

(1) $x^2+2x-a^2+2a\geq 0$ $(-3\leq x\leq 2)$ 　　　　　(2) $x^2-4ax+2a^2-2\leq 0$ $(0\leq x\leq 4)$

유제 04-❷ 　$-4\leq x\leq -3$에서 이차부등식 $2x^2+3x-4a<x^2-x-a^2$이 항상 성립하도록 하는 정수 a의 개수를 구하시오.

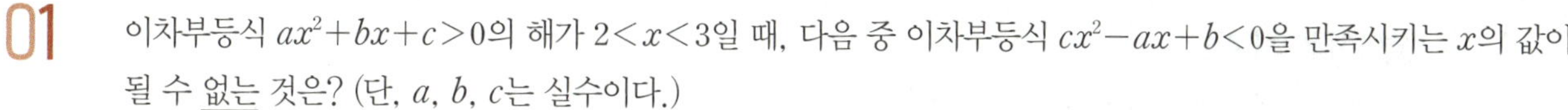

소단원 점검 문제

● 정답 및 해설 120쪽

해가 주어진 이차부등식

01 이차부등식 $ax^2+bx+c>0$의 해가 $2<x<3$일 때, 다음 중 이차부등식 $cx^2-ax+b<0$을 만족시키는 x의 값이 될 수 <u>없는</u> 것은? (단, a, b, c는 실수이다.)

① -4 ② -3 ③ -2 ④ -1 ⑤ 0

이차부등식이 항상 성립할 조건

02 이차함수 $y=-x^2+ax$의 그래프가 직선 $y=2x+a^2-2a$보다 항상 아래쪽에 있도록 하는 실수 a의 값의 범위를 구하시오.

이차부등식이 해를 갖거나 갖지 않을 조건

03 이차부등식 $ax^2-4x+a+3>0$의 해가 없도록 하는 정수 a의 최댓값은?

① -6 ② -5 ③ -4 ④ -3 ⑤ -2

제한된 범위에서 항상 성립하는 이차부등식

04 $1\leq x\leq 5$에서 이차부등식 $x^2-8x\geq -a^2+6a$가 항상 성립하도록 하는 자연수 a의 최솟값은?

① 6 ② 7 ③ 8 ④ 9 ⑤ 10

 **연립이차부등식**

1 연립이차부등식

1 연립이차부등식

연립부등식에서 차수가 가장 높은 부등식이 이차부등식일 때, 이 연립부등식을 **연립이차부등식**이라 한다.

2 연립이차부등식의 풀이

연립이차부등식은 다음과 같은 순서로 푼다.

❶ 각 부등식의 해를 구한다.

❷ 각 부등식의 해를 하나의 수직선 위에 나타낸다.

❸ 수직선에서 공통부분을 찾아 연립부등식의 해를 구한다.

참고 연립부등식을 이루는 각 부등식의 해의 공통부분이 없으면 연립부등식의 해는 없다.

 **설명**

연립이차부등식

연립이차부등식은 $\begin{cases} (\text{일차부등식}) \\ (\text{이차부등식}) \end{cases}$, $\begin{cases} (\text{이차부등식}) \\ (\text{이차부등식}) \end{cases}$ 의 두 가지 꼴이 있다.

예 $\begin{cases} x+1>0 \\ x^2+x-6<0 \end{cases}$, $\begin{cases} x^2-3x-10<0 \\ x^2+3x>0 \end{cases}$ 과 같은 꼴의 연립부등식은 연립이차부등식이다.

연립이차부등식의 풀이

연립이차부등식을 풀 때는 연립일차부등식을 풀 때와 마찬가지로 연립부등식을 이루고 있는 각 부등식의 해를 구한 후 이들의 공통부분을 찾으면 된다.

example

연립부등식 $\begin{cases} 2x>x+2 \\ x^2-2x-4<x \end{cases}$ 를 풀어 보자.

$2x>x+2$에서 $x>2$ $\qquad$ …… ㉠

$x^2-2x-4<x$에서

$x^2-3x-4<0$, $(x+1)(x-4)<0$

$\therefore -1<x<4$ $\qquad$ …… ㉡

㉠, ㉡의 공통부분을 구하면

$2<x<4$

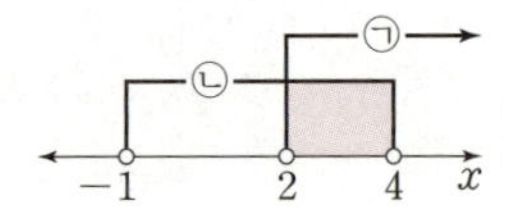

또한, $A<B<C$ 꼴의 연립부등식은 $\begin{cases} A<B \\ B<C \end{cases}$ 꼴로 고쳐서 푼다.

example

연립부등식 $x+2\leq x^2-x-1\leq 5x-9$를 풀어 보자.

$x+2\leq x^2-x-1$에서 $x^2-2x-3\geq 0$, $(x+1)(x-3)\geq 0$

$\therefore x\leq -1$ 또는 $x\geq 3$ $\qquad$ …… ㉠

$x^2-x-1\leq 5x-9$에서 $x^2-6x+8\leq 0$, $(x-2)(x-4)\leq 0$

$\therefore 2\leq x\leq 4$ $\qquad$ …… ㉡

㉠, ㉡의 공통부분을 구하면

$3\leq x\leq 4$

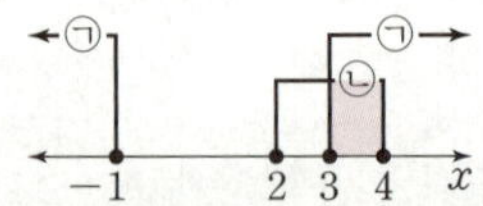

주의 $A<B<C$ 꼴의 연립부등식을 $\begin{cases} A<B \\ A<C \end{cases}$ 또는 $\begin{cases} A<C \\ B<C \end{cases}$ 꼴로 고쳐서 풀지 않도록 주의한다.

집중 연습

• 연립이차부등식

01 다음 연립부등식을 푸시오.

(1) $\begin{cases} x-3 \geq 0 \\ x^2-6x+8 < 0 \end{cases}$

(2) $\begin{cases} 2x-4 < 0 \\ x^2-x > 0 \end{cases}$

(3) $\begin{cases} x+1 > 0 \\ x^2+x-6 \leq 0 \end{cases}$

(4) $\begin{cases} 5-x \leq 0 \\ x^2-6x+5 \leq 0 \end{cases}$

02 다음 연립부등식을 푸시오.

(1) $\begin{cases} x^2-x-2 \leq 0 \\ x^2-4x+3 < 0 \end{cases}$

(2) $\begin{cases} x^2-2x \geq 0 \\ x^2-4 < 0 \end{cases}$

(3) $\begin{cases} x^2-5x+4 < 0 \\ x^2-7x+10 > 0 \end{cases}$

(4) $\begin{cases} x^2-4x-12 > 0 \\ x^2-3x-4 < 0 \end{cases}$

03 다음 연립부등식을 푸시오.

(1) $-1 < x < x^2-4x$

(2) $7x < x+6 \leq x^2+6x$

(3) $-7 \leq x^2-8x < 9$

(4) $2 \leq x^2+3x-2 \leq 8$

연립이차부등식의 풀이

다음 연립부등식을 푸시오.

(1) $\begin{cases} x^2-2x<2x+5 \\ x^2+3>7x-x^2 \end{cases}$
(2) $\begin{cases} 4x^2-10x<x^2-3 \\ 2x^2-13x<-20 \end{cases}$

풀이

(**Tip**) 각 부등식의 모든 항을 좌변으로 이항한 후 인수분해하여 구한 해를 수직선 위에 나타내어 그 공통부분을 찾는다.

(1) $x^2-2x<2x+5$에서 $x^2-4x-5<0$

$(x+1)(x-5)<0$ ∴ $-1<x<5$ …… ㉠

$x^2+3>7x-x^2$에서 $2x^2-7x+3>0$

$(2x-1)(x-3)>0$ ∴ $x<\dfrac{1}{2}$ 또는 $x>3$ …… ㉡

㉠, ㉡의 공통부분을 구하면

$-1<x<\dfrac{1}{2}$ 또는 $3<x<5$

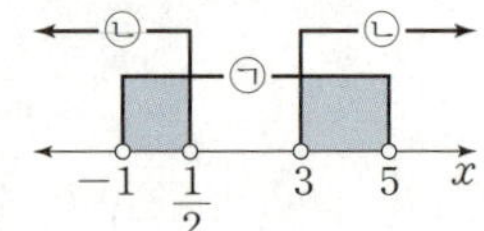

(2) $4x^2-10x<x^2-3$에서 $3x^2-10x+3<0$

$(3x-1)(x-3)<0$ ∴ $\dfrac{1}{3}<x<3$ …… ㉠

$2x^2-13x<-20$에서 $2x^2-13x+20<0$

$(2x-5)(x-4)<0$ ∴ $\dfrac{5}{2}<x<4$ …… ㉡

㉠, ㉡의 공통부분을 구하면

$\dfrac{5}{2}<x<3$

답 (1) $-1<x<\dfrac{1}{2}$ 또는 $3<x<5$ (2) $\dfrac{5}{2}<x<3$

필수 공략

연립이차부등식은 다음과 같은 순서로 푼다.
❶ 각 부등식의 해를 구하여 하나의 수직선 위에 나타낸다.
❷ 수직선에서 공통부분을 찾아 연립부등식의 해를 구한다.

• 정답 및 해설 122쪽

숫자 바꾼

유제 01-❶ 다음 연립부등식을 푸시오.

(1) $\begin{cases} 6x^2-3x>2x+6 \\ x^2+x<3x \end{cases}$
(2) $\begin{cases} x^2-x>3-3x \\ 4x^2+4x\geq4x+1 \end{cases}$

유제 01-❷ 
연립부등식 $\begin{cases} |x-1|\leq3 \\ x^2-8x+15>0 \end{cases}$ 을 만족시키는 정수 x의 개수는?

① 1   ② 2   ③ 3   ④ 4   ⑤ 5

해 또는 해의 조건이 주어진 연립이차부등식

연립부등식 $\begin{cases} x^2+x-2>0 \\ x^2-(a+3)x+3a\leq 0 \end{cases}$ 의 해가 $1<x\leq 3$이 되도록 하는 실수 a의 값의 범위를 구하시오.

풀이

(Tip) a의 값에 따라 해가 달라지므로 (i) $a<3$, (ii) $a=3$, (iii) $a>3$으로 나누어 해를 구한다.

$\begin{cases} x^2+x-2>0 & \cdots\cdots \text{㉠} \\ x^2-(a+3)x+3a\leq 0 & \cdots\cdots \text{㉡} \end{cases}$

㉠에서 $(x+2)(x-1)>0$ $\quad\therefore x<-2$ 또는 $x>1$

㉡에서 $(x-a)(x-3)\leq 0$ → $a<3$, $a=3$, $a>3$일 때에 따라 부등식의 해가 달라진다.

(i) $a<3$일 때, $a\leq x\leq 3$

(ii) $a=3$일 때, $x=3$

(iii) $a>3$일 때, $3\leq x\leq a$

㉠, ㉡의 해의 공통부분이 $1<x\leq 3$이 되려면 오른쪽 그림과 같아야 한다.

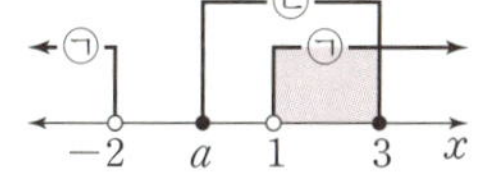

따라서 부등식 ㉡의 해는 $a\leq x\leq 3$이어야 하고 실수 a의 값의 범위는

$-2\leq a\leq 1$ → $a=-2$, 1이어도 ㉠, ㉡의 해의 공통부분이 $1<x\leq 3$이므로 조건을 만족시킨다.

참고 부등식 문제에서 경계가 되는 값의 포함 여부는 경계가 되는 값을 부등식에 대입하고, 주어진 조건을 만족시키는지 확인하여 판단한다.

위의 풀이 과정에서 $a=-2$, $a=1$이면 ㉡의 해가 각각 $-2\leq x\leq 3$, $1\leq x\leq 3$이므로 ㉠, ㉡의 해의 공통부분이 $1<x\leq 3$이 되어 모두 주어진 조건을 만족시킨다.

답 $-2\leq a\leq 1$

필수 공략 연립부등식의 해가 주어지면

➡ 각 부등식의 해의 공통부분이 주어진 해와 일치하도록 수직선 위에 나타낸다.

이때 부등식이 미정계수를 포함한 경우에는 그 값의 범위를 나누어 해를 구한다.

• 정답 및 해설 123쪽

숫자 바꾼

유제 02-❶ 연립부등식 $\begin{cases} x^2-2x-3\leq 0 \\ x^2+(a-2)x-2a<0 \end{cases}$ 의 해가 $-1\leq x<2$가 되도록 하는 실수 a의 값의 범위를 구하시오.

유제 02-❷ (교육청) 연립부등식 $\begin{cases} |x-5|<1 \\ x^2-4ax+3a^2>0 \end{cases}$ 이 해를 갖지 않도록 하는 자연수 a의 개수는?

① 3 ② 4 ③ 5 ④ 6 ⑤ 7

유제 02-❸ 연립부등식 $\begin{cases} x^2-3x-4>0 \\ x^2+(2a+1)x+2a\leq 0 \end{cases}$ 의 해가 존재하도록 하는 실수 a의 값의 범위를 구하시오.

이차방정식의 근의 판별

x에 대한 두 이차방정식 $x^2+2ax+a+2=0$, $x^2-ax+a^2-3a=0$이 모두 실근을 갖도록 하는 실수 a의 값의 범위를 구하시오.

풀이

(Tip) 이차방정식의 판별식을 이용하여 a에 대한 두 이차부등식을 구한 후 연립부등식을 푼다.

이차방정식 $x^2+2ax+a+2=0$의 판별식을 D_1이라 하면 이 방정식이 실근을 가져야 하므로

$$\frac{D_1}{4}=a^2-1\times(a+2)\geq0,\ a^2-a-2\geq0,\ (a+1)(a-2)\geq0$$

$$\therefore\ a\leq-1\ \text{또는}\ a\geq2\ \ \cdots\cdots\ \text{㉠}$$

이차방정식 $x^2-ax+a^2-3a=0$의 판별식을 D_2라 하면 이 방정식이 실근을 가져야 하므로

$$D_2=(-a)^2-4\times1\times(a^2-3a)\geq0,\ 3a^2-12a\leq0,\ 3a(a-4)\leq0$$

$$\therefore\ 0\leq a\leq4\ \ \cdots\cdots\ \text{㉡}$$

㉠, ㉡의 공통부분을 구하면

$$2\leq a\leq4$$

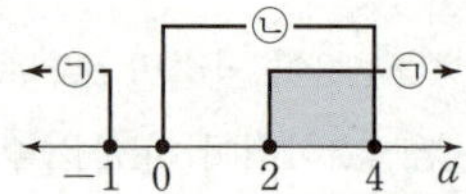

답 $2\leq a\leq4$

필수 공략

이차방정식 $ax^2+bx+c=0$의 판별식을 D라 할 때, 이 이차방정식이
(1) 서로 다른 두 실근을 갖는다. ➡ 부등식 $D>0$의 해를 구한다. ⎤
(2) 중근을 갖는다. ➡ 방정식 $D=0$의 해를 구한다.   ⎦➡ 실근을 갖는다. ➡ 부등식 $D\geq0$의 해를 구한다.
(3) 허근을 갖는다. ➡ 부등식 $D<0$의 해를 구한다.

• 정답 및 해설 123쪽

숫자 바꾼

유제 03-❶ 두 이차방정식 $x^2+(a+1)x+a+1=0$, $x^2-2ax+7a-10=0$이 모두 실근을 갖도록 하는 실수 a의 값의 범위를 구하시오.

유제 03-❷ x에 대한 두 이차방정식 $x^2+3x-a^2+5a=0$, $x^2-ax+a=0$이 모두 허근을 갖도록 하는 모든 정수 a의 값의 합을 구하시오.

유제 03-❸ 이차방정식 $x^2-4ax+4a-1=0$은 서로 다른 두 실근을 갖고, 이차방정식 $x^2+ax-a+3=0$은 허근을 갖도록 하는 실수 a의 값의 범위를 구하시오.

연립이차부등식의 활용

필수 예제 04

세 수 x, $x+1$, $x+2$가 둔각삼각형의 세 변의 길이가 되도록 하는 실수 x의 값의 범위를 구하시오.

풀이

(Tip) 둔각삼각형이 되려면 가장 긴 변의 길이의 제곱이 나머지 두 변의 길이의 제곱의 합보다 커야 한다.

삼각형의 세 변의 길이는 모두 양수이므로

$x>0$, $x+1>0$, $x+2>0$

$\therefore x>0$ ⋯⋯ ㉠

삼각형의 가장 긴 변의 길이는 나머지 두 변의 길이의 합보다 작으므로

$x+2<x+(x+1)$

$\therefore x>1$ ⋯⋯ ㉡

세 수가 둔각삼각형의 세 변의 길이가 되려면

$(x+2)^2>x^2+(x+1)^2$

$x^2-2x-3<0$, $(x+1)(x-3)<0$

$\therefore -1<x<3$ ⋯⋯ ㉢

㉠, ㉡, ㉢의 공통부분을 구하면

$1<x<3$

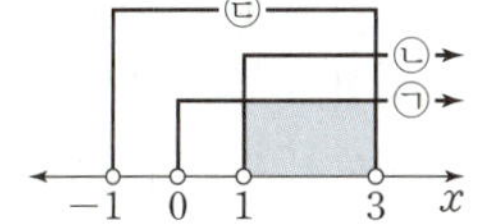

참고 삼각형의 모양과 삼각형의 세 변의 길이 사이의 관계

세 변의 길이가 각각 a, b, c (c는 가장 긴 변의 길이)인 삼각형에서

(1) 예각삼각형이 될 조건 ➡ $c^2<a^2+b^2$

(2) 직각삼각형이 될 조건 ➡ $c^2=a^2+b^2$

(3) 둔각삼각형이 될 조건 ➡ $c^2>a^2+b^2$

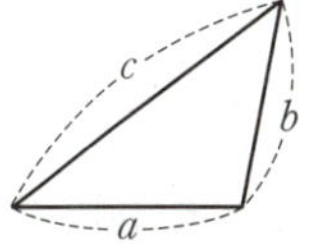
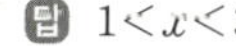

답 $1<x<3$

필수 공략

연립이차부등식의 활용 문제는 다음과 같은 순서로 푼다.

❶ 구하는 값 (또는 구하는 값을 결정짓는 값)을 미지수 x로 놓는다.

❷ 주어진 조건을 만족시키는 x에 대한 연립부등식을 세운다.

❸ 연립부등식을 푼 후 문제의 조건을 만족시키는 x의 값의 범위를 구한다.

• 정답 및 해설 124쪽

유제 04-❶ 세 수 $x-2$, x, $x+2$가 예각삼각형의 세 변의 길이가 되도록 하는 실수 x의 값의 범위를 구하시오.

유제 04-❷ 둘레의 길이가 24 m인 직사각형 모양의 울타리를 만들려고 한다. 긴 변의 길이가 짧은 변의 길이보다 2 m 이상 길고, 내부의 넓이가 20 m² 이상이 되도록 울타리를 만들 때, 울타리의 짧은 변의 길이의 최댓값을 구하시오.

 **이차방정식의 실근의 조건**

1 이차방정식의 실근의 부호

계수가 실수인 이차방정식 $ax^2+bx+c=0$의 두 실근을 α, β, 판별식을 D라 할 때
(1) 두 근이 모두 양수일 조건 $\Longleftrightarrow D\geq0$, $\alpha+\beta>0$, $\alpha\beta>0$
(2) 두 근이 모두 음수일 조건 $\Longleftrightarrow D\geq0$, $\alpha+\beta<0$, $\alpha\beta>0$
(3) 두 근이 서로 다른 부호일 조건 $\Longleftrightarrow \alpha\beta<0$

주의 이차방정식의 근의 부호는 이차방정식의 근이 실근인 경우에만 생각할 수 있다.

이차방정식의 두 근이 실수일 때, 직접 근을 구하지 않고 판별식과 근과 계수의 관계를 이용하여 두 실근의
부호를 판별할 수 있다.

(1)에서 $D\geq0$, $\alpha+\beta>0$, $\alpha\beta>0$이면 $D\geq0$이므로 α, β는 실수이고, 두 실수 α, β에 대하여 $\alpha+\beta>0$,
$\alpha\beta>0$이므로 $\alpha>0$, $\beta>0$이다. → $\alpha\beta>0$이므로 α, β는 같은 부호이고, $\alpha+\beta>0$이므로 $\alpha>0$, $\beta>0$이다.

그런데 두 근 α, β를 각각 $\alpha=1+i$, $\beta=1-i$라 하면 $\alpha+\beta=2>0$, $\alpha\beta=2>0$이어도 α, β의 부호를 판
별할 수 없으므로 두 근이 모두 양수임을 판별하기 위해서는 $D\geq0$, 즉 두 근이 모두 실근이라는 조건이
반드시 필요하다.

마찬가지로 (2)에서도 $\alpha+\beta<0$, $\alpha\beta>0$인 조건만으로는 $\alpha<0$, $\beta<0$이라 할 수 없고, $D\geq0$인 조건이
필요하다. $\quad$ α, β가 허수일 수 있다.

그러나 (3)에서는 두 실근 α, β의 부호가 다르므로 이차방정식의 근과 계수의 관계에 의하여 $\alpha\beta=\dfrac{c}{a}<0$

에서 $ac<0$이다. 즉, $D=b^2-4ac>0$이므로 $D>0$인 조건을 생략하더라도 두 근은 실근이다.

참고 이차방정식의 두 실근 α, β가 서로 다른 부호일 때, 두 근의 절댓값에 대한 조건이 주어진 경우
(1) 두 근의 절댓값이 같다. $\Longleftrightarrow \alpha+\beta=0$, $\alpha\beta<0$
(2) 양수인 근의 절댓값이 더 크다. $\Longleftrightarrow \alpha+\beta>0$, $\alpha\beta<0$
(3) 음수인 근의 절댓값이 더 크다. $\Longleftrightarrow \alpha+\beta<0$, $\alpha\beta<0$

example
(1) 이차방정식 $x^2-2x+a+2=0$의 두 근이 다음과 같을 때, 실수 a의 값의 범위를 구해 보자.
이차방정식 $x^2-2x+a+2=0$의 두 근을 α, β, 판별식을 D라 하면
① 두 근이 모두 양수

$\quad$ (i) $\dfrac{D}{4}=(-1)^2-(a+2)\geq0 \quad \therefore a\leq-1 \quad \cdots\cdots$ ㉠

$\quad$ (ii) $\alpha+\beta=2>0$→항상 성립한다.

$\quad$ (iii) $\alpha\beta=a+2>0 \quad \therefore a>-2 \quad \cdots\cdots$ ㉡

$\quad$ ㉠, ㉡의 공통부분을 구하면 $-2<a\leq-1$

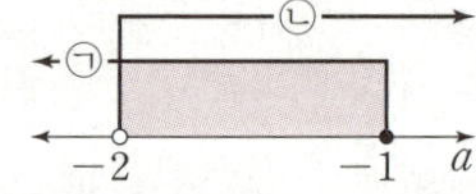

② 두 근이 서로 다른 부호

$\quad$ $\alpha\beta=a+2<0 \quad \therefore a<-2$

(2) 이차방정식 $x^2+2ax+a^2-4=0$의 두 근이 다음과 같을 때, 실수 a의 값의 범위를 구해 보자.
이차방정식 $x^2+2ax+a^2-4=0$의 두 근을 α, β, 판별식을 D라 하면
① 두 근이 모두 음수

$\quad$ (i) $\dfrac{D}{4}=a^2-1\times(a^2-4)=4>0$→항상 성립한다.

$\quad$ (ii) $\alpha+\beta=-2a<0 \quad \therefore a>0 \quad \cdots\cdots$ ㉠

$\quad$ (iii) $\alpha\beta=a^2-4>0$, $(a+2)(a-2)>0$

$\quad\quad \therefore a<-2$ 또는 $a>2 \quad \cdots\cdots$ ㉡

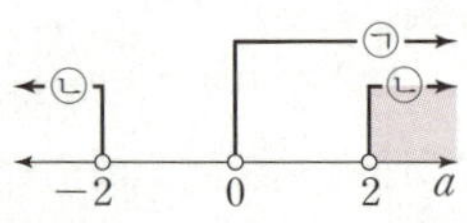

$\quad$ ㉠, ㉡의 공통부분을 구하면 $a>2$

② 두 근이 서로 다른 부호

$\quad$ $\alpha\beta=a^2-4<0$, $(a+2)(a-2)<0 \quad \therefore -2<a<2$

계수가 실수인 이차방정식 $ax^2+bx+c=0\,(a>0)$의 판별식을 D, $f(x)=ax^2+bx+c$라 할 때 이차함수 $y=f(x)$의 그래프를 이용하여

  (i) 판별식 D의 부호   (ii) 경계에서의 함숫값의 부호   (iii) 축의 위치

를 조사하면 두 상수 p, $q\,(p<q)$에 대하여 다음과 같이 근의 위치를 판별할 수 있다.

두 근이 모두 p보다 크다.	두 근이 모두 p보다 작다.	두 근 사이에 p가 있다.	두 근이 모두 p, q 사이에 있다.
$y=f(x)$ 그래프	$y=f(x)$ 그래프	$y=f(x)$ 그래프	$y=f(x)$ 그래프
(i) $D \geq 0$ (ii) $f(p)>0$ (iii) $-\dfrac{b}{2a}>p$	(i) $D \geq 0$ (ii) $f(p)>0$ (iii) $-\dfrac{b}{2a}<p$	$f(p)<0$	(i) $D \geq 0$ (ii) $f(p)>0,\ f(q)>0$ (iii) $p<-\dfrac{b}{2a}<q$

설명

(1) 두 근이 모두 p보다 클 조건에 대하여 알아보자.

  (i) 이차방정식이 <u>실근을 가져야 하므로</u> $D \geq 0$이어야 한다. ▸ 함수 $y=f(x)$의 그래프가 x축과 만나야 하므로

  (ii) $x=p$에서의 함숫값이 0보다 커야 하므로 $f(p)>0$이어야 한다.

  (iii) 힘수 $y=f(x)$의 그래프의 축 $x=-\dfrac{b}{2a}$가 직선 $x=p$보다 오른쪽에 있어야 하므로 $-\dfrac{b}{2a}>p$이어야 한다.

(2) 두 근이 모두 p보다 작을 조건은 (1)에서의 (i), (ii)와 같은 방법으로 $D \geq 0$, $f(p)>0$이다.

  또한, 그래프의 축의 위치는 함수 $y=f(x)$의 그래프의 축 $x=-\dfrac{b}{2a}$가 직선 $x=p$보다 왼쪽에 있어야 하므로 $-\dfrac{b}{2a}<p$이어야 한다.

(3) 두 근 사이에 p가 있을 조건은 함수 $y=f(x)$의 그래프가 $a>0$일 때 아래로 볼록하므로 $f(p)<0$이기만 하면 $x=p$의 좌우에서 함수 $y=f(x)$의 그래프가 x축과 만나므로 $f(p)$의 값의 부호만 생각하면 된다.

(4) 두 근이 모두 p, $q\,(p<q)$ 사이에 있을 조건에 대하여 알아보자.

  (i) 이차방정식이 실근을 가져야 하므로 $D \geq 0$이어야 한다.

  (ii) $x=p$, $x=q$에서의 함숫값이 0보다 커야 하므로 $f(p)>0$, $f(q)>0$이어야 한다.

  (iii) 함수 $y=f(x)$의 그래프의 축 $x=-\dfrac{b}{2a}$가 두 직선 $x=p$, $x=q$ 사이에 있어야 하므로 $p<-\dfrac{b}{2a}<q$이어야 한다.

● 정답 및 해설 124쪽

1 이차방정식 $x^2-2ax+a+2=0$의 두 근이 모두 1보다 클 때, 실수 a의 값의 범위를 구하시오.

답 $2 \leq a < 3$

이차방정식의 실근의 부호

이차방정식 $x^2-2(a-1)x+2a+6=0$의 두 실근이 다음 조건을 만족시키도록 하는 실수 a의 값의 범위를 구하시오.

(1) 두 근이 모두 양수   (2) 두 근이 모두 음수   (3) 두 근이 서로 다른 부호

풀이

(Tip) 이차방정식의 두 실근의 부호가 주어지면 판별식, 두 근의 합, 두 근의 곱의 부호를 조사한다.

이차방정식 $x^2-2(a-1)x+2a+6=0$의 두 실근을 α, β, 판별식을 D라 하면

$$\frac{D}{4}=\{-(a-1)\}^2-1\times(2a+6)=a^2-4a-5=(a+1)(a-5)$$

(1) $D\geq0$, $\alpha+\beta>0$, $\alpha\beta>0$이어야 하므로

  (ⅰ) $\dfrac{D}{4}=(a+1)(a-5)\geq0$ $\therefore a\leq-1$ 또는 $a\geq5$ ······ ㉠

  (ⅱ) $\alpha+\beta=2(a-1)>0$ $\therefore a>1$ ······ ㉡

  (ⅲ) $\alpha\beta=2a+6>0$ $\therefore a>-3$ ······ ㉢

  ㉠, ㉡, ㉢의 공통부분을 구하면 $a\geq5$이다.

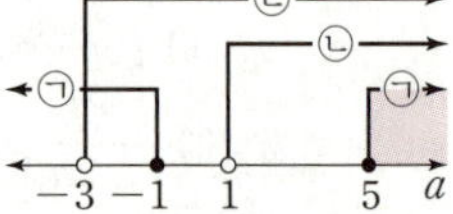

(2) $D\geq0$, $\alpha+\beta<0$, $\alpha\beta>0$이어야 하므로

  (ⅰ) $\dfrac{D}{4}=(a+1)(a-5)\geq0$ $\therefore a\leq-1$ 또는 $a\geq5$ ······ ㉠

  (ⅱ) $\alpha+\beta=2(a-1)<0$ $\therefore a<1$ ······ ㉡

  (ⅲ) $\alpha\beta=2a+6>0$ $\therefore a>-3$ ······ ㉢

  ㉠, ㉡, ㉢의 공통부분을 구하면 $-3<a\leq-1$이다.

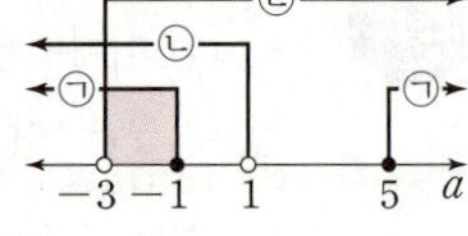

(3) $\alpha\beta<0$이어야 하므로

  $\alpha\beta=2a+6<0$ $\therefore a<-3$

답 (1) $a\geq5$ (2) $-3<a\leq-1$ (3) $a<-3$

필수 공략

계수가 실수인 이차방정식 $ax^2+bx+c=0$의 두 실근을 α, β, 판별식을 D라 할 때
(1) 두 근이 모두 양수일 조건 $\Longleftrightarrow D\geq0$, $\alpha+\beta>0$, $\alpha\beta>0$
(2) 두 근이 모두 음수일 조건 $\Longleftrightarrow D\geq0$, $\alpha+\beta<0$, $\alpha\beta>0$
(3) 두 근이 서로 다른 부호일 조건 $\Longleftrightarrow \alpha\beta<0$

• 정답 및 해설 124쪽

숫자 바꾼

유제 **05-❶**   이차방정식 $x^2+2(2a-1)x+a+1=0$의 두 실근이 다음 조건을 만족시키도록 하는 실수 a의 값의 범위를 구하시오.

(1) 두 근이 모두 양수   (2) 두 근이 모두 음수   (3) 두 근이 서로 다른 부호

유제 **05-❷** x에 대한 이차방정식 $x^2+3ax-a^2+a=0$의 두 근의 부호가 서로 다를 때, 자연수 a의 최솟값은?

① 1   ② 2   ③ 3   ④ 4   ⑤ 5

이차방정식의 실근의 위치

이차방정식 $x^2+2ax+5a-4=0$의 두 근이 모두 -2보다 클 때, 실수 a의 값의 범위를 구하시오.

풀이

(**Tip**) 이차방정식의 실근의 위치에 대한 조건이 주어지면 판별식의 부호, 경계에서의 함숫값의 부호, 축의 위치를 조사한다.

$f(x)=x^2+2ax+5a-4$라 하면 이차방정식 $f(x)=0$의 두 근이 모두 -2보다 크므로 이차함수 $y=f(x)$의 그래프의 개형은 오른쪽 그림과 같아야 한다.

(i) 이차방정식 $f(x)=0$의 판별식을 D라 하면
$$\frac{D}{4}=a^2-1\times(5a-4)\geq0,\ a^2-5a+4\geq0,\ (a-1)(a-4)\geq0$$
$$\therefore a\leq1 \text{ 또는 } a\geq4 \qquad \cdots\cdots \ \text{㉠}$$

(ii) $f(-2)=(-2)^2+2a\times(-2)+5a-4>0$
$$\therefore a>0 \qquad \cdots\cdots \ \text{㉡}$$

(iii) 이차함수 $y=f(x)$의 그래프의 축의 방정식이 $x=-a$이므로
$$-a>-2 \quad \therefore a<2 \qquad \cdots\cdots \ \text{㉢}$$

㉠, ㉡, ㉢의 공통부분을 구하면
$$0<a\leq1$$

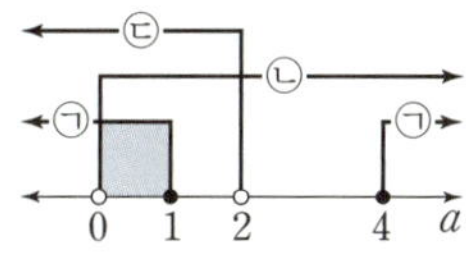

답 $0<a\leq1$

필수 **공략** **이차방정식의 두 근이 서로 같은 범위에 있는 경우**

➡ 이차방정식 $ax^2+bx+c=0\,(a>0)$의 판별식을 D, $f(x)=ax^2+bx+c$라 하면

(1) 두 근이 모두 p보다 크다. $\Longleftrightarrow D\geq0,\ f(p)>0,\ -\dfrac{b}{2a}>p$

(2) 두 근이 모두 p보다 작다. $\Longleftrightarrow D\geq0,\ f(p)>0,\ -\dfrac{b}{2a}<p$

(3) 두 근 사이에 p가 있다. $\Longleftrightarrow f(p)<0$

(4) 두 근이 모두 p, q 사이에 있다. $\Longleftrightarrow D\geq0,\ f(p)>0,\ f(q)>0,\ p<-\dfrac{b}{2a}<q$

• 정답 및 해설 125쪽

숫자 바꾼

유제 **06-❶** 이차방정식 $x^2-2(a+1)x+a+3=0$의 두 근이 모두 0보다 클 때, 실수 a의 최솟값을 구하시오.

유제 **06-❷** 이차방정식 $x^2-4ax+3a+7=0$의 두 근이 모두 1보다 작을 때, 실수 a의 최댓값을 구하시오.

유제 **06-❸** x에 대한 이차방정식 $x^2+3ax+a^2-4a-3=0$의 두 근 사이에 3이 있을 때, 실수 a의 값의 범위를 구하시오.

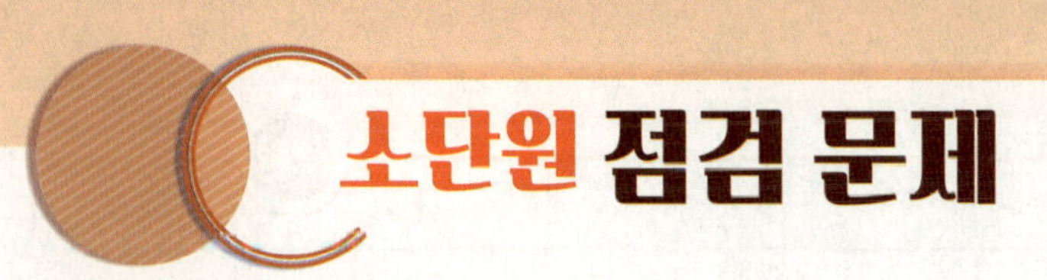

연립이차부등식의 풀이

01 부등식 $|x^2+4x-22| \leq 10$을 만족시키는 정수 x의 개수는?

① 3　　　　② 4　　　　③ 5　　　　④ 6　　　　⑤ 7

해 또는 해의 조건이 주어진 연립이차부등식

02 연립부등식 $\begin{cases} x^2-2x-3>0 \\ x^2-(a-3)x-3a<0 \end{cases}$ 을 만족시키는 정수 x의 값이 -2뿐일 때, 정수 a의 최댓값은?

① 1　　　　② 2　　　　③ 3　　　　④ 4　　　　⑤ 5

해 또는 해의 조건이 주어진 연립이차부등식

03 연립부등식 $\begin{cases} x^2+4x-21\leq 0 \\ x^2-5kx-6k^2>0 \end{cases}$ 의 해가 존재하도록 하는 양의 정수 k의 개수는?

① 4　　　　② 5　　　　③ 6　　　　④ 7　　　　⑤ 8

이차방정식의 근의 판별

04 x에 대한 두 이차방정식 $ax^2-x+a=0$, $x^2+2x+3a^2-2a=0$이 모두 실근을 갖도록 하는 실수 a의 최댓값은?

① 0　　　　② $\dfrac{1}{4}$　　　　③ $\dfrac{1}{2}$　　　　④ $\dfrac{3}{4}$　　　　⑤ 1

연립이차부등식의 활용

05 둘레의 길이가 120 cm인 직사각형 모양의 액자를 만들려고 한다. 액자의 넓이가 500 cm² 이상 800 cm² 이하가
되도록 만들 때, 액자의 짧은 변의 길이의 최댓값을 구하시오.

이차방정식의 실근의 부호

06 x에 대한 이차방정식 $x^2+(9-a^2)x+a^2+5a+4=0$의 두 실근의 절댓값이 같고 부호가 서로 다를 때, 실수 a의
값을 구하시오.

이차방정식의 실근의 부호

07 x에 대한 이차방정식 $x^2-(2a+3)x+2a^2+3a-2=0$의 두 근의 부호가 서로 다르고, 두 근 중 양수인 근의 절
댓값이 음수인 근의 절댓값보다 클 때, 정수 a의 개수를 구하시오.

이차방정식의 실근의 위치

08 이차방정식 $x^2-2ax+a+2=0$의 두 근이 모두 -2와 1 사이에 있을 때, 실수 a의 최댓값은?

① $-\dfrac{6}{5}$ 　　　 ② -1 　　　 ③ $-\dfrac{4}{5}$ 　　　 ④ $-\dfrac{3}{5}$ 　　　 ⑤ $-\dfrac{2}{5}$

01

부등식 $x^2-(2a-1)x-2a>0$에 대하여 |보기| 중 옳은 것을 모두 고른 것은? (단, a는 실수이다.)

> |보기|
>
> ㄱ. $a<-\dfrac{1}{2}$이면 해는 없다.
>
> ㄴ. $a=-\dfrac{1}{2}$이면 해는 $x\neq-1$인 모든 실수이다.
>
> ㄷ. $a>-\dfrac{1}{2}$이면 해는 모든 실수이다.

① ㄱ   ② ㄴ   ③ ㄱ, ㄷ
④ ㄴ, ㄷ   ⑤ ㄱ, ㄴ, ㄷ

02 교육청

x에 대한 이차부등식 $x^2-(n+5)x+5n\leq0$을 만족시키는 정수 x의 개수가 3이 되도록 하는 모든 자연수 n의 값의 합은?

① 8   ② 9   ③ 10
④ 11   ⑤ 12

03

1보다 큰 양수 a에 대하여 부등식 $(x+1)(|x|-a)<0$을 만족시키는 자연수 x의 개수가 5일 때, a의 최댓값은?

① 3   ② 4   ③ 5
④ 6   ⑤ 7

04

이차부등식 $f(x)\geq0$의 해가 $-2\leq x\leq3$일 때, 다음 중 부등식 $f(-x+2)\leq0$을 만족시키는 x의 값이 될 수 <u>없는</u> 것은?

① -4 ② -1 ③ 2
④ 5   ⑤ 8

05

이차함수 $y=x^2+3x-2$의 그래프가 직선 $y=ax+2$보다 아래쪽에 있는 부분의 x의 값의 범위가 $-2<x<b$일 때, $a+b$의 값을 구하시오. (단, a, b는 상수이다.)

06 서술형

부등식 $ax^2+2(2a-3)x+5a-4>0$의 해가 모든 실수일 때, 정수 a의 최솟값을 구하시오.

07

이차함수 $f(x)$에 대하여 이차부등식 $f(x)<0$의 해는 $x\neq 1$인 모든 실수이다. $\{f(2)\}^2=1$일 때, $f(3)$의 값은?

① -4 ② -2 ③ 0
④ 2 ⑤ 4

08

연립부등식 $-x^2+3x+3\leq x+3<x^2+3x$를 만족시키는 자연수 x의 최솟값을 m, 음의 정수 x의 최댓값을 M이라 할 때, $m-M$의 값을 구하시오.

09

다음 중 연립부등식 $\begin{cases} x^2-2x-8\geq 0 \\ x^2-(a-2)x-2a<0 \end{cases}$ 을 만족시키는 정수 x가 오직 하나 존재하도록 하는 실수 a의 값이 될 수 있는 것은?

① -5 ② -3 ③ 1
④ 3 ⑤ 5

10 서술형

연립부등식 $\begin{cases} x^2-9x+14\geq 0 \\ |x-a|<2 \end{cases}$ 가 해를 갖도록 하는 실수 a의 값의 범위는 $a<\alpha$ 또는 $a>\beta$이다. $\alpha+\beta$의 값을 구하시오.

11

최고차항의 계수가 1인 두 이차함수 $f(x)$, $g(x)$에 대하여 $\begin{cases} f(x)\leq 0 \\ g(x)>0 \end{cases}$의 해가 $0\leq x<1$ 또는 $2<x\leq 4$일 때, $f(3)+g(3)$의 값을 구하시오.

12

x에 대한 이차방정식 $x^2+(a^2+4a+3)x+a^2+2a=0$의 두 근의 부호가 서로 다르고, 두 근 중 음수인 근의 절댓값이 양수인 근의 절댓값보다 클 때, 실수 a의 값의 범위는 $\alpha<x<\beta$이다. $\beta-\alpha$의 값을 구하시오.

• 정답 및 해설 **129**쪽

13

x에 대한 두 이차방정식 $x^2-4ax+4a+3=0$, $2x^2+(a+1)x+a^2+a=0$ 중 적어도 하나가 허근을 가질 때, 다음 중 실수 a의 값이 될 수 있는 것은?

① -1 ② $-\dfrac{5}{6}$ ③ $-\dfrac{2}{3}$

④ $-\dfrac{1}{2}$ ⑤ $-\dfrac{1}{3}$

14

x에 대한 이차방정식 $x^2+(1-2a)x+a^2+4a=0$의 두 근이 모두 -1과 2 사이에 있을 때, 실수 a의 최댓값은?

① $\dfrac{1}{40}$ ② $\dfrac{1}{35}$ ③ $\dfrac{1}{30}$

④ $\dfrac{1}{25}$ ⑤ $\dfrac{1}{20}$

내신 1% 뛰어 넘기

15

모든 실수 x에 대하여 $\sqrt{x^2+2(a+1)x+3a+7}$이 실수가 되도록 하는 실수 a의 최댓값과 최솟값의 합을 구하시오.

16

연립부등식 $\begin{cases} x^2-2x-24\leq 0 \\ x^2+3ax-10a^2>0 \end{cases}$ 의 해가 존재하도록 하는 정수 a의 개수를 구하시오.

17 교육청

x에 대한 연립부등식 $\begin{cases} x^2+3x-10<0 \\ ax\geq a^2 \end{cases}$ 을 만족시키는 정수 x의 개수가 4가 되도록 하는 정수 a의 값은?

① -2 ② -1 ③ 0

④ 1 ⑤ 2

18

이차방정식 $x^2+2ax-3a-2=0$이 적어도 하나의 양수인 실근을 가질 때, 다음 중 실수 a의 값이 될 수 <u>없는</u> 것은?

① -2 ② $-\dfrac{3}{2}$ ③ -1

④ $-\dfrac{1}{2}$ ⑤ 0

Ⅲ-1

경우의 수와 순열

 **경우의 수**

(1) 사건: 같은 조건에서 반복할 수 있는 실험이나 관찰에 의하여 나타나는 결과
(2) 경우의 수: 어떤 사건이 일어날 수 있는 모든 경우의 가짓수

예 주사위 한 개를 던졌을 때, 짝수의 눈이 나오는 경우는 2, 4, 6의 3가지이다.
└→ 사건　　　　　　　　　　　　　　　　　　　　　└→ 경우의 수

참고 경우의 수를 구할 때는 모든 경우를 빠짐없이 중복되지 않게 구하는 것이 중요하다.

두 사건 A, B가 동시에 일어나지 않을 때, 사건 A와 사건 B가 일어나는 경우의 수가 각각 m, n
이면 사건 A 또는 사건 B가 일어나는 경우의 수는

$m+n$
└→ 각 사건이 일어나는 경우의 수를 더한다.

참고 합의 법칙은 어느 두 사건도 동시에 일어나지 않는 셋 이상의 사건에 대해서도 성립한다.

example 오른쪽 그림과 같이 a, b, c의 상의 3가지, l, m의 하의 2가지가 있을 때,
이 중에서 하나를 선택하는 경우의 수를 구해 보자.

상의를 선택하는 사건을 A, 하의를 선택하는 사건을 B라 하면 사건 A가 일
어나는 경우는 a, b, c의 3가지이고, 사건 B가 일어나는 경우는 l, m의 2가
지이다.
이때 상의를 선택하면 하의를 선택할 수 없고, 하의를 선택하면 상의를 선택
할 수 없으므로 두 사건 A, B는 동시에 일어날 수 없다.
따라서 구하는 경우의 수는 합의 법칙에 의하여

$3+2=5$

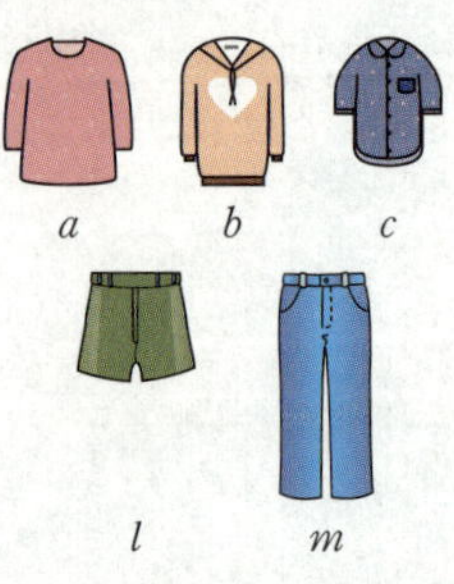

이와 같이 두 사건 A, B가 동시에 일어나지 않을 때, 사건 A 또는 사건 B가 일어나는 경우의 수는
두 사건이 일어나는 경우의 수를 더한 것과 같다.

참고 두 사건 A, B가 일어나는 경우의 수가 각각 m, n이고, 두 사건 A, B가 동시에 일어나는 경우의 수가 l이면
사건 A 또는 사건 B가 일어나는 경우의 수는

$m+n-l$

▶ 정답 및 해설 131쪽

1 4종류의 볼펜과 3종류의 연필이 있을 때, 이 중에서 하나를 선택하는 경우의 수를 구하시오.

2 한 개의 주사위를 한 번 던졌을 때, 3의 배수 또는 5의 약수의 눈이 나오는 경우의 수를 구하시오.

답 1. 7　　2. 4

3 곱의 법칙

두 사건 A, B에 대하여 사건 A가 일어나는 경우의 수가 m이고, 그 각각에 대하여 사건 B가 일어나는 경우의 수가 n일 때, 두 사건 A, B가 잇달아 일어나는 경우의 수는

$$m \times n$$

└─→ 각 사건이 일어나는 경우의 수를 곱한다.

┗→ 동시에

참고 곱의 법칙은 잇달아 일어나는 셋 이상의 사건에 대해서도 성립한다.

설명

example 오른쪽 그림과 같이 a, b, c의 상의 3가지, l, m의 하의 2가지가 있을 때, 이 중에서 상의, 하의를 각각 한 개씩 선택하는 경우의 수를 구해 보자.

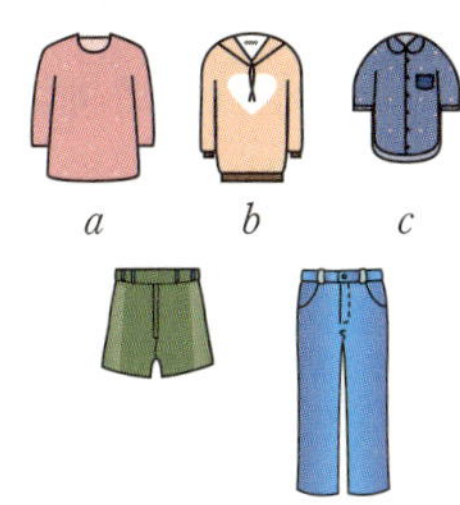

상의를 선택하는 사건을 A, 하의를 선택하는 사건을 B라 하면 사건 A가 일어나는 경우는 a, b, c의 3가지이고, 사건 B가 일어나는 경우는 l, m의 2가지이다.

이때 상의를 한 개 선택하고, 하의를 한 개 선택해야 하므로 사건 A가 일어나고 사건 B가 일어나야 한다. ┌→ 하의를 하나 선택하고 상의를 하나 선택해도 그 결과는 같다.

즉, 두 사건 A, B는 잇달아 일어나야 한다.

따라서 구하는 경우의 수는 곱의 법칙에 의하여

$$3 \times 2 = 6$$

이와 같이 두 사건 A, B가 잇달아 일어나는 경우의 수는 두 사건이 일어나는 경우의 수를 곱한 것과 같다.

참고 경우의 수를 구할 때, 수형도 또는 순서쌍을 이용하면 모든 경우를 빠짐없이, 중복되지 않게 구할 수 있다. ┌→ 사건이 일어나는 모든 경우를 나뭇가지 모양의 그림으로 나타낸 것

예를 들어, 위의 example 에서 사건이 일어나는 모든 경우를 수형도와 순서쌍을 이용하여 나타내면 오른쪽과 같다.

수형도	순서쌍
$a <{\ l \atop m}$	(a, l) (a, m)
$b <{\ l \atop m}$	(b, l) (b, m)
$c <{\ l \atop m}$	(c, l) (c, m)

Q&A '합의 법칙'과 '곱의 법칙'은 각각 언제 이용해야 할까?

합의 법칙 ➡ 사건 A 또는(이거나) 사건 B가 일어나는 경우의 수를 구할 때 이용 ┌→ 단, A, B는 동시에 일어나지 않는 사건이다.

합의 법칙의 정의에서 '또는'의 의미는 동시에 일어나지 않는 여러 사건 중 한 사건만 일어나도 된다는 의미이므로

　(ⅰ) 한 사건만 일어나도 문제에서 주어진 조건을 만족시키는 경우

　(ⅱ) 한 사건이 일어나면 다른 사건이 일어날 수 없는 경우

에 합의 법칙을 이용한다. 보통 '또는', '~이거나' 등의 표현이 쓰이면 합의 법칙을 이용한다.

곱의 법칙 ➡ 두 사건 A, B가 잇달아(동시에) 일어나는 경우의 수를 구할 때 이용

곱의 법칙의 정의에서 '잇달아'의 의미는 한 사건이 일어나는 경우에 대하여 다른 사건이 연속하여 일어난다는 의미이므로 ┌→ 또는 '동시에'

　(ⅰ) 어떤 사건이 동시에 일어나는 경우

　(ⅱ) 어떤 사건이 연속하여 일어나는 경우

에 곱의 법칙을 이용한다. 보통 '~이고', '동시에' 등의 표현이 쓰이면 곱의 법칙을 이용한다.

●─→ 정답 및 해설 131쪽

개념확인 

3 수학 참고서 5종류와 영어 참고서 4종류가 있다. 수학 참고서와 영어 참고서를 각각 한 권씩 선택하는 경우의 수를 구하시오.

답 20

합의 법칙

1부터 50까지의 자연수가 하나씩 적힌 50장의 카드 중에서 한 장의 카드를 뽑을 때, 다음을 구하시오.

(1) 4의 배수 또는 13의 배수가 적힌 카드가 나오는 경우의 수

(2) 2의 배수 또는 3의 배수가 적힌 카드가 나오는 경우의 수

풀이

(**Tip**) 사건 A 또는 사건 B가 일어나는 경우의 수는 합의 법칙을 이용하여 구한다.

(1) (i) 4의 배수가 적힌 카드가 나오는 경우는 4, 8, 12, …, 48의 12가지

(ii) 13의 배수가 적힌 카드가 나오는 경우는 13, 26, 39의 3가지

(i), (ii)는 동시에 일어날 수 없으므로 구하는 경우의 수는

$12+3=15$

(2) (i) 2의 배수가 적힌 카드가 나오는 경우는 2, 4, 6, …, 50의 25가지

(ii) 3의 배수가 적힌 카드가 나오는 경우는 3, 6, 9, …, 48의 16가지

(iii) 2의 배수이면서 3의 배수인 6의 배수가 적힌 카드가 나오는 경우는 6, 12, 18, …, 48의 8가지
└ 2와 3의 최소공배수

(i), (ii), (iii)에서 구하는 경우의 수는

$25+16-8=33$ → '또는'이라고 해서 무조건 합의 법칙을 적용해서는 안 된다.
두 사건이 동시에 일어나는 경우가 있으면 그 경우가 중복됨에 유의해야 한다.

답 (1) 15 (2) 33

필수 공략

두 사건 A, B가 일어나는 경우의 수가 각각 m, n일 때, 사건 A 또는 사건 B가 일어나는 경우의 수는

(1) 두 사건 A, B가 동시에 일어나지 않으면 ➡ $m+n$

(2) 두 사건 A, B가 동시에 일어나는 경우의 수가 l이면 ➡ $m+n-l$

• 정답 및 해설 131쪽

숫자 바꾼

유제 01-❶ 1부터 20까지의 자연수가 하나씩 적힌 20장의 카드 중에서 한 장의 카드를 뽑을 때, 다음을 구하시오.

(1) 4의 배수 또는 7의 배수가 적힌 카드가 나오는 경우의 수

(2) 소수 또는 3의 배수가 적힌 카드가 나오는 경우의 수

유제 01-❷ 1, 2, 3, 4, 5가 하나씩 적힌 5개의 공이 서로 다른 두 개의 주머니에 각각 들어 있다. 각 주머니에서 한 개씩 공을 꺼낼 때, 꺼낸 공에 적힌 수의 합이 3 또는 4인 경우의 수를 구하시오.

유제 01-❸ 서로 다른 두 개의 주사위를 동시에 던질 때, 나오는 눈의 수의 차가 2의 배수인 경우의 수를 구하시오.

방정식 또는 부등식을 만족시키는 순서쌍의 개수

방정식 $3x+y+5z=18$을 만족시키는 자연수 x, y, z의 모든 순서쌍 (x, y, z)의 개수를 구하시오.

풀이

(**Tip**) 방정식 $3x+y+5z=18$의 자연수인 해의 개수는 x, y, z 중에서 계수가 가장 큰 문자인 z부터 수를 대입하여 문자가 2개인 방정식으로 변형한 후 구한다.

x, y, z가 자연수이므로

$x \geq 1$, $y \geq 1$, $z \geq 1$

주어진 방정식에서 z가 될 수 있는 자연수는 $5 \leq 5z < 18$에서 $\quad\longmapsto 3x+y+5z=18$이므로 성립

$1 \leq z < \dfrac{18}{5}$ $\qquad \therefore z=1$ 또는 $z=2$ 또는 $z=3$

(i) $z=1$일 때, $3x+y+5=18$, 즉 $3x+y=13$이므로 순서쌍 (x, y, z)는

$\quad (1, 10, 1)$, $(2, 7, 1)$, $(3, 4, 1)$, $(4, 1, 1)$의 4개

(ii) $z=2$일 때, $3x+y+10=18$, 즉 $3x+y=8$이므로 순서쌍 (x, y, z)는

$\quad (1, 5, 2)$, $(2, 2, 2)$의 2개

(iii) $z=3$일 때, $3x+y+15=18$, 즉 $3x+y=3$이므로 순서쌍 (x, y, z)는 존재하지 않는다.

(i), (ii), (iii)에서 구하는 모든 순서쌍 (x, y, z)의 개수는 $\quad\longmapsto x$, y가 자연수이므로 $3x+y \geq 4$

$4+2=6$

답 6

필수 공략

$ax+by+cz=d$ (a, b, c, d는 상수) 꼴인 방정식의 음이 아닌 정수 또는 자연수인 해의 개수

➡ 계수의 절댓값이 가장 큰 문자를 기준으로 경우를 나누어 구한다.

• 정답 및 해설 131쪽

숫자 바꾼

유제 **02-❶** 방정식 $4x+5y+z=15$를 만족시키는 음이 아닌 정수 x, y, z의 모든 순서쌍 (x, y, z)의 개수를 구하시오.

유제 **02-❷** 부등식 $4x+9y \leq 22$를 만족시키는 자연수 x, y의 모든 순서쌍 (x, y)의 개수를 구하시오.

유제 **02-❸** 부등식 $5x+3y \leq 21$을 만족시키는 음이 아닌 정수 x, y의 모든 순서쌍 (x, y)의 개수를 구하시오.

필수 예제 03 — 곱의 법칙

백의 자리의 수는 짝수, 십의 자리의 수는 홀수, 일의 자리의 수는 소수인 세 자리의 자연수의 개수를 구하시오.

풀이

(Tip) 세 자리의 자연수의 각 자리에 올 수 있는 수의 개수를 구한 후 곱의 법칙을 이용한다.

백의 자리에 올 수 있는 수는

2, 4, 6, 8의 4개

십의 자리에 올 수 있는 수는

1, 3, 5, 7, 9의 5개

일의 자리에 올 수 있는 수는

2, 3, 5, 7의 4개

따라서 구하는 세 자리의 자연수의 개수는

$4 \times 5 \times 4 = 80$

답 80

필수 공략

두 사건 A, B에 대하여 사건 A가 일어나는 경우의 수가 m이고, 그 각각에 대하여 사건 B가 일어나는 경우의 수가 n일 때, 두 사건 A, B가 잇달아 일어나는 경우의 수는

➡ $m \times n$

• 정답 및 해설 132쪽

유제 03-❶ (숫자 바꾼) (교육청)

다음 조건을 만족시키는 두 자리의 자연수의 개수는?

> (가) 2의 배수이다.
> (나) 십의 자리의 수는 6의 약수이다.

① 16　　② 20　　③ 24　　④ 28　　⑤ 32

유제 03-❷

다항식 $(x+y+z)(a+b+c+d+e)$의 전개식에서 항의 개수를 구하시오.

유제 03-❸

1부터 5까지의 자연수가 하나씩 적힌 5장의 카드가 들어 있는 상자 A와 3부터 8까지의 자연수가 하나씩 적힌 6장의 카드가 들어 있는 상자 B가 있다. 두 상자 A, B에서 각각 한 장씩 카드를 꺼낼 때, 꺼낸 카드에 적힌 두 수의 곱이 짝수가 되는 경우의 수를 구하시오.

약수의 개수

96의 약수의 개수를 구하시오.

풀이

(Tip) 96을 소인수분해하여 약수의 개수를 구한다.

96을 소인수분해하면

$96 = 2^5 \times 3$

이고

2^5의 약수는 1, 2, 2^2, 2^3, 2^4, 2^5의 6개

3의 약수는 1, 3의 2개

이때 2^5의 약수와 3의 약수 중에서 각각 하나씩 택하여 곱한 수는

모두 96의 약수이므로 96의 약수의 개수는

$6 \times 2 = 12$

×	1	3
1	1×1	1×3
2	2×1	2×3
2^2	$2^2 \times 1$	$2^2 \times 3$
2^3	$2^3 \times 1$	$2^3 \times 3$
2^4	$2^4 \times 1$	$2^4 \times 3$
2^5	$2^5 \times 1$	$2^5 \times 3$

답 12

필수 공략

자연수 N이 $N = a^p \times b^q \times c^r$ (a, b, c는 서로 다른 소수, p, q, r는 자연수) 꼴로 소인수분해될 때
N의 약수의 개수 ➡ $(p+1)(q+1)(r+1)$

• 정답 및 해설 132쪽

숫자 바꾼

유제 **04-❶**   280의 약수의 개수를 구하시오.

유제 **04-❷**   350과 150의 공약수의 개수를 구하시오.

유제 **04-❸**   504의 약수 중 짝수의 개수를 구하시오.

도로망에서의 경우의 수

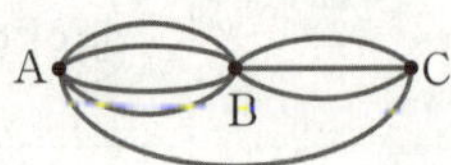

오른쪽 그림과 같이 세 지점 A, B, C를 연결하는 길이 있다. A 지점에서 출발하여 C 지점으로 가는 경우의 수를 구하시오.

(단, 같은 지점을 두 번 이상 지나지 않는다.)

(**Tip**) A 지점에서 출발하여 C 지점으로 가는 경우는 B 지점을 지나는 경우와 지나지 않는 경우가 있다.

A 지점에서 출발하여 C 지점으로 가는 경로는 $A \to B \to C$, $A \to C$의 2가지가 있다.

(ⅰ) $A \to B \to C$로 가는 경우

A 지점에서 B 지점으로 가는 경우의 수는 4이고, 그 각각에 대하여 B 지점에서 C 지점으로 가는 경우의 수는 3이므로 A 지점에서 C 지점으로 가는 경우의 수는

$$4 \times 3 = 12$$

(ⅱ) $A \to C$로 가는 경우

A 지점에서 C 지점으로 가는 경우의 수는

$$1$$

(ⅰ), (ⅱ)는 동시에 일어날 수 없으므로 구하는 경우의 수는

$$12 + 1 = 13$$

답 13

필수 **공략**

(1) 동시에 갈 수 없는 길인 경우 ➡ 합의 법칙을 이용
(2) 잇달아 갈 수 있는 길인 경우 ➡ 곱의 법칙을 이용
  └ 동시에 갈 수 있는 길, 이어지는 길

• 정답 및 해설 133쪽

숫자 바꾼

유제 **05-❶** 오른쪽 그림과 같이 네 지점 A, P, B, Q를 연결하는 길이 있다. A 지점에서 출발하여 B 지점으로 가는 경우의 수를 구하시오.

(단, 같은 지점을 두 번 이상 지나지 않는다.)

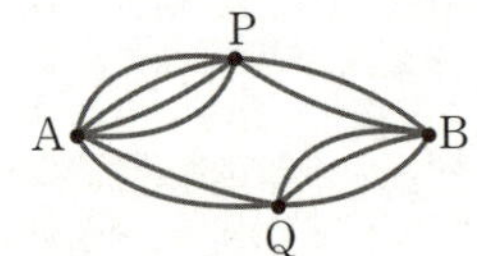

유제 **05-❷** 오른쪽 그림과 같이 집, 서점, 도서관, 학교를 연결하는 길이 있다. 집에서 출발하여 학교로 가는 경우의 수를 구하시오.

(단, 같은 장소를 두 번 이상 지나지 않는다.)

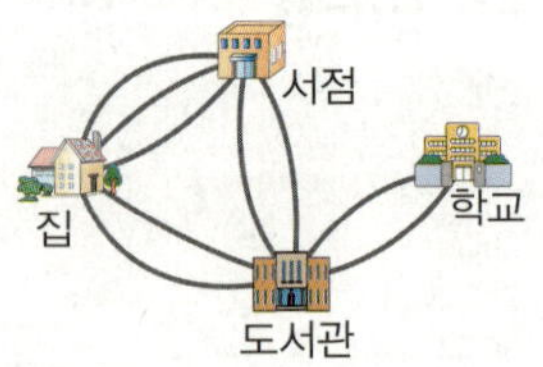

유제 **05-❸** 오른쪽 그림과 같이 네 마을 A, B, C, D를 연결하는 길이 있다. A 마을에서 출발하여 D 마을로 가는 경우의 수를 구하시오.

(단, 같은 마을을 두 번 이상 지나지 않는다.)

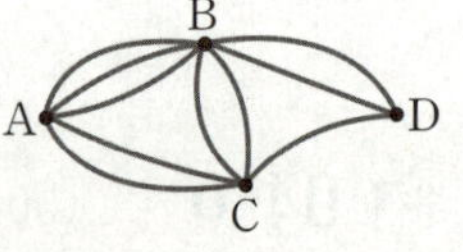

지불하는 방법의 수와 지불하는 금액의 수

1000원짜리 지폐 4장, 5000원짜리 지폐 2장, 10000원짜리 지폐 2장의 일부 또는 전부를 사용하여 돈을 지불하려고 할 때, 다음을 구하시오. (단, 0원을 지불하는 경우는 제외한다.)

(1) 지불할 수 있는 방법의 수   (2) 지불할 수 있는 금액의 수

풀이

(Tip) (1) a원짜리 지폐 n장으로 지불할 수 있는 방법은 0장, 1장, 2장, $\cdots$, n장의 $(n+1)$가지임을 이용한다.
    (2) 5000원짜리 지폐 2장과 10000원짜리 지폐 1장으로 지불할 수 있는 금액이 같으므로 10000원짜리 지폐 2장을 5000원짜리 지폐 4장으로 바꾸어 생각한다.

(1) 1000원짜리 지폐 4장으로 지불할 수 있는 방법은 0장, 1장, 2장, 3장, 4장의 5가지
   5000원짜리 지폐 2장으로 지불할 수 있는 방법은 0장, 1장, 2장의 3가지
   10000원짜리 지폐 2장으로 지불할 수 있는 방법은 0장, 1장, 2장의 3가지
   이때 0원을 지불하는 경우는 제외해야 하므로 지불할 수 있는 방법의 수는   → 각 지폐를 0장 사용하는 경우, 즉 1가지이다.
$$5 \times 3 \times 3 - 1 = 44$$

(2) 5000원짜리 지폐 2장으로 지불할 수 있는 금액과 10000원짜리 지폐 1장으로 지불할 수 있는 금액이 같으므로 10000원짜리 지폐 2장을 5000원짜리 지폐 4장으로 바꾸어 생각하면 지불할 수 있는 금액의 수는 1000원짜리 지폐 4장, 5000원짜리 지폐 6장으로 지불할 수 있는 금액의 수와 같다.
   1000원짜리 지폐 4장으로 지불할 수 있는 금액은 0원, 1000원, 2000원, 3000원, 4000원의 5가지
   5000원짜리 지폐 6장으로 지불할 수 있는 금액은 0원, 5000원, 10000원, $\cdots$, 30000원의 7가지
   이때 0원을 지불하는 경우는 제외해야 하므로 지불할 수 있는 금액의 수는
$$5 \times 7 - 1 = 34$$

답 (1) 44 (2) 34

필수 공략

(1) 지불할 수 있는 방법의 수 ➡ 지폐 혹은 동전의 각각의 개수를 고려한다.
(2) 지불할 수 있는 금액의 수 ➡ 서로 다른 지폐나 동전으로 지불할 수 있는 금액이 같으면 큰 단위의 화폐를 작은 단위의 화폐로 바꾸어 생각한다.

• 정답 및 해설 134쪽

숫자 바꾼

유제 **06-❶** 10원짜리 동전 3개, 50원짜리 동전 4개, 100원짜리 동전 2개의 일부 또는 전부를 사용하여 돈을 지불하려고 할 때, 다음을 구하시오. (단, 0원을 지불하는 경우는 제외한다.)

(1) 지불할 수 있는 방법의 수   (2) 지불할 수 있는 금액의 수

유제 **06-❷** 50원짜리 동전 4개, 100원짜리 동전 5개, 500원짜리 동전 2개의 일부 또는 전부를 사용하여 돈을 지불하려고 할 때, 다음을 구하시오. (단, 0원을 지불하는 경우는 제외한다.)

(1) 지불할 수 있는 방법의 수   (2) 지불할 수 있는 금액의 수

색칠하는 방법의 수

오른쪽 그림과 같은 A, B, C, D 4개의 영역을 서로 다른 4가지 색으로 칠하려고 한다. 같은 색을 여러 번 사용해도 좋으나 인접한 영역은 서로 다른 색으로 칠할 때, 칠하는 방법의 수를 구하시오. (단, 한 영역에는 한 가지 색만 칠한다.)

풀이

(Tip) 인접한 영역이 가장 많은 영역인 A 영역에 칠하는 방법의 수를 먼저 구한다.

A 영역에 칠할 수 있는 색은 4가지
B 영역에 칠할 수 있는 색은 A 영역에 칠한 색을 제외한 3가지
C 영역에 칠할 수 있는 색은 A 영역과 B 영역에 칠한 색을 제외한 2가지
D 영역에 칠할 수 있는 색은 A 영역과 C 영역에 칠한 색을 제외한 2가지
따라서 구하는 방법의 수는
$4 \times 3 \times 2 \times 2 = 48$

답 48

필수 공략

색칠하는 방법의 수는 다음과 같은 순서로 구한다.
❶ 인접한 영역이 가장 많은 영역에 색을 칠하는 방법의 수를 구한다.
❷ ❶에서의 영역과 인접한 영역에 같은 색을 칠하지 않도록 색의 개수를 줄여가며 곱한다.

• 정답 및 해설 134쪽

유제 07-❶ 오른쪽 그림과 같은 A, B, C, D 4개의 영역을 서로 다른 3가지 색으로 칠하려고 한다. 같은 색을 여러 번 사용해도 좋으나 인접한 영역은 서로 다른 색으로 칠할 때, 칠하는 방법의 수를 구하시오. (단, 한 영역에는 한 가지 색만 칠한다.)

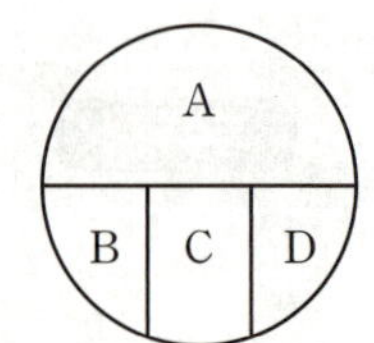

유제 07-❷ 오른쪽 그림과 같은 A, B, C, D 4개의 영역을 서로 다른 4가지 색으로 칠하려고 한다. 같은 색을 여러 번 사용해도 좋으나 인접한 영역은 서로 다른 색으로 칠할 때, 칠하는 방법의 수를 구하시오. (단, 한 영역에는 한 가지 색만 칠한다.)

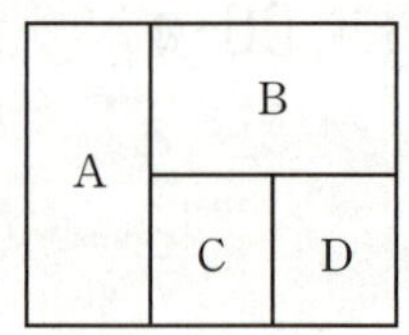

유제 07-❸ 오른쪽 그림과 같은 A, B, C, D, E 5개의 영역을 서로 다른 4가지 색으로 칠하려고 한다. 같은 색을 여러 번 사용해도 좋으나 인접한 영역은 서로 다른 색으로 칠할 때, 칠하는 방법의 수를 구하시오. (단, 한 영역에는 한 가지 색만 칠한다.)

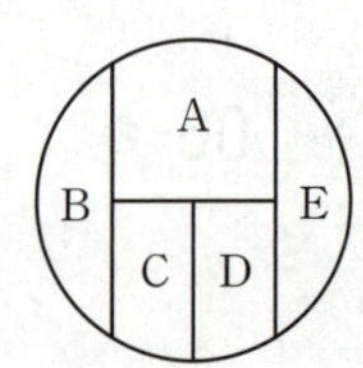

수형도를 이용하는 경우의 수

출석 번호가 각각 1, 2, 3, 4인 네 명의 학생에게 1, 2, 3, 4가 하나씩 적힌 카드를 한 장씩 나누어 주려고 한다. 네 명의 학생 모두 자신의 출석 번호와 다른 수가 적힌 카드를 받는 경우의 수를 구하시오.

풀이

(**Tip**) 출석 번호가 1인 학생에게 2, 3, 4가 적힌 카드 중에서 한 장을 주고, 그 각각에 대하여 조건을 만족시키는 경우를 수형도로 그려 본다.

출석 번호가 각각 1, 2, 3, 4인 네 명의 학생을 각각 학생 A_1, A_2, A_3, A_4라 하자. 이때 학생이 카드를 한 장씩만 받아야 하므로 네 명의 학생 모두 자신의 출석 번호와 다른 수가 적힌 카드를 받도록 카드를 나누어 주는 경우를 수형도로 나타내면 오른쪽과 같다.

따라서 구하는 경우의 수는 9이다.

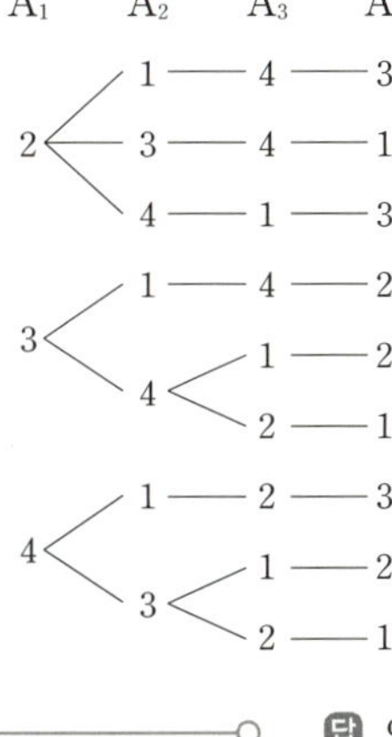

답 9

필수 공략 규칙성을 찾기 어려운 경우의 수를 구할 때 ➡ 수형도를 이용한다.

• 정답 및 해설 134쪽

표현 바꾼

유제 08-❶ 1, 2, 3, 4, 5의 다섯 개의 숫자를 일렬로 나열하여 앞에서부터 차례대로 a_1, a_2, a_3, a_4, a_5라 할 때, $a_i \neq i$를 만족시키는 경우의 수를 구하시오. (단, $i = 1, 2, 3, 4, 5$)

유제 08-❷ **교육청** 숫자 1, 2, 3을 전부 또는 일부를 사용하여 같은 숫자가 이웃하지 않도록 다섯 자리의 자연수를 만든다. 이때 만의 자리 숫자와 일의 자리 숫자가 같은 경우의 수를 구하시오.

유제 08-❸ 오른쪽 그림과 같은 정육면체에서 꼭짓점 A를 출발하여 모서리를 따라 꼭짓점 G에 최단거리로 도착하는 방법의 수를 구하시오. (단, 꼭짓점 C는 지나지 않는다.)

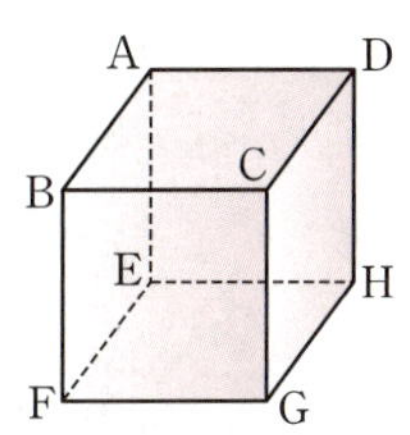

소단원 점검 문제

합의 법칙

01 1부터 50까지의 자연수 중에서 5로 나누었을 때의 나머지가 1이거나 2인 자연수의 개수는?

① 20　　　　② 25　　　　③ 30　　　　④ 35　　　　⑤ 40

방정식 또는 부등식을 만족시키는 순서쌍의 개수

02 부등식 $8x+3y+z\leq18$을 만족시키는 자연수 x, y, z의 모든 순서쌍 $(x,\ y,\ z)$의 개수는?

① 11　　　　② 12　　　　③ 13　　　　④ 14　　　　⑤ 15

곱의 법칙

03 0, 1, 2, 3, 4, 5의 숫자가 하나씩 적힌 6장의 카드 중에서 서로 다른 2장의 카드를 택하여 두 자리의 자연수를 만들 때, 각 자리의 수의 합이 짝수인 경우의 수를 구하시오.

약수의 개수

04 360의 약수 중 3의 배수의 개수는?

① 10　　　　② 12　　　　③ 14　　　　④ 16　　　　⑤ 18

도로망에서의 경우의 수

05 오른쪽 그림과 같이 네 지역 A, B, C, D를 연결하는 길이 있다. A 지역에서 출발하여 D 지역으로 이동할 때, B 지역과 C 지역을 모두 거쳐 이동하는 경우의 수는?

(단, 같은 지역은 한 번만 지난다.)

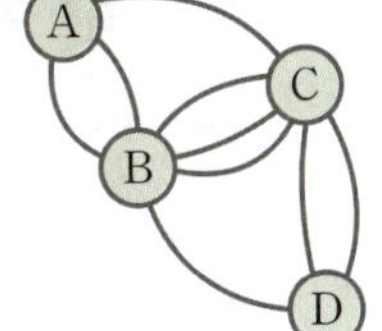

① 5 ② 10 ③ 15

④ 20 ⑤ 25

지불하는 방법의 수와 지불하는 금액의 수

06 1000원짜리 지폐 4장, 5000원짜리 지폐 2장, 10000원짜리 지폐 3장이 있다. 이 지폐의 일부 또는 전부를 사용하여 지불할 수 있는 방법의 수를 a, 지불할 수 있는 금액의 수를 b라 할 때, $a-b$의 값을 구하시오.

(단, 0원을 지불하는 경우는 제외한다.)

색칠하는 방법의 수

07 오른쪽 그림과 같은 A, B, C, D, E 5개의 영역을 서로 다른 5가지 색으로 칠하려고 한다. 같은 색을 여러 번 사용해도 좋으나 인접한 영역은 서로 다른 색으로 칠할 때, 칠하는 방법의 수를 구하시오. (단, 한 영역에는 한 가지 색만 칠한다.)

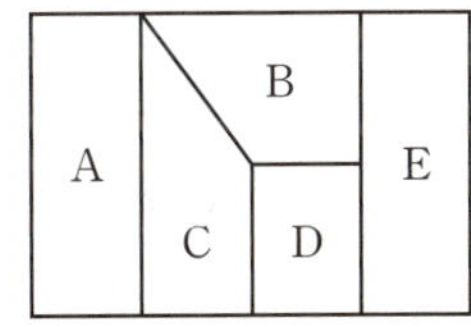

수형도를 이용하는 경우의 수

08 다음 조건을 모두 만족시키는 다섯 자리의 자연수의 개수를 구하시오.

[교육청]

> (개) 각 자리의 숫자는 1 또는 2이다.
> (내) 같은 숫자가 연속해서 3번 이상 나올 수 없다.

 **순열**

1 순열의 수

1 순열

서로 다른 n개에서 $r\,(0<r\leq n)$개를 택하여 <u>일렬로 나열</u>하는 것을 n개에서 r개를 택하는 순열이라 하고, 이 순열의 수를 기호로 ${}_n\mathrm{P}_r$와 같이 나타낸다.

→ 순서를 생각한다.

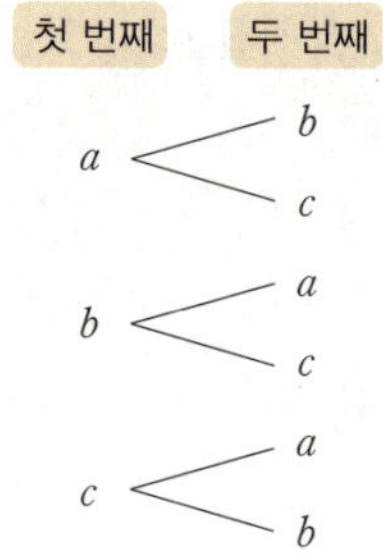

참고 ${}_n\mathrm{P}_r$의 P는 순열을 뜻하는 Permutation의 첫 글자이다.

2 순열의 수

서로 다른 n개에서 r개를 택하는 순열의 수는

$$_n\mathrm{P}_r=n(n-1)(n-2)\cdots(n-r+1)\ (\text{단},\ 0<r\leq n)$$

→ n부터 시작하여 1씩 작아지는 자연수를 차례대로 r개 곱한 것

 설명

서로 다른 것 중에서 순서를 생각하여 택하는 경우의 수에 대하여 알아보자.

example 3개의 문자 a, b, c에서 서로 다른 2개를 택하여 일렬로 나열하는 경우의 수를 구해 보자.

첫 번째에 올 수 있는 문자는 a, b, c의 3가지
그 각각에 대하여 두 번째에 올 수 있는 문자는 첫 번째 문자를 제외한 2가지
이므로 서로 다른 3개의 문자에서 2개를 택하여 일렬로 나열하는 경우의 수는
곱의 법칙에 의하여
$3\times2=6$ → 3부터 시작하여 1씩 작아지는 2개의 자연수의 곱

이와 같이 서로 다른 3개에서 2개를 택하여 일렬로 나열하는 것을 3개에서 2개를 택하는 순열이라 하고, 이 순열의 수를 기호로 ${}_3\mathrm{P}_2$와 같이 나타낸다.

순열의 수 ${}_n\mathrm{P}_r$를 구하는 방법에 대하여 알아보자.

서로 다른 n개에서 r개를 택하여 일렬로 나열할 때, 각 자리에 올 수 있는 경우는 다음 표와 같다.

첫 번째	두 번째	세 번째	…	r번째
n가지	첫 번째 자리에 놓인 1개를 제외한 $(n-1)$가지	앞의 두 개의 자리에 놓인 2개를 제외한 $(n-2)$가지	…	앞의 $(r-1)$개의 자리에 놓인 $(r-1)$개를 제외한 $(n-r+1)$가지

→ $n-(r-1)=n-r+1$

따라서 곱의 법칙에 의하여 서로 다른 n개에서 r개를 택하는 순열의 수 ${}_n\mathrm{P}_r$는

$$_n\mathrm{P}_r=\underbrace{n(n-1)(n-2)\cdots(n-r+1)}_{r\text{개}}\ (\text{단},\ 0<r\leq n)$$

예 ${}_5\mathrm{P}_2=5\times4=20$

● 정답 및 해설 136쪽

 개념 확인

1 서로 다른 4개에서 2개를 택하는 순열의 수를 기호로 나타내고, 그 값을 구하시오.

답 ${}_4\mathrm{P}_2$, 12

1 n의 계승

1부터 n까지의 자연수를 차례대로 곱한 것을 n의 **계승**이라 하고, 이것을 기호로 $n!$과 같이 나타낸다. 즉

$n!$은 'n 팩토리얼(factorial)'이라 읽기도 한다.

$$n! = n(n-1)(n-2) \times \cdots \times 3 \times 2 \times 1$$

2 $n!$을 이용한 순열의 수

(1) $_n\mathrm{P}_n = n!$, $_n\mathrm{P}_0 = 1$, $0! = 1$

(2) $_n\mathrm{P}_r = \dfrac{n!}{(n-r)!}$ (단, $0 \le r \le n$)

서로 다른 n개에서 n개를 모두 택하는 순열의 수는

$$_n\mathrm{P}_n = n(n-1)(n-2) \times \cdots \times 3 \times 2 \times 1$$

이때 1부터 n까지의 자연수를 차례대로 곱한 것이 n의 계승이므로

$$_n\mathrm{P}_n = n!$$

example 서로 다른 10장의 카드를 모두 일렬로 나열하는 경우의 수를 생각하면
서로 다른 10장의 카드에서 10장을 모두 택하는 순열의 수와 같으므로
$$_{10}\mathrm{P}_{10} = 10 \times 9 \times 8 \times \cdots \times 3 \times 2 \times 1 = 10!$$

$0 < r < n$일 때 순열의 수 $_n\mathrm{P}_r$를 계승을 이용하여 나타내면

$$_n\mathrm{P}_r = n(n-1)(n-2)\cdots(n-r+1)$$

$$= \frac{n(n-1)(n-2)\cdots(n-r+1)(n-r)\times\cdots\times 3\times 2\times 1}{(n-r)\times\cdots\times 3\times 2\times 1}$$

$$= \frac{n!}{(n-r)!} \quad \cdots\cdots \;\ominus$$

이때 $_n\mathrm{P}_0 = 1$로 정의하면

$$_n\mathrm{P}_0 = \frac{n!}{n!} = 1$$

이므로 ㉠에서 $r=0$일 때도 성립한다.

또한, $0! = 1$로 정의하면

$$_n\mathrm{P}_n = \frac{n!}{0!} = n!$$

이므로 ㉠에서 $r=n$일 때도 성립한다.

예 $_5\mathrm{P}_2 = \dfrac{5!}{(5-2)!} = \dfrac{5!}{3!} = \dfrac{5\times 4\times 3\times 2\times 1}{3\times 2\times 1} = 20$

정답 및 해설 137쪽

2 다음 값을 구하시오.

(1) $2! \times 3!$

(2) $0! \times 4!$

(3) $_3\mathrm{P}_3 \times 2!$

(4) $_2\mathrm{P}_0 \times _3\mathrm{P}_1$

답 (1) 12 (2) 24 (3) 12 (4) 3

1 이웃하는 순열의 수

이웃하는 것이 있는 순열의 수는 다음과 같은 순서로 구한다.

❶ 이웃하는 것을 한 묶음으로 생각하여 일렬로 나열하는 방법의 수를 구한다.

❷ ❶에서 구한 결과에 이웃하는 것끼리 자리를 바꾸는 방법의 수를 곱한다.

2 이웃하지 않는 순열의 수

이웃하지 않는 것이 있는 순열의 수는 다음과 같은 순서로 구한다.

❶ 이웃해도 되는 것을 일렬로 나열하는 방법의 수를 구한다.

❷ ❶에서 구한 결과에 ❶에서 나열한 것 사이사이와 양 끝에 이웃하지 않는 것을 나열하는 방법의 수를 곱한다.

설명

이웃하는 순열의 수

example 남학생 2명과 여학생 1명을 일렬로 세울 때, 남학생 2명이 이웃하도록 세우는 방법의 수를 구해 보자.

먼저, 남학생 2명을 한 사람으로 생각하면

즉, 2명을 일렬로 세우는 방법의 수는
$$2! = 2 \times 1 = 2$$

한 사람으로 생각한 남학생 2명이 묶음 안에서 자리를 바꾸는 방법을 생각하면

즉, 남학생끼리 자리를 바꾸는 방법의 수는
$$2! = 2$$

따라서 구하는 방법의 수는
$$2 \times 2 = 4$$

이웃하지 않는 순열의 수

example 남학생 2명과 여학생 2명을 일렬로 세울 때, 남학생끼리 이웃하지 않도록 세우는 방법의 수를 구해 보자.

이웃해도 되는 여학생 2명을 먼저 세우는 방법의 수는
$$2! = 2 \times 1 = 2$$

오른쪽 그림과 같이 여학생 2명의 사이와 양 끝의 3개의 자리에 남학생 2명을 세우는 방법의 수는
$$_3\mathrm{P}_2 = 3 \times 2 = 6$$

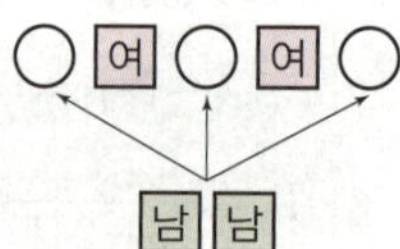

따라서 구하는 방법의 수는
$$2 \times 6 = 12$$

정답 및 해설 **137**쪽

개념 확인 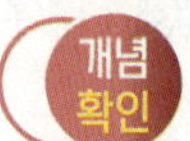

3 남학생 2명과 여학생 3명을 일렬로 세울 때, 다음을 구하시오.

(1) 남학생 2명이 이웃하도록 세우는 방법의 수

(2) 여학생끼리 이웃하지 않도록 세우는 방법의 수

답 (1) 48 (2) 12

집중 연습

• $_n\mathrm{P}_r$의 계산

01 다음 값을 구하시오.

(1) $_5\mathrm{P}_3$　　　　　　　　　　(2) $_6\mathrm{P}_2$

(3) $_7\mathrm{P}_1$　　　　　　　　　　(4) $_8\mathrm{P}_2$

(5) $_4\mathrm{P}_2 \times _3\mathrm{P}_2$　　　　　　　　(6) $_5\mathrm{P}_2 \times _3\mathrm{P}_3$

(7) $_4\mathrm{P}_3 \times _6\mathrm{P}_2$　　　　　　　　(8) $_8\mathrm{P}_1 \times _7\mathrm{P}_2$

02 다음 값을 구하시오.

(1) $4!$　　　　　　　　　　(2) $6!$

(3) $2! \times 0!$　　　　　　　　(4) $_5\mathrm{P}_5 \times 0!$

(5) $_{100}\mathrm{P}_0 \times 4!$　　　　　　　(6) $_5\mathrm{P}_3 \times 2!$

(7) $_4\mathrm{P}_3 \times 3!$　　　　　　　(8) $_4\mathrm{P}_2 \times \dfrac{1}{3!}$

03 다음 등식을 만족시키는 n 또는 r의 값을 구하시오. (단, n, r는 자연수이다.)

(1) $_n\mathrm{P}_2 = 20$　　　　　　　　(2) $_5\mathrm{P}_r = 60$

(3) $_n\mathrm{P}_3 = 210$　　　　　　　(4) $_6\mathrm{P}_r = 360$

(5) $r! = 6$　　　　　　　　(6) $9! = r \times 8!$

(7) $_3\mathrm{P}_3 = r!$　　　　　　　(8) $r! \times 3! = 6$

$_n\mathrm{P}_r$의 계산

다음 등식을 만족시키는 자연수 n의 값을 구하시오.

(1) $_n\mathrm{P}_2=7(n-1)$

(2) $_n\mathrm{P}_3+_{n+2}\mathrm{P}_3=66$

(Tip) $_n\mathrm{P}_r=n(n-1)(n-2)\cdots(n-r+1)$임을 이용하여 주어진 식을 n에 대한 방정식으로 나타낸다. 이때 $n\geq r$임에 주의한다.

(1) $_n\mathrm{P}_2=n(n-1)$이므로

$_n\mathrm{P}_2=7(n-1)$에서

$n(n-1)=7(n-1)$

$n\geq2$이므로 위의 식의 양변을 $n-1$로 나누면

$n=7$ $\longrightarrow n-1\neq0$

(2) $_n\mathrm{P}_3=n(n-1)(n-2)$, $_{n+2}\mathrm{P}_3=(n+2)(n+1)n$이므로

$_n\mathrm{P}_3+_{n+2}\mathrm{P}_3=66$에서

$n(n-1)(n-2)+(n+2)(n+1)n=66$

$n^3+2n-33=0$, $(n-3)(n^2+3n+11)=0$

$\therefore n=3$ $\longrightarrow$ 이차방정식 $n^2+3n+11=0$의 판별식을 D라 하면 $D=3^2-4\times1\times11=-35<0$ 이므로 실근이 존재하지 않는다.

답 (1) 7   (2) 3

필수 공략 $_n\mathrm{P}_r=n(n-1)(n-2)\cdots(n-r+1)$ (단, $0<r\leq n$) $\rightarrow n$부터 1씩 작아지는 r개의 자연수를 차례대로 곱한 것

• 정답 및 해설 137쪽

유제 01-❶ 다음 등식을 만족시키는 자연수 n의 값을 구하시오.

(1) $_n\mathrm{P}_3=5n(n-1)$

(2) $_{n+2}\mathrm{P}_2+_{n+1}\mathrm{P}_3=90$

유제 01-❷ $_{n+1}\mathrm{P}_3 : _{n+2}\mathrm{P}_2=2 : 1$을 만족시키는 자연수 n에 대하여 $_n\mathrm{P}_2$의 값을 구하시오.

유제 01-❸   등식 $4(_{n+1}\mathrm{P}_2+_n\mathrm{P}_3)=3\times_{n+1}\mathrm{P}_3$을 만족시키는 모든 자연수 n의 값의 합을 구하시오.

순열의 수

5명의 학생이 있을 때, 다음을 구하시오.

(1) 5명을 일렬로 세우는 방법의 수

(2) 5명 중에서 3명을 뽑아 일렬로 세우는 방법의 수

(3) 5명 중에서 회장과 부회장을 각각 한 명씩 뽑는 방법의 수

풀이

(**Tip**) 서로 다른 n개에서 r개를 택하여 일렬로 나열하는 경우의 수인 순열의 수 $_nP_r$를 이용한다.

(1) 서로 다른 5개에서 5개를 택하는 순열의 수와 같으므로

$$_5P_5 = 5! = 5 \times 4 \times 3 \times 2 \times 1 = 120$$

(2) 서로 다른 5개에서 3개를 택하는 순열의 수와 같으므로

$$_5P_3 = 5 \times 4 \times 3 = 60$$

(3) 서로 다른 5개에서 2개를 택하는 순열의 수와 같으므로

$$_5P_2 = 5 \times 4 = 20$$

답 (1) 120 (2) 60 (3) 20

필수 공략

일렬로 세우는 방법의 수, 순서를 생각하여 뽑는 방법의 수, 자격이 다른 대표를 뽑는 방법의 수
➡ 순열의 수 $_nP_r$를 이용한다.

• 정답 및 해설 **138**쪽

유제 **02-❶** 서로 다른 6권의 책이 있을 때, 다음을 구하시오.

(1) 6권을 책꽂이에 일렬로 꽂는 방법의 수

(2) 6권 중에서 4권을 뽑아 책꽂이에 일렬로 꽂는 방법의 수

(3) 6권 중에서 세 학생에게 나누어줄 책을 한 권씩 고르는 방법의 수

유제 **02-❷** 남학생 4명과 여학생 3명 중에서 회장 1명, 부회장 1명을 뽑을 때, 다음을 구하시오.

(1) 전체 방법의 수

(2) 회장, 부회장을 모두 여학생으로 뽑는 방법의 수

유제 **02-❸** 8명의 학생 중에서 r명을 뽑아 일렬로 세우는 방법의 수가 336일 때, 자연수 r의 값을 구하시오.

이웃하거나 이웃하지 않는 순열의 수

테니스 선수 4명과 수영 선수 2명을 일렬로 세울 때, 다음을 구하시오.

(1) 테니스 선수끼리 이웃하도록 세우는 방법의 수

(2) 수영 선수끼리 이웃하지 않도록 세우는 방법의 수

풀이

(Tip) (1) 테니스 선수 4명을 한 사람으로 생각하여 일렬로 세운 후 테니스 선수끼리 자리를 바꾸는 경우를 생각한다.

(2) 먼저 테니스 선수를 일렬로 세운 후 테니스 선수의 사이사이와 양 끝에 수영 선수를 세운다.

(1) 테니스 선수 4명을 한 사람으로 생각하여 3명을 일렬로 세우는 방법의 수는

$$3! = 3 \times 2 \times 1 = 6$$

그 각각에 대하여 테니스 선수 4명이 서로 자리를 바꾸는 방법의 수는

$$4! = 4 \times 3 \times 2 \times 1 = 24$$

따라서 구하는 방법의 수는

$$6 \times 24 = 144$$

(2) 테니스 선수 4명을 일렬로 세우는 방법의 수는 → 이웃해도 되는 것을 먼저 세운다.

$$4! = 4 \times 3 \times 2 \times 1 = 24$$

그 각각에 대하여 테니스 선수 4명의 사이사이와 양 끝의 5개의 자리 중에서 2개의 자리에 수영 선수 2명을 세우는 방법의 수는

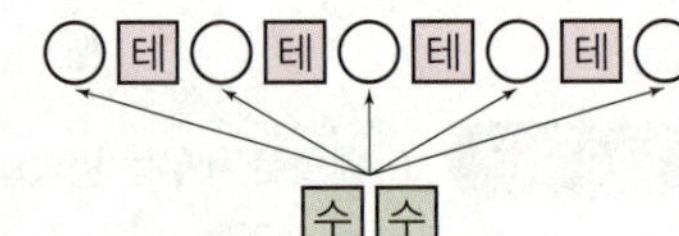

$$_5P_2 = 5 \times 4 = 20$$

따라서 구하는 방법의 수는

$$24 \times 20 = 480$$

답 (1) 144 (2) 480

필수 공략

(1) 이웃하는 경우 ➡ 이웃하는 것을 한 묶음으로 생각한다.

(2) 이웃하지 않는 경우 ➡ 이웃해도 되는 것을 먼저 일렬로 나열한다.

• 정답 및 해설 138쪽

숫자 바꾼

유제 **03-❶** 서로 다른 상의 2개와 서로 다른 하의 3개를 옷장에 일렬로 걸 때, 다음을 구하시오.

(1) 상의끼리 이웃하도록 거는 방법의 수

(2) 하의끼리 이웃하지 않도록 거는 방법의 수

유제 **03-❷** 7개의 문자 M, I, R, A, C, L, E를 일렬로 나열할 때, 모음끼리 이웃하도록 나열하는 방법의 수를 구하시오.

유제 **03-❸** **교육청** 숫자 1, 2, 3, 4, 5가 하나씩 적혀 있는 5장의 카드가 있다. 이 5장의 카드를 모두 일렬로 나열할 때, 짝수가 적혀 있는 카드끼리 서로 이웃하지 않도록 나열하는 경우의 수는?

① 24 ② 36 ③ 48 ④ 60 ⑤ 72

자리가 정해진 순열의 수

friday에 있는 6개의 문자를 일렬로 나열할 때, 다음을 구하시오.

(1) f가 맨 처음에, y가 맨 마지막에 오는 경우의 수

(2) f와 y 사이에 2개의 문자가 오는 경우의 수

(Tip) (1) '맨 처음', '맨 마지막'과 같은 특정한 자리에 대한 조건이 있으면 특정한 자리에 오는 것을 먼저 나열한 후 나머지를 나열한다.

(2) 두 문자 사이에 n개의 문자가 오면 $(n+2)$개를 한 문자로 생각한다.

(1) f를 맨 처음에, y를 맨 마지막에 고정시키고, f와 y를 제외한 나머지 4개의 문자를 일렬로 나열하면 되므로 구하는 경우의 수는

$$4! = 4 \times 3 \times 2 \times 1 = 24$$

(2) f와 y 사이에 <u>4개의 문자</u> 중에서 2개의 문자를 택하여 일렬로 나열하는 경우의 수는

$$_4P_2 = 4 \times 3 = 12 \qquad \longmapsto r, i, d, a$$

f□□y를 한 문자로 생각하여 3개의 문자를 일렬로 나열하는 경우의 수는

$$3! = 3 \times 2 \times 1 = 6$$

f와 y의 자리를 바꾸는 경우의 수는

$$2! = 2 \times 1 = 2$$

따라서 구하는 경우의 수는

$$12 \times 6 \times 2 = 144$$

답 (1) 24 (2) 144

특정한 자리에 대한 조건이 있는 경우

➡ 조건에 맞도록 특정한 것을 먼저 나열한 후 나머지를 나열한다.

• 정답 및 해설 138쪽

유제 04-❶ master에 있는 6개의 문자를 일렬로 나열할 때, 다음을 구하시오.

(1) m과 s가 양 끝에 오는 경우의 수

(2) m과 s 사이에 3개의 문자가 오는 경우의 수

유제 04-❷ 남학생 2명과 여학생 4명을 일렬로 세울 때, 양 끝에 여학생이 서도록 세우는 방법의 수를 구하시오.

유제 04-❸ megastudy에 있는 9개의 문자를 일렬로 나열할 때, a가 맨 처음에, m이 5번째에, s가 맨 마지막에 오는 경우의 수를 구하시오.

'적어도' 조건이 있는 순열의 수

남학생 6명과 여학생 5명 중에서 회상 1명, 부회장 1명, 총무 1명을 뽑을 때, 회장, 부회장, 총무 중에서 적어도 한 명은 여학생을 뽑는 방법의 수를 구하시오.

풀이

(Tip) (적어도 한 명은 여학생을 뽑는 방법의 수)=(전체 방법의 수)−(모두 남학생을 뽑는 방법의 수)

회장, 부회장, 총무 중에서 적어도 한 명은 여학생을 뽑는 방법의 수는 전체 방법의 수에서
회장, 부회장, 총무 모두 남학생을 뽑는 방법의 수를 빼면 된다.
11명 중에서 회장, 부회장, 총무를 1명씩 뽑는 방법의 수는
$_{11}P_3=11\times10\times9=990$
회장, 부회장, 총무 모두 남학생을 뽑는 방법의 수는
$_6P_3=6\times5\times4=120$ ← 남학생 6명 중에서 회장, 부회장, 총무를 뽑는 방법
따라서 구하는 방법의 수는
$990-120=870$

답 870

필수 공략

'적어도 하나가 ~인' 조건이 있는 경우
➡ 전체 경우의 수에서 '모두 ~가 아닌' 경우의 수를 뺀다.

• 정답 및 해설 139쪽

유제 05-❶ 남학생 2명과 여학생 3명을 일렬로 세울 때, 적어도 한쪽 끝에 남학생이 오도록 세우는 방법의 수를 구하시오.

유제 05-❷ break에 있는 5개의 문자를 일렬로 나열할 때, e와 a 사이에 적어도 1개의 문자가 오도록 나열하는 경우의 수를 구하시오.

유제 05-❸ 7개의 숫자 1, 2, 3, 4, 5, 6, 7에서 서로 다른 4개의 숫자를 택하여 네 자리의 자연수를 만들 때, 각 자리의 수 중에서 적어도 하나는 짝수인 자연수의 개수를 구하시오.

자연수의 개수에 대한 순열의 수

5개의 숫자 0, 1, 2, 3, 4에서 서로 다른 3개의 숫자를 택하여 세 자리의 자연수를 만들 때, 다음을 구하시오.

(1) 자연수의 개수   (2) 짝수의 개수

풀이

(Tip) 백의 자리, 십의 자리, 일의 자리에 올 수 있는 숫자의 개수를 각각 구한다.

(1) 백의 자리에는 0이 올 수 없으므로 백의 자리에 올 수 있는 숫자는 1, 2, 3, 4의 4개

그 각각에 대하여 십의 자리, 일의 자리에는 백의 자리에 온 숫자를 제외한 4개의 숫자 중에서 2개를 택하여 일렬로 나열하면 되므로 구하는 세 자리의 자연수의 개수는

$4 \times {}_4\mathrm{P}_2 = 4 \times (4 \times 3) = 48$ ← 5개의 숫자 중에서 3개를 택하는 순열의 수 ${}_5\mathrm{P}_3$에서 백의 자리에 0이 오는 경우의 수 ${}_4\mathrm{P}_2$를 빼서 구할 수도 있다.

(2) 짝수이려면 일의 자리의 숫자가 0 또는 2 또는 4이어야 한다.

  (i) 일의 자리의 숫자가 0인 자연수의 개수

    백의 자리, 십의 자리에는 1, 2, 3, 4의 4개의 숫자 중에서 2개를 택하여 일렬로 나열하면 되므로

    ${}_4\mathrm{P}_2 = 4 \times 3 = 12$

  (ii) 일의 자리의 숫자가 2 또는 4인 자연수의 개수   → 2 또는 4

    백의 자리에 올 수 있는 숫자는 0과 일의 자리에 온 숫자를 제외한 3개이고, 십의 자리에 올 수 있는 숫자는 백의 자리와 일의 자리에 온 숫자를 제외한 3개이므로

    $\underline{2 \times 3 \times 3} = 18$ → 일의 자리에 올 수 있는 숫자의 개수

  (i), (ii)에서 구하는 짝수의 개수는

  $12 + 18 = 30$

답 (1) 48   (2) 30

필수 공략

(1) 1, 2, 3, $\cdots$, n ($n \leq 9$인 자연수)에서 서로 다른 r개를 택하여 만들 수 있는 r자리의 자연수의 개수
 ➡ ${}_n\mathrm{P}_r$

(2) 0, 1, 2, $\cdots$, n ($n \leq 9$인 자연수)에서 서로 다른 r개를 택하여 만들 수 있는 r자리의 자연수의 개수
 ➡ $n \times {}_n\mathrm{P}_{r-1}$

• 정답 및 해설 139쪽

숫자 바꾼

유제 **06-❶**   6개의 숫자 0, 1, 2, 3, 4, 5에서 서로 다른 4개의 숫자를 택하여 네 자리의 자연수를 만들 때, 다음을 구하시오.

(1) 자연수의 개수   (2) 홀수의 개수

유제 **06-❷**    1, 2, 3, 4, 5, 6을 한 번씩만 사용하여 만들 수 있는 여섯 자리의 자연수 중에서 일의 자리의 수와 백의 자리의 수가 모두 3의 배수인 자연수의 개수를 구하시오.

유제 **06-❸**   6개의 숫자 0, 1, 2, 3, 4, 5에서 서로 다른 3개의 숫자를 택하여 세 자리의 자연수를 만들 때, 3의 배수의 개수를 구하시오.

사전식 배열을 이용하는 순열의 수

4개의 문자 a, b, c, d를 한 번씩만 사용하여 사전식으로 $abcd$에서 $dcba$까지 배열할 때, 다음 물음에 답하시오.

(1) $cbad$는 몇 번째에 오는 문자열인지 구하시오.

(2) 20번째에 오는 문자열을 구하시오.

풀이

Tip (1) 순열을 이용하여 $cbad$의 앞에 오는 문자열의 총 개수를 구한다.

(2) 순열을 이용하여 a로 시작하는 문자열의 개수, b로 시작하는 문자열의 개수, …를 각각 구한다.

(1) $a\square\square\square$ 꼴인 문자열의 개수는 $3!=3\times2\times1=6$

$b\square\square\square$ 꼴인 문자열의 개수는 $3!=6$

$ca\square\square$ 꼴인 문자열의 개수는 $2!=2\times1=2$

이때 $cbad$는 $cb\square\square$ 꼴에서 첫 번째에 오는 문자열이므로

$6+6+2+1=15$(번째)

(2) $a\square\square\square$ 꼴인 문자열의 개수는 $3!=3\times2\times1=6$

$b\square\square\square$ 꼴인 문자열의 개수는 $3!=6$

$c\square\square\square$ 꼴인 문자열의 개수는 $3!=6$

이때 $6+6+6=18$이므로 20번째에 오는 문자열은 $d\square\square\square$ 꼴에서 두 번째에 오는 문자열이다.

$d\square\square\square$ 꼴의 문자열을 사전식으로 나열하면 $dabc$, $dacb$, …이므로 20번째에 오는 문자열은 $dacb$이다.

답 (1) 15번째 (2) $dacb$

필수 공략 사전식 배열에서 문자열의 순서 ➡ 순열을 이용한다.

└▸ '순서'를 생각하여 나열하는 것이다.

• 정답 및 해설 140쪽

숫자 바꾼

유제 07-❶ 5개의 문자 a, b, c, d, e를 한 번씩만 사용하여 사전식으로 $abcde$에서 $edcba$까지 배열할 때, 다음 물음에 답하시오.

(1) $acdbe$는 몇 번째에 오는 문자열인지 구하시오.

(2) 50번째에 오는 문자열을 구하시오.

유제 07-❷ 5개의 숫자 1, 2, 3, 4, 5를 한 번씩만 사용하여 만들 수 있는 다섯 자리의 자연수 중 35000보다 큰 자연수의 개수를 구하시오.

유제 07-❸ 5개의 숫자 0, 1, 2, 3, 4에서 서로 다른 4개의 숫자를 택하여 만든 네 자리의 자연수를 작은 수부터 차례대로 나열할 때, 80번째에 오는 자연수를 구하시오.

소단원 점검 문제

● 정답 및 해설 140쪽

$_nP_r$의 계산

01

부등식 $12 \times _7P_r \geq _7P_{r+2}$를 만족시키는 모든 자연수 r의 개수는?

① 1   ② 2   ③ 3   ④ 4   ⑤ 5

순열의 수

02

남학생 4명과 여학생 3명 중에서 3명을 뽑아 한 명씩 차례대로 사진을 촬영하는 방법의 수는?

① 205   ② 210   ③ 215   ④ 220   ⑤ 225

이웃하거나 이웃하지 않는 순열의 수

03

어느 고등학교에서 1학년 학생 3명, 2학년 학생 3명, 3학년 학생 2명을 일렬로 세울 때, 같은 학년의 학생끼리 이웃하도록 세우는 방법의 수를 구하시오.

이웃하거나 이웃하지 않는 순열의 수

04

축구 선수 5명과 야구 선수 n명을 일렬로 세울 때, 야구 선수끼리 이웃하지 않도록 세우는 방법의 수는 3600이다. n의 값을 구하시오.

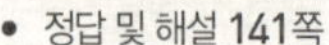

• 정답 및 해설 141쪽

자리가 정해진 순열의 수

05
(교육청)
그림과 같이 한 줄에 3개씩 모두 6개의 좌석이 있는 케이블카가 있다. 두 학생 A, B를 포함한 5명의 학생이 이 케이블카에 탑승하여 A, B는 같은 줄의 좌석에 앉고 나머지 세 명은 맞은편 줄의 좌석에 앉는 경우의 수는?

① 48   ② 54   ③ 60

④ 66   ⑤ 72

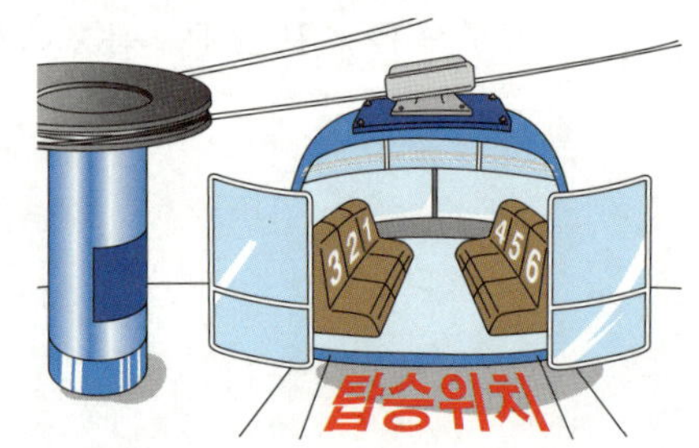

'적어도' 조건이 있는 순열의 수

06
romance에 있는 7개의 문자를 일렬로 나열할 때, 적어도 2개의 모음이 이웃하도록 나열하는 경우의 수는?

① 3600   ② 3650   ③ 3700   ④ 3750   ⑤ 3800

자연수의 개수에 대한 순열의 수

07
6개의 숫자 0, 1, 2, 3, 4, 5에서 서로 다른 4개의 숫자를 택하여 네 자리의 자연수를 만들 때, 2의 배수이면서 5의 배수인 자연수의 개수를 구하시오.

사전식 배열을 이용하는 순열의 수

08
6개의 숫자 1, 2, 3, 4, 5, 6을 한 번씩만 사용하여 여섯 자리의 자연수를 만들어 작은 수부터 차례대로 나열할 때, '534621'은 몇 번째에 오는 수인지 구하시오.

01

서로 다른 두 개의 주사위를 동시에 던져 나오는 눈의 수를 각각 a, b라 할 때, x에 대한 이차방정식 $x^2+2ax+b=0$이 실근을 갖지 않도록 하는 a, b의 모든 순서쌍 (a, b)의 개수를 구하시오.

02 [교육청]

장미 8송이, 카네이션 6송이, 백합 8송이가 있다. 이 중 1송이를 골라 꽃병 A에 꽂고, 이 꽃과는 다른 종류의 꽃들 중 꽃병 B에 꽂을 꽃 9송이를 고르는 경우의 수를 구하시오. (단, 같은 종류의 꽃은 서로 구분하지 않는다.)

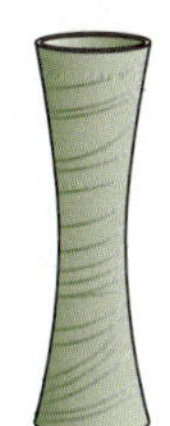

꽃병 A　　　　꽃병 B

03

부등식 $2 \leq x+y < 6$을 만족시키는 자연수 x, y의 모든 순서쌍 (x, y)의 개수는?

① 6　　　　② 7　　　　③ 8
④ 9　　　　⑤ 10

04

다항식 $(a+b+c)(x+y)-(a+b)(p+q)$를 전개할 때, 서로 다른 항의 개수는?

① 2　　　　② 4　　　　③ 6
④ 8　　　　⑤ 10

05

서로 다른 음료수 3개, 서로 다른 빵 2개, 서로 다른 초콜릿 4개 중에서 2개를 선택할 때, 2개가 서로 다른 종류의 간식인 경우의 수는?

① 22　　　　② 24　　　　③ 26
④ 28　　　　⑤ 30

06 [서술형]

두 자연수 a, b에 대하여 자연수 $2\times 3^5\times 5^a\times 7^b$의 약수 중 짝수의 개수가 72일 때, 모든 순서쌍 (a, b)의 개수를 구하시오.

07

오른쪽 그림과 같이 세 도시 A, B, C를 연결하는 도로망이 있 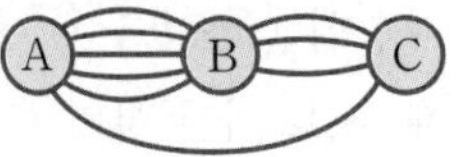
다. A 도시에서 출발하여 C 도시를 한 번만 거쳐 다시 A
도시로 돌아오는 방법의 수는? (단, A 도시는 이동 중간
에 지날 수 없고, 한 번 지나간 길은 다시 지나지 않는다.)

① 115   ② 150   ③ 185

④ 220   ⑤ 255

08

오른쪽 그림과 같은 A, B, C, D
4개의 영역을 서로 다른 4가지 색으
로 칠하려고 한다. 같은 색을 여러
번 사용해도 좋으나 인접한 영역은

A	D
B	C

서로 다른 색으로 칠할 때, 칠하는 방법의 수를 구하시오.

(단, 한 영역에는 한 가지 색만 칠한다.)

09

1부터 4까지의 자연수가 하나씩 적혀 있는 4장의 카드가
각각 들어 있는 상자 A와 상자 B가 있다. 상자 A에서
4장의 카드를 차례대로 뽑아 네 자리의 자연수를 만들고,
상자 B에서도 4장의 카드를 차례대로 뽑아 네 자리의 자
연수를 만들 때, 이 두 개의 네 자리의 자연수의 각 자리
의 수가 모두 다른 경우의 수를 구하시오.

10

$1 \leq r < n$일 때, 등식 $_n\mathrm{P}_r = {}_{n-1}\mathrm{P}_r + r \times {}_{n-1}\mathrm{P}_{r-1}$이 성립함을
보이시오.

11

6명의 학생 A, B, C, D, E, F를 일렬로 세울 때, A와
C는 이웃하고, E는 A와 C 중 어느 누구와도 이웃하지
않도록 세우는 방법의 수를 구하시오.

12

6개의 숫자 1, 2, 3, 4, 5, 6을 일렬로 나열할 때, 3의 배
수끼리는 이웃하고 2의 배수끼리는 이웃하지 않도록 나
열하는 방법의 수를 구하시오.

13

5개의 문자 F, R, I, T, Z와 3개의 숫자 1, 2, 3 중에서 서로 다른 3개의 문자와 서로 다른 2개의 숫자를 뽑아 일렬로 나열할 때, 양 끝에 숫자가 오는 경우의 수를 구하시오.

14 교육청

1학년 학생 2명과 2학년 학생 4명이 있다. 이 6명의 학생이 일렬로 나열된 6개의 의자에 다음 조건을 만족시키도록 모두 앉는 경우의 수는?

> (가) 1학년 학생끼리는 이웃하지 않는다.
> (나) 양 끝에 있는 의자에는 모두 2학년 학생이 앉는다.

① 96 ② 120 ③ 144
④ 168 ⑤ 192

15

7개의 숫자 1, 2, 3, 4, 5, 6, 7에서 서로 다른 3개의 숫자를 택하여 일렬로 나열할 때, 각 자리의 숫자를 짝수와 홀수로 교대로 나열하는 경우의 수를 구하시오.

16

남학생과 여학생을 모두 합친 인원수가 8명인 동아리에서 회장과 부회장을 각각 한 명씩 뽑으려고 한다. 회장과 부회장 중 적어도 한 명은 여학생을 뽑는 방법의 수가 36일 때, 남학생의 수를 구하시오.

17

6개의 숫자 0, 1, 2, 3, 4, 5에서 서로 다른 4개의 숫자를 택하여 네 자리의 자연수를 만들 때, 만들 수 있는 4의 배수인 자연수의 개수를 구하시오.

18

6개의 숫자 0, 1, 2, 3, 4, 5를 일렬로 나열하여 여섯 자리의 자연수를 만들 때, 다음 조건을 만족시키는 자연수의 개수는?

> (가) 1과 3이 이웃한다.
> (나) 5의 배수이다.

① 80 ② 82 ③ 84
④ 86 ⑤ 88

● 정답 및 해설 145쪽

19

6개의 문자 a, b, c, d, e, f를 한 번씩만 사용하여 사전식으로 $abcdef$에서 $fedcba$까지 배열할 때, 두 문자열 $bacdfe$와 $cadefb$ 사이에 있는 문자열의 개수를 구하시오.

내신 1% 뛰어 넘기

20

오른쪽 그림과 같이 네 도시 A, P, B, Q를 연결하는 도로망이 있다. A 도시에서 출발하여 B 도시로 이동할 때, 교통 정체가

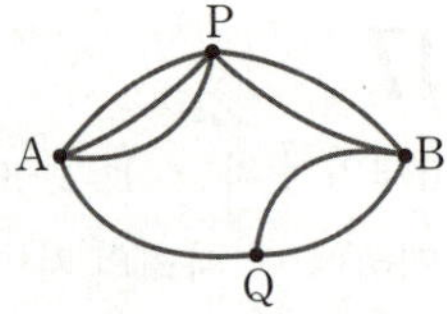

심해져 A 도시와 Q 도시를 연결하는 도로를 신설하려고 한다. A 도시에서 B 도시로 이동하는 경우의 수를 기존보다 3배 이상으로 늘리려고 할 때, 신설해야 하는 도로의 개수의 최솟값은? (단, 같은 도시를 두 번 이상 지나지 않고, 추가로 신설하는 도로끼리는 도시 이외의 지점에서 만나지 않는다.)

① 2 ② 4 ③ 6
④ 8 ⑤ 10

21

5개의 숫자 1, 2, 3, 4, 5를 한 번씩만 사용하여 만든 다섯 자리의 자연수 중에서 짝수를 12354, 12534, 13254, …와 같이 작은 수부터 차례대로 배열할 때, 45번째에 오는 짝수를 구하시오.

22 [교육청]

어느 관광지에서 7명의 관광객 A, B, C, D, E, F, G가 마차를 타려고 한다. 그림과 같이 이 마차에는 4개의 2인용 의자가 있고, 마부는 가장 앞에 있는 2인용 의자의 오른쪽 좌석에 앉는다. 7명의 관광객이 다음 조건을 만족시키도록 비어 있는 7개의 좌석에 앉는 경우의 수를 구하시오.

(개) A와 B는 같은 2인용 의자에 이웃하여 앉는다.
(내) C와 D는 같은 2인용 의자에 이웃하여 앉지 않는다.

23

A, B, C를 포함한 6명을 다음 조건을 만족시키도록 일렬로 세우는 경우의 수는?

(개) A는 짝수 번째 서도록 한다.
(내) A와 B는 이웃하여 서지 않는다.
(대) B와 C는 이웃하여 서도록 한다.

① 92 ② 94 ③ 96
④ 98 ⑤ 100

Ⅲ-2

조합

 **조합**

1 조합

1 조합

순열과 다른 점이다.

서로 다른 n개에서 <u>순서를 생각하지 않고</u> $r \, (0 < r \leq n)$개를 택하는 것을 n개에서 r개를 택하는 **조합**이라 하고, 이 조합의 수를 기호로 $_nC_r$와 같이 나타낸다.

$$_nC_r$$
서로 다른 것의 개수 ┘   └ 택하는 것의 개수

참고 $_nC_r$의 C는 조합을 뜻하는 Combination의 첫 글자이다.

2 조합의 수

(1) 서로 다른 n개에서 r개를 택하는 조합의 수는

$$_nC_r = \frac{_nP_r}{r!}$$

$$= \frac{n!}{r!(n-r)!} \, (단, \, 0 \leq r \leq n)$$

(2) $_nC_n = 1, \ _nC_0 = 1$

 **설명**

조합

서로 다른 n개에서 r개를 택할 때, r개의 순서를 생각하여 택하면 순열이고, 순서를 생각하지 않고 택하면 조합이다.

example 3개의 문자 a, b, c에서 순서를 생각하지 않고 2개를 택하는 경우의 수를 구해 보자.

a를 먼저 택하고 b를 택하는 경우와 b를 먼저 택하고 a를 택하는 경우는 모두 a와 b를 택하는 것으로 서로 같다.
따라서 3개의 문자 a, b, c에서 순서를 생각하지 않고 2개를 택하는 경우는
$$(a, b), \ (b, c), \ (a, c)$$
의 3가지이다.

이와 같이 서로 다른 3개에서 순서를 생각하지 않고 2개를 택하는 것을 3개에서 2개를 택하는 조합이라 하고, 이 조합의 수를 기호로 $_3C_2$와 같이 나타낸다.

조합의 수

위의 예와 같이 3개의 문자 a, b, c에서 2개를 택하는 조합의 수는 $_3C_2$이고, 그 각각에 대하여 다음 표와 같이 $2!$가지의 순열을 만들 수 있다.

조합	(a, b)	(b, c)	(a, c)	3가지
순열	ab, ba	bc, cb	ac, ca	6가지

이때 서로 다른 3개에서 2개를 택하는 순열의 수는 $_3P_2$이므로 곱의 법칙에 의하여

$$_3C_2 \times 2! = {_3P_2}$$

즉, 조합의 수 $_3C_2$는 다음과 같이 구할 수 있다.

$$_3C_2 = \frac{_3P_2}{2!}$$

일반적으로 서로 다른 n개에서 $r \, (0 < r \leq n)$개를 택하는 조합의 수는 $_nC_r$이고, 그 각각에 대하여 r개를 일렬로 나열하는 방법의 수는 $r!$이다.

따라서 n개에서 r개를 택하여 일렬로 나열하는 방법의 수는 $_n\text{C}_r \times r!$이고, 이것은 서로 다른 n개에서 r개를 택하는 순열의 수 $_n\text{P}_r$와 같으므로

$$_n\text{C}_r \times r! = {}_n\text{P}_r \qquad {}_n\text{P}_r = \frac{n!}{(n-r)!} \text{이므로}$$

$$\therefore \ {}_n\text{C}_r = \frac{_n\text{P}_r}{r!} = \frac{n!}{r!(n-r)!} \qquad \cdots\cdots \ \text{㉠}$$

한편, $_n\text{P}_0 = 1$, $0! = 1$이므로

$$_n\text{C}_0 = \frac{_n\text{P}_0}{0!} = \frac{1}{1} = 1$$

이므로 ㉠에서 $r=0$일 때도 성립한다.

→ 정답 및 해설 147쪽

1 다음 조합의 수를 기호로 나타내고, 그 값을 구하시오.

  (1) 서로 다른 6개의 연필 중에서 2개를 택하는 조합의 수

  (2) 5개의 숫자 1, 2, 3, 4, 5 중에서 3개를 택하는 조합의 수

2 다음 값을 구하시오.

  (1) $_{15}\text{C}_{15}$ \qquad\qquad\qquad (2) $_8\text{C}_0$

답 1. (1) $_6\text{C}_2$, 15 (2) $_5\text{C}_3$, 10 2. (1) 1 (2) 1

② 조합의 수의 성질

> (1) $_n\text{C}_r = {}_n\text{C}_{n-r}$ (단, $0 \le r \le n$)
>
> (2) $_n\text{C}_r = {}_{n-1}\text{C}_r + {}_{n-1}\text{C}_{r-1}$ (단, $1 \le r < n$)

(1) 서로 다른 n개에서 $r\,(0 \le r \le n)$개를 택하는 조합의 수는

$$_n\text{C}_r = \frac{n!}{r!(n-r)!} \qquad \cdots\cdots \ \text{㉠}$$

이때 ㉠에서 r 대신 $n-r$를 대입하면

$$_n\text{C}_{n-r} = \frac{n!}{(n-r)!\{n-(n-r)\}!}$$

$$= \frac{n!}{(n-r)!\,r!}$$

$$= {}_n\text{C}_r$$

$$\therefore \ {}_n\text{C}_r = {}_n\text{C}_{n-r}$$

참고 서로 다른 n개에서 r개를 택하는 조합의 수는 남아 있을 $(n-r)$개를 택하는 조합의 수와 같으므로
$_n\text{C}_r = {}_n\text{C}_{n-r}$가 성립한다. → $_n\text{C}_r$의 값을 구할 때, $r > n-r$인 경우 $_n\text{C}_r = {}_n\text{C}_{n-r}$임을 이용하면 간단히 계산할 수 있다.

(2) (1)의 ㉠에서 n 대신 $n-1$을 대입하면

$$_{n-1}\text{C}_r = \frac{(n-1)!}{r!\{(n-1)-r\}!} = \frac{(n-1)!}{r!(n-r-1)!} \ (0 \le r < n)$$

이고, ㉠에서 n 대신 $n-1$, r 대신 $r-1$을 대입하면

$$_{n-1}\text{C}_{r-1} = \frac{(n-1)!}{(r-1)!\{(n-1)-(r-1)\}!} = \frac{(n-1)!}{(r-1)!(n-r)!} \ (1 \le r \le n)$$

즉, $1 \leq r < n$일 때

$$_{n-1}C_r + {_{n-1}C_{r-1}} = \frac{(n-1)!}{r!(n-r-1)!} + \frac{(n-1)!}{(r-1)!(n-r)!}$$

$$= \frac{(n-1)!(n-r)}{r!(n-r)!} + \frac{r(n-1)!}{r!(n-r)!} = \frac{(n-r+r)(n-1)!}{r!(n-r)!}$$

$$(n-r)+r=n \quad = \frac{n(n-1)!}{r!(n-r)!} = \frac{n!}{r!(n-r)!}$$

$$= {_nC_r}$$

$$\therefore \ {_nC_r} = {_{n-1}C_r} + {_{n-1}C_{r-1}}$$

● 정답 및 해설 147쪽

3 다음 값을 구하시오.

(1) $_{100}C_{99}$

(2) $_9C_4 + {_9C_3}$

답 (1) 100 (2) 210

3 특정한 것을 포함하거나 포함하지 않는 조합의 수

(1) 서로 다른 n개에서 특정한 k개를 포함하여 r개를 택하는 조합의 수

➡ $_{n-k}C_{r-k}$

(2) 서로 다른 n개에서 특정한 k개를 포함하지 않고 r개를 택하는 조합의 수

➡ $_{n-k}C_r$

설명

(1) 서로 다른 n개에서 특정한 k개를 포함하여 r개를 택하는 조합의 수는 서로 다른 n개에서 특정한 k개를 이미 택했다고 생각하고 남은 $(n-k)$개에서 $(r-k)$개를 택하는 조합의 수와 같으므로

$$_{n-k}C_{r-k}$$

example 5개의 숫자 1, 2, 3, 4, 5에서 짝수를 모두 포함하여 3개의 숫자를 택하는 조합의 수는
5개의 숫자 중에서 짝수인 2, 4를 이미 택했다고 생각하고 짝수를 제외한 나머지 3개의 숫자 중에서
1개를 택하는 조합의 수와 같으므로
$_3C_1 = 3$

(2) 서로 다른 n개에서 특정한 k개를 포함하지 않고 r개를 택하는 조합의 수는 서로 다른 n개에서 특정한 k개를 제외하고 남은 $(n-k)$개에서 r개를 택하는 조합의 수와 같으므로

$$_{n-k}C_r$$

example 5개의 숫자 1, 2, 3, 4, 5에서 짝수를 포함하지 않고 2개의 숫자를 택하는 조합의 수는
5개의 숫자 중에서 짝수인 2, 4를 제외한 나머지 3개의 숫자 중에서 2개를 택하는 조합의 수와 같으므로
$_3C_2 = {_3C_1} = 3$

● 정답 및 해설 147쪽

4 1, 2, 3, 4, 5의 숫자가 각각 하나씩 적힌 5장의 카드 중에서 3장을 뽑을 때, 다음을 구하시오.

(1) 3이 적힌 카드를 포함하여 뽑는 방법의 수

(2) 1이 적힌 카드와 2가 적힌 카드를 포함하지 않고 뽑는 방법의 수

답 (1) 6 (2) 1

1 묶음으로 나누기

(1) 서로 다른 n개를 p개, q개 $(p+q=n)$의 두 묶음으로 나누는 방법의 수

① p, q가 다른 수일 때

➡ $_nC_p \times _qC_q$

② p, q가 같은 수일 때

➡ $_nC_p \times _{n-p}C_q \times \dfrac{1}{2!}$

(2) 서로 다른 n개를 p개, q개, r개 $(p+q+r=n)$의 세 묶음으로 나누는 방법의 수

① p, q, r가 모두 다른 수일 때

➡ $_nC_p \times _{n-p}C_q \times _rC_r$

② p, q, r 중 어느 두 수가 같을 때

➡ $_nC_p \times _{n-p}C_q \times _rC_r \times \dfrac{1}{2!}$

③ p, q, r가 모두 같은 수일 때

➡ $_nC_p \times _{n-p}C_q \times _rC_r \times \dfrac{1}{3!}$

2 묶음을 나누어 주기

n묶음으로 나누어 n명에게 나누어 주는 방법의 수

➡ (n묶음으로 나누는 방법의 수)$\times n!$

 여러 개의 물건을 몇 개의 묶음으로 나눌 때, 뽑는 순서에 관계없이 묶여 있는 물건이 같으면 같은 묶음으로 생각한다.

example 네 개의 물건 A, B, C, D를 2개, 2개씩 두 묶음으로 나누어 2명에게 나누어 주는 방법의 수를 구해 보자.

서로 다른 4개 중에서 2개를 뽑고, 나머지에서 2개를 뽑는 방법의 수는 $_4C_2 \times _2C_2$이다.

$$\boxed{AB} \,/\, \boxed{CD} \;\overset{}{\longleftrightarrow}\; \boxed{CD} \,/\, \boxed{AB}$$
같다
$$\boxed{AC} \,/\, \boxed{BD} \;\overset{}{\longleftrightarrow}\; \boxed{BD} \,/\, \boxed{AC}$$
같다
$$\boxed{AD} \,/\, \boxed{BC} \;\overset{}{\longleftrightarrow}\; \boxed{BC} \,/\, \boxed{AD}$$
같다

그런데 위의 그림과 같이 같은 것이 2!개씩 있으므로

$$_4C_2 \times _2C_2 \times \dfrac{1}{2!} = 6 \times 1 \times \dfrac{1}{2 \times 1} = 3$$

└→ 나누는 개수가 같으므로 중복되는 경우가 생긴다.

이때 두 묶음을 2명에게 나누어 주는 방법의 수는 2!이므로 구하는 방법의 수는

$$_4C_2 \times _2C_2 \times \dfrac{1}{2!} \times 2! = 3 \times 2 = 6$$

● 정답 및 해설 147쪽

 **5** 서로 다른 6개의 볼펜이 있을 때, 다음을 구하시오.

(1) 3개, 3개씩 두 묶음으로 나누는 방법의 수

(2) 3개, 3개씩 두 묶음으로 나누어 2명에게 나누어 주는 방법의 수

답 (1) 10 (2) 20

• $_nC_r$의 계산

01 다음 값을 구하시오.

(1) $_5C_2$ (2) $_7C_3$

(3) $_9C_9$ (4) $_5C_0$

(5) $_{10}C_2 \times 2!$ (6) $_6C_3 \times 3!$

(7) $_6C_2 \times _5C_1$ (8) $_4C_2 \times _8C_4$

02 다음 값을 구하시오.

(1) $_{20}C_{18}$ (2) $_{15}C_{12}$

(3) $_5C_3 \times 2!$ (4) $_{10}C_7 \times 3!$

(5) $_6C_3 + _6C_2$ (6) $_7C_1 + _7C_2$

(7) $_8C_3 + _8C_6$ (8) $_{10}C_3 + _{10}C_6$

03 다음 등식을 만족시키는 n 또는 r의 값을 구하시오. (단, n, r는 자연수이다.)

(1) $_nC_2 = 15$ (2) $_{n+1}C_2 = 45$

(3) $_nC_{n-3} = 35$ (4) $_8C_5 = \dfrac{_8P_5}{r!}$

(5) $_5C_3 \times r! = _5P_3$ (6) $_4C_3 \times 5! = n \times _4P_3$

(7) $_{80}C_2 = _{80}C_r$ (8) $_nC_{40} = _nC_{60}$

$_n\mathrm{C}_r$의 계산

다음 등식을 만족시키는 n 또는 r의 값을 구하시오. (단, n, r는 자연수이다.)

(1) $_{n+1}\mathrm{C}_3=_n\mathrm{C}_2$

(2) $_8\mathrm{C}_r=_8\mathrm{C}_{r+2}$

(3) $_{13}\mathrm{C}_{11}+_{13}\mathrm{C}_1=_{14}\mathrm{C}_r$

(4) $_{n-1}\mathrm{C}_2+_n\mathrm{C}_2=_{n+2}\mathrm{C}_2$

풀이

(Tip) $_n\mathrm{C}_r=\dfrac{_n\mathrm{P}_r}{r!}$, $_n\mathrm{C}_r=_n\mathrm{C}_{n-r}\,(0\leq r\leq n)$, $_n\mathrm{C}_r=_{n-1}\mathrm{C}_r+_{n-1}\mathrm{C}_{r-1}\,(1\leq r<n)$임을 이용한다.

(1) $_{n+1}\mathrm{C}_3=_n\mathrm{C}_2$에서 $\dfrac{(n+1)n(n-1)}{3\times2\times1}=\dfrac{n(n-1)}{2\times1}$, $(n+1)n(n-1)=3n(n-1)$

$\longrightarrow n(n-1)\neq0$

$n\geq2$이므로 양변을 $n(n-1)$로 나누면 $n+1=3$ $\quad\therefore n=2$

(2) (i) $_8\mathrm{C}_r=_8\mathrm{C}_{r+2}$에서 $r=r+2$이므로 이 식을 만족시키는 r의 값은 존재하지 않는다.

(ii) $_8\mathrm{C}_r=_8\mathrm{C}_{8-r}$이므로 $_8\mathrm{C}_{8-r}=_8\mathrm{C}_{r+2}$에서 $8-r=r+2$, $2r=6$ $\quad\therefore r=3$

(i), (ii)에서 $r=3$

(3) $_{13}\mathrm{C}_{11}+_{13}\mathrm{C}_1=_{13}\mathrm{C}_2+_{13}\mathrm{C}_1=_{14}\mathrm{C}_2$이고 $_{14}\mathrm{C}_2=_{14}\mathrm{C}_{12}$이므로

$r=2$ 또는 $r=12$

(4) $_{n-1}\mathrm{C}_2+_n\mathrm{C}_2=_{n+2}\mathrm{C}_2$에서 $\dfrac{(n-1)(n-2)}{2\times1}+\dfrac{n(n-1)}{2\times1}=\dfrac{(n+2)(n+1)}{2\times1}$

$2n^2-4n+2=n^2+3n+2$, $n^2-7n=0$, $n(n-7)=0$

$\therefore n=7\;(\because n\geq3)$

$\longrightarrow n-1\geq2,\ n\geq2,\ n+2\geq2$에서 $n\geq3$

답 (1) 2　(2) 3　(3) 2 또는 12　(4) 7

필수 공략

(1) $_n\mathrm{C}_r=\dfrac{_n\mathrm{P}_r}{r!}=\dfrac{n!}{r!(n-r)!}$ (단, $0\leq r\leq n$)

(2) $_n\mathrm{C}_n=1$, $_n\mathrm{C}_0=1$

(3) $_n\mathrm{C}_r=_n\mathrm{C}_{n-r}$ (단, $0\leq r\leq n$)

(4) $_n\mathrm{C}_r=_{n-1}\mathrm{C}_r+_{n-1}\mathrm{C}_{r-1}$ (단, $1\leq r<n$)

• 정답 및 해설 **148**쪽

숫자 바꾼

유제 **01-❶** 다음 등식을 만족시키는 n 또는 r의 값을 구하시오. (단, n, r는 자연수이다.)

(1) $_{n+2}\mathrm{C}_4=_{n+1}\mathrm{C}_3$

(2) $_7\mathrm{C}_r=_7\mathrm{C}_{r+3}$

(3) $_{15}\mathrm{C}_{14}+_{15}\mathrm{C}_2=_{16}\mathrm{C}_r$

(4) $_{n+1}\mathrm{C}_2+_{n+1}\mathrm{C}_1=_{n+2}\mathrm{C}_3$

유제 **01-❷** 자연수 n에 대하여 $_n\mathrm{P}_3=60$일 때, $_n\mathrm{P}_2+_n\mathrm{C}_3$의 값을 구하시오.

유제 **01-❸** 등식 $_n\mathrm{P}_3+6\times_n\mathrm{C}_2=60$을 만족시키는 자연수 n의 값을 구하시오.

님자 4명, 여사 3명으로 구싱된 스터디 그룹에서 2명의 대표를 뽑을 때, 다음을 구하시오.

(1) 남자 1명, 여자 1명을 뽑는 방법의 수

(2) 2명의 대표가 모두 남자이거나 모두 여자인 방법의 수

(3) 2명의 대표 중 적어도 한 명은 여자를 뽑는 방법의 수

풀이

(**Tip**) 서로 다른 n개에서 순서를 생각하지 않고 r개를 택하는 방법의 수인 조합의 수 $_nC_r$를 이용한다.

(1) 남자 4명 중에서 1명을 뽑는 방법의 수는 $_4C_1=4$

여자 3명 중에서 1명을 뽑는 방법의 수는 $_3C_1=3$

→ 잇달아 일어나므로 곱의 법칙을 이용한다.

따라서 구하는 방법의 수는 $4\times3=12$이다.

(2) 남자 4명 중에서 2명을 뽑는 방법의 수는 $_4C_2=\dfrac{4\times3}{2\times1}=6$

여자 3명 중에서 2명을 뽑는 방법의 수는 $_3C_2=_3C_1=3$

따라서 구하는 방법의 수는 $6+3=9$

→ 동시에 일어날 수 없으므로 합의 법칙을 이용한다.

(3) 2명의 대표 중 적어도 한 명은 여자를 뽑는 방법의 수는 전체 방법의 수에서 2명의 대표를 모두 남자로 뽑는 방법의 수를 빼면 된다.

7명 중에서 2명을 뽑는 방법의 수는 $_7C_2=\dfrac{7\times6}{2\times1}=21$

2명 모두 남자만 뽑는 방법의 수는 $_4C_2=\dfrac{4\times3}{2\times1}=6$

따라서 구하는 방법의 수는 $21-6=15$

답 (1) 12 (2) 9 (3) 15

필수 공략 순서를 생각하지 않고 뽑는 방법의 수, 자격이 동등한 대표를 뽑는 방법의 수 ➡ 조합의 수 $_nC_r$를 이용한다.

• 정답 및 해설 149쪽

숫자 바꾼

유제 **02-❶** 남자 4명, 여자 5명으로 구성된 동아리 회원 중에서 3명의 위원을 뽑을 때, 다음을 구하시오.

(1) 남자 2명, 여자 1명을 뽑는 방법의 수

(2) 3명의 위원이 모두 남자이거나 모두 여자인 방법의 수

(3) 3명의 위원 중에서 적어도 한 명은 남자를 뽑는 방법의 수

유제 **02-❷** 어떤 동호회 모임에서 각 회원이 나머지 모든 회원과 한 번씩 악수를 하였을 때, 전체 회원이 악수한 총 횟수가 45이다. 이 동호회의 전체 회원 수를 구하시오.

유제 **02-❸** 10명의 학생 중에서 2명의 대표를 뽑을 때, 적어도 한 명은 남학생을 뽑는 방법의 수가 35이다. 여학생의 수를 구하시오.

특정한 것을 포함하거나 포함하지 않는 조합의 수

7명으로 구성된 동호회에서 4명의 대표를 뽑을 때, 다음을 구하시오.

(1) 특정한 2명을 포함하여 뽑는 방법의 수

(2) 특정한 1명을 포함하지 않고 뽑는 방법의 수

(Tip) (1) 특정한 사람을 이미 뽑았다고 생각하고 남은 사람 중에서 필요한 사람을 뽑는다.

(2) 특정한 사람을 제외하고 남은 사람 중에서 필요한 사람을 뽑는다.

(1) 특정한 2명을 이미 대표로 뽑았다고 생각하고 나머지 5명 중에서 2명을 뽑는 방법의 수와 같으므로

$$_5C_2 = \frac{5 \times 4}{2 \times 1} = 10$$

(2) 특정한 1명을 제외한 나머지 6명 중에서 4명을 뽑는 방법의 수와 같으므로

$$_6C_4 = {_6C_2} = \frac{6 \times 5}{2 \times 1} = 15$$

답 (1) 10 (2) 15

필수 공략

(1) 서로 다른 n개에서 특정한 k개를 포함하여 r개를 택하는 방법의 수 ➡ $_{n-k}C_{r-k}$

(2) 서로 다른 n개에서 특정한 k개를 포함하지 않고 r개를 택하는 방법의 수 ➡ $_{n-k}C_r$

● 정답 및 해설 149쪽

유제 03- ❶ 민주와 예준이를 포함한 10명 중에서 3명을 뽑을 때, 다음을 구하시오.

(1) 민주와 예준이가 포함되도록 뽑는 방법의 수

(2) 민주가 포함되지 않도록 뽑는 방법의 수

유제 03- ❷ 건호, 재현, 상준이를 포함한 10명의 농구부 학생 중에서 경기에 출전할 5명의 선수를 선발할 때, 건호는 선발되고 재현이와 상준이는 선발되지 않는 방법의 수를 구하시오.

유제 03- ❸ 1부터 8까지의 자연수가 하나씩 적힌 8개의 공이 들어 있는 주머니에서 4개의 공을 동시에 꺼낼 때, 3이 적힌 공과 6이 적힌 공 중에서 하나만 꺼내는 방법의 수를 구하시오.

뽑아서 나열하는 방법의 수

주연이를 포함한 여학생 5명과 정후를 포함한 남학생 3명이 있을 때, 다음을 구하시오.

(1) 여학생 4명과 남학생 2명을 뽑아 일렬로 세우는 방법의 수

(2) 주연이는 포함되고 정후는 포함되지 않도록 4명을 뽑아 일렬로 세우는 방법의 수

풀이

(Tip) 뽑는 방법의 수는 조합을 이용하고, 일렬로 나열하는 방법의 수는 순열을 이용하여 구한다.

(1) 여학생 5명 중에서 4명, 남학생 3명 중에서 2명을 뽑는 방법의 수는

$$_5C_4 \times {}_3C_2 = {}_5C_1 \times {}_3C_1 = 5 \times 3 = 15$$

그 각각에 대하여 뽑은 6명을 일렬로 세우는 방법의 수는

$$6! = 6 \times 5 \times 4 \times \cdots \times 1 = 720$$

따라서 구하는 방법의 수는

$$15 \times 720 = 10800$$

(2) 주연이는 이미 뽑았다고 생각하고 정후를 제외한 나머지 6명 중에서 3명을 뽑는 방법의 수는

$$_6C_3 = \frac{6 \times 5 \times 4}{3 \times 2 \times 1} = 20$$

└→ 총 8명 중에서 주연, 정후를 제외한다.

그 각각에 대하여 뽑은 4명을 일렬로 세우는 방법의 수는

$$4! = 4 \times 3 \times 2 \times 1 = 24$$

따라서 구하는 방법의 수는

$$20 \times 24 = 480$$

답 (1) 10800 (2) 480

필수 공략

서로 다른 n개에서 r개를 뽑아서 나열하는 방법의 수

➡ (뽑는 방법의 수) × (나열하는 방법의 수)

    └→ $_nC_r$ └→ $r!$

• 정답 및 해설 150쪽

숫자 바꾼

유제 04-❶ 수찬이와 혜윤이를 포함한 6명의 학생이 있을 때, 다음을 구하시오.

(1) 수찬이는 포함되고 혜윤이는 포함되지 않도록 3명을 뽑아 일렬로 세우는 방법의 수

(2) 수찬이와 혜윤이를 포함한 4명을 뽑아서 일렬로 세울 때, 수찬이와 혜윤이가 이웃하도록 세우는 방법의 수

유제 04-❷ 1부터 5까지의 자연수 중에서 서로 다른 홀수 2개, 짝수 1개를 택하여 만들 수 있는 세 자리의 자연수의 개수를 구하시오.

유제 04-❸ 남학생 5명과 여학생 3명이 있다. 이 중에서 남학생 2명과 여학생 2명을 뽑아 개인 발표 순서를 정하는 방법의 수를 구하시오.

필수 예제 05 — 크기순으로 나열하는 방법의 수

5개의 숫자 1, 2, 3, 4, 5에서 서로 다른 3개의 숫자를 택하여 세 자리의 자연수를 만들 때, 백의 자리의 수가 십의 자리의 수보다 크고 십의 자리의 수가 일의 자리의 수보다 큰 자연수의 개수를 구하시오.

풀이

(**Tip**) 문제의 조건에 의하여 숫자 3개를 택하면 택하는 순서에 관계 없이 자리(순서)가 정해지므로 조합을 이용한다.

(일의 자리의 수)<(십의 자리의 수)<(백의 자리의 수)이므로 5개의 숫자 중에서 서로 다른 3개를 택하여 작은 수부터 차례대로 일의 자리, 십의 자리, 백의 자리에 나열하면 된다.

따라서 구하는 자연수의 개수는 서로 다른 5개에서 3개를 택하는 조합의 수와 같으므로

$$_5C_3 = {}_5C_2 = \frac{5 \times 4}{2 \times 1} = 10$$

답 10

필수 공략

n개의 숫자 중에서 서로 다른 r개를 택하여 **크기순으로** 나열하는 경우의 수
→ $_nC_r$

└ 크기가 큰 순서대로, 크기가 작은 순서대로 등 모두 가능하다.

• 정답 및 해설 150쪽

숫자 바꾼

유제 05-❶ 6개의 숫자 1, 2, 3, 4, 5, 6에서 서로 다른 4개의 숫자를 택하여 네 자리의 자연수를 만들 때, 천의 자리의 숫자를 a, 백의 자리의 숫자를 b, 십의 자리의 숫자를 c, 일의 자리의 숫자를 d라 하자. $d<c<b<a$인 네 자리의 자연수의 개수를 구하시오.

유제 05-❷ 5개의 숫자 1, 2, 3, 4, 5를 일렬로 나열한 것을 왼쪽부터 차례대로 x_1, x_2, x_3, x_4, x_5라 하자. $x_1 > x_2 > x_3$을 만족시키도록 나열하는 방법의 수를 구하시오.

유제 05-❸ $0<a<b<6<d<c<10$을 만족시키는 자연수 a, b, c, d에 대하여 모든 순서쌍 (a, b, c, d)의 개수를 구하시오.

직선 또는 삼각형의 개수

오른쪽 그림과 같이 반원 위에 6개의 점이 있을 때, 다음을 구하시오.

(1) 두 점을 이어서 만들 수 있는 서로 다른 직선의 개수

(2) 세 점을 꼭짓점으로 하는 삼각형의 개수

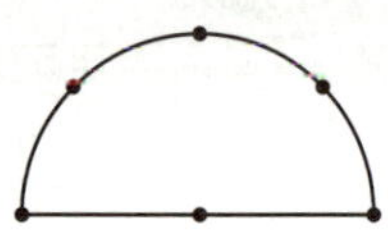

풀이

(Tip) 주어진 점으로 만들 수 있는 직선이나 삼각형의 개수를 구할 때에는 일직선 위에 있는 점의 개수에 주의한다.

(1) 6개의 점 중에서 2개를 택하는 방법의 수는 $_6C_2 = \dfrac{6 \times 5}{2 \times 1} = 15$

일직선 위에 있는 3개의 점 중에서 2개를 택하는 방법의 수는 $_3C_2 = {}_3C_1 = 3$

이때 일직선 위에 있는 점으로 만들 수 있는 직선은 1개이므로 구하는 직선의 개수는

$15 - 3 + 1 = 13$

(2) 6개의 점 중에서 3개를 택하는 방법의 수는 $_6C_3 = \dfrac{6 \times 5 \times 4}{3 \times 2 \times 1} = 20$

일직선 위에 있는 3개의 점 중에서 3개를 택하는 방법의 수는 $_3C_3 = 1$

이때 일직선 위에 있는 점으로는 삼각형을 만들 수 없으므로 구하는 삼각형의 개수는

$20 - 1 = 19$

답 (1) 13 (2) 19

필수 공략 어느 세 점도 일직선 위에 있지 않은 서로 다른 n개의 점 중에서
(1) 두 점을 지나는 직선의 개수 ➡ $_nC_2$ (2) 세 점을 꼭짓점으로 하는 삼각형의 개수 ➡ $_nC_3$

• 정답 및 해설 150쪽

유제 06-❶ 오른쪽 그림과 같이 평행한 두 직선 l, m 위에 각각 4개, 6개의 점이 있을 때, 다음을 구하시오.

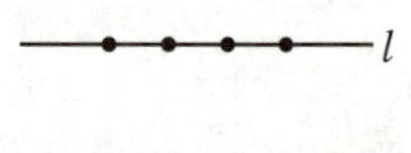

(1) 두 점을 이어서 만들 수 있는 서로 다른 직선의 개수

(2) 세 점을 꼭짓점으로 하는 삼각형의 개수

유제 06-❷ 오른쪽 그림과 같이 9개의 점이 가로, 세로 같은 간격으로 놓여 있을 때, 다음을 구하시오.

(1) 두 점을 이어서 만들 수 있는 서로 다른 직선의 개수

(2) 세 점을 꼭짓점으로 하는 삼각형의 개수

유제 06-❸ 오른쪽 그림과 같은 팔각형의 대각선의 개수를 구하시오.

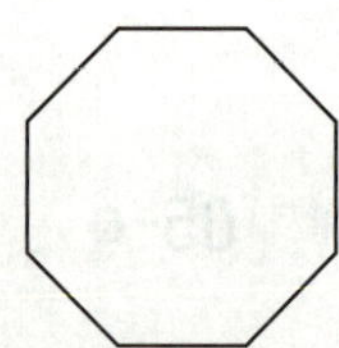

필수 예제
07

필수 예제 07 · 사각형의 개수

오른쪽 그림과 같이 4개의 평행선과 5개의 평행선이 만날 때, 이 평행선으로 만들어지는 평행사변형의 개수를 구하시오.

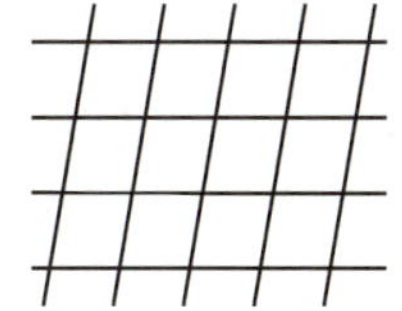

풀이

(Tip) 평행사변형을 만들려면 가로 방향으로 2개, 세로 방향으로 2개의 직선을 택해야 한다.

가로 방향의 평행선 4개 중에서 2개, 세로 방향의 평행선 5개 중에서 2개를 택하면 한 개의 평행사변형이 만들어지므로 구하는 평행사변형의 개수는

두 쌍의 대변이 각각 평행한 사각형

$$_4\mathrm{C}_2 \times {}_5\mathrm{C}_2 = \frac{4 \times 3}{2 \times 1} \times \frac{5 \times 4}{2 \times 1} = 60$$

답 60

필수 공략 m개의 평행선과 n개의 평행선이 만날 때 만들어지는 평행사변형의 개수

➡ $_m\mathrm{C}_2 \times {}_n\mathrm{C}_2$

● 정답 및 해설 151쪽

숫자 바꾼

유제 07-❶  오른쪽 그림과 같이 4개의 평행선과 3개의 평행선이 만날 때, 이 평행선으로 만들어지는 평행사변형의 개수를 구하시오.

유제 07-❷ 오른쪽 그림은 합동인 정사각형 16개를 붙여 만든 도형이다. 이 도형의 선분들로 만들어지는 다음 도형의 개수를 구하시오.

(1) 직사각형　　　　　　　　　　　(2) 정사각형

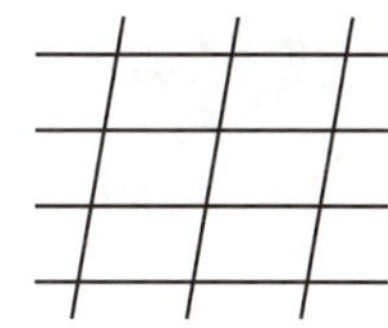

유제 07-❸ 오른쪽 그림과 같이 원 위에 8개의 점이 같은 간격으로 놓여 있을 때, 네 점을 이어서 만들 수 있는 직사각형의 개수를 구하시오.

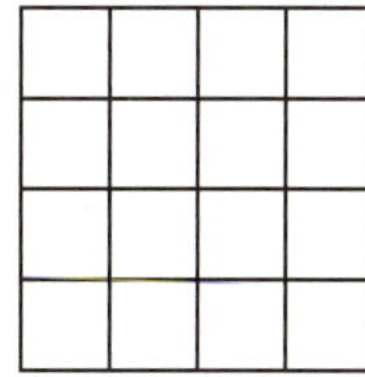

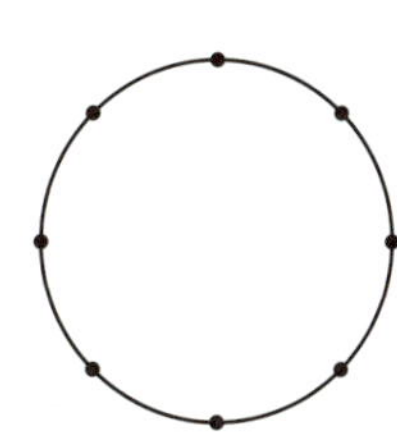

묶음으로 나누기

서로 다른 6송이의 꽃이 있을 때, 다음을 구하시오.

(1) 3송이, 3송이씩 두 묶음으로 나누는 방법의 수

(2) 1송이, 2송이, 3송이씩 세 묶음으로 나누어 3명에게 나누어 주는 방법의 수

풀이

(Tip) (1) 같은 묶음으로 나누는 것에 주의한다.

(2) 3명에게 나누어 주는 것은 순열을 이용한다.

(1) 6송이의 꽃을 3송이, 3송이씩 두 묶음으로 나누는 방법의 수는

$$_6C_3 \times _3C_3 \times \frac{1}{2!} = \frac{6 \times 5 \times 4}{3 \times 2 \times 1} \times 1 \times \frac{1}{2 \times 1} = 10$$

(2) 6송이의 꽃을 1송이, 2송이, 3송이씩 세 묶음으로 나누는 방법의 수는

$$_6C_1 \times _5C_2 \times _3C_3 = 6 \times \frac{5 \times 4}{2 \times 1} \times 1 = 60$$

세 묶음을 3명에게 나누어 주는 방법의 수는

$$3! = 3 \times 2 \times 1 = 6$$

따라서 구하는 방법의 수는

$$60 \times 6 = 360$$

답 (1) 10 (2) 360

필수 공략

(1) 서로 다른 n개의 물건을 p개, q개, r개 $(p+q+r=n)$의 세 묶음으로 나눌 때, p, q, r 중 같은 수가

k $(1 \leq k \leq 3)$개 있는 경우의 방법의 수 ➡ $_nC_p \times _{n-p}C_q \times _rC_r \times \frac{1}{k!}$

┗ 묶음이 구별되지 않으므로 나누어 준다.

(2) n묶음으로 나눈 후 n명에게 나누어 주는 방법의 수 ➡ (n묶음으로 나누는 방법의 수) $\times n!$

• 정답 및 해설 152쪽

숫자 바꾼

유제 08-❶ 서로 다른 8권의 책이 있을 때, 다음을 구하시오.

(1) 2권, 2권, 4권씩 세 묶음으로 나누는 방법의 수

(2) 2권, 3권, 3권씩 세 묶음으로 나누는 방법의 수

(3) 2권, 3권, 3권씩 세 묶음으로 나누어 3명에게 나누어 주는 방법의 수

유제 08-❷ 세 상자 A, B, C에 서로 다른 6개의 공을 빈 상자가 없도록 남김없이 나누어 담는 방법의 수를 구하시오.

유제 08-❸ 5개의 팀이 오른쪽 그림과 같은 토너먼트 방식으로 경기를 할 때, 대진표를 작성하는 방법의 수를 구하시오.

소단원 점검 문제

● 정답 및 해설 152쪽

$_nC_r$의 계산

01 등식 $_nP_2+10\times{_nC_2}=6\times{_{n+1}C_3}$을 만족시키는 자연수 n의 값은?

① 4　　　② 5　　　③ 6　　　④ 7　　　⑤ 8

조합의 수

02 A 모둠의 학생 6명, B 모둠의 학생 5명, C 모둠의 학생 4명 중에서 4명을 뽑을 때, 각 모둠의 학생이 반드시 1명 이상 포함되도록 뽑는 방법의 수는?

① 90　　　② 180　　　③ 360　　　④ 720　　　⑤ 1440

특정한 것을 포함하거나 포함하지 않는 조합의 수

03 A, B, C를 포함한 7명 중에서 4명을 뽑아 대표단을 구성하려고 한다. A와 B는 반드시 포함되고 C는 포함되지 않도록 대표단을 구성하는 방법의 수는?

① 3　　　② 4　　　③ 5　　　④ 6　　　⑤ 7

뽑아서 나열하는 경우의 수

04 〔평가원〕 이틀 동안 진행하는 어느 축제에 모두 다섯 개의 팀이 참가하여 공연한다. 매일 두 팀 이상이 공연하도록 다섯 팀의 공연 날짜와 공연 순서를 정하는 경우의 수는?

（단, 공연은 한 팀 씩 하고, 축제 기간 중 각 팀은 1회만 공연한다.）

① 180　　　② 210　　　③ 240　　　④ 270　　　⑤ 300

• 정답 및 해설 153쪽

크기순으로 나열하는 방법의 수

05 7개의 좌석이 일렬로 나열된 놀이기구에 키가 서로 다른 4명의 학생들이 타려고 할 때, 자신보다 큰 학생이 자신보다 앞에 있지 않도록 타는 경우의 수는?

① 31   ② 32   ③ 33   ④ 34   ⑤ 35

직선 또는 삼각형의 개수

06 오른쪽 그림과 같이 정삼각형의 변 위에 12개의 점이 있을 때, 세 점을 꼭짓점으로 하는 삼각형의 개수를 구하시오.

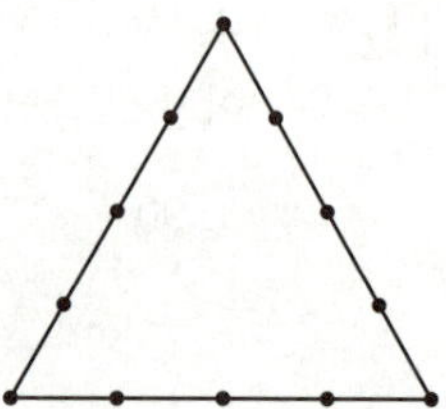

사각형의 개수

07 그림은 평행사변형의 각 변을 4등분하여 얻은 도형이다. 이 도형의 선들로 만들 수 있는 평행사변형 중에서 색칠한 부분을 포함하는 평행사변형의 개수는?

① 24   ② 30   ③ 36

④ 42   ⑤ 48

묶음으로 나누기

08  8개의 팀이 오른쪽 그림과 같은 토너먼트 방식으로 경기를 할 때, 대진표를 작성하는 방법의 수를 구하시오.

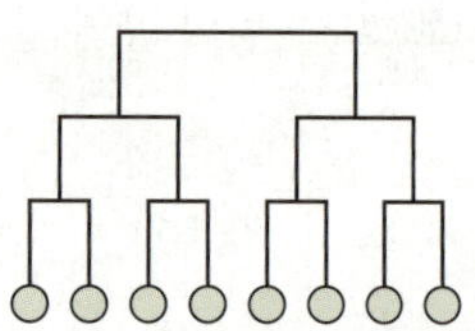

• 정답 및 해설 154쪽

01

다음 조건을 만족시키는 x의 값은?

(단, x, y는 자연수이다.)

> (가) $_x\mathrm{C}_y=36$ (나) $_{x-1}\mathrm{C}_{y-1}=4y$

① 6　　　　② 7　　　　③ 8

④ 9　　　　⑤ 10

02 서술형

$1 \leq r \leq n$일 때, 등식 $r \times {}_n\mathrm{C}_r = n \times {}_{n-1}\mathrm{C}_{r-1}$이 성립함을 보이시오.

03

서로 다른 5개의 방과 후 수업 중에서 A 학생은 3개의 수업을, B 학생은 2개의 수업을 선택하려고 한다. 두 학생 A, B가 동일한 방과 후 수업을 1개만 선택하는 방법의 수는?

① 50　　　　② 60　　　　③ 70

④ 80　　　　⑤ 90

04

1부터 10까지의 자연수가 하나씩 적힌 10장의 카드 중에서 5장의 카드를 택할 때, 택한 5장의 카드에 적힌 모든 수의 합이 짝수인 경우의 수는?

(단, 선택한 순서는 생각하지 않는다.)

① 110　　　　② 120　　　　③ 130

④ 140　　　　⑤ 150

05 교육청

서로 다른 네 종류의 인형이 각각 2개씩 있다. 이 8개의 인형 중에서 5개를 선택하는 경우의 수를 구하시오.

(단, 같은 종류의 인형끼리는 서로 구별하지 않는다.)

06

여섯 개의 문자 a, b, c, d, e, f 중에서 4개를 택하여 일렬로 나열할 때, 다음 조건을 만족시키는 경우의 수는?

> (가) a, b는 반드시 포함된다.
> (나) 모음끼리 이웃하지 않는다.

① 100   ② 104   ③ 108
④ 112   ⑤ 116

07

축구 선수 4명, 농구 선수 1명, 테니스 선수 2명이 있다. 이 중에서 4명을 선발하여 이어달리기 순서를 정하려고 할 때, 축구 선수가 적어도 2명은 포함되도록 순서를 정하는 방법의 수는?

① 744   ② 748   ③ 752
④ 756   ⑤ 760

08 서술형

세 자연수 a, b, c에 대하여 $2 < a \le b < c < 9$를 만족시키는 모든 순서쌍 (a, b, c)의 개수를 구하시오.

09

6개의 숫자 1, 2, 3, 4, 5, 6에서 서로 다른 5개의 숫자를 택하여 일렬로 나열한 것을 왼쪽부터 차례대로 a_1, a_2, a_3, a_4, a_5라 할 때, 다음 조건을 만족시키도록 나열하는 방법의 수를 구하시오.

> (가) $a_1 \times a_3 = 15$ (나) $a_1 > a_3$, $a_2 < a_4$

10 교육청

$c < b < a < 10$인 자연수 a, b, c에 대하여 백의 자리의 수, 십의 자리의 수, 일의 자리의 수가 각각 a, b, c인 세 자리의 자연수 중에서 500보다 크고 700보다 작은 모든 자연수의 개수는?

① 12   ② 14   ③ 16
④ 18   ⑤ 20

• 정답 및 해설 154쪽

11

평면 위에 어느 세 점도 일직선 위에 있지 않은 서로 다른 n개의 점이 있다. 이 중에서 두 점을 이어서 만들 수 있는 서로 다른 직선의 개수가 21일 때, 이 n개의 점 중에서 세 점을 꼭짓점으로 하는 삼각형의 개수는?

(단, n은 자연수이다.)

① 30 ② 35 ③ 40
④ 45 ⑤ 50

12

오른쪽 그림과 같이 직선 l 위의 점 5개, 직선 m 위의 점 3개와 두 직선 l, m과 만나지 않는 점 P가 있다. 이 중에서 4개의 점을 꼭짓점으로 하는 사각형의 개수는?
(단, 점 P는 두 직선 l, m 위의 어느 두 점을 지나는 직선 위에 있지 않다.)

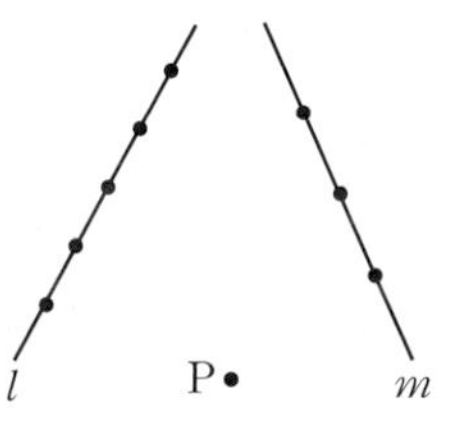

① 71 ② 72 ③ 73
④ 74 ⑤ 75

13

오른쪽 그림은 합동인 정사각형 12개를 붙여 얻은 도형이다. 이 도형의 선분들로 만들어지는 직사각형의 개수는?

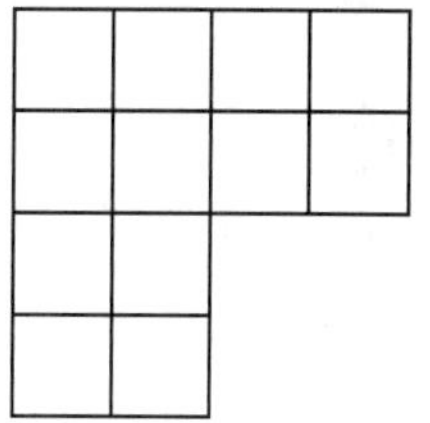

① 51 ② 52
③ 53 ④ 54
⑤ 55

14

서로 다른 종류의 샤프 6개와 서로 다른 종류의 지우개 5개가 있다. 샤프는 3개, 3개씩 두 묶음으로 나누고 지우개는 2개, 3개씩 두 묶음으로 나누어 서로 구분되지 않는 2개의 상자에 나누어 담을 때, 각 상자에 샤프 한 묶음과 지우개 한 묶음을 담는 방법의 수는?

① 160 ② 170 ③ 180
④ 190 ⑤ 200

• 정답 및 해설 **156쪽**

내신 1% 뛰어 넘기

15

1부터 n까지의 자연수가 하나씩 적힌 n장의 카드를 왼쪽부터 일렬로 나열할 때, 2가 적힌 카드는 3이 적힌 카드보다 왼쪽에 오고 이 두 장의 카드가 이웃하지 않도록 나열하는 방법의 수가 240이다. n의 값을 구하시오.

(단, $n \geq 3$)

16

다음 그림과 같이 크기가 같은 정육면체 모양의 투명한 유리 상자 16개로 직육면체를 만들었다.

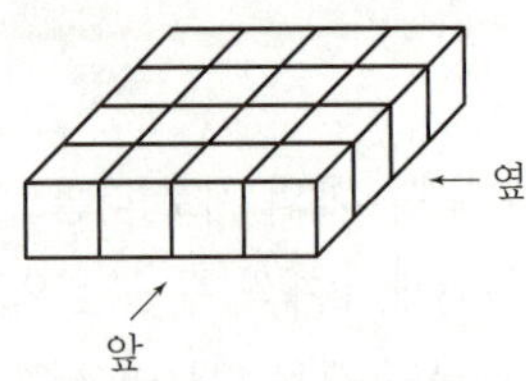

이 중에서 5개의 투명한 유리 상자를 같은 크기의 분홍색 유리 상자로 바꾸어 넣을 때, 직육면체를 앞, 옆에서 본 모양이 각각 다음과 같이 나타나도록 분홍색 유리 상자를 넣는 경우의 수는?

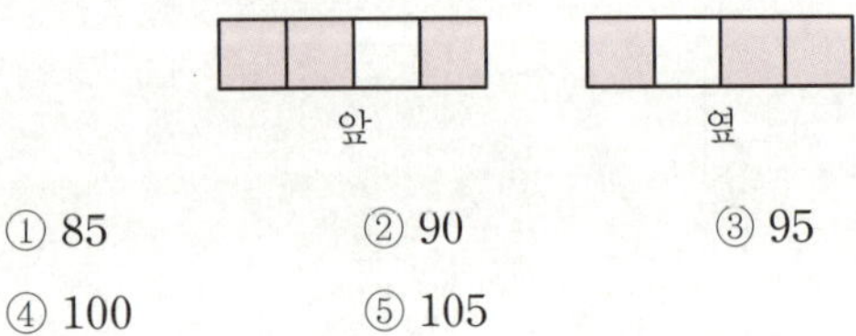

① 85 ② 90 ③ 95

④ 100 ⑤ 105

17

다음 조건을 만족시키도록 서로 다른 5개의 바구니에 빨간색 공 3개와 파란색 공 6개를 모두 넣는 경우의 수를 구하시오. (단, 같은 색의 공은 서로 구별하지 않는다.)

(가) 각 바구니에 공은 1개 이상, 3개 이하로 넣는다.

(나) 빨간색 공은 한 바구니에 2개 이상 넣을 수 없다.

18

1, 2, 3, 4, 5, 5가 하나씩 적힌 여섯 개의 공을 서로 다른 5개의 상자에 빈 상자가 생기지 않도록 넣는 경우의 수는?

① 800 ② 840 ③ 880

④ 920 ⑤ 960

IV-1

행렬과 그 연산

 행렬의 뜻

1 행렬

여러 개의 수 또는 문자를 직사각형 모양으로 배열하여 괄호로 묶어 놓은 것을 **행렬**이라 한다.

(1) **성분**: 행렬을 이루는 각각의 수 또는 문자를 그 행렬의 **성분**이라 한다.

(2) **행과 열**: 행렬에서 성분을 가로로 배열한 줄을 **행**이라 하고, 위에서부터 차례대로 제**1**행, 제**2**행, 제**3**행, …이라 한다.

또한, 행렬에서 성분을 세로로 배열한 줄을 **열**이라 하고, 왼쪽에서부터 차례대로 제**1**열, 제**2**열, 제**3**열, …이라 한다.

$$\begin{array}{c} \text{제1열 \ 제2열 \ 제3열} \\ \text{제1행} \rightarrow \\ \text{제2행} \rightarrow \end{array} \begin{pmatrix} 1 & 4 & 5 \\ 2 & -3 & 10 \end{pmatrix}$$

 **example** 오른쪽 표는 지역별 휘발유와 경유의 가격을 나타낸 표이다. 이 표에서 수만 뽑아 양쪽에 괄호로 묶어 나타내면 다음과 같다.

$$\begin{pmatrix} 1600 & 1650 & 1620 \\ 1500 & 1520 & 1530 \end{pmatrix}$$

(단위: 원)

지역명 유종	지역 A	지역 B	지역 C
휘발유	1600	1650	1620
경유	1500	1520	1530

이와 같이 여러 개의 수 또는 문자를 직사각형 모양으로 배열하여 괄호로 묶어 놓은 것을 행렬이라 한다. 이처럼 행렬은 주어진 정보를 간단히 나타낼 수 있다.

한편, 위의 행렬을 이루는 각각의 수 또는 문자, 즉 1600, 1650, 1620, 1500, 1520, 1530을 이 행렬의 **성분**이라 한다.
또한,

제1행은 지역별 휘발유의 가격으로 $(1600 \quad 1650 \quad 1620)$, → 제1행의 성분: 1600, 1650, 1620

제2열은 지역 B의 휘발유와 경유의 가격으로 $\begin{pmatrix} 1650 \\ 1520 \end{pmatrix}$ → 제2열의 성분: 1650, 1520

과 같이 나타낼 수 있다.

참고 행렬은 영어로 matrix, 성분은 entry, 행은 row, 열은 column이라 한다.

2 $m \times n$ 행렬

m개의 행과 n개의 열로 이루어진 행렬을 $m \times n$ **행렬** 또는 m행 n열의 행렬이라 한다.

특히, 행의 개수와 열의 개수가 같은 행렬을 **정사각행렬**이라 하고, $n \times n$ 행렬을 n**차정사각행렬**이라 한다.

참고 $m \times n$ 행렬을 'm by n 행렬'이라 읽는다.

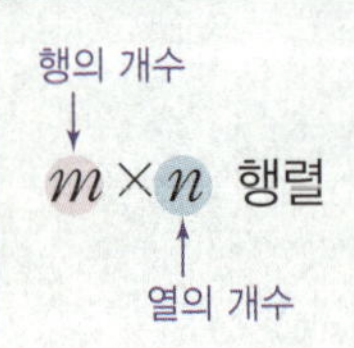

 **example** 행렬 $\begin{pmatrix} 1 & -1 \\ -3 & 0 \\ 2 & -5 \end{pmatrix}$ 는 3개의 행과 2개의 열로 이루어져 있으므로 3×2 행렬이다.

 참고 $\begin{pmatrix} 4 & 3 \\ -1 & 1 \end{pmatrix}$은 이차정사각행렬이고, $\begin{pmatrix} 4 & 3 & 0 \\ -4 & 5 & -2 \\ 1 & 7 & 1 \end{pmatrix}$은 삼차정사각행렬이다.

$\underset{2 \times 2 \text{ 행렬}}{}$ $\underset{3 \times 3 \text{ 행렬}}{}$

3 행렬의 성분

행렬 A의 제 i행과 제 j열이 만나는 위치에 있는 성분을 행렬 A의
(i, j) 성분이라 하고, 기호로 a_{ij}와 같이 나타낸다.
(i, j) 성분을 이용하여 $m \times n$ 행렬 A는
$$A=(a_{ij}) \ (i=1, 2, 3, \cdots, m, \ j=1, 2, 3, \cdots, n)$$
로 나타낼 수 있다.

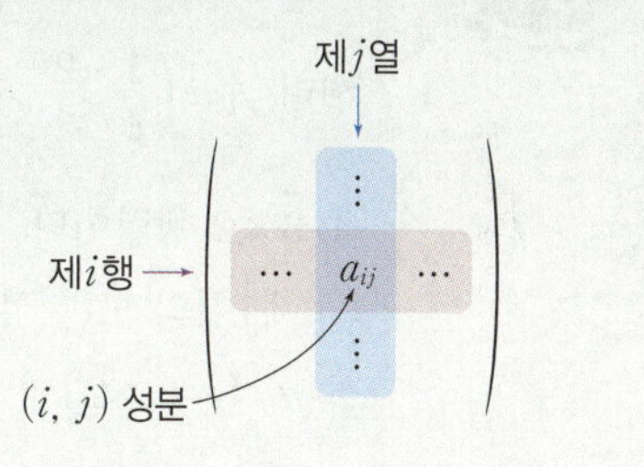

설명

example

(1) 2×3 행렬 A를
$$A=\begin{pmatrix} a_{11} & a_{12} & a_{13} \\ a_{21} & a_{22} & a_{23} \end{pmatrix} \ \text{또는} \ A=(a_{ij}) \ (i=1, 2, \ j=1, 2, 3)$$
로 나타낼 수 있다.

(2) 행렬 $\begin{pmatrix} 2 & -2 \\ -1 & 3 \end{pmatrix}$의 $(1, 2)$ 성분은 -2이고, $(2, 2)$ 성분은 3이다.

참고 일반적으로 행렬은 알파벳 대문자 $A, B, C, \cdots$를 사용하여 나타내고, 성분은 알파벳 소문자 $a, b, c, \cdots$를 사용하여 나타낸다.

4 서로 같은 행렬

┌─ 두 행렬 A, B의 행의 수와 열의 수가 각각 같을 때

(1) 두 행렬 A, B가 같은 꼴이고 대응하는 성분이 각각 같을 때, 두 행렬 A, B는 서로 같다고 하며 기호로 $A=B$와 같이 나타낸다.

> **참고** 두 행렬이 서로 같지 않을 때는 기호로 $A \neq B$와 같이 나타낸다.

(2) 행렬이 서로 같을 조건

두 행렬 A, B가 각각 2×2 행렬일 때, 두 행렬이 서로 같을 조건은 다음과 같다.

두 행렬 $A=\begin{pmatrix} a_{11} & a_{12} \\ a_{21} & a_{22} \end{pmatrix}$, $B=\begin{pmatrix} b_{11} & b_{12} \\ b_{21} & b_{22} \end{pmatrix}$에 대하여

$$A=B \iff a_{11}=b_{11}, \ a_{12}=b_{12}, \ a_{21}=b_{21}, \ a_{22}=b_{22}$$

설명

example

(1) 두 행렬 $\begin{pmatrix} 3 & 4 \\ 2 & -6 \end{pmatrix}$, $\begin{pmatrix} -1 & -4 \\ 0 & 3 \end{pmatrix}$은 서로 같은 꼴이지만

두 행렬 $(1 \ \ -5)$, $\begin{pmatrix} 1 \\ -2 \end{pmatrix}$는 서로 같은 꼴이 아니다.

(2) 두 행렬 $A=\begin{pmatrix} 1 & -2 \\ 3 & 4 \end{pmatrix}$, $B=\begin{pmatrix} 1 & -2 \\ 3 & 4 \end{pmatrix}$, $C=\begin{pmatrix} 1 & 6 \\ 3 & -5 \end{pmatrix}$에 대하여

① $a_{11}=b_{11}=1, \ a_{12}=b_{12}=-2, \ a_{21}=b_{21}=3, \ a_{22}=b_{22}=4$이므로
$A=B$

② $a_{11}=c_{11}=1, \ a_{21}=c_{21}=3$이지만 $\underset{-2 \neq 6}{a_{12} \neq c_{12}}, \ \underset{4 \neq -5}{a_{22} \neq c_{22}}$이므로
$A \neq B$

─────────────────────────── • 정답 및 해설 158쪽

개념 확인

1 두 행렬 $A=\begin{pmatrix} 2 & a \\ b & 1 \end{pmatrix}$, $B=\begin{pmatrix} c & -1 \\ 3 & d \end{pmatrix}$에 대하여 $A=B$일 때, a, b, c, d의 값을 각각 구하시오.

답 $a=-1, \ b=3, \ c=2, \ d=1$

행렬의 성분

행렬 $A=\begin{pmatrix} 1 & 2 & -1 \\ 4 & 2 & -3 \end{pmatrix}$에 대하여 다음 중 옳은 것은?

① 3×2 행렬이다.　　　　　　　② $(1, 3)$ 성분은 2이다.

③ 제1행의 모든 성분의 합은 5이다.　④ a_{12} 성분과 a_{22} 성분은 서로 같다.

⑤ $a_{ii}\,(i=1,\,2)$인 모든 성분의 합은 4이다.

풀이

(Tip) 행렬의 꼴, 행, 열, 성분 등의 의미를 정확히 파악한다.

① 행렬 A는 2개의 행과 3개의 열로 이루어져 있으므로 2×3 행렬이다. (거짓)

② 행렬 A의 $(1, 3)$ 성분은 1행과 3열이 만나는 위치에 있는 성분이므로 -1이다. (거짓)

③ 제1행의 모든 성분은 1, 2, -1이므로 그 합은 $1+2+(-1)=2$이다. (거짓)

④ $a_{12}=2$, $a_{22}=2$이므로 $a_{12}=a_{22}$ (참)

⑤ $a_{11}=1$, $a_{22}=2$이므로 $a_{11}+a_{22}=1+2=3$ (거짓)

따라서 옳은 것은 ④이다.

답 ④

필수 공략

행렬 A가 $m\times n$ 행렬이면

(1) m개의 행(가로줄)과 n개의 열(세로줄)로 이루어져 있다.

(2) a_{ij}, 즉 (i, j) 성분은 위에서 i번째 가로줄과 왼쪽에서 j번째 세로줄이 만나는 값이다.

• 정답 및 해설 158쪽

표현 바꾼

유제 01-❶ 행렬 $A=\begin{pmatrix} 1 & 2 & 2 \\ -1 & 1 & -1 \\ 2 & 0 & 1 \end{pmatrix}$에 대하여 |**보기**| 중 옳은 것을 모두 고르시오.

┤ 보기 ├

ㄱ. 삼차정사각행렬이다.　　　　　　ㄴ. 제3열의 모든 성분의 합은 1이다.

ㄷ. a_{12}와 같은 값을 가진 성분은 a_{31}뿐이다.　　ㄹ. $a_{ij}\,(i>j)$인 모든 성분의 합은 1이다.

유제 01-❷ 행렬 A의 성분 a_{ij}가 다음과 같을 때, 행렬 A를 구하시오. (단, $i=1,\,2,\ j=1,\,2$)

(1) $a_{ij}=2i-j$　　　　　　　　(2) $a_{ij}=\begin{cases} i+j & (i=j) \\ i-j & (i\neq j) \end{cases}$

유제 01-❸ 오른쪽 그림은 세 도시 C_1, C_2, C_3 사이의 도로망을 나타낸 것이다. 행렬 A의 (i, j) 성분 a_{ij}를 C_i 도시에서 C_j 도시로 직접 가는 도로의 수로 정할 때, 행렬 A를 구하시오. (단, $i=1,\,2,\,3,\ j=1,\,2,\,3$)

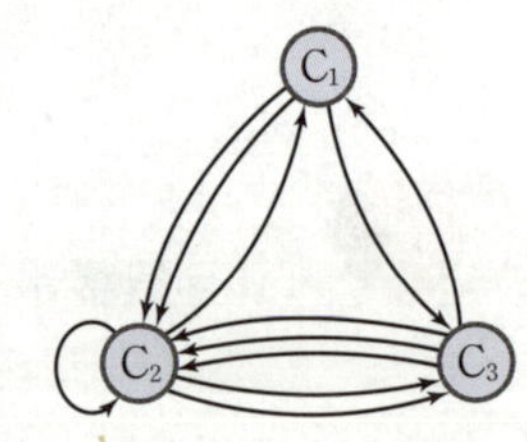

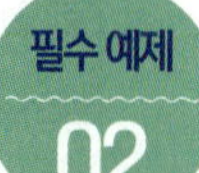

두 행렬이 서로 같을 조건

두 이차정사각행렬 $A=\begin{pmatrix} a+1 & 3 \\ b+3 & 4 \end{pmatrix}$, $B=\begin{pmatrix} 2b+3 & 3 \\ -a+2 & 4 \end{pmatrix}$에 대하여 $A=B$일 때, 두 상수 a, b의 값을 각각 구하시오.

(Tip) 서로 같은 꼴의 두 행렬이 서로 같으면 두 행렬의 대응하는 성분이 각각 같다.

$A=B$에서 두 행렬 A, B의 대응하는 성분이 각각 같아야 하므로

$a+1=2b+3$, $b+3=-a+2$

$a+1=2b+3$에서 $a-2b=2$　　$\cdots\cdots$ ㉠

$b+3=-a+2$에서 $a+b=-1$　　$\cdots\cdots$ ㉡

㉠, ㉡을 연립하여 풀면

$a=0$, $b=-1$

답 $a=0$, $b=-1$

필수 공략

두 행렬 $A=\begin{pmatrix} a_{11} & a_{12} \\ a_{21} & a_{22} \end{pmatrix}$, $B=\begin{pmatrix} b_{11} & b_{12} \\ b_{21} & b_{22} \end{pmatrix}$에 대하여

$$A=B \iff a_{11}=b_{11},\ a_{12}=b_{12},\ a_{21}=b_{21},\ a_{22}=b_{22}$$

• 정답 및 해설 159쪽

유제 **02-❶** 등식 $\begin{pmatrix} 2a & 1 \\ b-a & 1 \end{pmatrix}=\begin{pmatrix} b-3 & c-1 \\ c & 1 \end{pmatrix}$을 만족시키는 세 상수 a, b, c의 값을 각각 구하시오.

유제 **02-❷** 두 행렬 $A=\begin{pmatrix} x^2-2x \\ x+y \end{pmatrix}$, $B=\begin{pmatrix} -1 \\ 4x+2y \end{pmatrix}$에 대하여 $A=B$일 때, x^2+y^2의 값을 구하시오.

(단, x, y는 상수이다.)

유제 **02-❸** 두 상수 a, b에 대하여 $\begin{pmatrix} a & 2 \\ a^2+b^2 & -1 \end{pmatrix}=\begin{pmatrix} b+1 & 2 \\ 5 & -1 \end{pmatrix}$이 성립할 때, $a+b$의 최댓값을 구하시오.

02 행렬의 덧셈, 뺄셈, 실수배

1 행렬의 덧셈과 뺄셈

(1) 두 행렬 A, B가 같은 꼴일 때
  ① 두 행렬 A, B의 대응하는 성분끼리 더하여 얻은 행렬을 행렬 A와 행렬 B의 합이라 하고, 기호로 $A+B$와 같이 나타낸다.
  ② 행렬 A의 각 성분에서 그에 대응하는 행렬 B의 성분을 뺀 것을 성분으로 하는 행렬을 행렬 A와 행렬 B의 차라 하고, 기호로 $A-B$와 같이 나타낸다.

  참고 같은 꼴이 아닌 두 행렬의 덧셈이나 뺄셈은 정의되지 않는다.

(2) 두 행렬 $A=\begin{pmatrix} a_{11} & a_{12} \\ a_{21} & a_{22} \end{pmatrix}$, $B=\begin{pmatrix} b_{11} & b_{12} \\ b_{21} & b_{22} \end{pmatrix}$에 대하여

$$A+B=\begin{pmatrix} a_{11}+b_{11} & a_{12}+b_{12} \\ a_{21}+b_{21} & a_{22}+b_{22} \end{pmatrix}, \quad A-B=\begin{pmatrix} a_{11}-b_{11} & a_{12}-b_{12} \\ a_{21}-b_{21} & a_{22}-b_{22} \end{pmatrix}$$

example

두 행렬 $A=\begin{pmatrix} 0 & 1 \\ 3 & -4 \end{pmatrix}$, $B=\begin{pmatrix} -1 & 2 \\ 3 & -3 \end{pmatrix}$은 같은 꼴이므로 덧셈과 뺄셈이 정의된다.

➡ (1) $A+B=\begin{pmatrix} 0 & 1 \\ 3 & -4 \end{pmatrix}+\begin{pmatrix} -1 & 2 \\ 3 & -3 \end{pmatrix}=\begin{pmatrix} 0+(-1) & 1+2 \\ 3+3 & (-4)+(-3) \end{pmatrix}=\begin{pmatrix} -1 & 3 \\ 6 & -7 \end{pmatrix}$

(2) $A-B=\begin{pmatrix} 0 & 1 \\ 3 & -4 \end{pmatrix}-\begin{pmatrix} -1 & 2 \\ 3 & -3 \end{pmatrix}=\begin{pmatrix} 0-(-1) & 1-2 \\ 3-3 & (-4)-(-3) \end{pmatrix}=\begin{pmatrix} 1 & -1 \\ 0 & -1 \end{pmatrix}$

2 행렬의 덧셈에 대한 성질

같은 꼴의 세 행렬 A, B, C에 대하여
(1) 교환법칙: $A+B=B+A$
(2) 결합법칙: $(A+B)+C=A+(B+C)$

참고 행렬의 덧셈에 대한 결합법칙이 성립하므로 $(A+B)+C$ 또는 $A+(B+C)$는 괄호를 생략하여 $A+B+C$로 간단히 나타낼 수 있다.

example

세 행렬 $A=\begin{pmatrix} 1 & -1 \\ 3 & 7 \end{pmatrix}$, $B=\begin{pmatrix} -3 & 2 \\ 0 & 4 \end{pmatrix}$, $C=\begin{pmatrix} 5 & 3 \\ -2 & 0 \end{pmatrix}$을 이용하여 위의 성질이 성립하는지 확인해 보자.

(1) $A+B=\begin{pmatrix} 1 & -1 \\ 3 & 7 \end{pmatrix}+\begin{pmatrix} -3 & 2 \\ 0 & 4 \end{pmatrix}=\begin{pmatrix} -2 & 1 \\ 3 & 11 \end{pmatrix}$

$B+A=\begin{pmatrix} -3 & 2 \\ 0 & 4 \end{pmatrix}+\begin{pmatrix} 1 & -1 \\ 3 & 7 \end{pmatrix}=\begin{pmatrix} -2 & 1 \\ 3 & 11 \end{pmatrix}$

$\therefore A+B=B+A$

(2) $(A+B)+C=\left\{\begin{pmatrix} 1 & -1 \\ 3 & 7 \end{pmatrix}+\begin{pmatrix} -3 & 2 \\ 0 & 4 \end{pmatrix}\right\}+\begin{pmatrix} 5 & 3 \\ -2 & 0 \end{pmatrix}=\begin{pmatrix} -2 & 1 \\ 3 & 11 \end{pmatrix}+\begin{pmatrix} 5 & 3 \\ -2 & 0 \end{pmatrix}=\begin{pmatrix} 3 & 4 \\ 1 & 11 \end{pmatrix}$

$A+(B+C)=\begin{pmatrix} 1 & -1 \\ 3 & 7 \end{pmatrix}+\left\{\begin{pmatrix} -3 & 2 \\ 0 & 4 \end{pmatrix}+\begin{pmatrix} 5 & 3 \\ -2 & 0 \end{pmatrix}\right\}=\begin{pmatrix} 1 & -1 \\ 3 & 7 \end{pmatrix}+\begin{pmatrix} 2 & 5 \\ -2 & 4 \end{pmatrix}=\begin{pmatrix} 3 & 4 \\ 1 & 11 \end{pmatrix}$

$\therefore (A+B)+C=A+(B+C)$

(1) 성분이 모두 0인 행렬을 **영행렬**이라 하고 기호로 O와 같이 나타낸다.

　예 $O=(0\ \ 0)$, $O=\begin{pmatrix} 0 & 0 \\ 0 & 0 \end{pmatrix}$, $O=\begin{pmatrix} 0 & 0 & 0 \\ 0 & 0 & 0 \end{pmatrix}$

(2) 행렬 A의 모든 성분의 부호를 바꾼 것을 기호로 $-A$와 같이 나타낸다.

　즉, $A=\begin{pmatrix} a & b \\ c & d \end{pmatrix}$이면 $-A=\begin{pmatrix} -a & -b \\ -c & -d \end{pmatrix}$　예 $A=\begin{pmatrix} 1 & 3 \\ -2 & 0 \end{pmatrix}$이면 $-A=\begin{pmatrix} -1 & -3 \\ 2 & 0 \end{pmatrix}$

(3) 세 행렬 A, B, O가 같은 꼴이면 다음이 성립한다.

　① $A+O=O+A=A$

　② $A+(-A)=(-A)+A=O$

　③ $A+(-B)=A-B$

설명 $A=\begin{pmatrix} a & b \\ c & d \end{pmatrix}$, $B=\begin{pmatrix} p & q \\ r & s \end{pmatrix}$, $O=\begin{pmatrix} 0 & 0 \\ 0 & 0 \end{pmatrix}$이라 하고 (3)이 성립하는지 확인해 보자.

① $A+O=\begin{pmatrix} a & b \\ c & d \end{pmatrix}+\begin{pmatrix} 0 & 0 \\ 0 & 0 \end{pmatrix}=\begin{pmatrix} a+0 & b+0 \\ c+0 & d+0 \end{pmatrix}=\begin{pmatrix} a & b \\ c & d \end{pmatrix}=A$

　이고, 행렬의 덧셈에 대한 교환법칙이 성립하므로

　$A+O=O+A=A$

② $A+(-A)=\begin{pmatrix} a & b \\ c & d \end{pmatrix}+\begin{pmatrix} -a & -b \\ -c & -d \end{pmatrix}=\begin{pmatrix} a+(-a) & b+(-b) \\ c+(-c) & d+(-d) \end{pmatrix}=\begin{pmatrix} 0 & 0 \\ 0 & 0 \end{pmatrix}=O$

　이고, 행렬의 덧셈에 대한 교환법칙이 성립하므로

　$A+(-A)=(-A)+A=O$

③ $A+(-B)=\begin{pmatrix} a & b \\ c & d \end{pmatrix}+\begin{pmatrix} -p & -q \\ r & s \end{pmatrix}=\begin{pmatrix} a+(-p) & b+(-q) \\ c+(-r) & d+(-s) \end{pmatrix}$

　$=\begin{pmatrix} a-p & b-q \\ c-r & d-s \end{pmatrix}=\begin{pmatrix} a & b \\ c & d \end{pmatrix}-\begin{pmatrix} p & q \\ r & s \end{pmatrix}=A-B$

◆ 정답 및 해설 159쪽

개념 확인

1 두 행렬 $A=\begin{pmatrix} 2 & 0 \\ 1 & -3 \end{pmatrix}$, $B=\begin{pmatrix} 1 & -2 \\ 3 & -3 \end{pmatrix}$에 대하여 등식 $X+B=A$를 만족시키는 행렬 X를 구하시오.

답 $\begin{pmatrix} 1 & 2 \\ -2 & 0 \end{pmatrix}$

---

4 행렬의 실수배

(1) k가 실수일 때, 행렬 A의 각 성분에 k를 곱한 것을 성분으로 하는 행렬을 **행렬 A의 k배**라 하고,

　기호로 kA와 같이 나타낸다.

(2) 행렬 $A=\begin{pmatrix} a_{11} & a_{12} \\ a_{21} & a_{22} \end{pmatrix}$와 실수 k에 대하여

　$kA=k\begin{pmatrix} a_{11} & a_{12} \\ a_{21} & a_{22} \end{pmatrix}=\begin{pmatrix} ka_{11} & ka_{12} \\ ka_{21} & ka_{22} \end{pmatrix}$

 실수 k에 대하여 행렬 kA는 행렬 A의 각 성분을 k배한 것이고, 행렬 kA는 행렬 A와 같은 꼴이다.

특히,

$$k=1이면\ 1A=A,$$
$$k=-1이면\ (-1)A=-A,$$
$$k=0이면\ 0A=O$$

가 성립한다.

example

$A=\begin{pmatrix} 1 & 2 \\ -1 & 0 \end{pmatrix}$에 대하여

(1) $2A=2\begin{pmatrix} 1 & 2 \\ -1 & 0 \end{pmatrix}=\begin{pmatrix} 2\times1 & 2\times2 \\ 2\times(-1) & 2\times0 \end{pmatrix}=\begin{pmatrix} 2 & 4 \\ -2 & 0 \end{pmatrix}$

(2) $-3A=-3\begin{pmatrix} 1 & 2 \\ -1 & 0 \end{pmatrix}=\begin{pmatrix} (-3)\times1 & (-3)\times2 \\ (-3)\times(-1) & (-3)\times0 \end{pmatrix}=\begin{pmatrix} -3 & -6 \\ 3 & 0 \end{pmatrix}$

(3) $\dfrac{1}{5}A=\dfrac{1}{5}\begin{pmatrix} 1 & 2 \\ -1 & 0 \end{pmatrix}=\begin{pmatrix} \dfrac{1}{5}\times1 & \dfrac{1}{5}\times2 \\ \dfrac{1}{5}\times(-1) & \dfrac{1}{5}\times0 \end{pmatrix}=\begin{pmatrix} \dfrac{1}{5} & \dfrac{2}{5} \\ -\dfrac{1}{5} & 0 \end{pmatrix}$

5 행렬의 실수배에 대한 성질

같은 꼴의 두 행렬 A, B와 두 실수 k, l에 대하여
(1) $(kl)A=k(lA)=l(kA)$
(2) $(k+l)A=kA+lA,\ k(A+B)=kA+kB$

 두 행렬 $A=\begin{pmatrix} a & b \\ c & d \end{pmatrix}$, $B=\begin{pmatrix} p & q \\ r & s \end{pmatrix}$와 두 실수 k, l에 대하여 위의 성질이 성립하는지 확인해 보자.

(1) $(kl)A=kl\begin{pmatrix} a & b \\ c & d \end{pmatrix}=\begin{pmatrix} kla & klb \\ klc & kld \end{pmatrix}=k\begin{pmatrix} la & lb \\ lc & ld \end{pmatrix}=k(lA)$

$(kl)A=kl\begin{pmatrix} a & b \\ c & d \end{pmatrix}=lk\begin{pmatrix} a & b \\ c & d \end{pmatrix}=\begin{pmatrix} lka & lkb \\ lkc & lkd \end{pmatrix}=l\begin{pmatrix} ka & kb \\ kc & kd \end{pmatrix}=l(kA)$

(2) $(k+l)A=(k+l)\begin{pmatrix} a & b \\ c & d \end{pmatrix}$

$\qquad=\begin{pmatrix} (k+l)a & (k+l)b \\ (k+l)c & (k+l)d \end{pmatrix}=\begin{pmatrix} ka+la & kb+lb \\ kc+lc & kd+ld \end{pmatrix}$

$\qquad=\begin{pmatrix} ka & kb \\ kc & kd \end{pmatrix}+\begin{pmatrix} la & lb \\ lc & ld \end{pmatrix}$

$\qquad=kA+lA$

$k(A+B)=k\left\{\begin{pmatrix} a & b \\ c & d \end{pmatrix}+\begin{pmatrix} p & q \\ r & s \end{pmatrix}\right\}=k\begin{pmatrix} a+p & b+q \\ c+r & d+s \end{pmatrix}$

$\qquad=\begin{pmatrix} k(a+p) & k(b+q) \\ k(c+r) & k(d+s) \end{pmatrix}=\begin{pmatrix} ka+kp & kb+kq \\ kc+kr & kd+ks \end{pmatrix}$

$\qquad=\begin{pmatrix} ka & kb \\ kc & kd \end{pmatrix}+\begin{pmatrix} kp & kq \\ kr & ks \end{pmatrix}$

$\qquad=kA+kB$

집중 연습

● 행렬의 덧셈, 뺄셈, 실수배

행렬의 덧셈

01 다음 두 행렬 A, B에 대하여 행렬 $A+B$를 구하시오.

(1) $A=\begin{pmatrix} -1 \\ 3 \end{pmatrix}$, $B=\begin{pmatrix} 0 \\ -2 \end{pmatrix}$

(2) $A=(4 \quad 3)$, $B=(5 \quad -1)$

(3) $A=\begin{pmatrix} 2 \\ -3 \\ 5 \end{pmatrix}$, $B=\begin{pmatrix} 3 \\ 0 \\ -3 \end{pmatrix}$

(4) $A=\begin{pmatrix} 3 & 1 \\ 2 & -1 \end{pmatrix}$, $B=\begin{pmatrix} 2 & -1 \\ -4 & 5 \end{pmatrix}$

(5) $A=\begin{pmatrix} 2 & 1 & -4 \\ 3 & -2 & 0 \end{pmatrix}$, $B=\begin{pmatrix} 0 & 3 & -2 \\ -2 & -1 & 2 \end{pmatrix}$

(6) $A=\begin{pmatrix} 1 & 5 & 0 \\ 3 & -3 & 1 \\ 4 & 2 & -6 \end{pmatrix}$, $B=\begin{pmatrix} 0 & 2 & 3 \\ -1 & -3 & 4 \\ 3 & 2 & 1 \end{pmatrix}$

행렬의 뺄셈

02 다음 두 행렬 A, B에 대하여 행렬 $A-B$를 구하시오.

(1) $A=\begin{pmatrix} 1 \\ 2 \end{pmatrix}$, $B=\begin{pmatrix} -2 \\ 3 \end{pmatrix}$

(2) $A=(3 \quad 2)$, $B=(-2 \quad -1)$

(3) $A=\begin{pmatrix} 1 \\ 2 \\ -3 \end{pmatrix}$, $B=\begin{pmatrix} -2 \\ -1 \\ 5 \end{pmatrix}$

(4) $A=\begin{pmatrix} 1 & 2 \\ -3 & -2 \end{pmatrix}$, $B=\begin{pmatrix} -2 & 1 \\ 4 & 2 \end{pmatrix}$

(5) $A=\begin{pmatrix} 1 & 1 & 2 \\ -3 & 4 & 1 \end{pmatrix}$, $B=\begin{pmatrix} 2 & -1 & -2 \\ 3 & 1 & 2 \end{pmatrix}$

(6) $A=\begin{pmatrix} 1 & 2 & 0 \\ -1 & 1 & 2 \\ -3 & 2 & 1 \end{pmatrix}$, $B=\begin{pmatrix} 1 & 2 & -1 \\ 2 & -3 & 2 \\ 0 & 2 & 0 \end{pmatrix}$

행렬의 실수배

03 두 행렬 $A=\begin{pmatrix} 1 & -1 \\ -2 & 3 \end{pmatrix}$, $B=\begin{pmatrix} -2 & 3 \\ 1 & 0 \end{pmatrix}$에 대하여 다음 행렬을 구하시오.

(1) $2A$

(2) $-3B$

(3) $3A+2B$

(4) $4A-2B$

행렬의 덧셈, 뺄셈, 실수배

두 행렬 $A=\begin{pmatrix} 1 & 1 \\ -1 & 2 \end{pmatrix}$, $B=\begin{pmatrix} 2 & -1 \\ -2 & 3 \end{pmatrix}$에 대하여 다음을 구하시오.

(1) $3(2A-B)-5A$ (2) $-(3A-2B)+2(A-2B)$

(Tip) A, B에 대한 식을 간단히 한 후 두 행렬 A, B를 대입한다.

(1) $3(2A-B)-5A=6A-3B-5A=A-3B$

$$=\begin{pmatrix} 1 & 1 \\ -1 & 2 \end{pmatrix}-3\begin{pmatrix} 2 & -1 \\ -2 & 3 \end{pmatrix}$$

$$=\begin{pmatrix} -5 & 4 \\ 5 & -7 \end{pmatrix}$$

(2) $-(3A-2B)+2(A-2B)=-3A+2B+2A-4B=-A-2B$

$$=-\begin{pmatrix} 1 & 1 \\ -1 & 2 \end{pmatrix}-2\begin{pmatrix} 2 & -1 \\ -2 & 3 \end{pmatrix}$$

$$=\begin{pmatrix} -5 & 1 \\ 5 & -8 \end{pmatrix}$$

답 (1) $\begin{pmatrix} -5 & 4 \\ 5 & -7 \end{pmatrix}$ (2) $\begin{pmatrix} -5 & 1 \\ 5 & -8 \end{pmatrix}$

필수 공략

두 행렬 $A=\begin{pmatrix} a_{11} & a_{12} \\ a_{21} & a_{22} \end{pmatrix}$, $B=\begin{pmatrix} b_{11} & b_{12} \\ b_{21} & b_{22} \end{pmatrix}$와 실수 k에 대하여

➡ $A\pm kB=\begin{pmatrix} a_{11}\pm kb_{11} & a_{12}\pm kb_{12} \\ a_{21}\pm kb_{21} & a_{22}\pm kb_{22} \end{pmatrix}$ (복부호동순)

• 정답 및 해설 160쪽

유제 03-❶ 두 행렬 $A=\begin{pmatrix} 3 & 2 \\ -2 & 1 \end{pmatrix}$, $B=\begin{pmatrix} 4 & -3 \\ 1 & 2 \end{pmatrix}$에 대하여 다음을 구하시오.

(1) $2(A+2B)-3(A+B)$ (2) $-2(A-3B)-3(B-2A)$

유제 03-❷ 세 행렬 $A=\begin{pmatrix} 3 & 1 \\ 2 & -1 \end{pmatrix}$, $B=\begin{pmatrix} -1 & 1 \\ 1 & 2 \end{pmatrix}$, $C=\begin{pmatrix} 0 & 1 \\ -1 & -1 \end{pmatrix}$에 대하여 행렬 $2(A-B+2C)-3(A-C)+4(B-C)$를 구하시오.

유제 03-❸ 두 행렬 $A=\begin{pmatrix} a & 3 \\ 1 & 0 \end{pmatrix}$, $B=\begin{pmatrix} 4 & 1 \\ 0 & -1 \end{pmatrix}$에 대하여 행렬 $2(3A-B)+3(-A+B)$의 모든 성분의 합이 13일 때, 상수 a의 값을 구하시오.

등식을 만족시키는 행렬; 행렬 X 구하기

두 행렬 $A=\begin{pmatrix} 2 & 1 \\ 0 & -2 \end{pmatrix}$, $B=\begin{pmatrix} -4 & 2 \\ 1 & 0 \end{pmatrix}$에 대하여 다음 등식을 만족시키는 행렬 X를 구하시오.

(1) $4A-X=X-2B$　　　　　　　　(2) $X+2(X-2A)=-7A+6B$

풀이

(Tip) X를 A, B에 대한 식으로 나타낸 후 두 행렬 A, B를 대입한다.

(1) $4A-X=X-2B$에서 $2X=4A+2B$

$\therefore X=2A+B$

$\quad =2\begin{pmatrix} 2 & 1 \\ 0 & -2 \end{pmatrix}+\begin{pmatrix} -4 & 2 \\ 1 & 0 \end{pmatrix}$

$\quad =\begin{pmatrix} 0 & 4 \\ 1 & -4 \end{pmatrix}$

(2) $X+2(X-2A)=-7A+6B$에서 $X+2X-4A=-7A+6B$

$3X=-3A+6B$

$\therefore X=-A+2B$

$\quad =-\begin{pmatrix} 2 & 1 \\ 0 & -2 \end{pmatrix}+2\begin{pmatrix} -4 & 2 \\ 1 & 0 \end{pmatrix}$

$\quad =\begin{pmatrix} -10 & 3 \\ 2 & 2 \end{pmatrix}$

답 (1) $\begin{pmatrix} 0 & 4 \\ 1 & -4 \end{pmatrix}$ (2) $\begin{pmatrix} -10 & 3 \\ 2 & 2 \end{pmatrix}$

IV-1
행렬과 그 연산

필수 공략　행렬을 포함한 등식에서 행렬 X를 구할 때는
➡ 먼저 주어진 등식의 행렬 $(X,\ A,\ B,\ \cdots)$을 문자처럼 생각하고 이항하여 X에 대한 식으로 나타낸다.

• 정답 및 해설 161쪽

숫자 바꾼

유제 **04-❶**　두 행렬 $A=\begin{pmatrix} 2 & 1 \\ 1 & -2 \end{pmatrix}$, $B=\begin{pmatrix} 1 & -2 \\ 3 & 0 \end{pmatrix}$에 대하여 다음 등식을 만족시키는 행렬 X를 구하시오.

(1) $2(A+X)=3(B+X)$　　　　　　(2) $2(A-B+2X)=-4(2A+B)+2X$

유제 **04-❷**　두 행렬 $A=\begin{pmatrix} 1 & 0 \\ 2 & -1 \end{pmatrix}$, $B=\begin{pmatrix} -3 & 2 \\ 2 & -1 \end{pmatrix}$에 대하여 $2(X-A)-4B=O$를 만족시키는 행렬 X의 모든 성분의 합을 구하시오. (단, O는 영행렬이다.)

유제 **04-❸**　세 행렬 $A=\begin{pmatrix} -1 & 0 \\ 3 & 4 \end{pmatrix}$, $B=\begin{pmatrix} 5 & 1 \\ -2 & 1 \end{pmatrix}$, $C=\begin{pmatrix} 6 & 2 \\ 0 & 2 \end{pmatrix}$에 대하여
$2(X-2A)-C=3(X-A)+2(B-C)$를 만족시키는 행렬 X를 구하시오.

두 등식을 만족시키는 두 행렬; 연립방정식 이용

두 행렬 A, B에 대하여

$$A+B=\begin{pmatrix} 3 & -1 \\ 2 & 0 \end{pmatrix}, \quad A-B=\begin{pmatrix} 1 & 5 \\ 4 & -6 \end{pmatrix}$$

일 때, 두 행렬 A, B를 각각 구하시오.

(Tip) 주어진 두 등식의 양변을 더하거나 빼어 행렬 A 또는 행렬 B를 구한다.

$$A+B=\begin{pmatrix} 3 & -1 \\ 2 & 0 \end{pmatrix} \quad \cdots\cdots \ \text{㉠}, \quad A-B=\begin{pmatrix} 1 & 5 \\ 4 & -6 \end{pmatrix} \quad \cdots\cdots \ \text{㉡}$$

㉠＋㉡을 하면

$$2A=\begin{pmatrix} 3 & -1 \\ 2 & 0 \end{pmatrix}+\begin{pmatrix} 1 & 5 \\ 4 & -6 \end{pmatrix}=\begin{pmatrix} 4 & 4 \\ 6 & -6 \end{pmatrix}$$

$$\therefore A=\frac{1}{2}\begin{pmatrix} 4 & 4 \\ 6 & -6 \end{pmatrix}=\begin{pmatrix} 2 & 2 \\ 3 & -3 \end{pmatrix}$$

㉠에서

$$B=-A+\begin{pmatrix} 3 & -1 \\ 2 & 0 \end{pmatrix}=-\begin{pmatrix} 2 & 2 \\ 3 & -3 \end{pmatrix}+\begin{pmatrix} 3 & -1 \\ 2 & 0 \end{pmatrix}=\begin{pmatrix} 1 & -3 \\ -1 & 3 \end{pmatrix}$$

| 다른 풀이 |

㉠－㉡을 하면

$$2B=\begin{pmatrix} 3 & -1 \\ 2 & 0 \end{pmatrix}-\begin{pmatrix} 1 & 5 \\ 4 & -6 \end{pmatrix}=\begin{pmatrix} 2 & -6 \\ -2 & 6 \end{pmatrix} \quad \therefore B=\begin{pmatrix} 1 & -3 \\ -1 & 3 \end{pmatrix}$$

답 $A=\begin{pmatrix} 2 & 2 \\ 3 & -3 \end{pmatrix}$, $B=\begin{pmatrix} 1 & -3 \\ -1 & 3 \end{pmatrix}$

필수 공략

두 행렬 A, B에 대한 두 등식이 주어진 경우
➡ A, B에 대한 연립방정식으로 생각하여 행렬 A 또는 행렬 B를 구한다.

• 정답 및 해설 161쪽

숫자 바꾼

유제 05-❶ 두 행렬 A, B에 대하여 $2A+B=\begin{pmatrix} 2 & 1 \\ 1 & -1 \end{pmatrix}$, $A-B=\begin{pmatrix} 4 & -1 \\ 2 & 4 \end{pmatrix}$일 때, 두 행렬 A, B를 각각 구하시오.

유제 05-❷ 두 행렬 A, B에 대하여 $A-2B=\begin{pmatrix} 1 & 0 \\ -1 & -2 \end{pmatrix}$, $-A+B=\begin{pmatrix} -5 & 1 \\ 0 & -4 \end{pmatrix}$일 때, 행렬 $4A-6B$를 구하시오.

유제 05-❸ 두 행렬 A, B에 대하여 $A-B=\begin{pmatrix} 2 & 2 \\ -1 & 1 \end{pmatrix}$, $-2A+3B=\begin{pmatrix} -1 & 2 \\ -1 & 1 \end{pmatrix}$일 때, 행렬 $A+B$의 모든 성분의 합을 구하시오.

행렬의 성분

01 이차정사각행렬 A의 (i, j) 성분 a_{ij}가 $a_{ij}=xi+yj$일 때, $A=\begin{pmatrix} 1 & -z \\ 4 & w \end{pmatrix}$이다. 네 실수 x, y, z, w에 대하여 $x+y+z+w$의 값을 구하시오.

두 행렬이 서로 같을 조건

02 세 실수 a, b, k에 대하여 등식 $\begin{pmatrix} a^3 & 1 \\ a+b & 11+k \end{pmatrix}=\begin{pmatrix} 7-k & 1 \\ 3 & b^3 \end{pmatrix}$이 성립할 때, ab의 값을 구하시오.

행렬의 덧셈, 뺄셈, 실수배

03 두 실수 a, b가 대하여 두 행렬 $A=\begin{pmatrix} 1 & -2 \\ 1 & 0 \end{pmatrix}$, $B=\begin{pmatrix} -1 & 2 \\ 1 & 3 \end{pmatrix}$이 등식 $aA+bB=\begin{pmatrix} 1 & -2 \\ 3 & 3 \end{pmatrix}$을 만족시킬 때, $a+2b$의 값을 구하시오.

등식을 만족시키는 행렬; 행렬 X 구하기

04 두 행렬 $A=\begin{pmatrix} a & 1 \\ -1 & -2 \end{pmatrix}$, $B=\begin{pmatrix} 2 & 1 \\ a & -1 \end{pmatrix}$에 대하여 $2(3X+B)-5A=3X-2(A-4B)$를 만족시키는 행렬 X의 모든 성분의 합은 8이다. 실수 a의 값을 구하시오.

두 등식을 만족시키는 두 행렬; 연립방정식 이용

05 두 행렬 A, B에 대하여
$$2A+B=\begin{pmatrix} 1 & -2 \\ 2 & 3 \end{pmatrix}, \quad A-2B=\begin{pmatrix} -3 & 1 \\ 1 & -2 \end{pmatrix}$$
일 때, $X+B=A$를 만족시키는 행렬 X의 모든 성분의 합은?

① -2 ② -1 ③ 0 ④ 1 ⑤ 2

 **행렬의 곱셈**

1 행렬의 곱셈

(1) 두 행렬 A, B에 대하여 행렬 A의 열의 개수와 행렬 B의 행의 개수가 같을 때, 행렬 A의 제i행의 성분과 행렬 B의 제j열의 성분을 각각 차례대로 곱하여 더한 것을 (i, j) 성분으로 하는 행렬을 **행렬 A와 B의 곱**이라 하고, 기호로 AB와 같이 나타낸다.

> 참고 행렬 A의 열의 개수와 행렬 B의 행의 개수가 다르면 두 행렬 A, B의 곱은 정의되지 않는다.

(2) 두 행렬 $A=\begin{pmatrix} a_{11} & a_{12} \\ a_{21} & a_{22} \end{pmatrix}$, $B=\begin{pmatrix} b_{11} & b_{12} \\ b_{21} & b_{22} \end{pmatrix}$에 대하여

$$AB=\begin{pmatrix} a_{11}b_{11}+a_{12}b_{21} & a_{11}b_{12}+a_{12}b_{22} \\ a_{21}b_{11}+a_{22}b_{21} & a_{21}b_{12}+a_{22}b_{22} \end{pmatrix}$$

 설명

두 행렬 A, B의 곱 AB는 행렬 A의 제i행의 성분과 행렬 B의 제j열의 성분을 각각 차례대로 곱하여 더한 것을 (i, j) 성분으로 하는 행렬이므로 행렬 A의 열의 개수와 행렬 B의 행의 개수가 같을 때 정의된다.

즉, 행렬 A가 $m \times l$ 행렬, 행렬 B가 $l \times n$ 행렬이면 행렬 AB는 $m \times n$ 행렬이다.

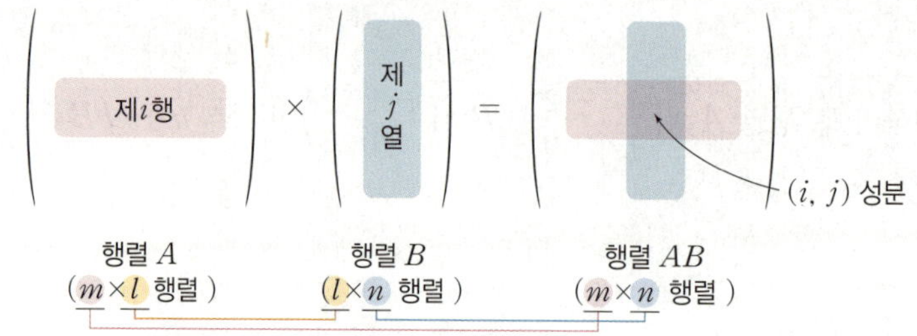

이때 몇 가지 경우의 행렬의 곱은 다음과 같다.

(1) $(a \quad b)\begin{pmatrix} p \\ q \end{pmatrix}=(ap+bq)$ → (1×2 행렬)×(2×1 행렬)=(1×1 행렬)

(2) $(a \quad b)\begin{pmatrix} p & r \\ q & s \end{pmatrix}=(ap+bq \quad ar+bs)$ → (1×2 행렬)×(2×2 행렬)=(1×2 행렬)

(3) $\begin{pmatrix} a \\ b \end{pmatrix}(p \quad q)=\begin{pmatrix} ap & aq \\ bp & bq \end{pmatrix}$ → (2×1 행렬)×(1×2 행렬)=(2×2 행렬)

(4) $\begin{pmatrix} a & b \\ c & d \end{pmatrix}\begin{pmatrix} p \\ q \end{pmatrix}=\begin{pmatrix} ap+bq \\ cp+dq \end{pmatrix}$ → (2×2 행렬)×(2×1 행렬)=(2×1 행렬)

(5) $\begin{pmatrix} a & b \\ c & d \end{pmatrix}\begin{pmatrix} p & r \\ q & s \end{pmatrix}=\begin{pmatrix} ap+bq & ar+bs \\ cp+dq & cr+ds \end{pmatrix}$ → (2×2 행렬)×(2×2 행렬)=(2×2 행렬)

• 정답 및 해설 163쪽

 개념 확인

1 다음 행렬의 곱을 구하시오.

(1) $(2 \quad -1)\begin{pmatrix} 3 \\ 2 \end{pmatrix}$　　(2) $\begin{pmatrix} 1 \\ 2 \end{pmatrix}(3 \quad -1)$　　(3) $\begin{pmatrix} 1 & 2 \\ -1 & 1 \end{pmatrix}\begin{pmatrix} 3 \\ -2 \end{pmatrix}$　　(4) $\begin{pmatrix} 0 & -1 \\ 2 & 0 \end{pmatrix}\begin{pmatrix} -1 & 1 \\ 3 & 2 \end{pmatrix}$

답 (1) (4)　(2) $\begin{pmatrix} 3 & -1 \\ 6 & -2 \end{pmatrix}$　(3) $\begin{pmatrix} -1 \\ -5 \end{pmatrix}$　(4) $\begin{pmatrix} -3 & -2 \\ -2 & 2 \end{pmatrix}$

2 행렬의 거듭제곱

정사각행렬 A와 두 자연수 m, n에 대하여

(1) $A^2=AA$, $A^3=A^2A$, $\cdots$, $A^{n+1}=A^nA$

(2) $A^mA^n=A^{m+n}$, $(A^m)^n=A^{mn}$

참고 행렬의 거듭제곱은 정사각행렬에서만 정의된다.
→ 행렬 A가 $m\times n$ 행렬일 때, AA가 정의되려면 $m=n$이어야 한다.

example

행렬 $A=\begin{pmatrix} 1 & 0 \\ -2 & 3 \end{pmatrix}$에 대하여 A^2, A^3, A^4을 각각 구해 보자.

(1) $A^2=AA=\begin{pmatrix} 1 & 0 \\ -2 & 3 \end{pmatrix}\begin{pmatrix} 1 & 0 \\ -2 & 3 \end{pmatrix}=\begin{pmatrix} 1 & 0 \\ -8 & 9 \end{pmatrix}$

(2) $A^3=A^2A=\begin{pmatrix} 1 & 0 \\ -8 & 9 \end{pmatrix}\begin{pmatrix} 1 & 0 \\ -2 & 3 \end{pmatrix}=\begin{pmatrix} 1 & 0 \\ -26 & 27 \end{pmatrix}$

$\quad A^3=AA^2=\begin{pmatrix} 1 & 0 \\ -2 & 3 \end{pmatrix}\begin{pmatrix} 1 & 0 \\ -8 & 9 \end{pmatrix}=\begin{pmatrix} 1 & 0 \\ -26 & 27 \end{pmatrix}$

(3) $A^4=A^3A=\begin{pmatrix} 1 & 0 \\ -26 & 27 \end{pmatrix}\begin{pmatrix} 1 & 0 \\ -2 & 3 \end{pmatrix}=\begin{pmatrix} 1 & 0 \\ -80 & 81 \end{pmatrix}$

$\quad A^4=AA^3=\begin{pmatrix} 1 & 0 \\ -2 & 3 \end{pmatrix}\begin{pmatrix} 1 & 0 \\ -26 & 27 \end{pmatrix}=\begin{pmatrix} 1 & 0 \\ -80 & 81 \end{pmatrix}$

$\quad A^4=(A^2)^2=A^2A^2=\begin{pmatrix} 1 & 0 \\ -8 & 9 \end{pmatrix}\begin{pmatrix} 1 & 0 \\ -8 & 9 \end{pmatrix}=\begin{pmatrix} 1 & 0 \\ -80 & 81 \end{pmatrix}$

3 행렬의 곱셈에 대한 성질

합과 곱이 정의되는 세 행렬 A, B, C와 실수 k에 대하여

(1) 일반적으로 곱셈에 대한 교환법칙이 성립하지 않는다. 즉, $AB \neq BA$이다.

(2) 결합법칙: $(AB)C=A(BC)$

(3) 분배법칙: $A(B+C)=AB+AC$, $(A+B)C=AC+BC$

(4) $k(AB)=(kA)B=A(kB)$

참고 행렬의 곱셈에 대한 결합법칙이 성립하므로 $(AB)C$ 또는 $A(BC)$는 괄호를 생략하여 ABC로 간단히 나타낼 수 있다.

example

세 행렬 $A=\begin{pmatrix} 1 & -1 \\ 0 & 2 \end{pmatrix}$, $B=\begin{pmatrix} -1 & 2 \\ 0 & 2 \end{pmatrix}$, $C=\begin{pmatrix} 2 & -3 \\ -1 & 0 \end{pmatrix}$을 이용하여 위의 성질이 성립하는지 확인해 보자.

(1) $AB=\begin{pmatrix} 1 & -1 \\ 0 & 2 \end{pmatrix}\begin{pmatrix} -1 & 2 \\ 0 & 2 \end{pmatrix}=\begin{pmatrix} -1 & 0 \\ 0 & 4 \end{pmatrix}$

$\quad BA=\begin{pmatrix} -1 & 2 \\ 0 & 2 \end{pmatrix}\begin{pmatrix} 1 & -1 \\ 0 & 2 \end{pmatrix}=\begin{pmatrix} -1 & 5 \\ 0 & 4 \end{pmatrix}$

$\quad \therefore AB \neq BA$

(2) $(AB)C=\left\{\begin{pmatrix} 1 & -1 \\ 0 & 2 \end{pmatrix}\begin{pmatrix} -1 & 2 \\ 0 & 2 \end{pmatrix}\right\}\begin{pmatrix} 2 & -3 \\ -1 & 0 \end{pmatrix}=\begin{pmatrix} -1 & 0 \\ 0 & 4 \end{pmatrix}\begin{pmatrix} 2 & -3 \\ -1 & 0 \end{pmatrix}=\begin{pmatrix} -2 & 3 \\ -4 & 0 \end{pmatrix}$

$\quad A(BC)=\begin{pmatrix} 1 & -1 \\ 0 & 2 \end{pmatrix}\left\{\begin{pmatrix} -1 & 2 \\ 0 & 2 \end{pmatrix}\begin{pmatrix} 2 & -3 \\ -1 & 0 \end{pmatrix}\right\}=\begin{pmatrix} 1 & -1 \\ 0 & 2 \end{pmatrix}\begin{pmatrix} -4 & 3 \\ -2 & 0 \end{pmatrix}=\begin{pmatrix} -2 & 3 \\ -4 & 0 \end{pmatrix}$

$\quad \therefore (AB)C=A(BC)$

(3) $A(B+C)=\begin{pmatrix} 1 & -1 \\ 0 & 2 \end{pmatrix}\left\{\begin{pmatrix} -1 & 2 \\ 0 & 2 \end{pmatrix}+\begin{pmatrix} 2 & -3 \\ -1 & 0 \end{pmatrix}\right\}=\begin{pmatrix} 1 & -1 \\ 0 & 2 \end{pmatrix}\begin{pmatrix} 1 & -1 \\ -1 & 2 \end{pmatrix}=\begin{pmatrix} 2 & -3 \\ -2 & 4 \end{pmatrix}$

$AB+AC=\begin{pmatrix} 1 & -1 \\ 0 & 2 \end{pmatrix}\begin{pmatrix} -1 & 2 \\ 0 & 2 \end{pmatrix}+\begin{pmatrix} 1 & 1 \\ 0 & 2 \end{pmatrix}\begin{pmatrix} 2 & -3 \\ -1 & 0 \end{pmatrix}$

$=\begin{pmatrix} -1 & 0 \\ 0 & 4 \end{pmatrix}+\begin{pmatrix} 3 & -3 \\ -2 & 0 \end{pmatrix}=\begin{pmatrix} 2 & -3 \\ -2 & 4 \end{pmatrix}$

$\therefore A(B+C)=AB+AC$

위와 같은 방법으로 $(A+B)C=AC+BC$가 성립함을 확인할 수 있다.

(4) $k(AB)=k\left\{\begin{pmatrix} 1 & -1 \\ 0 & 2 \end{pmatrix}\begin{pmatrix} -1 & 2 \\ 0 & 2 \end{pmatrix}\right\}=k\begin{pmatrix} -1 & 0 \\ 0 & 4 \end{pmatrix}=\begin{pmatrix} -k & 0 \\ 0 & 4k \end{pmatrix}$

$(kA)B=\left\{k\begin{pmatrix} 1 & -1 \\ 0 & 2 \end{pmatrix}\right\}\begin{pmatrix} -1 & 2 \\ 0 & 2 \end{pmatrix}=\begin{pmatrix} k & -k \\ 0 & 2k \end{pmatrix}\begin{pmatrix} -1 & 2 \\ 0 & 2 \end{pmatrix}=\begin{pmatrix} -k & 0 \\ 0 & 4k \end{pmatrix}$

$A(kB)=\begin{pmatrix} 1 & -1 \\ 0 & 2 \end{pmatrix}\left\{k\begin{pmatrix} -1 & 2 \\ 0 & 2 \end{pmatrix}\right\}=\begin{pmatrix} 1 & -1 \\ 0 & 2 \end{pmatrix}\begin{pmatrix} -k & 2k \\ 0 & 2k \end{pmatrix}=\begin{pmatrix} -k & 0 \\ 0 & 4k \end{pmatrix}$

$\therefore k(AB)=(kA)B=A(kB)$

위에서 확인한 것과 같이 두 행렬 A, B에 대하여 일반적으로 $AB\neq BA$이지만 $AB=BA$인 경우도 있다.

example

$A=\begin{pmatrix} 1 & 0 \\ 0 & -1 \end{pmatrix}$, $B=\begin{pmatrix} -1 & 0 \\ 0 & 1 \end{pmatrix}$이면

$AB=\begin{pmatrix} 1 & 0 \\ 0 & -1 \end{pmatrix}\begin{pmatrix} -1 & 0 \\ 0 & 1 \end{pmatrix}=\begin{pmatrix} -1 & 0 \\ 0 & -1 \end{pmatrix}$, $BA=\begin{pmatrix} -1 & 0 \\ 0 & 1 \end{pmatrix}\begin{pmatrix} 1 & 0 \\ 0 & -1 \end{pmatrix}=\begin{pmatrix} -1 & 0 \\ 0 & -1 \end{pmatrix}$

이므로 $AB=BA$이다.

따라서 행렬의 곱셈은 곱하는 순서에 주의해야 한다.

Q&A 행렬의 연산은 실수의 연산과 어떤 차이가 있을까?

행렬의 곱셈에서는 교환법칙이 성립하지 않아 실수의 곱셈에서 성립했던 지수법칙, 곱셈 공식 등이 일반적으로 성립하지 않는다.
$\rightarrow AB\neq BA$

(1) $(AB)^2\neq A^2B^2$

(좌변)$=(AB)^2=(AB)(AB)=ABAB=A(BA)B$

(우변)$=A^2B^2=(AA)(BB)=AABB=A(AB)B$

이때 $AB\neq BA$이면 $(AB)^2\neq A^2B^2$

(2) $(A+B)(A-B)\neq A^2-B^2$

(좌변)$=(A+B)(A-B)=AA-AB+BA-BB$

(우변)$=A^2-B^2=AA-BB$

이때 $AB\neq BA$이면 $(A+B)(A-B)\neq A^2-B^2$

(3) $(A+B)^2\neq A^2+2AB+B^2$

(좌변)$=(A+B)^2=(A+B)(A+B)=AA+AB+BA+BB$

(우변)$=A^2+2AB+B^2=AA+AB+AB+BB$

이때 $AB\neq BA$이면 $(A+B)^2\neq A^2+2AB+B^2$

하지만 교환법칙이 성립하면, 즉 $AB=BA$이면 (1)~(3)에서 양변의 식이 서로 같다.

또한, 세 행렬 A, B, C와 영행렬 O에 대하여

(1) 실수의 곱셈에서 $ab=0$이면 $a=0$ 또는 $b=0$이지만

행렬의 곱셈에서는 $AB=O$이지만 $A\neq O$, $B\neq O$인 경우가 있다.

➡ $A=\begin{pmatrix} 1 & 0 \\ 0 & 0 \end{pmatrix}$, $B=\begin{pmatrix} 0 & 0 \\ 0 & -1 \end{pmatrix}$이라 하면 $AB=O$이지만 $A\neq O$, $B\neq O$이다.

(2) 실수의 곱셈에서 $a\neq 0$이고, $ab=ac$이면 $b=c$이지만

행렬의 곱셈에서는 $A\neq O$이고, $AB=AC$이지만 $B\neq C$인 경우가 있다.

➡ $A=\begin{pmatrix} 1 & 0 \\ 0 & 0 \end{pmatrix}$, $B=\begin{pmatrix} 0 & 0 \\ 0 & -1 \end{pmatrix}$, $C=\begin{pmatrix} 0 & 0 \\ 1 & 0 \end{pmatrix}$이라 하면 $A\neq O$이고, $AB=AC=O$이지만 $B\neq C$이다.

(1) 정사각행렬에서 $\begin{pmatrix} 1 & 0 \\ 0 & 1 \end{pmatrix}$, $\begin{pmatrix} 1 & 0 & 0 \\ 0 & 1 & 0 \\ 0 & 0 & 1 \end{pmatrix}$과 같이 왼쪽 위에서 오른쪽 아래로 내려가는 대각선

위의 성분은 모두 1이고, 그 외의 성분은 모두 0인 정사각행렬을 **단위행렬**이라 하고, 기호로 E와 같이 나타낸다.

(2) 정사각행렬 A와 같은 꼴의 단위행렬 E에 대하여 다음이 성립한다.

① $AE = EA = A$

② $E^2 = E^3 = \cdots = E^n = E$ (단, n은 자연수)

참고 $\begin{pmatrix} 1 & 0 \\ 0 & 1 \end{pmatrix}$은 이차단위행렬, $\begin{pmatrix} 1 & 0 & 0 \\ 0 & 1 & 0 \\ 0 & 0 & 1 \end{pmatrix}$은 삼차단위행렬이라 한다.

설명 단위행렬은 (i, i) 성분은 1이고, 그 외의 성분은 모두 0인 정사각행렬이다.

example

(1) 행렬 $A = \begin{pmatrix} 1 & -1 \\ 1 & 0 \end{pmatrix}$에 대하여 위의 성질이 성립하는지 확인해 보자.

$$AE = \begin{pmatrix} 1 & -1 \\ 1 & 0 \end{pmatrix}\begin{pmatrix} 1 & 0 \\ 0 & 1 \end{pmatrix} = \begin{pmatrix} 1 & -1 \\ 1 & 0 \end{pmatrix}$$

$$EA = \begin{pmatrix} 1 & 0 \\ 0 & 1 \end{pmatrix}\begin{pmatrix} 1 & -1 \\ 1 & 0 \end{pmatrix} = \begin{pmatrix} 1 & -1 \\ 1 & 0 \end{pmatrix}$$

$$\therefore AE = EA = A$$

(2) $E^2 = EE = \begin{pmatrix} 1 & 0 \\ 0 & 1 \end{pmatrix}\begin{pmatrix} 1 & 0 \\ 0 & 1 \end{pmatrix} = \begin{pmatrix} 1 & 0 \\ 0 & 1 \end{pmatrix} = E$

이므로

$$E^3 = E^2 E = EE = E$$
$$E^4 = E^3 E = EE = E$$
$$\vdots$$
$$E^n = E$$

또한, $AE = EA$가 성립하므로 단위행렬을 포함한 곱셈에서 곱셈 공식이 성립한다.

(1) $(A+E)(A-E) = A^2 - E^2 \rightarrow A^2 - E$ ($\because E^2 = E$)

(2) $(A+E)^2 = A^2 + 2A + E^2 \rightarrow A^2 + 2A + E$ ($\because E^2 = E$)

(3) $(A-E)^2 = A^2 - 2A + E^2 \rightarrow A^2 - 2A + E$ ($\because E^2 = E$)

(4) $(A+E)^3 = A^3 + 3A^2 + 3A + E^3 \rightarrow A^3 + 3A^2 + 3A + E$ ($\because E^3 = E$)

(5) $(A-E)^3 = A^3 - 3A^2 + 3A - E^3 \rightarrow A^3 - 3A^2 + 3A - E$ ($\because E^3 = E$)

IV-1
행렬과 그 연산

● 정답 및 해설 163쪽

개념확인 2 이차정사각행렬 $A = \begin{pmatrix} 2 & -1 \\ 1 & 3 \end{pmatrix}$, $E = \begin{pmatrix} 1 & 0 \\ 0 & 1 \end{pmatrix}$에 대하여 다음 행렬을 각각 구하시오.

(1) AE, EA

(2) E^3, E^5

답 (1) $\begin{pmatrix} 2 & -1 \\ 1 & 3 \end{pmatrix}$, $\begin{pmatrix} 2 & -1 \\ 1 & 3 \end{pmatrix}$ (2) $\begin{pmatrix} 1 & 0 \\ 0 & 1 \end{pmatrix}$, $\begin{pmatrix} 1 & 0 \\ 0 & 1 \end{pmatrix}$

집중 연습

● 행렬의 곱셈

행렬의 곱셈

01 다음 두 행렬 A, B에 대하여 행렬 AB를 구하시오.

(1) $A=(2 \quad 3)$, $B=\begin{pmatrix} 2 \\ -1 \end{pmatrix}$

(2) $A=\begin{pmatrix} -1 \\ 1 \end{pmatrix}$, $B=(4 \quad 1)$

(3) $A=\begin{pmatrix} 0 & 1 \\ -1 & 2 \end{pmatrix}$, $B=\begin{pmatrix} 3 \\ -1 \end{pmatrix}$

(4) $A=(-1 \quad 2)$, $B=\begin{pmatrix} 1 & 1 \\ 0 & -3 \end{pmatrix}$

(5) $A=\begin{pmatrix} -1 & -1 \\ 1 & 2 \end{pmatrix}$, $B=\begin{pmatrix} 1 & 2 \\ -1 & 1 \end{pmatrix}$

(6) $A=\begin{pmatrix} -3 & -1 \\ 2 & 1 \end{pmatrix}$, $B=\begin{pmatrix} 4 & 2 \\ 1 & -1 \end{pmatrix}$

(7) $A=\begin{pmatrix} 2 & 3 \\ 5 & -2 \end{pmatrix}$, $B=\begin{pmatrix} 2 & 1 \\ 4 & -3 \end{pmatrix}$

(8) $A=\begin{pmatrix} 3 & -1 \\ 2 & 1 \end{pmatrix}$, $B=\begin{pmatrix} 2 & 2 \\ -3 & -1 \end{pmatrix}$

(9) $A=\begin{pmatrix} 2 & -1 \\ 5 & 2 \end{pmatrix}$, $B=\begin{pmatrix} 1 & 0 \\ 0 & 1 \end{pmatrix}$

(10) $A=\begin{pmatrix} 0 & 0 \\ 0 & 0 \end{pmatrix}$, $B=\begin{pmatrix} 3 & -1 \\ 2 & 0 \end{pmatrix}$

행렬의 거듭제곱

02 다음 행렬 A에 대하여 세 행렬 A^2, A^3, A^4을 각각 구하시오.

(1) $A=\begin{pmatrix} 1 & 2 \\ 1 & -1 \end{pmatrix}$

(2) $A=\begin{pmatrix} 1 & 3 \\ 0 & 1 \end{pmatrix}$

(3) $A=\begin{pmatrix} 0 & -1 \\ 1 & 0 \end{pmatrix}$

(4) $A=\begin{pmatrix} 1 & 0 \\ 0 & 1 \end{pmatrix}$

행렬의 곱셈

등식

$$\begin{pmatrix} a & 1 \\ 2 & -1 \end{pmatrix}\begin{pmatrix} 1 & 2 \\ b & 1 \end{pmatrix}=\begin{pmatrix} 1 & 5 \\ 3 & 3 \end{pmatrix}$$

이 성립할 때, 두 상수 a, b에 대하여 a^2+b^2의 값을 구하시오.

풀이

(**Tip**) 행렬의 곱셈과 두 행렬이 서로 같을 조건을 이용하여 두 상수 a, b의 값을 각각 구한다.

$\begin{pmatrix} a & 1 \\ 2 & -1 \end{pmatrix}\begin{pmatrix} 1 & 2 \\ b & 1 \end{pmatrix}=\begin{pmatrix} a+b & 2a+1 \\ -b+2 & 3 \end{pmatrix}$ 이므로

$\begin{pmatrix} a & 1 \\ 2 & -1 \end{pmatrix}\begin{pmatrix} 1 & 2 \\ b & 1 \end{pmatrix}=\begin{pmatrix} 1 & 5 \\ 3 & 3 \end{pmatrix}$ 에서

$\begin{pmatrix} a+b & 2a+1 \\ -b+2 & 3 \end{pmatrix}=\begin{pmatrix} 1 & 5 \\ 3 & 3 \end{pmatrix}$

$2a+1=5$ 에서 $2a=4$ $\quad\therefore a=2$ $\quad$ $a+b=1$, $2a+1=5$, $-b+2=3$ 중에서

$-b+2=3$ 에서 $b=-1$ $\qquad$ 계산하기 쉬운 식을 택한다.

$\therefore a^2+b^2=2^2+(-1)^2=5$

답 5

IV-1

행렬과 그 연산

필수 공략

두 행렬 $A=\begin{pmatrix} a_{11} & a_{12} \\ a_{21} & a_{22} \end{pmatrix}$, $B=\begin{pmatrix} b_{11} & b_{12} \\ b_{21} & b_{22} \end{pmatrix}$ 에 대하여

$\Rightarrow AB=\begin{pmatrix} a_{11}b_{11}+a_{12}b_{21} & a_{11}b_{12}+a_{12}b_{22} \\ a_{21}b_{11}+a_{22}b_{21} & a_{21}b_{12}+a_{22}b_{22} \end{pmatrix}$

• 정답 및 해설 165쪽

숫자 바꾼

유제 **01-❶** 등식 $\begin{pmatrix} a & 2 \\ -1 & 1 \end{pmatrix}\begin{pmatrix} -1 & b \\ 3 & 2 \end{pmatrix}=\begin{pmatrix} 5 & 5 \\ c & 1 \end{pmatrix}$ 이 성립할 때, 세 상수 a, b, c에 대하여 $a+b+c$의 값을 구하시오.

유제 **01-❷** 등식 $\begin{pmatrix} x & -1 \\ 3 & x-1 \end{pmatrix}\begin{pmatrix} 1 & -2y \\ y & 1 \end{pmatrix}=\begin{pmatrix} 3 & a \\ b & 7 \end{pmatrix}$ 이 성립할 때, $a+b$의 값을 구하시오.

(단, a, b, x, y는 상수이다.)

유제 **01-❸** 두 실수 α, β에 대하여 등식 $\begin{pmatrix} \alpha & \beta \\ -2 & -2 \end{pmatrix}\begin{pmatrix} \alpha \\ \beta \end{pmatrix}=\begin{pmatrix} 7 \\ -6 \end{pmatrix}$ 이 성립할 때, $\alpha\beta$의 값을 구하시오.

행렬의 거듭제곱

행렬 $A=\begin{pmatrix} a & 0 \\ 0 & b \end{pmatrix}$에 대하여 $A^2=\begin{pmatrix} 16 & c \\ 0 & 9 \end{pmatrix}$일 때, 다음 물음에 답하시오.

(단, a, b, c는 상수이고, $a>0$, $b>0$)

(1) $a+b+c$의 값을 구하시오.

(2) 두 자연수 p, q에 대하여 $A^{10}=\begin{pmatrix} 2^p & 0 \\ 0 & 3^q \end{pmatrix}$일 때, $p+q$의 값을 구하시오.

풀이

(Tip) (1) $A^2=AA$와 두 행렬이 서로 같을 조건을 이용한다.
(2) A^2, A^3, …을 직접 구하여 행렬 A^n의 규칙을 파악한다.

(1) $A^2=AA=\begin{pmatrix} a & 0 \\ 0 & b \end{pmatrix}\begin{pmatrix} a & 0 \\ 0 & b \end{pmatrix}=\begin{pmatrix} a^2 & 0 \\ 0 & b^2 \end{pmatrix}=\begin{pmatrix} 16 & c \\ 0 & 9 \end{pmatrix}$이므로

$a^2=16$에서 $a=4$ ($\because a>0$), $b^2=9$에서 $b=3$ ($\because b>0$), $0=c$에서 $c=0$

$\therefore a+b+c=4+3+0=7$

(2) $A=\begin{pmatrix} 4 & 0 \\ 0 & 3 \end{pmatrix}$, $A^2=\begin{pmatrix} 16 & 0 \\ 0 & 9 \end{pmatrix}=\begin{pmatrix} 4^2 & 0 \\ 0 & 3^2 \end{pmatrix}$, $A^3=A^2A=\begin{pmatrix} 4^2 & 0 \\ 0 & 3^2 \end{pmatrix}\begin{pmatrix} 4 & 0 \\ 0 & 3 \end{pmatrix}=\begin{pmatrix} 4^3 & 0 \\ 0 & 3^3 \end{pmatrix}$, …

└→ (1)에서 $a=4$, $b=3$

즉, 자연수 n에 대하여 $A^n=\begin{pmatrix} 4^n & 0 \\ 0 & 3^n \end{pmatrix}$임을 알 수 있다.

따라서 $A^{10}=\begin{pmatrix} 4^{10} & 0 \\ 0 & 3^{10} \end{pmatrix}=\begin{pmatrix} 2^{20} & 0 \\ 0 & 3^{10} \end{pmatrix}$이므로 $p=20$, $q=10$

$\therefore p+q=20+10=30$

답 (1) 7 (2) 30

필수 공략

(1) $A^2=AA$, $A^3=A^2A$, …, $A^{n+1}=A^nA$
(2) $A^mA^n=A^{m+n}$, $(A^m)^n=A^{mn}$

참고 자연수 n에 대하여

(1) $A=\begin{pmatrix} 1 & a \\ 0 & 1 \end{pmatrix}$일 때, $A^n=\begin{pmatrix} 1 & na \\ 0 & 1 \end{pmatrix}$

(2) $A=\begin{pmatrix} a & 0 \\ 0 & b \end{pmatrix}$일 때, $A^n=\begin{pmatrix} a^n & 0 \\ 0 & b^n \end{pmatrix}$

• 정답 및 해설 165쪽

숫자 바꾼

유제 02 - ❶ 행렬 $A=\begin{pmatrix} 1 & a \\ 0 & 1 \end{pmatrix}$에 대하여 $A^3=\begin{pmatrix} b & -27 \\ 0 & 1 \end{pmatrix}$이다. $A^k=\begin{pmatrix} 1 & -108 \\ 0 & 1 \end{pmatrix}$일 때, 다음 물음에 답하시오.

(단, $a>0$, $b>0$이고, k는 자연수이다.)

(1) ab의 값을 구하시오.

(2) 자연수 k의 값을 구하시오.

유제 02 - ❷ 행렬 $A=\begin{pmatrix} -2 & 1 \\ 0 & 3 \end{pmatrix}$에 대하여 행렬 A^4의 모든 성분의 합을 구하시오.

유제 02 - ❸ 행렬 $A=\begin{pmatrix} 1 & 0 \\ 2 & 1 \end{pmatrix}$에 대하여 행렬 $A^{11}-A^{10}$의 $(2, 1)$ 성분을 구하시오.

행렬의 곱셈의 실생활에서의 활용

오른쪽 표는 P 마트, Q 마트에서 한 시간 동안 판매한 사과와
복숭아의 판매량이다. 두 마트 모두 사과의 가격은 한 개에
2000원, 복숭아의 가격은 한 개에 1500원이다. 두 행렬
$A=\begin{pmatrix} 10 & 20 \\ 15 & 12 \end{pmatrix}$, $B=\begin{pmatrix} 2000 \\ 1500 \end{pmatrix}$에 대하여 행렬 AB의 $(2,\ 1)$ 성분
이 의미하는 것은?

	사과	복숭아
P 마트	10	20
Q 마트	15	12

(단위: 개)

① P 마트에서 한 시간 동안 판매한 사과의 판매 금액
② P 마트, Q 마트에서 한 시간 동안 판매한 사과의 판매 금액의 합
③ P 마트, Q 마트에서 한 시간 동안 판매한 복숭아의 판매 금액의 합
④ P 마트에서 한 시간 동안 판매한 사과와 복숭아의 판매 금액의 합
⑤ Q 마트에서 한 시간 동안 판매한 사과와 복숭아의 판매 금액의 합

풀이

(Tip) 두 행렬 A, B의 성분을 각각 파악한 후 행렬 AB의 각 성분의 의미를 파악한다.

$$AB=\begin{pmatrix} 10 & 20 \\ 15 & 12 \end{pmatrix}\begin{pmatrix} 2000 \\ 1500 \end{pmatrix}=\begin{pmatrix} 10\times2000+20\times1500 \\ 15\times2000+12\times1500 \end{pmatrix}$$

행렬 AB의 $(2,\ 1)$ 성분은 $15\times2000+12\times1500$이고 행렬 A의 제2행과 행렬 B의 제1열이 곱해진 값의
합이다.
행렬 A의 제2행은 각각 Q 마트에서 한 시간 동안의 사과와 복숭아의 판매량이고, 행렬 B의 제1열은 각각
사과와 복숭아의 한 개의 가격이므로 행렬 AB의 $(2,\ 1)$ 성분은 Q 마트에서 한 시간 동안 판매한 사과와
복숭아의 판매 금액의 합이다.

답 ⑤

필수 공략 주어진 두 행렬을 곱한 행렬의 행과 열이 각각 어떤 의미를 가지고 있는지 파악한다.

• 정답 및 해설 166쪽

표현 바꾼

유제 **03-❶**

오른쪽 표는 어느 식당에서 칼국수 1인분과 수제비 1인분을
만들 때 필요한 밀가루와 소금의 양이다. 세 행렬
$$A=\begin{pmatrix} 300 & 250 \\ 3 & 2 \end{pmatrix}, B=\begin{pmatrix} 3 \\ 5 \end{pmatrix}, C=(3 \quad 5)$$
에 대하여 칼국수 3인분과 수제비 5인분을 만들기 위해 필요한
소금의 총 양을 나타내는 행렬의 성분은?

	칼국수	수제비
밀가루	300	250
소금	3	2

(단위: g)

① 행렬 AB의 $(1,\ 1)$ 성분 ② 행렬 AB의 $(2,\ 1)$ 성분
③ 행렬 CA의 $(1,\ 1)$ 성분 ④ 행렬 CA의 $(1,\ 2)$ 성분
⑤ 행렬 CB의 $(1,\ 1)$ 성분

행렬의 곱셈에 대한 성질

두 행렬 A, B에 대하여 $A+B=\begin{pmatrix} 2 & 0 \\ 3 & 2 \end{pmatrix}$, $AB+BA=\begin{pmatrix} 2 & 0 \\ 6 & 2 \end{pmatrix}$일 때, 다음 물음에 답하시오.

(1) 행렬 A^2+B^2을 구하시오.

(2) $(A+B)^2=A^2+2AB+B^2$을 만족시킬 때, 행렬 AB를 구하시오.

풀이

(Tip) (1) $(A+B)^2$을 이용하여 A^2+B^2을 구한다.
(2) 주어진 식에서 $AB=BA$임을 파악한다.

(1) $(A+B)^2=(A+B)(A+B)=A^2+AB+BA+B^2$이므로

$$A^2+B^2=(A+B)^2-(AB+BA)=\begin{pmatrix} 2 & 0 \\ 3 & 2 \end{pmatrix}^2-\begin{pmatrix} 2 & 0 \\ 6 & 2 \end{pmatrix}$$

$$=\begin{pmatrix} 2 & 0 \\ 3 & 2 \end{pmatrix}\begin{pmatrix} 2 & 0 \\ 3 & 2 \end{pmatrix}-\begin{pmatrix} 2 & 0 \\ 6 & 2 \end{pmatrix}=\begin{pmatrix} 4 & 0 \\ 12 & 4 \end{pmatrix}-\begin{pmatrix} 2 & 0 \\ 6 & 2 \end{pmatrix}=\begin{pmatrix} 2 & 0 \\ 6 & 2 \end{pmatrix}$$

(2) $(A+B)^2=A^2+AB+BA+B^2$이므로 $(A+B)^2=A^2+2AB+B^2$에서

$A^2+AB+BA+B^2=A^2+2AB+B^2$ $\therefore AB=BA$ → 곱셈 공식이 성립하므로 곱셈에 대한 교환법칙이 성립한다.

이때 $AB+BA=\begin{pmatrix} 2 & 0 \\ 6 & 2 \end{pmatrix}$에서 $AB+AB=\begin{pmatrix} 2 & 0 \\ 6 & 2 \end{pmatrix}$, $2AB=\begin{pmatrix} 2 & 0 \\ 6 & 2 \end{pmatrix}$

$$\therefore AB=\frac{1}{2}\begin{pmatrix} 2 & 0 \\ 6 & 2 \end{pmatrix}=\begin{pmatrix} 1 & 0 \\ 3 & 1 \end{pmatrix}$$

답 (1) $\begin{pmatrix} 2 & 0 \\ 6 & 2 \end{pmatrix}$ (2) $\begin{pmatrix} 1 & 0 \\ 3 & 1 \end{pmatrix}$

필수 공략

두 행렬 A, B에 대하여

(1) 일반적으로 $AB \neq BA$이므로 지수법칙 및 곱셈 공식이 성립하지 않는다.

(2) $AB=BA$이면 지수법칙 및 곱셈 공식이 성립한다.

① $(AB)^2=A^2B^2$ ② $(A+B)(A-B)=A^2-B^2$

③ $(A+B)^2=A^2+2AB+B^2$ ④ $(A-B)^2=A^2-2AB+B^2$

• 정답 및 해설 166쪽

숫자 바꾼

유제 04-❶ 두 행렬 A, B에 대하여 $A-B=\begin{pmatrix} 1 & 1 \\ 1 & -2 \end{pmatrix}$, $AB+BA=\begin{pmatrix} 4 & 2 \\ 2 & -2 \end{pmatrix}$일 때, 다음 물음에 답하시오.

(1) 행렬 A^2+B^2을 구하시오.

(2) $(A-B)^2=A^2-2AB+B^2$을 만족시킬 때, 행렬 AB를 구하시오.

유제 04-❷ 두 행렬 $A=\begin{pmatrix} a & 1 \\ -1 & 2 \end{pmatrix}$, $B=\begin{pmatrix} 1 & b \\ -1 & 1 \end{pmatrix}$에 대하여 $(A+B)(A-B)=A^2-B^2$일 때, $a+b$의 값을 구하시오. (단, a, b는 상수이다.)

유제 04-❸ 두 행렬 A, B에 대하여 $AB=\begin{pmatrix} 2 & 1 \\ 1 & 0 \end{pmatrix}$이고 $(A+B)^2=A^2+2AB+B^2$일 때, 행렬 A^2B^2을 구하시오.

단위행렬의 성질

다음 물음에 답하시오.

(1) 행렬 $A=\begin{pmatrix} 1 & 2 \\ 0 & -1 \end{pmatrix}$에 대하여 행렬 $(A+2E)(A-2E)$를 구하시오. (단, E는 단위행렬이다.)

(2) 행렬 $A=\begin{pmatrix} 1 & 3 \\ -1 & -2 \end{pmatrix}$에 대하여 행렬 A^{100}의 모든 성분의 합을 구하시오.

풀이

(Tip) (1) $AE=EA=A$임을 이용하여 $(A+2E)(A-2E)$를 간단히 한다.
(2) $A^n=E$를 만족시키는 자연수 n의 최솟값을 구한다.

(1) $(A+2E)(A-2E)=A^2-2AE+2EA-4E^2$
$$=A^2-2A+2A-4E \ (\because AE=EA=A, E^2=E)$$
$$=A^2-4E$$

이때 $A^2=AA=\begin{pmatrix} 1 & 2 \\ 0 & -1 \end{pmatrix}\begin{pmatrix} 1 & 2 \\ 0 & -1 \end{pmatrix}=\begin{pmatrix} 1 & 0 \\ 0 & 1 \end{pmatrix}=E$이므로

$A^2-4E=E-4E=-3E=-3\begin{pmatrix} 1 & 0 \\ 0 & 1 \end{pmatrix}=\begin{pmatrix} -3 & 0 \\ 0 & -3 \end{pmatrix}$

(2) $A^2=AA=\begin{pmatrix} 1 & 3 \\ -1 & -2 \end{pmatrix}\begin{pmatrix} 1 & 3 \\ -1 & -2 \end{pmatrix}=\begin{pmatrix} -2 & -3 \\ 1 & 1 \end{pmatrix}$

$A^3=A^2A=\begin{pmatrix} -2 & -3 \\ 1 & 1 \end{pmatrix}\begin{pmatrix} 1 & 3 \\ -1 & -2 \end{pmatrix}=\begin{pmatrix} 1 & 0 \\ 0 & 1 \end{pmatrix}=E \rightarrow A^3=A^6=A^9=\cdots=E$

따라서 $A^{100}=(A^3)^{33}A=E^{33}A=A$이므로 행렬 A^{100}의 모든 성분의 합은
$1+3+(-1)+(-2)=1$ $\begin{pmatrix} 1 & 3 \\ -1 & -2 \end{pmatrix}$

답 (1) $\begin{pmatrix} -3 & 0 \\ 0 & -3 \end{pmatrix}$ (2) 1

필수 공략

정사각행렬 A와 단위행렬 E에 대하여
(1) $AE=EA=A$
(2) $E^2=E^3=\cdots=E^n=E$ (단, n은 자연수)

• 정답 및 해설 166쪽

숫자 바꾼

유제 05-❶ 다음 물음에 답하시오.

(1) 행렬 $A=\begin{pmatrix} 2 & 0 \\ 1 & -3 \end{pmatrix}$에 대하여 행렬 $(A-E)(A^2+A+E)$의 모든 성분의 합을 구하시오.

(단, E는 단위행렬이다.)

(2) 행렬 $A=\begin{pmatrix} -2 & 3 \\ -1 & 1 \end{pmatrix}$에 대하여 행렬 A^{150}의 $(1, 1)$ 성분과 $(2, 2)$ 성분의 합을 구하시오.

유제 05-❷ $A^4+A^3=2A+2E$를 만족시키는 이차정사각행렬 A에 대하여 $A^7+A^6=aA+bE$일 때, $a+b$의 값을 구하시오. (단, E는 단위행렬이고, a, b는 상수이다.)

유제 05-❸ 행렬 $A=\begin{pmatrix} 2 & -3 \\ 1 & -1 \end{pmatrix}$에 대하여 행렬 $A^7+A^{15}+A^{18}$의 모든 성분의 합을 구하시오.

소단원 점검 문제

행렬의 곱셈

01 두 행렬 $A=\begin{pmatrix} a & 1 \\ b & 2 \end{pmatrix}$, $B=\begin{pmatrix} -1 & 2 \\ 2 & c \end{pmatrix}$에 대하여 $AB=O$일 때, 세 상수 a, b, c에 대하여 $a+b+c$의 값은?

(단, O는 영행렬이다.)

① -2 ② 0 ③ 2 ④ 4 ⑤ 6

행렬의 곱셈

02 이차정사각행렬 A에 대하여 $A\begin{pmatrix} a \\ b \end{pmatrix}=\begin{pmatrix} -1 \\ 2 \end{pmatrix}$, $A\begin{pmatrix} c \\ d \end{pmatrix}=\begin{pmatrix} 2 \\ -3 \end{pmatrix}$일 때, 행렬 $A\begin{pmatrix} a+2c \\ b+2d \end{pmatrix}$의 모든 성분의 합은?

(단, a, b, c, d는 상수이다.)

① -2 ② -1 ③ 0 ④ 1 ⑤ 2

행렬의 거듭제곱

03 두 행렬 A, B에 대하여 $2A+B=\begin{pmatrix} 2 & 6 \\ 0 & -1 \end{pmatrix}$, $A-B=\begin{pmatrix} -2 & 3 \\ -3 & 1 \end{pmatrix}$일 때, 행렬 A^2+B^2의 $(1, 2)$ 성분과 $(2, 2)$ 성분의 합은?

① -5 ② -4 ③ -3 ④ -2 ⑤ -1

행렬의 거듭제곱

04 행렬 $A=\begin{pmatrix} 1 & 2 \\ 1 & 2 \end{pmatrix}$에 대하여 $A^8=3^n\begin{pmatrix} 3 & a \\ 3 & a \end{pmatrix}$이다. $a+n$의 값은? (단, n은 자연수이고, a는 상수이다.)

① 10 ② 12 ③ 14 ④ 16 ⑤ 18

행렬의 곱셈의 실생활에서의 활용

05 교육청

가정의 전력량 요금은 200 kWh 이하까지는 다음과 같은 방법으로 계산한다.

> 사용한 전력량 중에서 100 kWh까지는 1 kWh에 59원이고, 100 kWh를 초과한 나머지 전력량에 대해서는 1 kWh에 122원이다.

한 달간 사용한 전력량이 a kWh ($100 < a \leq 200$, a는 자연수)인 어느 가정의 전력량 요금(원)은 행렬 $\begin{pmatrix} 100 & a \\ 0 & x \end{pmatrix}\begin{pmatrix} 59 \\ 122 \end{pmatrix}$의 모든 성분의 합과 같다. x의 값은?

① -100 ② -1 ③ 0 ④ 1 ⑤ 100

행렬의 곱셈에 대한 성질

06 두 행렬 A, B에 대하여

$$A+B=\begin{pmatrix} 3 & 1 \\ 1 & 0 \end{pmatrix}, \ A-B=\begin{pmatrix} 1 & 1 \\ 1 & -2 \end{pmatrix}$$

이고 $AB=BA$일 때, 행렬 A^2-B^2의 모든 성분의 합은?

① 3 ② 4 ③ 5 ④ 6 ⑤ 7

단위행렬의 성질

07 실수 a에 대하여 이차정사각행렬 $A=\begin{pmatrix} 1 & 2 \\ 0 & a \end{pmatrix}$가 $(A+E)(A-E)=O$를 만족시킬 때, 행렬 $A+A^2+A^3+A^4$의 $(2, 2)$ 성분은? (단, E는 단위행렬이고, O는 영행렬이다.)

① -2 ② -1 ③ 0 ④ 1 ⑤ 2

단위행렬의 성질

08 두 이차정사각행렬 A, B에 대하여 $A-B=E$, $AB=O$가 성립할 때, 행렬 A^3-B^3을 구하면?

(단, E는 단위행렬이고, O는 영행렬이다.)

① $-2E$ ② $-E$ ③ O ④ E ⑤ $2E$

01

이차정사각행렬 A의 (i, j) 성분 a_{ij}에 대하여
$b_{ij}=i+j-a_{ij}$를 만족시키는 b_{ij}를 (i, j) 성분으로 하는
행렬 B가 $\begin{pmatrix} 1 & -2 \\ 2 & -4 \end{pmatrix}$일 때, 행렬 A는?

① $\begin{pmatrix} 1 & 5 \\ 3 & 7 \end{pmatrix}$ ② $\begin{pmatrix} 1 & 5 \\ 1 & 8 \end{pmatrix}$ ③ $\begin{pmatrix} 2 & 3 \\ 3 & 9 \end{pmatrix}$

④ $\begin{pmatrix} 2 & 3 \\ 4 & 8 \end{pmatrix}$ ⑤ $\begin{pmatrix} 3 & 3 \\ 3 & 7 \end{pmatrix}$

02 서술형

이차방정식 $x^2+ax+b=0$의 두 실근을 α, β라 할 때, 등식
$$\alpha\begin{pmatrix} \alpha & \beta \\ 2 & 0 \end{pmatrix}+\beta\begin{pmatrix} \beta & \alpha \\ 2 & 0 \end{pmatrix}=\begin{pmatrix} 12 & 2\alpha\beta \\ 4 & 0 \end{pmatrix}$$
을 만족시키는 두 실수 a, b에 대하여 ab의 값을 구하시오.

03

두 행렬 $A=\begin{pmatrix} 2 & -1 \\ 3 & -1 \end{pmatrix}$, $B=\begin{pmatrix} 1 & 2 \\ -1 & 2 \end{pmatrix}$에 대하여
$$2X+Y=A, \ X-2Y=B$$
를 만족시키는 두 행렬 X, Y가 있다. 행렬 $X+Y$의 모든
성분의 합은?

① 1   ② 2   ③ 3

④ 4   ⑤ 5

04

세 행렬 $A=\begin{pmatrix} 1 \\ 2 \end{pmatrix}$, $B=\begin{pmatrix} 2 & -1 \\ 3 & 0 \end{pmatrix}$, $C=(-1 \ \ 0)$에 대하
여 |보기| 중 행렬의 곱셈이 가능한 것을 모두 고른 것은?

|보기|
ㄱ. AB ㄴ. BA
ㄷ. BC ㄹ. CA

① ㄱ, ㄴ   ② ㄱ, ㄷ   ③ ㄱ, ㄹ

④ ㄴ, ㄹ   ⑤ ㄷ, ㄹ

05

등식 $\begin{pmatrix} x+1 & 1 \\ y & -y \end{pmatrix}\begin{pmatrix} x & y+1 \\ -1 & 1 \end{pmatrix}=\begin{pmatrix} 1 & 1 \\ -2 & 1 \end{pmatrix}$이 성립
할 때, 두 상수 x, y에 대하여 $x+y$의 값은?

① -2 ② -1 ③ 0

④ 1 ⑤ 2

06 교육청

두 이차정사각행렬 A, B의 (i, j) 성분을 각각 a_{ij}, b_{ij}라 할 때,

$$a_{ij}+a_{ji}=0,\ b_{ij}-b_{ji}=0\ (i=1,\ 2,\ j=1,\ 2)$$

이 성립한다. 두 행렬 A, B가 $2A-B=\begin{pmatrix} 1 & 2 \\ -2 & 4 \end{pmatrix}$를 만족시킬 때, 행렬 A^2-B의 $(2, 2)$ 성분을 구하시오.

07 교육청

행렬 $A=\begin{pmatrix} 0 & x+y \\ x-y & 0 \end{pmatrix}$에 대하여 행렬 A^2의 모든 성분의 합은 12, 행렬 A^3의 모든 성분의 합은 36일 때, x^2+y^2의 값은?

① 11   ② 12   ③ 13

④ 14   ⑤ 15

08

자연수 n과 행렬 $A=\begin{pmatrix} 1 & 1 \\ 0 & 2 \end{pmatrix}$에 대하여 행렬 A^n의 $(1, 2)$ 성분을 $f(n)$, $(2, 2)$ 성분을 $g(n)$이라 하자.

$$f(k)-1=g(1)+g(2)+g(3)+\cdots+g(10)$$

을 만족시키는 k의 값을 구하시오.

09

다음 [표 1]은 두 아이스크림 가게 P, Q에서 판매하는 콘과 컵 아이스크림의 가격이고 [표 2]는 1반과 2반에서 구매하고자 하는 콘과 컵 아이스크림의 개수이다.

(단위: 원)

	콘	컵
P 가게	2000	1500
Q 가게	2500	2000

[표 1]

(단위: 개)

	1반	2반
콘	10	15
컵	15	10

[표 2]

두 행렬 $A=\begin{pmatrix} 2000 & 1500 \\ 2500 & 2000 \end{pmatrix}$, $B=\begin{pmatrix} 10 & 15 \\ 15 & 10 \end{pmatrix}$에 대하여 2반에서 P 가게를 통해 콘과 컵 아이스크림을 구매할 때 지불해야 하는 총 금액을 나타내는 것은?

① 행렬 AB의 $(1, 1)$ 성분
② 행렬 AB의 $(1, 2)$ 성분
③ 행렬 AB의 $(2, 2)$ 성분
④ 행렬 BA의 $(2, 1)$ 성분
⑤ 행렬 BA의 $(2, 2)$ 성분

10

세 행렬 A, B, C에 대하여

$$A+B=\begin{pmatrix} 2 & 4 \\ 0 & 1 \end{pmatrix},\ A-BC=\begin{pmatrix} -4 & -5 \\ 0 & -1 \end{pmatrix}$$

이고 $ABC=BA$일 때, 행렬 A^2-B^2C의 모든 성분의 합은?

① -15 ② -17 ③ -19

④ -21 ⑤ -23

11

세 이차정사각행렬 A, B, C에 대하여 다음 중 옳은 것은?
(단, O는 영행렬이다.)

① $A=\begin{pmatrix} a & b \\ c & d \end{pmatrix}$, $B=\begin{pmatrix} x & y \\ z & w \end{pmatrix}$이면 $AB=\begin{pmatrix} ax & by \\ cz & dw \end{pmatrix}$
이다.

② $AB=BA$이다.

③ $AB=O$이면 $A=O$ 또는 $B=O$이다.

④ $A\neq O$, $AB=AC$이면 $B=C$이다.

⑤ $AB=O$, $BA\neq O$인 두 행렬 A, B가 존재한다.

12

행렬 $A=\begin{pmatrix} 2 & 1 \\ a & -2 \end{pmatrix}$에 대하여 $A^5=O$를 만족시키는 실수
a의 값은? (단, O는 영행렬이다.)

① -5 ② -4 ③ -3

④ -2 ⑤ -1

13 교육청

이차정사각행렬 A의 (i, j) 성분 a_{ij}가
$$a_{ij}=i-j \ (i=1, 2, j=1, 2)$$
이다. 행렬 $A+A^2+A^3+\cdots+A^{2010}$의 $(2, 1)$ 성분은?

① -2010 ② -1 ③ 0

④ 1 ⑤ 2010

14 서술형

이차정사각행렬 A가 $A^2-2A+4E=O$를 만족시킨다.
행렬 A^{18}의 모든 성분의 합이 2^k일 때, 자연수 k의 값을
구하시오. (단, E는 단위행렬이고, O는 영행렬이다.)

15

두 이차정사각행렬 A, B가 다음 조건을 만족시킨다.

> (가) $A^2-A-E=O$
>
> (나) $AB=2E$

행렬 B의 모든 성분의 합이 8일 때, 행렬 A의 모든 성분
의 합은? (단, E는 단위행렬이고, O는 영행렬이다.)

① 6 ② 7 ③ 8

④ 9 ⑤ 10

 **내신 1% 뛰어 넘기**

16

이차함수 $y=x^2+ix+j$의 그래프와 직선 $y=x+ij$의 교점의 개수를 a_{ij}라 하자. a_{ij}를 $(i,\ j)$ 성분으로 하는 행렬을 A라 할 때, 행렬 A의 모든 성분의 합은?

(단, $i=1,\ 2,\ j=1,\ 2$)

① 2 　　　② 4　　　　③ 6

④ 8　　　　⑤ 10

17 교육청

이차정사각행렬 A가 다음 조건을 만족시킨다.

> (가) $A^2+2A-E=O$
>
> (나) $A\begin{pmatrix} 1 \\ -1 \end{pmatrix}=\begin{pmatrix} 3 \\ 4 \end{pmatrix}$

$(A+2E)\begin{pmatrix} x \\ y \end{pmatrix}=\begin{pmatrix} 3 \\ -3 \end{pmatrix}$을 만족시키는 실수 $x,\ y$에 대하여 $x+y$의 값을 구하시오.

(단, E는 단위행렬이고, O는 영행렬이다.)

18

이차정사각행렬 A에 대하여
$$A\begin{pmatrix} 5 \\ 0 \end{pmatrix}=\begin{pmatrix} -5 \\ 10 \end{pmatrix},\ A\begin{pmatrix} 0 \\ -2 \end{pmatrix}=\begin{pmatrix} 4 \\ -2 \end{pmatrix}$$
일 때, $A^2\begin{pmatrix} 1 \\ 2 \end{pmatrix}=\begin{pmatrix} x \\ y \end{pmatrix}$이다. x^2+y^2의 값은?

① 25　　　　② 34　　　　③ 40

④ 45　　　　⑤ 52

19

두 이차정사각행렬 $A,\ B$에 대하여
$$A+B=E,\ AB=E$$
가 성립할 때, $A^n+B^n=A^5+B^5$을 만족시키는 100 이하의 모든 자연수 n의 개수는? (단, E는 단위행렬이다.)

① 30　　　　② 31　　　　③ 32

④ 33　　　　⑤ 34

Ⅰ-1 다항식의 연산

01 다항식의 덧셈과 뺄셈

집중 연습 • 본문 010쪽

01 (1) $4x^2+x+2$ (2) $3x^2-x-2$
(3) $xy+y^2$
(4) a^3+3a^2+3a-8
(5) $-x^2-7x+2$ (6) x^2+4
(7) $5ab$ (8) x^3-2x^2-4x
02 (1) $3x^2+2x$ (2) $-x^2+4x-2$
03 (1) x^3+10x^2+7x-7
(2) $2x^3-11x+1$
04 (1) $11x^2-8xy+4y^2$
(2) $-3x^2+14xy-7y^2$
05 (1) $3x^3+7x^2+10x+11$
(2) $4x^3+2x^2-16x$

유제 • 본문 011쪽

01-❶ (1) $3x^2-xy-3y^2$
(2) $-5x^2-3xy+10y^2$
01-❷ ③
01-❸ $A=y^2-y,\ B=-3y+1$

02 다항식의 곱셈

유제 • 본문 014~017쪽

02-❶ 2
02-❷ 5
02-❸ -2
03-❶ (1) $a^2+b^2+1-2ab+2b-2a$
(2) $8x^3-12x^2+6x-1$
(3) $8x^3-1$
(4) a^3-2a^2-5a+6
03-❷ (1) x^8-1
(2) $a^4-2a^2b^2+b^4$
(3) $a^6-12a^4+48a^2-64$
(4) x^6-y^6
04-❶ (1) x^4+3x^3-3x+1
(2) $x^4+6x^3+5x^2-12x$

04-❷ (1) $x^2+2xy+y^2-4x-4y+1$
(2) $x^4+6x^3+8x^2-3x-6$
05-❶ (1) 44 (2) 4
05-❷ ⑤ 05-❸ 16

집중 연습 • 본문 018쪽

01 (1) $x^2+y^2+4+2xy-4y-4x$
(2) $a^4-4a^3+6a^2-4a+1$
(3) $8x^3+12x^2+6x+1$
(4) $27x^3-54x^2+36x-8$
(5) a^3-27
(6) $27x^3+1$ (7) $8a^3-27$
(8) x^3+2x^2-5x-6
(9) x^8-y^8
(10) $x^4-8x^2y^2+16y^4$
(11) $a^6-3a^4b^2+3a^2b^4-b^6$
(12) $a^6-2a^3b^3+b^6$
02 (1) $4x^4+4x^3+3x^2+x-6$
(2) $x^2-4y^2+12y-9$
(3) $x^4+10x^3+35x^2+50x+24$
(4) $x^4-4x^3-17x^2+24x+36$
(5) $x^4+x^3+2x^2+x+2$
(6) $a^4-3a^3-2a^2+3a+1$

소단원 점검 문제 • 본문 019쪽

01 ⑤ 02 ⑤ 03 ①
04 ⑤ 05 1

03 곱셈 공식의 변형

유제 • 본문 021~024쪽

01-❶ (1) $2\sqrt3$ (2) -52 (3) $30\sqrt3$
01-❷ (1) 28 (2) 26
01-❸ 32
02-❶ (1) 18 (2) 76
(3) $2\sqrt5$ (4) $34\sqrt5$
02-❷ 110
03-❶ (1) -5 (2) 28
03-❷ ② 03-❸ 37
04-❶ 26 04-❷ $\sqrt{13}$

집중 연습 • 본문 025쪽

01 (1) 18 (2) $2\sqrt5$
(3) 76 (4) $34\sqrt5$
02 (1) 2 (2) 5
(3) 1 (4) 7
03 (1) 14 (2) 52
(3) $2\sqrt3$ (4) $30\sqrt3$
04 (1) 18 (2) $8\sqrt5$
05 (1) 10 (2) 3
06 (1) -2 (2) -8

04 다항식의 나눗셈

집중 연습 • 본문 027쪽

01 (1) (위에서부터) $x^2,\ 7,\ 2x,\ -6,$
몫: x^2-5x+7, 나머지: -6
(2) (위에서부터) $3x,\ 3x,\ 3x$
몫: $3x+1$, 나머지: $3x+2$
02 (1) 몫: x^2-4x+1, 나머지: 7
(2) 몫: x^2-2x+1, 나머지: -2
(3) 몫: $-3x^2-2x-4$, 나머지: 9
(4) 몫: $2x^2-4x+4$, 나머지: 1
(5) 몫: x^3-3x^2-5, 나머지: -4
(6) 몫: x^3-2x^2+2x-3, 나머지: 6
(7) 몫: $-2x^2+x-1$, 나머지: 5
(8) 몫: $3x^2-x+6$, 나머지: $-13x+13$
03 (1) $Q=3x^2+4x,\ R=-1,$
$3x^3+x^2-4x-1$
$=(x-1)(3x^2+4x)-1$
(2) $Q=-2x+2,\ R=x+2,$
$-2x^3+x+4$
$=(x^2+x+1)(-2x+2)+x+2$

유제 • 본문 028~029쪽

05-❶ 14 05-❷ 11
06-❶ $2x^2-x-5$
06-❷ 몫: $2x+1$, 나머지: $7x+1$
06-❸ ①

소단원 점검 문제 • 본문 030~031쪽

01 ③ 02 ② 03 ④
04 7 05 108 06 ①
07 ⑤ 08 ②

중단원 **실전 문제** • 본문 032 ~ 034쪽

01 ③	02 ③	03 $3x^2+2x$
04 1	05 21	06 3
07 ③	08 ①	09 ⑤
10 464	11 52	12 84
13 198	14 ②	15 6
16 1	17 ①	18 ④
19 ③	20 12	21 ④
22 ②		

I-2 항등식과 나머지정리

○1 항등식
유제 • 본문 038~041쪽

01-❶ (1) $y=2$, $k=-1$
  (2) $x=\dfrac{1}{2}$, $k=-1$

01-❷ $x=4$, $y=-1$

01-❸ 0

02-❶ 0   02-❷ ③

02-❸ -20

03-❶ (1) 4096   (2) 64

03-❷ 81

04-❶ 8   04-❷ 13

04-❸ 3

소단원 **점검 문제** • 본문 042쪽

01 7   02 ③   03 ④
04 ①

○2 나머지정리
집중 연습 • 본문 045쪽

◻1 (1) -1 (2) -1 (3) -9 (4) $-\dfrac{23}{8}$

◻2 (1) 29 (2) 33 (3) $-\dfrac{9}{4}$ (4) $\dfrac{41}{4}$

◻3 (1) -3 (2) -1 (3) $-\dfrac{17}{2}$ (4) $\dfrac{15}{2}$

◻4 (1) 몫: $2x^2+x+4$, 나머지: 10
  (2) 몫: x^2+4x+3, 나머지: -1
  (3) 몫: $-x^3-x^2+x+1$, 나머지: 2
  (4) 몫: x^3-2x^2+4x-9, 나머지: 10
  (5) 몫: $3x^2+3x-3$, 나머지: 1
  (6) 몫: $4x^3-2x^2-4x+2$, 나머지: 2
  (7) 몫: x^2+2x-2, 나머지: -1
  (8) 몫: x^2-x+2, 나머지: -1

유제 • 본문 046~052쪽

01-❶ -4 01-❷ -2
01-❸ 8
02-❶ $3x+1$ 02-❷ $5x-10$
02-❸ 2
03-❶ 3   03-❷ -3
03-❸ 4
04-❶ -1 04-❷ $-x+3$
04-❸ 4
05-❶ 1   05-❷ 6
05-❸ -2
06-❶ (1) 몫: $4x^2-2x+2$, 나머지: 1
  (2) 몫: $2x^2-x+1$, 나머지: 1
06-❷ 4
07-❶ 2   07-❷ 3

소단원 **점검 문제** • 본문 053~054쪽

01 ⑤   02 4   03 ⑤
04 0   05 ④   06 ⑤
07 ②   08 44

중단원 **실전 문제** • 본문 055~058쪽

01 ②	02 15	03 ④
04 44	05 ④	06 ①
07 ⑤	08 33	09 8
10 ③	11 17	12 ④
13 ①	14 ②	15 ①
16 ⑤	17 -6	18 ①
19 -1	20 ①	21 ③
22 ⑤		

I-3 인수분해

유제 • 본문 061~063쪽

01-❶ (1) $y(x+1)^2$
  (2) $2xy(x+z)^2$
  (3) $(a-1)(ab+1)$
  (4) $(x+1)(x-1)(y+1)(y-1)$

01-❷ (1) $(x-y)(x+2y)^2$
  (2) $(3x+y)(3x+y-2)$

01-❸ (1) $(x-y)^2(x+y)$
  (2) $(a-b)(ab+a+b)$

02-❶ (1) $(a+2b-c)^2$
  (2) $(a-2b)^3$
  (3) $(a+2b)(a^2-2ab+4b^2)$
  (4) $3(a-2)(a^2+2a+4)$

02-❷ 10

03-❶ (1) $(2x+y+z)(2x-y+z)$
  (2) $(a^2-3a+6)(a^2-5a+2)$
  (3) $(x+y)(x-y)$
    $\times(x^2+xy+y^2)(x^2-xy+y^2)$
  (4) $(a-1)(a^2-a+1)$

03-❷ ㄱ, ㄹ

집중 연습 • 본문 064쪽

◻1 (1) $(x+y-1)^2$ (2) $(2x-y+1)^2$
  (3) $(3a-2b-1)^2$ (4) $(5a+b)^3$
  (5) $(x-3y)^3$ (6) $(2a-5b)^3$
  (7) $(x+4)(x^2-4x+16)$
  (8) $(3a-2b)(9a^2+6ab+4b^2)$

◻2 (1) $(a-b+1)(a-b-1)$
  (2) $-(a^2-4a+9)(a^2-8a+9)$
  (3) $(x^4+y^4)(x^2+y^2)(x+y)(x-y)$
  (4) $(a-b)(a^2+ab+b^2+a+b)$
  (5) $(x+y-1)(x^2-xy+y^2)$
  (6) $(x-y+2)$
    $\times(x^2+xy+4x+y^2+2y+4)$
  (7) $2(x+y)(x^2+2xy+4y^2)$
  (8) $(a+2b-c)(a-2b)$

소단원 **점검 문제** • 본문 065쪽

01 $ab(a+b)(a-b+1)$ 02 ㄱ, ㄴ, ㄹ
03 ③   04 ①

◯2 복잡한 식의 인수분해

 • 본문 068~074쪽

01-❶ (1) $(x+1)(x-3)(x^2-2x+2)$
(2) $(x+1)(x-2)(x+2)(x-3)$
(3) $(x+4)^2(x^2+8x+6)$

01-❷ ⑤　　　**01-❸** 2

02-❶ (1) $(x^2+2)(x^2-7)$
(2) $(x+2)(x-2)(x+3)(x-3)$
(3) $(x^2+2x-1)(x^2-2x-1)$
(4) $(x^2+xy+3y^2)(x^2-xy+3y^2)$

02-❷ 1

02-❸ $(x^2+2x+2)(x^2-2x+2)$

03-❶ (1) $(b+2c)(a-b-c)$
(2) $(2x-y+1)(x+2y+1)$
(3) $(a-b)(b+c)(c+a)$

03-❷ $-(a-b)(b-c)(c-a)$

04-❶ (1) $(x-2)(x+4)(x-3)$
(2) $(x+1)(x-3)(x^2+x+1)$

04-❷ $a=-6,\ (x-1)(x-2)(x-3)$

04-❸ ㄴ, ㄹ

05-❶ ④

05-❷ (1) 12　(2) $5\sqrt{2}$

05-❸ 140

06-❶ $\dfrac{1}{36}$　　　**06-❷** 180

06-❸ ④

07-❶ $a=c$인 이등변삼각형

07-❷ 빗변의 길이가 b인 직각삼각형

07-❸ $b=c$인 이등변삼각형

 • 본문 075쪽

01 (1) $(x+2)^2(x^2+4x-1)$
(2) $(x^2+x+2)(x^2+7x+2)$
(3) $(x+5)(x-2)(x^2+3x-12)$
(4) $(x^2+x+2)(x+5)(x-4)$

02 (1) $(x^2+3)(x^2-2)$
(2) $(x+1)(x-1)(x+3)(x-3)$
(3) $(x^2+3x+1)(x^2-3x+1)$
(4) $(x^2+2xy-4y^2)(x^2-2xy-4y^2)$

03 (1) $(x+2y)(x-3y+z)$
(2) $(a-2b+1)(a+b+2)$
(3) $(x+y+3)(x+2y-1)$
(4) $-(a+b)(b+c)(c-a)$

---

04 (1) $(x-1)(x+4)(x+3)$
(2) $(2x-1)(x^2+3x+1)$
(3) $(x-1)(x-2)(x+4)(x-4)$
(4) $(x+1)(x-2)(x^2+x+3)$

 • 본문 076~077쪽

01 $(xy+x+1)(xy+y+1)$

02 ④　　**03** 2　　**04** ②

05 ①　　**06** ④　　**07** ①

08 ㄱ, ㄹ

 • 본문 078~080쪽

01 ⑤　　**02** ⑤　　**03** ④
04 ⑤　　**05** 50　　**06** ①
07 ①　　**08** ②　　**09** 1
10 10　　**11** -1　　**12** ②
13 ⑤　　**14** ④　　**15** ①
16 ②
17 빗변의 길이가 b인 직각삼각형
18 2　　**19** ⑤　　**20** 3
21 ③　　**22** ⑤

Ⅱ-1 복소수

◯1 복소수의 뜻과 사칙연산

 • 본문 085쪽

01 (1) $1+4i$　(2) $4-i$
(3) $3\sqrt{2}+2i$　(4) $2-2\sqrt{3}i$

02 (1) $2-i$　(2) $-3-4i$
(3) $3\sqrt{3}-2i$　(4) $-1-3\sqrt{2}i$

03 (1) $-15-9i$　(2) $-10\sqrt{2}-10i$
(3) $-3+11i$　(4) $-4\sqrt{2}-i$

04 (1) $-i$　(2) $\dfrac{5}{13}+\dfrac{12}{13}i$
(3) $-\dfrac{4}{13}-\dfrac{7}{13}i$　(4) $-\dfrac{2\sqrt{2}}{3}-\dfrac{5}{3}i$

 • 본문 086~090쪽

01-❶ ⑤　　　**01-❷** 1

02-❶ (1) $2+10i$　(2) $-3\sqrt{2}+9i$

02-❷ -1　　　**02-❸** ④

03-❶ (1) -2　　(2) 3

03-❷ $2i$　　　**03-❸** 3

04-❶ (1) $x=2,\ y=1$
(2) $x=5,\ y=1$

04-❷ 18　　　**04-❸** $\dfrac{5}{2}$

05-❶ (1) -5　　(2) $3+2\sqrt{2}$

05-❷ 7　　　**05-❸** $-\dfrac{6}{5}$

 • 본문 091쪽

01 ①　　**02** ④　　**03** ①
04 ①

◯2 켤레복소수의 성질

 • 본문 093~095쪽

01-❶ (1) 1　　(2) $\sqrt{3}$
(3) 2　　(4) $1-\sqrt{3}i$

01-❷ 2　　　**01-❸** -1

02-❶ 29　　　**02-❷** $-2i$

02-❸ ⑤

03-❶ $2-i$　　　**03-❷** 2

03-❸ $2-3i,\ 2+3i$

◯3 복소수의 응용

 • 본문 098쪽

01 (1) $-i$　　(2) i
(3) 1　　(4) -1
(5) $-32i$　　(6) -128
(7) $-i$　　(8) 2

02 (1) 0　　(2) 0
(3) 0　　(4) 0

03 (1) $5i$　　(2) $3\sqrt{3}i$
(3) i　　(4) $-\sqrt{2}i$
(5) -6　　(6) $-5\sqrt{2}$
(7) $-\sqrt{3}i$　　(8) $-\sqrt{5}i$

유제 • 본문 099~102쪽

04-❶ (1) 0　　(2) 1
04-❷ (1) $50-50i$　　(2) 0
04-❸ -2
05-❶ (1) 1　　(2) i
05-❷ -1　　05-❸ 51
06-❶ (1) $7\sqrt{3}i$　　(2) $4i$
06-❷ $-\sqrt{2}$　　06-❸ 1
07-❶ $3a-3b$　　07-❷ ④
07-❸ $1-i$

소단원 점검 문제 • 본문 103~104쪽

01 ①　　02 ②　　03 ⑤
04 ②　　05 ⑤　　06 6
07 ①　　08 2

중단원 실전 문제 • 본문 105~108쪽

01 ②　　02 18　　03 ③
04 ③　　05 ①　　06 ⑤
07 $40-40i$　　08 ④　　09 ②
10 ①　　11 ①　　12 10
13 ①　　14 24　　15 27
16 25　　17 ④　　18 ④
19 ⑤　　20 ④　　21 ③
22 ③

II-2 이차방정식

01 이차방정식

유제 • 본문 113~116쪽

01-❶ (1) $x=-2\pm\sqrt{6}$
　　(2) $x=-3$ 또는 $x=-2-\sqrt{3}$
01-❷ 7　　01-❸ 20
02-❶ $a=-3$, 다른 한 근: $\dfrac{2}{3}$
02-❷ $-\dfrac{4}{5}$
02-❸ $x=-1$ 또는 $x=3$
03-❶ (1) $x=-6$ 또는 $x=6$
　　(2) $x=1$
04-❶ 4, 6　　04-❷ $12\,\text{cm}^2$

02 이차방정식의 판별식

유제 • 본문 119~120쪽

05-❶ (1) $k>1$ (2) $k=1$ (3) $k<1$
05-❷ 7　　05-❸ -6
06-❶ 2　　06-❷ -2
06-❸ 빗변의 길이가 c인 직각삼각형

소단원 점검 문제 • 본문 121~122쪽

01 2　　02 ②　　03 ②
04 14　　05 ③
06 $\dfrac{7}{16}\leq k<1$ 또는 $k>1$
07 가장 긴 변의 길이가 b인 둔각삼각형
08 ④

03 이차방정식의 근과 계수의 관계

집중 연습 • 본문 125쪽

01 (1) -2　　(2) 3　　(3) 2
02 (1) -1　　(2) -2　　(3) -3
03 (1) -2　　(2) -2　　(3) -6
04 (1) $\dfrac{2}{3}$　　(2) $-\dfrac{4}{3}$　　(3) 1
05 (1) $(x+3+\sqrt{2})(x+3-\sqrt{2})$
　　(2) $\left(x-\dfrac{3-\sqrt{5}}{2}\right)\left(x-\dfrac{3+\sqrt{5}}{2}\right)$
　　(3) $(x+4+\sqrt{2}i)(x+4-\sqrt{2}i)$
　　(4) $\left(x-\dfrac{5-\sqrt{7}i}{2}\right)\left(x-\dfrac{5+\sqrt{7}i}{2}\right)$

유제 • 본문 126~131쪽

01-❶ (1) 1　　(2) $\dfrac{9}{5}$　　(3) 18
01-❷ (1) $2\sqrt{3}$　　(2) $30\sqrt{3}$　　(3) $\sqrt{6}$
01-❸ 24
02-❶ (1) 13　　(2) $-\dfrac{10}{3}$
02-❷ $a=3$, $b=-6$
02-❸ -4
03-❶ (1) 2　　(2) $\dfrac{5}{3}$
03-❷ ±2
04-❶ (1) $x^2-7x+13=0$
　　(2) $7x^2-11x+7=0$
04-❷ $x^2-22x+25=0$
05-❶ $\dfrac{5}{4}$　　05-❷ 6
05-❸ -19

06-❶ (1) $a=4$, $b=-1$
　　(2) $a=6$, $b=13$
06-❷ -8　　06-❸ 10

소단원 점검 문제 • 본문 132쪽

01 19　　02 4　　03 ①
04 ⑤

중단원 실전 문제 • 본문 133~136쪽

01 $4-2\sqrt{5}$　　02 ①　　03 ⑤
04 $\dfrac{72}{7}$　　05 5　　06 ④
07 6　　08 12　　09 ⑤
10 ②　　11 ②　　12 5
13 ④　　14 15　　15 ④
16 ①　　17 12　　18 6
19 $-\dfrac{4}{5}$, 4　　20 ⑤　　21 ①
22 ⑤

II-3 이차방정식과 이차함수

01 이차방정식과 이차함수의 관계

메가 특강 Review • 본문 139쪽

1-1 4　　2-1 ㄱ, ㄴ, ㄷ

유제 • 본문 142~145쪽

01-❶ $a=-1$, $b=2$
01-❷ 3
02-❶ (1) $k>-\dfrac{2}{3}$　　(2) $k=-\dfrac{2}{3}$
　　(3) $k<-\dfrac{2}{3}$
02-❷ 1, 5
03-❶ $m=2$, $n=-9$
03-❷ 11　　03-❸ -1
04-❶ (1) $k<\dfrac{5}{4}$ (2) $k=\dfrac{5}{4}$ (3) $k>\dfrac{5}{4}$
04-❷ $k\geq-1$

소단원 점검 문제 • 본문 146쪽

01 -3　　02 ②　　03 ④
04 1

○2 이차함수의 최대·최소

01 (1) 최댓값: 7, 최솟값: -2
 (2) 최댓값: 3, 최솟값: -5
 (3) 최댓값: 7, 최솟값: 1
 (4) 최댓값: 0, 최솟값: -6

02 (1) 최댓값: -5, 최솟값: -7
 (2) 최댓값: 3, 최솟값: $\dfrac{5}{3}$
 (3) 최댓값: 7, 최솟값: 2
 (4) 최댓값: 0, 최솟값: -4

03 (1) 최댓값: 8, 최솟값: -1
 (2) 최댓값: 2, 최솟값: -2
 (3) 최댓값: 1, 최솟값: -2
 (4) 최댓값: 3, 최솟값: -5

01-❶ (1) 4   (2) -6
01-❷ $a=3$, $b=4$
01-❸ -5
02-❶ 5   02-❷ 4
03-❶ 22   03-❷ $\dfrac{3}{2}$
03-❸ 5
04-❶ 최댓값: 12, 최솟값: -12
04-❷ 12   04-❸ 1
05-❶ 최댓값: 12, 최솟값: -4
05-❷ -4 05-❸ ④
06-❶ 81 cm²   06-❷ 414
06-❸ 2

01 ④   02 48   03 ①
04 ⑤   05 29   06 ⑤
07 ④   08 ②

01 ①   02 ④   03 12
04 ③   05 ②   06 ④
07 2   08 17   09 -3
10 6   11 12   12 ②
13 ①   14 ③   15 ⑤
16 7   17 4   18 121
19 ④

Ⅱ-4 여러 가지 방정식

○1 삼차방정식과 사차방정식

01-❶ (1) $x=-1$ 또는 $x=\dfrac{1}{2}$
    또는 $x=2$
 (2) $x=-1$ 또는 $x=2$
    또는 $x=-2\pm\sqrt{3}$
01-❷ 1
02-❶ (1) $x=-3$ 또는 $x=-2$
    또는 $x=1$ 또는 $x=2$
 (2) $x=-3$ (중근)
    또는 $x=-3\pm\sqrt{5}$
02-❷ ③
03-❶ (1) $x=\pm\sqrt{3}$ 또는 $x=\pm2$
 (2) $x=\dfrac{-3\pm\sqrt{21}}{2}$
    또는 $x=\dfrac{3\pm\sqrt{21}}{2}$
03-❷ $-\dfrac{2}{3}$
03-❸ $x=-1\pm i$ 또는 $x=1\pm i$
04-❶ 1   04-❷ -5
04-❸ -1
05-❶ $-\dfrac{1}{6}$ 05-❷ $a\le\dfrac{9}{4}$
05-❸ 2
06-❶ 4 cm   06-❷ 2

01 (1) $x=-2$ 또는 $x=-1$ 또는 $x=3$
 (2) $x=-3$ 또는 $x=\dfrac{1}{3}$ 또는 $x=2$
 (3) $x=1$ 또는 $x=\dfrac{3\pm\sqrt{7}}{2}$
 (4) $x=-2$ (중근) 또는 $x=\pm i$
 (5) $x=-4$ 또는 $x=-1$
    또는 $x=\dfrac{1}{2}$ 또는 $x=2$
 (6) $x=-1$ 또는 $x=1$
    또는 $x=\dfrac{1\pm\sqrt{2}\,i}{2}$
02 (1) $x=-3$ 또는 $x=2$
    또는 $x=\dfrac{-1\pm\sqrt{15}\,i}{2}$
 (2) $x=-3$ 또는 $x=-1$ 또는 $x=2$
    또는 $x=4$

 (3) $x=3$ (중근) 또는 $x=3\pm\sqrt{10}$
 (4) $x=-4$ 또는 $x=2$
    또는 $x=-1\pm\sqrt{11}$
03 (1) $x=\pm\sqrt{2}\,i$ 또는 $x=\pm2$
 (2) $x=\pm\dfrac{\sqrt{2}}{2}$ 또는 $x=\pm1$
 (3) $x=-1\pm\sqrt{5}$ 또는 $x=1\pm\sqrt{5}$
 (4) $x=\dfrac{-1\pm\sqrt{13}}{2}$ 또는 $x=\dfrac{1\pm\sqrt{13}}{2}$
 (5) $x=-2\pm2i$ 또는 $x=2\pm2i$
 (6) $x=\dfrac{-1\pm i}{2}$ 또는 $x=\dfrac{1\pm i}{2}$

01 ③   02 2   03 ②
04 ⑤   05 ③   06 $a>\dfrac{1}{2}$
07 2   08 2 cm

○2 삼차방정식의 근과 계수의 관계

01 (1) $\dfrac{1}{3}$ (2) $-\dfrac{2}{3}$ (3) $-\dfrac{4}{3}$ (4) $-\dfrac{1}{4}$
02 (1) $x^3-8x^2+19x-12=0$
 (2) $x^3+3x^2-4x-12=0$
 (3) $x^3-4x^2+2x+4=0$
 (4) $x^3-3x^2+x+5=0$
03 (1) $2+\sqrt{3}$, -1 (2) $3-2i$, -2
04 $a=-2$, $b=1$, $c=-2$
05 (1) 2   (2) -1 (3) 0
06 (1) -1 (2) 1   (3) 1

01-❶ (1) -3 (2) 5   (3) 1
01-❷ (1) 6   (2) 12
01-❸ 31
02-❶ $x^3+4x^2+3x+1=0$
02-❷ $x^3+2x+2=0$
02-❸ 7
03-❶ 4   03-❷ 3
03-❸ 2
04-❶ (1) 0   (2) 4
04-❷ -2 04-❸ 3

01 ③　　　02 ②　　　03 ②

04 ㄱ, ㄴ, ㄹ

03 연립이차방정식

유제 · 본문 185~187쪽

01-❶ (1) $\begin{cases} x=-\dfrac{2}{3} \\ y=-\dfrac{8}{3} \end{cases}$ 또는 $\begin{cases} x=2 \\ y=0 \end{cases}$

(2) $\begin{cases} x=-2 \\ y=-7 \end{cases}$ 또는 $\begin{cases} x=3 \\ y=8 \end{cases}$

01-❷ $a \geq \dfrac{1}{5}$

02-❶ (1) $\begin{cases} x=-2\sqrt{5} \\ y=\sqrt{5} \end{cases}$ 또는 $\begin{cases} x=2\sqrt{5} \\ y=-\sqrt{5} \end{cases}$

또는 $\begin{cases} x=-2 \\ y=-1 \end{cases}$ 또는 $\begin{cases} x=2 \\ y=1 \end{cases}$

(2) $\begin{cases} x=-2 \\ y=4 \end{cases}$ 또는 $\begin{cases} x=2 \\ y=-4 \end{cases}$

또는 $\begin{cases} x=-1 \\ y=-1 \end{cases}$ 또는 $\begin{cases} x=1 \\ y=1 \end{cases}$

02-❷ 9

03-❶ 29

03-❷ 12 cm

집중 연습 · 본문 188쪽

01 (1) $\begin{cases} x=3 \\ y=-1 \end{cases}$

(2) $\begin{cases} x=-1 \\ y=-1 \end{cases}$ 또는 $\begin{cases} x=\dfrac{9}{5} \\ y=\dfrac{2}{5} \end{cases}$

(3) $\begin{cases} x=-2 \\ y=-7 \end{cases}$ 또는 $\begin{cases} x=6 \\ y=9 \end{cases}$

(4) $\begin{cases} x=2 \\ y=4 \end{cases}$ 또는 $\begin{cases} x=4 \\ y=2 \end{cases}$

(5) $\begin{cases} x=-1 \\ y=2 \end{cases}$ 또는 $\begin{cases} x=4 \\ y=-\dfrac{11}{2} \end{cases}$

(6) $\begin{cases} x=-16 \\ y=-7 \end{cases}$ 또는 $\begin{cases} x=2 \\ y=-1 \end{cases}$

02 (1) $\begin{cases} x=-\sqrt{2} \\ y=\sqrt{2} \end{cases}$ 또는 $\begin{cases} x=\sqrt{2} \\ y=-\sqrt{2} \end{cases}$

또는 $\begin{cases} x=-1 \\ y=-1 \end{cases}$ 또는 $\begin{cases} x=1 \\ y=1 \end{cases}$

(2) $\begin{cases} x=-4 \\ y=4 \end{cases}$ 또는 $\begin{cases} x=4 \\ y=-4 \end{cases}$

또는 $\begin{cases} x=-2 \\ y=-1 \end{cases}$ 또는 $\begin{cases} x=2 \\ y=1 \end{cases}$

(3) $\begin{cases} x=-\sqrt{10} \\ y=4\sqrt{10} \end{cases}$ 또는 $\begin{cases} x=\sqrt{10} \\ y=-4\sqrt{10} \end{cases}$

또는 $\begin{cases} x=-1 \\ y=-2 \end{cases}$ 또는 $\begin{cases} x=1 \\ y=2 \end{cases}$

(4) $\begin{cases} x=-2\sqrt{2} \\ y=2\sqrt{2} \end{cases}$ 또는 $\begin{cases} x=2\sqrt{2} \\ y=-2\sqrt{2} \end{cases}$

또는 $\begin{cases} x=-6 \\ y=-1 \end{cases}$ 또는 $\begin{cases} x=6 \\ y=1 \end{cases}$

(5) $\begin{cases} x=-1 \\ y=1 \end{cases}$ 또는 $\begin{cases} x=1 \\ y=-1 \end{cases}$

또는 $\begin{cases} x=-\sqrt{5} \\ y=-\sqrt{5} \end{cases}$ 또는 $\begin{cases} x=\sqrt{5} \\ y=\sqrt{5} \end{cases}$

(6) $\begin{cases} x=-\sqrt{6} \\ y=\sqrt{6} \end{cases}$ 또는 $\begin{cases} x=\sqrt{6} \\ y=-\sqrt{6} \end{cases}$

또는 $\begin{cases} x=-3\sqrt{2} \\ y=-\sqrt{2} \end{cases}$ 또는 $\begin{cases} x=3\sqrt{2} \\ y=\sqrt{2} \end{cases}$

소단원 점검 문제 · 본문 190쪽

01 ②　　　02 ④　　　03 ①

04 ⑤

중단원 실전 문제 · 본문 191~194쪽

01 ①　　　02 4　　　03 ②

04 -7　　05 0　　06 7

07 ③　　　08 -4　　09 ④

10 $2i$　　11 -4　　12 1

13 2　　　14 ②　　15 -4

16 ⑤　　　17 ①　　18 ②

19 $k \geq \dfrac{1}{2}$　　20 ①　　21 ⑤

22 ④　　　23 16　　24 ②

II-5 연립일차부등식

01 연립일차부등식

메가 특강 Review · 본문 197쪽

1-1 ㄱ, ㄷ　　　2-1 $\dfrac{1}{5}$

유제 · 본문 200~202쪽

01-❶ (1) $-2 \leq x < 3$

(2) $x \leq -7$　　(3) $x \geq 8$

02-❶ (1) $x=2$　　(2) 해는 없다.

(3) 해는 없다.

03-❶ (1) $-1 \leq x < 2$

(2) $x \geq 3$　　(3) $x=-1$

(4) 해는 없다.

집중 연습 · 본문 203쪽

01 (1) $-1 \leq x \leq 2$　　(2) $x=3$

(3) $0 < x \leq \dfrac{1}{2}$　　(4) 해는 없다.

(5) 해는 없다.　　(6) $x=-2$

(7) $x \geq 5$

(8) $-\dfrac{21}{5} < x < -4$

02 (1) $x > 2$　　(2) $x=1$

(3) 해는 없다.　　(4) $0 \leq x \leq 30$

소단원 점검 문제 · 본문 204쪽

01 ①　　　02 해는 없다.　　03 5

04 ③

02 해가 주어진 연립일차부등식

유제 · 본문 206~208쪽

01-❶ $a=-10,\ b=9$

01-❷ 3　　　01-❸ 4

02-❶ $a > -26$　　02-❷ 13

02-❸ $\dfrac{2}{3} \leq a < \dfrac{5}{6}$

03-❶ 8　　　03-❷ 9자루

03-❸ 15명

소단원 점검 문제 · 본문 209쪽

01 22　　　02 $a \geq 4$　　03 ⑤

04 ⑤

03 절댓값 기호를 포함한 일차부등식

유제 · 본문 211~212쪽

01-❶ (1) $x \leq -\dfrac{1}{3}$ 또는 $x \geq 1$

(2) $-1 < x < 1$ 또는 $4 < x < 6$

01-❷ 4 01-❸ ③

02-❶ (1) $x \leq -\dfrac{1}{2}$ 또는 $x \geq 2$

(2) $-1 < x < 2$

소단원 점검 문제 · 본문 213쪽

01 4 02 ③ 03 ⑤

04 ①

중단원 실전 문제 · 본문 214~216쪽

01 ② 02 17 03 2

04 9 05 52 06 ⑤

07 43 08 ① 09 5

10 ④ 11 10 12 6

13 $-1 < x < 1$

14 $-\dfrac{8}{3} < x \leq 2$ 15 ①

16 ② 17 150 g 18 $a \leq -\dfrac{3}{2}$

Ⅱ-6 이차부등식과 연립이차부등식

01 이차부등식

집중 연습 · 본문 221쪽

01 (1) $-3 < x < 0$ (2) $-3 \leq x \leq 0$

(3) $x < -3$ 또는 $x > 0$

(4) $x \leq -3$ 또는 $x \geq 0$

02 (1) $-1 < x < 6$ (2) $2 \leq x \leq 4$

(3) $x \leq -3$ 또는 $x \geq \dfrac{1}{2}$

(4) $x < -2$ 또는 $x > -\dfrac{1}{3}$

03 (1) $x \neq -2$인 모든 실수

(2) 모든 실수 (3) 해는 없다.

(4) $x = 3$

04 (1) 해는 없다. (2) 해는 없다.

(3) 모든 실수 (4) 모든 실수

유제 · 본문 222~225쪽

01-❶ (1) $x < -1$ 또는 $x > 3$

(2) $-\dfrac{1}{2} \leq x \leq \dfrac{5}{2}$

01-❷ $-1 < x < \dfrac{3}{2}$ 또는 $x > 3$

02-❶ (1) $x \leq -\dfrac{1}{2}$ 또는 $x \geq \dfrac{2}{3}$

(2) 모든 실수 (3) 해는 없다.

02-❷ ③ 02-❸ 4

03-❶ (1) $x < -4$ 또는 $-3 < x < 3$

또는 $x > 4$

(2) $x \leq 0$ 또는 $1 \leq x \leq 2$

또는 $x \geq 3$

03-❷ 6

04-❶ 7 04-❷ 50 m

소단원 점검 문제 · 본문 226쪽

01 ① 02 5 03 2

04 ③

02 이차부등식의 해의 조건

유제 · 본문 229~232쪽

01-❶ $a = 3$, $b = -6$

01-❷ 1

01-❸ $x \leq -1$ 또는 $x \geq 2$

02-❶ (1) $-1 \leq a \leq 3$

(2) $2 \leq a \leq 6$

02-❷ ③ 02-❸ 3

03-❶ ②

03-❷ $a < 0$ 또는 $0 < a \leq \dfrac{1}{2}$

03-❸ $-\dfrac{1}{5}$

04-❶ (1) 1 (2) 1

04-❷ 3

소단원 점검 문제 · 본문 233쪽

01 ⑤ 02 $a < -\dfrac{2}{3}$ 또는 $a > 2$

03 ③ 04 ③

03 연립이차부등식

집중 연습 · 본문 235쪽

01 (1) $3 \leq x < 4$

(2) $x < 0$ 또는 $1 < x < 2$

(3) $-1 < x \leq 2$ (4) $x = 5$

02 (1) $1 < x \leq 2$ (2) $-2 < x \leq 0$

(3) $1 < x < 2$ (4) 해는 없다.

03 (1) $-1 < x < 0$ 또는 $x > 5$

(2) $x \leq -6$

(3) $-1 < x \leq 1$ 또는 $7 \leq x < 9$

(4) $-5 \leq x \leq -4$ 또는 $1 \leq x \leq 2$

유제 · 본문 236~239쪽

01-❶ (1) $\dfrac{3}{2} < x < 2$

(2) $x < -3$ 또는 $x > 1$

01-❷ ⑤

02-❶ $a > 1$ 02-❷ ①

02-❸ $a < -2$ 또는 $a > \dfrac{1}{2}$

03-❶ $a \leq -1$ 또는 $a \geq 5$

03-❷ 6

03-❸ $-6 < a < \dfrac{1}{2}$ 또는 $\dfrac{1}{2} < a < 2$

04-❶ $x > 8$ 04-❷ 5 m

04 이차방정식의 실근의 조건

유제 · 본문 242~243쪽

05-❶ (1) $-1 < a \leq 0$

(2) $a \geq \dfrac{5}{4}$ (3) $a < -1$

05-❷ ②

06-❶ 1 06-❷ -1

06-❸ $-3 < a < -2$

소단원 점검 문제 · 본문 244~245쪽

01 ④ 02 ④ 03 ③

04 ③ 05 20 cm 06 -3

07 2 08 ②

중단원 실전 문제 · 본문 246~248쪽

01 ② 02 ③ 03 ④
04 ③ 05 5 06 2
07 ① 08 6 09 ⑤
10 9 11 −1 12 1
13 ⑤ 14 ⑤ 15 1
16 4 17 ② 18 ②

III-1 경우의 수와 순열

01 경우의 수

유제 · 본문 252~259쪽

01-❶ (1) 7 (2) 13
01-❷ 5 01-❸ 12
02-❶ 10 02-❷ 4
02-❸ 22
03-❶ ② 03-❷ 15
03-❸ 21
04-❶ 16 04-❷ 6
04-❸ 18
05-❶ 14 05-❷ 16
05-❸ 22
06-❶ (1) 59 (2) 35
06-❷ (1) 89 (2) 34
07-❶ 6 07-❷ 48
07-❸ 96
08-❶ 44 08-❷ 18
08-❸ 4

소단원 점검 문제 · 본문 260~261쪽

01 ① 02 ② 03 10
04 ④ 05 ③ 06 15
07 720 08 16

02 순열

집중 연습 · 본문 265쪽

01 (1) 60 (2) 30 (3) 7 (4) 56
   (5) 72 (6) 120 (7) 720 (8) 336
02 (1) 24 (2) 720 (3) 2 (4) 120
   (5) 24 (6) 120 (7) 144 (8) 2
03 (1) 5 (2) 3 (3) 7 (4) 4
   (5) 3 (6) 9 (7) 3
   (8) 0 또는 1

유제 · 본문 266~272쪽

01-❶ (1) 7 (2) 4
01-❷ 12 01-❸ 8
02-❶ (1) 720 (2) 360 (3) 120
02-❷ (1) 42 (2) 6
02-❸ 3
03-❶ (1) 48 (2) 12
03-❷ 720 03-❸ ⑤
04-❶ (1) 48 (2) 96
04-❷ 288 04-❸ 720
05-❶ 84 05-❷ 72
05-❸ 816
06-❶ (1) 300 (2) 144
06-❷ 48 06-❸ 40
07-❶ (1) 9번째 (2) cabed
07-❷ 54 07-❸ 4103

소단원 점검 문제 · 본문 273~274쪽

01 ③ 02 ② 03 432
04 2 05 ⑤ 06 ①
07 60 08 546번째

중단원 실전 문제 · 본문 275~278쪽

01 7 02 20 03 ⑤
04 ⑤ 05 ③ 06 4
07 ② 08 84 09 216
10 해설 참조 11 144 12 72
13 360 14 ③ 15 60
16 5 17 72 18 ③
19 127 20 ④ 21 53214
22 576 23 ③

III-2 조합

01 조합

집중 연습 · 본문 284쪽

01 (1) 10 (2) 35 (3) 1 (4) 1
   (5) 90 (6) 120 (7) 75 (8) 420
02 (1) 190 (2) 455 (3) 20 (4) 720
   (5) 35 (6) 28 (7) 84 (8) 330
03 (1) 6 (2) 9 (3) 7 (4) 5
   (5) 3 (6) 20 (7) 2 또는 78
   (8) 100

유제 · 본문 285~292쪽

01-❶ (1) 2 (2) 2
       (3) 2 또는 14 (4) 3
01-❷ 30
01-❸ 4
02-❶ (1) 30 (2) 14 (3) 74
02-❷ 10
02-❸ 5
03-❶ (1) 8 (2) 84
03-❷ 35
03-❸ 40
04-❶ (1) 36 (2) 72
04-❷ 36
04-❸ 720
05-❶ 15
05-❷ 20
05-❸ 30
06-❶ (1) 26 (2) 96
06-❷ (1) 20 (2) 76
06-❸ 20
07-❶ 18
07-❷ (1) 100 (2) 30
07-❸ 6
08-❶ (1) 210 (2) 280 (3) 1680
08-❷ 540 08-❸ 30

소단원 점검 문제 · 본문 293~294쪽

01 ② 02 ④ 03 ④
04 ③ 05 ⑤ 06 190
07 ③ 08 315

중단원 실전 문제 • 본문 295~298쪽

01 ④ 02 해설 참조 03 ②
04 ③ 05 16 06 ③
07 ① 08 35 09 12
10 ③ 11 ② 12 ⑤
13 ① 14 ⑤ 15 6
16 ② 17 450 18 ⑤

IV-1 행렬과 그 연산

01 행렬의 뜻

유제 • 본문 302~303쪽

01-❶ ㄱ, ㄹ

01-❷ (1) $\begin{pmatrix} 1 & 0 \\ 3 & 2 \end{pmatrix}$ (2) $\begin{pmatrix} 2 & -1 \\ 1 & 4 \end{pmatrix}$

01-❸ $\begin{pmatrix} 0 & 2 & 1 \\ 1 & 1 & 2 \\ 1 & 3 & 0 \end{pmatrix}$

02-❶ $a=-1,\ b=1,\ c=2$

02-❷ 10

02-❸ 3

02 행렬의 덧셈, 뺄셈, 실수배

집중 연습 • 본문 307쪽

01 (1) $\begin{pmatrix} -1 \\ 1 \end{pmatrix}$ (2) $(9 \quad 2)$

(3) $\begin{pmatrix} 5 \\ -3 \\ 2 \end{pmatrix}$ (4) $\begin{pmatrix} 5 & 0 \\ -2 & 4 \end{pmatrix}$

(5) $\begin{pmatrix} 2 & 4 & -6 \\ 1 & -3 & 2 \end{pmatrix}$

(6) $\begin{pmatrix} 1 & 7 & 3 \\ 2 & -6 & 5 \\ 7 & 4 & -5 \end{pmatrix}$

02 (1) $\begin{pmatrix} 3 \\ -1 \end{pmatrix}$ (2) $(5 \quad 3)$

(3) $\begin{pmatrix} 3 \\ 3 \\ -8 \end{pmatrix}$ (4) $\begin{pmatrix} 3 & 1 \\ -7 & -4 \end{pmatrix}$

(5) $\begin{pmatrix} -1 & 2 & 4 \\ -6 & 3 & -1 \end{pmatrix}$

(6) $\begin{pmatrix} 0 & 0 & 1 \\ -3 & 4 & 0 \\ -3 & 0 & 1 \end{pmatrix}$

03 (1) $\begin{pmatrix} 2 & -2 \\ -4 & 6 \end{pmatrix}$ (2) $\begin{pmatrix} 6 & -9 \\ -3 & 0 \end{pmatrix}$

(3) $\begin{pmatrix} -1 & 3 \\ -4 & 9 \end{pmatrix}$ (4) $\begin{pmatrix} 8 & -10 \\ -10 & 12 \end{pmatrix}$

유제 • 본문 308~310쪽

03-❶ (1) $\begin{pmatrix} 1 & -5 \\ 3 & 1 \end{pmatrix}$ (2) $\begin{pmatrix} 24 & -1 \\ -5 & 10 \end{pmatrix}$

03-❷ $\begin{pmatrix} -5 & 4 \\ -3 & 2 \end{pmatrix}$

03-❸ -1

04-❶ (1) $\begin{pmatrix} 1 & 8 \\ -7 & -4 \end{pmatrix}$

(2) $\begin{pmatrix} -11 & -3 \\ -8 & 10 \end{pmatrix}$

04-❷ 2

04-❸ $\begin{pmatrix} -3 & 0 \\ 1 & -4 \end{pmatrix}$

05-❶ $A=\begin{pmatrix} 2 & 0 \\ 1 & 1 \end{pmatrix},\ B=\begin{pmatrix} -2 & 1 \\ -1 & -3 \end{pmatrix}$

05-❷ $\begin{pmatrix} 12 & -2 \\ -2 & 4 \end{pmatrix}$

05-❸ 22

소단원 점검 문제 • 본문 311쪽

01 4 02 1 03 4
04 2 05 ②

03 행렬의 곱셈

집중 연습 • 본문 316쪽

01 (1) (1) (2) $\begin{pmatrix} -4 & -1 \\ 4 & 1 \end{pmatrix}$

(3) $\begin{pmatrix} -1 \\ -5 \end{pmatrix}$ (4) $(-1 \quad -7)$

(5) $\begin{pmatrix} 0 & -3 \\ -1 & 4 \end{pmatrix}$ (6) $\begin{pmatrix} -13 & -5 \\ 9 & 3 \end{pmatrix}$

(7) $\begin{pmatrix} 16 & -7 \\ 1 & 11 \end{pmatrix}$ (8) $\begin{pmatrix} 9 & 7 \\ 1 & 3 \end{pmatrix}$

(9) $\begin{pmatrix} 2 & -1 \\ 5 & 2 \end{pmatrix}$ (10) $\begin{pmatrix} 0 & 0 \\ 0 & 0 \end{pmatrix}$

02 (1) $A^2=\begin{pmatrix} 3 & 0 \\ 0 & 3 \end{pmatrix},\ A^3=\begin{pmatrix} 3 & 6 \\ 3 & -3 \end{pmatrix},$
$A^4=\begin{pmatrix} 9 & 0 \\ 0 & 9 \end{pmatrix}$

(2) $A^2=\begin{pmatrix} 1 & 6 \\ 0 & 1 \end{pmatrix},\ A^3=\begin{pmatrix} 1 & 9 \\ 0 & 1 \end{pmatrix},$
$A^4=\begin{pmatrix} 1 & 12 \\ 0 & 1 \end{pmatrix}$

(3) $A^2=\begin{pmatrix} -1 & 0 \\ 0 & -1 \end{pmatrix},$
$A^3=\begin{pmatrix} 0 & 1 \\ -1 & 0 \end{pmatrix},\ A^4=\begin{pmatrix} 1 & 0 \\ 0 & 1 \end{pmatrix}$

(4) $A^2=\begin{pmatrix} 1 & 0 \\ 0 & 1 \end{pmatrix},\ A^3=\begin{pmatrix} 1 & 0 \\ 0 & 1 \end{pmatrix},$
$A^4=\begin{pmatrix} 1 & 0 \\ 0 & 1 \end{pmatrix}$

유제 • 본문 317~321쪽

01-❶ 6

01-❷ 5

01-❸ 1

02-❶ (1) -9 (2) 12

02-❷ 110

02-❸ 2

03-❶ ②

04-❶ (1) $\begin{pmatrix} 6 & 1 \\ 1 & 3 \end{pmatrix}$ (2) $\begin{pmatrix} 2 & 1 \\ 1 & -1 \end{pmatrix}$

04-❷ 3

04-❸ $\begin{pmatrix} 5 & 2 \\ 2 & 1 \end{pmatrix}$

05-❶ (1) -14 (2) 2

05-❷ 8

05-❸ -1

소단원 점검 문제 • 본문 322~323쪽

01 ③ 02 ② 03 ④
04 ② 05 ① 06 ⑤
07 ③ 08 ④

중단원 실전 문제 • 본문 324~327쪽

01 ② 02 8 03 ①
04 ④ 05 ③ 06 3
07 ② 08 11 09 ②
10 ⑤ 11 ⑤ 12 ②
13 ④ 14 19 15 ①
16 ③ 17 21 18 ④
19 ④

공부는 스스로 해야 실력이 됩니다. 아무리 뛰어난 스타강사도, 아무리 좋은 참고서도 학습자의 실력을 바로 높여 줄 수는 없습니다.
내가 무엇을 공부하고 있는지, 아는 것과 모르는 것은 무엇인지 스스로 인지하고 학습할 때 진짜 실력이 만들어집니다.
메가스터디북스는 스스로 하는 공부, 내가스터디를 응원합니다.
메가스터디북스는 여러분의 내가스터디를 돕는 좋은 책을 만듭니다.

진짜 공부 챌린지 내/가/스/터/디

메가스터디BOOKS

내용 문의 02-6984-6901 | 구입 문의 02-6984-6868,9 | www.megastudybooks.com

완벽한 개념 학습!
내신 만점과 수능 대비를 한번에!

수학이 쉬워지는 완벽한 솔루션

완쓸 개념

공통수학1 정답 및 해설

메가스터디 BOOKS

수학이 쉬워지는 완벽한 솔루션

완쓸 개념

공통수학1 정답 및 해설

 **다항식의 연산**

01 다항식의 덧셈과 뺄셈

1 답 (1) $7x^2-1$ (2) x^2+5x-8

(1) $2A+B=2(3x^2+x-2)+(x^2-2x+3)$
$\quad\quad\quad = \underbrace{(6x^2+2x-4)}_{\text{㉠}}+\underbrace{(x^2-2x+3)}_{\text{㉡}}$
$\quad\quad\quad =6x^2+2x-4+x^2-2x+3$
$\quad\quad\quad =(6+1)x^2+(2-2)x+\{(-4)+3\}$
$\quad\quad\quad =7x^2-1$

(2) $A-2B=(3x^2+x-2)-2(x^2-2x+3)$
$\quad\quad\quad =\underbrace{(3x^2+x-2)}_{\text{㉢}}+\underbrace{(-2x^2+4x-6)}_{\text{㉣}}$
$\quad\quad\quad =3x^2+x-2-2x^2+4x-6$
$\quad\quad\quad =(3-2)x^2+(1+4)x+\{(-2)-6\}$
$\quad\quad\quad =x^2+5x-8$

| 참고 |

다항식의 덧셈과 뺄셈은 동류항의 위치를 맞추어 세로셈으로 계산할 수도
있다.

(1)
$$\begin{array}{r} 6x^2+2x-4 \leftarrow ㉠ \\ +\ )\ \underline{x^2-2x+3} \leftarrow ㉡ \\ 7x^2\quad\quad -1 \end{array}$$

(2)
$$\begin{array}{r} 3x^2+\ x-2 \leftarrow ㉢ \\ +\ )\ \underline{-2x^2+4x-6} \leftarrow ㉣ \\ x^2+5x-8 \end{array}$$

01 (1) $4x^2+x+2$ (2) $3x^2-x-2$
  (3) $xy+y^2$ (4) a^3+3a^2+3a-8
  (5) $-x^2-7x+2$ (6) x^2+4
  (7) $5ab$ (8) x^3-2x^2-4x

02 (1) $3x^2+2x$ (2) $-x^2+4x-2$

03 (1) x^3+10x^2+7x-7 (2) $2x^3-11x+1$

04 (1) $11x^2-8xy+4y^2$ (2) $-3x^2+14xy-7y^2$

05 (1) $3x^3+7x^2+10x+11$ (2) $4x^3+2x^2-16x$

01 (1) $(3x^2+x+1)+(x^2+1)$
$\quad\quad =(3+1)x^2+x+(1+1)$
$\quad\quad =4x^2+x+2$

(2) $(x^2-3)+(2x^2-x+1)$
$\quad\quad =(1+2)x^2-x+\{(-3)+1\}$
$\quad\quad =3x^2-x-2$

(3) $(x^2+2xy-y^2)+(-x^2-xy+2y^2)$
$\quad\quad =(1-1)x^2+(2-1)xy+\{(-1)+2\}y^2$
$\quad\quad =xy+y^2$

(4) $(a^3+2a^2-a-3)+(a^2+4a-5)$
$\quad\quad =a^3+(2+1)a^2+\{(-1)+4\}a+\{(-3)-5\}$
$\quad\quad =a^3+3a^2+3a-8$

(5) $(x^2-4x-1)-(2x^2+3x-3)$
$\quad\quad =(x^2-4x-1)+(-2x^2-3x+3)$
$\quad\quad =(1-2)x^2+\{(-4)-3\}x+\{(-1)+3\}$
$\quad\quad =-x^2-7x+2$

(6) $(2x^2+3x+3)-(x^2+3x-1)$
$\quad\quad =(2x^2+3x+3)+(-x^2-3x+1)$
$\quad\quad =(2-1)x^2+(3-3)x+(3+1)$
$\quad\quad =x^2+4$

(7) $(a^2+4ab-b^2)-(a^2-ab-b^2)$
$\quad\quad =(a^2+4ab-b^2)+(-a^2+ab+b^2)$
$\quad\quad =(1-1)a^2+(4+1)ab+\{(-1)+1\}b^2$
$\quad\quad =5ab$

(8) $(x^3-x^2-3x+1)-(x^2+x+1)$
$\quad\quad =(x^3-x^2-3x+1)+(-x^2-x-1)$
$\quad\quad =x^3+(-1-1)x^2+(-3-1)x+(1-1)$
$\quad\quad =x^3-2x^2-4x$

02 (1) $A+B=(x^2+3x-1)+(2x^2-x+1)$
$\quad\quad =(1+2)x^2+(3-1)x+\{(-1)+1\}$
$\quad\quad =3x^2+2x$

(2) $A-B=(x^2+3x-1)-(2x^2-x+1)$
$\quad\quad =(x^2+3x-1)+(-2x^2+x-1)$
$\quad\quad =(1-2)x^2+(3+1)x+\{(-1)-1\}$
$\quad\quad =-x^2+4x-2$

03 (1) $A+2B=(x^3+2x^2-3x-1)+2(4x^2+5x-3)$
$\quad\quad =(x^3+2x^2-3x-1)+(8x^2+10x-6)$
$\quad\quad =x^3+(2+8)x^2+\{(-3)+10\}x$
$\quad\quad\quad\quad\quad +\{(-1)-6\}$
$\quad\quad =x^3+10x^2+7x-7$

(2) $2A-B$
$\quad =2(x^3+2x^2-3x-1)-(4x^2+5x-3)$
$\quad =(2x^3+4x^2-6x-2)+(-4x^2-5x+3)$
$\quad =2x^3+(4-4)x^2+\{(-6)-5\}x+\{(-2)+3\}$
$\quad =2x^3-11x+1$

04 (1) $2A+3B=2(x^2+2xy-y^2)+3(3x^2-4xy+2y^2)$
$\quad\quad =(2x^2+4xy-2y^2)+(9x^2-12xy+6y^2)$
$\quad\quad =(2+9)x^2+(4-12)xy+\{(-2)+6\}y^2$
$\quad\quad =11x^2-8xy+4y^2$

(2) $3A-2B=3(x^2+2xy-y^2)-2(3x^2-4xy+2y^2)$
$\quad\quad =(3x^2+6xy-3y^2)+(-6x^2+8xy-4y^2)$
$\quad\quad =(3-6)x^2+(6+8)xy+\{(-3)-4\}y^2$
$\quad\quad =-3x^2+14xy-7y^2$

05 (1) $3A+4B=3(x^3+x^2-2x+1)+4(x^2+4x+2)$
$$=(3x^3+3x^2-6x+3)+(4x^2+16x+8)$$
$$=3x^3+(3+4)x^2+\{(-6)+16\}x$$
$$+(3+8)$$
$$=3x^3+7x^2+10x+11$$

  (2) $4A-2B=4(x^3+x^2-2x+1)-2(x^2+4x+2)$
$$=(4x^3+4x^2-8x+4)+(-2x^2-8x-4)$$
$$=4x^3+(4-2)x^2+\{(-8)-8\}x+(4-4)$$
$$=4x^3+2x^2-16x$$

(유제)   • 본문 011쪽

01-❶ 답 (1) $3x^2-xy-3y^2$ (2) $-5x^2-3xy+10y^2$

(1) $2(A+B)-3A$
$$=(2A+2B)-3A$$
$$=-A+2B$$
$$=-(x^2+xy+y^2)+2(2x^2-y^2)$$
$$=(-x^2-xy-y^2)+(4x^2-2y^2)$$
$$=3x^2-xy-3y^2$$

(2) $(A-B)-2(B-C)$
$$=A-B+(-2B+2C)$$
$$=A-3B+2C$$
$$=(x^2+xy+y^2)-3(2x^2-y^2)+2(3y^2-2xy)$$
$$=(x^2+xy+y^2)+(-6x^2+3y^2)+(6y^2-4xy)$$
$$=-5x^2-3xy+10y^2$$

01-❷ 답 ③

$A-2X=B$에서
$$2X=A-B$$
$$\therefore X=\frac{1}{2}(A-B)$$
$$=\frac{1}{2}\{(2x^3+x^2-4x+1)-(x^2-4x+3)\}$$
$$=\frac{1}{2}\{(2x^3+x^2-4x+1)+(-x^2+4x-3)\}$$
$$=\frac{1}{2}(2x^3-2)$$
$$=x^3-1$$

01-❸ 답 $A=y^2-y$, $B=-3y+1$

$A+B=y^2-4y+1$ …… ㉠
$A-B=y^2+2y-1$ …… ㉡
㉠+㉡을 하면
$$(A+B)+(A-B)=(y^2-4y+1)+(y^2+2y-1)$$
$$2A=2y^2-2y$$
$$\therefore A=y^2-y$$ …… ㉢

㉢을 ㉠에 대입하면
$$(y^2-y)+B=y^2-4y+1$$
$$\therefore B=(y^2-4y+1)-(y^2-y)$$
$$=(y^2-4y+1)+(-y^2+y)$$
$$=-3y+1$$

| 다른 풀이 |
㉠-㉡을 하면
$$(A+B)-(A-B)=(y^2-4y+1)-(y^2+2y-1)$$
$$(A+B)+(-A+B)=(y^2-4y+1)+(-y^2-2y+1)$$
$$2B=-6y+2$$
$$\therefore B=-3y+1$$

○2 다항식의 곱셈

(개념 확인)   • 본문 013쪽

1 답 (1) $x^2+y^2+z^2+2xy-2yz-2zx$
    (2) x^3+3x^2+3x+1 (3) $x^3-6x^2+12x-8$
    (4) x^3+1

(1) $(x+y-z)^2$
$$=x^2+y^2+(-z)^2+2\times x\times y+2\times y\times(-z)$$
$$+2\times(-z)\times x$$
$$=x^2+y^2+z^2+2xy-2yz-2zx$$

(2) $(x+1)^3=x^3+3\times x^2\times 1+3\times x\times 1^2+1^3$
$$=x^3+3x^2+3x+1$$

(3) $(x-2)^3=x^3-3\times x^2\times 2+3\times x\times 2^2-2^3$
$$=x^3-6x^2+12x-8$$

(4) $(x+1)(x^2-x+1)=(x+1)(x^2-x\times 1+1^2)$
$$=x^3+1^3$$
$$=x^3+1$$

(유제)   • 본문 014~017쪽

02-❶ 답 2

$A=x^2-x+2$, $B=x^3+2x-1$이라 하면 주어진 다항식의
전개식에서
x^3항이 나오는 경우는 (A의 x^2항)$\times$(B의 x항),
(A의 상수항)$\times$(B의 x^3항)이므로
$$x^2\times 2x+2\times x^3=2x^3+2x^3=4x^3$$
즉, x^3의 계수는 4이므로
$$a=4$$
상수항이 나오는 경우는 (A의 상수항)$\times$(B의 상수항)이므로
$$2\times(-1)=-2$$
$$\therefore b=-2$$
$$\therefore a+b=4+(-2)=2$$

02-❷ 답 5

$(x^3+3x^2-2x-3)^2$
$=(x^3+3x^2-2x-3)(x^3+3x^2-2x-3)$
이고, $A=x^3+3x^2-2x-3$이라 하면
x^4항이 나오는 경우는 (A의 x^3항)$\times$(A의 x항),
(A의 x^2항)$\times$(A의 x^2항), (A의 x항)$\times$(A의 x^3항)이므로
$x^3\times(-2x)+3x^2\times3x^2+(-2x)\times x^3$
$=(-2x^4)+9x^4+(-2x^4)$
$=5x^4$
따라서 x^4의 계수는 5이다.

02-❸ 답 -2

$A=x^2+3x+4,\ B=2x^2+ax-3$이라 하면
x^2항이 나오는 경우는 (A의 x^2항)$\times$(B의 상수항),
(A의 x항)$\times$(B의 x항), (A의 상수항)$\times$(B의 x^2항)이므로
$x^2\times(-3)+3x\times ax+4\times2x^2=(-3x^2)+3ax^2+8x^2$
$\qquad\qquad\qquad\qquad\qquad\qquad=(3a+5)x^2$
이때 x^2의 계수가 -1이므로
$3a+5=-1$
$3a=-6$
$\therefore a=-2$

03-❶ 답 (1) $a^2+b^2+1-2ab+2b-2a$
$\qquad\quad$ (2) $8x^3-12x^2+6x-1$
$\qquad\quad$ (3) $8x^3-1$　(4) a^3-2a^2-5a+6

(1) $(a-b-1)^2$
$\quad=a^2+(-b)^2+(-1)^2+2\times a\times(-b)$
$\qquad\qquad\qquad+2\times(-b)\times(-1)+2\times(-1)\times a$
$\quad=a^2+b^2+1-2ab+2b-2a$
(2) $(2x-1)^3=(2x)^3-3\times(2x)^2\times1+3\times2x\times1^2-1^3$
$\qquad\qquad\quad=8x^3-12x^2+6x-1$
(3) $(2x-1)(4x^2+2x+1)=(2x-1)\{(2x)^2+2x\times1+1^2\}$
$\qquad\qquad\qquad\qquad\qquad=(2x)^3-1^3$
$\qquad\qquad\qquad\qquad\qquad=8x^3-1$
(4) $(a-1)(a+2)(a-3)$
$\quad=a^3+\{(-1)+2-3\}a^2$
$\qquad\quad+\{(-1)\times2+2\times(-3)+(-3)\times(-1)\}a$
$\qquad\qquad\qquad\qquad\qquad+(-1)\times2\times(-3)$
$\quad=a^3-2a^2-5a+6$

03-❷ 답 (1) x^8-1　(2) $a^4-2a^2b^2+b^4$
$\qquad\quad$ (3) $a^6-12a^4+48a^2-64$　(4) x^6-y^6

(1) $(x-1)(x+1)(x^2+1)(x^4+1)$
$\quad=(x^2-1)(x^2+1)(x^4+1)$
$\quad=(x^4-1)(x^4+1)$
$\quad=x^8-1$

(2) $(a+b)^2(a-b)^2=\{(a+b)(a-b)\}^2$
$\qquad\qquad\qquad\quad=(a^2-b^2)^2$
$\qquad\qquad\qquad\quad=a^4-2a^2b^2+b^4$
(3) $(a+2)^3(a-2)^3$
$\quad=\{(a+2)(a-2)\}^3$
$\quad=(a^2-4)^3$
$\quad=(a^2)^3-3\times(a^2)^2\times4+3\times a^2\times4^2-4^3$
$\quad=a^6-12a^4+48a^2-64$
(4) $(x-y)(x+y)(x^2-xy+y^2)(x^2+xy+y^2)$
$\quad=(x-y)(x^2+xy+y^2)(x+y)(x^2-xy+y^2)$
$\quad=(x^3-y^3)(x^3+y^3)$
$\quad=x^6-y^6$

04-❶ 답 (1) x^4+3x^3-3x+1　(2) $x^4+6x^3+5x^2-12x$

(1) $x^2-1=X$라 하면
$\quad(x^2+x-1)(x^2+2x-1)=(X+x)(X+2x)$
$\qquad\qquad\qquad\qquad\quad=X^2+3xX+2x^2$
$\qquad\qquad\qquad\qquad\quad=(x^2-1)^2+3x(x^2-1)+2x^2$
$\qquad\qquad\qquad\qquad\quad=x^4-2x^2+1+3x^3-3x+2x^2$
$\qquad\qquad\qquad\qquad\quad=x^4+3x^3-3x+1$
(2) 두 일차식의 상수항의 합이 같도록 두 개씩 짝을 지어 전개
하면
$\quad x(x-1)(x+3)(x+4)=\{x(x+3)\}\{(x-1)(x+4)\}$
$\qquad\qquad\qquad\qquad\quad=(x^2+3x)(x^2+3x-4)$
이때 $x^2+3x=X$라 하면
$\quad x(x-1)(x+3)(x+4)=X(X-4)$
$\qquad\qquad\qquad\qquad\quad=X^2-4X$
$\qquad\qquad\qquad\qquad\quad=(x^2+3x)^2-4(x^2+3x)$
$\qquad\qquad\qquad\qquad\quad=x^4+6x^3+9x^2-4x^2-12x$
$\qquad\qquad\qquad\qquad\quad=x^4+6x^3+5x^2-12x$

04-❷ 답 (1) $x^2+2xy+y^2-4x-4y+1$
$\qquad\quad$ (2) $x^4+6x^3+8x^2-3x-6$

(1) $x+y=X$라 하면
$\quad(x+y)(x+y-4)+1=X(X-4)+1$
$\qquad\qquad\qquad\qquad\quad=X^2-4X+1$
$\qquad\qquad\qquad\qquad\quad=(x+y)^2-4(x+y)+1$
$\qquad\qquad\qquad\qquad\quad=x^2+2xy+y^2-4x-4y+1$
(2) $(x+1)(x+2)(x^2+3x-3)$
$\quad=(x^2+3x+2)(x^2+3x-3)$
이때 $x^2+3x=X$라 하면
$\quad(x+1)(x+2)(x^2+3x-3)$
$\quad=(X+2)(X-3)=X^2-X-6$
$\quad=(x^2+3x)^2-(x^2+3x)-6$
$\quad=x^4+6x^3+9x^2-x^2-3x-6$
$\quad=x^4+6x^3+8x^2-3x-6$

05-❶ 답 (1) 44　(2) 4

(1) $46=x$라 하면

$44=x-2$, $48=x+2$이므로

$$\frac{44\times46^2}{44\times48+4}=\frac{(x-2)x^2}{(x-2)(x+2)+4}$$
$$=\frac{(x-2)x^2}{(x^2-4)+4}=\frac{(x-2)x^2}{x^2}$$
$$=x-2\ (\because x\neq0)$$
$$=46-2=44$$

(2) $36=x$라 하면

$34=x-2$, $35=x-1$, $37=x+1$, $38=x+2$이므로

$$\frac{34\times38-36^2}{35\times37-36^2}=\frac{(x-2)(x+2)-x^2}{(x-1)(x+1)-x^2}$$
$$=\frac{(x^2-4)-x^2}{(x^2-1)-x^2}$$
$$=\frac{-4}{-1}=4$$

05-❷ 답 ⑤

$100=x$라 하면

$99=x-1$, $10101=100^2+100+1=x^2+x+1$,

$1000001=100^3+1=x^3+1$이므로

$$99\times10101\times1000001=(x-1)(x^2+x+1)(x^3+1)$$
$$=(x^3-1)(x^3+1)$$
$$=x^6-1=100^6-1$$
$$=(10^2)^6-1=10^{12}-1$$

05-❸ 답 16

$$(2+1)(2^2+1)(2^4+1)(2^8+1)$$
$$=\underline{(2-1)}(2+1)(2^2+1)(2^4+1)(2^8+1)$$
$$=(2^2-1)(2^2+1)(2^4+1)(2^8+1)$$
$$=(2^4-1)(2^4+1)(2^8+1)$$
$$=(2^8-1)(2^8+1)=2^{16}-1$$
$$\therefore a=16$$

→ 곱셈 공식을 이용하기 위하여 $(2-1)$을 곱한다.

집중 연습
• 본문 018쪽

01 (1) $x^2+y^2+4+2xy-4y-4x$

(2) $a^4-4a^3+6a^2-4a+1$　(3) $8x^3+12x^2+6x+1$

(4) $27x^3-54x^2+36x-8$　(5) a^3-27

(6) $27x^3+1$　(7) $8a^3-27$

(8) x^3+2x^2-5x-6　(9) x^8-y^8

(10) $x^4-8x^2y^2+16y^4$　(11) $a^6-3a^4b^2+3a^2b^4-b^6$

(12) $a^6-2a^3b^3+b^6$

02 (1) $4x^4+4x^3+3x^2+x-6$　(2) $x^2-4y^2+12y-9$

(3) $x^4+10x^3+35x^2+50x+24$

(4) $x^4-4x^3-17x^2+24x+36$

(5) $x^4+x^3+2x^2+x+2$　(6) $a^4-3a^3-2a^2+3a+1$

01 (1) $(x+y-2)^2=x^2+y^2+(-2)^2+2\times x\times y$
$$+2\times y\times(-2)+2\times(-2)\times x$$
$$=x^2+y^2+4+2xy-4y-4x$$

(2) $(a^2-2a+1)^2$
$$=(a^2)^2+(-2a)^2+1^2+2\times a^2\times(-2a)$$
$$+2\times(-2a)\times1+2\times1\times a^2$$
$$=a^4+4a^2+1-4a^3-4a+2a^2$$
$$=a^4-4a^3+6a^2-4a+1$$

(3) $(2x+1)^3=(2x)^3+3\times(2x)^2\times1+3\times2x\times1^2+1^3$
$$=8x^3+12x^2+6x+1$$

(4) $(3x-2)^3=(3x)^3-3\times(3x)^2\times2+3\times3x\times2^2-2^3$
$$=27x^3-54x^2+36x-8$$

(5) $(a-3)(a^2+3a+9)=(a-3)(a^2+a\times3+3^2)$
$$=a^3-3^3=a^3-27$$

(6) $(3x+1)(9x^2-3x+1)$
$$=(3x+1)\{(3x)^2-3x\times1+1^2\}$$
$$=(3x)^3+1^3=27x^3+1$$

(7) $(2a-3)(4a^2+6a+9)$
$$=(2a-3)\{(2a)^2+2a\times3+3^2\}$$
$$=(2a)^3-3^3=8a^3-27$$

(8) $(x+1)(x+3)(x-2)$
$$=x^3+(1+3-2)x^2$$
$$+\{1\times3+3\times(-2)+(-2)\times1\}x$$
$$+1\times3\times(-2)$$
$$=x^3+2x^2-5x-6$$

(9) $(x-y)(x+y)(x^2+y^2)(x^4+y^4)$
$$=(x^2-y^2)(x^2+y^2)(x^4+y^4)$$
$$=(x^4-y^4)(x^4+y^4)$$
$$=x^8-y^8$$

(10) $(x+2y)^2(x-2y)^2=\{(x+2y)(x-2y)\}^2$
$$=(x^2-4y^2)^2$$
$$=x^4-8x^2y^2+16y^4$$

(11) $(a+b)^3(a-b)^3$
$$=\{(a+b)(a-b)\}^3$$
$$=(a^2-b^2)^3$$
$$=(a^2)^3-3\times(a^2)^2\times b^2+3\times a^2\times(b^2)^2-(b^2)^3$$
$$=a^6-3a^4b^2+3a^2b^4-b^6$$

(12) $(a-b)^2(a^2+ab+b^2)^2=\{(a-b)(a^2+ab+b^2)\}^2$
$$=(a^3-b^3)^2$$
$$=a^6-2a^3b^3+b^6$$

02 (1) $2x^2+x=X$라 하면
$$(2x^2+x-2)(2x^2+x+3)$$
$$=(X-2)(X+3)$$
$$=X^2+X-6$$
$$=(2x^2+x)^2+(2x^2+x)-6$$
$$=(4x^4+4x^3+x^2)+(2x^2+x)-6$$
$$=4x^4+4x^3+3x^2+x-6$$

(2) $(x+2y-3)(x-2y+3)$
$=\{x+(2y-3)\}\{x-(2y-3)\}$
이때 $2y-3=X$라 하면
$(x+2y-3)(x-2y+3)$
$=(x+X)(x-X)$
$=x^2-X^2$
$=x^2-(2y-3)^2$
$=x^2-(4y^2-12y+9)$
$=x^2-4y^2+12y-9$

(3) 두 일차식의 상수항의 합이 같도록 두 개씩 짝을 지어
전개하면
$(x+1)(x+2)(x+3)(x+4)$
$=\{(x+1)(x+4)\}\{(x+2)(x+3)\}$
$=(x^2+5x+4)(x^2+5x+6)$
이때 $x^2+5x=X$라 하면
$(x+1)(x+2)(x+3)(x+4)$
$=(X+4)(X+6)$
$=X^2+10X+24$
$=(x^2+5x)^2+10(x^2+5x)+24$
$=(x^4+10x^3+25x^2)+(10x^2+50x)+24$
$=x^4+10x^3+35x^2+50x+24$

(4) 두 일차식의 상수항의 곱이 같도록 두 개씩 짝을 지어
전개하면
$(x+1)(x+3)(x-2)(x-6)$
$=\{(x+1)(x-6)\}\{(x+3)(x-2)\}$
$=(x^2-5x-6)(x^2+x-6)$
이때 $x^2-6=X$라 하면
$(x+1)(x+3)(x-2)(x-6)$
$=(X-5x)(X+x)$
$=X^2-4xX-5x^2$
$=(x^2-6)^2-4x(x^2-6)-5x^2$
$=(x^4-12x^2+36)+(-4x^3+24x)-5x^2$
$=x^4-4x^3-17x^2+24x+36$

(5) $x^2+1=X$라 하면
$(x^2+1)(x^2+x+1)+1$
$=X(X+x)+1$
$=X^2+xX+1$
$=(x^2+1)^2+x(x^2+1)+1$
$=(x^4+2x^2+1)+(x^3+x)+1$
$=x^4+x^3+2x^2+x+2$

(6) $(a+1)(a-1)(a^2-3a-1)$
$=(a^2-1)(a^2-3a-1)$
이때 $a^2-1=X$라 하면
$(a+1)(a-1)(a^2-3a-1)$
$=X(X-3a)=X^2-3aX$
$=(a^2-1)^2-3a(a^2-1)$
$=(a^4-2a^2+1)+(-3a^3+3a)$
$=a^4-3a^3-2a^2+3a+1$

01 $2A+B=7xy-3y^2$　　……㉠
$A+2B=-3x^2+2xy$　　……㉡
㉠×2-㉡을 하면
$2(2A+B)-(A+2B)$
$=2(7xy-3y^2)-(-3x^2+2xy)$
$(4A+2B)+(-A-2B)$
$=(14xy-6y^2)+(3x^2-2xy)$
$3A=3x^2+12xy-6y^2$
$\therefore A=x^2+4xy-2y^2$　　……㉢
㉢을 ㉠에 대입하면
$2(x^2+4xy-2y^2)+B=7xy-3y^2$
$\therefore B=(7xy-3y^2)-2(x^2+4xy-2y^2)$
$\quad =(7xy-3y^2)+(-2x^2-8xy+4y^2)$
$\quad =-2x^2-xy+y^2$
한편, $X+B=2A$에서
$X=2A-B$
$\quad =2(x^2+4xy-2y^2)-(-2x^2-xy+y^2)$
$\quad =(2x^2+8xy-4y^2)+(2x^2+xy-y^2)$
$\quad =4x^2+9xy-5y^2$

02 $(x^4+ax^3+3x^2+bx+1)^2$
$=(x^4+ax^3+3x^2+bx+1)(x^4+ax^3+3x^2+bx+1)$
이고, $A=x^4+ax^3+3x^2+bx+1$이라 하면
x^4항이 나오는 경우는 (A의 x^4항)×(A의 상수항),
(A의 x^3항)×(A의 x항), (A의 x^2항)×(A의 x^2항),
(A의 x항)×(A의 x^3항), (A의 상수항)×(A의 x^4항)
이므로
$x^4\times1+ax^3\times bx+3x^2\times3x^2+bx\times ax^3+1\times x^4$
$=x^4+abx^4+9x^4+abx^4+x^4$
$=(11+2ab)x^4$
이때 x^4의 계수가 19이므로
$11+2ab=19,\ 2ab=8$
$\therefore ab=4$

03 $(a+2)(a-2)(a^2-2a+4)(a^2+2a+4)$
$=\{(a+2)(a^2-2a+4)\}\{(a-2)(a^2+2a+4)\}$
$=(a^3+8)(a^3-8)$
$=a^6-64$

04 $a+b=X$라 하면
$(a+b-1)\{(a+b)^2+a+b+1\}$
$=(X-1)(X^2+X+1)=X^3-1$

이때 $X^3-1=8$이므로 $X^3=9$

$\therefore\ (a+b)^3=9$

05 $98=x$라 하면

$97=x-1,\ 99=x+1$이므로

$$\dfrac{99(98^2-97)-1}{98^3}=\dfrac{(x+1)\{x^2-(x-1)\}-1}{x^3}$$
$$=\dfrac{(x+1)(x^2-x+1)-1}{x^3}$$
$$=\dfrac{(x^3+1)-1}{x^3}$$
$$=\dfrac{x^3}{x^3}=1$$

○3 곱셈 공식의 변형

(개념 확인)　　　　　　　　　　• 본문 020쪽

1 답 (1) 5　(2) 9　(3) 7

(1) $x^2+y^2=(x+y)^2-2xy$
$$=1^2-2\times(-2)=5$$

(2) $(x-y)^2=(x+y)^2-4xy$
$$=1^2-4\times(-2)=9$$

(3) $x^3+y^3=(x+y)^3-3xy(x+y)$
$$=1^3-3\times(-2)\times1=7$$

2 답 14

$x^2+y^2+z^2=(x+y+z)^2-2(xy+yz+zx)$
$$=0^2-2\times(-7)=14$$

(유제)　　　　　　　　　　• 본문 021~024쪽

01-❶ 답 (1) $2\sqrt{3}$　(2) -52　(3) $30\sqrt{3}$

$(x-y)^2=x^2+y^2-2xy$에서

$(-4)^2=14-2xy,\ 2xy=-2$

$\therefore\ xy=-1$

(1) $(x+y)^2=(x-y)^2+4xy$
$$=(-4)^2+4\times(-1)$$
$$=12$$

$\therefore\ x+y=2\sqrt{3}\ (\because\ x+y>0)$

(2) $x^3-y^3=(x-y)^3+3xy(x-y)$
$$=(-4)^3+3\times(-1)\times(-4)$$
$$=-52$$

(3) (1)에서 $x+y=2\sqrt{3}$이므로

$x^3+y^3=(x+y)^3-3xy(x+y)$
$$=(2\sqrt{3})^3-3\times(-1)\times2\sqrt{3}$$
$$=30\sqrt{3}$$

01-❷ 답 (1) 28　(2) 26

(1) $(x+y)^2=x^2+y^2+2xy$
$$=10+2\times3=16$$

$\therefore\ x+y=4\ (\because\ x>y>0)$

$\therefore\ x^3+y^3=(x+y)^3-3xy(x+y)$
$$=4^3-3\times3\times4=28$$

(2) $(x-y)^2=x^2+y^2-2xy$
$$=10-2\times3=4$$

$\therefore\ x-y=2\ (\because\ x>y)$

$\therefore\ x^3-y^3=(x-y)^3+3xy(x-y)$
$$=2^3+3\times3\times2=26$$

01-❸ 답 32

$\dfrac{1}{x}+\dfrac{1}{y}=3$에서

$\dfrac{x+y}{xy}=3,\ \dfrac{x+y}{2}=3$

$\therefore\ x+y=6$

$\therefore\ x^2+y^2=(x+y)^2-2xy$
$$=6^2-2\times2=32$$

02-❶ 답 (1) 18　(2) 76　(3) $2\sqrt{5}$　(4) $34\sqrt{5}$

(1) $x^2+\dfrac{1}{x^2}=\left(x-\dfrac{1}{x}\right)^2+2$
$$=4^2+2=18$$

(2) $x^3-\dfrac{1}{x^3}=\left(x-\dfrac{1}{x}\right)^3+3\left(x-\dfrac{1}{x}\right)$
$$=4^3+3\times4=76$$

(3) $\left(x+\dfrac{1}{x}\right)^2=\left(x-\dfrac{1}{x}\right)^2+4$
$$=4^2+4=20$$

$\therefore\ x+\dfrac{1}{x}=2\sqrt{5}\ (\because\ \underline{x>1})\to x+\dfrac{1}{x}>0$

(4) (3)에서 $x+\dfrac{1}{x}=2\sqrt{5}$이므로

$x^3+\dfrac{1}{x^3}=\left(x+\dfrac{1}{x}\right)^3-3\left(x+\dfrac{1}{x}\right)$
$$=(2\sqrt{5})^3-3\times2\sqrt{5}=34\sqrt{5}$$

02-❷ 답 110

$x^2-5x+1=0$에서

$x\neq0$이므로 양변을 x로 나누면

$x-5+\dfrac{1}{x}=0$

$\therefore\ x+\dfrac{1}{x}=5$

$\therefore\ x^3+\dfrac{1}{x^3}=\left(x+\dfrac{1}{x}\right)^3-3\left(x+\dfrac{1}{x}\right)$
$$=5^3-3\times5=110$$

03-❶ 답 (1) -5 (2) 28

(1) $(x+y+z)^2=x^2+y^2+z^2+2(xy+yz+zx)$에서
$3^2=19+2(xy+yz+zx)$
$2(xy+yz+zx)=-10$
$\therefore xy+yz+zx=-5$

(2) (1)에서 $xy+yz+zx=-5$이므로
$x^2+y^2+z^2+xy+yz+zx$
$=\dfrac{1}{2}\{(x+y)^2+(y+z)^2+(z+x)^2\}$
에서
$19+(-5)=\dfrac{1}{2}\{(x+y)^2+(y+z)^2+(z+x)^2\}$
$\dfrac{1}{2}\{(x+y)^2+(y+z)^2+(z+x)^2\}=14$
$\therefore (x+y)^2+(y+z)^2+(z+x)^2=28$

03-❷ 답 ②

$(x+y-z)^2=x^2+y^2+z^2+2(xy-yz-zx)$이므로
$x^2+y^2+z^2=(x+y-z)^2-2(xy-yz-zx)$
$=5^2-2\times4$
$=25-8=17$

03-❸ 답 37

$a-b=3$, $b-c=4$의 양변을 각각 더하면
$(a-b)+(b-c)=3+4$
$\therefore a-c=7$
$\therefore a^2+b^2+c^2-ab-bc-ca$
$=\dfrac{1}{2}\{(a-b)^2+(b-c)^2+(c-a)^2\}$
$=\dfrac{1}{2}\{3^2+4^2+(-7)^2\}$
$=37$

04-❶ 답 26

삼각형 ABC가 선분 AB를 지름으로 하는 원에 내접하므로
삼각형 ABC는 선분 AB가 빗변인 직각삼각형이다.
오른쪽 그림과 같이 $\overline{AC}=a$, $\overline{BC}=b$라
하면 삼각형 ABC는 직각삼각형이므로
$\overline{AC}^2+\overline{BC}^2=\overline{AB}^2$에서
$a^2+b^2=144$
또한, 삼각형 ABC의 넓이가 13이므로

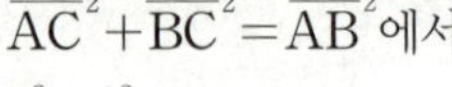

$\dfrac{1}{2}ab=13$ $\therefore ab=26$
이때 삼각형 ABC의 둘레의 길이는 $a+b+12$이고
$(a+b)^2=a^2+b^2+2ab$에서
$(a+b)^2=144+2\times26$
$=196$
$\therefore a+b=14\ (\because a+b>0)$

따라서 삼각형 ABC의 둘레의 길이는
$a+b+12=14+12=26$

(1) 한 원에서 한 호에 대한 원주각의 크기는
　　모두 같다.
　　➡ $\angle APB=\angle AQB=\angle ARB$
(2) 원에서 호가 반원일 때, 그 호에 대한
　　원주각의 크기는 $90°$이다.
　　➡ 선분 CD가 원의 지름이면
　　　$\angle CED=90°$이다.

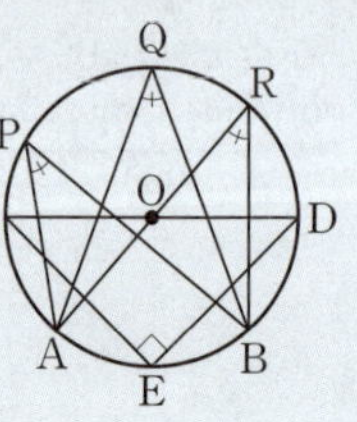

04-❷ 답 $\sqrt{13}$

오른쪽 그림과 같이 직육면체의 밑면의
가로의 길이, 세로의 길이, 높이를 각각
a, b, c라 하면
직육면체의 모든 모서리의 길이의 합이
20이므로
$4a+4b+4c=20$ $\therefore a+b+c=5$
또한, 직육면체의 겉넓이가 12이므로
$2ab+2bc+2ca=12$ $\therefore ab+bc+ca=6$
이때 직육면체의 대각선의 길이는 $\sqrt{a^2+b^2+c^2}$이므로
$a^2+b^2+c^2=(a+b+c)^2-2(ab+bc+ca)$
$=5^2-2\times6=13$
따라서 직육면체의 대각선의 길이는 $\sqrt{13}$이다.

집중 연습　　• 본문 025쪽

01 (1) 18	(2) $2\sqrt{5}$	(3) 76	(4) $34\sqrt{5}$
02 (1) 2	(2) 5	(3) 1	(4) 7
03 (1) 14	(2) 52	(3) $2\sqrt{3}$	(4) $30\sqrt{3}$
04 (1) 18	(2) $8\sqrt{5}$		
05 (1) 10	(2) 3		
06 (1) -2	(2) -8		

01 (1) $x^2+y^2=(x-y)^2+2xy=4^2+2\times1=18$
(2) $(x+y)^2=(x-y)^2+4xy=4^2+4\times1=20$
$\therefore x+y=2\sqrt{5}\ (\because x>0,\ y>0)\ \rightarrow x+y>0$
(3) $x^3-y^3=(x-y)^3+3xy(x-y)$
$=4^3+3\times1\times4=76$
(4) (2)에서 $x+y=2\sqrt{5}$이므로
$x^3+y^3=(x+y)^3-3xy(x+y)$
$=(2\sqrt{5})^3-3\times1\times2\sqrt{5}=34\sqrt{5}$

02 (1) $x^3+y^3=(x+y)^3-3xy(x+y)$에서
$9=3^3-3xy\times3$, $9xy=18$ $\therefore xy=2$

(2) (1)에서 $xy=2$이므로
$$x^2+y^2=(x+y)^2-2xy=3^2-2\times2=5$$
(3) (1)에서 $xy=2$이므로
$$(x-y)^2=(x+y)^2-4xy$$
$$=3^2-4\times2=1$$
$$\therefore\ x-y=1\ (\because\ \underline{x>y}) \rightarrow x-y>0$$
(4) (1)에서 $xy=2$, (3)에서 $x-y=1$이므로
$$x^3-y^3=(x-y)^3+3xy(x-y)$$
$$=1^3+3\times2\times1=7$$

03 (1) $x^2+\dfrac{1}{x^2}=\left(x+\dfrac{1}{x}\right)^2-2$
$$=4^2-2=14$$
(2) $x^3+\dfrac{1}{x^3}=\left(x+\dfrac{1}{x}\right)^3-3\left(x+\dfrac{1}{x}\right)$
$$=4^3-3\times4=52$$
(3) $\left(x-\dfrac{1}{x}\right)^2=\left(x+\dfrac{1}{x}\right)^2-4$
$$=4^2-4=12$$
$$\therefore\ x-\dfrac{1}{x}=2\sqrt{3}\ (\because\ \underline{x>1}) \rightarrow x-\dfrac{1}{x}>0$$
(4) (3)에서 $x-\dfrac{1}{x}=2\sqrt{3}$이므로
$$x^3-\dfrac{1}{x^3}=\left(x-\dfrac{1}{x}\right)^3+3\left(x-\dfrac{1}{x}\right)$$
$$=(2\sqrt{3})^3+3\times2\sqrt{3}=30\sqrt{3}$$

04 (1) $x^2+\dfrac{1}{x^2}=\left(x+\dfrac{1}{x}\right)^2-2$에서
$$7=\left(x+\dfrac{1}{x}\right)^2-2,\ \left(x+\dfrac{1}{x}\right)^2=9$$
$$\therefore\ x+\dfrac{1}{x}=3\ (\because\ \underline{x>1}) \rightarrow x+\dfrac{1}{x}>0$$
$$\therefore\ x^3+\dfrac{1}{x^3}=\left(x+\dfrac{1}{x}\right)^3-3\left(x+\dfrac{1}{x}\right)$$
$$=3^3-3\times3=18$$
(2) $x^2+\dfrac{1}{x^2}=\left(x-\dfrac{1}{x}\right)^2+2$에서
$$7=\left(x-\dfrac{1}{x}\right)^2+2,\ \left(x-\dfrac{1}{x}\right)^2=5$$
$$\therefore\ x-\dfrac{1}{x}=\sqrt{5}\ (\because\ \underline{x>1}) \rightarrow x-\dfrac{1}{x}>0$$
$$\therefore\ x^3-\dfrac{1}{x^3}=\left(x-\dfrac{1}{x}\right)^3+3\left(x-\dfrac{1}{x}\right)$$
$$=(\sqrt{5})^3+3\times\sqrt{5}=8\sqrt{5}$$

05 (1) $x^2+y^2+z^2=(x+y+z)^2-2(xy+yz+zx)$
$$=4^2-2\times3=10$$
(2) $x^2+y^2+z^2=(x+y+z)^2-2(xy+yz+zx)$
$$=1^2-2\times(-1)=3$$

06 (1) $(x+y+z)^2=x^2+y^2+z^2+2(xy+yz+zx)$에서
$$2^2=8+2(xy+yz+zx)$$
$$2(xy+yz+zx)=-4$$
$$\therefore\ xy+yz+zx=-2$$

(2) $(x+y+z)^2=x^2+y^2+z^2+2(xy+yz+zx)$에서
$$(-2)^2=20+2(xy+yz+zx)$$
$$2(xy+yz+zx)=-16\qquad\therefore\ xy+yz+zx=-8$$

○4 다항식의 나눗셈

개념 확인　　　　　　　　　　• 본문 026쪽

1 답 $3x^3-6x^2+5x-12$
$$P(x)=(x-2)(3x^2+5)-2=(3x^3+5x-6x^2-10)-2$$
$$=3x^3-6x^2+5x-12$$

집중 연습

• 본문 027쪽

01 (1) (위에서부터) x^2, 7, $2x$, -6,
　　　몫: x^2-5x+7, 나머지: -6
(2) (위에서부터) $3x$, $3x$, $3x$
　　　몫: $3x+1$, 나머지: $3x+2$

02 (1) 몫: x^2-4x+1, 나머지: 7
(2) 몫: x^2-2x+1, 나머지: -2
(3) 몫: $-3x^2-2x-4$, 나머지: 9
(4) 몫: $2x^2-4x+4$, 나머지: 1
(5) 몫: x^3-3x^2-5, 나머지: -4
(6) 몫: x^3-2x^2+2x-3, 나머지: 6
(7) 몫: $-2x^2+x-1$, 나머지: 5
(8) 몫: $3x^2-x+6$, 나머지: $-13x+13$

03 (1) $Q=3x^2+4x$, $R=-1$,
　　　$3x^3+x^2-4x-1=(x-1)(3x^2+4x)-1$
(2) $Q=-2x+2$, $R=x+2$,
　　　$-2x^3+x+4=(x^2+x+1)(-2x+2)+x+2$

01 (1)

$$
\begin{array}{r}
\boxed{x^2}-5x+\boxed{7} \\
x+1\,)\overline{\,x^3-4x^2+2x+1\,} \\
\underline{x^3+x^2} \\
-5x^2+\boxed{2x} \\
\underline{-5x^2-5x} \\
7x+1 \\
\underline{7x+7} \\
\boxed{-6}
\end{array}
$$

$$\therefore\ \text{몫: } x^2-5x+7,\ \text{나머지: } -6$$

(2)

$$
\begin{array}{r}
\boxed{3x}+1 \\
2x^2-1\,)\overline{\,6x^3+2x^2+1\,} \\
\underline{6x^3-3x} \\
2x^2+\boxed{3x}+1 \\
\underline{2x^2-1} \\
\boxed{3x}+2
\end{array}
$$

$$\therefore\ \text{몫: } 3x+1,\ \text{나머지: } 3x+2$$

02 (1)

$$
\begin{array}{r}
x^2-4x+1 \\
x-2\,\overline{)\,x^3-6x^2+9x+5} \\
\underline{x^3-2x^2} \\
-4x^2+9x \\
\underline{-4x^2+8x} \\
x+5 \\
\underline{x-2} \\
7
\end{array}
$$

$\therefore$ 몫: x^2-4x+1, 나머지: 7

(2)

$$
\begin{array}{r}
x^2-2x+1 \\
2x-1\,\overline{)\,2x^3-5x^2+4x-3} \\
\underline{2x^3-x^2} \\
-4x^2+4x \\
\underline{-4x^2+2x} \\
2x-3 \\
\underline{2x-1} \\
-2
\end{array}
$$

$\therefore$ 몫: x^2-2x+1, 나머지: -2

(3)

$$
\begin{array}{r}
-3x^2-2x-4 \\
-x+3\,\overline{)\,3x^3-7x^2-2x-3} \\
\underline{3x^3-9x^2} \\
2x^2-2x \\
\underline{2x^2-6x} \\
4x-3 \\
\underline{4x-12} \\
9
\end{array}
$$

$\therefore$ 몫: $-3x^2-2x-4$, 나머지: 9

(4)

$$
\begin{array}{r}
2x^2-4x+4 \\
-2x-1\,\overline{)\,-4x^3+6x^2-4x-3} \\
\underline{-4x^3-2x^2} \\
8x^2-4x \\
\underline{8x^2+4x} \\
-8x-3 \\
\underline{-8x-4} \\
1
\end{array}
$$

$\therefore$ 몫: $2x^2-4x+4$, 나머지: 1

(5)

$$
\begin{array}{r}
x^3-3x^2-5 \\
x-1\,\overline{)\,x^4-4x^3+3x^2-5x+1} \\
\underline{x^4-x^3} \\
-3x^3+3x^2 \\
\underline{-3x^3+3x^2} \\
-5x+1 \\
\underline{-5x+5} \\
-4
\end{array}
$$

$\therefore$ 몫: x^3-3x^2-5, 나머지: -4

(6)

$$
\begin{array}{r}
x^3-2x^2+2x-3 \\
3x+2\,\overline{)\,3x^4-4x^3+2x^2-5x} \\
\underline{3x^4+2x^3} \\
-6x^3+2x^2 \\
\underline{-6x^3-4x^2} \\
6x^2-5x \\
\underline{6x^2+4x} \\
-9x \\
\underline{-9x-6} \\
6
\end{array}
$$

$\therefore$ 몫: x^3-2x^2+2x-3, 나머지: 6

(7)

$$
\begin{array}{r}
-2x^2+x-1 \\
x^2+1\,\overline{)\,-2x^4+x^3-3x^2+x+4} \\
\underline{-2x^4-2x^2} \\
x^3-x^2+x \\
\underline{x^3+x} \\
-x^2+4 \\
\underline{-x^2-1} \\
5
\end{array}
$$

$\therefore$ 몫: $-2x^2+x-1$, 나머지: 5

(8)

$$
\begin{array}{r}
3x^2-x+6 \\
x^2+x-2\,\overline{)\,3x^4+2x^3-x^2-5x+1} \\
\underline{3x^4+3x^3-6x^2} \\
-x^3+5x^2-5x \\
\underline{-x^3-x^2+2x} \\
6x^2-7x+1 \\
\underline{6x^2+6x-12} \\
-13x+13
\end{array}
$$

$\therefore$ 몫: $3x^2-x+6$, 나머지: $-13x+13$

03 (1)

$$
\begin{array}{r}
3x^2+4x \\
x-1\,\overline{)\,3x^3+x^2-4x-1} \\
\underline{3x^3-3x^2} \\
4x^2-4x \\
\underline{4x^2-4x} \\
-1
\end{array}
$$

$\therefore Q=3x^2+4x,\ R=-1,$
$3x^3+x^2-4x-1=(x-1)(3x^2+4x)-1$

(2)

$$
\begin{array}{r}
-2x+2 \\
x^2+x+1\,\overline{)\,-2x^3+x+4} \\
\underline{-2x^3-2x^2-2x} \\
2x^2+3x+4 \\
\underline{2x^2+2x+2} \\
x+2
\end{array}
$$

$\therefore Q=-2x+2,\ R=x+2,$
$-2x^3+x+4=(x^2+x+1)(-2x+2)+x+2$

05-❶ 답 14

다항식 $3x^4+4x^3-x^2-2x+1$을 x^2+x-2로 나누면 다음과 같다.

$$
\begin{array}{r}
3x^2+x+4 \\
x^2+x-2\,\overline{)\,3x^4+4x^3-x^2-2x+1} \\
\underline{3x^4+3x^3-6x^2} \\
x^3+5x^2-2x \\
\underline{x^3+x^2-2x} \\
4x^2+1 \\
\underline{4x^2+4x-8} \\
-4x+9
\end{array}
$$

따라서 $3x^4+4x^3-x^2-2x+1$을 x^2+x-2로 나누었을 때의
몫은 $3x^2+x+4$, 나머지는 $-4x+9$이므로
$a=1$, $b=4$, $c=9$
$\therefore a+b+c=1+4+9=14$

05-❷ 답 11

$2-b=-4$에서 $b=6$
$2a=b=6$에서 $a=3$
$2c=-4$에서 $c=-2$
$1-(-a)=d$
$\therefore d=1+a=1+3=4$
$\therefore a+b+c+d$
$\qquad =3+6+(-2)+4=11$

$$2x+a\,)\overline{\,4x^4+2x^3-6x^2-2x+1\,}$$
$$2x^3+cx^2-1$$
$$4x^4+bx^3 \leftarrow (2x+a)\times 2x^3$$
$$-4x^3-6x^2$$
$$\longrightarrow -4x^3-6x^2$$
$$(2x+a)\times cx^2 \qquad -2x+1$$
$$-2x-a$$
$$d$$

06-❶ 답 $2x^2-x-5$

다항식 $2x^3+x^2-3x-1$을 다항식 A로 나누었을 때의 몫이
$x+1$이고 나머지가 $3x+4$이므로
$2x^3+x^2-3x-1=A(x+1)+3x+4$
$A(x+1)=2x^3+x^2-6x-5$
$\therefore A=(2x^3+x^2-6x-5)\div(x+1)$

$$x+1\,)\overline{\,2x^3+\ x^2-6x-5\,}$$
$$\underline{2x^3+2x^2}$$
$$-\ x^2-6x$$
$$\underline{-\ x^2-\ x}$$
$$-5x-5$$
$$\underline{-5x-5}$$
$$0$$

몫: $2x^2-\ x\ -5$

$\therefore A=2x^2-x-5$

06-❷ 답 몫: $2x+1$, 나머지: $7x+1$

다항식 $P(x)$를 $x+1$로 나누었을 때의 몫이 $2x^2-5x+6$이
고 나머지가 -7이므로
$P(x)=(x+1)(2x^2-5x+6)-7$
$\qquad =2x^3-3x^2+x-1$

$$x^2-2x-2\,)\overline{\,2x^3-3x^2+\ x-1\,}$$
$$\underline{2x^3-4x^2-4x}$$
$$x^2+5x-1$$
$$\underline{x^2-2x-2}$$
$$7x+1$$

몫: $2x+1$

$\therefore$ 몫: $2x+1$, 나머지: $7x+1$

06-❸ 답 ①

$P(x)=\left(x+\dfrac{2}{3}\right)Q(x)+R$
$\qquad =(3x+2)\left\{\dfrac{1}{3}Q(x)\right\}+R$

따라서 $P(x)$를 $3x+2$로 나누었을 때의 몫은 $\dfrac{1}{3}Q(x)$, 나머
지는 R이다.

소단원 **점검 문제**　　·본문 030~031쪽

01 ③	02 ②	03 ④	04 7
05 108	06 ①	07 ⑤	08 ②

01 $x+y=(\sqrt{5}+2)+(\sqrt{5}-2)=2\sqrt{5}$
$\quad xy=(\sqrt{5}+2)\times(\sqrt{5}-2)=5-4=1$
$\quad \therefore x^3+y^3=(x+y)^3-3xy(x+y)$
$\qquad\qquad\quad =(2\sqrt{5})^3-3\times1\times2\sqrt{5}=34\sqrt{5}$
$\quad \therefore \dfrac{y^2}{x}+\dfrac{x^2}{y}=\dfrac{x^3+y^3}{xy}=\dfrac{34\sqrt{5}}{1}=34\sqrt{5}$

02 $x^2+\dfrac{1}{x^2}=\left(x-\dfrac{1}{x}\right)^2+2=2^2+2=6$
$\quad \therefore x^4+\dfrac{1}{x^4}=\left(x^2+\dfrac{1}{x^2}\right)^2-2=6^2-2=34$

03 $(x+y+z)^2=x^2+y^2+z^2+2(xy+yz+zx)$에서
$\quad 0=6+2(xy+yz+zx)$
$\quad 2(xy+yz+zx)=-6$
$\quad \therefore xy+yz+zx=-3$
$\quad \therefore x^2y^2+y^2z^2+z^2x^2$
$\qquad =(xy)^2+(yz)^2+(zx)^2$
$\qquad =(xy+yz+zx)^2-2(xy^2z+yz^2x+zx^2y)$
$\qquad =(xy+yz+zx)^2-2xyz(x+y+z)$
$\qquad =(-3)^2-0=9$
$\qquad\quad \hookrightarrow x+y+z=0$이므로

04 $y-x=1$, $z-x=3$의 양변을 각각 빼면
$\quad (y-x)-(z-x)=1-3=-2$
$\quad \therefore y-z=-2$
$\quad \therefore x^2+y^2+z^2-xy-yz-zx$
$\qquad =\dfrac{1}{2}\{(x-y)^2+(y-z)^2+(z-x)^2\}$
$\qquad =\dfrac{1}{2}\{(-1)^2+(-2)^2+3^2\}=7$

05 직각삼각형 ABC에서 $\overline{\text{BC}}=a$, $\overline{\text{AC}}=b$라 하면
피타고라스 정리에 의하여
$\quad \overline{\text{AB}}^2=\overline{\text{BC}}^2+\overline{\text{AC}}^2=a^2+b^2$
$\qquad\quad =(2\sqrt{6})^2=24$
또한, 삼각형의 넓이가 3이므로
$\quad (삼각형 \text{ ABC의 넓이})=\dfrac{1}{2}\times a\times b=3$에서
$\quad ab=6$

$(a+b)^2=a^2+b^2+2ab$
$\qquad =24+2\times6=36$
$\therefore a+b=6\ (\because a+b>0)$
$\therefore \overline{AC}^3+\overline{BC}^3=b^3+a^3$
$\qquad =(a+b)^3-3ab(a+b)$
$\qquad =6^3-3\times6\times6$
$\qquad =216-108=108$

06

$$\begin{array}{r}
2x^2-x+1 \\
x^2+1\,\overline{)\,2x^4-x^3+3x^2\quad+1} \\
\underline{2x^4\quad+2x^2} \\
-x^3+\ x^2 \\
\underline{-x^3\qquad-x} \\
x^2+x+1 \\
\underline{x^2\qquad+1} \\
x
\end{array}$$

$\therefore Q(x)=2x^2-x+1,\ R(x)=x$
$\therefore Q(1)+R(2)=(2\times1^2-1+1)+2=4$

07 $P(x)$를 x^2-1로 나누었을 때의 몫이 $Q(x)$, 나머지가 $2x+1$이므로
$P(x)=(x^2-1)Q(x)+2x+1$
$\qquad =(x+1)(x-1)Q(x)+2(x-1)+3$
$\qquad =(x-1)\{(x+1)Q(x)+2\}+3$
따라서 $P(x)$를 $x-1$로 나누었을 때의 나머지는 3이다.

08 $P(x)=\left(x-\dfrac{1}{2}\right)Q(x)+R$이므로
$xP(x)=x\left(x-\dfrac{1}{2}\right)Q(x)+xR$
$\qquad =\dfrac{1}{2}x(2x-1)Q(x)+\dfrac{R}{2}(2x-1)+\dfrac{1}{2}R$
$\qquad =(2x-1)\left\{\dfrac{1}{2}xQ(x)+\dfrac{R}{2}\right\}+\dfrac{1}{2}R$
따라서 $xP(x)$를 $2x-1$로 나누었을 때의 몫은 $\dfrac{1}{2}\{xQ(x)+R\}$, 나머지는 $\dfrac{1}{2}R$이다.

중단원 실전 문제 · 본문 032~034쪽

01 ③	**02** ③	**03** $3x^2+2x$	**04** 1
05 21	**06** 3	**07** ③	**08** ①
09 ⑤	**10** 464	**11** 52	**12** 84
13 198	**14** ②	**15** 6	**16** 1
17 ①	**18** ④	**19** ③	**20** 12
21 ④	**22** ②		

01 $3A+4X=A+2(B+X)$에서
$3A+4X=A+2B+2X$

$2X=-2A+2B$
$\therefore X=-A+B=-(x^2+4x+3)+(2x^2+x+1)$
$\qquad =x^2-3x-2$

02 사각형 ABED의 넓이는 두 삼각형 ABD, BED의 넓이의 합과 같다.

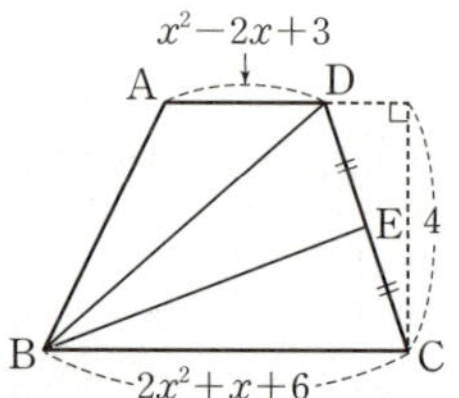

삼각형 ABD에서 밑변을 선분 AD라 하면 높이가 4이므로
$(삼각형\ ABD의\ 넓이)=\dfrac{1}{2}\times\overline{AD}\times4$
$\qquad =\dfrac{1}{2}\times(x^2-2x+3)\times4$
$\qquad =2x^2-4x+6 \quad \cdots\cdots ㉠$
이때 $\overline{DE}=\overline{CE}$이므로 두 삼각형 BED와 BCE의 넓이가 같다. 즉
$(삼각형\ BCD의\ 넓이)$
$=(삼각형\ BED의\ 넓이)+(삼각형\ BCE의\ 넓이)$
$=2\times(삼각형\ BED의\ 넓이)$
이므로
$(삼각형\ BED의\ 넓이)=\dfrac{1}{2}\times(삼각형\ BCD의\ 넓이)$
삼각형 BCD에서 밑변을 선분 BC라 하면 높이가 4이므로
$(삼각형\ BCD의\ 넓이)=\dfrac{1}{2}\times\overline{BC}\times4$
$\qquad =\dfrac{1}{2}\times(2x^2+x+6)\times4$
$\qquad =4x^2+2x+12$
$\therefore (삼각형\ BED의\ 넓이)=\dfrac{1}{2}\times(삼각형\ BCD의\ 넓이)$
$\qquad =\dfrac{1}{2}\times(4x^2+2x+12)$
$\qquad =2x^2+x+6 \quad \cdots\cdots ㉡$
㉠, ㉡에서
$(사각형\ ABED의\ 넓이)$
$=(삼각형\ ABD의\ 넓이)+(삼각형\ BED의\ 넓이)$
$=(2x^2-4x+6)+(2x^2+x+6)$
$=4x^2-3x+12$

03 $2A+B=4x^2+5x-1 \quad \cdots\cdots ㉠$
$A-2B=-3x^2+5x-3 \quad \cdots\cdots ㉡$
$2\times㉠+㉡$을 하면
$2(2A+B)+(A-2B)$
$=2(4x^2+5x-1)+(-3x^2+5x-3)$
$4A+2B+A-2B$
$=(8x^2+10x-2)+(-3x^2+5x-3)$

$5A=5x^2+15x-5$

$\therefore A=x^2+3x-1$ $\qquad$ ...... ㉢

㉢을 ㉠에 대입하면

$2(x^2+3x-1)+B=4x^2+5x-1$

$\therefore B=(4x^2+5x-1)-2(x^2+3x-1)$

$\qquad =(4x^2+5x-1)+(-2x^2-6x+2)$

$\qquad =2x^2-x+1$

$\therefore A+B=(x^2+3x-1)+(2x^2-x+1)$

$\qquad\qquad =3x^2+2x$

04 $A=x^3+ax+2$, $B=2x^2+x+b$라 하면 주어진 다항식의 전개식에서

상수항이 나오는 경우는

(A의 상수항)×(B의 상수항)이므로

$2\times b=-4$ $\quad\therefore b=-2$

x^3항이 나오는 경우는

(A의 x^3항)×(B의 상수항), (A의 x항)×(B의 x^2항)이므로

$x^3\times(-2)+ax\times 2x^2=(-2+2a)x^3$ $\quad (b=-2)$

이때 x^3의 계수가 4이므로

$-2+2a=4$, $2a=6$ $\quad\therefore a=3$

$\therefore a+b=3+(-2)=1$

05 주어진 다항식의 전개식에서 x^5항이 나오는 경우는 6개의 다항식 중 5개의 다항식에서 각각 x항을 택하여 곱하고 나머지 1개의 다항식에서 상수항을 택하여 곱하는 경우이다. 즉

$1\times x^5+2\times x^5+3\times x^5+4\times x^5+5\times x^5+6\times x^5$

$=(1+2+3+4+5+6)x^5=21x^5$

따라서 x^5의 계수는 21이다.

06 $(x+a)^3+x(x-4)$

$=(x^3+3ax^2+3a^2x+a^3)+(x^2-4x)$

$=x^3+(3a+1)x^2+(3a^2-4)x+a^3$

이때 x^2의 계수가 10이므로

$3a+1=10$, $3a=9$

$\therefore a=3$

07 $x^2-1=X$라 하면

$(x^2-2x-1)^3+(x^2+2x-1)^3$

$=(X-2x)^3+(X+2x)^3$

$=(X^3-6xX^2+12x^2X-8x^3)$

$\qquad\qquad +(X^3+6xX^2+12x^2X+8x^3)$

$=2X^3+24x^2X$

$=2(x^2-1)^3+24x^2(x^2-1)$

$=2(x^6-3x^4+3x^2-1)+24x^4-24x^2$

$=2x^6+18x^4-18x^2-2$

$\therefore a=2$, $b=18$, $c=-18$, $d=-2$

$\therefore ab-cd=2\times 18-(-18)\times(-2)=0$

08 $74=a$, $47=b$라 하면

$\dfrac{74^2-64\times 84}{47^2-42\times 52}=\dfrac{a^2-(a-10)(a+10)}{b^2-(b-5)(b+5)}$

$\qquad\qquad =\dfrac{a^2-(a^2-100)}{b^2-(b^2-25)}=\dfrac{100}{25}=4$

09 $30=x$라 하면

$29=x-1$, $33=x+3$, $34=x+4$이므로

$\dfrac{29\times 30\times 33\times 34+4}{(30\times 33-2)^2}$

$=\dfrac{(x-1)x(x+3)(x+4)+4}{\{x(x+3)-2\}^2}$ $\quad$ 두 일차식의 상수항의 합이 같도록 두 개씩 짝을 짓는다.

$=\dfrac{\{x(x+3)\}\{(x-1)(x+4)\}+4}{\{x(x+3)-2\}^2}$

$=\dfrac{(x^2+3x)(x^2+3x-4)+4}{(x^2+3x-2)^2}$

이때 $x^2+3x=X$라 하면

$\dfrac{(x^2+3x)(x^2+3x-4)+4}{(x^2+3x-2)^2}=\dfrac{X(X-4)+4}{(X-2)^2}$

$\qquad\qquad =\dfrac{X^2-4X+4}{X^2-4X+4}$

$\qquad\qquad =1$

10 $\dfrac{1}{x}+\dfrac{1}{y}=2$에서 $\dfrac{x+y}{xy}=\dfrac{x+y}{2}=2$

$\therefore x+y=4$

한편,

$(x^2+y^2)(x^3+y^3)=x^5+x^3y^2+x^2y^3+y^5$

$\qquad\qquad =x^5+y^5+x^2y^2(x+y)$

이므로 $x^5+y^5=(x^2+y^2)(x^3+y^3)-(xy)^2(x+y)$

이때

$x^2+y^2=(x+y)^2-2xy$

$\qquad =4^2-2\times 2=12$,

$x^3+y^3=(x+y)^3-3xy(x+y)$

$\qquad =4^3-3\times 2\times 4=40$

이므로 $x^5+y^5=12\times 40-2^2\times 4=464$

11 $x^2=4x-1$에서

$x^2+1=4x$

$x\neq 0$이므로 양변을 x로 나누면

$x+\dfrac{1}{x}=4$ $\quad$ $x^2+1=4x$의 양변에 $x=0$을 대입하면 등식이 성립하지 않으므로 $x\neq 0$이다. $\qquad$ ··· ❶

$\therefore x^3+\dfrac{1}{x^3}=\left(x+\dfrac{1}{x}\right)^3-3\left(x+\dfrac{1}{x}\right)$

$\qquad\qquad =4^3-3\times 4=52$ $\qquad$ ··· ❷

채점 기준	배점 비율
❶ $x+\dfrac{1}{x}$의 값 구하기	40%
❷ $x^3+\dfrac{1}{x^3}$의 값 구하기	60%

12 $(a+b+c)^2=a^2+b^2+c^2+2(ab+bc+ca)$에서

$3^2=21+2(ab+bc+ca)$

$\therefore ab+bc+ca=-6$

이때

$(ab+bc+ca)^2=a^2b^2+b^2c^2+c^2a^2+2abc(a+b+c)$

이므로

$a^2b^2+b^2c^2+c^2a^2=(ab+bc+ca)^2-2abc(a+b+c)$

$\qquad\qquad\qquad\qquad =(-6)^2-2\times(-8)\times3=84$

13 직육면체 $\mathrm{ABCD-EFGH}$의 밑면의 가로의 길이를 a, 세로의 길이를 b, 높이를 c라 하자.

겉넓이가 190이므로

$2(ab+bc+ca)=190$

$\therefore ab+bc+ca=95$

모든 모서리의 길이의 합이 68이므로

$4(a+b+c)=68$

$\therefore a+b+c=17$

이때 피타고라스 정리에 의하여

$\overline{\mathrm{BG}}^2+\overline{\mathrm{GD}}^2+\overline{\mathrm{DB}}^2$

$=(\overline{\mathrm{FG}}^2+\overline{\mathrm{BF}}^2)+(\overline{\mathrm{GH}}^2+\overline{\mathrm{DH}}^2)+(\overline{\mathrm{BC}}^2+\overline{\mathrm{CD}}^2)$

$=(a^2+c^2)+(b^2+c^2)+(a^2+b^2)$

$=2(a^2+b^2+c^2)$

이고

$(a+b+c)^2=a^2+b^2+c^2+2(ab+bc+ca)$에서

$a^2+b^2+c^2=(a+b+c)^2-2(ab+bc+ca)$

$\qquad\qquad\qquad =17^2-2\times95=99$

$\therefore \overline{\mathrm{BG}}^2+\overline{\mathrm{GD}}^2+\overline{\mathrm{DB}}^2=2\times99=198$

14 원기둥의 높이를 $P(x)$라 하면

$(x^3+4x^2+5x+2)\pi=\pi(x+1)^2\times P(x)$

$x^3+4x^2+5x+2=(x^2+2x+1)P(x)$

$\therefore P(x)=(x^3+4x^2+5x+2)\div(x^2+2x+1)$

$$
\begin{array}{r}
x+2 \\
x^2+2x+1\overline{\smash{)}x^3+4x^2+5x+2} \\
\underline{x^3+2x^2+\ x} \\
2x^2+4x+2 \\
\underline{2x^2+4x+2} \\
0
\end{array}
$$

따라서 $P(x)=x+2$이므로 구하는 원기둥의 높이는 $x+2$

15 ↱ 이차식이므로 이차식 $(x-1)^2$으로
  나누면 나머지가 존재한다.

$P(x)$를 $(x-1)^3$으로 나누었을 때의 몫을 $Q(x)$라 하면

$P(x)=(x-1)^3Q(x)+\underline{x^2+x+1}$ ··· ❶

$\qquad =(x-1)^3Q(x)+(x-1)^2+3x$

$\qquad =(x-1)^2\{(x-1)Q(x)+1\}+3x$ ··· ❷

즉, $P(x)$를 $(x-1)^2$으로 나누었을 때의 나머지가 $3x$이므로

$R(x)=3x$

$\therefore R(2)=3\times2=6$ ··· ❸

채점 기준	배점 비율
❶ $P(x)$를 $(x-1)^3$으로 나누었을 때의 몫을 $Q(x)$라 하고, 나머지를 이용하여 식 세우기	30%
❷ 식 변형하기	50%
❸ $R(2)$의 값 구하기	20%

16 $x^2+1=X$라 하면

$(x^2+x+1)^3$

$=(X+x)^3$

$=X^3+3xX^2+3x^2X+x^3$

$=(x^2+1)^3+3x(x^2+1)^2+3x^2(x^2+1)+x^3$

즉, $(x^2+x+1)^3$을 x^2+1로 나누었을 때의 나머지는 x^3을 x^2+1로 나누었을 때의 나머지와 같다.

$$
\begin{array}{r}
x \\
x^2+1\overline{\smash{)}x^3} \\
\underline{x^3+x} \\
-x
\end{array}
$$

따라서 $R(x)=-x$이므로

$R(-1)=-(-1)=1$

17 다항식 $P(x)$를 x^2+1로 나누었을 때의 몫을 $Q(x)$라 하면 나머지가 $x+1$이므로

$P(x)=(x^2+1)Q(x)+x+1$

이때 $(x^2+1)Q(x)=A$, $x+1=B$라 하면

$\{P(x)\}^2$

$=(A+B)^2$

$=A^2+2AB+B^2$

$=\{(x^2+1)Q(x)\}^2+2(x^2+1)(x+1)Q(x)+(x+1)^2$

$=(x^2+1)^2\{Q(x)\}^2$

$\qquad +2(x^2+1)(x+1)Q(x)+(x^2+2x+1)$

$=(x^2+1)[(x^2+1)\{Q(x)\}^2+2(x+1)Q(x)+1]+2x$

따라서 $R(x)=2x$이므로

$R(3)=2\times3=6$

18 (풀이 전략) 주어진 식에서 $(a+b)^4$, $(a-b)^4$이 반복되므로 이를 각각 치환한 후 a^2-b^2의 값을 이용할 수 있도록 주어진 식을 a^2-b^2을 포함한 형태로 간단히 정리한다.

$(a+b)^4=A$, $(a-b)^4=B$라 하면

$\{(a+b)^4+(a-b)^4\}^2-\{(a+b)^4-(a-b)^4\}^2$

$=(A+B)^2-(A-B)^2$

$=(A^2+2AB+B^2)-(A^2-2AB+B^2)$

$=4AB$

$=4(a+b)^4(a-b)^4$

$=4\{(a+b)(a-b)\}^4$

$=4(a^2-b^2)^4$

$=4\times2^4=64$

19 (풀이 전략) $\dfrac{1}{x^2}+\dfrac{1}{y^2}+\dfrac{1}{z^2}=\dfrac{x^2y^2+y^2z^2+z^2x^2}{x^2y^2z^2}$이므로 주어진 조건과 곱셈 공식을 이용하여 xyz, $x^2y^2+y^2z^2+z^2x^2$의 값을 각각 구한다.

$\dfrac{1}{x}+\dfrac{1}{y}+\dfrac{1}{z}=5$에서 $\dfrac{xy+yz+zx}{xyz}=5$

$\therefore xy+yz+zx=5xyz \quad \cdots\cdots ㉠$

$(x+y+z)^2=x^2+y^2+z^2+2(xy+yz+zx)$에서

$5^2=15+2(xy+yz+zx)$

$\therefore xy+yz+zx=5 \quad \cdots\cdots ㉡$

㉡을 ㉠에 대입하여 정리하면 $xyz=1$

이때

$(xy+yz+zx)^2=x^2y^2+y^2z^2+z^2x^2+2xyz(x+y+z)$

이므로

$$x^2y^2+y^2z^2+z^2x^2=(xy+yz+zx)^2-2xyz(x+y+z)$$
$$=5^2-2\times1\times5=15$$

$$\therefore \dfrac{1}{x^2}+\dfrac{1}{y^2}+\dfrac{1}{z^2}=\dfrac{x^2y^2+y^2z^2+z^2x^2}{x^2y^2z^2}$$
$$=\dfrac{x^2y^2+y^2z^2+z^2x^2}{(xyz)^2}=\dfrac{15}{1^2}=15$$

20 (풀이 전략) 곱셈 공식의 변형을 이용하여 $x^3+\dfrac{1}{x^3}$을 $x+\dfrac{1}{x}$에 대한 식으로 나타낸 후, 이를 이용하여 $P\!\left(x+\dfrac{1}{x}\right)$을 $P(x)$ 꼴로 나타내어 본다.

$x^3+\dfrac{1}{x^3}=\left(x+\dfrac{1}{x}\right)^3-3\left(x+\dfrac{1}{x}\right)$이므로

$P\!\left(x+\dfrac{1}{x}\right)=x^3+\dfrac{1}{x^3}=\left(x+\dfrac{1}{x}\right)^3-3\left(x+\dfrac{1}{x}\right)$

이때 $x+\dfrac{1}{x}=t$라 하면 $P(t)=t^3-3t$

$\therefore P\!\left(x-\dfrac{1}{x}\right)=\left(x-\dfrac{1}{x}\right)^3-3\left(x-\dfrac{1}{x}\right)$ $P(t)$에 t 대신 $x-\dfrac{1}{x}$을 대입한다.

$$=\left(x^3-3x+\dfrac{3}{x}-\dfrac{1}{x^3}\right)+\left(-3x+\dfrac{3}{x}\right)$$
$$=x^3-6x+\dfrac{6}{x}-\dfrac{1}{x^3}$$

따라서 $a=-6$, $b=6$이므로

$b-a=6-(-6)=12$

21 (풀이 전략) $x^2-x-1=0$이므로 $x^4+x^3-x^2-4x+1$을 x^2-x-1로 나누었을 때의 몫과 나머지를 이용하여 $x^4+x^3-x^2-4x+1$의 값을 구한다.

$$
\begin{array}{r}
x^2+2x+2 \\
x^2-x-1\,\overline{)\,x^4+\;x^3-\;x^2-4x+1} \\
\underline{x^4-\;x^3-\;x^2} \\
2x^3-4x \\
\underline{2x^3-2x^2-2x} \\
2x^2-2x+1 \\
\underline{2x^2-2x-2} \\
3
\end{array}
$$

$\therefore x^4+x^3-x^2-4x+1=(x^2-x-1)(x^2+2x+2)+3$
$$=3 \;(\because x^2-x-1=0)$$

22 (풀이 전략) $\overline{\text{PH}}=x$, $\overline{\text{PI}}=y$라 하고 $\angle\text{HPI}=90°$임을 이용하여 주어진 조건을 x, y에 대한 식으로 나타낸 후, 곱셈 공식의 변형을 이용하여 $\overline{\text{PH}}^3+\overline{\text{PI}}^3$의 값을 구한다.

호 AB 위의 점 P에서 두 선분 OA, OB에 내린 수선의 발이 각각 H, I이므로

$\overline{\text{IP}}\parallel\overline{\text{OH}}$, $\overline{\text{HP}}\parallel\overline{\text{OI}}$

즉, 사각형 OHPI는 직사각형이므로 $\angle\text{HPI}=90°$이고

$\overline{\text{IH}}=\overline{\text{PO}}=4$이다.

$\overline{\text{PH}}=x$, $\overline{\text{PI}}=y$라 하면 직각삼각형 PIH에서

$\overline{\text{PH}}^2+\overline{\text{PI}}^2=\overline{\text{IH}}^2$이므로

$x^2+y^2=16 \quad \cdots\cdots ㉠$

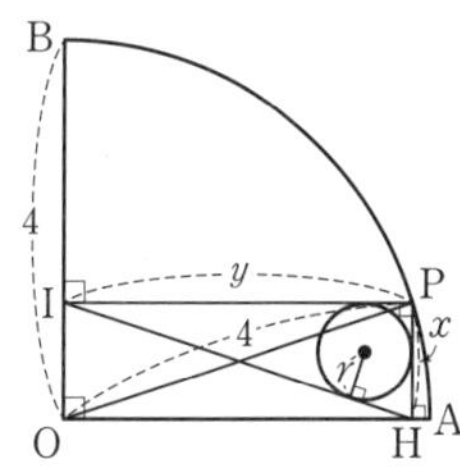

직각삼각형 PIH의 내접원의 반지름의 길이를 r라 하면

$\pi r^2=\dfrac{\pi}{4}$에서 $r=\dfrac{1}{2}\;(\because r>0)$

직각삼각형 PIH의 넓이에서

$\dfrac{1}{2}\times\overline{\text{PH}}\times\overline{\text{PI}}=\dfrac{1}{2}\times r\times(\overline{\text{PH}}+\overline{\text{PI}}+\overline{\text{IH}})$

$\dfrac{1}{2}xy=\dfrac{1}{2}\times\dfrac{1}{2}\times(x+y+4)$

$xy=\dfrac{1}{2}(x+y+4)$

$\therefore x+y=2(xy-2) \quad \cdots\cdots ㉡$

$x^2+y^2=(x+y)^2-2xy$에서

$16=\{2(xy-2)\}^2-2xy \;(\because ㉠, ㉡)$

$16=4(x^2y^2-4xy+4)-2xy$

$4x^2y^2-18xy=0$

$\therefore xy(2xy-9)=0$

이때 $xy\neq0$이므로 $xy=\dfrac{9}{2}$

$xy=\dfrac{9}{2}$를 ㉡에 대입하면

$x+y=2\times\left(\dfrac{9}{2}-2\right)=5$

$\therefore \overline{\text{PH}}^3+\overline{\text{PI}}^3=x^3+y^3$
$$=(x+y)^3-3xy(x+y)$$
$$=5^3-3\times\dfrac{9}{2}\times5$$
$$=\dfrac{115}{2}$$

항등식과 나머지정리

01 항등식

1 답 ㄱ, ㄷ

ㄱ. 주어진 식의 우변을 x에 대한 내림차순으로 정리하면
$x^3+2x-4=x^3+2x-4$ → (좌변)=(우변)이므로 항등식이다.
위의 등식은 x에 어떤 값을 대입하여도 항상 성립하므로 항등식이다.

ㄴ. 주어진 식의 우변을 좌변으로 이항하여 정리하면
$2x-2=0$
위의 등식은 x에 1을 대입하였을 때만 성립하므로 방정식이다.

ㄷ. 주어진 식의 좌변의 괄호를 풀면
$2x-6=2x-6$ → (좌변)=(우변)이므로 항등식이다.
위의 등식은 x에 어떤 값을 대입하여도 항상 성립하므로 항등식이다.

ㄹ. 주어진 등식은 x에 -1 또는 2를 대입하였을 때만 성립하므로 방정식이다.

따라서 항등식인 것은 ㄱ, ㄷ이다.

2 답 (1) $a=-1$, $b=1$ (2) $a=3$, $b=6$

(1) $a+1=0$, $b-1=0$에서 $a=-1$, $b=1$
(2) $a=3$, $4=b-2$에서 $a=3$, $b=6$

01-❶ 답 (1) $y=2$, $k=-1$ (2) $x=\dfrac{1}{2}$, $k=-1$

(1) 주어진 등식을 x에 대한 내림차순으로 정리하면
$(2y-4)x+ky+k+3=0$
위의 등식이 x에 대한 항등식이므로
$2y-4=0$, $ky+k+3=0$
위의 두 식을 연립하여 풀면
$y=2$, $k=-1$

(2) 주어진 등식을 y에 대한 내림차순으로 정리하면
$(2x+k)y-4x+k+3=0$
위의 등식이 y에 대한 항등식이므로
$2x+k=0$, $-4x+k+3=0$
위의 두 식을 연립하여 풀면
$x=\dfrac{1}{2}$, $k=-1$

01-❷ 답 $x=4$, $y=-1$

주어진 등식의 좌변의 괄호를 풀고 k에 대한 내림차순으로 정리하면
$kx+x+3ky-y-k-5=0$
$\therefore (x+3y-1)k+x-y-5=0$
위의 등식이 k에 대한 항등식이므로
$x+3y-1=0$, $x-y-5=0$
위의 두 식을 연립하여 풀면
$x=4$, $y=-1$

01-❸ 답 0

주어진 등식을 x, y에 대한 내림차순으로 정리하면
$(ab-2)x+(b-c-5)y+a-1=0$
위의 등식이 x, y에 대한 항등식이므로
$ab-2=0$, $b-c-5=0$, $a-1=0$
$\therefore a=1$, $b=2$, $c=-3$
$\therefore a+b+c=1+2+(-3)=0$

02-❶ 답 0

|방법 ❶| 계수비교법을 이용
주어진 등식의 좌변을 전개하여 x에 대한 내림차순으로 정리하면
$ax^2-2x+ax-2=x^2+bx+c$
$\therefore ax^2+(a-2)x-2=x^2+bx+c$
위의 등식이 x에 대한 항등식이므로 양변의 동류항의 계수를 비교하면
$a=1$, $a-2=b$, $-2=c$
$\therefore a=1$, $b=-1$, $c=-2$
$\therefore a-b+c=1-(-1)+(-2)=0$

|방법 ❷| 수치대입법을 이용
주어진 등식이 x에 대한 항등식이므로 x에 어떤 값을 대입하여도 항상 성립한다.
$x=0$을 양변에 대입하면
$(0+1)(a\times0-2)=0^2+b\times0+c$ $\therefore c=-2$
$x=-1$을 양변에 대입하면
$\{(-1)+1\}\{a\times(-1)-2\}=(-1)^2+b\times(-1)+c$
$\therefore b=-1$ $(\because c=-2)$
$x=1$을 양변에 대입하면
$(1+1)(a\times1-2)=1^2+b\times1+c$
$2a-b-c=5$ $\therefore a=1$ $(\because b=-1, c=-2)$
$\therefore a-b+c=1-(-1)+(-2)=0$

02-❷ 답 ③

|방법 ❶| 계수비교법을 이용
주어진 등식의 우변을 전개하여 x에 대한 내림차순으로 정리하면

$3x^2+ax+4=bx^2-bx+c(x^2-3x+2)$

$\therefore 3x^2+ax+4=(b+c)x^2-(b+3c)x+2c$

위의 등식이 x에 대한 항등식이므로 양변의 동류항의 계수를 비교하면

$3=b+c$, $a=-(b+3c)$, $4=2c$

$\therefore a=-7$, $b=1$, $c=2$

$\therefore a+b+c=(-7)+1+2=-4$

| 방법 ❷ | 수치대입법을 이용

주어진 등식이 x에 대한 항등식이므로 x에 어떤 값을 대입하여도 항상 성립한다.

$x=0$을 양변에 대입하면

$3\times 0^2+a\times 0+4=b\times 0\times(0-1)+c\times(0-1)\times(0-2)$

$4=2c$ $\therefore c=2$

$x=1$을 양변에 대입하면

$3\times 1^2+a\times 1+4=b\times 1\times(1-1)+c\times(1-1)\times(1-2)$

$a+7=0$ $\therefore a=-7$

$x=2$를 양변에 대입하면

$3\times 2^2+a\times 2+4=b\times 2\times(2-1)+c\times(2-1)\times(2-2)$

$2a+16=2b$, $2b=2$ $(\because a=-7)$

$\therefore b=1$

$\therefore a+b+c=(-7)+1+2=-4$

02-❸ 답 -20

주어진 등식이 x에 대한 항등식이므로 x에 어떤 값을 대입하여도 항상 성립한다.

$x=1$을 양변에 대입하면

$(1-1)\times(1-2)\times P(1)=1^4+a\times 1^2+b$

$\therefore a+b=-1$ $\cdots\cdots$ ㉠

$x=2$를 양변에 대입하면

$(2-1)\times(2-2)\times P(2)=2^4+a\times 2^2+b$

$\therefore 4a+b=-16$ $\cdots\cdots$ ㉡

㉠, ㉡을 연립하여 풀면 $a=-5$, $b=4$

$\therefore ab=(-5)\times 4=-20$

03-❶ 답 (1) 4096 (2) 64

주어진 등식이 x에 대한 항등식이므로

(1) $x=1$을 양변에 대입하면

$(3\times 1+1)^6=a_6+a_5+a_4+a_3+a_2+a_1+a_0$

$\therefore a_0+a_1+a_2+a_3+a_4+a_5+a_6=4096$

(2) $x=-1$을 양변에 대입하면

$\{3\times(-1)+1\}^6=a_6-a_5+a_4-a_3+a_2-a_1+a_0$

$\therefore a_0-a_1+a_2-a_3+a_4-a_5+a_6=64$

03-❷ 답 81

주어진 등식이 x에 대한 항등식이므로

$x=0$을 양변에 대입하면

$(2\times 0-3)^4=a_4+a_3+a_2+a_1+a_0$

$\therefore a_0+a_1+a_2+a_3+a_4=81$

04-❶ 답 8

다항식 x^4+ax^2+b를 x^2-2x로 나누었을 때의 몫을 $Q(x)$라 하면 나머지가 -2이므로

$x^4+ax^2+b=(x^2-2x)Q(x)-2$

$\qquad\qquad\quad =x(x-2)Q(x)-2$

위의 등식이 x에 대한 항등식이므로

$x=0$을 양변에 대입하면

$0^4+a\times 0^2+b=0\times(0-2)\times Q(0)-2$

$\therefore b=-2$

$x=2$를 양변에 대입하면

$2^4+a\times 2^2+b=2\times(2-2)\times Q(2)-2$

$\therefore 4a+b=-18$ $\cdots\cdots$ ㉠

$b=-2$를 ㉠에 대입하면

$4a+(-2)=-18$, $4a=-16$ $\therefore a=-4$

$\therefore ab=(-4)\times(-2)=8$

04-❷ 답 13

다항식 x^3+ax^2-8x+b를 x^2-x-6으로 나누었을 때의 몫을 $Q(x)$라 하면 나누어떨어지므로 → 나머지가 0이다.

$x^3+ax^2-8x+b=(x^2-x-6)Q(x)$

$\qquad\qquad\qquad\quad =(x+2)(x-3)Q(x)$

위의 등식이 x에 대한 항등식이므로

$x=-2$를 양변에 대입하면

$(-2)^3+a\times(-2)^2-8\times(-2)+b=0$

$\therefore 4a+b=-8$ $\cdots\cdots$ ㉠

$x=3$을 양변에 대입하면

$3^3+a\times 3^2-8\times 3+b=0$

$\therefore 9a+b=-3$ $\cdots\cdots$ ㉡

㉠, ㉡을 연립하여 풀면 $a=1$, $b=-12$

$\therefore a-b=1-(-12)=13$

04-❸ 답 3

다항식 x^3+ax^2+bx+c를 x^2-x-1로 나누었을 때의 몫이 $x+2$이고 나머지가 3이므로

$x^3+ax^2+bx+c=(x^2-x-1)(x+2)+3$

$\qquad\qquad\qquad\quad =x^3+2x^2-x^2-2x-x-2+3$

$\qquad\qquad\qquad\quad =x^3+x^2-3x+1$

위의 등식이 x에 대한 항등식이므로 양변의 동류항의 계수를 비교하면

$a=1$, $b=-3$, $c=1$

$\therefore a-b-c=1-(-3)-1=3$

01 7   02 ③   03 ④   04 ①

01 $2x+y=1$에서 $y=1-2x$
$y=1-2x$를 $ax^2+bxy+cy-1=0$에 대입하여 x에 대한
내림차순으로 정리하면
$ax^2+bx(1-2x)+c(1-2x)-1=0$
$\therefore (a-2b)x^2+(b-2c)x+c-1=0$
위의 등식이 x에 대한 항등식이므로 양변의 동류항의 계
수를 비교하면
$a-2b=0,\ b-2c=0,\ c-1=0$
$\therefore a=4,\ b=2,\ c=1$
$\therefore a+b+c=4+2+1=7$

02 $x=-1$을 주어진 등식의 양변에 대입하면
$(-1)\times\{(-1)+1\}\times\{(-1)+2\}$
$=\{(-1)+1\}\times\{(-1)-1\}\times P(-1)+a\times(-1)+b$
$\therefore -a+b=0$ $\quad$ …… ㉠
$x=1$을 주어진 등식의 양변에 대입하면
$1\times(1+1)\times(1+2)$
$=(1+1)\times(1-1)\times P(1)+a\times 1+b$
$\therefore a+b=6$ $\quad$ …… ㉡
㉠, ㉡을 연립하여 풀면
$a=3,\ b=3$
즉, 주어진 등식은
$x(x+1)(x+2)=(x+1)(x-1)P(x)+3x+3$
이때 $a-b=3-3=0$이므로 위의 등식의 양변에 $x=0$
을 대입하면
$0\times(0+1)\times(0+2)$
$=(0+1)\times(0-1)\times P(0)+3\times 0+3$
$\therefore P(0)=3$
$\therefore P(a-b)=P(0)=3$

03 주어진 등식이 x에 대한 항등식이므로
$x=1$을 양변에 대입하면
$(1^2+2\times 1+2)^3$
$=a_6\times 1^6+a_5\times 1^5+a_4\times 1^4+a_3\times 1^3+a_2\times 1^2+a_1\times 1+a_0$
$\therefore a_0+a_1+a_2+a_3+a_4+a_5+a_6=125$
$x=0$을 양변에 대입하면
$(0^2+2\times 0+2)^3$
$=a_6\times 0^6+a_5\times 0^5+a_4\times 0^4+a_3\times 0^3+a_2\times 0^2+a_1\times 0+a_0$
$\therefore a_0=8$
$\therefore a_1+a_2+a_3+a_4+a_5+a_6$
$=(a_0+a_1+a_2+a_3+a_4+a_5+a_6)-a_0$
$=125-8=117$

04 다항식 x^3-x^2+2x+4를 x^2+a로 나누었을 때의 몫이
$x-1$이고 나머지가 $ax+b$이므로
$x^3-x^2+2x+4=(x^2+a)(x-1)+ax+b$
$\qquad\qquad\qquad =x^3-x^2+2ax-a+b$
위의 등식이 x에 대한 항등식이므로 양변의 동류항의 계
수를 비교하면
$2=2a,\ 4=-a+b$ $\quad\therefore a=1,\ b=5$
$\therefore 2a-b=2\times 1-5=-3$

02 나머지정리

1 답 (1) 1 (2) $\dfrac{29}{16}$

(1) $P(1)=1^4-3\times 1^2+1+2=1$

(2) $P\left(\dfrac{1}{2}\right)=\left(\dfrac{1}{2}\right)^4-3\times\left(\dfrac{1}{2}\right)^2+\dfrac{1}{2}+2=\dfrac{29}{16}$

2 답 (위에서부터) $1,\ -2,\ -2,\ -1,$
$\quad$ 몫: $2x^2-2x-4$, 나머지: -1

01 (1) -1 (2) -1 (3) -9 (4) $-\dfrac{23}{8}$

02 (1) 29 (2) 33 (3) $-\dfrac{9}{4}$ (4) $\dfrac{41}{4}$

03 (1) -3 (2) -1 (3) $-\dfrac{17}{2}$ (4) $\dfrac{15}{2}$

04 (1) 몫: $2x^2+x+4$, 나머지: 10
$\quad$ (2) 몫: x^2+4x+3, 나머지: -1
$\quad$ (3) 몫: $-x^3-x^2+x+1$, 나머지: 2
$\quad$ (4) 몫: x^3-2x^2+4x-9, 나머지: 10
$\quad$ (5) 몫: $3x^2+3x-3$, 나머지: 1
$\quad$ (6) 몫: $4x^3-2x^2-4x+2$, 나머지: 2
$\quad$ (7) 몫: x^2+2x-2, 나머지: -1
$\quad$ (8) 몫: x^2-x+2, 나머지: -1

01 (1) $P(1)=1^3+2\times 1^2-1-3$
$\qquad\quad =-1$
(2) $P(-1)=(-1)^3+2\times(-1)^2-(-1)-3$
$\qquad\qquad =-1$
(3) $P(-3)=(-3)^3+2\times(-3)^2-(-3)-3$
$\qquad\qquad =-9$
(4) $P\left(\dfrac{1}{2}\right)=\left(\dfrac{1}{2}\right)^3+2\times\left(\dfrac{1}{2}\right)^2-\dfrac{1}{2}-3$
$\qquad\qquad =-\dfrac{23}{8}$

02 (1) $P(2)=2\times2^4-2^3+3\times2-1=29$

(2) $P(-2)=2\times(-2)^4-(-2)^3+3\times(-2)-1=33$

(3) $P\left(-\dfrac{1}{2}\right)=2\times\left(-\dfrac{1}{2}\right)^4-\left(-\dfrac{1}{2}\right)^3+3\times\left(-\dfrac{1}{2}\right)-1$
$$=-\dfrac{9}{4}$$

(4) $P\left(\dfrac{3}{2}\right)=2\times\left(\dfrac{3}{2}\right)^4-\left(\dfrac{3}{2}\right)^3+3\times\dfrac{3}{2}-1$
$$=\dfrac{41}{4}$$

03 (1) 인수정리에 의하여 $P(1)=0$이므로
$$2\times1^3-4\times1^2+k\times1+5=0 \qquad \therefore k=-3$$

(2) 인수정리에 의하여 $P(-1)=0$이므로
$$2\times(-1)^3-4\times(-1)^2+k\times(-1)+5=0$$
$$-k=1 \qquad \therefore k=-1$$

(3) 인수정리에 의하여 $P\left(\dfrac{1}{2}\right)=0$이므로
$$2\times\left(\dfrac{1}{2}\right)^3-4\times\left(\dfrac{1}{2}\right)^2+k\times\dfrac{1}{2}+5=0$$
$$\dfrac{1}{2}k=-\dfrac{17}{4} \qquad \therefore k=-\dfrac{17}{2}$$

(4) 인수정리에 의하여 $P\left(-\dfrac{1}{2}\right)=0$이므로
$$2\times\left(-\dfrac{1}{2}\right)^3-4\times\left(-\dfrac{1}{2}\right)^2+k\times\left(-\dfrac{1}{2}\right)+5=0$$
$$-\dfrac{1}{2}k=-\dfrac{15}{4} \qquad \therefore k=\dfrac{15}{2}$$

04 (1) $x-1=0$에서 $x=1$이므로

$$\begin{array}{r|rrrr} 1 & 2 & -1 & 3 & 6 \\ & & 2 & 1 & 4 \\ \hline & 2 & 1 & 4 & 10 \end{array}$$

$\therefore$ 몫: $2x^2+x+4$, 나머지: 10

(2) $x-2=0$에서 $x=2$이므로

$$\begin{array}{r|rrrr} 2 & 1 & 2 & -5 & -7 \\ & & 2 & 8 & 6 \\ \hline & 1 & 4 & 3 & -1 \end{array}$$

$\therefore$ 몫: x^2+4x+3, 나머지: -1

(3) $x+3=0$에서 $x=-3$이므로

$$\begin{array}{r|rrrrr} -3 & -1 & -4 & -2 & 4 & 5 \\ & & 3 & 3 & -3 & -3 \\ \hline & -1 & -1 & 1 & 1 & 2 \end{array}$$

$\therefore$ 몫: $-x^3-x^2+x+1$, 나머지: 2

(4) $x+2=0$에서 $x=-2$이므로

$$\begin{array}{r|rrrrr} -2 & 1 & 0 & 0 & -1 & -8 \\ & & -2 & 4 & -8 & 18 \\ \hline & 1 & -2 & 4 & -9 & 10 \end{array}$$

$\therefore$ 몫: x^3-2x^2+4x-9, 나머지: 10

(5) $x-\dfrac{1}{3}=0$에서 $x=\dfrac{1}{3}$이므로

$$\begin{array}{r|rrrr} \dfrac{1}{3} & 3 & 2 & -4 & 2 \\ & & 1 & 1 & -1 \\ \hline & 3 & 3 & -3 & 1 \end{array}$$

$\therefore$ 몫: $3x^2+3x-3$, 나머지: 1

(6) $x+\dfrac{1}{2}=0$에서 $x=-\dfrac{1}{2}$이므로

$$\begin{array}{r|rrrrr} -\dfrac{1}{2} & 4 & 0 & -5 & 0 & 3 \\ & & -2 & 1 & 2 & -1 \\ \hline & 4 & -2 & -4 & 2 & 2 \end{array}$$

$\therefore$ 몫: $4x^3-2x^2-4x+2$, 나머지: 2

(7) $2x-1=0$에서 $x=\dfrac{1}{2}$이므로

$$\begin{array}{r|rrrr} \dfrac{1}{2} & 2 & 3 & -6 & 1 \\ & & 1 & 2 & -2 \\ \hline & 2 & 4 & -4 & -1 \end{array}$$

$\therefore 2x^3+3x^2-6x+1=\left(x-\dfrac{1}{2}\right)(2x^2+4x-4)-1$
$$=(2x-1)(x^2+2x-2)-1$$

$\therefore$ 몫: x^2+2x-2, 나머지: -1

(8) $2x+1=0$에서 $x=-\dfrac{1}{2}$이므로

$$\begin{array}{r|rrrr} -\dfrac{1}{2} & 2 & -1 & 3 & 1 \\ & & -1 & 1 & -2 \\ \hline & 2 & -2 & 4 & -1 \end{array}$$

$\therefore 2x^3-x^2+3x+1=\left(x+\dfrac{1}{2}\right)(2x^2-2x+4)-1$
$$=(2x+1)(x^2-x+2)-1$$

$\therefore$ 몫: x^2-x+2, 나머지: -1

유제　　　　　　　　　　　• 본문 046~052쪽

01-❶ 답 -4

$P(x)=x^4+2ax^2+1-a$라 하자.

다항식 $P(x)$를 $x-1$로 나누었을 때의 나머지가 -1이므로
$P(1)=-1$에서
$$1^4+2a\times1^2+1-a=-1$$
$$\therefore a=-3$$
$$\therefore P(x)=x^4-6x^2+4$$

따라서 다항식 $P(x)$를 $x-2$로 나누었을 때의 나머지는
$$P(2)=2^4-6\times2^2+4$$
$$=-4$$

01-❷ 답 -2

$P(x)=2x^3+ax^2+bx+5$라 하자.

다항식 $P(x)$를 $x+1$로 나누었을 때의 나머지가 -1이므로

$P(-1)=-1$에서

$2\times(-1)^3+a\times(-1)^2+b\times(-1)+5=-1$

$\therefore a-b=-4$ ...... ㉠

또한, 다항식 $P(x)$를 $2x-1$로 나누었을 때의 나머지가 5이므로 $P\left(\dfrac{1}{2}\right)=5$에서

$2\times\left(\dfrac{1}{2}\right)^3+a\times\left(\dfrac{1}{2}\right)^2+b\times\dfrac{1}{2}+5=5$

$\therefore a+2b=-1$ ...... ㉡

㉠, ㉡을 연립하여 풀면

$a=-3,\ b=1$

$\therefore a+b=(-3)+1=-2$

01-❸ 답 8

다항식 $P(x)$를 $x-3$으로 나누었을 때의 나머지가 3이므로

$P(3)=3$

다항식 $Q(x)$를 $x-3$으로 나누었을 때의 나머지가 5이므로

$Q(3)=5$

따라서 다항식 $P(x)+Q(x)$를 $x-3$으로 나누었을 때의 나머지는

$P(3)+Q(3)=3+5=8$

02-❶ 답 $3x+1$

다항식 $P(x)$를 x^2-3x+2로 나누었을 때의 몫을 $Q(x)$, 나머지를 $ax+b$ $(a,\ b$는 상수$)$라 하면

$P(x)=(x^2-3x+2)Q(x)+ax+b$

$\qquad=(x-1)(x-2)Q(x)+ax+b$

$P(x)$를 $x-1$로 나누었을 때의 나머지가 4이므로

$P(1)=4$에서

$P(1)=(1-1)\times(1-2)\times Q(1)+a\times1+b=4$

$\therefore a+b=4$ ...... ㉠

$P(x)$를 $x-2$로 나누었을 때의 나머지가 7이므로

$P(2)=7$에서

$P(2)=(2-1)\times(2-2)\times Q(2)+a\times2+b=7$

$\therefore 2a+b=7$ ...... ㉡

㉠, ㉡을 연립하여 풀면

$a=3,\ b=1$

따라서 구하는 나머지는 $3x+1$이다.

02-❷ 답 $5x-10$

다항식 $P(x)$를 $x^2-7x+12$로 나누었을 때의 몫을 $Q_1(x)$, 나머지를 $ax+b$ $(a,\ b$는 상수$)$라 하면

$P(x)=(x^2-7x+12)Q_1(x)+ax+b$

$\qquad=(x-3)(x-4)Q_1(x)+ax+b$ ...... ㉠

$P(x)$를 $x-4$로 나누었을 때의 나머지가 10이므로

$P(4)=10$에서

$P(4)=(4-3)\times(4-4)\times Q(4)+a\times4+b=10$

$\therefore 4a+b=10$ ...... ㉡

$P(x)$를 $(x-3)^2$으로 나누었을 때의 몫을 $Q_2(x)$라 하면 나머지가 $2x-1$이므로

$P(x)=(x-3)^2Q_2(x)+2x-1$에서

$P(3)=(3-3)^2\times Q_2(3)+2\times3-1=5$

㉠에 $x=3$을 대입하면

$P(3)=(3-3)\times(3-4)\times Q_1(3)+a\times3+b$

$\therefore 3a+b=5$ ...... ㉢

㉡, ㉢을 연립하여 풀면

$a=5,\ b=-10$

따라서 구하는 나머지는 $5x-10$이다.

02-❸ 답 2

다항식 $P(x)$를 x^2-x로 나누었을 때의 몫을 $Q_1(x)$라 하면 나머지가 $-x+3$이므로

$P(x)=(x^2-x)Q_1(x)-x+3$

$\qquad=x(x-1)Q_1(x)-x+3$

$\therefore P(0)=0\times(0-1)\times Q_1(0)-0+3=3,$

$\qquad P(1)=1\times(1-1)\times Q_1(1)-1+3=2$

또한, $P(x)$를 $x-2$로 나누었을 때의 나머지가 1이므로

$P(2)=1$

한편, $P(x)$를 $(x^2-x)(x-2)$로 나누었을 때의 몫을 $Q_2(x)$, 나머지를 $R(x)=ax^2+bx+c$ $(a,\ b,\ c$는 상수$)$라 하면

$P(x)=(x^2-x)(x-2)Q_2(x)+ax^2+bx+c$

$\qquad=x(x-1)(x-2)Q_2(x)+ax^2+bx+c$

$P(0)=0\times(0-1)\times(0-2)\times Q_2(0)+a\times0^2+b\times0+c=3$ 이므로

$c=3$

$P(1)=1\times(1-1)\times(1-2)\times Q_2(1)+a\times1^2+b\times1+c=2$ 이므로

$a+b+c=2$ $\quad\therefore a+b=-1$ ...... ㉠

$P(2)=2\times(2-1)\times(2-2)\times Q_2(2)+a\times2^2+b\times2+c=1$ 이므로

$4a+2b+c=1$ $\quad\therefore 4a+2b=-2$ ...... ㉡

㉠, ㉡을 연립하여 풀면

$a=0,\ b=-1$

따라서 $R(x)=-x+3$이므로

$R(1)=-1+3=2$

| 다른 풀이 |

다항식 $P(x)$를 $(x^2-x)(x-2)$로 나누었을 때의 몫을 $Q(x)$, 나머지를 $R(x)=ax^2+bx+c$ $(a,\ b,\ c$는 상수$)$라 하면

$P(x)=(x^2-x)(x-2)Q(x)+ax^2+bx+c$

$P(x)$를 x^2-x로 나누었을 때의 나머지가 $-x+3$이므로
ax^2+bx+c를 x^2-x로 나누었을 때의 나머지도 $-x+3$이다.
$\therefore P(x)=(x^2-x)(x-2)Q(x)+\underline{a(x^2-x)-x+3} \to R(x)$
$$\cdots\cdots ㉠$$
이때 $P(x)$를 $x-2$로 나누었을 때의 나머지가 1이므로
$P(2)=1$에서
$P(2)=(2^2-2)\times(2-2)\times Q(2)+a\times(2^2-2)-2+3$
$$=1$$
$2a=0 \qquad \therefore a=0$
따라서 $R(x)=-x+3$이므로
$R(1)=-1+3=2$

03-❶ 답 3

다항식 $P(x)$를 $x+1$로 나누었을 때의 나머지가 3이므로
$P(-1)=3$
다항식 $P(1-6x)$를 $3x-1$로 나누었을 때의 몫을 $Q(x)$, 나머지를 R라 하면
$P(1-6x)=(3x-1)Q(x)+R$

위의 식의 양변에 $x=\dfrac{1}{3}$을 대입하면
$P\left(1-6\times\dfrac{1}{3}\right)=\left(3\times\dfrac{1}{3}-1\right)\times Q\left(\dfrac{1}{3}\right)+R$
$$=R$$
$\therefore R=P(-1)=3$
따라서 구하는 나머지는 3이다.

03-❷ 답 -3

다항식 $P(x)$를 $x-2$로 나누었을 때의 나머지가 6이므로
$P(2)=6$
다항식 $xP(2x+3)$을 $2x+1$로 나누었을 때의 몫을 $Q(x)$, 나머지를 R라 하면
$xP(2x+3)=(2x+1)Q(x)+R$

위의 식의 양변에 $x=-\dfrac{1}{2}$을 대입하면
$\left(-\dfrac{1}{2}\right)\times P\left(2\times\left(-\dfrac{1}{2}\right)+3\right)$
$=\left\{2\times\left(-\dfrac{1}{2}\right)+1\right\}\times Q\left(-\dfrac{1}{2}\right)+R=R$
$\therefore R=\left(-\dfrac{1}{2}\right)\times P(2)=\left(-\dfrac{1}{2}\right)\times 6=-3$
따라서 구하는 나머지는 -3이다.

03-❸ 답 4

다항식 $P(2x+1)$을 $x-1$로 나누었을 때의 나머지가 4이므로
$P(2\times 1+1)=4 \qquad \therefore P(3)=4$
다항식 $P(4x+4)$를 $4x+1$로 나누었을 때의 몫을 $Q(x)$, 나머지를 R라 하면
$P(4x+4)=(4x+1)Q(x)+R$

앞의 식의 양변에 $x=-\dfrac{1}{4}$을 대입하면
$P\left(4\times\left(-\dfrac{1}{4}\right)+4\right)=\left\{4\times\left(-\dfrac{1}{4}\right)+1\right\}\times Q\left(-\dfrac{1}{4}\right)+R$
$$=R$$
$\therefore R=P(3)=4$
따라서 구하는 나머지는 4이다.

04-❶ 답 -1

다항식 $P(x)$를 $x+1$로 나누었을 때의 몫이 $Q(x)$, 나머지가 3이므로
$P(x)=(x+1)Q(x)+3$
이때 $Q(x)$를 $x-3$으로 나누었을 때의 몫을 $Q'(x)$라 하면
나머지가 -1이므로
$Q(x)=(x-3)Q'(x)-1$
$\therefore P(x)=(x+1)\{(x-3)Q'(x)-1\}+3$
따라서 구하는 나머지는
$P(3)=(3+1)\times\{(3-3)\times Q'(3)-1\}+3$
$$=-1$$

04-❷ 답 $-x+3$

다항식 $P(x)$를 $x-1$로 나누었을 때의 몫이 $Q(x)$, 나머지가 2이므로
$P(x)=(x-1)Q(x)+2$
이때 $Q(x)$를 $x+2$로 나누었을 때의 몫을 $Q'(x)$라 하면 나머지가 -1이므로
$Q(x)=(x+2)Q'(x)-1$
$\therefore P(x)=(x-1)\{(x+2)Q'(x)-1\}+2$
$$=(x-1)(x+2)Q'(x)-(x-1)+2$$
$$=(x-1)(x+2)Q'(x)-x+3$$
따라서 구하는 나머지는 $-x+3$이다.
$\quad\hookrightarrow$ 나머지는 일차식 또는 상수이어야 한다.

04-❸ 답 4

다항식 $P(x)$를 x^2+x+1로 나누었을 때의 몫이 $Q(x)$, 나머지가 a이므로
$P(x)=(x^2+x+1)Q(x)+a$
이때 $Q(x)$를 $x-1$로 나누었을 때의 몫을 $Q'(x)$라 하면 나머지가 3이므로
$Q(x)=(x-1)Q'(x)+3$
$\therefore P(x)=(x^2+x+1)\{(x-1)Q'(x)+3\}+a$
$$=(x^3-1)Q'(x)+3(x^2+x+1)+a$$
$$=(x^3-1)Q'(x)+3x^2+3x+a+3$$
따라서 $P(x)$를 x^3-1로 나누었을 때의 나머지는
$R(x)=3x^2+3x+a+3$이므로
$R(-1)=7$에서
$R(-1)=3\times(-1)^2+3\times(-1)+a+3=7$
$\therefore a=4$

05-❶ 탑 1

$P(x)=x^4+ax^3+6x+b$라 하면

$P(x)$가 $x-1$을 인수로 가지므로 $P(1)=0$에서

$P(1)=1^4+a\times1^3+6\times1+b=0$

$\therefore a+b=-7$ $\quad$ …… ㉠

$P(x)$가 $x-2$를 인수로 가지므로 $P(2)=0$에서

$P(2)=2^4+a\times2^3+6\times2+b=0$

$\therefore 8a+b=-28$ $\quad$ …… ㉡

㉠, ㉡을 연립하여 풀면 $a=-3$, $b=-4$

$\therefore a-b=-3-(-4)=1$

05-❷ 탑 6

다항식 $P(x)$가 $(x+3)(x-2)$를 인수로 가지므로 $P(x)$는 $x+3$, $x-2$를 인수로 갖는다.

$\therefore P(-3)=0$, $P(2)=0$

$P(-3)=0$에서

$P(-3)=2\times(-3)^3+a\times(-3)^2+b\times(-3)-6=0$

$\therefore 3a-b=20$ $\quad$ …… ㉠

$P(2)=0$에서

$P(2)=2\times2^3+a\times2^2+b\times2-6=0$

$\therefore 2a+b=-5$ $\quad$ …… ㉡

㉠, ㉡을 연립하여 풀면 $a=3$, $b=-11$

따라서 $P(x)=2x^3+3x^2-11x-6$이므로 구하는 나머지는

$P(-1)=2\times(-1)^3+3\times(-1)^2-11\times(-1)-6=6$

05-❸ 탑 -2

다항식 $P(1-x)$가 $x+1$로 나누어떨어지므로

$P(1-(-1))=P(2)=0$에서

$P(2)=2^4+k\times2^3+2\times2^2-8=0$

$8k=-16$ $\quad\therefore k=-2$

06-❶ 탑 (1) 몫: $4x^2-2x+2$, 나머지: 1
$\qquad$ (2) 몫: $2x^2-x+1$, 나머지: 1

(1) $x+\dfrac{1}{2}=0$에서 $x=-\dfrac{1}{2}$이므로

$$\begin{array}{r|rrrr} -\dfrac{1}{2} & 4 & 0 & 1 & 2 \\ & & -2 & 1 & -1 \\ \hline & 4 & -2 & 2 & \big|\ 1 \end{array}$$

$\therefore 4x^3+x+2=\left(x+\dfrac{1}{2}\right)(4x^2-2x+2)+1$

$\therefore$ 몫: $4x^2-2x+2$, 나머지: 1

(2) $2x+1=0$에서 $x=-\dfrac{1}{2}$이므로

$$\begin{array}{r|rrrr} -\dfrac{1}{2} & 4 & 0 & 1 & 2 \\ & & -2 & 1 & -1 \\ \hline & 4 & -2 & 2 & \big|\ 1 \end{array}$$

$\therefore 4x^3+x+2=\left(x+\dfrac{1}{2}\right)(4x^2-2x+2)+1$

$\qquad =\left(x+\dfrac{1}{2}\right)\times2(2x^2-x+1)+1$

$\qquad =(2x+1)(2x^2-x+1)+1$

$\therefore$ 몫: $2x^2-x+1$, 나머지: 1

06-❷ 탑 4

$x+2=0$에서 $x=-2$이므로

$$\begin{array}{r|cccc} -2 & 1 & a & -3 & b \\ & & \boxed{-2} & \boxed{-2a+4} & \boxed{4a-2} \\ \hline & 1 & a-2 & -2a+1 & \big|\ 4a+b-2 \end{array}$$

$\therefore p=-2$, $a-2=q$, $-2a+1=-5$, $4a+b-2=12$

따라서 $a=3$, $b=2$, $p=-2$, $q=1$이므로

$a+b+p+q=3+2+(-2)+1=4$

07-❶ 탑 2

조립제법을 이용하여 $2x^3+x^2-3x+4$를 $x+1$로 나누는 과정을 반복하면

$$\begin{array}{r|rrrr} -1 & 2 & 1 & -3 & 4 \\ & & -2 & 1 & 2 \\ \hline -1 & 2 & -1 & -2 & \boxed{6}\ \leftarrow d \\ & & -2 & 3 & \\ \hline -1 & 2 & -3 & \boxed{1}\ \leftarrow c & \\ & & -2 & & \\ \hline & \underset{a\,\rightarrow}{2} & \boxed{-5}\ \leftarrow b & & \end{array}$$

$\therefore 2x^3+x^2-3x+4$

$\quad =(x+1)(2x^2-x-2)+6$

$\quad =(x+1)\{(x+1)(2x-3)+1\}+6$

$\quad =(x+1)[(x+1)\{2(x+1)-5\}+1]+6$

$\quad =2(x+1)^3-5(x+1)^2+(x+1)+6$

따라서 $a=2$, $b=-5$, $c=1$, $d=6$이므로

$a-b+c-d=2-(-5)+1-6=2$

07-❷ 탑 3

$x-2=t$라 하면 $x=t+2$이므로 주어진 등식에서

$a(t+2)^3+b(t+2)^2+c(t+2)+d=t^3+3t^2-2t+1$

조립제법을 이용하여 t^3+3t^2-2t+1을 $t+2$로 나누는 과정을 반복하면

$$\begin{array}{r|rrrr} -2 & 1 & 3 & -2 & 1 \\ & & -2 & -2 & 8 \\ \hline -2 & 1 & 1 & -4 & \boxed{9}\ \leftarrow d \\ & & -2 & 2 & \\ \hline -2 & 1 & -1 & \boxed{-2}\ \leftarrow c & \\ & & -2 & & \\ \hline & \underset{a\,\rightarrow}{1} & \boxed{-3}\ \leftarrow b & & \end{array}$$

$$\therefore t^3+3t^2-2t+1=(t+2)(t^2+t-4)+9$$
$$=(t+2)\{(t+2)(t-1)-2\}+9$$
$$=(t+2)[(t+2)\{(t+2)-3\}-2]+9$$
$$=(t+2)^3-3(t+2)^2-2(t+2)+9$$

따라서 $a=1$, $b=-3$, $c=-2$, $d=9$이므로
$$ad-bc=1\times9-(-3)\times(-2)=3$$

소단원 점검 문제　　　・본문 053~054쪽

01 ⑤	02 4	03 ⑤	04 0
05 ④	06 ⑤	07 ②	08 44

01 $f(x)=x^2+ax+b$ (a, b는 상수)라 하자.

다항식 $f(x)$를 $x-1$로 나누었을 때의 나머지가 6이므로

$f(1)=6$에서　$\rightarrow$ $f(x)$는 $x-3$으로 나누었을 때의 나머지와 같고, 그 나머지가 6이다.

$f(1)=1^2+a\times1+b=6$

$\therefore a+b=5$　　$\cdots\cdots$ ㉠

다항식 $f(x)$를 $x-3$으로 나누었을 때의 나머지가 6이므로 $f(3)=6$에서

$f(3)=3^2+a\times3+b=6$

$\therefore 3a+b=-3$　　$\cdots\cdots$ ㉡

㉠, ㉡을 연립하여 풀면

$a=-4$, $b=9$

따라서 $f(x)=x^2-4x+9$이므로

$f(4)=4^2-4\times4+9=9$

02 다항식 $f(x)+g(x)$를 $(x+2)(x-1)$로 나누었을 때의 몫을 $Q(x)$라 하면

$f(x)+g(x)$

$=(x+2)(x-1)Q(x)+x+6$　　$\cdots\cdots$ ㉠

다항식 $f(x)-g(x)$를 $(x+2)(x-1)$로 나누었을 때의 몫을 $Q'(x)$라 하면

$f(x)-g(x)$

$=(x+2)(x-1)Q'(x)-x+2$　　$\cdots\cdots$ ㉡

㉠, ㉡의 양변을 각각 더하면

$2f(x)=(x+2)(x-1)\{Q(x)+Q'(x)\}+8$

$\therefore f(x)=\dfrac{1}{2}(x+2)(x-1)\{Q(x)+Q'(x)\}+4$

따라서 구하는 나머지는 4이다. $\rightarrow$ 몫: $\dfrac{1}{2}\{Q(x)+Q'(x)\}$

나머지: 4

03 다항식 $P(1-2x)$를 $x-1$로 나누었을 때의 나머지가 -2이므로

$P(1-2\times1)=P(-1)=-2$

다항식 $x^2P(4x-3)$을 $2x-1$로 나누었을 때의 몫을 $Q(x)$, 나머지를 R라 하면

$x^2P(4x-3)=(2x-1)Q(x)+R$

앞의 식의 양변에 $x=\dfrac{1}{2}$을 대입하면

$$\left(\dfrac{1}{2}\right)^2\times P\left(4\times\dfrac{1}{2}-3\right)=\left(2\times\dfrac{1}{2}-1\right)\times Q\left(\dfrac{1}{2}\right)+R=R$$

$\therefore R=\dfrac{1}{4}P(-1)$

$\quad\ =\dfrac{1}{4}\times(-2)=-\dfrac{1}{2}$

따라서 구하는 나머지는 $-\dfrac{1}{2}$이다.

04 다항식 $2x^3+ax^2-4x+3$을 $x-1$로 나누었을 때의 몫이 $Q(x)$, 나머지가 3이므로

$2x^3+ax^2-4x+3=(x-1)Q(x)+3$

위의 식의 양변에 $x=1$을 대입하면

$2\times1^3+a\times1^2-4\times1+3=(1-1)\times Q(1)+3$

$\therefore a=2$

$\therefore 2x^3+2x^2-4x+3=(x-1)Q(x)+3$　　$\cdots\cdots$ ㉠

또한, $Q(x)$를 $x+1$로 나누었을 때의 나머지가 R이므로

$Q(-1)=R$　　$\cdots\cdots$ ㉡

㉠의 양변에 $x=-1$을 대입하면

$2\times(-1)^3+2\times(-1)^2-4\times(-1)+3$

$=\{(-1)-1\}\times Q(-1)+3$

$7=-2R+3$ ($\because$ ㉡)

$\therefore R=-2$

$\therefore a+R=2+(-2)=0$

05 다항식 $P(x)$가 x^2-x-2, 즉 $(x+1)(x-2)$로 나누어떨어지므로

$P(-1)=0$, $P(2)=0$

$P(-1)=0$에서

$P(-1)=4\times(-1)^3+a\times(-1)^2+b\times(-1)+2=0$

$\therefore a-b=2$　　$\cdots\cdots$ ㉠

$P(2)=0$에서

$P(2)=4\times2^3+a\times2^2+b\times2+2=0$

$\therefore 2a+b=-17$　　$\cdots\cdots$ ㉡

㉠, ㉡을 연립하여 풀면

$a=-5$, $b=-7$

$\therefore P(x)=4x^3-5x^2-7x+2$

따라서 다항식 $P(x+2)$를 $x+1$로 나누었을 때의 나머지는

$P((-1)+2)=P(1)=4\times1^3-5\times1^2-7\times1+2$

$\quad\quad\quad\quad\quad\ =-6$

06 조립제법을 이용하면 $x-a=0$에서 $x=a$이므로

a	1	2	0	-4
		a	a^2+2a	a^3+2a^2
	1	$a+2$	a^2+2a	a^3+2a^2-4

$\therefore a=1$, $a^3+2a^2-4=b$

따라서
$b=1^3+2\times1^2-4=-1$
이므로
$a-b=1-(-1)=2$

07 조립제법을 이용하면
$2x-1=0$에서 $x=\dfrac{1}{2}$이므로

$$\begin{array}{c|cccc}
\frac{1}{2} & 2 & 1 & a & 5 \\
& & 1 & 1 & \frac{a+1}{2} \\
\hline
& 2 & 2 & a+1 & \frac{a+11}{2}
\end{array}$$

$\therefore 2x^3+x^2+ax+5$
$\quad =\left(x-\dfrac{1}{2}\right)(2x^2+2x+a+1)+\dfrac{a+11}{2}$
$\quad =(2x-1)\left(x^2+x+\dfrac{a+1}{2}\right)+\dfrac{a+11}{2}$

즉, 다항식 $2x^3+x^2+ax+5$를 $2x-1$로 나누었을 때의
몫이 $x^2+x+\dfrac{a+1}{2}$이고 나머지가 $\dfrac{a+11}{2}$이므로

$\dfrac{a+1}{2}=b,\ \dfrac{a+11}{2}=3$

$\therefore a+1=2b,\ a+11=6$
위의 두 식을 연립하여 풀면
$a=-5,\ b=-2$
$\therefore a+b=(-5)+(-2)=-7$

08 $x+1=t$라 하면
$x-1=t-2$이므로
주어진 등식에서
$t^3-4t^2-2t+5=a(t-2)^3+b(t-2)^2+c(t-2)+d$
조립제법을 이용하여 t^3-4t^2-2t+5를 $t-2$로 나누는
과정을 반복하면

$$\begin{array}{c|cccc}
2 & 1 & -4 & -2 & 5 \\
& & 2 & -4 & -12 \\
\hline
2 & 1 & -2 & -6 & \boxed{-7}\ \leftarrow d \\
& & 2 & 0 & \\
\hline
2 & 1 & 0 & \boxed{-6}\ \leftarrow c \\
& & 2 & \\
\hline
a\rightarrow\ 1 & & \boxed{2}\ \leftarrow b
\end{array}$$

$\therefore t^3-4t^2-2t+5$
$\quad =(t-2)(t^2-2t-6)-7$
$\quad =(t-2)\{(t-2)t-6\}-7$
$\quad =(t-2)[(t-2)\{(t-2)+2\}-6]-7$
$\quad =(t-2)^3+2(t-2)^2-6(t-2)-7$
따라서 $a=1,\ b=2,\ c=-6,\ d=-7$이므로
$ab+cd=1\times2+(-6)\times(-7)=44$

---

01 ②	**02** 15	**03** ④	**04** 44
05 ④	**06** ①	**07** ⑤	**08** 33
09 8	**10** ③	**11** 17	**12** ④
13 ①	**14** ②	**15** ①	**16** ⑤
17 −6	**18** ①	**19** −1	**20** ①
21 ③	**22** ⑤		

01 $\dfrac{ax+by-2}{x-2y+3}=k\ (k$는 상수$)$라 하면
$ax+by-2=kx-2ky+3k$
$(a-k)x+(b+2k)y-2-3k=0$
위의 등식이 $x,\ y$에 대한 항등식이므로
$a-k=0,\ b+2k=0,\ -2-3k=0$
$\therefore k=-\dfrac{2}{3},\ a=-\dfrac{2}{3},\ b=\dfrac{4}{3}$
$\therefore a+b=\left(-\dfrac{2}{3}\right)+\dfrac{4}{3}=\dfrac{2}{3}$

02 $P(x)=x^4+ax^3+x^2$에서
$P(x-2)=(x-2)^4+a(x-2)^3+(x-2)^2$
즉, 등식
$(x-2)^4+a(x-2)^3+(x-2)^2$
$=x^4-6x^3+bx^2-12x+4 \qquad \cdots\cdots \text{㉠}$
가 x에 대한 항등식이다.
㉠의 양변에 $x=0$을 대입하면
$(0-2)^4+a(0-2)^3+(0-2)^2$
$=0^4-6\times0^3+b\times0^2-12\times0+4$
$-8a+20=4$
$\therefore a=2$
㉠의 양변에 $x=2$를 대입하면
$(2-2)^4+a(2-2)^3+(2-2)^2$
$=2^4-6\times2^3+b\times2^2-12\times2+4$
$0=4b-52$
$\therefore b=13$
$\therefore a+b=2+13=15$

03 주어진 등식이 x에 대한 항등식이므로
$x=1$을 양변에 대입하면
$(1-1)^6=a_0+a_1\times1+a_2\times1^2+\cdots+a_6\times1^6$
$\therefore a_0+a_1+a_2+\cdots+a_6=0 \qquad \cdots\cdots \text{㉠}$
$x=-1$을 양변에 대입하면
$\{1-(-1)\}^6$
$=a_0+a_1\times(-1)+a_2\times(-1)^2+\cdots+a_6\times(-1)^6$
$\therefore a_0-a_1+a_2-\cdots+a_6=64 \qquad \cdots\cdots \text{㉡}$
㉠$+$㉡을 하면
$2(a_0+a_2+a_4+a_6)=64$
$\therefore a_0+a_2+a_4+a_6=32$

04 $\{P(x)\}^4+\{P(x)\}^2=(x^2+2x)^4+(x^2+2x)^2$에서
이 등식의 우변을 전개하면 상수항과 일차항이 존재하지
않는 최고차항의 차수가 8인 다항식이므로
$a_0=a_1=0$
$\therefore (x^2+2x)^4+(x^2+2x)^2$
$\qquad=a_8x^8+a_7x^7+\cdots+a_3x^3+a_2x^2$
위의 등식이 x에 대한 항등식이므로
$x=1$을 양변에 대입하면
$(1^2+2\times1)^4+(1^2+2\times1)^2$
$=a_8\times1^8+a_7\times1^7+\cdots+a_3\times1^3+a_2\times1^2$
$\therefore a_2+a_3+\cdots+a_7+a_8=90 \qquad \cdots\cdots \text{㉠}$
$x=-1$을 양변에 대입하면
$\{(-1)^2+2\times(-1)\}^4+\{(-1)^2+2\times(-1)\}^2$
$=a_8\times(-1)^8+a_7\times(-1)^7+\cdots$
$\qquad\qquad\qquad +a_3\times(-1)^3+a_2\times(-1)^2$
$\therefore a_2-a_3+\cdots-a_7+a_8=2 \qquad \cdots\cdots \text{㉡}$
㉠$-$㉡을 하면 $2(a_3+a_5+a_7)=88$
$\therefore a_3+a_5+a_7=44$

05 삼차다항식 $P(x)$가 x^2+2x+6으로 나누어떨어지므로
몫을 $ax+b$ (a, b는 상수, $a\neq0$)라 하면
$P(x)=(x^2+2x+6)(ax+b)$
이때 $P(0)=-18$에서
$P(0)=(0^2+2\times0+6)\times(a\times0+b)=-18$
$6b=-18$
$\therefore b=-3$
$\therefore P(x)=(x^2+2x+6)(ax-3)$
$\qquad\quad=ax^3+(2a-3)x^2+6(a-1)x-18$
$\qquad\qquad\qquad\qquad\qquad\qquad \cdots\cdots \text{㉠}$
또한, 삼차다항식 $P(x)$를 x^2+3으로 나누었을 때의 나
머지가 -21이므로 몫을 $cx+d$ (c, d는 상수, $c\neq0$)라
하면
$P(x)=(x^2+3)(cx+d)-21$
이때 $P(0)=-18$에서
$P(0)=(0^2+3)\times(c\times0+d)-21=-18$
$3d-21=-18$
$\therefore d=1$
$\therefore P(x)=(x^2+3)(cx+1)-21$
$\qquad\quad=cx^3+x^2+3cx-18 \qquad \cdots\cdots \text{㉡}$
㉠$=$㉡에서
$ax^3+(2a-3)x^2+6(a-1)x-18$
$=cx^3+x^2+3cx-18$
양변의 동류항의 계수를 비교하면
$a=c$, $2a-3=1$, $6a-6=3c$
$\therefore a=2$, $c=2$
따라서 $P(x)=2x^3+x^2+6x-18$이므로
$P(2)=2\times2^3+2^2+6\times2-18=14$

06 다항식 $(x+3)\{f(x)-2\}$를 $x-1$로 나눈 나머지가 16
이므로
$(1+3)\times\{f(1)-2\}=16$에서
$f(1)-2=4 \qquad \therefore f(1)=6$
따라서 $f(x)$를 $x-1$로 나눈 나머지는 6이다.

07 조건 ㉮에서 $g(x)=x^2f(x)$이므로 이것을 조건 ㉯의 식에
대입하면
$x^2f(x)+(3x^2+4x)f(x)=x^3+ax^2+2x+b$에서
$(4x^2+4x)f(x)=x^3+ax^2+2x+b$
$\therefore 4x(x+1)f(x)=x^3+ax^2+2x+b \qquad \cdots\cdots \text{㉠}$
㉠의 양변에 $x=0$을 대입하면
$4\times0\times(0+1)\times f(0)=0^3+a\times0^2+2\times0+b$
$\therefore b=0$
㉠의 양변에 $x=-1$을 대입하면
$4\times(-1)\times\{(-1)+1\}\times f(-1)$
$=(-1)^3+a\times(-1)^2+2\times(-1)+b$
$a+b=3 \qquad \therefore a=3 \ (\because b=0)$
즉, $4x(x+1)f(x)=x^3+3x^2+2x$이므로
이 등식의 양변에 $x=4$를 대입하면
$4\times4\times(4+1)\times f(4)=4^3+3\times4^2+2\times4$
$\therefore f(4)=\dfrac{3}{2}$
따라서 $g(x)$를 $x-4$로 나눈 나머지는
$g(4)=4^2\times f(4)=16\times\dfrac{3}{2}=24$

08 다항식 $P(x)$를 x^2+3x+2로 나누었을 때의 몫이
$2x-1$이고 나머지가 k이므로
$P(x)=(x^2+3x+2)(2x-1)+k$
$\therefore P(x)=(x+1)(x+2)(2x-1)+k \qquad \cdots\cdots \text{㉠}$
이때 $Q(x)=2P(x)+x$라 하면
다항식 $Q(x)$를 $x+1$로 나누었을 때의 나머지는
$Q(-1)=2P(-1)-1$
$\qquad\quad=2[\{(-1)+1\}\times\{(-1)+2\}$
$\qquad\qquad\qquad\qquad\times\{2\times(-1)-1\}+k]-1$
$\qquad\quad=2k-1$
다항식 $Q(x)$를 $x-1$로 나누었을 때의 나머지는
$Q(1)=2P(1)+1$
$\qquad=2\{(1+1)\times(1+2)\times(2\times1-1)+k\}+1$
$\qquad=2k+13$
두 나머지의 합이 0이므로
$(2k-1)+(2k+13)=0$
$4k=-12 \qquad \therefore k=-3$
즉, $P(x)=(x+1)(x+2)(2x-1)-3$이므로
$P(2)=(2+1)\times(2+2)\times(2\times2-1)-3=33$
따라서 $P(x)$를 $x-2$로 나눈 나머지는 33이다.

09 $x^{15}+x^5+x$를 $x+1$로 나누었을 때의 몫을 $Q(x)$, 나머지를 R라 하면

$x^{15}+x^5+x=(x+1)Q(x)+R$ $\qquad$ …… ㉠

㉠의 양변에 $x=-1$을 대입하면

$(-1)^{15}+(-1)^5+(-1)=\{(-1)+1\}\times Q(-1)+R$

$\therefore R=-3$ $\qquad$ … ❶

㉠의 양변에 $x=10$을 대입하면

$10^{15}+10^5+10=(10+1)\times Q(10)+R$
$\qquad\qquad =11Q(10)-3\ (\because R=-3)$ … ❷
$\qquad\qquad =11\{Q(10)-1\}+11-3$
$\qquad\qquad =11\{Q(10)-1\}+8$

나머지를 양수로 만든다.

따라서 $10^{15}+10^5+10$을 11로 나누었을 때의 나머지는 8 이다. $\qquad$ … ❸

채점 기준	배점 비율
❶ $x^{15}+x^5+x$를 $x+1$로 나누었을 때의 나머지 구하기	40 %
❷ $x=10$을 대입하여 식 세우기	40 %
❸ $10^{15}+10^5+10$을 11로 나누었을 때의 나머지 구하기	20 %

| 참고 |

다항식의 나눗셈에서는 나머지가 음수일 수 있지만 자연수의 나눗셈에서는 나머지가 음이 아닌 정수, 즉 0 또는 자연수이어야 한다.

10 다항식 $P(x)$를 $(x-1)^2(x-3)$으로 나누었을 때의 몫을 $Q(x)$, 나머지를 ax^2+bx+c (a, b, c는 상수)라 하면

$P(x)=(x-1)^2(x-3)Q(x)+ax^2+bx+c$

$P(x)$를 $(x-1)^2$으로 나누었을 때의 나머지가 $x+1$이므로 ax^2+bx+c를 $(x-1)^2$으로 나누었을 때의 나머지도 $x+1$이다. $\quad \hookrightarrow ax^2+bx+c=a(x-1)^2+x+1$

$\therefore P(x)=(x-1)^2(x-3)Q(x)+a(x-1)^2+x+1$

이때 $P(x)$를 $x-3$으로 나누었을 때의 나머지가 -4이므로 $P(3)=-4$에서

$P(3)=(3-1)^2\times(3-3)\times Q(3)+a(3-1)^2+3+1$
$\qquad =-4$

$4a+4=-4$ $\quad \therefore a=-2$

따라서 구하는 나머지는

$-2(x-1)^2+x+1=-2x^2+5x-1$

11 $P(x)$를 n차다항식이라 하면 주어진 등식의 좌변은 $3n$차 다항식, 우변은 $(n+2)$차다항식이므로

$3n=n+2$

를 만족시킨다.

즉, $n=1$이므로 $P(x)$는 일차다항식이다.

$P(x)=ax+b$ (a, b는 상수, $a>0$)라 하면

$\{P(x)\}^3=9x^2P(x)-18x^2+9x-1$에서

$(ax+b)^3=9x^2(ax+b)-18x^2+9x-1$

$a^3x^3+3a^2bx^2+3ab^2x+b^3$
$=9ax^3+(9b-18)x^2+9x-1$

앞의 등식은 x에 대한 항등식이므로 동류항의 계수가 같다. 즉, 최고차항의 계수가 같아야 하므로

$a^3=9a$에서 $a^3-9a=0$

$a(a+3)(a-3)=0$

$\therefore a=3\ (\because a>0)$

또한, x^2의 계수가 같아야 하므로

$3a^2b=9b-18$에서 $18b=-18\ (\because a=3)$

$\therefore b=-1$

즉, $P(x)=3x-1$이므로 $(3x-1)^3$을 x^2-x로 나누었을 때의 몫을 $Q(x)$, 나머지 $R(x)$를 $px+q$ (p, q는 상수) 라 하면

$(3x-1)^3=x(x-1)Q(x)+px+q$ $\qquad$ …… ㉠

㉠의 양변에 $x=0$을 대입하면

$(3\times0-1)^3=0\times(0-1)\times Q(0)+p\times0+q$

$\therefore q=-1$

㉠의 양변에 $x=1$을 대입하면

$(3\times1-1)^3=1\times(1-1)\times Q(1)+p\times1+q$

$p+q=8$

$\therefore p=9\ (\because q=-1)$

따라서 $R(x)=9x-1$이므로

$R(2)=9\times2-1=17$

12 $P(x)=x+1$에서 양변을 각각 999번 제곱하면

$\{P(x)\}^{999}=(x+1)^{999}$이고

x 대신 x^2-2를 대입하면

$P(x^2-2)=(x^2-2)+1=x^2-1$

이때 다항식 $\{P(x)\}^{999}$을 $P(x^2-2)$로 나누었을 때의 몫을 $Q(x)$, 나머지를 $R(x)=ax+b$ (a, b는 상수)라 하면 $\quad \hookrightarrow P(x^2-2)$가 이차식

$\{P(x)\}^{999}=P(x^2-2)Q(x)+ax+b$

$\therefore (x+1)^{999}=(x^2-1)Q(x)+ax+b$
$\qquad\qquad =(x+1)(x-1)Q(x)+ax+b$

위의 식의 양변에 $x=1$을 대입하면

$(1+1)^{999}=(1+1)\times(1-1)\times Q(1)+a\times1+b$

$\therefore a+b=2^{999}$ $\qquad$ …… ㉠

양변에 $x=-1$을 대입하면

$(-1+1)^{999}$
$=\{(-1)+1\}\times\{(-1)-1\}\times Q(-1)+a\times(-1)+b$

$\therefore -a+b=0$ $\qquad$ …… ㉡

㉠, ㉡을 연립하여 풀면 $a=2^{998}$, $b=2^{998}$

따라서 $R(x)=2^{998}x+2^{998}$이므로 $R(0)=2^{998}$

13 $f(x)=x^3+ax^2+bx+c$ (a, b, c는 상수)라 하자.

다항식 $f(x+3)-f(x)$를 $(x-1)(x+2)$로 나누었을 때의 몫을 $Q(x)$라 하면 조건 ㈎에 의하여 나누어떨어지므로

$f(x+3)-f(x)=(x-1)(x+2)Q(x)$ $\qquad$ …… ㉠

⊙의 양변에 $x=-2$를 대입하면

$f((-2)+3)-f(-2)$

$=\{(-2)-1\}\times\{(-2)+2\}\times Q(-2)$

$f(1)-f(-2)=0$

$\therefore f(1)=f(-2)$

⊙의 양변에 $x=1$을 대입하면

$f(1+3)-f(1)=(1-1)\times(1+2)\times Q(1)$

$f(4)-f(1)=0$

$\therefore f(1)=f(4)$

$\therefore f(-2)=f(1)=f(4)$

즉, $f(-2)=f(1)=f(4)=k\,(k$는 상수)라 할 수 있으므로 $f(x)=(x+2)(x-1)(x-4)+k$라 하자.

조건 ㈏에서 $f(2)=-3$이므로   → $f(x)$가 최고차항의 계수가 1인 삼차다항식

$f(2)=(2+2)\times(2-1)\times(2-4)+k=-3$

$-8+k=-3$ $\therefore k=5$

따라서 $f(x)=(x+2)(x-1)(x-4)+5$이므로

$f(0)=(0+2)\times(0-1)\times(0-4)+5=13$

14 $P(x)-1$이 x^2-4, 즉 $(x+2)(x-2)$로 나누어떨어지므로

$P(-2)-1=0,\ P(2)-1=0$

$\therefore P(-2)=1,\ P(2)=1$ ······ ⊙

$P(x-2)$를 x^2-4x, 즉 $x(x-4)$로 나누었을 때의 몫을 $Q(x)$, 나머지를 $ax+b\,(a,\,b$는 상수)라 하면

$P(x-2)=x(x-4)Q(x)+ax+b$ ······ ⓒ

ⓒ의 양변에 $x=0$을 대입하면

$P(0-2)=0\times(0-4)\times Q(0)+a\times0+b$에서

$P(-2)=b$

$\therefore b=1\,(\because$ ⊙$)$

ⓒ의 양변에 $x=4$를 대입하면

$P(4-2)=4\times(4-4)\times Q(4)+a\times4+b$

$P(2)=4a+b$

$\therefore 4a+b=1\,(\because$ ⊙$)$

이때 $b=1$이므로

$4a+1=1$

$\therefore a=0$

따라서 $P(x-2)$를 x^2-4x로 나누었을 때의 나머지는 1이다.

15 $P(x)-3$이 $x-k$로 나누어떨어지므로

$P(k)-3=0$에서

$P(k)=3$

$(x+1)P(x)-12$가 $x-k$로 나누어떨어지므로

$(k+1)P(k)-12=0$에서

$(k+1)\times3-12=0\,(\because P(k)=3)$

$k+1=4$

$\therefore k=3$

16 $2x-2=0$에서 $x=1$이므로

$$\begin{array}{r}1\,\big|\,\overset{\text{50개}}{\underline{1\ \ 0\ \ 0\ \ \cdots\ \ 0}}\ \ 1\\ \underset{\text{49개}}{\underline{1\ \ 1\ \ \cdots\ \ 1}}\ \ 1\\ \hline 1\ \ 1\ \ 1\ \ \cdots\ \ 1\,\big|\,2\end{array}$$

$\therefore x^{50}+1=(x-1)(x^{49}+x^{48}+x^{47}+\cdots+1)+2$

$\qquad\qquad=(2x-2)\times\dfrac{1}{2}(x^{49}+x^{48}+x^{47}+\cdots+1)+2$

$\therefore Q(x)=\dfrac{1}{2}(x^{49}+x^{48}+x^{47}+\cdots+1)$

따라서 $Q(x)$를 $x-1$로 나누었을 때의 나머지는

$Q(1)=\dfrac{1}{2}\times\underbrace{(1+1+1+\cdots+1)}_{\text{50개}}=\dfrac{1}{2}\times50=25$

17 조립제법을 이용하여 $8x^3-20x^2+16x-1$을 $x-\dfrac{1}{2}$로 나누는 과정을 반복하면

$$\begin{array}{c|rrrr}\frac{1}{2} & 8 & -20 & 16 & -1\\ & & 4 & -8 & 4\\ \hline \frac{1}{2} & 8 & -16 & 8 & \big|\ 3\\ & & 4 & -6 & \\ \hline \frac{1}{2} & 8 & -12 & \big|\ 2 & \\ & & 4 & & \\ \hline & 8 & \big|\ -8 & & \end{array}$$

$\therefore 8x^3-20x^2+16x-1$

$=\left(x-\dfrac{1}{2}\right)(8x^2-16x+8)+3$

$=\left(x-\dfrac{1}{2}\right)\left\{\left(x-\dfrac{1}{2}\right)(8x-12)+2\right\}+3$

$=\left(x-\dfrac{1}{2}\right)\left[\left(x-\dfrac{1}{2}\right)\left\{\left(x-\dfrac{1}{2}\right)\times8-8\right\}+2\right]+3$

$=8\left(x-\dfrac{1}{2}\right)^3-8\left(x-\dfrac{1}{2}\right)^2+2\left(x-\dfrac{1}{2}\right)+3$ ··· ❶

$=(2x-1)^3-2(2x-1)^2+(2x-1)+3$ ··· ❷

따라서 $a=1,\ b=-2,\ c=1,\ d=3$이므로

$abcd=1\times(-2)\times1\times3=-6$ ··· ❸

채점 기준	배점 비율
❶ $8x^3-20x^2+16x-1$을 $x-\dfrac{1}{2}$에 대한 내림차순으로 나타내기	50 %
❷ $8x^3-20x^2+16x-1$을 $2x-1$에 대한 내림차순으로 나타내기	30 %
❸ $abcd$의 값 구하기	20 %

18 (**풀이전략**) 치환을 이용하여 3^{300}과 13을 한 문자에 대하여 나타내고, 이를 이용하여 다항식의 나눗셈에 대한 등식을 세운 후 나머지정리를 이용한다.

$3^{300}=(3^3)^{100}=27^{100}$

이때 $13=x$라 하면 $27=2x+1$이므로
$(2x+1)^{100}$을 x로 나누었을 때의 몫을 $Q(x)$, 나머지를
R라 하면
$(2x+1)^{100}=xQ(x)+R$
위의 식의 양변에 $x=0$을 대입하면 → x에 대한 항등식이므로
$R=1$
$\therefore (2x+1)^{100}=xQ(x)+1$
위의 식의 양변에 $x=13$을 대입하면
$27^{100}=13Q(13)+1$
$\therefore 3^{300}=13Q(13)+1$
따라서 구하는 나머지는 1이다.

19 (풀이전략) 두 다항식 $f(x)$, $g(x)$를 각각 x^3-1로 나누었을 때
의 나머지를 구하고, 이를 이용하여 $f(x)g(x)$를 x^3-1로 나누
었을 때의 다항식의 나눗셈에 대한 등식을 세운다.

다항식 $f(x)$를 $(x-1)(x^2+x+1)$, 즉 x^3-1로 나누었
을 때의 몫을 $Q(x)$라 하자.
다항식 $f(x)$를 x^2+x+1로 나누었을 때의 나머지가
$x+1$이므로 상수 a에 대하여

$f(x)=(x-1)(x^2+x+1)Q(x)$ → 나머지를 x^2+x+1로
나누었을 때의 나머지도
$x+1$이다.
$\qquad +a(x^2+x+1)+x+1$

이때 다항식 $f(x)$를 $x-1$로 나누었을 때의 나머지가 2
이므로 $f(1)=2$에서
$f(1)=(1-1)\times(1^2+1+1)\times Q(1)$
$\qquad\qquad +a\times(1^2+1+1)+1+1=2$
$3a=0 \qquad \therefore a=0$
$\therefore f(x)=(x^3-1)Q(x)+x+1$
한편, 다항식 $g(x)$를 $(x-1)(x^2+x+1)$, 즉 x^3-1로
나누었을 때의 몫을 $Q'(x)$라 하자.
다항식 $g(x)$를 x^2+x+1로 나누었을 때의 나머지가
$-x-3$이므로 상수 a'에 대하여

$g(x)=(x-1)(x^2+x+1)Q'(x)$ → 나머지를 x^2+x+1로
나누었을 때의 나머지도
$-x-3$이다.
$\qquad +a'(x^2+x+1)-x-3$

이때 다항식 $g(x)$를 $x-1$로 나누었을 때의 나머지가
-1이므로
$g(1)=-1$에서
$g(1)=(1-1)\times(1^2+1+1)\times Q'(1)$
$\qquad\qquad +a'(1^2+1+1)-1-3=-1$
$3a'=3 \qquad \therefore a'=1$
$\therefore g(x)=(x^3-1)Q'(x)+x^2-2$
즉
$f(x)g(x)$
$=\{(x^3-1)Q(x)+x+1\}\{(x^3-1)Q'(x)+x^2-2\}$
에서
$P(x)=(x^3-1)Q(x)Q'(x)+(x^2-2)Q(x)$
$\qquad\qquad\qquad +(x+1)Q'(x)$
라 하면

$f(x)g(x)=(x^3-1)P(x)+(x+1)(x^2-2)$
$\qquad\quad =(x^3-1)P(x)+(x^3+x^2-2x-2)$
$\qquad\quad =(x^3-1)P(x)+(x^3-1)+x^2-2x-1$
$\qquad\quad =(x^3-1)\{P(x)+1\}+x^2-2x-1$
따라서 $R(x)=x^2-2x-1$이므로
$R(2)=2^2-2\times2-1=-1$

20 (풀이전략) 주어진 등식에서 $xP(x)-1=0$임을 알고, $x-1$,
$x-2$, $x-3$, $x-4$가 다항식 $xP(x)-1$의 인수임을 이용하여
$xP(x)-1$을 x에 대한 사차다항식으로 나타낸다.

$P(1)=2P(2)=3P(3)=4P(4)=1$에서
$P(1)-1=2P(2)-1=3P(3)-1=4P(4)-1=0$
즉, 다항식 $xP(x)-1$은 $x-1$, $x-2$, $x-3$, $x-4$로
각각 나누어떨어진다.
$\therefore xP(x)-1=k(x-1)(x-2)(x-3)(x-4) \ (k\neq0)$
위의 식의 양변에 $x=0$을 대입하면
$-1=24k \qquad \therefore k=-\dfrac{1}{24}$
$\therefore xP(x)-1=-\dfrac{1}{24}(x-1)(x-2)(x-3)(x-4)$
위의 식의 양변에 $x=5$를 대입하면
$5P(5)-1=\left(-\dfrac{1}{24}\right)\times24$
$5P(5)=0 \qquad \therefore P(5)=0$
따라서 구하는 나머지는 0이다.

21 (풀이전략) 사차다항식 $f(x)$를 $x+1$, x^2-3으로 나눈 나머지가
서로 같으므로 이것을 R라 하면 $f(x)$가 최고차항의 계수가 1인
사차다항식임을 이용하여 $f(x)-R$를 x에 대한 식으로 나타낼
수 있다.

다항식 $f(x)$를 $x+1$로 나눈 몫을 $Q_1(x)$, 나머지를 R라
하면
$f(x)=(x+1)Q_1(x)+R \qquad\qquad \cdots\cdots \ㄱ$
또한, 조건 ㈎에 의하여 다항식 $f(x)$를 x^2-3으로 나눈
몫을 $Q_2(x)$라 하면 이때의 나머지도 R이므로
$f(x)=(x^2-3)Q_2(x)+R \qquad\qquad \cdots\cdots \ㄴ$
ㄱ에서 $f(x)-R=(x+1)Q_1(x)$이고
ㄴ에서 $f(x)-R=(x^2-3)Q_2(x)$이므로
$f(x)-R$는 $x+1$, x^2-3을 인수로 갖는다.
이때 $f(x)$가 최고차항의 계수가 1인 사차다항식이므로
$f(x)-R=(x+1)(x^2-3)(x+a) \ (a$는 상수$)$
$\qquad\qquad\qquad\qquad\qquad\qquad \cdots\cdots \ㄷ$
한편, 조건 ㈏에 의하여 다항식 $f(x+1)-5$를 x^2+x로
나누었을 때의 몫을 $Q_3(x)$라 하면
$f(x+1)-5=(x^2+x)Q_3(x)$
$\qquad\qquad\ =x(x+1)Q_3(x) \qquad \cdots\cdots \ㄹ$
ㄹ의 양변에 $x=-1$을 대입하면

$$f((-1)+1)-5=(-1)\times\{(-1)+1\}\times Q_3(-1)$$
$$\therefore f(0)=5$$

㉣의 양변에 $x=0$을 대입하면
$$f(0+1)-5=0\times(0+1)\times Q_3(0)$$
$$\therefore f(1)=5$$

이때 ㉢의 식을 이용하여 $f(0)$, $f(1)$을 구할 수 있으므로

㉢의 양변에 $x=0$을 대입하면
$$f(0)-R=(0+1)\times(0^2-3)\times(0+a)$$
$$\therefore f(0)=-3a+R$$

㉢의 양변에 $x=1$을 대입하면
$$f(1)-R=(1+1)\times(1^2-3)\times(1+a)$$
$$\therefore f(1)=-4-4a+R$$

즉, $-3a+R=5$, $-4-4a+R=5$이므로

위의 두 식을 연립하여 풀면
$$a=-4,\ R=-7$$

따라서 $f(x)=(x+1)(x^2-3)(x-4)-7$이므로
$$f(4)=(4+1)\times(4^2-3)\times(4-4)-7=-7$$

22 (풀이 전략) 주어진 등식이 x에 대한 항등식이므로 적절한 수를 대입하여 $P(0)$, $P(1)$의 값을 각각 구하고, 주어진 조건으로 다항식 $P(x)$의 차수를 추측할 수 있다.

ㄱ. 주어진 등식의 양변에 $x=0$을 대입하면
$$0^2\times P(0+1)=P(0^2)-(0-1)\times(0^2-2\times0-2)$$
$$\therefore P(0)=2\ (\text{참})$$

ㄴ. 주어진 등식의 양변에 $x=-1$을 대입하면
$$(-1)^2\times P((-1)+1)$$
$$=P(1)-\{(-1)-1\}\times\{(-1)^2-2\times(-1)-2\}$$
$$2=P(1)+2\ (\because \text{ㄱ}) \qquad \therefore P(1)=0\ (\text{참})$$

ㄷ. $P(x)$가 일차식이라 하면 주어진 등식의 좌변과 우변은 모두 삼차식이다.

그런데 좌변의 삼차항의 계수는 1이고, 우변의 삼차항의 계수는 -1이므로 $P(x)$는 일차식이 아니다.

$P(x)$의 차수를 $n\,(n\geq2)$이라 하면 주어진 등식의 좌변은 $(n+2)$차식, 우변은 $2n$차식이므로
$$n+2=2n \qquad \therefore n=2$$

즉, $P(x)$는 이차식이다.

주어진 등식의 양변에 $x=1$을 대입하면
$$1^2\times P(1+1)=P(1^2)-(1-1)\times(1^2-2\times1-2)$$
$$P(2)=P(1)$$
$$\therefore P(2)=0\ (\because \text{ㄴ})$$

즉, $P(1)=0$, $P(2)=0$이므로 $P(x)$는 $x-1$, $x-2$로 각각 나누어떨어진다.

이때 $P(x)$의 최고차항의 계수가 1이므로
$$P(x)=(x-1)(x-2)$$
$$\therefore P(3)=2\times1=2\ (\text{참})$$

따라서 옳은 것은 ㄱ, ㄴ, ㄷ이다.

I-3 인수분해

○1 인수분해

개념 확인 ・ 본문 060쪽

1 답 (1) $2x(x-2)$　(2) $ab^2(ab+1)$

(1) 공통인수가 $2x$이므로
$$2x^2-4x=2x(x-2)$$

(2) 공통인수가 ab^2이므로
$$a^2b^3+ab^2=ab^2(ab+1)$$

2 답 (1) $(x-y+z)^2$　(2) $(x+1)^3$
　　　(3) $(x+1)(x^2-x+1)$

(1) $x^2+y^2+z^2-2xy-2yz+2zx$
$$=x^2+(-y)^2+z^2+2\times x\times(-y)+2\times(-y)\times z$$
$$+2\times z\times x$$
$$=(x-y+z)^2$$

(2) $x^3+3x^2+3x+1=x^3+3\times x^2\times1+3\times x\times1^2+1^3$
$$=(x+1)^3$$

(3) $x^3+1=x^3+1^3=(x+1)(x^2-x\times1+1^2)$
$$=(x+1)(x^2-x+1)$$

유제 ・ 본문 061~063쪽

01-❶ 답 (1) $y(x+1)^2$　(2) $2xy(x+z)^2$
　　　　(3) $(a-1)(ab+1)$
　　　　(4) $(x+1)(x-1)(y+1)(y-1)$

(1) $x^2y+2xy+y=y(x^2+2x+1)=y(x+1)^2$

(2) $2x^3y+4x^2yz+2xyz^2=2xy(x^2+2xz+z^2)$
$$=2xy(x+z)^2$$

(3) $a^2b+a-ab-1=a(ab+1)-(ab+1)$
$$=(a-1)(ab+1)$$

(4) $x^2y^2-x^2-y^2+1=x^2(y^2-1)-(y^2-1)$
$$=(x^2-1)(y^2-1)$$
$$=(x+1)(x-1)(y+1)(y-1)$$

01-❷ 답 (1) $(x-y)(x+2y)^2$　(2) $(3x+y)(3x+y-2)$

(1) $(x-y)(x^2+4y^2)+4xy(x-y)$
$$=(x-y)(x^2+4y^2+4xy)$$
$$=(x-y)(x+2y)^2$$

(2) $(3x+y)^2-6x-2y=(3x+y)^2-2(3x+y)$
$$=(3x+y)(3x+y-2)$$

01-❸ 답 (1) $(x-y)^2(x+y)$　(2) $(a-b)(ab+a+b)$

(1) $x^3-x^2y-xy^2+y^3=x^2(x-y)-y^2(x-y)$
$\qquad\qquad\qquad\qquad\quad =(x-y)(x^2-y^2)$
$\qquad\qquad\qquad\qquad\quad =(x-y)(x+y)(x-y)$
$\qquad\qquad\qquad\qquad\quad =(x-y)^2(x+y)$

(2) $a^2b+a^2-ab^2-b^2=a^2b-ab^2+a^2-b^2$
$\qquad\qquad\qquad\qquad\quad =ab(a-b)+(a+b)(a-b)$
$\qquad\qquad\qquad\qquad\quad =(a-b)(ab+a+b)$

02-❶ 답 (1) $(a+2b-c)^2$　(2) $(a-2b)^3$
$\qquad\qquad$ (3) $(a+2b)(a^2-2ab+4b^2)$
$\qquad\qquad$ (4) $3(a-2)(a^2+2a+4)$

(1) $a^2+4b^2+c^2+4ab-4bc-2ca$
$\quad =a^2+(2b)^2+(-c)^2+2\times a\times 2b+2\times 2b\times(-c)$
$\qquad\qquad\qquad\qquad\qquad\qquad +2\times(-c)\times a$
$\quad =(a+2b-c)^2$

(2) $a^3-6a^2b+12ab^2-8b^3$
$\quad =a^3-3\times a^2\times 2b+3\times a\times(2b)^2-(2b)^3$
$\quad =(a-2b)^3$

(3) $a^3+8b^3=a^3+(2b)^3$
$\qquad\qquad =(a+2b)\{a^2-a\times 2b+(2b)^2\}$
$\qquad\qquad =(a+2b)(a^2-2ab+4b^2)$

(4) $3a^3-24=3(a^3-8)=3(a^3-2^3)$
$\qquad\qquad\quad =3(a-2)(a^2+a\times 2+2^2)$
$\qquad\qquad\quad =3(a-2)(a^2+2a+4)$

02-❷ 답 10

$8x^3-27y^3=(2x)^3-(3y)^3$
$\qquad\qquad =(2x-3y)\{(2x)^2+2x\times 3y+(3y)^2\}$
$\qquad\qquad =(2x-3y)(4x^2+6xy+9y^2)$
따라서 $m=4$, $n=6$이므로
$m+n=4+6=10$

03-❶ 답 (1) $(2x+y+z)(2x-y+z)$
$\qquad\qquad$ (2) $(a^2-3a+6)(a^2-5a+2)$
$\qquad\qquad$ (3) $(x+y)(x-y)(x^2+xy+y^2)(x^2-xy+y^2)$
$\qquad\qquad$ (4) $(a-1)(a^2-a+1)$

(1) $4x^2-y^2+z^2+4zx=(4x^2+4zx+z^2)-y^2$
$\qquad\qquad\qquad\qquad =(2x+z)^2-y^2\ \rightarrow A^2-B^2\ \text{꼴}$
$\qquad\qquad\qquad\qquad =(2x+y+z)(2x-y+z)$

(2) $(a-2)^4-(a+2)^2$
$\quad =\{(a-2)^2\}^2-(a+2)^2\ \rightarrow A^2-B^2\ \text{꼴}$
$\quad =\{(a-2)^2+(a+2)\}\{(a-2)^2-(a+2)\}$
$\quad =(a^2-4a+4+a+2)(a^2-4a+4-a-2)$
$\quad =(a^2-3a+6)(a^2-5a+2)$

(3) $x^6-y^6=(x^3)^2-(y^3)^2$
$\qquad\qquad =(x^3+y^3)(x^3-y^3)$
$\qquad\qquad =(x+y)(x^2-xy+y^2)(x-y)(x^2+xy+y^2)$
$\qquad\qquad =(x+y)(x-y)(x^2+xy+y^2)(x^2-xy+y^2)$

(4) $a^3-2a^2+2a-1=(a^3-1)-(2a^2-2a)$
$\qquad\qquad\qquad\quad =(a-1)(a^2+a+1)-2a(a-1)$
$\qquad\qquad\qquad\quad =(a-1)(a^2+a+1-2a)$
$\qquad\qquad\qquad\quad =(a-1)(a^2-a+1)$

03-❷ 답 ㄱ, ㄹ

$x^4-y^4+x^2z^2-y^2z^2=(x^4-y^4)+(x^2-y^2)z^2$
$\qquad\qquad\qquad\quad =\{(x^2)^2-(y^2)^2\}+(x^2-y^2)z^2$
$\qquad\qquad\qquad\quad =(x^2+y^2)(x^2-y^2)+(x^2-y^2)z^2$
$\qquad\qquad\qquad\quad =(x^2-y^2)(x^2+y^2+z^2)$
$\qquad\qquad\qquad\quad =(x+y)(x-y)(x^2+y^2+z^2)$

따라서 인수인 것은 ㄱ, ㄹ이다.

집중 연습　　　　　　　　　　• 본문 064쪽

01 (1) $(x+y-1)^2$　　　　(2) $(2x-y+1)^2$
$\quad$ (3) $(3a-2b-1)^2$　　(4) $(5a+b)^3$
$\quad$ (5) $(x-3y)^3$　　　　(6) $(2a-5b)^3$
$\quad$ (7) $(x+4)(x^2-4x+16)$
$\quad$ (8) $(3a-2b)(9a^2+6ab+4b^2)$

02 (1) $(a-b+1)(a-b-1)$
$\quad$ (2) $-(a^2-4a+9)(a^2-8a+9)$
$\quad$ (3) $(x^4+y^4)(x^2+y^2)(x+y)(x-y)$
$\quad$ (4) $(a-b)(a^2+ab+b^2+a+b)$
$\quad$ (5) $(x+y-1)(x^2-xy+y^2)$
$\quad$ (6) $(x-y+2)(x^2+xy+4x+y^2+2y+4)$
$\quad$ (7) $2(x+y)(x^2+2xy+4y^2)$
$\quad$ (8) $(a+2b-c)(a-2b)$

01 (1) $x^2+y^2+1+2xy-2y-2x$
$\qquad =x^2+y^2+(-1)^2+2\times x\times y+2\times y\times(-1)$
$\qquad\qquad\qquad\qquad\qquad\qquad +2\times(-1)\times x$
$\qquad =(x+y-1)^2$

$\quad$ (2) $4x^2+y^2-4xy+4x-2y+1$
$\qquad =(2x)^2+(-y)^2+1^2+2\times 2x\times(-y)$
$\qquad\qquad\qquad\qquad +2\times(-y)\times 1+2\times 1\times 2x$
$\qquad =(2x-y+1)^2$

$\quad$ (3) $9a^2+4b^2-12ab-6a+4b+1$
$\qquad =(3a)^2+(-2b)^2+(-1)^2+2\times 3a\times(-2b)$
$\qquad\qquad\qquad\qquad +2\times(-2b)\times(-1)+2\times(-1)\times 3a$
$\qquad =(3a-2b-1)^2$

(4) $125a^3+75a^2b+15ab^2+b^3$
$=(5a)^3+3\times(5a)^2\times b+3\times5a\times b^2+b^3$
$=(5a+b)^3$

(5) $x^3-9x^2y+27xy^2-27y^3$
$=x^3-3\times x^2\times3y+3\times x\times(3y)^2-(3y)^3$
$=(x-3y)^3$

(6) $8a^3-60a^2b+150ab^2-125b^3$
$=(2a)^3-3\times(2a)^2\times5b+3\times2a\times(5b)^2-(5b)^3$
$=(2a-5b)^3$

(7) x^3+64
$=x^3+4^3$
$=(x+4)(x^2-x\times4+4^2)$
$=(x+4)(x^2-4x+16)$

(8) $27a^3-8b^3$
$=(3a)^3-(2b)^3$
$=(3a-2b)\{(3a)^2+3a\times2b+(2b)^2\}$
$=(3a-2b)(9a^2+6ab+4b^2)$

02 (1) $a^2-2ab+b^2-1$
$=(a-b)^2-1^2$
$=(a-b+1)(a-b-1)$

(2) $4a^2-(a-3)^4$
$=(2a)^2-\{(a-3)^2\}^2$
$=\{2a+(a-3)^2\}\{2a-(a-3)^2\}$
$=(2a+a^2-6a+9)\{2a-(a^2-6a+9)\}$
$=(a^2-4a+9)(-a^2+8a-9)$
$=-(a^2-4a+9)(a^2-8a+9)$

(3) $x^8-y^8=(x^4)^2-(y^4)^2$
$=(x^4+y^4)(x^4-y^4)$
$=(x^4+y^4)\{(x^2)^2-(y^2)^2\}$
$=(x^4+y^4)(x^2+y^2)(x^2-y^2)$
$=(x^4+y^4)(x^2+y^2)(x+y)(x-y)$

(4) $a^2(a+1)-b^2(b+1)$
$=a^3+a^2-b^3-b^2$
$=(a^3-b^3)+(a^2-b^2)$
$=(a-b)(a^2+ab+b^2)+(a+b)(a-b)$
$=(a-b)(a^2+ab+b^2+a+b)$

(5) $x^3+y^3-x^2+xy-y^2$
$=(x^3+y^3)-(x^2-xy+y^2)$
$=(x+y)(x^2-xy+y^2)-(x^2-xy+y^2)$
$=(x+y-1)(x^2-xy+y^2)$

(6) $x^3-y^3+6x^2+12x+8$
$=(x^3+6x^2+12x+8)-y^3$
$=(x^3+3\times x^2\times2+3\times x\times2^2+2^3)-y^3$
$=(x+2)^3-y^3$
$=(x+2-y)\{(x+2)^2+(x+2)\times y+y^2\}$
$=(x-y+2)(x^2+xy+4x+y^2+2y+4)$

(7) $2x^3+6x^2y+12xy^2+8y^3$
$=(x^3+6x^2y+12xy^2+8y^3)+x^3$
$=\{x^3+3\times x^2\times2y+3\times x\times(2y)^2+(2y)^3\}+x^3$
$=(x+2y)^3+x^3$
$=(x+2y+x)\{(x+2y)^2-(x+2y)\times x+x^2\}$
$=(2x+2y)(x^2+4xy+4y^2-x^2-2xy+x^2)$
$=2(x+y)(x^2+2xy+4y^2)$

(8) $a^2-4b^2-ca+2bc=(a^2-4b^2)-c(a-2b)$
$=(a+2b)(a-2b)-c(a-2b)$
$=(a+2b-c)(a-2b)$

소단원 점검 문제 · 본문 065쪽

01 $ab(a+b)(a-b+1)$ **02** ㄱ, ㄴ, ㄹ
03 ③ **04** ①

01 $a^3b-ab^3+a^2b+ab^2=ab(a^2-b^2+a+b)$
$=ab\{(a+b)(a-b)+(a+b)\}$
$=ab(a+b)(a-b+1)$

02 $(x-1)^3+(x^2-x)^3=(x-1)^3+x^3(x-1)^3$
$=(x-1)^3(x^3+1)$
$=(x-1)^3(x+1)(x^2-x+1)$
따라서 인수인 것은 ㄱ, ㄴ, ㄹ이다.

03 $x^3+y^3-2x^2+2xy-2y^2$
$=(x^3+y^3)-2(x^2-xy+y^2)$
$=(x+y)(x^2-xy+y^2)-2(x^2-xy+y^2)$
$=(x+y-2)(x^2-xy+y^2)$

04 $a^2+b^2-8c^2+2ab+2bc+2ca$
$=(a^2+b^2+c^2+2ab+2bc+2ca)-9c^2$
$=(a+b+c)^2-(3c)^2$
$=(a+b+c+3c)(a+b+c-3c)$
$=(a+b+4c)(a+b-2c)$
따라서 인수인 것은 ①이다.

◯2 복잡한 식의 인수분해

(유제) · 본문 068~074쪽

01-❶ 답 (1) $(x+1)(x-3)(x^2-2x+2)$
(2) $(x+1)(x-2)(x+2)(x-3)$
(3) $(x+4)^2(x^2+8x+6)$

(1) $x^2-2x=X$라 하면

$$(x^2-2x)(x^2-2x-1)-6$$
$$=X(X-1)-6$$
$$=X^2-X-6$$
$$=(X+2)(X-3)$$
$$=(x^2-2x+2)(x^2-2x-3)$$
$$=(x+1)(x-3)(x^2-2x+2)$$

(2) $x^2-x=X$라 하면
$$(x^2-x-3)(x^2-x-5)-3$$
$$=(X-3)(X-5)-3$$
$$=X^2-8X+12=(X-2)(X-6)$$
$$=(x^2-x-2)(x^2-x-6)$$
$$=(x+1)(x-2)(x+2)(x-3)$$

(3) $(x+1)(x+3)(x+5)(x+7)$의 두 일차식의 상수항의
합이 같도록 두 개씩 짝을 지어 전개하면
$$(x+1)(x+3)(x+5)(x+7)-9$$
$$=\{(x+1)(x+7)\}\{(x+3)(x+5)\}-9$$
$$=(x^2+8x+7)(x^2+8x+15)-9$$
이때 $x^2+8x=X$라 하면
$$(x+1)(x+3)(x+5)(x+7)-9$$
$$=(X+7)(X+15)-9$$
$$=X^2+22X+96=(X+16)(X+6)$$
$$=(x^2+8x+16)(x^2+8x+6)$$
$$=(x+4)^2(x^2+8x+6)$$

01-❷ 답 ⑤

$x^2+1=X$라 하면
$$(x^2+1)^2+3(x^2+1)+2=X^2+3X+2$$
$$=(X+2)(X+1)$$
$$=(x^2+3)(x^2+2)$$
따라서 $a=3,\ b=2$ 또는 $a=2,\ b=3$이므로
$$a+b=5$$

01-❸ 답 2

$$(x+1)(x+2)(x^2-x+2)-12x^2$$
$$=(x^2+3x+2)(x^2-x+2)-12x^2$$
이때 $x^2+2=X$라 하면
$$(x+1)(x+2)(x^2-x+2)-12x^2$$
$$=(X+3x)(X-x)-12x^2$$
$$=X^2+2xX-15x^2$$
$$=(X-3x)(X+5x)$$
$$=(x^2-3x+2)(x^2+5x+2)$$
$$=(x-1)(x-2)(x^2+5x+2)$$
따라서 $a=-1,\ b=-2,\ c=5$ 또는 $a=-2,\ b=-1,\ c=5$
이므로
$$a+b+c=2$$

02-❶ 답 (1) $(x^2+2)(x^2-7)$
　　　　　(2) $(x+2)(x-2)(x+3)(x-3)$
　　　　　(3) $(x^2+2x-1)(x^2-2x-1)$
　　　　　(4) $(x^2+xy+3y^2)(x^2-xy+3y^2)$

(1) $x^2=X$라 하면
$$x^4-5x^2-14=X^2-5X-14$$
$$=(X+2)(X-7)$$
$$=(x^2+2)(x^2-7)$$

(2) $x^2=X$라 하면
$$x^4-13x^2+36=X^2-13X+36$$
$$=(X-4)(X-9)$$
$$=(x^2-4)(x^2-9)$$
$$=(x+2)(x-2)(x+3)(x-3)$$

(3) $x^4-6x^2+1=(x^4-2x^2+1)-4x^2$
$$=(x^2-1)^2-(2x)^2$$
$$=(x^2+2x-1)(x^2-2x-1)$$

(4) $x^4+5x^2y^2+9y^4=(x^4+6x^2y^2+9y^4)-x^2y^2$
$$=(x^2+3y^2)^2-(xy)^2$$
$$=(x^2+xy+3y^2)(x^2-xy+3y^2)$$

02-❷ 답 1

$x^2=X,\ y^2=Y$라 하면
$$2x^4-x^2y^2-y^4=2X^2-XY-Y^2$$
$$=(2X+Y)(X-Y)$$
$$=(2x^2+y^2)(x^2-y^2)$$
$$=(2x^2+y^2)(x+y)(x-y)$$
따라서 $a=1,\ b=1,\ c=-1$ 또는 $a=1,\ b=-1,\ c=1$이므로
$$a+b+c=1$$

02-❸ 답 $(x^2+2x+2)(x^2-2x+2)$

$$x^4+4=(x^4+4x^2+4)-4x^2$$
$$=(x^2+2)^2-(2x)^2$$
$$=(x^2+2x+2)(x^2-2x+2)$$

03-❶ 답 (1) $(b+2c)(a-b-c)$
　　　　　(2) $(2x-y+1)(x+2y+1)$
　　　　　(3) $(a-b)(b+c)(c+a)$

(1) $ab-b^2+2ac-3bc-2c^2=(b+2c)a-(b^2+3bc+2c^2)$ ← a에 대한 내림차순
$$=(b+2c)a-(b+2c)(b+c)$$
$$=(b+2c)(a-b-c)$$

(2) $2x^2-2y^2+3xy+3x+y+1$
$$=2x^2+3(y+1)x-(2y^2-y-1)\quad \rightarrow x에 대한 내림차순$$
$$=2x^2+3(y+1)x-(2y+1)(y-1)$$
$$=\{2x-(y-1)\}\{x+(2y+1)\}$$
$$=(2x-y+1)(x+2y+1)$$

(3) $a^2b+a^2c-ab^2+ac^2-b^2c-bc^2$
$\quad =(b+c)a^2-(b^2-c^2)a-bc(b+c)$ → a에 대한 내림차순
$\quad =(b+c)a^2-(b+c)(b-c)a-bc(b+c)$
$\quad =(b+c)\{a^2-(b-c)a-bc\}$
$\quad =(b+c)(a-b)(a+c)$
$\quad =(a-b)(b+c)(c+a)$

03-❷ 답 $-(a-b)(b-c)(c-a)$

$ab(a-b)+bc(b-c)+ca(c-a)$
$=a^2b-ab^2+b^2c-bc^2+c^2a-ca^2$
$=(b-c)a^2-(b^2-c^2)a+b^2c-bc^2$ → a에 대한 내림차순
$=(b-c)a^2-(b+c)(b-c)a+bc(b-c)$
$=(b-c)\{a^2-(b+c)a+bc\}$
$=(b-c)(a-b)(a-c)$
$=-(a-b)(b-c)(c-a)$

04-❶ 답 (1) $(x-2)(x+4)(x-3)$
         (2) $(x+1)(x-3)(x^2+x+1)$

(1) $P(x)=x^3-x^2-14x+24$라 하면
$\quad P(2)=2^3-2^2-14\times2+24=0$
이므로 $P(x)$는 $x-2$를 인수로 갖는다.
따라서 조립제법을 이용하여 인수분해하면

2	1	-1	-14	24
		2	2	-24
	1	1	-12	0

$\quad \therefore\ x^3-x^2-14x+24=(x-2)(x^2+x-12)$
$\qquad\qquad\qquad\qquad\quad =(x-2)(x+4)(x-3)$

(2) $P(x)=x^4-x^3-4x^2-5x-3$이라 하면
$\quad P(-1)=(-1)^4-(-1)^3-4\times(-1)^2$
$\qquad\qquad\qquad\qquad\qquad -5\times(-1)-3=0,$
$\quad P(3)=3^4-3^3-4\times3^2-5\times3-3=0$
이므로 $P(x)$는 $x+1$, $x-3$을 인수로 갖는다.
따라서 조립제법을 이용하여 인수분해하면

-1	1	-1	-4	-5	-3
		-1	2	2	3
3	1	-2	-2	-3	0
		3	3	3	
	1	1	1	0	

$\quad \therefore\ x^4-x^3-4x^2-5x-3=(x+1)(x-3)(x^2+x+1)$

04-❷ 답 $a=-6$, $(x-1)(x-2)(x-3)$

$P(x)=x^3+ax^2+11x-6$이라 하면
$P(x)$가 $x-1$을 인수로 가지므로 $P(1)=0$이다.
$P(1)=1^3+a\times1^2+11\times1-6=0$ → 인수정리
$a+6=0$
$\therefore\ a=-6$

즉, $P(x)=x^3-6x^2+11x-6$이므로
조립제법을 이용하여 인수분해하면

1	1	-6	11	-6
		1	-5	6
	1	-5	6	0

$\therefore\ x^3-6x^2+11x-6=(x-1)(x^2-5x+6)$
$\qquad\qquad\qquad\qquad =(x-1)(x-2)(x-3)$

04-❸ 답 ㄴ, ㄹ

$P(x)=x^3+(a-1)x^2-a(2a+1)x+2a^2$이라 하면
$P(1)=1^3+(a-1)\times1^2-a(2a+1)\times1+2a^2=0$
이므로 $P(x)$는 $x-1$을 인수로 갖는다.
즉, 조립제법을 이용하여 인수분해하면

1	1	$a-1$	$-2a^2-a$	$2a^2$
		1	a	$-2a^2$
	1	a	$-2a^2$	0

$\therefore\ x^3+(a-1)x^2-a(2a+1)x+2a^2$
$\qquad =(x-1)(x^2+ax-2a^2)$
$\qquad =(x-1)(x+2a)(x-a)$
따라서 인수인 것은 ㄴ, ㄹ이다.

| 다른 풀이 |
$x^3+(a-1)x^2-a(2a+1)x+2a^2$
$=x^3+ax^2-x^2-2a^2x-ax+2a^2$
$=-2(x-1)a^2+x(x-1)a+x^2(x-1)$ → a에 대한 내림차순
$=-(x-1)(2a^2-xa-x^2)$
$=-(x-1)(2a+x)(a-x)$
$=(x-1)(x+2a)(x-a)$

05-❶ 답 ④

$x^2y+xy^2+x+y=xy(x+y)+(x+y)$
$\qquad\qquad\qquad\qquad =(x+y)(xy+1)$
이때
$x+y=(\sqrt{3}+\sqrt{2})+(\sqrt{3}-\sqrt{2})=2\sqrt{3},$
$xy=(\sqrt{3}+\sqrt{2})\times(\sqrt{3}-\sqrt{2})=1$
이므로
$x^2y+xy^2+x+y=2\sqrt{3}\times(1+1)=4\sqrt{3}$

05-❷ 답 (1) 12 (2) $5\sqrt{2}$

(1) $x^2-4y^2+x-6y-2$
$\quad =x^2+x-2(2y^2+3y+1)$
$\quad =x^2+x-2(y+1)(2y+1)$
$\quad =\{x-(2y+1)\}\{x+2(y+1)\}$
$\quad =(x-2y-1)(x+2y+2)$
$\quad =\{(2\sqrt{6}+1)-1\}\{(\sqrt{6}-2)+2\}$
$\quad =12$

(2) $x^2-3y^2+2xy-2x-10y-3$
$=x^2+2(y-1)x-(3y^2+10y+3)$
$=x^2+2(y-1)x-(y+3)(3y+1)$
$=(x+3y+1)(x-y-3)$
$=\{(\sqrt{10}-1)+1\}\{(\sqrt{5}+3)-3\}$
$=5\sqrt{2}$

05-❸ 답 140

$x^4+x^2y^2+y^4=(x^4+2x^2y^2+y^4)-x^2y^2$
$\qquad\qquad\quad =(x^2+y^2)^2-(xy)^2$
$\qquad\qquad\quad =(x^2+y^2+xy)(x^2+y^2-xy)$
$\qquad\qquad\quad =\{(x+y)^2-xy\}\{(x+y)^2-3xy\}$
$\qquad\qquad\quad =(4^2-2)\times(4^2-3\times2)$
$\qquad\qquad\quad =140$

06-❶ 답 $\dfrac{1}{36}$

$35=x$라 하면 $34=x-1$이므로
$\dfrac{35^2-34}{35^3+1}=\dfrac{x^2-(x-1)}{x^3+1}=\dfrac{x^2-x+1}{(x+1)(x^2-x+1)}$
$\qquad\qquad =\dfrac{1}{x+1}\ (\because x^2-x+1\neq0)$
$\qquad\qquad =\dfrac{1}{35+1}=\dfrac{1}{36}$

06-❷ 답 180

$14=x$라 하면 $15=x+1$이므로
$\dfrac{14\times15+1}{14^4+14^2+1}=\dfrac{x(x+1)+1}{x^4+x^2+1}=\dfrac{x^2+x+1}{(x^4+2x^2+1)-x^2}$
$\qquad\qquad =\dfrac{x^2+x+1}{(x^2+x+1)(x^2-x+1)}$
$\qquad\qquad =\dfrac{1}{x^2-x+1}\ (\because x^2+x+1\neq0)$
$\qquad\qquad =\dfrac{1}{14^2-14+1}=\dfrac{1}{183}$
따라서 $p=183$, $q=1$이므로
$p-3q=183-3\times1=180$

06-❸ 답 ④

$201=x$라 하면
$201^3-8\times201^2+13\times201-6=x^3-8x^2+13x-6$
이때 $P(x)=x^3-8x^2+13x-6$이라 하면
$P(1)=1^3-8\times1^2+13\times1-6=0$
이므로 $P(x)$는 $x-1$을 인수로 갖는다.
즉, 조립제법을 이용하여 인수분해하면

$$
\begin{array}{c|rrrr}
1 & 1 & -8 & 13 & -6 \\
  &   & 1 & -7 & 6 \\
\hline
  & 1 & -7 & 6 & 0 \\
\end{array}
$$

$\therefore P(x)=(x-1)(x^2-7x+6)$
$\qquad\qquad =(x-1)(x-1)(x-6)$
$\qquad\qquad =(x-1)^2(x-6)\qquad \cdots\cdots$ ㉠
$\therefore 201^3-8\times201^2+13\times201-6$
$\quad =(201-1)^2\times(201-6)\ \rightarrow$ ㉠에 $x=201$ 대입
$\quad =200^2\times195$
$\quad =7800000$
$\quad =78\times10^5$
따라서 구하는 자연수 a의 값은 78이다.

07-❶ 답 $a=c$인 이등변삼각형

$a^2+c^2+ab-2ac-bc=(a^2-2ac+c^2)+ab-bc$
$\qquad\qquad\qquad\qquad\quad =(a-c)^2+(a-c)b$
$\qquad\qquad\qquad\qquad\quad =(a-c)(a-c+b)$
이므로
$(a-c)(a-c+b)=0$
$\therefore a-c=0$ 또는 $a-c+b=0$
이때 삼각형의 성질에 의하여 $b+a>c$이므로 $a+b-c>0$
즉, $a-c=0$에서 $a=c$
따라서 이 삼각형은 $a=c$인 이등변삼각형이다.

07-❷ 답 빗변의 길이가 b인 직각삼각형

$a^3+a^2c-ab^2+ac^2-b^2c+c^3$
$=-(a+c)b^2+a^3+a^2c+ac^2+c^3\ \rightarrow b$에 대한 내림차순
$=-(a+c)b^2+a^2(a+c)+c^2(a+c)$
$=(a+c)(-b^2+a^2+c^2)$
이므로
$(a+c)(a^2-b^2+c^2)=0$
$\therefore a+c=0$ 또는 $a^2-b^2+c^2=0$
이때 a, b, c는 삼각형의 세 변의 길이이므로 $\rightarrow a>0,\ b>0,\ c>0$
$a+c>0$
즉, $a^2-b^2+c^2=0$에서 $b^2=a^2+c^2$
따라서 이 삼각형은 빗변의 길이가 b인 직각삼각형이다.

07-❸ 답 $b=c$인 이등변삼각형

$ab(a+b)+bc(b-c)-ca(c+a)$
$=a^2b+ab^2+b^2c-bc^2-c^2a-ca^2$
$=(b-c)a^2+(b^2-c^2)a+bc(b-c)\ \rightarrow a$에 대한 내림차순
$=(b-c)a^2+(b+c)(b-c)a+bc(b-c)$
$=(b-c)\{a^2+(b+c)a+bc\}$
$=(b-c)(a+b)(a+c)$
$=(a+b)(b-c)(c+a)$
이므로
$(a+b)(b-c)(c+a)=0$
$\therefore a+b=0$ 또는 $b-c=0$ 또는 $c+a=0$

이때 a, b, c는 삼각형의 세 변의 길이이므로 → $a>0$, $b>0$, $c>0$
$a+b>0$, $c+a>0$
즉, $b-c=0$에서 $b=c$
따라서 이 삼각형은 $b=c$인 이등변삼각형이다.

집중 연습 · 본문 075쪽

01 (1) $(x+2)^2(x^2+4x-1)$
   (2) $(x^2+x+2)(x^2+7x+2)$
   (3) $(x+5)(x-2)(x^2+3x-12)$
   (4) $(x^2+x+2)(x+5)(x-4)$
02 (1) $(x^2+3)(x^2-2)$
   (2) $(x+1)(x-1)(x+3)(x-3)$
   (3) $(x^2+3x+1)(x^2-3x+1)$
   (4) $(x^2+2xy-4y^2)(x^2-2xy-4y^2)$
03 (1) $(x+2y)(x-3y+z)$
   (2) $(a-2b+1)(a+b+2)$
   (3) $(x+y+3)(x+2y-1)$
   (4) $-(a+b)(b+c)(c-a)$
04 (1) $(x-1)(x+4)(x+3)$
   (2) $(2x-1)(x^2+3x+1)$
   (3) $(x-1)(x-2)(x+4)(x-4)$
   (4) $(x+1)(x-2)(x^2+x+3)$

01 (1) $x^2+4x=X$라 하면
$$(x^2+4x+1)(x^2+4x+2)-6$$
$$=(X+1)(X+2)-6$$
$$=X^2+3X-4=(X+4)(X-1)$$
$$=(x^2+4x+4)(x^2+4x-1)$$
$$=(x+2)^2(x^2+4x-1)$$
(2) $x^2+2=X$라 하면
$$(x^2+3x+2)(x^2+5x+2)-8x^2$$
$$=(X+3x)(X+5x)-8x^2$$
$$=X^2+8xX+7x^2$$
$$=(X+x)(X+7x)$$
$$=(x^2+x+2)(x^2+7x+2)$$
(3) $(x-3)(x-1)(x+4)(x+6)+48$
$$=\{(x-3)(x+6)\}\{(x-1)(x+4)\}+48$$
$$=(x^2+3x-18)(x^2+3x-4)+48$$
이때 $x^2+3x=X$라 하면
$$(x-3)(x-1)(x+4)(x+6)+48$$
$$=(X-18)(X-4)+48$$
$$=X^2-22X+120$$
$$=(X-10)(X-12)$$
$$=(x^2+3x-10)(x^2+3x-12)$$
$$=(x+5)(x-2)(x^2+3x-12)$$

(4) $(x^2-9)(x-2)(x+4)-112$
$$=(x+3)(x-3)(x-2)(x+4)-112$$
$$=\{(x+3)(x-2)\}\{(x-3)(x+4)\}-112$$
$$=(x^2+x-6)(x^2+x-12)-112$$
이때 $x^2+x=X$라 하면
$$(x^2-9)(x-2)(x+4)-112$$
$$=(X-6)(X-12)-112$$
$$=X^2-18X-40=(X+2)(X-20)$$
$$=(x^2+x+2)(x^2+x-20)$$
$$=(x^2+x+2)(x+5)(x-4)$$

02 (1) $x^2=X$라 하면
$$x^4+x^2-6=X^2+X-6$$
$$=(X+3)(X-2)$$
$$=(x^2+3)(x^2-2)$$
(2) $x^2=X$라 하면
$$x^4-10x^2+9=X^2-10X+9$$
$$=(X-1)(X-9)$$
$$=(x^2-1)(x^2-9)$$
$$=(x+1)(x-1)(x+3)(x-3)$$
(3) $x^4-7x^2+1=(x^4+2x^2+1)-9x^2$
$$=(x^2+1)^2-(3x)^2$$
$$=(x^2+3x+1)(x^2-3x+1)$$
(4) $x^4-12x^2y^2+16y^4$
$$=(x^4-8x^2y^2+16y^4)-4x^2y^2$$
$$=(x^2-4y^2)^2-(2xy)^2$$
$$=(x^2+2xy-4y^2)(x^2-2xy-4y^2)$$

03 (1) $x^2-6y^2-xy+2yz+zx$
$$=(x+2y)z+(x^2-xy-6y^2)$$ → z에 대한 내림차순
$$=(x+2y)z+(x+2y)(x-3y)$$
$$=(x+2y)(x-3y+z)$$
(2) $a^2-2b^2+3a-3b-ab+2$
$$=a^2-(b-3)a-(2b^2+3b-2)$$ → a에 대한 내림차순
$$=a^2-(b-3)a-(b+2)(2b-1)$$
$$=\{a-(2b-1)\}\{a+(b+2)\}$$
$$=(a-2b+1)(a+b+2)$$
(3) $x^2+2y^2+2x+5y+3xy-3$
$$=x^2+(3y+2)x+2y^2+5y-3$$ → x에 대한 내림차순
$$=x^2+(3y+2)x+(y+3)(2y-1)$$
$$=(x+y+3)(x+2y-1)$$
(4) $a^2b+a^2c+ab^2-b^2c-ac^2-bc^2$
$$=(b+c)a^2+(b^2-c^2)a-b^2c-bc^2$$ → a에 대한 내림차순
$$=(b+c)a^2+(b+c)(b-c)a-bc(b+c)$$
$$=(b+c)\{a^2+(b-c)a-bc\}$$
$$=(b+c)(a+b)(a-c)$$
$$=-(a+b)(b+c)(c-a)$$

04 (1) $P(x)=x^3+6x^2+5x-12$라 하면
$$P(1)=1^3+6\times1^2+5\times1-12=0$$
이므로 $P(x)$는 $x-1$을 인수로 갖는다.
따라서 조립제법을 이용하여 인수분해하면

$$
\begin{array}{r|rrrr}
1 & 1 & 6 & 5 & -12 \\
  &   & 1 & 7 & 12 \\
\hline
  & 1 & 7 & 12 & 0
\end{array}
$$

$$
\begin{aligned}
\therefore\ x^3+6x^2+5x-12 &= (x-1)(x^2+7x+12) \\
&= (x-1)(x+4)(x+3)
\end{aligned}
$$

(2) $P(x)=2x^3+5x^2-x-1$이라 하면
$$P\left(\frac{1}{2}\right)=2\times\left(\frac{1}{2}\right)^3+5\times\left(\frac{1}{2}\right)^2-\frac{1}{2}-1=0$$
이므로 $P(x)$는 $x-\frac{1}{2}$을 인수로 갖는다.
따라서 조립제법을 이용하여 인수분해하면

$$
\begin{array}{r|rrrr}
\frac{1}{2} & 2 & 5 & -1 & -1 \\
  &   & 1 & 3 & 1 \\
\hline
  & 2 & 6 & 2 & 0
\end{array}
$$

$$
\begin{aligned}
\therefore\ 2x^3+5x^2-x-1 &= \left(x-\frac{1}{2}\right)(2x^2+6x+2) \\
&= (2x-1)(x^2+3x+1)
\end{aligned}
$$

(3) $P(x)=x^4-3x^3-14x^2+48x-32$라 하면
$$P(1)=1^4-3\times1^3-14\times1^2+48\times1-32=0,$$
$$P(2)=2^4-3\times2^3-14\times2^2+48\times2-32=0$$
이므로 $P(x)$는 $x-1$, $x-2$를 인수로 갖는다.
따라서 조립제법을 이용하여 인수분해하면

$$
\begin{array}{r|rrrrr}
1 & 1 & -3 & -14 & 48 & -32 \\
  &   & 1 & -2 & -16 & 32 \\
\hline
2 & 1 & -2 & -16 & 32 & 0 \\
  &   & 2 & 0 & -32 & \\
\hline
  & 1 & 0 & -16 & 0 &
\end{array}
$$

$$
\begin{aligned}
\therefore\ x^4-3x^3-14x^2+48x-32 &= (x-1)(x-2)(x^2-16) \\
&= (x-1)(x-2)(x+4)(x-4)
\end{aligned}
$$

(4) $P(x)=x^4-5x-6$이라 하면
$$P(-1)=(-1)^4-5\times(-1)-6=0,$$
$$P(2)=2^4-5\times2-6=0$$
이므로 $P(x)$는 $x+1$, $x-2$를 인수로 갖는다.
따라서 조립제법을 이용하여 인수분해하면

$$
\begin{array}{r|rrrrr}
-1 & 1 & 0 & 0 & -5 & -6 \\
  &   & -1 & 1 & -1 & 6 \\
\hline
2 & 1 & -1 & 1 & -6 & 0 \\
  &   & 2 & 2 & 6 & \\
\hline
  & 1 & 1 & 3 & 0 &
\end{array}
$$

$$\therefore\ x^4-5x-6=(x+1)(x-2)(x^2+x+3)$$

01 $(xy+x+1)(xy+y+1)$ 02 ④
03 2 04 ② 05 ① 06 ④
07 ① 08 ㄱ, ㄹ

01 $(x+1)(y+1)(xy+1)+xy$
$$
\begin{aligned}
&= (xy+x+y+1)(xy+1)+xy
\end{aligned}
$$
이때 $xy+1=X$라 하면
$$
\begin{aligned}
&(x+1)(y+1)(xy+1)+xy \\
&= (X+x+y)X+xy \\
&= X^2+(x+y)X+xy \\
&= (X+x)(X+y) \\
&= (xy+x+1)(xy+y+1)
\end{aligned}
$$

02
$$
\begin{aligned}
x^4-6x^2y^2+25y^4 &= (x^4+10x^2y^2+25y^4)-16x^2y^2 \\
&= (x^2+5y^2)^2-(4xy)^2 \\
&= (x^2+4xy+5y^2)(x^2-4xy+5y^2)
\end{aligned}
$$
따라서 $a=5$, $b=-4$, $c=5$이므로
$$a+b+c=5+(-4)+5=6$$

03
$$
\begin{aligned}
&x^2+kxy-3y^2+x+11y-6 \\
&= x^2+(ky+1)x-(3y^2-11y+6) \\
&= x^2+(ky+1)x-(3y-2)(y-3)
\end{aligned}
$$
위의 식이 x, y에 대한 두 일차식의 곱으로 인수분해되므로
$$ky+1=(3y-2)+\{-(y-3)\}$$
에서 $ky+1=2y+1$
$$\therefore\ k=2$$

04 $P(x)=x^3+(a-3)x^2+(2-3a)x+2a$라 하면
$$P(1)=1^3+(a-3)\times1^2+(2-3a)\times1+2a=0$$
이므로 $P(x)$는 $x-1$을 인수로 갖는다.
따라서 조립제법을 이용하여 인수분해하면

$$
\begin{array}{r|rrrr}
1 & 1 & a-3 & 2-3a & 2a \\
  &   & 1 & a-2 & -2a \\
\hline
  & 1 & a-2 & -2a & 0
\end{array}
$$

$$
\begin{aligned}
\therefore\ x^3+(a-3)x^2+(2-3a)x+2a &= (x-1)\{x^2+(a-2)x-2a\} \\
&= (x-1)(x-2)(x+a)
\end{aligned}
$$
따라서 인수인 것은 ㄱ, ㄷ이다.

| 다른 풀이 |
$$
\begin{aligned}
&x^3+(a-3)x^2+(2-3a)x+2a \\
&= x^3+ax^2-3x^2+2x-3ax+2a \\
&= (x^2-3x+2)a+x^3-3x^2+2x \quad \to a\text{에 대한 내림차순} \\
&= (x^2-3x+2)a+x(x^2-3x+2) \\
&= (x^2-3x+2)(a+x) \\
&= (x-1)(x-2)(x+a)
\end{aligned}
$$

05 $x^5+x^3y^2+x^2y^3+y^5=x^2(x^3+y^3)+y^2(x^3+y^3)$
$$=(x^2+y^2)(x^3+y^3)$$

이때
$$x^2+y^2=(x+y)^2-2xy$$
$$=3^2-2\times1=7,$$
$$x^3+y^3=(x+y)^3-3xy(x+y)$$
$$=3^3-3\times1\times3=18$$

이므로
$$x^5+x^3y^2+x^2y^3+y^5=(x^2+y^2)(x^3+y^3)$$
$$=7\times18=126$$

06 $(x+2y-3z)^2=x^2+4y^2+9z^2+2(2xy-6yz-3zx)$에서

$2xy-6yz-3zx=\dfrac{1}{24}$이므로

$$(x+2y-3z)^2=x^2+4y^2+9z^2+\dfrac{1}{12}$$

$$\therefore\ \dfrac{12(x+2y-3z)^2-1}{x^2+4y^2+9z^2}$$
$$\quad\color{gray}{\llcorner\ 2(2xy-6yz-3zx)}$$
$$\quad\color{gray}{=2\times\dfrac{1}{24}=\dfrac{1}{12}}$$

$$=\dfrac{12\left(x^2+4y^2+9z^2+\dfrac{1}{12}\right)-1}{x^2+4y^2+9z^2}$$

$$=\dfrac{12(x^2+4y^2+9z^2)}{x^2+4y^2+9z^2}=12$$

07 $218=x$라 하면 $217=x-1$이므로

$$\dfrac{218^3+1}{217^3-1}=\dfrac{x^3+1}{(x-1)^3-1}$$

$$=\dfrac{(x+1)(x^2-x+1)}{\{(x-1)-1\}\{(x-1)^2+(x-1)+1\}}$$

$$=\dfrac{(x+1)(x^2-x+1)}{(x-2)(x^2-x+1)}$$

$$=\dfrac{x+1}{x-2}\ (\because\ x^2-x+1\neq0)$$

$$=\dfrac{218+1}{218-2}$$

$$=\dfrac{219}{216}$$

$$=\dfrac{73}{72}$$

08 $a^3-b^3-a^2b+ab^2-ac^2+bc^2$
$$=-(a-b)c^2+a^3-a^2b+ab^2-b^3\quad\color{gray}{\rightarrow c\text{에 대한 내림차순}}$$
$$=-(a-b)c^2+a^2(a-b)+b^2(a-b)$$
$$=(a-b)(a^2+b^2-c^2)$$

이므로
$$(a-b)(a^2+b^2-c^2)=0$$

이때 $a-b=0$ 또는 $a^2+b^2-c^2=0$에서

$a=b$ 또는 $a^2+b^2=c^2$

즉, 이 삼각형은 $a=b$인 이등변삼각형 또는 빗변의 길이가 c인 직각삼각형이다.

따라서 이 삼각형으로 가능한 것은 ㄱ, ㄹ이다.

01 ⑤	**02** ⑤	**03** ④	**04** ⑤
05 50	**06** ①	**07** ①	**08** ②
09 1	**10** 10	**11** -1	**12** ②
13 ⑤	**14** ④	**15** ①	**16** ②
17 빗변의 길이가 b인 직각삼각형		**18** 2	
19 ⑤	**20** 3	**21** ③	**22** ⑤

01 $27a^3+9a^2b-3ab+b+1$
$$=(27a^3+1)+(9a^2b-3ab+b)$$
$$=(3a+1)(9a^2-3a+1)+b(9a^2-3a+1)$$
$$=(3a+b+1)(9a^2-3a+1)$$
따라서 인수인 것은 ⑤이다.

02 $x^6+x^3-2=(x^6-1)+(x^3-1)$
$$=(x^3+1)(x^3-1)+(x^3-1)$$
$$=(x^3+2)(x^3-1)$$
$$=(x^3+2)(x-1)(x^2+x+1)$$
따라서 $a=2,\ b=-1,\ c=1$이므로
$$a+b+c=2+(-1)+1=2$$

03 $x^2=t$라 하면
$$x^4-2(y^2+z^2)x^2+(y^2-z^2)^2$$
$$=t^2-2(y^2+z^2)t+\{(y+z)(y-z)\}^2$$
$$=t^2-2(y^2+z^2)t+(y+z)^2(y-z)^2$$
$$=\{t-(y+z)^2\}\{t-(y-z)^2\}$$
$$=\{x^2-(y+z)^2\}\{x^2-(y-z)^2\}$$
$$=\{x+(y+z)\}\{x-(y+z)\}\{x+(y-z)\}\{x-(y-z)\}$$
$$=(x+y+z)(x-y-z)(x+y-z)(x-y+z)$$
따라서 인수인 것은 ㄱ, ㄷ, ㄹ이다.

04 $(x-1)(x-4)(x-5)(x-8)$의 두 일차식의 상수항의 합이 같도록 두 개씩 짝을 지어 전개하면
$$(x-1)(x-4)(x-5)(x-8)+a$$
$$=\{(x-1)(x-8)\}\{(x-4)(x-5)\}+a$$
$$=(x^2-9x+8)(x^2-9x+20)+a$$

이때 $x^2-9x=X$라 하면
$$(x-1)(x-4)(x-5)(x-8)+a$$
$$=(X+8)(X+20)+a$$
$$=X^2+28X+160+a\quad\cdots\cdots\ \text{㉠}$$

주어진 식이 $(x+b)^2(x+c)^2$으로 인수분해되려면 ㉠이 X에 대한 일차식의 완전제곱식이어야 하므로
$$160+a=\left(\dfrac{1}{2}\times28\right)^2$$
$$160+a=196\qquad\therefore\ a=36$$

$a=36$을 ㉠에 대입하면

$$\begin{aligned}
X^2+28X+160+36 &= (X+14)^2 \\
&= (x^2-9x+14)^2 \\
&= \{(x-2)(x-7)\}^2 \\
&= (x-2)^2(x-7)^2
\end{aligned}$$

따라서 $b=-2$, $c=-7$ 또는 $b=-7$, $c=-2$이므로
$$a+b+c=27$$

05 다항식 x^4+kx^2-72에서 상수항이 제곱수가 아니므로 이차항을 분리하여 A^2-B^2 꼴로 변형한 후 인수분해할 수 없고, $x^2=X$로 치환하여 인수분해하면 두 자연수 m, n에 대하여
$$\begin{aligned}
X^2+kX-72 &= (X+m)(X-n) \\
&= (x^2+m)(x^2-n)
\end{aligned}$$
꼴로 인수분해되어야 한다.

이때 다항식 x^4+kx^2-72를 인수분해하여 계수가 정수인 일차식이 2개가 되려면 위의 이차식 중 하나가 두 일차식으로 인수분해되어야 하므로 자연수 n은 72의 약수이면서 제곱수이어야 한다.

72의 약수이면서 제곱수인 수는 1, 4, 9, 36이므로 다항식 x^4+kx^2-72가 조건을 만족시키도록 인수분해되는 경우는 다음과 같이 4가지이다.

$(x^2-1)(x^2+72)$, $(x^2-4)(x^2+18)$,
$(x^2-9)(x^2+8)$, $(x^2-36)(x^2+2)$

따라서 각각의 식에서 정수 k의 값은 71, 14, -1, -34이므로 구하는 모든 k의 값의 합은
$$71+14+(-1)+(-34)=50$$

06 $a(a-b-c)+b(b-c-a)+c(c-a-b)+4bc$
$$\begin{aligned}
&= a^2-ab-ac+b^2-bc-ab+c^2-ac-bc+4bc \\
&= a^2-2(b+c)a+b^2+2bc+c^2 \\
&= a^2-2(b+c)a+(b+c)^2 \\
&= \{a-(b+c)\}^2 \\
&= (a-b-c)^2
\end{aligned}$$
따라서 인수인 것은 ①이다.

07 $xyz+xy^2+xy-y-z-1$
$$\begin{aligned}
&= (xy-1)z+xy^2+xy-y-1 \\
&= (xy-1)z+xy(y+1)-(y+1) \\
&= (xy-1)z+(y+1)(xy-1) \\
&= (xy-1)(y+z+1)
\end{aligned}$$
이때 주어진 보기가 x, xy에 대하여 인수분해되었으므로 $y+z+1$을 x에 대한 식으로 나타내어야 한다.

$x+y+z=2$에서 $y+z=2-x$이므로
$$y+z+1=(2-x)+1=3-x$$
$$\therefore\ xyz+xy^2+xy-y-z-1=(3-x)(xy-1)$$
따라서 주어진 식을 인수분해한 것과 같은 것은 ①이다.

08 나무 블록의 부피는 세 모서리의 길이가 각각 x, x, $x+3$인 직육면체의 부피에서 한 모서리의 길이가 1인 2개의 정육면체의 부피를 뺀 것과 같으므로
$$x\times x\times(x+3)-2\times1^3=x^3+3x^2-2$$
이때 $P(x)=x^3+3x^2-2$라 하면
$$P(-1)=(-1)^3+3\times(-1)^2-2=0$$
이므로 $P(x)$는 $x+1$을 인수로 갖는다.

즉, 조립제법을 이용하여 인수분해하면

$$\begin{array}{r|rrrr}
-1 & 1 & 3 & 0 & -2 \\
   &   & -1 & -2 & 2 \\
\hline
   & 1 & 2 & -2 & 0
\end{array}$$

$$\therefore\ P(x)=(x+1)(x^2+2x-2)$$
따라서 $a=1$, $b=2$, $c=-2$이므로
$$a\times b\times c=1\times2\times(-2)=-4$$

09 $P(x)=x^3+8x^2+21x+18$이라 하면
$$P(-2)=(-2)^3+8\times(-2)^2+21\times(-2)+18=0$$
이므로 $P(x)$는 $x+2$를 인수로 갖는다.

즉, 조립제법을 이용하여 인수분해하면

$$\begin{array}{r|rrrr}
-2 & 1 & 8 & 21 & 18 \\
   &   & -2 & -12 & -18 \\
\hline
   & 1 & 6 & 9 & 0
\end{array}$$

$$\therefore\ P(x)=(x+2)(x^2+6x+9)=(x+2)(x+3)^2$$
이때 주어진 삼각뿔의 부피는
$$\frac{1}{3}\times\left\{\frac{\sqrt{3}}{4}\times(x+a)^2\right\}\times(x+b)=\frac{\sqrt{3}}{12}(x+a)^2(x+b)$$
이므로
$$\frac{\sqrt{3}}{12}(x+3)^2(x+2)=\frac{\sqrt{3}}{12}(x+a)^2(x+b)$$
따라서 $a=3$, $b=2$이므로
$$a-b=3-2=1$$

10 $P(x)=2x^3+7x^2+11x+4$라 하면
$$\begin{aligned}
P\left(-\frac{1}{2}\right)&=2\times\left(-\frac{1}{2}\right)^3+7\times\left(-\frac{1}{2}\right)^2+11\times\left(-\frac{1}{2}\right)+4 \\
&=0
\end{aligned}$$
이므로 $P(x)$는 $x+\dfrac{1}{2}$을 인수로 갖는다.

즉, 조립제법을 이용하여 인수분해하면

$$\begin{array}{r|rrrr}
-\frac{1}{2} & 2 & 7 & 11 & 4 \\
   &   & -1 & -3 & -4 \\
\hline
   & 2 & 6 & 8 & 0
\end{array}$$

$$\begin{aligned}
\therefore\ 2x^3+7x^2+11x+4 &= \left(x+\frac{1}{2}\right)(2x^2+6x+8) \\
&= (2x+1)(x^2+3x+4)
\end{aligned}$$
따라서 $a=3$, $b=4$이므로
$$2a+b=2\times3+4=10$$

11 분자의 식을 인수분해하면
$$a^2b-a^2c-ab^2+ac^2+b^2c-bc^2$$
$$=(b-c)a^2-(b^2-c^2)a+bc(b-c)$$
$$=(b-c)a^2-(b+c)(b-c)a+bc(b-c)$$
$$=(b-c)\{a^2-(b+c)a+bc\}$$
$$=(b-c)(a-b)(a-c) \qquad \cdots ❶$$
$$\therefore \frac{a^2b-a^2c-ab^2+ac^2+b^2c-bc^2}{(a-b)(b-c)(c-a)}$$
$$=\frac{(b-c)(a-b)(a-c)}{(a-b)(b-c)(c-a)}$$
$$=\frac{-(b-c)(a-b)(c-a)}{(a-b)(b-c)(c-a)}$$
$$=-1 \qquad \cdots ❷$$

채점 기준	배점 비율
❶ 분자의 식을 인수분해하기	60 %
❷ 주어진 식의 값 구하기	40 %

12 $a^2b+2ab+a^2+2a+b+1$
$$=(b+1)a^2+2(b+1)a+(b+1)$$
$$=(b+1)(a^2+2a+1)$$
$$=(b+1)(a+1)^2$$
245를 소인수분해하면
$245=5\times 7^2$이므로
$b+1=5$, $a+1=7$
따라서 $a=6$, $b=4$이므로
$a+b=6+4=10$

13 $a-b=10$, $b-c=-6$에서 $\underline{a-c=4}$ → $(a-b)+(b-c)$
$\qquad =10+(-6)$
$\qquad \therefore\ a-c=4$
$$\therefore\ -a^2b+a^2c+ab^2-ac^2-b^2c+bc^2$$
$$=-(b-c)a^2+(b^2-c^2)a-bc(b-c)$$
$$=-(b-c)a^2+(b+c)(b-c)a-bc(b-c)$$
$$=-(b-c)\{a^2-(b+c)a+bc\}$$
$$=-(b-c)(a-b)(a-c)$$
$$=-(-6)\times 10\times 4=240$$

14 $3.1=x$라 하면
$(3.1)^3-7\times (3.1)^2+15\times 3.1-9=x^3-7x^2+15x-9$
$P(x)=x^3-7x^2+15x-9$라 하면
$P(1)=1^3-7\times 1^2+15\times 1-9=0$
이므로 $P(x)$는 $x-1$을 인수로 갖는다.
즉, 조립제법을 이용하여 인수분해하면

```
1 | 1   -7    15    -9
  |      1    -6     9
  --------------------------
    1   -6     9  |  0
```

$$\therefore\ P(x)=(x-1)(x^2-6x+9)$$
$$=(x-1)(x-3)^2 \qquad \cdots\cdots ㉠$$

$$\therefore\ (3.1)^3-7\times (3.1)^2+15\times 3.1-9$$
$$=(3.1-1)\times (3.1-3)^2 \quad → ㉠에\ x=3.1\ 대입$$
$$=2.1\times (0.1)^2$$
$$=0.021$$

15 $20=x$라 하면
$17=x-3$, $19=x-1$, $22=x+2$, $24=x+4$이므로
$$\sqrt{17\times 19\times 22\times 24+25}$$
$$=\sqrt{(x-3)(x-1)(x+2)(x+4)+25}$$
$$=\sqrt{\{(x-3)(x+4)\}\{(x-1)(x+2)\}+25}$$
$$=\sqrt{(x^2+x-12)(x^2+x-2)+25}$$
이때 $x^2+x=X$라 하면
$$\sqrt{17\times 19\times 22\times 24+25}=\sqrt{(X-12)(X-2)+25}$$
$$=\sqrt{X^2-14X+49}$$
$$=\sqrt{(X-7)^2}$$
$$=X-7\ (\because\ X-7\geq 0)$$
$$=x^2+x-7$$
$$=20^2+20-7=413 \qquad \Big)x=20을\ 대입$$

16 $10^5=x$라 하면
$$\frac{10^{15}-1}{10^5-1}=\frac{x^3-1}{x-1}=\frac{(x-1)(x^2+x+1)}{x-1}$$
$$=x^2+x+1$$
이므로
$$\frac{10^{15}-1}{10^5-1}=10^{10}+10^5+1$$
이때 $10^{10}<\dfrac{10^{15}-1}{10^5-1}<10^{11}$이므로
$\dfrac{10^{15}-1}{10^5-1}$은 11자리의 자연수이다.
따라서 구하는 자연수 n의 값은 11이다.

17 $a^3-b^3+c^3=ab^2+b^2c-a^2b-a^2c-ac^2-bc^2$에서
$a^3+a^2b+a^2c-ab^2+ac^2-b^3-b^2c+bc^2+c^3=0 \quad \cdots ❶$
위의 등식의 좌변을 인수분해하면
$$a^3+a^2b+a^2c-ab^2+ac^2-b^3-b^2c+bc^2+c^3$$
$$=a^3+(b+c)a^2-(b^2-c^2)a-(b^3+b^2c-bc^2-c^3)$$
$$=a^3+(b+c)a^2-(b+c)(b-c)a$$
$$\qquad\qquad\qquad -\{b^2(b+c)-c^2(b+c)\}$$
$$=a^3+(b+c)a^2-(b+c)(b-c)a-(b^2-c^2)(b+c)$$
$$=a^3+(b+c)a^2-(b+c)(b-c)a-(b+c)^2(b-c)$$
$$=a^2(a+b+c)-(b+c)(b-c)(a+b+c)$$
$$=(a+b+c)\{a^2-(b+c)(b-c)\}$$
$$=(a+b+c)(a^2-b^2+c^2) \qquad \cdots ❷$$
이므로 $(a+b+c)(a^2-b^2+c^2)=0$
$$\therefore\ a+b+c=0\ 또는\ a^2-b^2+c^2=0$$
이때 a, b, c는 삼각형의 세 변의 길이이므로
$a+b+c>0$

즉, $a^2-b^2+c^2=0$에서 $a^2+c^2=b^2$

따라서 이 삼각형은 빗변의 길이가 b인 직각삼각형이다.

… ❸

채점 기준	배점 비율
❶ 주어진 식을 (다항식)=0 꼴로 정리하기	20 %
❷ 정리한 등식의 좌변을 인수분해하기	50 %
❸ 어떤 삼각형인지 말하기	30 %

18 (풀이전략) 두 이차식을 각각 인수분해한 후 공통부분이 생기도록 두 일차식을 짝을 지어 전개하고, 공통부분을 치환하여 차수를 낮추어 완전제곱식이 되는 조건을 이용한다.

$(x^2+3x+2)(x^2-5x+6)+k$
$=(x+1)(x+2)(x-2)(x-3)+k$
$=\{(x+1)(x-2)\}\{(x+2)(x-3)\}+k$
$=(x^2-x-2)(x^2-x-6)+k$

이때 $x^2-x=X$라 하면

$(x^2+3x+2)(x^2-5x+6)+k$
$=(X-2)(X-6)+k$
$=X^2-8X+12+k$ …… ㉠

주어진 식이 x에 대한 이차식의 완전제곱식으로 인수분해되므로 ㉠이 X에 대한 일차식의 완전제곱식이 되어야 한다.

즉, $12+k=\left(\dfrac{-8}{2}\right)^2$이므로

$12+k=16$ ∴ $k=4$

$k=4$를 ㉠에 대입하면

$X^2-8X+16=(X-4)^2=(x^2-x-4)^2$

∴ $P(x)=x^2-x-4$

따라서 $P(2)=2^2-2-4=-2$이므로

$k+P(2)=4+(-2)=2$

19 (풀이전략) $56=14\times4$이므로 14를 x로 치환하고 16, 12를 x에 대하여 나타낸 후 인수분해를 이용한다.

$14=x$라 하면 $16=x+2$, $12=x-2$이므로

$\dfrac{16^4-12^4}{56}=\dfrac{(x+2)^4-(x-2)^4}{4x}$

$=\dfrac{\{(x+2)^2+(x-2)^2\}\{(x+2)^2-(x-2)^2\}}{4x}$

$=\dfrac{(2x^2+8)\times8x}{4x}$

$=4(x^2+4)$
$=4\times(196+4)=800$ $\Big) x=14$를 대입

20 (풀이전략) 주어진 식의 좌변을 공통인수 $a+b$가 보이도록 인수분해한 후, a, b, c가 자연수임을 이용하여 a, b의 경우를 나누어 경우에 따라 순서쌍 (a,b,c)의 개수를 구한다.

주어진 등식의 좌변을 $a+b$에 대하여 인수분해하면

$a^3+b^3+3(a^2b+ab^2)-10(a^2+2ab+b^2)+25(a+b)$
$=(a+b)(a^2-ab+b^2)+3ab(a+b)$
$\qquad\qquad\qquad -10(a+b)^2+25(a+b)$
$=(a+b)\{(a^2-ab+b^2)+3ab-10(a+b)+25\}$
$=(a+b)\{(a^2+2ab+b^2)-10(a+b)+25\}$
$=(a+b)\{(a+b)^2-10(a+b)+25\}$
$=(a+b)(a+b-5)^2$

이므로

$(a+b)(a+b-5)^2=0$

∴ $a+b=0$ 또는 $a+b-5=0$

이때 a, b, c는 삼각형의 세 변의 길이이므로

$a+b>0$

즉, $a+b-5=0$에서 $a+b=5$

또한, 두 자연수 a, b에 대하여 $a\le b$이므로

$a=1$, $b=4$ 또는 $a=2$, $b=3$

(i) $a=1$, $b=4$일 때

$b\le c$에서 $4\le c<5$이므로

$c=4$ └→ $a+b=5$이고, 삼각형의 성질에 의하여 $c<a+b$이다.

즉, 이때의 순서쌍 (a, b, c)는 $(1, 4, 4)$의 1개이다.

(ii) $a=2$, $b=3$일 때

$b\le c$에서 $3\le c<5$이므로

$c=3$ 또는 $c=4$

즉, 이때의 순서쌍 (a, b, c)는 $(2, 3, 3)$, $(2, 3, 4)$의 2개이다.

(i), (ii)에서 구하는 순서쌍 (a, b, c)의 개수는 3이다.

21 (풀이전략) 주어진 식 $(a+b+c)(ab+bc+ca)-abc$를 인수분해한 후 각 인수의 곱이 140이 되도록 하는 서로 다른 세 자연수 a, b, c의 값을 구한다.

주어진 등식의 좌변을 인수분해하면

$(a+b+c)(ab+bc+ca)-abc$
$=(a^2b+abc+ca^2)+(ab^2+b^2c+abc)$
$\qquad\qquad\qquad +(abc+bc^2+c^2a)-abc$
$=a^2b+ca^2+ab^2+b^2c+bc^2+c^2a+2abc$
$=(b+c)a^2+(b^2+c^2+2bc)a+b^2c+bc^2$
$=(b+c)a^2+(b+c)^2a+bc(b+c)$
$=(b+c)\{a^2+(b+c)a+bc\}$
$=(b+c)(a+b)(a+c)$

140을 인수분해하면

$140=2^2\times5\times7$

$a<b<c$에서 └→ $a<b$에서 $a+c<b+c$

$2<a+b<a+c<b+c$이므로

$a+b=4$, $a+c=5$, $b+c=7$ └→ $b<c$에서 $a+b<a+c$

이때 a, b, c가 서로 다른 세 자연수이므로

$a+b=4$에서

$a=1$, $b=3$

즉, $a+c=5$에서 $c=4$이므로
$ab+c=1\times 3+4=7$

| 다른 풀이 |
$(a+b+c)(ab+bc+ca)-abc$
$={a+(b+c)}{(b+c)a+bc}-abc$
$=(b+c)a^2+abc+(b+c)^2a+(b+c)bc-abc$
$=(b+c)a^2+(b+c)^2a+(b+c)bc$
$=(b+c){a^2+(b+c)a+bc}$
$=(b+c)(a+b)(a+c)$

22 (풀이전략) 조건 (나)의 좌변을 $x^3+y^3=(x+y)(x^2-xy+y^2)$을 이용하여 인수분해한 후 조건 (가)를 이용하여 식을 정리한다.

$P(x)=A$, $Q(x)=B$라 하고 조건 (나)의 좌변을 인수분해하면
$A^3+B^3=(A+B)(A^2-AB+B^2)$
이때 조건 (가)에서 $A+B=4$이므로
$4(A^2-AB+B^2)=12x^4+24x^3+12x^2+16$
$A^2-AB+B^2=3x^4+6x^3+3x^2+4$
$(A+B)^2-3AB=3x^4+6x^3+3x^2+4$
$4^2-3AB=3x^4+6x^3+3x^2+4$
$-3AB=3x^4+6x^3+3x^2-12$
$\therefore -AB=x^4+2x^3+x^2-4$
$f(x)=x^4+2x^3+x^2-4$라 하면
$f(1)=1^4+2\times 1^3+1^2-4=0$,
$f(-2)=(-2)^4+2\times(-2)^3+(-2)^2-4=0$
이므로 조립제법을 이용하여 $f(x)$를 인수분해하면

```
 1 | 1   2   1   0  -4
   |     1   3   4   4
-2 | 1   3   4   4 |  0
   |    -2  -2  -4
     1   1   2 |  0
```

$\therefore f(x)=(x-1)(x+2)(x^2+x+2)$
$\qquad\quad =(x^2+x-2)(x^2+x+2)$
$\therefore P(x)Q(x)=-(x^2+x-2)(x^2+x+2)$
이때 $P(x)$의 최고차항의 계수가 음수이면서 조건 (가)를 만족시키려면
$P(x)=-x^2-x+2$, $Q(x)=x^2+x+2$
이어야 한다.
$\therefore P(2)+Q(3)=(-2^2-2+2)+(3^2+3+2)=10$

II-1 복소수

01 복소수의 뜻과 사칙연산

(개념 확인) • 본문 083쪽

1 답 (1) ㄷ, ㄹ, ㅅ (2) ㄱ, ㄴ, ㅁ, ㅂ, ㅇ
　　 (3) ㄴ, ㅂ (4) ㄱ, ㅁ, ㅇ

(1) ㄷ. -7, ㄹ. $\sqrt{3}$, ㅅ. $1-\sqrt{2}$는 허수단위 i를 포함하지 않으므로 실수이다.

(2) ㄱ. $3-2i$, ㄴ. $\sqrt{5}i$, ㅁ. $\dfrac{1+\sqrt{3}i}{2}$, ㅂ. $-6i$, ㅇ. $-\sqrt{7}+\sqrt{2}i$ 는 허수단위 i를 포함하므로 허수이다.

(3) ㄴ. $\sqrt{5}i$, ㅂ. $-6i$는 허수이면서 순허수이다.

(4) 허수 중에서 순허수를 제외하면 순허수가 아닌 허수이므로 ㄱ, ㅁ, ㅇ은 순허수가 아닌 허수이다.

집중 연습 • 본문 085쪽

01 (1) $1+4i$　　(2) $4-i$
　　 (3) $3\sqrt{2}+2i$　　(4) $2-2\sqrt{3}i$

02 (1) $2-i$　　(2) $-3-4i$
　　 (3) $3\sqrt{3}-2i$　　(4) $-1-3\sqrt{2}i$

03 (1) $-15-9i$　　(2) $-10\sqrt{2}-10i$
　　 (3) $-3+11i$　　(4) $-4\sqrt{2}-i$

04 (1) $-i$　　(2) $\dfrac{5}{13}+\dfrac{12}{13}i$
　　 (3) $-\dfrac{4}{13}-\dfrac{7}{13}i$　　(4) $-\dfrac{2\sqrt{2}}{3}-\dfrac{5}{3}i$

01 (1) $(2+i)+(-1+3i)=(2-1)+(1+3)i=1+4i$
　　 (2) $(1-2i)+(3+i)=(1+3)+(-2+1)i=4-i$
　　 (3) $(\sqrt{2}+5i)+(2\sqrt{2}-3i)=(\sqrt{2}+2\sqrt{2})+(5-3)i$
　　　　　　　　　$=3\sqrt{2}+2i$
　　 (4) $(\sqrt{3}i-2)+(4-3\sqrt{3}i)=(-2+4)+(\sqrt{3}-3\sqrt{3})i$
　　　　　　　　　$=2-2\sqrt{3}i$

02 (1) $(1+i)-(2i-1)={1-(-1)}+(1-2)i=2-i$
　　 (2) $(2-i)-(5+3i)=(2-5)+(-1-3)i=-3-4i$
　　 (3) $(\sqrt{3}+i)-(3i-2\sqrt{3})={\sqrt{3}-(-2\sqrt{3})}+(1-3)i$
　　　　　　　　　$=3\sqrt{3}-2i$
　　 (4) $(2-\sqrt{2}i)-(3+2\sqrt{2}i)=(2-3)+(-\sqrt{2}-2\sqrt{2})i$
　　　　　　　　　$=-1-3\sqrt{2}i$

03 (1) $-3i(3-5i)=-9i+15i^2=-15-9i$
　　 (2) $-5\sqrt{2}i(\sqrt{2}-2i)=-10i+10\sqrt{2}i^2=-10\sqrt{2}-10i$

$$\begin{aligned}
\text{(3) } (3-i)(-2+3i) &= -6+9i+2i-3i^2 \\
&= (-6+3)+(9+2)i \\
&= -3+11i
\end{aligned}$$

$$\begin{aligned}
\text{(4) } (-1+\sqrt{2}i)(\sqrt{2}+3i) &= -\sqrt{2}-3i+2i+3\sqrt{2}i^2 \\
&= (-\sqrt{2}-3\sqrt{2})+(-3+2)i \\
&= -4\sqrt{2}-i
\end{aligned}$$

04
$$\begin{aligned}
\text{(1) } \frac{1-i}{1+i} &= \frac{(1-i)^2}{(1+i)(1-i)} = \frac{1-2i+i^2}{1-i^2} \\
&= \frac{(1-1)-2i}{2} = -i
\end{aligned}$$

$$\begin{aligned}
\text{(2) } \frac{3+2i}{3-2i} &= \frac{(3+2i)^2}{(3-2i)(3+2i)} = \frac{9+12i+4i^2}{9-4i^2} \\
&= \frac{(9-4)+12i}{13} = \frac{5}{13}+\frac{12}{13}i
\end{aligned}$$

$$\begin{aligned}
\text{(3) } \frac{1-2i}{2+3i} &= \frac{(1-2i)(2-3i)}{(2+3i)(2-3i)} = \frac{2-3i-4i+6i^2}{4-9i^2} \\
&= \frac{(2-6)+(-3-4)i}{13} = -\frac{4}{13}-\frac{7}{13}i
\end{aligned}$$

$$\begin{aligned}
\text{(4) } \frac{\sqrt{2}-3i}{1+\sqrt{2}i} &= \frac{(\sqrt{2}-3i)(1-\sqrt{2}i)}{(1+\sqrt{2}i)(1-\sqrt{2}i)} \\
&= \frac{\sqrt{2}-2i-3i+3\sqrt{2}i^2}{1-2i^2} \\
&= \frac{(\sqrt{2}-3\sqrt{2})+(-2-3)i}{3} \\
&= -\frac{2\sqrt{2}}{3}-\frac{5}{3}i
\end{aligned}$$

유제 · 본문 086~090쪽

01-❶ 답 ⑤

① $i^2=-1$이므로 $i^2<0$ (참)

② $5i$는 (허수부분)$\neq0$이므로 허수이다. (참)

③ $3i-\sqrt{5}=-\sqrt{5}+3i$의 실수부분은 $-\sqrt{5}$, 허수부분은 3이다. (참)

④ $\sqrt{2}-3i$는 (실수부분)$\neq0$, (허수부분)$\neq0$이므로 순허수가 아닌 허수이다. (참)

⑤ $a\neq0$, $b=0$이면 $a+bi=a+0i=a$이므로 실수이고 실수도 복소수이다.

따라서 옳지 않은 것은 ⑤이다.

01-❷ 답 1

ㄱ. $-\sqrt{3}$, ㄷ. $1+\sqrt{7}$, ㅁ. $i^2=-1$은 실수이다.

ㄴ. $\dfrac{1}{2}+\dfrac{1}{3}i$는 순허수가 아닌 허수이다.

ㄹ. $4i$, ㅂ. $\sqrt{2}i$는 순허수이다.

따라서 순허수는 ㄹ, ㅂ의 2개이고, 순허수가 아닌 허수는 ㄴ의 1개이므로

$a=2$, $b=1$

$\therefore a-b=2-1=1$

02 ❶ 답 (1) $2+10i$ (2) $-3\sqrt{2}+9i$

$$\begin{aligned}
\text{(1) } (1+2i)^2+3(2+i)-(1-3i) &= (1+4i+4i^2)+(6+3i)+(-1+3i) \\
&= (1-4+6-1)+(4+3+3)i \\
&= 2+10i
\end{aligned}$$

$$\begin{aligned}
\text{(2) } &(i-2\sqrt{2})+2(\sqrt{2}+3i)-\frac{8+\sqrt{2}i}{i+\sqrt{2}} \\
&= (i-2\sqrt{2})+(2\sqrt{2}+6i)-\frac{(8+\sqrt{2}i)(\sqrt{2}-i)}{(\sqrt{2}+i)(\sqrt{2}-i)} \\
&= (i-2\sqrt{2})+(2\sqrt{2}+6i)-\frac{8\sqrt{2}-8i+2i-\sqrt{2}i^2}{2-i^2} \\
&= (i-2\sqrt{2})+(2\sqrt{2}+6i)-\frac{(8\sqrt{2}+\sqrt{2})+(-8+2)i}{3} \\
&= (i-2\sqrt{2})+(2\sqrt{2}+6i)+(-3\sqrt{2}+2i) \\
&= (-2\sqrt{2}+2\sqrt{2}-3\sqrt{2})+(1+6+2)i \\
&= -3\sqrt{2}+9i
\end{aligned}$$

02-❷ 답 -1

$$\begin{aligned}
&(-3+i)(2+4i)+\frac{3+4i}{4-3i} \\
&= (-6-12i+2i+4i^2)+\frac{(3+4i)(4+3i)}{(4-3i)(4+3i)} \\
&= \{(-6-4)+(-12+2)i\}+\frac{12+9i+16i+12i^2}{16-9i^2} \\
&= (-10-10i)+\frac{(12-12)+(9+16)i}{25} \\
&= (-10-10i)+i \\
&= -10-9i
\end{aligned}$$

따라서 $a=-10$, $b=-9$이므로

$a-b=-10-(-9)=-1$

02-❸ 답 ④

$$\begin{aligned}
\frac{a+3i}{2-i} &= \frac{(a+3i)(2+i)}{(2-i)(2+i)} \\
&= \frac{2a+ai+6i+3i^2}{4-i^2} \\
&= \frac{(2a-3)+(a+6)i}{5} \\
&= \frac{2a-3}{5}+\frac{a+6}{5}i
\end{aligned}$$

이므로 복소수 $\dfrac{a+3i}{2-i}$의 실수부분은 $\dfrac{2a-3}{5}$이고 허수부분은 $\dfrac{a+6}{5}$이다.

이때 실수부분과 허수부분의 합이 3이므로

$$\frac{2a-3}{5}+\frac{a+6}{5}=3$$

$$\frac{3a+3}{5}=3,\ 3a=12$$

$\therefore a=4$

03-❶ 탑 (1) -2 (2) 3

(1) $x(1+2i)-5+4i=(x-5)+(2x+4)i$
복소수가 실수이려면 (허수부분)$=0$이어야 하므로
$2x+4=0$
$\therefore x=-2$

(2) $x^2+x(i-5)+6-2i=(x^2-5x+6)+(x-2)i$
복소수가 순허수이려면 (실수부분)$=0$, (허수부분)$\neq0$
이어야 하므로
$x^2-5x+6=0$, $x-2\neq0$
$x^2-5x+6=0$에서
$(x-2)(x-3)=0$
$\therefore x=2$ 또는 $x=3$
이때 $x-2\neq0$에서 $x\neq2$이므로
$x=3$

03-❷ 탑 $2i$

$z=\dfrac{k+2i}{1-i}=\dfrac{(k+2i)(1+i)}{(1-i)(1+i)}$

$\quad=\dfrac{k+ki+2i+2i^2}{1-i^2}$

$\quad=\dfrac{k-2}{2}+\dfrac{k+2}{2}i$

z가 순허수이려면 (실수부분)$=0$, (허수부분)$\neq0$이어야 하므로
$\dfrac{k-2}{2}=0$, $\dfrac{k+2}{2}\neq0$
따라서 $k=2$이므로
$z=\dfrac{2+2}{2}i=2i$

03-❸ 탑 3

$z=i(x-i)^2$
$\quad=i(x^2-2xi+i^2)$
$\quad=2x+(x^2-1)i$
z가 실수이려면 (허수부분)$=0$이어야 하므로
$x^2-1=0$
$(x+1)(x-1)=0$
$\therefore x=1 \ (\because x>0)$
$\therefore z=2\times1=2$
따라서 $a=1$, $b=2$이므로
$a+b=1+2=3$

04-❶ 탑 (1) $x=2$, $y=1$ (2) $x=5$, $y=1$

(1) $2(3+2i)x-(7+5i)y-5-3i=0$에서
$(6x-7y-5)+(4x-5y-3)i=0$
이때 $6x-7y-5$, $4x-5y-3$이 실수이므로 복소수가 서로
같을 조건에 의하여
$6x-7y-5=0$, $4x-5y-3=0$

앞의 두 식을 연립하여 풀면
$x=2$, $y=1$

(2) $\dfrac{x}{1+i}+\dfrac{y}{1-i}=3-2i$에서

$\dfrac{x(1-i)+y(1+i)}{(1+i)(1-i)}=3-2i$

$\dfrac{x-xi+y+yi}{1-i^2}=3-2i$

$\therefore \dfrac{x+y}{2}+\dfrac{-x+y}{2}i=3-2i$

이때 $\dfrac{x+y}{2}$, $\dfrac{-x+y}{2}$가 실수이므로 복소수가 서로 같을
조건에 의하여

$\dfrac{x+y}{2}=3$, $\dfrac{-x+y}{2}=-2$

$\therefore x+y=6$, $-x+y=-4$
위의 두 식을 연립하여 풀면
$x=5$, $y=1$

04-❷ 탑 18

$(3+ai)(2-i)=13+bi$에서
$6-3i+2ai-ai^2=13+bi$
$\therefore (6+a)+(2a-3)i=13+bi$
이때 $6+a$, $2a-3$이 실수이므로 복소수가 서로 같을 조건에
의하여
$6+a=13$, $2a-3=b$
따라서 $a=7$, $b=11$이므로
$a+b=7+11=18$

04-❸ 탑 $\dfrac{5}{2}$

$(x+2i)(y+2i)=-2+10i$에서
$xy+2xi+2yi+4i^2=-2+10i$
$\therefore (xy-4)+(2x+2y)i=-2+10i$
이때 $xy-4$, $2x+2y$가 실수이므로 복소수가 서로 같을 조건
에 의하여
$xy-4=-2$, $2x+2y=10$
따라서 $xy=2$, $x+y=5$이므로
$\dfrac{1}{x}+\dfrac{1}{y}=\dfrac{x+y}{xy}=\dfrac{5}{2}$

05-❶ 탑 (1) -5 (2) $3+2\sqrt{2}$

(1) $z=\dfrac{-1+\sqrt{3}i}{2}$에서

$2z+1=\sqrt{3}i$
위의 식의 양변을 제곱하면
$4z^2+4z+1=-3$
$4z^2+4z+4=0$
$\therefore z^2+z+1=0$
$\therefore 2z^2+2z-3=2(\underbrace{z^2+z+1}_{0})-5=-5$

(2) $x+y=(\sqrt{2}+i)+(\sqrt{2}-i)=2\sqrt{2}$,
$\quad xy=(\sqrt{2}+i)(\sqrt{2}-i)=2-i^2=3$
$\quad \therefore (x+1)(y+1)-1=xy+x+y+1-1$
$\qquad\qquad\qquad\qquad\quad =3+2\sqrt{2}$

05-❷ 답 7

$\dfrac{10}{3+i}=\dfrac{10(3-i)}{(3+i)(3-i)}=\dfrac{30-10i}{9-i^2}=3-i$

이므로 $z=3-i$

$z-3=-i$의 양변을 제곱하면

$z^2-6z+9=-1$

$\therefore z^2-6z+10=0$

$\therefore z^3-6z^2+10z+7=z(\underbrace{z^2-6z+10}_{\longrightarrow 0})+7=7$

05-❸ 답 $-\dfrac{6}{5}$

$x+y=(1+2i)+(1-2i)=2$,
$xy=(1+2i)(1-2i)=1-4i^2=5$

$\therefore \dfrac{y}{x}+\dfrac{x}{y}=\dfrac{x^2+y^2}{xy}$

$\qquad\qquad =\dfrac{(x+y)^2-2xy}{xy}$

$\qquad\qquad =\dfrac{2^2-2\times5}{5}=-\dfrac{6}{5}$

소단원 점검 문제
• 본문 091쪽

| 01 ① | 02 ④ | 03 ① | 04 ① |

01 $z=(1+i)x^2+(1-3i)x+2(-3+i)$
$\quad =(x^2+x-6)+(x^2-3x+2)i$

z가 순허수이려면 (실수부분)$=0$, (허수부분)$\neq0$이어야
하므로

$x^2+x-6=0$, $x^2-3x+2\neq0$

(i) $x^2+x-6=0$에서
$\quad (x+3)(x-2)=0$
$\quad \therefore x=-3$ 또는 $x=2$

(ii) $x^2-3x+2\neq0$에서
$\quad (x-1)(x-2)\neq0$
$\quad \therefore x\neq1,\ x\neq2$

(i), (ii)에서 $x=-3$

02 z^2이 실수이려면 z의 (실수부분)$=0$ 또는 (허수부분)$=0$
이어야 하므로

$a+1=0$ 또는 $a-3=0$

$\therefore a=-1$ 또는 $a=3$

따라서 모든 실수 a의 값의 합은

$(-1)+3=2$

| 다른 풀이 |

$z=a+1+(a-3)i$에서

$z^2=(a+1)^2+2(a+1)(a-3)i+(a-3)^2i^2$
$\quad =(a+1)^2-(a-3)^2+2(a+1)(a-3)i$

z^2이 실수이려면 z^2의 (허수부분)$=0$이어야 하므로

$2(a+1)(a-3)=0$

$\therefore a=-1$ 또는 $a=3$

| 참고 | z^2이 실수가 되기 위한 조건

$z=a+bi$ (a, b는 실수)라 하면 $z^2=a^2-b^2+2abi$이므로
z^2이 실수가 되려면 $2ab=0$에서 $a=0$ 또는 $b=0$이어야 한다.
즉, z의 (실수부분)$=0$ 또는 (허수부분)$=0$이어야 한다.

03 $(x+i)(y+i)=\dfrac{-3-i}{1+i}$에서

$xy+xi+yi+i^2=\dfrac{(-3-i)(1-i)}{(1+i)(1-i)}$

$(xy-1)+(x+y)i=\dfrac{-3+3i-i+i^2}{1-i^2}$

$(xy-1)+(x+y)i=\dfrac{(-3-1)+(3-1)i}{2}$

$\therefore (xy-1)+(x+y)i=-2+i$

이때 $xy-1$, $x+y$가 실수이므로 복소수가 서로 같을 조
건에 의하여

$xy-1=-2$, $x+y=1$

따라서 $xy=-1$, $x+y=1$이므로

$x^2+y^2=(x+y)^2-2xy=1^2-2\times(-1)=3$

04 $x+y=(1-2i)+(1+2i)=2$,
$xy=(1-2i)(1+2i)=1-4i^2=1+4=5$

이므로 $x^2+y^2=(x+y)^2-2xy=2^2-2\times5=-6$

$\therefore x^3y+xy^3-x^2-y^2$
$\quad =xy(x^2+y^2)-(x^2+y^2)$
$\quad =(xy-1)(x^2+y^2)$
$\quad =(5-1)\times(-6)=-24$

○2 켤레복소수의 성질

개념 확인
• 본문 092쪽

1 답 (1) $3+i$, $3+i$ $\quad$ (2) $1-3i$, $1-3i$
$\qquad$ (3) $4+3i$, $4+3i$ $\quad$ (4) i, i

(1) $\overline{z_1+z_2}=\overline{(2+i)+(1-2i)}=\overline{3-i}=3+i$
$\quad \overline{z_1}+\overline{z_2}=\overline{2+i}+\overline{1-2i}=(2-i)+(1+2i)=3+i$

(2) $\overline{z_1-z_2}=\overline{(2+i)-(1-2i)}=\overline{1+3i}=1-3i$
$\quad \overline{z_1}-\overline{z_2}=\overline{2+i}-\overline{1-2i}=(2-i)-(1+2i)=1-3i$

(3) $\overline{z_1 z_2} = \overline{(2+i)(1-2i)} = \overline{2-4i+i-2i^2} = \overline{4-3i} = 4+3i$

$\overline{z_1} \times \overline{z_2} = \overline{2+i} \times \overline{1-2i} = (2-i)(1+2i)$
$\phantom{\overline{z_1} \times \overline{z_2}} = 2+4i-i-2i^2 = 4+3i$

(4) $\overline{\left(\dfrac{z_2}{z_1}\right)} = \overline{\left(\dfrac{1-2i}{2+i}\right)} = \overline{\left\{\dfrac{(1-2i)(2-i)}{(2+i)(2-i)}\right\}}$
$\phantom{\overline{\left(\dfrac{z_2}{z_1}\right)}} = \overline{\left(\dfrac{2-i-4i+2i^2}{4-i^2}\right)} = \overline{\left(\dfrac{-5i}{5}\right)}$
$\phantom{\overline{\left(\dfrac{z_2}{z_1}\right)}} = \overline{-i} = i$

$\dfrac{\overline{z_2}}{\overline{z_1}} = \dfrac{\overline{1-2i}}{\overline{2+i}} = \dfrac{1+2i}{2-i} = \dfrac{(1+2i)(2+i)}{(2-i)(2+i)}$
$\phantom{\dfrac{\overline{z_2}}{\overline{z_1}}} = \dfrac{2+i+4i+2i^2}{4-i^2} = \dfrac{5i}{5} = i$

유제　　　　　　　　　　• 본문 093~095쪽

01-❶ [답] (1) 1　(2) $\sqrt{3}$　(3) 2　(4) $1-\sqrt{3}i$

$z=1+\sqrt{3}i$이므로 $\bar{z}=1-\sqrt{3}i$이다.

(1) $\overline{\left(\dfrac{z+\bar{z}}{2}\right)} = \dfrac{\bar{z}+z}{2} = \dfrac{(1-\sqrt{3}i)+(1+\sqrt{3}i)}{2} = 1$

(2) $\dfrac{z-\bar{z}}{2i} = \dfrac{(1+\sqrt{3}i)-(1-\sqrt{3}i)}{2i} = \dfrac{2\sqrt{3}i}{2i} = \sqrt{3}$

(3) $\sqrt{z\bar{z}} = \sqrt{(1+\sqrt{3}i)(1-\sqrt{3}i)} = \sqrt{1-3i^2} = \sqrt{4} = 2$

(4) $\overline{\left(\dfrac{4}{\bar{z}}\right)} = \dfrac{4}{z} = \dfrac{4}{1+\sqrt{3}i} = \dfrac{4(1-\sqrt{3}i)}{(1+\sqrt{3}i)(1-\sqrt{3}i)}$
$\phantom{\overline{\left(\dfrac{4}{\bar{z}}\right)}} = \dfrac{4(1-\sqrt{3}i)}{1-3i^2} = \dfrac{4(1-\sqrt{3}i)}{4}$
$\phantom{\overline{\left(\dfrac{4}{\bar{z}}\right)}} = 1-\sqrt{3}i$

01-❷ [답] 2

$z=(i-2)a+1-2i$
$ = (-2a+1)+(a-2)i$

$z=\bar{z}$이려면 z는 0이 아닌 실수이어야 하므로
z의 (허수부분)$=0$이어야 한다.
따라서 $a-2=0$에서 $a=2$

| 다른 풀이 |
$\bar{z}=(-2a+1)-(a-2)i$이므로 $z=\bar{z}$에서
$(-2a+1)+(a-2)i=(-2a+1)-(a-2)i$
이때 복소수가 서로 같을 조건에 의하여
$a-2=-a+2$
$\therefore a=2$

01-❸ [답] -1

$z=(k^2-1)+(k^2+k-2)i$에서
0이 아닌 복소수 z가 $\bar{z}=-z$이면 z는 순허수이므로
z의 (실수부분)$=0$, (허수부분)$\neq 0$이어야 한다. 즉,
$k^2-1=0$, $k^2+k-2\neq 0$

(i) $k^2-1=0$에서 $(k+1)(k-1)=0$
 $\therefore k=-1$ 또는 $k=1$
(ii) $k^2+k-2\neq 0$에서 $(k+2)(k-1)\neq 0$
 $\therefore k\neq -2$, $k\neq 1$
(i), (ii)에서 $k=-1$

| 다른 풀이 |
$\bar{z}=(k^2-1)-(k^2+k-2)i$이므로 $\bar{z}=-z$에서
$(k^2-1)-(k^2+k-2)i=-(k^2-1)-(k^2+k-2)i$
이때 복소수가 서로 같을 조건에 의하여
$k^2-1=-k^2+1$, $k^2-1=0$
$(k+1)(k-1)=0$
$\therefore k=-1$ 또는 $k=1$
이때 $k=1$이면 $z=0$이므로 $k=-1$이다.

02-❶ [답] 29

$\alpha\bar{\alpha}-\alpha\bar{\beta}-\bar{\alpha}\beta+\beta\bar{\beta} = \alpha(\bar{\alpha}-\bar{\beta})-\beta(\bar{\alpha}-\bar{\beta})$
$\phantom{\alpha\bar{\alpha}-\alpha\bar{\beta}-\bar{\alpha}\beta+\beta\bar{\beta}} = (\alpha-\beta)(\bar{\alpha}-\bar{\beta})$
$\phantom{\alpha\bar{\alpha}-\alpha\bar{\beta}-\bar{\alpha}\beta+\beta\bar{\beta}} = (\alpha-\beta)\overline{(\alpha-\beta)}$

이때 $\alpha=3-2i$, $\beta=1+3i$에서
$\alpha-\beta=(3-2i)-(1+3i)=2-5i$,
$\overline{\alpha-\beta}=\overline{2-5i}=2+5i$이므로
$\alpha\bar{\alpha}-\alpha\bar{\beta}-\bar{\alpha}\beta+\beta\bar{\beta} = (\alpha-\beta)\overline{(\alpha-\beta)}$
$\phantom{\alpha\bar{\alpha}-\alpha\bar{\beta}-\bar{\alpha}\beta+\beta\bar{\beta}} = (2-5i)(2+5i)$
$\phantom{\alpha\bar{\alpha}-\alpha\bar{\beta}-\bar{\alpha}\beta+\beta\bar{\beta}} = 4-25i^2$
$\phantom{\alpha\bar{\alpha}-\alpha\bar{\beta}-\bar{\alpha}\beta+\beta\bar{\beta}} = 4+25=29$

02-❷ [답] $-2i$

$\alpha\bar{\alpha}=1$에서 $\dfrac{1}{\alpha}=\bar{\alpha}$, $\beta\bar{\beta}=1$에서 $\dfrac{1}{\beta}=\bar{\beta}$

$\therefore \dfrac{1}{\alpha}+\dfrac{1}{\beta} = \bar{\alpha}+\bar{\beta} = \overline{\alpha+\beta}$
$\phantom{\therefore \dfrac{1}{\alpha}+\dfrac{1}{\beta}} = \overline{2i}=-2i$

02-❸ [답] ⑤

$\alpha\bar{\beta}=1$에서 $\alpha=\dfrac{1}{\bar{\beta}}$

$\overline{\alpha\bar{\beta}}=\bar{\alpha}\beta=1$에서 $\dfrac{1}{\bar{\alpha}}=\beta$

또한, $\alpha+\dfrac{1}{\alpha}=2i$에서

$\alpha+\dfrac{1}{\bar{\alpha}}=\dfrac{1}{\bar{\beta}}+\beta=2i$

$\therefore \beta+\dfrac{1}{\bar{\beta}}=2i$

03-❶ [답] $2-i$

$z=a+bi$ (a, b는 실수)라 하면 $\bar{z}=a-bi$이므로

$(1-i)z+2i\bar{z}=-1+i$에서
$(1-i)(a+bi)+2i(a-bi)=-1+i$
$a+bi-ai-bi^2+2ai-2bi^2=-1+i$
$\therefore (a+3b)+(a+b)i=-1+i$
이때 복소수가 서로 같을 조건에 의하여
$a+3b=-1,\ a+b=1$
위의 두 식을 연립하여 풀면
$a=2,\ b=-1$
$\therefore z=2-i$

03-❷ 답 2

$z=a+bi$ $(a,\ b$는 실수$)$라 하면 $\bar{z}=a-bi$이므로
$(1+2i)(\bar{z}-1)+3iz=1+4i$에서
$(1+2i)(a-bi-1)+3i(a+bi)=1+4i$
$a-bi-1+2ai-2bi^2-2i+3ai+3bi^2=1+4i$
$\therefore (a-b-1)+(5a-b-2)i=1+4i$
이때 복소수가 서로 같을 조건에 의하여
$a-b-1=1,\ 5a-b-2=4$
$\therefore a-b=2,\ 5a-b=6$
위의 두 식을 연립하여 풀면
$a=1,\ b=-1$
따라서 $z=1-i$이므로
$z\bar{z}=(1-i)(1+i)=2$

03-❸ 답 $2-3i,\ 2+3i$

$z=a+bi$ $(a,\ b$는 실수$)$라 하면 $\bar{z}=a-bi$이므로
$z+\bar{z}=4$에서
$(a+bi)+(a-bi)=4,\ 2a=4$
$\therefore a=2$
$z\bar{z}=13$에서
$(a+bi)(a-bi)=13,\ a^2-b^2i^2=13$
$\therefore a^2+b^2=13$ $\qquad$ …… ㉠
$a=2$를 ㉠에 대입하면
$2^2+b^2=13$ $\quad \therefore b=\pm3$
따라서 구하는 복소수 z는 $2-3i,\ 2+3i$이다.

○3 복소수의 응용

개념 확인
• 본문 097쪽

1 답 (1) $\sqrt{5}\,i$ (2) $3i$ (3) $-2\sqrt{3}\,i$ (4) $-5i$

(1) $\sqrt{-5}=\sqrt{5}\,i$
(2) $\sqrt{-9}=\sqrt{9}\,i=3i$
(3) $-\sqrt{-12}=-\sqrt{12}\,i=-2\sqrt{3}\,i$
(4) $-\sqrt{-25}=-\sqrt{25}\,i=-5i$

---

2 답 (1) -4 (2) $4i$ (3) $-2i$ (4) $2i$

(1) $\sqrt{-2}\sqrt{-8}=\sqrt{2}\,i\times\sqrt{8}\,i-\sqrt{16}\,i^2=-4$
(2) $\sqrt{-2}\sqrt{8}=\sqrt{2}\,i\times\sqrt{8}=\sqrt{16}\,i=4i$
(3) $\dfrac{\sqrt{8}}{\sqrt{-2}}=\dfrac{2\sqrt{2}}{\sqrt{2}\,i}=\dfrac{2}{i}=\dfrac{2i}{i^2}=-2i$
(4) $\dfrac{\sqrt{-8}}{\sqrt{2}}=\dfrac{\sqrt{8}\,i}{\sqrt{2}}=\dfrac{2\sqrt{2}\,i}{\sqrt{2}}=2i$

집중 연습 • 본문 098쪽

01 (1) $-i$ (2) i (3) 1 (4) -1
(5) $-32i$ (6) -128 (7) $-i$ (8) 2

02 (1) 0 (2) 0 (3) 0 (4) 0

03 (1) $5i$ (2) $3\sqrt{3}\,i$ (3) i (4) $-\sqrt{2}\,i$
(5) -6 (6) $-5\sqrt{2}$ (7) $-\sqrt{3}\,i$ (8) $-\sqrt{5}\,i$

---

01 (1) $i^{11}=(i^4)^2\times i^3=i^3=-i$
(2) $i^{17}=(i^4)^4\times i=i$
(3) $i^{36}=(i^4)^9=1$
(4) $(-i)^{46}=i^{46}=(i^4)^{11}\times i^2=i^2=-1$
(5) $(-2i)^5=(-2)^5\times i^5=-32\times i^4\times i=-32i$
(6) $(\sqrt{2}\,i)^{14}=(\sqrt{2})^{14}\times i^{14}=2^7\times(i^4)^3\times i^2$
$\qquad\qquad =128\times i^2=-128$
(7) $i^{45}\times i^{30}=i^{75}=(i^4)^{18}\times i^3=i^3=-i$
(8) $i^{200}=(i^4)^{50}=1,\ i^{150}=(i^4)^{37}\times i^2=i^2=-1$
$\qquad \therefore i^{200}-i^{150}=1-(-1)=2$

02 (1) $i+i^2+i^3+i^4=i-1-i+1=0$
(2) $i+i^2+i^3+i^4=i-1-i+1=0$
이므로
$i^{50}+i^{51}+i^{52}+i^{53}=i^{49}(i+i^2+i^3+i^4)=0$
(3) $\dfrac{1}{i}+\dfrac{1}{i^2}+\dfrac{1}{i^3}+\dfrac{1}{i^4}=\dfrac{1}{i}-1-\dfrac{1}{i}+1=0$
(4) $\dfrac{1}{i}+\dfrac{1}{i^2}+\dfrac{1}{i^3}+\dfrac{1}{i^4}=\dfrac{1}{i}-1-\dfrac{1}{i}+1=0$
이므로
$\dfrac{1}{i^{101}}+\dfrac{1}{i^{102}}+\dfrac{1}{i^{103}}+\dfrac{1}{i^{104}}$
$=\dfrac{1}{i^{100}}\left(\dfrac{1}{i}+\dfrac{1}{i^2}+\dfrac{1}{i^3}+\dfrac{1}{i^4}\right)=0$

03 (1) $\sqrt{-4}+\sqrt{-9}=\sqrt{4}\,i+\sqrt{9}\,i=2i+3i=5i$
(2) $\sqrt{-3}+\sqrt{-12}=\sqrt{3}\,i+\sqrt{12}\,i=\sqrt{3}\,i+2\sqrt{3}\,i=3\sqrt{3}\,i$
(3) $\sqrt{-25}-\sqrt{-16}=\sqrt{25}\,i-\sqrt{16}\,i=5i-4i=i$
(4) $\sqrt{-8}-\sqrt{-18}=\sqrt{8}\,i-\sqrt{18}\,i=2\sqrt{2}\,i-3\sqrt{2}\,i=-\sqrt{2}\,i$
(5) $\sqrt{-3}\sqrt{-12}=\sqrt{3}\,i\times\sqrt{12}\,i=\sqrt{36}\,i^2=-6$
(6) $\sqrt{-10}\sqrt{-5}=\sqrt{10}\,i\times\sqrt{5}\,i=\sqrt{50}\,i^2=-5\sqrt{2}$

$(7) \dfrac{\sqrt{15}}{\sqrt{-5}}=\dfrac{\sqrt{15}}{\sqrt{5}\,i}=\dfrac{\sqrt{3}}{i}=\dfrac{\sqrt{3}\,i}{i^2}=-\sqrt{3}\,i$

$(8) \dfrac{\sqrt{35}}{\sqrt{-7}}=\dfrac{\sqrt{35}}{\sqrt{7}\,i}=\dfrac{\sqrt{5}}{i}=\dfrac{\sqrt{5}\,i}{i^2}=-\sqrt{5}\,i$

04-❶ 답 (1) 0 (2) 1

(1) $i^{50}+i^{100}+i^{150}+i^{200}$
$$=(i^4)^{12}\times i^2+(i^4)^{25}+(i^4)^{37}\times i^2+(i^4)^{50}$$
$$=i^2+1+i^2+1$$
$$=(-1)+1+(-1)+1=0$$

(2) $i-i^2+i^3-i^4=i+1-i-1=0$
이므로
$$i-i^2+i^3-i^4+\cdots-i^{98}+i^{99}$$
$$=(i-i^2+i^3-i^4)+i^4(i-i^2+i^3-i^4)$$
$$\qquad+i^8(i-i^2+i^3-i^4)+\cdots+i^{92}(i-i^2+i^3-i^4)$$
$$\qquad\qquad\qquad\qquad\qquad\qquad+i^{96}(i-i^2+i^3)$$
$$=i-i^2+i^3$$
$$=i+1-i=1$$

04-❷ 답 (1) $50-50i$ (2) 0

(1) $i+2i^2+3i^3+\cdots+100i^{100}$
$$=(i-2-3i+4)+i^4(5i-6-7i+8)$$
$$\qquad\qquad\qquad+i^8(9i-10-11i+12)+\cdots$$
$$\qquad\qquad\qquad+i^{96}(97i-98-99i+100)$$
$$=(2-2i)+(2-2i)+(2-2i)+\cdots+(2-2i)$$
$$=25(2-2i)=50-50i$$

(2) $\dfrac{1}{i}+\dfrac{1}{i^2}+\dfrac{1}{i^3}+\dfrac{1}{i^4}=\dfrac{1}{i}-1-\dfrac{1}{i}+1=0$
이므로
$$\dfrac{1}{i}+\dfrac{1}{i^2}+\dfrac{1}{i^3}+\cdots+\dfrac{1}{i^{100}}$$
$$=\left(\dfrac{1}{i}+\dfrac{1}{i^2}+\dfrac{1}{i^3}+\dfrac{1}{i^4}\right)+\dfrac{1}{i^4}\left(\dfrac{1}{i}+\dfrac{1}{i^2}+\dfrac{1}{i^3}+\dfrac{1}{i^4}\right)$$
$$\qquad+\dfrac{1}{i^8}\left(\dfrac{1}{i}+\dfrac{1}{i^2}+\dfrac{1}{i^3}+\dfrac{1}{i^4}\right)+\cdots$$
$$\qquad\qquad+\dfrac{1}{i^{96}}\left(\dfrac{1}{i}+\dfrac{1}{i^2}+\dfrac{1}{i^3}+\dfrac{1}{i^4}\right)$$
$$=0$$

04-❸ 답 -2

$i^3+i^6+i^9+i^{12}=i^3+i^4\times i^2+(i^4)^2\times i+(i^4)^3$
$$=i^3+i^2+i+1$$
$$=-i-1+i+1=0$$
이므로

$i^3+i^6+i^9+\cdots+i^{30}$
$$=(i^3+i^6+i^9+i^{12})+i^{12}(i^3+i^6+i^9+i^{12})+i^{24}(i^3+i^6)$$
$$=i^3+i^6=i^3+i^4\times i^2$$
$$=i^3+i^2$$
$$=-i-1=-1-i$$
따라서 $a=-1$, $b=-1$이므로
$$a+b=(-1)+(-1)=-2$$

05-❶ 답 (1) 1 (2) i

(1) $\left(\dfrac{1-i}{\sqrt{2}}\right)^2=\dfrac{1-2i+i^2}{2}=\dfrac{-2i}{2}=-i$
이므로
$$\left(\dfrac{1-i}{\sqrt{2}}\right)^{200}=\left\{\left(\dfrac{1-i}{\sqrt{2}}\right)^2\right\}^{100}$$
$$=(-i)^{100}=i^{100}$$
$$=(i^4)^{25}=1$$

(2) $\dfrac{1-i}{1+i}=\dfrac{(1-i)^2}{(1+i)(1-i)}$
$$=\dfrac{1-2i+i^2}{1-i^2}=\dfrac{-2i}{2}=-i$$
이므로
$$\left(\dfrac{1-i}{1+i}\right)^{999}=(-i)^{999}=-i^{999}$$
$$=-(i^4)^{249}\times i^3=-i^3=i$$

05-❷ 답 -1

$z^2=\left(\dfrac{\sqrt{2}\,i}{1+i}\right)^2=\dfrac{2i^2}{1+2i+i^2}=\dfrac{-2}{2i}=-\dfrac{1}{i}=-\dfrac{i}{i^2}=i$
$\therefore z^2+z^4+z^6+\cdots+z^{20}$
$$=z^2+(z^2)^2+(z^2)^3+\cdots+(z^2)^{10}$$
$$=i+i^2+i^3+\cdots+i^{10}$$
$$=(i+i^2+i^3+i^4)+i^4(i+i^2+i^3+i^4)+i^8(i+i^2)$$
$$=i+i^2=i-1$$
$$=-1+i$$
따라서 $a=-1$, $b=1$이므로
$$ab=(-1)\times1=-1$$

05-❸ 답 51

$(1+i)^2=1+2i+i^2=2i$이므로
$(1+i)^4=(2i)^2=4i^2=-4$
$(1-i)^2=1-2i+i^2=-2i$이므로
$(1-i)^4=(-2i)^2=4i^2=-4$
$\therefore (1+i)^{100}+(1-i)^{100}=\{(1+i)^4\}^{25}+\{(1-i)^4\}^{25}$
$$=(-4)^{25}+(-4)^{25}$$
$$=2\times(-4)^{25}$$
$$=2\times(-1)^{25}\times4^{25}$$
$$=(-1)\times2\times2^{50}=-2^{51}$$
따라서 $a=51$이다.

06-❶ 답 (1) $7\sqrt{3}\,i$ (2) $4i$

(1) $\sqrt{-3}-\sqrt{-27}+\sqrt{-9}\sqrt{27}$

$=\sqrt{3}\,i-\sqrt{27}\,i+\sqrt{9}\,i\times3\sqrt{3}$

$=\sqrt{3}\,i-3\sqrt{3}\,i+9\sqrt{3}\,i$

$=7\sqrt{3}\,i$

(2) $\dfrac{\sqrt{-2}\sqrt{-3}}{\sqrt{-6}}+\dfrac{\sqrt{32}}{\sqrt{-8}}+\sqrt{-5}\sqrt{5}$

$=\dfrac{\sqrt{2}\,i\times\sqrt{3}\,i}{\sqrt{6}\,i}+\dfrac{\sqrt{32}}{\sqrt{8}\,i}+\sqrt{5}\,i\times\sqrt{5}$

$=\dfrac{\sqrt{6}\,i^2}{\sqrt{6}\,i}+\dfrac{\sqrt{4}}{i}+5i$

$=i+\dfrac{2i}{i^2}+5i$

$=i-2i+5i$

$=4i$

06-❷ 답 $-\sqrt{2}$

$\sqrt{-5}\sqrt{-10}-\dfrac{\sqrt{54}}{\sqrt{-3}}+\dfrac{\sqrt{-14}}{\sqrt{-7}}$

$=\sqrt{5}\,i\times\sqrt{10}\,i-\dfrac{\sqrt{54}}{\sqrt{3}\,i}+\dfrac{\sqrt{14}\,i}{\sqrt{7}\,i}$

$=\sqrt{50}\,i^2-\dfrac{\sqrt{18}\,i}{i^2}+\sqrt{2}$

$=-5\sqrt{2}+3\sqrt{2}\,i+\sqrt{2}$

$=-4\sqrt{2}+3\sqrt{2}\,i$

따라서 $a=-4\sqrt{2}$, $b=3\sqrt{2}$이므로

$a+b=(-4\sqrt{2})+3\sqrt{2}=-\sqrt{2}$

06-❸ 답 1

$\dfrac{\sqrt{-3}\sqrt{2}}{\sqrt{-6}}+\dfrac{\sqrt{(-3)^2}}{\sqrt{-3^2}}-\dfrac{\sqrt{2}-\sqrt{-1}}{1+\sqrt{-2}}$

$=\dfrac{\sqrt{3}\,i\times\sqrt{2}}{\sqrt{6}\,i}+\dfrac{\sqrt{9}}{\sqrt{-9}}-\dfrac{\sqrt{2}-i}{1+\sqrt{2}\,i}$

$=\dfrac{\sqrt{6}\,i}{\sqrt{6}\,i}+\dfrac{\sqrt{9}}{\sqrt{9}\,i}-\dfrac{(\sqrt{2}-i)(1-\sqrt{2}\,i)}{(1+\sqrt{2}\,i)(1-\sqrt{2}\,i)}$

$=1+\dfrac{i}{i^2}-\dfrac{\sqrt{2}-2i-i+\sqrt{2}\,i^2}{1-2i^2}$

$=1-i-\dfrac{-3i}{3}$

$=1$

07-❶ 답 $3a-3b$

0이 아닌 두 실수 a, b에 대하여 $\dfrac{\sqrt{a}}{\sqrt{b}}=-\sqrt{\dfrac{a}{b}}$이므로

$a>0$, $b<0$

즉, $a-b>0$, $b-a<0$이므로

$\sqrt{(a-b)^2}=|a-b|=a-b$

$\sqrt{(b-a)^2}=|b-a|=-(b-a)$

$\sqrt{a^2}=|a|=a$

$\sqrt{b^2}=|b|=-b$

$\therefore\ \sqrt{(a-b)^2}+\sqrt{(b-a)^2}+\sqrt{a^2}+\sqrt{b^2}$

$=(a-b)+\{-(b-a)\}+a+(-b)$

$=3a-3b$

07-❷ 답 ④

0이 아닌 세 실수 a, b, c에 대하여 $\dfrac{\sqrt{c}}{\sqrt{b}}=-\sqrt{\dfrac{c}{b}}$이므로

$b<0$, $c>0$

$\sqrt{a}\sqrt{b}=\sqrt{ab}$이므로 $a>0$ $b<0$이므로 $a<0$이면 $\sqrt{a}\sqrt{b}=-\sqrt{ab}$이다.

즉, $a-b>0$, $b-c<0$, $c+a>0$이므로

$\sqrt{(a-b)^2}=|a-b|=a-b$

$|b-c|=-(b-c)$

$\sqrt{(c+a)^2}=|c+a|=c+a$

$\therefore\ \sqrt{(a-b)^2}+|b-c|+\sqrt{(c+a)^2}$

$=(a-b)+\{-(b-c)\}+(c+a)$

$=2a-2b+2c$

07-❸ 답 $1-i$

$0<a<1$에서 $a-1<0$, $1-a>0$이므로

$\sqrt{a^2}=|a|=a$

$\sqrt{a-1}\sqrt{a-1}=-\sqrt{(a-1)^2}=-|a-1|$

음수   음수 $=-\{-(a-1)\}=a-1$

$\dfrac{\sqrt{1-a}}{\sqrt{a-1}}$ 양수 / 음수 $\sqrt{\dfrac{1-a}{a-1}}=-\sqrt{-1}=-i$

$\therefore\ \sqrt{a^2}-\sqrt{a-1}\sqrt{a-1}+\dfrac{\sqrt{1-a}}{\sqrt{a-1}}$

$=a-(a-1)+(-i)$

$=1-i$

소단원 점검 문제 · 본문 103~104쪽

| 01 ① | 02 ② | 03 ⑤ | 04 ② |
| 05 ⑤ | 06 6 | 07 ① | 08 2 |

01 $\overline{\alpha}-\overline{\beta}=\overline{\alpha-\beta}=2+3i$에서

$\alpha-\beta=2-3i$

$\overline{\alpha}\,\overline{\beta}=\overline{\alpha\beta}=5-5i$에서

$\alpha\beta=5+5i$

$\therefore\ (\alpha+1)(\beta-1)=\alpha\beta-\alpha+\beta-1$

$=\alpha\beta-(\alpha-\beta)-1$

$=(5+5i)-(2-3i)-1$

$=2+8i$

02 $\alpha\bar{\alpha}=2$에서 $\dfrac{1}{\alpha}=\dfrac{\bar{\alpha}}{2}$, $\beta\bar{\beta}=2$에서 $\dfrac{1}{\beta}=\dfrac{\bar{\beta}}{2}$

$\therefore (\alpha+\beta)\left(\dfrac{1}{\alpha}+\dfrac{1}{\beta}\right)=(\alpha+\beta)\left(\dfrac{\bar{\alpha}}{2}+\dfrac{\bar{\beta}}{2}\right)$

$\qquad\qquad\qquad\qquad =\dfrac{1}{2}(\alpha+\beta)(\bar{\alpha}+\bar{\beta})$

$\qquad\qquad\qquad\qquad =\dfrac{1}{2}(\alpha+\beta)\overline{(\alpha+\beta)}$

$\qquad\qquad\qquad\qquad =\dfrac{1}{2}\times 2=1$

03 복소수 z의 실수부분이 1이므로 $z=1+bi$ (b는 실수)라 하자.

$\dfrac{z}{2+i}+\dfrac{\bar{z}}{2-i}=2$에서

$\dfrac{z}{2+i}+\dfrac{\bar{z}}{2-i}$

$=\dfrac{1+bi}{2+i}+\dfrac{1-bi}{2-i}$

$=\dfrac{(1+bi)(2-i)+(1-bi)(2+i)}{(2+i)(2-i)}$

$=\dfrac{(2-i+2bi-bi^2)+(2+i-2bi-bi^2)}{4-i^2}$

$=\dfrac{(2+b+2+b)+(-1+2b+1-2b)i}{5}$

$=\dfrac{2b+4}{5}=2$

$2b=6 \qquad \therefore b=3$

따라서 $z=1+3i$이므로

$z\bar{z}=(1+3i)(1-3i)=1^2-3^2i^2=10$

04 $z=a+bi$ (a, b는 실수)라 하면 $\bar{z}=a-bi$이므로

$z(\bar{z}-4)=1+8i$에서

$z\bar{z}-4z=1+8i$

$(a+bi)(a-bi)-4(a+bi)=1+8i$

$a^2-b^2i^2-4a-4bi=1+8i$

$\therefore (a^2+b^2-4a)-4bi=1+8i$

이때 복소수가 서로 같을 조건에 의하여

$a^2+b^2-4a=1$, $-4b=8$

$-4b=8$에서 $b=-2$

$b=-2$를 $a^2+b^2-4a=1$에 대입하면

$a^2+(-2)^2-4a=1$

$a^2-4a+3=0$, $(a-1)(a-3)=0$

$\therefore a=1$ 또는 $a=3$

따라서 조건을 만족시키는 복소수 z는

$1-2i$ 또는 $3-2i$이므로 모든 복소수 z의 값의 합은

$(1-2i)+(3-2i)=4-4i$

05 $\dfrac{1}{i^2}=-1$, $\dfrac{1}{i^3}=-\dfrac{1}{i}$, $\dfrac{1}{i^4}=1$이므로

$\dfrac{1}{i}+\dfrac{2}{i^2}+\dfrac{3}{i^3}+\cdots+\dfrac{100}{i^{100}}$

$=\left(\dfrac{1}{i}-2-\dfrac{3}{i}+4\right)+\dfrac{1}{i^4}\left(\dfrac{5}{i}-6-\dfrac{7}{i}+8\right)$

$\qquad\qquad +\dfrac{1}{i^8}\left(\dfrac{9}{i}-10-\dfrac{11}{i}+12\right)+\cdots$

$\qquad\qquad +\dfrac{1}{i^{96}}\left(\dfrac{97}{i}-98-\dfrac{99}{i}+100\right)$

$=\left(2-\dfrac{2}{i}\right)+\left(2-\dfrac{2}{i}\right)+\left(2-\dfrac{2}{i}\right)+\cdots+\left(2-\dfrac{2}{i}\right)$

$=25\left(2-\dfrac{2}{i}\right)$

$=50-\dfrac{50}{i}$

$=50-\dfrac{50i}{i^2}=50+50i$

06 $i(1+i)^n$에서

$(1+i)^2=2i$이므로 $i(1+i)^2=i\times 2i=-2$

$(1+i)^4=(2i)^2=-4$이므로 $i(1+i)^4=i\times(-4)=-4i$

$(1+i)^6=(2i)^3=-8i$이므로

$i(1+i)^6=i\times(-8i)=-8i^2=8$

따라서 조건을 만족시키는 자연수 n의 최솟값은 6이다.

07 $(1-i)x+(1+2i)y=-3$에서

$(x+y)+(-x+2y)i=-3$

이때 복소수가 서로 같을 조건에 의하여

$x+y=-3$, $-x+2y=0$

위의 두 식을 연립하여 풀면

$x=-2$, $y=-1$

$\therefore \sqrt{x}\sqrt{8y}+\dfrac{\sqrt{2x}}{\sqrt{y}}=\sqrt{-2}\sqrt{-8}+\dfrac{\sqrt{-4}}{\sqrt{-1}}$

$\qquad\qquad\qquad =\sqrt{2}i\times\sqrt{8}i+\dfrac{\sqrt{4}i}{i}$

$\qquad\qquad\qquad =\sqrt{16}i^2+\sqrt{4}$

$\qquad\qquad\qquad =-4+2=-2$

08 실수 a에 대하여 $\dfrac{\sqrt{4-a}}{\sqrt{2-a}}=-\sqrt{\dfrac{4-a}{2-a}}$이므로

$4-a>0$, $2-a<0$ 또는 $4-a=0$, $2-a\neq 0$이어야 한다.

(i) $4-a>0$, $2-a<0$일 때

$\quad a-4<0$이므로

$\quad\sqrt{(a-4)^2}=|a-4|=-(a-4)$

$\quad a-2>0$이므로

$\quad\sqrt{(a-2)^2}=|a-2|=a-2$

$\quad\therefore \sqrt{(a-4)^2}+\sqrt{(a-2)^2}=-(a-4)+(a-2)=2$

(ii) $4-a=0$, $2-a\neq 0$, 즉 $a=4$, $a\neq 2$일 때

$\quad\sqrt{(a-4)^2}+\sqrt{(a-2)^2}=0+\sqrt{4}=2$

(i), (ii)에서 $\sqrt{(a-4)^2}+\sqrt{(a-2)^2}=2$

01 ②		**02** 18		**03** ③		**04** ③	
05 ①		**06** ⑤		**07** $40-40i$		**08** ④	
09 ②		**10** ①		**11** ①		**12** 10	
13 ①		**14** 24		**15** 27		**16** 25	
17 ④		**18** ④		**19** ⑤		**20** ④	
21 ③		**22** ③					

01 $z=(3-2i)(2x+i)$
$\quad =6x+3i-4xi-2i^2$
$\quad =(6x+2)+(3-4x)i$
z^2이 음의 실수이려면 z가 순허수, 즉 z의 (실수부분)$=0$,
(허수부분)$\neq0$이어야 하므로
$6x+2=0,\ 3-4x\neq0$
$\therefore x=-\dfrac{1}{3}$

| 참고 | z^2**이 음의 실수가 되기 위한 조건**
$z=a+bi\ (a,\ b$는 실수)라 하면 $z^2=a^2-b^2+2abi$이므로 z^2이 음의
실수가 되려면 $a^2-b^2<0,\ 2ab=0$에서 $a=0,\ b\neq0$이어야 한다.
즉, z의 (실수부분)$=0$, (허수부분)$\neq0$이어야 한다.

02 $x(x+yi)-y(y-xi)=3(x-y)+2i$에서
$x^2+xyi-y^2+xyi=3(x-y)+2i$
$\therefore (x^2-y^2)+2xyi=3(x-y)+2i$
이때 복소수가 서로 같을 조건에 의하여
$x^2-y^2=3(x-y),\ 2xy=2$
$x^2-y^2=3(x-y)$에서
$(x+y)(x-y)-3(x-y)=0$
$(x-y)(x+y-3)=0$
$\therefore x+y=3\ (\because x\neq y)$
또한, $2xy=2$에서 $xy=1$ $\qquad\qquad$ … ❶
$\therefore \dfrac{y^2}{x}+\dfrac{x^2}{y}=\dfrac{x^3+y^3}{xy}$
$\qquad\qquad =\dfrac{(x+y)^3-3xy(x+y)}{xy}$ $\quad$ … ❷
$\qquad\qquad =\dfrac{3^3-3\times1\times3}{1}=18$ $\qquad$ … ❸

채점 기준	배점 비율
❶ $x+y,\ xy$의 값 각각 구하기	50 %
❷ 주어진 식을 $x+y,\ xy$에 대한 식으로 나타내기	30 %
❸ 주어진 식의 값 구하기	20 %

03 $|x+y|+(y-2)i=4+i$에서
복소수가 서로 같을 조건에 의하여
$|x+y|=4,\ y-2=1$
$|x+y|=4$에서
$x+y=4$ 또는 $x+y=-4$ $\qquad$ …… ㉠

$y-2=1$에서 $y=3$
$y=3$을 ㉠에 대입하면
$x+3=4$ 또는 $x+3=-4$
$\therefore x=1$ 또는 $x=-7$
이때 $xy<0$에서 $y>0$이면 $x<0$이므로
$x=-7,\ y=3$
$\therefore x-y=(-7)-3=-10$

04 $z=\dfrac{1+\sqrt{5}i}{2}$에서
$2z-1=\sqrt{5}i$ $\qquad\qquad$ …… ㉠
㉠의 양변을 제곱하면
$4z^2-4z+1=-5$
$4z^2-4z+6=0$
$\therefore 2z^2-2z+3=0$

$$
\begin{array}{r}
z^2-z \\
2z^2-2z+3\,\overline{)\,2z^4-4z^3+5z^2-\ z-1} \\
\underline{2z^4-2z^3+3z^2} \\
-2z^3+2z^2-\ z-1 \\
\underline{-2z^3+2z^2-3z} \\
2z-1
\end{array}
$$

$\therefore 2z^4-4z^3+5z^2-z-1$
$\quad =(2z^2-2z+3)(z^2-z)+2z-1$
$\quad =2z-1=\sqrt{5}i\ (\because ㉠)$

05 $x+y=(1+2i)+(1-2i)=2,$
$xy=(1+2i)(1-2i)=5$
이므로
$x^2+y^2=(x+y)^2-2xy=2^2-2\times5=-6$
$\therefore x^4+x^2y^2+y^4=(x^4+2x^2y^2+y^4)-x^2y^2$
$\qquad\qquad =(x^2+y^2)^2-(xy)^2$
$\qquad\qquad =(x^2+y^2+xy)(x^2+y^2-xy)$
$\qquad\qquad =\{(-6)+5\}\times\{(-6)-5\}$
$\qquad\qquad =11$

06 $z=1+3i$에서 $\bar{z}=1-3i$이므로
$\bar{z}+z=(1-3i)+(1+3i)=2$
$\bar{z}-z=(1-3i)-(1+3i)=-6i$
$z\bar{z}=(1+3i)(1-3i)=1-9i^2=10$
$\therefore i(z\bar{z}^3-z^3\bar{z})=iz\bar{z}(\bar{z}^2-z^2)$
$\qquad\qquad =iz\bar{z}(\bar{z}+z)(\bar{z}-z)$
$\qquad\qquad =i\times10\times2\times(-6i)$
$\qquad\qquad =-120i^2=120$

07 $z=(2a^2+3)+(-a^2-5a+1)i$에서
$iz=(2a^2+3)i+(-a^2-5a+1)i^2$
$\quad =(a^2+5a-1)+(2a^2+3)i,$

$\bar{z}=(2a^2+3)-(-a^2-5a+1)i$
$\quad=(2a^2+3)+(a^2+5a-1)i$
즉, $iz=\bar{z}$에서
$(a^2+5a-1)+(2a^2+3)i$
$=(2a^2+3)+(a^2+5a-1)i$ … ❶
이때 복소수가 서로 같을 조건에 의하여
$a^2+5a-1=2a^2+3$
$a^2-5a+4=0,\ (a-1)(a-4)=0$
$\therefore\ a=1$ 또는 $a=4$ … ❷
따라서 조건을 만족시키는 복소수 z는 $5-5i$, $35-35i$이
므로 모든 복소수 z의 합은 … ❸
$(5-5i)+(35-35i)=40-40i$ … ❹

채점 기준	배점 비율
❶ $iz=\bar{z}$의 양변을 각각 (실수부분)+(허수부분)i 꼴로 나타내기	40 %
❷ a의 값 구하기	30 %
❸ 조건을 만족시키는 모든 복소수 z 구하기	20 %
❹ 모든 복소수 z의 합 구하기	10 %

08 $z\bar{z}=1$에서 $\bar{z}=\dfrac{1}{z}$ …… ㉠

㉠을 $z+\bar{z}=-1$에 대입하면

$z+\dfrac{1}{z}=-1$

$z^2+z+1=0$ …… ㉡

㉡의 양변에 $z-1$을 곱하면

$(z-1)(z^2+z+1)=0$ $\therefore z^3=1$

$\therefore\ \dfrac{\bar{z}}{z^5}+\dfrac{(\bar{z})^2}{z^4}+\dfrac{(\bar{z})^3}{z^3}+\dfrac{(\bar{z})^4}{z^2}+\dfrac{(\bar{z})^5}{z}$

$=\dfrac{1}{z^6}+\dfrac{1}{z^6}+\dfrac{1}{z^6}+\dfrac{1}{z^6}+\dfrac{1}{z^6}\ (\because\ ㉠)$

$=\dfrac{5}{z^6}=5$

| 다른 풀이 |

위와 같은 방법으로 하면 $(\bar{z})^3=1$

$z^3=1$, $z\bar{z}=1$이므로

$\dfrac{\bar{z}}{z^5}+\dfrac{(\bar{z})^2}{z^4}+\dfrac{(\bar{z})^3}{z^3}+\dfrac{(\bar{z})^4}{z^2}+\dfrac{(\bar{z})^5}{z}$

$=\dfrac{\bar{z}}{z^2}+\dfrac{(\bar{z})^2}{z}+\dfrac{1}{1}+\dfrac{\bar{z}}{z^2}+\dfrac{(\bar{z})^2}{z}$

$=\dfrac{2\bar{z}}{z^2}+\dfrac{2(\bar{z})^2}{z}+1$

$=\dfrac{2z\bar{z}}{z^3}+\dfrac{2z^2(\bar{z})^2}{z^3}+1$

$=2+2+1=5$

09 $z=x^2-(4-i)x+4-3i$
$\quad=(x^2-4x+4)+(x-3)i$
에서 $z+\bar{z}=0$, 즉 $z=-\bar{z}$이려면 z는 순허수 또는 0이어
야 한다.

이때 z가 순허수 $(\because\ z\neq 0)$이려면
z의 (실수부분)$=0$, (허수부분)$\neq 0$이어야 하므로
$x^2-4x+4=0,\ x-3\neq 0$
$x^2-4x+4=0$에서 $(x-2)^2=0$이므로 $x=2$
$x-3\neq 0$에서 $x\neq 3$
$\therefore\ x=2$

| 다른 풀이 |

$\bar{z}=(x^2-4x+4)-(x-3)i$이므로
$z+\bar{z}=0$에서
$(x^2-4x+4)+(x-3)i+(x^2-4x+4)-(x-3)i=0$
$2(x^2-4x+4)=0,\ (x-2)^2=0$
$\therefore\ x=2$

10 $\alpha\bar{\alpha}=\beta\bar{\beta}=2$에서 $\bar{\alpha}=\dfrac{2}{\alpha}$, $\bar{\beta}=\dfrac{2}{\beta}$

$\alpha+\beta=-i$에서 $\dfrac{2}{\alpha}+\dfrac{2}{\beta}=-i$

$\dfrac{2(\bar{\alpha}+\bar{\beta})}{\bar{\alpha}\bar{\beta}}=-i,\ 2(\overline{\alpha+\beta})=-i\,\overline{\alpha\beta}$

$2(\overline{-i})=-i\,\overline{\alpha\beta},\ 2i=-i\,\overline{\alpha\beta}$

따라서 $\overline{\alpha\beta}=-2$이므로
$\alpha\beta=\overline{(\overline{\alpha\beta})}=\overline{-2}=-2$

11 $z=a+bi$ (a, b는 실수)라 하면 $\bar{z}=a-bi$이므로
$\bar{z}-z=i$에서
$(a-bi)-(a+bi)=-2bi=i$
$\therefore\ b=-\dfrac{1}{2}$ …… ㉠
$2z\bar{z}=3$에서
$2(a+bi)(a-bi)=2(a^2-b^2i^2)$
$\qquad\qquad\qquad=2(a^2+b^2)=3$
$\therefore\ a^2+b^2=\dfrac{3}{2}$ …… ㉡
㉠을 ㉡에 대입하면
$a^2+\dfrac{1}{4}=\dfrac{3}{2},\ a^2=\dfrac{5}{4}$
$\therefore\ a=\pm\dfrac{\sqrt{5}}{2}$
이때 $z+\bar{z}<0$에서 $z+\bar{z}=(a+bi)+(a-bi)=2a<0$
즉, $a<0$이므로 $a=-\dfrac{\sqrt{5}}{2}$
$\therefore\ z=a+bi=-\dfrac{\sqrt{5}}{2}-\dfrac{1}{2}i$

12 조건 ㈎에 의하여
$z_1\bar{z_1}=(a+bi)(a-bi)=a^2+b^2=13$
이고, a, b는 자연수이므로
$a=2,\ b=3$ 또는 $a=3,\ b=2$
조건 ㈏에 의하여

$(z_1+z_2)\overline{(z_1+z_2)}$
$-\{(a+bi)+(c+di)\}\overline{\{(a+bi)+(c+di)\}}$
$=\{(a+c)+(b+d)i\}\{(a+c)-(b+d)i\}$
$=(a+c)^2+(b+d)^2=41$

이고, a, b, c, d는 자연수이므로

$a+c=4$, $b+d=5$ 또는 $a+c=5$, $b+d=4$

이때 $z_2\overline{z_2}=(c+di)\times(c-di)=c^2+d^2$이므로

(i) $a+c=4$, $b+d=5$인 경우

$\qquad a=2$, $b=3$일 때, $c=2$, $d=2$

$\qquad \therefore z_2\overline{z_2}=2^2+2^2=8$

$\qquad a=3$, $b=2$일 때, $c=1$, $d=3$

$\qquad \therefore z_2\overline{z_2}=1^2+3^2=10$

(ii) $a+c=5$, $b+d=4$인 경우

$\qquad a=2$, $b=3$일 때, $c=3$, $d=1$

$\qquad \therefore z_2\overline{z_2}=3^2+1^2=10$

$\qquad a=3$, $b=2$일 때, $c=2$, $d=2$

$\qquad \therefore z_2\overline{z_2}=2^2+2^2=8$

(i), (ii)에서 $z_2\overline{z_2}$의 최댓값은 10이다.

13 $i=i^5=i^9=\cdots=i$, $i^2=i^6=i^{10}=\cdots=-1$,
$i^3=i^7=i^{11}=\cdots=-i$, $i^4=i^8=i^{12}=\cdots=1$

이므로

$i-2i^2+3i^3-4i^4+5i^5-6i^6+7i^7-8i^8+\cdots$
$=i+2-3i-4+5i+6-7i-8+\cdots$
$=a+bi$ (a, b는 실수)라 하면

$a=2-4+6-8+\cdots$, $b=1-3+5-7+\cdots$

이때 주어진 등식의 우변에서 복소수의 실수부분은 10, 허수부분은 9이므로 복소수가 서로 같을 조건에 의하여

$(-2)\times4$
$\underline{(2-4)+(6-8)+(10-12)+(14-16)+18=10}$
$\underline{(1-3)+(5-7)+(9-11)+(13-15)+17=9}$
$(-2)\times4$

$\therefore n=18$

첫 항부터 두 항씩 묶어서 더하면 -2로 일정한 규칙이 있다.

14 $\left(\dfrac{1+i}{\sqrt{2}}\right)^n+\left(\dfrac{1+\sqrt{3}i}{2}\right)^n=2$에서

$\left(\dfrac{1+i}{\sqrt{2}}\right)^2=\dfrac{2i}{2}=i$, $\left(\dfrac{1+i}{\sqrt{2}}\right)^4=i^2=-1$,

$\left(\dfrac{1+i}{\sqrt{2}}\right)^6=i^3=-i$, $\left(\dfrac{1+i}{\sqrt{2}}\right)^8=i^4=1$

이므로 자연수 k에 대하여

$\left(\dfrac{1+i}{\sqrt{2}}\right)^{8k-4}=-1$, $\left(\dfrac{1+i}{\sqrt{2}}\right)^{8k}=1$ $\qquad\cdots$ **❶**

한편, $\left(\dfrac{1+\sqrt{3}i}{2}\right)^2=\dfrac{-2+2\sqrt{3}i}{4}=\dfrac{-1+\sqrt{3}i}{2}$,

$\left(\dfrac{1+\sqrt{3}i}{2}\right)^3=\left(\dfrac{1+\sqrt{3}i}{2}\right)^2\times\left(\dfrac{1+\sqrt{3}i}{2}\right)$

$\qquad\qquad=\left(\dfrac{-1+\sqrt{3}i}{2}\right)\times\left(\dfrac{1+\sqrt{3}i}{2}\right)$

$\qquad\qquad=\dfrac{-1-3}{4}=-1$,

$\left(\dfrac{1+\sqrt{3}i}{2}\right)^6=\left\{\left(\dfrac{1+\sqrt{3}i}{2}\right)^3\right\}^2=(-1)^2=1$

이므로 자연수 k에 대하여

$\left(\dfrac{1+\sqrt{3}i}{2}\right)^{6k-3}=-1$, $\left(\dfrac{1+\sqrt{3}i}{2}\right)^{6k}=1$ $\qquad\cdots$ **❷**

이때 $\left(\dfrac{1+i}{\sqrt{2}}\right)^n+\left(\dfrac{1+\sqrt{3}i}{2}\right)^n=2$를 만족시키려면

$\left(\dfrac{1+i}{\sqrt{2}}\right)^n=1$, $\left(\dfrac{1+\sqrt{3}i}{2}\right)^n=1$이어야 한다. $\qquad\cdots$ **❸**

따라서 자연수 n은 8과 6의 공배수, 즉 24의 배수이므로 자연수 n의 최솟값은 24이다. $\qquad\cdots$ **❹**

채점 기준	배점 비율
❶ $\left(\dfrac{1+i}{\sqrt{2}}\right)^n$의 값 구하기	30%
❷ $\left(\dfrac{1+\sqrt{3}i}{2}\right)^n$의 값 구하기	30%
❸ 주어진 식을 만족하는 값 각각 구하기	20%
❹ 자연수 n의 최솟값 구하기	20%

15 $\alpha=\dfrac{\sqrt{3}+i}{2}$에서

$\alpha^2=\left(\dfrac{\sqrt{3}+i}{2}\right)^2=\dfrac{2+2\sqrt{3}i}{4}=\dfrac{1+\sqrt{3}i}{2}=\beta$ $\qquad\cdots\cdots$ ㉠

$\alpha^3=\left(\dfrac{\sqrt{3}+i}{2}\right)^3=\left(\dfrac{\sqrt{3}+i}{2}\right)^2\times\left(\dfrac{\sqrt{3}+i}{2}\right)$

$\qquad=\left(\dfrac{1+\sqrt{3}i}{2}\right)\times\left(\dfrac{\sqrt{3}+i}{2}\right)=i$ $\qquad\cdots\cdots$ ㉡

$\alpha^{12}=(\alpha^3)^4=i^4=1$ $\qquad\cdots\cdots$ ㉢

㉠에 의하여 $\alpha^m\beta^n=\alpha^m(\alpha^2)^n=\alpha^{m+2n}$이므로

$\alpha^m\beta^n=\alpha^{m+2n}=i$를 만족시키는 $m+2n$의 값 중 최소인 자연수는 ㉡에 의하여 3이다.

㉢에 의하여 자연수 k에 대하여 $m+2n$이 가질 수 있는 값은 $12k-9$이다.

m, n은 각각 10 이하의 자연수이므로

$m+2n\leq30$에서 $12k-9\leq30$

$12k\leq39$

즉, k의 값이 될 수 있는 수는 1, 2, 3이므로

$m+2n=3$, 15, 27

따라서 구하는 $m+2n$의 최댓값은 27이다.

16 $(1-i)^2=-2i$,

$(1-i)^{2n}=\{(1-i)^2\}^n=(-2i)^n$

$\qquad\qquad=(-2)^ni^n=2^n(-i)^n$

이므로 $(1-i)^{2n}=2^ni$에서

$2^n(-i)^n=2^ni$

$\therefore (-i)^n=i$

자연수 k에 대하여

$(-i)^{4k-3}=-i$, $(-i)^{4k-2}=-1$,
$(-i)^{4k-1}=i$, $(-i)^{4k}=1$

이므로 $(-i)^n=i$를 만족시키는 100 이하의 자연수 n은
$n=4k-1\ (k=1,\ 2,\ 3,\ \cdots)$ 꼴이다.
$n\le100$에서
$4k-1\le100,\ 4k\le101$
$\therefore\ k\le\dfrac{101}{4}=25.25$
따라서 구하는 자연수 n은 $k=1,\ 2,\ 3,\ \cdots,\ 25$일 때,
$n=3,\ 7,\ 11,\ \cdots,\ 99$의 25개이다.

17 조건 ㈎에 의하여 $a-1>0,\ b-1<0$이므로
$a>1,\ b<1$　$\cdots\cdots$ ㉠
조건 ㈏에 의하여 $a=\pm b$이고, ㉠에서 $a\ne b$이므로
$a=-b$　$\therefore\ b<-1$
조건 ㈐에 의하여 $a-c-2=0$이므로
$a=c+2$　$\therefore\ a>c$
㉠에서 $c+2>1$　$\therefore\ c>-1$
$\therefore\ b<c<a$

18 ㄱ. $a>0,\ b<0$이면 $\sqrt{a}\sqrt{b}=\sqrt{ab}$이지만 $ab<0$이다.
(거짓)
ㄴ. (i) $b-a>0$이면 $a-b<0$이므로
$$\frac{\sqrt{b-a}}{\sqrt{a-b}}=-\sqrt{\frac{b-a}{a-b}}=-\sqrt{-1}=-i$$
(ii) $b-a<0$이면 $a-b>0$이므로
$$\frac{\sqrt{b-a}}{\sqrt{a-b}}=\sqrt{\frac{b-a}{a-b}}=\sqrt{-1}=i$$
(i), (ii)에서 $a-b>0$이므로
$\sqrt{(a-b)^2}=|a-b|=a-b$ (참)
ㄷ. $\sqrt{a+b}\sqrt{a-b}=-\sqrt{a^2-b^2}$이므로
$a+b<0,\ a-b<0$
이때 $2a=(a+b)+(a-b)<0$이므로
$a<0$
즉, b의 값의 부호에 관계없이
$\dfrac{\sqrt{a}}{\sqrt{b}}=\sqrt{\dfrac{a}{b}}$ (참)
따라서 옳은 것은 ㄴ, ㄷ이다.

19 풀이전략 주어진 등식의 좌변을 전개한 후 복소수가 서로 같을
조건을 이용하여 실수 a와 정수 b의 값을 각각 구한다.
$(a-bi)^3=-8i$에서
$a^3-3a^2bi+3ab^2i^2-b^3i^3=-8i$
$\therefore\ (a^3-3ab^2)+(b^3-3a^2b)i=-8i$
이때 복소수가 서로 같을 조건에 의하여
$a^3-3ab^2=0$　$\cdots\cdots$ ㉠
$b^3-3a^2b=-8$　$\cdots\cdots$ ㉡
㉠에서 $a(a^2-3b^2)=0$이므로
$a=0$ 또는 $a^2=3b^2$

(i) $a=0$인 경우
$a=0$을 ㉡에 대입하면
$b^3=-8,\ b^3=(-2)^3$　$\therefore\ b=-2\ (\because\ b$는 정수)
$\therefore\ a+b=0+(-2)=-2$
(ii) $a^2=3b^2$인 경우
$a^2=3b^2$을 ㉡에 대입하면
$b^3-9b^3=-8$에서 $b^3=1$　$\therefore\ b=1\ (\because\ b$는 정수)
즉, $a^2=3$이므로 $a=\pm\sqrt{3}$
$\therefore\ a+b=-\sqrt{3}+1$ 또는 $a+b=\sqrt{3}+1$
(i), (ii)에서 $a+b$의 최댓값은 $\sqrt{3}+1$이다.

20 풀이전략 복소수 $\dfrac{1+\bar{z}}{z}$가 실수이면 $\dfrac{1+\bar{z}}{z}=\overline{\left(\dfrac{1+\bar{z}}{z}\right)}$가 성립함
을 이용하여 주어진 두 복소수에서 $z,\ \bar{z}$에 대한 관계식을 얻고,
이를 이용하여 식의 값을 구한다.

$\dfrac{1+\bar{z}}{z}$가 실수이려면
$\dfrac{1+\bar{z}}{z}=\overline{\left(\dfrac{1+\bar{z}}{z}\right)}$가 성립해야 하므로
$\dfrac{1+\bar{z}}{z}=\dfrac{1+z}{\bar{z}},\ \bar{z}+\bar{z}^2=z+z^2$
$(z-\bar{z})+(z^2-\bar{z}^2)=0,\ (z-\bar{z})+(z+\bar{z})(z-\bar{z})=0$
$(z-\bar{z})(z+\bar{z}+1)=0 \rightarrow z=\bar{z}$이면 z는 실수이므로 $z\ne\bar{z}$
$\therefore\ z+\bar{z}+1=0$　$\cdots\cdots$ ㉠
또한, $\dfrac{\bar{z}}{1+z^2}$가 실수이려면
$\dfrac{\bar{z}}{1+z^2}=\overline{\left(\dfrac{\bar{z}}{1+z^2}\right)}$가 성립해야 하므로
$\dfrac{\bar{z}}{1+z^2}=\dfrac{z}{1+\bar{z}^2},\ \bar{z}+\bar{z}^3=z+z^3$
$(z-\bar{z})+(z^3-\bar{z}^3)=0$
$(z-\bar{z})+(z-\bar{z})(z^2+z\bar{z}+\bar{z}^2)=0$
$(z-\bar{z})(z^2+z\bar{z}+\bar{z}^2+1)=0 \rightarrow z=\bar{z}$이면 z는 실수이므로 $z\ne\bar{z}$
$\therefore\ z^2+z\bar{z}+\bar{z}^2+1=0$　$\cdots\cdots$ ㉡
㉠에서 $z+\bar{z}=-1$이므로
위의 식의 양변을 제곱하면
$(z+\bar{z})^2=(-1)^2,\ z^2+2z\bar{z}+\bar{z}^2=1$
$\therefore\ z^2+\bar{z}^2=1-2z\bar{z}$　$\cdots\cdots$ ㉢
㉢을 ㉡에 대입하면
$(1-2z\bar{z})+z\bar{z}+1=0$
$\therefore\ z\bar{z}=2$

21 풀이전략 복소수 z를 간단히 한 후 자연수 n을 4로 나누었을 때
의 나머지에 따라 $z+z^2+z^3+\cdots+z^n$의 값이 일정함을 이용하여
n의 개수를 구한다.

$z=\dfrac{1-i}{1+i}=\dfrac{(1-i)^2}{(1+i)(1-i)}=\dfrac{1-2i+i^2}{1-i^2}=\dfrac{-2i}{2}=-i$

이고, 자연수 k에 대하여
$$z^{4k-3}=(-i)^{4k-3}=(-i)^{4k-4}\times(-i)=-i$$
$$z^{4k-2}=(-i)^{4k-2}=(-i)^{4k-4}\times(-i)^2=-1$$
$$z^{4k-1}=(-i)^{4k-1}=(-i)^{4k-4}\times(-i)^3=i$$
$$z^{4k}=(-i)^{4k}=1$$
이므로
(i) $z+z^2+z^3+\cdots+z^{4k-3}$
$$=(-i-1+i+1)+i^4(-i-1+i+1)$$
$$+i^8(-i-1+i+1)+\cdots+i^{4k-8}(-i-1+i+1)$$
$$+i^{4k-4}(-i)$$
$$=-i$$
(ii) $z+z^2+z^3+\cdots+z^{4k-2}$
$$=(-i-1+i+1)+i^4(-i-1+i+1)$$
$$+i^8(-i-1+i+1)+\cdots+i^{4k-8}(-i-1+i+1)$$
$$+i^{4k-4}(-i-1)$$
$$=-i-1$$
(iii) $z+z^2+z^3+\cdots+z^{4k-1}$
$$=(-i-1+i+1)+i^4(-i-1+i+1)$$
$$+i^8(-i-1+i+1)+\cdots+i^{4k-8}(-i-1+i+1)$$
$$+i^{4k-4}(-i-1+i)$$
$$=-1$$
(iv) $z+z^2+z^3+\cdots+z^{4k}$
$$=(-i-1+i+1)+i^4(-i-1+i+1)$$
$$+i^8(-i-1+i+1)+\cdots+i^{4k-4}(-i-1+i+1)$$
$$=0$$

(i)~(iv)에서 주어진 조건을 만족시키는 100 이하의 자연수 n은 $n=4k-3$ ($k=1,2,3,\cdots$) 꼴이므로
$n\leq100$에서
$4k-3\leq100,\ 4k\leq103$
$\therefore k\leq25.75$
따라서 구하는 자연수 n은 $k=1,2,3,\cdots,25$일 때, 즉
$n=1,5,9,\cdots,97$의 25개이다.

22 풀이전략 $z=\dfrac{-1+\sqrt{3}\,i}{2}$의 거듭제곱의 규칙을 찾은 다음 주어진 식에 대입하여 문장의 참, 거짓을 판별한다.

ㄱ. $z^2=\left(\dfrac{-1+\sqrt{3}\,i}{2}\right)^2=\dfrac{-2-2\sqrt{3}\,i}{4}=\dfrac{-1-\sqrt{3}\,i}{2}$

$z^3=z^2\times z=\left(\dfrac{-1-\sqrt{3}\,i}{2}\right)\times\left(\dfrac{-1+\sqrt{3}\,i}{2}\right)=1$ (참)

ㄴ. ㄱ에 의하여

$z^4+z^5=z^3\times z+z^3\times z^2=z+z^2$

$\qquad=\dfrac{-1+\sqrt{3}\,i}{2}+\dfrac{-1-\sqrt{3}\,i}{2}=-1$ (참)

ㄷ. ㄱ에 의하여 자연수 k에 대하여

$z=z^4=z^7=\cdots=z^{3k-2}=\dfrac{-1+\sqrt{3}\,i}{2}$

$z^2=z^5=z^8=\cdots=z^{3k-1}=\dfrac{-1-\sqrt{3}\,i}{2}$

$z^3=z^6=z^9=\cdots=z^{3k}=1$

(i) $n=3k-2$일 때,

$$z^n=z^{3k-2}=\dfrac{-1+\sqrt{3}\,i}{2}$$

$$z^{2n}=z^{2(3k-2)}=z^{3(2k-1)-1}=\dfrac{-1-\sqrt{3}\,i}{2}$$

$$z^{3n}=z^{3(3k-2)}=1$$

$$z^{4n}=z^{4(3k-2)}=z^{3(4k-2)-2}=\dfrac{-1+\sqrt{3}\,i}{2}$$

$$z^{5n}=z^{5(3k-2)}=z^{3(5k-3)-1}=\dfrac{-1-\sqrt{3}\,i}{2}$$

이므로 $z^n+z^{2n}+z^{3n}+z^{4n}+z^{5n}=-1$이다.

즉, $z^n+z^{2n}+z^{3n}+z^{4n}+z^{5n}=-1$을 만족시키는 100 이하의 모든 자연수 n은 $k=1,2,3,\cdots,34$일 때, 즉 $1,4,7,\cdots,100$의 34개이다.

(ii) $n=3k-1$일 때,

$$z^n=z^{3k-1}=\dfrac{-1-\sqrt{3}\,i}{2}$$

$$z^{2n}=z^{2(3k-1)}=z^{3(2k)-2}=\dfrac{-1+\sqrt{3}\,i}{2}$$

$$z^{3n}=z^{3(3k-1)}=1$$

$$z^{4n}=z^{4(3k-1)}=z^{3(4k-1)-1}=\dfrac{-1-\sqrt{3}\,i}{2}$$

$$z^{5n}=z^{5(3k-1)}=z^{3(5k-1)-2}=\dfrac{-1+\sqrt{3}\,i}{2}$$

이므로 $z^n+z^{2n}+z^{3n}+z^{4n}+z^{5n}=-1$이다.

즉, $z^n+z^{2n}+z^{3n}+z^{4n}+z^{5n}=-1$을 만족시키는 100 이하의 모든 자연수 n은 $k=1,2,3,\cdots,33$일 때, 즉 $2,5,8,\cdots,98$의 33개이다.

(iii) $n=3k$일 때,

$$z^n=z^{2n}=z^{3n}=z^{4n}=z^{5n}=1$$

이므로 $z^n+z^{2n}+z^{3n}+z^{4n}+z^{5n}=5$이다.

즉, $z^n+z^{2n}+z^{3n}+z^{4n}+z^{5n}=-1$을 만족시키는 100 이하의 자연수 n은 존재하지 않는다.

(i)~(iii)에서 구하는 모든 자연수 n의 개수는

$34+33=67$ (거짓)

따라서 옳은 것은 ㄱ, ㄴ이다.

II-2 이차방정식

01 이차방정식

1-1 답 (i) $a \neq 0$, $a \neq 1$일 때, $x = \dfrac{a+1}{a-1}$

(ii) $a = 0$일 때, 해가 무수히 많다. (부정)

(iii) $a = 1$일 때, 해가 없다. (불능)

$a(a-1)x = a^2 + a$에서 $a(a-1)x = a(a+1)$

(i) $a \neq 0$, $a \neq 1$일 때, 양변을 $a(a-1)$로 나누면

$$x = \frac{a(a+1)}{a(a-1)} = \frac{a+1}{a-1}$$

(ii) $a = 0$일 때, $0 \times x = 0$이므로 해가 무수히 많다. (부정)

(iii) $a = 1$일 때, $0 \times x = 2$이므로 해가 없다. (불능)

2-1 답 (1) $x = -\dfrac{1}{2}$ (2) $x = 0$ 또는 $x = 2$

(1) (i) $x < 3$일 때, $|x-3| = -(x-3)$이므로

$-(x-3) = x+4$, $-2x = 1$

$\therefore x = -\dfrac{1}{2}$

(ii) $x \geq 3$일 때, $|x-3| = x-3$이므로

$x-3 = x+4$ $\quad \therefore 0 \times x = 7$

즉, 해가 없다. (불능)

(i), (ii)에서 주어진 방정식의 해는 $x = -\dfrac{1}{2}$이다.

(2) (i) $x < -1$일 때

$|x+1| = -(x+1)$, $|2x-1| = -(2x-1)$이므로

$-(x+1) = -(2x-1)$ $\quad \therefore x = 2$

그런데 $x < -1$이므로 $x = 2$는 해가 아니다. → 범위에 주의한다.

(ii) $-1 \leq x < \dfrac{1}{2}$일 때

$|x+1| = x+1$, $|2x-1| = -(2x-1)$이므로

$x+1 = -(2x-1)$, $3x = 0$

$\therefore x = 0$

(iii) $x \geq \dfrac{1}{2}$일 때

$|x+1| = x+1$, $|2x-1| = 2x-1$이므로

$x+1 = 2x-1$ $\quad \therefore x = 2$

(i), (ii), (iii)에서 주어진 방정식의 해는 $x = 0$ 또는 $x = 2$이다.

| 다른 풀이 |

$|x+1| = |2x-1|$에서 $x+1 = \pm(2x-1)$

(i) $x+1 = 2x-1$일 때, $x = 2$

(ii) $x+1 = -(2x-1)$일 때,

$x+1 = -2x+1$이므로 $x = 0$

(i), (ii)에서 주어진 방정식의 해는 $x = 0$ 또는 $x = 2$이다.

1 답 (1) $x = -5$ 또는 $x = 2$ (2) $x = \dfrac{-1 \pm \sqrt{5}}{2}$

(3) $x = 1 \pm i$

(1) $x^2 + 3x - 10 = 0$에서 $(x+5)(x-2) = 0$

$\therefore x = -5$ 또는 $x = 2$

(2) $x = \dfrac{-1 \pm \sqrt{1^2 - 4 \times 1 \times (-1)}}{2 \times 1} = \dfrac{-1 \pm \sqrt{5}}{2}$

(3) $x = \dfrac{-(-1) \pm \sqrt{(-1)^2 - 1 \times 2}}{1} = 1 \pm i$

01-❶ 답 (1) $x = -2 \pm \sqrt{6}$ (2) $x = -3$ 또는 $x = -2 - \sqrt{3}$

(1) $3(x-2)(x+1) = (2x+1)(x-4)$에서

$3(x^2 - x - 2) = 2x^2 - 7x - 4$, $x^2 + 4x - 2 = 0$

→ 짝수

$\therefore x = \dfrac{-2 \pm \sqrt{2^2 - 1 \times (-2)}}{1} = -2 \pm \sqrt{6}$

(2) $(2-\sqrt{3})x^2 + (7-3\sqrt{3})x + 3 = 0$의 양변에 $2+\sqrt{3}$을 곱하면

$(2+\sqrt{3})(2-\sqrt{3})x^2 + (2+\sqrt{3})(7-3\sqrt{3})x + 3(2+\sqrt{3}) = 0$

$x^2 + (5+\sqrt{3})x + 3(2+\sqrt{3}) = 0$, $(x+3)(x+2+\sqrt{3}) = 0$

$\therefore x = -3$ 또는 $x = -2 - \sqrt{3}$

01-❷ 답 7

$\dfrac{x^2 + x}{2} - 6 = \dfrac{x^2 + 4x}{5}$에서

$5(x^2 + x) - 60 = 2(x^2 + 4x)$, $3x^2 - 3x - 60 = 0$

$x^2 - x - 20 = 0$, $(x+4)(x-5) = 0$

$\therefore x = -4$ 또는 $x = 5$

따라서 $\alpha = 5$, $\beta = -4$이므로

$3\alpha + 2\beta = 3 \times 5 + 2 \times (-4) = 7$

01-❸ 답 20

$(1+\sqrt{5})x^2 + (2-2\sqrt{5})x - 8 = 0$의 양변에 $1-\sqrt{5}$를 곱하면

$(1-\sqrt{5})(1+\sqrt{5})x^2 + (1-\sqrt{5})(2-2\sqrt{5})x - 8(1-\sqrt{5}) = 0$

$-4x^2 + (12-4\sqrt{5})x - 8(1-\sqrt{5}) = 0$

$x^2 + (-3+\sqrt{5})x + 2(1-\sqrt{5}) = 0$

$(x-2)(x-1+\sqrt{5}) = 0$

$\therefore x = 2$ 또는 $x = 1 - \sqrt{5}$

따라서 $\alpha = 2$, $\beta = 1 - \sqrt{5}$이므로

$(\alpha - 2\beta)^2 = \{2 - 2 \times (1-\sqrt{5})\}^2 = (2\sqrt{5})^2 = 20$

02-❶ 답 $a = -3$, 다른 한 근: $\dfrac{2}{3}$

$x = 2$를 $ax^2 + (a^2-1)x + 2(a+1) = 0$에 대입하면

$a \times 2^2 + (a^2-1) \times 2 + 2(a+1) = 0$

$2a^2 + 6a = 0$, $2a(a+3) = 0$ $\quad \therefore a = 0$ 또는 $a = -3$

그런데 x에 대한 이차방정식 $ax^2+(a^2-1)x+2(a+1)=0$
에서
$a\neq 0$이므로 $a=-3$
$a=-3$을 $ax^2+(a^2-1)x+2(a+1)=0$에 대입하면
$-3x^2+8x-4=0$, $-(3x-2)(x-2)=0$
$\therefore x=\dfrac{2}{3}$ 또는 $x=2$

따라서 다른 한 근은 $\dfrac{2}{3}$이다.

02-❷ 답 $-\dfrac{4}{5}$

$x=-1$을 $(a-2)x^2+(a^2-3)x-2a+5=0$에 대입하면
$a-2-(a^2-3)-2a+5=0$
$a^2+a-6=0$, $(a+3)(a-2)=0$
$\therefore a=-3$ 또는 $a=2$
그런데 x에 대한 이차방정식
$(a-2)x^2+(a^2-3)x-2a+5=0$에서
$a\neq 2$이므로 $a=-3$
$a=-3$을 $(a-2)x^2+(a^2-3)x-2a+5=0$에 대입하면
$-5x^2+6x+11=0$, $-(x+1)(5x-11)=0$
$\therefore x=-1$ 또는 $x=\dfrac{11}{5}$

따라서 $b=\dfrac{11}{5}$이므로
$a+b=(-3)+\dfrac{11}{5}=-\dfrac{4}{5}$

02-❸ 답 $x=-1$ 또는 $x=3$

$x=-2$를 $(a+1)x^2+(2a+3)x+a^2+1=0$에 대입하면
$4(a+1)-2(2a+3)+a^2+1=0$
$a^2-1=0$, $a^2=1$
$\therefore a=\pm 1$
그런데 x에 대한 이차방정식
$(a+1)x^2+(2a+3)x+a^2+1=0$에서 $a\neq -1$이므로 $a=1$
$a=1$을 $x^2-2ax+a^2-4=0$에 대입하면
$x^2-2x-3=0$, $(x+1)(x-3)=0$
$\therefore x=-1$ 또는 $x=3$

03-❶ 답 (1) $x=-6$ 또는 $x=6$ (2) $x=1$

(1) (i) $x<0$일 때, $|x|=-x$이므로
　　　$x^2+5x-6=0$, $(x+6)(x-1)=0$
　　　$\therefore x=-6$ 또는 $x=1$
　　　그런데 $x<0$이므로 $x=-6$
(ii) $x\geq 0$일 때, $|x|=x$이므로
　　　$x^2-5x-6=0$, $(x+1)(x-6)=0$
　　　$\therefore x=-1$ 또는 $x=6$
　　　그런데 $x\geq 0$이므로 $x=6$
(i), (ii)에서 주어진 방정식의 해는 $x=-6$ 또는 $x=6$이다.

| 다른 풀이 |

$x^2-5|x|-6=0$에서 $|x|^2-5|x|-6=0$
$(|x|+1)(|x|-6)=0$
$\therefore |x|=-1$ 또는 $|x|=6$
그런데 $|x|\geq 0$이므로 $|x|=6$
$\therefore x=-6$ 또는 $x=6$

(2) (i) $x<1$일 때, $\sqrt{(x-1)^2}=|x-1|=-(x-1)$이므로
　　　$x^2-3(x-1)-1=0$, $x^2-3x+2=0$
　　　$(x-1)(x-2)=0$
　　　$\therefore x=1$ 또는 $x=2$
　　　그런데 $x<1$이므로 해가 없다.
(ii) $x\geq 1$일 때, $\sqrt{(x-1)^2}=|x-1|=x-1$이므로
　　　$x^2+3(x-1)-1=0$, $x^2+3x-4=0$
　　　$(x+4)(x-1)=0$
　　　$\therefore x=-4$ 또는 $x=1$
　　　그런데 $x\geq 1$이므로 $x=1$
(i), (ii)에서 주어진 방정식의 해는 $x=1$이다.

04-❶ 답 4, 6

원에 내접하는 작은 원의 반지름의 길이를 x라 하면 큰 원의 반지름의 길이는 $5-x$이므로
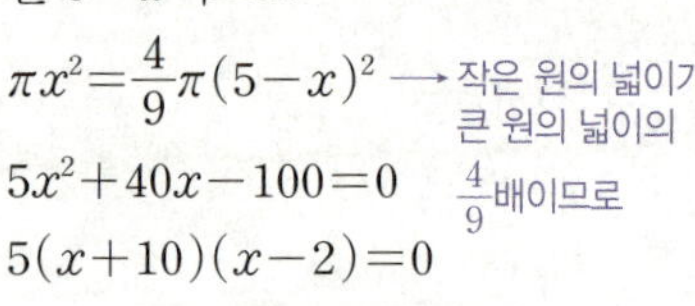
$\pi x^2=\dfrac{4}{9}\pi(5-x)^2$
$5x^2+40x-100=0$
$5(x+10)(x-2)=0$
$\therefore x=-10$ 또는 $x=2$
이때 $0<x<5$이므로 $x=2$
따라서 원에 내접하는 작은 원의 지름의 길이는 4이고, 큰 원의 지름의 길이는 6이다.

개념 리뷰　원의 둘레의 길이와 넓이

반지름의 길이가 r인 원의 둘레의 길이를 l, 넓이를 S라 하면
(1) $l=2\pi r$
(2) $S=\pi r^2$
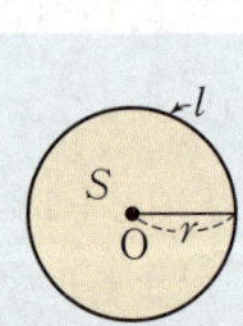

04-❷ 답 $12\,\mathrm{cm}^2$

처음 직사각형의 세로의 길이를 $x\,\mathrm{cm}$라 하면 가로의 길이는 $(x+4)\,\mathrm{cm}$이므로 이 직사각형의 둘레의 길이는
$2x+2(x+4)=4x+8=4(x+2)$
즉, 새로 만들어진 정사각형의 한 변의 길이는 $(x+2)\,\mathrm{cm}$이므로
$(x+2)^2=\dfrac{4}{3}x(x+4)$, $3(x+2)^2=4x(x+4)$
$x^2+4x-12=0$, $(x+6)(x-2)=0$
$\therefore x=-6$ 또는 $x=2$

이때 $x>0$이므로 $x=2$

따라서 처음 직사각형의 세로의 길이는 $2\,\mathrm{cm}$이고, 가로의 길이는 $6\,\mathrm{cm}$이므로 그 넓이는

$2\times 6=12\,(\mathrm{cm}^2)$

02 이차방정식의 판별식

개념 확인 · 본문 118쪽

1 답 (1) 4 (2) ± 6

(1) 주어진 이차식이 완전제곱식이 되려면 이차방정식
$x^2-4x+k=0$의 판별식을 D라 할 때

$\dfrac{D}{4}=(-2)^2-1\times k=0$

$4-k=0$ $\therefore k=4$

(2) 주어진 이차식이 완전제곱식이 되려면 이차방정식
$x^2+kx+9=0$의 판별식을 D라 할 때

$D=k^2-4\times 1\times 9=0$

$k^2=36$ $\therefore k=\pm 6$

유제 · 본문 119~120쪽

05-① 답 (1) $k>1$ (2) $k=1$ (3) $k<1$

이차방정식 $x^2+2(k+1)x+k^2+3=0$의 판별식을 D라 할 때

$\dfrac{D}{4}=(k+1)^2-1\times(k^2+3)=2k-2$

(1) 서로 다른 두 실근을 가지려면

$\dfrac{D}{4}=2k-2>0$ $\therefore k>1$

(2) 중근을 가지려면

$\dfrac{D}{4}=2k-2=0$ $\therefore k=1$

(3) 서로 다른 두 허근을 가지려면

$\dfrac{D}{4}=2k-2<0$ $\therefore k<1$

05-② 답 7

이차방정식 $x^2+2ax+a^2+4a-28=0$의 판별식을 D라 할 때, 실근을 가지려면

$\dfrac{D}{4}=a^2-1\times(a^2+4a-28)\geq 0$

$4a-28\leq 0$ $\therefore a\leq 7$

따라서 자연수 a는 1, 2, 3, 4, 5, 6, 7의 7개이다.

05-③ 답 -6

x에 대한 이차방정식 $(k^2-4)x^2+4(k+2)x+2=0$에서
$k^2-4\neq 0$, $k^2\neq 4$ $\therefore k\neq \pm 2$
$k=-2$이면 $2=0$, $k=2$이면 $16x+2=0$이므로 이차방정식이 아니다.

이차방정식 $(k^2-4)x^2+4(k+2)x+2=0$의 판별식을 D라 할 때, 중근을 가지려면

$\dfrac{D}{4}=\{2(k+2)\}^2-(k^2-4)\times 2=0$

$2k^2+16k+24=0,\ 2(k+6)(k+2)=0$

$\therefore k=-6$ 또는 $k=-2$

그런데 $k\neq -2$이므로 $k=-6$이다.

06-① 답 2

x에 대한 이차방정식
$x^2-2(k+a)x+(k+1)^2+a^2+b-2=0$의 판별식을 D라 할 때, 중근을 가지려면

$\dfrac{D}{4}=\{-(k+a)\}^2-1\times\{(k+1)^2+a^2+b-2\}=0$

$2ak-2k-b+1=0$

$(2a-2)k-b+1=0$ …… ㉠

㉠이 k에 대한 항등식이므로 $2a-2=0$, $-b+1=0$
따라서 $a=1$, $b=1$이므로
$a+b=1+1=2$

06-② 답 -2

주어진 이차식이 완전제곱식 $(x+\alpha)^2$으로 인수분해되려면
x에 대한 이차방정식 $x^2+(k-6)x+k^2+k-2=0$이 중근을 가져야 한다.

위의 이차방정식의 판별식을 D라 할 때, 중근을 가지려면

$D=(k-6)^2-4\times 1\times(k^2+k-2)=0$

$3k^2+16k-44=0,\ (3k+22)(k-2)=0$

$\therefore k=-\dfrac{22}{3}$ 또는 $k=2$

이때 k는 정수이므로 $k=2$

따라서 이차식은 $x^2-4x+4=(x-2)^2$이므로 $\alpha=-2$이다.

06-③ 답 빗변의 길이가 c인 직각삼각형

$a(x^2-1)-2bx+c(x^2+1)=0$을 x에 대하여 내림차순으로 정리하면

$(a+c)x^2-2bx+c-a=0$

위의 이차방정식의 판별식을 D라 할 때, 중근을 가지려면

$\dfrac{D}{4}=(-b)^2-(a+c)\times(c-a)=0$

$b^2-(c^2-a^2)=0$ $\therefore a^2+b^2=c^2$

따라서 이 삼각형은 빗변의 길이가 c인 직각삼각형이다.

개념 리뷰 삼각형의 세 변의 길이에 따른 삼각형의 종류

삼각형 ABC에서 $\overline{AB}=c$, $\overline{BC}=a$, $\overline{CA}=b$이고, c가 가장 긴 변의 길이일 때

(1) $c^2<a^2+b^2$ ➡ $\angle C<90°$이고 삼각형 ABC는 예각삼각형
(2) $c^2=a^2+b^2$ ➡ $\angle C=90°$이고 삼각형 ABC는 직각삼각형
(3) $c^2>a^2+b^2$ ➡ $\angle C>90°$이고 삼각형 ABC는 둔각삼각형

01 $2x^2+2x-4=\sqrt{2}(x+1)(x-1)$에서

$(2-\sqrt{2})x^2+2x+\sqrt{2}-4=0$

위의 식의 양변에 $2+\sqrt{2}$를 곱하면

$(2+\sqrt{2})(2-\sqrt{2})x^2+2(2+\sqrt{2})x$
$$+(2+\sqrt{2})(\sqrt{2}-4)=0$$

$2x^2+2(2+\sqrt{2})x-6-2\sqrt{2}=0$

$x^2+(2+\sqrt{2})x-3-\sqrt{2}=0,\ (x+3+\sqrt{2})(x-1)=0$

$\therefore x=-3-\sqrt{2}$ 또는 $x=1$

따라서 $\alpha=1,\ \beta=-3-\sqrt{2}$이므로

$(3\alpha+\beta)^2=\{3\times1+(-3-\sqrt{2})\}^2$
$$=(-\sqrt{2})^2=2$$

02 $x=1$을 $x^2+k(2p-3)x-(p^2-2)k+q+2=0$에 대입

하면

$1+k(2p-3)-(p^2-2)k+q+2=0$

$-(p^2-2p+1)k+q+3=0$

이때 위의 등식은 k에 대한 항등식이므로

$p^2-2p+1=0,\ q+3=0$

$(p-1)^2=0,\ q=-3$

$\therefore p=1,\ q=-3$

$\therefore p+q=1+(-3)=-2$

03 (i) $x<0$일 때, $|x|=-x,\ |x-1|=-(x-1)$이므로

　　$x^2-x-(x-1)-4=0,\ x^2-2x-3=0$

　　$(x+1)(x-3)=0$

　　$\therefore x=-1$ 또는 $x=3$

　　그런데 $x<0$이므로 $x=-1$

(ii) $0\leq x<1$일 때, $|x|=x,\ |x-1|=-(x-1)$이므로

　　$x^2+x-(x-1)-4=0,\ x^2-3=0$

　　$x^2=3$

　　$\therefore x=\pm\sqrt{3}$

　　그런데 $0\leq x<1$이므로 해가 없다.

(iii) $x\geq1$일 때, $|x|=x,\ |x-1|=x-1$이므로

　　$x^2+x+x-1-4=0,\ x^2+2x-5=0$

　　$\therefore x=\dfrac{-1\pm\sqrt{1^2-1\times(-5)}}{1}=-1\pm\sqrt{6}$

　　그런데 $x\geq1$이므로 $x=-1+\sqrt{6}$

(i), (ii), (iii)에서 주어진 방정식의 해는

$x=-1$ 또는 $x=-1+\sqrt{6}$이므로 그 합은

$(-1)+(-1+\sqrt{6})=-2+\sqrt{6}$

04 $\overline{CF}=\overline{CG}=x$라 하면

$\overline{DE}=\overline{DF}=x+2$,

$\overline{CD}=x+(x+2)=2x+2$

오각형 ABGFE의 넓이는 정
사각형 ABCD의 넓이에서 두
직각삼각형 DEF, CFG의 넓
이를 뺀 것과 같고, 그 넓이가 146이므로

$$(2x+2)^2-\frac{1}{2}x^2-\frac{1}{2}(x+2)^2=146$$

$3x^2+6x-144=0,\ 3(x+8)(x-6)=0$

$\therefore x=-8$ 또는 $x=6$

이때 $x>0$이므로

$x=6$

따라서 정사각형 ABCD의 한 변의 길이는

$2\times6+2=14$

05 이차방정식 $x^2-2x+2k-5=0$의 판별식을 D_1이라 할

때, 실근을 가지려면

$$\frac{D_1}{4}=(-1)^2-1\times(2k-5)\geq0$$

$-2k+6\geq0$　　$\therefore k\leq3$

즉, 실수 k의 최댓값은 3이므로 $M=3$

이차방정식 $x^2+4x+n+3=0$의 판별식을 D_2라 할 때,

서로 다른 두 허근을 가지려면

$$\frac{D_2}{4}=2^2-1\times(n+3)<0$$

$-n+1<0$　　$\therefore n>1$

즉, 정수 n의 최솟값은 2이므로 $m=2$

$\therefore M+m=3+2=5$

06 이차방정식 $(k-1)x^2+(2k+1)x+k-2=0$에서

$k-1\neq0$　　$\therefore k\neq1$

이차방정식 $(k-1)x^2+(2k+1)x+k-2=0$의 판별식

을 D라 할 때, 실근을 가지려면

$D=(2k+1)^2-4\times(k-1)\times(k-2)\geq0$

$16k-7\geq0$

$\therefore k\geq\dfrac{7}{16}$

그런데 $k\neq1$이므로 $\dfrac{7}{16}\leq k<1$ 또는 $k>1$이다.

07 이차방정식 $(b+c)x^2-2ax+b-c=0$의 판별식을 D라

할 때, 서로 다른 두 허근을 가지려면

$$\frac{D}{4}=(-a)^2-(b+c)(b-c)<0$$

$a^2-(b^2-c^2)<0$　　$\therefore a^2+c^2<b^2$

따라서 이 삼각형은 가장 긴 변의 길이가 b인 둔각삼각형

이다.

08 x에 대한 이차식 $(k^2-1)x^2+6(k+1)x+3$에서

$k^2-1\neq0$, $k^2\neq1$ $\therefore k\neq\pm1$

한편, 주어진 이차식이 완전제곱식이 되려면 x에 대한 이차방정식 $(k^2-1)x^2+6(k+1)x+3=0$이 중근을 가져야 한다.

위의 이차방정식의 판별식을 D라 할 때

$$\frac{D}{4}=\{3(k+1)\}^2-(k^2-1)\times3=0$$

$$6k^2+18k+12=0,\ 6(k+2)(k+1)=0$$

$$\therefore k=-2\ \text{또는}\ k=-1$$

그런데 $k\neq-1$이므로 $k=-2$이다.

○3 이차방정식의 근과 계수의 관계

개념 확인   • 본문 123~124쪽

1 답 (1) 합: -8, 곱: 5 (2) 합: $\dfrac{3}{2}$, 곱: $\dfrac{7}{2}$

(1) 이차방정식 $x^2+8x+5=0$의 두 근을 α, β라 하면 근과 계수의 관계에 의하여

$$\alpha+\beta=-\frac{8}{1}=-8,\ \alpha\beta=\frac{5}{1}=5$$

(2) 이차방정식 $2x^2-3x+7=0$의 두 근을 α, β라 하면 근과 계수의 관계에 의하여

$$\alpha+\beta=-\frac{-3}{2}=\frac{3}{2},\ \alpha\beta=\frac{7}{2}$$

2 답 (1) $x^2-4x-21=0$ (2) $x^2-4x+1=0$
(3) $x^2-6x+10=0$

(1) $x^2-(-3+7)x+(-3)\times7=0$

$$\therefore\ x^2-4x-21=0$$

(2) $x^2-\{(2-\sqrt{3})+(2+\sqrt{3})\}x+(2-\sqrt{3})\times(2+\sqrt{3})=0$

$$\therefore\ x^2-4x+1=0$$

(3) $x^2-\{(3-i)+(3+i)\}x+(3-i)\times(3+i)=0$

$$\therefore\ x^2-6x+10=0$$

3 답 (1) $(x-2+\sqrt{2})(x-2-\sqrt{2})$
(2) $(x-1+\sqrt{2}i)(x-1-\sqrt{2}i)$

(1) 이차방정식 $x^2-4x+2=0$을 풀면

$$x=\frac{-(-2)\pm\sqrt{(-2)^2-1\times2}}{1}=2\pm\sqrt{2}$$

$$\therefore\ x^2-4x+2=(x-2+\sqrt{2})(x-2-\sqrt{2})$$

(2) 이차방정식 $x^2-2x+3=0$을 풀면

$$x=\frac{-(-1)\pm\sqrt{(-1)^2-1\times3}}{1}=1\pm\sqrt{2}i$$

$$\therefore\ x^2-2x+3=(x-1+\sqrt{2}i)(x-1-\sqrt{2}i)$$

01 (1) -2 (2) 3 (3) 2

02 (1) -1 (2) -2 (3) -3

03 (1) -2 (2) -2 (3) -6

04 (1) $\dfrac{2}{3}$ (2) $-\dfrac{4}{3}$ (3) 1

05 (1) $(x+3+\sqrt{2})(x+3-\sqrt{2})$

(2) $\left(x-\dfrac{3-\sqrt{5}}{2}\right)\left(x-\dfrac{3+\sqrt{5}}{2}\right)$

(3) $(x+4+\sqrt{2}i)(x+4-\sqrt{2}i)$

(4) $\left(x-\dfrac{5-\sqrt{7}i}{2}\right)\left(x-\dfrac{5+\sqrt{7}i}{2}\right)$

01 (1) $\alpha+\beta=-2$

(2) $\alpha\beta=3$

(3) $(\alpha+1)(\beta+1)=\alpha\beta+(\alpha+\beta)+1$
$$=3+(-2)+1=2$$

02 이차방정식 $x^2-x+1=0$의 두 근이 α, β이므로 근과 계수의 관계에 의하여

$\alpha+\beta=1$, $\alpha\beta=1$

(1) $\alpha^2+\beta^2=(\alpha+\beta)^2-2\alpha\beta=1^2-2\times1=-1$

(2) $\alpha^3+\beta^3=(\alpha+\beta)^3-3\alpha\beta(\alpha+\beta)$
$$=1^3-3\times1\times1=-2$$

(3) $(\alpha-\beta)^2=(\alpha+\beta)^2-4\alpha\beta$
$$=1^2-4\times1=-3$$

03 이차방정식 $x^2-2x-1=0$의 두 근이 α, β이므로 근과 계수의 관계에 의하여

$\alpha+\beta=2$, $\alpha\beta=-1$

(1) $(\alpha-1)(\beta-1)=\alpha\beta-(\alpha+\beta)+1$
$$=(-1)-2+1=-2$$

(2) $\alpha^2\beta+\alpha\beta^2=\alpha\beta(\alpha+\beta)=(-1)\times2=-2$

(3) $\dfrac{\alpha^2+\beta^2}{\alpha\beta}=\dfrac{(\alpha+\beta)^2-2\alpha\beta}{\alpha\beta}$
$$=\frac{2^2-2\times(-1)}{-1}=-6$$

04 이차방정식 $2x^2-2x+3=0$의 두 근이 α, β이므로 근과 계수의 관계에 의하여

$\alpha+\beta=1$, $\alpha\beta=\dfrac{3}{2}$

(1) $\dfrac{1}{\alpha}+\dfrac{1}{\beta}=\dfrac{\alpha+\beta}{\alpha\beta}=\dfrac{1}{\frac{3}{2}}=\dfrac{2}{3}$

(2) $\dfrac{\beta}{\alpha}+\dfrac{\alpha}{\beta}=\dfrac{\alpha^2+\beta^2}{\alpha\beta}=\dfrac{(\alpha+\beta)^2-2\alpha\beta}{\alpha\beta}$
$$=\frac{1^2-2\times\frac{3}{2}}{\frac{3}{2}}=-\frac{4}{3}$$

$$(3)\ \left(\frac{1}{\alpha}-1\right)\left(\frac{1}{\beta}-1\right)=\frac{1}{\alpha\beta}-\left(\frac{1}{\alpha}+\frac{1}{\beta}\right)+1=\frac{1}{\frac{3}{2}}-\frac{2}{3}+1$$

(1)에 의하여

$$=\frac{2}{3}-\frac{2}{3}+1=1$$

05 (1) 이차방정식 $x^2+6x+7=0$을 풀면

$$x=\frac{-3\pm\sqrt{3^2-1\times7}}{1}=-3\pm\sqrt{2}$$

$$\therefore\ x^2+6x+7=(x+3+\sqrt{2})(x+3-\sqrt{2})$$

(2) 이차방정식 $x^2-3x+1=0$을 풀면

$$x=\frac{-(-3)\pm\sqrt{(-3)^2-4\times1\times1}}{2}=\frac{3\pm\sqrt{5}}{2}$$

$$\therefore\ x^2-3x+1=\left(x-\frac{3-\sqrt{5}}{2}\right)\left(x-\frac{3+\sqrt{5}}{2}\right)$$

(3) 이차방정식 $x^2+8x+18=0$을 풀면

$$x=\frac{-4\pm\sqrt{4^2-1\times18}}{1}=-4\pm\sqrt{2}i$$

$$\therefore\ x^2+8x+18=(x+4+\sqrt{2}i)(x+4-\sqrt{2}i)$$

(4) 이차방정식 $x^2-5x+8=0$을 풀면

$$x=\frac{-(-5)\pm\sqrt{(-5)^2-4\times1\times8}}{2}=\frac{5\pm\sqrt{7}i}{2}$$

$$\therefore\ x^2-5x+8=\left(x-\frac{5-\sqrt{7}i}{2}\right)\left(x-\frac{5+\sqrt{7}i}{2}\right)$$

유제

• 본문 126~131쪽

01-❶ 답 (1) 1 (2) $\dfrac{9}{5}$ (3) 18

이차방정식 $x^2+3x-3=0$의 두 근이 α, β이므로 근과 계수의 관계에 의하여 $\alpha+\beta=-3$, $\alpha\beta=-3$

(1) $\dfrac{1}{\alpha}+\dfrac{1}{\beta}=\dfrac{\alpha+\beta}{\alpha\beta}=\dfrac{-3}{-3}=1$

(2) $\dfrac{\alpha}{\alpha+1}+\dfrac{\beta}{\beta+1}=\dfrac{\alpha(\beta+1)+\beta(\alpha+1)}{(\alpha+1)(\beta+1)}$

$$=\frac{2\alpha\beta+(\alpha+\beta)}{\alpha\beta+(\alpha+\beta)+1}$$

$$=\frac{2\times(-3)+(-3)}{(-3)+(-3)+1}=\frac{9}{5}$$

(3) $\dfrac{\beta^2}{\alpha}+\dfrac{\alpha^2}{\beta}=\dfrac{\alpha^3+\beta^3}{\alpha\beta}=\dfrac{(\alpha+\beta)^3-3\alpha\beta(\alpha+\beta)}{\alpha\beta}$

$$=\frac{(-3)^3-3\times(-3)\times(-3)}{-3}=18$$

01-❷ 답 (1) $2\sqrt{3}$ (2) $30\sqrt{3}$ (3) $\sqrt{6}$

이차방정식 $x^2-4x+1=0$의 두 근이 α, β이므로 근과 계수의 관계에 의하여 $\alpha+\beta=4$, $\alpha\beta=1$

(1) $(\alpha-\beta)^2=(\alpha+\beta)^2-4\alpha\beta=4^2-4\times1=12$

이므로 $\alpha-\beta=\pm2\sqrt{3}$

이때 $\alpha>\beta$이므로 $\alpha-\beta>0$

$$\therefore\ \alpha-\beta=2\sqrt{3}$$

| 다른 풀이 | → 두 근의 차의 공식을 이용

$$|\alpha-\beta|=\frac{\sqrt{(-4)^2-4}}{|1|}=2\sqrt{3}$$

이때 $\alpha>\beta$이므로 $\alpha-\beta>0$

$$\therefore\ \alpha-\beta=2\sqrt{3}$$

(2) $\alpha^3-\beta^3=(\alpha-\beta)^3+3\alpha\beta(\alpha-\beta)$ (1)에 의하여

$$=(2\sqrt{3})^3+3\times1\times2\sqrt{3}=30\sqrt{3}$$

(3) $\alpha+\beta=4>0$, $\alpha\beta=1>0$이므로 $\alpha>0$, $\beta>0$ 두 근의 합과 곱이 모두 양수이면 두 근은 모두 양수이다.

따라서 $(\sqrt{\alpha}+\sqrt{\beta})^2=(\alpha+\beta)+2\sqrt{\alpha\beta}=4+2\times\sqrt{1}=6$

이므로 $\sqrt{\alpha}+\sqrt{\beta}=\sqrt{6}$이다.

01-❸ 답 24

이차방정식 $x^2+4x-3=0$의 두 근이 α, β이므로 근과 계수의 관계에 의하여 $\alpha+\beta=-4$

또한, α, β를 이차방정식 $x^2+4x-3=0$에 각각 대입하면

$\alpha^2+4\alpha-3=0$, $\beta^2+4\beta-3=0$이므로

$\alpha^2+4\alpha-4=-1$, $\beta^2+4\beta-4=-1$

$$\therefore\ \frac{6\beta}{\alpha^2+4\alpha-4}+\frac{6\alpha}{\beta^2+4\beta-4}=-6(\beta+\alpha)$$

$$=-6(\alpha+\beta)$$

$$=(-6)\times(-4)=24$$

| 참고 |

이차방정식 $x^2+4x-3=0$의 두 근이 α, β이므로

α, β를 $x^2+4x-3=0$에 각각 대입한 식

$\alpha^2+4\alpha-3=0$, $\beta^2+4\beta-3=0$은 항상 성립한다.

02-❶ 답 (1) 13 (2) $-\dfrac{10}{3}$

이차방정식 $x^2-ax+b=0$의 두 근이 -2, 5이므로 근과 계수의 관계에 의하여

$(-2)+5=a$, $(-2)\times5=b$

$$\therefore\ a=3,\ b=-10$$

(1) $a-b=3-(-10)=13$

(2) 이차방정식 $ax^2+x+b=0$의 두 근의 곱은

$$\frac{b}{a}=\frac{-10}{3}=-\frac{10}{3}$$

02-❷ 답 $a=3$, $b=-6$

이차방정식 $x^2-3x+a=0$의 두 근이 α, β이므로 근과 계수의 관계에 의하여

$\alpha+\beta=3$ ······ ㉠

$\alpha\beta=a$ ······ ㉡

이차방정식 $x^2+bx+9=0$의 두 근이 $\alpha+\beta$, $\alpha\beta$이므로 근과 계수의 관계에 의하여

$(\alpha+\beta)+\alpha\beta=-b$ ······ ㉢

$(\alpha+\beta)\times\alpha\beta=9$ ······ ㉣

㉠, ㉡을 ㉣에 대입하면 $3a=9$ $\therefore\ a=3$

㉠, ㉡을 ㉢에 대입하면 $3+3=-b$ $\therefore\ b=-6$

02-❸ 답 -4

이차방정식 $x^2+ax+b=0$의 두 근이 α, β이므로 근과 계수의 관계에 의하여

$$\alpha+\beta=-a \qquad\qquad \cdots\cdots \text{㉠}$$
$$\alpha\beta=b \qquad\qquad \cdots\cdots \text{㉡}$$

이차방정식 $x^2+2ax+3b-1=0$의 두 근이 $\alpha+1$, $\beta+1$이므로 근과 계수의 관계에 의하여

$$(\alpha+1)+(\beta+1)=-2a, \ (\alpha+\beta)+2=-2a \quad \cdots\cdots \text{㉢}$$
$$(\alpha+1)\times(\beta+1)=3b-1, \ \alpha\beta+(\alpha+\beta)+1=3b-1$$
$$\qquad\qquad \cdots\cdots \text{㉣}$$

㉠을 ㉢에 대입하면 $-a+2=-2a$ $\quad \therefore a=-2$
㉠, ㉡을 ㉣에 대입하면 $b-(-2)+1=3b-1$ $\quad \therefore b=2$
$$\therefore ab=(-2)\times 2=-4$$

03-❶ 답 (1) 2 (2) $\dfrac{5}{3}$

(1) 이차방정식의 두 근의 차가 2이므로 두 근을 α, $\alpha+2$라 하면 근과 계수의 관계에 의하여

$$\alpha+(\alpha+2)=k \qquad \cdots\cdots \text{㉠}$$
$$\alpha\times(\alpha+2)=k-2 \qquad \cdots\cdots \text{㉡}$$

㉠에서 $\alpha=\dfrac{k}{2}-1$이므로 이를 ㉡에 대입하면

$$\left(\dfrac{k}{2}-1\right)\left(\dfrac{k}{2}+1\right)=k-2, \ k^2-4k+4=0$$
$$(k-2)^2=0$$
$$\therefore k=2$$

(2) 이차방정식의 두 근의 비가 $2:3$이므로 두 근을 2α, 3α $(\alpha\neq 0)$라 하면 근과 계수의 관계에 의하여

$$2\alpha+3\alpha=3k \qquad \cdots\cdots \text{㉠}$$
$$2\alpha\times 3\alpha=6 \qquad \cdots\cdots \text{㉡}$$

㉡에서 $6\alpha^2=6$이므로 $\alpha^2=1$ $\quad \therefore \alpha=\pm 1$
㉠에서 $k=\dfrac{5}{3}\alpha$이므로 $\alpha=\pm 1$을 대입하여 정리하면

$$k=\pm\dfrac{5}{3} \quad \therefore k=\dfrac{5}{3} \ (\because k>0)$$

03-❷ 답 ± 2

이차방정식의 한 근이 다른 근의 3배이므로 두 근을 α, 3α $(\alpha\neq 0)$라 하면 근과 계수의 관계에 의하여

$$\alpha+3\alpha=-\dfrac{2a}{3} \qquad \cdots\cdots \text{㉠}$$
$$\alpha\times 3\alpha=\dfrac{a^2-3}{3} \qquad \cdots\cdots \text{㉡}$$

㉠에서 $4\alpha=-\dfrac{2a}{3}$이므로 $\alpha=-\dfrac{a}{6}$를 ㉡에 대입하면

$$3\times\left(-\dfrac{a}{6}\right)^2=\dfrac{a^2-3}{3}, \ \dfrac{a^2}{12}=\dfrac{a^2-3}{3}$$
$$a^2=4(a^2-3), \ a^2=4$$
$$\therefore a=\pm 2$$

04-❶ 답 (1) $x^2-7x+13=0$ (2) $7x^2-11x+7=0$

이차방정식 $x^2-5x+7=0$의 두 근이 α, β이므로 근과 계수의 관계에 의하여 $\alpha+\beta=5$, $\alpha\beta=7$

(1) 두 근 $\alpha+1$, $\beta+1$의 합과 곱은 각각

$$(\alpha+1)+(\beta+1)=(\alpha+\beta)+2$$
$$=5+2=7$$
$$(\alpha+1)\times(\beta+1)=\alpha\beta+(\alpha+\beta)+1$$
$$=7+5+1=13$$

따라서 구하는 이차방정식은 $x^2-7x+13=0$이다.

(2) 두 근 $\dfrac{\beta}{\alpha}$, $\dfrac{\alpha}{\beta}$의 합과 곱은 각각

$$\dfrac{\beta}{\alpha}+\dfrac{\alpha}{\beta}=\dfrac{\alpha^2+\beta^2}{\alpha\beta}=\dfrac{(\alpha+\beta)^2-2\alpha\beta}{\alpha\beta}$$
$$=\dfrac{5^2-2\times 7}{7}=\dfrac{11}{7}$$
$$\dfrac{\beta}{\alpha}\times\dfrac{\alpha}{\beta}=1$$

따라서 구하는 이차방정식은

$$7\left(x^2-\dfrac{11}{7}x+1\right)=0$$
$$\therefore 7x^2-11x+7=0$$

04-❷ 답 $x^2-22x+25=0$

이차방정식 $x^2-4x-2=0$의 두 근이 α, β이므로 근과 계수의 관계에 의하여 $\alpha+\beta=4$, $\alpha\beta=-2$
두 근 α^2+1, β^2+1의 합과 곱은 각각

$$(\alpha^2+1)+(\beta^2+1)=\alpha^2+\beta^2+2$$
$$=\{(\alpha+\beta)^2-2\alpha\beta\}+2$$
$$=4^2-2\times(-2)+2=22$$
$$(\alpha^2+1)\times(\beta^2+1)=\alpha^2\beta^2+(\alpha^2+\beta^2)+1$$
$$=(\alpha\beta)^2+\{(\alpha+\beta)^2-2\alpha\beta\}+1$$
$$=(-2)^2+\{4^2-2\times(-2)\}+1=25$$

따라서 구하는 이차방정식은 $x^2-22x+25=0$이다.

05-❶ 답 $\dfrac{5}{4}$

이차방정식 $P(x)=0$의 두 근을 α, β라 하면 $\alpha\beta=5$이다.
또한, $P(\alpha)=0$, $P(\beta)=0$이므로
이차방정식 $P(2x)=0$의 두 근은 $2x=\alpha$ 또는 $2x=\beta$에서
$$x=\dfrac{\alpha}{2} \text{ 또는 } x=\dfrac{\beta}{2}$$
따라서 이차방정식 $P(2x)=0$의 두 근의 곱은
$$\dfrac{\alpha}{2}\times\dfrac{\beta}{2}=\dfrac{\alpha\beta}{4}=\dfrac{5}{4}$$

05-❷ 답 6

이차방정식 $P(x)=0$의 두 근이 α, β이므로
$$P(\alpha)=0, \ P(\beta)=0$$

이차방정식 $P(2x-3)=0$의 두 근은
$2x-3=\alpha$ 또는 $2x-3=\beta$에서
$x=\dfrac{\alpha+3}{2}$ 또는 $x=\dfrac{\beta+3}{2}$
따라서 이차방정식 $P(2x-3)=0$의 두 근의 곱은
$$\dfrac{\alpha+3}{2}\times\dfrac{\beta+3}{2}=\dfrac{\alpha\beta+3(\alpha+\beta)+9}{4}$$
$$=\dfrac{(-3)+3\times6+9}{4}$$
$$(\because \alpha+\beta=6,\ \alpha\beta=-3)$$
$$=6$$

05-❸ 답 -19

이차방정식 $P(x)=0$의 두 근이 $\alpha,\ \beta$이므로
$P(\alpha)=0,\ P(\beta)=0$
이차방정식 $P(-5x+k)=0$의 두 근은
$-5x+k=\alpha$ 또는 $-5x+k=\beta$에서
$x=\dfrac{k-\alpha}{5}$ 또는 $x=\dfrac{k-\beta}{5}$

이차방정식 $P(-5x+k)=0$의 두 근의 곱이 -3이다.

즉, $\dfrac{k-\alpha}{5}+\dfrac{k-\beta}{5}=-3$이므로
$\dfrac{2k-(\alpha+\beta)}{5}=-3,\ \dfrac{2k-7}{5}=-3\ (\because \alpha+\beta=7)$
$2k-7=-15$
$\therefore k=-4$

이차방정식 $P(-5x+k)=0$의 두 근의 곱이 1이다.

따라서 $\left(-\dfrac{\alpha+4}{5}\right)\times\left(-\dfrac{\beta+4}{5}\right)=1$이므로
$\dfrac{\alpha\beta+4(\alpha+\beta)+16}{25}=1,\ \dfrac{\alpha\beta+4\times7+16}{25}=1$
$\therefore \alpha\beta=-19$

06-❶ 답 (1) $a=4,\ b=-1$ (2) $a=6,\ b=13$

(1) 이차방정식 $x^2+ax+b=0$에서 $a,\ b$가 유리수이고 한 근
이 $\sqrt{5}-2$이므로 다른 한 근은 $-\sqrt{5}-2$이다.

$\sqrt{5}-2$에서 무리수 $\sqrt{5}$에 $(-)$ 부호를 붙인 것이 켤레근이다.

따라서 이차방정식의 근과 계수의 관계에 의하여
$(\sqrt{5}-2)+(-\sqrt{5}-2)=-a,\ (\sqrt{5}-2)\times(-\sqrt{5}-2)=b$
$\therefore a=4,\ b=-1$

$2i-3$에서 복소수의 허수부분 2에 $(-)$ 부호를 붙인 것이 켤레근이다.

(2) 이차방정식 $x^2+ax+b=0$에서 $a,\ b$가 실수이고 한 근이
$2i-3$이므로 다른 한 근은 $-2i-3$이다.
따라서 이차방정식의 근과 계수의 관계에 의하여
$(2i-3)+(-2i-3)=-a,\ (2i-3)\times(-2i-3)=b$
$\therefore a=6,\ b=13$

06-❷ 답 -8

이차방정식 $x^2+ax+2=0$에서 a가 유리수이고 한 근이
$b+\sqrt{2}$ (b는 유리수)이므로 다른 한 근은 $b-\sqrt{2}$이다.
즉, 이차방정식의 근과 계수의 관계에 의하여
$(b+\sqrt{2})+(b-\sqrt{2})=-a,\ (b+\sqrt{2})\times(b-\sqrt{2})=2$

따라서 $2b=-a,\ b^2-2=2$이므로
$a=-4,\ b=2$ 또는 $a=4,\ b=-2$
$\therefore ab=(-4)\times2=4\times(-2)=-8$

06-❸ 답 10

이차방정식 $x^2-px+p+19=0$에서 한 근을 $a+2i$ (a는 실수)
라 하면 다른 한 근은 $a-2i$이다.

한 허근의 허수부분이 2이므로

즉, 이차방정식의 근과 계수의 관계에 의하여
$(a+2i)+(a-2i)=p$에서 $2a=p$ $\qquad\cdots\cdots$ ㉠
$(a+2i)\times(a-2i)=p+19$에서 $a^2+4=p+19$ $\qquad\cdots\cdots$ ㉡
㉠에서 $a=\dfrac{p}{2}$이므로 이를 ㉡에 대입하여 정리하면
$p^2-4p-60=0,\ (p+6)(p-10)=0$
$\therefore p=-6$ 또는 $p=10$
따라서 양의 실수 p의 값은 10이다.

01 19	02 4	03 ①	04 ⑤

01 이차방정식 $x^2-5x+7=0$의 두 근이 $\alpha,\ \beta$이므로 근과
계수의 관계에 의하여 $\alpha+\beta=5,\ \alpha\beta=7$
또한, $\alpha,\ \beta$를 이차방정식 $x^2-5x+7=0$에 각각 대입하면
$\alpha^2-5\alpha+7=0,\ \beta^2-5\beta+7=0$이므로
$\alpha^2-2\alpha+3=(\alpha^2-5\alpha+7)+3\alpha-4$
$\qquad\qquad\quad=3\alpha-4$
$\beta^2-2\beta+3=(\beta^2-5\beta+7)+3\beta-4$
$\qquad\qquad\quad=3\beta-4$
$\therefore (\alpha^2-2\alpha+3)(\beta^2-2\beta+3)$
$\quad=(3\alpha-4)(3\beta-4)$
$\quad=9\alpha\beta-12(\alpha+\beta)+16$
$\quad=9\times7-12\times5+16=19$

02 이차방정식의 두 근이 연속하는 홀수이므로 두 근을
$2\alpha-1,\ 2\alpha+1$ (α는 자연수)이라 하면 근과 계수의 관계
에 의하여
$(2\alpha-1)+(2\alpha+1)=k+4$ $\qquad\cdots\cdots$ ㉠
$(2\alpha-1)\times(2\alpha+1)=4k-1$ $\qquad\cdots\cdots$ ㉡
㉠에서 $k=4\alpha-4$이므로 이를 ㉡에 대입하면
$4\alpha^2-1=4(4\alpha-4)-1$
$4\alpha^2-16\alpha+16=0$
$4(\alpha-2)^2=0$ $\qquad\therefore \alpha=2$
$\therefore k=4\times2-4=4$

03 이차방정식 $x^2+x-3=0$의 두 근이 α, β이므로 근과 계수의 관계에 의하여 $\alpha+\beta=-1$, $\alpha\beta=-3$

두 근 $\alpha^2+\beta$, $\beta^2+\alpha$의 합과 곱은 각각

$$(\alpha^2+\beta)+(\beta^2+\alpha)$$
$$=(\alpha^2+\beta^2)+(\alpha+\beta)$$
$$=\{(\alpha+\beta)^2-2\alpha\beta\}+(\alpha+\beta)$$
$$=\{(-1)^2-2\times(-3)\}+(-1)=6$$
$$(\alpha^2+\beta)\times(\beta^2+\alpha)$$
$$=\alpha^2\beta^2+(\alpha^3+\beta^3)+\alpha\beta$$
$$=(\alpha\beta)^2+\{(\alpha+\beta)^3-3\alpha\beta(\alpha+\beta)\}+\alpha\beta$$
$$=(-3)^2+\{(-1)^3-3\times(-3)\times(-1)\}+(-3)$$
$$=-4$$

따라서 구하는 이차방정식은 $x^2-6x-4=0$이다.

04 $\dfrac{bi}{1-i}=\dfrac{bi(1+i)}{(1-i)(1+i)}=-\dfrac{b}{2}+\dfrac{b}{2}i$

이차방정식 $x^2+2x+a=0$에서 a가 실수이고 한 근이 $-\dfrac{b}{2}+\dfrac{b}{2}i$ (b는 실수)이므로 다른 한 근은 $-\dfrac{b}{2}-\dfrac{b}{2}i$이다.

즉, 이차방정식의 근과 계수의 관계에 의하여

$$\left(-\dfrac{b}{2}+\dfrac{b}{2}i\right)+\left(-\dfrac{b}{2}-\dfrac{b}{2}i\right)=-2$$
$$\left(-\dfrac{b}{2}+\dfrac{b}{2}i\right)\times\left(-\dfrac{b}{2}-\dfrac{b}{2}i\right)=a$$

따라서 $b=-2$, $\dfrac{b^2}{2}=a$이므로

$a=2$, $b=2$

$\therefore a+b=2+2=4$

---

01 $4-2\sqrt{5}$	**02** ①	**03** ⑤	**04** $\dfrac{72}{7}$
05 5	**06** ④	**07** 6	**08** 12
09 ⑤	**10** ②	**11** ②	**12** 5
13 ④	**14** 15	**15** ④	**16** ①
17 12	**18** 6	**19** $-\dfrac{4}{5}$, 4	**20** ⑤
21 ①	**22** ⑤		

01 $x=a$를 $x^2-(4-\sqrt{5})x+3-a\sqrt{5}=0$에 대입하면

$$a^2-(4-\sqrt{5})a+3-a\sqrt{5}=0, \ a^2-4a+3=0$$
$$(a-1)(a-3)=0 \quad \therefore a=1 \text{ 또는 } a=3$$

(i) $a=1$인 경우

한 근 $a=1$ $\left\{\begin{array}{l} x^2-(4-\sqrt{5})x+3-\sqrt{5}=0 \\ (x-1)(x-3+\sqrt{5})=0 \end{array}\right.$

$\qquad \therefore x=1 \text{ 또는 } x=3-\sqrt{5}$

(ii) $a=3$인 경우

한 근 $a=3$ $\left\{\begin{array}{l} x^2-(4-\sqrt{5})x+3-3\sqrt{5}=0 \\ (x-3)(x-1+\sqrt{5})=0 \end{array}\right.$

$\qquad \therefore x=3 \text{ 또는 } x=1-\sqrt{5}$

(i), (ii)에서 다른 한 근 b는 $3-\sqrt{5}$ 또는 $1-\sqrt{5}$이므로

모든 b의 값의 합은 $(3-\sqrt{5})+(1-\sqrt{5})=4-2\sqrt{5}$이다.

02 $x=2$를 $ax^2+bx+c=0$에 대입하면

$$a\times2^2+b\times2+c=0, \ 4a+2b+c=0$$
$$\therefore c=-4a-2b \qquad \cdots\cdots \ \bigcirc$$

$x=-\dfrac{1}{4}$을 $cx^2-bx+a=0$에 대입하면

$$c\times\left(-\dfrac{1}{4}\right)^2-b\times\left(-\dfrac{1}{4}\right)+a=0, \ \dfrac{c}{16}+\dfrac{b}{4}+a=0$$
$$c+4b+16a=0$$

$\bigcirc$을 위의 식에 대입하면

$$(-4a-2b)+4b+16a=0, \ 12a+2b=0$$
$$\therefore b=-6a \qquad \cdots\cdots \ \bigcirc\!\!\bigcirc$$

$\bigcirc\!\!\bigcirc$을 $\bigcirc$에 대입하면

$$c=-4a-2\times(-6a)=8a \qquad \cdots\cdots \ \bigcirc\!\!\bigcirc\!\!\bigcirc$$

$\bigcirc\!\!\bigcirc$, $\bigcirc\!\!\bigcirc\!\!\bigcirc$을 $ax^2+bx+c=0$에 대입하면

$$ax^2-6ax+8a=0$$
$$a(x^2-6x+8)=0, \ a(x-2)(x-4)=0$$
$$\therefore x=2 \text{ 또는 } x=4$$

| 다른 풀이 |

이차방정식 $cx^2-bx+a=0$의 0이 아닌 근을 α라 하면

$c\alpha^2-b\alpha+a=0$

$\quad$ ↳ $\alpha=0$이면 $a=0$이 되어 $ax^2+bx+c=0$이 이차방정식이 아니다.

위의 식의 양변을 α^2으로 나누면

$$c-\dfrac{b}{\alpha}+\dfrac{a}{\alpha^2}=0, \ a\left(-\dfrac{1}{\alpha}\right)^2+b\left(-\dfrac{1}{\alpha}\right)+c=0$$

즉, $-\dfrac{1}{\alpha}$은 이차방정식 $ax^2+bx+c=0$의 근이다.

따라서 이차방정식 $cx^2-bx+a=0$의 한 근이 $-\dfrac{1}{4}$이므로 이차방정식 $ax^2+bx+c=0$의 다른 한 근은 4이다.

03 $x=3+2\sqrt{2}$를 $x^2+\sqrt{2}px+q=0$에 대입하면

$$(3+2\sqrt{2})^2+\sqrt{2}p(3+2\sqrt{2})+q=0$$
$$(4p+q+17)+(3p+12)\sqrt{2}=0$$

↳ 이차방정식의 계수가 유리수가 아니므로 $3-2\sqrt{2}$가 근이라 할 수 없다.

이때 $4p+q+17=0$, $3p+12=0$이므로

$$p=-4, \ q=-1$$
$$\therefore x^2-4\sqrt{2}x-1=0$$

따라서

$$x=\dfrac{-(-2\sqrt{2})\pm\sqrt{(-2\sqrt{2})^2-1\times(-1)}}{1}=2\sqrt{2}\pm3$$

이므로

$$\beta=-3+2\sqrt{2}$$
$$\therefore \alpha-\dfrac{1}{\beta}=3+2\sqrt{2}-\dfrac{1}{-3+2\sqrt{2}}$$
$$=3+2\sqrt{2}-(-3-2\sqrt{2})=6+4\sqrt{2}$$

04 직각삼각형의 빗변의 길이가 5인 경우와 빗변이 아닌 한 변의 길이가 5인 경우로 나누어 생각하자.

(i) 빗변의 길이가 5인 경우

빗변이 아닌 한 변의 길이를 x라 하면 나머지 한 변의 길이는 $7-x$ 이므로 피타고라스 정리에 의하여

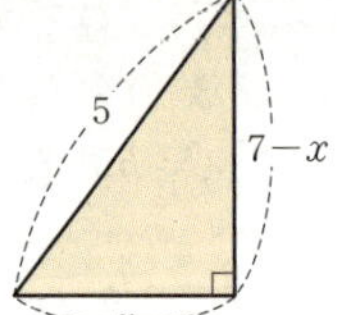

$x^2+(7-x)^2=5^2$

$2x^2-14x+24=0$

$2(x-3)(x-4)=0$

$\therefore x=3$ 또는 $x=4$

즉, 이 경우의 직각삼각형의 넓이는

$\dfrac{1}{2}\times 3\times 4=6$

(ii) 빗변이 아닌 한 변의 길이가 5인 경우

빗변의 길이를 x라 하면 나머지 한 변의 길이는 $7-x$이므로 피타고라스 정리에 의하여

$5^2+(7-x)^2=x^2,\ -14x+74=0$

$\therefore x=\dfrac{37}{7}$

즉, 나머지 한 변의 길이는 $7-\dfrac{37}{7}=\dfrac{12}{7}$이므로 이 경우의 직각삼각형의 넓이는

$\dfrac{1}{2}\times 5\times \dfrac{12}{7}=\dfrac{30}{7}$

(i), (ii)에서 모든 직각삼각형의 넓이의 합은

$6+\dfrac{30}{7}=\dfrac{72}{7}$

| 참고 |

합동이 아닌 모든 직각삼각형의 넓이를 구하는 것이므로 빗변이 x, 높이가 5인 경우의 넓이는 구하지 않는다.

05 이차방정식 $x^2+(k-1)x-2k-1=0$의 근은

$x=\dfrac{-(k-1)\pm\sqrt{(k-1)^2-4\times 1\times(-2k-1)}}{2}$

$=\dfrac{-(k-1)\pm\sqrt{k^2+6k+5}}{2}$ ...... ㉠

이므로 정수인 근을 가지려면 k^2+6k+5의 값이 0이거나 어떤 자연수의 제곱 꼴이어야 한다.

그런데 $k^2+6k+5=(k+3)^2-4$에서 $(k+3)^2-4$는 자연수의 제곱 꼴이 될 수 없으므로 $k^2+6k+5=0$이어야 한다.

즉, $k^2+6k+5=0$에서 $(k+5)(k+1)=0$

$\therefore k=-5$ 또는 $k=-1$

(i) $k=-5$일 때

㉠에서 $x=\dfrac{-\{(-5)-1\}}{2}=3$이므로 정수인 근을 갖는다.

(ii) $k=-1$일 때

㉠에서 $x=\dfrac{-\{(-1)-1\}}{2}=1$이므로 정수인 근을 갖는다.

(i), (ii)에서 $k=-5$ 또는 $k=-1$이므로 모든 정수 k의 값의 곱은 $(-5)\times(-1)=5$이다.

06 주어진 이차식이 완전제곱식이 되려면 이차방정식 $x^2+2(k-3a)x+k^2-2bk+25=0$이 중근을 가져야 한다.

위의 이차방정식의 판별식을 D라 할 때

$\dfrac{D}{4}=(k-3a)^2-1\times(k^2-2bk+25)=0$

$(2b-6a)k+9a^2-25=0$ ...... ㉠

㉠이 k에 대한 항등식이므로

$2b-6a=0,\ 9a^2-25=0$

$b=3a,\ a^2=\dfrac{25}{9}$

$\therefore a=-\dfrac{5}{3},\ b=-5$ 또는 $a=\dfrac{5}{3}$ 또는 $b=5$

따라서 $ab=\left(-\dfrac{5}{3}\right)\times(-5)$ 또는 $ab=\dfrac{5}{3}\times 5=\dfrac{25}{3}$

이므로 $ab=\dfrac{25}{3}$

07 이차방정식 $x^2-x+2=0$의 두 근이 $\alpha,\ \beta$이므로 근과 계수의 관계에 의하여 $\alpha+\beta=1,\ \alpha\beta=2$

$\therefore \beta P(\alpha)+\alpha P(\beta)$

$=\beta(\alpha^2+2\alpha-4)+\alpha(\beta^2+2\beta-4)$

$=\alpha\beta(\alpha+\beta)+4\alpha\beta-4(\alpha+\beta)$

$=2\times 1+4\times 2-4\times 1=6$

08 이차방정식 $x^2-5x-3=0$의 두 근이 $\alpha,\ \beta$이므로 근과 계수의 관계에 의하여 $\alpha+\beta=5,\ \alpha\beta=-3$

또한, α를 이차방정식 $x^2-5x-3=0$에 대입하면 $\alpha^2-5\alpha-3=0$이므로 $\alpha^2-5\alpha=3$

$\therefore \alpha^3-5\alpha^2+\alpha\beta+3\beta=\alpha(\alpha^2-5\alpha)+\alpha\beta+3\beta$

$=3\alpha+\alpha\beta+3\beta$

$=3(\alpha+\beta)+\alpha\beta$

$=3\times 5-3$

$=12$

09 이차방정식 $x^2-2x+k=0$의 두 근이 $\alpha,\ \beta$이므로 근과 계수의 관계에 의하여 $\alpha+\beta=2,\ \alpha\beta=k$

또한, $\alpha,\ \beta$를 이차방정식 $x^2-2x+k=0$에 각각 대입하면 $\alpha^2-2\alpha+k=0,\ \beta^2-2\beta+k=0$이므로

$\alpha^2-\alpha+k=\alpha,\ \beta^2-\beta+k=\beta$

$\therefore \dfrac{1}{\alpha^2-\alpha+k}+\dfrac{1}{\beta^2-\beta+k}=\dfrac{1}{\alpha}+\dfrac{1}{\beta}$

$=\dfrac{\alpha+\beta}{\alpha\beta}=\dfrac{2}{k}$

따라서 $\dfrac{2}{k}=\dfrac{1}{3}$이므로 $k=6$이다.

10 이차방정식을 $x^2+ax+b=0$ $(a, b$는 상수$)$이라 하자.
보미는 x의 계수 a를 잘못 보고 풀어서 두 근 -1, 4를
얻었으므로 상수항 b는 바르게 보았다.
이차방정식의 근과 계수의 관계에 의하여 두 근의 곱은
$(-1)\times4=b$
$\therefore b=-4$
여름이는 상수항 b를 잘못 보고 풀어서 두 근 $3+\sqrt{3}$,
$3-\sqrt{3}$을 얻었으므로 x의 계수 a는 바르게 보았다.
이차방정식의 근과 계수의 관계에 의하여 두 근의 합은
$(3+\sqrt{3})+(3-\sqrt{3})=-a$
$\therefore a=-6$
두 근의 차의 공식을 이용하면
$|\alpha-\beta|=|\sqrt{(-6)^2-4\times1\times(-4)}|=2\sqrt{13}$
따라서 구하는 이차방정식은 $x^2-6x-4=0$이므로
$x=\dfrac{-(-3)\pm\sqrt{(-3)^2-(-1)\times4}}{1}=3\pm\sqrt{13}$
$\therefore |\alpha-\beta|=|(3+\sqrt{13})-(3-\sqrt{13})|=2\sqrt{13}$

11 이차방정식 $x^2-4x+7=0$에서 두 근은
$x=\dfrac{-(-2)\pm\sqrt{(-2)^2-1\times7}}{1}=2\pm\sqrt{3}\,i$이므로
$\alpha=2+\sqrt{3}\,i$, $\beta=2-\sqrt{3}\,i$라 하자.
이때 α, β는 각각 β, α의 켤레복소수이므로 $\beta=\overline{\alpha}$, $\alpha=\overline{\beta}$
또한, 이차방정식의 근과 계수의 관계에 의하여
$\alpha+\beta=4$, $\alpha\beta=7$
$\therefore \dfrac{\overline{\alpha}}{\alpha}+\dfrac{\overline{\beta}}{\beta}=\dfrac{\beta}{\alpha}+\dfrac{\alpha}{\beta}=\dfrac{\alpha^2+\beta^2}{\alpha\beta}$
$\qquad\qquad =\dfrac{(\alpha+\beta)^2-2\alpha\beta}{\alpha\beta}$
$\qquad\qquad =\dfrac{16-14}{7}=\dfrac{2}{7}$

12 이차방정식의 두 근이 연속하는 자연수이므로 두 근을
α, $\alpha+1$ $(\alpha$는 자연수$)$이라 하면 근과 계수의 관계에 의
하여
$\alpha+(\alpha+1)=a$ $\qquad$ …… ㉠
$\alpha\times(\alpha+1)=\dfrac{a+7}{2}$ $\qquad$ …… ㉡ $\qquad$ … ❶

㉠에서 $\alpha=\dfrac{a-1}{2}$이므로 이를 ㉡에 대입하면
$\dfrac{a-1}{2}\times\left(\dfrac{a-1}{2}+1\right)=\dfrac{a+7}{2}$, $a^2-2a-15=0$
$(a+3)(a-5)=0$ $\qquad \therefore a=-3$ 또는 $a=5$ $\quad$ … ❷
이때 a는 자연수이므로 ㉠에서 $a\geq3$
$\therefore a=5$
$\quad\longrightarrow \alpha\geq1$이고 ㉠에서 $2\alpha+1=a$이므로
$\qquad\quad 2\alpha+1\geq3 \qquad \therefore a\geq3$ $\qquad\qquad$ … ❸

채점 기준	배점 비율
❶ 이차방정식의 두 근을 각각 α, $\alpha+1$ $(\alpha$는 자연수$)$이라 하고, 근과 계수의 관계를 이용하여 식 세우기	40 %
❷ a에 대한 이차방정식 풀기	40 %
❸ 실수 a의 값 구하기	20 %

13 이차방정식 $x^2+(k+3)x+2k=0$의 두 근이 α, β이므로
이차방정식의 근과 계수의 관계에 의하여
$\alpha+\beta=-(k+3)$, $\alpha\beta=2k$
$|\alpha|+|\beta|=6$에서
$(|\alpha|+|\beta|)^2=\alpha^2+\beta^2+2|\alpha\beta|$
$\qquad\qquad\quad =(\alpha+\beta)^2-2\alpha\beta+2|\alpha\beta|$
$\qquad\qquad\quad =(-k-3)^2-2\times2k+2|2k|$
$\qquad\qquad\quad =k^2+2k+9+4|k|$
이므로 $k^2+2k+9+4|k|=36$
(ⅰ) $k<0$일 때, $|k|=-k$이므로
$\quad k^2-2k+9=36$, $k^2-2k-27=0$
$\quad \therefore k=1\pm2\sqrt{7}$
$\quad$ 그런데 $k<0$이므로 $k=1-2\sqrt{7}$
(ⅱ) $k\geq0$일 때, $|k|=k$이므로
$\quad k^2+6k+9=36$, $k^2+6k-27=0$
$\quad (k+9)(k-3)=0 \qquad \therefore k=-9$ 또는 $k=3$
$\quad$ 그런데 $k\geq0$이므로 $k=3$
(ⅰ), (ⅱ)에서 $k=1-2\sqrt{7}$ 또는 $k=3$이므로 모든 실수 k의
값의 합은
$1-2\sqrt{7}+3=4-2\sqrt{7}$

14 이차방정식 $x^2-mx-n=0$의 두 근이 α, β이므로 근과
계수의 관계에 의하여
$\alpha+\beta=m$, $\alpha\beta=-n$ $\qquad\qquad$ …… ㉠
$|\alpha-\beta|<5$에서
$|\alpha-\beta|=\sqrt{(\alpha-\beta)^2}=\sqrt{(\alpha+\beta)^2-4\alpha\beta}<5$ …… ㉡
㉠을 ㉡에 대입하면
$|\alpha-\beta|=\sqrt{m^2+4n}<5$ $(m, n$은 자연수$)$이므로
$m^2+4n<25$이다.
$m=1$일 때, $n<6$이므로 순서쌍 (m, n)은
$(1, 1)$, $(1, 2)$, $\cdots$, $(1, 5)$의 5개이다.
$m=2$일 때, $n<\dfrac{21}{4}$이므로 순서쌍 (m, n)은
$(2, 1)$, $(2, 2)$, $\cdots$, $(2, 5)$의 5개이다.
$m=3$일 때, $n<4$이므로 순서쌍 (m, n)은
$(3, 1)$, $(3, 2)$, $(3, 3)$의 3개이다.
$m=4$일 때, $n<\dfrac{9}{4}$이므로 순서쌍 (m, n)은
$(4, 1)$, $(4, 2)$의 2개이다.
따라서 구하는 순서쌍 (m, n)의 개수는
$5+5+3+2=15$

15 $\alpha=a+bi$ $(a, b$는 실수$)$라 하면 이차방정식
$x^2-px+p+7=0$에서 p가 실수이고 한 근이 $\alpha=a+bi$
이므로 다른 한 근은 $\overline{\alpha}=a-bi$이다.
즉, 이차방정식의 근과 계수의 관계에 의하여
$(a+bi)+(a-bi)=p$, $(a+bi)\times(a-bi)=p+7$

$$\therefore a=\frac{p}{2} \qquad \cdots\cdots\ \bigcirc$$

$$a^2+b^2=p+7 \qquad \cdots\cdots\ \bigcirc$$

또한, $\dfrac{\overline{a}}{a}=\dfrac{(\overline{a})^2}{a\overline{a}}=\dfrac{(a-bi)^2}{(a+bi)(a-bi)}=\dfrac{(a^2-b^2)-2abi}{a^2+b^2}$

가 순허수가 되려면

$$a^2-b^2=0,\ -2ab\neq0 \qquad \therefore a^2=b^2,\ ab\neq0 \quad \cdots\cdots\ \bigcirc$$

$\bigcirc$, $\bigcirc$에서 $a^2=b^2=\left(\dfrac{p}{2}\right)^2$이므로 이를 $\bigcirc$에 대입하면

$$\left(\frac{p}{2}\right)^2+\left(\frac{p}{2}\right)^2=p+7,\ p^2-2p-14=0$$

이때 이차방정식 $p^2-2p-14=0$의 판별식을 D라 할 때,

$$\frac{D}{4}=(-1)^2-1\times(-14)=15>0$$

이므로 서로 다른 두 실근을 갖는다.

따라서 이차방정식의 근과 계수의 관계에 의하여 모든 실수 p의 값의 합은 $-\dfrac{-2}{1}=2$이다.

16 이차방정식의 계수가 실수이고 한 근이 $1-2i$이므로 다른 한 근 a는 $1+2i$이다.

$$\therefore \frac{1}{a}=\frac{1}{1+2i}=\frac{1-2i}{(1+2i)(1-2i)}=\frac{1-2i}{5}$$

$\dfrac{1-2i}{5}=a+bi$이므로

$$a=\frac{1}{5},\ b=-\frac{2}{5}$$

$$\therefore a+b=\frac{1}{5}+\left(-\frac{2}{5}\right)=-\frac{1}{5}$$

17 조건 ㈎에서 허수 z는 이차방정식 $x^2+mx+n=0$의 한 근이다. 이때 m, n이 자연수이고 한 근이 z이므로 다른 한 근은 $\overline{z}$이다. $\longrightarrow m,\ n$이 실수

조건 ㈏에서 $z\overline{z}=7$이므로

이차방정식의 근과 계수의 관계에 의하여

$$n=7$$

즉, 이차방정식 $x^2+mx+7=0$의 판별식을 D라 할 때, 허근을 가지려면

$$D=m^2-4\times1\times7<0$$

$$m^2-28<0 \qquad \therefore m^2<28$$

이때 $5^2=25$, $6^2=36$이므로 자연수 m의 최댓값은 5이다.

따라서 $m+n$의 최댓값은

$$5+7=12$$

18 $\overline{AD}=x$라 하면 $\overline{CD}=2\overline{AD}-2=2x-2$이므로

$$\overline{AC}=\overline{AD}+\overline{CD}=x+(2x-2)=3x-2$$

이때 $\triangle ABC\backsim\triangle ADB$ (AA 닮음)이므로

$$\overline{AB}:\overline{AD}=\overline{AC}:\overline{AB}\text{에서} \quad \longrightarrow \angle CAB=\angle BAD,$$
$$\angle CBA=\angle BDA$$

$$4:x=(3x-2):4,\ x(3x-2)=16$$

$$3x^2-2x-16=0,\ (x+2)(3x-8)=0$$

$$\therefore x=-2 \text{ 또는 } x=\frac{8}{3}$$

이때 $x>0$이므로 $x=\dfrac{8}{3}$

$$\therefore \overline{BC}=\overline{AC}=3\times\frac{8}{3}-2=6$$

19 〔풀이전략〕 근과 계수의 관계를 이용하여 주어진 등식을 a에 대한 식으로 나타낸 후 a의 값의 범위를 나누어 이차방정식을 푼다.

이차방정식 $x^2+(3|a|-1)x+2a=0$의 두 근이 α, β이므로 근과 계수의 관계에 의하여

$$\alpha+\beta=-(3|a|-1)=-3|a|+1,\ \alpha\beta=2a$$

이때

$$\alpha^2\beta+\alpha\beta^2=\alpha\beta(\alpha+\beta)=2a\times(-3|a|+1)$$
$$=-6a|a|+2a$$

$$\alpha^2+\beta^2=(\alpha+\beta)^2-2\alpha\beta=(-3|a|+1)^2-2\times2a$$
$$=9a^2-6|a|+1-4a$$

이므로 $\alpha^2\beta+\alpha\beta^2+\alpha^2+\beta^2+\alpha+\beta=6$에서

$$(-6a|a|+2a)+(9a^2-6|a|+1-4a)$$
$$+(-3|a|+1)=6$$

$$\therefore 9a^2-6a|a|-9|a|-2a-4=0$$

(i) $a<0$일 때, $|a|=-a$이므로

$$9a^2+6a^2+9a-2a-4=0$$

$$15a^2+7a-4=0,\ (5a+4)(3a-1)=0$$

$$\therefore a=-\frac{4}{5} \text{ 또는 } a=\frac{1}{3}$$

그런데 $a<0$이므로 $a=-\dfrac{4}{5}$

(ii) $a\geq0$일 때, $|a|=a$이므로

$$9a^2-6a^2-9a-2a-4=0$$

$$3a^2-11a-4=0,\ (3a+1)(a-4)=0$$

$$\therefore a=-\frac{1}{3} \text{ 또는 } a=4$$

그런데 $a\geq0$이므로 $a=4$

(i), (ii)에서 $a=-\dfrac{4}{5}$ 또는 $a=4$

20 〔풀이전략〕 정사각형의 한 변의 길이를 k라 하고, 두 삼각형 ABC, ADE의 닮음비를 이용하여 k의 값을 구한다.

이차방정식 $x^2-4x+2=0$의 두 근이 α, β $(\alpha<\beta)$이므로 근과 계수의 관계에 의하여 $\alpha+\beta=4$, $\alpha\beta=2$

직각삼각형 ABC에 내접하는 정사각형 DBFE의 한 변의 길이를 k라 하고, 정사각형의 꼭짓점이 선분 AB, AC와 만나는 두 점을 각각 D, E라 하면

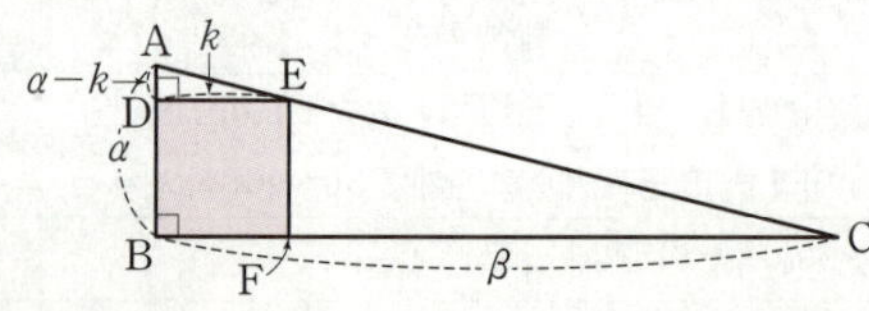

$$\overline{AD}=\alpha-k,\ \overline{DE}=k$$

이때 $\triangle ABC \backsim \triangle ADE$ (AA 닮음)이므로

$\overline{AB} : \overline{AD} = \overline{BC} : \overline{DE}$에서 $\begin{array}{c}\scriptstyle \angle BAC = \angle DAE, \\ \scriptstyle \angle ABC = \angle ADE\end{array}$

$\alpha : (\alpha - k) = \beta : k$, $\alpha k = (\alpha - k)\beta$

$\alpha k = \alpha\beta - \beta k$, $(\alpha + \beta)k = \alpha\beta$

$\therefore k = \dfrac{\alpha\beta}{\alpha + \beta} = \dfrac{2}{4} = \dfrac{1}{2}$

즉, (정사각형 DBFE의 넓이)$= k^2 = \dfrac{1}{4}$이고,

(정사각형 DBFE의 둘레의 길이)$= 4k = 2$

따라서 x^2의 계수가 4이고, $\dfrac{1}{4}$, 2를 두 근으로 하는 이차

방정식은

$4(x-2)\left(x - \dfrac{1}{4}\right) = 0$, $4x^2 - 9x + 2 = 0$

이때 $4x^2 - 9x + 2 = 4x^2 + mx + n$이므로

$m = -9$, $n = 2$

$\therefore m + n = (-9) + 2 = -7$

21 (풀이전략) $\overline{BE} : \overline{PE} = \overline{PE} : \overline{BP}$를 이용하여 이차방정식을 세우고, 주어진 식에서 반복되는 항에 대한 규칙을 찾아 값을 구한다.

정오각형의 한 내각의 크기는 $\dfrac{180° \times 3}{5} = 108°$이다.

$\triangle ABE$는 $\overline{AB} = \overline{AE}$인 이등변삼각형이고

$\angle BAE = 108°$이므로 $\angle ABE = \angle AEB = 36°$이다.

$\triangle BCA$도 $\overline{BC} = \overline{BA}$인 이등변삼각형이고

$\angle ABC = 108°$이므로 $\angle BAC = 36°$이다.

$\triangle ABP$에서 $\angle ABP = \angle BAP = 36°$이므로 $\overset{\scriptstyle 108°-36°=72°}{}$

$\angle APB = 108°$이고, $\angle EPA = \angle EAP = 72°$이다.

즉, $\triangle APE$는 $\overline{AE} = \overline{PE}$인 이등변삼각형이므로 $\overset{\scriptstyle 180°-108°=72°}{}$

$\overline{PE} = \overline{AE} = 1$이고,

$\overline{BE} : \overline{PE} = \overline{PE} : \overline{BP}$가 성립하므로

$x : 1 = 1 : (x-1)$

$x(x-1) = 1$, $x^2 - x - 1 = 0$ $\qquad$ …… ㉠

$x > 0$이므로 $x = \dfrac{1+\sqrt{5}}{2}$

$x^2 = x + 1$ $(\because$ ㉠$)$

$x^4 = (x^2)^2$

$\quad = (x+1)^2 = x^2 + 2x + 1$

$\quad = (x+1) + 2x + 1 = 3x + 2$

$x^6 = x^2 \times x^4$

$\quad = (x+1)(3x+2) = 3x^2 + 5x + 2$

$\quad = 3(x+1) + 5x + 2 = 8x + 5$

$\therefore 1 - x + x^2 - x^3 + x^4 - x^5 + x^6 - x^7 + x^8$

$\quad = 1 + \underline{(-x+x^2)} + x^2(-x+x^2) + x^4(-x+x^2)$

$\qquad \overset{\scriptstyle \downarrow\, 1\,(\because\, ㉠)}{} \qquad\qquad\qquad + x^6(-x+x^2)$

$\quad = 1 + 1 + x^2 + x^4 + x^6$

$\quad = 2 + (x+1) + (3x+2) + (8x+5) = 12x + 10$

$\quad = 12 \times \dfrac{1+\sqrt{5}}{2} + 10 = 16 + 6\sqrt{5}$

이때 $16 + 6\sqrt{5} = p + q\sqrt{5}$이므로

$p = 16$, $q = 6$

$\therefore p + q = 22$

| 다른 풀이 |

$x^2 - x - 1 = 0$에서 $1 - x + x^2 = (x^2 - x - 1) + 2 = 2$

$\therefore 1 - x + x^2 - x^3 + x^4 - x^5 + x^6 - x^7 + x^8$

$\quad = \underline{(1-x+x^2)} - x^3\underline{(1-x+x^2)} + x^6\underline{(1-x+x^2)}$

$\quad = 2\underline{(1 - x^3 + x^6)} \quad \overset{\scriptstyle x^3 = x^2 \times x = (x+1)x = x^2 + x}{\underset{\scriptstyle = (x+1)+x = 2x+1}{}}$

$\quad = 2\{1 - (2x+1) + (8x+5)\}$

$\quad = 2(6x + 5)$

$\quad = 2\left(6 \times \dfrac{1+\sqrt{5}}{2} + 5\right)$

$\quad = 16 + 6\sqrt{5}$

22 (풀이전략) $\alpha^4 + \alpha$, $\beta^4 + \beta$를 각각 α, β에 대한 일차식으로 변형한 후 두 근이 α, β인 이차방정식을 찾는다.

α가 이차방정식 $x^2 - 2x + 2 = 0$의 근이므로

$\alpha^2 - 2\alpha + 2 = 0$

$\therefore \alpha^2 = 2\alpha - 2$ $\qquad\qquad$ …… ㉠

㉠의 양변을 제곱하면

$\alpha^4 = (2\alpha - 2)^2 = 4\alpha^2 - 8\alpha + 4$

$\quad = 4(2\alpha - 2) - 8\alpha + 4$ $(\because$ ㉠$)$

$\quad = -4$

β도 이차방정식 $x^2 - 2x + 2 = 0$의 근이므로 같은 방법으로

$\beta^4 = -4$

즉, $\alpha^4 + \alpha = -4 + \alpha$, $\beta^4 + \beta = -4 + \beta$이므로

$P(\alpha^4 + \alpha) = P(-4 + \alpha) = -4\alpha + b$

$P(\beta^4 + \beta) = P(-4 + \beta) = -4\beta + b$

즉, 이차방정식 $P(-4+x) = -4x + b$에서

$P(-4+x) + 4x - b = 0$의 두 근이 α, β이고,

이차식 $P(x)$의 x^2의 계수가 1이므로 $\begin{array}{l}\scriptstyle \text{두 이차식 } P(-4+x), \\ \scriptstyle P(-4+x)+4x-b\text{의 } x^2\text{의 계수도}\end{array}$

$P(-4+x) + 4x - b = (x-\alpha)(x-\beta)$ 1이다. …… ㉡

이때 이차방정식 $x^2 - 2x + 2 = 0$의 두 근도 α, β이므로

$x^2 - 2x + 2 = (x-\alpha)(x-\beta)$ $\qquad$ …… ㉢

㉡, ㉢에서

$P(-4+x) + 4x - b = x^2 - 2x + 2$ $\qquad$ …… ㉣

한편, $P(x) = x^2 + ax - 3a + 8$에서

$P(-4+x) + 4x - b$

$\quad = (-4+x)^2 + a(-4+x) - 3a + 8 + 4x - b$

$\quad = x^2 + (a-4)x + 24 - 7a - b$ $\qquad$ …… ㉤

따라서 ㉣, ㉤에서

$x^2 + (a-4)x + 24 - 7a - 7b = x^2 - 2x + 2$

이므로 항등식의 성질에 의하여

$a - 4 = -2$, $24 - 7a - b = 2$

$\therefore a = 2$, $b = 8$

$\therefore a + b = 2 + 8 = 10$

 **3 이차방정식과 이차함수**

01 이차방정식과 이차함수의 관계

1-1 답 4

x^2의 계수가 -1이고 꼭짓점의 좌표가 $(2, k)$인 이차함수의 식은 $y=-(x-2)^2+k$ ...... ㉠

이 이차함수의 그래프가 제2사분면을 지나지 않으려면 이차함수의 그래프의 y축과의 교점의 y좌표가 0 이하이어야 하므로

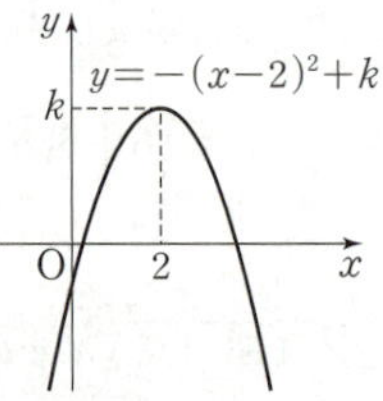

$-(0-2)^2+k\leq0$

$\therefore k\leq4$ ← ㉠에 $x=0$을 대입

따라서 실수 k의 최댓값은 4이다.

2-1 답 ㄱ, ㄴ, ㄷ

ㄱ. 이차함수의 그래프가 위로 볼록하므로 $a<0$

축이 y축의 왼쪽에 있으므로 $-\dfrac{b}{2a}<0$에서

$b<0$ ($\because a<0$)

y축과의 교점이 x축의 위쪽에 있으므로 $c>0$

$\therefore abc>0$ (참)

ㄴ. $x=1$일 때, $y=0$이므로 $a+b+c=0$ (참)

ㄷ. $x=2$일 때, $y<0$이므로 $4a+2b+c<0$ (참)

ㄹ. $x=-\dfrac{1}{2}$일 때, $y>0$이므로 $\dfrac{a}{4}-\dfrac{b}{2}+c>0$

$\therefore a-2b+4c>0$ (거짓)

따라서 옳은 것은 ㄱ, ㄴ, ㄷ이다.

1 답 (1) 2 (2) 1 (3) 0

(1) 이차방정식 $x^2-6x+4=0$의 판별식을 D라 할 때

$\dfrac{D}{4}=(-3)^2-1\times4=5>0$

이므로 주어진 이차함수의 그래프와 x축의 교점의 개수는 2이다.

(2) 이차방정식 $-2x^2+8x-8=0$의 판별식을 D라 할 때

$\dfrac{D}{4}=4^2-(-2)\times(-8)=0$

이므로 주어진 이차함수의 그래프와 x축의 교점의 개수는 1이다.

(3) 이차방정식 $x^2+3x+3=0$의 판별식을 D라 할 때

$D=3^2-4\times1\times3=-3<0$

이므로 주어진 이차함수의 그래프와 x축의 교점의 개수는 0이다.

2 답 (1) 2 (2) 0 (3) 1

(1) 이차방정식 $x^2+2x-3=x-1$, 즉 $x^2+x-2=0$의 판별식을 D라 할 때

$D=1^2-4\times1\times(-2)=9>0$

이므로 주어진 이차함수의 그래프와 직선의 교점의 개수는 2이다.

(2) 이차방정식 $x^2+2x-3=-x-7$, 즉 $x^2+3x+4=0$의 판별식을 D라 할 때

$D=3^2-4\times1\times4=-7<0$

이므로 주어진 이차함수의 그래프와 직선의 교점의 개수는 0이다.

(3) 이차방정식 $x^2+2x-3=4x-4$, 즉 $x^2-2x+1=0$의 판별식을 D라 할 때

$\dfrac{D}{4}=(-1)^2-1\times1=0$

이므로 주어진 이차함수의 그래프와 직선의 교점의 개수는 1이다.

01-❶ 답 $a=-1$, $b=2$

| 방법 ❶ | 이차방정식의 근과 계수의 관계를 이용

이차함수 $y=-x^2+ax+b$의 그래프와 x축의 교점의 x좌표가 -2, 1이므로 이차방정식 $-x^2+ax+b=0$의 두 근이 -2, 1이다.

따라서 이차방정식의 근과 계수의 관계에 의하여

$(-2)+1=a$, $(-2)\times1=-b$

$\therefore a=-1$, $b=2$

| 방법 ❷ | 이차함수의 그래프가 지나는 점의 좌표를 이용

이차함수 $y=-x^2+ax+b$의 그래프가 두 점 $(-2, 0)$, $(1, 0)$을 지나므로

$-(-2)^2+a\times(-2)+b=0$,

$-1^2+a\times1+b=0$

위의 두 식을 연립하여 풀면

$a=-1$, $b=2$

01-❷ 답 3

| 방법 ❶ | 이차방정식의 근과 계수의 관계를 이용

이차함수 $y=x^2-3x+a$의 그래프와 x축의 교점의 x좌표가 2, b이므로 이차방정식 $x^2-3x+a=0$의 두 근이 2, b이다.

따라서 이차방정식의 근과 계수의 관계에 의하여

$2+b=3$, $2b=a$

따라서 $a=2$, $b=1$이므로

$a+b=2+1=3$

| 방법 ❷ | 이차함수의 그래프가 지나는 점의 좌표를 이용

이차함수 $y=x^2-3x+a$의 그래프가 점 $(2, 0)$을 지나므로
$2^2-3\times2+a=0$ $\therefore a=2$
즉, 이차함수 $y=x^2-3x+2$의 그래프와 x축의 교점의 x좌표
는 이차방정식 $x^2-3x+2=0$의 실근과 같으므로
$(x-1)(x-2)=0$ $\therefore x=1$ 또는 $x=2$
따라서 $b=1$이므로
$a+b=2+1=3$

02-❶ 답 (1) $k>-\dfrac{2}{3}$ (2) $k=-\dfrac{2}{3}$ (3) $k<-\dfrac{2}{3}$

x에 대한 이차방정식 $x^2+2(k+3)x+k^2+5=0$의 판별식을
D라 할 때
$\dfrac{D}{4}=(k+3)^2-1\times(k^2+5)=6k+4$

(1) 서로 다른 두 점에서 만나려면

$\quad 6k+4>0$ $\therefore k>-\dfrac{2}{3}$

(2) 접하려면

$\quad 6k+4=0$ $\therefore k=-\dfrac{2}{3}$

(3) 만나지 않으려면

$\quad 6k+4<0$ $\therefore k<-\dfrac{2}{3}$

02-❷ 답 1, 5

이차방정식 $x^2+(k+1)x+2k-1=0$의 판별식을 D라 할 때
$D=(k+1)^2-4\times1\times(2k-1)=k^2-6k+5$
이차함수의 그래프와 x축이 한 점에서 만나려면 → $D=0$
$k^2-6k+5=0,\ (k-1)(k-5)=0$
$\therefore k=1$ 또는 $k=5$

03-❶ 답 $m=2,\ n=-9$

| 방법 ❶ | 이차방정식의 근과 계수의 관계를 이용

이차함수 $y=-x^2+3x-3$의 그래프와 직선 $y=mx+n$의
교점의 x좌표가 -2, 3이므로 이차방정식
$-x^2+3x-3=mx+n$, 즉 $x^2+(m-3)x+n+3=0$의 두
근이 -2, 3이다.
따라서 이차방정식의 근과 계수의 관계에 의하여
$(-2)+3=-(m-3),\ (-2)\times3=n+3$
$\therefore m=2,\ n=-9$

| 방법 ❷ | 이차함수의 그래프와 직선이 만나는 점의 x좌표를 이용

이차방정식 $x^2+(m-3)x+n+3=0$의 두 근이 -2, 3이므로
$(-2)^2+(m-3)\times(-2)+n+3=0$
$\therefore 2m-n=13$ …… ㉠
$3^2+(m-3)\times3+n+3=0$
$\therefore 3m+n=-3$ …… ㉡
㉠, ㉡을 연립하여 풀면
$m=2,\ n=-9$

03-❷ 답 11

| 방법 ❶ | 이차방정식의 근과 계수의 관계를 이용

이차함수 $y=-2x^2+a$의 그래프와 직선 $y=bx+1$의 교점의
x좌표가 -3, 1이므로 이차방정식 $-2x^2+a=bx+1$, 즉
$2x^2+bx+1-a=0$의 두 근이 -3, 1이다.
따라서 이차방정식의 근과 계수의 관계에 의하여
$(-3)+1=-\dfrac{b}{2},\ (-3)\times1=\dfrac{1-a}{2}$
따라서 $a=7,\ b=4$이므로
$a+b=7+4=11$

| 방법 ❷ | 이차함수의 그래프와 직선이 만나는 점의 x좌표를 이용

이차방정식 $2x^2+bx+1-a=0$의 두 근이 -3, 1이므로
$18-3b+1-a=0$
$\therefore a+3b=19$ …… ㉠
$2+b+1-a=0$
$\therefore a-b=3$ …… ㉡
㉠, ㉡을 연립하여 풀면
$a=7,\ b=4$

03-❸ 답 -1

이차함수 $y=x^2+ax+b$의 그래프와 직선 $y=3x+1$의 한 교점
의 x좌표가 $1+\sqrt{3}$이므로 이차방정식 $x^2+ax+b=3x+1$, 즉
$x^2+(a-3)x+b-1=0$의 근이 $1+\sqrt{3}$이다.
이때 a, b가 유리수이므로 $1-\sqrt{3}$도 이 이차방정식의 근이다.
따라서 이차방정식의 근과 계수의 관계에 의하여 ┌→ 이차방정식의
$(1+\sqrt{3})+(1-\sqrt{3})=-(a-3)$ 켤레근의 성질
$(1+\sqrt{3})\times(1-\sqrt{3})=b-1$
따라서 $a=1,\ b=-1$이므로
$ab=1\times(-1)=-1$

04-❶ 답 (1) $k<\dfrac{5}{4}$ (2) $k=\dfrac{5}{4}$ (3) $k>\dfrac{5}{4}$

이차방정식 $-x^2+4x-k=x+1$, 즉 $x^2-3x+k+1=0$의
판별식을 D라 할 때
$D=(-3)^2-4\times1\times(k+1)=5-4k$

(1) 서로 다른 두 점에서 만나려면

$\quad 5-4k>0$ $\therefore k<\dfrac{5}{4}$

(2) 접하려면

$\quad 5-4k=0$ $\therefore k=\dfrac{5}{4}$

(3) 만나지 않으려면

$\quad 5-4k<0$ $\therefore k>\dfrac{5}{4}$

04-❷ 답 $k\geq-1$

이차방정식 $x^2+(2k+1)x+k^2+2=-x+3$, 즉
$x^2+2(k+1)x+k^2-1=0$의 판별식을 D라 할 때

$\dfrac{D}{4}=(k+1)^2-1\times(k^2-1)=2k+2$

이차함수의 그래프와 직선이 적어도 한 점에서 만나려면

$2k+2\geq0 \qquad \therefore k\geq-1$

$\quad\quad\quad\quad\quad\quad\quad\quad\hookrightarrow D\geq0$

• 본문 146쪽

01 -3 02 ② 03 ④ 04 1

01 이차함수 $y=x^2-(2a+1)x+3a+1$의 그래프가 x축과 만나는 두 점 A, B의 x좌표를 각각 α, β $(\alpha<\beta)$라 하면 이차방정식 $x^2-(2a+1)x+3a+1=0$의 두 근이 α, β이다.

이차방정식의 근과 계수의 관계에 의하여

$\alpha+\beta=2a+1$, $\alpha\beta=3a+1$

이때 $\overline{AB}=3$이므로

$\begin{aligned}\beta-\alpha&=\sqrt{(\alpha+\beta)^2-4\alpha\beta}\\&=\sqrt{(2a+1)^2-4(3a+1)}\\&=\sqrt{4a^2-8a-3}=3\end{aligned}$

$\quad\hookrightarrow \alpha<\beta$, 즉 $\beta-\alpha>0$이므로

에서 $4a^2-8a-3=9$, $4a^2-8a-12=0$

$4(a+1)(a-3)=0 \qquad \therefore a=-1$ 또는 $a=3$

따라서 모든 실수 a의 값의 곱은

$(-1)\times3=-3$

02 이차방정식 $x^2-6x+a=0$의 판별식을 D라 할 때

$\dfrac{D}{4}=(-3)^2-1\times a=9-a$

이차함수의 그래프가 x축이 만나지 않으므로 $\to D<0$

$9-a<0 \qquad \therefore a>9$

따라서 정수 a의 최솟값은 10이다.

03 이차함수 $y=2x^2-5x+k$의 그래프와 직선 $y=-3x+2$의 한 교점의 x좌표가 2이므로 이차방정식 $2x^2-5x+k=-3x+2$, 즉 $2x^2-2x+k-2=0$의 한 근이 2이다.

$x=2$를 $2x^2-2x+k-2=0$에 대입하면

$2\times2^2-2\times2+k-2=0 \qquad \therefore k=-2$

즉, $2x^2-2x-4=0$이므로

$2(x+1)(x-2)=0$

$\therefore x=-1$ 또는 $x=2$

따라서 다른 교점의 x좌표는 -1이다.

04 이차방정식 $-x^2+4x+1=2x+k$, 즉 $x^2-2x+k-1=0$의 판별식을 D라 할 때

$\dfrac{D}{4}=(-1)^2-1\times(k-1)=2-k$

직선이 이차함수의 그래프에 접하려면

$2-k=0 \qquad \therefore k=2$

즉, $x^2-2x+1=0$이므로

$(x-1)^2=0 \qquad \therefore x=1$

02 이차함수의 최대 · 최소

• 본문 147쪽

1 답 (1) 최댓값: 없다., 최솟값: 1

(2) 최댓값: 3, 최솟값: 없다.

(1) 이차함수 $y=2x^2+1$의 그래프는 오른쪽 그림과 같으므로 $x=0$일 때 최솟값 1을 갖고, 최댓값은 없다.

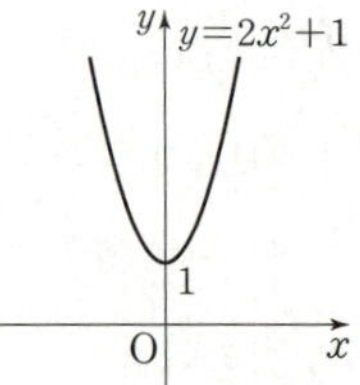

(2) 이차함수 $y=-x^2+3$의 그래프는 오른쪽 그림과 같으므로 $x=0$일 때 최댓값 3을 갖고, 최솟값은 없다.

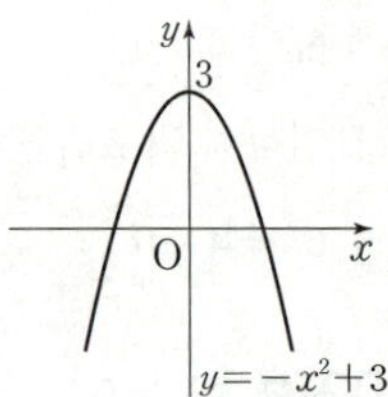

• 본문 150쪽

01 (1) 최댓값: 7, 최솟값: -2

(2) 최댓값: 3, 최솟값: -5

(3) 최댓값: 7, 최솟값: 1

(4) 최댓값: 0, 최솟값: -6

02 (1) 최댓값: -5, 최솟값: -7

(2) 최댓값: 3, 최솟값: $\dfrac{5}{3}$

(3) 최댓값: 7, 최솟값: 2

(4) 최댓값: 0, 최솟값: -4

03 (1) 최댓값: 8, 최솟값: -1

(2) 최댓값: 2, 최솟값: -2

(3) 최댓값: 1, 최솟값: -2

(4) 최댓값: 3, 최솟값: -5

01 (1) 이차함수 $y=(x+1)^2-2$의 그래프의 꼭짓점의 x좌표 -1이 $-2\leq x\leq2$에 포함되므로

$x=-2$일 때 $y=-1$ → 범위의 양 끝 점

$x=-1$일 때 $y=-2$ → 꼭짓점

$x=2$일 때 $y=7$ → 범위의 양 끝 점

따라서 최댓값은 7, 최솟값은 −2이다.

(2) 이차함수 $y=-2(x-1)^2+3$의 그래프의 꼭짓점의 x좌표 1이 $-1\le x\le 2$에 포함되므로

$x=-1$일 때 $y=-5$ →범위의 양 끝 점

$x=1$일 때 $y=3$ →꼭짓점

$x=2$일 때 $y=1$ →범위의 양 끝 점

따라서 최댓값은 3, 최솟값은 −5이다.

(3) 이차함수 $y=2(x-1)^2-1$의 그래프의 꼭짓점의 x좌표 1이 $2\le x\le 3$에 포함되지 않으므로

$x=2$일 때 $y=1$

$x=3$일 때 $y=7$

따라서 최댓값은 7, 최솟값은 1이다.

(4) 이차함수 $y=-\dfrac{1}{2}(x+2)^2+2$의 그래프의 꼭짓점의 x좌표 −2가 $0\le x\le 2$에 포함되지 않으므로

$x=0$일 때 $y=0$

$x=2$일 때 $y=-6$

따라서 최댓값은 0, 최솟값은 −6이다.

02 (1) $y=\dfrac{1}{2}x^2-4x+1=\dfrac{1}{2}(x-4)^2-7$

즉, 이차함수 $y=\dfrac{1}{2}x^2-4x+1$의 그래프의 꼭짓점의 x좌표 4가 $3\le x\le 6$에 포함되므로

$x=3$일 때 $y=-\dfrac{13}{2}$ →범위의 양 끝 점

$x=4$일 때 $y=-7$ →꼭짓점

$x=6$일 때 $y=-5$ →범위의 양 끝 점

따라서 최댓값은 −5, 최솟값은 −7이다.

(2) $y=-\dfrac{1}{3}x^2+2x=-\dfrac{1}{3}(x-3)^2+3$

즉, 이차함수 $y=-\dfrac{1}{3}x^2+2x$의 그래프의 꼭짓점의 x좌표 3이 $1\le x\le 4$에 포함되므로

$x=1$일 때 $y=\dfrac{5}{3}$ →범위의 양 끝 점

$x=3$일 때 $y=3$ →꼭짓점

$x=4$일 때 $y=\dfrac{8}{3}$ →범위의 양 끝 점

따라서 최댓값은 3, 최솟값은 $\dfrac{5}{3}$이다.

(3) $y=x^2+2x-1=(x+1)^2-2$

즉, 이차함수 $y=x^2+2x-1$의 그래프의 꼭짓점의 x좌표 −1이 $1\le x\le 2$에 포함되지 않으므로

$x=1$일 때 $y=2$

$x=2$일 때 $y=7$

따라서 최댓값은 7, 최솟값은 2이다.

(4) $y=-x^2+3x=-\left(x-\dfrac{3}{2}\right)^2+\dfrac{9}{4}$

즉, 이차함수 $y=-x^2+3x$의 그래프의 꼭짓점의 x좌표 $\dfrac{3}{2}$이 $3\le x\le 4$에 포함되지 않으므로

$x=3$일 때 $y=0$

$x=4$일 때 $y=-4$

따라서 최댓값은 0, 최솟값은 −4이다.

03 (1) $2x-1=t$라 하면

$1\le x\le 3$일 때, 함수 $t=2x-1$은 $x=1$일 때 최솟값 1, $x=3$일 때 최댓값 5를 갖는다. →직선 $t=2x-1$의 기울기가 양수이므로

즉, $1\le x\le 3$에서 t의 값의 범위는

$1\le t\le 5$

이때 주어진 함수는

$y=t^2-4t+3=(t-2)^2-1 \ (1\le t\le 5)$

즉, 이차함수 $y=(t-2)^2-1$의 그래프의 꼭짓점의 t좌표 2가 $1\le t\le 5$에 포함되므로

$t=1$일 때 $y=0$ →범위의 양 끝 점

$t=2$일 때 $y=-1$ →꼭짓점

$t=5$일 때 $y=8$ →범위의 양 끝 점

따라서 최댓값은 8, 최솟값은 −1이다.

(2) $3x-2=t$라 하면

$-\dfrac{1}{3}\le x\le \dfrac{2}{3}$일 때, 함수 $t=3x-2$는 $x=-\dfrac{1}{3}$일 때 최솟값 −3, $x=\dfrac{2}{3}$일 때 최댓값 0을 갖는다.

즉, $-\dfrac{1}{3}\le x\le \dfrac{2}{3}$에서 t의 값의 범위는

$-3\le t\le 0$

이때 주어진 함수는

$y=-t^2-2t+1=-(t+1)^2+2 \ (-3\le t\le 0)$

즉, 이차함수 $y=-(t+1)^2+2$의 그래프의 꼭짓점의 t좌표 −1이 $-3\le t\le 0$에 포함되므로

$t=-3$일 때 $y=-2$ →범위의 양 끝 점

$t=-1$일 때 $y=2$ →꼭짓점

$t=0$일 때 $y=1$ →범위의 양 끝 점

따라서 최댓값은 2, 최솟값은 −2이다.

(3) $-4x+3=t$로 놓으면

$\dfrac{1}{2}\le x\le\dfrac{3}{4}$일 때, 함수 $t=-4x+3$은 $x=\dfrac{1}{2}$일 때 최

댓값 1, $x=\dfrac{3}{4}$일 때 최솟값 0을 갖는다.

$\longrightarrow$ 직선 $t=-4x+3$의 기울기가 음수이므로

즉, $\dfrac{1}{2}\le x\le\dfrac{3}{4}$에서 t의 값의 범위는

$0\le t\le 1$

이때 주어진 함수는

$y=t^2+2t-2=(t+1)^2-3$ $(0\le t\le 1)$

이차함수 $y=(t+1)^2-3$의 그

래프의 꼭짓점의 t좌표 -1이

$0\le t\le 1$에 포함되지 않으므로

$t=0$일 때 $y=-2$

$t=1$일 때 $y=1$

따라서 최댓값은 1, 최솟값은

-2이다.

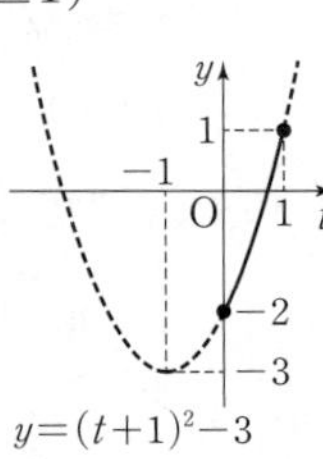

(4) $3-2x=t$라 하면

$1\le x\le 2$일 때, 함수 $t=-2x+3$은 $x=1$일 때 최댓

값 1, $x=2$일 때 최솟값 -1을 갖는다.

즉, $1\le x\le 2$에서 t의 값의 범위는

$-1\le t\le 1$

이때 주어진 함수는

$y=-t^2+4t=-(t-2)^2+4$ $(-1\le t\le 1)$

이차함수 $y=-(t-2)^2+4$

의 그래프의 꼭짓점의 t좌표

2가 $-1\le t\le 1$에 포함되지

않으므로

$t=-1$일 때 $y=-5$

$t=1$일 때 $y=3$

따라서 최댓값은 3, 최솟값은 -5이다.

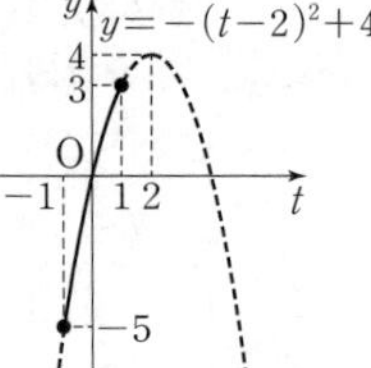

유제

• 본문 151~156쪽

01-❶ 답 (1) 4 (2) −6

(1) $y=2x^2-4x+5=2(x-1)^2+3$

즉, 이차함수 $y=2x^2-4x+5$는 $x=1$일 때 최솟값 3을 가

지므로 $a=1$, $b=3$

$\therefore a+b=1+3=4$

(2) $y=-\dfrac{1}{2}x^2+2x-5=-\dfrac{1}{2}(x-2)^2-3$

즉, 이차함수 $y=-\dfrac{1}{2}x^2+2x-5$는 $x=2$일 때 최댓값 -3

을 가지므로 $a=2$, $b=-3$

$\therefore ab=2\times(-3)=-6$

01-❷ 답 $a=3$, $b=4$

$y=x^2+2ax+b=(x+a)^2+b-a^2$

즉, 이차함수 $y=x^2+2ax+b$는 $x=-a$일 때 최솟값 $b-a^2$

을 가지므로

$-a=-3$, $b-a^2=-5$

$\therefore a=3$, $b=4$

| 다른 풀이 | $\longrightarrow$ 주어진 최댓값 또는 최솟값을 이용하여 함수식을 세우는 경우

이차함수 $y=x^2+2ax+b$가 $x=-3$일 때 최솟값 -5를 가

지므로

$y=(x+3)^2-5=x^2+6x+4$

위의 식이 $y=x^2+2ax+b$와 일치하므로

$2a=6$, $b=4$ $\therefore a=3$, $b=4$

01-❸ 답 -5

$y=-x^2-2ax+b=-(x+a)^2+a^2+b$

즉, 이차함수 $y=-x^2-2ax+b$는 $x=-a$일 때 최댓값

a^2+b를 가지므로

$-a=-4$, $a^2+b=7$

따라서 $a=4$, $b=-9$이므로

$a+b=4+(-9)=-5$

| 다른 풀이 |

이차함수 $y=-x^2-2ax+b$가 $x=-4$일 때 최댓값 7을 가

지므로

$y=-(x+4)^2+7=-x^2-8x-9$

위의 식이 $y=-x^2-2ax+b$와 일치하므로

$-2a=-8$, $b=-9$ $\therefore a=4$, $b=-9$

02-❶ 답 5

$y=-x^2+4x+6=-(x-2)^2+10$

이차함수 $y=-x^2+4x+6$의 그래프

의 꼭짓점의 x좌표 2가 $0\le x\le 3$에 포

함되므로

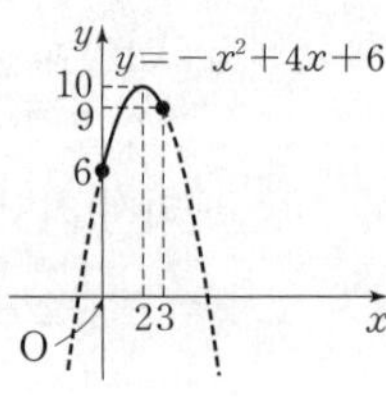

$x=0$일 때 $y=6$

$x=2$일 때 $y=10$

$x=3$일 때 $y=9$

이때 최솟값은 6이므로 $a=6$

한편, 이차함수 $y=-x^2+4x+6$의 그

래프의 꼭짓점의 x좌표 2가 $5\le x\le 7$

에 포함되지 않으므로

$x=5$일 때 $y=1$,

$x=7$일 때 $y=-15$

따라서 최댓값은 1이므로 $b=1$

$\therefore a-b=6-1=5$

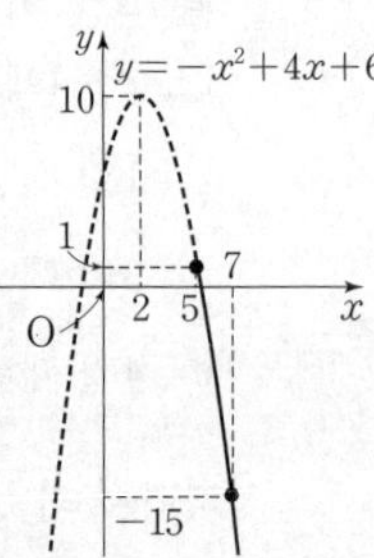

02-❷ 답 4

$y=-2x^2+6x$
$\quad=-2\left(x-\dfrac{3}{2}\right)^2+\dfrac{9}{2}$

즉, 이차함수 $y=-2x^2+6x$의 그

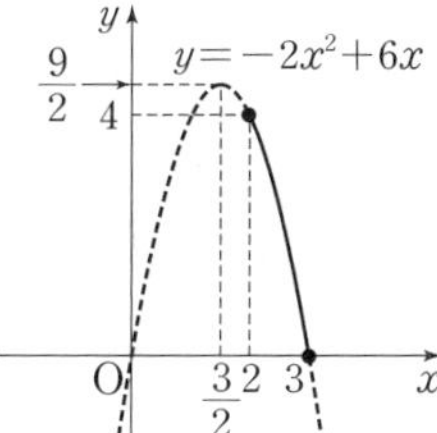

래프의 꼭짓점의 x좌표 $\dfrac{3}{2}$이

$2\leq x\leq 3$에 포함되지 않으므로

$x=2$일 때 $y=4$, $x=3$일 때 $y=0$

따라서 최댓값은 4, 최솟값은 0이므로

$a=4$, $b=0$

$\therefore a-b=4-0=4$

03-❶ 답 22

$f(x)=2x^2-4x+k=2(x-1)^2+k-2$

즉, 이차함수

$f(x)=2x^2-4x+k$의 그래프

의 꼭짓점의 x좌표 1이

$-2\leq x\leq 3$에 포함되므로

$x=-2$일 때 $y=k+16$

$x=1$일 때 $y=k-2$

$x=3$일 때 $y=k+6$

이때 최솟값은 1이므로

$k-2=1$

$\therefore k=3$

따라서 최댓값은

$M=k+16=3+16=19$

$\therefore k+M=3+19=22$

03-❷ 답 $\dfrac{3}{2}$

$y=x^2-x-\dfrac{1}{4}=\left(x-\dfrac{1}{2}\right)^2-\dfrac{1}{2}$

즉, 이차함수 $y=x^2-x-\dfrac{1}{4}$의 그래프의

꼭짓점의 x좌표 $\dfrac{1}{2}$이 $1\leq x<a$에 포함

되지 않으므로

$x=1$일 때 $y=-\dfrac{1}{4}$

$x=a$일 때 $y=a^2-a-\dfrac{1}{4}$

이때 $a>1$이므로 주어진 이차함수는 $x=a$일 때 최댓값

$a^2-a-\dfrac{1}{4}$을 갖는다.

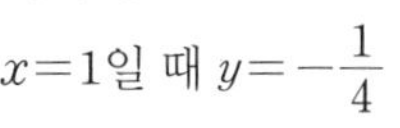

즉, $a^2-a-\dfrac{1}{4}=\dfrac{1}{2}$에서

$4a^2-4a-3=0$, $(2a+1)(2a-3)=0$

$\therefore a=\dfrac{3}{2}$ $(\because a>1)$

03-❸ 답 5

이차함수 $f(x)$의 x^2의 계수가 1이고 그래프의 꼭짓점의 좌표

가 $(3, a)$이므로

$f(x)=(x-3)^2+a$

즉, 이차함수 $y=f(x)$의 그래프의

꼭짓점의 x좌표 3이 $2\leq x\leq 5$에 포

함되므로

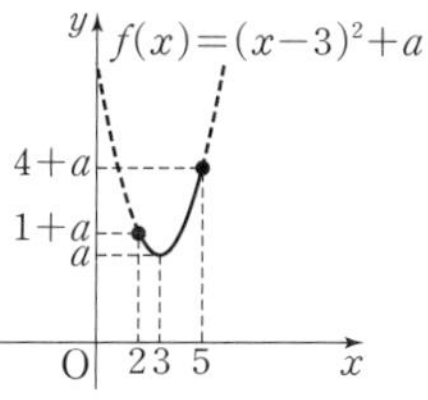

$f(2)=1+a$, $f(3)=a$, $f(5)=4+a$

이때 최댓값은 $4+a$이므로

$4+a=8$에서 $a=4$

$\therefore f(x)=(x-3)^2+4$

따라서 이차함수 $y=f(x)$의 그래프

의 꼭짓점의 x좌표 3이 $x\geq 4$에 포

함되지 않으므로 주어진 이차함수의

최솟값은 5이다.

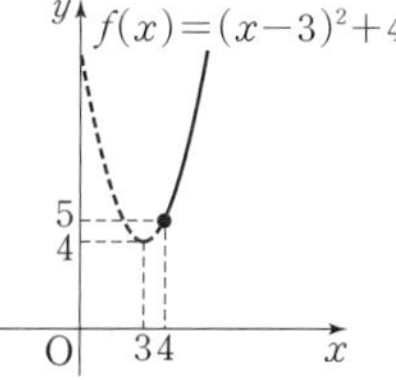

04-❶ 답 최댓값: 12, 최솟값: -12

$x^2+2x-1=t$라 하면

$t=x^2+2x-1=(x+1)^2-2$

$-2\leq x\leq 1$일 때, 이차함수

$t=x^2+2x-1$은 $x=-1$일 때 최솟값

-2, $x=1$일 때 최댓값 2를 가지므로

$-2\leq t\leq 2$

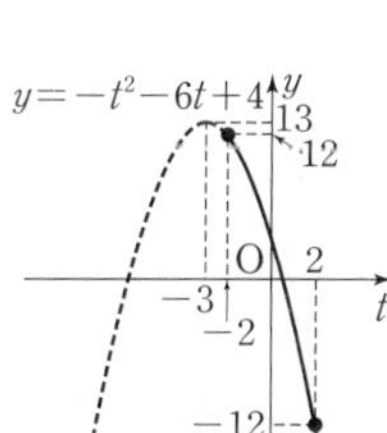

즉, 주어진 함수는

$y=-t^2-6t+4$

$\quad=-(t+3)^2+13$ $(-2\leq t\leq 2)$

이차함수 $y=-t^2-6t+4$의 그래프의

꼭짓점의 t좌표 -3이 $-2\leq t\leq 2$에

포함되지 않으므로

$t=-2$일 때 $y=12$

$t=2$일 때 $y=-12$

따라서 주어진 함수의 최댓값은 12, 최솟값은 -12이다.

04-❷ 답 12

$x^2-6x+8=t$라 하면

$t=x^2-6x+8=(x-3)^2-1$

이차함수 $t=x^2-6x+8$은 $x=3$일 때,

최솟값 -1을 가지므로

$t\geq -1$

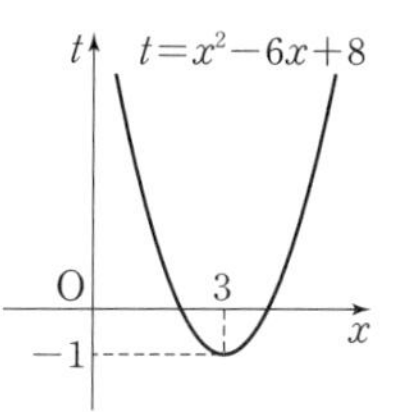

즉, 주어진 함수는

$y=-t^2-4t+6$

$\quad=-(t+2)^2+10$ $(t\geq -1)$

이차함수 $y=-t^2-4t+6$의 그래프의

꼭짓점의 t좌표 -2가 $t\geq -1$에 포함

되지 않으므로

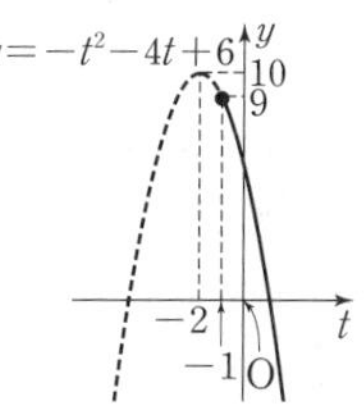

$l=-1$일 때 $y=9$

따라서 주어진 함수는

$t=(x-3)^2-1=-1$, 즉 $x=3$일 때 최댓값 9를 가지므로

$a=3$, $b=9$

$\therefore a+b=3+9=12$

04-❸ 답 1

$x^2-4x+2=t$라 하면

$t=x^2-4x+2=(x-2)^2-2$이므로

$t\geq-2$

즉, 주어진 함수는

$y=t^2+2(t-2+k)+3$

$\quad=t^2+2t+2k-1$

$\quad=(t+1)^2+2k-2 \ (t\geq-2)$

이차함수 $y=t^2+2(t-2+k)+3$의
그래프의 꼭짓점의 t좌표 -1이
$t\geq-2$에 포함되므로 $t=-1$일 때
주어진 함수가 최솟값 $2k-2$를 갖는다.

따라서 $2k-2=0$이므로

$k=1$

05-❶ 답 최댓값: 12, 최솟값: -4

$x+y=2$에서 $y=2-x$이므로 이를 $3x^2-y^2$에 대입하면

$3x^2-y^2=3x^2-(2-x)^2=2x^2+4x-4$

$\qquad\qquad=2(x+1)^2-6$

이때 $f(x)=2(x+1)^2-6$이라 하면
이차함수 $t=f(x)$의 그래프의 꼭짓점의
x좌표 -1이 $0\leq x\leq2$에 포함되지 않으
므로 $f(0)=-4, f(2)=12$

따라서 $f(x)$는 $x=2$일 때 최댓값 12를
갖고, $x=0$일 때 최솟값 -4를 가지므로
$3x^2-y^2$의 최댓값은 12, 최솟값은 -4이다.

05-❷ 답 -4

점 $P(a, b)$가 이차함수 $y=x^2+2$의 그래프 위의 점이므로

$b=a^2+2$

이때 a가 실수이므로 $a^2\geq0$ $\quad \therefore b\geq2$

$b=a^2+2$에서 $a^2=b-2$이므로 이를 $2a^2-b^2$에 대입하면

$2a^2-b^2=2(b-2)-b^2=-b^2+2b-4$

$\qquad\qquad=-(b-1)^2-3$

이때 $f(b)=-(b-1)^2-3$이라 하면
이차함수 $t=f(b)$의 그래프의 꼭짓점의
b좌표 1이 $b\geq2$에 포함되지 않으므로
$f(2)=-4$

따라서 $f(b)$는 $b=2$일 때 최댓값 -4를
가지므로 $2a^2-b^2$의 최댓값은 -4이다.

05-❸ 답 ④

점 $P(a, b)$가 점 A에서 직선 $y=-\dfrac{1}{4}x+1$을 따라 점 B까
지 움직이므로

$b=-\dfrac{1}{4}a+1 \ (0\leq a\leq4)$

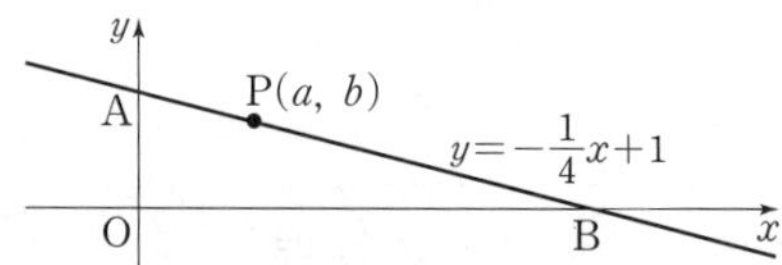

$b=-\dfrac{1}{4}a+1$을 a^2+8b에 대입하면

$a^2+8b=a^2+8\left(-\dfrac{1}{4}a+1\right)$

$\qquad\quad=a^2-2a+8$

$\qquad\quad=(a-1)^2+7$

이때 $f(a)=(a-1)^2+7$이라 하면 이차함수 $t=f(a)$의 그래
프의 꼭짓점의 a좌표 1이 $0\leq a\leq4$에 포함되므로

$f(1)=7$

따라서 a^2+8b의 최솟값은 7이다.

| 다른 풀이 |

$b=-\dfrac{1}{4}a+1 \ (0\leq a\leq4)$에서 $a=-4b+4 \ (0\leq b\leq1)$이므로

이를 a^2+8b에 대입하면

$a^2+8b=(-4b+4)^2+8b$

$\qquad\quad=16b^2-32b+16+8b$

$\qquad\quad=16\left(b^2-\dfrac{3}{2}b+\dfrac{9}{16}\right)+7$

$\qquad\quad=16\left(b-\dfrac{3}{4}\right)^2+7$

이때 $f(b)=16\left(b-\dfrac{3}{4}\right)^2+7$이라 하면 이차함수 $t=f(b)$의

그래프의 꼭짓점의 b좌표 $\dfrac{3}{4}$이 $0\leq b\leq1$에 포함되므로

$f\left(\dfrac{3}{4}\right)=7$

따라서 a^2+8b의 최솟값은 7이다.

06-❶ 답 81 cm^2

두 직사각형의 세로의 길이를 각각 a cm, b cm라 하면 가로
의 길이는 각각 $2a$ cm, $2b$ cm이므로

$6a+6b=54, \ a+b=9$

$\therefore b=9-a \to 0<a<9, \ 0<b<9$

두 직사각형의 넓이의 합을 y cm²라 하면

$y=2a^2+2b^2=2a^2+2(9-a)^2$

$\quad=4a^2-36a+162$

$\quad=4\left(a-\dfrac{9}{2}\right)^2+81$

이때 $0<a<9$이므로 두 직사각형의 넓이의 합의 최솟값은

$a=\dfrac{9}{2}$일 때 81 cm^2이다.

06-❷ 답 414

$y=90x-5x^2=-5(x-9)^2+405$

$0\le x\le 18$이므로 $x=9$일 때 공이 가장 높이 올라가고, 이때의 공의 높이는 405 m이다.

따라서 $a=9$, $b=405$이므로

$a+b=9+405=414$

06-❸ 답 2

오른쪽 그림과 같이 직사각형의 네 꼭짓점 중 제4사분면에 있는 점을 P라 하고, 점 P의 x좌표를 $a\,(0<a<\sqrt{k})$라 하면 $P(a,\ a^2-k)$

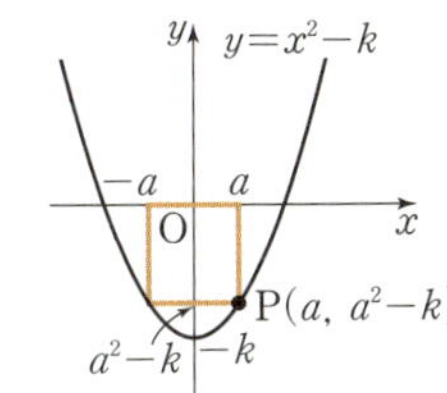

직사각형의 둘레의 길이를 l이라 하면

$l=4a+2(k-a^2)$

$\quad=-2a^2+4a+2k$

$\quad=-2(a-1)^2+2k+2$

이때 $k>1$이고 $0<a<\sqrt{k}$이므로 직사각형의 둘레의 길이의 최댓값은 $a=1$일 때 $2k+2$이다.

따라서 $2k+2=6$에서 $k=2$이다.

소단원 점검 문제
• 본문 157~158쪽

| 01 ④ | 02 48 | 03 ① | 04 ⑤ |
| 05 29 | 06 ⑤ | 07 ④ | 08 ② |

01 $f(x)=x^2+2ax+6a-5$

$\qquad=(x+a)^2-a^2+6a-5$

이차함수 $f(x)$는 $x=-a$일 때 최솟값

$g(a)=-a^2+6a-5$를 갖는다.

즉, $g(a)=-a^2+6a-5=-(a-3)^2+4$이므로

$g(a)$는 $a=3$일 때 최댓값 4를 갖는다.

따라서 $k=3$, $M=4$이므로

$k+M=3+4=7$

02 $y=\dfrac{1}{2}x^2+x+\dfrac{1}{2}=\dfrac{1}{2}(x+1)^2$

즉, 이차함수

$y=\dfrac{1}{2}x^2+x+\dfrac{1}{2}$의 그래프의

꼭짓점의 x좌표 -1이

$1\le x\le 3$에 포함되지 않으므로

$x=1$일 때 $y=2$

$x=3$일 때 $y=8$

이 함수의 최댓값은 8, 최솟값은 2이므로

$a=8$, $b=2$

즉, $2\le x\le 8$에서 이차함수 $y=-x^2+2x+8$의 최댓값과 최솟값을 구하면

$y=-x^2+2x+8$

$\quad=-(x-1)^2+9$

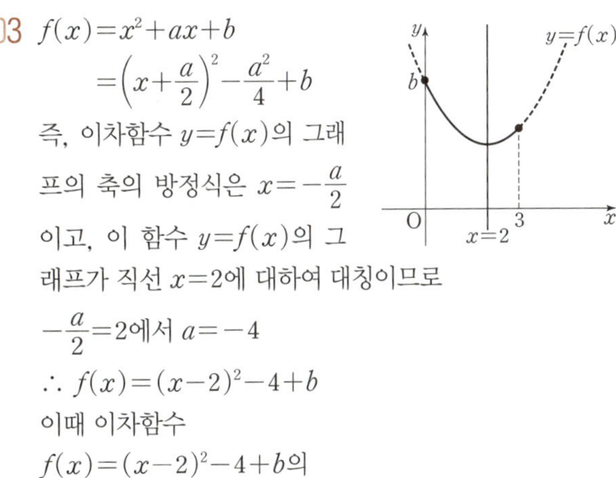

이고, 이차함수 $y=-x^2+2x+8$의 그래프의 꼭짓점의 x좌표 1이 $2\le x\le 8$에 포함되지 않으므로

$x=2$일 때 $y=8$

$x=8$일 때 $y=-40$

따라서 $M=8$, $m=-40$이므로

$M-m=8-(-40)=48$

03 $f(x)=x^2+ax+b$

$\qquad=\left(x+\dfrac{a}{2}\right)^2-\dfrac{a^2}{4}+b$

즉, 이차함수 $y=f(x)$의 그래프의 축의 방정식은 $x=-\dfrac{a}{2}$

이고, 이 함수 $y=f(x)$의 그래프가 직선 $x=2$에 대하여 대칭이므로

$-\dfrac{a}{2}=2$에서 $a=-4$

$\therefore f(x)=(x-2)^2-4+b$

이때 이차함수

$f(x)=(x-2)^2-4+b$의

그래프의 꼭짓점의 x좌표 2가

$0\le x\le 3$에 포함되므로

$f(0)=b$, $f(2)=-4+b$, $f(3)=-3+b$

따라서 함수 $f(x)$는 $x=0$일 때 최댓값 b를 가지므로

$b=8$

$\therefore a+b=(-4)+8=4$

04 $y=ax^2-2ax+a^2-a$

$\quad=a(x-1)^2+a^2-2a$

즉, 이차함수 $y=ax^2-2ax+a^2-a$의 그래프의 꼭짓점의 x좌표 1이 $-2\le x\le 3$에 포함된다.

(i) $a<0$일 때

$x=1$에서 최댓값

a^2-2a를 가지므로

$a^2-2a=8$

$a^2-2a-8=0$

$(a+2)(a-4)=0$

$\therefore a=-2\ (\because a<0)$

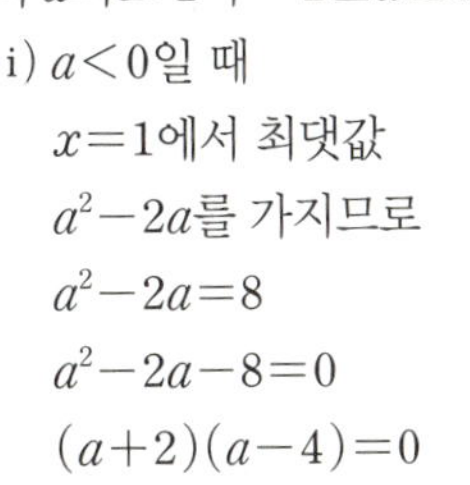

(ii) $a>0$일 때

$x=-2$에서 $y=a^2+7a$

$x=3$에서 $y=a^2+2a$

$x=-2$일 때 최댓값

a^2+7a를 가지므로

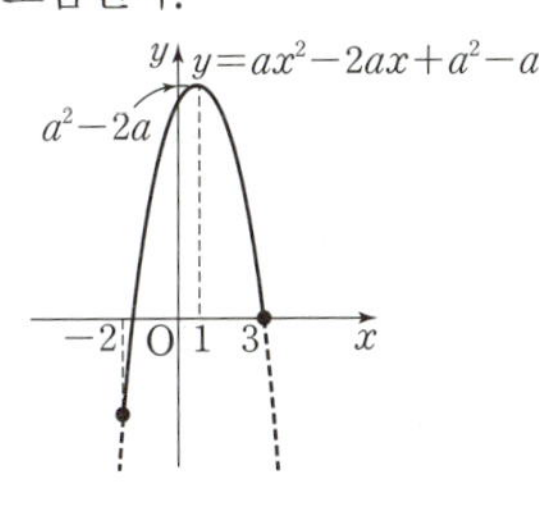

$a^2+7a=8$, $a^2+7a-8=0$
$(a+8)(a-1)=0$ $\therefore a=1 \ (\because a>0)$
(i), (ii)에서 $a=-2$ 또는 $a=1$
따라서 모든 실수 a의 값의 합은
$(-2)+1=-1$

05 $x^2-4x-1=t$라 하면
$t=x^2-4x-1=(x-2)^2-5$
$1\le x\le3$일 때, 이차함수
$t=x^2-4x-1$은 $x=2$일 때 최솟값
-5, $x=1$ 또는 $x=3$일 때 최댓값
-4를 가지므로
$-5\le t\le -4$
즉, 주어진 함수는
$y=t^2+2(t+2)-1$
$\quad=(t+1)^2+2 \ (-5\le t\le-4)$
이고, 이차함수
$y=t^2+2(t+2)-1$의 그래프
의 꼭짓점의 t좌표 -1이
$-5\le t\le -4$에 포함되지 않으므로
$t=-5$일 때 $y=18$, $t=-4$일 때 $y=11$이므로 주어진
함수의 최댓값은 18, 최솟값은 11이다.
따라서 최댓값과 최솟값의 합은
$18+11=29$

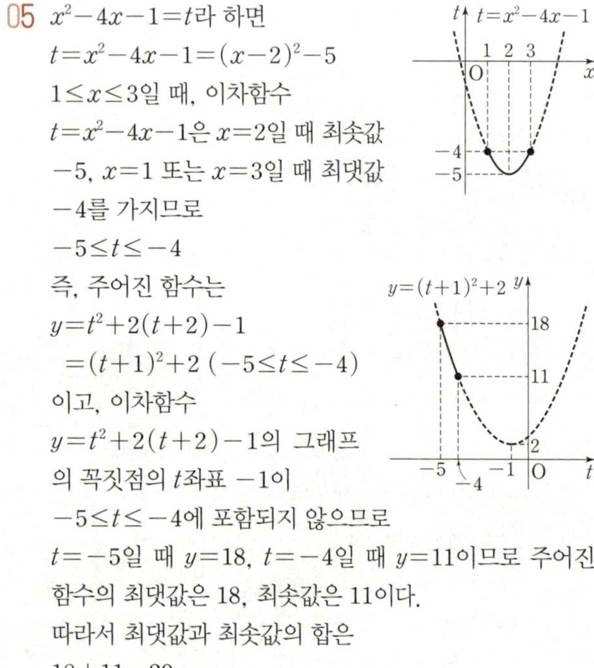

06 $2x+3y^2=1$에서 $3y^2=1-2x$
이때 y가 실수이므로 $3y^2\ge0$, 즉 $1-2x\ge0$
$\therefore x\le\dfrac{1}{2}$
$3y^2=1-2x$를 x^2-6y^2-6x에 대입하면
$x^2-6y^2-6x=x^2-2(1-2x)-6x$
$\qquad\qquad\qquad=x^2-2x-2$
$\qquad\qquad\qquad=(x-1)^2-3$
이때 $f(x)=(x-1)^2-3$이라 하면
이차함수 $t=f(x)$의 그래프의 꼭짓
점의 x좌표 1이 $x\le\dfrac{1}{2}$에 포함되지
않으므로 $f\left(\dfrac{1}{2}\right)=-\dfrac{11}{4}$
따라서 $f(x)$는 $x=\dfrac{1}{2}$일 때 최솟값 $-\dfrac{11}{4}$을 가지므로 주
어진 식의 최솟값은 $-\dfrac{11}{4}$이다.

07 상품 A의 현재 가격을 a, 현재 판매량을 b라 하자.
상품 A의 가격에서 $x\ \%$ 인상한 가격은 $\left(1+\dfrac{x}{100}\right)a$이
고, 이때의 판매량은 $\left(1-\dfrac{0.8}{100}x\right)b$이므로 총 판매금액을
s라 하면

$s=\left(1+\dfrac{x}{100}\right)a\times\left(1-\dfrac{0.8}{100}x\right)b$
$\quad=\dfrac{ab}{10000}(100+x)(100-0.8x)$
$\quad=-\dfrac{0.8ab}{10000}(x+100)(x-125)$
$\quad=-\dfrac{0.8ab}{10000}(x^2-25x-12500)$
$\quad=-\dfrac{0.8ab}{10000}\left\{\left(x-\dfrac{25}{2}\right)^2-\dfrac{625}{4}-12500\right\}$

이때 $x>0$이므로 상품 A의 총 판매금액은 $x=\dfrac{25}{2}=12.5$
일 때 최대이다.

|참고|
상품의 가격, 판매량, 총 판매금액은 다음과 같은 관계가 성립한다.
　　(총 판매금액)＝(상품 한 개의 가격)×(총 판매량)

08 이차함수 $y=x^2-(a+4)x+3a+3$의 그래프가 x축과
만나는 점의 x좌표는 이차방정식
$x^2-(a+4)x+3a+3=0$의 실근과 같으므로
$x^2-(a+4)x+3a+3=0$
$(x-3)\{x-(a+1)\}=0$
$\therefore x=3$ 또는 $x=a+1$
이때 $0<a<2$이므로
$A(a+1,\ 0)$, $B(3,\ 0)$, $C(0,\ 3a+3)$
이고, 삼각형 ABC의 밑변의 길이는 $\overline{AB}$, 높이는 $\overline{OC}$이므로
$\overline{AB}=3-(a+1)=2-a$
$\overline{OC}=(3a+3)-0=3a+3$
즉, 삼각형 ABC의 넓이는
$\dfrac{1}{2}(2-a)(3a+3)=-\dfrac{3}{2}(a-2)(a+1)$
$\qquad\qquad\qquad\qquad=-\dfrac{3}{2}(a^2-a-2)$
$\qquad\qquad\qquad\qquad=-\dfrac{3}{2}\left(a-\dfrac{1}{2}\right)^2+\dfrac{27}{8}$
이고, 이 함수는 $a=\dfrac{1}{2}$일 때 최댓값 $\dfrac{27}{8}$을 가지므로 삼각
형 ABC의 넓이의 최댓값은 $\dfrac{27}{8}$이다.

중단원 **실전 문제** ・본문 159~162쪽

01	①	02	④	03	12	04	③
05	②	06	④	07	2	08	17
09	-3	10	6	11	12	12	②
13	①	14	③	15	⑤	16	7
17	4	18	121	19	④		

01 이차함수 $y=f(x)$의 그래프가 아래로 볼록하고 x축과의
교점의 x좌표가 -2, 5이므로
$f(x)=a(x+2)(x-5)\ (a>0)$라 하면

$$f(2x+k)=a(2x+k+2)(2x+k-5)$$
$$=4a\left(x+\frac{k+2}{2}\right)\left(x+\frac{k-5}{2}\right)$$

따라서 이차방정식 $f(2x+k)=0$의 두 실근은

$x=-\dfrac{k+2}{2}$ 또는 $x=-\dfrac{k-5}{2}$이므로

$$\left(-\frac{k+2}{2}\right)+\left(-\frac{k-5}{2}\right)=4,\ -k+\frac{3}{2}=4$$

$$\therefore k=-\frac{5}{2}$$

02 세 이차함수 $f(x)$, $g(x)$, $h(x)$의 최고차항의 계수를
$a\,(a>0)$라 하면

세 이차함수 $y=f(x)$, $y=g(x)$, $y=h(x)$의 그래프가
x축과 각각 -1과 1, 1과 2, -2와 1에서 만나므로

$$f(x)=a(x+1)(x-1),\ g(x)=a(x-1)(x-2)$$
$$h(x)=a(x+2)(x-1)$$
$$\therefore\ f(x)+g(x)+h(x)$$
$$=a(x+1)(x-1)+a(x-1)(x-2)$$
$$+a(x+2)(x-1)$$
$$=a(x-1)\{(x+1)+(x-2)+(x+2)\}$$
$$=a(x-1)(3x+1)$$

따라서 이차방정식 $f(x)+g(x)+h(x)=0$의 두 근은

$x=1$ 또는 $x=-\dfrac{1}{3}$이므로 그 합은

$$1+\left(-\frac{1}{3}\right)=\frac{2}{3}$$

03 이차방정식 $x^2-2ax+k(a-3)+b=0$의 판별식을 D라
할 때

$$\frac{D}{4}=(-a)^2-1\times\{k(a-3)+b\}$$
$$=k(3-a)+a^2-b$$

이차함수의 그래프가 x축에 접하므로 → $D=0$

$$k(3-a)+a^2-b=0$$

위의 등식이 k의 값에 관계없이 항상 성립하려면

$$3-a=0,\ a^2-b=0$$

따라서 $a=3$, $b=3^2=9$이므로

$$a+b=3+9=12$$

04 x에 대한 이차방정식 $x^2+ax-b^2=b(x-4)+4$, 즉
$x^2+(a-b)x-b^2+4b-4=0$의 판별식을 D라 할 때

$$D=(a-b)^2-4\times1\times(-b^2+4b-4)$$
$$=(a-b)^2+4(b-2)^2$$

이차함수의 그래프가 직선에 접하므로 → $D=0$

$$(a-b)^2+4(b-2)^2=0 \qquad\cdots\ ❶$$

두 실수 a, b에 대하여 위의 등식이 성립하려면

$$a-b=0,\ b-2=0 \qquad\cdots\ ❷$$

따라서 $a=2$, $b=2$이므로

$$ab=2\times2=4 \qquad\cdots\ ❸$$

채점 기준	배점 비율
❶ x에 대한 이차방정식 $x^2+(a-b)x-b^2=b(x-4)+4$의 판별식을 이용하여 식 세우기	50 %
❷ 항등식의 성질을 이용하여 식 세우기	30 %
❸ ab의 값 구하기	20 %

05 조건 ㈎에서 $f(0)=f(4)$이므로 이차함수 $y=f(x)$의 그
래프는 직선 $x=2$에 대하여 대칭이다.

즉, 이차함수 $y=f(x)$의 그래프의 꼭짓점의 x좌표는 2이
므로

$f(x)=a(x-2)^2+b\ (a,\ b$는 상수, $a\neq0)$라 하자.

한편, 조건 ㈏에서 $f(4)<0$이면

$f(1)+|f(4)|=f(1)-f(4)=0$, 즉 $f(1)=f(4)$이어
야 한다.

그런데 $f(1)=f(4)$이면 $f(0)=f(1)=f(4)$가 되어

$f(x)$가 이차함수라는 조건을 만족시키지 않으므로

$f(4)\geq0$이어야 한다.

(i) $a<0$일 때

꼭짓점의 x좌표 2가 $0\leq x\leq4$에 포함되므로 $x=2$에
서 최댓값 $f(2)$, $x=4$에서 최솟값 $f(4)$를 갖는다.

이때 함수 $f(x)$의 최솟값이 -10이므로 $f(4)=-10$
이 되어 $f(4)\geq0$을 만족시키지 않는다.

(ii) $a>0$일 때

꼭짓점의 x좌표 2가 $0\leq x\leq4$에 포함되므로 $x=2$에
서 최솟값 $f(2)=b$, $x=4$에서 최댓값
$f(4)=4a+b$를 갖는다.

이때 함수 $f(x)$의 최솟값이 -10이므로

$$b=-10 \qquad\cdots\cdots\ ㉠$$

또한, 조건 ㈏에서

$$f(1)+|f(4)|=f(1)+f(4)\ (\because\ f(4)\geq0)$$
$$=(a+b)+(4a+b)$$
$$=5a+2b=0 \qquad\cdots\cdots\ ㉡$$

㉠, ㉡을 연립하여 풀면 $a=4$, $b=-10$

즉, $f(x)=4(x-2)^2-10$이므로

$$f(3)=4\times1-10=-6$$

(i), (ii)에서 $f(3)=-6$

06 $y=2x^2-4x+a=2(x-1)^2+a-2$

이차함수 $y=2x^2-4x+a$의 그래프의 꼭짓점의 x좌표 1이
$-1\leq x\leq4$에 포함되므로

$x=-1$일 때 $y=a+6$

$x=1$일 때 $y=a-2$

$x=4$일 때 $y=a+16$

즉, 최댓값 $M=a+16$, 최솟값 $m=a-2$이므로

$A(-1, a-2)$, $B(4, a-2)$,
$C(4, a+16)$, $D(-1, a+16)$
따라서 사각형 ABCD의 넓이는
$$\overline{AB}\times\overline{BC}=\{4-(-1)\}\times\{(a+16)-(a-2)\}$$
$$=5\times18=90$$

07 $y=-x^2+6x+3=-(x-3)^2+12$
$a\geq3$이면 이차함수 $y=-x^2+6x+3$의 그래프의 꼭짓점의 x좌표 3이 $0\leq x\leq a$에 포함되므로 최댓값은 12이다.
그런데 최댓값이 11이므로 $0<a<3$
즉, 이차함수 $y=-x^2+6x+3$은 $x=a$일 때 최댓값 11, $x=0$일 때 최솟값 3을 가지므로
$-a^2+6a+3=11$에서
$a^2-6a+8=0$, $(a-2)(a-4)=0$
$\therefore a=2\ (\because 0<a<3)$

08 $f(x)=-x^2+4tx=-(x-2t)^2+4t^2$
즉, 이차함수 $y=f(x)$의 그래프의 꼭짓점의 x좌표는 $2t$이다.
(i) $2t<0$, 즉 $t<0$일 때
꼭짓점의 x좌표 $2t$가 $0\leq x\leq2$에 포함되지 않으므로 $x=0$일 때 최댓값 0을 갖는다.
$\therefore g(t)=f(0)=0$
즉, $g(t)=5$를 만족시키는 실수 t의 값은 존재하지 않는다.
(ii) $0\leq2t\leq2$, 즉 $0\leq t\leq1$일 때
꼭짓점의 x좌표 $2t$가 $0\leq x\leq2$에 포함되므로 $x=2t$일 때 최댓값 $4t^2$을 갖는다.
$\therefore g(t)=f(2t)=4t^2$
즉, $0\leq t\leq1$에서 $0\leq g(t)\leq4$이므로 $g(t)=5$를 만족시키는 실수 t의 값은 존재하지 않는다.
(iii) $2t>2$, 즉 $t>1$일 때
꼭짓점의 x좌표 $2t$가 $0\leq x\leq2$에 포함되지 않으므로 $x=2$일 때 최댓값 $8t-4$를 갖는다.
$\therefore g(t)=f(2)=8t-4$
즉, $g(t)=5$에서 $8t-4=5$ $\therefore t=\dfrac{9}{8}$
(i), (ii), (iii)에서 $p=8$, $q=9$이므로
$p+q=8+9=17$

09 $y=x^2-2kx-k=(x-k)^2-k^2-k$
즉, 이차함수 $y=x^2-2kx-k$의 그래프의 꼭짓점의 x좌표는 k이다.   … ❶
(i) $k<-1$일 때
꼭짓점의 x좌표 k가 $-1\leq x\leq1$에 포함되지 않으므로 $x=-1$일 때 최솟값 $1+k$를 갖는다.
즉, $1+k=-2$에서 $k=-3$ … ❷

(ii) $-1\leq k\leq1$일 때
꼭짓점의 x좌표 k가 $-1\leq x\leq1$에 포함되므로 $x=k$일 때 최솟값 $-k^2-k$를 갖는다.
즉, $-k^2-k=-2$에서 $k^2+k-2=0$
$(k+2)(k-1)=0$
$\therefore k=-2$ 또는 $k=1$
이때 $-1\leq k\leq1$이므로 $k=1$ … ❸
(iii) $k>1$일 때
꼭짓점의 x좌표 k가 $-1\leq x\leq1$에 포함되지 않으므로 $x=1$일 때 최솟값 $1-3k$를 갖는다.
즉, $1-3k=-2$에서 $k=1$
그런데 $k>1$이므로 조건을 만족시키는 k의 값이 존재하지 않는다.   … ❹
(i), (ii), (iii)에서 $k=-3$ 또는 $k=1$이므로 모든 실수 k의 곱은
$(-3)\times1=-3$ … ❺

채점 기준	배점 비율
❶ 이차함수의 그래프의 꼭짓점의 x좌표 구하기	15%
❷ $k<-1$일 때, 조건을 만족시키는 k의 값 구하기	25%
❸ $-1\leq k\leq1$일 때, 조건을 만족시키는 k의 값 구하기	25%
❹ $k>1$일 때, 조건을 만족시키는 k의 값이 존재하지 않음을 보이기	25%
❺ 모든 실수 k의 값의 곱 구하기	10%

10 $f(x)=x^2-6x+a=(x-3)^2+a-9$
즉, 이차함수 $y=f(x)$의 그래프의 꼭짓점의 x좌표는 3이다.
(i) $0<a<3$일 때
꼭짓점의 x좌표 3이 $0\leq x\leq a$에 포함되지 않으므로 $x=a$일 때 최솟값 a^2-5a를 갖는다.
즉, $a^2-5a=-4$에서
$a^2-5a+4=0$, $(a-1)(a-4)=0$
$\therefore a=1\ (\because 0<a<3)$
(ii) $a\geq3$일 때
꼭짓점의 x좌표 3이 $0\leq x\leq a$에 포함되므로 $x=3$에서 최솟값 $a-9$를 갖는다.
즉, $a-9=-4$에서
$a=5$
(i), (ii)에서 모든 양수 a의 값의 합은
$1+5=6$

11 조건 ㈎에서 모든 실수 x에 대하여 $f(x)\leq f(1)$이므로 $x=1$에서 최댓값을 갖는다.
즉, 꼭짓점의 x좌표는 1이고 최고차항의 계수는 음수이므로
$f(x)=a(x-1)^2+b\ (a<0)$ …… ㉠

라 하자. 조건 (나)에서 $f(-1)=0$이므로

$4a+b=0$ $\therefore b=-4a$

$b=-4a$를 ⊙에 대입하면

$f(x)=a(x-1)^2-4a=a(x^2-2x-3)$
$\qquad =a(x+1)(x-3)=a\{(x-1)^2-4\}\ (a<0)$

$t\leq x\leq t+1$에서 $\dfrac{t+(t+1)}{2}=t+\dfrac{1}{2}$이고 $t+\dfrac{1}{2}=1$이

되는 t의 값은 $\dfrac{1}{2}$이므로 $t=\dfrac{1}{2}$을 기준으로 범위를 나누어

생각해 보자.

(i) $t<\dfrac{1}{2}$일 때

함수 $f(x)$의 최솟값은 $f(t)$, $f(t+1)$ 중에서 작은 값

이다. $t<\dfrac{1}{2}$에서 $f(t)<f(t+1)$이므로 $x=t$일 때 최

솟값 $f(t)$를 갖는다.

$\qquad \therefore g(t)=f(t)$

(ii) $t\geq\dfrac{1}{2}$일 때

함수 $f(x)$의 최솟값은 $f(t)$, $f(t+1)$ 중에서 작은

값이다. $t\geq\dfrac{1}{2}$에서 $f(t)>f(t+1)$이므로 $x=t+1$

일 때 최솟값 $f(t+1)$을 갖는다.

$\qquad \therefore g(t)=f(t+1)$

(i), (ii)에서 함수 $g(t)$와

$y=g(t)$의 그래프는 오른쪽

그림과 같다.

$$g(t)=\begin{cases} f(t) & \left(t<\dfrac{1}{2}\right) \\ f(t+1) & \left(t\geq\dfrac{1}{2}\right) \end{cases}$$

함수 $g(t)$의 최댓값은 3이고,

$f\left(\dfrac{1}{2}\right)$과 같으므로

$f\left(\dfrac{1}{2}\right)=a\times\dfrac{3}{2}\times\left(-\dfrac{5}{2}\right)=-\dfrac{15}{4}a\ (\because ⊙)$

$-\dfrac{15}{4}a=3$에서 $a=-\dfrac{4}{5}$

즉, $f(x)=-\dfrac{4}{5}(x+1)(x-3)$이므로

$f\left(-\dfrac{1}{2}\right)=-\dfrac{4}{5}\times\dfrac{1}{2}\times\left(-\dfrac{7}{2}\right)=\dfrac{7}{5}$

따라서 $p=5$, $q=7$이므로

$p+q=5+7=12$

12 $0<t<3$에서 두 점 P, Q의 좌표는 각각

P$(t, 2t^2+1)$, Q$(t, -(t-3)^2+1)$이므로

$\overline{PQ}=(2t^2+1)-\{-(t-3)^2+1\}$
$\qquad =2t^2+(t-3)^2$
$\qquad =3t^2-6t+9$

두 점 A$(0, 1)$, B$(3, 1)$에 대하여 $\overline{AB}=3$이고

$\overline{AB}\perp\overline{PQ}$이므로 사각형 PAQB의 넓이를 $S(t)$라 하면

$S(t)=\dfrac{1}{2}\times\overline{AB}\times\overline{PQ}=\dfrac{1}{2}\times3\times(3t^2-6t+9)$
$\qquad =\dfrac{3}{2}(3t^2-6t+9)=\dfrac{9}{2}(t-1)^2+9$

따라서 $S(t)$는 $t=1$일 때 최솟값 9를 가지므로

사각형 PAQB의 넓이의 최솟값은 9이다.

13 오른쪽 그림과 같이 삼각형

ABC의 한 꼭짓점 A에서 변

BC에 내린 수선의 발을 D라

하자.

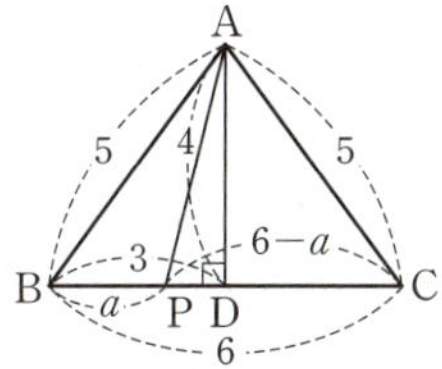

삼각형 ABC가 $\overline{AB}=\overline{AC}$인

이등변삼각형이므로 점 D는 변 BC의 중점이다.

$\therefore \overline{BD}=3$

삼각형 ABD가 직각삼각형이므로

$\overline{AD}=\sqrt{\overline{AB}^2-\overline{BD}^2}=\sqrt{5^2-3^2}=4$

이때 변 BC 위의 한 점 P에 대하여

$\overline{BP}=a\,(0<a<6)$라 하면

$S_1=\dfrac{1}{2}\times a\times4=2a$

$S_2=\dfrac{1}{2}\times(6-a)\times4=12-2a$

$\therefore S_1^2+\dfrac{1}{2}S_2^2=(2a)^2+\dfrac{1}{2}(12-2a)^2$
$\qquad\qquad\quad =6a^2-24a+72$
$\qquad\qquad\quad =6(a-2)^2+48$

따라서 $S_1^2+\dfrac{1}{2}S_2^2$은 $a=2$일 때 최솟값 48을 갖는다.

(1) 이등변삼각형의 두 밑각의 크기는 같다.

(2) 이등변삼각형의 꼭지각의 이등분선은 밑변을 수
   직이등분한다.

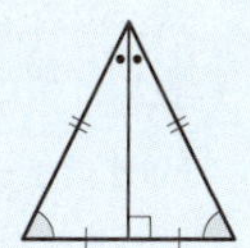

14 이차함수 $y=f(x)$의 그래프와 직선 $y=g(x)$가 만나는

두 교점의 x좌표가 1, 3이므로

$f(x)-g(x)=a(x-1)(x-3)\ (a>0)$이라 하면

$f(x)=g(x)+ax^2-4ax+3a$

또한, 직선 $y=g(x)$에 대하여

$g(x)=mx+n\ (m,\ n$은 상수)이라 하면

$g(-x)=-mx+n$

$\therefore f(x)+g(-x)$
$\quad =(mx+n)+ax^2-4ax+3a-mx+n$
$\quad =ax^2-4ax+3a+2n$

따라서 이차방정식의 근과 계수의 관계에 의하여 이차방

정식 $f(x)+g(-x)=0$, 즉 $ax^2-4ax+3a+2n=0$의

두 근의 합은 $-\dfrac{-4a}{a}=4$이다.

15 오른쪽 그림과 같이 정삼각 형 ABC의 한 꼭짓점 A 에서 변 DG, 변 BC에 내 린 수선의 발을 각각 H, I 라 하고, 원과 변 BC와의 교점을 J라 하자.

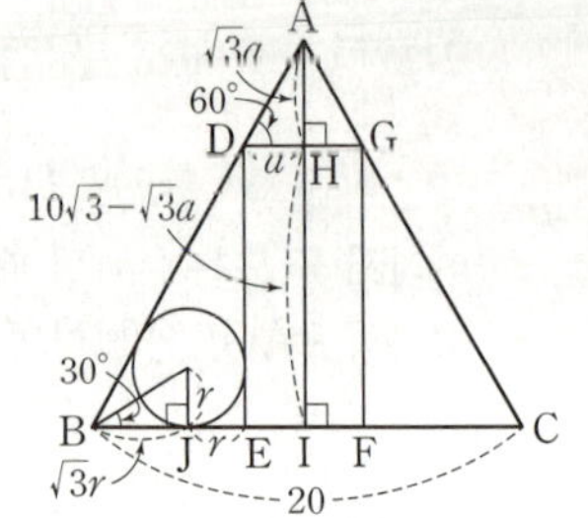

$\overline{DH}=a\,(0<a<10)$라 하면 직각삼각형 ADH에서

$\overline{AH}=\sqrt{3}a$이므로

$\overline{DE}=\overline{AI}-\overline{AH}=10\sqrt{3}-\sqrt{3}a$

직사각형 DEFG의 넓이를 S라 하면

$S=\overline{DG}\times\overline{DE}=2a(10\sqrt{3}-\sqrt{3}a)$

$\quad\ =-2\sqrt{3}(a^2-10a)=-2\sqrt{3}(a-5)^2+50\sqrt{3}$

즉, 직사각형 DEFG의 넓이는 $a=5$일 때 최대이다.

한편, 원의 반지름의 길이를 r라 하면

$\overline{EI}=a$, $\overline{JE}=r$, $\overline{BJ}=\sqrt{3}r$, $\overline{BI}=10$이므로

$\overline{EI}+\overline{JE}+\overline{BJ}=\overline{BI}$에서 $a+(1+\sqrt{3})r=10$

$a=5$일 때 $r=\dfrac{5(\sqrt{3}-1)}{2}$이므로 원의 둘레의 길이는

$2\pi\times\dfrac{5(\sqrt{3}-1)}{2}=(5\sqrt{3}-5)\pi$

이때 p, q는 유리수이므로 $p=5$, $q=-5$

$\therefore\ p^2+q^2=5^2+(-5)^2=25+25=50$

16 (풀이 전략) 이차함수의 그래프의 꼭짓점의 x좌표의 범위를 나누 어 $M(a)$, $m(a)$를 각각 구한 후 a에 대한 이차식의 최솟값을 구한다.

$y=x^2-2x+4=(x-1)^2+3$

즉, 이차함수 $y=x^2-2x+4$의 그래프의 꼭짓점의 x좌 표는 1이다.

(i) $1<a-1$, 즉 $a>2$일 때

꼭짓점의 x좌표 1이 $a-1\leq x\leq a+1$에 포함되지 않으므로 $x=a+1$일 때 최댓값 $M(a)=a^2+3$, $x=a-1$일 때 최솟값 $m(a)=(a-2)^2+3$을 갖는다.

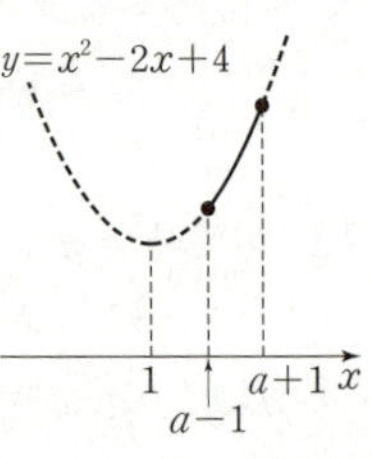

$\therefore\ M(a)>7,\ m(a)>3\ (\because\ a>2)$

(ii) $a-1\leq 1\leq a+1$, 즉 $0\leq a\leq 2$일 때

꼭짓점의 x좌표 1이 $a-1\leq x\leq a+1$에 포함되므로 $x=1$일 때 최솟값 3을 갖는다. 또한,

$x=a-1$일 때 $y=(a-2)^2+3$, $x=a+1$일 때 $y=a^2+3$

이므로 최댓값 $M(a)$는 $(a-2)^2+3$, a^2+3 중에서 큰 값이다.

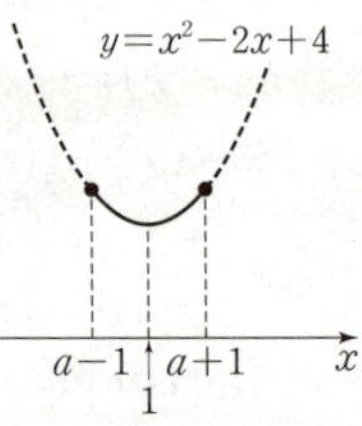

이때 오른쪽 그림과 같이 두 이차함수

$y=(a-2)^2+3$,

$y=a^2+3$의 그래프는 직 선 $a=1$에 대하여 대칭이 므로 최댓값 $M(a)$의 최 솟값은 $a=1$일 때

$(1-2)^2+3=1^2+3=4$이다.

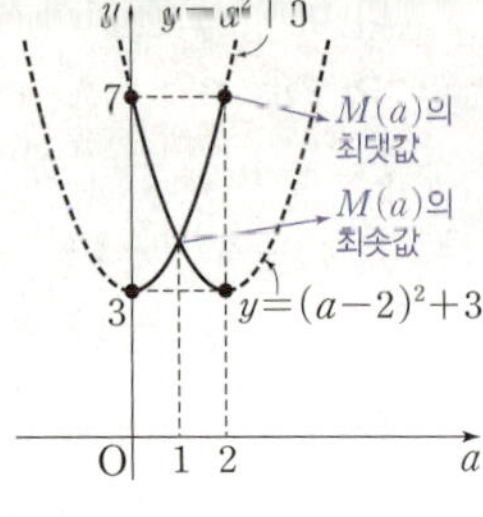

$\therefore\ 4\leq M(a)\leq 7,\ m(a)=3$

(iii) $a+1<1$, 즉 $a<0$인 경우

꼭짓점의 x좌표 1이 $a-1\leq x\leq a+1$에 포함되지 않으므로 $x=a-1$일 때 최댓 값 $M(a)=(a-2)^2+3$, $x=a+1$일 때 최솟값 $m(a)=a^2+3$을 갖는다.

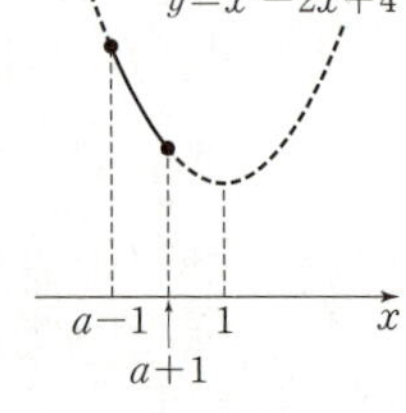

$\therefore\ M(a)>7,\ m(a)>3\ (\because\ a<0)$

(i), (ii), (iii)에서 $M(a)$의 최솟값 $p=4$이고 $m(a)$의 최 솟값 $q=3$이므로

$p+q=4+3=7$

17 (풀이 전략) 삼각형의 내각의 이등분선의 성질과 삼각형의 닮음을 이용하여 두 점 A, B의 x좌표의 비를 구하고, 이를 이용하여 이 차방정식을 세운다.

$\overline{BC}:\overline{AC}=5:a\,(a>0)$라 하자.

직선 CD는 $\angle ACB$의 이등분선이므로

$\overline{BD}:\overline{AD}=\overline{BC}:\overline{AC}=5:a$에서

$\overline{BD}:\overline{AB}=5:(a+5)$

또한, $\overline{DE}:\overline{BC}=2:5$에서 $\overline{DE}:\overline{AC}=2:a$

이때 두 삼각형 BDE, BAC는 서로 닮음 (AA 닮음)이 므로 $\overline{BD}:\overline{AB}=\overline{DE}:\overline{AC}$에서 $5:(a+5)=2:a$

$5a=2(a+5)$, $3a=10$ $\quad\therefore\ a=\dfrac{10}{3}$

$\therefore\ \overline{BD}:\overline{AD}=\overline{BC}:\overline{AC}=5:\dfrac{10}{3}=3:2$

즉, 이차함수 $y=2x^2$의 그래프와 직선 $y=mx+48$이 만 나는 두 점 A, B의 x좌표를 각각 $-2k$, $3k\,(k>0)$라 하면

$\quad$ 곡선 $y=2x^2$과 직선 $y=mx+48$이 만나는 점의 x좌표는 이 차방정식 $2x^2=mx+48$, 즉 $2x^2-mx-48=0$의 실근이다.

$2x^2-(mx+48)=2(x+2k)(x-3k)$

$2x^2-mx-48=2x^2-2kx-12k^2$

항등식의 성질에 의하여

$m=2k$, $48=12k^2$

따라서 $k=2\,(\because\ k>0)$이므로

$m=2\times 2=4$

| 다른 풀이 |

$2x^2=mx+48$에서 $2x^2-mx-48=0$ $\quad\cdots\cdots\ \unicode{x1D4F}$

x에 대한 이차방정식 $\unicode{x1D4F}$에서 근과 계수의 관계에 의하여

$$(-2k)+3k=\frac{m}{2}, \quad (-2k)\times 3k=-24$$
$$\therefore k=2, \ m=4 \ (\because k>0)$$

삼각형 ABC에서 $\angle A$의 이등분선과 변 BC의 교점을 D라 하면
$$\overline{AB}:\overline{AC}=\overline{BD}:\overline{CD}$$

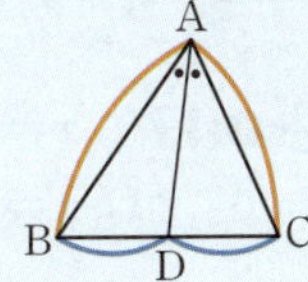

18 (풀이 전략) 두 직선 $y=4a$, $y=ax$가 만나는 점을 E라 하고, 두 삼각형 ACE와 BDE의 넓이의 차를 이용하여 사각형 ACDB의 넓이에 대한 이차함수 식을 세운다.

이차함수 $y=f(x)$의 그래프와 직선 $y=4a$의 교점의 x좌표는 이차방정식 $f(x)=4a$의 실근과 같으므로 두 점 A, B의 x좌표는 이차방정식 $ax^2=4a$의 실근과 같다.
$$a(x^2-4)=0, \ a(x+2)(x-2)=0$$
$$\therefore x=-2 \ \text{또는} \ x=2$$

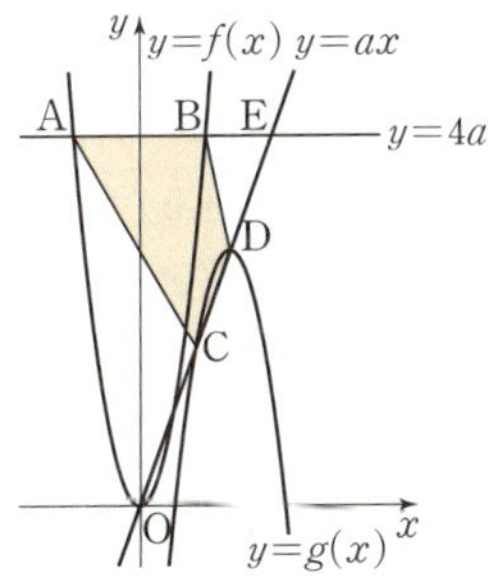

점 A의 x좌표는 음수이고, 점 B의 x좌표는 양수이므로 두 점 A, B는 각각 $A(-2, 4a)$, $B(2, 4a)$이다.

이차함수 $y=g(x)$의 그래프와 직선 $y=ax$의 교점의 x좌표는 이차방정식 $g(x)=ax$의 실근과 같으므로 두 점 C, D의 x좌표는 이차방정식 $-a(x-a)^2+a^2=ax$의 실근과 같다.
$$x^2-(2a-1)x+a(a-1)=0, \ (x-a+1)(x-a)=0$$
$$\therefore x=a-1 \ \text{또는} \ x=a \quad {\scriptstyle -a(x-a)^2+a^2=ax\text{에서}\atop a>0\text{이므로}}$$

즉, 점 C의 x좌표가 점 D의 x좌표보다 작으므로 두 점 C, D는 각각 $C(a-1, a^2-a)$, $D(a, a^2)$이다.

직선 $y=4a$와 직선 $y=ax$가 만나는 점을 E라 하면 점 E의 x좌표는 방정식 $4a=ax$의 실근과 같다.
$$a(x-4)=0 \quad \therefore x=4$$

즉, 점 E의 좌표는 $(4, 4a)$이고,
$$\overline{AE}=|4-(-2)|=6, \quad \overline{BE}=|4-2|=2$$

한편, 점 $C(a-1, a^2-a)$와 직선 $y=4a$ 사이의 거리를 h_1, 점 $D(a, a^2)$과 직선 $y=4a$ 사이의 거리를 h_2라 하면
$$h_1=|4a-(a^2-a)|=-a^2+5a,$$
$$h_2=|4a-a^2|=-a^2+4a$$

삼각형 ACE의 넓이를 S_1, 삼각형 BDE의 넓이를 S_2라 하면

$$S_1=\frac{1}{2}\times\overline{AE}\times h_1=\frac{1}{2}\times 6\times(-a^2+5a)=-3a^2+15a,$$
$$S_2=\frac{1}{2}\times\overline{BE}\times h_2$$
$$=\frac{1}{2}\times 2\times(-a^2+4a)=-a^2+4a$$

사각형 ACDB의 넓이를 S라 하면
$$S=S_1-S_2=(-3a^2+15a)-(-a^2+4a)$$
$$=-2a^2+11a$$
$$=-2\left(a-\frac{11}{4}\right)^2+\frac{121}{8}$$

이때 $2<a<4$이므로 사각형 ACDB의 넓이는 $a=\dfrac{11}{4}$일 때 최댓값 $M=\dfrac{121}{8}$을 갖는다.

$$\therefore 8\times M=8\times\frac{121}{8}=121$$

19 (풀이 전략) 점 $P(a, b)$가 직선 $y=-x+k$ 위의 점임을 이용하여 주어진 이차식을 a에 대하여 정리한다.

$A(k, 0)$, $B(0, k)$이고 점 $P(a, b)$가 선분 AB 위를 움직이므로
$$b=-a+k$$
$b=-a+k$를 $(a+2)^2+b^2$에 대입하여 정리하면
$$(a+2)^2+b^2=(a+2)^2+(-a+k)^2$$
$$=2a^2+(4-2k)a+4+k^2$$
$$=2\left(a+\frac{2-k}{2}\right)^2+\frac{(k+2)^2}{2}$$

이때 $k<0$이므로 $k\le a\le 0$이다.

(i) $a=\dfrac{k-2}{2}$가 $k\le a\le 0$에 포함되는 경우 →

$(a+2)^2+b^2$은 $a=\dfrac{k-2}{2}$일 때 최솟값 $\dfrac{(k+2)^2}{2}$을 가지므로 $\dfrac{(k+2)^2}{2}=2$에서
$$(k+2)^2=4, \ k+2=\pm 2 \quad \therefore k=-4 \ \text{또는} \ k=0$$

그런데 $k\le\dfrac{k-2}{2}\le 0$에서 $k\le -2$이므로
$$k=-4$$

(ii) $a=\dfrac{k-2}{2}$가 $k\le a\le 0$에 포함되지 않는 경우→

$\dfrac{k-2}{2}<k$이므로 $(a+2)^2+b^2$은 $a=k$일 때 최솟값 $(k+2)^2$을 갖는다.
$$(k+2)^2=2\text{에서} \ k+2=\pm\sqrt{2}$$
$$\therefore k=-2-\sqrt{2} \ \text{또는} \ k=-2+\sqrt{2}$$

그런데 $\dfrac{k-2}{2}<k$에서 $-2<k<0$이므로
$$k=-2+\sqrt{2}$$

(i), (ii)에서 조건을 만족시키는 k의 값은 -4, $-2+\sqrt{2}$ 이므로 그 곱은
$$(-4)\times(-2+\sqrt{2})=8-4\sqrt{2}$$

◯**1** 삼차방정식과 사차방정식

유제
• 본문 167~172쪽

01-❶ 답 (1) $x=-1$ 또는 $x=\dfrac{1}{2}$ 또는 $x=2$

(2) $x=-1$ 또는 $x=2$ 또는 $x=-2\pm\sqrt{3}$

(1) $P(x)=2x^3-3x^2-3x+2$라 하면

$P(-1)=2\times(-1)^3-3\times(-1)^2-3\times(-1)+2=0$

이므로 조립제법을 이용하여 $P(x)$를 인수분해하면

$$
\begin{array}{r|rrrr}
-1 & 2 & -3 & -3 & 2 \\
   &   & -2 & 5 & -2 \\
\hline
   & 2 & -5 & 2 & \,|\;0 \\
\end{array}
$$

$\therefore\ P(x)=(x+1)(2x^2-5x+2)$
$\qquad\quad =(x+1)(2x-1)(x-2)$

따라서 주어진 방정식은 $(x+1)(2x-1)(x-2)=0$

$\therefore\ x=-1$ 또는 $x=\dfrac{1}{2}$ 또는 $x=2$

(2) $P(x)=x^4+3x^3-5x^2-9x-2$라 하면

$P(-1)=(-1)^4+3\times(-1)^3-5\times(-1)^2-9\times(-1)-2$
$\qquad\quad =0,$

$P(2)=2^4+3\times2^3-5\times2^2-9\times2-2=0$

이므로 조립제법을 이용하여 $P(x)$를 인수분해하면

$$
\begin{array}{r|rrrrr}
-1 & 1 & 3 & -5 & -9 & -2 \\
   &   & -1 & -2 & 7 & 2 \\
\hline
 2 & 1 & 2 & -7 & -2 & \,|\;0 \\
   &   & 2 & 8 & 2 & \\
\hline
   & 1 & 4 & 1 & \,|\;0 & \\
\end{array}
$$

$\therefore\ P(x)=(x+1)(x-2)(x^2+4x+1)$

따라서 주어진 방정식은 $(x+1)(x-2)(x^2+4x+1)=0$

$\therefore\ x=-1$ 또는 $x=2$ 또는 $x=-2\pm\sqrt{3}$

01-❷ 답 1

$P(x)=x^4-3x^3+5x^2-x-10$이라 하면

$P(-1)=(-1)^4-3\times(-1)^3+5\times(-1)^2-(-1)-10=0,$

$P(2)=2^4-3\times2^3+5\times2^2-2-10=0$

이므로 조립제법을 이용하여 $P(x)$를 인수분해하면

$$
\begin{array}{r|rrrrr}
-1 & 1 & -3 & 5 & -1 & -10 \\
   &   & -1 & 4 & -9 & 10 \\
\hline
 2 & 1 & -4 & 9 & -10 & \,|\;0 \\
   &   & 2 & -4 & 10 & \\
\hline
   & 1 & -2 & 5 & \,|\;0 & \\
\end{array}
$$

$\therefore\ P(x)=(x+1)(x-2)(x^2-2x+5)$

즉, 주어진 방정식은

$(x+1)(x-2)(x^2-2x+5)=0$

$\therefore\ x=-1$ 또는 $x=2$ 또는 $x=1\pm2i$

따라서 모든 실근의 합은

$-1+2=1$

02-❶ 답 (1) $x=-3$ 또는 $x=-2$ 또는 $x=1$ 또는 $x=2$

(2) $x=-3$ (중근) 또는 $x=-3\pm\sqrt{5}$

(1) $x^2+x=X$라 하면 주어진 방정식은

$X(X-8)+12=0$

$X^2-8X+12=0,\ (X-2)(X-6)=0$

$\therefore\ X=2$ 또는 $X=6$

(ⅰ) $X=2$, 즉 $x^2+x=2$일 때

$x^2+x-2=0,\ (x+2)(x-1)=0$

$\therefore\ x=-2$ 또는 $x=1$

(ⅱ) $X=6$, 즉 $x^2+x=6$일 때

$x^2+x-6=0,\ (x+3)(x-2)=0$

$\therefore\ x=-3$ 또는 $x=2$

(ⅰ), (ⅱ)에서

$x=-3$ 또는 $x=-2$ 또는 $x=1$ 또는 $x=2$

(2) $(x+1)(x+2)(x+4)(x+5)=4$에서

$\{(x+1)(x+5)\}\{(x+2)(x+4)\}-4=0$

$(x^2+6x+5)(x^2+6x+8)-4=0$

이때 $x^2+6x=X$라 하면

$(X+5)(X+8)-4=0,\ X^2+13X+36=0$

$(X+9)(X+4)=0$

$\therefore\ X=-9$ 또는 $X=-4$

(ⅰ) $X=-9$, 즉 $x^2+6x=-9$일 때

$x^2+6x+9=0,\ (x+3)^2=0$

$\therefore\ x=-3$ (중근)

(ⅱ) $X=-4$, 즉 $x^2+6x=-4$일 때

$x^2+6x+4=0\qquad\therefore\ x=-3\pm\sqrt{5}$

(ⅰ), (ⅱ)에서

$x=-3$ (중근) 또는 $x=-3\pm\sqrt{5}$

02-❷ 답 ③

$x^2-3x=X$라 하면 주어진 방정식은

$X^2+5X+6=0,\ (X+3)(X+2)=0$

$\therefore\ X=-3$ 또는 $X=-2$

(ⅰ) $X=-3$일 때

$x^2-3x=-3$이므로

$x^2-3x+3=0\qquad\therefore\ x=\dfrac{3\pm\sqrt{3}i}{2}$

(ⅱ) $X=-2$일 때

$x^2-3x=-2$이므로

$x^2-3x+2=0,\ (x-1)(x-2)=0$

$\therefore\ x=1$ 또는 $x=2$

(i), (ii)에서
$$x=1 \text{ 또는 } x=2 \text{ 또는 } x=\frac{3\pm\sqrt{3}i}{2}$$
따라서 모든 실근의 곱은
$$1\times2=2$$

03-❶ 답 (1) $x=\pm\sqrt{3}$ 또는 $x=\pm2$
(2) $x=\dfrac{-3\pm\sqrt{21}}{2}$ 또는 $x=\dfrac{3\pm\sqrt{21}}{2}$

(1) $x^2=X$라 하면 주어진 방정식은
$$X^2-7X+12=0, (X-3)(X-4)=0$$
$$\therefore X=3 \text{ 또는 } X=4$$
따라서 $x^2=3$ 또는 $x^2=4$이므로
$$x=\pm\sqrt{3} \text{ 또는 } x=\pm2$$
(2) $x^4-15x^2+9=0$에서
$$(x^4-6x^2+9)-9x^2=0$$
$$(x^2-3)^2-(3x)^2=0$$
$$(x^2+3x-3)(x^2-3x-3)=0$$
$$\therefore x^2+3x-3=0 \text{ 또는 } x^2-3x-3=0$$
(i) $x^2+3x-3=0$에서 $x=\dfrac{-3\pm\sqrt{21}}{2}$
(ii) $x^2-3x-3=0$에서 $x=\dfrac{3\pm\sqrt{21}}{2}$
(i), (ii)에서
$$x=\frac{-3\pm\sqrt{21}}{2} \text{ 또는 } x=\frac{3\pm\sqrt{21}}{2}$$

03-❷ 답 $-\dfrac{2}{3}$

$x^2=X$라 하면 주어진 방정식은
$$3X^2+10X-8=0, (X+4)(3X-2)=0$$
$$\therefore X=-4 \text{ 또는 } X=\frac{2}{3}$$
즉, $x^2=-4$ 또는 $x^2=\dfrac{2}{3}$이므로
$$x=\pm2i \text{ 또는 } x=\pm\frac{\sqrt{6}}{3}$$
따라서 모든 실근의 곱은
$$\left(-\frac{\sqrt{6}}{3}\right)\times\frac{\sqrt{6}}{3}=-\frac{2}{3}$$

03-❸ 답 $x=-1\pm i$ 또는 $x=1\pm i$

$x^4+4=0$에서
$$(x^4+4x^2+4)-4x^2=0, (x^2+2)^2-(2x)^2=0$$
$$(x^2+2x+2)(x^2-2x+2)=0$$
$$\therefore x^2+2x+2=0 \text{ 또는 } x^2-2x+2=0$$
(i) $x^2+2x+2=0$에서 $x=-1\pm i$
(ii) $x^2-2x+2=0$에서 $x=1\pm i$
(i), (ii)에서
$$x=-1\pm i \text{ 또는 } x=1\pm i$$

04-❶ 답 1

$x=-1$을 주어진 방정식에 대입하면
$$(-1)^3+a\times(-1)^2+(2a+6)\times(-1)+3=0$$
$$-a-4=0 \qquad \therefore a=-4$$
즉, 주어진 방정식은
$$x^3-4x^2-2x+3=0$$
$P(x)=x^3-4x^2-2x+3$이라 하면 $P(-1)=0$이므로 조립제법을 이용하여 $P(x)$를 인수분해하면

$$
\begin{array}{r|rrrr}
-1 & 1 & -4 & -2 & 3 \\
   &   & -1 & 5 & -3 \\
\hline
   & 1 & -5 & 3 & 0 \\
\end{array}
$$

$$\therefore P(x)=(x+1)(x^2-5x+3)$$
따라서 주어진 방정식은 $(x+1)(x^2-5x+3)=0$이고 α, β는 이차방정식 $x^2-5x+3=0$의 두 근이므로 이차방정식의 근과 계수의 관계에 의하여
$$\alpha+\beta=5$$
$$\therefore a+\alpha+\beta=(-4)+5=1$$

04-❷ 답 -5

$x=-2$, $x=2$를 주어진 방정식에 각각 대입하면
$$(-2)^4+(-2)^3-9\times(-2)^2-a\times(-2)+4b=0$$
$$\therefore a+2b=14 \qquad \cdots\cdots \text{㉠}$$
$$2^4+2^3-9\times2^2-a\times2+4b=0$$
$$\therefore a-2b=-6 \qquad \cdots\cdots \text{㉡}$$
㉠, ㉡을 연립하여 풀면 $a=4$, $b=5$이므로 주어진 방정식은
$$x^4+x^3-9x^2-4x+20=0$$
$P(x)=x^4+x^3-9x^2-4x+20$이라 하면 $P(-2)=0$, $P(2)=0$이므로 조립제법을 이용하여 $P(x)$를 인수분해하면

$$
\begin{array}{r|rrrrr}
-2 & 1 & 1 & -9 & -4 & 20 \\
   &   & -2 & 2 & 14 & -20 \\
\hline
2 & 1 & -1 & -7 & 10 & 0 \\
   &   & 2 & 2 & -10 & \\
\hline
   & 1 & 1 & -5 & 0 & \\
\end{array}
$$

$$\therefore P(x)=(x+2)(x-2)(x^2+x-5)$$
따라서 주어진 방정식은 $(x+2)(x-2)(x^2+x-5)=0$이고 나머지 두 근은 이차방정식 $x^2+x-5=0$의 근이므로 이차방정식의 근과 계수의 관계에 의하여 나머지 두 근의 곱은 -5이다.

04-❸ 답 -1

$x=2$를 주어진 방정식에 대입하면
$$2^3+(2a-2)\times2^2-a\times2+a^2-5a=0$$
$$a^2+a=0, a(a+1)=0$$
$$\therefore a=-1 \text{ 또는 } a=0$$
(i) $a=-1$일 때
주어진 방정식은 $x^3-4x^2+x+6=0$

$P(x)=x^3-4x^2+x+6$이라 하면 $P(2)=0$이므로 조립제법을 이용하여 $P(x)$를 인수분해하면

$$\begin{array}{r|rrrr} 2 & 1 & -4 & 1 & 6 \\ & & 2 & -4 & -6 \\ \hline & 1 & -2 & -3 & 0 \end{array}$$

$$\therefore P(x)=(x-2)(x^2-2x-3)$$
$$=(x-2)(x+1)(x-3)$$

주어진 방정식은
$$(x+1)(x-2)(x-3)=0$$
$$\therefore x=-1 \text{ 또는 } x=2 \text{ 또는 } x=3$$

즉, 주어진 방정식은 서로 다른 세 실근을 갖는다.

(ii) $a=0$일 때

주어진 방정식은 $x^3-2x^2=0$이므로
$$x^2(x-2)=0$$
$$\therefore x=0 \text{ (중근) 또는 } x=2$$

즉, 주어진 방정식은 서로 다른 두 실근을 갖는다.

(i), (ii)에서 $a=-1$

05-❶ 답 $-\dfrac{1}{6}$

$P(x)=x^3-x^2+(3a-2)x-6a$라 하면
$P(2)=2^3-2^2+(3a-2)\times2-6a=0$
이므로 조립제법을 이용하여 $P(x)$를 인수분해하면

$$\begin{array}{r|rrrr} 2 & 1 & -1 & 3a-2 & -6a \\ & & 2 & 2 & 6a \\ \hline & 1 & 1 & 3a & 0 \end{array}$$

$$\therefore P(x)=(x-2)(x^2+x+3a)$$

이때 방정식 $P(x)=0$이 중근을 가지려면

(i) 이차방정식 $x^2+x+3a=0$이 $x=2$를 근으로 갖는 경우
$$2^2+2+3a=0 \qquad \therefore a=-2$$

(ii) 이차방정식 $x^2+x+3a=0$이 중근을 갖는 경우
이차방정식 $x^2+x+3a=0$의 판별식을 D라 하면
$$D=1^2-4\times1\times3a=0 \qquad \therefore a=\frac{1}{12}$$

(i), (ii)에서 모든 실수 a의 값의 곱은
$$(-2)\times\frac{1}{12}=-\frac{1}{6}$$

05-❷ 답 $a\le\dfrac{9}{4}$

$P(x)=x^3-2x^2+(a-3)x+a$라 하면
$P(-1)=(-1)^3-2\times(-1)^2+(a-3)\times(-1)+a=0$
이므로 조립제법을 이용하여 $P(x)$를 인수분해하면

$$\begin{array}{r|rrrr} -1 & 1 & -2 & a-3 & a \\ & & -1 & 3 & -a \\ \hline & 1 & -3 & a & 0 \end{array}$$

$$\therefore P(x)=(x+1)(x^2-3x+a)$$

이때 방정식 $P(x)=0$의 근이 모두 실수가 되려면 이차방정식 $x^2-3x+a=0$이 실근을 가져야 하므로 이 이차방정식의 판별식을 D라 한 때
$$D=(-3)^2-4\times1\times a\ge0,\ 9-4a\ge0$$
$$\therefore a\le\frac{9}{4}$$

05-❸ 답 2

$P(x)=x^3+4x^2+(k+4)x+2k$라 하면
$P(-2)=(-2)^3+4\times(-2)^2+(k+4)\times(-2)+2k=0$
이므로 조립제법을 이용하여 $P(x)$를 인수분해하면

$$\begin{array}{r|rrrr} -2 & 1 & 4 & k+4 & 2k \\ & & -2 & -4 & -2k \\ \hline & 1 & 2 & k & 0 \end{array}$$

$$\therefore P(x)=(x+2)(x^2+2x+k)$$

이때 방정식 $P(x)=0$이 한 개의 실근과 두 개의 허근을 가지려면 이차방정식 $x^2+2x+k=0$이 두 개의 허근을 가져야 하므로 이 이차방정식의 판별식을 D라 할 때 ($x=-2$가 실근이므로)
$$\frac{D}{4}=1^2-1\times k<0 \qquad \therefore k>1$$

따라서 정수 k의 최솟값은 2이다.

06-❶ 답 4 cm

처음 정육면체의 한 모서리의 길이를 x cm라 하면
$$(x-2)(x+2)\times2x=\frac{3}{2}x^3$$
(직육면체의 부피가 처음 정육면체의 부피의 1.5배가 되었으므로)
$$x^3-16x=0,\ x(x+4)(x-4)=0$$
$$\therefore x=-4 \text{ 또는 } x=0 \text{ 또는 } x=4$$

이때 처음 정육면체의 밑면의 가로의 길이에 의하여 $x>2$이므로 (밑면의 가로의 길이를 2 cm 줄였으므로)
$$x=4$$

따라서 처음 정육면체의 한 모서리의 길이는 4 cm이다.

06-❷ 답 2

만들어진 뚜껑이 없는 직육면체 모양의 상자의 밑면의 가로의 길이와 세로의 길이는 각각 $(14-2x)$ cm, $(12-2x)$ cm이고 높이는 x cm이므로
$$(14-2x)(12-2x)x=160$$
$$(7-x)(6-x)x=40$$
(만들어진 직육면체 모양의 상자의 부피가 160 cm³이므로)
$$x^3-13x^2+42x-40=0$$

$P(x)=x^3-13x^2+42x-40$이라 하면
$P(2)=2^3-13\times2^2+42\times2-40=0$
이므로 조립제법을 이용하여 $P(x)$를 인수분해하면

$$\begin{array}{r|rrrr} 2 & 1 & -13 & 42 & -40 \\ & & 2 & -22 & 40 \\ \hline & 1 & -11 & 20 & 0 \end{array}$$

$$\therefore P(x)=(x-2)(x^2-11x+20)$$

즉, 방정식은 $(x-2)(x^2-11x+20)=0$이므로
$x-2=0$ 또는 $x^2-11x+20=0$
$\therefore x=2$ ($\because x$는 자연수) $\quad \llcorner x=\dfrac{11\pm\sqrt{41}}{2}$

|참고|
모서리의 길이는 양수이므로
$12-2x>0 \qquad \therefore x<6$
$\therefore 0<x<6$

집중 연습
● 본문 173쪽

01 (1) $x=-2$ 또는 $x=-1$ 또는 $x=3$

(2) $x=-3$ 또는 $x=\dfrac{1}{3}$ 또는 $x=2$

(3) $x=1$ 또는 $x=\dfrac{3\pm\sqrt{7}}{2}$

(4) $x=-2$ (중근) 또는 $x=\pm i$

(5) $x=-4$ 또는 $x=-1$ 또는 $x=\dfrac{1}{2}$ 또는 $x=2$

(6) $x=-1$ 또는 $x=1$ 또는 $x=\dfrac{1\pm\sqrt{2}\,i}{2}$

02 (1) $x=-3$ 또는 $x=2$ 또는 $x=\dfrac{-1\pm\sqrt{15}\,i}{2}$

(2) $x=-3$ 또는 $x=-1$ 또는 $x=2$ 또는 $x=4$

(3) $x=3$ (중근) 또는 $x=3\pm\sqrt{10}$

(4) $x=-4$ 또는 $x=2$ 또는 $x=-1\pm\sqrt{11}$

03 (1) $x=\pm\sqrt{2}\,i$ 또는 $x=\pm2$

(2) $x=\pm\dfrac{\sqrt{2}}{2}$ 또는 $x=\pm1$

(3) $x=-1\pm\sqrt{5}$ 또는 $x=1\pm\sqrt{5}$

(4) $x=\dfrac{-1\pm\sqrt{13}}{2}$ 또는 $x=\dfrac{1\pm\sqrt{13}}{2}$

(5) $x=-2\pm2i$ 또는 $x=2\pm2i$

(6) $x=\dfrac{-1\pm i}{2}$ 또는 $x=\dfrac{1\pm i}{2}$

01 (1) $P(x)=x^3-7x-6$이라 하면
$P(-1)=(-1)^3-7\times(-1)-6=0$
이므로 조립제법을 이용하여 $P(x)$를 인수분해하면

$$\begin{array}{r|rrrr} -1 & 1 & 0 & -7 & -6 \\ & & -1 & 1 & 6 \\ \hline & 1 & -1 & -6 & 0 \end{array}$$

$\therefore P(x)=(x+1)(x^2-x-6)$
$\qquad\quad =(x+1)(x+2)(x-3)$
따라서 주어진 방정식은
$(x+2)(x+1)(x-3)=0$
$\therefore x=-2$ 또는 $x=-1$ 또는 $x=3$

(2) $P(x)=3x^3+2x^2-19x+6$이라 하면
$P(2)=3\times2^3+2\times2^2-19\times2+6=0$

이므로 조립제법을 이용하여 $P(x)$를 인수분해하면

$$\begin{array}{r|rrrr} 2 & 3 & 2 & -19 & 6 \\ & & 6 & 16 & -6 \\ \hline & 3 & 8 & -3 & 0 \end{array}$$

$\therefore P(x)=(x-2)(3x^2+8x-3)$
$\qquad\quad =(x-2)(x+3)(3x-1)$
따라서 주어진 방정식은
$(x+3)(3x-1)(x-2)=0$
$\therefore x=-3$ 또는 $x=\dfrac{1}{3}$ 또는 $x=2$

(3) $P(x)=2x^3-8x^2+7x-1$이라 하면
$P(1)=2\times1^3-8\times1^2+7\times1-1=0$
이므로 조립제법을 이용하여 $P(x)$를 인수분해하면

$$\begin{array}{r|rrrr} 1 & 2 & -8 & 7 & -1 \\ & & 2 & -6 & 1 \\ \hline & 2 & -6 & 1 & 0 \end{array}$$

$\therefore P(x)=(x-1)(2x^2-6x+1)$
따라서 주어진 방정식은 $(x-1)(2x^2-6x+1)=0$
$\therefore x=1$ 또는 $x=\dfrac{3\pm\sqrt{7}}{2}$

(4) $P(x)=x^4+4x^3+5x^2+4x+4$라 하면
$P(-2)=(-2)^4+4\times(-2)^3+5\times(-2)^2$
$\qquad\qquad\qquad\qquad\qquad +4\times(-2)+4$
$\qquad\quad =0$
이므로 조립제법을 이용하여 $P(x)$를 인수분해하면

$$\begin{array}{r|rrrrr} -2 & 1 & 4 & 5 & 4 & 4 \\ & & -2 & -4 & -2 & -4 \\ \hline & 1 & 2 & 1 & 2 & 0 \end{array}$$

$\therefore P(x)=(x+2)(x^3+2x^2+x+2)$
$\qquad\quad =(x+2)\{x^2(x+2)+x+2\}$
$\qquad\quad =(x+2)^2(x^2+1)$
따라서 주어진 방정식은 $(x+2)^2(x^2+1)=0$
$\therefore x=-2$ (중근) 또는 $x=\pm i$

(5) $P(x)=2x^4+5x^3-15x^2-10x+8$이라 하면
$P(-1)=2\times(-1)^4+5\times(-1)^3-15\times(-1)^2$
$\qquad\qquad\qquad\qquad\qquad -10\times(-1)+8$
$\qquad\quad =0,$
$P(2)=2\times2^4+5\times2^3-15\times2^2-10\times2+8=0$
이므로 조립제법을 이용하여 $P(x)$를 인수분해하면

$$\begin{array}{r|rrrrr} -1 & 2 & 5 & -15 & -10 & 8 \\ & & -2 & -3 & 18 & -8 \\ \hline 2 & 2 & 3 & -18 & 8 & 0 \\ & & 4 & 14 & -8 & \\ \hline & 2 & 7 & -4 & 0 & \end{array}$$

$\therefore P(x)=(x+1)(x-2)(2x^2+7x-4)$
$\qquad\quad =(x+1)(x-2)(x+4)(2x-1)$

따라서 주어진 방정식은
$$(x+4)(x+1)(2x-1)(x-2)=0$$
$$\therefore\ x=-4\ \text{또는}\ x=-1\ \text{또는}\ x=\frac{1}{2}\ \text{또는}\ x=2$$

(6) $P(x)=4x^4-4x^3-x^2+4x-3$이라 하면
$$P(-1)=4\times(-1)^4-4\times(-1)^3-(-1)^2$$
$$+4\times(-1)-3$$
$$=0,$$
$$P(1)=4\times1^4-4\times1^3-1^2+4\times1-3=0$$
이므로 조립제법을 이용하여 $P(x)$를 인수분해하면

$$
\begin{array}{r|rrrrr}
-1 & 4 & -4 & -1 & 4 & -3 \\
   &   & -4 & 8 & -7 & 3 \\
\hline
 1 & 4 & -8 & 7 & -3 & \,\rlap{\hspace{1em}}\;0 \\
   &   & 4 & -4 & 3 & \\
\hline
   & 4 & -4 & 3 & \,\rlap{\hspace{1em}}\;0 &
\end{array}
$$

$$\therefore\ P(x)=(x+1)(x-1)(4x^2-4x+3)$$
따라서 주어진 방정식은
$$(x+1)(x-1)(4x^2-4x+3)=0$$
$$\therefore\ x=-1\ \text{또는}\ x=1\ \text{또는}\ x=\frac{1\pm\sqrt{2}i}{2}$$

02 (1) $x^2+x=X$라 하면 주어진 방정식은
$$X^2-2(X+12)=0,\ X^2-2X-24=0$$
$$(X+4)(X-6)=0\quad\therefore\ X=-4\ \text{또는}\ X=6$$
(i) $X=-4$, 즉 $x^2+x=-4$일 때
$$x^2+x+4=0\quad\therefore\ x=\frac{-1\pm\sqrt{15}i}{2}$$
(ii) $X=6$, 즉 $x^2+x=6$일 때
$$x^2+x-6=0,\ (x+3)(x-2)=0$$
$$\therefore\ x=-3\ \text{또는}\ x=2$$
(i), (ii)에서
$$x=-3\ \text{또는}\ x=2\ \text{또는}\ x=\frac{-1\pm\sqrt{15}i}{2}$$

(2) $x^2-x=X$라 하면 주어진 방정식은
$$X(X-14)=-24,\ X^2-14X+24=0$$
$$(X-2)(X-12)=0$$
$$\therefore\ X=2\ \text{또는}\ X=12$$
(i) $X=2$, 즉 $x^2-x=2$일 때
$$x^2-x-2=0,\ (x+1)(x-2)=0$$
$$\therefore\ x=-1\ \text{또는}\ x=2$$
(ii) $X=12$, 즉 $x^2-x=12$일 때
$$x^2-x-12=0,\ (x+3)(x-4)=0$$
$$\therefore\ x=-3\ \text{또는}\ x=4$$
(i), (ii)에서
$$x=-3\ \text{또는}\ x=-1\ \text{또는}\ x=2\ \text{또는}\ x=4$$

(3) $x(x-2)(x-4)(x-6)=9$에서
$$\{x(x-6)\}\{(x-2)(x-4)\}=9$$
$$(x^2-6x)(x^2-6x+8)=9$$

$x^2-6x=X$라 하면 주어진 방정식은
$$X(X+8)=9,\ X^2+8X-9=0$$
$$(X+9)(X-1)=0$$
$$\therefore\ X=-9\ \text{또는}\ X=1$$
(i) $X=-9$, 즉 $x^2-6x=-9$일 때
$$x^2-6x+9=0,\ (x-3)^2=0$$
$$\therefore\ x=3\ (\text{중근})$$
(ii) $X=1$, 즉 $x^2-6x=1$일 때
$$x^2-6x-1=0\quad\therefore\ x=3\pm\sqrt{10}$$
(i), (ii)에서
$$x=3\ (\text{중근})\ \text{또는}\ x=3\pm\sqrt{10}$$

(4) $(x-3)(x-1)(x+3)(x+5)+35=0$에서
$$\{(x-1)(x+3)\}\{(x-3)(x+5)\}+35=0$$
$$(x^2+2x-3)(x^2+2x-15)+35=0$$
$x^2+2x=X$라 하면 주어진 방정식은
$$(X-3)(X-15)+35=0,\ X^2-18X+80=0$$
$$(X-8)(X-10)=0$$
$$\therefore\ X=8\ \text{또는}\ X=10$$
(i) $X=8$, 즉 $x^2+2x=8$일 때
$$x^2+2x-8=0,\ (x+4)(x-2)=0$$
$$\therefore\ x=-4\ \text{또는}\ x=2$$
(ii) $X=10$, 즉 $x^2+2x=10$일 때
$$x^2+2x-10=0\quad\therefore\ x=-1\pm\sqrt{11}$$
(i), (ii)에서
$$x=-4\ \text{또는}\ x=2\ \text{또는}\ x=-1\pm\sqrt{11}$$

03 (1) $x^2=X$라 하면 주어진 방정식은
$$X^2-2X-8=0,\ (X+2)(X-4)=0$$
$$\therefore\ X=-2\ \text{또는}\ X=4$$
따라서 $x^2=-2$ 또는 $x^2=4$이므로
$$x=\pm\sqrt{2}i\ \text{또는}\ x=\pm2$$
(2) $x^2=X$라 하면 주어진 방정식은
$$2X^2-3X+1=0,\ (2X-1)(X-1)=0$$
$$\therefore\ X=\frac{1}{2}\ \text{또는}\ X=1$$
따라서 $x^2=\dfrac{1}{2}$ 또는 $x^2=1$이므로
$$x=\pm\frac{\sqrt{2}}{2}\ \text{또는}\ x=\pm1$$
(3) $x^4-12x^2+16=0$에서
$$(x^4-8x^2+16)-4x^2=0$$
$$(x^2-4)^2-(2x)^2=0$$
$$(x^2+2x-4)(x^2-2x-4)=0$$
$$\therefore\ x^2+2x-4=0\ \text{또는}\ x^2-2x-4=0$$
(i) $x^2+2x-4=0$에서 $x=-1\pm\sqrt{5}$
(ii) $x^2-2x-4=0$에서 $x=1\pm\sqrt{5}$
(i), (ii)에서
$$x=-1\pm\sqrt{5}\ \text{또는}\ x=1\pm\sqrt{5}$$

(4) $x^4-7x^2+9=0$에서
$(x^4-6x^2+9)-x^2=0$, $(x^2-3)^2-x^2=0$
$(x^2+x-3)(x^2-x-3)=0$
$\therefore$ $x^2+x-3=0$ 또는 $x^2-x-3=0$
(i) $x^2+x-3=0$에서 $x=\dfrac{-1\pm\sqrt{13}}{2}$
(ii) $x^2-x-3=0$에서 $x=\dfrac{1\pm\sqrt{13}}{2}$
(i), (ii)에서
$x=\dfrac{-1\pm\sqrt{13}}{2}$ 또는 $x=\dfrac{1\pm\sqrt{13}}{2}$

(5) $x^4+64=0$에서
$(x^4+16x^2+64)-16x^2=0$, $(x^2+8)^2-(4x)^2=0$
$(x^2+4x+8)(x^2-4x+8)=0$
$\therefore$ $x^2+4x+8=0$ 또는 $x^2-4x+8=0$
(i) $x^2+4x+8=0$에서 $x=-2\pm2i$
(ii) $x^2-4x+8=0$에서 $x=2\pm2i$
(i), (ii)에서 $x=-2\pm2i$ 또는 $x=2\pm2i$

(6) $4x^4+1=0$에서
$(4x^4+4x^2+1)-4x^2=0$, $(2x^2+1)^2-(2x)^2=0$
$(2x^2+2x+1)(2x^2-2x+1)=0$
$\therefore$ $2x^2+2x+1=0$ 또는 $2x^2-2x+1=0$
(i) $2x^2+2x+1=0$에서 $x=\dfrac{-1\pm i}{2}$
(ii) $2x^2-2x+1=0$에서 $x=\dfrac{1\pm i}{2}$
(i), (ii)에서
$x=\dfrac{-1\pm i}{2}$ 또는 $x=\dfrac{1\pm i}{2}$

소단원 점검 문제

• 본문 174~175쪽

01 ③	02 2	03 ②	04 ⑤
05 ③	06 $a>\dfrac{1}{2}$	07 2	08 2 cm

01 $P(x)=x^3+2x^2-3x-10$이라 하면
$P(2)=2^3+2\times2^2-3\times2-10=0$
이므로 조립제법을 이용하여 $P(x)$를 인수분해하면

$$
\begin{array}{r|rrrr}
2 & 1 & 2 & -3 & -10 \\
  &   & 2 & 8 & 10 \\
\hline
  & 1 & 4 & 5 & 0 \\
\end{array}
$$

$\therefore$ $P(x)=(x-2)(x^2+4x+5)$
즉, 주어진 방정식은 $(x-2)(x^2+4x+5)=0$이고 서로 다른 두 허근 α, β는 이차방정식 $x^2+4x+5=0$의 근이므로 이차방정식의 근과 계수의 관계에 의하여
$\alpha+\beta=-4$, $\alpha\beta=5$
$\therefore$ $\alpha^3+\beta^3=(\alpha+\beta)^3-3\alpha\beta(\alpha+\beta)$
$\qquad\qquad=(-4)^3-3\times5\times(-4)=-4$

02 $x^2-2x=X$라 하면 주어진 방정식은
$(X-1)^2+3X-3=0$, $X^2+X-2=0$
$(X+2)(X-1)=0$ $\qquad\therefore$ $X=-2$ 또는 $X=1$
(i) $X=-2$, 즉 $x^2-2x=-2$일 때
$x^2-2x+2=0$ $\qquad\therefore$ $x=1\pm i$
(ii) $X=1$, 즉 $x^2-2x=1$일 때
$x^2-2x-1=0$ $\qquad\therefore$ $x=1\pm\sqrt{2}$
(i), (ii)에서 $x=1\pm i$ 또는 $x=1\pm\sqrt{2}$
따라서 모든 실근의 합은
$(1-\sqrt{2})+(1+\sqrt{2})=2$

| 다른 풀이 |
(i) $X=-2$, 즉 $x^2-2x=-2$일 때
이차방정식 $x^2-2x+2=0$의 판별식을 D_1이라 하면
$\dfrac{D_1}{4}=(-1)^2-1\times2=-1<0$
이므로 이 이차방정식은 서로 다른 두 허근을 갖는다.
(ii) $X=1$, 즉 $x^2-2x=1$일 때
이차방정식 $x^2-2x-1=0$의 판별식을 D_2라 하면
$\dfrac{D_2}{4}=(-1)^2-1\times(-1)=2>0$
이므로 이 이차방정식은 서로 다른 두 실근을 갖는다.
(i), (ii)에서 주어진 방정식의 모든 실근은 이차방정식 $x^2-2x-1=0$의 근이므로 이차방정식의 근과 계수의 관계에 의하여 구하는 모든 실근의 합은 2이다.

03 $2x^2-x=X$라 하면
$(X+2)(X-6)+15=0$, $X^2-4X+3=0$
$(X-1)(X-3)=0$ $\qquad\therefore$ $X=1$ 또는 $X=3$
(i) $X=1$, 즉 $2x^2-x=1$일 때
$2x^2-x-1=0$, $(2x+1)(x-1)=0$
$\therefore$ $x=-\dfrac{1}{2}$ 또는 $x=1$
(ii) $X=3$, 즉 $2x^2-x=3$일 때
$2x^2-x-3=0$, $(x+1)(2x-3)=0$
$\therefore$ $x=-1$ 또는 $x=\dfrac{3}{2}$
(i), (ii)에서
$x=-1$ 또는 $x=-\dfrac{1}{2}$ 또는 $x=1$ 또는 $x=\dfrac{3}{2}$
$\therefore$ $|\alpha|+|\beta|+|\gamma|+|\delta|=4$

04 $x^4-3x^2+1=0$에서
$(x^4-2x^2+1)-x^2=0$, $(x^2-1)^2-x^2=0$
$(x^2+x-1)(x^2-x-1)=0$
$\therefore$ $x^2+x-1=0$ 또는 $x^2-x-1=0$
(i) $x^2+x-1=0$에서 $x=\dfrac{-1\pm\sqrt{5}}{2}$
(ii) $x^2-x-1=0$에서 $x=\dfrac{1\pm\sqrt{5}}{2}$

(i), (ii)에서 주어진 방정식의 근 중에서 양의 실수인 근은
$\dfrac{-1+\sqrt{5}}{2}$, $\dfrac{1+\sqrt{5}}{2}$ 이므로 그 합은
$$\dfrac{-1+\sqrt{5}}{2}+\dfrac{1+\sqrt{5}}{2}=\sqrt{5}$$

05 $(x-a)\{x^2+(1-3a)x+4\}=0$의 세 실근이 1, α, β이
므로

(i) 1이 $x-a=0$의 근, 즉 $a=1$인 경우
$(x-1)(x^2-2x+4)=0$이므로 이차방정식
$x^2-2x+4=0$의 판별식을 D라 하면
$$\dfrac{D}{4}=(-1)^2-1\times4<0$$
즉, 이차방정식 $x^2-2x+4=0$이 서로 다른 두 허근
을 가지므로 조건을 만족시키지 않는다.

(ii) 1이 이차방정식 $x^2+(1-3a)x+4=0$의 근인 경우
$x=1$을 $x^2+(1-3a)x+4=0$에 대입하면
$1^2+(1-3a)\times1+4=0$ $\therefore a=2$
$(x-2)(x^2-5x+4)=0$이므로
$(x-2)(x-1)(x-4)=0$
$\therefore x=1$ 또는 $x=2$ 또는 $x=4$
즉, 주어진 방정식이 서로 다른 세 실근을 가진다.

(i), (ii)에서 $\alpha=2$, $\beta=4$ 또는 $\alpha=4$, $\beta=2$이므로
$\alpha\beta=8$

06 $P(x)=x^3+(2-a)x^2-2a^2$이라 하면
$P(a)=a^3+(2-a)a^2-2a^2=0$
이므로 조립제법을 이용하여 $P(x)$를 인수분해하면

$$
\begin{array}{c|cccc}
a & 1 & 2-a & 0 & -2a^2 \\
  &   & a & 2a & 2a^2 \\
\hline
  & 1 & 2 & 2a & 0
\end{array}
$$

$\therefore P(x)=(x-a)(x^2+2x+2a)$
이때 방정식 $P(x)=0$이 한 개의 실근과 두 개의 허근을
가지려면 이차방정식 $x^2+2x+2a=0$이 두 개의 허근을
가져야 하므로 이 이차방정식의 판별식을 D라 할 때

↳ a가 실수이므로 한 개의 실근은 a이다.
$$\dfrac{D}{4}=1^2-1\times2a<0,\ 1-2a<0$$
$\therefore a>\dfrac{1}{2}$

07 $P(x)=x^3-x^2+(a-6)x+2a$라 하면
$P(-2)=(-2)^3-(-2)^2+(a-6)\times(-2)+2a=0$
이므로 조립제법을 이용하여 $P(x)$를 인수분해하면

$$
\begin{array}{c|cccc}
-2 & 1 & -1 & a-6 & 2a \\
   &   & -2 & 6 & -2a \\
\hline
   & 1 & -3 & a & 0
\end{array}
$$

$\therefore P(x)=(x+2)(x^2-3x+a)$
이때 방정식 $P(x)=0$이 서로 다른 세 실근을 가지려면
이차방정식 $x^2-3x+a=0$이 $x=-2$가 아닌 서로 다른

누 실근을 가져야 한다.
즉, 이차방정식 $x^2-3x+a=0$이 서로 다른 두 실근을
가져야 하므로 이 이차방정식의 판별식을 D라 하면
$$D=(-3)^2-4\times1\times a>0$$
$$9-4a>0$$
$$\therefore a<\dfrac{9}{4} \quad\cdots\cdots\ \text{㉠}$$
이때 이차방정식 $x^2-3x+a=0$이 $x=-2$를 근으로 갖
지 않아야 하므로
$$(-2)^2-3\times(-2)+a\neq0$$
$$\therefore a\neq-10 \quad\cdots\cdots\ \text{㉡}$$
㉠, ㉡의 공통부분을 구하면
$$a<-10 \ 또는 \ -10<a<\dfrac{9}{4}$$
따라서 정수 a의 최댓값은 2이다.

08 물통의 높이를 x cm라 하면 물통의 밑면의 반지름의 길
이는 $(2x+1)$ cm이고, 50π cm^{3}의 물을 부었더니 물통
이 가득 찼으므로 물통의 부피는 50π cm^{3}이다. 즉,
$$\pi\times(2x+1)^2\times x=50\pi$$
$$4x^3+4x^2+x=50$$
$$4x^3+4x^2+x-50=0 \quad\cdots\cdots\ \text{㉠}$$
$P(x)=4x^3+4x^2+x-50$이라 하면
$P(2)=4\times2^3+4\times2^2+2-50=0$
이므로 조립제법을 이용하여 $P(x)$를 인수분해하면

$$
\begin{array}{c|cccc}
2 & 4 & 4 & 1 & -50 \\
  &   & 8 & 24 & 50 \\
\hline
  & 4 & 12 & 25 & 0
\end{array}
$$

$\therefore P(x)=(x-2)(4x^2+12x+25)$
즉, 방정식 ㉠은 $(x-2)(4x^2+12x+25)=0$이므로
$x-2=0$ 또는 $4x^2+12x+25=0$
$\therefore x=2$ 또는 $x=\dfrac{-3\pm4i}{2}$
따라서 물통의 높이는 2 cm이다.

⑫ 삼차방정식의 근과 계수의 관계

개념 확인 • 본문 176~177쪽

1 답 (1) $x^3-4x^2+x+6=0$ (2) $x^3+2x^2-x-2=0$

(1) (세 근의 합)$=-1+2+3=4$
(두 근끼리의 곱의 합)$=(-1)\times2+2\times3+3\times(-1)$
$=1$
(세 근의 곱)$=(-1)\times2\times3=-6$
따라서 구하는 삼차방정식은
$x^3-4x^2+x+6=0$

(2) (세 근의 합)$=(-2)+(-1)+1=-2$
　(두 근끼리의 곱의 합)
　$=(-2)\times(-1)+(-1)\times1+1\times(-2)=-1$
　(세 근의 곱)$=(-2)\times(-1)\times1=2$
　따라서 구하는 삼차방정식은
　$x^3+2x^2-x-2=0$

2 답 (1) -1　(2) -1　(3) -1

$x^3=1$에서 $x^3-1=0$, $(x-1)(x^2+x+1)=0$
ω는 방정식 $x^3=1$의 한 허근이므로
$\omega^3-1=0$, $\omega^2+\omega+1=0$
(1) $\omega^2+\omega+1=0$이므로 $\omega^2+\omega=-1$
(2) $\omega^3-1=0$, 즉 $\omega^3=1$이므로
　$\omega^5+\omega^7=\omega^3\times\omega^2+(\omega^3)^2\times\omega=\omega^2+\omega=-1$ ($\because$ (1))
(3) $\omega^2+\omega+1=0$이므로 양변을 ω로 나누면
$$\omega+1+\frac{1}{\omega}=0$$
$$\therefore \omega+\frac{1}{\omega}=-1$$

집중 연습　　　　　　　● 본문 178쪽

01 (1) $\dfrac{1}{3}$　(2) $-\dfrac{2}{3}$　(3) $-\dfrac{4}{3}$　(4) $-\dfrac{1}{4}$

02 (1) $x^3-8x^2+19x-12=0$
　(2) $x^3+3x^2-4x-12=0$
　(3) $x^3-4x^2+2x+4=0$　(4) $x^3-3x^2+x+5=0$

03 (1) $2+\sqrt{3}$, -1　(2) $3-2i$, -2

04 $a=-2$, $b=1$, $c=-2$

05 (1) 2　(2) -1　(3) 0

06 (1) -1　(2) 1　(3) 1

---

01 (1) $\alpha+\beta+\gamma=-\dfrac{-1}{3}=\dfrac{1}{3}$

(2) $\alpha\beta+\beta\gamma+\gamma\alpha=\dfrac{-2}{3}=-\dfrac{2}{3}$

(3) $\alpha\beta\gamma=-\dfrac{4}{3}$

(4) $\alpha+\beta+\gamma=\dfrac{1}{3}$, $\alpha\beta\gamma=-\dfrac{4}{3}$이므로
$$\frac{1}{\alpha\beta}+\frac{1}{\beta\gamma}+\frac{1}{\gamma\alpha}=\frac{\alpha+\beta+\gamma}{\alpha\beta\gamma}$$
$$=\frac{1}{3}\times\left(-\frac{3}{4}\right)=-\frac{1}{4}$$

02 (1) (세 근의 합)$=1+3+4=8$
　(두 근끼리의 곱의 합)$=1\times3+3\times4+4\times1=19$
　(세 근의 곱)$=1\times3\times4=12$
　따라서 구하는 삼차방정식은
　$x^3-8x^2+19x-12=0$

---

(2) (세 근의 합)$=(-3)+(-2)+2=-3$
　(두 근끼리의 곱의 합)
　$=(-3)\times(-2)+(-2)\times2+2\times(-3)=-4$
　(세 근의 곱)$=(-3)\times(-2)\times2=12$
　따라서 구하는 삼차방정식은
　$x^3+3x^2-4x-12=0$
(3) (세 근의 합)$=2+(1+\sqrt{3})+(1-\sqrt{3})=4$
　(두 근끼리의 곱의 합)
　$=2\times(1+\sqrt{3})+(1+\sqrt{3})\times(1-\sqrt{3})+(1-\sqrt{3})\times2$
　$=2$
　(세 근의 곱)$=2\times(1+\sqrt{3})\times(1-\sqrt{3})=-4$
　따라서 구하는 삼차방정식은
　$x^3-4x^2+2x+4=0$
(4) (세 근의 합)$=(-1)+(2+i)+(2-i)=3$
　(두 근끼리의 곱의 합)
　$=(-1)\times(2+i)+(2+i)\times(2-i)$
　$\qquad\qquad\qquad\qquad+(2-i)\times(-1)$
　$=1$
　(세 근의 곱)$=(-1)\times(2+i)\times(2-i)=-5$
　따라서 구하는 삼차방정식은
　$x^3-3x^2+x+5=0$

03 (1) 삼차방정식 $x^3-3x^2-3x+1=0$의 계수가 유리수이고 한 근이 $2-\sqrt{3}$이므로 $2+\sqrt{3}$도 근이다.
이때 나머지 한 근을 α라 하면 삼차방정식의 근과 계수의 관계에 의하여
$(2-\sqrt{3})+(2+\sqrt{3})+\alpha=3$　　$\therefore \alpha=-1$
따라서 나머지 두 근은 $2+\sqrt{3}$, -1이다.

(2) 삼차방정식 $x^3-4x^2+x+26=0$의 계수가 실수이고 한 근이 $3+2i$이므로 $3-2i$도 근이다.
이때 나머지 한 근을 α라 하면 삼차방정식의 근과 계수의 관계에 의하여
$(3+2i)+(3-2i)+\alpha=4$　　$\therefore \alpha=-2$
따라서 나머지 두 근은 $3-2i$, -2이다.

| 다른 풀이 |

(1) 삼차방정식의 근과 계수의 관계에 의하여 두 근끼리의 곱의 합이 -3, 세 근의 곱이 -1임을 이용해도 다음과 같이 α의 값을 구할 수 있다.
　• $(2-\sqrt{3})\times(2+\sqrt{3})+(2+\sqrt{3})\times\alpha+\alpha\times(2-\sqrt{3})$
　$=-3$
　에서 $1+4\alpha=-3$
　$\therefore \alpha=-1$
　• $(2-\sqrt{3})\times(2+\sqrt{3})\times\alpha=-1$에서
　$\alpha=-1$
(2) 삼차방정식의 근과 계수의 관계에 의하여 두 근끼리의 곱의 합이 1, 세 근의 곱이 -26임을 이용해도 다음과 같이 α의 값을 구할 수 있다.

- $(3+2i)\times(3-2i)+(3-2i)\times\alpha+\alpha\times(3+2i)=1$
  에서 $13+6\alpha=1$ $\therefore \alpha=-2$
- $(3+2i)\times(3-2i)\times\alpha=-26$에서
  $13\alpha=-26$ $\therefore \alpha=-2$

04 삼차방정식 $x^3+ax^2+bx+c=0$의 계수가 실수이고 한 근이 i이므로 $-i$도 근이다.
따라서 주어진 삼차방정식의 세 근이 2, i, $-i$이므로 삼차방정식의 근과 계수의 관계에 의하여
$2+i+(-i)=2=-a$
$2\times i+i\times(-i)+(-i)\times2=1=b$
$2\times i\times(-i)=2=-c$
$\therefore a=-2,\ b=1,\ c=-2$

05 $x^3=1$에서 $x^3-1=0$, $(x-1)(x^2+x+1)=0$
ω는 방정식 $x^3=1$의 한 허근이므로
$\omega^3-1=0,\ \omega^2+\omega+1=0$
(1) $\omega^2+\omega+1=0$이므로
    $\omega^2+\omega+3=(\omega^2+\omega+1)+2=2$
(2) $\omega^3=1$이고, 이차방정식 $x^2+x+1=0$의 한 허근이 ω이므로 다른 한 허근은 $\overline{\omega}$이다.
    즉, 이차방정식의 근과 계수의 관계에 의하여
    $\omega+\overline{\omega}=-1$
    $\therefore \omega^4+\overline{\omega}=\omega^3\times\omega+\overline{\omega}=\omega+\overline{\omega}=-1$
(3) $\omega^3-1=0$에서 양변을 ω로 나누면
    $\omega^2-\dfrac{1}{\omega}=0$

06 $x^3=-1$에서 $x^3+1=0$, $(x+1)(x^2-x+1)=0$
ω는 방정식 $x^3=-1$의 한 허근이므로
$\omega^3+1=0,\ \omega^2-\omega+1=0$
(1) $\omega^2-\omega+1=0$이므로 $\omega^2-\omega=-1$
(2) $\omega^3=-1$이고, 이차방정식 $x^2-x+1=0$의 한 허근이 ω이므로 다른 한 허근은 $\overline{\omega}$이다.
    즉, 이차방정식의 근과 계수의 관계에 의하여
    $\omega+\overline{\omega}=1$
    $\therefore \omega^{13}+\overline{\omega}=(\omega^3)^4\times\omega+\overline{\omega}=\omega+\overline{\omega}=1$
(3) $\omega^2-\omega+1=0$의 양변을 ω로 나누면
    $\omega-1+\dfrac{1}{\omega}=0$ $\therefore \omega+\dfrac{1}{\omega}=1$

(유제)   • 본문 179~182쪽

01-❶ 답 (1) -3 (2) 5   (3) 1
삼차방정식 $x^3-x^2+2x+3=0$의 세 근이 α, β, γ이므로 삼차방정식의 근과 계수의 관계에 의하여
$\alpha+\beta+\gamma=1,\ \alpha\beta+\beta\gamma+\gamma\alpha=2,\ \alpha\beta\gamma=-3$

---

(1) $\alpha^2+\beta^2+\gamma^2=(\alpha+\beta+\gamma)^2-2(\alpha\beta+\beta\gamma+\gamma\alpha)$
              $=1^2-2\times2=-3$
(2) $(\alpha+\beta)(\beta+\gamma)(\gamma+\alpha)$ $\big)$ $\alpha+\beta+\gamma=1$이므로
    $=(1-\gamma)(1-\alpha)(1-\beta)$
    $=1-(\alpha+\beta+\gamma)+(\alpha\beta+\beta\gamma+\gamma\alpha)-\alpha\beta\gamma$
    $=1-1+2-(-3)=5$
(3) $\dfrac{\gamma}{\alpha\beta}+\dfrac{\alpha}{\beta\gamma}+\dfrac{\beta}{\gamma\alpha}=\dfrac{\alpha^2+\beta^2+\gamma^2}{\alpha\beta\gamma}=\dfrac{-3}{-3}=1\ (\because (1))$

01-❷ 답 (1) 6   (2) 12
삼차방정식 $x^3+3x-2=0$의 세 근이 α, β, γ이므로 삼차방정식의 근과 계수의 관계에 의하여
$\alpha+\beta+\gamma=0,\ \alpha\beta+\beta\gamma+\gamma\alpha=3,\ \alpha\beta\gamma=2$
(1) α, β, γ가 삼차방정식 $x^3+3x-2=0$의 근이므로
    $\alpha^3+3\alpha-2=0,\ \beta^3+3\beta-2=0,\ \gamma^3+3\gamma-2=0$에서
    $\alpha^3=2-3\alpha,\ \beta^3=2-3\beta,\ \gamma^3=2-3\gamma$
    $\therefore \alpha^3+\beta^3+\gamma^3=(2-3\alpha)+(2-3\beta)+(2-3\gamma)$
                    $=6-3(\alpha+\beta+\gamma)$
                    $=6-3\times0=6$
(2) α, β, γ가 삼차방정식 $x^3+3x-2=0$의 근이므로
    $\alpha^3+3\alpha-2=0,\ \beta^3+3\beta-2=0,\ \gamma^3+3\gamma-2=0$에서
    $\alpha^3+2\alpha=2-\alpha,\ \beta^3+2\beta=2-\beta,\ \gamma^3+2\gamma=2-\gamma$
    $\therefore (\alpha^3+2\alpha)(\beta^3+2\beta)(\gamma^3+2\gamma)$
        $=(2-\alpha)(2-\beta)(2-\gamma)$
        $=8-4(\alpha+\beta+\gamma)+2(\alpha\beta+\beta\gamma+\gamma\alpha)-\alpha\beta\gamma$
        $=8-4\times0+2\times3-2$
        $=12$

01-❸ 답 31
주어진 삼차방정식의 세 근을 α, 3α, 4α $(\alpha\neq0)$라 하면 삼차방정식의 근과 계수의 관계에 의하여
$\alpha+3\alpha+4\alpha=8,\ 8\alpha=8$
$\therefore \alpha=1$
즉, 주어진 삼차방정식의 세 근이 1, 3, 4이므로 삼차방정식의 근과 계수의 관계에 의하여
$1\times3+3\times4+4\times1=19=a$
$1\times3\times4=12=-b$
따라서 $a=19,\ b=-12$이므로
$a-b=19-(-12)=31$

02-❶ 답 $x^3+4x^2+3x+1=0$
삼차방정식 $x^3+x^2-2x+1=0$의 세 근이 α, β, γ이므로 삼차방정식의 근과 계수의 관계에 의하여
$\alpha+\beta+\gamma=-1,\ \alpha\beta+\beta\gamma+\gamma\alpha=-2,\ \alpha\beta\gamma=-1$
구하는 삼차방정식의 세 근이 $\alpha-1$, $\beta-1$, $\gamma-1$이므로

(세 근의 합)$=(\alpha-1)+(\beta-1)+(\gamma-1)$
$$=(\alpha+\beta+\gamma)-3$$
$$=(-1)-3=-4$$
(두 근끼리의 곱의 합)
$=(\alpha-1)(\beta-1)+(\beta-1)(\gamma-1)+(\gamma-1)(\alpha-1)$
$=(\alpha\beta+\beta\gamma+\gamma\alpha)-2(\alpha+\beta+\gamma)+3$
$=(-2)-2\times(-1)+3=3$
(세 근의 곱)$=(\alpha-1)(\beta-1)(\gamma-1)$
$$=\alpha\beta\gamma-(\alpha\beta+\beta\gamma+\gamma\alpha)+(\alpha+\beta+\gamma)-1$$
$$=(-1)-(-2)+(-1)-1=-1$$
따라서 구하는 삼차방정식은
$x^3+4x^2+3x+1=0$

02-❷ 답 $x^3+2x+2=0$

삼차방정식 $x^3+2x-2=0$의 세 근이 α, β, γ이므로 삼차방정식의 근과 계수의 관계에 의하여
$\alpha+\beta+\gamma=0$, $\alpha\beta+\beta\gamma+\gamma\alpha=2$, $\alpha\beta\gamma=2$
구하는 삼차방정식의 세 근이 $\alpha+\beta$, $\beta+\gamma$, $\gamma+\alpha$, 즉
$-\gamma$, $-\alpha$, $-\beta$이므로
(세 근의 합)$=(-\gamma)+(-\alpha)+(-\beta)$
$$=-(\alpha+\beta+\gamma)=0$$
(두 근끼리의 곱의 합)
$=(-\gamma)(-\alpha)+(-\alpha)(-\beta)+(-\beta)(-\gamma)$
$=\gamma\alpha+\alpha\beta+\beta\gamma=2$
(세 근의 곱)$=(-\gamma)(-\alpha)(-\beta)=-\alpha\beta\gamma=-2$
따라서 구하는 삼차방정식은
$x^3+2x+2=0$

| 다른 풀이 |
구하는 삼차방정식의 세 근이 $\alpha+\beta$, $\beta+\gamma$, $\gamma+\alpha$이므로
(세 근의 합)$=(\alpha+\beta)+(\beta+\gamma)+(\gamma+\alpha)$
$$=2(\alpha+\beta+\gamma)=0$$
(두 근끼리의 곱의 합)
$=(\alpha+\beta)(\beta+\gamma)+(\beta+\gamma)(\gamma+\alpha)+(\gamma+\alpha)(\alpha+\beta)$
$=\alpha^2+\beta^2+\gamma^2+3(\alpha\beta+\beta\gamma+\gamma\alpha)$
$=\underline{(\alpha+\beta+\gamma)^2}+(\alpha\beta+\beta\gamma+\gamma\alpha)$
$=0+2=2$ $\;\longrightarrow (\alpha+\beta+\gamma)^2=\alpha^2+\beta^2+\gamma^2+2(\alpha\beta+\beta\gamma+\gamma\alpha)$

02-❸ 답 7

삼차방정식 $x^3-7x^2+14x-8=0$의 세 근이 α, β, γ이므로 삼차방정식의 근과 계수의 관계에 의하여
$\alpha+\beta+\gamma=7$, $\alpha\beta+\beta\gamma+\gamma\alpha=14$, $\alpha\beta\gamma=8$
삼차방정식 $x^3+ax^2+bx-1=0$의 세 근이 $\dfrac{2}{\alpha}$, $\dfrac{2}{\beta}$, $\dfrac{2}{\gamma}$이므로
(세 근의 합)$=\dfrac{2}{\alpha}+\dfrac{2}{\beta}+\dfrac{2}{\gamma}=2\left(\dfrac{\alpha\beta+\beta\gamma+\gamma\alpha}{\alpha\beta\gamma}\right)$
$$=2\times\dfrac{14}{8}=\dfrac{7}{2}$$

(두 근끼리의 곱의 합)$=\dfrac{4}{\alpha\beta}+\dfrac{4}{\beta\gamma}+\dfrac{4}{\gamma\alpha}$
$$=4\left(\dfrac{\alpha+\beta+\gamma}{\alpha\beta\gamma}\right)$$
$$=4\times\dfrac{7}{8}=\dfrac{7}{2}$$
(세 근의 곱)$=\dfrac{8}{\alpha\beta\gamma}=\dfrac{8}{8}=1$
따라서 $a=-\dfrac{7}{2}$, $b=\dfrac{7}{2}$이므로
$b-a=\dfrac{7}{2}-\left(-\dfrac{7}{2}\right)=7$

03-❶ 답 4

| 방법 ❶ | 켤레근의 성질을 이용
삼차방정식 $x^3+ax^2+bx-4=0$의 계수가 유리수이고 한 근이 $2-\sqrt{2}$이므로 $2+\sqrt{2}$도 근이다.
이때 나머지 한 근을 α라 하면 삼차방정식의 근과 계수의 관계에 의하여
$(2-\sqrt{2})\times(2+\sqrt{2})\times\alpha=4$, $2\alpha=4$
$\therefore \alpha=2$
즉, 주어진 삼차방정식의 세 근이 $2-\sqrt{2}$, $2+\sqrt{2}$, 2이므로
$(2-\sqrt{2})+(2+\sqrt{2})+2=6=-a$
$(2-\sqrt{2})\times(2+\sqrt{2})+(2+\sqrt{2})\times2+2\times(2-\sqrt{2})=10=b$
따라서 $a=-6$, $b=10$이므로
$a+b=(-6)+10=4$

| 방법 ❷ | 주어진 근을 대입
삼차방정식 $x^3+ax^2+bx-4=0$의 한 근이 $2-\sqrt{2}$이므로 주어진 방정식에 $x=2-\sqrt{2}$를 대입하면
$(2-\sqrt{2})^3+a(2-\sqrt{2})^2+b(2-\sqrt{2})-4=0$
$\therefore 2(3a+b+8)+(4a+b+14)\sqrt{2}=0$
이때 $3a+b+8=0$, $4a+b+14=0$이므로 두 식을 연립하여 풀면
$a=-6$, $b=10$
$\therefore a+b=(-6)+10=4$

03-❷ 답 3

삼차방정식 $x^3-3x^2+ax+b=0$의 계수가 실수이고 한 근이 $1+2i$이므로 $1-2i$도 근이다.
이때 나머지 한 실근이 α이므로 삼차방정식의 근과 계수의 관계에 의하여
$(1+2i)+(1-2i)+\alpha=3$
$\therefore \alpha=1$
즉, 주어진 삼차방정식의 세 근이 $1+2i$, $1-2i$, 1이므로
$(1+2i)\times(1-2i)+(1-2i)\times1+1\times(1+2i)=7=a$
$(1+2i)\times(1-2i)\times1=5=-b$
따라서 $\alpha=1$, $a=7$, $b=-5$이므로
$\alpha+a+b=1+7+(-5)=3$

03-❸ 답 2

삼차방정식 $x^3+ax^2+bx+c=0$의 계수가 실수이고 한 근이 i이므로 $-i$도 근이다.

즉, 주어진 삼차방정식의 세 근이 $\sqrt{2}$, i, $-i$이므로 삼차방정식의 근과 계수의 관계에 의하여

$\sqrt{2}+i+(-i)=\sqrt{2}=-a$

$\sqrt{2}\times i+i\times(-i)+(-i)\times\sqrt{2}=1=b$

$\sqrt{2}\times i\times(-i)=\sqrt{2}=-c$

따라서 $a=-\sqrt{2}$, $b=1$, $c=-\sqrt{2}$이므로

$abc=(-\sqrt{2})\times1\times(-\sqrt{2})=2$

04-❶ 답 (1) 0   (2) 4

방정식 $x^3=-1$에서

$x^3+1=0$, $(x+1)(x^2-x+1)=0$

ω는 방정식 $x^3=-1$의 한 허근이므로

$\omega^3+1=0$, $\omega^2-\omega+1=0$

(1) $\omega^{15}-\omega^{14}+\omega^{13}-\omega^{12}+\omega^{11}-\omega^{10}$

$=(\omega^3)^5-(\omega^3)^4\times\omega^2+(\omega^3)^4\times\omega-(\omega^3)^4\times\omega^2$
$\qquad\qquad\qquad\qquad\qquad -(\omega^3)^3\times\omega$

$=-1-\omega^2+\omega-1-\omega^2+\omega$

$=-2(\omega^2-\omega+1)=0$

(2) ω가 이차방정식 $x^2-x+1=0$의 근이면 $\overline{\omega}$도 근이므로 이차방정식의 근과 계수의 관계에 의하여

$\omega+\overline{\omega}=1$　　$\therefore \overline{\omega}=-\omega+1$

또한, $\omega^2-\omega+1=0$에서 $\omega^2=\omega-1$이므로

$\overline{\omega}=-\omega^2$

$\therefore \dfrac{3\omega^2-\overline{\omega}}{\omega^8}=\dfrac{3\omega^2-(-\omega^2)}{(\omega^3)^2\times\omega^2}$

$\qquad\qquad =\dfrac{4\omega^2}{\omega^2}=4$

04-❷ 답 -2

방정식 $x^3+1=0$에서 $(x+1)(x^2-x+1)=0$이고 ω는 방정식 $x^3+1=0$의 한 허근이므로 이차방정식 $x^2-x+1=0$의 근이다.

즉, $\overline{\omega}$도 이 이차방정식의 근이므로 이차방정식의 근과 계수의 관계에 의하여

$\omega+\overline{\omega}=1$

$\therefore \dfrac{\overline{\omega}}{\omega-1}+\dfrac{\omega}{\overline{\omega}-1}=\dfrac{\overline{\omega}}{-\overline{\omega}}+\dfrac{\omega}{-\omega}$

$\qquad\qquad\qquad =(-1)+(-1)=-2$

04-❸ 답 3

ω는 방정식 $x^2+x+1=0$의 한 허근이므로

$\omega^2+\omega+1=0$

위의 식의 양변에 $\omega-1$을 곱하면

$(\omega-1)(\omega^2+\omega+1)=0$, $\omega^3-1=0$

$\therefore \omega^3=1$

또한, ω가 이차방정식 $x^2+x+1=0$의 근이면 $\overline{\omega}$도 근이므로 이차방정식의 근과 계수의 관계에 의하여

$\omega+\overline{\omega}=-1$, $\omega\overline{\omega}=1$

이때 $\omega^2+\omega+1=0$에서 $\omega^2=-\omega-1$

$\omega+\overline{\omega}=-1$에서 $\overline{\omega}=-\omega-1$

$\therefore \omega^2=\overline{\omega}$

$\therefore (2\omega^5+1)\overline{(2\omega^5+1)}=(2\omega^3\times\omega^2+1)\overline{(2\omega^3\times\omega^2+1)}$

$\qquad\qquad =(2\omega^2+1)\overline{(2\omega^2+1)}$

$\qquad\qquad =(2\overline{\omega}+1)\overline{(2\overline{\omega}+1)}$

$\qquad\qquad =(2\overline{\omega}+1)(2\omega+1)$

$\qquad\qquad =4\overline{\omega}\omega+2(\overline{\omega}+\omega)+1$

$\qquad\qquad =4\times1+2\times(-1)+1=3$

01 ③　　**02** ②　　**03** ②　　**04** ㄱ, ㄴ, ㄹ

01 삼차방정식 $x^3-2x^2+4x+1=0$의 세 근이 α, β, γ이므로 삼차방정식의 근과 계수의 관계에 의하여

$\alpha+\beta+\gamma=2$, $\alpha\beta+\beta\gamma+\gamma\alpha=4$, $\alpha\beta\gamma=-1$

이때 $\alpha+\beta+\gamma=2$에서

$\beta+\gamma=2-\alpha$, $\gamma+\alpha=2-\beta$, $\alpha+\beta=2-\gamma$

$\therefore \dfrac{\beta+\gamma}{\alpha}+\dfrac{\gamma+\alpha}{\beta}+\dfrac{\alpha+\beta}{\gamma}=\dfrac{2-\alpha}{\alpha}+\dfrac{2-\beta}{\beta}+\dfrac{2-\gamma}{\gamma}$

$\qquad\qquad =2\left(\dfrac{1}{\alpha}+\dfrac{1}{\beta}+\dfrac{1}{\gamma}\right)-3$

$\qquad\qquad =2\times\dfrac{\alpha\beta+\beta\gamma+\gamma\alpha}{\alpha\beta\gamma}-3$

$\qquad\qquad =2\times\dfrac{4}{-1}-3$

$\qquad\qquad =-11$

02 삼차방정식 $x^3-4x^2+2x+1=0$의 세 근이 α, β, γ이므로 삼차방정식의 근과 계수의 관계에 의하여

$\alpha+\beta+\gamma=4$, $\alpha\beta+\beta\gamma+\gamma\alpha=2$, $\alpha\beta\gamma=-1$

삼차방정식 $x^3+ax^2+bx+c=0$의 세 근이 $\alpha\beta$, $\beta\gamma$, $\gamma\alpha$이므로

(세 근의 합)$=\alpha\beta+\beta\gamma+\gamma\alpha=2$

(두 근끼리의 곱의 합)$=\alpha\beta\times\beta\gamma+\beta\gamma\times\gamma\alpha+\gamma\alpha\times\alpha\beta$

$\qquad\qquad =\alpha\beta^2\gamma+\alpha\beta\gamma^2+\alpha^2\beta\gamma$

$\qquad\qquad =\alpha\beta\gamma(\alpha+\beta+\gamma)$

$\qquad\qquad =(-1)\times4$

$\qquad\qquad =-4$

(세 근의 곱)$=\alpha\beta\times\beta\gamma\times\gamma\alpha=(\alpha\beta\gamma)^2$

$\qquad\qquad =(-1)^2=1$

따라서 $a=-2$, $b=-4$, $c=-1$이므로
$abc=(-2)\times(-4)\times(-1)=-8$

03 $P(x)=x^3+(k-1)x^2-k$라 하면
$P(1)=1^3+(k-1)\times1^2-k=0$
이므로 조립제법을 이용하여 $P(x)$를 인수분해하면

$$
\begin{array}{r|rrr|r}
1 & 1 & k-1 & 0 & -k \\
  &   & 1 & k & k \\
\hline
  & 1 & k & k & 0
\end{array}
$$

$\therefore P(x)=(x-1)(x^2+kx+k)$
즉, 주어진 방정식은 $(x-1)(x^2+kx+k)=0$이고
z가 이차방정식 $x^2+kx+k=0$의 한 허근이므로 $\bar{z}$도 이
차방정식 $x^2+kx+k=0$의 근이다.
따라서 이차방정식의 근과 계수의 관계에 의하여
$z+\bar{z}=-k$, $-2=-k$
$\therefore k=2$

04 방정식 $x^3=-1$에서
$x^3+1=0$, $(x+1)(x^2-x+1)=0$
ω는 방정식 $x^3=-1$의 한 허근이므로
$\omega^3+1=0$, $\omega^2-\omega+1=0$
ㄱ. $\omega^{20}+\omega^{10}+1=(\omega^3)^6\times\omega^2+(\omega^3)^3\times\omega+1$
$\qquad\qquad\quad =\omega^2-\omega+1=0$ (참)
ㄴ. ω가 이차방정식 $x^2-x+1=0$의 근이면 $\bar{\omega}$도 근이므
로 이차방정식의 근과 계수의 관계에 의하여
$\omega+\bar{\omega}=1$ (참)
ㄷ. $\dfrac{1}{\omega-1}=\dfrac{\omega}{\omega(\omega-1)}$
$\qquad\quad =\dfrac{\omega}{\omega^2-\omega}$
$\qquad\quad =\dfrac{\omega}{-1}$
$\qquad\quad =-\omega$ (거짓)
ㄹ. $\omega^3=-1$에서 $\omega^3+1=0$이므로 양변을 ω로 나누면
$\qquad \omega^2+\dfrac{1}{\omega}=0$ (참)
ㅁ. $\bar{\omega}$가 이차방정식 $x^2-x+1=0$의 근이므로
$\bar{\omega}^2-\bar{\omega}+1=0$
$\therefore \bar{\omega}^2+1=\bar{\omega}$
$\therefore \dfrac{\omega^2}{1-\omega}-\dfrac{\bar{\omega}}{\bar{\omega}^2+1}=\dfrac{\omega^2}{-\omega^2}-\dfrac{\bar{\omega}}{\bar{\omega}}$
$\qquad\qquad\qquad\qquad =(-1)-1=-2$ (거짓)
ㅂ. $\omega(2\omega-1)(2-\omega^2)=(2\omega-1)(2\omega-\omega^3)$
$\qquad\qquad\qquad\quad =(2\omega-1)(2\omega+1)$
$\qquad\qquad\qquad\quad =4\omega^2-1$
$\qquad\qquad\qquad\quad =4(\omega-1)-1$
$\qquad\qquad\qquad\quad =4\omega-5$ (거짓)
따라서 옳은 것은 ㄱ, ㄴ, ㄹ이다.

03 연립이차방정식

(유제)
• 본문 185~187쪽

01-❶ 답 (1) $\begin{cases} x=-\dfrac{2}{3} \\ y=-\dfrac{8}{3} \end{cases}$ 또는 $\begin{cases} x=2 \\ y=0 \end{cases}$

$\qquad\qquad$ (2) $\begin{cases} x=-2 \\ y=-7 \end{cases}$ 또는 $\begin{cases} x=3 \\ y=8 \end{cases}$

(1) $\begin{cases} x-y=2 & \cdots\cdots\ \text{㉠} \\ 2x^2+y^2=8 & \cdots\cdots\ \text{㉡} \end{cases}$
㉠에서 $y=x-2$ $\qquad\cdots\cdots\ \text{㉢}$
㉢을 ㉡에 대입하면
$2x^2+(x-2)^2=8$
$3x^2-4x-4=0$, $(3x+2)(x-2)=0$
$\therefore x=-\dfrac{2}{3}$ 또는 $x=2$
(i) $x=-\dfrac{2}{3}$를 ㉢에 대입하면 $y=-\dfrac{8}{3}$
(ii) $x=2$를 ㉢에 대입하면 $y=0$
(i), (ii)에서 연립방정식의 해는
$\begin{cases} x=-\dfrac{2}{3} \\ y=-\dfrac{8}{3} \end{cases}$ 또는 $\begin{cases} x=2 \\ y=0 \end{cases}$

(2) $\begin{cases} 3x-y=1 & \cdots\cdots\ \text{㉠} \\ x^2-2xy+y^2=25 & \cdots\cdots\ \text{㉡} \end{cases}$
㉠에서 $y=3x-1$ $\qquad\cdots\cdots\ \text{㉢}$
㉢을 ㉡에 대입하면
$x^2-2x(3x-1)+(3x-1)^2=25$
$x^2-x-6=0$, $(x+2)(x-3)=0$
$\therefore x=-2$ 또는 $x=3$
(i) $x=-2$를 ㉢에 대입하면 $y=-7$
(ii) $x=3$을 ㉢에 대입하면 $y=8$
(i), (ii)에서 연립방정식의 해는
$\begin{cases} x=-2 \\ y=-7 \end{cases}$ 또는 $\begin{cases} x=3 \\ y=8 \end{cases}$

01-❷ 답 $a\geq\dfrac{1}{5}$

$\begin{cases} 2x+3y=1 & \cdots\cdots\ \text{㉠} \\ x^2+9y^2=a & \cdots\cdots\ \text{㉡} \end{cases}$
㉠에서 $3y=1-2x$이므로 이를 ㉡에 대입하면
$x^2+(1-2x)^2=a$
$\therefore 5x^2-4x+1-a=0$ $\qquad\cdots\cdots\ \text{㉢}$
주어진 연립방정식이 실근을 가지려면 이차방정식 ㉢이 실근
을 가져야 하므로 ㉢의 판별식을 D라 할 때
$\dfrac{D}{4}=(-2)^2-5(1-a)\geq0$, $5a-1\geq0$ $\qquad\therefore a\geq\dfrac{1}{5}$

02-❶ **답** (1) $\begin{cases} x=-2\sqrt{5} \\ y=\sqrt{5} \end{cases}$ 또는 $\begin{cases} x=2\sqrt{5} \\ y=-\sqrt{5} \end{cases}$

$\quad\quad\quad$ 또는 $\begin{cases} x=-2 \\ y=-1 \end{cases}$ 또는 $\begin{cases} x=2 \\ y=1 \end{cases}$

$\quad$ (2) $\begin{cases} x=-2 \\ y=4 \end{cases}$ 또는 $\begin{cases} x=2 \\ y=-4 \end{cases}$

$\quad\quad\quad$ 또는 $\begin{cases} x=-1 \\ y=-1 \end{cases}$ 또는 $\begin{cases} x=1 \\ y=1 \end{cases}$

(1) $\begin{cases} x^2-4y^2=0 & \cdots\cdots ㉠ \\ x^2+xy-y^2=5 & \cdots\cdots ㉡ \end{cases}$

㉠의 좌변을 인수분해하면

$(x+2y)(x-2y)=0 \quad \therefore x=-2y$ 또는 $x=2y$

(i) $x=-2y$를 ㉡에 대입하면

$\quad (-2y)^2+(-2y)y-y^2=5,\ y^2=5$

$\quad \therefore y=\pm\sqrt{5}$

$\quad x=-2y$이므로 $x=\pm2\sqrt{5},\ y=\mp\sqrt{5}$ (복부호동순)

(ii) $x=2y$를 ㉡에 대입하면

$\quad (2y)^2+2y\times y-y^2=5,\ y^2=1 \quad \therefore y=\pm1$

$\quad x=2y$이므로 $x=\pm2,\ y=\pm1$ (복부호동순)

(i), (ii)에서 연립방정식의 해는

$\begin{cases} x=-2\sqrt{5} \\ y=\sqrt{5} \end{cases}$ 또는 $\begin{cases} x=2\sqrt{5} \\ y=-\sqrt{5} \end{cases}$ 또는 $\begin{cases} x=-2 \\ y=-1 \end{cases}$ 또는 $\begin{cases} x=2 \\ y=1 \end{cases}$

(2) $\begin{cases} 2x^2-xy-y^2=0 & \cdots\cdots ㉠ \\ x^2+2xy+y^2=4 & \cdots\cdots ㉡ \end{cases}$

㉠의 좌변을 인수분해하면

$(2x+y)(x-y)=0 \quad \therefore y=-2x$ 또는 $y=x$

(i) $y=-2x$를 ㉡에 대입하면

$\quad x^2+2x(-2x)+(-2x)^2=4,\ x^2=4$

$\quad \therefore x=\pm2$

$\quad y=-2x$이므로 $x=\pm2,\ y=\mp4$ (복부호동순)

(ii) $y=x$를 ㉡에 대입하면

$\quad x^2+2x\times x+x^2=4,\ x^2=1 \quad \therefore x=\pm1$

$\quad y=x$이므로 $x=\pm1,\ y=\pm1$ (복부호동순)

(i), (ii)에서 연립방정식의 해는

$\begin{cases} x=-2 \\ y=4 \end{cases}$ 또는 $\begin{cases} x=2 \\ y=-4 \end{cases}$ 또는 $\begin{cases} x=-1 \\ y=-1 \end{cases}$ 또는 $\begin{cases} x=1 \\ y=1 \end{cases}$

02-❷ **답** 9

$\begin{cases} 3x^2+2xy-y^2=0 & \cdots\cdots ㉠ \\ x^2-xy+y^2=21 & \cdots\cdots ㉡ \end{cases}$

㉠의 좌변을 인수분해하면

$(x+y)(3x-y)=0 \quad \therefore y=-x$ 또는 $y=3x$

(i) $y=-x$를 ㉡에 대입하면

$\quad x^2-x(-x)+(-x)^2=21,\ x^2=7$

$\quad \therefore x=\pm\sqrt{7}$

$\quad y=-x$이므로 $x=\pm\sqrt{7},\ y=\mp\sqrt{7}$ (복부호동순)

(ii) $y=3x$를 ㉡에 대입하면

$\quad x^2-x\times3x+(3x)^2=21,\ x^2=3$

$\quad \therefore x=\pm\sqrt{3}$

$\quad y=3x$이므로 $x=\pm\sqrt{3},\ y=\pm3\sqrt{3}$ (복부호동순)

(i), (ii)에서 연립방정식의 해는

$\begin{cases} x=-\sqrt{7} \\ y=\sqrt{7} \end{cases}$ 또는 $\begin{cases} x=\sqrt{7} \\ y=-\sqrt{7} \end{cases}$ 또는 $\begin{cases} x=-\sqrt{3} \\ y=-3\sqrt{3} \end{cases}$ 또는 $\begin{cases} x=\sqrt{3} \\ y=3\sqrt{3} \end{cases}$

이므로 xy의 최댓값은 9이다.

03-❶ **답** 29

처음 두 자리의 자연수에서 십의 자리의 수를 x, 일의 자리의 수를 y라 하자.

각 자리의 수의 제곱의 합이 85이므로

$x^2+y^2=85$

일의 자리의 수와 십의 자리의 수를 바꾼 자연수와 처음 자연수의 합이 121이므로

$10y+x+10x+y=121$

$\therefore x+y=11$

즉, $\begin{cases} x^2+y^2=85 & \cdots\cdots ㉠ \\ x+y=11 & \cdots\cdots ㉡ \end{cases}$

㉡에서 $y=-x+11 \quad \cdots\cdots ㉢$

㉢을 ㉠에 대입하면 $x^2+(-x+11)^2=85$

$x^2-11x+18=0,\ (x-2)(x-9)=0$

$\therefore x=2$ 또는 $x=9$

이를 ㉢에 대입하면

$x=2,\ y=9$ 또는 $x=9,\ y=2$

그런데 $x<y$이므로 $x=2,\ y=9$

따라서 처음 자연수는 29이다.

03-❷ **답** 12 cm

직사각형의 가로의 길이를 x cm, 세로의 길이를 y cm라 하자.

대각선의 길이가 13 cm이므로

$x^2+y^2=13^2 \quad \therefore x^2+y^2=169$

직사각형의 둘레가 34 cm이므로

$2x+2y=34 \quad \therefore x+y=17$

즉, $\begin{cases} x^2+y^2=169 & \cdots\cdots ㉠ \\ x+y=17 & \cdots\cdots ㉡ \end{cases}$

㉡에서 $y=-x+17 \quad \cdots\cdots ㉢$

㉢을 ㉠에 대입하면 $x^2+(-x+17)^2=169$

$x^2-17x+60=0,\ (x-5)(x-12)=0$

$\therefore x=5$ 또는 $x=12$

이를 ㉢에 대입하면

$x=5,\ y=12$ 또는 $x=12,\ y=5$

그런데 $x>y$이므로

$x=12,\ y=5$

따라서 직사각형의 가로의 길이는 12 cm이다.

집중 연습

01 (1) $\begin{cases} x=3 \\ y=-1 \end{cases}$ (2) $\begin{cases} x=-1 \\ y=-1 \end{cases}$ 또는 $\begin{cases} x=\dfrac{9}{5} \\ y=\dfrac{2}{5} \end{cases}$

(3) $\begin{cases} x=-2 \\ y=-7 \end{cases}$ 또는 $\begin{cases} x=6 \\ y=9 \end{cases}$

(4) $\begin{cases} x=2 \\ y=4 \end{cases}$ 또는 $\begin{cases} x=4 \\ y=2 \end{cases}$

(5) $\begin{cases} x=-1 \\ y=2 \end{cases}$ 또는 $\begin{cases} x=4 \\ y=-\dfrac{11}{2} \end{cases}$

(6) $\begin{cases} x=-16 \\ y=-7 \end{cases}$ 또는 $\begin{cases} x=2 \\ y=-1 \end{cases}$

02 (1) $\begin{cases} x=-\sqrt{2} \\ y=\sqrt{2} \end{cases}$ 또는 $\begin{cases} x=\sqrt{2} \\ y=-\sqrt{2} \end{cases}$

또는 $\begin{cases} x=-1 \\ y=-1 \end{cases}$ 또는 $\begin{cases} x=1 \\ y=1 \end{cases}$

(2) $\begin{cases} x=-4 \\ y=4 \end{cases}$ 또는 $\begin{cases} x=4 \\ y=-4 \end{cases}$

또는 $\begin{cases} x=-2 \\ y=-1 \end{cases}$ 또는 $\begin{cases} x=2 \\ y=1 \end{cases}$

(3) $\begin{cases} x=-\sqrt{10} \\ y=4\sqrt{10} \end{cases}$ 또는 $\begin{cases} x=\sqrt{10} \\ y=-4\sqrt{10} \end{cases}$

또는 $\begin{cases} x=-1 \\ y=-2 \end{cases}$ 또는 $\begin{cases} x=1 \\ y=2 \end{cases}$

(4) $\begin{cases} x=-2\sqrt{2} \\ y=2\sqrt{2} \end{cases}$ 또는 $\begin{cases} x=2\sqrt{2} \\ y=-2\sqrt{2} \end{cases}$

또는 $\begin{cases} x=-6 \\ y=-1 \end{cases}$ 또는 $\begin{cases} x=6 \\ y=1 \end{cases}$

(5) $\begin{cases} x=-1 \\ y=1 \end{cases}$ 또는 $\begin{cases} x=1 \\ y=-1 \end{cases}$

또는 $\begin{cases} x=-\sqrt{5} \\ y=-\sqrt{5} \end{cases}$ 또는 $\begin{cases} x=\sqrt{5} \\ y=\sqrt{5} \end{cases}$

(6) $\begin{cases} x=-\sqrt{6} \\ y=\sqrt{6} \end{cases}$ 또는 $\begin{cases} x=\sqrt{6} \\ y=-\sqrt{6} \end{cases}$

또는 $\begin{cases} x=-3\sqrt{2} \\ y=-\sqrt{2} \end{cases}$ 또는 $\begin{cases} x=3\sqrt{2} \\ y=\sqrt{2} \end{cases}$

01 (1) $\begin{cases} x+y=2 & \cdots\cdots ㉠ \\ x^2-y^2=8 & \cdots\cdots ㉡ \end{cases}$

㉠에서 $y=-x+2$ $\cdots\cdots$ ㉢

㉢을 ㉡에 대입하면

$x^2-(-x+2)^2=8$

$4x=12$ $\therefore x=3$

$x=3$을 ㉢에 대입하면

$y=-1$

따라서 연립방정식의 해는

$\begin{cases} x=3 \\ y=-1 \end{cases}$

(2) $\begin{cases} x-2y=1 & \cdots\cdots ㉠ \\ x^2+3xy-y=5 & \cdots\cdots ㉡ \end{cases}$

㉠에서 $x=2y+1$ $\cdots\cdots$ ㉢

㉢을 ㉡에 대입하면

$(2y+1)^2+3y(2y+1)-y=5$

$5y^2+3y-2=0,\ (y+1)(5y-2)=0$

$\therefore y=-1$ 또는 $y=\dfrac{2}{5}$

(i) $y=-1$을 ㉢에 대입하면 $x=-1$

(ii) $y=\dfrac{2}{5}$를 ㉢에 대입하면 $x=\dfrac{9}{5}$

(i), (ii)에서 연립방정식의 해는

$\begin{cases} x=-1 \\ y=-1 \end{cases}$ 또는 $\begin{cases} x=\dfrac{9}{5} \\ y=\dfrac{2}{5} \end{cases}$

(3) $\begin{cases} 2x-y=3 & \cdots\cdots ㉠ \\ y^2-x^2=45 & \cdots\cdots ㉡ \end{cases}$

㉠에서 $y=2x-3$ $\cdots\cdots$ ㉢

㉢을 ㉡에 대입하면

$(2x-3)^2-x^2=45,\ x^2-4x-12=0$

$(x+2)(x-6)=0$ $\therefore x=-2$ 또는 $x=6$

(i) $x=-2$를 ㉢에 대입하면 $y=-7$

(ii) $x=6$을 ㉢에 대입하면 $y=9$

(i), (ii)에서 연립방정식의 해는

$\begin{cases} x=-2 \\ y=-7 \end{cases}$ 또는 $\begin{cases} x=6 \\ y=9 \end{cases}$

(4) $\begin{cases} x+y=6 & \cdots\cdots ㉠ \\ x^2-xy+y^2=12 & \cdots\cdots ㉡ \end{cases}$

㉠에서 $y=-x+6$ $\cdots\cdots$ ㉢

㉢을 ㉡에 대입하면

$x^2-x(-x+6)+(-x+6)^2=12$

$x^2-6x+8=0,\ (x-2)(x-4)=0$

$\therefore x=2$ 또는 $x=4$

(i) $x=2$를 ㉢에 대입하면 $y=4$

(ii) $x=4$를 ㉢에 대입하면 $y=2$

(i), (ii)에서 연립방정식의 해는

$\begin{cases} x=2 \\ y=4 \end{cases}$ 또는 $\begin{cases} x=4 \\ y=2 \end{cases}$

(5) $\begin{cases} 3x+2y=1 & \cdots\cdots ㉠ \\ x^2+6xy+4y^2=5 & \cdots\cdots ㉡ \end{cases}$

㉠에서 $2y=-3x+1$ $\cdots\cdots$ ㉢

㉢을 ㉡에 대입하면

$x^2+3x(-3x+1)+(-3x+1)^2=5$

$x^2-3x-4=0,\ (x+1)(x-4)=0$

$\therefore x=-1$ 또는 $x=4$

(i) $x=-1$을 ㉠에 대입하여 풀면 $y=2$

(ii) $x=4$를 ㉢에 대입하여 풀면 $y=-\dfrac{11}{2}$

(i), (ii)에서 연립방정식의 해는

$\begin{cases} x=-1 \\ y=2 \end{cases}$ 또는 $\begin{cases} x=4 \\ y=-\dfrac{11}{2} \end{cases}$

(6) $\begin{cases} x-3y=5 & \cdots\cdots ㉠ \\ 2x^2-4xy-y^2=15 & \cdots\cdots ㉡ \end{cases}$

㉠에서 $x=3y+5$ $\cdots\cdots ㉢$

㉢을 ㉡에 대입하면

$2(3y+5)^2-4y(3y+5)-y^2=15$

$y^2+8y+7=0,\ (y+7)(y+1)=0$

$\therefore y=-7$ 또는 $y=-1$

(i) $y=-7$을 ㉢에 대입하면 $x=-16$

(ii) $y=-1$을 ㉢에 대입하면 $x=2$

(i), (ii)에서 연립방정식의 해는

$\begin{cases} x=-16 \\ y=-7 \end{cases}$ 또는 $\begin{cases} x=2 \\ y=-1 \end{cases}$

02 (1) $\begin{cases} x^2-y^2=0 & \cdots\cdots ㉠ \\ x^2+xy+2y^2=4 & \cdots\cdots ㉡ \end{cases}$

㉠의 좌변을 인수분해하면

$(x+y)(x-y)=0$

$\therefore y=-x$ 또는 $y=x$

(i) $y=-x$를 ㉡에 대입하면

$x^2+x(-x)+2(-x)^2=4,\ x^2=2$

$\therefore x=\pm\sqrt{2}$

$y=-x$이므로 $x=\pm\sqrt{2},\ y=\mp\sqrt{2}$ (복부호동순)

(ii) $y=x$를 ㉡에 대입하면

$x^2+x\times x+2x^2=4,\ x^2=1$

$\therefore x=\pm1$

$y=x$이므로 $x=\pm1,\ y=\pm1$ (복부호동순)

(i), (ii)에서 연립방정식의 해는

$\begin{cases} x=-\sqrt{2} \\ y=\sqrt{2} \end{cases}$ 또는 $\begin{cases} x=\sqrt{2} \\ y=-\sqrt{2} \end{cases}$

또는 $\begin{cases} x=-1 \\ y=-1 \end{cases}$ 또는 $\begin{cases} x=1 \\ y=1 \end{cases}$

(2) $\begin{cases} x^2-xy-2y^2=0 & \cdots\cdots ㉠ \\ 2x^2+3xy+2y^2=16 & \cdots\cdots ㉡ \end{cases}$

㉠의 좌변을 인수분해하면

$(x+y)(x-2y)=0$

$\therefore x=-y$ 또는 $x=2y$

(i) $x=-y$를 ㉡에 대입하면

$2(-y)^2+3y(-y)+2y^2=16$

$y^2=16$ $\therefore y=\pm4$

$x=-y$이므로 $x=\pm4,\ y=\mp4$ (복부호동순)

(ii) $x=2y$를 ㉡에 대입하면

$2(2y)^2+3y\times2y+2y^2=16$

$y^2=1$ $\therefore y=\pm1$

$x=2y$이므로 $x=\pm2,\ y=\pm1$ (복부호동순)

(i), (ii)에서 연립방정식의 해는

$\begin{cases} x=-4 \\ y=4 \end{cases}$ 또는 $\begin{cases} x=4 \\ y=-4 \end{cases}$

또는 $\begin{cases} x=-2 \\ y=-1 \end{cases}$ 또는 $\begin{cases} x=2 \\ y=1 \end{cases}$

(3) $\begin{cases} 8x^2-2xy-y^2=0 & \cdots\cdots ㉠ \\ 6x^2+5xy+y^2=20 & \cdots\cdots ㉡ \end{cases}$

㉠의 좌변을 인수분해하면

$(4x+y)(2x-y)=0$

$\therefore y=-4x$ 또는 $y=2x$

(i) $y=-4x$를 ㉡에 대입하면

$6x^2+5x(-4x)+(-4x)^2=20$

$x^2=10$ $\therefore x=\pm\sqrt{10}$

$y=-4x$이므로

$x=\pm\sqrt{10},\ y=\mp4\sqrt{10}$ (복부호동순)

(ii) $y=2x$를 ㉡에 대입하면

$6x^2+5x\times2x+(2x)^2=20$

$x^2=1$ $\therefore x=\pm1$

$y=2x$이므로 $x=\pm1,\ y=\pm2$ (복부호동순)

(i), (ii)에서 연립방정식의 해는

$\begin{cases} x=-\sqrt{10} \\ y=4\sqrt{10} \end{cases}$ 또는 $\begin{cases} x=\sqrt{10} \\ y=-4\sqrt{10} \end{cases}$

또는 $\begin{cases} x=-1 \\ y=-2 \end{cases}$ 또는 $\begin{cases} x=1 \\ y=2 \end{cases}$

(4) $\begin{cases} x^2-5xy-6y^2=0 & \cdots\cdots ㉠ \\ x^2-3xy-2y^2=16 & \cdots\cdots ㉡ \end{cases}$

㉠의 좌변을 인수분해하면

$(x+y)(x-6y)=0$

$\therefore x=-y$ 또는 $x=6y$

(i) $x=-y$를 ㉡에 대입하면

$(-y)^2-3y(-y)-2y^2=16$

$y^2=8$ $\therefore y=\pm2\sqrt{2}$

$x=-y$이므로

$x=\pm2\sqrt{2},\ y=\mp2\sqrt{2}$ (복부호동순)

(ii) $x=6y$를 ㉡에 대입하면

$(6y)^2-3y\times6y-2y^2=16$

$y^2=1$ $\therefore y=\pm1$

$x=6y$이므로 $x=\pm6,\ y=\pm1$ (복부호동순)

(i), (ii)에서 연립방정식의 해는

$\begin{cases} x=-2\sqrt{2} \\ y=2\sqrt{2} \end{cases}$ 또는 $\begin{cases} x=2\sqrt{2} \\ y=-2\sqrt{2} \end{cases}$

또는 $\begin{cases} x=-6 \\ y=-1 \end{cases}$ 또는 $\begin{cases} x=6 \\ y=1 \end{cases}$

(5) $\begin{cases} x^2-y^2=0 & \cdots\cdots \ \text{㉠} \\ x^2-2xy+2y^2=5 & \cdots\cdots \ \text{㉡} \end{cases}$

㉠의 좌변을 인수분해하면

$(x+y)(x-y)=0$

$\therefore y=-x$ 또는 $y=x$

(i) $y=-x$를 ㉡에 대입하면

$\quad (-x)^2-2x(-x)+2(-x)^2=5$

$\quad x^2=1 \quad \therefore x=\pm1$

$\quad y=-x$이므로 $x=\pm1,\ y=\mp1$ (복부호동순)

(ii) $y=x$를 ㉡에 대입하면

$\quad x^2-2x\times x+2x^2=5$

$\quad x^2=5 \quad \therefore x=\pm\sqrt{5}$

$\quad y=x$이므로 $x=\pm\sqrt{5},\ y=\pm\sqrt{5}$ (복부호동순)

(i), (ii)에서 연립방정식의 해는

$\begin{cases} x=-1 \\ y=1 \end{cases}$ 또는 $\begin{cases} x=1 \\ y=-1 \end{cases}$

또는 $\begin{cases} x=-\sqrt{5} \\ y=-\sqrt{5} \end{cases}$ 또는 $\begin{cases} x=\sqrt{5} \\ y=\sqrt{5} \end{cases}$

(6) $\begin{cases} x^2-xy=12 & \cdots\cdots \ \text{㉠} \\ x^2-2xy-3y^2=0 & \cdots\cdots \ \text{㉡} \end{cases}$

㉡의 좌변을 인수분해하면

$(x+y)(x-3y)=0$

$\therefore x=-y$ 또는 $x=3y$

(i) $x=-y$를 ㉠에 대입하면

$\quad (-y)^2-(-y)y=12$

$\quad y^2=6 \quad \therefore y=\pm\sqrt{6}$

$\quad x=-y$이므로 $x=\pm\sqrt{6},\ y=\mp\sqrt{6}$ (복부호동순)

(ii) $x=3y$를 ㉠에 대입하면

$\quad (3y)^2-(3y)y=12$

$\quad y^2=2 \quad \therefore y=\pm\sqrt{2}$

$\quad x=3y$이므로 $x=\pm3\sqrt{2},\ y=\pm\sqrt{2}$ (복부호동순)

(i), (ii)에서 연립방정식의 해는

$\begin{cases} x=-\sqrt{6} \\ y=\sqrt{6} \end{cases}$ 또는 $\begin{cases} x=\sqrt{6} \\ y=-\sqrt{6} \end{cases}$

또는 $\begin{cases} x=-3\sqrt{2} \\ y=-\sqrt{2} \end{cases}$ 또는 $\begin{cases} x=3\sqrt{2} \\ y=\sqrt{2} \end{cases}$

소단원 점검 문제

• 본문 190쪽

01 ②　　02 ④　　03 ①　　04 ⑤

01 $\begin{cases} 2x+y=1 & \cdots\cdots \ \text{㉠} \\ x^2-ky=-6 & \cdots\cdots \ \text{㉡} \end{cases}$

㉠에서 $y=1-2x$이므로 이를 ㉡에 대입하면

$x^2-k(1-2x)=-6$

$\therefore x^2+2kx-k+6=0 \quad \cdots\cdots \ \text{㉢}$

주어진 연립방정식이 오직 한 쌍의 해를 갖도록 하려면 x에 대한 이차방정식 ㉢이 중근을 가져야 하므로 ㉢의 판별식을 D라 할 때

$\dfrac{D}{4}=k^2-1\times(-k+6)=k^2+k-6=0$

$(k+3)(k-2)=0 \qquad \therefore k=2 \ (\because k>0)$

02 $\begin{cases} x-y=k & \cdots\cdots \ \text{㉠} \\ y^2-2x+y=0 & \cdots\cdots \ \text{㉡} \end{cases}$

㉠에서 $y=x-k$이므로 이를 ㉡에 대입하면

$(x-k)^2-2x+(x-k)=0$

$\therefore x^2-(2k+1)x+k^2-k=0 \quad \cdots\cdots \ \text{㉢}$

주어진 연립방정식이 실근을 갖지 않으려면 x에 대한 이차방정식 ㉢이 실근을 갖지 않아야 하므로 ㉢의 판별식을 D라 할 때

$D=(2k+1)^2-4\times1\times(k^2-k)<0$

$8k+1<0 \qquad \therefore k<-\dfrac{1}{8}$

따라서 정수 k의 최댓값은 -1이다.

03 $\begin{cases} 2x^2-3xy-2y^2=0 & \cdots\cdots \ \text{㉠} \\ x^2-xy-y^2=4 & \cdots\cdots \ \text{㉡} \end{cases}$

㉠의 좌변을 인수분해하면

$(2x+y)(x-2y)=0$

$\therefore x=-\dfrac{1}{2}y$ 또는 $x=2y$

(i) $x=-\dfrac{1}{2}y$를 ㉡에 대입하면

$\quad \left(-\dfrac{1}{2}y\right)^2-\left(-\dfrac{1}{2}y\right)\times y-y^2=4$

$\quad y^2=-16 \quad \therefore y=\pm4i$

$\quad x=-\dfrac{1}{2}y$이므로 $x=\pm2i,\ y=\mp4i$ (복부호동순)

(ii) $x=2y$를 ㉡에 대입하면

$\quad (2y)^2-2y\times y-y^2=4$

$\quad y^2=4 \quad \therefore y=\pm2$

$\quad x=2y$이므로 $x=\pm4,\ y=\pm2$ (복부호동순)

(i), (ii)에서 연립방정식의 해는

$\begin{cases} x=-2i \\ y=4i \end{cases}$ 또는 $\begin{cases} x=2i \\ y=-4i \end{cases}$ 또는 $\begin{cases} x=-4 \\ y=-2 \end{cases}$ 또는 $\begin{cases} x=4 \\ y=2 \end{cases}$

이때 $x>0,\ y>0$이므로 $x=4,\ y=2$

$\therefore x+y=4+2=6$

| 다른 풀이 |

$x=-\dfrac{1}{2}y$ 또는 $x=2y$에서 $x=-\dfrac{1}{2}y$이면 $x,\ y$의 부호가 서로 반대이므로

$x=2y \ (\because x>0,\ y>0)$

$x=2y$를 ㉡에 대입하면

$(2y)^2-2y\times y-y^2=4$

$y^2=4 \quad \therefore y=2 \ (\because y>0)$

따라서 $x=4$, $y=2$이므로
$x+y-4+2=6$

04 밑면의 반지름의 길이가 r, 높이가 h인 원기둥 모양의 용기에 대하여
$$\begin{cases} r+2h=8 & \cdots\cdots\ \text{㉠} \\ r^2-2h^2=8 & \cdots\cdots\ \text{㉡} \end{cases}$$
㉠에서 $r=-2h+8$ $\cdots\cdots$ ㉢
㉢을 ㉡에 대입하면
$(-2h+8)^2-2h^2=8$, $h^2-16h+28=0$
$(h-2)(h-14)=0$ $\therefore h=2$ 또는 $h=14$
한편, $r>0$이어야 하므로 ㉢에서
$-2h+8>0$, $2h<8$ $\therefore 0<h<4$
$\therefore h=2$, $r=4$
따라서 용기의 부피는
$\pi\times4^2\times2=32\pi$

중단원 실전 문제 • 본문 191~194쪽

01 ①	**02** 4	**03** ②	**04** -7
05 0	**06** 7	**07** ③	**08** -4
09 ④	**10** $2i$	**11** -4	**12** 1
13 2	**14** ②	**15** -4	**16** ⑤
17 ①	**18** ②	**19** $k\geq\dfrac{1}{2}$	**20** ①
21 ⑤	**22** ④	**23** 16	**24** ②

01 $P(x)=2x^3+x^2-7x+3$이라 하면
$P\left(\dfrac{1}{2}\right)=2\times\left(\dfrac{1}{2}\right)^3+\left(\dfrac{1}{2}\right)^2-7\times\dfrac{1}{2}+3=0$
이므로 조립제법을 이용하여 $P(x)$를 인수분해하면

$$\begin{array}{r|rrrr} \frac{1}{2} & 2 & 1 & -7 & 3 \\ & & 1 & 1 & -3 \\ \hline & 2 & 2 & -6 & 0 \end{array}$$

$\therefore P(x)=\left(x-\dfrac{1}{2}\right)(2x^2+2x-6)$
$\qquad\quad\ =(2x-1)(x^2+x-3)$
즉, 주어진 방정식은
$(2x-1)(x^2+x-3)=0$
$\therefore x=\dfrac{1}{2}$ 또는 $x=\dfrac{-1\pm\sqrt{13}}{2}$
따라서 주어진 방정식의 모든 무리수인 근의 합은
$\dfrac{-1-\sqrt{13}}{2}+\dfrac{-1+\sqrt{13}}{2}=-1$

02 $P(x)$를 x^2+1로 나눈 나머지가 $x-5$이므로
$P(x)=(x^2+1)(x+a)+x-5$ (a는 상수) $\cdots\cdots$ ㉠

$P(x)$를 $x-2$로 나눈 나머지가 12이므로
$P(2)=12$
이때 $x=2$를 ㉠에 대입하면
$P(2)=(2^2+1)(2+a)+2-5=5a+7$
$5a+7=12$ $\therefore a=1$
$\therefore P(x)=(x^2+1)(x+1)+x-5$
$\qquad\quad\ =x^3+x^2+2x-4$
$P(1)=1^3+1^2+2\times1-4=0$
이므로 조립제법을 이용하여 $P(x)$를 인수분해하면

$$\begin{array}{r|rrrr} 1 & 1 & 1 & 2 & -4 \\ & & 1 & 2 & 4 \\ \hline & 1 & 2 & 4 & 0 \end{array}$$

$\therefore P(x)=(x-1)(x^2+2x+4)$
즉, 방정식 $P(x)=0$은
$(x-1)(x^2+2x+4)=0$
$\therefore x=1$ 또는 $x=-1\pm\sqrt{3}i$
따라서 방정식 $P(x)=0$의 모든 허근의 곱은
$(-1+\sqrt{3}i)\times(-1-\sqrt{3}i)=4$

03 조건 ㈎에서 $P(x)=x^3-3x^2+9x+13$이라 하면
$P(-1)=(-1)^3-3\times(-1)^2+9\times(-1)+13=0$
이므로 조립제법을 이용하여 $P(x)$를 인수분해하면

$$\begin{array}{r|rrrr} -1 & 1 & -3 & 9 & 13 \\ & & -1 & 4 & -13 \\ \hline & 1 & -4 & 13 & 0 \end{array}$$

$\therefore P(x)=(x+1)(x^2-4x+13)$
방정식 $P(x)=0$, 즉 $(x+1)(x^2-4x+13)=0$의 세 근은
$x=-1$ 또는 $x=2\pm3i$
조건 ㈏에서 $\longrightarrow$ 이차방정식 $x^2-4x+13=0$의 근
$\dfrac{z-\bar{z}}{i}=\dfrac{(a+bi)-(a-bi)}{i}=\dfrac{2bi}{i}=2b$
이때 $2b<0$, 즉 $b<0$이므로
$b=-3$
따라서 $z=2-3i$이므로
$a=2$, $b=-3$
$\therefore a+b=2+(-3)=-1$

04 $x=3$을 주어진 방정식에 대입하면
$1\times2\times5\times6-k=0$ $\therefore k=60$
즉, 주어진 방정식은
$(x-2)(x-1)(x+2)(x+3)-60=0$
$\{(x-1)(x+2)\}\{(x-2)(x+3)\}-60=0$
$(x^2+x-2)(x^2+x-6)-60=0$
이때 $x^2+x=X$라 하면
$(X-2)(X-6)-60=0$

$X^2-8X-48=0$
$(X+4)(X-12)=0$
$\therefore\ X=-4$ 또는 $X=12$
(i) $X=-4$, 즉 $x^2+x=-4$일 때
$$x^2+x+4=0 \qquad \therefore\ x=\frac{-1\pm\sqrt{15}\,i}{2}$$
(ii) $X=12$, 즉 $x^2+x=12$일 때
$$x^2+x-12=0,\ (x+4)(x-3)=0$$
$$\therefore\ x=-4 \text{ 또는 } x=3$$
(i), (ii)에서 이차방정식 $x^2+x+4=0$이 서로 다른 두 허근을 가지므로 이차방정식의 근과 계수의 관계에 의하여
$\alpha+\beta=-1$, $\alpha\beta=4$
$\therefore\ \alpha^2+\beta^2=(\alpha+\beta)^2-2\alpha\beta=(-1)^2-2\times4=-7$

05 $x^4+3x^2+4=0$에서
$(x^4+4x^2+4)-x^2=0,\ (x^2+2)^2-x^2=0$
$(x^2+x+2)(x^2-x+2)=0$
이때 $x^2+x+2=0$의 두 근을 α, β라 하면
이차방정식의 근과 계수의 관계에 의하여
$\alpha+\beta=-1$, $\alpha\beta=2$
$\therefore\ \dfrac{1}{\alpha}+\dfrac{1}{\beta}=\dfrac{\alpha+\beta}{\alpha\beta}=-\dfrac{1}{2}$
또한, $x^2-x+2=0$의 두 근을 γ, δ라 하면
이차방정식의 근과 계수의 관계에 의하여
$\gamma+\delta=1$, $\gamma\delta=2$
$\therefore\ \dfrac{1}{\gamma}+\dfrac{1}{\delta}=\dfrac{\gamma+\delta}{\gamma\delta}=\dfrac{1}{2}$
$\therefore\ \dfrac{1}{\alpha}+\dfrac{1}{\beta}+\dfrac{1}{\gamma}+\dfrac{1}{\delta}=\left(-\dfrac{1}{2}\right)+\dfrac{1}{2}=0$

06 $P(x)=x^4-(2a-9)x^2+4$라 하면
$P(-x)=(-x)^4-(2a-9)(-x)^2+4$
$\qquad\quad =x^4-(2a-9)x^2+4$
$\qquad\quad =P(x)$
이므로 주어진 사차방정식은 $x=\alpha$를 근으로 가지면
$x=-\alpha$도 근으로 갖는다.
즉, 주어진 사차방정식은 두 개의 양의 실근, 두 개의 음의 실근을 갖고 이 네 실근을
$\alpha,\ \beta,\ -\beta(=\gamma),\ -\alpha(=\delta)\ (\alpha<\beta<0)$
라 놓을 수 있다.
$x^2=X$라 하면 주어진 방정식은
$X^2-(2a-9)X+4=0$이고 두 근은 α^2, β^2이므로 이차방정식의 근과 계수의 관계에 의하여
$\alpha^2+\beta^2=2a-9$, $5=2a-9$
$\therefore\ a=7$

07 $x^3-8=kx(x-2)$에서
$x^3-8-kx(x-2)=0$

$(x-2)(x^2+2x+4)-kx(x-2)=0$
$(x-2)\{x^2+(2-k)x+4\}=0$
즉, 이차방정식 $x^2+(2-k)x+4=0$이 서로 다른 두 허근을 가져야 하므로 이 이차방정식의 판별식을 D라 하면
$D=(2-k)^2-4\times1\times4<0$
$k^2-4k-12<0,\ (k+2)(k-6)<0$
$\therefore\ -2<k<6$
따라서 정수 k의 최댓값은 5이다.

08 $x^4+2(a+1)x^3-(3a+2)x^2+(a-1)x=0$에서
$x\{x^3+2(a+1)x^2-(3a+2)x+a-1\}=0$
$P(x)=x^3+2(a+1)x^2-(3a+2)x+a-1$이라 하면
$P(1)=1^3+2(a+1)\times1^2-(3a+2)\times1+a-1=0$
이므로 조립제법을 이용하여 $P(x)$를 인수분해하면

$$
\begin{array}{r|rrrr}
1 & 1 & 2a+2 & -3a-2 & a-1 \\
  &   & 1   & 2a+3 & -a+1 \\
\hline
  & 1 & 2a+3 & -a+1 & 0 \\
\end{array}
$$

$\therefore\ P(x)=(x-1)\{x^2+(2a+3)x-a+1\}$
즉, $x^4+2(a+1)x^3-(3a+2)x^2+(a-1)x=0$은
$x(x-1)\{x^2+(2a+3)x-a+1\}=0$
이때 위의 방정식의 실근의 개수가 3이 되려면 0 또는 1 중 하나만 중근이거나 이차방정식
$x^2+(2a+3)x-a+1=0$이 0, 1이 아닌 중근을 가져야 한다.
(i) 0만 중근인 경우
$\quad x=0$을 $x^2+(2a+3)x-a+1=0$에 대입하면
$\quad 0^2+(2a+3)\times0-a+1=0 \qquad \therefore\ a=1$
$\quad$ 즉, $x(x-1)(x^2+5x)=0$이므로
$\quad x^2(x-1)(x+5)=0$
$\quad \therefore\ x=0\ (중근)$ 또는 $x=1$ 또는 $x=-5$
(ii) 1만 중근인 경우
$\quad x=1$을 $x^2+(2a+3)x-a+1=0$에 대입하면
$\quad 1^2+(2a+3)\times1-a+1=0 \qquad \therefore\ a=-5$
$\quad$ 즉, $x(x-1)(x^2-7x+6)=0$이므로
$\quad x(x-1)^2(x-6)=0$
$\quad \therefore\ x=0$ 또는 $x=1\ (중근)$ 또는 $x=6$
(iii) 이차방정식 $x^2+(2a+3)x-a+1=0$이 0, 1이 아닌 중근을 갖는 경우
$\quad$ 이차방정식 $x^2+(2a+3)x-a+1=0$의 판별식을 D라 하면
$\quad D=(2a+3)^2-4\times1\times(-a+1)$
$\qquad =4a^2+16a+5=0$
$\quad \therefore\ a=\dfrac{-4\pm\sqrt{11}}{2}$
(i), (ii), (iii)에서 주어진 조건을 만족시키는 모든 정수 a의 값은 -5, 1이므로 그 합은
$(-5)+1=-4$

09 $Q(x)=P(x)-2$라 하면

$P(1)=P(2)=P(3)=2$에서

$P(1)-2=0,\ P(2)-2=0,\ P(3)-2=0$

$P(x)$가 삼차
식이므로 이므로 삼차방정식 $Q(x)=0$의 세 근이 1, 2, 3이다.

즉, x^3의 계수가 1이고 1, 2, 3을 세 근으로 하는 삼차방
정식은 $(x-1)(x-2)(x-3)=0$이므로

$Q(x)=(x-1)(x-2)(x-3)$

따라서 $P(x)-2=(x-1)(x-2)(x-3)$이므로

$P(x)=(x-1)(x-2)(x-3)+2$

$\therefore P(5)=4\times3\times2+2=26$

10 삼차방정식 $x^3+ax^2+bx+c=0$의 계수가 실수이고 한
근이 $\sqrt{2}-i$이므로 $\sqrt{2}+i$도 근이다.

이때 $\alpha=\sqrt{2}+i$라 하고 나머지 한 근을 β라 하면 삼차방
정식의 근과 계수의 관계에 의하여

$(\sqrt{2}-i)+(\sqrt{2}+i)+\beta=-a$

$(\sqrt{2}-i)\times(\sqrt{2}+i)+(\sqrt{2}+i)\times\beta+\beta\times(\sqrt{2}-i)=b$

$(\sqrt{2}-i)\times(\sqrt{2}+i)\times\beta=-c$

$a=-2\sqrt{2}-\beta$ ...... ㉠

$b=2\sqrt{2}\beta+3$ ...... ㉡

㉠에서 $\beta=-2\sqrt{2}-a$

$\beta=-2\sqrt{2}-a$를 ㉡에 대입하면

$b=2\sqrt{2}(-2\sqrt{2}-a)+3=-2\sqrt{2}a-5$

$2\sqrt{2}a+(b+5)=0$

이때 $a,\ b$가 유리수이므로 항등식의 성질에 의하여

$a=0,\ b=-5$ $\rightarrow 2\sqrt{2}a=0,\ b+5=0$

따라서 $\beta=-2\sqrt{2}$이므로

$2\alpha+\beta=2\times(\sqrt{2}+i)+(-2\sqrt{2})=2i$

11 $P(x)=x^3-2x+4$라 하면

$P(-2)=(-2)^3+(-2)^2+4=0$

이므로 조립제법을 이용하여 $P(x)$를 인수분해하면

```
-2 | 1    0   -2    4
   |     -2    4   -4
   ─────────────────────
     1   -2    2  | 0
```

$\therefore P(x)=(x+2)(x^2-2x+2)$

따라서 주어진 방정식은

$(x+2)(x^2-2x+2)=0$이고, 이 방정식의 한 허근이 α
이므로 이차방정식 $x^2-2x+2=0$의 두 허근은 $\alpha,\ \bar{\alpha}$이다.

따라서 이차방정식의 근과 계수의 관계에 의하여

$\alpha+\bar{\alpha}=2,\ \alpha\bar{\alpha}=2$

$\therefore \alpha^3+\bar{\alpha}^3=(\alpha+\bar{\alpha})^3-3\alpha\bar{\alpha}(\alpha+\bar{\alpha})$

$\qquad =2^3-3\times2\times2=-4$

12 방정식 $x^3-1=0$에서

$(x-1)(x^2+x+1)=0$

ω는 방정식 $x^3-1=0$의 한 허근이므로

$\omega^3-1=0,\ \omega^2+\omega+1=0$ ...❶

또한, ω가 이차방정식 $x^2+x+1=0$의 근이면 $\bar{\omega}$도 근이
다.

즉, $\omega^2+\omega+1=0,\ \omega+\bar{\omega}=-1$에서

$\bar{\omega}=\omega^2$이므로 $\rightarrow \omega^2=-\omega-1,\ \bar{\omega}=-\omega-1$이므로 ...❷

$1+\omega+\bar{\omega}^2+\omega^3+\bar{\omega}^4+\omega^5+\bar{\omega}^6$

$=1+\omega+(\omega^2)^2+\omega^3+(\omega^2)^4+\omega^5+(\omega^2)^6$

$=1+\omega+\omega^3\times\omega+\omega^3+(\omega^3)^2\times\omega^2+\omega^3\times\omega^2+(\omega^3)^4$

$=1+\omega+\omega+1+\omega^2+\omega^2+1$

$=2(1+\omega+\omega^2)+1$

$=2\times0+1=1$ ...❸

채점 기준	배점 비율
❶ $\omega^3=1,\ \omega^2+\omega+1=0$임을 알기	20%
❷ $\bar{\omega}=\omega^2$임을 알기	40%
❸ 주어진 식의 값 구하기	40%

13
$\begin{cases} x+y=2a+2 & \cdots\cdots\ ㉠ \\ xy=a^2+6 & \cdots\cdots\ ㉡ \end{cases}$

㉠에서 $y=-x+2a+2$ ...... ㉢

㉡을 ㉢에 대입하면

$x(-x+2a+2)=a^2+6$

$x^2-2(a+1)x+a^2+6=0$

주어진 연립방정식을 만족시키는 실수 $x,\ y$가 존재하지
않으려면 이차방정식 $x^2-2(a+1)x+a^2+6=0$이 실근
을 갖지 않아야 하므로 이 이차방정식의 판별식을 D라
할 때

$\dfrac{D}{4}=(a+1)^2-1\times(a^2+6)<0$

$2a-5<0$ $\therefore a<\dfrac{5}{2}$

따라서 자연수 a의 최댓값은 2이다.

14 두 연립방정식의 공통인 해는 연립방정식

$\begin{cases} 2x+2y=1 & \cdots\cdots\ ㉠ \\ x^2-y^2=-1 & \cdots\cdots\ ㉡ \end{cases}$

의 해와 같다.

㉠에서 $2y=1-2x$ $\therefore y=\dfrac{1}{2}-x$ ...... ㉢

㉢을 ㉡에 대입하면

$x^2-\left(\dfrac{1}{2}-x\right)^2=-1,\ x^2-\left(\dfrac{1}{4}-x+x^2\right)=-1$

$\therefore x=-\dfrac{3}{4}$

$x=-\dfrac{3}{4}$을 ㉢에 대입하면 $y=\dfrac{5}{4}$

$\therefore a=3x+y=3\times\left(-\dfrac{3}{4}\right)+\dfrac{5}{4}=-1,$

$$b=x-y=\left(-\frac{3}{4}\right)-\frac{5}{4}=-2$$
$$\therefore ab=(-1)\times(-2)=2$$

15
$$\begin{cases} x-y=k & \cdots\cdots ㉠ \\ \dfrac{y}{x}+\dfrac{x}{y}=k+2 & \cdots\cdots ㉡ \end{cases}$$

㉠에서 $y=x-k$ $\qquad\cdots\cdots ㉢$

㉡에서

$$\frac{y}{x}+\frac{x}{y}=k+2,\ \frac{x^2+y^2}{xy}=k+2$$

$$x^2+y^2=(k+2)xy \qquad\cdots\cdots ㉣$$

㉢을 ㉣에 대입하면

$$x^2+(x-k)^2=(k+2)x(x-k)$$
$$2x^2-2kx+k^2=(k+2)x^2-(k^2+2k)x$$
$$kx^2-k^2x-k^2=0 \qquad \therefore k(x^2-kx-k)=0$$
$$\therefore k=0 \text{ 또는 } x^2-kx-k=0 \qquad\cdots ❶$$

(i) $k=0$인 경우

㉢에서 $x=y$

㉣에서 $x^2-2xy+y^2=0,\ (x-y)^2=0 \qquad \therefore x=y$

즉, $x=y$인 모든 실수 $x,\ y$에 대하여 주어진 연립방정식이 성립하므로 해가 무수히 많다.

(ii) $k\neq0$인 경우

주어진 연립방정식이 오직 한 쌍의 해를 가지려면 이차방정식 $x^2-kx-k=0$이 중근을 가져야 하므로 이 이차방정식의 판별식을 D라 할 때

$$D=(-k)^2-4\times1\times(-k)=0$$
$$k^2+4k=0,\ k(k+4)=0$$
$$\therefore k=-4\ (\because k\neq0)$$

(i), (ii)에서 주어진 연립방정식이 오직 한 쌍의 해를 갖도록 하는 실수 k의 값은

$$k=-4 \qquad\cdots ❷$$

채점 기준	배점 비율
❶ 주어진 연립방정식을 만족시키는 경우 알기	40 %
❷ 각 경우에 대하여 조건을 만족시키는 실수 k의 값 구하기	60 %

16 주어진 식의 좌변을 정리하면

$$4x^2-7xy+(2x^2+5x)i=8+12i$$

두 복소수가 서로 같을 조건에 의하여

$$\begin{cases} 4x^2-7xy=8 & \cdots\cdots ㉠ \\ 2x^2+5x=12 & \cdots\cdots ㉡ \end{cases}$$

㉡에서

$$2x^2+5x-12=0,\ (2x-3)(x+4)=0$$
$$\therefore x=-4\ (\because x\text{는 정수})$$

$x=-4$를 ㉠에 대입하면

$$4\times(-4)^2-7\times(-4)\times y=8$$

$$64+28y=8 \qquad \therefore y=-2$$
$$\therefore xy=(-4)\times(-2)=8$$

17
$$\begin{cases} x^2-3xy+2y^2=0 & \cdots\cdots ㉠ \\ x^2-y^2=9 & \cdots\cdots ㉡ \end{cases}$$

㉠의 좌변을 인수분해하면

$$(x-y)(x-2y)=0$$
$$\therefore x=y \text{ 또는 } x=2y$$

(i) $x=y$일 때

$x=y$를 ㉡에 대입하면

$y^2-y^2=9$, 즉, $0=9$이므로 주어진 연립방정식의 해가 존재하지 않는다.

(ii) $x=2y$일 때

$x=2y$를 ㉡에 대입하면

$$(2y)^2-y^2=9,\ 3y^2=9$$
$$y^2=3 \qquad \therefore y=\pm\sqrt{3}$$
$$x=2y\text{이므로 } x=\pm2\sqrt{3}$$

(i), (ii)에서 $x=\pm2\sqrt{3},\ y=\pm\sqrt{3}$ (복부호동순)

이때 $\alpha_1<\alpha_2$이므로

$$\begin{cases} \alpha_1=-2\sqrt{3} \\ \beta_1=-\sqrt{3} \end{cases},\ \begin{cases} \alpha_2=2\sqrt{3} \\ \beta_2=\sqrt{3} \end{cases}$$
$$\therefore \beta_1-\beta_2=(-\sqrt{3})-\sqrt{3}=-2\sqrt{3}$$

18 직각삼각형의 밑변의 길이를 x cm, 높이를 y cm라 하면 빗변의 길이가 15 cm이므로

$$x^2+y^2=15^2 \qquad \therefore x^2+y^2=225$$

오른쪽 그림과 같이 내접원이 삼각형의 세 변 AB, BC, CA 와 만나는 점을 각각 D, E, F 라 하면

$$\overline{BE}=(x-3)\text{cm},$$
$$\overline{AF}=(y-3)\text{cm}$$

이고, 내접원의 성질에 의하여

$$\overline{BE}=\overline{BD},\ \overline{AF}=\overline{AD}\text{이므로}$$
$$\overline{AB}=\overline{BD}+\overline{AD}$$
$$15=(x-3)+(y-3) \qquad \therefore x+y=21$$

즉, $\begin{cases} x^2+y^2=225 & \cdots\cdots ㉠ \\ x+y=21 & \cdots\cdots ㉡ \end{cases}$

㉡에서 $y=21-x \qquad\cdots\cdots ㉢$

㉢을 ㉠에 대입하면 $x^2+(21-x)^2=225$

$$2x^2-42x+216=0,\ x^2-21x+108=0$$
$$(x-9)(x-12)=0 \qquad \therefore x=9 \text{ 또는 } x=12$$

이를 ㉢에 대입하면

$$x=9,\ y=12 \text{ 또는 } x=12,\ y=9$$

따라서 직각삼각형의 넓이는

$$\frac{1}{2}\times9\times12=54(\text{cm}^2)$$

19 풀이전략 삼차방정식이 삼중근을 갖는 경우와 한 실근과 서로 다른 두 허근을 갖는 경우로 나누어 푼다.

$P(x)=x^3+3x^2+2(k+1)x+2k$라 하면
$P(-1)=(-1)^3+3\times(-1)^2+2(k+1)\times(-1)+2k$
$\qquad=0$
이므로 조립제법을 이용하여 $P(x)$를 인수분해하면

$$
\begin{array}{r|rrrr}
-1 & 1 & 3 & 2(k+1) & 2k \\
 & & -1 & -2 & -2k \\
\hline
 & 1 & 2 & 2k & 0 \\
\end{array}
$$

$\therefore P(x)=(x+1)(x^2+2x+2k)$
즉, 주어진 방정식은 $(x+1)(x^2+2x+2k)=0$이므로
$x=-1$이 근이고, 이 삼차방정식이 오직 하나의 실근을
가지려면 이차방정식 $x^2+2x+2k=0$이 $x=-1$을 중근
으로 갖거나 서로 다른 두 허근을 가져야 한다. $\rightarrow x=-1$이 삼중근

(i) 이차방정식 $x^2+2x+2k=0$이 $x=-1$을 중근으로
　 갖는 경우
　 $x^2+2x+2k=0$에 $x=-1$을 대입하면
　 $1-2+2k=0$　　$\therefore k=\dfrac{1}{2}$

　 $k=\dfrac{1}{2}$을 $x^2+2x+2k=0$에 대입하면
　 $x^2+2x+1=0,\ (x+1)^2=0$
　 즉, $x=-1$을 중근으로 갖는다.

(ii) 이차방정식 $x^2+2x+2k=0$이 허근을 갖는 경우
　 이차방정식 $x^2+2x+2k=0$의 판별식을 D라 하면
　 $\dfrac{D}{4}=1^2-1\times2k<0,\ 2k>1$

　 $\therefore k>\dfrac{1}{2}$

(i), (ii)에서 실수 k의 값의 범위는

$k\geq\dfrac{1}{2}$

20 풀이전략 삼차방정식 $P(x)=0$의 세 근을 각각 α, β, γ라 하고, 삼차방정식 $P(3x-1)=0$의 근을 α, β, γ에 대하여 나타낸 후 삼차방정식의 근과 계수의 관계를 이용한다.

방정식 $P(x)=0$의 한 실근을 α, 서로 다른 두 허근을 β,
γ라 하면 방정식 $P(3x-1)=0$의 세 근은
$\dfrac{\alpha+1}{3}$, $\dfrac{\beta+1}{3}$, $\dfrac{\gamma+1}{3}$이다.
조건 (가)에서 $\beta\gamma=5$　　　$\cdots\cdots$ ㉠
조건 (나)에서
$\dfrac{\alpha+1}{3}=0$　　$\therefore \alpha=-1$　　$\cdots\cdots$ ㉡

$\dfrac{\beta+1}{3}+\dfrac{\gamma+1}{3}=\dfrac{\beta+\gamma+2}{3}=2$

$\therefore \beta+\gamma=4$　　　$\cdots\cdots$ ㉢
삼차방정식 $P(x)=0$의 세 근이 α, β, γ이므로 삼차방
정식의 근과 계수의 관계에 의하여

(세 근의 합)$=-\alpha+\beta+\gamma=(-1)+4=3\ (\because$ ㉡, ㉢)
$-a=3$　　$\therefore a=-3$
(두 근끼리의 곱의 합)
$=\alpha\beta+\beta\gamma+\gamma\alpha=\alpha(\beta+\gamma)+\beta\gamma$
$=(-1)\times4+5=1\ (\because$ ㉠, ㉡, ㉢)
$\therefore b=1$
(세 근의 곱)$=\alpha\beta\gamma=(-1)\times5=-5\ (\because$ ㉠, ㉡)
$-c=-5$　　$\therefore c=5$
$\therefore a+b+c=(-3)+1+5=3$

| 다른 풀이 |

㉠, ㉡, ㉢에 의하여
$P(x)=x^3+ax^2+bx+c=(x+1)(x^2-4x+5)$
위의 식에 $x=1$을 대입하면
$P(1)=1+a+b+c=2\times2$
$\therefore a+b+c=3$

21 풀이전략 인수정리를 이용하여 ㄱ의 참, 거짓을 판별하고 조건을 만족시키는 a, b의 값을 이용하여 ㄴ, ㄷ을 판별한다.

ㄱ. $f(1)=1^3+(2a-1)\times1^2+(b^2-2a)\times1-b^2=0$
　 이므로 인수정리에 의하여 $f(x)$는 $x-1$을 인수로
　 갖는다. (참)

ㄴ. ㄱ에서 $f(1)=0$이므로 조립제법을 이용하여 $f(x)$를
　 인수분해하면

$$
\begin{array}{r|rrrr}
1 & 1 & 2a-1 & b^2-2a & -b^2 \\
 & & 1 & 2a & b^2 \\
\hline
 & 1 & 2a & b^2 & 0 \\
\end{array}
$$

　 $\therefore f(x)=(x-1)(x^2+2ax+b^2)$
　 이차방정식 $x^2+2ax+b^2=0$의 판별식을 D라 하면
　 $\dfrac{D}{4}=a^2-1\times b^2=a^2-b^2$
　 $\qquad=(a+b)(a-b)>0\ (\because a+b<0,\ a-b<0)$
　 이므로 이차방정식 $x^2+2ax+b^2=0$은 항상 서로 다
　 른 두 실근을 갖는다.
　 한편, 삼차방정식 $f(x)=0$이 서로 다른 두 실근을
　 가지려면 $x=1$이 이차방정식 $x^2+2ax+b^2=0$의 근
　 이어야 하므로
　 $1^2+2a\times1+b^2=0$　　$\therefore 1+2a+b^2=0$
　 이때 $a=-2$, $b=-\sqrt{3}$이라 하면 $a<b<0$이고
　 $1+2a+b^2=0$을 만족시킨다.
　 즉, $(x-1)(x^2-4x+3)=0$이므로
　 $(x-1)^2(x-3)=0$
　 $\therefore x=1$ (중근) 또는 $x=3$
　 따라서 방정식 $f(x)=0$의 서로 다른 두 실근의 개수
　 는 2이다. (참)

ㄷ. 방정식 $f(x)=0$이 서로 다른 세 실근을 가지므로 이
　 차방정식 $x^2+2ax+b^2=0$은 1이 아닌 서로 다른 두
　 실근을 가져야 한다.

이차방정식 $x^2+2ax+b^2=0$의 판별식을 D라 하면
$$\frac{D}{4}=a^2-b^2=(-3)^2-b^2>0 \qquad \therefore b^2<9$$
이때 $x=1$이 이차방정식 $x^2+2ax+b^2=0$의 근이 아니므로
$$1+2a+b^2\neq0,\ 1+2\times(-3)+b^2\neq0$$
$$\therefore b^2\neq5$$
또한, 이차방정식의 근과 계수의 관계에 의하여 두 근의 합이 $-2a$이고 삼차방정식 $f(x)=0$의 세 근의 합이 7이므로
$$1+(-2a)=7 \qquad \therefore a=-3$$
즉, 두 정수 a, b의 모든 순서쌍 (a, b)는
$$(-3,\,-2),\ (-3,\,-1),\ (-3,\,0),\ (-3,\,1),$$
$$(-3,\,2)$$의 5개이다. (참)
따라서 옳은 것은 ㄱ, ㄴ, ㄷ이다.

22 (풀이 전략) 주어진 근의 켤레복소수인 $2-3i$도 삼차방정식 $f(x)=0$의 근이므로 나머지 한 근은 실수임을 이용한다.

삼차방정식 $f(x)=0$의 계수가 모두 실수이고 한 근이 $2+3i$이므로 $2-3i$도 근이다. ┌ 삼차방정식은 하나 이상의 실근을 갖는다.
이때 나머지 한 근을 a라 하면 a는 실수이고, 이차방정식 $g(x)=0$의 모든 근이 삼차방정식 $f(x)=0$의 근이므로 이차방정식 $g(x)=0$은 a를 중근으로 갖거나 $2+3i$, $2-3i$를 두 근으로 갖는다.
$x^2+(a+2)x+2a=0$에서
$$(x+2)(x+a)=0$$
$$\therefore x=-2 \text{ 또는 } x=-a$$
즉, 이차방정식 $g(x)=0$은 -2를 중근으로 가지므로
$$-a=-2 \qquad \therefore a=2$$
따라서 삼차방정식 $f(x)=0$은 x^3의 계수가 1이고 세 수 $2+3i$, $2-3i$, -2를 근으로 가지므로
$$f(x)=(x-2-3i)(x-2+3i)(x+2)$$
$$\therefore f(2)=(-3i)\times3i\times4=36$$

23 (풀이 전략) 주어진 삼차방정식을 인수분해하여 a에 대한 관계식을 구한 후 주어진 식을 간단히 하여 푼다.

$P(x)=2x^3-x+1$이라 하면
$$P(-1)=2\times(-1)^3-(-1)+1=0$$
이므로 조립제법을 이용하여 $P(x)$를 인수분해하면

$$\begin{array}{r|rrrr} -1 & 2 & 0 & -1 & 1 \\ & & -2 & 2 & -1 \\ \hline & 2 & -2 & 1 & 0 \end{array}$$

$$\therefore P(x)=(x+1)(2x^2-2x+1)$$
즉, 주어진 방정식은 $(x+1)(2x^2-2x+1)=0$이므로
$$x=-1 \text{ 또는 } x=\frac{1\pm i}{2}$$

a가 주어진 삼차방정식의 한 허근이므로 a는 이차방정식 $2x^2-2x+1=0$의 한 허근이다.
즉, $2a^2-2a+1=0$에서 $2a-1=2a^2$
$$\frac{2a-1}{a}=\frac{2a^2}{a}$$
이때 $\overline{a}$는 a의 켤레복소수이므로 $\overline{a}$는 이차방정식 $2x^2-2x+1=0$의 근이다.
$$2a^2-2a+1=0 \qquad \cdots\cdots \text{㉠}$$
$$2\overline{a}^2-2\overline{a}+1=0 \qquad \cdots\cdots \text{㉡}$$
에서 ㉠+㉡을 하면
$$2(a^2+\overline{a}^2)-2(a+\overline{a})+2=0$$
이차방정식 $2x-2x+1=0$에서 근과 계수의 관계에 의하여
$$a+\overline{a}=-\frac{-2}{2}=1$$
즉, $2(a^2+\overline{a}^2)=0$
$$\therefore a^2=-\overline{a}^2$$
$$\frac{2a^2}{a}=\frac{-2\overline{a}^2}{a}=-2\overline{a}$$
이므로
$$\left(\frac{2a-1}{a}\right)^n=(-2\overline{a})^n$$
$\overline{a}$는 이차방정식 $2x^2-2x+1=0$의 한 허근이므로
$$\overline{a}=\frac{1+i}{2} \text{ 또는 } \overline{a}=\frac{1-i}{2}$$
$\overline{a}=\frac{1+i}{2}$라 하면
$$-2\overline{a}=(-2)\times\frac{1+i}{2}=-1-i$$
$$(-2\overline{a})^2=(-1-i)^2=2i$$
$$(-2\overline{a})^4=(2i)^2=-4$$
$$(-2\overline{a})^8=(-4)^2=16$$
$$(-2\overline{a})^{16}=16^2=256$$
같은 방법으로 $\overline{a}=\frac{1-i}{2}$라 하면
$$(-2\overline{a})^{16}=256$$
따라서 $\left(\frac{2a-1}{a}\right)^n=256$을 만족시키는 자연수 n은 16이다.

24 (풀이 전략) 주어진 연립방정식에서 $x^2-y^2-x+3y-2=0$의 좌변을 x에 대하여 내림차순으로 정리한 후 인수분해하여 각 경우에 맞는 해를 구한다.

$$\begin{cases} x^2-y^2-x+3y-2=0 & \cdots\cdots \text{㉠} \\ x^2+xy+y=5 & \cdots\cdots \text{㉡} \end{cases}$$
㉠의 좌변을 x에 대하여 내림차순으로 정리하면
$$x^2-x-(y^2-3y+2)=0$$이므로
$$x^2-x-(y-1)(y-2)=0$$
$$(x-y+1)(x+y-2)=0$$
$$\therefore y=x+1 \text{ 또는 } y=-x+2$$

(ⅰ) $y=x+1$을 ㉠에 대입하면

$$x^2+x(x+1)+(x+1)=5, \ x^2+x-2=0$$

$$(x+2)(x-1)=0 \qquad \therefore \ x=-2 \ \text{또는} \ x=1$$

$y=x+1$이므로

$x=-2$일 때 $y=-1$

$x=1$일 때 $y=2$

(ⅱ) $y=-x+2$를 ㉡에 대입하면

$$x^2+x(-x+2)+(-x+2)=5$$

$$\therefore \ x=3$$

$y=-x+2$이므로 $x=3$일 때 $y=-1$

(ⅰ), (ⅱ)에서 연립방정식의 해는

$$\begin{cases} x=-2 \\ y=-1 \end{cases} \text{또는} \begin{cases} x=1 \\ y=2 \end{cases} \text{또는} \begin{cases} x=3 \\ y=-1 \end{cases}$$

따라서 세 점 $(-2, -1)$, $(1, 2)$, $(3, -1)$을 꼭짓점으로 하는 삼각형은 오른쪽 그림과 같으므로 이 삼각형의 넓이는

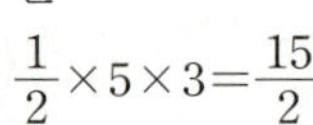

$$\frac{1}{2} \times 5 \times 3 = \frac{15}{2}$$

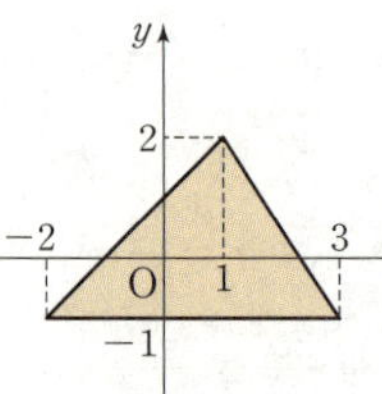

◯1 연립일차부등식

메가 특강 Review   • 본문 197쪽

1-1 답 ㄱ, ㄷ

ㄱ. $b<c$, $a<0$이므로 $ab>ac$ (참)

ㄴ. $a<0$, $b>0$이므로 $ab<0$

$a<0$, $c<0$이므로 $ac>0$

즉, $ab<0<ac$이므로 $ab<ac$ (거짓)

ㄷ. $a>b$이므로 $a-d>b-d$

$c>d$에서 $-c<-d$이므로 $-c+b<-d+b$

즉, $a-d>b-d>b-c$이므로 $a-d>b-c$ (참)

ㄹ. $a>b$, $d>0$이므로 $\dfrac{a}{d}>\dfrac{b}{d}$

$c>d$에서 $\dfrac{1}{c}<\dfrac{1}{d}$이고, $b>0$이므로 $\dfrac{b}{c}<\dfrac{b}{d}$

즉, $\dfrac{a}{d}>\dfrac{b}{d}>\dfrac{b}{c}$이므로 $\dfrac{a}{d}>\dfrac{b}{c}$ (거짓)

따라서 옳은 것은 ㄱ, ㄷ이다.

2-1 답 $\dfrac{1}{5}$

주어진 부등식의 해가 $x<1$이므로

$1-a>0$ → 주어진 부등식과 부등식의 해의 부등호의 방향이 같으므로

$(1-a)x<4a$의 양변을 $1-a$로 나누면

$$x<\frac{4a}{1-a}$$

따라서 $\dfrac{4a}{1-a}=1$이므로

$$4a=1-a, \ 5a=1 \qquad \therefore \ a=\frac{1}{5}$$

(유제)   • 본문 200~202쪽

01-❶ 답 (1) $-2 \le x < 3$ (2) $x \le -7$ (3) $x \ge 8$

(1) $-x+3 \le 5$에서 $-x \le 2$ $\therefore \ x \ge -2$ …… ㉠

$3x-1<x+5$에서 $2x<6$ $\therefore \ x<3$ …… ㉡

㉠, ㉡의 공통부분을 구하면

$-2 \le x < 3$

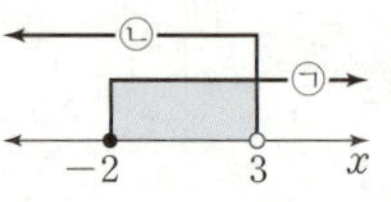

(2) $2(x+1)>3(x-1)$에서 $2x+2>3x-3$

$-x>-5$ $\therefore \ x<5$ …… ㉠

$-3(x+4)+2 \ge 2$에서 $-2x-12 \ge 2$

$-2x \ge 14$ $\therefore \ x \le -7$ …… ㉡

㉠, ㉡의 공통부분을 구하면
$x \leq -7$

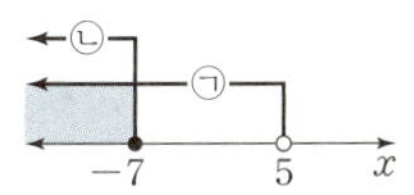

(3) $0.4x - 0.2 \geq \dfrac{x+1}{3}$의 양변에 30을 곱하면

$12x - 6 \geq 10(x+1)$, $12x - 6 \geq 10x + 10$

$2x \geq 16$ $\quad \therefore x \geq 8$ $\qquad$ …… ㉠

$\dfrac{x}{2} + 1 < 0.8(x+2) - 1$의 양변에 10을 곱하면

$5x + 10 < 8(x+2) - 10$, $5x + 10 < 8x + 6$

$-3x < -4$ $\quad \therefore x > \dfrac{4}{3}$ $\qquad$ …… ㉡

㉠, ㉡의 공통부분을 구하면
$x \geq 8$

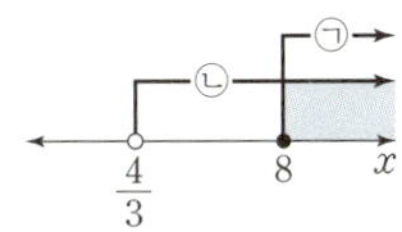

02-❶ 답 (1) $x = 2$ (2) 해는 없다. (3) 해는 없다.

(1) $4x - 3 \geq 2x + 1$에서 $2x \geq 4$ $\quad \therefore x \geq 2$ $\qquad$ …… ㉠

$-2x + 3 \geq -x + 1$에서

$-x \geq -2$ $\quad \therefore x \leq 2$ $\qquad$ …… ㉡

㉠, ㉡의 공통부분을 구하면
$x = 2$

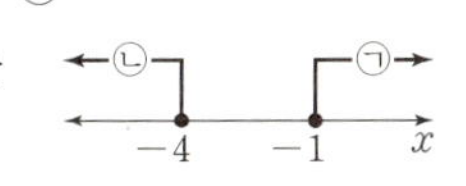

(2) $3(x-1) \geq x - 5$에서 $3x - 3 \geq x - 5$

$2x \geq -2$ $\quad \therefore x \geq -1$ $\qquad$ …… ㉠

$-2(x+3) \geq x + 6$에서 $-2x - 6 \geq x + 6$

$-3x \geq 12$ $\quad \therefore x \leq -4$ $\qquad$ …… ㉡

㉠, ㉡의 공통부분이 없으므로 해는
없다.

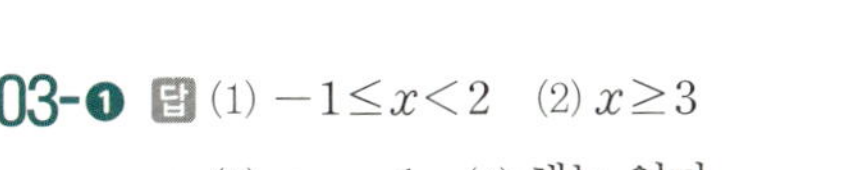

(3) $0.5(x-1) > \dfrac{x+2}{4}$의 양변에 4를 곱하면

$2(x-1) > x + 2$, $2x - 2 > x + 2$

$\therefore x > 4$ $\qquad$ …… ㉠

$\dfrac{2x+1}{5} < 0.3(x+2)$의 양변에 10을 곱하면

$2(2x+1) < 3(x+2)$, $4x + 2 < 3x + 6$

$\therefore x < 4$ $\qquad$ …… ㉡

㉠, ㉡의 공통부분이 없으므로 해는
없다.

03-❶ 답 (1) $-1 \leq x < 2$ (2) $x \geq 3$
$\qquad\qquad$ (3) $x = -1$ (4) 해는 없다.

(1) 주어진 연립부등식을 변형하면 $\begin{cases} x - 2 \leq 2x - 1 \\ 2x - 1 < -3(x-3) \end{cases}$

$x - 2 \leq 2x - 1$에서 $-x \leq 1$ $\quad \therefore x \geq -1$ $\qquad$ …… ㉠

$2x - 1 < -3(x-3)$에서 $2x - 1 < -3x + 9$

$5x < 10$ $\quad \therefore x < 2$ $\qquad$ …… ㉡

㉠, ㉡의 공통부분을 구하면
$-1 \leq x < 2$

(2) 주어진 연립부등식을 변형하면 $\begin{cases} \dfrac{x+7}{6} < \dfrac{x}{3} + 2 \\ \dfrac{x}{3} + 2 \leq \dfrac{3(x+1)}{4} \end{cases}$

$\dfrac{x+7}{6} < \dfrac{x}{3} + 2$의 양변에 6을 곱하면

$x + 7 < 2x + 12$, $-x < 5$ $\quad \therefore x > -5$ $\qquad$ …… ㉠

$\dfrac{x}{3} + 2 \leq \dfrac{3(x+1)}{4}$의 양변에 12를 곱하면

$4x + 24 \leq 9(x+1)$, $4x + 24 \leq 9x + 9$

$-5x \leq -15$ $\quad \therefore x \geq 3$ $\qquad$ …… ㉡

㉠, ㉡의 공통부분을 구하면
$x \geq 3$

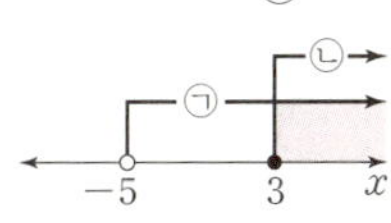

(3) 주어진 연립부등식을 변형하면 $\begin{cases} x + 2 \leq \dfrac{x+3}{2} \\ \dfrac{x+3}{2} \leq 2x + 3 \end{cases}$

$x + 2 \leq \dfrac{x+3}{2}$의 양변에 2를 곱하면

$2x + 4 \leq x + 3$ $\quad \therefore x \leq -1$ $\qquad$ …… ㉠

$\dfrac{x+3}{2} \leq 2x + 3$의 양변에 2를 곱하면

$x + 3 \leq 4x + 6$, $-3x \leq 3$ $\quad \therefore x \geq -1$ $\qquad$ …… ㉡

㉠, ㉡의 공통부분을 구하면
$x = -1$

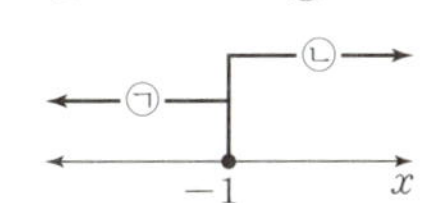

(4) 주어진 연립부등식을 변형하면 $\begin{cases} 0.5x + 1 < 0.2(x+1) \\ 0.2(x+1) < 0.6(x-1) \end{cases}$

$0.5x + 1 < 0.2(x+1)$의 양변에 10을 곱하면

$5x + 10 < 2(x+1)$, $5x + 10 < 2x + 2$

$3x < -8$ $\quad \therefore x < -\dfrac{8}{3}$ $\qquad$ …… ㉠

$0.2(x+1) < 0.6(x-1)$의 양변에 10을 곱하면

$2(x+1) < 6(x-1)$, $2x + 2 < 6x - 6$

$-4x < -8$ $\quad \therefore x > 2$ $\qquad$ …… ㉡

㉠, ㉡의 공통부분이 없으므로 해는
없다.

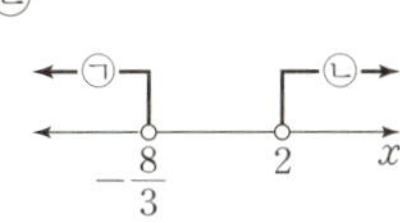

집중 연습 · 본문 203쪽

01 (1) $-1 \leq x \leq 2$ (2) $x = 3$
$\quad$ (3) $0 < x \leq \dfrac{1}{2}$ (4) 해는 없다.
$\quad$ (5) 해는 없다. (6) $x = -2$
$\quad$ (7) $x \geq 5$ (8) $-\dfrac{21}{5} < x < -4$

02 (1) $x > 2$ (2) $x = 1$
$\quad$ (3) 해는 없다. (4) $0 \leq x \leq 30$

01 (1) $4x-2\le -x+8$에서 $5x\le 10$　　$\therefore x\le 2$ ...... ㉠
$x\le 2x+1$에서 $-x\le 1$　　$\therefore x\ge -1$ ...... ㉡
㉠, ㉡의 공통부분을 구하면
$-1\le x\le 2$
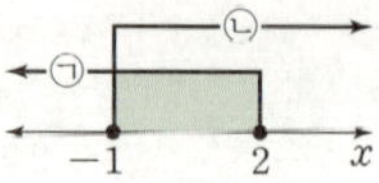

(2) $5x-2\le 2x+7$에서 $3x\le 9$　　$\therefore x\le 3$ ...... ㉠
$x+4\le 2x+1$에서
$-x\le -3$　　$\therefore x\ge 3$ ...... ㉡
㉠, ㉡의 공통부분을 구하면
$x=3$
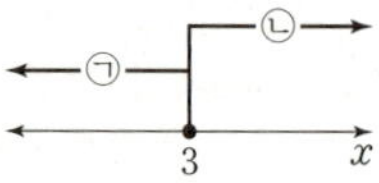

(3) $3(x-2)\le x-5$에서 $3x-6\le x-5$
$2x\le 1$　　$\therefore x\le \frac{1}{2}$ ...... ㉠
$5(x+1)>2(2x+3)-1$에서
$5x+5>4x+5$　　$\therefore x>0$ ...... ㉡
㉠, ㉡의 공통부분을 구하면
$0<x\le \frac{1}{2}$
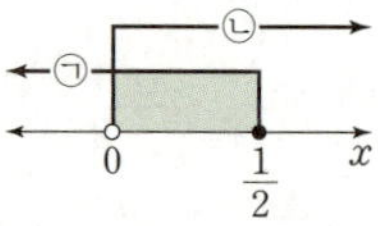

(4) $3(x-1)+2<5$에서 $3x-1<5$
$3x<6$　　$\therefore x<2$ ...... ㉠
$4x+1>3(x+1)$에서 $4x+1>3x+3$
$\therefore x>2$ ...... ㉡
㉠, ㉡의 공통부분이 없으므로
해는 없다.
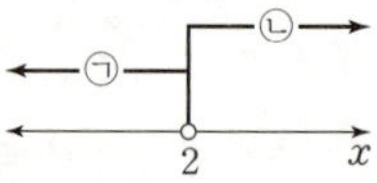

(5) $\frac{x-2}{4}<\frac{x-3}{3}$의 양변에 12를 곱하면
$3(x-2)<4(x-3)$, $3x-6<4x-12$
$-x<-6$　　$\therefore x>6$ ...... ㉠
$\frac{x}{2}+1\ge x+\frac{1}{2}$의 양변에 2를 곱하면
$x+2\ge 2x+1$, $-x\ge -1$　　$\therefore x\le 1$ ...... ㉡
㉠, ㉡의 공통부분이 없으므로
해는 없다.
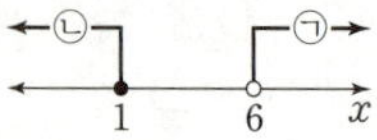

(6) $x-\frac{1}{5}\le \frac{4x-3}{5}$의 양변에 5를 곱하면
$5x-1\le 4x-3$　　$\therefore x\le -2$ ...... ㉠
$0.2x+0.3\ge -0.1(x+3)$의 양변에 10을 곱하면
$2x+3\ge -(x+3)$, $2x+3\ge -x-3$
$3x\ge -6$　　$\therefore x\ge -2$ ...... ㉡
㉠, ㉡의 공통부분을 구하면
$x=-2$
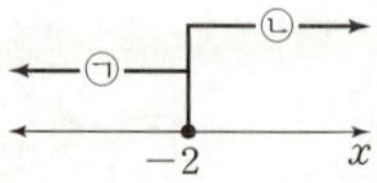

(7) $0.3(x+2)<\frac{x+1}{2}$의 양변에 10을 곱하면
$3(x+2)<5(x+1)$, $3x+6<5x+5$
$-2x<-1$　　$\therefore x>\frac{1}{2}$ ...... ㉠
$0.1x+1\le 0.2x+0.5$의 양변에 10을 곱하면
$x+10\le 2x+5$, $-x\le -5$　　$\therefore x\ge 5$ ...... ㉡
㉠, ㉡의 공통부분을 구하면
$x\ge 5$
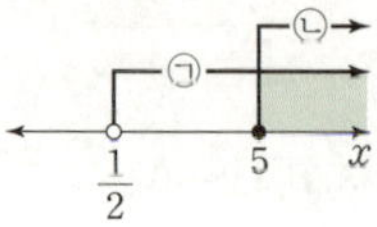

(8) $\frac{2x-3}{5}>0.7x+0.6$의 양변에 10을 곱하면
$2(2x-3)>7x+6$, $4x-6>7x+6$
$-3x>12$　　$\therefore x<-4$ ...... ㉠
$\frac{3x+5}{2}>\frac{2}{3}x-1$의 양변에 6을 곱하면
$3(3x+5)>4x-6$, $9x+15>4x-6$
$5x>-21$　　$\therefore x>-\frac{21}{5}$ ...... ㉡
㉠, ㉡의 공통부분을 구하면
$-\frac{21}{5}<x<-4$
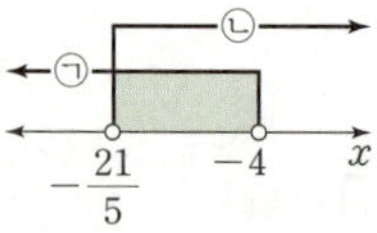

02 (1) 주어진 연립부등식을 변형하면 $\begin{cases} x+2\le 3x+1 \\ 3x+1<4x-1 \end{cases}$
$x+2\le 3x+1$에서 $-2x\le -1$
$\therefore x\ge \frac{1}{2}$ ...... ㉠
$3x+1<4x-1$에서 $-x<-2$
$\therefore x>2$ ...... ㉡
㉠, ㉡의 공통부분을 구하면
$x>2$
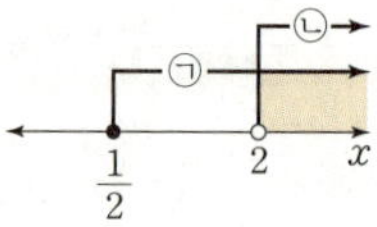

(2) 주어진 연립부등식을 변형하면 $\begin{cases} \frac{x-7}{6}\le \frac{2x-5}{3} \\ \frac{2x-5}{3}\le \frac{x-3}{2} \end{cases}$
$\frac{x-7}{6}\le \frac{2x-5}{3}$의 양변에 6을 곱하면
$x-7\le 2(2x-5)$, $x-7\le 4x-10$
$-3x\le -3$　　$\therefore x\ge 1$ ...... ㉠
$\frac{2x-5}{3}\le \frac{x-3}{2}$의 양변에 6을 곱하면
$2(2x-5)\le 3(x-3)$, $4x-10\le 3x-9$
$\therefore x\le 1$ ...... ㉡
㉠, ㉡의 공통부분을 구하면
$x=1$
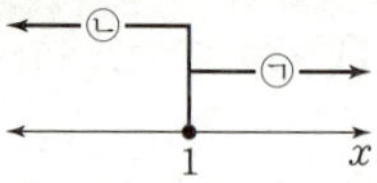

(3) 주어진 연립부등식을 변형하면
$\begin{cases} 0.5x+1\le 0.3x+0.7 \\ 0.3x+0.7\le 0.4(x+2) \end{cases}$
$0.5x+1\le 0.3x+0.7$의 양변에 10을 곱하면
$5x+10\le 3x+7$, $2x\le -3$
$\therefore x\le -\frac{3}{2}$ ...... ㉠
$0.3x+0.7\le 0.4(x+2)$의 양변에 10을 곱하면

$3x+7\leq4(x+2)$, $3x+7\leq4x+8$

$-x\leq1$ $\therefore x\geq-1$ ……ⓛ

ⓗ, ⓛ의 공통부분이 없으므로
해는 없다.

(4) 주어진 연립부등식을 변형하면

$$\begin{cases} \dfrac{2}{5}x-2\leq0.3x+1 \\ 0.3x+1\leq\dfrac{1}{2}(x+2) \end{cases}$$

$\dfrac{2}{5}x-2\leq0.3x+1$의 양변에 10을 곱하면

$4x-20\leq3x+10$ $\therefore x\leq30$ ……ⓗ

$0.3x+1\leq\dfrac{1}{2}(x+2)$의 양변에 10을 곱하면

$3x+10\leq5(x+2)$, $3x+10\leq5x+10$

$-2x\leq0$ $\therefore x\geq0$ ……ⓛ

ⓗ, ⓛ의 공통부분을 구하면
$0\leq x\leq30$

01 $\dfrac{x}{3}+2>2(x-3)$의 양변에 3을 곱하면

$x+6>6(x-3)$, $x+6>6x-18$

$-5x>-24$ $\therefore x<\dfrac{24}{5}$ ……ⓗ

$4-3x\leq-(x+2)$에서 $4-3x\leq-x-2$

$-2x\leq-6$ $\therefore x\geq3$ ……ⓛ

ⓗ, ⓛ의 공통부분을 구하면

$3\leq x<\dfrac{24}{5}$

따라서 모든 정수 x는 3, 4의 2개이다.

02 $4x-(x+1)>2x+2$에서 $3x-1>2x+2$

$\therefore x>3$ ……ⓗ

$0.5(x+6)\leq\dfrac{x}{4}+3$의 양변에 4를 곱하면

$2(x+6)\leq x+12$, $2x+12\leq x+12$

$\therefore x\leq0$ ……ⓛ

ⓗ, ⓛ의 공통부분이 없으므로 해는 없다.

03 주어진 연립부등식을 변형하면 $\begin{cases} \dfrac{3x-6}{2}\leq\dfrac{x+5}{3} \\ \dfrac{x+5}{3}\leq0.25(3x+5) \end{cases}$

$\dfrac{3x-6}{2}\leq\dfrac{x+5}{3}$의 양변에 6을 곱하면

$3(3x-6)\leq2(x+5)$, $9x-18\leq2x+10$

$7x\leq28$ $\therefore x\leq4$ ……ⓗ

$\dfrac{x+5}{3}\leq0.25(3x+5)$의 양변에 12를 곱하면

$4(x+5)\leq3(3x+5)$, $4x+20\leq9x+15$

$-5x\leq-5$ $\therefore x\geq1$ ……ⓛ

ⓗ, ⓛ의 공통부분을 구하면

$1\leq x\leq4$

따라서 $a=1$, $b=4$이므로

$a+b=1+4=5$

04 주어진 연립부등식을 변형하면 $\begin{cases} 4+\dfrac{x}{2}<2x+1 \\ 2x+1\leq\dfrac{7x+1}{3} \end{cases}$

$4+\dfrac{x}{2}<2x+1$의 양변에 2를 곱하면

$8+x<4x+2$, $-3x<-6$ $\therefore x>2$ ……ⓗ

$2x+1\leq\dfrac{7x+1}{3}$의 양변에 3을 곱하면

$6x+3\leq7x+1$, $-x\leq-2$ $\therefore x\geq2$ ……ⓛ

ⓗ, ⓛ의 공통부분을 구하면

$x>2$

따라서 정수 x의 최솟값은 3이다.

02 해가 주어진 연립일차부등식

(유제)   • 본문 206~208쪽

01-❶ 답 $a=-10$, $b=9$

$4(x+1)\geq2x-a$에서 $4x+4\geq2x-a$

$2x\geq-a-4$ $\therefore x\geq\dfrac{-a-4}{2}$

$\dfrac{x}{2}-1\leq\dfrac{x}{3}+\dfrac{1}{2}$에서

$3x-6\leq2x+3$ $\therefore x\leq9$

주어진 연립부등식의 해가 $3\leq x\leq b$이므로

$\dfrac{-a-4}{2}=3$, $b=9$ $\therefore a=-10$, $b=9$

01-❷ 답 3

주어진 연립부등식을 변형하면 $\begin{cases} \dfrac{x+2}{3}\leq3x-2 \\ 3x-2<2(x-a) \end{cases}$

$\dfrac{x+2}{3}\leq3x-2$에서

$x+2 \leq 9x-6$, $-8x \leq -8$

$\therefore x \geq 1$

$3x-2<2(x-a)$에서 $3x-2<2x-2a$

$\therefore x<2-2a$

주어진 연립부등식의 해가 $b \leq x<6$이므로

$2-2a=6$, $b=1$ $\quad \therefore a=-2$, $b=1$

$\therefore b-a=1-(-2)=3$

01-❸ 답 4

$-2(x-1)>x-a$에서 $-2x+2>x-a$

$-3x>-a-2$ $\quad \therefore x<\dfrac{a+2}{3}$

$5x-3 \leq 2x+3$에서 $3x \leq 6$ $\quad \therefore x \leq 2$

주어진 연립부등식의 해가 $x<2$이므로

$\dfrac{a+2}{3}=2$ $\quad \therefore a=4$

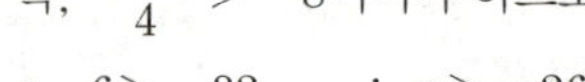

02-❶ 답 $a>-26$

$3(x+2)<-x+a$에서 $3x+6<-x+a$

$4x<a-6$ $\quad \therefore x<\dfrac{a-6}{4}$ $\quad \cdots\cdots$ ㉠

$\dfrac{2x+1}{3} \geq \dfrac{x-2}{2}$에서

$2(2x+1) \geq 3(x-2)$, $4x+2 \geq 3x-6$

$\therefore x \geq -8$ $\quad \cdots\cdots$ ㉡

주어진 연립부등식이 해를 가지려면

㉠, ㉡의 공통부분이 있어야 한다.

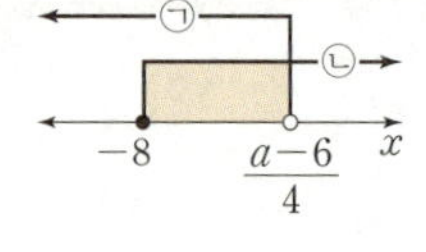

즉, $\dfrac{a-6}{4}>-8$이어야 하므로

$a-6>-32$ $\quad \therefore a>-26$

02-❷ 답 13

$2(x-2)<5x+8$에서 $2x-4<5x+8$

$-3x<12$ $\quad \therefore x>-4$ $\quad \cdots\cdots$ ㉠

$3x+a \leq 2$에서 $3x \leq 2-a$ $\quad \therefore x \leq \dfrac{2-a}{3}$ $\quad \cdots\cdots$ ㉡

주어진 연립부등식이 해를 가지려면

㉠, ㉡의 공통부분이 있어야 한다.

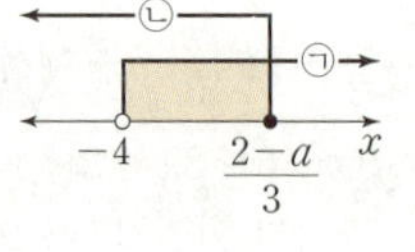

즉, $\dfrac{2-a}{3}>-4$이어야 하므로

$2-a>-12$, $-a>-14$ $\quad \therefore a<14$

따라서 자연수 a의 최댓값은 13이다.

02-❸ 답 $\dfrac{2}{3} \leq a<\dfrac{5}{6}$

$\dfrac{x-1}{2} \leq \dfrac{x}{3}+a$의 양변에 6을 곱하면

$3(x-1) \leq 2x+6a$, $3x-3 \leq 2x+6a$

$\therefore x \leq 3+6a$ $\quad \cdots\cdots$ ㉠

$2x+1 \leq 3x-4$에서

$-x \leq -5$ $\quad \therefore x \geq 5$ $\quad \cdots\cdots$ ㉡

주어진 연립부등식을 만족시키는 정수 x의 개수가 3이므로 ㉠, ㉡을 수직선 위에 나타내면 오른쪽 그림과 같아야 한다.

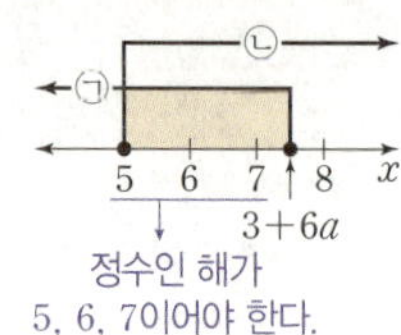

즉, $7 \leq 3+6a<8$이어야 하므로

$4 \leq 6a<5$ $\quad \therefore \dfrac{2}{3} \leq a<\dfrac{5}{6}$

03-❶ 답 8

어떤 정수 x에 2를 더하고 3배 한 값이 x에 20을 더한 값보다 크므로

$3(x+2)>x+20$, $3x+6>x+20$

$2x>14$ $\quad \therefore x>7$ $\quad \cdots\cdots$ ㉠

x를 3으로 나누고 2를 더한 값이 x에서 4를 뺀 값보다 크므로

$\dfrac{x}{3}+2>x-4$, $x+6>3x-12$

$-2x>-18$ $\quad \therefore x<9$ $\quad \cdots\cdots$ ㉡

㉠, ㉡의 공통부분을 구하면

$7<x<9$

따라서 정수 x의 값은 8이다.

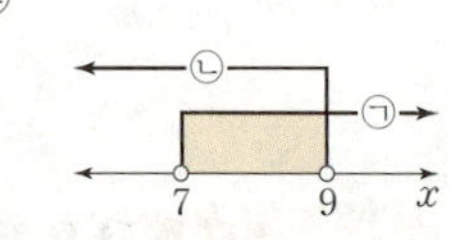

03-❷ 답 9자루

연필을 x자루 산다고 하면 볼펜은 $(20-x)$자루 살 수 있다.

연필보다 볼펜을 더 많이 사야 하므로

$x<20-x$에서 $2x<20$ $\quad \therefore x<10$ $\quad \cdots\cdots$ ㉠

한 자루에 500원인 연필과 한 자루에 800원인 볼펜을 합쳐서 14000원 이하로 사야 하므로

$500x+800(20-x) \leq 14000$에서

$-300x+16000 \leq 14000$

$-300x \leq -2000$ $\quad \therefore x \geq \dfrac{20}{3}$ $\quad \cdots\cdots$ ㉡

㉠, ㉡의 공통부분을 구하면

$\dfrac{20}{3} \leq x<10$

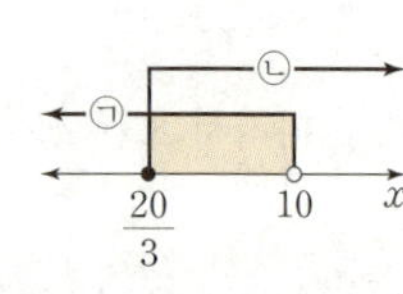

이때 x는 자연수이므로 연필은 최대 9자루까지 살 수 있다.

03-❸ 답 15명

학생 수를 x명이라 하면 사탕의 수는 $(5x+10)$개이다.

사탕을 7개씩 나누어 주면 2명의 학생은 사탕을 한 개도 받지 못하므로 사탕을 7개씩 받은 학생은 $(x-3)$명이고, 나머지 1명의 학생이 받을 수 있는 사탕의 개수는 1개 이상 7개 이하이다.

즉, $7(x-3)+1 \leq 5x+10 \leq 7(x-3)+7$이므로

$\begin{cases} 7(x-3)+1 \leq 5x+10 \\ 5x+10 \leq 7(x-3)+7 \end{cases}$

$7(x-3)+1\leq 5x+10$에서 $7x-20\leq 5x+10$

$2x\leq 30$ $\quad\therefore x\leq 15$ $\qquad\cdots\cdots$ ㉠

$5x+10\leq 7(x-3)+7$에서 $5x+10\leq 7x-14$

$-2x\leq -24$ $\quad\therefore x\geq 12$ $\qquad\cdots\cdots$ ㉡

㉠, ㉡의 공통부분을 구하면

$12\leq x\leq 15$

이때 x는 자연수이므로 학생 수는 최대
15명이다.

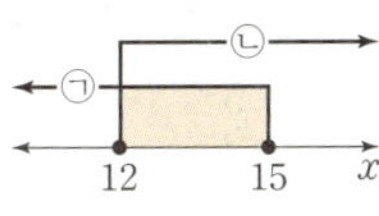

소단원 점검 문제

• 본문 209쪽

01 22   **02** $a\geq 4$ **03** ⑤   **04** ⑤

01 $-2(x-1)\geq 4x+a$에서 $-2x+2\geq 4x+a$

$-6x\geq a-2$ $\quad\therefore x\leq \dfrac{2-a}{6}$

$\dfrac{x-b}{3}\leq \dfrac{x}{2}-1$에서

$2x-2b\leq 3x-6$

$-x\leq 2b-6$ $\quad\therefore x\geq 6-2b$

주어진 연립부등식의 해가 $x=4$이므로

$\dfrac{2-a}{6}=4, \; 6-2b=4$ $\quad\therefore a=-22, \; b=1$

$\therefore |ab|=|(-22)\times 1|=22$

02 $\dfrac{x}{3}+2>a-\dfrac{4}{3}$에서

$x+6>3a-4$ $\quad\therefore x>3a-10$ $\qquad\cdots\cdots$ ㉠

$3x-2\leq x+3$에서 $2x\leq 5$ $\quad\therefore x\leq \dfrac{5}{2}$ $\qquad\cdots\cdots$ ㉡

주어진 연립부등식을 만족시키는
정수 x가 존재하지 않으므로 ㉠,
㉡을 수직선 위에 나타내면 오른쪽
그림과 같아야 한다.

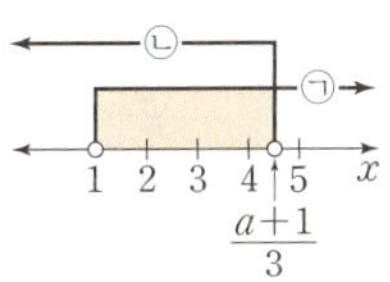

즉, $2\leq 3a-10$이어야 하므로 → $2\leq 3a-10<\dfrac{5}{2}$이면 정수인

$3a\geq 12$ $\quad\therefore a\geq 4$ 해가 없고, $\dfrac{5}{2}\leq 3a-10$이면

해가 없다.

03 $x+2>3$에서 $x>1$ $\qquad\cdots\cdots$ ㉠

$3x<a+1$에서 $x<\dfrac{a+1}{3}$ $\qquad\cdots\cdots$ ㉡

주어진 연립부등식을 만족시키는
2 이상의 연속인 정수 x의 값의 합
이 9가 되려면 $2+3+4=9$이어야
하므로 ㉠, ㉡을 수직선 위에 나타
내면 오른쪽 그림과 같아야 한다.

즉, $4<\dfrac{a+1}{3}\leq 5$이어야 하므로

$12<a+1\leq 15$

$\therefore 11<a\leq 14$

따라서 자연수 a의 최댓값은 14이다.

04 방의 개수를 x라 하면 학생 수는 $4x+3$이다.

한 방에 5명씩 배정하면 2개의 방이 남으므로 5명씩 배정
된 방은 $(x-3)$개이고, 나머지 1개의 방에 배정되는 학
생 수는 1 이상 5 이하이다.

즉, $5(x-3)+1\leq 4x+3\leq 5(x-3)+5$이므로

$$\begin{cases} 5(x-3)+1\leq 4x+3 \\ 4x+3\leq 5(x-3)+5 \end{cases}$$

$5(x-3)+1\leq 4x+3$에서 $5x-14\leq 4x+3$

$\therefore x\leq 17$ $\qquad\cdots\cdots$ ㉠

$4x+3\leq 5(x-3)+5$에서 $4x+3\leq 5x-10$

$-x\leq -13$ $\quad\therefore x\geq 13$ $\qquad\cdots\cdots$ ㉡

㉠, ㉡의 공통부분을 구하면

$13\leq x\leq 17$

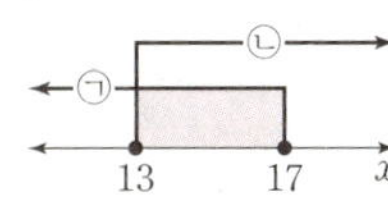

따라서 방의 개수가 될 수 없는 것
은 ⑤이다.

03 절댓값 기호를 포함한 일차부등식

개념 확인

• 본문 210쪽

1 답 (1) $-2<x<2$ (2) $x\leq -2$ 또는 $x\geq 0$

$\qquad$ (3) $-3<x<-2$ 또는 $2<x<3$

(1) $|x|<2$에서

$-2<x<2$

(2) $|x+1|\geq 1$에서

$x+1\leq -1$ 또는 $x+1\geq 1$

$\therefore x\leq -2$ 또는 $x\geq 0$

(3) $2<|x|<3$에서

$-3<x<-2$ 또는 $2<x<3$

유제

• 본문 211~212쪽

01-❶ 답 (1) $x\leq -\dfrac{1}{3}$ 또는 $x\geq 1$

$\qquad$ (2) $-1<x<1$ 또는 $4<x<6$

(1) $|3x-1|\geq 2$에서

$3x-1\leq -2$ 또는 $3x-1\geq 2$

$3x\leq -1$ 또는 $3x\geq 3$

$\therefore x\leq -\dfrac{1}{3}$ 또는 $x\geq 1$

(2) $3<|5-2x|<7$에서

$-7<5-2x<-3$ 또는 $3<5-2x<7$

$-12<-2x<-8$ 또는 $-2<-2x<2$

$\therefore -1<x<1$ 또는 $4<x<6$

01-❷ 답 4

$0<|2x+6|\leq4$에서
$-4\leq2x+6<0$ 또는 $0<2x+6\leq4$
$-10\leq2x<-6$ 또는 $-6<2x\leq-2$
$\therefore\ -5\leq x<-3$ 또는 $-3<x\leq-1$
따라서 모든 정수 x는 -5, -4, -2, -1의 4개이다.

01-❸ 답 ③

$|x-1|<n$에서 $-n<x-1<n$
$\therefore\ -n+1<x<n+1$
주어진 부등식을 만족시키는 정수 x의 개수가 9이므로
$(n+1)-(-n+1)-1=9$
$2n=10$ $\quad\therefore\ n=5$

02-❶ 답 (1) $x\leq-\dfrac{1}{2}$ 또는 $x\geq2$ (2) $-1<x<2$

(1) 절댓값 기호 안의 식의 값이 0이 되는 x의 값은
$$3x-1=0 \quad\therefore\ x=\frac{1}{3}$$
(i) $x<\dfrac{1}{3}$일 때
$-(3x-1)\geq x+3$에서 $-3x+1\geq x+3$
$\quad\hookrightarrow 3x-1<0$이므로
$-4x\geq2 \quad\therefore\ x\leq-\dfrac{1}{2}$
그런데 $x<\dfrac{1}{3}$이므로 $x\leq-\dfrac{1}{2}$
(ii) $x\geq\dfrac{1}{3}$일 때
$3x-1\geq x+3$에서 $2x\geq4 \quad\therefore\ x\geq2$
$\quad\hookrightarrow 3x-1\geq0$이므로
그런데 $x\geq\dfrac{1}{3}$이므로 $x\geq2$
(i), (ii)에서 주어진 부등식의 해는
$x\leq-\dfrac{1}{2}$ 또는 $x\geq2$

(2) 절댓값 기호 안의 식의 값이 0이 되는 x의 값은
$x-1=0$, $x=0$ $\quad\therefore\ x=0$, $x=1$
(i) $x<0$일 때
$-(x-1)-x<3$에서 $-2x<2 \quad\therefore\ x>-1$
$\quad\hookrightarrow x-1<0$, $x<0$이므로
그런데 $x<0$이므로 $-1<x<0$
(ii) $0\leq x<1$일 때
$-(x-1)+x<3$에서 $0\times x<2$
$\quad\hookrightarrow x-1<0$, $x\geq0$이므로
즉, $0<2$이므로 주어진 부등식은 항상 성립한다.
그런데 $0\leq x<1$이므로 $0\leq x<1$
(iii) $x\geq1$일 때
$x-1+x<3$에서 $2x<4 \quad\therefore\ x<2$
$\quad\hookrightarrow x-1\geq0$, $x>0$이므로
그런데 $x\geq1$이므로 $1\leq x<2$
(i), (ii), (iii)에서 주어진 부등식의 해는
$-1<x<2$

01 4	**02** ③	**03** ⑤	**04** ①

01 $1<|3-2x|\leq5$에서
$-5\leq3-2x<-1$ 또는 $1<3-2x\leq5$
$-8\leq-2x<-4$ 또는 $-2<-2x\leq2$
$\therefore\ -1\leq x<1$ 또는 $2<x\leq4$
따라서 모든 정수 x는 -1, 0, 3, 4의 4개이다.

02 $|x+a|\geq3$에서
$x+a\leq-3$ 또는 $x+a\geq3$
$\therefore\ x\leq-a-3$ 또는 $x\geq-a+3$
주어진 부등식의 해가 $x\leq1$ 또는 $x\geq b$이므로
$-a-3=1$, $-a+3=b$
$\therefore\ a=-4$, $b=7$
$\therefore\ a-b=(-4)-7=-11$

03 절댓값 기호 안의 식의 값이 0이 되는 x의 값은
$$3x+1=0 \quad\therefore\ x=-\frac{1}{3}$$
(i) $x<-\dfrac{1}{3}$일 때
$x>-(3x+1)-7$에서 $4x>-8 \quad\therefore\ x>-2$
그런데 $x<-\dfrac{1}{3}$이므로 $-2<x<-\dfrac{1}{3}$
(ii) $x\geq-\dfrac{1}{3}$일 때
$x>3x+1-7$에서 $-2x>-6 \quad\therefore\ x<3$
그런데 $x\geq-\dfrac{1}{3}$이므로 $-\dfrac{1}{3}\leq x<3$
(i), (ii)에서 주어진 부등식의 해는
$-2<x<3$
따라서 주어진 부등식을 만족시키는 모든 정수 x의 값은
-1, 0, 1, 2이므로 그 합은
$(-1)+0+1+2=2$

04 절댓값 기호 안의 식의 값이 0이 되는 x의 값은
$x-2=0$, $1-x=0$ $\quad\therefore\ x=1$, $x=2$
(i) $x<1$일 때 $\quad\hookrightarrow x-2<0$, $1-x>0$이므로
$-(x-2)+1-x<3$에서 $-2x+3<3$
$-2x<0 \quad\therefore\ x>0$
그런데 $x<1$이므로 $0<x<1$
(ii) $1\leq x<2$일 때 $\quad\hookrightarrow x-2<0$, $1-x\leq0$이므로
$-(x-2)-(1-x)<3$에서 $0\times x<2$
즉, $0<2$이므로 주어진 부등식은 항상 성립한다.
그런데 $1\leq x<2$이므로 $1\leq x<2$
(iii) $x\geq2$일 때 $\quad\hookrightarrow x-2\geq0$, $1-x<0$이므로
$x-2-(1-x)<3$에서 $2x<6 \quad\therefore\ x<3$

그런데 $x\geq2$이므로 $2\leq x<3$

(i), (ii), (iii)에서 주어진 부등식의 해는

$0<x<3$

따라서 주어진 부등식을 만족시키는 모든 정수 x의 값은

1, 2이므로 그 합은

$1+2=3$

01 ②	**02** 17	**03** 2	**04** 9
05 52	**06** ⑤	**07** 43	**08** ①
09 5	**10** ④	**11** 10	**12** 6
13 $-1<x<1$		**14** $-\dfrac{8}{3}<x\leq2$	
15 ①	**16** ②	**17** 150 g	**18** $a\leq-\dfrac{3}{2}$

01 $4x>\dfrac{x}{3}+1$에서

$12x>x+3,\ 11x>3$　　$\therefore x>\dfrac{3}{11}$　　…… ㉠

$0.3(x+1)+1>0.5x+0.2$에서

$3(x+1)+10>5x+2,\ 3x+13>5x+2$

$-2x>-11$　　$\therefore x<\dfrac{11}{2}$　　…… ㉡

㉠, ㉡의 공통부분을 구하면

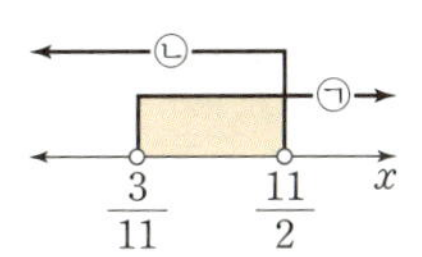

$\dfrac{3}{11}<x<\dfrac{11}{2}$

따라서 정수 x의 최댓값은 5, 최솟값은 1이므로 그 합은

$5+1=6$

02 $\dfrac{x-1}{2}-2<2x-a$에서 $x-1-4<4x-2a$

$-3x<5-2a$　　$\therefore x>\dfrac{2a-5}{3}$

$-(x+2)+b\leq x+3$에서 $-x-2+b\leq x+3$

$-2x\leq5-b$　　$\therefore x\geq\dfrac{b-5}{2}$

주어진 연립부등식의 해가 $x\geq3$이므로

$\dfrac{2a-5}{3}<\dfrac{b-5}{2},\ \dfrac{b-5}{2}=3$

$\dfrac{b-5}{2}=3$에서 $b-5=6$　　$\therefore b=11$

즉, $\dfrac{2a-5}{3}<3$에서 $2a-5<9$

$2a<14$　　$\therefore a<7$

따라서 정수 a의 최댓값은 6이므로 $a+b$의 최댓값은

$6+11=17$

두 부등식 $x>\dfrac{2a-5}{3}$, $x\geq\dfrac{b-5}{2}$의 공통부분이 다음 그림과 같아야 한다.

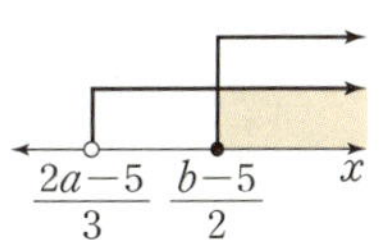

03 주어진 연립부등식을 변형하면 $\begin{cases}5x-(x+3)<a\\a<3(2x-3)+4\end{cases}$

$5x-(x+3)<a$에서 $4x-3<a$

$4x<a+3$　　$\therefore x<\dfrac{a+3}{4}$　　…… ㉠

$a<3(2x-3)+4$에서 $a<6x-5$

$-6x<-a-5$　　$\therefore x>\dfrac{a+5}{6}$　　…… ㉡　… ❶

주어진 연립부등식이 해를 가지므로 ㉠, ㉡의 공통부분이 있어야 한다.

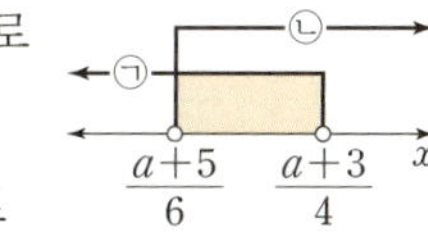

즉, $\dfrac{a+5}{6}<\dfrac{a+3}{4}$이어야 하므로

이 부등식의 양변에 12를 곱하면

$2(a+5)<3(a+3),\ 2a+10<3a+9$

$-a<-1$　　$\therefore a>1$　　… ❷

따라서 정수 a의 최솟값은 2이다.　… ❸

채점 기준	배점 비율
❶ 주어진 연립부등식을 변형하여 각 부등식의 x의 값의 범위를 a에 대하여 나타내기	40 %
❷ 조건을 만족시키는 a의 값의 범위 구하기	50 %
❸ 정수 a의 최솟값 구하기	10 %

04 주어진 연립부등식을 변형하면 $\begin{cases}3x-1<5x+3\\5x+3\leq4x+a\end{cases}$

$3x-1<5x+3$에서

$-2x<4$　　$\therefore x>-2$　　…… ㉠

$5x+3\leq4x+a$에서 $x\leq a-3$　　…… ㉡

주어진 연립부등식을 만족시키는 정수 x의 개수가 8이므로 ㉠, ㉡을 수직선 위에 나타내면 다음의 그림과 같아야 한다.

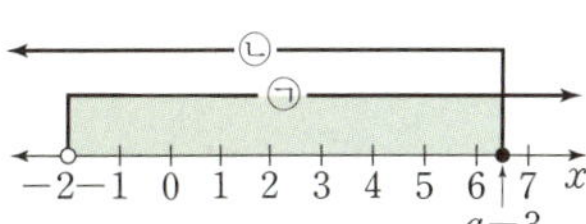

즉, $6\leq a-3<7$에서 $9\leq a<10$

따라서 자연수 a의 값은 9이다.

05 $\dfrac{x+1}{2}<\dfrac{a-x}{3}$의 양변에 6을 곱하면

$3(x+1)<2(a-x),\ 3x+3<2a-2x$

$5x<2a-3$　　$\therefore x<\dfrac{2a-3}{5}$　　…… ㉠

$2x-a>-(x+3)+1$에서 $2x-a>-x-2$

$3x>a-2$ $\therefore x>\dfrac{a-2}{3}$ $\cdots\cdots$ ㉡

주어진 연립부등식을 만족시키는 정수 x가 2뿐이므로 ㉠, ㉡을 수직선 위에 나타내면 오른쪽 그림과 같아야 한다.

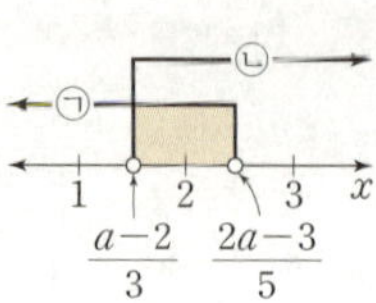

즉, $1\leq\dfrac{a-2}{3}<2$, $2<\dfrac{2a-3}{5}\leq3$이어야 하므로

$3\leq a-2<6$, $10<2a-3\leq15$

$5\leq a<8$, $\dfrac{13}{2}<a\leq9$ $\therefore \dfrac{13}{2}<a<8$

따라서 $\alpha=\dfrac{13}{2}$, $\beta=8$이므로

$\alpha\beta=\dfrac{13}{2}\times8=52$

06 $4(x-a)+1\leq5x$에서 $4x-4a+1\leq5x$

$-x\leq4a-1$ $\therefore x\geq-4a+1$ $\cdots\cdots$ ㉠

$2(3-x)>x+6$에서 $6-2x>x+6$

$-3x>0$ $\therefore x<0$ $\cdots\cdots$ ㉡

주어진 연립부등식을 만족시키는 음의 정수 x가 오직 하나뿐이므로 ㉠, ㉡을 수직선 위에 나타내면 오른쪽 그림과 같아야 한다.

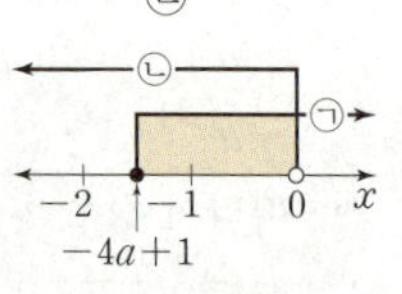

즉, $-2<-4a+1\leq-1$이어야 하므로

$-3<-4a\leq-2$ $\therefore \dfrac{1}{2}\leq a<\dfrac{3}{4}$

07 동아리의 개수를 x개라 하면 이 반의 학생 수는 $(5x+13)$명이다.

하나의 동아리에 6명씩 배정하면 1개의 동아리에는 학생이 한 명도 배정되지 않으므로 동아리 $(x-2)$개에 6명씩 배정되고, 나머지 한 동아리에 배정되는 학생의 수는 1명 이상 6명 이하이다.

즉, $6(x-2)+1\leq5x+13\leq6(x-2)+6$이므로

$\begin{cases} 6(x-2)+1\leq5x+13 \\ 5x+13\leq6(x-2)+6 \end{cases}$

$6(x-2)+1\leq5x+13$에서

$6x-11\leq5x+13$

$\therefore x\leq24$ $\cdots\cdots$ ㉠

$5x+13\leq6(x-2)+6$에서

$5x+13\leq6x-6$

$\therefore x\geq19$ $\cdots\cdots$ ㉡

㉠, ㉡의 공통부분을 구하면

$19\leq x\leq24$

따라서 이 반의 학생 수는 최대 24명, 최소 19명이므로 그 합은

$24+19=43$

08 $|x-a|<2$에서

$-2<x-a<2$

$\therefore a-2<x<a+2$

주어진 부등식을 만족시키는 모든 정수 x의 값의 합이 33이므로

$(a-1)+a+(a+1)=33$

$3a=33$ $\therefore a=11$

09 $|2x-3a|\leq4$에서

$-4\leq2x-3a\leq4$, $-4+3a\leq2x\leq4+3a$

$\therefore -2+\dfrac{3}{2}a\leq x\leq2+\dfrac{3}{2}a$

(i) 자연수 a가 홀수인 경우

부등식을 만족시키는 정수 x는

$-\dfrac{3}{2}+\dfrac{3}{2}a$, $-\dfrac{1}{2}+\dfrac{3}{2}a$, $\dfrac{1}{2}+\dfrac{3}{2}a$, $\dfrac{3}{2}+\dfrac{3}{2}a$의 4개이므로 조건을 만족시키지 않는다.

(ii) 자연수 a가 짝수인 경우

부등식을 만족시키는 정수 x는

$-2+\dfrac{3}{2}a$, $-1+\dfrac{3}{2}a$, $\dfrac{3}{2}a$, $1+\dfrac{3}{2}a$, $2+\dfrac{3}{2}a$의 5개이므로 조건을 만족시킨다.

(i), (ii)에서 10 이하의 모든 자연수 a는

2, 4, 6, 8, 10의 5개

10 절댓값 기호 안의 식의 값이 0이 되는 x의 값은

$x+4=0$, $x=0$

$\therefore x=-4$, $x=0$

(i) $x<-4$일 때

$-(x+4)\geq-2x$에서

$x+4\leq2x$ $\therefore x\geq4$

그런데 $x<-4$ 이므로 해가 존재하지 않는다.

(ii) $-4\leq x<0$일 때

$x+4\geq-2x$에서

$3x\geq-4$ $\therefore x\geq-\dfrac{4}{3}$

그런데 $-4\leq x<0$이므로 $-\dfrac{4}{3}\leq x<0$

(iii) $x\geq0$일 때

$x+4\geq2x$에서

$-x\geq-4$ $\therefore x\leq4$

그런데 $x\geq0$이므로 $0\leq x\leq4$

(i), (ii), (iii)에서 주어진 부등식의 해는

$-\dfrac{4}{3}\leq x\leq4$

따라서 $a=-\dfrac{4}{3}$, $b=4$이므로

$a+b=\left(-\dfrac{4}{3}\right)+4=\dfrac{8}{3}$

11 $\sqrt{(x-2)^2}=|x-2|$이므로

$|x-2|<|x+3|-x$

절댓값 기호 안의 식의 값이 0이 되는 x의 값은

$x-2=0,\ x+3=0$ $\therefore x=2,\ x=-3$ … **❶**

(i) $x<-3$일 때

$-(x-2)<-(x+3)-x$에서

$-x+2<-2x-3$ $\therefore x<-5$

그런데 $x<-3$이므로 $x<-5$

(ii) $-3\le x<2$일 때

$-(x-2)<x+3-x$에서

$-x+2<3$ $\therefore x>-1$

그런데 $-3\le x<2$이므로 $-1<x<2$

(iii) $x\ge 2$일 때

$x-2<x+3-x$에서

$x-2<3$ $\therefore x<5$

그런데 $x\ge 2$이므로 $2\le x<5$

(i), (ii), (iii)에서 주어진 부등식의 해는

$x<-5$ 또는 $-1<x<5$ … **❷**

따라서 조건을 만족시키는 모든 자연수 x의 값은 1, 2, 3,

4이므로 그 합은

$1+2+3+4=10$ … **❸**

채점 기준	배점 비율
❶ 절댓값 기호 안의 식의 값이 0이 되는 x의 값 구하기	20 %
❷ 주어진 부등식의 해 구하기	60 %
❸ 조건을 만족시키는 모든 자연수 x의 값의 합 구하기	20 %

12 $2(x-1)+5\ge 0$에서

$2x+3\ge 0$ $\therefore x>-\dfrac{3}{2}$ …… ㉠

$|x-1|<4$에서

$-4<x-1<4$ $\therefore -3<x<5$ …… ㉡

㉠, ㉡의 공통부분을 구하면

$-\dfrac{3}{2}<x<5$

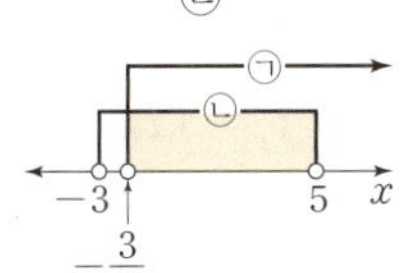

따라서 주어진 연립부등식을 만족

시키는 정수 x는 -1, 0, 1, 2, 3, 4의 6개이다.

13 $|2x-1|<3$에서 $-3<2x-1<3$

$-2<2x<4$ $\therefore -1<x<2$ …… ㉠

$|x+1|>2x$에서 절댓값 기호 안의 식의 값이 0이 되는

x의 값은

$x+1=0$ $\therefore x=-1$

(i) $x<-1$일 때

$-(x+1)>2x$에서 $-x-1>2x$

$x+1<0$이므로

$-3x>1$ $\therefore x<-\dfrac{1}{3}$

그런데 $x<-1$이므로 $x<-1$

(ii) $x\ge -1$일 때

$x+1>2x$에서 $-x>-1$

$x+1\ge 0$이므로

$\therefore x<1$

그런데 $x\ge -1$이므로 $-1\le x<1$

(i), (ii)에서 $x<1$ …… ㉡

㉠, ㉡의 공통부분을 구하면

$-1<x<1$

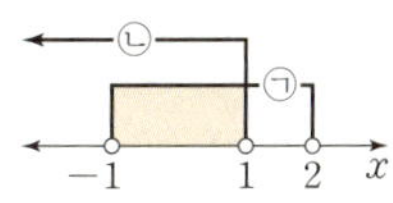

14 (풀이 전략) 잘못 나타낸 연립부등식을 풀어 두 실수 a, b의 값을

각각 구한 후 처음 부등식의 해를 구한다.

$3x-2a\le 2x-a$에서 $x\le a$ …… ㉠

$3x-2a<5x+b$에서 $-2x<2a+b$

$\therefore x>-\dfrac{2a+b}{2}$ …… ㉡

㉠, ㉡의 공통부분이 $-5<x\le 2$이므로

$a=2,\ -\dfrac{2a+b}{2}=-5$ $\therefore a=2,\ b=6$

즉, 처음 부등식은 $3x-4\le 2x-2<5x+6$이므로 이 부

등식을 변형하면

$\begin{cases} 3x-4\le 2x-2 \\ 2x-2<5x+6 \end{cases}$

$3x-4\le 2x-2$에서 $x\le 2$ …… ㉢

$2x-2<5x+6$에서 $-3x<8$

$\therefore x>-\dfrac{8}{3}$ …… ㉣

따라서 처음 부등식의 해는 ㉢, ㉣의

공통부분이므로

$-\dfrac{8}{3}<x\le 2$

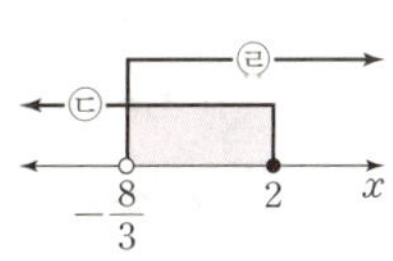

15 (풀이 전략) 주어진 연립부등식 $ax+b<0\le cx+d$의 해를 이용

하여 네 상수 a, b, c, d에 대한 관계식을 구한 후 연립부등식

$\begin{cases} 3ax-b\le 0 \\ dx+5c\le 0 \end{cases}$의 해를 구한다.

주어진 연립부등식을 변형하면 $\begin{cases} ax+b<0 \\ cx+d\ge 0 \end{cases}$

주어진 연립부등식의 해가 $-6<x\le 1$이므로 부등식

$ax+b<0$의 해는 $x>-6$이고 부등식 $cx+d\ge 0$의 해는

$x\le 1$이다.

$ax+b<0$에서 $ax<-b$

이때 부등호의 방향이 바뀌어야 하므로

$a<0$이고 $x>-\dfrac{b}{a}$

즉, $-\dfrac{b}{a}=-6$에서 $b=6a$ …… ㉠

또한, $cx+d\ge 0$에서 $cx\ge -d$

이때 부등호의 방향이 바뀌어야 하므로

$c<0$이고 $x\le -\dfrac{d}{c}$

즉, $-\dfrac{d}{c}=1$에서 $d=-c$ $\qquad$ ㉡

$3ax-b\le0$에서 $3ax-6a\le0$ $(\because$ ㉠$)$

$3ax\le6a$

$\therefore x\ge2$ $(\because a<0)$ $\qquad$ ······ ㉢

$dx+5c\le0$에서 $-cx+5c\le0$ $(\because$ ㉡$)$

$-cx\le-5c$

$\therefore x\le5$ $(\because c<0)$ $\qquad$ ······ ㉣

㉢, ㉣의 공통부분을 구하면

$2\le x\le5$

따라서 연립부등식 $\begin{cases} 3ax-b\le0 \\ dx+5c\ge0 \end{cases}$ 의 해가 될 수 없는 것은

①이다.

16 (풀이 전략) 각 부등식의 해를 구한 후 a의 값의 범위에 따라 경우를 나누어 생각한다.

$3(x-1)\ge2x+5$에서 $3x-3\ge2x+5$

$\therefore x\ge8$ $\qquad$ ······ ㉠

$ax-2<4x+1$에서 $(a-4)x<3$

(i) $a=4$일 때, $0\times x<3$이므로 해는 모든 실수이다.

그런데 주어진 연립부등식의 해가 존재하지 않아야 하므로 조건을 만족시키지 않는다.

(ii) $a>4$일 때, $x<\dfrac{3}{a-4}$ $\qquad$ ······ ㉡

주어진 연립부등식의 해가 존재하지 않아야 하므로 ㉠, ㉡을 수직선 위에 나타내면 오른쪽 그림과 같아야 한다.

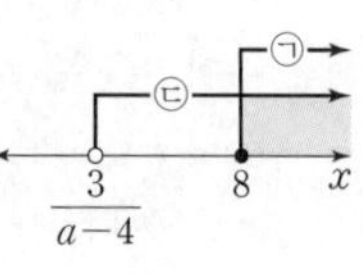

즉, $\dfrac{3}{a-4}\le8$이어야 하므로

$3\le8(a-4)$, $3\le8a-32$

$-8a\le-35$ $\qquad \therefore a\ge\dfrac{35}{8}$

그런데 $a>4$이므로 $a\ge\dfrac{35}{8}$

(iii) $a<4$일 때, $x>\dfrac{3}{a-4}$ $\qquad$ ······ ㉢

이때 $\dfrac{3}{a-4}<0$이므로 ㉠, ㉢을 수직선 위에 나타내면 오른쪽 그림과 같다. ($a-4<0$이므로)

㉠, ㉢의 공통부분을 구하면 $x\ge8$

즉, 주어진 연립부등식의 해가 항상 존재한다.

그런데 주어진 연립부등식의 해가 존재하지 않아야 하므로 조건을 만족시키지 않는다.

(i), (ii), (iii)에서 조건을 만족시키는 실수 a의 값의 범위는

$a\ge\dfrac{35}{8}$

따라서 정수 a의 최솟값은 5이다.

17 (풀이 전략) 섭취해야 하는 식품 A의 양을 $x\,\mathrm{g}$이라 하고 두 식품 A, B를 각각 1 g씩 섭취했을 때 얻을 수 있는 열량과 단백질의 양을 연립부등식으로 나타내어 푼다.

두 식품 A, B를 각각 1 g씩 섭취했을 때 얻을 수 있는 열량과 단백질의 양은 오른쪽 표와 같다.

식품	열량(kcal)	단백질(g)
A	$\dfrac{150}{100}$	$\dfrac{20}{100}$
B	$\dfrac{240}{100}$	$\dfrac{12}{100}$

섭취해야 하는 식품 A의 양을 $x\,\mathrm{g}$이라 하면 섭취해야 하는 식품 B의 양은 $(300-x)\,\mathrm{g}$이므로

$$\begin{cases} \dfrac{150}{100}x+\dfrac{240}{100}(300-x)\ge540 \\ \dfrac{20}{100}x+\dfrac{12}{100}(300-x)\ge48 \end{cases}$$

$\dfrac{150}{100}x+\dfrac{240}{100}(300-x)\ge540$에서

$15x+24(300-x)\ge5400$, $-9x+7200\ge5400$

$9x\le1800$ $\qquad \therefore x\le200$ $\qquad$ ······ ㉠

$\dfrac{20}{100}x+\dfrac{12}{100}(300-x)\ge48$에서

$20x+12(300-x)\ge4800$, $8x+3600\ge4800$

$8x\ge1200$ $\qquad \therefore x\ge150$ $\qquad$ ······ ㉡

㉠, ㉡의 공통부분을 구하면

$150\le x\le200$

따라서 식품 A는 최소 150 g을 섭취해야 한다.

18 (풀이 전략) 절댓값 기호 안의 식의 값이 0이 되는 x의 값을 경계로 x의 값의 범위를 나눈다.

절댓값 기호 안의 식의 값이 0이 되는 x의 값은

$2x+1=0$, $x-1=0$

$\therefore x=-\dfrac{1}{2}$, $x=1$

(i) $x<-\dfrac{1}{2}$일 때 ($2x+1<0$, $x-1<0$이므로)

$-(2x+1)+(x-1)\ge a$에서

$-x\ge a+2$

$\therefore x\le-a-2$

주어진 부등식의 해가 모든 실수이려면 오른쪽 그림과 같이

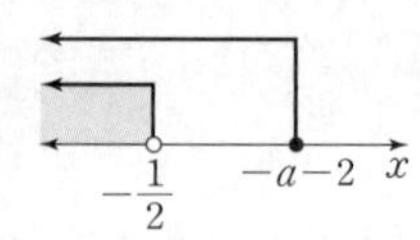

$x<-\dfrac{1}{2}$과 $x\le-a-2$의 공통

부분이 $x<-\dfrac{1}{2}$이어야 하므로

$-a-2\ge-\dfrac{1}{2}$ $\qquad \therefore a\le-\dfrac{3}{2}$

(ii) $-\dfrac{1}{2}\le x<1$일 때 ($2x+1\ge0$, $x-1<0$이므로)

$2x+1+(x-1)\ge a$에서

$3x\ge a$ $\qquad \therefore x\ge\dfrac{a}{3}$

주어진 부등식의 해가 모든 실
수이려면 오른쪽 그림과 같이

$-\dfrac{1}{2}\leq x<1$과 $x\geq\dfrac{a}{3}$의 공통

부분이 $-\dfrac{1}{2}\leq x<1$이어야 하므로

$\dfrac{a}{3}\leq-\dfrac{1}{2}$ $\therefore a\leq-\dfrac{3}{2}$

(iii) $x\geq1$일 때
$\longmapsto 2x+1>0,\ x-1\geq0$이므로
$2x+1-(x-1)\geq a$에서

$\therefore x\geq a-2$

주어진 부등식의 해가 모든 실
수이려면 오른쪽 그림과 같이
$x\geq1$과 $x\geq a-2$의 공통부분이
$x\geq1$이어야 하므로

$a-2\leq1$ $\therefore a\leq3$

(i), (ii), (iii)에서 조건을 만족시키는 실수 a의 값의 범위
는

$a\leq-\dfrac{3}{2}$

01 이차부등식

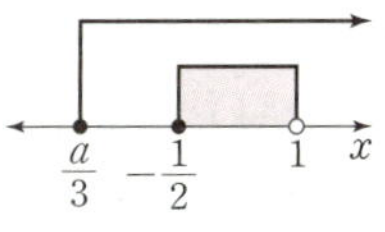

집중 연습
· 본문 221쪽

01 (1) $-3<x<0$ (2) $-3\leq x\leq0$

  (3) $x<-3$ 또는 $x>0$ (4) $x\leq-3$ 또는 $x\geq0$

02 (1) $-1<x<6$ (2) $2\leq x\leq4$

  (3) $x\leq-3$ 또는 $x\geq\dfrac{1}{2}$ (4) $x<-2$ 또는 $x>-\dfrac{1}{3}$

03 (1) $x\neq-2$인 모든 실수 (2) 모든 실수

  (3) 해는 없다.   (4) $x=3$

04 (1) 해는 없다.   (2) 해는 없다.

  (3) 모든 실수   (4) 모든 실수

01 (1) 이차부등식 $f(x)>0$의 해는 이차함수 $y=f(x)$의
  그래프가 x축보다 위쪽에 있는 부분의 x의 값의 범
  위이므로 $-3<x<0$

  (2) 이차부등식 $f(x)\geq0$의 해는 이차함수 $y=f(x)$의
  그래프가 x축보다 위쪽에 있거나 x축과 만나는 부분
  의 x의 값의 범위이므로 $-3\leq x\leq0$

  (3) 이차부등식 $f(x)<0$의 해는 이차함수 $y=f(x)$의
  그래프가 x축보다 아래쪽에 있는 부분의 x의 값의
  범위이므로
  $x<-3$ 또는 $x>0$

  (4) 이차부등식 $f(x)\leq0$의 해는 이차함수 $y=f(x)$의
  그래프가 x축보다 아래쪽에 있거나 x축과 만나는 부
  분의 x의 값의 범위이므로
  $x\leq-3$ 또는 $x\geq0$

02 (1) $x^2-5x-6<0$에서 $(x+1)(x-6)<0$
  $\therefore -1<x<6$

  (2) $-x^2+6x-8\geq0$의 양변에 -1을 곱하면
  $x^2-6x+8\leq0,\ (x-2)(x-4)\leq0$
  $\therefore 2\leq x\leq4$

  (3) $2x^2+5x-3\geq0$에서 $(x+3)(2x-1)\geq0$
  $\therefore x\leq-3$ 또는 $x\geq\dfrac{1}{2}$

  (4) $3x^2+7x+2>0$에서 $(x+2)(3x+1)>0$
  $\therefore x<-2$ 또는 $x>-\dfrac{1}{3}$

03 (1) $x^2+4x+4>0$에서 $(x+2)^2>0$
  따라서 주어진 이차부등식의 해는 $x\neq-2$인 모든 실
  수이다.

(2) $x^2-10x+25\geq0$에서 $(x-5)^2\geq0$

따라서 주어진 이차부등식의 해는 모든 실수이다.

(3) $-x^2+14x-49>0$의 양변에 -1을 곱하면

$x^2-14x+49<0,\ (x-7)^2<0$

따라서 주어진 이차부등식의 해는 없다.

(4) $x^2-6x+9\leq0$에서 $(x-3)^2\leq0$

따라서 주어진 이차부등식의 해는 $x=3$이다.

$\square$4 (1) $x^2-x+1<0$에서 $\left(x-\dfrac{1}{2}\right)^2+\dfrac{3}{4}<0$

따라서 주어진 이차부등식의 해는 없다.

(2) $2x^2+4x+5\leq0$에서 $2(x+1)^2+3\leq0$

따라서 주어진 이차부등식의 해는 없다.

(3) $-x^2-3\leq0$에서 $x^2+3\geq0$

따라서 주어진 이차부등식의 해는 모든 실수이다.

(4) $x-1<3x^2$에서 $3x^2-x+1>0$

$\therefore\ 3\left(x-\dfrac{1}{6}\right)^2+\dfrac{11}{12}>0$

따라서 주어진 이차부등식의 해는 모든 실수이다.

유제
• 본문 222~225쪽

01-❶ 답 (1) $x<-1$ 또는 $x>3$ (2) $-\dfrac{1}{2}\leq x\leq\dfrac{5}{2}$

(1) 부등식 $g(x)<0$의 해는 이차함수 $y=g(x)$의 그래프가 x축보다 아래쪽에 있는 부분의 x의 값의 범위이므로

$x<-1$ 또는 $x>3$

(2) 부등식 $f(x)\leq g(x)$의 해는 이차함수 $y=f(x)$의 그래프가 이차함수 $y=g(x)$의 그래프보다 아래쪽에 있거나 두 이차함수 $y=f(x)$, $y=g(x)$의 그래프가 만나는 부분의 x의 값의 범위이므로

$-\dfrac{1}{2}\leq x\leq\dfrac{5}{2}$

01-❷ 답 $-1<x<\dfrac{3}{2}$ 또는 $x>3$

$f(x)g(x)>0$이면

> 두 수 a, b에 대하여 $ab>0$이면 $a>0$, $b>0$ 또는 $a<0$, $b<0$

$f(x)>0$, $g(x)>0$ 또는 $f(x)<0$, $g(x)<0$

(i) $f(x)>0$, $g(x)>0$을 만족시키는 x의 값의 범위

$f(x)>0$을 만족시키는 x의 값의 범위는

$-1<x<3$ …… ㉠

$g(x)>0$을 만족시키는 x의 값의 범위는

$x<\dfrac{3}{2}$ …… ㉡

㉠, ㉡의 공통부분을 구하면

$-1<x<\dfrac{3}{2}$

(ii) $f(x)<0$, $g(x)<0$을 만족시키는 x의 값의 범위

$f(x)<0$을 만족시키는 x의 값의 범위는

$x<-1$ 또는 $x>3$ …… ㉢

$g(x)<0$을 만족시키는 x의 값의 범위는

$x>\dfrac{3}{2}$ …… ㉣

㉢, ㉣의 공통부분을 구하면 $x>3$

(i), (ii)에서 부등식 $f(x)g(x)>0$의 해는

$-1<x<\dfrac{3}{2}$ 또는 $x>3$

02-❶ 답 (1) $x\leq-\dfrac{1}{2}$ 또는 $x\geq\dfrac{2}{3}$ (2) 모든 실수

(3) 해는 없다.

(1) $x^2\geq\dfrac{1}{6}x+\dfrac{1}{3}$의 양변에 6을 곱하면

$6x^2\geq x+2,\ 6x^2-x-2\geq0$

$(2x+1)(3x-2)\geq0$

$\therefore\ x\leq-\dfrac{1}{2}$ 또는 $x\geq\dfrac{2}{3}$

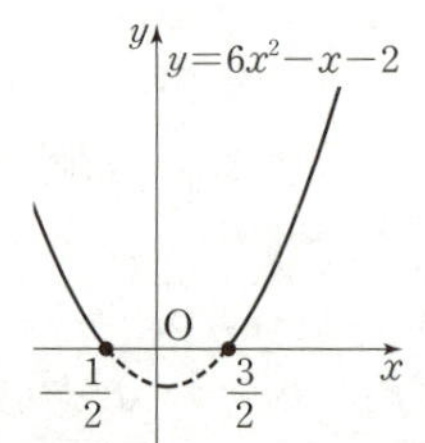

(2) $5x^2+\dfrac{9}{5}\geq6x$의 양변에 5를 곱하면

$25x^2-30x+9\geq0$

$\therefore\ (5x-3)^2\geq0$

따라서 주어진 이차부등식의 해는 모든 실수이다.

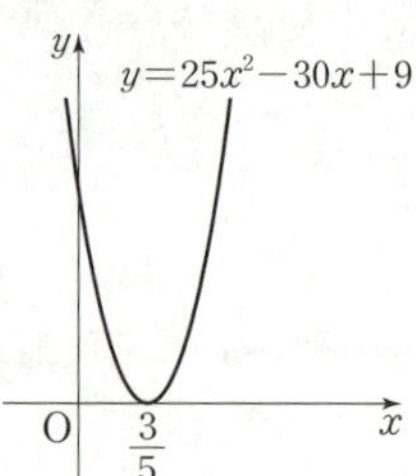

(3) $-2x^2+2x-1>0$의 양변에 -1을 곱하면

$2x^2-2x+1<0$

$\therefore\ 2\left(x-\dfrac{1}{2}\right)^2+\dfrac{1}{2}<0$

따라서 주어진 이차부등식의 해는 없다.

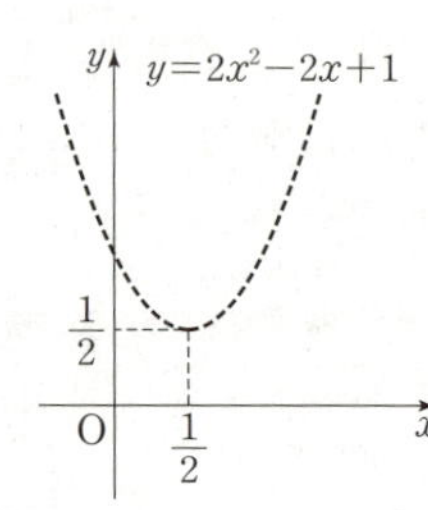

02-❷ 답 ③

$x^2-4x-21<0$에서 $(x+3)(x-7)<0$

$\therefore\ -3<x<7$

따라서 정수 x는 $-2,\ -1,\ 0,\ \cdots,\ 6$의 9개이다.

02-❸ 답 4

$x^2-(a-2)x-2a<0$에서 $(x+2)(x-a)<0$

a는 자연수이므로 $-2<a$이고 주어진 부등식의 해는

$-2<x<a$

이때 조건을 만족시키는 자연수 x의 개수가 3이 되려면 x의 값 중 자연수는 1, 2, 3이어야 한다.

따라서 자연수 a의 값은 4이다.

03-❶ 답 ⑴ $x<-4$ 또는 $-3<x<3$ 또는 $x>4$
  ⑵ $x\le0$ 또는 $1\le x\le2$ 또는 $x\ge3$

⑴ (i) $x<0$일 때
 $x^2+7x+12>0$, $(x+4)(x+3)>0$
 $\therefore x<-4$ 또는 $x>-3$
 그런데 $x<0$이므로
 $x<-4$ 또는 $-3<x<0$

(ii) $x\ge0$일 때
 $x^2-7x+12>0$, $(x-3)(x-4)>0$
 $\therefore x<3$ 또는 $x>4$
 그런데 $x\ge0$이므로
 $0\le x<3$ 또는 $x>4$

(i), (ii)에서 주어진 부등식의 해는
 $x<-4$ 또는 $-3<x<3$ 또는 $x>4$

⑵ (i) $x<\dfrac{3}{2}$일 때
 $x^2-3x+3\ge-(2x-3)$
 $x^2-x\ge0$, $x(x-1)\ge0$
 $\therefore x\le0$ 또는 $x\ge1$
 그런데 $x<\dfrac{3}{2}$이므로
 $x\le0$ 또는 $1\le x<\dfrac{3}{2}$

(ii) $x\ge\dfrac{3}{2}$일 때
 $x^2-3x+3\ge2x-3$
 $x^2-5x+6\ge0$, $(x-2)(x-3)\ge0$
 $\therefore x\le2$ 또는 $x\ge3$
 그런데 $x\ge\dfrac{3}{2}$이므로
 $\dfrac{3}{2}\le x\le2$ 또는 $x\ge3$

(i), (ii)에서 주어진 부등식의 해는
 $x\le0$ 또는 $1\le x\le2$ 또는 $x\ge3$

03-❷ 답 6

(i) $x<1$일 때
 $x^2+(x-1)<7x-6$, $x^2-6x+5<0$
 $(x-1)(x-5)<0$ $\therefore 1<x<5$
 그런데 $x<1$이므로 공통부분은 없다.

(ii) $x\ge1$일 때
 $x^2-(x-1)<7x-6$, $x^2-8x+7<0$
 $(x-1)(x-7)<0$ $\therefore 1<x<7$
 그런데 $x\ge1$이므로
 $1<x<7$

(i), (ii)에서 주어진 부등식의 해는
$1<x<7$
따라서 정수 x의 최댓값은 6이다.

04-❶ 답 7

화살의 높이가 60 m 이상이려면
$-5t^2+35t\ge60$, $t^2-7t+12\le0$
$(t-3)(t-4)\le0$ $\therefore 3\le t\le4$
따라서 $a=3$, $b=4$이므로
$a+b=3+4=7$

04-❷ 답 50 m

화단의 세로의 길이를 x m라 하면 가로의 길이는
$(120-2x)$ m → $120-2x>0$에서 $x<60$
이 직사각형 모양의 화단의 넓이가 1000 m^2 이상이 되어야 하므로
$x(120-2x)\ge1000$, $2x^2-120x+1000\le0$
$x^2-60x+500\le0$, $(x-10)(x-50)\le0$
$\therefore 10\le x\le50$ → $0<x<60$을 만족시킨다.
따라서 화단의 세로의 최대 길이는 50 m이다.

01 부등식 $0<g(x)<f(x)$에서
$$\begin{cases}0<g(x)\\g(x)<f(x)\end{cases}$$
부등식 $0<g(x)$의 해는 이차함수 $y=g(x)$의 그래프가 x축보다 위쪽에 있는 x의 값의 범위이므로
$-5<x<4$ ……㉠
부등식 $g(x)<f(x)$의 해는 이차함수 $y=f(x)$의 그래프가 이차함수 $y=g(x)$의 그래프보다 위쪽에 있는 부분의 x의 값의 범위이므로
$x<-\dfrac{9}{2}$ 또는 $x>5$ ……㉡
㉠, ㉡의 공통부분을 구하면
$-5<x<-\dfrac{9}{2}$

02 $2x(4x-7)\le49$에서 $8x^2-14x-49\le0$
$(4x+7)(2x-7)\le0$ $\therefore -\dfrac{7}{4}\le x\le\dfrac{7}{2}$
따라서 정수 x는 -1, 0, 1, 2, 3이므로 그 합은
$(-1)+0+1+2+3=5$

03 절댓값 기호 안의 식의 값이 0이 되는 x의 값은
$x^2-2x=0$에서 $x(x-2)=0$
$\therefore x=0$ 또는 $x=2$
(i) $x<0$일 때
 $x^2-2x+2\le x$, $x^2-3x+2\le0$

$(x-1)(x-2) \leq 0 \qquad \therefore 1 \leq x \leq 2$

그런데 $x < 0$이므로 공통부분은 없다.

(ii) $0 \leq x < 2$일 때

$-(x^2-2x)+2 \leq x, \ x^2-x-2 \geq 0$

$(x+1)(x-2) \geq 0$

$\therefore x \leq -1$ 또는 $x \geq 2$

그런데 $0 \leq x < 2$이므로 공통부분은 없다.

(iii) $x \geq 2$일 때

$x^2-2x+2 \leq x, \ x^2-3x+2 \leq 0$

$(x-1)(x-2) \leq 0 \qquad \therefore 1 \leq x \leq 2$

그런데 $x \geq 2$이므로

$x=2$

(i), (ii), (iii)에서 주어진 부등식의 해는 $x=2$이다.

04 라면 한 그릇의 가격을 $100x$원만큼 내릴 때 라면 한 그릇의 가격은

$(2000-100x)$원

이때 라면 판매량은 $20x$그릇이 늘어나므로 하루 판매량은

$(200+20x)$그릇

하루의 라면 판매액의 합계가 442000원 이상이 되어야 하므로

$(2000-100x)(200+20x) \geq 442000$

$(20-x)(20+2x) \geq 442, \ 2x^2-20x+42 \leq 0$

$x^2-10x+21 \leq 0, \ (x-3)(x-7) \leq 0$

$\therefore 3 \leq x \leq 7$

따라서 라면 한 그릇의 가격의 최댓값은 $x=3$일 때 1700원이다.

02 이차부등식의 해의 조건

개념 확인 · 본문 228쪽

1 답 $a < -1$ 또는 $a > 0$

주어진 부등식이 이차부등식이므로

$a \neq 0$

(i) $a > 0$일 때

이차함수 $y=ax^2+2ax-1$의 그래프는 아래로 볼록하므로 주어진 이차부등식은 항상 해를 갖는다.

(ii) $a < 0$일 때

주어진 이차부등식이 해를 가지려면 이차함수 $y=ax^2+2ax-1$의 그래프의 개형이 오른쪽 그림과 같아야 한다.

즉, 이차방정식 $ax^2+2ax-1=0$이 서로 다른 두 실근을 가져야 하므로 이 이차방정식의 판별식을 D라 하면

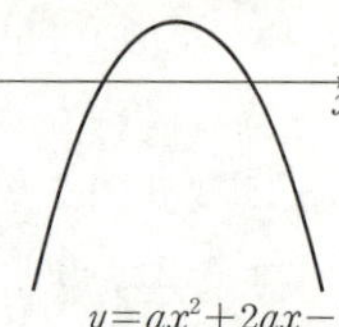

$\dfrac{D}{4}=a^2-a \times (-1) > 0, \ a(a+1) > 0$

$\therefore a < -1$ 또는 $a > 0$

그런데 $a < 0$이므로

$a < -1$

(i), (ii)에서 실수 a의 값의 범위는

$a < -1$ 또는 $a > 0$

유제 · 본문 229~232쪽

01-❶ 답 $a=3, \ b=-6$

해가 $x < -1$ 또는 $x > 3$이고 x^2의 계수가 1인 이차부등식은

$(x+1)(x-3) > 0$

$\therefore x^2-2x-3 > 0 \qquad \cdots\cdots \ \bigcirc$

부등식 $ax^2+bx-9 > 0$과 $\bigcirc$의 부등호의 방향이 같으므로

$a > 0$

$\bigcirc$의 양변에 a를 곱하면

$ax^2-2ax-3a > 0$

위의 부등식이 $ax^2+bx-9 > 0$과 같으므로

$-2a=b, \ -3a=-9$

$\therefore a=3, \ b=-6$

01-❷ 답 1

이차함수 $y=ax^2-2x+8$의 그래프가 x축보다 위쪽에 있는 부분의 x의 값의 범위는 이차부등식 $ax^2-2x+8 > 0$의 해와 같다.

해가 $-4 < x < b$이고 x^2의 계수가 1인 이차부등식은

$(x+4)(x-b) < 0$

$\therefore x^2+(4-b)x-4b < 0 \qquad \cdots\cdots \ \bigcirc$

부등식 $ax^2-2x+8 > 0$과 $\bigcirc$의 부등호의 방향이 다르므로

$a < 0$

$\bigcirc$의 양변에 a를 곱하면

$ax^2+a(4-b)x-4ab > 0$ → $a<0$이므로 부등호의 방향이 바뀐다.

위의 부등식이 $ax^2-2x+8 > 0$과 같으므로

$a(4-b)=-2, \ -4ab=8$에서

$4a-ab=-2 \qquad \therefore ab=-2 \qquad \cdots\cdots \ \bigcirc\!\bigcirc$

$\bigcirc\!\bigcirc$을 $4a-ab=-2$에 대입하면

$4a-(-2)=-2$

$\therefore a=-1, \ b=2 \ (\because \ \bigcirc\!\bigcirc)$

$\therefore a+b=(-1)+2=1$

01-❸ 답 $x \leq -1$ 또는 $x \geq 2$

해가 $-2 \leq x \leq 1$이고 x^2의 계수가 1인 이차부등식은

$(x+2)(x-1) \leq 0$

$\therefore x^2+x-2 \leq 0 \qquad \cdots\cdots \ \bigcirc$

부등식 $ax^2+bx+c\leq0$과 ㉠의 부등호의 방향이 같으므로
$a>0$
㉠의 양변에 a를 곱하면
$ax^2+ax-2a\leq0$
위의 부등식이 $ax^2+bx+c\leq0$과 같으므로
$a=b,\ -2a=c$　……㉡
㉡을 $ax^2-bx+c\geq0$에 대입하면
$ax^2-ax-2a\geq0$
$x^2-x-2\geq0\ (\because\ a>0),\ (x+1)(x-2)\geq0$
$\therefore\ x\leq-1$ 또는 $x\geq2$

02-❶ 답 (1) $-1\leq a\leq3$　(2) $2\leq a\leq6$

(1) $-x^2+(a+1)x-a-1\leq0$이 모든 실수 x에 대하여 성립
하려면 이차함수 $y=-x^2+(a+1)x-a-1$의 그래프가
x축보다 아래쪽에 있거나 x축과 만나야 한다.
즉, 이차방정식 $-x^2+(a+1)x-a-1=0$의 판별식을 D
라 하면
$D=(a+1)^2-4\times(-1)\times(-a-1)\leq0$
$a^2-2a-3\leq0,\ (a+1)(a-3)\leq0$
$\therefore\ -1\leq a\leq3$

(2) (i) $a-2=0$, 즉 $a=2$일 때　→ 이차부등식이 아닌 경우
　　$(2-2)\times x^2+2\times(2-2)\times x+4\geq0$에서 $4\geq0$이므
　　로 주어진 부등식은 모든 실수 x에 대하여 성립한다.

　(ii) $a-2\neq0$, 즉 $a\neq2$일 때　→ 이차부등식인 경우
　　이차함수 $y=(a-2)x^2+2(a-2)x+4$의 그래프가 x
　　축보다 위쪽에 있거나 x축과 만나야 한다.
　　즉, 위의 이차함수의 그래프가 아래로 볼록해야 하므로
　　$a-2>0$　　$\therefore\ a>2$　……㉠
　　또한, 이차방정식 $(a-2)x^2+2(a-2)x+4=0$의 판
　　별식을 D라 하면
　　$\dfrac{D}{4}=(a-2)^2-4(a-2)\leq0$
　　$a^2-8a+12\leq0,\ (a-2)(a-6)\leq0$
　　$\therefore\ 2\leq a\leq6$　　……㉡
　　㉠, ㉡의 공통부분을 구하면
　　$2<a\leq6$
　(i), (ii)에서 $2\leq a\leq6$

02-❷ 답 ③

$x^2-2(k-2)x-k^2+5k-3\geq0$이 모든 실수 x에 대하여 성
립하려면 이차함수 $y=x^2-2(k-2)x-k^2+5k-3$의 그래
프가 x축보다 위쪽에 있거나 x축과 만나야 한다.
즉, 이차방정식 $x^2-2(k-2)x-k^2+5k-3=0$의 판별식을
D라 하면
$\dfrac{D}{4}=\{-(k-2)\}^2-1\times(-k^2+5k-3)\leq0$

$2k^2-9k+7\leq0,\ (k-1)(2k-7)\leq0$
$\therefore\ 1\leq k\leq\dfrac{7}{2}$
따라서 모든 정수 k는 1, 2, 3이므로 그 합은
$1+2+3=6$

02-❸ 답 3

(i) $a-5=0$, 즉 $a=5$일 때
　$(5-5)\times x^2+2\times(5-3)\times x-1<0$에서 $x<\dfrac{1}{4}$이므로
　$x\geq\dfrac{1}{4}$일 때는 주어진 부등식이 성립하지 않는다.
　$\therefore\ a\neq5$

(ii) $a-5\neq0$, 즉 $a\neq5$일 때
　이차함수 $y=(a-5)x^2+2(a-3)x-1$의 그래프가 x축
　보다 아래쪽에 있어야 한다.
　즉, 위의 이차함수의 그래프가 위로 볼록해야 하므로
　$a-5<0$　　$\therefore\ a<5$　　……㉠
　또한, 이차방정식 $(a-5)x^2+2(a-3)x-1=0$의 판별
　식을 D라 하면
　$\dfrac{D}{4}=(a-3)^2-(a-5)\times(-1)<0,\ a^2-5a+4<0$
　$(a-1)(a-4)<0$　　$\therefore\ 1<a<4$　……㉡
　㉠, ㉡의 공통부분을 구하면
　$1<a<4$

(i), (ii)에서 $1<a<4$이므로 정수 a의 최댓값은 3이다.

03-❶ 답 ②

이차부등식 $x^2-2ax+9a<0$을 만족
시키는 해가 없으려면 이차방정식
$x^2-2ax+9a=0$　　……㉠
이 서로 다른 두 실근을 갖지 않아야
하므로 이차함수 $y=x^2-2ax+9a$의
그래프의 개형은 오른쪽 그림과 같아
야 한다.

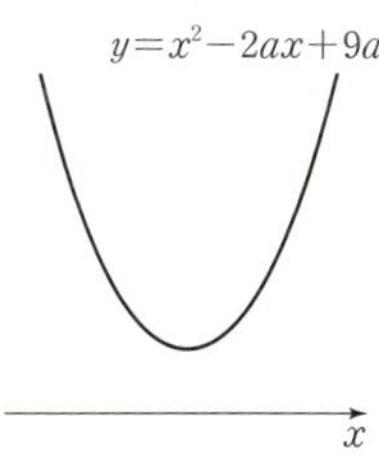

이차방정식 ㉠의 판별식을 D라 하면
$\dfrac{D}{4}=(-a)^2-1\times9a\leq0,\ a^2-9a\leq0$
$a(a-9)\leq0$　　$\therefore\ 0\leq a\leq9$
따라서 정수 a는 0, 1, 2, …, 9의 10개이다.

03-❷ 답 $a<0$ 또는 $0<a\leq\dfrac{1}{2}$

주어진 부등식은 이차부등식이므로 $a\neq0$
(i) $a<0$일 때
　이차함수 $y=ax^2-3x+a+4$의 그래프는 위로 볼록하므
　로 주어진 이차부등식은 항상 해를 갖는다.

(ii) $a>0$일 때

수어진 이차부등식이 해를 가지려면
이차방정식

$ax^2-3x+a+4=0$ ······ ㉠

이 실근을 가져야 하므로 이차함수
$y=ax^2-3x+a+4$의 그래프의 개
형은 오른쪽 그림과 같아야 한다.

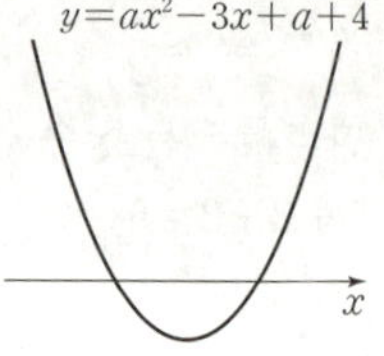

이차방정식 ㉠의 판별식을 D라 하면

$D=(-3)^2-4a(a+4)\geq0$

$-4a^2-16a+9\geq0$

$4a^2+16a-9\leq0$

$(2a+9)(2a-1)\leq0$

$\therefore -\dfrac{9}{2}\leq a\leq\dfrac{1}{2}$ ······ ㉠

그런데 $a>0$이므로 ······ ㉡

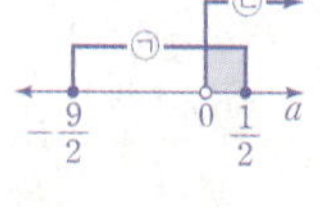

$0<a\leq\dfrac{1}{2}$

(i), (ii)에서 실수 a의 값의 범위는

$a<0$ 또는 $0<a\leq\dfrac{1}{2}$

03-❸ 답 $-\dfrac{1}{5}$

주어진 부등식은 이차부등식이므로 $a\neq0$

이차부등식 $ax^2-2x-5\geq0$이 오직 하나의 해를 가지려면 모
든 실수 x에 대하여 이차함수 $y=ax^2-2x-5$의 그래프가 위
로 볼록하고, x축에 접해야 한다.

즉, 이차함수의 그래프가 위로 볼록해야 하므로

$a<0$ ······ ㉠

또한, 이차방정식 $ax^2-2x-5=0$의 판별식을 D라 하면

$\dfrac{D}{4}=(-1)^2-a\times(-5)=0$

$1+5a=0$

$\therefore a=-\dfrac{1}{5}$ ······ ㉡

㉠, ㉡의 공통부분을 구하면 $a=-\dfrac{1}{5}$이다.

04-❶ 답 (1) 1 (2) 1

(1) $f(x)=x^2+2x-a^2+2a$라 하면

$f(x)=(x+1)^2-a^2+2a-1$

$-3\leq x\leq2$에서 $f(x)\geq0$이 항상 성
립하려면 함수 $y=f(x)$의 그래프의
개형은 오른쪽 그림과 같아야 한다.

즉, $-3\leq x\leq2$에서 $f(x)$의 최솟값
은 $f(-1)$이고, $f(-1)\geq0$이어야 하므로

$(-1)^2+2\times(-1)-a^2+2a\geq0$

$-a^2+2a-1\geq0$, $(a-1)^2\leq0$

$\therefore a=1$

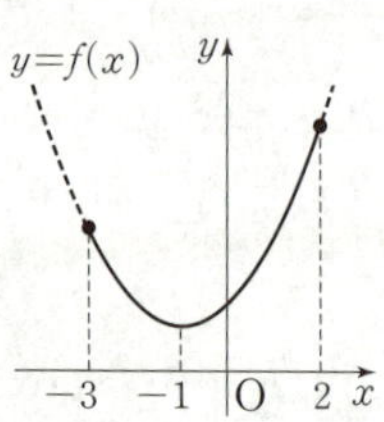

(2) $f(x)=x^2-4ax+2a^2-2$라 하면

$f(x)=(x-2a)^2-2a^2-2$

$0\leq x\leq4$에서 $f(x)\leq0$이 항상 성
립하려면 함수 $y=f(x)$의 그래프의
개형은 오른쪽 그림과 같아야 한다.

즉, $0\leq x\leq4$에서 $f(x)$의 최댓값은
$f(0)$ 또는 $f(4)$이고, $f(0)\leq0$, $f(4)\leq0$이어야 하므로

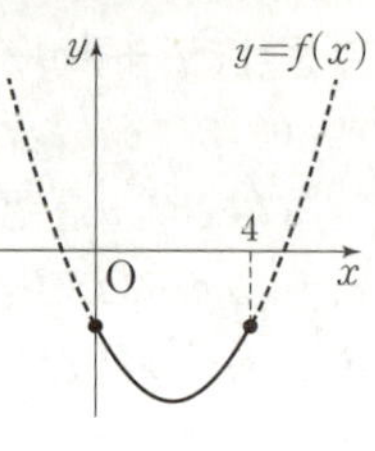

(i) $f(0)\leq0$에서

$0^2-4a\times0+2a^2-2\leq0$, $2a^2-2\leq0$

$(a+1)(a-1)\leq0$ $\therefore -1\leq a\leq1$

(ii) $f(4)\leq0$에서

$4^2-4a\times4+2a^2-2\leq0$, $2a^2-16a+14\leq0$

$(a-1)(a-7)\leq0$ $\therefore 1\leq a\leq7$

(i), (ii)의 공통부분을 구하면

$a=1$

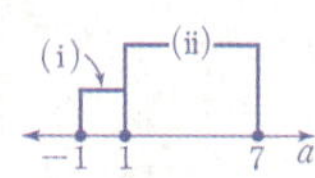

04-❷ 답 3

$2x^2+3x-4a<x^2-x-a^2$에서

$x^2+4x+a^2-4a<0$

$f(x)=x^2+4x+a^2-4a$라 하면

$f(x)=(x+2)^2+a^2-4a-4$

$-4\leq x\leq-3$에서 $f(x)<0$이 항상 성립
하려면 함수 $y=f(x)$의 그래프의 개형은
오른쪽 그림과 같아야 한다.

즉, $-4\leq x\leq-3$에서 $f(x)$의 최댓값은
$f(-4)$이고, $f(-4)<0$이어야 하므로

$(-4)^2+4\times(-4)+a^2-4a<0$

$a^2-4a<0$, $a(a-4)<0$

$\therefore 0<a<4$

따라서 정수 a는 1, 2, 3의 3개이다.

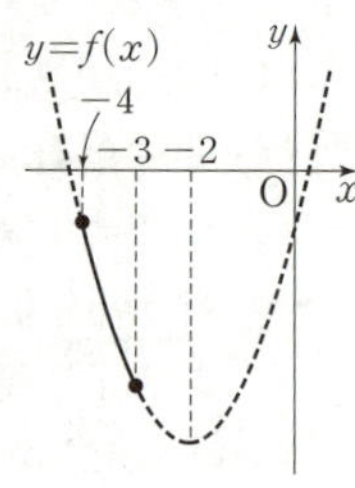

소단원 점검 문제 • 본문 233쪽

01 ⑤ 02 $a<-\dfrac{2}{3}$ 또는 $a>2$ 03 ③ 04 ③

01 해가 $2<x<3$이고 x^2의 계수가 1인 이차부등식은

$(x-2)(x-3)<0$

$\therefore x^2-5x+6<0$ ······ ㉠

부등식 $ax^2+bx+c>0$과 ㉠의 부등호의 방향이 다르므로

$a<0$

㉠의 양변에 a를 곱하면

$ax^2-5ax+6a>0$

위의 부등식이 $ax^2+bx+c>0$과 같으므로

$-5a=b$, $6a=c$ ······ ㉡

ⓒ을 $cx^2-ax+b<0$에 대입하면

$6ax^2-ax-5a<0$, $6x^2-x-5>0$ $(\because a<0)$

$(6x+5)(x-1)>0$ $\qquad \therefore x<-\dfrac{5}{6}$ 또는 $x>1$

따라서 x의 값이 될 수 없는 것은 ⑤이다.

02 이차함수 $y=-x^2+ax$의 그래프가 직선
$y=2x+a^2-2a$보다 항상 아래쪽에 있으려면 모든 실수
x에 대하여 이차부등식 $-x^2+ax<2x+a^2-2a$, 즉
$x^2+(2-a)x+a^2-2a>0$이 성립해야 한다.

x에 대한 이차부등식 $x^2+(2-a)x+a^2-2a>0$이 모든
실수 x에 대하여 성립하려면 x에 대한 이차방정식
$x^2+(2-a)x+a^2-2a=0$의 판별식을 D라 할 때

$D=(2-a)^2-4\times1\times(a^2-2a)<0$

$-3a^2+4a+4<0$

$3a^2-4a-4>0$, $(3a+2)(a-2)>0$

$\therefore a<-\dfrac{2}{3}$ 또는 $a>2$

03 주어진 부등식은 이차부등식이므로 $a\neq0$

이차부등식 $ax^2-4x+a+3>0$의 해가 없으려면 모든
실수 x에 대하여 $ax^2-4x+a+3\leq0$이 성립해야 하므
로 이차함수 $y=ax^2-4x+a+3$의 그래프가 위로 볼록
하고, x축에 접하거나 x축보다 아래쪽에 있어야 한다.

즉, 이차함수의 그래프가 위로 볼록해야 하므로 $a<0$

또한, 이차방정식 $ax^2-4x+a+3=0$의 판별식을 D라
하면

$\dfrac{D}{4}=(-2)^2-a(a+3)\leq0$, $-a^2-3a+4\leq0$

$a^2+3a-4\geq0$, $(a+4)(a-1)\geq0$

$\therefore a\leq-4$ 또는 $a\geq1$

그런데 $a<0$이므로 $a\leq-4$

따라서 정수 a의 최댓값은 -4이다.

04 $x^2-8x\geq-a^2+6a$에서

$x^2-8x+a^2-6a\geq0$

$f(x)=x^2-8x+a^2-6a$라 하면

$f(x)=(x-4)^2+a^2-6a-16$

$1\leq x\leq5$에서 $f(x)\geq0$이 항상
성립하려면 함수 $y=f(x)$의 그래
프의 개형은 오른쪽 그림과 같아
야 한다.

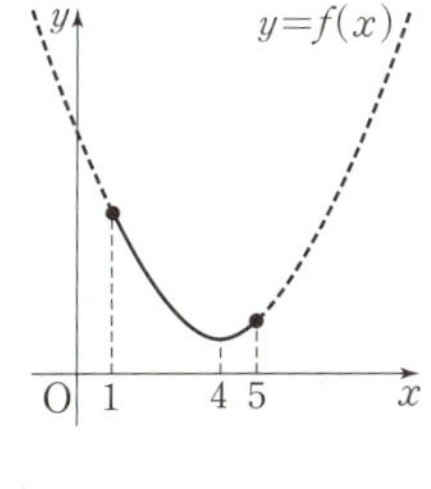

즉, $1\leq x\leq5$에서 $f(x)$의 최솟값은 $f(4)$이고 $f(4)\geq0$
이어야 한다.

$4^2-8\times4+a^2-6a\geq0$

$a^2-6a-16\geq0$, $(a+2)(a-8)\geq0$

$\therefore a\leq-2$ 또는 $a\geq8$

따라서 자연수 a의 최솟값은 8이다.

○3 연립이차부등식

01 (1) $3\leq x<4$ $\qquad$ (2) $x<0$ 또는 $1<x<2$

　　(3) $-1<x\leq2$ $\qquad$ (4) $x=5$

02 (1) $1<x\leq2$ $\qquad$ (2) $-2<x\leq0$

　　(3) $1<x<2$ $\qquad$ (4) 해는 없다.

03 (1) $-1<x<0$ 또는 $x>5$ $\quad$ (2) $x\leq-6$

　　(3) $-1<x\leq1$ 또는 $7\leq x<9$

　　(4) $-5\leq x\leq-4$ 또는 $1\leq x\leq2$

01 (1) $x-3\geq0$에서 $x\geq3$ $\qquad$ …… ㉠

　　$x^2-6x+8<0$에서

　　$(x-2)(x-4)<0$

　　$\therefore 2<x<4$ $\qquad$ …… ㉡

　　㉠, ㉡의 공통부분을 구하면

　　$3\leq x<4$

(2) $2x-4<0$에서 $x<2$ $\qquad$ …… ㉠

　　$x^2-x>0$에서

　　$x(x-1)>0$

　　$\therefore x<0$ 또는 $x>1$ $\qquad$ …… ㉡

　　㉠, ㉡의 공통부분을 구하면

　　$x<0$ 또는 $1<x<2$

(3) $x+1>0$에서 $x>-1$ $\qquad$ …… ㉠

　　$x^2+x-6\leq0$에서

　　$(x+3)(x-2)\leq0$

　　$\therefore -3\leq x\leq2$ $\qquad$ …… ㉡

　　㉠, ㉡의 공통부분을 구하면

　　$-1<x\leq2$

(4) $5-x\leq0$에서 $x\geq5$ $\qquad$ …… ㉠

　　$x^2-6x+5\leq0$에서

　　$(x-1)(x-5)\leq0$

　　$\therefore 1\leq x\leq5$ $\qquad$ …… ㉡

　　㉠, ㉡의 공통부분을 구하면

　　$x=5$

02 (1) $x^2-x-2\leq0$에서 $(x+1)(x-2)\leq0$

　　$\therefore -1\leq x\leq2$ $\qquad$ …… ㉠

　　$x^2-4x+3<0$에서 $(x-1)(x-3)<0$

　　$\therefore 1<x<3$ $\qquad$ …… ㉡

　　㉠, ㉡의 공통부분을 구하면

　　$1<x\leq2$

(2) $x^2-2x\geq0$에서 $x(x-2)\geq0$

　　$\therefore x\leq0$ 또는 $x\geq2$ $\qquad$ …… ㉠

　　$x^2-4<0$에서 $(x+2)(x-2)<0$

　　$\therefore -2<x<2$ $\qquad$ …… ㉡

㉠, ㉡의 공통부분을 구하면
$-2<x\leq0$

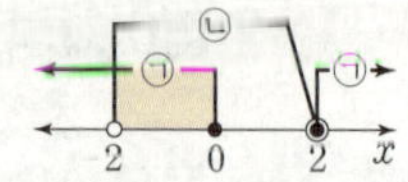

(3) $x^2-5x+4<0$에서 $(x-1)(x-4)<0$
$\therefore\ 1<x<4$ $\cdots\cdots$ ㉠
$x^2-7x+10>0$에서 $(x-2)(x-5)>0$
$\therefore\ x<2$ 또는 $x>5$ $\cdots\cdots$ ㉡
㉠, ㉡의 공통부분을 구하면
$1<x<2$

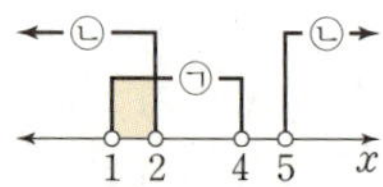

(4) $x^2-4x-12>0$에서
$(x+2)(x-6)>0$
$\therefore\ x<-2$ 또는 $x>6$ $\cdots\cdots$ ㉠
$x^2-3x-4<0$에서 $(x+1)(x-4)<0$
$\therefore\ -1<x<4$ $\cdots\cdots$ ㉡
㉠, ㉡의 공통부분을 구하면
오른쪽 그림과 같으므로 주어
진 연립부등식의 해는 없다.

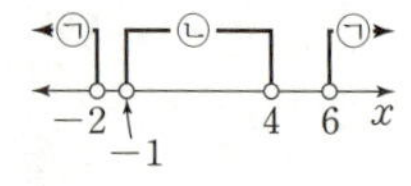

03 (1) 주어진 연립부등식을 변형하면
$\begin{cases} -1<x \\ x<x^2-4x \end{cases}$
$-1<x$에서 $x>-1$ $\cdots\cdots$ ㉠
$x<x^2-4x$에서
$x^2-5x>0,\ x(x-5)>0$
$\therefore\ x<0$ 또는 $x>5$ $\cdots\cdots$ ㉡
㉠, ㉡의 공통부분을 구하면
$-1<x<0$ 또는 $x>5$

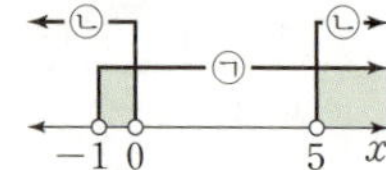

(2) 주어진 연립부등식을 변형하면
$\begin{cases} 7x<x+6 \\ x+6\leq x^2+6x \end{cases}$
$7x<x+6$에서
$6x<6$ $\therefore\ x<1$ $\cdots\cdots$ ㉠
$x+6\leq x^2+6x$에서
$x^2+5x-6\geq0,\ (x+6)(x-1)\geq0$
$\therefore\ x\leq-6$ 또는 $x\geq1$ $\cdots\cdots$ ㉡
㉠, ㉡의 공통부분을 구하면
$x\leq-6$

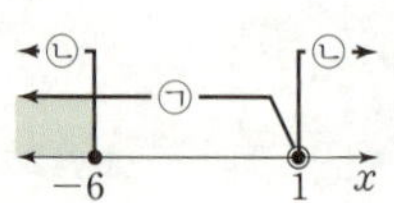

(3) 주어진 연립부등식을 변형하면
$\begin{cases} -7\leq x^2-8x \\ x^2-8x<9 \end{cases}$
$-7\leq x^2-8x$에서
$x^2-8x+7\geq0,\ (x-1)(x-7)\geq0$
$\therefore\ x\leq1$ 또는 $x\geq7$ $\cdots\cdots$ ㉠
$x^2-8x<9$에서
$x^2-8x-9<0,\ (x+1)(x-9)<0$
$\therefore\ -1<x<9$ $\cdots\cdots$ ㉡

㉠, ㉡의 공통부분을 구하면
$-1<x\leq1$ 또는 $7\leq x<9$

(4) 주어진 연립부등식을 변형하면
$\begin{cases} 2\leq x^2+3x-2 \\ x^2+3x-2\leq8 \end{cases}$
$2\leq x^2+3x-2$에서
$x^2+3x-4\geq0,\ (x+4)(x-1)\geq0$
$\therefore\ x\leq-4$ 또는 $x\geq1$ $\cdots\cdots$ ㉠
$x^2+3x-2\leq8$에서
$x^2+3x-10\leq0,\ (x+5)(x-2)\leq0$
$\therefore\ -5\leq x\leq2$ $\cdots\cdots$ ㉡
㉠, ㉡의 공통부분을 구하면
$-5\leq x\leq-4$ 또는 $1\leq x\leq2$

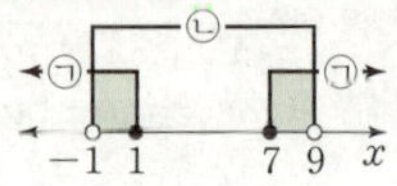

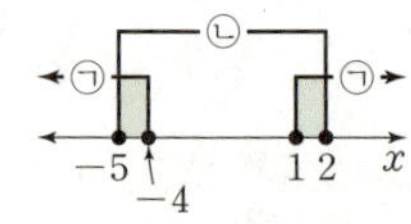

01-❶ 답 (1) $\dfrac{3}{2}<x<2$ (2) $x<-3$ 또는 $x>1$

(1) $6x^2-3x>2x+6$에서 $6x^2-5x-6>0$
$(3x+2)(2x-3)>0$
$\therefore\ x<-\dfrac{2}{3}$ 또는 $x>\dfrac{3}{2}$ $\cdots\cdots$ ㉠
$x^2+x<3x$에서 $x^2-2x<0$
$x(x-2)<0$ $\therefore\ 0<x<2$ $\cdots\cdots$ ㉡
㉠, ㉡의 공통부분을 구하면
$\dfrac{3}{2}<x<2$

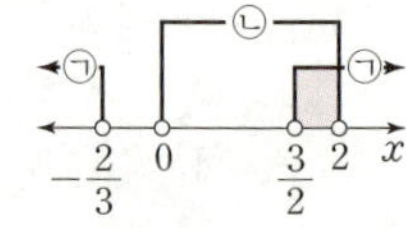

(2) $x^2-x>3-3x$에서 $x^2+2x-3>0$
$(x+3)(x-1)>0$
$\therefore\ x<-3$ 또는 $x>1$ $\cdots\cdots$ ㉠
$4x^2+4x\geq4x+1$에서 $4x^2-1\geq0$
$(2x+1)(2x-1)\geq0$
$\therefore\ x\leq-\dfrac{1}{2}$ 또는 $x\geq\dfrac{1}{2}$ $\cdots\cdots$ ㉡
㉠, ㉡의 공통부분을 구하면
$x<-3$ 또는 $x>1$

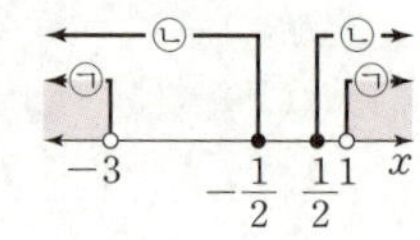

01-❷ 답 ⑤

$|x-1|\leq3$에서 $-3\leq x-1\leq3$
$\therefore\ -2\leq x\leq4$ $\cdots\cdots$ ㉠
$x^2-8x+15>0$에서 $(x-3)(x-5)>0$
$\therefore\ x<3$ 또는 $x>5$ $\cdots\cdots$ ㉡
㉠, ㉡의 공통부분을 구하면
$-2\leq x<3$
따라서 정수 x는 $-2,\ -1,\ 0,\ 1,\ 2$의 5개이다.

02-❶ 답 $a>1$

$$\begin{cases} x^2-2x-3\le 0 & \cdots\cdots\ \text{㉠} \\ x^2+(a-2)x-2a<0 & \cdots\cdots\ \text{㉡} \end{cases}$$

㉠에서 $(x+1)(x-3)\le 0$ $\quad\therefore\ -1\le x\le 3$

㉡에서 $(x+a)(x-2)<0$

(i) $-a<2$일 때, $-a<x<2$

(ii) $-a=2$일 때, 해는 없다.

(iii) $-a>2$일 때, $2<x<-a$

㉠, ㉡의 해의 공통부분이 $-1\le x<2$가
되려면 오른쪽 그림과 같아야 한다.

즉, 부등식 ㉡의 해는 $-a<x<2$이어
야 하고 실수 a의 값의 범위는

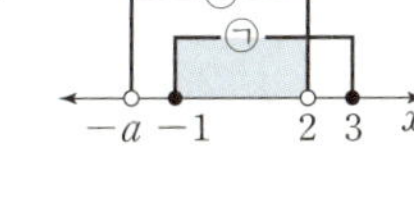

$-a<-1$ $\quad\therefore\ a>1$

$\longrightarrow$ $-a=-1$이면 ㉠, ㉡의 해의 공통부분이
$-1<x<2$이므로 조건을 만족시키지 않는다.

02-❷ 답 ①

$$\begin{cases} |x-5|<1 & \cdots\cdots\ \text{㉠} \\ x^2-4ax+3a^2>0 & \cdots\cdots\ \text{㉡} \end{cases}$$

㉠에서 $-1<x-5<1$ $\quad\therefore\ 4<x<6$

㉡에서 $(x-a)(x-3a)>0$

$\therefore\ x<a$ 또는 $x>3a\ (\because\ a>0)$

㉠, ㉡의 해의 공통부분이 없으려면 오
른쪽 그림과 같아야 한다.

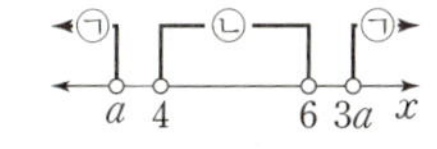

즉, $a\le 4$이고 $3a\ge 6$이어야 하므로 자연수 a의 값의 범위는

$a\le 4$이고 $a\ge 2$ $\quad\therefore\ 2\le a\le 4$

따라서 자연수 a는 $2,\ 3,\ 4$의 3개이다.

02-❸ 답 $a<-2$ 또는 $a>\dfrac{1}{2}$

$$\begin{cases} x^2-3x-4>0 & \cdots\cdots\ \text{㉠} \\ x^2+(2a+1)x+2a\le 0 & \cdots\cdots\ \text{㉡} \end{cases}$$

㉠에서 $(x+1)(x-4)>0$ $\quad\therefore\ x<-1$ 또는 $x>4$

㉡에서 $(x+2a)(x+1)\le 0$

(i) $-2a<-1$일 때, $-2a\le x\le -1$

(ii) $-2a=-1$일 때, $x=-1$

(iii) $-2a>-1$일 때, $-1\le x\le -2a$

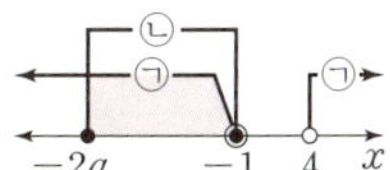
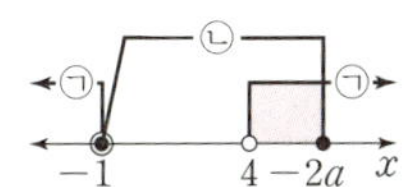

㉠, ㉡의 해의 공통부분이 존재하려면 $-2a<-1$이거나
$-2a>4$이어야 하므로 실수 a의 값의 범위는

$a<-2$ 또는 $a>\dfrac{1}{2}$

03-❶ 답 $a\le -1$ 또는 $a\ge 5$

이차방정식 $x^2+(a+1)x+a+1=0$의 판별식을 D_1이라 하면
이 방정식이 실근을 가져야 하므로

$D_1=(a+1)^2-4\times 1\times (a+1)\ge 0$

$a^2-2a-3\ge 0,\ (a+1)(a-3)\ge 0$

$\therefore\ a\le -1$ 또는 $a\ge 3$ $\quad\cdots\cdots\ \text{㉠}$

이차방정식 $x^2-2ax+7a-10=0$의 판별식을 D_2라 하면 이
방정식이 실근을 가져야 하므로

$\dfrac{D_2}{4}=(-a)^2-1\times (7a-10)\ge 0$

$a^2-7a+10\ge 0,\ (a-2)(a-5)\ge 0$

$\therefore\ a\le 2$ 또는 $a\ge 5$ $\quad\cdots\cdots\ \text{㉡}$

㉠, ㉡의 공통부분을 구하면

$a\le -1$ 또는 $a\ge 5$

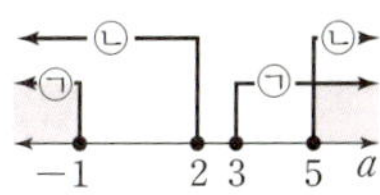

03-❷ 답 6

이차방정식 $x^2+3x-a^2+5a=0$의 판별식을 D_1이라 하면 이
방정식이 허근을 가지므로

$D_1=3^2-4\times 1\times (-a^2+5a)<0$

$4a^2-20a+9<0,\ (2a-1)(2a-9)<0$

$\therefore\ \dfrac{1}{2}<a<\dfrac{9}{2}$ $\quad\cdots\cdots\ \text{㉠}$

이차방정식 $x^2-ax+a=0$의 판별식을 D_2라 하면 이 방정식
이 허근을 가지므로

$D_2=(-a)^2-4\times 1\times a<0$

$a^2-4a<0,\ a(a-4)<0$

$\therefore\ 0<a<4$ $\quad\cdots\cdots\ \text{㉡}$

㉠, ㉡의 공통부분을 구하면

$\dfrac{1}{2}<a<4$

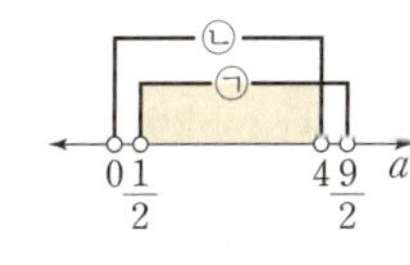

따라서 모든 정수 a는 $1,\ 2,\ 3$이므로 그
합은

$1+2+3=6$

03-❸ 답 $-6<a<\dfrac{1}{2}$ 또는 $\dfrac{1}{2}<a<2$

이차방정식 $x^2-4ax+4a-1=0$의 판별식을 D_1이라 하면
이 방정식이 서로 다른 두 실근을 가져야 하므로

$\dfrac{D_1}{4}=(-2a)^2-1\times (4a-1)>0$

$4a^2-4a+1>0,\ (2a-1)^2>0$

$\therefore\ a\ne \dfrac{1}{2}$인 모든 실수 $\quad\cdots\cdots\ \text{㉠}$

이차방정식 $x^2+ax-a+3=0$의 판별식을 D_2라 하면 이 방
정식이 허근을 가져야 하므로

$D_2=a^2-4\times 1\times (-a+3)<0$

$a^2+4a-12<0$

$(a+6)(a-2)<0$

$\therefore\ -6<a<2$ $\quad\cdots\cdots\ \text{㉡}$

㉠, ㉡의 공통부분을 구하면

$-6<a<\dfrac{1}{2}$ 또는 $\dfrac{1}{2}<a<2$

04-❶ 답 $x>8$

세 변의 길이는 모두 양수이므로
$x-2>0,\ x>0,\ x+2>0$
$\therefore\ x>2$ ...... ㉠
삼각형의 가장 긴 변의 길이는 나머지 두 변의 길이의 합보다
작으므로
$x+2<x+(x-2)$
$\therefore\ x>4$ ...... ㉡
세 수가 예각삼각형의 세 변의 길이가 되려면
$(x+2)^2<x^2+(x-2)^2$
$x^2-8x>0,\ x(x-8)>0$
$\therefore\ x<0$ 또는 $x>8$ ...... ㉢
㉠, ㉡, ㉢의 공통부분을 구하면
$x>8$

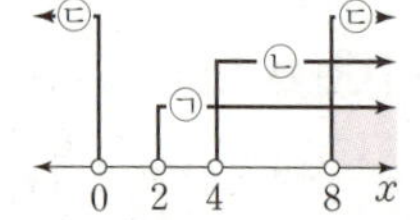

04-❷ 답 5 m

울타리의 짧은 변의 길이를 x m라 하자.
울타리의 둘레의 길이가 24 m이므로 긴 변의 길이는
$(12-x)$ m이다.
긴 변의 길이가 짧은 변의 길이보다 2 m 이상 길므로
$12-x\geq x+2,\ 2x\leq10$
$\therefore\ x\leq5$ ...... ㉠
내부의 넓이가 20 m^2 이상이 되어야 하므로
$x(12-x)\geq20$
$x^2-12x+20\leq0$
$(x-2)(x-10)\leq0$
$\therefore\ 2\leq x\leq10$ ...... ㉡
㉠, ㉡의 공통부분을 구하면
$2\leq x\leq5$
따라서 울타리의 짧은 변의 길이의 최댓값은 5 m이다.

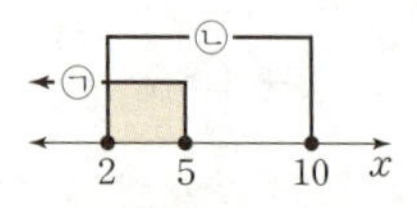

○4 이차방정식의 실근의 조건

• 본문 241쪽

개념 확인

1 답 $2\leq a<3$
$f(x)=x^2-2ax+a+2$라 하면 이차
방정식 $f(x)=0$의 두 근이 모두 1보다
크므로 이차함수 $y=f(x)$의 그래프가
오른쪽 그림과 같아야 한다.

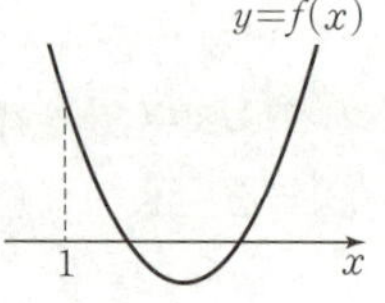

(i) 이차방정식 $f(x)=0$의 판별식을 D라 하면
$\dfrac{D}{4}=(-a)^2-1\times(a+2)\geq0$
$a^2-a-2\geq0,\ (a+1)(a-2)\geq0$
$\therefore\ a\leq-1$ 또는 $a\geq2$ ...... ㉠

(ii) $f(1)=1^2-2a\times1+a+2>0$
$\therefore\ a<3$ ...... ㉡
(iii) 이차함수 $y=f(x)$의 그래프의 축의 방정식이 $x=a$이므로
$a>1$ ...... ㉢
㉠, ㉡, ㉢의 공통부분을 구하면
$2\leq a<3$

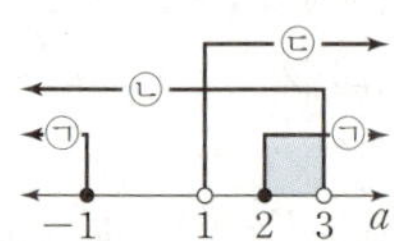

유제 • 본문 242~243쪽

05-❶ 답 (1) $-1<a\leq0$ (2) $a\geq\dfrac{5}{4}$ (3) $a<-1$

이차방정식 $x^2+2(2a-1)x+a+1=0$의 두 실근을 α, β,
판별식을 D라 하면
$\dfrac{D}{4}=(2a-1)^2-1\times(a+1)=4a^2-5a=a(4a-5)$

(1) $D\geq0,\ \alpha+\beta>0,\ \alpha\beta>0$이어야 하므로
(i) $\dfrac{D}{4}=a(4a-5)\geq0$
$\therefore\ a\leq0$ 또는 $a\geq\dfrac{5}{4}$ ...... ㉠
(ii) $\alpha+\beta=-2(2a-1)>0$ $\therefore\ a<\dfrac{1}{2}$ ...... ㉡
(iii) $\alpha\beta=a+1>0$ $\therefore\ a>-1$ ...... ㉢
㉠, ㉡, ㉢의 공통부분을 구하면
$-1<a\leq0$

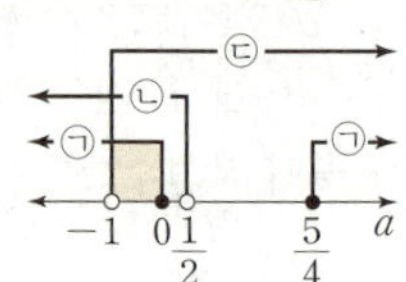

(2) $D\geq0,\ \alpha+\beta<0,\ \alpha\beta>0$이어야 하므로
(i) $\dfrac{D}{4}=a(4a-5)\geq0$ $\therefore\ a\leq0$ 또는 $a\geq\dfrac{5}{4}$ ...... ㉠
(ii) $\alpha+\beta=-2(2a-1)<0$ $\therefore\ a>\dfrac{1}{2}$ ...... ㉡
(iii) $\alpha\beta=a+1>0$ $\therefore\ a>-1$ ...... ㉢
㉠, ㉡, ㉢의 공통부분을 구하면
$a\geq\dfrac{5}{4}$

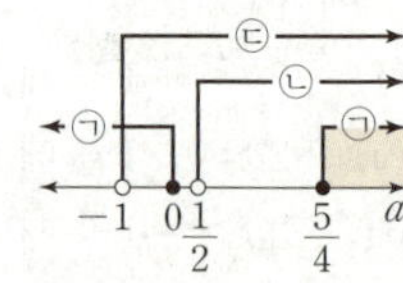

(3) $\alpha\beta<0$이어야 하므로
$\alpha\beta=a+1<0$ $\therefore\ a<-1$

05-❷ 답 ②

이차방정식 $x^2+3ax-a^2+a=0$의 두 근을 α, β라 하면
$\alpha\beta<0$이어야 하므로
$\alpha\beta=-a^2+a<0,\ a^2-a>0$
$a(a-1)>0$
$\therefore\ a<0$ 또는 $a>1$
따라서 자연수 a의 최솟값은 2이다.

06-❶ 답 1

$f(x)=x^2-2(a+1)x+a+3$이라 하
면 이차방정식 $f(x)=0$의 두 근이 모
두 0보다 크므로 이차함수 $y=f(x)$의
그래프가 오른쪽 그림과 같아야 한다.

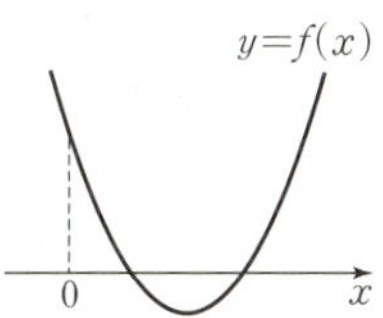

(i) 이차방정식 $f(x)=0$의 판별식을 D라 하면

$$\frac{D}{4}=\{-(a+1)\}^2-1\times(a+3)\geq0$$

$$a^2+a-2\geq0,\ (a+2)(a-1)\geq0$$

$$\therefore\ a\leq-2\ \text{또는}\ a\geq1\quad\cdots\cdots\ \text{㉠}$$

(ii) $f(0)=0^2-2(a+1)\times0+a+3>0$

$$\therefore\ a>-3\quad\cdots\cdots\ \text{㉡}$$

(iii) 이차함수 $y=f(x)$의 그래프의 축의 방정식이 $x=a+1$이
므로 $\left(x=-\dfrac{-2(a+1)}{2\times1}=a+1\right)$

$$a+1>0\qquad\therefore\ a>-1\quad\cdots\cdots\ \text{㉢}$$

㉠, ㉡, ㉢의 공통부분을 구하면

$a\geq1$

따라서 실수 a의 최솟값은 1이다.

06-❷ 답 -1

$f(x)=x^2-4ax+3a+7$이라 하면 이
차방정식 $f(x)=0$의 두 근이 모두 1보
다 작으므로 이차함수 $y=f(x)$의 그래
프가 오른쪽 그림과 같아야 한다.

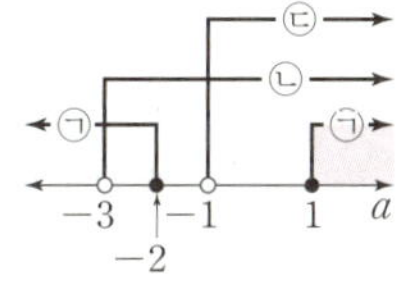

(i) 이차방정식 $f(x)=0$의 판별식을 D라 하면

$$\frac{D}{4}=(-2a)^2-1\times(3a+7)\geq0$$

$$4a^2-3a-7\geq0,\ (a+1)(4a-7)\geq0$$

$$\therefore\ a\leq-1\ \text{또는}\ a\geq\frac{7}{4}\quad\cdots\cdots\ \text{㉠}$$

(ii) $f(1)=1^2-4a\times1+3a+7>0$

$$-a+8>0$$

$$\therefore\ a<8\quad\cdots\cdots\ \text{㉡}$$

(iii) 이차함수 $y=f(x)$의 그래프의 축의 방정식이 $x=2a$이므로

$$2a<1\qquad\therefore\ a<\frac{1}{2}\quad\cdots\cdots\ \text{㉢}\qquad\left(x=-\dfrac{-4a}{2\times1}=2a\right)$$

㉠, ㉡, ㉢의 공통부분을 구하면

$a\leq-1$

따라서 실수 a의 최댓값은 -1이다.

06-❸ 답 $-3<a<-2$

$f(x)=x^2+3ax+a^2-4a-3$이라 하
면 이차방정식 $f(x)=0$의 두 근 사이
에 3이 있으므로 이차함수 $y=f(x)$의
그래프가 오른쪽 그림과 같아야 한다.

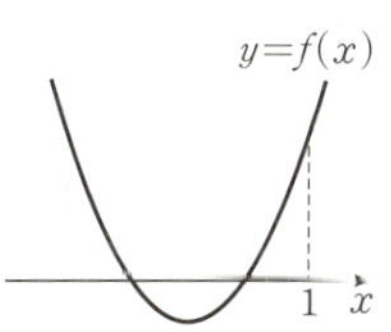

따라서 $f(3)<0$이므로

$$3^2+3a\times3+a^2-4a-3<0$$

$$a^2+5a+6<0,\ (a+3)(a+2)<0$$

$$\therefore\ -3<a<-2$$

소단원 점검 문제 · 본문 244~245쪽

01 ④	02 ④	03 ③	04 ③
05 20 cm	06 -3	07 2	08 ②

01 $|x^2+4x-22|\leq10$에서 $-10\leq x^2+4x-22\leq10$이므로

주어진 연립부등식은 $\begin{cases} x^2+4x-12\geq0 \\ x^2+4x-32\leq0 \end{cases}$ 으로 나타낼 수

있다.

$x^2+4x-12\geq0$에서

$(x+6)(x-2)\geq0$

$\therefore\ x\leq-6\ \text{또는}\ x\geq2\quad\cdots\cdots\ \text{㉠}$

$x^2+4x-32\leq0$에서

$(x+8)(x-4)\leq0$

$\therefore\ -8\leq x\leq4\quad\cdots\cdots\ \text{㉡}$

㉠, ㉡의 공통부분을 구하면

$-8\leq x\leq-6\ \text{또는}\ 2\leq x\leq4$

따라서 정수 x는 -8, -7, -6, 2,
3, 4의 6개이다.

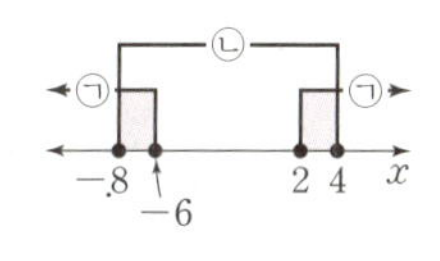

02 $\begin{cases} x^2-2x-3>0 & \cdots\cdots\ \text{㉠} \\ x^2-(a-3)x-3a<0 & \cdots\cdots\ \text{㉡} \end{cases}$

㉠에서 $(x+1)(x-3)>0$

$\therefore\ x<-1\ \text{또는}\ x>3$

㉡에서 $(x-a)(x+3)<0$

(i) $a<-3$일 때, $a<x<-3$

(ii) $a=-3$일 때, 해는 없다.

(iii) $a>-3$일 때, $-3<x<a$

㉠, ㉡을 동시에 만족시키는 정수
x의 값이 -2뿐이려면 오른쪽 그
림과 같아야 한다.

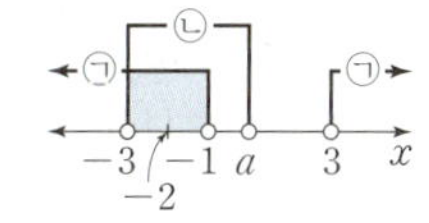

즉, 부등식 ㉡의 해는 $-3<x<a$이어야 하고 실수 a의
값의 범위는

$-2<a\leq4$ → $a=-2$이면 정수 x의 값이 존재하지 않는다.

따라서 정수 a의 최댓값은 4이다.

03 $\begin{cases} x^2+4x-21\leq0 & \cdots\cdots\ \text{㉠} \\ x^2-5kx-6k^2>0 & \cdots\cdots\ \text{㉡} \end{cases}$

㉠에서 $(x+7)(x-3)\leq0$

$\therefore\ -7\leq x\leq3$

㉡에서 $(x+k)(x-6k)>0$

$\therefore x<-k$ 또는 $x>6k$

㉠, ㉡의 해의 공통부분이 존재하
려면 오른쪽 그림과 같아야 한다.
즉, $-7<k<0$ ($\because k$는 양의 정
수)이어야 하므로

$0<k<7$

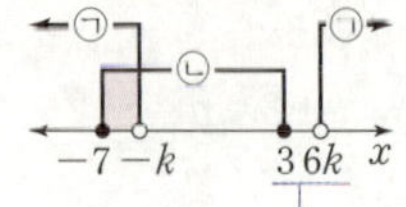

$6k\geq6>3$이므로 $x>6k$일 때
㉠, ㉡의 해의 **공통부분**은
존재하지 않는다.

따라서 양의 정수 k는 1, 2, 3, $\cdots$, 6의 6개이다.

04 이차방정식 $ax^2-x+a=0$에서

$a\neq0$ ㉠

이차방정식 $ax^2-x+a=0$이 실근을 가져야 하므로 이
이차방정식의 판별식을 D_1이라 하면

$D_1=(-1)^2-4\times a\times a\geq0,\ 4a^2-1\leq0$

$(2a+1)(2a-1)\leq0$

$\therefore -\dfrac{1}{2}\leq a\leq\dfrac{1}{2}$ ㉡

이차방정식 $x^2+2x+3a^2-2a=0$이 실근을 가져야 하므
로 이 이차방정식의 판별식을 D_2라 하면

$\dfrac{D_2}{4}=1^2-1\times(3a^2-2a)\geq0$

$3a^2-2a-1\leq0$

$(3a+1)(a-1)\leq0$

$\therefore -\dfrac{1}{3}\leq a\leq1$ ㉢

㉠, ㉡, ㉢의 공통부분을 구하면

$-\dfrac{1}{3}\leq a<0$ 또는 $0<a\leq\dfrac{1}{2}$

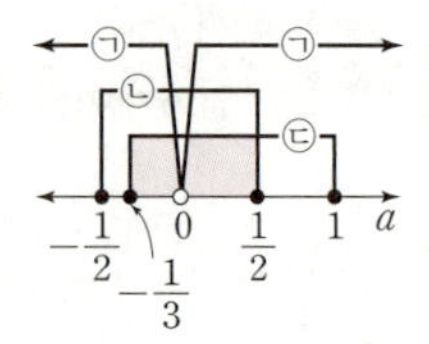

따라서 실수 a의 최댓값은 $\dfrac{1}{2}$이다.

05 액자의 짧은 변의 길이를 x cm라 하자.

액자의 둘레의 길이가 120 cm이므로 긴 변의 길이는
$(60-x)$ cm이다.

긴 변의 길이가 짧은 변의 길이보다 길므로

$60-x>x,\ 2x<60$

$\therefore x<30$ ㉠

액자의 넓이가 500 cm² 이상 800 cm² 이하이어야 하므로

$500\leq x(60-x)\leq800$

$500\leq x(60-x)$에서 $x^2-60x+500\leq0$

$(x-10)(x-50)\leq0$

$\therefore 10\leq x\leq50$ ㉡

$x(60-x)\leq800$에서 $x^2-60x+800\geq0$

$(x-20)(x-40)\geq0$

$\therefore x\leq20$ 또는 $x\geq40$ ㉢

㉠, ㉡, ㉢의 공통부분을 구하면

$10\leq x\leq20$

따라서 액자의 짧은 변의 길이의
최댓값은 20 cm이다.

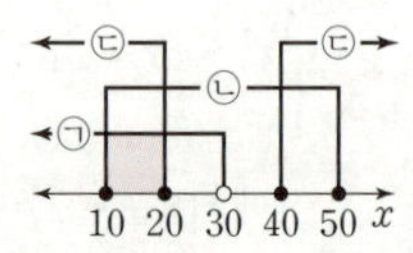

06 이차방정식 $x^2+(9-a^2)x+a^2+5a+4=0$의 두 실근을
α, β라 하면 $\alpha+\beta=0$, $\alpha\beta<0$이어야 하므로

(ⅰ) $\alpha+\beta=a^2-9=0,\ a^2=9$

$\therefore a=-3$ 또는 $a=3$ ㉠

(ⅱ) $\alpha\beta=a^2+5a+4=(a+4)(a+1)<0$

$\therefore -4<a<-1$ ㉡

㉠, ㉡의 공통부분을 구하면

$a=-3$

07 이차방정식 $x^2-(2a+3)x+2a^2+3a-2=0$의 두 근을
α, β라 하면 $\alpha+\beta>0$, $\alpha\beta<0$이어야 하므로

(ⅰ) $\alpha+\beta>0$에서 $2a+3>0$

$\therefore a>-\dfrac{3}{2}$ ㉠

(ⅱ) $\alpha\beta<0$에서 $2a^2+3a-2<0$

$(a+2)(2a-1)<0$

$\therefore -2<a<\dfrac{1}{2}$ ㉡

㉠, ㉡의 공통부분을 구하면

$-\dfrac{3}{2}<a<\dfrac{1}{2}$

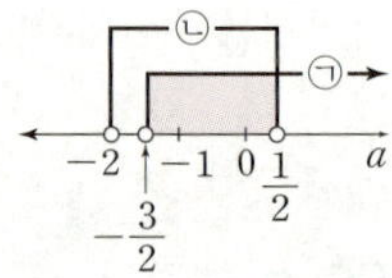

따라서 정수 a는 -1, 0의 2개이다.

08 $f(x)=x^2-2ax+a+2$라 하면 이
차방정식 $f(x)=0$의 두 근이 모두
-2와 1 사이에 있으므로 이차함
수 $y=f(x)$의 그래프가 오른쪽 그
림과 같아야 한다.

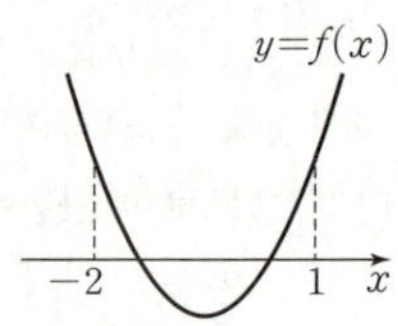

(ⅰ) 이차방정식 $f(x)=0$의 판별식을 D라 하면

$\dfrac{D}{4}=(-a)^2-1\times(a+2)\geq0$

$a^2-a-2\geq0,\ (a+1)(a-2)\geq0$

$\therefore a\leq-1$ 또는 $a\geq2$ ㉠

(ⅱ) $f(-2)>0,\ f(1)>0$이어야 하므로

$f(-2)=(-2)^2-2a\times(-2)+a+2>0$

$5a+6>0$ $\therefore a>-\dfrac{6}{5}$

$f(1)=1^2-2a\times1+a+2>0$

$-a+3>0$ $\therefore a<3$

즉, 공통부분은

$-\dfrac{6}{5}<a<3$ ㉡

(ⅲ) 이차함수 $y=f(x)$의 그래프의 축의 방정식이 $x=a$
이므로

$-2<a<1$ ㉢

㉠, ㉡, ㉢의 공통부분을 구하면

$-\dfrac{6}{5}<a\leq-1$

따라서 실수 a의 최댓값은 -1이
다.

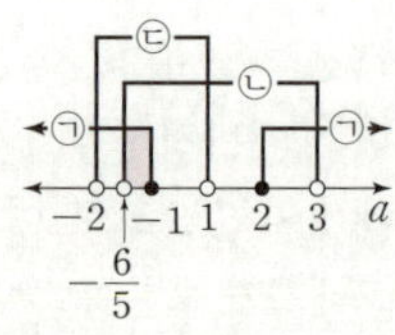

01 ②	02 ③	03 ④	04 ③
05 5	06 2	07 ①	08 6
09 ⑤	10 9	11 -1	12 1
13 ⑤	14 ⑤	15 1	16 4
17 ②	18 ②		

01 $x^2-(2a-1)x-2a>0$에서
$(x-2a)(x+1)>0$

ㄱ. $2a<-1$, 즉 $a<-\dfrac{1}{2}$이면 주어진 부등식의 해는
$x<2a$ 또는 $x>-1$ (거짓)

ㄴ. $2a=-1$, 즉 $a=-\dfrac{1}{2}$이면 주어진 부등식의 해는
$x\neq-1$인 모든 실수이다. (참) $\;\to (x+1)^2>0$

ㄷ. $2a>-1$, 즉 $a>-\dfrac{1}{2}$이면 주어진 부등식의 해는
$x<-1$ 또는 $x>2a$ (거짓)

따라서 옳은 것은 ㄴ이다.

02 $x^2-(n+5)x+5n\leq0$에서
$(x-5)(x-n)\leq0$
$\therefore n\leq x\leq5$ 또는 $5\leq x\leq n$

(i) $n\leq x\leq5$일 때
주어진 부등식을 만족시키는 정수 x의 개수가 3이 되려면 정수 x의 값은 3, 4, 5이어야 하므로
$n=3$

(ii) $5\leq x\leq n$일 때
주어진 부등식을 만족시키는 정수 x의 개수가 3이 되려면 정수 x의 값은 5, 6, 7이어야 하므로
$n=7$

(i), (ii)에서 모든 자연수 n의 값의 합은
$3+7=10$

03 (i) $x<0$일 때
$(x+1)(-x-a)<0$, $(x+1)(x+a)>0$
$\therefore x<-a$ 또는 $x>-1$ ($\because a>1$)
그런데 $x<0$이므로
$x<-a$ 또는 $-1<x<0$

(ii) $x\geq0$일 때
$(x+1)(x-a)<0$
$\therefore -1<x<a$ ($\because a>1$)
그런데 $x\geq0$이므로
$0\leq x<a$

(i), (ii)에서 주어진 부등식의 해는
$x<-a$ 또는 $-1<x<a$

즉, 주어진 부등식을 만족시키는 자연수 x의 개수가 5이려면 자연수 x의 값이 1, 2, 3, 4, 5이어야 하므로 a의 값의 범위는
$5<a\leq6$ $\;\to a=5$이면 자연수 x의 개수는 4가 된다.
따라서 a의 최댓값은 6이다.

04 해가 $-2\leq x\leq3$이고 x^2의 계수가 1인 이차부등식은
$(x+2)(x-3)\leq0$
이므로 이차부등식 $f(x)\geq0$의 x^2의 계수를 a라 하면
$a<0$ $\;\to$ 부등호의 방향이 다르므로
$f(x)=a(x+2)(x-3)$이라 하면
$f(-x+2)=a(-x+4)(-x-1)$ $\;\to f(x)$에 x 대신 $-x+2$를 대입한다.
$\therefore f(-x+2)=a(x+1)(x-4)$
즉, 부등식 $f(-x+2)\leq0$의 해는
$a(x+1)(x-4)\leq0$에서
$(x+1)(x-4)\geq0$ ($\because a<0$)
$\therefore x\leq-1$ 또는 $x\geq4$
따라서 x의 값이 될 수 없는 것은 ③이다.

|참고|
$f(x)=p(x-\alpha)(x-\beta)$ (p는 실수)라 하면
$f(ax+b)=p\{(ax+b)-\alpha\}\{(ax+b)-\beta\}$ (단, a, b는 상수)

05 이차함수 $y=x^2+3x-2$의 그래프가 직선 $y=ax+2$보다 아래쪽에 있는 부분의 x의 값의 범위가 $-2<x<b$이려면 $-2<x<b$에서 이차부등식 $x^2+3x-2<ax+2$, 즉
$x^2+(3-a)x-4<0$ ······ ㉠
이 성립해야 한다.
한편, 해가 $-2<x<b$이고 최고차항의 계수가 1인 이차부등식은 $(x+2)(x-b)<0$이므로
$x^2+(2-b)x-2b<0$ ······ ㉡
㉠, ㉡의 계수를 비교하면
$3-a=2-b$, $-4=-2b$에서
$a=b+1$, $b=2$ $\quad\therefore a=3$, $b=2$
$\therefore a+b=3+2=5$

06 (i) $a=0$일 때
$-6x-4>0$에서 $x<-\dfrac{2}{3}$이므로 $x\geq-\dfrac{2}{3}$일 때는 주어진 부등식이 성립하지 않는다.
$\therefore a\neq0$ $\;\to a<0$이면 함수 $y=ax^2+2(2a-3)x+5a-4$의 그래프는 위로 볼록하므로 주어진 부등식의 해가 모든 실수가 아니다. ··· ❶

(ii) $a\neq0$일 때
주어진 부등식이 모든 실수 x에 대하여 성립하려면
$a>0$
또한, 이차방정식 $ax^2+2(2a-3)x+5a-4=0$의 판별식을 D라 하면
$\dfrac{D}{4}=(2a-3)^2-a(5a-4)<0$, $-a^2-8a+9<0$

$a^2+8a-9>0$, $(a+9)(a-1)>0$

$\therefore a<-9$ 또는 $a>1$

그런데 $a>0$이므로 $a>1$ ······ ❷

(i), (ii)에서 $a>1$이므로 정수 a의 최솟값은 2이다. ····· ❸

채점 기준	배점 비율
❶ $a=0$일 때 주어진 부등식의 해가 모든 실수가 될 수 없음을 알기	20%
❷ $a\neq0$일 때 주어진 부등식의 해가 모든 실수가 되기 위한 a의 값의 범위 구하기	60%
❸ 정수 a의 최솟값 구하기	20%

07 해가 $x\neq1$인 모든 실수이고 최고차항의 계수가 1인 이차부등식은

$(x-1)^2>0$ ······ ㉠

이차부등식 $f(x)<0$과 ㉠의 부등호의 방향이 다르므로 이차함수 $f(x)$의 최고차항의 계수를 a라 하면 $a<0$이고 $f(x)=a(x-1)^2$이다.

$\{f(2)\}^2=\{a(2-1)\}^2=a^2$이므로

$a^2=1$ $\therefore a=-1$ $(\because a<0)$

따라서 $f(x)=-(x-1)^2$이므로

$f(3)=-(3-1)^2=-4$

08 주어진 연립부등식을 변형하면

$\begin{cases} -x^2+3x+3\leq x+3 \\ x+3<x^2+3x \end{cases}$

$-x^2+3x+3\leq x+3$에서 $-x^2+2x\leq0$

$x^2-2x\geq0$, $x(x-2)\geq0$

$\therefore x\leq0$ 또는 $x\geq2$ ······ ㉠

$x+3<x^2+3x$에서 $-x^2-2x+3<0$

$x^2+2x-3>0$, $(x+3)(x-1)>0$

$\therefore x<-3$ 또는 $x>1$ ······ ㉡

㉠, ㉡의 공통부분을 구하면

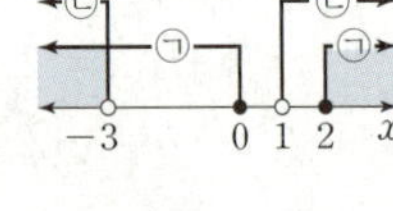

$x<-3$ 또는 $x\geq2$

따라서 자연수 x의 최솟값은 2, 음의 정수 x의 최댓값은 -4이므로

$m-M=2-(-4)=6$

09 $\begin{cases} x^2-2x-8\geq0 & \cdots\cdots ㉠ \\ x^2-(a-2)x-2a<0 & \cdots\cdots ㉡ \end{cases}$

㉠에서 $(x+2)(x-4)\geq0$

$\therefore x\leq-2$ 또는 $x\geq4$

㉡에서 $(x-a)(x+2)<0$

(i) $a<-2$일 때, $a<x<-2$

㉠, ㉡의 해의 공통부분에 속하는 정수 x가 오직 하나 존재하도록 ㉠, ㉡의 해를 수직선 위

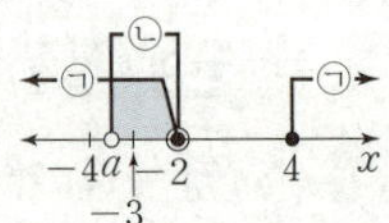

에 나타내면 오른쪽 그림과 같으므로

$-4\leq a<-3$

(ii) $a=-2$일 때, 해는 없다.

(iii) $a>-2$일 때, $-2<x<a$

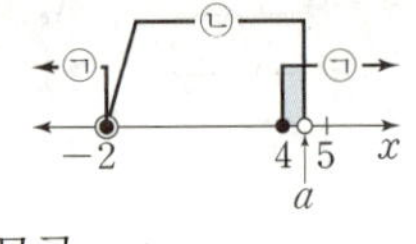

㉠, ㉡의 해의 공통부분에 속하는 정수 x가 오직 하나 존재하도록 ㉠, ㉡의 해를 수직선 위에 나타내면 오른쪽 그림과 같으므로

$4<a\leq5$

(i), (ii), (iii)에서

$-4\leq a<-3$ 또는 $4<a\leq5$

따라서 조건을 만족시키는 실수 a가 될 수 있는 것은 ⑤이다.

10 $x^2-9x+14\geq0$에서 $(x-2)(x-7)\geq0$

$\therefore x\leq2$ 또는 $x\geq7$ ······ ㉠ ····· ❶

$|x-a|<2$에서 $-2<x-a<2$

$\therefore a-2<x<a+2$ ······ ㉡

㉠, ㉡의 공통부분이 존재하려면 오른쪽 그림과 같아야 한다.

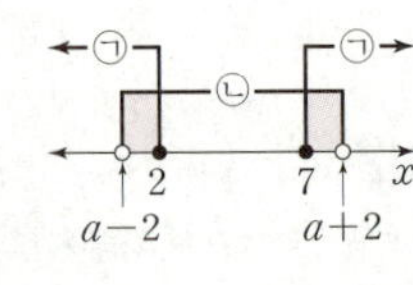

즉, $a-2<2$ 또는 $a+2>7$이어야 하므로

$a<4$ 또는 $a>5$ ····· ❷

따라서 $\alpha=4$, $\beta=5$이므로

$\alpha+\beta=4+5=9$ ····· ❸

채점 기준	배점 비율
❶ 두 부등식 $x^2-9x+14\geq0$, $|x-a|<2$의 해 각각 구하기	30%
❷ 실수 a의 값의 범위 구하기	50%
❸ $\alpha+\beta$의 값 구하기	20%

11 최고차항의 계수가 1인 이차방정식 $f(x)=0$의 두 실근을 a, b $(a\leq b)$라 하면

$f(x)=(x-a)(x-b)$

이고, 이차부등식 $f(x)\leq0$의 해는

$a\leq x\leq b$ ······ ㉠

최고차항의 계수가 1인 이차방정식 $g(x)=0$의 두 실근을 c, d $(c\leq d)$라 하면

$g(x)=(x-c)(x-d)$

이고, 이차부등식 $g(x)>0$의 해는

$x<c$ 또는 $x>d$ ······ ㉡

㉠, ㉡의 공통부분이 $0\leq x<1$

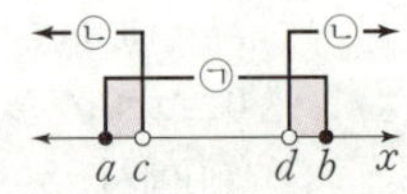

또는 $2<x\leq4$가 되려면 오른쪽 그림과 같아야 한다.

$\therefore a=0$, $b=4$, $c=1$, $d=2$

따라서 $f(x)=x(x-4)$, $g(x)=(x-1)(x-2)$이므로
$f(3)+g(3)=3\times(-1)+2\times1=-1$

12 이차방정식 $x^2+(a^2+4a+3)x+a^2+2a=0$의 두 근을
α, β라 하면 $\alpha+\beta<0$, $\alpha\beta<0$이어야 하므로

(i) $\alpha+\beta=-(a^2+4a+3)<0$, $(a+3)(a+1)>0$
$$\therefore a<-3 \text{ 또는 } a>-1 \qquad \cdots\cdots \ \bigcirc$$

(ii) $\alpha\beta=a^2+2a<0$, $a(a+2)<0$
$$\therefore -2<a<0 \qquad \cdots\cdots \ \bigcirc$$

$\bigcirc$, $\bigcirc$의 공통부분을 구하면
$-1<a<0$

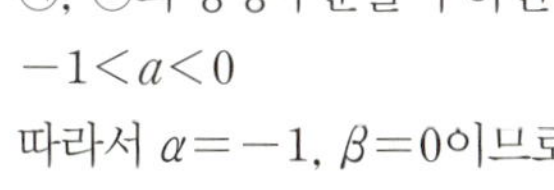

따라서 $\alpha=-1$, $\beta=0$이므로
$\beta-\alpha=0-(-1)=1$

13 (i) $x^2-4ax+4a+3=0$이 허근을 갖는 경우
이차방정식 $x^2-4ax+4a+3=0$의 판별식을 D_1이라
하면
$$\frac{D_1}{4}=(-2a)^2-1\times(4a+3)<0, \ 4a^2-4a-3<0$$
$$(2a+1)(2a-3)<0$$
$$\therefore -\frac{1}{2}<a<\frac{3}{2} \qquad \cdots\cdots \ \bigcirc$$

(ii) $2x^2+(a+1)x+a^2+a=0$이 허근을 갖는 경우
이차방정식 $2x^2+(a+1)x+a^2+a=0$의 판별식을
D_2라 하면
$$D_2=(a+1)^2-4\times2\times(a^2+a)<0$$
$$-7a^2-6a+1<0, \ 7a^2+6a-1>0$$
$$(a+1)(7a-1)>0$$
$$\therefore a<-1 \text{ 또는 } a>\frac{1}{7} \qquad \cdots\cdots \ \bigcirc$$

(i), (ii)에서 $\bigcirc$ 또는 $\bigcirc$을 만족시켜야 하므로
$$a<-1 \text{ 또는 } a>-\frac{1}{2}$$

따라서 조건을 만족시키는 실수 a의 값이 될 수 있는 것
은 ⑤이다.

14 $f(x)=x^2+(1-2a)x+a^2+4a$라
하면 이차방정식 $f(x)=0$의 두 근
이 모두 -1과 2 사이에 있으므로
이차함수 $y=f(x)$의 그래프가 오
른쪽 그림과 같아야 한다.

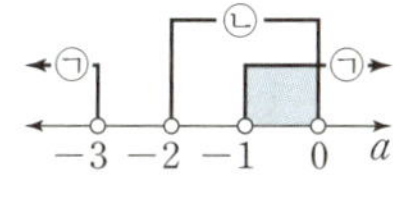

(i) 이차방정식 $f(x)=0$의 판별식을 D라 하면
$$D=(1-2a)^2-4\times1\times(a^2+4a)\geq0, \ -20a+1\geq0$$
$$\therefore a\leq\frac{1}{20} \qquad \cdots\cdots \ \bigcirc$$

(ii) $f(-1)>0$, $f(2)>0$이어야 하므로
$$f(-1)=(-1)^2+(1-2a)\times(-1)+a^2+4a>0$$
$$a^2+6a>0, \ a(a+6)>0$$
$$\therefore a<-6 \text{ 또는 } a>0$$

$$f(2)=2^2+(1-2a)\times2+a^2+4a>0, \text{ 즉 } a^2+6>0$$
이므로 모든 실수 a에 대하여 주어진 부등식이 성립한다.
즉, 공통부분은
$$a<-6 \text{ 또는 } a>0 \qquad \cdots\cdots \ \bigcirc$$

(iii) 이차함수 $y=f(x)$의 그래프의 축의 방정식이
$$x=\frac{2a-1}{2}$$이므로
$$-1<\frac{2a-1}{2}<2$$
$$\therefore -\frac{1}{2}<a<\frac{5}{2} \qquad \cdots\cdots \ \bigcirc$$

$\bigcirc$, $\bigcirc$, $\bigcirc$의 공통부분을 구하면
$0<a\leq\frac{1}{20}$

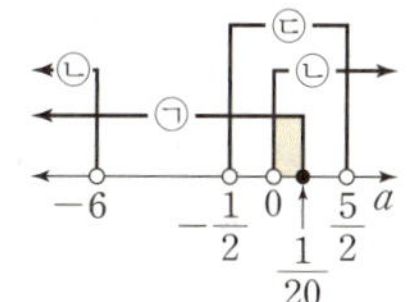

따라서 실수 a의 최댓값은 $\frac{1}{20}$이다.

15 풀이전략 모든 실수 x에 대하여 근호 안의 식의 값이 0보다 크
거나 같아야 하므로 $x^2+2(a+1)x+3a+7\geq0$이 항상 성립하
도록 하는 실수 a의 값의 범위를 구한다.

모든 실수 x에 대하여 $\sqrt{x^2+2(a+1)x+3a+7}$이 실수
가 되려면 모든 실수 x에 대하여 이차부등식
$x^2+2(a+1)x+3a+7\geq0$이 성립해야 한다.
즉, 이차함수 $y=x^2+2(a+1)x+3a+7$의 그래프가 x
축에 접하거나 x축보다 위쪽에 있어야 한다.
이차방정식 $x^2+2(a+1)x+3a+7=0$의 판별식을 D라
하면
$$\frac{D}{4}=(a+1)^2-1\times(3a+7)\leq0, \ a^2-a-6\leq0$$
$$(a+2)(a-3)\leq0 \qquad \therefore -2\leq a\leq3$$
따라서 실수 a의 최댓값은 3, 최솟값은 -2이므로 그 합은
$3+(-2)=1$

16 풀이전략 연립부등식의 각 부등식을 풀고, a의 값의 범위를 나
눈 후 그 범위에 따라 두 부등식의 해의 공통부분이 존재하도록
하는 실수 a의 값의 범위를 구한다.

$x^2-2x-24\leq0$에서 $(x+4)(x-6)\leq0$
$$\therefore -4\leq x\leq6 \qquad \cdots\cdots \ \bigcirc$$
$x^2+3ax-10a^2>0$에서 $(x+5a)(x-2a)>0$

(i) $a<0$일 때
$x<2a \text{ 또는 } x>-5a$
$\bigcirc$과 공통부분이 존재하려면
$2a>-4 \text{ 또는 } -5a<6$이어야

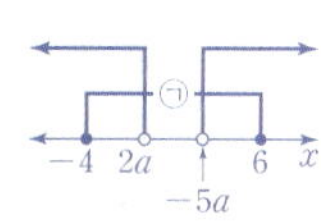

하므로
$$a>-2 \text{ 또는 } a>-\frac{6}{5}$$
$$\therefore a>-2$$
그런데 $a<0$이므로
$$-2<a<0$$

(ii) $a=0$일 때

$x^2>0$

즉, $x\neq0$인 모든 실수이므로 주어진 연립부등식은 항상 해가 존재한다.

(iii) $a>0$일 때

$x<-5a$ 또는 $x>2a$

㉠과 공통부분이 존재하려면

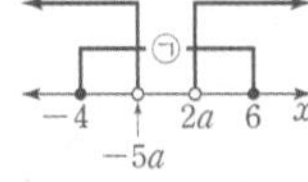

$-5a>-4$ 또는 $2a<6$이어야 하므로

$a<\dfrac{4}{5}$ 또는 $a<3$

$\therefore a<3$

그런데 $a>0$이므로

$0<a<3$

(i), (ii), (iii)에서 $-2<a<3$

따라서 정수 a는 -1, 0, 1, 2의 4개이다.

17 $x^2+3x-10<0$에서 $(x+5)(x-2)<0$

$\therefore -5<x<2$

(i) $a<0$일 때

$ax\geq a^2$에서 $x\leq a$

이때 주어진 연립부등식을 만족시키는 정수 x의 개수가 4가 되려면 오른쪽 그림과 같이 연립부등식을 만족시키는 정수 x가 -4, -3, -2, -1이어야 하므로

$-1\leq a<0$

즉, 정수 a의 값은 -1이다.

(ii) $a=0$일 때

$ax\geq a^2$에서 $0\times x\geq0^2$이므로 이 부등식의 해는 모든 실수이다.

즉, 주어진 연립부등식의 해는 $-5<x<2$이고 이 연립부등식을 만족시키는 정수 x는 -4, -3, -2, -1, 0, 1의 6개이므로 주어진 조건을 만족시키지 않는다.

(iii) $a>0$일 때

$ax\geq a^2$에서 $x\geq a$

이때 오른쪽 그림과 같이 주어진 연립부등식을 만족시키는 정수는 $a=1$일 때 최대 1개이다.

즉, $a>0$일 때는 조건을 만족시키지 않는다.

(i), (ii), (iii)에서 조건을 만족시키는 정수 a의 값은 -1이다.

18 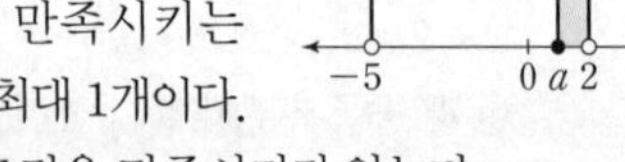 이차방정식의 실근의 부호와 양수인 조건을 이용하여 실수 a의 값의 범위를 구한다.

$f(x)=x^2+2ax-3a-2$라 하면 이차방정식 $f(x)=0$이 적어도 하나의 양수인 실근을 가지는 경우는 다음과 같다.

(i) 양수인 두 실근을 갖는 경우

ⓐ 이차방정식 $f(x)=0$의 판별식을 D라 하면

$\dfrac{D}{4}=a^2-1\times(-3a-2)\geq0$

$a^2+3a+2\geq0$, $(a+2)(a+1)\geq0$

$\therefore a\leq-2$ 또는 $a\geq-1$ ...... ㉠

ⓑ (두 근의 합)$=-2a>0$ $\therefore a<0$ ...... ㉡

ⓒ (두 근의 곱)$=-3a-2>0$

$\therefore a<-\dfrac{2}{3}$ ...... ㉢

㉠, ㉡, ㉢의 공통부분을 구하면

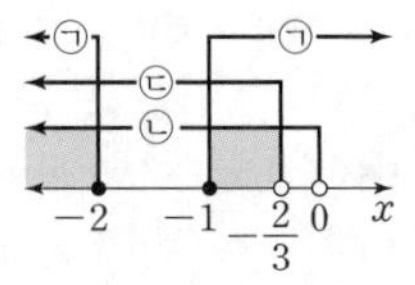

$a\leq-2$ 또는 $-1\leq a<-\dfrac{2}{3}$

(ii) 한 근이 양수이고 다른 한 근이 0인 경우

$f(0)=0^2+2a\times0-3a-2=-3a-2$에서

$-3a-2=0$ $\therefore a=-\dfrac{2}{3}$

즉, $f(x)=x^2-\dfrac{4}{3}x$이므로 $f(x)=0$에서

$x^2-\dfrac{4}{3}x=0$, $x\left(x-\dfrac{4}{3}\right)=0$

$\therefore x=0$ 또는 $x=\dfrac{4}{3}$

즉, $a=-\dfrac{2}{3}$일 때 적어도 하나의 양수인 실근을 가진다.

(iii) 한 근이 양수이고 다른 한 근이 음수인 경우

(두 근의 곱)$=-3a-2<0$

$\therefore a>-\dfrac{2}{3}$

(i), (ii), (iii)에서 실수 a의 값의 범위는

$a\leq-2$ 또는 $a\geq-1$

따라서 실수 a의 값이 될 수 없는 것은 ②이다.

Ⅲ-1 경우의 수와 순열

○1 경우의 수

개념 확인　　　　　　　　　　• 본문 250~251쪽

1 답 7

볼펜을 선택하는 경우의 수는 4, 연필을 선택하는 경우의 수는 3이다.

이때 볼펜을 선택하는 사건과 연필을 선택하는 사건은 동시에 일어날 수 없으므로 구하는 경우의 수는

$4+3=7$

2 답 4

3의 배수의 눈이 나오는 사건을 A, 5의 약수의 눈이 나오는 사건을 B라 하자.

사건 A가 일어나는 경우는 3, 6의 2가지

사건 B가 일어나는 경우는 1, 5의 2가지

이때 두 사건 A, B는 동시에 일어날 수 없으므로 구하는 경우의 수는

$2+2=4$

3 답 20

수학 참고서를 선택하는 경우의 수는 5이고, 그 각각에 대하여 영어 참고서를 선택하는 경우의 수는 4이다.

따라서 구하는 경우의 수는

$5×4=20$

유제　　　　　　　　　　• 본문 252~259쪽

01-❶ 답 ⑴ 7　⑵ 13

⑴ (i) 4의 배수가 적힌 카드가 나오는 경우는

　　　4, 8, 12, 16, 20의 5가지

　(ii) 7의 배수가 적힌 카드가 나오는 경우는

　　　7, 14의 2가지

　(i), (ii)는 동시에 일어날 수 없으므로 구하는 경우의 수는

　　$5+2=7$

⑵ (i) 소수가 적힌 카드가 나오는 경우는

　　　2, 3, 5, 7, 11, 13, 17, 19의 8가지

　(ii) 3의 배수가 적힌 카드가 나오는 경우는

　　　3, 6, 9, 12, 15, 18의 6가지

　(iii) 소수이면서 3의 배수가 적힌 카드가 나오는 경우는

　　　3의 1가지

01-❷ 답 5

서로 다른 두 개의 주머니에서 꺼낸 공에 적힌 수를 각각 x, y라 하고 이를 순서쌍 (x, y)로 나타내면

(i) 꺼낸 공에 적힌 수의 합이 3이 되는 경우는

　　$(1, 2)$, $(2, 1)$의 2가지

(ii) 꺼낸 공에 적힌 수의 합이 4가 되는 경우는

　　$(1, 3)$, $(2, 2)$, $(3, 1)$의 3가지

(i), (ii)는 동시에 일어날 수 없으므로 구하는 경우의 수는

$2+3=5$

01-❸ 답 12

서로 다른 두 개의 주사위를 동시에 던져서 나오는 눈의 수의 차가 2의 배수가 되는 경우는 눈의 수의 차가 2 또는 4가 되는 경우이다. → 두 개의 주사위의 눈의 수의 차는 0 이상 5 이하의 정수이므로

서로 다른 두 개의 주사위에서 나오는 눈의 수를 각각 x, y라 하고 이를 순서쌍 (x, y)로 나타내면

(i) 눈의 수의 차가 2가 되는 경우는

　　$(1, 3)$, $(2, 4)$, $(3, 1)$, $(3, 5)$, $(4, 2)$, $(4, 6)$, $(5, 3)$, $(6, 4)$의 8가지

(ii) 눈의 수의 차가 4가 되는 경우는

　　$(1, 5)$, $(2, 6)$, $(5, 1)$, $(6, 2)$의 4가지

(i), (ii)는 동시에 일어날 수 없으므로 구하는 경우의 수는

$8+4=12$

02-❶ 답 10

x, y, z가 음이 아닌 정수이므로

$x≥0$, $y≥0$, $z≥0$

주어진 방정식에서 y가 될 수 있는 음이 아닌 정수는

$0≤5y≤15$에서 $0≤y≤3$

$∴ y=0$ 또는 $y=1$ 또는 $y=2$ 또는 $y=3$

(i) $y=0$일 때, $4x+z=15$이므로 순서쌍 (x, y, z)는

　　$(0, 0, 15)$, $(1, 0, 11)$, $(2, 0, 7)$, $(3, 0, 3)$의 4개

(ii) $y=1$일 때, $4x+5+z=15$, 즉 $4x+z=10$이므로 순서쌍 (x, y, z)는

　　$(0, 1, 10)$, $(1, 1, 6)$, $(2, 1, 2)$의 3개

(iii) $y=2$일 때, $4x+10+z=15$, 즉 $4x+z=5$이므로 순서쌍 (x, y, z)는

　　$(0, 2, 5)$, $(1, 2, 1)$의 2개

(iv) $y=3$일 때, $4x+15+z=15$, 즉 $4x+z=0$이므로 순서쌍 (x, y, z)는

　　$(0, 3, 0)$의 1개

(i)~(iv)에서 구하는 모든 순서쌍 (x, y, z)의 개수는

$4+3+2+1=10$

x, y가 사연수이므로 $x \geq 1$, $y \geq 1$
주어진 부등식에서 y가 될 수 있는 자연수는
$9 \leq 9y < 22$에서 $1 \leq y < \dfrac{22}{9}$
$\therefore y=1$ 또는 $y=2$
(i) $y=1$일 때, $4x+9 \leq 22$, 즉 $x \leq \dfrac{13}{4}$이므로 순서쌍 (x, y)는
$(1, 1)$, $(2, 1)$, $(3, 1)$의 3개
(ii) $y=2$일 때, $4x+18 \leq 22$, 즉 $x \leq 1$이므로 순서쌍 (x, y)는
$(1, 2)$의 1개
(i), (ii)에서 구하는 모든 순서쌍 (x, y)의 개수는
$3+1=4$

02-③ 답 22

x, y가 음이 아닌 정수이므로 $x \geq 0$, $y \geq 0$
주어진 부등식에서 x가 될 수 있는 음이 아닌 정수는
$0 \leq 5x \leq 21$에서 $0 \leq x \leq \dfrac{21}{5}$
$\therefore x=0$ 또는 $x=1$ 또는 $x=2$ 또는 $x=3$ 또는 $x=4$
(i) $x=0$일 때, $3y \leq 21$, 즉 $y \leq 7$이므로 순서쌍 (x, y)는
$(0, 0)$, $(0, 1)$, $(0, 2)$, $\cdots$, $(0, 7)$의 8개
(ii) $x=1$일 때, $5+3y \leq 21$, 즉 $y \leq \dfrac{16}{3}$이므로 순서쌍 (x, y)는
$(1, 0)$, $(1, 1)$, $(1, 2)$, $\cdots$, $(1, 5)$의 6개
(iii) $x=2$일 때, $10+3y \leq 21$, 즉 $y \leq \dfrac{11}{3}$이므로 순서쌍 (x, y)는
$(2, 0)$, $(2, 1)$, $(2, 2)$, $(2, 3)$의 4개
(iv) $x=3$일 때, $15+3y \leq 21$, 즉 $y \leq 2$이므로 순서쌍 (x, y)는
$(3, 0)$, $(3, 1)$, $(3, 2)$의 3개
(v) $x=4$일 때, $20+3y \leq 21$, 즉 $y \leq \dfrac{1}{3}$이므로 순서쌍 (x, y)는
$(4, 0)$의 1개
(i)~(v)에서 구하는 모든 순서쌍 (x, y)의 개수는
$8+6+4+3+1=22$

03-① 답 ②

십의 자리에 올 수 있는 수는
1, 2, 3, 6의 4개
일의 자리에 올 수 있는 수는
0, 2, 4, 6, 8의 5개
따라서 구하는 두 자리의 자연수의 개수는
$4 \times 5 = 20$

03-② 답 15

x, y, z 중 어느 하나를 택하면 그 각각에 대하여 a, b, c, d, e
중 하나가 곱해지므로 구하는 항의 개수는
$3 \times 5 = 15$

| 참고 |
주어진 다항식의 전개식에서 곱해지는 각 항이 모두 서로 다른 문자이므
로 동류항이 생기지 않는다.

03-③ 답 21

꺼낸 카드에 적힌 수의 곱이 짝수가 되는 경우는 두 수 중 하
나만 짝수이거나 두 수가 모두 짝수일 때이다.
상자 A에서 꺼낸 카드에 적힌 숫자를 a, 상자 B에서 꺼낸 카
드에 적힌 숫자를 b라 하면
(i) a가 홀수, b가 짝수인 경우의 수는   4, 6, 8의 3가지
$3 \times 3 = 9$ 1, 3, 5의 3가지
(ii) a가 짝수, b가 홀수인 경우의 수는   3, 5, 7의 3가지
$2 \times 3 = 6$ 2, 4의 2가지
(iii) a, b가 모두 짝수인 경우의 수는
$2 \times 3 = 6$
(i), (ii), (iii)은 동시에 일어날 수 없으므로 구하는 경우의 수는
$9+6+6=21$

| 다른 풀이 |
두 상자 A, B에서 각각 한 장씩 꺼낸 카드에 적힌 수의 곱이
짝수가 되는 경우의 수는 전체 경우의 수에서 두 수의 곱이 홀
수인 경우의 수를 빼면 된다.
두 장의 카드를 꺼내는 모든 경우의 수는
$5 \times 6 = 30$
이때 상자 A에서 꺼낸 카드에 적힌 숫자가 홀수인 경우는
1, 3, 5의 3가지,
상자 B에서 꺼낸 카드에 적힌 숫자가 홀수인 경우는
3, 5, 7의 3가지
이므로 두 상자 A, B에서 각각 한 장씩 꺼낸 카드에 적힌 수
의 곱이 홀수가 되는 경우의 수는
$3 \times 3 = 9$ → (홀수)×(홀수)=(홀수)이므로
따라서 구하는 경우의 수는
$30-9=21$

04-① 답 16

280을 소인수분해하면
$280 = 2^3 \times 5 \times 7$
이고
2^3의 약수는 1, 2, 2^2, 2^3의 4개
5의 약수는 1, 5의 2개
7의 약수는 1, 7의 2개
따라서 280의 약수의 개수는
$4 \times 2 \times 2 = 16$

04-② 답 6

350과 150의 공약수의 개수는 350과 150의 최대공약수의 약
수의 개수와 같다.

350과 150을 각각 소인수분해하면
$350=2\times5^2\times7,\ 150=2\times3\times5^2$
이므로 350과 150의 최대공약수는
$50=2\times5^2$
이고
2의 약수는 1, 2의 2개
5^2의 약수는 1, 5, 5^2의 3개
따라서 구하는 공약수의 개수는
$2\times3=6$

04-❸ 🅰 18

504를 소인수분해하면
$504=2^3\times3^2\times7$
짝수는 2를 소인수로 가지므로 504의 약수 중에서 짝수의 개
수는 $2^2\times3^2\times7$의 약수의 개수와 같다.
이때
$\quad↳\ 2^2\times3^2\times7$의 약수에 각각 2를 곱한 것이
$\qquad 504$의 약수 중 짝수이다.
2^2의 약수는 1, 2, 2^2의 3개,
3^2의 약수는 1, 3, 3^2의 3개,
7의 약수는 1, 7의 2개
이므로 구하는 짝수의 개수는
$3\times3\times2=18$

| 다른 풀이 |

504의 약수 중에서 짝수의 개수는 504의 약수의 개수에서
504의 약수 중에서 홀수의 개수를 빼면 된다.
504를 소인수분해하면
$504=2^3\times3^2\times7$
이고
2^3의 약수는 1, 2, 2^2, 2^3의 4개
3^2의 약수는 1, 3, 3^2의 3개
7의 약수는 1, 7의 2개
즉, 504의 약수의 개수는
$4\times3\times2=24$
이때 504의 약수 중에서 홀수의 개수는 $3^2\times7$의 약수의 개수
와 같으므로
$3\times2=6$
따라서 구하는 짝수의 개수는
$24-6=18$

05-❶ 🅰 14

A 지점에서 출발하여 B 지점으로 가는 경로는 A → P → B,
A → Q → B의 2가지가 있다.
(ⅰ) A → P → B로 가는 경우
　　A 지점에서 P 지점으로 가는 경우의 수는 4이고, 그 각각
　　에 대하여 P 지점에서 B 지점으로 가는 경우의 수는 2이
　　므로
　　$4\times2=8$

(ⅱ) A → Q → B로 가는 경우
　　A 지점에서 Q 지점으로 가는 경우의 수는 2이고, 그 각각
　　에 대하여 Q 지점에서 B 지점으로 가는 경우의 수는 3이
　　므로
　　$2\times3=6$

(ⅰ), (ⅱ)는 동시에 일어날 수 없으므로 구하는 경우의 수는
$8+6=14$

05-❷ 🅰 16

집에서 출발하여 학교로 가는 경로는 집 → 도서관 → 학교,
집 → 서점 → 도서관 → 학교의 2가지가 있다.
(ⅰ) 집 → 도서관 → 학교로 가는 경우
　　집에서 도서관으로 가는 경우의 수는 2이고, 그 각각에 대
　　하여 도서관에서 학교로 가는 경우의 수는 2이므로
　　$2\times2=4$

(ⅱ) 집 → 서점 → 도서관 → 학교로 가는 경우
　　집에서 서점으로 가는 경우의 수는 3이고, 그 각각에 대하
　　여 서점에서 도서관으로 가는 경우의 수는 2, 도서관에서
　　학교로 가는 경우의 수는 2이므로
　　$3\times2\times2=12$

(ⅰ), (ⅱ)는 동시에 일어날 수 없으므로 구하는 경우의 수는
$4+12=16$

05-❸ 🅰 22

A 마을에서 출발하여 D 마을로 가는 경로는 A → B → D,
A → C → D, A → B → C → D, A → C → B → D의
4가지가 있다.
(ⅰ) A → B → D로 가는 경우
　　A 마을에서 B 마을로 가는 경우의 수는 3이고, 그 각각에
　　대하여 B 마을에서 D 마을로 가는 경우의 수는 2이므로
　　$3\times2=6$

(ⅱ) A → C → D로 가는 경우
　　A 마을에서 C 마을로 가는 경우의 수는 2이고, 그 각각에
　　대하여 C 마을에서 D 마을로 가는 경우의 수는 1이므로
　　$2\times1=2$

(ⅲ) A → B → C → D로 가는 경우
　　A 마을에서 B 마을로 가는 경우의 수는 3이고, 그 각각에
　　대하여 B 마을에서 C 마을로 가는 경우의 수는 2, C 마을
　　에서 D 마을로 가는 경우의 수는 1이므로
　　$3\times2\times1=6$

(ⅳ) A → C → B → D로 가는 경우
　　A 마을에서 C 마을로 가는 경우의 수는 2이고, 그 각각에
　　대하여 C 마을에서 B 마을로 가는 경우의 수는 2, B 마을
　　에서 D 마을로 가는 경우의 수는 2이므로
　　$2\times2\times2=8$

(i)~(iv)는 동시에 일어날 수 없으므로 지불하는 경우의 수는
6+2+6+8=22

06-❶ 답 (1) 59 (2) 35

(1) 10원짜리 동전 3개로 지불할 수 있는 방법은
0개, 1개, 2개, 3개의 4가지
50원짜리 동전 4개로 지불할 수 있는 방법은
0개, 1개, 2개, 3개, 4개의 5가지
100원짜리 동전 2개로 지불할 수 있는 방법은
0개, 1개, 2개의 3가지
이때 0원을 지불하는 경우는 제외해야 하므로 지불할 수
있는 방법의 수는
$4 \times 5 \times 3 - 1 = 59$

(2) 50원짜리 동전 2개로 지불할 수 있는 금액과 100원짜리 동
전 1개로 지불할 수 있는 금액이 같으므로 100원짜리 동전
2개를 50원짜리 동전 4개로 바꾸어 생각하면 지불할 수 있
는 금액의 수는 10원짜리 동전 3개, 50원짜리 동전 8개로
지불할 수 있는 금액의 수와 같다.
10원짜리 동전 3개로 지불할 수 있는 금액은
0원, 10원, 20원, 30원의 4가지
50원짜리 동전 8개로 지불할 수 있는 금액은
0원, 50원, 100원, …, 400원의 9가지
이때 0원을 지불하는 경우는 제외해야 하므로 지불할 수
있는 금액의 수는
$4 \times 9 - 1 = 35$

06-❷ 답 (1) 89 (2) 34

(1) 50원짜리 동전 4개로 지불할 수 있는 방법은
0개, 1개, 2개, 3개, 4개의 5가지
100원짜리 동전 5개로 지불할 수 있는 방법은
0개, 1개, 2개, 3개, 4개, 5개의 6가지
500원짜리 동전 2개로 지불할 수 있는 방법은
0개, 1개, 2개의 3가지
이때 0원을 지불하는 경우는 제외해야 하므로 지불할 수
있는 방법의 수는
$5 \times 6 \times 3 - 1 = 89$

(2) 50원짜리 동전 2개로 지불할 수 있는 금액과 100원짜리 동
전 1개로 지불할 수 있는 금액이 같고, 100원짜리 동전 5
개로 지불할 수 있는 금액과 500원짜리 동전 1개로 지불할
수 있는 금액이 같으므로 500원짜리 동전 2개를 100원짜
리 동전 10개로 바꾸어 생각하고 다시 100원짜리 동전 15
개를 50원짜리 동전 30개로 바꾸어 생각하면 지불할 수 있
는 금액의 수는 50원짜리 동전 34개로 지불할 수 있는 금
액의 수와 같다.
50원짜리 동전 34개로 지불할 수 있는 금액은
0원, 50원, 100원, …, 1700원의 35가지

이때 0원을 지불하는 경우는 세외해야 하므로 지불할 수
있는 금액의 수는
$35 - 1 = 34$

07-❶ 답 6

A 영역에 칠할 수 있는 색은 3가지
B 영역에 칠할 수 있는 색은 A 영역에 칠한 색을 제외한
2가지
C 영역에 칠할 수 있는 색은 A 영역과 B 영역에 칠한 색을
제외한 1가지
D 영역에 칠할 수 있는 색은 A 영역과 C 영역에 칠한 색을
제외한 1가지
따라서 구하는 방법의 수는
$3 \times 2 \times 1 \times 1 = 6$

07-❷ 답 48

B 영역에 칠할 수 있는 색은 4가지
A 영역에 칠할 수 있는 색은 B 영역에 칠한 색을 제외한
3가지
C 영역에 칠할 수 있는 색은 A 영역과 B 영역에 칠한 색을
제외한 2가지
D 영역에 칠할 수 있는 색은 B 영역과 C 영역에 칠한 색을
제외한 2가지
따라서 구하는 방법의 수는
$4 \times 3 \times 2 \times 2 = 48$

07-❸ 답 96

A 영역에 칠할 수 있는 색은 4가지
B 영역에 칠할 수 있는 색은 A 영역에 칠한 색을 제외한
3가지
C 영역에 칠할 수 있는 색은 A 영역과 B 영역에 칠한 색을
제외한 2가지
D 영역에 칠할 수 있는 색은 A 영역과 C 영역에 칠한 색을
제외한 2가지
E 영역에 칠할 수 있는 색은 A 영역과 D 영역에 칠한 색을
제외한 2가지
따라서 구하는 방법의 수는
$4 \times 3 \times 2 \times 2 \times 2 = 96$

08-❶ 답 44

$a_i \neq i$이려면 $a_1 \neq 1$, $a_2 \neq 2$, $a_3 \neq 3$, $a_4 \neq 4$, $a_5 \neq 5$이어야 하므
로 a_1의 값은 2, 3, 4, 5 중의 하나이다.
$a_1 = 2$일 때, 주어진 조건을 만족시키는 경우를 수형도로 나타
내면 다음과 같다.

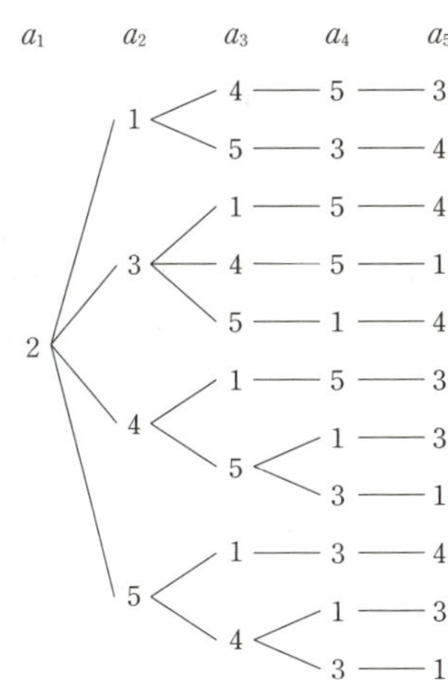

즉, $a_1=2$일 때 조건을 만족시키는 경우의 수는 11이다.
같은 방법으로 $a_1=3$, $a_1=4$, $a_1=5$일 때 조건을 만족시키는 경우의 수도 각각 11이므로 구하는 경우의 수는
$$11 \times 4 = 44$$

08-❷ 답 18

만의 자리 숫자와 일의 자리의 숫자가 모두 1인 경우를 수형도로 나타내면 다음과 같다.

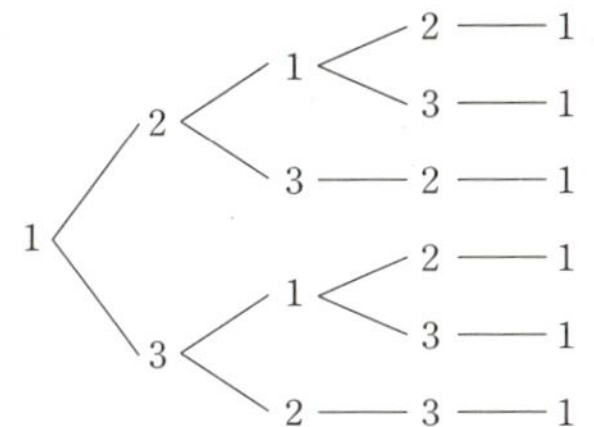

즉, 만의 자리 숫자와 일의 자리의 숫자가 모두 1일 때 조건을 만족시키는 경우의 수는 6이다.
같은 방법으로 만의 자리 숫자와 일의 자리 숫자가 모두 2 또는 3일 때 조건을 만족시키는 경우의 수도 각각 6이므로 구하는 경우의 수는
$$6 \times 3 = 18$$

08-❸ 답 4

주어진 정육면체의 꼭짓점 A를 출발하여 꼭짓점 C를 지나지 않고 꼭짓점 G에 최단거리로 도착하는 경우를 수형도로 나타내면 오른쪽과 같다.
따라서 구하는 방법의 수는 4이다.

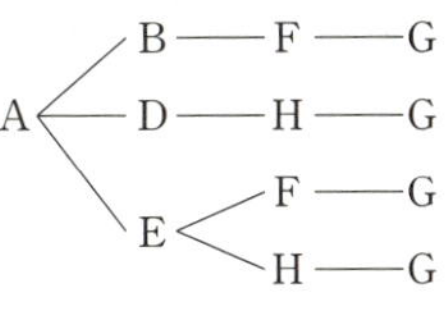

---

01 (i) 5로 나누었을 때의 나머지가 1인 자연수는
　　1, 6, 11, 16, $\cdots$, 46의 10개
(ii) 5로 나누었을 때의 나머지가 2인 자연수는
　　2, 7, 12, 17, $\cdots$, 47의 10개
(i), (ii)는 동시에 일어날 수 없으므로 구하는 자연수의 개수는
$$10+10=20$$

02 x, y, z가 자연수이므로 $x \geq 1$, $y \geq 1$, $z \geq 1$
주어진 부등식에서 x가 될 수 있는 자연수는
$8 \leq 8x < 18$에서 $1 \leq x < \dfrac{9}{4}$ 　　$\therefore$ $x=1$ 또는 $x=2$
(i) $x=1$일 때, $8+3y+z \leq 18$, 즉 $3y+z \leq 10$이므로 y가 될 수 있는 자연수는
$3 \leq 3y < 10$에서 $1 \leq y < \dfrac{10}{3}$
$\therefore$ $y=1$ 또는 $y=2$ 또는 $y=3$
ⓐ $y=1$일 때, $3+z \leq 10$, 즉 $z \leq 7$이므로 순서쌍 (x, y, z)는
$(1, 1, 1)$, $(1, 1, 2)$, $(1, 1, 3)$, $\cdots$, $(1, 1, 7)$의 7개
ⓑ $y=2$일 때, $6+z \leq 10$, 즉 $z \leq 4$이므로 순서쌍 (x, y, z)는
$(1, 2, 1)$, $(1, 2, 2)$, $(1, 2, 3)$, $(1, 2, 4)$의 4개
ⓒ $y=3$일 때, $9+z \leq 10$, 즉 $z \leq 1$이므로 순서쌍 (x, y, z)는
$(1, 3, 1)$의 1개
ⓐ, ⓑ, ⓒ에서 조건을 만족시키는 모든 순서쌍 (x, y, z)의 개수는 $7+4+1=12$
(ii) $x=2$일 때, $16+3y+z \leq 18$, 즉 $3y+z \leq 2$이므로 순서쌍 (x, y, z)는 존재하지 않는다. ⌐y, z가 자연수이므로 $3y+z \geq 4$
(i), (ii)에서 구하는 모든 순서쌍 (x, y, z)의 개수는 12이다.

03 두 자리의 자연수의 각 자리의 수의 합이 짝수이려면 각 자리의 수가 모두 홀수이거나 십의 자리의 수가 짝수이고 일의 자리의 수는 0 또는 짝수이어야 한다.
(i) (홀수)+(홀수)인 경우
십의 자리에 올 수 있는 숫자는 1, 3, 5의 3개
일의 자리에 올 수 있는 숫자는 1, 3, 5 중에서 십의 자리에 오는 숫자를 제외한 2개
즉, 이 경우의 수는
$$3 \times 2 = 6$$
(ii) (짝수)+(0 또는 짝수)인 경우
십의 자리에 올 수 있는 숫자는 2, 4의 2개
일의 자리에 올 수 있는 숫자는 0, 2, 4 중에서 십의 자리에 오는 숫자를 제외한 2개
즉, 이 경우의 수는
$$2 \times 2 = 4$$

(i), (ii)는 동시에 일어날 수 없으므로 구하는 경우의 수는
$6+4=10$

04 360을 소인수분해하면
$360=2^3\times3^2\times5$
3의 배수는 3을 소인수로 가지므로 360의 약수 중 3의 배수의 개수는 $2^3\times3\times5$의 약수의 개수와 같다.
2^3의 약수는 1, 2, 2^2, 2^3의 4개
3의 약수는 1, 3의 2개
5의 약수는 1, 5의 2개
따라서 구하는 3의 배수의 개수는
$4\times2\times2=16$

→ $2^3\times3\times5$의 약수에 각각 3을 곱한 것이 360의 약수 중 3의 배수이다.

05 A 지역에서 출발하여 B 지역과 C 지역을 모두 거쳐 D 지역으로 이동하는 경로는 A → B → C → D, A → C → B → D의 2가지가 있다.
(i) A → B → C → D로 이동하는 경우
A 지역에서 B 지역으로 이동하는 경우의 수는 2이고, 그 각각에 대하여 B 지역에서 C 지역으로 이동하는 경우의 수는 3, C 지역에서 D 지역으로 이동하는 경우의 수는 2이므로
$2\times3\times2=12$
(ii) A → C → B → D로 이동하는 경우
A 지역에서 C 지역으로 이동하는 경우의 수는 1, C 지역에서 B 지역으로 이동하는 경우의 수는 3이고, 그 각각에 대하여 B 지역에서 D 지역으로 이동하는 경우의 수는 1이므로
$1\times3\times1=3$
(i), (ii)는 동시에 일어날 수 없으므로 구하는 경우의 수는
$12+3=15$

06 1000원짜리 지폐 4장으로 지불할 수 있는 방법은
0장, 1장, 2장, 3장, 4장의 5가지
5000원짜리 지폐 2장으로 지불할 수 있는 방법은
0장, 1장, 2장의 3가지
10000원짜리 지폐 3장으로 지불할 수 있는 방법은
0장, 1장, 2장, 3장의 4가지
이때 0원을 지불하는 경우는 제외해야 하므로 지불할 수 있는 방법의 수는
$a=5\times3\times4-1=59$
5000원짜리 지폐 2장으로 지불할 수 있는 금액과 10000원짜리 지폐 1장으로 지불할 수 있는 금액이 같으므로 10000원짜리 지폐 3장을 5000원짜리 지폐 6장으로 바꾸어 생각하면 지불할 수 있는 금액의 수는 1000원짜리 지폐 4장, 5000원짜리 지폐 8장으로 지불할 수 있는 금액의 수와 같다.

1000원짜리 지폐 4장으로 지불할 수 있는 금액은
0원, 1000원, 2000원, 3000원, 4000원의 5가지
5000원짜리 지폐 8장으로 지불할 수 있는 금액은
0원, 5000원, 10000원, $\cdots$, 40000원의 9가지
이때 0원을 지불하는 경우는 제외해야 하므로 지불할 수 있는 금액의 수는
$b=5\times9-1=44$
$\therefore a-b=59-44=15$

07 B 영역에 칠할 수 있는 색은 5가지
C 영역에 칠할 수 있는 색은 B 영역에 칠한 색을 제외한 4가지
D 영역에 칠할 수 있는 색은 B 영역과 C 영역에 칠한 색을 제외한 3가지
E 영역에 칠할 수 있는 색은 B 영역과 D 영역에 칠한 색을 제외한 3가지
A 영역에 칠할 수 있는 색은 C 영역에 칠한 색을 제외한 4가지
따라서 구하는 방법의 수는
$5\times4\times3\times3\times4=720$

08 최고 자리의 숫자가 1인 경우를 수형도로 나타내면 다음과 같다.

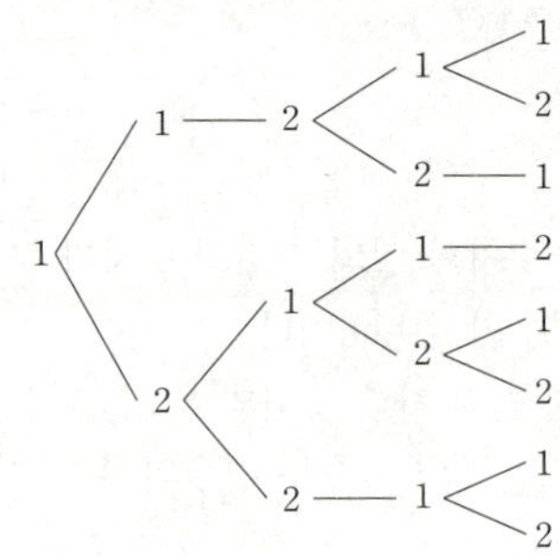

즉, 최고 자리 숫자가 1일 때 조건을 만족시키는 자연수의 개수는 8이다.
같은 방법으로 최고 자리 숫자가 2일 때 조건을 만족시키는 자연수의 개수도 8이므로 구하는 자연수의 개수는
$8\times2=16$

○2 순열

1 답 $_4P_2$, 12
서로 다른 4개에서 2개를 택하는 순열의 수는 기호로 $_4P_2$이고
$_4P_2=4\times3=12$
→ 4부터 시작하여
→ 2개의 자연수를 곱한다.

2 답 (1) 12 (2) 24 (3) 12 (4) 3

(1) $2! \times 3! = (2 \times 1) \times (3 \times 2 \times 1) = 12$

(2) $0! \times 4! = 1 \times (4 \times 3 \times 2 \times 1) = 24$

(3) $_3\mathrm{P}_3 \times 2! = 3! \times 2! = (3 \times 2 \times 1) \times (2 \times 1) = 12$

(4) $_2\mathrm{P}_0 \times _3\mathrm{P}_1 = 1 \times \dfrac{3!}{(3-1)!} = \dfrac{3!}{2!} = \dfrac{3 \times 2 \times 1}{2 \times 1} = 3$

3 답 (1) 48 (2) 12

(1) 남학생 2명을 한 사람으로 생각하여 4명을 일렬로 세우는 방법의 수는

$4! = 4 \times 3 \times 2 \times 1 = 24$

그 각각에 대하여 남학생 2명이 서로 자리를 바꾸는 방법의 수는

$2! = 2 \times 1 = 2$

따라서 구하는 방법의 수는

$24 \times 2 = 48$

(2) 남학생 2명을 일렬로 세우는 방법의 수는

$2! = 2 \times 1 = 2$

그 각각에 대하여 남학생 2명의 사이와 양 끝의 3개의 자리에 여학생 3명을 세우는 방법의 수는

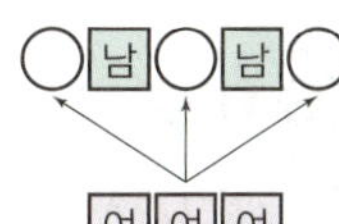

$_3\mathrm{P}_3 = 3! = 3 \times 2 \times 1 = 6$

따라서 구하는 방법의 수는

$2 \times 6 = 12$

집중 연습
• 본문 265쪽

01 (1) 60 (2) 30 (3) 7 (4) 56
　　　(5) 72 (6) 120 (7) 720 (8) 336

02 (1) 24 (2) 720 (3) 2 (4) 120
　　　(5) 24 (6) 120 (7) 144 (8) 2

03 (1) 5 (2) 3 (3) 7 (4) 4
　　　(5) 3 (6) 9 (7) 3 (8) 0 또는 1

01 (1) $_5\mathrm{P}_3 = 5 \times 4 \times 3 = 60$

(2) $_6\mathrm{P}_2 = 6 \times 5 = 30$

(3) $_7\mathrm{P}_1 = 7$

(4) $_8\mathrm{P}_2 = 8 \times 7 = 56$

(5) $_4\mathrm{P}_2 \times _3\mathrm{P}_2 = (4 \times 3) \times (3 \times 2) = 72$

(6) $_5\mathrm{P}_2 \times _3\mathrm{P}_3 = (5 \times 4) \times (3 \times 2 \times 1) = 120$

(7) $_4\mathrm{P}_3 \times _6\mathrm{P}_2 = (4 \times 3 \times 2) \times (6 \times 5) = 720$

(8) $_8\mathrm{P}_1 \times _7\mathrm{P}_2 = 8 \times (7 \times 6) = 336$

02 (1) $4! = 4 \times 3 \times 2 \times 1 = 24$

(2) $6! = 6 \times 5 \times 4 \times 3 \times 2 \times 1 = 720$

---

(3) $2! \times 0! = (2 \times 1) \times 1 = 2$

(4) $_5\mathrm{P}_5 \times 0! = (5 \times 4 \times 3 \times 2 \times 1) \times 1 = 120$

(5) $_{100}\mathrm{P}_0 \times 4! = 1 \times (4 \times 3 \times 2 \times 1) = 24$

(6) $_5\mathrm{P}_3 \times 2! = (5 \times 4 \times 3) \times (2 \times 1) = 120$

(7) $_4\mathrm{P}_3 \times 3! = (4 \times 3 \times 2) \times (3 \times 2 \times 1) = 144$

(8) $_4\mathrm{P}_2 \times \dfrac{1}{3!} = 4 \times 3 \times \dfrac{1}{3 \times 2 \times 1} = 2$

03 (1) $_n\mathrm{P}_2 = n(n-1) = 20 = 5 \times 4$이므로

$n = 5$

(2) $_5\mathrm{P}_r = 60 = 5 \times 4 \times 3$이므로

$r = 3$

(3) $_n\mathrm{P}_3 = n(n-1)(n-2) = 210 = 7 \times 6 \times 5$이므로

$n = 7$

(4) $_6\mathrm{P}_r = 360 = 6 \times 5 \times 4 \times 3$이므로

$r = 4$

(5) $r! = 6 = 3 \times 2 \times 1 = 3!$이므로

$r = 3$

(6) $9! = r \times 8!$에서

$9! = 9 \times 8 \times 7 \times \cdots \times 1$,

$8! = 8 \times 7 \times 6 \times \cdots \times 1$이므로

$r = 9$

(7) $_3\mathrm{P}_3 = 3 \times 2 \times 1 = 3!$이므로 $_3\mathrm{P}_3 = r!$에서

$r = 3$

(8) $3! = 3 \times 2 \times 1 = 6$이므로 $r! \times 3! = 6$에서

$r! = 1$

이때 $0! = 1$이고 $1! = 1$이므로

$r = 0$ 또는 $r = 1$

유제
• 본문 266~272쪽

01-❶ 답 (1) 7 (2) 4

(1) $_n\mathrm{P}_3 = n(n-1)(n-2)$이므로 $_n\mathrm{P}_3 = 5n(n-1)$에서

$n(n-1)(n-2) = 5n(n-1)$　→ $n(n-1) \neq 0$

$n \geq 3$이므로 양변을 $n(n-1)$로 나누면

$n - 2 = 5$　∴ $n = 7$

(2) $_{n+2}\mathrm{P}_2 = (n+2)(n+1)$, $_{n+1}\mathrm{P}_3 = (n+1)n(n-1)$이므로

$_{n+2}\mathrm{P}_2 + _{n+1}\mathrm{P}_3 = 90$에서

$(n+2)(n+1) + (n+1)n(n-1) = 90$

$n^3 + n^2 + 2n - 88 = 0$, $(n-4)(n^2 + 5n + 22) = 0$

∴ $n = 4$　→ $D = 5^2 - 4 \times 1 \times 22 = -63 < 0$
이므로 실근이 존재하지 않는다.

01-❷ 답 12

$_{n+1}\mathrm{P}_3 : _{n+2}\mathrm{P}_2 = 2 : 1$에서 $_{n+1}\mathrm{P}_3 = 2 \times _{n+2}\mathrm{P}_2$이므로

$(n+1)n(n-1)=2(n+2)(n+1)$
$n \geq 2$이므로 위의 식의 양변을 $n+1$로 나누면
$n(n-1)=2(n+2)$, $n^2-3n-4=0$
$(n+1)(n-4)=0$ $\therefore n=4$ $(\because n \geq 2)$
$\therefore {}_n\mathrm{P}_2={}_4\mathrm{P}_2=4 \times 3=12$

| 참고 |
${}_{n+1}\mathrm{P}_3$에서 $n+1 \geq 3$ $\therefore n \geq 2$ ······ ㉠
${}_{n+2}\mathrm{P}_2$에서 $n+2 \geq 2$ $\therefore n \geq 0$ ······ ㉡
㉠, ㉡에서 $n \geq 2$

01-❸ 답 8

$4({}_{n+1}\mathrm{P}_2+{}_n\mathrm{P}_3)=3 \times {}_{n+1}\mathrm{P}_3$에서
$4\{(n+1)n+n(n-1)(n-2)\}=3(n+1)n(n-1)$
$4n\{(n+1)+(n-1)(n-2)\}=3(n+1)n(n-1)$
$n \geq 3$이므로 위의 식의 양변을 n으로 나누면
$4\{(n+1)+(n-1)(n-2)\}=3(n+1)(n-1)$
$n^2-8n+15=0$, $(n-3)(n-5)=0$
$\therefore n=3$ 또는 $n=5$
따라서 모든 자연수 n의 값의 합은
$3+5=8$

| 참고 |
${}_{n+1}\mathrm{P}_2$에서 $n+1 \geq 2$ $\therefore n \geq 1$ ······ ㉠
${}_n\mathrm{P}_3$에서 $n \geq 3$ ······ ㉡
${}_{n+1}\mathrm{P}_3$에서 $n+1 \geq 3$ $\therefore n \geq 2$ ······ ㉢
㉠, ㉡, ㉢에서 $n \geq 3$

02-❶ 답 (1) 720 (2) 360 (3) 120

(1) 서로 다른 6개에서 6개를 택하는 순열의 수와 같으므로
$${}_6\mathrm{P}_6=6!=6 \times 5 \times 4 \times 3 \times 2 \times 1=720$$

(2) 서로 다른 6개에서 4개를 택하는 순열의 수와 같으므로
$${}_6\mathrm{P}_4=6 \times 5 \times 4 \times 3=360$$

(3) 서로 다른 6개에서 3개를 택하는 순열의 수와 같으므로
$${}_6\mathrm{P}_3=6 \times 5 \times 4=120$$

02-❷ 답 (1) 42 (2) 6

(1) 서로 다른 7개에서 2개를 택하는 순열의 수와 같으므로
$${}_7\mathrm{P}_2=7 \times 6=42$$

(2) 서로 다른 3개에서 2개를 택하는 순열의 수와 같으므로
$${}_3\mathrm{P}_2=3 \times 2=6$$ ← 여학생 중에서 뽑는다고 생각하면 된다.

02-❸ 답 3

8명 중에서 r명을 뽑아 일렬로 세우는 방법의 수는 서로 다른 8개에서 r개를 택하는 순열의 수와 같으므로
$${}_8\mathrm{P}_r=336=8 \times 7 \times 6$$
$\therefore r=3$

03-❶ 답 (1) 48 (2) 12

(1) 상의 2개를 한 개로 생각하여 4개 
를 일렬로 세우는 방법의 수는
$4!=4 \times 3 \times 2 \times 1=24$
그 각각에 대하여 상의 2개가 서로 자리를 바꾸는 경우의 수는
$2!=2 \times 1=2$
따라서 구하는 방법의 수는
$24 \times 2=48$

(2) 상의 2개를 일렬로 거는 방법의 수는 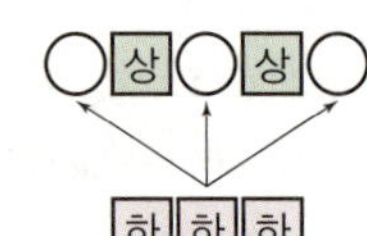
$2!=2 \times 1=2$
그 각각에 대하여 상의 2개의 사이와
양 끝의 3개의 자리 중에서 3개의 자
리에 하의 3개를 거는 방법의 수는
${}_3\mathrm{P}_3=3!=3 \times 2 \times 1=6$
따라서 구하는 방법의 수는
$2 \times 6=12$

03-❷ 답 720

모음인 I, A, E를 한 문자로 
생각하여 5개의 문자를 일렬로
나열하는 방법의 수는
$5!=5 \times 4 \times 3 \times 2 \times 1=120$
그 각각에 대하여 모음인 I, A, E가 서로 자리를 바꾸는 방법
의 수는
$3!=3 \times 2 \times 1=6$
따라서 구하는 방법의 수는
$120 \times 6=720$

03-❸ 답 ⑤

홀수 1, 3, 5의 3개를 일렬로 세우는 경우의 수는
$3!=3 \times 2 \times 1=6$
그 각각에 대하여 홀수 사이사이와 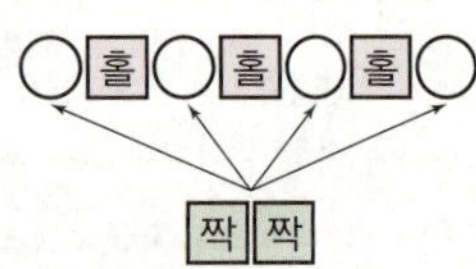
양 끝의 4개의 자리에 짝수 2, 4의
2개를 나열하는 경우의 수는
${}_4\mathrm{P}_2=4 \times 3=12$
따라서 구하는 경우의 수는
$6 \times 12=72$

04-❶ 답 (1) 48 (2) 96

(1) m과 s를 양 끝에 나열하는 경우의 수는
$2!=2 \times 1=2$
m과 s를 제외한 나머지 4개의 문자를 일렬로 나열하는 경
우의 수는
$4!=4 \times 3 \times 2 \times 1=24$

따라서 구하는 경우의 수는

$2 \times 24 = 48$ →a, t, e, r

(2) m과 s 사이에 4개의 문자 중에서 3개의 문자를 택하여 일렬로 나열하는 경우의 수는

$_4P_3 = 4 \times 3 \times 2 = 24$

m□□□s를 한 문자로 생각하여 2개의 문자를 일렬로 나열하는 경우의 수는

$2! = 2 \times 1 = 2$

이때 m과 s의 자리를 바꾸는 경우의 수는

$2! = 2$

따라서 구하는 경우의 수는

$24 \times 2 \times 2 = 96$

04-② **답** 288

여학생 4명 중에서 2명을 선택하여 양 끝에 나열하는 경우의 수는

$_4P_2 = 4 \times 3 = 12$

양 끝의 여학생 2명을 제외한 나머지 4명의 학생을 일렬로 나열하는 경우의 수는

$4! = 4 \times 3 \times 2 \times 1 = 24$

따라서 구하는 경우의 수는

$12 \times 24 = 288$

04-③ **답** 720

a를 맨 처음에, m을 5번째에, s를 맨 마지막에 고정시키고, 나머지 6개의 빈 자리에 a, m, s를 제외한 나머지 6개의 문자를 나열하면 되므로 구하는 경우의 수는

$6! = 6 \times 5 \times 4 \times 3 \times 2 \times 1 = 720$

05-① **답** 84

적어도 한쪽 끝에 남학생이 오도록 세우는 방법의 수는 전체 방법의 수에서 양 끝에 여학생이 오도록 세우는 방법의 수를 빼면 된다.

5명을 일렬로 세우는 방법의 수는

$5! = 5 \times 4 \times 3 \times 2 \times 1 = 120$

양 끝에 여학생 3명 중에서 2명을 뽑아 일렬로 세우는 방법의 수는

$_3P_2 = 3 \times 2 = 6$

가운데에 나머지 3명을 일렬로 세우는 방법의 수는

$3! = 3 \times 2 \times 1 = 6$

즉, 양 끝에 여학생이 오도록 세우는 방법의 수는

$6 \times 6 = 36$

따라서 구하는 방법의 수는

$120 - 36 = 84$

05-② **답** 72

e와 a 사이에 적어도 1개의 문자가 오도록 나열하는 경우의 수는 전체 경우의 수에서 e와 a 사이에 문자가 오지 않도록 나열하는 경우의 수를 빼면 된다.

5개의 문자를 일렬로 나열하는 경우의 수는

$5! = 5 \times 4 \times 3 \times 2 \times 1 = 120$

한편, e와 a 사이에 문자가 오지 않도록 나열하는 경우의 수는 e와 a가 이웃하도록 나열하는 경우의 수와 같다.

e와 a를 한 문자로 생각하여 4개의 문자를 일렬로 나열하는 경우의 수는

$4! = 4 \times 3 \times 2 \times 1 = 24$

그 각각에 대하여 e와 a가 서로 자리를 바꾸는 경우의 수는

$2! = 2 \times 1 = 2$

즉, e와 a가 이웃하도록 나열하는 경우의 수는

$24 \times 2 = 48$

따라서 구하는 경우의 수는

$120 - 48 = 72$

05-③ **답** 816

각 자리의 수 중에서 적어도 하나는 짝수인 네 자리의 자연수의 개수는 만들 수 있는 네 자리의 자연수의 개수에서 각 자리의 수가 모두 홀수인 네 자리의 자연수의 개수를 빼면 된다.

만들 수 있는 네 자리의 자연수의 개수는 7개의 숫자 중에서 4개를 택하여 일렬로 나열하면 되므로

$_7P_4 = 7 \times 6 \times 5 \times 4 = 840$

각 자리의 수가 모두 홀수인 네 자리의 자연수의 개수는

$_4P_4 = 4! = 4 \times 3 \times 2 \times 1 = 24$ ← 홀수가 1, 3, 5, 7의 4개이므로

따라서 구하는 네 자리의 자연수의 개수는

$840 - 24 = 816$

06-① **답** (1) 300 (2) 144

(1) 천의 자리에는 0이 올 수 없으므로 천의 자리에 올 수 있는 숫자는

1, 2, 3, 4, 5의 5개

그 각각에 대하여 백의 자리, 십의 자리, 일의 자리에는 천의 자리에 온 숫자를 제외한 5개의 숫자 중에서 3개를 택하여 일렬로 나열하면 되므로 구하는 네 자리의 자연수의 개수는

$5 \times _5P_3 = 5 \times (5 \times 4 \times 3) = 300$

(2) 홀수이려면 일의 자리의 숫자가 1 또는 3 또는 5이어야 한다.

천의 자리에 올 수 있는 숫자는 0과 일의 자리에 온 숫자를 제외한 4개

그 각각에 대하여 백의 자리, 십의 자리에는 천의 자리와 일의 자리에 온 숫자를 제외한 4개의 숫자 중에서 2개를 택하여 일렬로 나열하면 되므로 구하는 홀수의 개수는

$3 \times 4 \times _4P_2 = 3 \times 4 \times (4 \times 3) = 144$
└─ 일의 자리에 올 수 있는 숫자의 개수

06-❷ 답 48

일의 자리, 백의 자리에는 3의 배수인 3, 6의 2개의 수 중에서 2개를 택하여 나열하면 되므로

$$2! = 2 \times 1 = 2$$

그 각각에 대하여 나머지 네 자리에 올 수 있는 수는 3, 6을 제외한 4개의 숫자 중에서 4개를 택하여 나열하면 되므로

$$_4\mathrm{P}_4 = 4! = 4 \times 3 \times 2 \times 1 = 24$$

따라서 구하는 자연수의 개수는

$$2 \times 24 = 48$$

06-❸ 답 40

3의 배수이려면 각 자리의 수의 합이 3의 배수이어야 한다.

0, 1, 2, 3, 4, 5의 6개의 수 중에서 3개를 택할 때, 그 합이 3의 배수가 되는 경우를 순서쌍으로 나타내면 다음과 같다.

$(0, 1, 2)$, $(0, 1, 5)$, $(0, 2, 4)$, $(0, 4, 5)$,
$(1, 2, 3)$, $(1, 3, 5)$, $(2, 3, 4)$, $(3, 4, 5)$

(i) $(0, 1, 2)$, $(0, 1, 5)$, $(0, 2, 4)$, $(0, 4, 5)$의 경우

백의 자리에는 0이 올 수 없으므로 백의 자리에 올 수 있는 숫자는 0을 제외한 2개

그 각각에 대하여 십의 자리, 일의 자리에는 백의 자리에 온 숫자를 제외한 2개의 숫자를 일렬로 나열하면 되므로 이 경우의 자연수의 개수는

$$4 \times 2 \times 2! = 4 \times 2 \times (2 \times 1) = 16$$

(ii) $(1, 2, 3)$, $(1, 3, 5)$, $(2, 3, 4)$, $(3, 4, 5)$의 경우

3개의 숫자를 일렬로 나열하면 되므로 이 경우의 자연수의 개수는

$$4 \times 3! = 4 \times (3 \times 2 \times 1) = 24$$

(i), (ii)에서 구하는 3의 배수의 개수는

$$16 + 24 = 40$$

| 참고 | **배수 판정법**

(1) 2의 배수: 일의 자리 숫자가 0 또는 2 또는 4 또는 6 또는 8인 수
(2) 3의 배수: 각 자리의 수의 합이 3의 배수인 수
(3) 4의 배수: 끝의 두 자리의 수가 4의 배수 또는 00인 수
(4) 5의 배수: 일의 자리 숫자가 0 또는 5인 수
(5) 6의 배수: (1)과 (2)를 만족시키는 수, 즉 2의 배수이면서 3의 배수인 수
(6) 8의 배수: 끝의 세 자리의 수가 8의 배수인 수
(7) 9의 배수: 각 자리의 수의 합이 9의 배수인 수

07-❶ 답 (1) 9번째 (2) $cabed$

(1) $ab\square\square\square$ 꼴인 문자열의 개수는 $3! = 3 \times 2 \times 1 = 6$

$acb\square\square$ 꼴인 문자열의 개수는 $2! = 2 \times 1 = 2$

이때 $acdbe$는 $acd\square\square$ 꼴에서 첫 번째에 오는 문자열이므로

$$6 + 2 + 1 = 9(번째)$$

(2) $a\square\square\square\square$ 꼴인 문자열의 개수는 $4! = 4 \times 3 \times 2 \times 1 = 24$

$b\square\square\square\square$ 꼴인 문자열의 개수는 $4! = 24$

이때 $24 + 24 = 48$이므로 50번째에 오는 문자열은

$c\square\square\square\square$ 꼴에서 두 번째에 오는 문자열이다.

$c\square\square\square\square$ 꼴의 문자열을 사전식으로 나열하면

$cabde$, $cabed$, $\cdots$

이므로 50번째에 오는 문자열은 $cabed$이다.

07-❷ 답 54

35000보다 큰 자연수는

$35\square\square\square$, $4\square\square\square\square$, $5\square\square\square\square$

꼴이다.

$35\square\square\square$ 꼴인 자연수의 개수는 $3! = 3 \times 2 \times 1 = 6$

$4\square\square\square\square$ 꼴인 자연수의 개수는 $4! = 4 \times 3 \times 2 \times 1 = 24$

$5\square\square\square\square$ 꼴인 자연수의 개수는 $4! = 24$

따라서 구하는 자연수의 개수는

$$6 + 24 + 24 = 54$$

07-❸ 답 4103

$1\square\square\square$ 꼴인 자연수의 개수는 $_4\mathrm{P}_3 = 4 \times 3 \times 2 = 24$

$2\square\square\square$ 꼴인 자연수의 개수는 $_4\mathrm{P}_3 = 24$

$3\square\square\square$ 꼴인 자연수의 개수는 $_4\mathrm{P}_3 = 24$

$40\square\square$ 꼴인 자연수의 개수는 $_3\mathrm{P}_2 = 3 \times 2 = 6$

이때

$$24 + 24 + 24 + 6 = 78$$

이므로 80번째에 오는 자연수는 $41\square\square$ 꼴에서 두 번째에 오는 자연수이다.

$41\square\square$ 꼴의 자연수를 작은 수부터 차례대로 나열하면

4102, 4103, $\cdots$

이므로 80번째에 오는 자연수는 4103이다.

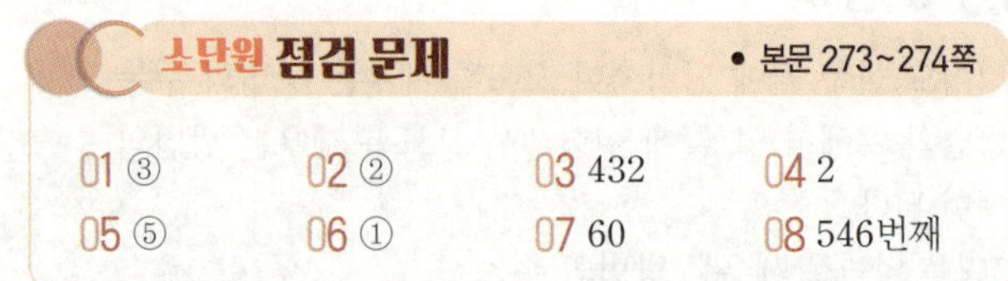

01 ③	02 ②	03 432	04 2
05 ⑤	06 ①	07 60	08 546번째

01 $12 \times {}_7\mathrm{P}_r \geq {}_7\mathrm{P}_{r+2}$ 에서

$$12 \times \frac{7!}{(7-r)!} \geq \frac{7!}{\{7-(r+2)\}!}$$

$$\frac{12}{(7-r)!} \geq \frac{1}{(5-r)!}$$

위의 부등식의 양변에 $(7-r)!$을 곱하면

$$12 \geq \frac{(7-r)!}{(5-r)!}, \quad 12 \geq (7-r)(6-r)$$

$$r^2 - 13r + 30 \leq 0, \quad (r-3)(r-10) \leq 0$$

$$\therefore 3 \leq r \leq 10$$

이때 $0 \leq r \leq 5$이므로

$3 \leq r \leq 5$

따라서 조건을 만족시키는 자연수 r는 3, 4, 5의 3개이다.

| 참고 |

$_7\mathrm{P}_r$에서 $0 \leq r \leq 7$ ······ ㉠

$_7\mathrm{P}_{r+2}$에서 $0 \leq r+2 \leq 7$ ∴ $-2 \leq r \leq 5$ ······ ㉡

㉠, ㉡에서 $0 \leq r \leq 5$

02 구하는 방법의 수는 7명 중에서 3명을 택하는 순열의 수와 같으므로

$_7\mathrm{P}_3 = 7 \times 6 \times 5 = 210$

03 1학년 학생 3명을 한 사람으로, 2학년 학생 3명을 한 사람으로, 3학년 학생 2명을 한 사람으로 생각하여 3명을 일렬로 세우는 방법의 수는

$3! = 3 \times 2 \times 1 = 6$

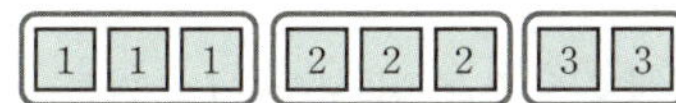

그 각각에 대하여 1학년 학생 3명이 서로 자리를 바꾸는 방법의 수는

$3! = 6$

2학년 학생 3명이 서로 자리를 바꾸는 방법의 수는

$3! = 6$

3학년 학생 2명이 서로 자리를 바꾸는 방법의 수는

$2! = 2 \times 1 = 2$

따라서 구하는 방법의 수는

$6 \times 6 \times 6 \times 2 = 432$

04 축구 선수 5명을 일렬로 세우는 방법의 수는

$5! = 5 \times 4 \times 3 \times 2 \times 1 = 120$

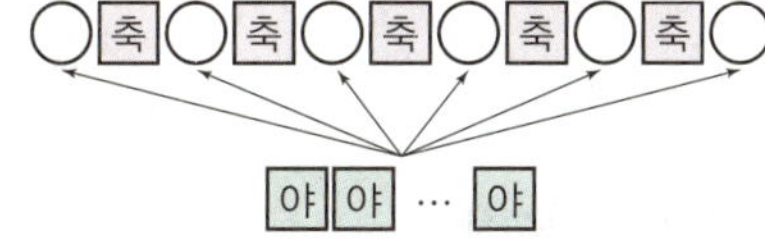

그 각각에 대하여 축구 선수 5명의 사이사이와 양 끝의 6개의 자리 중에서 n개의 자리에 야구 선수 n명을 세우는 방법의 수는

$_6\mathrm{P}_n$

즉, $120 \times _6\mathrm{P}_n = 3600$이므로

$_6\mathrm{P}_n = 30 = 6 \times 5$

∴ $n = 2$

05 두 학생 A, B가 앉는 줄을 선택하는 경우의 수는

2

두 학생 A, B가 같은 줄에 있는 3개의 좌석 중 2개의 좌석에 앉는 경우의 수는

$_3\mathrm{P}_2 = 3 \times 2 = 6$

A, B를 제외한 나머지 3명의 학생이 A, B가 앉은 줄의 맞은편에 있는 3개의 좌석에 앉는 경우의 수는

$3! = 3 \times 2 \times 1 = 6$

따라서 구하는 경우의 수는

$2 \times 6 \times 6 = 72$

06 적어도 2개의 모음이 이웃하도록 나열하는 경우의 수는 전체 경우의 수에서 모음끼리 이웃하지 않도록 나열하는 경우의 수를 빼면 된다.

7개의 문자를 일렬로 나열하는 경우의 수는

$7! = 7 \times 6 \times 5 \times \cdots \times 1 = 5040$

자음인 r, m, n, c 4개의 문자를 일렬로 나열하는 경우의 수는

$4! = 4 \times 3 \times 2 \times 1 = 24$

그 각각에 대하여 4개의 자음 사이사이와 양 끝의 5개의 자리 중에서 3개의 자리에 모음인 o, a, e 3개의 문자를 나열하는 경우의 수는

$_5\mathrm{P}_3 = 5 \times 4 \times 3 = 60$

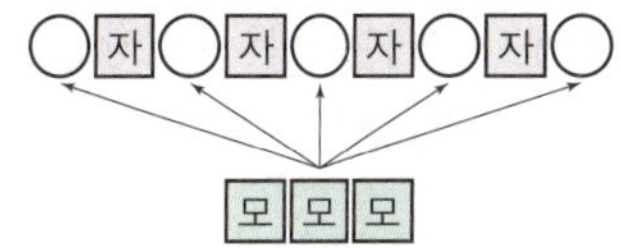

즉, 모음끼리 이웃하지 않도록 나열하는 경우의 수는

$24 \times 60 = 1440$

따라서 구하는 경우의 수는

$5040 - 1440 = 3600$

07 2의 배수이면서 5의 배수인 자연수는 2와 5의 최소공배수인 10의 배수이다.

10의 배수이려면 일의 자리의 수가 0이어야 하므로 천의 자리, 백의 자리, 십의 자리에는 0을 제외한 5개의 수 중에서 3개를 택하여 일렬로 나열하면 된다.

따라서 구하는 자연수의 개수는

$_5\mathrm{P}_3 = 5 \times 4 \times 3 = 60$

08 '1□□□□□', '2□□□□□', '3□□□□□', '4□□□□□' 꼴인 수의 개수는 각각

$5! = 5 \times 4 \times 3 \times 2 \times 1 = 120$

'51□□□□', '52□□□□' 꼴인 수의 개수는 각각

$4! = 4 \times 3 \times 2 \times 1 = 24$

'531□□□', '532□□□' 꼴인 수의 개수는 각각

$3! = 3 \times 2 \times 1 = 6$

'5341□□', '5342□□' 꼴인 수의 개수는 각각

$2! = 2 \times 1 = 2$

이때 '534621'은 '5346□□' 꼴에서 두 번째에 오는 수이므로   '534612', '534621'이므로 ↵

$4 \times 120 + 2 \times 24 + 2 \times 6 + 2 \times 2 + 2 = 546(번째)$

01 7	**02** 20	**03** ⑤	**04** ⑤
05 ③	**06** 4	**07** ②	**08** 84
09 216	**10** 해설 참조	**11** 144	**12** 72
13 360	**14** ③	**15** 60	**16** 5
17 72	**18** ③	**19** 127	**20** ④
21 53214	**22** 576	**23** ③	

01 이차방정식 $x^2+2ax+b=0$의 판별식을 D라 하면 이 이차방정식이 실근을 갖지 않아야 하므로

$$\frac{D}{4}=a^2-1\times b<0 \qquad \therefore a^2<b$$

(i) $a=1$일 때, $1<b$이므로 순서쌍 (a, b)는
  $(1, 2), (1, 3), (1, 4), (1, 5), (1, 6)$의 5개
(ii) $a=2$일 때, $4<b$이므로 순서쌍 (a, b)는
  $(2, 5), (2, 6)$의 2개
(iii) $a=3, 4, 5, 6$일 때, $a^2<b$를 만족시키는 b는 존재하지 않는다.
(i), (ii), (iii)에서 구하는 모든 순서쌍 (a, b)의 개수는
$$5+2=7$$

02 (i) 꽃병 A에 장미를 꽂을 경우
  꽃병 B에 꽂을 꽃 9송이 중에서 카네이션이 b송이, 백합이 c송이라 하고, 순서쌍 (b, c)로 나타내면 가능한 경우는
  $(1, 8), (2, 7), (3, 6), (4, 5), (5, 4), (6, 3)$의 6가지
(ii) 꽃병 A에 카네이션을 꽂을 경우
  꽃병 B에 꽂을 꽃 9송이 중에서 장미가 a송이, 백합이 c송이라 하고, 순서쌍 (a, b)로 나타내면 가능한 경우는
  $(1, 8), (2, 7), (3, 6), (4, 5), (5, 4), (6, 3),$
  $(7, 2), (8, 1)$의 8가지
(iii) 꽃병 A에 백합을 꽂을 경우
  꽃병 B에 꽂을 꽃 9송이 중에서 장미가 a송이, 카네이션이 b송이라 하고, 순서쌍 (a, b)로 나타내면 가능한 경우는
  $(3, 6), (4, 5), (5, 4), (6, 3), (7, 2), (8, 1)$의 6가지
(i), (ii), (iii)에서 구하는 경우의 수는
$$6+8+6=20$$

03 x, y가 각각 자연수이므로 $x+y$도 자연수이다.
즉, $2 \le x+y<6$을 만족시키는 $x+y$의 값은 2, 3, 4, 5이다.
(i) $x+y=2$일 때, 순서쌍 (x, y)는
  $(1, 1)$의 1개

(ii) $x+y=3$일 때, 순서쌍 (x, y)는
  $(1, 2), (2, 1)$의 2개
(iii) $x+y=4$일 때, 순서쌍 (x, y)는
  $(1, 3), (2, 2), (3, 1)$의 3개
(iv) $x+y=5$일 때, 순서쌍 (x, y)는
  $(1, 4), (2, 3), (3, 2), (4, 1)$의 4개
(i)~(iv)에서 구하는 모든 순서쌍 (x, y)의 개수는
$$1+2+3+4=10$$

04 $(a+b+c)(x+y)$에서 a, b, c 중 어느 하나를 택하면 그 각각에 대하여 x, y 중 하나가 곱해지므로 $(a+b+c)(x+y)$를 전개하였을 때의 항의 개수는
$$3\times 2=6$$
$(a+b)(p+q)$에서 a, b 중 어느 하나를 택하면 그 각각에 대하여 p, q 중 하나가 곱해지므로 $(a+b)(p+q)$를 전개하였을 때의 항의 개수는
$$2\times 2=4$$
이때 곱해지는 각 항이 모두 서로 다른 문자이므로 동류항이 생기지 않는다.
따라서 구하는 항의 개수는
$$6+4=10$$

05 음료수를 선택하는 경우의 수는 3, 빵을 선택하는 경우의 수는 2, 초콜릿을 선택하는 경우의 수는 4이므로
(i) 음료수와 빵을 한 개씩 선택하는 경우의 수
  $3\times 2=6$
(ii) 음료수와 초콜릿을 한 개씩 선택하는 경우의 수
  $3\times 4=12$
(iii) 빵과 초콜릿을 한 개씩 선택하는 경우의 수
  $2\times 4=8$
(i), (ii), (iii)에서 구하는 경우의 수는
$$6+12+8=26$$

> $3^5\times 5^a\times 7^b$의 약수에 각각 2를 곱한 것이 주어진 자연수의 약수 중 짝수이다.

06 짝수는 2를 소인수로 가지므로 자연수 $2\times 3^5\times 5^a\times 7^b$의 약수 중에서 짝수의 개수는 $3^5\times 5^a\times 7^b$의 약수의 개수와 같다. ……❶
3^5의 약수는 $1, 3, 3^2, 3^3, 3^4, 3^5$의 6개
5^a의 약수는 $1, 5, \cdots, 5^a$의 $(a+1)$개
7^b의 약수는 $1, 7, \cdots, 7^b$의 $(b+1)$개
이때 $2\times 3^5\times 5^a\times 7^b$의 약수 중 짝수의 개수가 72이므로
$$6(a+1)(b+1)=72$$
$$\therefore (a+1)(b+1)=12 \qquad ……❷$$
$a+1, b+1$은 2 이상인 자연수이므로 그 값은 각각
2, 6 또는 3, 4 또는 4, 3 또는 6, 2
따라서 자연수 a, b의 모든 순서쌍 (a, b)는
$(1, 5), (2, 3), (3, 2), (5, 1)$
의 4개이다. ……❸

채점 기준	배점 비율
❶ $2 \times 3^5 \times 5^a \times 7^b$의 약수 중 짝수의 성질 알기	30 %
❷ 조건을 만족시키는 a, b 사이의 관계식 세우기	50 %
❸ 조건을 만족시키는 자연수 a, b의 순서쌍 (a, b)의 개수 구하기	20 %

07 A 도시에서 출발하여 C 도시로 이동한 후 다시 A 도시로 돌아오는 경로는 A → B → C → A,
A → C → B → A, A → B → C → B → A의 3가지가 있다.

(i) A → B → C → A로 이동하는 경우

A 도시에서 B 도시로 이동하는 경우의 수는 5이고, 그 각각에 대하여 B 도시에서 C 도시로 이동하는 경우의 수는 3, C 도시에서 A 도시로 이동하는 경우의 수는 1이므로

$5 \times 3 \times 1 = 15$

(ii) A → C → B → A로 이동하는 경우

A 도시에서 C 도시로 이동하는 경우의 수는 1, C 도시에서 B 도시로 이동하는 경우의 수는 3이고, 그 각각에 대하여 B 도시에서 A 도시로 이동하는 경우의 수는 5이므로

$1 \times 3 \times 5 = 15$

(iii) A → B → C → B → A로 이동하는 경우

A 도시에서 B 도시로 이동하는 경우의 수는 5이고, 그 각각에 대하여 B 도시에서 C 도시로 이동하는 경우의 수는 3, C 도시에서 B 도시로 이동하는 경우의 수는 B 도시에서 C 도시로 이동할 때 지난 길을 제외해야 하므로 2, B 도시에서 A 도시로 이동하는 경우의 수는 A 도시에서 B 도시로 이동할 때 지난 길을 제외해야 하므로 4이다.

$\therefore 5 \times 3 \times 2 \times 4 = 120$

(i), (ii), (iii)은 동시에 일어날 수 없으므로 구하는 경우의 수는

$15 + 15 + 120 = 150$

08 (i) A 영역과 C 영역에 같은 색을 칠하는 경우

A 영역에 칠할 수 있는 색은 4가지

B 영역에 칠할 수 있는 색은 A 영역에 칠한 색을 제외한 3가지

C 영역에 칠할 수 있는 색은 A 영역에 칠한 색과 같은 색이므로 1가지

D 영역에 칠할 수 있는 색은 A(C) 영역에 칠한 색을 제외한 3가지

즉, 이 방법의 수는

$4 \times 3 \times 1 \times 3 = 36$

(ii) A 영역과 C 영역에 다른 색을 칠하는 경우

A 영역에 칠할 수 있는 색은 4가지

B 영역에 칠할 수 있는 색은 A 영역에 칠한 색을 제외한 3가지

C 영역에 칠할 수 있는 색은 A 영역과 B 영역에 칠한 색을 제외한 2가지

D 영역에 칠할 수 있는 색은 A 영역과 C 영역에 칠한 색을 제외한 2가지

즉, 이 방법의 수는

$4 \times 3 \times 2 \times 2 = 48$

(i), (ii)에서 구하는 방법의 수는

$36 + 48 = 84$

09 상자 A에서 만들어진 네 자리의 자연수 1234에 대하여 상자 B에서 만들어지는 네 자리의 자연수를 수형도로 그려 보면 오른쪽과 같이 9가지이다.

이때 상자 A에서 만들 수 있는 네 자리의 자연수의 개수는

$4 \times 3 \times 2 \times 1 = 24$

따라서 구하는 경우의 수는

$9 \times 24 = 216$

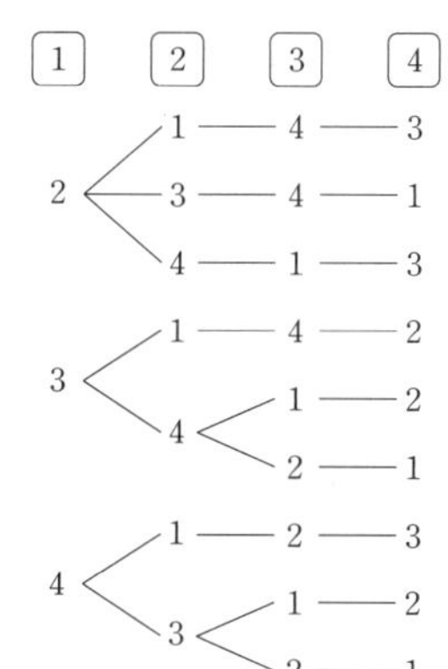

10 $_{n-1}\mathrm{P}_r + r \times {}_{n-1}\mathrm{P}_{r-1}$ $(n-1)-(r-1)=n-r$

$$= \frac{(n-1)!}{(n-1-r)!} + r \times \frac{(n-1)!}{(n-r)!} \qquad \cdots ❶$$

$$= \frac{(n-r)(n-1)!}{(n-r)!} + r \times \frac{(n-1)!}{(n-r)!}$$

$$= \frac{(n-r)(n-1)! + r(n-1)!}{(n-r)!}$$

$$= \frac{n(n-1)!}{(n-r)!}$$

$$= \frac{n!}{(n-r)!} = {}_n\mathrm{P}_r$$

따라서 $_n\mathrm{P}_r = {}_{n-1}\mathrm{P}_r + r \times {}_{n-1}\mathrm{P}_{r-1}$이 성립한다. $\cdots ❷$

채점 기준	배점 비율
❶ $_{n-1}\mathrm{P}_r$, $r \times {}_{n-1}\mathrm{P}_{r-1}$을 계승을 이용하여 나타내기	30 %
❷ $_n\mathrm{P}_r = {}_{n-1}\mathrm{P}_r + r \times {}_{n-1}\mathrm{P}_{r-1}$이 성립함을 보이기	70 %

11 A, C, E를 제외한 3명의 학생을 일렬로 세우는 방법의 수는

$3! = 3 \times 2 \times 1 = 6$

그 각각에 대하여 A와 C를 한 사람으로 생각하여 B, D, F 3명의 학생 사이사이와 양 끝의 4개의 자리 중에서 2개의 자리에 A와 C, E를 세우는 방법의 수는

$$_4P_2=4\times3=12$$

이때 A와 C가 서로 자리를 바꾸는 방법의 수는

$$2!=2$$

따라서 구하는 방법의 수는

$$6\times12\times2=144$$

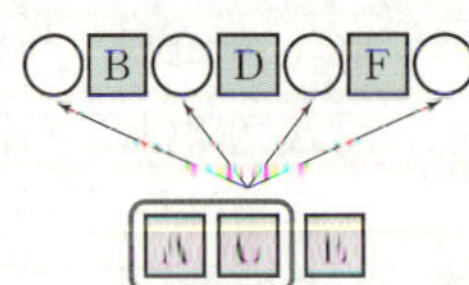

12 2의 배수인 2, 4, 6을 제외한 3개의 숫자 1, 3, 5를 일렬로 나열하는 방법의 수는

$$3!=3\times2\times1=6$$

3의 배수인 3과 6은 이웃해야 하므로 3과 6을 한 숫자로 생각하여 3의 자리에 나열할 수 있다.

이때 3과 6이 서로 자리를 바꾸는 방법의 수는

$$2!=2\times1=2$$

그 각각에 대하여 6의 옆을 제외한 사이와 양 끝의 3개의 자리 중에서 2개의 자리에 6을 제외한 2의 배수인 2, 4를 나열하는 방법의 수는

$$_3P_2=3\times2=6$$

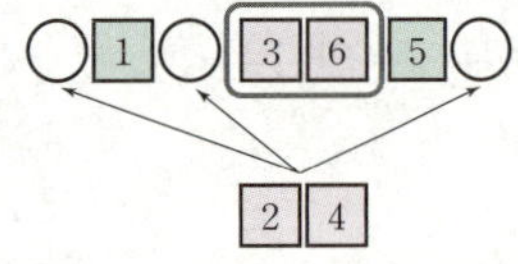

따라서 구하는 방법의 수는

$$6\times2\times6=72$$

13 3개의 숫자 중에서 2개를 뽑아 양 끝에 나열하는 경우의 수는

$$_3P_2=3\times2=6$$

5개의 문자 중에서 3개를 뽑아 양 끝의 두 숫자 사이에 일렬로 나열하는 경우의 수는

$$_5P_3=5\times4\times3=60$$

따라서 구하는 경우의 수는

$$6\times60=360$$

14 구하는 경우의 수는 6명의 학생을 일렬로 세울 때 1학년끼리는 이웃하지 않고, 양 끝에 2학년 학생을 나열하여 세우는 경우의 수와 같다.

양 끝에 2학년 학생 2명을 세우는 경우의 수는

$$_4P_2=4\times3=12$$

양 끝에 세운 2학년 학생 2명을 제외한 나머지 2학년 학생 2명과 1학년 학생 2명을 1학년끼리 이웃하지 않도록 세우는 경우의 수를 구해 보자.

2학년 학생 2명을 세우는 경우의 수는

$$2!-2\times1=2$$

그 각각에 대하여 2학년 학생 사이 및 양 끝의 3개의 자리 중에서 2개의 자리에 1학년 학생 2명을 세우는 경우의 수는

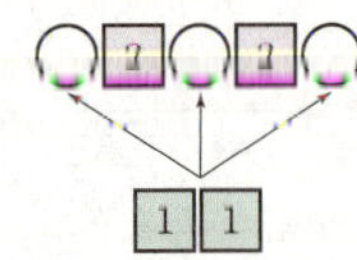

$$_3P_2=3\times2=6$$

즉, 2학년 학생 2명과 1학년 학생 2명을 1학년끼리 이웃하지 않도록 세우는 경우의 수는

$$2\times6=12$$

따라서 구하는 경우의 수는

$$12\times12=144$$

| 다른 풀이 |

2학년 4명을 먼저 일렬로 세우는 경우의 수는

$$4!=4\times3\times2\times1=24$$

그 각각에 대하여 양 끝에는 2학년 학생이 서야 하므로 1학년 학생은 2학년 학생의 사이사이의 3개의 자리 중 2개를 선택하여 세우면 된다.

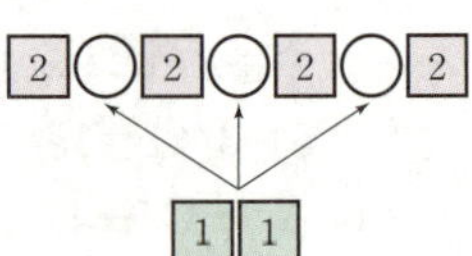

즉, 이 경우의 수는

$$_3P_2=3\times2=6$$

따라서 구하는 경우의 수는

$$24\times6=144$$

15 3개의 숫자를 짝수와 홀수로 교대로 나열하는 경우는 다음과 같이 두 가지로 나눌 수 있다.

(i) (짝, 홀, 짝)인 경우

3개의 짝수 2, 4, 6 중에서 2개를 택하여 짝수로 정해진 자리에 나열하는 경우의 수는

$$_3P_2=3\times2=6$$

짝수 사이에 4개의 홀수 1, 3, 5, 7 중에서 1개를 택하여 나열하는 경우의 수는

$$_4P_1=4$$

즉, 이 경우의 수는

$$6\times4=24$$

(ii) (홀, 짝, 홀)인 경우

4개의 홀수 1, 3, 5, 7 중에서 2개를 택하여 홀수로 정해진 자리에 나열하는 경우의 수는

$$_4P_2=4\times3=12$$

홀수 사이에 3개의 짝수 2, 4, 6 중에서 1개를 택하여 나열하는 경우의 수는

$$_3P_1=3$$

즉, 이 경우의 수는

$$12\times3=36$$

(i), (ii)에서 구하는 경우의 수는

$$24+36=60$$

16 회장과 부회장 중 적어도 한 명은 여학생을 뽑는 방법의 수는 전체 방법의 수에서 회장과 부회장 모두 남학생을 뽑는 방법의 수를 빼면 된다.

8명 중에서 회장과 부회장을 1명씩 뽑는 방법의 수는

$_8P_2 = 8 \times 7 = 56$

남학생의 수를 $n \, (n \geq 2)$이라 하면 회장과 부회장 모두 남학생을 뽑는 방법의 수는

$_nP_2 = n(n-1)$

이때 회장과 부회장 중 적어도 한 명은 여학생을 뽑는 방법의 수가 36이므로

$56 - n(n-1) = 36$

$n^2 - n - 20 = 0$

$(n+4)(n-5) = 0$

$\therefore n = 5 \ (\because n \geq 2)$

17 4의 배수는 끝의 두 자리가 4의 배수 또는 00이어야 하므로

$\square\square 04, \ \square\square 12, \ \square\square 20, \ \square\square 24, \ \square\square 32, \ \square\square 40,$
$\square\square 52$

꼴 이어야 한다.

(ⅰ) $\square\square 04, \ \square\square 20, \ \square\square 40$ 꼴인 경우

천의 자리와 백의 자리에는 끝의 두 자리에 온 두 숫자를 제외한 나머지 4개의 숫자 중에서 2개를 택하여 나열하면 되므로 이 경우의 수는

$3 \times _4P_2 = 3 \times (4 \times 3) = 36$

(ⅱ) $\square\square 12, \ \square\square 24, \ \square\square 32, \ \square\square 52$ 꼴인 경우

천의 자리에는 0이 올 수 없으므로 천의 자리에 올 수 있는 숫자는 0과 끝의 두 자리에 온 두 숫자를 제외한 3개

백의 자리에는 올 수 있는 숫자는 천의 자리와 끝의 두 자리에 온 숫자를 제외한 3개

즉, 이 경우의 수는

$4 \times 3 \times 3 = 36$

(ⅰ), (ⅱ)에서 구하는 4의 배수의 개수는

$36 + 36 = 72$

18 5의 배수이려면 일의 자리의 숫자가 0 또는 5이어야 한다.

(ⅰ) 일의 자리의 숫자가 0인 자연수의 개수

0을 제외한 5개의 숫자 1, 2, 3, 4, 5 중에서 1, 3을 한 숫자로 생각하여 4개의 숫자를 일렬로 나열하는 경우의 수는

$4! = 4 \times 3 \times 2 \times 1 = 24$

그 각각에 대하여 1, 3이 서로 자리를 바꾸는 경우의 수는

$2! = 2 \times 1 = 2$

즉, 경우의 이 자연수의 개수는

$24 \times 2 = 48$

(ⅱ) 일의 자리의 숫자가 5인 자연수의 개수

5를 제외한 5개의 숫자 0, 1, 2, 3, 4 중에서 1, 3을 한 숫자로 생각하여 4개의 숫자를 일렬로 나열할 때 첫 번째 자리에는 0이 올 수 없으므로

$3 \times 3! = 3 \times (3 \times 2 \times 1) = 18$

그 각각에 대하여 1, 3이 서로 자리를 바꾸는 경우의 수는

$2! = 2$

즉, 경우의 이 자연수의 개수는

$18 \times 2 = 36$

(ⅰ), (ⅱ)에서 구하는 자연수의 개수는

$48 + 36 = 84$

19 $a\square\square\square\square\square$ 꼴인 문자열의 개수는

$5! = 5 \times 4 \times 3 \times 2 \times 1 = 120$

이때 $bacdfe$는 $b\square\square\square\square\square$ 꼴에서 두 번째에 오는 문자열이므로

$120 + 2 = 122$

즉, $bacdfe$는 122번째에 오는 문자열이다.

$b\square\square\square\square\square$ 꼴인 문자열의 개수는

$5! = 120$

$cab\square\square\square$ 꼴인 문자열의 개수는

$3! = 3 \times 2 \times 1 = 6$

이때 $cadefb$는 $cad\square\square\square$ 꼴에서 4번째에 오는 문자열이므로

$120 + 120 + 6 + 4 = 250$

즉, $cadefb$는 250번째에 오는 문자열이다.

따라서 두 문자열 $bacdfe$와 $cadefb$ 사이에 있는 문자열의 개수는

$250 - 122 - 1 = 127$

20 (풀이 전략) A 도시와 Q 도시를 연결하는 신설 도로의 개수를 x라 하고, A 도시에서 B 도시로 이동하는 경우의 수를 경로를 나누어 구한다.

A 도시에서 출발하여 B 도시로 이동하는 경로는

A → P → B, A → Q → B의 2가지가 있다.

(ⅰ) A → P → B로 이동하는 경우

A 도시에서 P 도시로 이동하는 경우의 수는 3이고, 그 각각에 대하여 P 도시에서 B 도시로 이동하는 경우의 수는 2이므로

$3 \times 2 = 6$

(ⅱ) A → Q → B로 이동하는 경우

A 도시에서 Q 도시로 이동하는 경우의 수는 1이고, Q 도시에서 B 도시로 이동하는 경우의 수는 2이므로

$1 \times 2 = 2$

(i), (ii)는 동시에 일어날 수 없으므로 기존에 A 도시에서 출발하여 B 도시로 이동하는 경우의 수는

$6+2=8$

이때 A 도시와 Q 도시를 연결하는 신설 도로의 개수를 x라 하면 A → Q → B로 이동하는 경우의 수는

$(1+x) \times 2 = 2x+2$

A 도시에서 B 도시로 이동하는 경우의 수를 기존보다 3배 이상으로 늘려야 하므로

$6+(2x+2) \geq 8 \times 3,\ 2x+8 \geq 24$

$2x \geq 16 \qquad \therefore x \geq 8$

따라서 신설해야 하는 도로의 개수의 최솟값은 8이다.

21 (풀이 전략) 짝수이려면 일의 자리의 숫자가 2 또는 4이어야 함을 알고, 순열을 이용하여 전체 짝수의 개수를 먼저 구한다.

5개의 숫자를 한 번씩만 사용하여 만든 다섯 자리의 자연수 중에서 짝수는 일의 자리의 숫자가 2 또는 4이므로 그 개수는

$2 \times 4! = 2 \times (4 \times 3 \times 2 \times 1) = 48$

다섯 자리의 자연수 중에서 짝수를 큰 수부터 차례대로 배열하면

$54312,\ 54132,\ 53412,\ 53214,\ \cdots$

48번째   47번째   46번째   45번째

따라서 45번째에 오는 짝수는 53214이다.

22 (풀이 전략) A, B가 이웃하여 앉는 경우의 수를 구한 후 C, D, E, F, G가 앉는 경우의 수에서 C, D가 이웃하여 앉는 경우의 수를 뺀다.

조건 ㈎에 의하여 A, B는 2인용 의자에 앉아야 하므로 2인용 의자를 선택하는 경우는 마부가 앉은 2인용 의자를 제외한 3개이다.

이때 A, B가 서로 자리를 바꾸는 경우의 수는

$2! = 2 \times 1 = 2$

즉, A, B가 앉는 경우의 수는

$3 \times 2 = 6$

구하는 경우의 수는 이 각각에 대하여 C, D가 앉는 경우의 수에서 C, D가 이웃하여 앉는 경우의 수를 빼면 된다.

A, B가 앉은 자리를 제외한 나머지 5개의 자리에 C, D, E, F, G가 앉는 경우의 수는

$5! = 5 \times 4 \times 3 \times 2 \times 1 = 120$

이때 C, D가 이웃하여 앉는 경우의 수는

C, D가 앉을 2인용 의자를 선택하는 경우의 수는 2, ← 마부와 A, B가 앉은 2인용 의자를 제외

C, D가 서로 자리를 바꾸는 경우의 수는 $2! = 2$,

E, F, G가 앉는 경우의 수는 $3! = 3 \times 2 \times 1 = 6$

이므로

$2 \times 2 \times 6 = 24$

따라서 구하는 경우의 수는

$6 \times (120-24) = 576$

| 다른 풀이 |

C, D는 서로 이웃하여 앉을 수 없으므로 이 경우의 수는

(i) C 또는 D가 마부 옆에 앉는 경우

C가 마부 옆에 앉았다고 생각하고 D, E, F, G가 앉는 경우의 수는

$4! = 4 \times 3 \times 2 \times 1 = 24$

즉, 이 경우의 수는

$2 \times 24 = 48$

(ii) C와 D가 마부 옆에 앉지 않는 경우

C가 앉는 경우의 수는 4 → 마부, A, B가 앉은 자리와 마부 옆자리 제외

D가 앉는 경우의 수는 2

E, F, G가 앉는 경우의 수는 $3! = 3 \times 2 \times 1 = 6$ ← 마부, A, B, C가 앉은 자리와 마부 옆, C의 옆자리 제외

즉, 이 경우의 수는

$4 \times 2 \times 6 = 48$

(i), (ii)에서 C, D, E, F, G가 앉는 경우의 수는

$48+48 = 96$

따라서 구하는 경우의 수는

$6 \times 96 = 576$

23 (풀이 전략) A를 먼저 세우고 이 각각에 대하여 B, C를 세우는 경우를 생각한다.

(i) A가 두 번째 서는 경우 → ①Ⓐ③④⑤⑥

ⓐ B가 네 번째 서는 경우

C는 세 번째 또는 다섯 번째 서야 하므로 이 경우의 수는 → A, B, C를 제외한 나머지 세 명이 A, B, C가 선 자리를 제외한 나머지 세 자리에 서는 경우의 수

$2 \times 3! = 2 \times (3 \times 2 \times 1) = 12$

ⓑ B가 다섯 번째 서는 경우

C는 네 번째 또는 여섯 번째 서야 하므로 이 경우의 수는

$2 \times 3! = 12$

ⓒ B가 여섯 번째 서는 경우

C는 다섯 번째 서야 하므로 이 경우의 수는

$1 \times 3! = 1 \times 6 = 6$

ⓐ, ⓑ, ⓒ에서 $12+12+6 = 30$

(ii) A가 네 번째 서는 경우 → ①②③Ⓐ⑤⑥

ⓐ B가 첫 번째 서는 경우

C는 두 번째 서야 하므로 이 경우의 수는

$1 \times 3! = 6$

ⓑ B가 두 번째 서는 경우

C는 첫 번째 또는 세 번째 서야 하므로 이 경우의 수는

$2 \times 3! = 12$

ⓒ B가 여섯 번째 서는 경우

C는 다섯 번째 서야 하므로 이 경우의 수는

$1 \times 3! = 6$

ⓐ, ⓑ, ⓒ에서 $6+12+6 = 24$

(iii) A가 여섯 번째 서는 경우 → ①②③④⑤Ⓐ

　　ⓐ B가 첫 번째 서는 경우

　　　C는 두 번째 서야 하므로 이 경우의 수는

　　　$1 \times 3! = 6$

　　ⓑ B가 두 번째 서는 경우

　　　C는 첫 번째 또는 세 번째 서야 하므로 이 경우의 수는

　　　$2 \times 3! = 12$

　　ⓒ B가 세 번째 서는 경우

　　　C는 두 번째 또는 네 번째 서야 하므로 이 경우의 수는

　　　$2 \times 3! = 12$

　　ⓓ B가 네 번째 서는 경우

　　　C는 세 번째 또는 다섯 번째 서야 하므로 이 경우의 수는

　　　$2 \times 3! = 12$

　　ⓐ~ⓓ에서 $6 + 12 + 12 + 12 = 42$

(i), (ii), (iii)에서 구하는 경우의 수는

$30 + 24 + 42 = 96$

Ⅲ-2　조합

01 조합

개념 확인　　　　　　　　　　　• 본문 281~283쪽

1 답 (1) $_6C_2$, 15　(2) $_5C_3$, 10

(1) 서로 다른 6개에서 2개를 택하는 조합의 수는 기호로 $_6C_2$ 이고

$$_6C_2 = \frac{_6P_2}{2!} = \frac{6 \times 5}{2 \times 1} = 15$$

(2) 서로 다른 5개에서 3개를 택하는 조합의 수는 기호로 $_5C_3$ 이고

$$_5C_3 = \frac{_5P_3}{3!} = \frac{5 \times 4 \times 3}{3 \times 2 \times 1} = 10$$

2 답 (1) 1　(2) 1

(1) $_{15}C_{15} = 1$

(2) $_8C_0 = 1$

3 답 (1) 100　(2) 210

(1) $_{100}C_{99} = {}_{100}C_1 = \frac{_{100}P_1}{1!} = \frac{100}{1} = 100$

(2) $_9C_4 + {}_9C_3 = {}_{10}C_4 = \frac{_{10}P_4}{4!} = \frac{10 \times 9 \times 8 \times 7}{4 \times 3 \times 2 \times 1} = 210$

4 답 (1) 6　(2) 1

(1) 3이 적힌 카드를 포함하여 3장의 카드를 뽑는 방법의 수는 3이 적힌 카드를 이미 뽑았다고 생각하고 나머지 4장의 카드 중에서 2장을 뽑는 방법의 수와 같으므로

$$_4C_2 = \frac{_4P_2}{2!} = \frac{4 \times 3}{2 \times 1} = 6$$

(2) 1이 적힌 카드와 2가 적힌 카드를 포함하지 않고 3장의 카드를 뽑는 방법의 수는 1, 2가 적힌 카드를 제외한 나머지 3장의 카드 중에서 3장을 뽑는 방법의 수와 같으므로

$$_3C_3 = \frac{_3P_3}{3!} = \frac{3!}{3!} = 1$$
$\quad\;\longrightarrow\; _3C_3 = {}_3C_0 = 1$로 구할 수도 있다.

5 답 (1) 10　(2) 20

(1) 구하는 방법의 수는

$$_6C_3 \times {}_3C_3 \times \frac{1}{2!} = \frac{6 \times 5 \times 4}{3 \times 2 \times 1} \times 1 \times \frac{1}{2 \times 1} = 10$$

(2) (1)에서 6개의 볼펜을 3개, 3개씩 두 묶음으로 나누는 방법의 수는 10

두 묶음을 2명에게 나누어 주는 방법의 수는

$2! = 2 \times 1 = 2$

따라서 방법의 수는 $10 \times 2 = 20$

01 (1) 10 (2) 35 (3) 1 (4) 1
  (5) 90 (6) 120 (7) 75 (8) 420

02 (1) 190 (2) 455 (3) 20 (4) 720
  (5) 35 (6) 28 (7) 84 (8) 330

03 (1) 6 (2) 9 (3) 7 (4) 5
  (5) 3 (6) 20 (7) 2 또는 78 (8) 100

01 (1) $_5C_2 = \dfrac{_5P_2}{2!} = \dfrac{5 \times 4}{2 \times 1} = 10$

(2) $_7C_3 = \dfrac{_7P_3}{3!} = \dfrac{7 \times 6 \times 5}{3 \times 2 \times 1} = 35$

(3) $_9C_9 = 1$

(4) $_5C_0 = 1$

(5) $_{10}C_2 \times 2! = \dfrac{_{10}P_2}{2!} \times 2! = 10 \times 9 = 90$

(6) $_6C_3 \times 3! = \dfrac{_6P_3}{3!} \times 3! = 6 \times 5 \times 4 = 120$

(7) $_6C_2 \times _5C_1 = \dfrac{_6P_2}{2!} \times \dfrac{_5P_1}{1!} = \dfrac{6 \times 5}{2 \times 1} \times \dfrac{5}{1} = 75$

(8) $_4C_2 \times _8C_4 = \dfrac{_4P_2}{2!} \times \dfrac{_8P_4}{4!} = \dfrac{4 \times 3}{2 \times 1} \times \dfrac{8 \times 7 \times 6 \times 5}{4 \times 3 \times 2 \times 1} = 420$

02 (1) $_{20}C_{18} = _{20}C_2 = \dfrac{_{20}P_2}{2!} = \dfrac{20 \times 19}{2 \times 1} = 190$

(2) $_{15}C_{12} = _{15}C_3 = \dfrac{_{15}P_3}{3!} = \dfrac{15 \times 14 \times 13}{3 \times 2 \times 1} = 455$

(3) $_5C_3 \times 2! = _5C_2 \times 2! = \dfrac{_5P_2}{2!} \times 2! = 5 \times 4 = 20$

(4) $_{10}C_7 \times 3! = _{10}C_3 \times 3! = \dfrac{_{10}P_3}{3!} \times 3! = 10 \times 9 \times 8 = 720$

(5) $_6C_3 + _6C_2 = _7C_3 = \dfrac{_7P_3}{3!} = \dfrac{7 \times 6 \times 5}{3 \times 2 \times 1} = 35$

(6) $_7C_1 + _7C_2 = _8C_2 = \dfrac{_8P_2}{2!} = \dfrac{8 \times 7}{2 \times 1} = 28$

(7) $_8C_3 + _8C_6 = _8C_3 + _8C_2 = _9C_3$
  $= \dfrac{_9P_3}{3!} = \dfrac{9 \times 8 \times 7}{3 \times 2 \times 1} = 84$

(8) $_{10}C_3 + _{10}C_6 = _{10}C_3 + _{10}C_4 = _{11}C_4$
  $= \dfrac{_{11}P_4}{4!} = \dfrac{11 \times 10 \times 9 \times 8}{4 \times 3 \times 2 \times 1} = 330$

03 (1) $_nC_2 = \dfrac{_nP_2}{2!} = \dfrac{n(n-1)}{2 \times 1} = 15$에서
  $n(n-1) = 30 = 6 \times 5$
  $\therefore n = 6$ ($\because n$은 자연수)

(2) $_{n+1}C_2 = \dfrac{_{n+1}P_2}{2!} = \dfrac{(n+1)n}{2 \times 1} = 45$에서
  $(n+1)n = 90 = 10 \times 9$
  $\therefore n = 9$ ($\because n$은 자연수)

(3) $_nC_{n-3} = _nC_3 = \dfrac{_nP_3}{3!} = \dfrac{n(n-1)(n-2)}{3 \times 2 \times 1} = 35$에서
  $n(n-1)(n-2) = 210 = 7 \times 6 \times 5$
  $\therefore n = 7$ ($\because n$은 자연수)

(4) $_8C_5 = \dfrac{_8P_5}{5!} = \dfrac{_8P_5}{r!}$에서 $r = 5$

(5) $_5C_3 \times r! = _5P_3$에서 $\dfrac{_5P_3}{3!} \times r! = _5P_3$이므로 $r = 3$

(6) $_4C_3 \times 5! = \dfrac{_4P_3}{3!} \times 5! = n \times _4P_3$에서
  $n = \dfrac{5!}{3!} = 5 \times 4 = 20$

(7) $_{80}C_2 = _{80}C_{78}$이므로 $_{80}C_2 = _{80}C_r$에서
  $r = 2$ 또는 $r = 78$

(8) $_nC_{40} = _nC_{n-40}$이므로 $_nC_{40} = _nC_{60}$에서
  $n - 40 = 60$ $\therefore n = 100$

01-❶ 답 (1) 2 (2) 2 (3) 2 또는 14 (4) 3

(1) $_{n+2}C_4 = _{n+1}C_3$에서
$$\dfrac{(n+2)(n+1)n(n-1)}{4 \times 3 \times 2 \times 1} = \dfrac{(n+1)n(n-1)}{3 \times 2 \times 1}$$
$(n+2)(n+1)n(n-1) = 4(n+1)n(n-1)$
$n \geq 2$이므로 양변을 $(n+1)n(n-1)$로 나누면
$n + 2 = 4$ ←── $n+2 \geq 4$, $n+1 \geq 3$에서 $n \geq 2$
$\therefore n = 2$

(2) (i) $_7C_r = _7C_{r+3}$에서 $r = r+3$이므로 이 식을 만족시키는
   r의 값은 존재하지 않는다.
 (ii) $_7C_r = _7C_{7-r}$이므로 $_7C_{7-r} = _7C_{r+3}$에서
   $7 - r = r + 3$, $2r = 4$ $\therefore r = 2$
 (i), (ii)에서 $r = 2$

(3) $_{15}C_{14} + _{15}C_2 = _{15}C_1 + _{15}C_2 = _{16}C_2$이고
 $_{16}C_2 = _{16}C_{14}$이므로
 $r = 2$ 또는 $r = 14$

(4) $_{n+1}C_2 + _{n+1}C_1 = _{n+2}C_3$에서
$$\dfrac{(n+1)n}{2 \times 1} + \dfrac{n+1}{1} = \dfrac{(n+2)(n+1)n}{3 \times 2 \times 1}$$
$3(n+1)n + 6(n+1) = (n+2)(n+1)n$
$n \geq 1$이므로 양변을 $n+1$로 나누면
$3n + 6 = (n+2)n$, $n^2 - n - 6 = 0$ ←── $n+1 \geq 2$, $n+1 \geq 1$, $n+2 \geq 3$에서 $n \geq 1$
$(n+2)(n-3) = 0$
$\therefore n = 3$ ($\because n \geq 1$)

| 다른 풀이 |
$_{n+1}C_2 + _{n+1}C_1 = _{n+2}C_2$이므로 $_{n+1}C_2 + _{n+1}C_1 = _{n+2}C_3$에서
$_{n+2}C_2 = _{n+2}C_3$
이때 $_{n+2}C_2 = _{n+2}C_n$이므로 $_{n+2}C_n = _{n+2}C_3$에서
$n = 3$ ←── $(n+2) - 2 = n$

01-❷ 답 30

$_nP_3=60$에서

$n(n-1)(n-2)=5\times4\times3$

$\therefore n=5$ ($\because n$은 자연수)

$\therefore {_nP_2}+{_nC_3}={_5P_2}+{_5C_3}$

$\qquad\qquad\quad={_5P_2}+{_5C_2}$

$\qquad\qquad\quad=5\times4+\dfrac{5\times4}{2\times1}$

$\qquad\qquad\quad=30$

01-❸ 답 4

$_nP_3+6\times{_nC_2}=60$에서

$n(n-1)(n-2)+6\times\dfrac{n(n-1)}{2\times1}=60$

$n(n-1)(n-2)+3n(n-1)=60$

$(n-1)n(n+1)=3\times4\times5$

$\therefore n=4$

02-❶ 답 (1) 30 (2) 14 (3) 74

(1) 남자 4명 중에서 2명을 뽑는 방법의 수는

$\quad {_4C_2}=\dfrac{4\times3}{2\times1}=6$

여자 5명 중에서 1명을 뽑는 방법의 수는

$\quad {_5C_1}=5$

따라서 구하는 방법의 수는

$6\times5=30$ ⟶ 잇달아 일어나므로 곱의 법칙

(2) 남자 4명 중에서 3명을 뽑는 방법의 수는

$\quad {_4C_3}={_4C_1}=4$

여자 5명 중에서 3명을 뽑는 방법의 수는

$\quad {_5C_3}={_5C_2}=\dfrac{5\times4}{2\times1}=10$

따라서 구하는 방법의 수는

$4+10=14$ ⟶ 동시에 일어날 수 없으므로 합의 법칙

(3) 3명의 위원 중 적어도 한 명은 남자를 뽑는 방법의 수는 전체 방법의 수에서 3명의 위원을 모두 여자로 뽑는 방법의 수를 빼면 된다.

9명 중에서 3명을 뽑는 방법의 수는

$\quad {_9C_3}=\dfrac{9\times8\times7}{3\times2\times1}=84$

3명 모두 여자만 뽑는 방법의 수는

$\quad {_5C_3}={_5C_2}=\dfrac{5\times4}{2\times1}=10$

따라서 구하는 방법의 수는

$84-10=74$

02-❷ 답 10

이 동호회의 전체 회원 수를 n이라 하면 전체 회원이 악수한 총 횟수는 $_nC_2$이다. ⟶ 악수를 하려면 2명이 필요하므로

즉, $_nC_2=45$에서

$\dfrac{n(n-1)}{2\times1}=45$

$n(n-1)=90=10\times9$

$\therefore n=10$

따라서 동호회의 전체 회원 수는 10이다.

02-❸ 답 5

2명의 대표 중 적어도 한 명은 남학생을 뽑는 방법의 수는 전체 방법의 수에서 2명의 대표를 모두 여학생으로 뽑는 방법의 수를 빼면 된다.

10명 중에서 2명을 뽑는 방법의 수는

$\quad {_{10}C_2}=\dfrac{10\times9}{2\times1}=45$

여학생의 수를 n이라 하면 2명 모두 여학생만 뽑는 방법의 수는

$\quad {_nC_2}$

이때 적어도 한 명은 남학생을 뽑는 방법의 수가 35이므로

$45-{_nC_2}=35$, ${_nC_2}=10$

$\dfrac{n(n-1)}{2\times1}=10$

$n(n-1)=20=5\times4$

$\therefore n=5$

따라서 구하는 여학생의 수는 5이다.

03-❶ 답 (1) 8 (2) 84

(1) 민주와 예준이를 이미 뽑았다고 생각하고 나머지 8명 중에서 1명을 뽑는 방법의 수와 같으므로

$\quad {_8C_1}=8$

(2) 민주를 제외한 나머지 9명 중에서 3명을 뽑는 방법의 수와 같으므로

$\quad {_9C_3}=\dfrac{9\times8\times7}{3\times2\times1}=84$

03-❷ 답 35

재현이와 상준이를 제외한 8명 중에서 건호는 이미 선발되었다고 생각하고 나머지 7명 중 4명을 선발하는 방법의 수와 같으므로

$\quad {_7C_4}={_7C_3}=\dfrac{7\times6\times5}{3\times2\times1}=35$

03-❸ 답 40

(i) 3이 적힌 공을 꺼내고 6이 적힌 공을 꺼내지 않는 방법의 수

6이 적힌 공을 제외한 7개의 공 중에서 3이 적힌 공은 이미 꺼냈다고 생각하고 나머지 6개의 공 중 3개의 공을 꺼내는 방법의 수와 같으므로

$\quad {_6C_3}=\dfrac{6\times5\times4}{3\times2\times1}=20$

(ii) 6이 적힌 공을 꺼내고 3이 적힌 공을 꺼내지 않는 방법의 수

(i)과 같은 방법으로 20

(i), (ii)에서 구하는 방법의 수는

$20+20=40$ → 동시에 일어날 수 없으므로 합의 법칙을 이용한다.

04-❶ 답 (1) 36 (2) 72

(1) 혜윤이를 제외한 5명 중에서 수찬이를 이미 뽑았다고 생각
하고 나머지 4명 중에서 2명을 뽑는 방법의 수는

$$_4C_2=\frac{4\times3}{2\times1}=6$$

그 각각에 대하여 뽑힌 3명을 일렬로 세우는 방법의 수는

$$3!=3\times2\times1=6$$

따라서 구하는 방법의 수는

$$6\times6=36$$

(2) 수찬이와 혜윤이를 이미 뽑았다고 생각하고 나머지 4명 중
에서 2명을 뽑는 방법의 수는

$$_4C_2=\frac{4\times3}{2\times1}=6$$

수찬이와 혜윤이를 한 사람으로 생각하여 3명을 일렬로 세
우는 방법의 수는

$$3!=3\times2\times1=6$$

그 각각에 대하여 수찬이와 혜윤이가 서로 자리를 바꾸는
방법의 수는

$$2!=2\times1=2$$

따라서 구하는 방법의 수는

$$6\times6\times2=72$$

04-❷ 답 36

1부터 5까지의 자연수 중에서 홀수는 1, 3, 5의 3개이고, 짝
수는 2, 4의 2개이므로 서로 다른 홀수 2개와 짝수 1개를 택
하는 방법의 수는

$$_3C_2\times_2C_1=_3C_1\times_2C_1=3\times2=6$$

그 각각에 대하여 택한 3개의 숫자를 일렬로 나열하는 방법의
수는

$$3!=3\times2\times1=6$$

따라서 구하는 세 자리의 자연수의 개수는

$$6\times6=36$$

04-❸ 답 720

남학생 5명 중에서 2명, 여학생 3명 중에서 2명을 뽑는 방법
의 수는

$$_5C_2\times_3C_2=_5C_2\times_3C_1=\frac{5\times4}{2\times1}\times3=30$$

그 각각에 대하여 뽑힌 4명의 학생이 개인 발표 순서를 정하
는 방법의 수는

$$4!=4\times3\times2\times1=24$$

따라서 구하는 방법의 수는

$$30\times24=720$$

05-❶ 답 15

$d<c<b<a$인 네 자리의 자연수의 개수는 6개의 숫자 중에
서 서로 다른 4개를 택한 후 조건에 맞게 나열하는 방법의 수
와 같으므로

→ 순서가 이미 정해져 있으므로 1가지이다.

$$_6C_4=_6C_2=\frac{6\times5}{2\times1}=15$$

05-❷ 답 20

$x_1>x_2>x_3$을 만족시키도록 나열하는 방법의 수는 5개의 숫
자 중에서 서로 다른 3개를 택하여 큰 수부터 차례대로 x_1,
x_2, x_3의 위치에 나열하는 방법의 수와 같으므로

$$_5C_3=_5C_2=\frac{5\times4}{2\times1}=10$$

→ 순서가 이미 정해져 있으므로 1가지이다.

그 각각에 대하여 나머지 2개의 숫자를 x_4, x_5의 위치에 나열
하는 방법의 수는

$$2!=2\times1=2$$

따라서 구하는 방법의 수는

$$10\times2=20$$

05-❸ 답 30

$0<a<b<6$을 만족시키도록 a, b를 정하는 방법의 수는 5개
의 숫자 1, 2, 3, 4, 5 중에서 서로 다른 2개를 택한 후 작은
수부터 차례대로 a, b로 정하는 방법의 수와 같으므로

$$_5C_2=\frac{5\times4}{2\times1}=10$$

→ 순서가 이미 정해져 있으므로 1가지이다.

$6<d<c<10$을 만족시키도록 d, c를 정하는 방법의 수는 3
개의 숫자 7, 8, 9 중에서 서로 다른 2개를 택한 후 작은 수부
터 차례대로 d, c로 정하는 방법의 수와 같으므로

$$_3C_2=_3C_1=3$$

→ 순서가 이미 정해져 있으므로 1가지이다.

따라서 구하는 모든 순서쌍 (a, b, c, d)의 개수는

$$10\times3=30$$

06-❶ 답 (1) 26 (2) 96

(1) 10개의 점 중에서 2개를 택하는 방법의 수는

$$_{10}C_2=\frac{10\times9}{2\times1}=45$$

직선 l 위에 있는 4개의 점 중에서 2개를 택하는 방법의
수는

$$_4C_2=\frac{4\times3}{2\times1}=6$$

직선 m 위에 있는 6개의 점 중에서 2개를 택하는 방법의
수는

$$_6C_2=\frac{6\times5}{2\times1}=15$$

이때 일직선 위에 있는 점으로 만들 수 있는 직선은 1개이
므로 구하는 직선의 개수는

$$45-(6+15)+2=26$$ → 두 직선 l, m

(2) 10개의 점 중에서 3개를 택하는 방법의 수는

$$_{10}C_3=\frac{10\times9\times8}{3\times2\times1}=120$$

직선 l 위에 있는 4개의 점 중에서 3개를 택하는 방법의 수는

$$_4C_3=_4C_1=4$$

직선 m 위에 있는 6개의 점 중에서 3개를 택하는 방법의 수는

$$_6C_3=\frac{6\times5\times4}{3\times2\times1}=20$$

이때 일직선 위에 있는 점으로는 삼각형을 만들 수 없으므로 구하는 삼각형의 개수는

$$120-(4+20)=96$$

| 다른 풀이 |

(1) 직선 l 위에 있는 4개의 점 중에서 1개, 직선 m 위에 있는 6개의 점 중에서 1개를 택하는 방법의 수는

$$_4C_1\times_6C_1=4\times6=24$$

또한, 직선 l 위에 있는 점으로 만들 수 있는 직선이 1개, 직선 m 위에 있는 점으로 만들 수 있는 직선이 1개이므로 구하는 직선의 개수는

$$24+1+1=26$$

(2) 직선 l 위에 있는 4개의 점 중에서 1개, 직선 m 위에 있는 6개의 점 중에서 2개를 택하는 방법의 수는

$$_4C_1\times_6C_2=4\times\frac{6\times5}{2\times1}=60$$

직선 l 위에 있는 4개의 점 중에서 2개, 직선 m 위에 있는 6개의 점 중에서 1개를 택하는 방법의 수는

$$_4C_2\times_6C_1=\frac{4\times3}{2\times1}\times6=36$$

따라서 구하는 삼각형의 개수는

$$60+36=96$$

06-❷ 답 (1) 20 (2) 76

(1) 9개의 점 중에서 2개를 택하는 방법의 수는

$$_9C_2=\frac{9\times8}{2\times1}=36$$

일직선 위에 있는 3개의 점 중에서 2개를 택하는 방법의 수는

$$_3C_2=_3C_1=3$$

이때 일직선 위에 3개의 점이 있는 경우는 오른쪽 그림과 같이 가로 방향으로 3개, 세로 방향으로 3개, 대각선 방향으로 2개로 모두 8가지이고, 일직선 위에 있는 점으로 만들 수 있는 직선은 1개이므로 구하는 직선의 개수는

$$36-3\times8+8=20$$

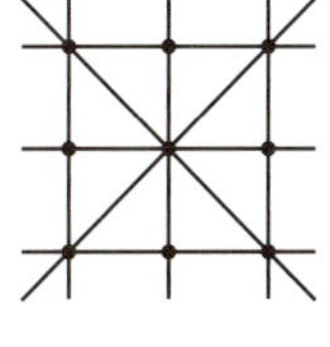

(2) 9개의 점 중에서 3개를 택하는 방법의 수는

$$_9C_3=\frac{9\times8\times7}{3\times2\times1}=84$$

일직선 위에 있는 3개의 점 중에서 3개를 택하는 방법의 수는

$$_3C_3=1$$

이때 일직선 위에 3개의 점이 있는 경우는 (1)의 그림과 같이 가로 방향으로 3개, 세로 방향으로 3개, 대각선 방향으로 2개로 모두 8가지이고, 일직선 위에 있는 점으로는 삼각형을 만들 수 없으므로 구하는 삼각형의 개수는

$$84-1\times8=76$$

06-❸ 답 20

8개의 꼭짓점 중에서 2개를 택하는 방법의 수는

$$_8C_2=\frac{8\times7}{2\times1}=28$$

이때 팔각형의 변의 개수가 8이므로 구하는 대각선의 개수는

$$28-8=20$$

| 참고 | **다각형의 대각선의 개수**

n각형의 n개의 꼭짓점 중에서 2개를 택하여 만들 수 있는 선분은 대각선 또는 변이 되므로 n각형의 대각선의 개수는 n개의 꼭짓점에서 2개를 택하여 만들 수 있는 선분의 개수에서 변의 개수인 n을 빼면 된다.

➡ $_nC_2-n$

07-❶ 답 18

가로 방향의 평행선 4개 중에서 2개, 세로 방향의 평행선 3개 중에서 2개를 택하면 한 개의 평행사변형이 만들어지므로 구하는 평행사변형의 개수는

$$_4C_2\times_3C_2=_4C_2\times_3C_1=\frac{4\times3}{2\times1}\times3=18$$

07-❷ 답 (1) 100 (2) 30

(1) 가로 방향의 선분 5개 중에서 2개, 세로 방향의 선분 5개 중에서 2개를 택하면 한 개의 직사각형이 만들어지므로 구하는 직사각형의 개수는

$$_5C_2\times_5C_2=\frac{5\times4}{2\times1}\times\frac{5\times4}{2\times1}=100$$

(2) 가로 방향의 선분과 세로 방향의 선분 중에서 간격이 같도록 각각 2개씩 택하면 한 개의 정사각형이 만들어진다.

(ⅰ) 가장 작은 정사각형 1개로 이루어진 정사각형의 개수
간격이 가장 작은 정사각형 1개가 되도록 택할 수 있는 가로 방향의 선분이 4쌍, 세로 방향의 선분이 4쌍이므로

$$4\times4=16$$

(ⅱ) 가장 작은 정사각형 4개로 이루어진 정사각형의 개수
간격이 가장 작은 정사각형 2개가 되도록 택할 수 있는 가로 방향의 선분이 3쌍, 세로 방향의 선분이 3쌍이므로

$$3\times3=9$$

(ⅲ) 가장 작은 정사각형 9개로 이루어진 정사각형의 개수
간격이 가장 작은 정사각형 3개가 되도록 택할 수 있는 가로 방향의 선분이 2쌍, 세로 방향의 선분이 2쌍이므로

$$2\times2=4$$

(iv) 가장 작은 정사각형 16개로 이루어진 정사각형의 개수

긴격이 가장 작은 정사각형 4개가 되도록 택할 수 있는
가로 방향의 선분이 1쌍, 세로 방향의 선분이 1쌍이므로
$1 \times 1 = 1$

(i)~(iv)에서 구하는 정사각형의 개수는

$16 + 9 + 4 + 1 = 30$

07-③ 답 6

직사각형이려면 사각형의 모든 각이 직각이어야 한다.
원에서 반원에 대한 원주각의 크기는 항상
$90°$이므로 오른쪽 그림과 같이 원의 서로
다른 지름 2개가 직사각형의 대각선이 되
도록 원 위의 4개의 점을 이으면 직사각형
을 만들 수 있다.

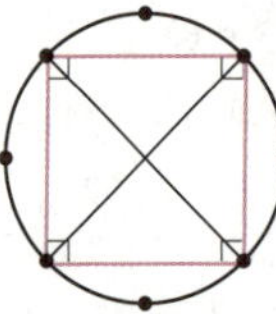

따라서 원의 지름 4개 중에서 2개를 택하면 이들을 대각선으
로 하는 한 개의 직사각형이 만들어지므로 구하는 직사각형의
개수는

$${}_4\mathrm{C}_2 = \frac{4 \times 3}{2 \times 1} = 6$$

개념 리뷰 원주각

(1) 한 원에서 한 호에 대한 원주각의 크기는 그 호에 대한 중심각의
크기의 $\frac{1}{2}$이다.

(2) 한 원에서 한 호에 대한 원주각의 크기는 모두 같다.

(3) 반원에 대한 원주각의 크기는 $90°$이다.

08-① 답 (1) 210 (2) 280 (3) 1680

(1) 8권의 책을 2권, 2권, 4권씩 세 묶음으로 나누는 방법의
수는

$${}_8\mathrm{C}_2 \times {}_6\mathrm{C}_2 \times {}_4\mathrm{C}_4 \times \frac{1}{2!} = \frac{8 \times 7}{2 \times 1} \times \frac{6 \times 5}{2 \times 1} \times 1 \times \frac{1}{2 \times 1} = 210$$

(2) 8권의 책을 2권, 3권, 3권씩 세 묶음으로 나누는 방법의
수는

$${}_8\mathrm{C}_2 \times {}_6\mathrm{C}_3 \times {}_3\mathrm{C}_3 \times \frac{1}{2!} = \frac{8 \times 7}{2 \times 1} \times \frac{6 \times 5 \times 4}{3 \times 2 \times 1} \times 1 \times \frac{1}{2 \times 1}$$
$$= 280$$

(3) (2)에서 8권의 책을 2권, 3권, 3권씩 세 묶음으로 나누는 방
법의 수는

280

이때 세 묶음을 3명에게 나누어 주는 방법의 수는

$3! = 3 \times 2 \times 1 = 6$

따라서 구하는 방법의 수는

$280 \times 6 = 1680$

08-② 답 540

(i) 6개의 공을 1개, 1개, 4개씩 세 묶음으로 나누는 방법의 수는

$${}_6\mathrm{C}_1 \times {}_5\mathrm{C}_1 \times {}_4\mathrm{C}_4 \times \frac{1}{2!} = 6 \times 5 \times 1 \times \frac{1}{2 \times 1} = 15$$

세 묶음을 세 상자 A, B, C에 나누어 담는 방법의 수는

$3! = 3 \times 2 \times 1 = 6$

즉, 방법의 수는

$15 \times 6 = 90$

(ii) 6개의 공을 1개, 2개, 3개씩 세 묶음으로 나누는 방법의
수는

$${}_6\mathrm{C}_1 \times {}_5\mathrm{C}_2 \times {}_3\mathrm{C}_3 = 6 \times \frac{5 \times 4}{2 \times 1} \times 1 = 60$$

세 묶음을 세 상자 A, B, C에 나누어 담는 방법의 수는

$3! = 6$

즉, 방법의 수는

$60 \times 6 = 360$

(iii) 6개의 공을 2개, 2개, 2개씩 세 묶음으로 나누는 방법의
수는

$${}_6\mathrm{C}_2 \times {}_4\mathrm{C}_2 \times {}_2\mathrm{C}_2 \times \frac{1}{3!} = \frac{6 \times 5}{2 \times 1} \times \frac{4 \times 3}{2 \times 1} \times 1 \times \frac{1}{6} = 15$$

세 묶음을 세 상자 A, B, C에 나누어 담는 방법의 수는

$3! = 6$

즉, 방법의 수는

$15 \times 6 = 90$

(i), (ii), (iii)에서 구하는 방법의 수는

$90 + 360 + 90 = 540$

08-③ 답 30

오른쪽 그림과 같은 대진표에서

(i) 5개의 팀을 2개, 3개씩 두 조로 나누는
방법의 수는

$${}_5\mathrm{C}_2 \times {}_3\mathrm{C}_3 = \frac{5 \times 4}{2 \times 1} \times 1 = 10$$

(ii) 3개의 팀을 다시 2개, 1개씩 두 조로 나
누는 방법의 수는

$${}_3\mathrm{C}_2 \times {}_1\mathrm{C}_1 = {}_3\mathrm{C}_1 \times {}_1\mathrm{C}_1 = 3 \times 1 = 3$$

(i), (ii)에서 구하는 방법의 수는

$10 \times 3 = 30$

소단원 점검 문제   • 본문 293~294쪽

| 01 ② | 02 ④ | 03 ④ | 04 ③ |
| 05 ⑤ | 06 190 | 07 ③ | 08 315 |

01 $_n\mathrm{P}_2 + 10 \times {}_n\mathrm{C}_2 = 6 \times {}_{n+1}\mathrm{C}_3$

$$n(n-1) + 10 \times \frac{n(n-1)}{2 \times 1} = 6 \times \frac{(n+1)n(n-1)}{3 \times 2 \times 1}$$

$$n(n-1) + 5n(n-1) = (n+1)n(n-1)$$

$n \geq 2$이므로 양변을 $n(n-1)$로 나누면

$6 = n + 1$

$\therefore n = 5$

02 A, B, C 세 개의 모둠에서 각 모둠의 학생이 반드시 1명 이상 포함되도록 4명을 뽑으려면 하나의 모둠에서는 2명을 뽑고, 나머지 두 개의 모둠에서는 각각 1명씩 뽑으면 된다.

(i) A 모둠에서 2명, B 모둠에서 1명, C 모둠에서 1명을 뽑는 방법의 수

$$_6C_2 \times {}_5C_1 \times {}_4C_1 = \frac{6 \times 5}{2 \times 1} \times 5 \times 4 = 300$$

(ii) A 모둠에서 1명, B 모둠에서 2명, C 모둠에서 1명을 뽑는 방법의 수

$$_6C_1 \times {}_5C_2 \times {}_4C_1 = 6 \times \frac{5 \times 4}{2 \times 1} \times 4 = 240$$

(iii) A 모둠에서 1명, B 모둠에서 1명, C 모둠에서 2명을 뽑는 방법의 수

$$_6C_1 \times {}_5C_1 \times {}_4C_2 = 6 \times 5 \times \frac{4 \times 3}{2 \times 1} = 180$$

(i), (ii), (iii)에서 구하는 방법의 수는

$$300 + 240 + 180 = 720$$

03 A와 B는 반드시 포함되고 C는 포함되지 않도록 대표단을 구성하는 방법의 수는 A, B는 이미 뽑았다고 생각하고 C를 제외한 나머지 4명 중에서 2명을 뽑는 방법의 수와 같다.

따라서 구하는 방법의 수는

$$_4C_2 = \frac{4 \times 3}{2 \times 1} = 6$$

04 (i) 첫째 날 두 팀, 둘째 날 세 팀이 공연하는 경우
첫째 날 공연하는 두 팀을 정하는 경우의 수는

$$_5C_2 = \frac{5 \times 4}{2 \times 1} = 10$$

이고, 이 두 팀의 순서를 정하는 경우의 수는

$$2! = 2 \times 1 = 2$$

이므로 첫째 날 공연하는 경우의 수는

$$10 \times 2 = 20$$

그 각각에 대하여 둘째 날에 공연할 세 팀이 순서를 정하는 경우의 수는

    ↳ 첫째 날에 공연할 두 팀을 제외한 나머지 세 팀

$$3! = 3 \times 2 \times 1 = 6$$

즉, 이 경우의 수는

$$20 \times 6 = 120$$

(ii) 첫째 날 세 팀, 둘째 날 두 팀이 공연하는 경우
첫째 날 공연하는 세 팀을 정하는 경우의 수는

$$_5C_3 = {}_5C_2 = 10$$

이고, 이 세 팀의 순서를 정하는 경우의 수는

$$3! = 6$$

이므로 첫째 날 공연하는 경우의 수는

$$10 \times 6 = 60$$

그 각각에 대하여 둘째 날에 공연할 두 팀이 순서를 정하는 경우의 수는

    ↳ 첫째 날에 공연할 세 팀을 제외한 나머지 두 팀

$$2! = 2$$

즉, 이 경우의 수는

$$60 \times 2 = 120$$

(i), (ii)에서 구하는 경우의 수는

$$120 + 120 = 240$$

05 구하는 경우의 수는 7개의 좌석 중에서 4개의 좌석을 선택하여 키가 작은 순서대로 앞에서부터 앉는 경우의 수와 같다.

따라서 구하는 경우이 수는

$$_7C_4 = {}_7C_3 = \frac{7 \times 6 \times 5}{3 \times 2 \times 1} = 35$$

06 12개의 점 중에서 3개를 택하는 방법의 수는

$$_{12}C_3 = \frac{12 \times 11 \times 10}{3 \times 2 \times 1} = 220$$

일직선 위에 있는 5개의 점 중에서 3개를 택하는 방법의 수는

$$_5C_3 = {}_5C_2 = \frac{5 \times 4}{2 \times 1} = 10$$

이때 일직선 위에 있는 점으로는 삼각형을 만들 수 없으므로 구하는 삼각형의 개수는

$$220 - 10 \times 3 = 190$$

    ↳ 일직선이 3개 있으므로

07 오른쪽 그림과 같이 각각의 평행한 직선을

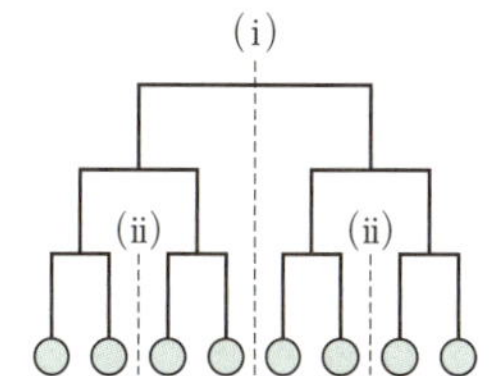

a_i $(i=1, 2, 3, 4, 5)$,
b_j $(j=1, 2, 3, 4, 5)$
라 하자.

이때 색칠한 부분을 포함한 평행사변형을 만들려면 a_1, a_2 중에서 한 개, a_3, a_4, a_5 중에서 한 개의 직선을 택하고, b_1, b_2 중에서 한 개, b_3, b_4, b_5 중에서 한 개 직선을 택해야 하므로 구하는 평행사변형의 개수는

$$(_2C_1 \times {}_3C_1) \times (_2C_1 \times {}_3C_1) = (2 \times 3) \times (2 \times 3) = 36$$

08

(i) 8개의 팀을 4개, 4개씩 두 조로 나누는 방법의 수는

$$_8C_4 \times {}_4C_4 \times \frac{1}{2!} = \frac{8 \times 7 \times 6 \times 5}{4 \times 3 \times 2 \times 1} \times 1 \times \frac{1}{2 \times 1}$$
$$= 35$$

(ii) 4개의 팀을 다시 2개, 2개씩 두 조로 나누는 방법의 수는

$$_4C_2 \times {}_2C_2 \times \frac{1}{2!} = \frac{4 \times 3}{2 \times 1} \times 1 \times \frac{1}{2 \times 1} = 3$$

(i), (ii)에서 구하는 방법의 수는

    ↳ 대진표 오른쪽의 (ii)

$$35 \times 3 \times 3 = 315$$

    ↳ 대진표 왼쪽의 (ii)

01 ④	**02** 해설 참조	**03** ②	**04** ④
05 16	**06** ③	**07** ①	**08** 35
09 12	**10** ③	**11** ②	**12** ⑤
13 ①	**14** ⑤	**15** 6	**16** ②
17 450	**18** ⑤		

01 조건 ㈎에서 $_x\mathrm{C}_y=\dfrac{x!}{y!(x-y)!}$이므로

$_x\mathrm{C}_y=36$에서 $\dfrac{x!}{y!(x-y)!}=36$ ······ ㉠

조건 ㈏에서 $_{x-1}\mathrm{C}_{y-1}=\dfrac{(x-1)!}{(y-1)!(x-y)!}$이므로

$_{x-1}\mathrm{C}_{y-1}=4y$에서 $\dfrac{(x-1)!}{(y-1)!(x-y)!}=4y$
$\quad\rightarrow (x-1)-(y-1)=x-y$

$\dfrac{(x-1)!}{y(y-1)!(x-y)!}=4 \ (\because y\neq 0)$

$\therefore \dfrac{(x-1)!}{y!(x-y)!}=4$ ······ ㉡

㉠에서 $\dfrac{x!}{y!(x-y)!}=\dfrac{x(x-1)!}{y!(x-y)!}$이므로 ㉡을 ㉠에 대입하면

$4x=36 \quad \therefore x=9$

02 $r\times {_n}\mathrm{C}_r=r\times\dfrac{n!}{r!(n-r)!}$ ··· ❶

$=\dfrac{n!}{(r-1)!(n-r)!}$

$=n\times\dfrac{(n-1)!}{(r-1)!\{(n-1)-(r-1)\}!}$

$=n\times {_{n-1}}\mathrm{C}_{r-1}$

따라서 $r\times {_n}\mathrm{C}_r=n\times {_{n-1}}\mathrm{C}_{r-1}$이 성립한다. ··· ❷

채점 기준	배점 비율
❶ $r\times {_n}\mathrm{C}_r$를 계승을 이용하여 나타내기	30 %
❷ ❶의 식을 정리하여 $r\times {_n}\mathrm{C}_r=n\times {_{n-1}}\mathrm{C}_{r-1}$이 성립함을 보이기	70 %

03 두 학생 A, B가 동일한 방과 후 수업 1개를 선택하는 방법의 수는

$_5\mathrm{C}_1=5$

그 각각에 대하여 A 학생이 나머지 4개 중에서 2개를 선택하는 방법의 수는

$_4\mathrm{C}_2=\dfrac{4\times 3}{2\times 1}=6$

또한, 그 각각에 대하여 B 학생이 A 학생이 선택한 3개의 방과 후 수업을 제외하고 나머지 2개 중에서 1개를 선택하는 방법의 수는

$_2\mathrm{C}_1=2$

따라서 구하는 방법의 수는

$5\times 6\times 2=60$

04 1부터 10까지의 자연수 중 홀수와 짝수의 개수는 각각 5이나.

즉, 주어진 10장의 카드 중에서 택한 5장의 카드에 적힌 수의 합이 짝수이려면

(i) 짝수가 적힌 카드만 5장 택하는 경우의 수

$_5\mathrm{C}_1=5$

(ii) 짝수가 적힌 카드 3장, 홀수가 적힌 카드 2장을 택하는 경우의 수

$_5\mathrm{C}_3\times {_5}\mathrm{C}_2={_5}\mathrm{C}_2\times {_5}\mathrm{C}_2=\dfrac{5\times 4}{2\times 1}\times\dfrac{5\times 4}{2\times 1}=100$

(iii) 짝수가 적힌 카드 1장, 홀수가 적힌 카드 4장을 선택하는 경우의 수

$_5\mathrm{C}_1\times {_5}\mathrm{C}_4={_5}\mathrm{C}_1\times {_5}\mathrm{C}_1=5\times 5=25$

(i), (ii), (iii)에서 구하는 경우의 수는

$5+100+25=130$

05 (i) 3종류의 인형을 선택하는 경우

4종류의 인형 중에서 3종류의 인형을 선택하는 경우의 수는

$_4\mathrm{C}_3={_4}\mathrm{C}_1=4$

선택한 3종류의 인형 중에서 2개씩 선택할 2종류의 인형을 선택하는 경우의 수는

$_3\mathrm{C}_2={_3}\mathrm{C}_1=3$

즉, 이 경우의 수는

$4\times 3=12$

(ii) 4종류의 인형을 선택하는 경우

4종류의 인형 중에서 2개를 선택할 1종류의 인형을 선택하는 경우의 수는

$_4\mathrm{C}_1=4$

(i), (ii)에서 구하는 경우의 수는

$12+4=16$

06 (i) e를 택하지 않는 경우

a, b를 이미 택했다고 생각하고 나머지 문자 c, d, f 중에서 2개를 택하는 경우의 수는

$_3\mathrm{C}_2={_3}\mathrm{C}_1=3$

a, b와 택한 2개의 문자를 일렬로 나열하는 경우의 수는

$4!=4\times 3\times 2\times 1=24$

즉, 이 경우의 수는

$3\times 24=72$

(ii) e를 택하는 경우

a, b, e를 이미 택했다고 생각하고 나머지 문자 c, d, f 중에서 1개를 택하는 경우의 수는

$_3\mathrm{C}_1=3$

이때 조건 (나)에 의하여 a, e는 이웃하지 않아야 하므로 이 경우의 수는 두 자음의 사이와 양 끝의 3개의 자리 중에서 2개의 자리에 a, e를 나열하는 경우의 수와 같으므로

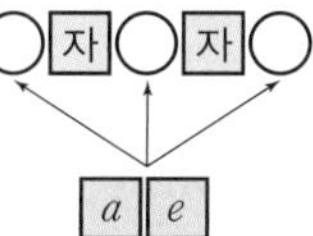

$_3\mathrm{P}_2 \times 2! = (3 \times 2) \times (2 \times 1) = 12$

즉, 이 경우의 수는 [자음끼리 서로 자리를 바꾸는 경우의 수]

$3 \times 12 = 36$

(i), (ii), (iii)에서 구하는 경우의 수는

$72 + 36 = 108$

07 축구 선수가 적어도 2명은 포함되도록 선발하는 방법의 수는 전체 방법의 수에서 축구 선수를 1명만 선발하는 방법의 수를 빼면 된다.

7명 중에서 4명을 선발하는 방법의 수는

$_7\mathrm{C}_4 = {}_7\mathrm{C}_3 = \dfrac{7 \times 6 \times 5}{3 \times 2 \times 1} = 35$

축구 선수 4명 중에서 1명, 축구 선수를 제외한 나머지 3명 중에서 3명을 선발하는 방법의 수는

$_4\mathrm{C}_1 \times {}_3\mathrm{C}_3 = 4 \times 1 = 4$

즉, 축구 선수가 적어도 2명은 포함되도록 4명을 선발하는 방법의 수는

$35 - 4 = 31$

그 각각에 대하여 선발한 4명의 이어달리기 순서를 정하는 방법의 수는

$4! = 4 \times 3 \times 2 \times 1 = 24$

따라서 구하는 방법의 수는 $31 \times 24 = 744$

|참고|

축구 선수가 적어도 2명은 포함되도록 4명을 선발하는 방법의 수를 구할 때, 전체 7명 중에서 축구 선수 4명을 제외하면 남은 선수가 3명뿐이므로 축구 선수를 0명 선발하는 방법의 수는 존재하지 않는다. 즉, 축구 선수를 반드시 한 명 이상 선발하게 되므로 전체 방법의 수에서 축구 선수를 1명만 선발하는 방법의 수를 빼면 된다.

08 $2 < a \le b < c < 9$를 만족시키는 경우는 다음과 같이 두 가지로 나누어 생각할 수 있다.

(i) $2 < a = b < c < 9$인 경우

[a가 정해지면 b가 자동으로 정해지므로]

$a = b$이므로 $2 < a < c < 9$를 만족시키는 순서쌍 (a, c)의 개수만 생각해도 된다.

이때 모든 순서쌍 (a, c)의 개수는 3, 4, 5, 6, 7, 8의 6개의 자연수 중에서 2개를 택하는 조합의 수와 같으므로

$_6\mathrm{C}_2 = \dfrac{6 \times 5}{2 \times 1} = 15$ ··· ❶

(ii) $2 < a < b < c < 9$인 경우

$2 < a < b < c < 9$를 만족시키는 모든 순서쌍 (a, b, c)의 개수는 3, 4, 5, 6, 7, 8의 6개의 자연수 중에서 3개를 택하는 조합의 수와 같으므로

$_6\mathrm{C}_3 = \dfrac{6 \times 5 \times 4}{3 \times 2 \times 1} = 20$ ··· ❷

(i), (ii)에서 구하는 모든 순서쌍 (a, b, c)의 개수는

$15 + 20 = 35$ ··· ❸

채점 기준	배점 비율
❶ $a=b$일 때, 조건을 만족시키는 모든 순서쌍 (a, b, c)의 개수 구하기	40 %
❷ $a<b$일 때, 조건을 만족시키는 모든 순서쌍 (a, b, c)의 개수 구하기	40 %
❸ 조건을 만족시키는 모든 순서쌍 (a, b, c)의 개수 구하기	20 %

09 조건 (가)에서 $a_1 \times a_3 = 15$이므로

$a_1 = 5$, $a_3 = 3$ 또는 $a_1 = 3$, $a_3 = 5$

이때 조건 (나)에서 $a_1 > a_3$이므로 $a_1 = 5$, $a_3 = 3$

조건 (나)에 의하여 a_2, a_4의 값을 정하는 방법의 수는 a_1, a_3의 값을 제외한 나머지 4개의 숫자 중에서 2개를 택하는 조합의 수와 같으므로

$_4\mathrm{C}_2 = \dfrac{4 \times 3}{2 \times 1} = 6$

a_5의 값을 정하는 방법의 수는 a_1, a_2, a_3, a_4의 값을 제외한 나머지 2개의 숫자 중에서 1개를 택하는 조합의 수와 같으므로

$_2\mathrm{C}_1 = 2$

따라서 구하는 방법의 수는 $6 \times 2 = 12$

10 (i) $a = 5$일 때

$c < b < 5$이므로 두 자연수 c, b를 정하는 경우의 수는 4개의 숫자 1, 2, 3, 4 중에서 서로 다른 2개를 택하여 작은 수부터 차례대로 c, b로 정하는 경우의 수와 같으므로

$_4\mathrm{C}_2 = \dfrac{4 \times 3}{2 \times 1} = 6$

(ii) $a = 6$일 때

$c < b < 6$이므로 두 자연수 c, b를 정하는 경우의 수는 5개의 숫자 1, 2, 3, 4, 5 중에서 서로 다른 2개를 택하여 작은 수부터 차례대로 c, b로 정하는 경우의 수와 같으므로

$_5\mathrm{C}_2 = \dfrac{5 \times 4}{2 \times 1} = 10$

(i), (ii)에서 구하는 자연수의 개수는

$6 + 10 = 16$

11 n개의 점 중에서 어느 세 점도 일직선 위에 있지 않으므로 직선의 개수는 $_n\mathrm{C}_2$이다.

즉, $_n\mathrm{C}_2 = 21$에서

$\dfrac{n(n-1)}{2 \times 1} = 21$

$$n(n-1)=42=7\times6$$
$$\therefore n=7 \ (\because n\text{은 자연수})$$
따라서 7개의 점 중에서 어느 세 점도 일직선 위에 있지
않으므로 구하는 삼각형의 개수는
$$_7C_3=\frac{7\times6\times5}{3\times2\times1}=35$$

12 9개의 점 중에서 4개를 택하는 방법의 수는
$$_9C_4=\frac{9\times8\times7\times6}{4\times3\times2\times1}=126$$
직선 l 위에 있는 5개의 점 중에서 4개를 택하는 방법의
수는
$$_5C_4=_5C_1=5$$
직선 l 위에 있는 5개의 점 중에서 3개를 택하고, 나머지
4개의 점 중에서 1개를 택하는 방법의 수는
$$_5C_3\times_4C_1=_5C_2\times_4C_1=\frac{5\times4}{2\times1}\times4=40$$
직선 m 위에 있는 3개의 점 중에서 3개를 택하고, 나머
지 6개의 점 중에서 1개를 택하는 방법의 수는
$$_3C_3\times_6C_1=1\times6=6$$
따라서 구하는 사각형의 개수는
$$126-(5+40+6)=75$$

|다른 풀이|

(i) 점 P를 포함하지 않는 경우

두 직선 l, m에서 각각 2개의 점을 택하면 되므로 이
방법의 수는
$$_5C_2\times_3C_2=_5C_2\times_3C_1=\frac{5\times4}{2\times1}\times3=30$$

(ii) 점 P를 포함하는 경우

ⓐ 두 직선 l, m에서 각각 1개, 2개의 점을 택하면 되
므로 이 방법의 수는
$$_5C_1\times_3C_2=_5C_1\times_3C_1=5\times3=15$$

ⓑ 두 직선 l, m에서 각각 2개, 1개의 점을 택하면 되
므로 이 방법의 수는
$$_5C_2\times_3C_1=10\times3=30$$

ⓐ, ⓑ에서 $15+30=45$

(i), (ii)에서 구하는 방법의 수는
$$30+45=75$$

13 주어진 도형을 다음과 같이 세 부분으로 나누어서 생각해
보자.

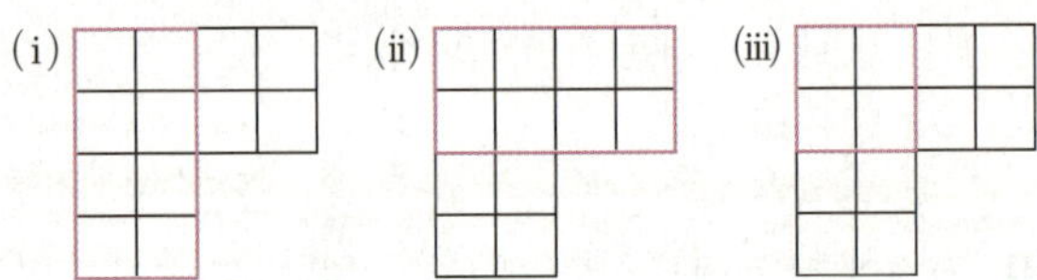

이 도형의 선분들로 만들어지는 직사각형의 개수는 (i)에
서 만들어지는 직사각형의 개수와 (ii)에서 만들어지는 직
사각형의 개수를 더한 후 (iii)에서 만들어지는 직사각형의
개수를 빼면 된다.

(i)에서 가로 방향이 선분 5개 중에서 2개, 세로 방향의
선분 3개 중에서 2개를 택하면 한 개의 직사각형이 만들
어지므로 그 개수는
$$_5C_2\times_3C_2=_5C_2\times_3C_1=\frac{5\times4}{2\times1}\times3=30$$
(ii)에서 가로 방향의 선분 3개 중에서 2개, 세로 방향의
선분 5개 중에서 2개를 택하면 한 개의 직사각형이 만들
어지므로 그 개수는
$$_3C_2\times_5C_2=_3C_1\times_5C_2=3\times10=30$$
(iii)에서 가로 방향의 선분 3개 중에서 2개, 세로 방향의
선분 3개 중에서 2개를 택하면 한 개의 직사각형이 만들
어지므로 그 개수는
$$_3C_2\times_3C_2=_3C_1\times_3C_1=3\times3=9$$
따라서 구하는 직사각형의 개수는
$$30+30-9=51$$

14 6개의 샤프를 3개, 3개씩 두 묶음으로 나누는 방법의 수
는
$$_6C_3\times_3C_3\times\frac{1}{2!}=\frac{6\times5\times4}{3\times2\times1}\times1\times\frac{1}{2\times1}=10$$
5개의 지우개를 2개, 3개씩 두 묶음으로 나누는 방법의
수는
$$_5C_2\times_3C_3=\frac{5\times4}{2\times1}\times1=10$$
이때 지우개 2개가 들어 있는 묶음과 같은 상자에 들어
갈 수 있는 샤프 묶음의 종류는 2가지이고, 그 각각에 대
하여 지우개 3개가 들어 있는 묶음과 같은 상자에 들어
갈 수 있는 샤프 묶음의 종류는 1가지이므로 샤프와 지우
개를 서로 구분되지 않는 2개의 상자에 나누어 담는 방법
의 수는
$$10\times10\times2\times1=200$$

15 (**풀이 전략**) 조건에 의하여 순서가 정해진 2와 3이 하나씩 적힌 카
드를 제외한 나머지 카드들을 먼저 나열한 후 이 두 장의 카드가
이웃하지 않도록 나열된 카드 사이사이와 양 끝에 나열한다.

2와 3이 하나씩 적힌 카드를 제외한 나머지 $(n-2)$장의
카드를 먼저 나열하는 방법의 수는
$$(n-2)!$$
2가 적힌 카드가 3이 적힌 카드보다 왼쪽에 위치하고 이
2장의 카드는 이웃하지 않으므로 나열된 $(n-2)$장의 카
드 사이사이와 양 끝의 $(n-1)$개의 자리 중에서 2개를
택하여 2장의 카드를 순서에 맞게 나열하면 된다.
$(n-1)$개의 자리 중에서 2개를 택하는 방법의 수는
$$_{n-1}C_2$$
이때 조건을 만족시키도록 나열하는 방법의 수는 240
이므로

$$(n-2)! \times {}_{n-1}C_2 = 240$$
$$(n-2)! \times \frac{(n-1)(n-2)}{2 \times 1} = 240$$
$$\frac{(n-1)!(n-2)}{2} = 240$$
$$(n-1)!(n-2) = 480 = 5! \times 4$$
$$\therefore n = 6$$

16 풀이 전략 먼저 투명한 유리 상자 16개 중에서 분홍색 유리 상자로 바꾸어 넣지 않아야 하는 정육면체를 파악한다.

주어진 조건에 의하여 오른쪽 그림과 같이 ×표 한 7개의 유리 상자에는 분홍색 유리 상자로 바꾸어 넣지 않아야 한다.

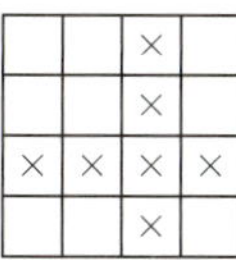

즉, 남은 9개의 유리 상자 중에서 5개를 선택해 분홍색 유리 상자로 바꾸어 넣어야 한다.

이때 주어진 경우의 수는 9개의 유리 상자 중에서 5개를 선택해 분홍색 유리 상자로 바꾸어 넣는 경우의 수에서 앞 또는 옆의 모양의 투명한 부분이 2칸 있는 경우의 수를 빼면 된다.

> 5개를 바꾸므로 투명한 부분이 3칸 이상 있을 수 없다.

9개의 유리 상자 중에서 5개를 선택해 분홍색 유리 상자로 바꾸어 넣는 경우의 수는

$$_9C_5 = {}_9C_4 = \frac{9 \times 8 \times 7 \times 6}{4 \times 3 \times 2 \times 1} = 126$$

앞 또는 옆 모양 중 투명한 부분이 2칸 있는 경우는 가로 줄과 세로줄 중 어느 한 줄을 제외한 남은 6개의 투명 유리 상자 중에서 5개를 선택해 분홍색 유리 상자로 바꾸는 놓는 경우이므로 이 경우의 수는

$$6 \times {}_6C_5 = 6 \times {}_6C_1 = 6 \times 6 = 36$$

따라서 구하는 경우의 수는

$$126 - 36 = 90$$

| 다른 풀이 |

주어진 조건을 만족시키는 모양이 나오도록 하는 분홍색 유리 상자의 최소의 개수를 알아보자.

첫 번째 분홍색 유리 상자를 ㉠에 바꾸어 넣었다고 하면 두 번째, 세 번째 유리 상자는 ㉡, ㉢ 또는 ㉢, ㉣에 바꾸어 넣어야 한다.

즉, 최소 3개의 분홍색 유리 상자로 주어진 조건을 만족시키고, 첫 번째, 두 번째, 네 번째 줄에 각각 하나씩 바꾸어 넣으면 되므로 이 경우의 수는

$$_3C_1 \times {}_2C_1 \times {}_1C_1 = 3 \times 2 \times 1 = 6$$

이때 남은 2개의 분홍색 유리 상자를 바꾸어 넣는 경우의 수는 나머지 6개의 투명 유리 상자 중 2개를 택하는 경우의 수와 같으므로

$$_6C_2 = \frac{6 \times 5}{2 \times 1} = 15$$

따라서 구하는 경우의 수는

$$6 \times 15 = 90$$

17 풀이 전략 먼저 빨간색 공을 서로 다른 바구니에 넣는 경우의 수를 구한 후 파란색 공을 서로 다른 바구니에 넣는 경우의 수를 구한다.

조건 ㈏에서 빨간색 공은 한 바구니에 2개 이상 넣을 수 없으므로 빨간색 공은 서로 다른 5개의 바구니 중 3개의 바구니에 각각 1개씩 넣어야 한다.

즉, 빨간색 공을 서로 다른 5개의 바구니에 넣는 경우의 수는

$$_5C_3 = {}_5C_2 = \frac{5 \times 4}{2 \times 1} = 10$$

조건 ㈎에서 각 바구니에 공은 1개 이상 넣어야 하므로 서로 다른 5개의 바구니 중 빨간색 공을 넣지 않은 나머지 2개의 바구니에는 파란색 공을 무조건 1개씩 넣어야 한다.

또한, 조건 ㈎에서 각 바구니에 공은 3개 이하로 넣어야 하므로 남은 4개의 파란색 공을 서로 다른 5개의 바구니에 최대 2개씩 더 넣을 수 있다.

(i) 파란색 공을 서로 다른 5개의 바구니 중에서 2개의 바구니에 2개, 2개 더 넣는 경우의 수

$$_5C_2 = 10$$

(ii) 파란색 공을 서로 다른 5개의 바구니 중에서 3개의 바구니에 2개, 1개, 1개 더 넣는 경우의 수

$$_5C_3 \times {}_3C_1 = {}_5C_2 \times {}_3C_1 = 10 \times 3 = 30$$

> 파란색 공을 넣는 3개의 바구니 중에서 파란색 공 2개를 넣는 바구니를 선택하는 경우의 수 ← 조합

(iii) 파란색 공을 서로 다른 5개의 바구니 중에서 4개의 바구니에 1개, 1개, 1개, 1개 더 넣는 경우의 수

$$_5C_4 = {}_5C_1 = 5$$

(i), (ii), (iii)에서 파란색 공을 넣는 경우의 수는

$$10 + 30 + 5 = 45$$

따라서 구하는 경우의 수는

$$10 \times 45 = 450$$

18 풀이 전략 5가 적힌 두 개의 공을 한 상자에 넣는 경우와 두 상자에 넣는 경우로 나누어 생각한다.

(i) 5가 적힌 2개의 공을 한 상자에 넣는 경우

5가 적힌 2개의 공을 한 상자에 넣는 경우의 수는

$$_5C_1 = 5$$

남은 4개의 공을 비어 있는 4개의 상자에 한 개씩 넣는 경우의 수는

$$4! = 4 \times 3 \times 2 \times 1 = 24$$

즉, 이 경우의 수는

$$5 \times 24 = 120$$

(ii) 5가 적힌 2개의 공을 두 상자에 각각 하나씩 넣는 경우

5가 적힌 2개의 공을 두 상자에 각각 하나씩 넣는 경우의 수는

$$_5C_2 = \frac{5 \times 4}{2 \times 1} = 10$$

이때 서로 다른 5개의 상자를 각각 A, B, C, D, E라 하고 5가 적힌 공을 넣은 두 상자를 각각 A, B라 하자.

ⓐ 상자 A 또는 상자 B에 남은 4개의 공 중에서 1개
의 공을 더 넣는 경우
남은 4개의 공 중에서 1개를 택하여 상자 A 또는
상자 B에 넣는 경우의 수는
$_4C_1 \times _2C_1 = 4 \times 2 = 8$
이 공을 제외한 나머지 3개의 공을 세 상자 C, D,
E에 하나씩 넣는 경우의 수는
$3! = 3 \times 2 \times 1 = 6$
즉, 이 경우의 수는
$8 \times 6 = 48$

ⓑ 두 상자 A, B에 더 이상 공을 넣지 않는 경우
세 상자 C, D, E 중에서 한 상자에는 두 개의 공
을 넣어야 한다.
즉, 남은 4개의 공을 1개, 1개, 2개로 나눈 후 세
상자에 넣어야 하므로 이 경우의 수는
$_4C_1 \times _3C_1 \times _2C_2 \times \dfrac{1}{2!} \times 3!$
$= 4 \times 3 \times 1 \times \dfrac{1}{2 \times 1} \times (3 \times 2 \times 1)$
$= 36$
ⓐ, ⓑ에서 $48 + 36 = 84$
즉, 이 경우의 수는
$10 \times 84 = 840$
(i), (ii)에서 구하는 경우의 수는
$120 + 840 = 960$

| 다른 풀이 |
(ii) ⓑ 두 상자 A, B에 더 이상 공을 넣지 않는 경우
세 상자 C, D, E 중에서 한 상자에는 두 개의 공
을 넣어야 한다.
남은 4개의 공 중에서 2개의 공을 택하여 세 상자
C, D, E 중에서 한 상자에 넣는 경우의 수는
$_4C_2 \times _3C_1 = \dfrac{4 \times 3}{2 \times 1} \times 3 = 18$
나머지 2개의 공을 남은 두 상자에 넣는 경우의 수
는
$2! = 2 \times 1 = 2$
즉, 이 경우의 수는
$18 \times 2 = 36$

Ⅳ-1 행렬과 그 연산

01 행렬의 뜻

개념 확인 • 본문 301쪽

1 답 $a = -1$, $b = 3$, $c = 2$, $d = 1$

$A = \begin{pmatrix} 2 & a \\ b & 1 \end{pmatrix}$, $B = \begin{pmatrix} c & -1 \\ 3 & d \end{pmatrix}$에서 $A = B$이므로

$2 = c$, $a = -1$, $b = 3$, $1 = d$

$\therefore a = -1$, $b = 3$, $c = 2$, $d = 1$

유제 • 본문 302~303쪽

01-❶ 답 ㄱ, ㄹ

ㄱ. 행렬 A의 행의 개수와 열의 개수가 3으로 같으므로 삼차
  정사각행렬이다. (참)
ㄴ. 제3열의 모든 성분은 2, -1, 1이므로 그 합은
  $2 + (-1) + 1 = 2$ (거짓)
ㄷ. $a_{12} = 2$이고 2와 같은 값을 가진 성분은 a_{13}, a_{31}이다.
  (거짓)
ㄹ. a_{ij} $(i > j)$인 성분은 $a_{21} = -1$, $a_{31} = 2$, $a_{32} = 0$이므로
  $a_{21} + a_{31} + a_{32} = (-1) + 2 + 0 = 1$ (참)
따라서 옳은 것은 ㄱ, ㄹ이다.

01-❷ 답 (1) $\begin{pmatrix} 1 & 0 \\ 3 & 2 \end{pmatrix}$ (2) $\begin{pmatrix} 2 & -1 \\ 1 & 4 \end{pmatrix}$

(1) $a_{ij} = 2i - j$에 $i = 1$, 2, $j = 1$, 2를 각각 대입하면
  $a_{11} = 2 \times 1 - 1 = 1$, $a_{12} = 2 \times 1 - 2 = 0$
  $a_{21} = 2 \times 2 - 1 = 3$, $a_{22} = 2 \times 2 - 2 = 2$
  $\therefore A = \begin{pmatrix} 1 & 0 \\ 3 & 2 \end{pmatrix}$

(2) $a_{ij} = \begin{cases} i+j & (i=j) \\ i-j & (i \neq j) \end{cases}$에 $i = 1$, 2, $j = 1$, 2를 각각 대입하면
  $a_{11} = 1 + 1 = 2$, $a_{12} = 1 - 2 = -1$
  $a_{21} = 2 - 1 = 1$, $a_{22} = 2 + 2 = 4$
  $\therefore A = \begin{pmatrix} 2 & -1 \\ 1 & 4 \end{pmatrix}$

01-❸ 답 $\begin{pmatrix} 0 & 2 & 1 \\ 1 & 1 & 2 \\ 1 & 3 & 0 \end{pmatrix}$

C_1 도시에서 세 도시 C_1, C_2, C_3으로 가는 방법의 수는 각각
0, 2, 1이므로
$a_{11} = 0$, $a_{12} = 2$, $a_{13} = 1$

C_2 도시에서 세 도시 C_1, C_2, C_3으로 가는 방법의 수는 각각 1, 1, 2이므로
$a_{21}=1$, $a_{22}=1$, $a_{23}=2$
C_3 도시에서 세 도시 C_1, C_2, C_3으로 가는 방법의 수는 각각 1, 3, 0이므로
$a_{31}=1$, $a_{32}=3$, $a_{33}=0$
$$\therefore A=\begin{pmatrix} 0 & 2 & 1 \\ 1 & 1 & 2 \\ 1 & 3 & 0 \end{pmatrix}$$

02-❶ 답 $a=-1$, $b=1$, $c=2$

주어진 두 행렬의 대응하는 성분이 각각 같아야 하므로
$2a=b-3$, $1=c-1$, $b-a=c$
$2a=b-3$에서 $2a-b=-3$ ...... ㉠
$1=c-1$에서 $c=2$
$b-a=c$에서 $-a+b=2$ $(\because c=2)$ ...... ㉡
㉠, ㉡을 연립하여 풀면
$a=-1$, $b=1$
$\therefore a=-1$, $b=1$, $c=2$

02-❷ 답 10

$A=B$에서 두 행렬 A, B의 대응하는 성분이 각각 같아야 하므로
$x^2-2x=-1$, $x+y=4x+2y$
$x^2-2x=-1$에서
$(x-1)^2=0$ $\quad\therefore x=1$
$x+y=4x+2y$에서
$y=-3x$ $\quad\therefore y=-3$ $(\because x=1)$
$\therefore x^2+y^2=1^2+(-3)^2=10$

02-❸ 답 3

주어진 두 행렬의 대응하는 성분이 각각 같아야 하므로
$a=b+1$ ...... ㉠
$a^2+b^2=5$ ...... ㉡
㉠을 ㉡에 대입하면
$(b+1)^2+b^2=5$, $2b^2+2b-4=0$
$2(b+2)(b-1)=0$
$\therefore b=-2$ 또는 $b=1$
(i) $b=-2$일 때
$\quad b=-2$를 ㉠에 대입하면
$\quad a=-1$
$\quad\therefore a+b=(-1)+(-2)=-3$
(ii) $b=1$일 때
$\quad b=1$을 ㉠에 대입하면
$\quad a=2$
$\quad\therefore a+b=2+1=3$
(i), (ii)에서 $a+b$의 최댓값은 $a=2$, $b=1$일 때 3이다.

○2 행렬의 덧셈, 뺄셈, 실수배

개념 확인 • 본문 305쪽

1 답 $\begin{pmatrix} 1 & 2 \\ -2 & 0 \end{pmatrix}$

$X+B=A$의 양변에 행렬 $-B$를 더하면
$X+B+(-B)=A+(-B)$
$X+O=A-B$
$$\therefore X=A-B=\begin{pmatrix} 2 & 0 \\ 1 & -3 \end{pmatrix}-\begin{pmatrix} 1 & -2 \\ 3 & -3 \end{pmatrix}$$
$$=\begin{pmatrix} 2-1 & 0-(-2) \\ 1-3 & -3-(-3) \end{pmatrix}=\begin{pmatrix} 1 & 2 \\ -2 & 0 \end{pmatrix}$$

집중 연습 • 본문 307쪽

01 (1) $\begin{pmatrix} -1 \\ 1 \end{pmatrix}$ (2) $(9 \quad 2)$

(3) $\begin{pmatrix} 5 \\ -3 \\ 2 \end{pmatrix}$ (4) $\begin{pmatrix} 5 & 0 \\ -2 & 4 \end{pmatrix}$

(5) $\begin{pmatrix} 2 & 4 & -6 \\ 1 & -3 & 2 \end{pmatrix}$ (6) $\begin{pmatrix} 1 & 7 & 3 \\ 2 & -6 & 5 \\ 7 & 4 & -5 \end{pmatrix}$

02 (1) $\begin{pmatrix} 3 \\ -1 \end{pmatrix}$ (2) $(5 \quad 3)$

(3) $\begin{pmatrix} 3 \\ 3 \\ -8 \end{pmatrix}$ (4) $\begin{pmatrix} 3 & 1 \\ -7 & -4 \end{pmatrix}$

(5) $\begin{pmatrix} -1 & 2 & 4 \\ -6 & 3 & -1 \end{pmatrix}$ (6) $\begin{pmatrix} 0 & 0 & 1 \\ -3 & 4 & 0 \\ -3 & 0 & 1 \end{pmatrix}$

03 (1) $\begin{pmatrix} 2 & -2 \\ -4 & 6 \end{pmatrix}$ (2) $\begin{pmatrix} 6 & -9 \\ -3 & 0 \end{pmatrix}$

(3) $\begin{pmatrix} -1 & 3 \\ -4 & 9 \end{pmatrix}$ (4) $\begin{pmatrix} 8 & -10 \\ -10 & 12 \end{pmatrix}$

01 (1) $A+B=\begin{pmatrix} -1 \\ 3 \end{pmatrix}+\begin{pmatrix} 0 \\ -2 \end{pmatrix}=\begin{pmatrix} (-1)+0 \\ 3+(-2) \end{pmatrix}=\begin{pmatrix} -1 \\ 1 \end{pmatrix}$

(2) $A+B=(4 \quad 3)+(5 \quad -1)$
$\qquad =(4+5 \quad 3+(-1))$
$\qquad =(9 \quad 2)$

(3) $A+B=\begin{pmatrix} 2 \\ -3 \\ 5 \end{pmatrix}+\begin{pmatrix} 3 \\ 0 \\ -3 \end{pmatrix}=\begin{pmatrix} 2+3 \\ (-3)+0 \\ 5+(-3) \end{pmatrix}$
$\qquad =\begin{pmatrix} 5 \\ -3 \\ 2 \end{pmatrix}$

(4) $A+B=\begin{pmatrix} 3 & 1 \\ 2 & -1 \end{pmatrix}+\begin{pmatrix} 2 & -1 \\ -4 & 5 \end{pmatrix}$
$\qquad =\begin{pmatrix} 3+2 & 1+(-1) \\ 2+(-4) & (-1)+5 \end{pmatrix}=\begin{pmatrix} 5 & 0 \\ -2 & 4 \end{pmatrix}$

(5) $A+B$

$=\begin{pmatrix} 2 & 1 & -4 \\ 3 & -2 & 0 \end{pmatrix}+\begin{pmatrix} 0 & 3 & -2 \\ 2 & 1 & 2 \end{pmatrix}$

$=\begin{pmatrix} 2+0 & 1+3 & (-4)+(-2) \\ 3+(-2) & (-2)+(-1) & 0+2 \end{pmatrix}$

$=\begin{pmatrix} 2 & 4 & 6 \\ 1 & -3 & 2 \end{pmatrix}$

(6) $A+B$

$=\begin{pmatrix} 1 & 5 & 0 \\ 3 & -3 & 1 \\ 4 & 2 & -6 \end{pmatrix}+\begin{pmatrix} 0 & 2 & 3 \\ -1 & -3 & 4 \\ 3 & 2 & 1 \end{pmatrix}$

$=\begin{pmatrix} 1+0 & 5+2 & 0+3 \\ 3+(-1) & (-3)+(-3) & 1+4 \\ 4+3 & 2+2 & (-6)+1 \end{pmatrix}$

$=\begin{pmatrix} 1 & 7 & 3 \\ 2 & -6 & 5 \\ 7 & 4 & -5 \end{pmatrix}$

02 (1) $A-B=\begin{pmatrix} 1 \\ 2 \end{pmatrix}-\begin{pmatrix} -2 \\ 3 \end{pmatrix}=\begin{pmatrix} 1-(-2) \\ 2-3 \end{pmatrix}=\begin{pmatrix} 3 \\ -1 \end{pmatrix}$

(2) $A-B=(3\ \ 2)-(-2\ \ -1)$

$=(3-(-2)\ \ 2-(-1))$

$=(5\ \ 3)$

(3) $A-B=\begin{pmatrix} 1 \\ 2 \\ -3 \end{pmatrix}-\begin{pmatrix} -2 \\ -1 \\ 5 \end{pmatrix}=\begin{pmatrix} 1-(-2) \\ 2-(-1) \\ (-3)-5 \end{pmatrix}$

$=\begin{pmatrix} 3 \\ 3 \\ -8 \end{pmatrix}$

(4) $A-B=\begin{pmatrix} 1 & 2 \\ -3 & -2 \end{pmatrix}-\begin{pmatrix} -2 & 1 \\ 4 & 2 \end{pmatrix}$

$=\begin{pmatrix} 1-(-2) & 2-1 \\ (-3)-4 & (-2)-2 \end{pmatrix}=\begin{pmatrix} 3 & 1 \\ -7 & -4 \end{pmatrix}$

(5) $A-B=\begin{pmatrix} 1 & 1 & 2 \\ -3 & 4 & 1 \end{pmatrix}-\begin{pmatrix} 2 & -1 & -2 \\ 3 & 1 & 2 \end{pmatrix}$

$=\begin{pmatrix} 1-2 & 1-(-1) & 2-(-2) \\ (-3)-3 & 4-1 & 1-2 \end{pmatrix}$

$=\begin{pmatrix} -1 & 2 & 4 \\ -6 & 3 & -1 \end{pmatrix}$

(6) $A-B=\begin{pmatrix} 1 & 2 & 0 \\ -1 & 1 & 2 \\ -3 & 2 & 1 \end{pmatrix}-\begin{pmatrix} 1 & 2 & -1 \\ 2 & -3 & 2 \\ 0 & 2 & 0 \end{pmatrix}$

$=\begin{pmatrix} 1-1 & 2-2 & 0-(-1) \\ (-1)-2 & 1-(-3) & 2-2 \\ (-3)-0 & 2-2 & 1-0 \end{pmatrix}$

$=\begin{pmatrix} 0 & 0 & 1 \\ -3 & 4 & 0 \\ -3 & 0 & 1 \end{pmatrix}$

03 (1) $2A=2\begin{pmatrix} 1 & -1 \\ -2 & 3 \end{pmatrix}=\begin{pmatrix} 2\times1 & 2\times(-1) \\ 2\times(-2) & 2\times3 \end{pmatrix}$

$=\begin{pmatrix} 2 & -2 \\ -4 & 6 \end{pmatrix}$

(2) $-3B=-3\begin{pmatrix} -2 & 3 \\ 1 & 0 \end{pmatrix}$

$=\begin{pmatrix} (-3)\times(-2) & (-3)\times3 \\ (-3)\times1 & (-3)\times0 \end{pmatrix}$

$=\begin{pmatrix} 6 & 9 \\ -3 & 0 \end{pmatrix}$

(3) $3A+2B=3\begin{pmatrix} 1 & -1 \\ -2 & 3 \end{pmatrix}+2\begin{pmatrix} -2 & 3 \\ 1 & 0 \end{pmatrix}$

$=\begin{pmatrix} 3 & -3 \\ -6 & 9 \end{pmatrix}+\begin{pmatrix} -4 & 6 \\ 2 & 0 \end{pmatrix}$

$=\begin{pmatrix} 3+(-4) & (-3)+6 \\ (-6)+2 & 9+0 \end{pmatrix}$

$=\begin{pmatrix} -1 & 3 \\ -4 & 9 \end{pmatrix}$

(4) $4A-2B=4\begin{pmatrix} 1 & -1 \\ -2 & 3 \end{pmatrix}-2\begin{pmatrix} -2 & 3 \\ 1 & 0 \end{pmatrix}$

$=\begin{pmatrix} 4 & -4 \\ -8 & 12 \end{pmatrix}-\begin{pmatrix} -4 & 6 \\ 2 & 0 \end{pmatrix}$

$=\begin{pmatrix} 4-(-4) & (-4)-6 \\ (-8)-2 & 12-0 \end{pmatrix}$

$=\begin{pmatrix} 8 & -10 \\ -10 & 12 \end{pmatrix}$

03-❶ 답 (1) $\begin{pmatrix} 1 & -5 \\ 3 & 1 \end{pmatrix}$ (2) $\begin{pmatrix} 24 & -1 \\ -5 & 10 \end{pmatrix}$

(1) $2(A+2B)-3(A+B)=2A+4B-3A-3B$

$=-A+B$

$=-\begin{pmatrix} 3 & 2 \\ -2 & 1 \end{pmatrix}+\begin{pmatrix} 4 & -3 \\ 1 & 2 \end{pmatrix}$

$=\begin{pmatrix} 1 & -5 \\ 3 & 1 \end{pmatrix}$

(2) $-2(A-3B)-3(B-2A)=-2A+6B-3B+6A$

$=4A+3B$

$=4\begin{pmatrix} 3 & 2 \\ -2 & 1 \end{pmatrix}+3\begin{pmatrix} 4 & -3 \\ 1 & 2 \end{pmatrix}$

$=\begin{pmatrix} 24 & -1 \\ -5 & 10 \end{pmatrix}$

03-❷ 답 $\begin{pmatrix} -5 & 4 \\ -3 & 2 \end{pmatrix}$

$2(A-B+2C)-3(A-C)+4(B-C)$

$=2A-2B+4C-3A+3C+4B-4C$

$=-A+2B+3C$

$=-\begin{pmatrix} 3 & 1 \\ 2 & -1 \end{pmatrix}+2\begin{pmatrix} -1 & 1 \\ 1 & 2 \end{pmatrix}+3\begin{pmatrix} 0 & 1 \\ -1 & -1 \end{pmatrix}$

$=\begin{pmatrix} -5 & 4 \\ -3 & 2 \end{pmatrix}$

03-❸ 답 -1

$$2(3A-B)+3(-A+B)=6A-2B-3A+3B$$
$$=3A+B$$
$$=3\begin{pmatrix} a & 3 \\ 1 & 0 \end{pmatrix}+\begin{pmatrix} 4 & 1 \\ 0 & -1 \end{pmatrix}$$
$$=\begin{pmatrix} 3a+4 & 10 \\ 3 & -1 \end{pmatrix}$$

이때 행렬 $2(3A-B)+3(-A+B)$의 모든 성분의 합이 13이므로

$$(3a+4)+10+3+(-1)=13$$
$$3a+3=0$$
$$\therefore a=-1$$

04-❶ 답 $(1)\ \begin{pmatrix} 1 & 8 \\ -7 & -4 \end{pmatrix}$ $(2)\ \begin{pmatrix} -11 & -3 \\ -8 & 10 \end{pmatrix}$

(1) $2(A+X)=3(B+X)$에서

$$2A+2X=3B+3X$$
$$\therefore X=2A-3B$$
$$=2\begin{pmatrix} 2 & 1 \\ 1 & -2 \end{pmatrix}-3\begin{pmatrix} 1 & -2 \\ 3 & 0 \end{pmatrix}$$
$$=\begin{pmatrix} 1 & 8 \\ -7 & -4 \end{pmatrix}$$

(2) $2(A-B+2X)=-4(2A+B)+2X$에서

$$2A-2B+4X=-8A-4B+2X$$
$$2X=-10A-2B$$
$$\therefore X=-5A-B$$
$$=-5\begin{pmatrix} 2 & 1 \\ 1 & -2 \end{pmatrix}-\begin{pmatrix} 1 & -2 \\ 3 & 0 \end{pmatrix}$$
$$=\begin{pmatrix} -11 & -3 \\ -8 & 10 \end{pmatrix}$$

04-❷ 답 2

$2(X-A)-4B=O$에서

$$2X=2A+4B$$
$$\therefore X=A+2B$$
$$=\begin{pmatrix} 1 & 0 \\ 2 & -1 \end{pmatrix}+2\begin{pmatrix} -3 & 2 \\ 2 & -1 \end{pmatrix}$$
$$=\begin{pmatrix} -5 & 4 \\ 6 & -3 \end{pmatrix}$$

따라서 행렬 X의 모든 성분의 합은

$$(-5)+4+6+(-3)=2$$

| 다른 풀이 |

행렬 A의 모든 성분의 합은

$$1+0+2+(-1)=2$$

행렬 B의 모든 성분의 합은

$$(-3)+2+2+(-1)=0$$

따라서 행렬 $X=A+2B$의 모든 성분의 합은

$$2+2\times0=2$$

04-❸ 답 $\begin{pmatrix} -3 & 0 \\ 1 & -4 \end{pmatrix}$

$2(X-2A)-C=3(X-A)+2(B-C)$에서

$$2X-4A-C=3X-3A+2B-2C$$
$$\therefore X=-A-2B+C$$
$$=-\begin{pmatrix} -1 & 0 \\ 3 & 4 \end{pmatrix}-2\begin{pmatrix} 5 & 1 \\ -2 & 1 \end{pmatrix}+\begin{pmatrix} 6 & 2 \\ 0 & 2 \end{pmatrix}$$
$$=\begin{pmatrix} -3 & 0 \\ 1 & -4 \end{pmatrix}$$

05-❶ 답 $A=\begin{pmatrix} 2 & 0 \\ 1 & 1 \end{pmatrix},\ B=\begin{pmatrix} -2 & 1 \\ -1 & -3 \end{pmatrix}$

$$2A+B=\begin{pmatrix} 2 & 1 \\ 1 & -1 \end{pmatrix} \quad\cdots\cdots\ ㉠$$
$$A-B=\begin{pmatrix} 4 & -1 \\ 2 & 4 \end{pmatrix} \quad\cdots\cdots\ ㉡$$

㉠$+$㉡을 하면

$$3A=\begin{pmatrix} 2 & 1 \\ 1 & -1 \end{pmatrix}+\begin{pmatrix} 4 & -1 \\ 2 & 4 \end{pmatrix}=\begin{pmatrix} 6 & 0 \\ 3 & 3 \end{pmatrix}$$
$$\therefore A=\frac{1}{3}\begin{pmatrix} 6 & 0 \\ 3 & 3 \end{pmatrix}=\begin{pmatrix} 2 & 0 \\ 1 & 1 \end{pmatrix}$$

㉡에서

$$B=A-\begin{pmatrix} 4 & -1 \\ 2 & 4 \end{pmatrix}=\begin{pmatrix} 2 & 0 \\ 1 & 1 \end{pmatrix}-\begin{pmatrix} 4 & -1 \\ 2 & 4 \end{pmatrix}$$
$$=\begin{pmatrix} -2 & 1 \\ -1 & -3 \end{pmatrix}$$

| 다른 풀이 |

㉠$-2\times$㉡을 하면

$$3B=\begin{pmatrix} 2 & 1 \\ 1 & -1 \end{pmatrix}-2\begin{pmatrix} 4 & -1 \\ 2 & 4 \end{pmatrix}=\begin{pmatrix} -6 & 3 \\ -3 & -9 \end{pmatrix}$$
$$\therefore B=\frac{1}{3}\begin{pmatrix} -6 & 3 \\ -3 & -9 \end{pmatrix}=\begin{pmatrix} -2 & 1 \\ -1 & -3 \end{pmatrix}$$

05-❷ 답 $\begin{pmatrix} 12 & -2 \\ -2 & 4 \end{pmatrix}$

$$A-2B=\begin{pmatrix} 1 & 0 \\ -1 & -2 \end{pmatrix} \quad\cdots\cdots\ ㉠$$
$$-A+B=\begin{pmatrix} -5 & 1 \\ 0 & -4 \end{pmatrix} \quad\cdots\cdots\ ㉡$$

㉠$+$㉡을 하면

$$-B=\begin{pmatrix} 1 & 0 \\ -1 & -2 \end{pmatrix}+\begin{pmatrix} -5 & 1 \\ 0 & -4 \end{pmatrix}=\begin{pmatrix} -4 & 1 \\ -1 & -6 \end{pmatrix}$$
$$\therefore B=\begin{pmatrix} 4 & -1 \\ 1 & 6 \end{pmatrix}$$

㉡에서

$$A=B-\begin{pmatrix} -5 & 1 \\ 0 & -4 \end{pmatrix}=\begin{pmatrix} 4 & -1 \\ 1 & 6 \end{pmatrix}-\begin{pmatrix} -5 & 1 \\ 0 & -4 \end{pmatrix}$$
$$=\begin{pmatrix} 9 & -2 \\ 1 & 10 \end{pmatrix}$$
$$\therefore 4A-6B=4\begin{pmatrix} 9 & -2 \\ 1 & 10 \end{pmatrix}-6\begin{pmatrix} 4 & -1 \\ 1 & 6 \end{pmatrix}=\begin{pmatrix} 12 & -2 \\ -2 & 4 \end{pmatrix}$$

| 다른 풀이 |

㉠−㉡을 하면

$$2A-3B=\begin{pmatrix} 1 & 0 \\ 1 & -2 \end{pmatrix}-\begin{pmatrix} -5 & 1 \\ 0 & -4 \end{pmatrix}=\begin{pmatrix} 6 & 1 \\ -1 & 2 \end{pmatrix}$$

$$\therefore 4A-6B=2(2A-3B)=2\begin{pmatrix} 6 & -1 \\ -1 & 2 \end{pmatrix}$$

$$=\begin{pmatrix} 12 & -2 \\ -2 & 4 \end{pmatrix}$$

05-❸ 답 22

$$A-B=\begin{pmatrix} 2 & 2 \\ -1 & 1 \end{pmatrix} \qquad \cdots\cdots \ ㉠$$

$$-2A+3B=\begin{pmatrix} -1 & 2 \\ -1 & 1 \end{pmatrix} \qquad \cdots\cdots \ ㉡$$

$2\times㉠+㉡$을 하면

$$B=2\begin{pmatrix} 2 & 2 \\ -1 & 1 \end{pmatrix}+\begin{pmatrix} -1 & 2 \\ -1 & 1 \end{pmatrix}=\begin{pmatrix} 3 & 6 \\ -3 & 3 \end{pmatrix}$$

㉠에서

$$A=B+\begin{pmatrix} 2 & 2 \\ -1 & 1 \end{pmatrix}=\begin{pmatrix} 3 & 6 \\ -3 & 3 \end{pmatrix}+\begin{pmatrix} 2 & 2 \\ -1 & 1 \end{pmatrix}=\begin{pmatrix} 5 & 8 \\ -4 & 4 \end{pmatrix}$$

$$\therefore A+B=\begin{pmatrix} 5 & 8 \\ -4 & 4 \end{pmatrix}+\begin{pmatrix} 3 & 6 \\ -3 & 3 \end{pmatrix}=\begin{pmatrix} 8 & 14 \\ -7 & 7 \end{pmatrix}$$

따라서 행렬 $A+B$의 모든 성분의 합은
$8+14+(-7)+7=22$

| 다른 풀이 |

$$A+B=(A-B)+2B$$

$$=\begin{pmatrix} 2 & 2 \\ -1 & 1 \end{pmatrix}+2\begin{pmatrix} 3 & 6 \\ -3 & 3 \end{pmatrix}$$

$$=\begin{pmatrix} 8 & 14 \\ -7 & 7 \end{pmatrix}$$

소단원 점검 문제

• 본문 311쪽

| 01 4 | 02 1 | 03 4 | 04 2 | 05 ② |

01 $a_{ij}=xi+yj$에 $i=1,\ 2,\ j=1,\ 2$를 각각 대입하면

$a_{11}=1$에서 $x+y=1$ $\qquad \cdots\cdots \ ㉠$

$a_{12}=-z$에서 $x+2y=-z$ $\qquad \cdots\cdots \ ㉡$

$a_{21}=4$에서 $2x+y=4$ $\qquad \cdots\cdots \ ㉢$

$a_{22}=w$에서 $2x+2y=w$ $\qquad \cdots\cdots \ ㉣$

㉠, ㉢을 연립하여 풀면

$x=3,\ y=-2$

$x=3,\ y=-2$를 ㉡, ㉣에 각각 대입하면

$3+2\times(-2)=-z$ $\quad \therefore z=1$

$2\times3+2\times(-2)=w$ $\quad \therefore w=2$

$\therefore x+y+z+w=3+(-2)+1+2=4$

02 주어진 두 행렬의 대응하는 성분이 각각 같아야 하므로
$a^3=7-k,\ a+b=3,\ 11+k=b^3$

이때 $(a+b)^3=a^3+3ab(a+b)+b^3$이므로

$3^3=(7-k)+3ab\times3+(11+k)$

$27=18+9ab,\ 9ab=9$

$\therefore ab=1$

03 $aA+bB=\begin{pmatrix} 1 & -2 \\ 3 & 3 \end{pmatrix}$에서

$$a\begin{pmatrix} 1 & -2 \\ 1 & 0 \end{pmatrix}+b\begin{pmatrix} -1 & 2 \\ 1 & 3 \end{pmatrix}=\begin{pmatrix} 1 & -2 \\ 3 & 3 \end{pmatrix}$$

$$\begin{pmatrix} a-b & -2a+2b \\ a+b & 3b \end{pmatrix}=\begin{pmatrix} 1 & -2 \\ 3 & 3 \end{pmatrix}$$

$3b=3$에서 $b=1$

$a-b=1$에서 $a=2\ (\because b=1)$

$\left\lfloor \begin{array}{l} a-b=1,\ -2a+2b=-2 \\ a+b=3,\ 3b=3\ \text{중에서} \end{array} \right.$ 계산하기 쉬운 식을 택한다.

$\therefore a+2b=2+2\times1=4$

04 $2(3X+B)-5A=3X-2(A-4B)$에서

$6X+2B-5A=3X-2A+8B$

$3X=3A+6B$

$\therefore X=A+2B$

$$=\begin{pmatrix} a & 1 \\ -1 & -2 \end{pmatrix}+2\begin{pmatrix} 2 & 1 \\ a & -1 \end{pmatrix}$$

$$=\begin{pmatrix} a+4 & 3 \\ 2a-1 & -4 \end{pmatrix}$$

이때 행렬 X의 모든 성분의 합이 8이므로

$(a+4)+3+(2a-1)+(-4)=8$

$3a+2=8,\ 3a=6$

$\therefore a=2$

05 $2A+B=\begin{pmatrix} 1 & -2 \\ 2 & 3 \end{pmatrix} \qquad \cdots\cdots \ ㉠$

$A-2B=\begin{pmatrix} -3 & 1 \\ 1 & -2 \end{pmatrix} \qquad \cdots\cdots \ ㉡$

$㉠-2\times㉡$을 하면

$$5B=\begin{pmatrix} 1 & -2 \\ 2 & 3 \end{pmatrix}-2\begin{pmatrix} -3 & 1 \\ 1 & -2 \end{pmatrix}=\begin{pmatrix} 7 & -4 \\ 0 & 7 \end{pmatrix}$$

$$\therefore B=\frac{1}{5}\begin{pmatrix} 7 & -4 \\ 0 & 7 \end{pmatrix}=\begin{pmatrix} \frac{7}{5} & -\frac{4}{5} \\ 0 & \frac{7}{5} \end{pmatrix}$$

㉡에서

$$A=2B+\begin{pmatrix} -3 & 1 \\ 1 & -2 \end{pmatrix}$$

$$=2\begin{pmatrix} \frac{7}{5} & -\frac{4}{5} \\ 0 & \frac{7}{5} \end{pmatrix}+\begin{pmatrix} -3 & 1 \\ 1 & -2 \end{pmatrix}$$

$$=\begin{pmatrix} -\frac{1}{5} & -\frac{3}{5} \\ 1 & \frac{4}{5} \end{pmatrix}$$

이때 $X+B=A$에서
$X=A-B$
$$=\begin{pmatrix} -\dfrac{1}{5} & -\dfrac{3}{5} \\ 1 & \dfrac{4}{5} \end{pmatrix}-\begin{pmatrix} \dfrac{7}{5} & -\dfrac{4}{5} \\ 0 & \dfrac{7}{5} \end{pmatrix}$$
$$=\begin{pmatrix} -\dfrac{8}{5} & \dfrac{1}{5} \\ 1 & -\dfrac{3}{5} \end{pmatrix}$$

따라서 행렬 X의 모든 성분의 합은
$$\left(-\dfrac{8}{5}\right)+\dfrac{1}{5}+1+\left(-\dfrac{3}{5}\right)=-1$$

| 다른 풀이 |
$X=A-B=(A-2B)+B$이고
행렬 $A-2B$의 모든 성분의 합은
$(-3)+1+1+(-2)=-3$
행렬 B의 모든 성분의 합은
$$\dfrac{7}{5}+\left(-\dfrac{4}{5}\right)+0+\dfrac{7}{5}=2$$
따라서 행렬 X의 모든 성분의 합은
$(-3)+2=-1$

○3 행렬의 곱셈

개념 확인 ・ 본문 312~315쪽

1 답 (1) (4) (2) $\begin{pmatrix} 3 & -1 \\ 6 & -2 \end{pmatrix}$ (3) $\begin{pmatrix} -1 \\ -5 \end{pmatrix}$ (4) $\begin{pmatrix} -3 & -2 \\ -2 & 2 \end{pmatrix}$

(1) $(2 \quad -1)\begin{pmatrix} 3 \\ 2 \end{pmatrix}=(2\times3+(-1)\times2)=(4)$

(2) $\begin{pmatrix} 1 \\ 2 \end{pmatrix}(3 \quad -1)=\begin{pmatrix} 1\times3 & 1\times(-1) \\ 2\times3 & 2\times(-1) \end{pmatrix}=\begin{pmatrix} 3 & -1 \\ 6 & -2 \end{pmatrix}$

(3) $\begin{pmatrix} 1 & 2 \\ -1 & 1 \end{pmatrix}\begin{pmatrix} 3 \\ -2 \end{pmatrix}=\begin{pmatrix} 1\times3+2\times(-2) \\ (-1)\times3+1\times(-2) \end{pmatrix}=\begin{pmatrix} -1 \\ -5 \end{pmatrix}$

(4) $\begin{pmatrix} 0 & -1 \\ 2 & 0 \end{pmatrix}\begin{pmatrix} -1 & 1 \\ 3 & 2 \end{pmatrix}$
$$=\begin{pmatrix} 0\times(-1)+(-1)\times3 & 0\times1+(-1)\times2 \\ 2\times(-1)+0\times3 & 2\times1+0\times2 \end{pmatrix}$$
$$=\begin{pmatrix} -3 & -2 \\ -2 & 2 \end{pmatrix}$$

2 답 (1) $\begin{pmatrix} 2 & -1 \\ 1 & 3 \end{pmatrix}, \begin{pmatrix} 2 & -1 \\ 1 & 3 \end{pmatrix}$ (2) $\begin{pmatrix} 1 & 0 \\ 0 & 1 \end{pmatrix}, \begin{pmatrix} 1 & 0 \\ 0 & 1 \end{pmatrix}$

(1) $AE=A=\begin{pmatrix} 2 & -1 \\ 1 & 3 \end{pmatrix}, EA=A=\begin{pmatrix} 2 & -1 \\ 1 & 3 \end{pmatrix}$

(2) $E^3=E=\begin{pmatrix} 1 & 0 \\ 0 & 1 \end{pmatrix}, E^5=E=\begin{pmatrix} 1 & 0 \\ 0 & 1 \end{pmatrix}$

01 (1) (1) (2) $\begin{pmatrix} -4 & -1 \\ 4 & 1 \end{pmatrix}$

(3) $\begin{pmatrix} -1 \\ -5 \end{pmatrix}$ (4) $(-1 \quad -7)$

(5) $\begin{pmatrix} 0 & -3 \\ -1 & 4 \end{pmatrix}$ (6) $\begin{pmatrix} -13 & -5 \\ 9 & 3 \end{pmatrix}$

(7) $\begin{pmatrix} 16 & -7 \\ 1 & 11 \end{pmatrix}$ (8) $\begin{pmatrix} 9 & 7 \\ 1 & 3 \end{pmatrix}$

(9) $\begin{pmatrix} 2 & -1 \\ 5 & 2 \end{pmatrix}$ (10) $\begin{pmatrix} 0 & 0 \\ 0 & 0 \end{pmatrix}$

02 (1) $A^2=\begin{pmatrix} 3 & 0 \\ 0 & 3 \end{pmatrix}, A^3=\begin{pmatrix} 3 & 6 \\ 3 & -3 \end{pmatrix}, A^4=\begin{pmatrix} 9 & 0 \\ 0 & 9 \end{pmatrix}$

(2) $A^2=\begin{pmatrix} 1 & 6 \\ 0 & 1 \end{pmatrix}, A^3=\begin{pmatrix} 1 & 9 \\ 0 & 1 \end{pmatrix}, A^4=\begin{pmatrix} 1 & 12 \\ 0 & 1 \end{pmatrix}$

(3) $A^2=\begin{pmatrix} -1 & 0 \\ 0 & -1 \end{pmatrix}, A^3=\begin{pmatrix} 0 & 1 \\ -1 & 0 \end{pmatrix}, A^4=\begin{pmatrix} 1 & 0 \\ 0 & 1 \end{pmatrix}$

(4) $A^2=\begin{pmatrix} 1 & 0 \\ 0 & 1 \end{pmatrix}, A^3=\begin{pmatrix} 1 & 0 \\ 0 & 1 \end{pmatrix}, A^4=\begin{pmatrix} 1 & 0 \\ 0 & 1 \end{pmatrix}$

01 (1) $AB=(2 \quad 3)\begin{pmatrix} 2 \\ -1 \end{pmatrix}=(2\times2+3\times(-1))=(1)$

(2) $AB=\begin{pmatrix} -1 \\ 1 \end{pmatrix}(4 \quad 1)$
$$=\begin{pmatrix} (-1)\times4 & (-1)\times1 \\ 1\times4 & 1\times1 \end{pmatrix}$$
$$=\begin{pmatrix} -4 & -1 \\ 4 & 1 \end{pmatrix}$$

(3) $AB=\begin{pmatrix} 0 & 1 \\ -1 & 2 \end{pmatrix}\begin{pmatrix} 3 \\ -1 \end{pmatrix}$
$$=\begin{pmatrix} 0\times3+1\times(-1) \\ (-1)\times3+2\times(-1) \end{pmatrix}$$
$$=\begin{pmatrix} -1 \\ -5 \end{pmatrix}$$

(4) $AB=(-1 \quad 2)\begin{pmatrix} 1 & 1 \\ 0 & -3 \end{pmatrix}$
$$=((-1)\times1+2\times0 \quad (-1)\times1+2\times(-3))$$
$$=(-1 \quad -7)$$

(5) AB
$$=\begin{pmatrix} -1 & -1 \\ 1 & 2 \end{pmatrix}\begin{pmatrix} 1 & 2 \\ -1 & 1 \end{pmatrix}$$
$$=\begin{pmatrix} (-1)\times1+(-1)\times(-1) & (-1)\times2+(-1)\times1 \\ 1\times1+2\times(-1) & 1\times2+2\times1 \end{pmatrix}$$
$$=\begin{pmatrix} 0 & -3 \\ -1 & 4 \end{pmatrix}$$

(6) AB
$$=\begin{pmatrix} -3 & -1 \\ 2 & 1 \end{pmatrix}\begin{pmatrix} 4 & 2 \\ 1 & -1 \end{pmatrix}$$
$$=\begin{pmatrix} (-3)\times4+(-1)\times1 & (-3)\times2+(-1)\times(-1) \\ 2\times4+1\times1 & 2\times2+1\times(-1) \end{pmatrix}$$
$$=\begin{pmatrix} -13 & -5 \\ 9 & 3 \end{pmatrix}$$

(7) AB

$=\begin{pmatrix} 2 & 3 \\ 5 & -2 \end{pmatrix}\begin{pmatrix} 2 & 1 \\ 4 & -3 \end{pmatrix}$

$=\begin{pmatrix} 2\times2+3\times4 & 2\times1+3\times(-3) \\ 5\times2+(-2)\times4 & 5\times1+(-2)\times(-3) \end{pmatrix}$

$=\begin{pmatrix} 16 & -7 \\ 2 & 11 \end{pmatrix}$

(8) AB

$=\begin{pmatrix} 3 & -1 \\ 2 & 1 \end{pmatrix}\begin{pmatrix} 2 & 2 \\ -3 & -1 \end{pmatrix}$

$=\begin{pmatrix} 3\times2+(-1)\times(-3) & 3\times2+(-1)\times(-1) \\ 2\times2+1\times(-3) & 2\times2+1\times(-1) \end{pmatrix}$

$=\begin{pmatrix} 9 & 7 \\ 1 & 3 \end{pmatrix}$

(9) $AB=\begin{pmatrix} 2 & -1 \\ 5 & 2 \end{pmatrix}\begin{pmatrix} 1 & 0 \\ 0 & 1 \end{pmatrix}$

$=\begin{pmatrix} 2\times1+(-1)\times0 & 2\times0+(-1)\times1 \\ 5\times1+2\times0 & 5\times0+2\times1 \end{pmatrix}$

$=\begin{pmatrix} 2 & -1 \\ 5 & 2 \end{pmatrix}$

(10) $AB=\begin{pmatrix} 0 & 0 \\ 0 & 0 \end{pmatrix}\begin{pmatrix} 3 & -1 \\ 2 & 0 \end{pmatrix}$

$=\begin{pmatrix} 0\times3+0\times2 & 0\times(-1)+0\times0 \\ 0\times3+0\times2 & 0\times(-1)+0\times0 \end{pmatrix}$

$=\begin{pmatrix} 0 & 0 \\ 0 & 0 \end{pmatrix}$

02 (1) $A^2=AA=\begin{pmatrix} 1 & 2 \\ 1 & -1 \end{pmatrix}\begin{pmatrix} 1 & 2 \\ 1 & -1 \end{pmatrix}$

$=\begin{pmatrix} 1\times1+2\times1 & 1\times2+2\times(-1) \\ 1\times1+(-1)\times1 & 1\times2+(-1)\times(-1) \end{pmatrix}$

$=\begin{pmatrix} 3 & 0 \\ 0 & 3 \end{pmatrix}$

$A^3=A^2A$

$=\begin{pmatrix} 3 & 0 \\ 0 & 3 \end{pmatrix}\begin{pmatrix} 1 & 2 \\ 1 & -1 \end{pmatrix}$

$=\begin{pmatrix} 3\times1+0\times1 & 3\times2+0\times(-1) \\ 0\times1+3\times1 & 0\times2+3\times(-1) \end{pmatrix}$

$=\begin{pmatrix} 3 & 6 \\ 3 & -3 \end{pmatrix}$

$A^4=A^3A$

$=\begin{pmatrix} 3 & 6 \\ 3 & -3 \end{pmatrix}\begin{pmatrix} 1 & 2 \\ 1 & -1 \end{pmatrix}$

$=\begin{pmatrix} 3\times1+6\times1 & 3\times2+6\times(-1) \\ 3\times1+(-3)\times1 & 3\times2+(-3)\times(-1) \end{pmatrix}$

$=\begin{pmatrix} 9 & 0 \\ 0 & 9 \end{pmatrix}$

(2) $A^2=AA=\begin{pmatrix} 1 & 3 \\ 0 & 1 \end{pmatrix}\begin{pmatrix} 1 & 3 \\ 0 & 1 \end{pmatrix}$

$=\begin{pmatrix} 1\times1+3\times0 & 1\times3+3\times1 \\ 0\times1+1\times0 & 0\times3+1\times1 \end{pmatrix}$

$=\begin{pmatrix} 1 & 6 \\ 0 & 1 \end{pmatrix}$

$A^3=A^2A=\begin{pmatrix} 1 & 6 \\ 0 & 1 \end{pmatrix}\begin{pmatrix} 1 & 3 \\ 0 & 1 \end{pmatrix}$

$=\begin{pmatrix} 1\times1+6\times0 & 1\times3+6\times1 \\ 0\times1+1\times0 & 0\times3+1\times1 \end{pmatrix}$

$=\begin{pmatrix} 1 & 9 \\ 0 & 1 \end{pmatrix}$

$A^4=A^3A=\begin{pmatrix} 1 & 9 \\ 0 & 1 \end{pmatrix}\begin{pmatrix} 1 & 3 \\ 0 & 1 \end{pmatrix}$

$=\begin{pmatrix} 1\times1+9\times0 & 1\times3+9\times1 \\ 0\times1+1\times0 & 0\times3+1\times1 \end{pmatrix}$

$=\begin{pmatrix} 1 & 12 \\ 0 & 1 \end{pmatrix}$

(3) $A^2=AA=\begin{pmatrix} 0 & -1 \\ 1 & 0 \end{pmatrix}\begin{pmatrix} 0 & -1 \\ 1 & 0 \end{pmatrix}$

$=\begin{pmatrix} 0\times0+(-1)\times1 & 0\times(-1)+(-1)\times0 \\ 1\times0+0\times1 & 1\times(-1)+0\times0 \end{pmatrix}$

$=\begin{pmatrix} -1 & 0 \\ 0 & -1 \end{pmatrix}$

$A^3=A^2A=\begin{pmatrix} -1 & 0 \\ 0 & -1 \end{pmatrix}\begin{pmatrix} 0 & -1 \\ 1 & 0 \end{pmatrix}$

$=\begin{pmatrix} (-1)\times0+0\times1 & (-1)\times(-1)+0\times0 \\ 0\times0+(-1)\times1 & 0\times(-1)+(-1)\times0 \end{pmatrix}$

$=\begin{pmatrix} 0 & 1 \\ -1 & 0 \end{pmatrix}$

$A^4=A^3A=\begin{pmatrix} 0 & 1 \\ -1 & 0 \end{pmatrix}\begin{pmatrix} 0 & -1 \\ 1 & 0 \end{pmatrix}$

$=\begin{pmatrix} 0\times0+1\times1 & 0\times(-1)+1\times0 \\ (-1)\times0+0\times1 & (-1)\times(-1)+0\times0 \end{pmatrix}$

$=\begin{pmatrix} 1 & 0 \\ 0 & 1 \end{pmatrix}$

(4) $A^2=AA=\begin{pmatrix} 1 & 0 \\ 0 & 1 \end{pmatrix}\begin{pmatrix} 1 & 0 \\ 0 & 1 \end{pmatrix}$

$=\begin{pmatrix} 1\times1+0\times0 & 1\times0+0\times1 \\ 0\times1+1\times0 & 0\times0+1\times1 \end{pmatrix}$

$=\begin{pmatrix} 1 & 0 \\ 0 & 1 \end{pmatrix}$

$A^3=A^2A=\begin{pmatrix} 1 & 0 \\ 0 & 1 \end{pmatrix}\begin{pmatrix} 1 & 0 \\ 0 & 1 \end{pmatrix}=\begin{pmatrix} 1 & 0 \\ 0 & 1 \end{pmatrix}$

$A^4=A^3A=\begin{pmatrix} 1 & 0 \\ 0 & 1 \end{pmatrix}\begin{pmatrix} 1 & 0 \\ 0 & 1 \end{pmatrix}=\begin{pmatrix} 1 & 0 \\ 0 & 1 \end{pmatrix}$

| 다른 풀이 |

(1) $A^4=A^2A^2=\begin{pmatrix} 3 & 0 \\ 0 & 3 \end{pmatrix}\begin{pmatrix} 3 & 0 \\ 0 & 3 \end{pmatrix}$

$=\begin{pmatrix} 3\times3+0\times0 & 3\times0+0\times3 \\ 0\times3+3\times0 & 0\times0+3\times3 \end{pmatrix}$

$=\begin{pmatrix} 9 & 0 \\ 0 & 9 \end{pmatrix}$

(2) $A^4=A^2A^2=\begin{pmatrix} 1 & 6 \\ 0 & 1 \end{pmatrix}\begin{pmatrix} 1 & 6 \\ 0 & 1 \end{pmatrix}$

$=\begin{pmatrix} 1\times1+6\times0 & 1\times6+6\times1 \\ 0\times1+1\times0 & 0\times6+1\times1 \end{pmatrix}$

$=\begin{pmatrix} 1 & 12 \\ 0 & 1 \end{pmatrix}$

(3) $A^4 = A^2 A^2 = \begin{pmatrix} -1 & 0 \\ 0 & -1 \end{pmatrix}\begin{pmatrix} -1 & 0 \\ 0 & -1 \end{pmatrix}$

$\quad = \begin{pmatrix} (-1)\times(-1)+0\times0 & (-1)\times0+0\times(-1) \\ 0\times(-1)+(-1)\times0 & 0\times0+(-1)\times(-1) \end{pmatrix}$

$\quad = \begin{pmatrix} 1 & 0 \\ 0 & 1 \end{pmatrix}$

(4) $A^4 = A^2 A^2 = \begin{pmatrix} 1 & 0 \\ 0 & 1 \end{pmatrix}\begin{pmatrix} 1 & 0 \\ 0 & 1 \end{pmatrix} = \begin{pmatrix} 1 & 0 \\ 0 & 1 \end{pmatrix}$

유제

• 본문 317~321쪽

01-❶ 답 6

$\begin{pmatrix} a & 2 \\ -1 & 1 \end{pmatrix}\begin{pmatrix} -1 & b \\ 3 & 2 \end{pmatrix} = \begin{pmatrix} -a+6 & ab+4 \\ 4 & -b+2 \end{pmatrix}$ 이므로

$\begin{pmatrix} a & 2 \\ -1 & 1 \end{pmatrix}\begin{pmatrix} -1 & b \\ 3 & 2 \end{pmatrix} = \begin{pmatrix} 5 & 5 \\ c & 1 \end{pmatrix}$ 에서

$\begin{pmatrix} -a+6 & ab+4 \\ 4 & -b+2 \end{pmatrix} = \begin{pmatrix} 5 & 5 \\ c & 1 \end{pmatrix}$

$-a+6=5$ 에서 $a=1$ ┌ $-a+6=5$, $ab+4=5$,
$-b+2=1$ 에서 $b=1$ │ $4=c$, $-b+2=1$ 중에서
$4=c$ 에서 $c=4$ └ 계산하기 쉬운 식을 택한다.

$\therefore a+b+c=1+1+4=6$

01-❷ 답 5

$\begin{pmatrix} x & -1 \\ 3 & x-1 \end{pmatrix}\begin{pmatrix} 1 & -2y \\ y & 1 \end{pmatrix} = \begin{pmatrix} x-y & -2xy-1 \\ xy-y+3 & x-6y-1 \end{pmatrix}$

이므로

$\begin{pmatrix} x & -1 \\ 3 & x-1 \end{pmatrix}\begin{pmatrix} 1 & -2y \\ y & 1 \end{pmatrix} = \begin{pmatrix} 3 & a \\ b & 7 \end{pmatrix}$ 에서

$\begin{pmatrix} x-y & -2xy-1 \\ xy-y+3 & x-6y-1 \end{pmatrix} = \begin{pmatrix} 3 & a \\ b & 7 \end{pmatrix}$

이때 두 식 $x-y=3$, $x-6y-1=7$, 즉

$x-y=3$, $x-6y=8$ 을 연립하여 풀면

$x=2$, $y=-1$

$-2xy-1=a$ 에서

$a=(-2)\times2\times(-1)-1=3$

$xy-y+3=b$ 에서

$b=2\times(-1)-(-1)+3=2$

$\therefore a+b=3+2=5$

01-❸ 답 1

$\begin{pmatrix} \alpha & \beta \\ -2 & -2 \end{pmatrix}\begin{pmatrix} \alpha \\ \beta \end{pmatrix} = \begin{pmatrix} \alpha^2+\beta^2 \\ -2\alpha-2\beta \end{pmatrix}$ 이므로

$\begin{pmatrix} \alpha & \beta \\ -2 & -2 \end{pmatrix}\begin{pmatrix} \alpha \\ \beta \end{pmatrix} = \begin{pmatrix} 7 \\ -6 \end{pmatrix}$ 에서

$\begin{pmatrix} \alpha^2+\beta^2 \\ -2\alpha-2\beta \end{pmatrix} = \begin{pmatrix} 7 \\ -6 \end{pmatrix}$

이때 $\alpha^2+\beta^2=7$ 이고, $-2\alpha-2\beta=-6$ 에서 $\alpha+\beta=3$ 이므로
$\alpha^2+\beta^2=(\alpha+\beta)^2-2\alpha\beta$ 에서

$7=3^2-2\alpha\beta$

$2\alpha\beta=2$ $\therefore \alpha\beta=1$

02-❶ 답 (1) -9 (2) 12

(1) $A^2 = AA = \begin{pmatrix} 1 & a \\ 0 & 1 \end{pmatrix}\begin{pmatrix} 1 & a \\ 0 & 1 \end{pmatrix} = \begin{pmatrix} 1 & 2a \\ 0 & 1 \end{pmatrix}$ 이므로

$A^3 = A^2 A = \begin{pmatrix} 1 & 2a \\ 0 & 1 \end{pmatrix}\begin{pmatrix} 1 & a \\ 0 & 1 \end{pmatrix} = \begin{pmatrix} 1 & 3a \\ 0 & 1 \end{pmatrix} = \begin{pmatrix} b & -27 \\ 0 & 1 \end{pmatrix}$

$3a=-27$ 에서 $a=-9$

$1=b$ 에서 $b=1$

$\therefore ab=(-9)\times1=-9$

(2) (1)에 의하여

$A = \begin{pmatrix} 1 & -9 \\ 0 & 1 \end{pmatrix}$, $A^2 = \begin{pmatrix} 1 & -18 \\ 0 & 1 \end{pmatrix}$, $A^3 = \begin{pmatrix} 1 & -27 \\ 0 & 1 \end{pmatrix}$, …

즉, 자연수 n에 대하여 $A^n = \begin{pmatrix} 1 & -9n \\ 0 & 1 \end{pmatrix}$ 임을 알 수 있다.

$\begin{pmatrix} 1 & -9k \\ 0 & 1 \end{pmatrix} = \begin{pmatrix} 1 & -108 \\ 0 & 1 \end{pmatrix}$ 에서

$-9k=-108$ $\therefore k=12$

02-❷ 답 110

$A^2 = AA = \begin{pmatrix} -2 & 1 \\ 0 & 3 \end{pmatrix}\begin{pmatrix} -2 & 1 \\ 0 & 3 \end{pmatrix} = \begin{pmatrix} 4 & 1 \\ 0 & 9 \end{pmatrix}$

$\therefore A^4 = A^2 A^2 = \begin{pmatrix} 4 & 1 \\ 0 & 9 \end{pmatrix}\begin{pmatrix} 4 & 1 \\ 0 & 9 \end{pmatrix} = \begin{pmatrix} 16 & 13 \\ 0 & 81 \end{pmatrix}$

따라서 행렬 A^4의 모든 성분의 합은

$16+13+0+81=110$

02-❸ 답 2

$A = \begin{pmatrix} 1 & 0 \\ 2 & 1 \end{pmatrix}$ 에서

$A^2 = AA = \begin{pmatrix} 1 & 0 \\ 2 & 1 \end{pmatrix}\begin{pmatrix} 1 & 0 \\ 2 & 1 \end{pmatrix} = \begin{pmatrix} 1 & 0 \\ 4 & 1 \end{pmatrix}$

$A^3 = A^2 A = \begin{pmatrix} 1 & 0 \\ 4 & 1 \end{pmatrix}\begin{pmatrix} 1 & 0 \\ 2 & 1 \end{pmatrix} = \begin{pmatrix} 1 & 0 \\ 6 & 1 \end{pmatrix}$

     ⋮

즉, 자연수 n에 대하여 $A^n = \begin{pmatrix} 1 & 0 \\ 2n & 1 \end{pmatrix}$ 임을 알 수 있다.

$\therefore A^{10} = \begin{pmatrix} 1 & 0 \\ 2\times10 & 1 \end{pmatrix} = \begin{pmatrix} 1 & 0 \\ 20 & 1 \end{pmatrix}$,

$\quad A^{11} = \begin{pmatrix} 1 & 0 \\ 2\times11 & 1 \end{pmatrix} = \begin{pmatrix} 1 & 0 \\ 22 & 1 \end{pmatrix}$

따라서

$A^{11}-A^{10} = \begin{pmatrix} 1 & 0 \\ 22 & 1 \end{pmatrix} - \begin{pmatrix} 1 & 0 \\ 20 & 1 \end{pmatrix} = \begin{pmatrix} 0 & 0 \\ 2 & 0 \end{pmatrix}$

이므로 $A^{11}-A^{10}$의 $(2, 1)$ 성분은 2이다.

03-❶ 답 ②

행렬 A의 제2행이 칼국수 1인분과 수제비 1인분을 만드는 데
필요한 소금의 양을 의미하므로 행렬 A와 제2행과 곱해지는
것은 칼국수와 수제비의 양을 나타내는 2×1 행렬, 즉 행렬 B
이어야 한다.

따라서 칼국수 3인분과 수제비 5인분을 만들기 위해 필요한
소금의 총 양을 나타내는 행렬의 성분은 행렬

$$AB=\begin{pmatrix}300 & 250 \\ 3 & 2\end{pmatrix}\begin{pmatrix}3 \\ 5\end{pmatrix}=\begin{pmatrix}2150 \\ 19\end{pmatrix}$$의 $(2,\,1)$ 성분이다.

04-❶ 답 (1) $\begin{pmatrix}6 & 1 \\ 1 & 3\end{pmatrix}$　(2) $\begin{pmatrix}2 & 1 \\ 1 & -1\end{pmatrix}$

(1) $(A-B)^2=(A-B)(A-B)$
$$=A^2-AB-BA+B^2$$
이므로
$$A^2+B^2=(A-B)^2+(AB+BA)$$
$$=\begin{pmatrix}1 & 1 \\ 1 & -2\end{pmatrix}^2+\begin{pmatrix}4 & 2 \\ 2 & -2\end{pmatrix}$$
$$=\begin{pmatrix}1 & 1 \\ 1 & -2\end{pmatrix}\begin{pmatrix}1 & 1 \\ 1 & -2\end{pmatrix}+\begin{pmatrix}4 & 2 \\ 2 & -2\end{pmatrix}$$
$$=\begin{pmatrix}2 & -1 \\ -1 & 5\end{pmatrix}+\begin{pmatrix}4 & 2 \\ 2 & -2\end{pmatrix}=\begin{pmatrix}6 & 1 \\ 1 & 3\end{pmatrix}$$

(2) $(A-B)^2=A^2-AB-BA+B^2$이므로
$(A-B)^2=A^2-2AB+B^2$에서
$A^2-AB-BA+B^2=A^2-2AB+B^2$
$\therefore AB=BA$ ⟶ 곱셈 공식이 성립하므로 곱셈에 대한
　　　　　　　　　교환법칙이 성립한다.
이때 $AB+BA=\begin{pmatrix}4 & 2 \\ 2 & -2\end{pmatrix}$에서

$$AB+AB=\begin{pmatrix}4 & 2 \\ 2 & -2\end{pmatrix},\ 2AB=\begin{pmatrix}4 & 2 \\ 2 & -2\end{pmatrix}$$

$$\therefore AB=\frac{1}{2}\begin{pmatrix}4 & 2 \\ 2 & -2\end{pmatrix}=\begin{pmatrix}2 & 1 \\ 1 & -1\end{pmatrix}$$

04-❷ 답 3

$(A+B)(A-B)=A^2-AB+BA-B^2$이므로
$(A+B)(A-B)=A^2-B^2$에서
$A^2-AB+BA-B^2=A^2-B^2$
$\therefore AB=BA$ ⟶ 곱셈 공식이 성립하므로 곱셈에 대한
　　　　　　　　　교환법칙이 성립한다.
이때
$$AB=\begin{pmatrix}a & 1 \\ -1 & 2\end{pmatrix}\begin{pmatrix}1 & b \\ -1 & 1\end{pmatrix}=\begin{pmatrix}a-1 & ab+1 \\ -3 & -b+2\end{pmatrix},$$
$$BA=\begin{pmatrix}1 & b \\ -1 & 1\end{pmatrix}\begin{pmatrix}a & 1 \\ -1 & 2\end{pmatrix}=\begin{pmatrix}a-b & 2b+1 \\ -a-1 & 1\end{pmatrix}$$
이므로
$$\begin{pmatrix}a-1 & ab+1 \\ -3 & -b+2\end{pmatrix}=\begin{pmatrix}a-b & 2b+1 \\ -a-1 & 1\end{pmatrix}$$
$-3=-a-1$에서 $a=2$
$-b+2=1$에서 $b=1$
$\therefore a+b=2+1=3$

04-❸ 답 $\begin{pmatrix}5 & 3 \\ 2 & 1\end{pmatrix}$

$(A+B)^2=A^2+AB+BA+B^2$이므로
$(A+B)^2=A^2+2AB+B^2$에서
$A^2+AB+BA+B^2=A^2+2AB+B^2$
$\therefore AB=BA$ ⟶ 곱셈 공식이 성립하므로 곱셈에 대한
　　　　　　　　　교환법칙이 성립한다.
$\therefore A^2B^2=AABB=ABAB=(AB)^2$
$$=\begin{pmatrix}2 & 1 \\ 1 & 0\end{pmatrix}^2=\begin{pmatrix}2 & 1 \\ 1 & 0\end{pmatrix}\begin{pmatrix}2 & 1 \\ 1 & 0\end{pmatrix}=\begin{pmatrix}5 & 2 \\ 2 & 1\end{pmatrix}$$

05-❶ 답 (1) -14　(2) 2

(1) $(A-E)(A^2+A+E)$
$$=A^3+A^2+AE-EA^2-EA-E^2$$
$$=A^3+A^2+A-A^2-A-E$$
$$(\because AE=EA=A,\ E^2=E)$$
$$=A^3-E$$
이때
$$A^2=\begin{pmatrix}2 & 0 \\ 1 & -3\end{pmatrix}\begin{pmatrix}2 & 0 \\ 1 & -3\end{pmatrix}=\begin{pmatrix}4 & 0 \\ -1 & 9\end{pmatrix},$$
$$A^3=A^2A=\begin{pmatrix}4 & 0 \\ -1 & 9\end{pmatrix}\begin{pmatrix}2 & 0 \\ 1 & -3\end{pmatrix}=\begin{pmatrix}8 & 0 \\ 7 & -27\end{pmatrix}$$
이므로
$$A^3-E=\begin{pmatrix}8 & 0 \\ 7 & -27\end{pmatrix}-\begin{pmatrix}1 & 0 \\ 0 & 1\end{pmatrix}=\begin{pmatrix}7 & 0 \\ 7 & -28\end{pmatrix}$$
따라서 구하는 행렬의 모든 성분의 합은
$7+0+7+(-28)=-14$

(2) $A^2=AA=\begin{pmatrix}-2 & 3 \\ -1 & 1\end{pmatrix}\begin{pmatrix}-2 & 3 \\ -1 & 1\end{pmatrix}=\begin{pmatrix}1 & -3 \\ 1 & -2\end{pmatrix}$
$$A^3=A^2A=\begin{pmatrix}1 & -3 \\ 1 & -2\end{pmatrix}\begin{pmatrix}-2 & 3 \\ -1 & 1\end{pmatrix}=\begin{pmatrix}1 & 0 \\ 0 & 1\end{pmatrix}=E$$
따라서 $A^{150}=(A^3)^{50}=E^{50}=E=\begin{pmatrix}1 & 0 \\ 0 & 1\end{pmatrix}$이므로 행렬 A^{150}
의 $(1,\,1)$ 성분과 $(2,\,2)$ 성분의 합은
$1+1=2$

05-❷ 답 8

$A^7+A^6=A^3(A^4+A^3)=A^3(2A+2E)$
$$=2(A^4+A^3)$$
$$=2(2A+2E)$$
$$=4A+4E$$
따라서 $a=4,\ b=4$이므로
$a+b=4+4=8$

05-❸ 답 -1

$A^2=AA=\begin{pmatrix}2 & -3 \\ 1 & -1\end{pmatrix}\begin{pmatrix}2 & -3 \\ 1 & -1\end{pmatrix}=\begin{pmatrix}1 & -3 \\ 1 & -2\end{pmatrix}$
$$A^3=A^2A=\begin{pmatrix}1 & -3 \\ 1 & -2\end{pmatrix}\begin{pmatrix}2 & -3 \\ 1 & -1\end{pmatrix}=\begin{pmatrix}-1 & 0 \\ 0 & -1\end{pmatrix}=-E$$
$\therefore A^6=(A^3)^2=(-E)^2=E^2=E$

$$\therefore A^7+A^{15}+A^{18}=A^6A+(A^6)^2A^3+(A^6)^3$$
$$=EA+E^2(-E)+E^3$$
$$=A-E+E \ (\because EA=A,\ E^2=E^3=E)$$
$$=A=\begin{pmatrix} 2 & -3 \\ 1 & -1 \end{pmatrix}$$

따라서 구하는 행렬의 모든 성분의 합은

$2+(-3)+1+(-1)=-1$

01 ③	02 ②	03 ④	04 ②
05 ①	06 ⑤	07 ③	08 ④

01 $AB=O$에서

$$\begin{pmatrix} a & 1 \\ b & 2 \end{pmatrix}\begin{pmatrix} -1 & 2 \\ 2 & c \end{pmatrix}=\begin{pmatrix} 0 & 0 \\ 0 & 0 \end{pmatrix}$$

$$\therefore \begin{pmatrix} -a+2 & 2a+c \\ -b+4 & 2b+2c \end{pmatrix}=\begin{pmatrix} 0 & 0 \\ 0 & 0 \end{pmatrix}$$

이때

$-a+2=0$에서 $a=2$

$-b+4=0$에서 $b=4$

$2a+c=0$에서 $c=-4 \ (\because a=2)$

$\therefore a+b+c=2+4+(-4)=2$

02 $\begin{pmatrix} a+2c \\ b+2d \end{pmatrix}=\begin{pmatrix} a \\ b \end{pmatrix}+\begin{pmatrix} 2c \\ 2d \end{pmatrix}=\begin{pmatrix} a \\ b \end{pmatrix}+2\begin{pmatrix} c \\ d \end{pmatrix}$이므로

$$A\begin{pmatrix} a+2c \\ b+2d \end{pmatrix}=A\begin{pmatrix} a \\ b \end{pmatrix}+2A\begin{pmatrix} c \\ d \end{pmatrix}$$

$$=\begin{pmatrix} -1 \\ 2 \end{pmatrix}+2\begin{pmatrix} 2 \\ -3 \end{pmatrix}$$

$$=\begin{pmatrix} 3 \\ -4 \end{pmatrix}$$

따라서 구하는 행렬의 모든 성분의 합은

$3+(-4)=-1$

03 $2A+B=\begin{pmatrix} 2 & 6 \\ 0 & -1 \end{pmatrix}$ ······ ㉠

$A-B=\begin{pmatrix} -2 & 3 \\ -3 & 1 \end{pmatrix}$ ······ ㉡

㉠+㉡을 하면

$$3A=\begin{pmatrix} 2 & 6 \\ 0 & -1 \end{pmatrix}+\begin{pmatrix} -2 & 3 \\ -3 & 1 \end{pmatrix}=\begin{pmatrix} 0 & 9 \\ -3 & 0 \end{pmatrix}$$

$$\therefore A=\frac{1}{3}\begin{pmatrix} 0 & 9 \\ -3 & 0 \end{pmatrix}=\begin{pmatrix} 0 & 3 \\ -1 & 0 \end{pmatrix}$$

㉡에서

$$B=A-\begin{pmatrix} -2 & 3 \\ -3 & 1 \end{pmatrix}=\begin{pmatrix} 0 & 3 \\ -1 & 0 \end{pmatrix}-\begin{pmatrix} -2 & 3 \\ -3 & 1 \end{pmatrix}$$

$$=\begin{pmatrix} 2 & 0 \\ 2 & -1 \end{pmatrix}$$

$$\therefore A^2+B^2$$
$$=AA+BB$$
$$=\begin{pmatrix} 0 & 3 \\ -1 & 0 \end{pmatrix}\begin{pmatrix} 0 & 3 \\ -1 & 0 \end{pmatrix}+\begin{pmatrix} 2 & 0 \\ 2 & -1 \end{pmatrix}\begin{pmatrix} 2 & 0 \\ 2 & -1 \end{pmatrix}$$
$$=\begin{pmatrix} -3 & 0 \\ 0 & -3 \end{pmatrix}+\begin{pmatrix} 4 & 0 \\ 2 & 1 \end{pmatrix}=\begin{pmatrix} 1 & 0 \\ 2 & -2 \end{pmatrix}$$

따라서 행렬 A^2+B^2의 $(1, 2)$ 성분은 0이고, $(2, 2)$ 성분은 -2이므로 그 합은

$0+(-2)=-2$

| 다른 풀이 |

㉠$-2\times$㉡을 하면

$$3B=\begin{pmatrix} 2 & 6 \\ 0 & -1 \end{pmatrix}-2\begin{pmatrix} -2 & 3 \\ -3 & 1 \end{pmatrix}=\begin{pmatrix} 6 & 0 \\ 6 & -3 \end{pmatrix}$$

$$\therefore B=\frac{1}{3}\begin{pmatrix} 6 & 0 \\ 6 & -3 \end{pmatrix}=\begin{pmatrix} 2 & 0 \\ 2 & -1 \end{pmatrix}$$

04 $A^2=AA=\begin{pmatrix} 1 & 2 \\ 1 & 2 \end{pmatrix}\begin{pmatrix} 1 & 2 \\ 1 & 2 \end{pmatrix}=\begin{pmatrix} 3 & 6 \\ 3 & 6 \end{pmatrix}=3\begin{pmatrix} 1 & 2 \\ 1 & 2 \end{pmatrix}$

$$A^3=A^2A=3\begin{pmatrix} 1 & 2 \\ 1 & 2 \end{pmatrix}\begin{pmatrix} 1 & 2 \\ 1 & 2 \end{pmatrix}$$

$$=3\times 3\begin{pmatrix} 1 & 2 \\ 1 & 2 \end{pmatrix}=3^2\begin{pmatrix} 1 & 2 \\ 1 & 2 \end{pmatrix}$$
$$\vdots$$

즉, 2보다 큰 자연수 k에 대하여 $A^k=3^{k-1}\begin{pmatrix} 1 & 2 \\ 1 & 2 \end{pmatrix}$임을 알 수 있다.

이때 $A^8=3^7\begin{pmatrix} 1 & 2 \\ 1 & 2 \end{pmatrix}$이고, $A^8=3^n\begin{pmatrix} 3 & a \\ 3 & a \end{pmatrix}$에서

$$3^n\begin{pmatrix} 3 & a \\ 3 & a \end{pmatrix}=3^7\begin{pmatrix} 1 & 2 \\ 1 & 2 \end{pmatrix}=3^6\begin{pmatrix} 3 & 6 \\ 3 & 6 \end{pmatrix}$$이므로

$a=6,\ n=6$

$\therefore a+n=6+6=12$

| 다른 풀이 |

$A^2=3A$이므로

$A^4=(A^2)^2=(3A)^2=3^2A^2=3^2(3A)=3^3A$

$\therefore A^8=(A^4)^2=(3^3A)^2=3^6A^2$

$$=3^6(3A)=3^7A$$

$$=3^7\begin{pmatrix} 1 & 2 \\ 1 & 2 \end{pmatrix}$$

05 이 가정에서 사용한 전력량 요금은

$100\times59+\{(a-100)\times122\}=5900+122(a-100)$

이때 주어진 행렬에서

$$\begin{pmatrix} 100 & a \\ 0 & x \end{pmatrix}\begin{pmatrix} 59 \\ 122 \end{pmatrix}=\begin{pmatrix} 5900+122a \\ 122x \end{pmatrix}$$

이고, 이 가정에서 사용한 전력량 요금이 위의 행렬의 모든 성분의 합과 같으므로

$5900+122(a-100)=(5900+122a)+122x$

$122\times(-100)=122x$

$\therefore x=-100$

06 $(A+B)(A-B)$
$=A^2-AB+BA-B^2$
$=A^2-AB+AB-B^2$ $(\because AB=BA)$
$=A^2-B^2$ → 곱셈에 대한 교환법칙이 성립하므로 곱셈 공식이 성립한다.
$\therefore A^2-B^2=(A+B)(A-B)$
$\qquad =\begin{pmatrix} 3 & 1 \\ 1 & 0 \end{pmatrix}\begin{pmatrix} 1 & 1 \\ 1 & -2 \end{pmatrix}$
$\qquad =\begin{pmatrix} 4 & 1 \\ 1 & 1 \end{pmatrix}$
따라서 A^2-B^2의 모든 성분의 합은
$4+1+1+1=7$

07 $(A+E)(A-E)=O$에서
$A^2-AE+EA-E^2=O$
$A^2-A+A-E=O$ $(\because AE=EA=A,\ E^2=E)$
$\therefore A^2=E$
이때 $A=\begin{pmatrix} 1 & 2 \\ 0 & a \end{pmatrix}$이므로
$A^2=AA=\begin{pmatrix} 1 & 2 \\ 0 & a \end{pmatrix}\begin{pmatrix} 1 & 2 \\ 0 & a \end{pmatrix}=\begin{pmatrix} 1 & 2a+2 \\ 0 & a^2 \end{pmatrix}$
이고, $A^2=E$에서
$\begin{pmatrix} 1 & 2a+2 \\ 0 & a^2 \end{pmatrix}=\begin{pmatrix} 1 & 0 \\ 0 & 1 \end{pmatrix}$
$2+2a=0$에서 $a=-1$
따라서
$A+A^2+A^3+A^4=A+E+A^2A+(A^2)^2$
$\qquad\qquad\qquad =A+E+EA+(E)^2$
$\qquad\qquad\qquad =2A+2E$
$\qquad\qquad\qquad =2\begin{pmatrix} 1 & 2 \\ 0 & -1 \end{pmatrix}+2\begin{pmatrix} 1 & 0 \\ 0 & 1 \end{pmatrix}$
$\qquad\qquad\qquad =\begin{pmatrix} 4 & 4 \\ 0 & 0 \end{pmatrix}$
이므로 구하는 $(2,\ 2)$ 성분은 0이다.

08 $A-B=E$의 양변의 왼쪽에 행렬 A를 곱하면
$AA-AB=AE$에서
$A^2-AB=A$ $\quad\therefore A^2=A$ $(\because AB=O)$
$A-B=E$의 양변의 오른쪽에 행렬 B를 곱하면
$AB-BB=EB$에서
$AB-B^2=B$ $\quad\therefore B^2=-B$ $(\because AB=O)$
$\therefore A^3-B^3=A^2A-B^2B=AA-(-B)B$
$\qquad\qquad =A^2+B^2=A+(-B)=A-B=E$

| 다른 풀이 |
$A-B=E$에서 $B=A-E$이므로
$AB=A(A-E)=O$
$A^2-A=O$ $\quad\therefore A^2=A$
$A-B=E$에서 $A=B+E$이므로
$AB=(B+E)B=O$
$B^2+B=O$ $\quad\therefore B^2=-B$

중단원 실전 문제

중단원 **실전 문제**　　　• 본문 324~327쪽

01	①	02	8	03	①	04	④
05	③	06	3	07	②	08	11
09	②	10	⑤	11	⑤	12	②
13	④	14	19	15	①	16	③
17	21	18	④	19	④		

01 $b_{ij}=i+j-a_{ij}$에서 $a_{ij}=i+j-b_{ij}$이므로
$a_{11}=1+1-b_{11}=1+1-1=1$
$a_{12}=1+2-b_{12}=1+2-(-2)=5$
$a_{21}=2+1-b_{21}=2+1-2=1$
$a_{22}=2+2-b_{22}=2+2-(-4)=8$
$\therefore A=\begin{pmatrix} 1 & 5 \\ 1 & 8 \end{pmatrix}$

02 이차방정식 $x^2+ax+b=0$의 두 실근이 $\alpha,\ \beta$이므로 근과 계수의 관계에 의하여
$\alpha+\beta=-a,\ \alpha\beta=b$ $\qquad\cdots\cdots$ ㉠　　　…❶
한편, $\alpha\begin{pmatrix} \alpha & \beta \\ 2 & 0 \end{pmatrix}+\beta\begin{pmatrix} \beta & \alpha \\ 2 & 0 \end{pmatrix}=\begin{pmatrix} 12 & 2\alpha\beta \\ 4 & 0 \end{pmatrix}$에서
$\begin{pmatrix} \alpha^2+\beta^2 & 2\alpha\beta \\ 2\alpha+2\beta & 0 \end{pmatrix}=\begin{pmatrix} 12 & 2\alpha\beta \\ 4 & 0 \end{pmatrix}$
$\alpha^2+\beta^2=12$이고,
$2\alpha+2\beta=4$, 즉 $\alpha+\beta=2$이므로
$\alpha^2+\beta^2=(\alpha+\beta)^2-2\alpha\beta$에서
$12=2^2-2\alpha\beta,\ -2\alpha\beta=8$
$\therefore \alpha\beta=-4$ $\qquad\qquad\qquad\qquad$ …❷
㉠에서
$a=-(\alpha+\beta)=-2,\ b=\alpha\beta=-4$
$\therefore ab=(-2)\times(-4)=8$ $\qquad\qquad$ …❸

채점 기준	배점 비율
❶ 이차방정식의 근과 계수의 관계를 이용하여 $\alpha,\ \beta$와 $a,\ b$ 사이의 관계를 식으로 나타내기	20%
❷ 행렬의 덧셈을 이용하여 $\alpha+\beta,\ \alpha\beta$의 값 각각 구하기	50%
❸ $a,\ b$의 값을 각각 구한 후 ab의 값 구하기	30%

03 $2X+Y=A$ $\qquad\cdots\cdots$ ㉠
$X-2Y=B$ $\qquad\cdots\cdots$ ㉡
$2\times$㉠$+$㉡을 하면
$5X=2A+B=2\begin{pmatrix} 2 & -1 \\ 3 & -1 \end{pmatrix}+\begin{pmatrix} 1 & 2 \\ -1 & 2 \end{pmatrix}=\begin{pmatrix} 5 & 0 \\ 5 & 0 \end{pmatrix}$
$\therefore X=\dfrac{1}{5}\begin{pmatrix} 5 & 0 \\ 5 & 0 \end{pmatrix}=\begin{pmatrix} 1 & 0 \\ 1 & 0 \end{pmatrix}$
㉠에서
$Y=A-2X=\begin{pmatrix} 2 & -1 \\ 3 & -1 \end{pmatrix}-2\begin{pmatrix} 1 & 0 \\ 1 & 0 \end{pmatrix}=\begin{pmatrix} 0 & -1 \\ 1 & -1 \end{pmatrix}$

$$\therefore X+Y=\begin{pmatrix}1 & 0 \\ 1 & 0\end{pmatrix}+\begin{pmatrix}0 & -1 \\ 1 & -1\end{pmatrix}=\begin{pmatrix}1 & -1 \\ 2 & -1\end{pmatrix}$$

따라서 행렬 $X+Y$의 모든 성분의 합은
$$1+(-1)+2+(-1)=1$$

| 다른 풀이 |

$3\times$㉠$-$㉡을 하면
$$5(X+Y)=3A-B=3\begin{pmatrix}2 & -1 \\ 3 & -1\end{pmatrix}-\begin{pmatrix}1 & 2 \\ -1 & 2\end{pmatrix}$$
$$=\begin{pmatrix}5 & -5 \\ 10 & -5\end{pmatrix}$$
$$\therefore X+Y=\frac{1}{5}\begin{pmatrix}5 & -5 \\ 10 & -5\end{pmatrix}=\begin{pmatrix}1 & -1 \\ 2 & -1\end{pmatrix}$$

04 행렬 A는 2×1 행렬, 행렬 B는 2×2 행렬, 행렬 C는 1×2 행렬이다.

ㄱ. 행렬 A의 열의 개수 1과 행렬 B의 행의 개수 2는 서로 같지 않으므로 곱셈이 가능하지 않다.

ㄴ. 행렬 B의 열의 개수 2와 행렬 A의 행의 개수 2는 서로 같으므로 곱셈이 가능하다.

ㄷ. 행렬 B의 열의 개수 2와 행렬 C의 행의 개수 1은 서로 같지 않으므로 곱셈이 가능하지 않다.

ㄹ. 행렬 C의 열의 개수 2와 행렬 A의 행의 개수 2는 서로 같으므로 곱셈이 가능하다.

따라서 곱셈이 가능한 것은 ㄴ, ㄹ이다.

05 $\begin{pmatrix}x+1 & 1 \\ y & -y\end{pmatrix}\begin{pmatrix}x & y+1 \\ -1 & 1\end{pmatrix}=\begin{pmatrix}1 & 1 \\ -2 & 1\end{pmatrix}$에서
$$\begin{pmatrix}x^2+x-1 & xy+x+y+2 \\ xy+y & y^2\end{pmatrix}=\begin{pmatrix}1 & 1 \\ -2 & 1\end{pmatrix} \quad\cdots\cdots\text{㉠}$$
이때 $y^2=1$에서 $y=-1$ 또는 $y=1$

(i) $y=-1$일 때
$xy+y=-2$에서
$x\times(-1)+(-1)=-2 \quad\therefore x=1$
이때 $x=1$, $y=-1$을 ㉠에 대입하면 성립한다.

(ii) $y=1$일 때
$xy+y=-2$에서
$x\times1+1=-2 \quad\therefore x=-3$
그런데 $x=-3$이면 $x^2+x-1=1$을 만족시키지 않는다.

(i), (ii)에서 $x=1$, $y=-1$
$$\therefore x+y=1+(-1)=0$$

06 $a_{ij}+a_{ji}=0$에서 $a_{ij}=-a_{ji}$이므로
$a_{11}=0$, $a_{12}=-a_{21}$, $a_{22}=0 \quad\therefore A=\begin{pmatrix}0 & a_{12} \\ -a_{12} & 0\end{pmatrix}$
$\qquad\qquad\quad a_{21}=-a_{12}$
$b_{ij}-b_{ji}=0$에서 $b_{ij}=b_{ji}$이므로
$b_{12}=b_{21} \quad\therefore B=\begin{pmatrix}b_{11} & b_{12} \\ b_{12} & b_{22}\end{pmatrix}$

이때 $2A-B=\begin{pmatrix}1 & 2 \\ -2 & 4\end{pmatrix}$이므로
$$2\begin{pmatrix}0 & a_{12} \\ -a_{12} & 0\end{pmatrix}-\begin{pmatrix}b_{11} & b_{12} \\ b_{12} & b_{22}\end{pmatrix}=\begin{pmatrix}1 & 2 \\ -2 & 4\end{pmatrix}$$
$$\begin{pmatrix}-b_{11} & 2a_{12}-b_{12} \\ -2a_{12}-b_{12} & -b_{22}\end{pmatrix}=\begin{pmatrix}1 & 2 \\ -2 & 4\end{pmatrix}$$
$-b_{11}=1$, $2a_{12}-b_{12}=2$, $-2a_{12}-b_{12}=-2$, $-b_{22}=4$
$\therefore b_{11}=-1$, $b_{22}=-4$, $a_{12}=1$, $b_{12}=0$ ← 두 식을 연립하여 푼다.
$$\therefore A=\begin{pmatrix}0 & 1 \\ -1 & 0\end{pmatrix},\ B=\begin{pmatrix}-1 & 0 \\ 0 & -4\end{pmatrix}$$
따라서
$$A^2-B=\begin{pmatrix}0 & 1 \\ -1 & 0\end{pmatrix}\begin{pmatrix}0 & 1 \\ -1 & 0\end{pmatrix}-\begin{pmatrix}-1 & 0 \\ 0 & -4\end{pmatrix}$$
$$=\begin{pmatrix}-1 & 0 \\ 0 & -1\end{pmatrix}-\begin{pmatrix}-1 & 0 \\ 0 & -4\end{pmatrix}=\begin{pmatrix}0 & 0 \\ 0 & 3\end{pmatrix}$$
이므로 행렬 A^2-B의 $(2, 2)$ 성분은 3이다.

07 $A^2=AA=\begin{pmatrix}0 & x+y \\ x-y & 0\end{pmatrix}\begin{pmatrix}0 & x+y \\ x-y & 0\end{pmatrix}$
$$=\begin{pmatrix}x^2-y^2 & 0 \\ 0 & x^2-y^2\end{pmatrix}$$
이고, 행렬 A^2의 모든 성분의 합은 12이므로
$(x^2-y^2)+(x^2-y^2)=12$
$\therefore x^2-y^2=6 \quad\cdots\cdots\text{㉠}$
$$A^3=A^2A=\begin{pmatrix}6 & 0 \\ 0 & 6\end{pmatrix}\begin{pmatrix}0 & x+y \\ x-y & 0\end{pmatrix}\ (\because\text{㉠})$$
$$=\begin{pmatrix}0 & 6x+6y \\ 6x-6y & 0\end{pmatrix}$$
이고, 행렬 A^3의 모든 성분의 합은 36이므로
$(6x+6y)+(6x-6y)=36$, $12x=36$
$\therefore x=3$, $y^2=3\ (\because\text{㉠})$
$\therefore x^2+y^2=3^2+3=12$

08 $A^2=AA=\begin{pmatrix}1 & 1 \\ 0 & 2\end{pmatrix}\begin{pmatrix}1 & 1 \\ 0 & 2\end{pmatrix}=\begin{pmatrix}1 & 1+2 \\ 0 & 2^2\end{pmatrix}$
$$A^3=A^2A=\begin{pmatrix}1 & 1+2 \\ 0 & 2^2\end{pmatrix}\begin{pmatrix}1 & 1 \\ 0 & 2\end{pmatrix}=\begin{pmatrix}1 & 1+2+2^2 \\ 0 & 2^3\end{pmatrix}$$
$$\vdots$$
즉, 2보다 큰 자연수 n에 대하여
$$A^n=\begin{pmatrix}1 & 1+2+2^2+\cdots+2^{n-1} \\ 0 & 2^n\end{pmatrix}$$
임을 알 수 있다.
따라서 2보다 큰 자연수 n에 대하여
$f(n)=1+2+2^2+\cdots+2^{n-1}$, $g(n)=2^n$
이고, $f(1)=1$, $g(1)=2$이므로
$f(k)-1=g(1)+g(2)+g(3)+\cdots+g(10)$
에서
$(1+2+2^2+\cdots+2^{k-1})-1=2+2^2+2^3+\cdots+2^{10}$
$2+2^2+2^3+\cdots+2^{k-1}=2+2^2+2^3+\cdots+2^{10}$
$k-1=10 \quad\therefore k=11$

09 행렬 A의 제1행이 P 가게의 콘과 컵 아이스크림의 가격이고, 행렬 B의 제2열이 2반의 콘과 컵 아이스크림의 구매 개수이다.

따라서 행렬 AB의 $(1, 2)$ 성분이 2반에서 P 가게를 통해 콘과 컵 아이스크림을 구매할 때 지불해야 하는 총 금액을 나타낸 것이다.

10 $(A+B)(A-BC)$
$=A(A-BC)+B(A-BC)$
$=A^2-ABC+BA-B^2C$
$=A^2-BA+BA-B^2C \ (\because ABC=BA)$
$=A^2-B^2C$
$\therefore A^2-B^2C=(A+B)(A-BC)$
$$=\begin{pmatrix} 2 & 4 \\ 0 & 1 \end{pmatrix}\begin{pmatrix} -4 & -5 \\ 0 & -1 \end{pmatrix}$$
$$=\begin{pmatrix} -8 & -14 \\ 0 & -1 \end{pmatrix}$$
따라서 A^2-B^2C의 모든 성분의 합은
$(-8)+(-14)+0+(-1)=-23$

11 ① $A=\begin{pmatrix} a & b \\ c & d \end{pmatrix}$, $B=\begin{pmatrix} x & y \\ z & w \end{pmatrix}$이면

$AB=\begin{pmatrix} ax+bz & ay+bw \\ cx+dz & cy+dw \end{pmatrix}$ (거짓)

② $A=\begin{pmatrix} 0 & 1 \\ 0 & 0 \end{pmatrix}$, $B=\begin{pmatrix} 1 & 0 \\ 0 & 0 \end{pmatrix}$이면

$AB=\begin{pmatrix} 0 & 1 \\ 0 & 0 \end{pmatrix}\begin{pmatrix} 1 & 0 \\ 0 & 0 \end{pmatrix}=\begin{pmatrix} 0 & 0 \\ 0 & 0 \end{pmatrix}$

$BA=\begin{pmatrix} 1 & 0 \\ 0 & 0 \end{pmatrix}\begin{pmatrix} 0 & 1 \\ 0 & 0 \end{pmatrix}=\begin{pmatrix} 0 & 1 \\ 0 & 0 \end{pmatrix}$

$\therefore AB\neq BA$ (거짓)

③ $A=\begin{pmatrix} 0 & 1 \\ 0 & 0 \end{pmatrix}$, $B=\begin{pmatrix} 1 & 0 \\ 0 & 0 \end{pmatrix}$이면

$AB=O \ (\because$ ②$)$이지만 $A\neq O$, $B\neq O$이다. (거짓)

④ $A=\begin{pmatrix} 0 & 1 \\ 0 & 0 \end{pmatrix}$, $B=\begin{pmatrix} 1 & 0 \\ 0 & 0 \end{pmatrix}$, $C=\begin{pmatrix} -1 & 0 \\ 0 & 0 \end{pmatrix}$이면

$A\neq O$이고, $AB=O \ (\because$ ②$)$,

$AC=\begin{pmatrix} 0 & 1 \\ 0 & 0 \end{pmatrix}\begin{pmatrix} -1 & 0 \\ 0 & 0 \end{pmatrix}=\begin{pmatrix} 0 & 0 \\ 0 & 0 \end{pmatrix}=O$

에서 $AB=AC$이지만 $B\neq C$이다. (거짓)

⑤ $A=\begin{pmatrix} 0 & 1 \\ 0 & 0 \end{pmatrix}$, $B=\begin{pmatrix} 1 & 0 \\ 0 & 0 \end{pmatrix}$이면

$AB=O \ (\because$ ②$)$, $BA=\begin{pmatrix} 0 & 1 \\ 0 & 0 \end{pmatrix}\neq O \ (\because$ ②$)$

즉, $AB=O$, $BA\neq O$인 두 행렬 A, B가 존재한다.
(참)

따라서 옳은 것은 ⑤이다.

12 $A^2=AA=\begin{pmatrix} 2 & 1 \\ a & -2 \end{pmatrix}\begin{pmatrix} 2 & 1 \\ a & -2 \end{pmatrix}=\begin{pmatrix} a+4 & 0 \\ 0 & a+4 \end{pmatrix}$

$=(a+4)\begin{pmatrix} 1 & 0 \\ 0 & 1 \end{pmatrix}=(a+4)E$

이때 $A^5=O$에서
$A^5=(A^2)^2A=\{(a+4)E\}^2A$
$\quad=(a+4)^2E^2A=(a+4)^2A$
$\quad=O$
$\therefore a=-4 \ (\because A\neq O)$

13 $a_{ij}=i-j$에 $i=1, 2$, $j=1, 2$를 각각 대입하면
$a_{11}=1-1=0$, $a_{12}=1-2=-1$
$a_{21}=2-1=1$, $a_{22}=2-2=0$
$\therefore A=\begin{pmatrix} 0 & -1 \\ 1 & 0 \end{pmatrix}$

이때
$A^2=AA=\begin{pmatrix} 0 & -1 \\ 1 & 0 \end{pmatrix}\begin{pmatrix} 0 & -1 \\ 1 & 0 \end{pmatrix}=\begin{pmatrix} -1 & 0 \\ 0 & -1 \end{pmatrix}=-E$,
$A^3=A^2A=(-E)A=-A$,
$A^4=A^2A^2=(-E)(-E)=E^2=E$
이므로
$A+A^2+A^3+A^4=A+(-E)+(-A)+E=O$
$\therefore A+A^2+A^3+\cdots+A^{2010}$
$\quad=(A+A^2+A^3+A^4)+A^4(A+A^2+A^3+A^4)$
$\qquad\qquad+\cdots+(A^4)^{501}(A+A^2+A^3+A^4)$
$\qquad\qquad\qquad+(A^4)^{502}(A+A^2)$
$\quad=A+A^2=A+(-E)=A-E$
$\quad=\begin{pmatrix} 0 & -1 \\ 1 & 0 \end{pmatrix}-\begin{pmatrix} 1 & 0 \\ 0 & 1 \end{pmatrix}=\begin{pmatrix} -1 & -1 \\ 1 & -1 \end{pmatrix}$
따라서 구하는 행렬의 $(2, 1)$ 성분은 1이다.

14 $A^2-2A+4E=O$, 즉 $A^2-2A+4E^2=O$의 양변의 왼쪽에 $A+2E$를 곱하면
$(A+2E)(A^2-2A+4E^2)=(A+2E)O$
$A^3+8E^3=O \qquad \therefore A^3=-8E \ (\because E^3=E)$ … ❶
$\therefore A^{18}=(A^3)^6=(-8E)^6$
$\qquad=(-2^3)^6E^6=2^{18}E \ (\because E^6=E)$
$\qquad=2^{18}\begin{pmatrix} 1 & 0 \\ 0 & 1 \end{pmatrix}=\begin{pmatrix} 2^{18} & 0 \\ 0 & 2^{18} \end{pmatrix}$ … ❷
따라서 행렬 A^{18}의 모든 성분의 합은
$2^{18}+0+0+2^{18}=2\times2^{18}=2^{19}$
이므로 $2^k=2^{19}$에서
$k=19$ … ❸

채점 기준	배점 비율
❶ 주어진 식을 $A^n=mE$ 꼴로 나타내기 (단, m은 실수, n은 자연수이다.)	50 %
❷ 행렬 A^{18} 구하기	30 %
❸ 자연수 k의 값 구하기	20 %

15 조건 ㈎의 $A^2-A-E=O$에서
$A^2-A=E \qquad \therefore (A-E)A=E$

조건 (나)의 $AB=2E$의 양변의 왼쪽에 행렬 $A-E$를 곱하면
$$(A-E)AB=2(A-E)E$$
$$EB=2AE-2E^2$$
$$B=2A-2E \ (\because EB=B, \ AE=A, \ E^2=E)$$
$$\therefore A=\frac{1}{2}B+E$$
이때 행렬 B의 모든 성분의 합은 8이고, 행렬 E의 모든 성분의 합은 2이므로 행렬 A의 모든 성분의 합은
$$\frac{1}{2}\times 8+2=6$$

16 (풀이전략) 이차함수의 그래프의 식과 직선의 방정식에 $i=1$, 2, $j=1$, 2를 각각 대입하고 판별식을 이용하여 행렬 A를 구한다.

(i) $i=1$, $j=1$일 때

이차함수 $y=x^2+x+1$의 그래프와 직선 $y=x+1$의 교점의 개수는 이차방정식 $x^2+x+1=x+1$, 즉 $x^2=0$의 서로 다른 실근의 개수와 같다.

이때 이차방정식 $x^2=0$의 서로 다른 실근은 $x=0$의 1개이므로

$$a_{11}=1$$

(ii) $i=1$, $j=2$일 때

이차함수 $y=x^2+x+2$의 그래프와 직선 $y=x+2$의 교점의 개수는 이차방정식 $x^2+x+2=x+2$, 즉 $x^2=0$의 서로 다른 실근의 개수와 같다.

이때 이차방정식 $x^2=0$의 서로 다른 실근은 $x=0$의 1개이므로

$$a_{12}=1$$

(iii) $i=2$, $j=1$일 때

이차함수 $y=x^2+2x+1$의 그래프와 직선 $y=x+2$의 교점의 개수는 이차방정식 $x^2+2x+1=x+2$, 즉 $x^2+x-1=0$의 서로 다른 실근의 개수와 같다.

이때 이차방정식 $x^2+x-1=0$의 판별식을 D_1이라 하면

$$D_1=1^2-4\times 1\times(-1)=5>0$$

이므로 이차방정식 $x^2+x-1=0$의 서로 다른 실근의 개수는 2이다.

$$\therefore a_{21}=2$$

(iv) $i=2$, $j=2$일 때

이차함수 $y=x^2+2x+2$의 그래프와 직선 $y=x+4$의 교점의 개수는 이차방정식 $x^2+2x+2=x+4$, 즉 $x^2+x-2=0$의 서로 다른 실근의 개수와 같다.

이때 이차방정식 $x^2+x-2=0$의 판별식을 D_2라 하면

$$D_2=1^2-4\times 1\times(-2)=9>0$$

이므로 이차방정식 $x^2+x-2=0$의 서로 다른 실근의 개수는 2이다.

$$\therefore a_{22}=2$$

(i)~(iv)에서 $A=\begin{pmatrix}1&1\\2&2\end{pmatrix}$이므로 행렬 A의 모든 성분의 합은

$$1+1+2+2=6$$

17 (풀이전략) 조건 (가)의 식을 $XY=E$ 꼴로 변형한 후 구하는 식을 XY가 포함된 식으로 변형한다.

조건 (가)의 $A^2+2A-E=O$에서

$$A^2+2A=E \qquad \therefore A(A+2E)=E$$

이때 $(A+2E)\begin{pmatrix}x\\y\end{pmatrix}=\begin{pmatrix}3\\-3\end{pmatrix}$의 양변의 왼쪽에 행렬 A를 곱하면

$$A(A+2E)\begin{pmatrix}x\\y\end{pmatrix}=A\begin{pmatrix}3\\-3\end{pmatrix}$$

$$\therefore \begin{pmatrix}x\\y\end{pmatrix}=A\begin{pmatrix}3\\-3\end{pmatrix} \ (\because A(A+2E)=E)$$

$$=3A\begin{pmatrix}1\\-1\end{pmatrix}=3\begin{pmatrix}3\\4\end{pmatrix} \ (\because \text{조건 (나)})$$

$$=\begin{pmatrix}9\\12\end{pmatrix}$$

따라서 $x=9$, $y=12$이므로

$$9+12=21$$

18 (풀이전략) 먼저 주어진 두 식을 이용하여 $A\begin{pmatrix}1\\2\end{pmatrix}$를 구하고 행렬 A를 곱하여 $A^2\begin{pmatrix}1\\2\end{pmatrix}$를 구한다.

$A\begin{pmatrix}5\\0\end{pmatrix}=\begin{pmatrix}-5\\10\end{pmatrix}$에서 $\frac{1}{5}A\begin{pmatrix}5\\0\end{pmatrix}=\frac{1}{5}\begin{pmatrix}-5\\10\end{pmatrix}$

$$\therefore A\begin{pmatrix}1\\0\end{pmatrix}=\begin{pmatrix}-1\\2\end{pmatrix} \qquad \cdots\cdots \ \text{㉠}$$

$A\begin{pmatrix}0\\-2\end{pmatrix}=\begin{pmatrix}4\\-2\end{pmatrix}$에서 $-A\begin{pmatrix}0\\-2\end{pmatrix}=-\begin{pmatrix}4\\-2\end{pmatrix}$

$$\therefore A\begin{pmatrix}0\\2\end{pmatrix}=\begin{pmatrix}-4\\2\end{pmatrix} \qquad \cdots\cdots \ \text{㉡}$$

㉠, ㉡에서

$$A\begin{pmatrix}1+0\\0+2\end{pmatrix}=\begin{pmatrix}(-1)+(-4)\\2+2\end{pmatrix}$$

$$\therefore A\begin{pmatrix}1\\2\end{pmatrix}=\begin{pmatrix}-5\\4\end{pmatrix}$$

위의 식의 양변의 왼쪽에 행렬 A를 곱하면

$$A^2\begin{pmatrix}1\\2\end{pmatrix}=A\begin{pmatrix}-5\\4\end{pmatrix} \qquad \therefore \begin{pmatrix}x\\y\end{pmatrix}=A\begin{pmatrix}-5\\4\end{pmatrix}$$

이때

$A\begin{pmatrix}5\\0\end{pmatrix}=\begin{pmatrix}-5\\10\end{pmatrix}$에서 $-A\begin{pmatrix}5\\0\end{pmatrix}=-\begin{pmatrix}-5\\10\end{pmatrix}$

$$\therefore A\begin{pmatrix}-5\\0\end{pmatrix}=\begin{pmatrix}5\\-10\end{pmatrix} \qquad \cdots\cdots \ \text{㉢}$$

$A\begin{pmatrix}0\\-2\end{pmatrix}=\begin{pmatrix}4\\-2\end{pmatrix}$에서 $-2A\begin{pmatrix}0\\-2\end{pmatrix}=-2\begin{pmatrix}4\\-2\end{pmatrix}$

$$\therefore A\begin{pmatrix} 0 \\ 4 \end{pmatrix}=\begin{pmatrix} -8 \\ 4 \end{pmatrix} \qquad \cdots\cdots\ ㉣$$

㉢, ㉣에서

$$A\begin{pmatrix} (-5)+0 \\ 0+4 \end{pmatrix}=\begin{pmatrix} 5+(-8) \\ (-10)+4 \end{pmatrix}$$

$$\therefore A\begin{pmatrix} -5 \\ 4 \end{pmatrix}=\begin{pmatrix} -3 \\ -6 \end{pmatrix}$$

따라서 $\begin{pmatrix} x \\ y \end{pmatrix}=A\begin{pmatrix} -5 \\ 4 \end{pmatrix}=\begin{pmatrix} -3 \\ -6 \end{pmatrix}$ 이므로

$x=-3,\ y=-6$

$\therefore x^2+y^2=(-3)^2+(-6)^2=45$

| 다른 풀이 |

$A\begin{pmatrix} 5 \\ 0 \end{pmatrix}=\begin{pmatrix} -5 \\ 10 \end{pmatrix}$ 에서 $\dfrac{1}{5}A\begin{pmatrix} 5 \\ 0 \end{pmatrix}=\dfrac{1}{5}\begin{pmatrix} -5 \\ 10 \end{pmatrix}$

$$\therefore A\begin{pmatrix} 1 \\ 0 \end{pmatrix}=\begin{pmatrix} -1 \\ 2 \end{pmatrix} \qquad \cdots\cdots\ ㉠$$

$A\begin{pmatrix} 0 \\ -2 \end{pmatrix}=\begin{pmatrix} 4 \\ -2 \end{pmatrix}$ 에서 $-\dfrac{1}{2}A\begin{pmatrix} 0 \\ -2 \end{pmatrix}=-\dfrac{1}{2}\begin{pmatrix} 4 \\ -2 \end{pmatrix}$

$$\therefore A\begin{pmatrix} 0 \\ 1 \end{pmatrix}=\begin{pmatrix} -2 \\ 1 \end{pmatrix} \qquad \cdots\cdots\ ㉡$$

㉠, ㉡에서

$$A\begin{pmatrix} 1 & 0 \\ 0 & 1 \end{pmatrix}=\begin{pmatrix} -1 & -2 \\ 2 & 1 \end{pmatrix} \qquad \therefore A=\begin{pmatrix} -1 & -2 \\ 2 & 1 \end{pmatrix}$$

$$\therefore A^2\begin{pmatrix} 1 \\ 2 \end{pmatrix}=\left\{\begin{pmatrix} -1 & -2 \\ 2 & 1 \end{pmatrix}\begin{pmatrix} -1 & -2 \\ 2 & 1 \end{pmatrix}\right\}\begin{pmatrix} 1 \\ 2 \end{pmatrix}$$

$$=\begin{pmatrix} -3 & 0 \\ 0 & -3 \end{pmatrix}\begin{pmatrix} 1 \\ 2 \end{pmatrix}=\begin{pmatrix} -3 \\ -6 \end{pmatrix}$$

19 **풀이 전략** 주어진 두 식을 이용하여 $A^k=\pm E$ 또는 $B^k=\pm E$ 를 만족시키는 자연수 k의 값을 구하고, A^n+B^n의 규칙을 알아본다.

$A+B=E$의 양변의 왼쪽에 행렬 A를 곱하면

$A^2+AB=A$

$A^2-A+E=O\ (\because AB=E)$

$A^2-A+E^2=O\ (\because E=E^2)$

위의 식의 양변의 왼쪽에 행렬 $A+E$를 곱하면

$(A+E)(A^2-A+E^2)=(A+E)O$

$A^3+E^3=O$

$\therefore A^3=-E^3=-E,\ A^6=(A^3)^2=(-E)^2=E$

위와 같은 방법으로

$B^3=-E,\ B^6=E$

즉,

$A+B=E$에서

$A^2+B^2=(A-E)+(B-E)$

$\qquad\quad =(A+B)-2E$

$\qquad\quad =E-2E=-E$

$A^3+B^3=(-E)+(-E)=-2E$

$A^4+B^4=A^3A+B^3B=(-E)A+(-E)B$

$\qquad\quad =-A-B=-(A+B)=-E$

$A^5+B^5=A^3A^2+B^3B^2=(-E)A^2+(-E)B^2$

$\qquad\quad =-A^2-B^2=-(A^2+B^2)$

$\qquad\quad =-(-E)=E$

$A^6+B^6=E+E=2E$

$A^7+B^7=A^6A+B^6B=EA+EB=A+B=E$

$\qquad\qquad \vdots$

즉, 자연수 n에 대하여 A^n+B^n은

$E,\ -E,\ -2E,\ -E,\ E,\ 2E$

가 반복된다.

이때 $A+B=E,\ A^5+B^5=E$이므로

$A^{6k-5}+B^{6k-5}=E,\ A^{6k-1}+B^{6k-1}=E\ (k는\ 자연수)$

일 때 $A^n+B^n=E$를 만족시킨다.

따라서 $A^n+B^n=E$를 만족시키는 100 이하의 자연수 n의 값은

$1,\ 7,\ 13,\ \cdots,\ 97$과 $5,\ 11,\ 17,\ \cdots,\ 95$

이므로 그 개수는

$17+16=33$

메가스터디 고등 학습 시리즈

메가스터디BOOKS
내용 문의 02-6984-6901 | 구입 문의 02-6984-6868,9 | www.megastudybooks.com